"十二五"普通高等教育本科国家级规划教材

无机及分析化学

WUJI JI FENXI HUAXUE

（第五版）

南京大学《无机及分析化学》编写组

高等教育出版社·北京

内容简介

本书为“十二五”普通高等教育本科国家级规划教材，是在第四版的基础上修订而成的。此次修订努力遵循“加强基础，趋向前沿，反映现代，注意交叉”的现代课程建设理念，将第四版做了认真的补充与完善。全书分为两部分，第一章到第十五章为无机化学部分，第十六章到第二十一章为分析化学部分。各章前有学习要求，正文中还提供了可以自学的“拓展知识”，书后附习题答案与索引。

本书可作为综合性大学和师范院校生物学等近化学化工类专业的教材，也可作为农、林、医药院校有关专业的教材或参考书。

图书在版编目（CIP）数据

无机及分析化学 / 南京大学《无机及分析化学》编写组编．-- 5版．-- 北京：高等教育出版社，2015.8
（2025.5 重印）
ISBN 978-7-04-043043-1

Ⅰ．①无… Ⅱ．①南… Ⅲ．①无机化学－高等学校－教材②分析化学－高等学校－教材 Ⅳ．①O61②O65

中国版本图书馆CIP数据核字(2015)第132960号

策划编辑 郭新华　责任编辑 郭新华　封面设计 于文燕　版式设计 马敬茹
插图绘制 郝　林　责任校对 窦丽娜　责任印制 刘思涵

出版发行 高等教育出版社
社　　址 北京市西城区德外大街4号
邮政编码 100120
印　　刷 高教社（天津）印务有限公司
开　　本 787mm×1092mm 1/16
印　　张 33
字　　数 800千字
插　　页 1
购书热线 010-58581118
咨询电话 400-810-0598
网　　址 http://www.hep.edu.cn
http://www.hep.com.cn
网上订购 http://www.landraco.com
http://www.landraco.com.cn
版　　次 1978年2月第1版
2015年8月第5版
印　　次 2025年5月第16次印刷
定　　价 60.00元

物 料 号 43043-00

第五版前言

《无机及分析化学》(第五版)是教育部"十二五"普通高等教育本科国家级规划教材,也是教育部普通高等教育"十五"国家级规划教材《无机及分析化学》(第四版)的修订本。

根据《教育部关于"十二五"普通高等教育本科教材建设的若干意见》(教高[2011]5号),在中央部(委)直属高校、省级教育行政部门推荐以及出版社补充推荐的基础上,经专家评审、网上公示,教育部确定:《无机及分析化学》(第四版)及其配套书《无机及分析化学实验》(第四版)入选第一批"十二五"普通高等教育本科国家级规划教材(简称"十二五"规划教材),并已正式发函公布。

在《教育部关于印发第一批"十二五"普通高等教育本科国家级规划教材书目的通知》(教高函[2012]21号)中,要求入选书目编者"根据学科、行业的发展,继续修订完善,及时补充反映最新知识、技术或成果的内容,与时俱进。"为此,编写组遵循本书"加强基础,趋向前沿,反映现代,注意交叉"的现代课程建设理念和教育部对"十二五"规划教材的指示精神积极启动修订工作。编写组向多年教授本书的在岗教师进行教学调研,查阅近年国内外同类教材和资料,草拟修订方案,开"碰头会"交换意见,先期修订各人负责的部分章节,再交换审读各人书稿,进一步完善本书修订。

编写组主要完成如下工作:① 对本书各章节作认真修改、补充和调整。② 更换或增加各章中的"拓展知识",以体现与时俱进。③ 把本书所用的各种常数全部参照:CRC Handbook of Chemistry and Physics 90th ed,2009—2010 和 James G Speight Lang's Handbook of Chemistry 16th ed,2005 改换更新,且包括例题和习题。④ 本书的电子教案由杨贞副教授负责编写,她也花费不少时间和精力参加了本书第五版的审稿和讨论。

参加本书第五版编写的人员有:黄孟健教授(第一至第七章、第九至十二章以及第十五章)、陈荣三教授(第八、十三和十四章)、袁婉清教授(第十八和十九章、合编第十六、十七、二十和二十一章)、杜岱春教授(合编第十六、十七、二十和二十一章)。全书由陈荣三教授策划和统稿,分析化学部分由袁婉清教授参加统稿。

高等教育出版社郭新华编辑始终给予我们无微不至的关怀和指导;南京大学王志林教授、朱成建教授为本书的出版耗费了许多心血,给予不少帮助;王新平教授、陈浩副教授、曹登科副教授和薛德平副教授等对修订工作提供了各种支持和帮助;本书第五版的编写修订还得到了"江苏高校品牌专业建设工程资助项目"的支持,我们均在此表示衷心的感谢。

我们万分诚意地接受广大读者对本书的批评和指正。

编写组

2015年3月

第四版前言

《无机及分析化学》(第四版)是教育部普通高等教育"十五"国家级规划教材,是《无机及分析化学》(第三版)的修订本。

《无机及分析化学》(第四版)于2002年初被列入教育部普通高等教育"十五"国家级规划教材项目后,即由编写组筹划编写工作,制订编写大纲并着手教材的编写工作。2003年8月在长沙召开的"教育部非化学化工类专业化学基础课程教学指导分委会:生物、医药学类教材建设研讨会"上,向与会的全国高等学校代表做了关于《无机及分析化学》(第四版)教材修订工作的大会发言,并分发了"编写大纲"和部分教材初稿,以便听取广大教师的意见。会后,对收集的意见进行了认真分析和研究,力争在教材编写中有所体现。

当前,生命科学的发展已步入分子水平,化学在生命科学中的重要性将更为突出。为适应当前教学改革的形势,以符合21世纪生物和医药科学发展的需要,在修订过程中将努力遵循"加强基础,趋向前沿,反映现代,注意交叉"的现代课程建设理念。这次修订,编者主要做了如下工作:1. 对原书各章节进行补充、调整和修改;2. 无机化学部分增加了第十四章环境污染和环境化学,第十五章核反应和放射性同位素的应用;3. 分析化学部分由于考虑到目前仪器分析已成为高等学校的独立课程,故删除原第三版的仪器分析内容,但仍然保留并加强比色法和分光光度法;4. 为适应那些学有余力的读者需要,在大多数章中附有相关的"拓展知识"以开阔视野。

参加本书第四版的编写者有:黄孟健教授(第一、二、三、四、五、九、十、十一、十二和十五章),薛德平副教授(第六和七章),陈荣三教授(第八、十三和十四章),袁婉清教授(第十八和十九章,合编第十六、十七、二十和二十一章),杜岱春教授(合编第十六、十七、二十和二十一章)。全书由陈荣三教授策划和统稿,分析化学部分由袁婉清教授参加统稿。

恳请读者对本书的错误和不妥之处,提出批评和指正。

编　者

2004年12月

第三版前言

《无机及分析化学》(第二版)出版至今已逾十年,由于科学的进步、学科的发展和教改的深化,早有必要对第二版教材作相应的充实、调整和修订。1992年,《无机及分析化学》(第三版)已被列入国家教委高等学校“八五”教材建设规划。同年我们拟订了第三版编写大纲,分寄给全国20多所高等院校征求意见,以后参照反馈意见,按大纲编写第三版教材。在国家教委支持下,受高等教育出版社的委托,1993年10月在厦门大学召开了《无机及分析化学》(第三版)教材编写讨论会,出席会议的有复旦大学、武汉大学、四川大学、华东师范大学、上海师范大学、暨南大学、黑龙江大学、河北师范大学、安徽大学、贵州大学、南京师范大学、福建师范大学、杭州大学、厦门大学和南京大学等15所高校的教师代表23人。会上传阅了第三版教材的部分书稿,并进行了热烈地、认真地讨论。一致认为:第三版比第二版的主要内容,在深度、广度和知识连贯性等方面有长足的进步,同时又从不同的角度对书稿提出了坦诚的修改意见。由于编写小组人员变动,1996年春,南京大学特邀复旦大学杜岱春教授和南开大学袁婉清教授加盟参加《无机及分析化学》编写组。大家达成如下共识:为适应当前教改形势的需要,教材内容应尽可能贯彻“少而精、精而新”的原则,努力把传统内容与现代新内容结合起来。于是对原第二版内容作了较大幅度的修订或重写。1. 全面采用国家法定单位制。2. 无机化学部分调整理论和元素化学内容的比例,增加有关元素的重要化学反应以及反映近代无机化学的新材料、新知识的内容。3. 分析化学部分删去定性分析,增加仪器分析内容,全部重写。4. 鉴于生物学的发展和生物学类专业的需要,把原来分散的“元素在生物体内的作用”内容合并,改写为第十三章生命元素及其在生物体内的作用。5. 注意习题的多样性,增加数量,以利选择。

参加本书第三版编写的有黄孟健(第一、二、三、五、六、七、九、十、十一、十二章)、陈荣三(第四、八、十三章)、杜岱春(第十四、十五、十八、十九、二十、二十一、二十二章)和袁婉清(第十六、十七章),全书由陈荣三教授统稿。

自从生物学进展步入分子水平以来,其发展一日千里,它越来越多地需要运用化学概念和方法,且在许多方面,生物学与化学的界限正在变得模糊,而作为化学教师日感形势逼人。编者水平有限,务望广大读者不吝赐教。

编　者

1996年12月

第二版前言

《无机及分析化学》第一版自1978年初问世以来已有六年。在1980年5月长春召开的全国高等院校理科化学教材编审会议上修订了《无机及分析化学教学大纲》，并把修订《无机及分析化学》一书列入计划，要求我们编写出适合我国四化建设需要、符合高等学校实际以及达到教学大纲要求的新教材。

我们已在数年前完成本书的改写工作，并在南京大学、南京师范大学等几个学校生物系试用至今。1983年6月，受教育部委托，由兰州大学、华东师范大学、西北大学、复旦大学、南开大学、四川大学、云南大学、山东大学、华中师范学院、辽宁师范学院、南京师范大学、安徽中医学院及南京大学等13所高等院校代表共18人组成审稿小组，对本书第二版进行了严肃、认真、充分地评议和讨论，热情和坦率地提出许多宝贵意见，据此，我们进行了修改、统稿和定稿。

本书第二版比初版有了较大的更动，主要表现在：1. 为适应目前高校的实际情况，把无机化学部分和分析化学部分分开编写；2. 新增加气体、溶液和化学热力学内容；3. 加强了分析化学、原子结构和分子结构等章节的内容；4. 充实了元素化学，并将这部分内容按原子的电子构型分区进行讨论。

本书中标有*的章节，由讲授教师酌情选择。

参加本书第二版编写工作的有钱可萍（第1、3、7、8章）、黄孟健（第2、6、12、13章）、陈荣三（第4、5、9、10、11章）和张树成（第14、15、16、17、18章）。全书由陈荣三通读统稿。

本书第二版承中国科学院学部委员、南京大学戴安邦和高鸿两位教授关怀和指导，编者深表感谢。

限于编者水平，错误及不妥之处恐难避免，敬希读者不吝指正。

编　者

1984年3月

第一版前言

《无机及分析化学》是生物系各专业学生学习的第一门基础化学课程。本课程在元素周期律、原子和分子结构理论和四大化学平衡(酸碱平衡、沉淀溶解平衡、氧化还原平衡和络合解离平衡)原理的基础上,讨论重要元素及其化合物的结构、组成、性质、变化规律及其含量测定的一般方法。教材内容尽可能和生物系各专业对化学基础的要求相结合,为学习后继课程及从事专业实践打下必要的基础。

本教材是按照1977年10月普通高等学校理科化学教材编写会议所拟定的《无机及分析化学》(生物系通用)编写大纲编写的,它适用于有关高等院校生物系各专业一年级,其中个别注上*号的章节,由各校自行选择。本教材也可供农、医等院校的相近专业选用,使用它的同志们可以根据专业要求、教学对象、学时数等具体情况灵活掌握。本教材一般需要80学时(不包括打*内容),并另编有《无机及分析化学实验》教材(100学时)配合使用。

由于编写时间仓促以及限于编者水平,错误不妥之处,在所难免,敬希同志们不吝指正。

本教材承南京大学化学系戴安邦教授审阅和指导,兰州大学化学系张淑民同志和西北大学化学系刘翊纶同志也审阅了其中部分章节并提出宝贵意见,特此致谢。

编　者

1978年1月

目　　录

第一章

气体和溶液

学习要求：

1. 掌握理想气体状态方程及其应用。
2. 掌握道尔顿分压定律。
3. 理解稀溶液的依数性及其应用。
4. 熟悉溶胶的结构、性质、稳定性及聚沉作用。
5. 了解大分子溶液和凝胶。

物质通常以三种不同的聚集状态存在，即气态、液态和固态。这一章概括地介绍气体和溶液。

1.1 气　　体

1.1.1 理想气体状态方程

我们把分子本身不占体积，分子间没有相互作用力的气体称为**理想气体**(ideal gas)。理想气体实际上是不存在的，它是一种科学的抽象。通常遇到的实际气体都是非理想气体，因为它的分子本身既占有体积，而且分子间又有作用力存在。但是当实际气体处于低压(低于数百千帕)、高温(高于 273 K)的条件下，分子间距离甚大，气体的体积已远远超过分子本身所占的体积，因而可忽略后者，而且分子间作用力也因分子间距离拉大而迅速减小，故可把它近似地看作理想气体。所以理想气体是实际气体的一种极限情况。研究理想气体是为了先把研究对象简单化，在此基础上再进行一些必要的修正，推广应用于实际气体。这是科学上处理比较复杂系统时常用的一种方法。

理想气体状态方程(ideal gas equation of state)为

$$pV=nRT \tag{1-1}$$

该方程表明了气体的压力(p)、体积(V)、温度(T)和物质的量(n)之间的关系。R 称摩尔气体常数，其数值及单位可用下面的方法来确定：已知在标准状况($p=101.325$ kPa，$T=273.15$ K)下，1 mol 气体的标准摩尔体积为 $22.414\,1\times10^{-3}$ m^3，则

$$R=\frac{pV}{nT}=\frac{101.325\times10^{3}\ \text{Pa}\times22.4141\times10^{-3}\ \text{m}^{3}}{1\ \text{mol}\times273.15\ \text{K}}$$
$$=8.315\ \text{Pa}\cdot\text{m}^{3}\cdot\text{mol}^{-1}\cdot\text{K}^{-1}$$

R 也可取 8.315 kPa·L·mol^{-1}·K^{-1}或 8.315 J·mol^{-1}·K^{-1}①等单位。

理想气体状态方程还可表示为另一些形式：

$$pV=\frac{m}{M}RT \tag{1-2}$$

$$pM=\rho RT \tag{1-3}$$

式中：m 为气体的质量；M 为摩尔质量；ρ 为密度。利用式(1-1)、式(1-2)或式(1-3)，可进行一些有关气体的计算。注意，计算时要保持 p，V 与 R 单位的统一。

例 1-1 一学生在实验室中，在 73.3 kPa 和 25 ℃下收集得 250 mL 某气体。在分析天平上称量，得气体净质量为 0.118 g。求这种气体的相对分子质量。

解 将上述数据代入式(1-2)，得

$$M=\frac{mRT}{pV}=\frac{0.118\ \text{g}\times8.315\ \text{kPa}\cdot\text{L}\cdot\text{mol}^{-1}\cdot\text{K}^{-1}\times298\ \text{K}}{73.3\ \text{kPa}\times250\times10^{-3}\ \text{L}}$$
$$=16.0\ \text{g}\cdot\text{mol}^{-1}$$

所以该气体的相对分子质量为 16.0。

1.1.2 道尔顿分压定律

气体常以混合物的形式存在。如果将几种彼此不发生化学反应的气体放在同一容器中，则各种气体如同单独存在时一样充满整个容器。当几种气体混合后，各种气体的压力将发生什么变化呢？1801 年道尔顿(Dalton J)通过实验发现：**混合气体的总压力等于各组分气体分压力之和**。所谓某组分的分压力是指该组分在同一温度下单独占有混合气体的容积时所产生的压力。以上关系就称做**道尔顿分压定律**(Dalton's law of partial pressure)。

若用 p_1，p_2，…分别表示气体 1，2，…的分压力，p 代表总压力，则道尔顿分压定律可表示为

$$p=p_1+p_2+\cdots$$

或
$$p=\sum p_i \tag{1-4}$$

设有一混合气体，有 i 个组分，p_i 和 n_i 分别表示各组分的分压和物质的量，V 为混合气体的体积，则

$$p_i=\frac{n_i}{V}RT \tag{1-5}$$

由道尔顿分压定律可知

$$p=\sum p_i=\sum n_i\frac{RT}{V}=n\frac{RT}{V} \tag{1-6}$$

---

① $1\ \text{Pa}\cdot\text{m}^3=1\ \text{N}\cdot\text{m}^{-2}\cdot\text{m}^3=1\ \text{N}\cdot\text{m}=1\ \text{J}$。

式中的 n 为混合气体的总的物质的量。由此可见，气体状态方程不仅适用于某一纯净气体，也适用于气体混合物。

将式(1-5)除以式(1-6)，可得

$$\frac{p_i}{p}=\frac{n_i}{n}$$

或

$$p_i=\frac{n_i}{n}p \tag{1-7}$$

若令

$$x_i=\frac{n_i}{n}$$

则

$$p_i=x_i p \tag{1-8}$$

式(1-8)中的 x 称为**摩尔分数**(mole fraction)，可用来表示混合物中某种物质的含量。**混合物中某组分的摩尔分数即为该组分的物质的量占混合物中总物质的量的分数**。例如，某混合物由A、B两组分组成，它们的物质的量分别为 n_A、n_B，则A组分的摩尔分数 x_A 和B组分的摩尔分数 x_B 分别为

$$x_A=\frac{n_A}{n_A+n_B}=\frac{n_A}{n} \qquad x_B=\frac{n_B}{n_A+n_B}=\frac{n_B}{n}$$

由于

$$n=n_A+n_B$$

显然

$$x_A+x_B=1$$

即混合物中各组分摩尔分数之和必等于1。由此可见，式(1-8)表示混合气体某组分的分压力等于该组分的摩尔分数与混合气体总压力的乘积。这是道尔顿分压定律的另一种表达形式。

应当指出，只有理想气体才严格遵守道尔顿分压定律，实际气体只有在低压和高温下，才近似成立。

道尔顿分压定律对于研究气体混合物很重要。在实验室中常用排水取气法收集气体(图1-1)。用此法收集的气体中含有饱和的水蒸气，所以其总压为

$$p(\text{总压})=p(\text{气体})+p(\text{水蒸气})$$

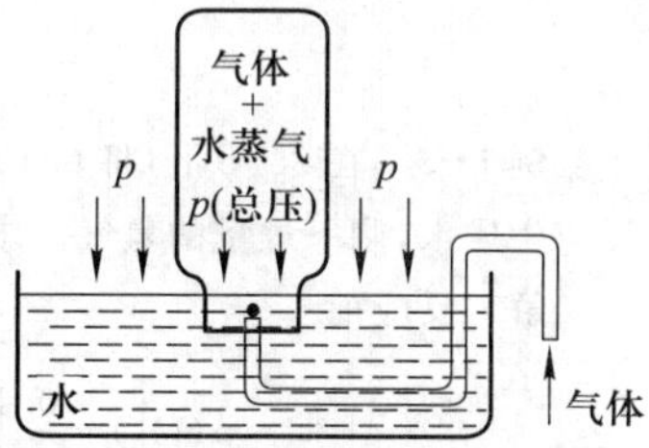

图1-1　用排水取气法收集气体

水的饱和蒸气压仅与水的温度有关(见表1-1)，因此气体的分压力应该是总压力减去该温度下的饱和水蒸气压。

例1-2　在17 ℃，99.3 kPa的气压下，用排水取气法收集氮气150 mL。求在标准状况下该气体经干燥后的体积。

解　查表1-1，17 ℃的饱和水蒸气压为1.93 kPa。

所以

$$p(N_2)=(99.3-1.93)\text{kPa}=97.4\ \text{kPa}$$

表 1-1　水在不同温度下的饱和蒸气压

温度/℃	压力/kPa	温度/℃	压力/kPa	温度/℃	压力/kPa
0	0.61	18	2.07	40	7.37
1	0.65	19	2.20	45	9.59
2	0.71	20	2.33	50	12.33
3	0.76	21	2.49	55	15.73
4	0.81	22	2.64	60	19.92
5	0.87	23	2.81	65	25.00
6	0.93	24	2.97	70	31.16
7	1.00	25	3.17	75	38.54
8	1.07	26	3.36	80	47.34
9	1.15	27	3.56	85	57.81
10	1.23	28	3.77	90	70.10
11	1.31	29	4.00	95	84.54
12	1.40	30	4.24	96	87.67
13	1.49	31	4.49	97	90.94
14	1.60	32	4.76	98	94.30
15	1.71	33	5.03	99	97.75
16	1.81	34	5.32	100	101.32
17	1.93	35	5.63	101	105.00

设 p_1, V_1, T_1 和 p_2, V_2, T_2 分别代表 N_2 在干燥前后的压力、体积和温度，则

$$\frac{p_1V_1}{T_1}=\frac{p_2V_2}{T_2}$$

$$V_2=\frac{p_1V_1T_2}{p_2T_1}=\frac{97.4\ \text{kPa}\times 150\ \text{mL}\times 273\ \text{K}}{101.325\ \text{kPa}\times 290\ \text{K}}$$

$$=136\ \text{mL}$$

例 1-3　在 25 ℃下，将 0.100 mol 的 O_2 和 0.350 mol 的 H_2 装入 3.00 L 的容器中，通电后氧气和氢气反应生成水，剩下过量的氢气。求反应前后气体的总压和各组分的分压。

解　反应前

$$p(O_2)=\frac{0.100\ \text{mol}\times 8.315\ \text{kPa·L·mol}^{-1}\text{·K}^{-1}\times 298\ \text{K}}{3.00\ \text{L}}=82.6\ \text{kPa}$$

$$p(H_2)=\frac{0.350\ \text{mol}\times 8.315\ \text{kPa·L·mol}^{-1}\text{·K}^{-1}\times 298\ \text{K}}{3.00\ \text{L}}=289\ \text{kPa}$$

$$p=82.6\ \text{kPa}+289\ \text{kPa}=372\ \text{kPa}$$

通电时 0.100 mol O_2 只与 0.200 mol H_2 反应生成 0.200 mol H_2O，而剩余 0.150 mol H_2。液态水所占的体积与容器体积相比可忽略不计，但由此产生的饱和水蒸气却必须考虑。因此反应后

$$p(H_2)=\frac{0.150\ \text{mol}\times 8.315\ \text{kPa·L·mol}^{-1}\text{·K}^{-1}\times 298\ \text{K}}{3.00\ \text{L}}=124\ \text{kPa}$$

$$p(H_2O)=3.17\ \text{kPa}\qquad \text{（由表 1-1 查得）}$$

$$p=124\ \text{kPa}+3.17\ \text{kPa}=127\ \text{kPa}$$

例 1-4 在一钢制圆筒容器中盛有 5.00 mol 石墨和 5.00 mol O_2。此混合物点火燃烧后石墨全部变成 CO_2 和 CO。当容器冷却至原来的温度时发现压力增加 17.0%。试计算最后混合气体中 CO_2、CO 和 O_2 的摩尔分数。

解 石墨燃烧反应为

$$C(s)+O_2(g) \xlongequal{} CO_2(g)^{①}$$

$$C(s)+\frac{1}{2}O_2(g) \xlongequal{} CO(g)$$

当燃烧产物为 CO_2 时，反应前后气体物质的量不变；当燃烧产物为 CO 时，反应后气体物质的量增加 1 倍。现设生成 CO 的物质的量为 x mol，则燃烧后气体物质的量的增量为 $\left(x-\frac{1}{2}x\right)$ mol，又因为温度和体积不变时压力与气体物质的量成正比，所以

$$\frac{\left(x-\frac{1}{2}x\right)\ \mathrm{mol}}{5.00\ \mathrm{mol}}=17.0\%$$

$$x=1.70$$

即
$$n(CO)=1.70\ \mathrm{mol}\quad n(CO_2)=(5.00-1.70)\ \mathrm{mol}=3.30\ \mathrm{mol}$$

$$n(O_2)=\left(5.00-\frac{1}{2}\times1.70-3.30\right)\ \mathrm{mol}=0.85\ \mathrm{mol}$$

所以产物中

$$x(CO)=\frac{1.70\ \mathrm{mol}}{(1.70+3.30+0.85)\ \mathrm{mol}}=0.291$$

$$x(CO_2)=\frac{3.30\ \mathrm{mol}}{(1.70+3.30+0.85)\ \mathrm{mol}}=0.564$$

$$x(O_2)=1.00-0.291-0.564=0.145$$

拓展知识：

等离子体

物质在一定的压力下，随温度的升高，由固态变成液态，再变成气态。温度继续升高，气态分子便解离成单个原子。若温度再进一步提升，则原子的外层电子摆脱原子核的束缚成为自由电子，失去电子的原子就成为带正电荷的离子，这个过程称为电离。处于高度电离状态的气体称为**等离子体**(plasma)。

等离子体与固、液、气三态相比，在组成和性质上均有本质的不同。就拿它与最相近的气体相比，两者间也有明显的区别：前者是一种导电流体，后者通常不导电；前者粒子间存在库仑力，并导致带电粒子群特有的集体运动，而后者分子间不存在净的电磁力；并且前者运动行为还明显地受到电磁场的影响和约束。故等离子体被视为物质的又一种基本

---

① 在反应式中，g、l 和 s 分别表示物质的气态、液态和固态，此外，aq 表示水溶液。

状态，常称之为“物质的第四态”。

产生等离子体的方法很多，如气体放电、光和激光的辐射、射线的辐射、高能粒子束轰击以及加热等方法都可产生等离子体。

等离子体在自然界中普遍存在。地球上空的电离层、南北极的极光、雷雨时的闪电以及霓虹灯和日光灯等都与等离子体密切相关。在宇宙中等离子体更是物质存在的主要形式。太阳、恒星、银河系中大部分星际物质都处于等离子体状态。人工产生的等离子体可应用于切割、喷涂、受控热核聚变反应等方面。由于等离子体技术可获得 $10^3 \sim 10^5$ K 的高温，并使化学反应速率大为加速，因此等离子体技术在化学、化工领域中也得到广泛的应用。如制备各种单质和化合物；制成单晶、多晶和非晶体；赋予材料光、电、声、磁和化学等各种功能；实现高聚物等离子聚合和表面改性等多种用途。

1.2 溶　液

1.2.1 分散系

一种或几种物质以细小的粒子分散在另一种物质里所形成的系统称**分散系**(disperse system)。被分散的物质称**分散质**(dispersate)，亦称**分散相**(dispersed phase)；把分散质分散开来的物质称**分散剂**(dispersant)，亦称**分散介质**(dispersing medium)。例如，把一些糖和泥土分别撒入水中，搅拌后形成的糖水和泥水都是分散系。其中糖和泥土是分散质，水是分散剂。按分散质粒子的大小以及形成的分散系的稳定性和形成时自发性不同，可将分散系分为分子分散系、胶体分散系和粗分散系。一般来说，分子分散系分散质粒子平均直径小于 1 nm，粗分散系分散质粒子平均直径大于 100 nm，而胶体分散系分散质粒子大小介于两者之间。

我们把系统中物理性质和化学性质完全相同的一部分称为一个**相**(phase)。相与相之间有明确的界面分隔开来。只有一个相的系统称为**单相系统**或**均相系统**(homogeneous phase system)，有两个或两个以上相的系统称**多相系统**(multiple phase system)。因此分子分散系为单相系统，而胶体分散系和粗分散系为多相系统。

分子分散系又称溶液，因此**溶液**是指分散质以分子或者比分子更小的质点(如原子或离子)均匀地分散在分散剂中所得的分散系。在形成溶液时，物态不改变的组分称为溶剂。当溶液由几种相同物态的组分形成时，往往把其中数量最多的一种组分称为溶剂。溶液可分为固态溶液(如某些合金)、气态溶液(如空气)和液态溶液。最常见、最重要的是液态溶液，特别是以水为溶剂的水溶液，因此下面主要讨论这一类溶液。

1.2.2 稀溶液的通性

不同的溶质分别溶于某种溶剂中，所得的溶液其性质往往各不相同。但是只要溶液的浓度较稀，同时溶质为难挥发非电解质时，却有一类性质相同，即这类性质只与溶液的浓度有关，而与溶质的本性无关。它包括溶液的蒸气压降低、沸点升高、凝固点降低和渗透压等，这类性质称为稀溶液的“依数性”(colligative properties),亦称稀溶液的通性。

1. 溶液的蒸气压降低

在一定温度下将某纯溶剂,如纯水,放在密闭容器中,水面上一部分水分子从水面逸出,扩散到容器的空间中成为水蒸气,这种过程称为蒸发。在水分子不断蒸发的同时,有一些水蒸气分子碰撞到水面而又成为液态水,这种过程称为凝聚。最初蒸发速度大,随着蒸气浓度的增加,凝聚速度也随之增加,最终必然达到凝聚速度与蒸发速度相等的平衡状态[图 1-2(a)]。在平衡时,水面上的蒸气浓度不再改变,这时,水面上的蒸气压力称为饱和水蒸气压,简称水蒸气压。水蒸气压与温度有关,温度越高,水蒸气压也越高(表 1-1)。当向水中加入一些难挥发非电解质的溶质时,由于溶质的加入必然会降低单位体积内水分子的数目。在单位时间内逸出液面的水分子数目便相应地减少,因此溶液在较低的蒸气压下建立平衡,即溶液的蒸气压比纯溶剂的蒸气压低[图 1-2(b)]。这里所指的溶液的蒸气压,实际上是指溶液中溶剂的蒸气压,因为难挥发的溶质的蒸气压很小,可忽略。

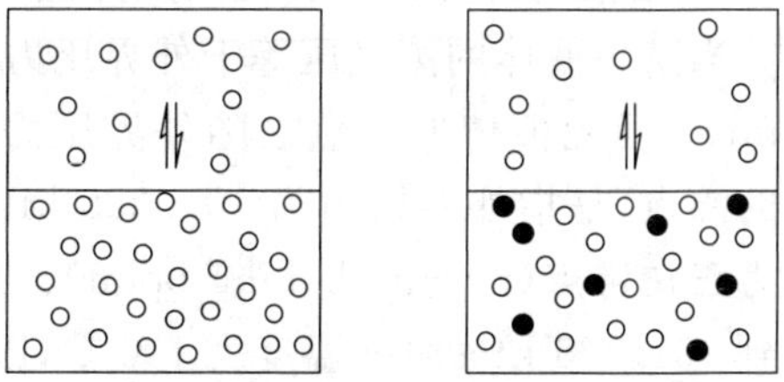

(a) 纯水的蒸气压　　(b) 溶液的蒸气压

图 1-2　溶液蒸气压下降示意图

实验证明,在一定温度下,难挥发非电解质稀溶液的蒸气压等于纯溶剂的蒸气压乘以溶剂在溶液中的摩尔分数,即

$$p=p_B^*x_B \tag{1-9}$$

式中:p 为溶液的蒸气压;p_B^* 为纯溶剂的蒸气压;x_B 为溶剂的摩尔分数。将 $x_B=1-x_A$(x_A 为溶质的摩尔分数)代入式(1-9),得

$$p=p_B^*(1-x_A)$$

$$\Delta p=p_B^*-p=p_B^*x_A \tag{1-10}$$

式(1-10)表明,**在一定温度下,难挥发非电解质稀溶液的蒸气压降低值与溶质的摩尔分数成正比**,通常称之为**拉乌尔(Raoult)定律**。此定律只适用于稀溶液,溶液越稀,越符合定律。

拉乌尔定律表达式也可用质量摩尔浓度来表示。所谓质量摩尔浓度(常以 b 表示)是指溶液中溶质的物质的量除以溶剂的质量,单位为 $mol\cdot kg^{-1}$。所以质量摩尔浓度是指每千克溶剂中所含溶质的物质的量。在稀溶液中,溶剂的物质的量 n_B 一定比溶质的物质的量 n_A 大得多,因此

$$x_A=\frac{n_A}{n_A+n_B}\approx\frac{n_A}{n_B}$$

若溶剂为水,溶解在 1 kg 水(相当于$\frac{1\,000\ g}{18.0\ g\cdot mol^{-1}}=55.6\ mol$)中的溶质的物质的量 n_A 在数值上就等于该溶液质量摩尔浓度 b,则

$$\Delta p=p_B^*x_A\approx p_B^*\frac{n_A}{n_B}\approx p_B^*\frac{b}{55.6\ mol\cdot kg^{-1}}$$

在一定温度下 p_B^* 为一常数,$p_B^*/(55.6\ mol\cdot kg^{-1})$可合并为另一常数,用 K 表示,即

$$\Delta p = K \cdot b \tag{1-11}$$

因此，拉乌尔定律也可表述为：**在一定温度下，难挥发非电解质稀溶液的蒸气压降低值与溶液的质量摩尔浓度 b 成正比。**

2. 溶液的沸点升高和凝固点降低

当某一液体的蒸气压等于外界压力时，液体即沸腾，这时的温度就是该液体的**沸点**（boiling point）。可见液体的沸点是随外界压力而改变。通常所指的沸点，是指外界压力为 101.325 kPa 下的沸点，并称之为**正常沸点**（normal boiling point）。例如，水的蒸气压达到 101.325 kPa 时的温度为 100 ℃，因此该温度是水的正常沸点。如果在水中加入难挥发的溶质之后，由于溶液的蒸气压下降，在 100 ℃ 其蒸气压小于 101.325 kPa（图 1-3），因此在 100 ℃时溶液不会沸腾。只有将温度升高，使溶液的蒸气压达到 101.325 kPa 时，溶液才会沸腾。所以由难挥发溶质形成的溶液的沸点总是高于纯溶剂的沸点。这一现象称为溶液的**沸点升高**（boiling point rising）。

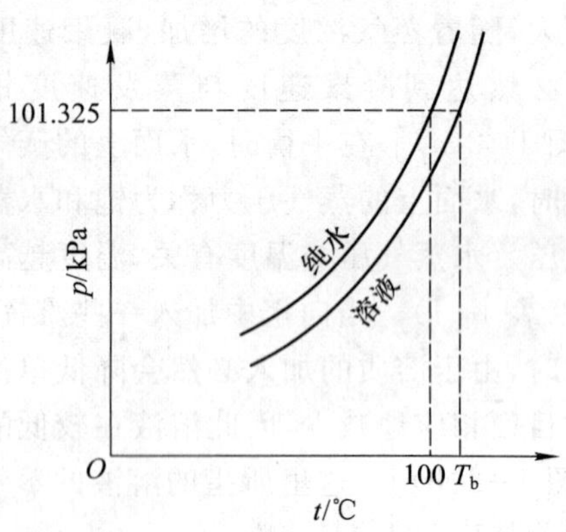

图 1-3 溶液的沸点升高

固体与液体相似，在一定的温度下也有一定的蒸气压。在一般情况下，固体的蒸气压都很小。例如，冰的蒸气压与温度的关系为

t/℃	0	−1	−5	−10	−15
p/Pa	611	562	402	260	165

某物质的**凝固点**（freezing point）是该物质的液相和固相达到平衡时的温度。从蒸气压角度来看，也就是该物质的液相蒸气压和固相蒸气压相等时的温度。因为若固相蒸气压小于液相蒸气压，则液相要向固相转化；反之，若固相蒸气压大于液相蒸气压，则固相要向液相转化。

图 1-4 中 AB 是水的蒸气压曲线，AC 是冰的蒸气压曲线，AB 与 AC 的交点对应的温度（0 ℃）即为水的凝固点。如果在 0 ℃的冰水共存系统中加入一些难挥发非电解质，溶液的蒸气压下降了。这里必须注意，溶质是溶于水中，只影响溶液的蒸气压，而对固相冰的蒸气压则没有影响，因此，此时溶液的蒸气压必定低于冰的蒸气压。由图可见，只有在更低的温度下两蒸气压才会相等。所以溶液的凝固点总是低于纯溶剂的凝固点。这一现象称为溶液的**凝固点降低**（freezing point lowering）。

由上可见，造成溶液沸点升高和凝固点降低的原因是溶液的蒸气压下降，而溶液的蒸气压下降与溶液的质量摩尔浓度成正比［见式（1-11）］，因此，可认为稀溶液的沸点升高值和凝固点降低值也与溶液的质量摩尔浓度成正比。即

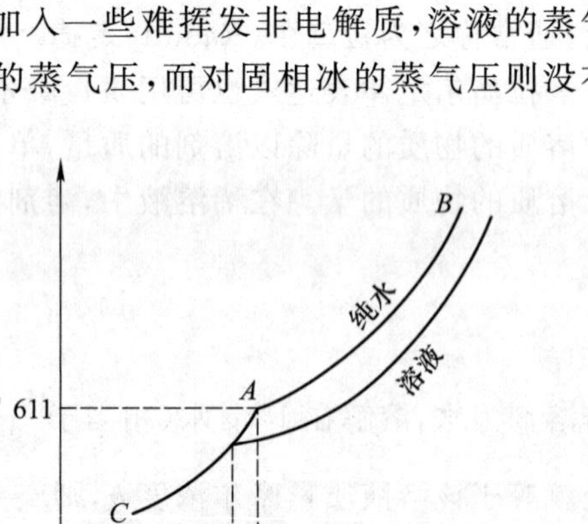

图 1-4 溶液的凝固点降低

$$\Delta T_b = K_b \cdot b \tag{1-12}$$

$$\Delta T_f = K_f \cdot b \tag{1-13}$$

式中：ΔT_b 和 ΔT_f 分别为溶液沸点升高值和凝固点降低值；K_b 和 K_f 分别称为溶剂的摩尔沸点升高常数和摩尔凝固点降低值常数，单位均为 $K \cdot kg \cdot mol^{-1}$。$K_b$ 和 K_f 的大小只取决于溶剂的本性而与溶质的本性无关。表 1-2 列出了一些常用溶剂的 K_b 和 K_f 值。

表 1-2　常用溶剂的 K_b 和 K_f

溶　剂	$K_b/(K \cdot kg \cdot mol^{-1})$	$K_f/(K \cdot kg \cdot mol^{-1})$
水	0.512	1.86
乙醇	1.22	—
苯	2.53	5.12
醋酸	3.07	3.9
氯仿	3.63	—
乙醚	2.02	—

在生产和科学实验中，溶液的凝固点降低这一性质得到广泛应用。例如，冰和盐混合物常用作制冷剂。冰的表面总附有少量水，当撒上盐后，盐溶解在水中成溶液，由于溶液的蒸气压下降，使其低于冰的蒸气压，冰就要融化。随着冰的融化，要吸收大量的热，于是冰盐混合物的温度就降低。采用 NaCl 和冰，温度最低可降到 −22 ℃，用 $CaCl_2 \cdot 6H_2O$ 和冰最低可降到 −55 ℃。凝固点降低还可用来测定作为溶质的未知物的相对分子质量。

例 1-5　将 5.50 g 某纯净试样溶于 250 g 苯中，测得该溶液的凝固点为 4.51 ℃。求该试样的相对分子质量(纯苯的凝固点为 5.53 ℃)。

解　设该试样的摩尔质量为 M，则

$$\Delta T_f = K_f \cdot b = K_f \frac{\dfrac{5.50 \times 10^{-3}\ kg}{M}}{0.250\ kg}$$

$$M = \frac{5.12\ K \cdot kg \cdot mol^{-1} \times 5.50 \times 10^{-3}\ kg}{(5.53 - 4.51)\ K \times 0.250\ kg} = 0.110\ kg \cdot mol^{-1}$$

所以该试样的相对分子质量为 110。

3. 渗透压

如果用一种半透膜(如动物的膀胱、植物的表皮层、人造羊皮纸等)将蔗糖溶液和水分隔开(图 1-5)，这种半透膜只允许水分子通过，而糖分子却不能通过，因此糖分子扩散就受到了限制。由于在单位体积内，纯水比蔗糖溶液中的水分子数目多一些，所以在单位时间内，进入蔗糖溶液中的水分子数目比离开的多，结果使糖溶液的液面升高(图 1-6)。这种溶剂分子通过半透膜自动扩散的过程称为**渗透**(osmosis)。如果在蔗糖溶液的液面上施加压力，使两边的液面重新持平，这时水分子从两边穿过的数目完全相等，即达到渗透平衡。这时溶液液面上所施加的压力就是该溶液的渗透压。因此，**渗透压**(osmotic pressure)是为了在半透膜两边维持渗透平衡而需施加的压力。

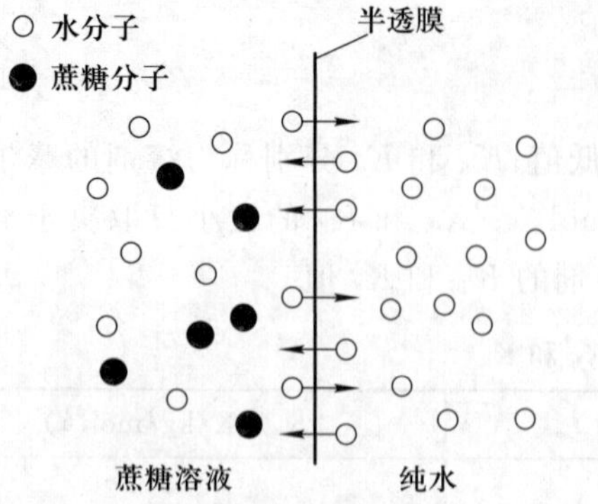

图 1-5　渗透示意图

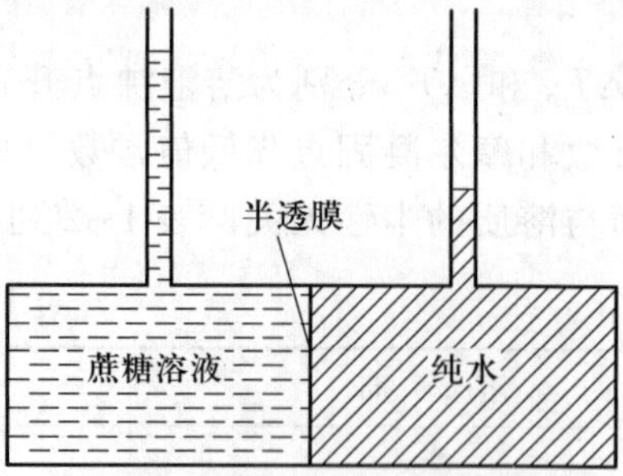

图 1-6　产生渗透压示意图

如果外加在溶液上的压力超过渗透压，则反而会使溶液中的水向纯水的方向渗透，使水的体积增加，这个过程叫做**反渗透**(reverse osmosis)。反渗透广泛应用于海水淡化、工业废水和污水处理以及溶液浓缩等方面。

1887 年，荷兰物理化学家范托夫(van't Hoff J H)综合渗透实验结果，指出了稀溶液的渗透压 Π 与温度、浓度有如下的关系：

$$\Pi V = nRT \tag{1-14}$$

或

$$\Pi = cRT \tag{1-15}$$

式中：V 是溶液的体积；n 是该体积中所含溶质的物质的量；R 是摩尔气体常数①；T 是热力学温度；c 是物质的量浓度。对很稀的溶液，c 的数值与质量摩尔浓度 b 的数值很接近，因此，也可用 b 代替 c 进行近似计算。

从式(1-15)可以看出，在一定的温度下，稀溶液的渗透压与溶液的浓度成正比，也就是说，与溶液中所含溶质的粒子数目成正比，而与溶质的本性无关。实验证明，即使像蛋白质这样大的分子，其溶液的渗透压也是与小分子一样，由它们的质点数目所决定。必须注意，渗透压只是当溶液与溶剂被半透膜分隔开时才会产生。另外，如果半透膜内外是两种不同浓度的溶液，则稀、浓溶液之间同样也能产生渗透压。

渗透压在生物学中具有重要意义。动植物细胞膜大多具有半透膜的性质，因此水分、养料在动植物体内循环都是通过渗透而实现的。植物细胞汁的渗透压可达 2×10^3 kPa，所以水由植物的根部可输送到高达数十米的顶端。人体血液平均的渗透压约为 780 kPa。在作静脉输液时，应该使用渗透压与其相同的溶液，在医学上把这种溶液称为等渗溶液。例如，临床上使用的质量分数为 0.9%的生理盐水或质量分数为 5%的葡萄糖溶液就是等渗溶液。如果静脉输液时使用非等渗溶液，就可能产生严重后果。如果输入溶液的渗透压小于血浆的渗透压(医学上称这种溶液为低渗溶液)，水就会通过血红细胞膜向细胞内渗透，致使细胞肿胀甚至破裂，这种现象医学上称为溶血。如果输入溶液的渗透压大于血浆的渗透压(医学上称之为高渗溶液)，血红细胞内的水会通过细胞膜渗透出来，引起血红细胞的皱缩，并从悬浮状态中沉降下来，这种现象医学上称为胞浆分离。

---

① 因为浓度 c 的体积通常用 L 作单位，所以这里的 R 应该取 8.315 kPa·L·mol^{-1}·K^{-1}。

溶液的渗透压也可用来测定溶质的相对分子质量。它特别适用于测定大分子化合物的相对分子质量。例如，血红蛋白的相对分子质量可高达 7×10^4，1 L 水中含 20 g 血红蛋白的溶液，若用凝固点降低法测定，该溶液的凝固点只降低了 5×10^{-4}℃，若用渗透压法测定，其渗透压可高达 700 Pa。显然前者很难测准，而测准后者是毫无困难的。

应当指出，浓溶液和电解质溶液也同样有蒸气压降低、沸点升高、凝固点降低和渗透压等现象，但是以上介绍的依数性与浓度的定量关系却不适用。因为在浓溶液中，溶质浓度大，溶质粒子间以及溶质与溶剂间相互影响增大，造成依数性与浓度的定量关系发生偏离。在电解质溶液中，由于电解质解离成离子，一方面使溶液中溶质粒子数增加，另一方面带电的离子间相互作用很强，所以依数性定量关系也不适用于强电解质溶液(参见 4.3 节)。挥发性溶质对溶液依数性的影响更为复杂。例如，在水中加入少许乙醇，由于乙醇的挥发性大于水，在一定的温度下，乙醇水溶液的蒸气压(是水蒸气压和乙醇蒸气压之和)就会大于纯水的蒸气压。由于易挥发溶质的加入使溶液的蒸气压升高，所以其沸点下降了。但是乙醇水溶液的凝固点是冰的蒸气压与溶液中水蒸气分压达平衡时的温度，不管是难挥发还是易挥发的溶质，都会降低溶液中水蒸气分压，所以凝固点都是降低的。

1.3 胶体溶液

胶体分散系按分散相和分散介质聚集态不同可分成多种类型，其中以固体分散在水中的**溶胶**(sol)为最常见。本节主要介绍这种类型的胶体。

溶胶中的粒子大小为 1～100 nm，它含有数百万乃至上亿个原子，是一类难溶的多个分子聚集体。所以溶胶是多相的高分散系统，具有很高的表面能。从热力学角度来看，它是不稳定系统。胶体粒子有互相聚结而降低其表面能的趋势，即具有聚结不稳定性。正因这个原因，在制备溶胶时要有稳定剂存在，否则得不到稳定的溶胶。由此可见，溶胶的基本特征是：多相性、高分散性和热力学不稳定性。溶胶的各种性质都是与这些基本特征有关。

1.3.1 溶胶的制备

要制得稳定的溶胶，需满足两个条件：一是分散相粒子大小在合适的范围内；二是胶粒在液体介质中保持分散而不聚结，为此必须存在稳定剂。制备方法大致可分为两类。

(1) 分散法　分散法是用适当的手段使大块物质在有稳定剂存在下分散成胶体粒子般大小。常用的方法有：① 研磨法，用特殊的胶体磨，将粗颗粒研细。② 超声波法，用超声波所产生的能量来进行分散作用。③ 电弧法，此法可制取金属溶胶，它实际上包括了分散和凝聚两个过程，即在放电时金属原子因高温而蒸发，随即又被溶液冷却而发生一定程度的凝聚。④ 胶溶法，它并不是把粗粒子分散成溶胶，而只是使暂时凝聚起来的分散相又重新分散开来。许多新鲜的沉淀经洗涤除去过多的电解质后，再加入少量的稳定剂，则又可制成溶胶。例如：

$$Fe(OH)_3\text{(新鲜沉淀)}\xrightarrow[\text{(稳定剂)}]{\text{加 }FeCl_3}Fe(OH)_3\text{(溶胶)}$$

(2) 凝聚法　凝聚法又可分为物理凝聚法和化学凝聚法两种。物理凝聚法是利用适当的物理过程使某些物质凝聚成胶粒般大小的粒子。例如，将汞蒸气通入冷水中就可得到汞溶胶。化学凝聚法是使能生成难溶物质的反应在适当的条件下进行。反应条件必须选择恰当，使凝聚过程达到一定的阶段即行停止，所得到的产物恰好处于胶体状态。例如，将 H_2S 通入稀的亚砷酸溶液，通过复分解反应，可得到硫化砷溶胶：

$$2H_3AsO_3 + 3H_2S \xlongequal{\quad} As_2S_3(\text{溶胶}) + 6H_2O$$

此外，还可通过水解反应和氧化还原反应等制得溶胶。如

$$FeCl_3 + 3H_2O \xlongequal{\text{沸腾}} Fe(OH)_3(\text{溶胶}) + 3HCl$$

$$2AuCl_3 + 3HCHO + 3H_2O \xlongequal{\triangle} 2Au(\text{溶胶}) + 6HCl + 3HCOOH$$

1.3.2 溶胶的性质

1. 动力性质——布朗运动

英国植物学家布朗(Brown R)用显微镜观察到悬浮在液面上的花粉颗粒不断地作不规则运动，后来用超显微镜观察到溶胶中胶粒的运动也与此类似，故称为**布朗运动**(Brownian motion)。布朗运动是由于不断热运动的液体介质分子对胶粒撞击的结果。对很小但又比液体介质分子大得多的胶粒来说，由于不断地受到不同方向、不同速度的液体分子的撞击，受到的力是不平衡的，所以它们时刻以不同的方向、不同的速度作不规则运动。胶粒越小，布朗运动就越剧烈。布朗运动是胶体分散系的特征之一。

2. 光学性质——丁铎尔效应

英国物理学家丁铎尔(Tyndall J)发现，若使一束聚光通过溶胶，则从侧面(即光束垂直的方向)可以看到一个发光的圆锥体(图 1-7)，此即为**丁铎尔效应**(Tyndall effect)。当光线射入分散系统时，可能发生两种情况：① 若分散相的粒子大于入射光的波长，则主要发生光的反射。粗分散系就属于这种情况。② 若分散相的粒子小于入射光的波长，则主要发生光的散射。此时每个粒子变成一个新的小光源，向四面八方发射与入射光波长相同的光波。可见光的波长为 400～700 nm，而溶胶粒子的直径为 1～100 nm，因此会发生光的散射。真溶液中分子和离子体积太小，光散射现象微弱得难以用肉眼观察。据此，可以用丁铎尔效应来区别溶胶和真溶液。

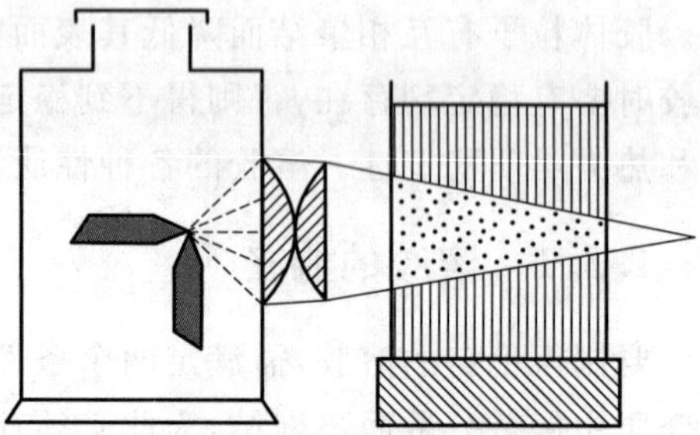

图 1-7 丁铎尔效应

3. 电学性质——电泳

在外加电场下，胶体粒子在分散介质中的定向移动称为**电泳**(electrophresis)。例如，在一个 U 形管中装入金黄色的 As_2S_3 溶胶，在 U 形管的两端各插入一银电极，通电后可以观察到正极附近的溶胶颜色逐渐变深，负极附近的溶胶颜色逐渐变浅。As_2S_3 溶胶的胶粒在电场中由负极向正极运动，显示它带负电。胶粒带何种电荷有时与制备方法有关，但是多数情况下，金属硫化物、硅酸、土壤、淀粉及金、银等胶粒带负电，称负溶胶；多数情况下，金属氢氧化物的胶粒带正电，称正溶胶。

1.3.3 胶团结构和电动电势

1. 胶团结构

胶体的性质与其结构有关。现以稀 $AgNO_3$ 与过量的稀 KI 溶液反应制备 AgI 溶胶为例，说明其结构。图 1-8 是这种 AgI 溶胶的胶团结构示意图。小圆圈表示胶核，m 表示胶核中所含 AgI 的分子数，通常是一个很大的数值(约 10^3 左右)。由于 KI 是过量的，溶液中还有 K^+，NO_3^-，I^- 等离子。因为胶核有选择性地吸附与其组成相类似离子的倾向，所以 I^- 在其表面优先被吸附，使胶核带上负电荷。溶液中与其电性相反的 K^+(称为反离子)，它一方面受胶核电荷的吸引有靠近胶核的趋势，另一方面本身的热运动有远离胶核的趋势，在这种情况下，一部分反离子也被吸附在胶核表面而形成吸附层，图中用中圆圈表示。胶核和吸附层构成胶粒，在溶胶中胶粒是独立运动的单位。剩下的其余反离子松散地分布在胶粒外面、形成了扩散层。扩散层和胶粒合称胶团。以上的胶团结构也可用如下简式表示：

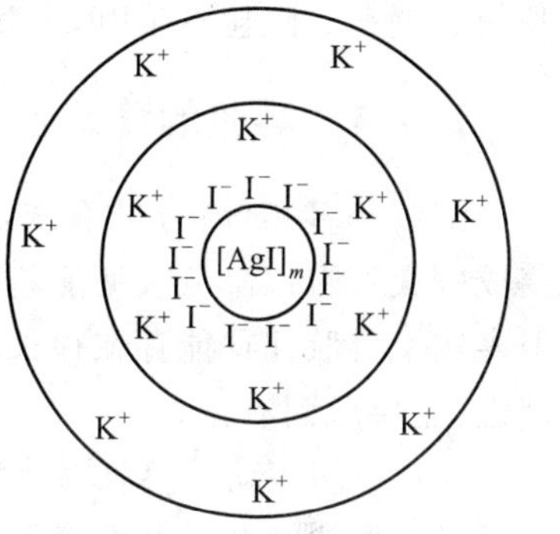

图 1-8 AgI 胶团结构示意图

$$\underbrace{\underbrace{[\underbrace{(AgI)_m}_{\text{胶核}}\cdot nI^-\cdot(n-x)K^+]^{x-}}_{\text{胶粒}}\cdot xK^+}_{\text{胶团}}$$

胶粒除吸附作用使其带电外，有些胶粒表面分子本身的解离也可使其带电，如硅酸溶胶。

2. 电动电势

由以上胶团结构可知，胶粒与扩散层之间形成了扩散双电层。对于胶粒带正电，扩散层带负电的情况，双电层如图 1-9 所示。图中纵坐标表示电势的高低，横坐标表示离胶粒固相表面的距离。MN 为胶粒固相的界面，AB 为胶粒运动时的滑动面。所以 MA 为吸附层的厚度，AC 为扩散层的厚度。从胶粒固相表面到液体内部的电势差称为热力学电势 φ，其数值与胶粒固相直接吸附离子的数量有关，而与其他离子的存在无关。滑动面 AB 到液体内部的电势差称为 **ζ**(读作 zeta)**电势**，ζ 电势只有在电场作用下，胶粒和介质作相对移动时才能表现出来，故又称**电动电势**(electrokinetic potential)。因吸附层中的反离子抵消了固相表面的部分电荷，所以 $|\zeta|<|\varphi|$。$|\zeta|$ 的大小与反离子在双电层中分布情况有关，在吸附层中反离子越多，中和掉胶粒的表面电荷就越多，$|\zeta|$ 就越小。所以，ζ 是衡量胶粒所带净电荷多少的物理量。ζ 电势的正负由胶粒所吸附离子的电荷决定。吸附正离子，ζ 电势为正；吸附负离子，ζ 电势为负。

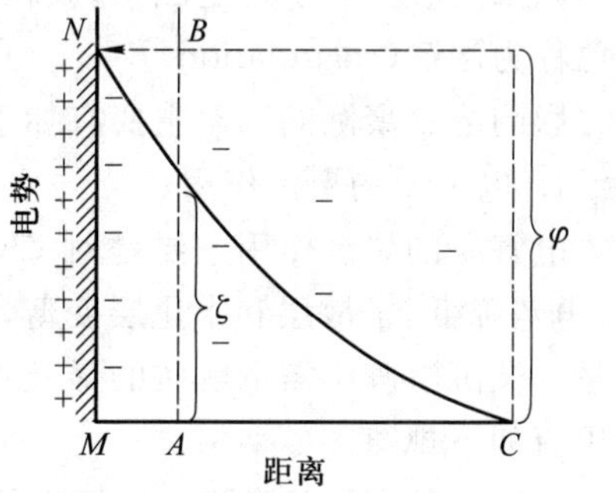

图 1-9 胶粒与介质之间的双电层及电势差

电解质对电动电势的影响是非常显著的，只要加入很少的电解质就会引起 ζ 电势很大的变化。这是由于外加电解质浓度增大时，会有更多的反离子进入吸附层，从而使扩散层变薄，$|\zeta|$ 下降（图 1-10）。当电解质的浓度增加到一定值时，扩散层厚度变为零，即吸附层中反离子已完全抵消了胶粒表面的电荷，ζ 电势也就等于零，此即溶胶的等电态。胶粒不带电，溶胶处于最不稳定状态。

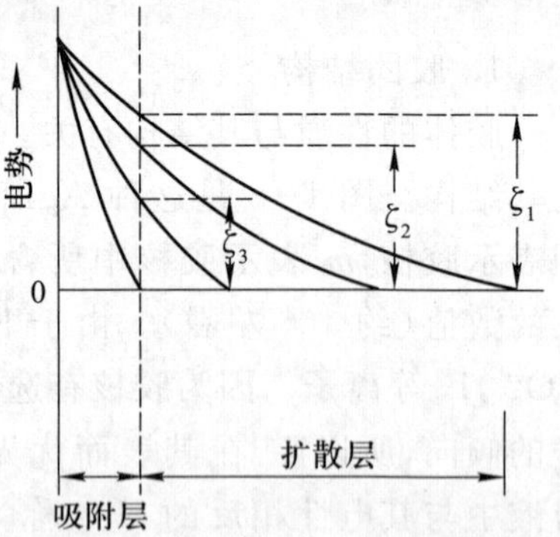

图 1-10　电解质对 ζ 电势的影响

1.3.4　溶胶的稳定性和聚沉

溶胶是多相、高分散系统，具有很大的表面能，有自发聚集成较大颗粒以降低表面能趋势，因而是热力学不稳定系统。但事实上溶胶往往能存在很长时间。溶胶之所以有相对的稳定性，主要原因有：

（1）布朗运动　溶胶因分散度大，粒径小，布朗运动剧烈，故能克服重力引起的沉降作用。

（2）胶粒带电　由于胶粒带有相同电荷，当两胶粒接近时，静电斥力的作用使它们又将分开。胶粒带电是多数溶胶能稳定存在的主要原因。

（3）溶剂化作用　溶剂化作用是指溶剂分子在溶质分子或离子周围作有序排列所产生的作用。例如，NaCl 溶于水时，极性的水分子在 Na^+ 的周围因静电力的作用以其负电端趋向 Na^+，正电端远离 Na^+ 的方式排列，在 Cl^- 周围排列的方式则相反，水分子正电端趋向 Cl^-，负电端远离 Cl^-（图 1-11）。溶剂为水时则常称为水化作用或水合作用。溶胶胶团结构中吸附层和扩散层的离子在水溶液中都是水化的，在此水化层保护下，胶粒就难因碰撞而聚沉。

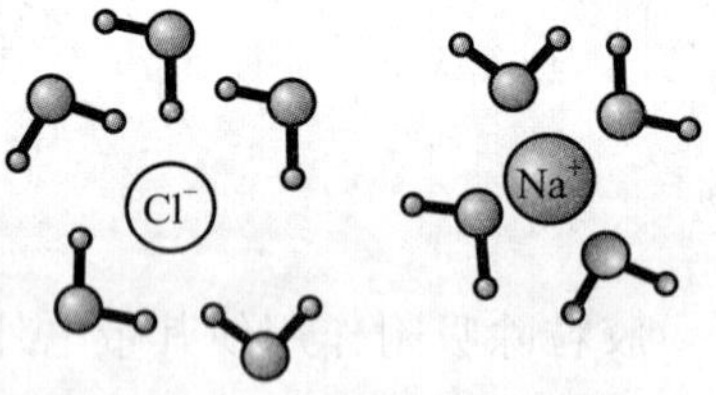

图 1-11　Na^+ 和 Cl^- 的水合作用

溶胶的稳定性可用 $|\zeta|$ 来衡量。$|\zeta|$ 越大，胶粒带电荷量就越多，扩散层厚，溶剂化层也厚，溶胶就越稳定。

如果溶胶失去了稳定因素，胶粒相互碰撞将导致颗粒聚集变大，最后以沉淀形式析出，这种现象称为**聚沉**（coagulation）。

影响溶胶聚沉的因素主要有如下几个方面。

1. 电解质的聚沉作用

电解质的聚沉作用主要是对 ζ 电势产生影响。电解质加入，使更多的反离子进入吸附层，$|\zeta|$ 电势降低，扩散层和水化层变薄，溶胶稳定性降低。电解质对溶胶的聚沉能力可用聚沉值来衡量。聚沉溶胶所需电解质的最低浓度称为聚沉值，单位为 $mmol \cdot L^{-1}$。电解质对溶胶的聚沉作用有如下规律。

（1）电解质聚沉溶胶起主要作用的离子是与胶粒带相反电荷的离子。这种离子价态越高，聚沉能力越强，即聚沉值越小。一般来说，异号电荷离子价态为 1、2、3 时，其聚沉值之比约为 1∶0.16∶0.001 4。

（2）价态相同的异号电荷离子，其聚沉能力也略有不同。如对负溶胶来说，一价碱金属离子的聚沉能力是 $Cs^+ > Rb^+ > K^+ > Na^+ > Li^+$；对正溶胶来说，聚沉能力是 $Cl^- > Br^- > NO_3^- > I^-$。这是因为离子的聚沉能力与离子在水溶液中实际大小有关。离子在水溶液中都会形成水合离子，水合离子半径越小，聚沉能力越强。正离子因半径小水合程度大，所以半径最小的 Li^+ 水合程度最大，造成水合 Li^+ 半径反而比水合 Cs^+ 半径大。负离子因半径大水合程度小，故原来离子半径大小的次序基本上决定了其水合离子半径大小的次序。

2. 溶胶的相互聚沉

将带相反电荷的溶胶混合，由于异性相吸，相互中和电性而发生聚沉。明矾净水作用就是溶胶相互聚沉的典型例子。因天然水中胶态的悬浮物大多带负电，而明矾在水中水解产生的 $Al(OH)_3$ 溶胶带正电，它们相互聚沉而使水净化。

3. 加热

升高温度有利于被吸附离子的解吸，从而降低了 $|\zeta|$ 电势；同时，升温能加速溶胶粒子的热运动，增加它们相互碰撞的机会。

拓展知识：

纳米材料

纳米科学技术是目前科研领域中最活跃的内容之一，纳米材料是纳米科学技术的基础。最近几年，纳米材料研究已取得飞速的发展，材料的制备水平已日趋深入、成熟和多样化。

纳米微粒的尺寸一般界定为 1～100 nm。由于其尺寸与胶粒尺寸在同一范围，所以对胶体的制备和测试，对胶体的宏观、微观认识都受到纳米科技界的关注和重视。纳米微粒的粒度处于宏观物质和微观粒子交界的过渡区域，因而它具有许多既不同于宏观物质，又不同于微观粒子的特性。纳米材料是指材料的某一尺寸处于纳米级并由此赋予其新特性的材料。

纳米微粒因粒径小，表面积大，故表面原子数与总原子数之比随粒径变小而急剧增大。例如，当粒径为 10 nm 时，表面原子数约占总原子数的 20%，当粒径减小到 1 nm 时，这一比例急剧上升到 99%。界面上原子的配位结构既不同于晶体，也不同于非晶体，而更接近于气态。纳米微粒粒径小、表面积大的特点，导致它产生特殊的表面和界面效应、临界尺寸效应、量子尺寸效应和量子隧道效应等。因此纳米材料的晶体尺寸小到纳米级时，性质上的改变不是一种量变，而是一种质变，呈现出一系列奇异的物理和化学特性。例如，纳米银在 100 ℃时即熔化，而普通银的熔点为 961 ℃；纳米铁的抗断裂应力比普通铁高 12 倍；用纳米铂作催化剂可使乙烯氢化反应的温度从 600 ℃降至室温；中科院化学所研制的纳米塑料，其耐磨性竟然是黄铜的 27 倍。目前很多纳米材料已进入工业化生产。随着人们对纳米材料的光、电、磁、热和力学等性能方面研究的不断深入，它的应用前景将十分诱人。因此纳米材料被誉为 21 世纪的新材料。

纳米材料也广泛应用于生物和医药领域。例如，人体器官的移植和再造，不仅要求材料具有其功能性，而且还要求材料具有良好的生物相融性。使用纳米磷酸钙骨水泥制成的人造器官植入人体后，与肌体亲和性好，在体内不会引起排异反应，并且具有可降解性，最终可实现融为一体性的移植。纳米材料在该领域一个代表性的研究方向是“功能化纳米颗粒”的设计。纳米微粒比人体中红细胞小100多倍，可以在血浆中自由运动。利用纳米微粒组装成纳米颗粒，利用它尺寸上的优势，可以在人体内畅通无阻。如果再在纳米颗粒上实施各种分子设计，使其具有“识别”和“定向”功能，则可用于疾病的早期检测，药物的定向输送，疏通脑血管中的血栓，清除心脏动脉沉积物等。据最近报道，德国自然与科学研究所已组装成功一种磁性纳米颗粒。它可轻松地钻进人的血管，在外加磁场的导航下，到达病变部位。按照医生的指令，进行连贯的CT造影或B超拍摄，拍摄出病变处的每一微小的细节。目前该技术已通过动物实验，进入了临床前期的准备工作，相信不久就可用于日常医疗中。

1.3.5 大分子溶液及凝胶

相对分子质量大于10^4的化合物称为**大分子化合物**(macromolecular compound)。它包括天然和合成两大类。前者如蛋白质、核酸、DNA(脱氧核糖核酸)等，是构成生物体的基础；后者如合成橡胶、合成塑料、合成纤维等。大分子的分子大小与胶粒大小相近，因此，它的溶液表现出某些溶胶的性质，如扩散速度慢，分散相质点不能通过胶体半透膜等。因此，研究大分子化合物的某些方法，也和研究溶胶的方法有相似之处。

但是，大分子物质在溶液中都是以单个分子存在的，它与小分子溶液一样，是单相的热力学稳定系统。许多大分子溶液与小分子溶液另一个相同点是溶解的可逆性①。例如，小分子的蔗糖和大分子的动物胶分别溶于水中形成溶液，加热蒸发掉水，重新得到蔗糖和动物胶。再加水，又能形成溶液。溶胶却不同，它一旦聚沉，就很难用简单的方法使其再成为溶胶。

大分子溶液很稳定，不像溶胶那样容易聚沉。要使大分子物质从水溶液中析出，必须加大量的电解质，这个过程称为**盐析**(salting out)。盐析的主要作用是去溶剂化。溶质之所以能溶于溶剂，很大程度上是由于溶质粒子与溶剂分子之间存在着较大的相互作用力。去溶剂化就是加入大量电解质来争夺溶剂，使原来的溶质失去溶剂化而析出。盐析和加电解质聚沉溶胶是两种性质完全不同的过程，后者电解质用量比前者少得多。

在容易聚沉的溶胶中，加入适量的大分子溶液(如动物胶、蛋白质等)，可以大大增加溶胶的稳定性，这种作用叫做**保护作用**(protective effect)。土壤中的胶体，因受到腐殖质等大分子物质的保护作用，使胶体更加稳定，因而有利于营养物质的迁移。又如人血液中含有碳酸镁、碳酸钙等难溶盐，它们都是以溶胶形式存在，且被血清蛋白等保护着。当人患某些疾病时，保护物质含量减少，导致溶胶聚沉，这也是各种结石病产生的原因之一。

凝胶(gel)是一种特殊的分散系统。它是由胶体粒子或线形大分子之间相互连接，形成立体网状结构，大量的溶剂分子被分隔在网状结构的空隙中而失去流动性所形成的。其性质介于固体和液体之间。从外表看，它呈固体或半固体状，但又和真正的固体不完全一样，其内部结构的强度往往很有限，容易被破坏。形成凝胶的过程称为胶凝。胶凝过程就是网状结构形成和加固

① 有些大分子溶液，如许多蛋白质，当脱水后，蛋白质会发生变性，因而丧失溶解的可逆性。

的过程。例如，硅酸溶胶在一定 pH 下可胶凝成硅酸凝胶；在热水中制备质量分数为 2%～3% 的动物胶溶液，冷却后也成为凝胶。凝胶存在是极其普遍的，如工业上的橡胶、明胶、琼脂，食品中的粉皮、奶酪，甚至自然界中的淤泥、土壤等都可看作凝胶。在生物学和生理学中有重要意义的细胞膜、红细胞膜和肌肉组织的纤维也都是凝胶状物体。不少生理过程，如血液的凝结、人体的衰老也与凝胶有关。

习　题

1. 在 0 ℃和 100 kPa 下，某气体的密度是 1.96 $g\cdot L^{-1}$。试求它在 85.0 kPa 和 25 ℃时的密度。

2. 在一个 250 mL 容器中装入一未知气体至压力为 101.3 kPa，此气体试样的质量为 0.164 g，实验温度为 25 ℃，求该气体的相对分子质量。

3. 收集反应中放出的某种气体并进行分析，发现 C 和 H 的质量分数分别为 0.80 和 0.20。并测得在 0 ℃和 101.3 kPa 下，500 mL 此气体质量为 0.669 5 g。试求该气态化合物的最简式、相对分子质量和分子式。

4. 将 0 ℃和 98.0 kPa 下的 2.00 mL N_2 和 60 ℃ 53.0 kPa 下的 50.0 mL O_2，在 0 ℃混合于一个 50.0 mL 容器中。此混合物的总压力是多少？

5. 现有一气体，在 35 ℃ 101.3 kPa 的水面上收集，体积为 500 mL。如果在同样条件下将它压缩成250 mL，干燥气体的最后分压是多少？

6. $CHCl_3$ 在 40 ℃时蒸气压为 49.3 kPa。于此温度和 101.3 kPa 压力下，有 4.00 L 空气缓慢地通过 $CHCl_3$（即每个气泡都为 $CHCl_3$ 蒸气所饱和）。求：

(1) 空气和 $CHCl_3$ 混合气体的体积是多少？

(2) 被空气带走的 $CHCl_3$ 质量是多少？

7. 在 15 ℃和 100 kPa 压力下，将 3.45 g Zn 和过量酸作用，于水面上收集得 1.20 L 氢气。求 Zn 中杂质的质量分数(假定这些杂质和酸不起作用)。

8. 定性地画出一定量的理想气体在下列情况下的有关图形：

(1) 在等温下，pV 随 V 变化；

(2) 在等容下，p 随 T 变化；

(3) 在等压下，T 随 V 变化；

(4) 在等温下，p 随 V 变化；

(5) 在等温下，p 随 $\frac{1}{V}$ 变化；

(6) pV/T 随 p 变化。

9. 在 57 ℃，让空气通过水，用排水取气法在 100 kPa 下，把气体收集在一个带活塞的圆筒中。此时，湿空气体积为 1.00 L。已知在 57 ℃，$p_{H_2O}=17$ kPa；在 10 ℃，$p_{H_2O}=1.2$ kPa。问：

(1) 温度不变，若压力降至 50 kPa，该气体体积为多少？

(2) 温度不变，若压力增至 200 kPa，该气体体积为多少？

(3) 压力不变，若温度升至 100 ℃，该气体体积为多少？

(4) 压力不变，若温度降至 10 ℃，该气体体积为多少？

10. 已知在标准状况下 1 体积的水可吸收 560 体积的氨气，此氨水的密度为 0.90 $g\cdot mL^{-1}$。求此氨溶液的质量分数和物质的量浓度。

11. 经化学分析测得尼古丁中碳、氢、氮的质量分数依次为 0.740 3，0.087 0，0.172 7。今将 1.21 g 尼古丁溶于 24.5 g 水中，测得溶液的凝固点为 −0.568 ℃。求尼古丁的最简式、相对分子质量和分子式。

12. 为了防止水在仪器内冻结，在里面加入甘油，如需使其凝固点降低至-2.00 ℃，则在每 100 g 水中应加入多少克甘油（甘油的分子式为 $C_3H_8O_3$）？

13. 在下列溶液中：(a) 0.10 $mol \cdot L^{-1}$ 乙醇，(b) 0.05 $mol \cdot L^{-1}$ $CaCl_2$，(c) 0.06 $mol \cdot L^{-1}$ KBr，(d) 0.06 $mol \cdot L^{-1}$ Na_2SO_4

(1) 何者沸点最高？

(2) 何者凝固点最低？

(3) 何者蒸气压最高？

14. 医学临床上用的葡萄糖等渗液的凝固点为-0.543 ℃，试求此葡萄糖溶液的质量分数和血浆的渗透压（血液的温度为 37 ℃）。

15. 下面是海水中含量较高的一些离子的浓度（单位为 $mol \cdot kg^{-1}$）：

Cl^-	Na^+	Mg^{2+}	SO_4^{2-}	Ca^{2+}	K^+	HCO_3^-
0.566	0.486	0.055	0.029	0.011	0.011	0.002

今在 25 ℃欲用反渗透法使海水淡化，试求所需的最小压力。

16. 20 ℃时将 0.515 g 血红素溶于适量水中，配成 50.0 mL 溶液，测得此溶液的渗透压为 375 Pa。求：

(1) 溶液的浓度 c；

(2) 血红素的相对分子质量；

(3) 此溶液的沸点升高值和凝固点降低值；

(4) 用(3)的计算结果来说明能否用沸点升高和凝固点降低的方法来测定血红素的相对分子质量。

17. 写出 As_2S_3（H_2S 为稳定剂）的胶团结构简式。

18. 若聚沉以下 A、B 两种胶体，试分别将 $MgSO_4$，$K_3[Fe(CN)_6]$和 $AlCl_3$ 三种电解质按聚沉能力大小的顺序排列。

A：100 mL 0.005 $mol \cdot L^{-1}$ KI 溶液和 100 mL 0.01 $mol \cdot L^{-1}$ $AgNO_3$ 溶液混合制成的 AgI 溶胶。

B：100 mL 0.005 $mol \cdot L^{-1}$ $AgNO_3$ 溶液和 100 mL 0.01 $mol \cdot L^{-1}$ KI 溶液混合制成的 AgI 溶胶。

19. 解释下列术语：ζ 电势、凝胶、盐析、反渗透。

20. 解释下列现象：

(1) 海鱼在淡水中会死亡。

(2) 盐碱地上植物难以生长。

(3) 雪地里洒些盐，雪就融化了。

(4) 江河入海处易形成三角洲。

(5) 有一金溶胶，先加明胶（一种大分子溶液）再加 NaCl 溶液时不发生聚沉，但先加 NaCl 溶液时发生聚沉，再加明胶也不能复得溶胶。

第二章

化学热力学初步

学习要求：

1. 了解热力学能、焓、熵和吉布斯自由能等状态函数的概念。
2. 理解热力学第一定律、第二定律和第三定律的基本内容。
3. 掌握化学反应的标准摩尔焓变的各种计算方法。
4. 掌握化学反应的标准摩尔熵变和标准摩尔吉布斯自由能变的计算方法。
5. 会用 ΔG 来判断化学反应的方向，并了解温度对 ΔG 的影响。
6. 理解范托夫等温方程，了解压力和浓度对 ΔG 的影响。

化学热力学主要解决化学反应中的两个问题：① 化学反应中能量是如何转化的；② 化学反应朝着什么方向进行，及其限度如何。

判断化学反应能否自发进行，是化学工作者最关心的问题之一。在自然界中，许多变化都有一定的方向性。例如，热量总是从高温物体流向低温物体；气体总是从压力大的地方向压力小的地方流动；溶液中的溶质总是从浓度大的向浓度小的一方扩散。那么，对化学反应来说，是什么因素决定其反应的方向性呢？通过本章的学习，将找到判断包括化学反应在内的各种变化能否自发进行的共同判据。

热力学是讨论大量质点的统计平均行为，即物质的宏观性质，它不涉及物质内部结构，不需对物质的微观结构预先作任何假定，故所得的结论有高度的可靠性。但是必需指出，自发过程不意味着很快进行。当将装有糖浆的罐子倒过来时，糖浆有流下来的趋势，但是在低温下它流速很慢。H_2 和 O_2 有自发反应生成 H_2O 的趋势，但是将这两种气体混合，只要不遇到火星，可安全地保存数百年。因此这里需明确，在本章中涉及的热力学变化，我们探讨的仅仅是反应的趋势，而这趋势能否实现还取决于它的速率。反应速率是在热力学研究范围之外，将在下一章中讨论。

2.1 热力学一些常用术语

系统和环境 用热力学方法研究问题，对研究对象要先确定其范围。为此，把一部分物体人为地与其余部分划分开来，作为研究的对象。被划作研究对象的这一部分物体称为**系统**（system）；而系统以外，与其密切相关的部分称为**环境**（surroundings）。例如，如果要研究 NaCl 溶液

与 $AgNO_3$ 溶液之间的反应，可以把溶液看作系统，而溶液周围的其他物体，如烧杯、周围的空气等都是环境。

状态和状态函数　一个系统的状态可以由它的某些物理量来确定。例如，用来表明气体状态的物理量有压力、体积、温度和各组分的物质的量等。当这些物理量都有确定值时，就可以说该气体系统处于一定的**状态**(state)。如果其中一个物理量发生改变，则系统的状态随之而变。这些决定系统状态的物理量称为**状态函数**(state function)。

乍看起来，要确定一个系统的状态，似乎要先确定所有的状态函数，其实不然。由于状态函数之间往往存在着一定的函数关系，通常只要确定其中几个状态函数，其余的状态函数也就随之而定。例如，确定某一气体的状态，只需在压力、体积、温度和物质的量这四个状态函数中确定任意三个就行了，因第四个状态函数可以通过气体状态方程来确定。此外，通过其他形式的方程还可以确定该气体系统的质量、密度等其他状态函数。

过程和途径　当系统的状态发生变化时，这种变化称为**过程**(process)，完成这个过程的具体步骤则称为**途径**(path)。

从一种状态到另一种状态的变化过程，可以通过不同的途径达到，但其状态函数的改变量却是相同的。例如，把 25 ℃的水升温至 35 ℃，可以通过如下的途径达到：直接升温至 35 ℃；先冷却至 0 ℃，然后升温至 35 ℃等。但其状态函数(温度 T)的改变量却相同，即 $\Delta T = T_{终态} - T_{始态} =$ 10 ℃。这是因为在状态一定时，状态函数就有一个相应的确定值；始态和终态一定时，状态函数的改变量就只有一个唯一的数值。这是热力学一个非常重要的基本原理。化学热力学内容，实际上就是在一定条件下，利用一些特定的状态函数改变量来解决化学反应的一些问题。化学反应实际变化的途径是很复杂的，按此途径计算状态函数改变量就很困难，但是根据上述状态函数的性质，可抛开途径，从始态和终态就可直接计算状态函数改变量。热力学方法之所以简便，就是基于这个原理。热力学上经常遇到的过程有下列几种：

等压过程(isobaric process)——系统始态和终态压力相同($\Delta p = 0$)[①]。在敞口容器中进行的反应，可看作等压过程，因为系统始终经受相同的大气压力。绝大多数化学反应是在敞口容器中进行的，所以等压过程是化学反应的主要过程。

等容过程(isochoric process)——系统始态和终态体积相同($\Delta V = 0$)。在密闭容器中进行的反应，就是等容过程。

等温过程(isothermal process)——系统始态和终态温度相同($\Delta T = 0$)。当化学反应发生后，由于反应的热效应，会引起系统的温度升高或降低。如果把过程设计成：让反应后生成物的温度冷却或升温至与反应前反应物的温度相同，则该反应就是等温过程。

2.2　热力学第一定律

2.2.1　热和功

当两个温度不同的物体相互接触时，热的要变冷，冷的要变热，在两者之间发生了能量的交

① 严格说，等压过程是环境压力($p_{环}$)恒定不变，且系统始态压力($p_{始}$)和终态压力($p_{终}$)符合 $p_{始} = p_{终} = p_{环}$ 的过程。在等压过程中系统的压力可恒定不变，也可波动。下面等温过程的含义也与此类同。

换。这种由于温差而引起的能量传递称为**热**(heat)，用符号 Q 表示。

在热力学中，除热以外，其他各种被传递的能量都叫做**功**(work)，用符号 W 表示。功有多种形式，通常分为体积功和非体积功两大类。由于系统体积变化反抗外力所做的功为体积功，其他功如电功、表面功等都称为非体积功。在化学反应中，系统一般只做体积功，因为非体积功，如电功，一定要在原电池这种特殊的装置中才可能产生。所以，本章下面讨论中，除特别指明外，都限于系统只做体积功的情况。在等温等压过程中，如果化学反应中有气体产生或消耗，例如：

$$CaCO_3(s) \longrightarrow CaO(s) + CO_2(g)$$
$$NH_3(g) + HCl(g) \longrightarrow NH_4Cl(s)$$

在这些反应中系统都会做体积功。

2.2.2 热力学能

既然物质之间可以有热和功两种形式的能量传递，这表明物质内部都蕴藏着一定的能量。系统内部所蕴藏的总能量叫做**热力学能**(thermodynamic energy)，用符号 U 表示。它包括分子运动的动能，分子间的位能以及分子、原子内部所蕴藏的能量等。热力学能既然是系统内部能量的总和，所以是系统自身的一种性质，在一定的状态下应有一定的数值，因此热力学能是状态函数。

我们无法知道某一系统热力学能的绝对值。但是当系统状态发生改变时，系统和环境有能量的交换，即有功和热的传递，据此可确定系统热力学能的变化值。

2.2.3 热力学第一定律

在热力学中，要研究当系统从一种状态变到另一种状态时所发生的能量变化。关于能量的变化，人们在长期实践的基础上得出这样一个结论：**能量具有各种不同的形式，它们之间可以相互转化，而且在转化的过程中能量的总值不变。**这就是**热力学第一定律**(first law of thermodynamics)，可用一个简单的方程来表示：

$$\Delta U = Q + W \tag{2-1}$$

其中 ΔU 是系统终态和始态的热力学能差。式(2-1)表明：系统热力学能的增量应等于环境以热的形式供给系统的能量加上环境对系统所做的功。

必须指出，应用式(2-1)进行计算时，要特别注意 Q 与 W 正负号选用的习惯。本书采用：凡系统吸收热量，Q 为正值，系统放出热量，Q 为负值；环境对系统做功，W 为正值，系统对环境做功，W 为负值。[①] 例如，在某一变化中，系统放出热量 50 J，环境对系统做功 30 J，则系统热力学能变化为

$$\Delta U = [(-50)+(+30)]\ \text{J} = -20\ \text{J}$$

系统热力学能净减少 20 J。

按照以上对功的正负号规定，当系统做体积功时，设系统经受的压力为 p，体积变化为 ΔV，

---

① 有的书刊上规定：环境对系统做功，W 为负值，系统对环境做功，W 为正值，这时式(2-1)就变成 $\Delta U = Q - W$。

若系统膨胀，$\Delta V>0$，表明系统对环境做功，W 为负；若系统被压缩，$\Delta V<0$，表明环境对系统做功，W 为正。两者表明无论膨胀或压缩，体积功均可表示为

$$W=-p\cdot\Delta V \tag{2-2}$$

2.2.4 可逆过程和最大功

热和功是过程中能量传递的形式，它们不是状态函数，其数值与途径有关。下面以图 2-1 所示的装置为例，说明途径与功的关系。圆筒内装有理想气体，从始态 $p_1=1\ 000$ kPa，$V_1=0.010\ \text{m}^3$，等温(273 K)膨胀到终态 $p_2=100$ kPa，$V_2=0.100\ \text{m}^3$。假设通过以下三种不同的途径来实现：

(1) 一次膨胀　即外压始终保持 100 kPa 由始态膨胀至终态。在这种情况下系统对环境做的体积功为

$$\begin{aligned}W_1&=-p(\text{外压})\cdot\Delta V=-100\ \text{kPa}\times(0.100-0.010)\ \text{m}^3\\&=-9.0\ \text{kJ}\end{aligned}$$

(2) 二次膨胀　首先系统在 500 kPa 的外压下膨胀至平衡态，然后再把外压减至 100 kPa 膨胀至终态。在第一次膨胀中，气体的压力从 1 000 kPa 降至 500 kPa，则体积从 0.010 m³ 增大到 0.020 m³，系统所做的功为W_2'。在第二次膨胀中，气体的体积从 0.020 m³ 增大至 0.100 m³，所做的功为W_2''。系统对外所做的总体积功为

$$\begin{aligned}W_2&=W_2'+W_2''=-500\ \text{kPa}\times(0.020-0.010)\ \text{m}^3-100\ \text{kPa}\times(0.100-0.020)\ \text{m}^3\\&=-13\ \text{kJ}\end{aligned}$$

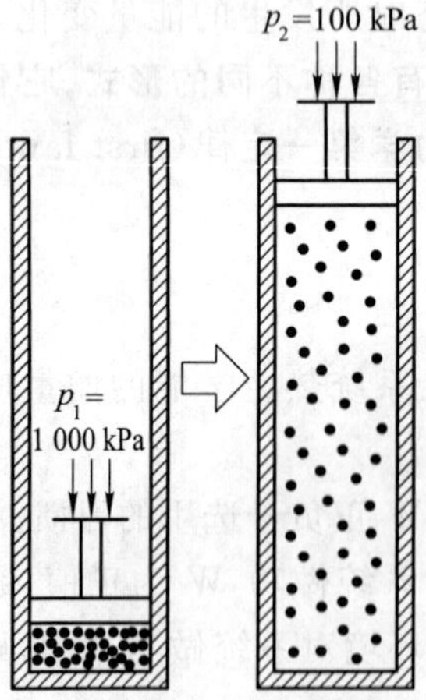

图 2-1　体积功与途径的关系

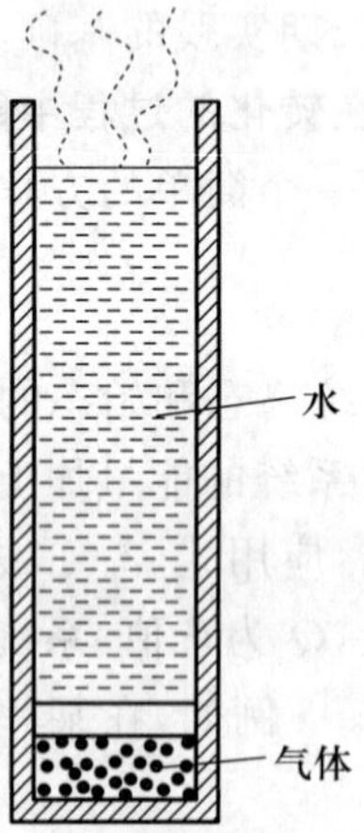

图 2-2　气体可逆膨胀做功

(3) 可逆膨胀　比较(1)、(2)两种途径可知，外压逐步减小比一次减小所做的功大。倘若把膨胀过程分为无限多次，每次外压只减小无限小的值，图 2-2 的装置可用来近似地表示这种途径：活塞上的水(压力为 1 000 kPa)慢慢地蒸发，外压慢慢地减小，气体逐渐地膨胀，直至外压为

100 kPa 时为止。在这种情况下，需运用数学上积分的方法求体积功，此功就是气体在此过程中所能做的最大体积功。其值为

$$W_3=-nRT\ln\frac{V_2}{V_1}$$①

式中：n 是气体的物质的量；V_2 和 V_1 分别是终态和始态的体积。因为

$$n=\frac{pV}{RT}=\frac{1\,000\times10^3\ \text{Pa}\times0.010\ \text{m}^3}{8.315\ \text{J·mol}^{-1}\text{·K}^{-1}\times273\ \text{K}}=4.4\ \text{mol}$$

将此代入上式，得

$$\begin{aligned}W_3&=-4.4\ \text{mol}\times8.315\ \text{J·mol}^{-1}\text{·K}^{-1}\times273\ \text{K}\times\ln\frac{0.100\ \text{m}^3}{0.010\ \text{m}^3}\\&=-23\times10^3\ \text{J}=-23\ \text{kJ}\end{aligned}$$

气体按上述方式（即外压几乎等于气体的内压）进行膨胀是热力学**可逆过程**（reversible process）的一个例子 。热力学可逆过程要求变化过程中的每一步都要无限接近于平衡状态，所以完成这个过程需无数步、无限长的时间。真正的可逆过程实际上并不存在，它仅是一种科学的抽象，反映了变化过程的一种极限情况。但是，可逆过程是热力学上的一个重要概念。下面我们将会看到，一些重要的热力学函数的引出和意义与可逆过程是分不开的。

通过以上的计算可以说明：① 同一过程由于途径不同，系统做的功不同，所以 W 不是状态函数。因 U 是状态函数，由公式 $\Delta U=Q+W$ 可知，Q 必然也不是状态函数。② 如果气体等温膨胀按可逆的方式进行的话，系统对环境做最大体积功。当然，系统同时从环境中吸收了最多的热。

2.3 热 化 学

2.3.1 等容反应热、等压反应热和焓的概念

在这一节里，将讨论热力学第一定律在化学反应中的应用。对一个化学反应，可将反应物看成系统的始态，将生成物看成系统的终态。当反应发生后，生成物的总热力学能与反应物的总热力学能不相等，这种热力学能变化在反应过程中就以热和功的形式表现出来，这就是反应热产生的原因。反应热规定为：当系统发生化学变化后，并使生成物的温度回到反应前反应物的温度（即等温过程），系统放出或吸收的热量就叫做这个反应的**反应热**（reaction heat）。

等容反应热 若系统在变化过程中，体积始终保持不变（$\Delta V=0$），系统不做体积功，即 $W=0$。

---

① 该式推导如下：$W_3=-\int_{V_1}^{V_2}p\mathrm{d}V$，把 $p=\frac{nRT}{V}$ 代入，得

$$W_3=-\int_{V_1}^{V_2}\frac{nRT}{V}\mathrm{d}V=-nRT\ln\frac{V_2}{V_1}$$

根据热力学第一定律可得

$$Q_V = \Delta U - W = \Delta U \tag{2-3}$$

这就是说，等容过程中，系统吸收的热量 Q_V（右下标 V 代表等容过程）全部用来增加系统的热力学能。或者说，等容过程中，系统的热力学能减少全部以热的形式放出。

等压反应热 若系统的压力在变化过程中始终不变，根据热力学第一定律，其反应热 Q_p（右下标 p 代表等压过程）为

$$\begin{aligned} Q_p &= \Delta U - W = \Delta U + p\Delta V = U_2 - U_1 + p(V_2 - V_1) \\ &= (U_2 + pV_2) - (U_1 + pV_1) \end{aligned}$$

即在等压过程中，系统吸收的热量 Q_p 等于终态和始态的 $(U+pV)$ 值之差。U, p, V 都是状态函数，它们的组合 $(U+pV)$ 当然也是状态函数。为了方便，把这个新的状态函数叫做**焓**（enthalpy），用符号 H 表示：

$$H = U + pV \tag{2-4}$$

这样，Q_p 的计算公式就可以化简为

$$Q_p = H_2 - H_1 = \Delta H \tag{2-5}$$

式(2-5)表明：在等温等压过程中，系统吸收的热量全部用来增加它的焓。或者说，等温等压过程中，系统焓的减少，全部以热的形式放出。所以**等压反应热就是系统的焓变，常用 ΔH 来表示。**

由上可知，在等压变化中，系统的焓变（ΔH）和热力学能的变化（ΔU）之间的关系式为

$$\Delta H = \Delta U + p\Delta V \tag{2-6}$$

当反应物和生成物都处于固态和液态时，反应的 ΔV 值很小，$p\Delta V$ 可忽略，故 $\Delta H \approx \Delta U$。对有气体参加的反应，$\Delta V$ 值往往较大。应用理想气体状态方程，可得

$$p\Delta V = p(V_2 - V_1) = (n_2 - n_1)RT = (\Delta n)RT$$

式中的 Δn 为气体生成物的物质的量减去气体反应物的物质的量。将此关系式代入式(2-6)，可得

$$\Delta H = \Delta U + (\Delta n)RT \tag{2-7}$$

此式是化学反应中 ΔH 和 ΔU 之间常用的关系式。

状态函数按其性质可分为两类：一类与物质的数量有关，如 V, U；另一类与物质的数量无关，如 T, p。前一物理量称为**广度量**（extensive quantity），后一物理量称为**强度量**（intensive quantity）。例如，将两份温度为 25 ℃体积各为 100 mL 的水混合，则总体积为 200 mL，而温度仍然是 25 ℃。体积是广度量，具有加和性，而温度是强度量，不具有加和性。焓是广度量，具有加和性。下面即将介绍的状态函数熵和吉布斯自由能也是广度量。

例 2-1 在 298 K 和 100 kPa 下，4.0 mol 的 H_2 和 2.0 mol 的 O_2 反应，生成 4.0 mol 的水，总共放出 1 143 kJ的热量。求该过程的 ΔH 和 ΔU。

解 因反应在等压下进行，所以

$$\Delta H = Q_p = -1\ 143\ \text{kJ}$$

$$\begin{aligned}\Delta U &= \Delta H - (\Delta n)RT \\ &= -1\ 143\ \text{kJ} - [0-(4.0+2.0)]\ \text{mol} \times 8.315 \times 10^{-3}\ \text{kJ}\cdot\text{mol}^{-1}\cdot\text{K}^{-1} \times 298\ \text{K} \\ &= -1\ 143\ \text{kJ} + 15\ \text{kJ} = -1\ 128\ \text{kJ}\end{aligned}$$

2.3.2 热化学方程式

1. 反应进度

对任一化学反应：

$$d\text{D} + e\text{E} \xlongequal{\quad} f\text{F} + g\text{G} \tag{2-8a}$$

式中：D，E，F，G 代表物质；d，e，f，g 代表相应物质前面的系数。移项后得

$$0 = -d\text{D} - e\text{E} + f\text{F} + g\text{G} \tag{2-8b}$$

可简化为

$$0 = \sum_{\text{B}} \nu_{\text{B}}\text{B} \tag{2-8c}$$

式中：B 代表参与化学反应的各种物质；ν_{B} 代表物质 B 前面的系数，并称之为物质 B 的**化学计量数**（stoichiometric number）。对比式（2-8b）和式（2-8c）可见

$$\nu_{\text{D}} = -d \quad \nu_{\text{E}} = -e \quad \nu_{\text{F}} = f \quad \nu_{\text{G}} = g$$

因此**对反应物来说，化学计量数为负值；对生成物来说，化学计量数为正值。**这与在化学反应中，反应物减少和生成物增加相一致。

反应进度（extent of reaction）**是一个衡量化学反应进行程度的物理量。**当反应进行后，某一参与反应的物质的物质的量从始态的 n_1 变到终态的 n_2，则该反应的反应进度 ξ（读 ksai）为

$$\xi = \frac{n_2 - n_1}{\nu} = \frac{\Delta n}{\nu} \tag{2-9a}$$

式中：ν 为该物质的化学计量数。如果选择的始态其反应进度不为零，则应该说该过程的反应进度变化 $\Delta\xi$ 为

$$\Delta\xi = \frac{n_2 - n_1}{\nu} = \frac{\Delta n}{\nu} \tag{2-9b}$$

例如，某合成氨反应，始终态各物质的物质的量如下：

	$N_2(g) + 3H_2(g) \xlongequal{\quad} 2NH_3(g)$		
始态 n/mol	3	8	0
终态 n/mol	1	2	4

该反应过程若用 N_2 的变化来表示反应进度，将有关数据代入式（2-9a），可得

$$\xi = \frac{(1-3)\ \text{mol}}{-1} = 2\ \text{mol}$$

若选用 H_2 来表示

$$\xi=\frac{(2-8)\ \text{mol}}{-3}=2\ \text{mol}$$

若选用 NH_3 来表示

$$\xi=\frac{(4-0)\ \text{mol}}{2}=2\ \text{mol}$$

可见,无论选用何种物质来表示该反应的反应进度,都可得到相同的结果。这显示出用 ξ 来衡量反应进行程度的优越性。化学反应物质的量改变量正好等于反应式中该物质的化学计量数时,该反应的反应进度即为 1 mol。由于 ξ 与化学计量数 ν 有关,而 ν 又与反应式书写有关,ξ 显然也与反应式书写有关。如果把上述的反应写成

$$\frac{1}{2}N_2(g)+\frac{3}{2}H_2(g) = NH_3(g)$$

同样达到 1 mol 的反应进度,这时只需 0.5 mol N_2 与 1.5 mol H_2 反应生成 1 mol NH_3。

2. 热化学方程式

表示化学反应与其热效应关系的化学方程式叫做**热化学方程式**。例如,在 298 K 和 100 kPa 下,1 mol H_2 和 0.5 mol O_2 反应,生成 1 mol 液态水,放出 286 kJ 热量,其热化学方程式可写成

$$H_2(g)+\frac{1}{2}O_2(g) = H_2O(l)$$

$$\Delta_r H^{\ominus}_{m,298}\text{①}=-286\ \text{kJ}\cdot\text{mol}^{-1}$$

几点说明:

(1) 凡放热反应,表示系统放出热量,ΔH 为负值;吸热反应,ΔH 为正值。

(2) 在符号 $\Delta_r H^{\ominus}_{m,298}$ 中,H 的左下标 r 代表"反应"(reaction),$\Delta_r H$ 表示反应的焓变,H 的右下标 m 代表反应进度为 1 mol,所以,$\Delta_r H_m$ 表示该反应在 $\xi=1$ mol 时所产生的焓变,称之为摩尔焓变。摩尔焓变的单位为 $\text{kJ}\cdot\text{mol}^{-1}$,其中"$\text{mol}^{-1}$"就是表示"每摩尔"反应进度的焓变。$H$ 的右上标 $\ominus$(读作"标准"),代表该反应在**标准状态**(standard state)下进行。热力学上的"标准状态"(简称为标准态)与上一章讨论气体定律时所提到的"标准状况"含义不同。后者是指压力为 101.325 kPa,温度为 273.15 K 的状况,而前者实际上只涉及浓度(或压力)项,与温度无关。标准态不仅用于气体,也用于液体、固体或溶液。物质所处的状态不同,标准态的定义也不同。具体说,气体如果是理想气体②的话,是指其分压为标准压力时的状态;溶液如果是理想溶液的话,是指其浓度为 $1\ \text{mol}\cdot\text{L}^{-1}$ 时的状态;固体和纯液体是指在标准压力下的该纯物质。标准压力原指 101.325 kPa,因该数值在计算上很不方便,现国际上已统一改为 100 kPa,并记为 $p^{\ominus}$。所以水的标准态为 100 kPa 压力下的水,氧气的标准态是其分压为 100 kPa 的氧气,葡萄糖水溶液的标准态是其浓度为 $1\ \text{mol}\cdot\text{L}^{-1}$。反应系统中各物质均处于标准态下的焓变,称为标准焓变,记为 $\Delta_r H^{\ominus}$。标准态定义中不包括温度,可以有任一温度下的标准态。但是 298 K 是给出热力学函

① 常简写为 $\Delta_r H^{\ominus}$ 或 $\Delta H^{\ominus}$。

② 非理想系统标准态的处理比较复杂,这里不涉及。

数值的最常用温度。本教材中除指明者外，反应焓变都是指 298 K。

2.3.3 盖斯定律

1840 年俄籍瑞士化学家盖斯（Hess G H）从热化学实验中总结出一条规律：**不管化学反应是一步完成，还是分步完成，其热效应总是相同的**。这就是**盖斯定律**。这个定律实际上是热力学第一定律的必然结果。因 $\Delta U=Q_V$，$\Delta H=Q_p$，而 U，H 都是状态函数，反应的 ΔU 和 ΔH 便是定值，与反应物到生成物的途径无关。

盖斯定律有着广泛的应用。利用一些反应热的数据，就可以计算出另一些反应的反应热。尤其是不易直接准确测定或根本不能直接测定的反应热，常可利用盖斯定律来求算。例如，C 和 O_2 化合生成 CO 的反应热很难准确测定，因为在反应过程中不可避免地会有一些 CO_2 生成。但是 C 和 O_2 化合生成 CO_2 以及 CO 和 O_2 化合生成 CO_2 的反应热可准确测定，因此可利用盖斯定律计算生成 CO 的反应热。例如，已知：

(1) $C(s)+O_2(g) \longrightarrow CO_2(g)$

$$\Delta_r H_1^\ominus=-393.5\ \mathrm{kJ\cdot mol^{-1}}$$

(2) $CO(g)+\frac{1}{2}O_2(g) \longrightarrow CO_2(g)$

$$\Delta_r H_2^\ominus=-283.0\ \mathrm{kJ\cdot mol^{-1}}$$

求：(3) $C(s)+\frac{1}{2}O_2(g) \longrightarrow CO(g)$的 $\Delta_r H_3^\ominus$。

这三个反应的关系如图 2-3 所示。按照反应箭头的方向，可选择($C+O_2$)和 CO_2 分别作为反应

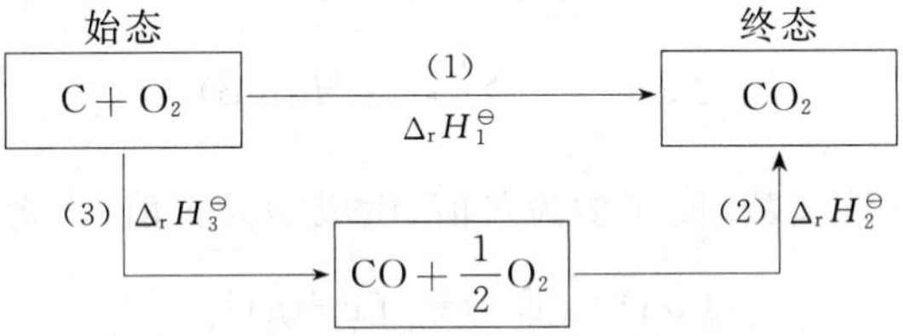

图 2-3　由 $C+O_2$ 变成 CO_2 的两种途径

的始态和终态，从始态到终态就有两种不同的途径：(1)和(3)+(2)。这两种途径总的焓变应当相等，即

$$\Delta_r H_1^\ominus=\Delta_r H_2^\ominus+\Delta_r H_3^\ominus$$

所以

$$\begin{aligned}\Delta_r H_3^\ominus&=\Delta_r H_1^\ominus-\Delta_r H_2^\ominus\\&=[-393.5-(-283.0)]\ \mathrm{kJ\cdot mol^{-1}}\\&=-110.5\ \mathrm{kJ\cdot mol^{-1}}\end{aligned}$$

用盖斯定律计算反应热时，利用反应式之间的代数关系进行计算更为方便。例如，上述的反应式(1)，式(2)，式(3)的关系是

$$(3)=(1)-(2)$$

所以

$$\Delta_r H_3^\ominus=\Delta_r H_1^\ominus-\Delta_r H_2^\ominus$$

必须指出，在计算过程中，把相同物质项消去时，不仅物质种类必须相同，而且状态（即物态、温度、压力）也要相同，否则不能相消。

例 2-2 已知

(1) $4NH_3(g)+3O_2(g) \longrightarrow 2N_2(g)+6H_2O(l)$

$$\Delta_r H_1^\ominus = -1\,530\ \text{kJ}\cdot\text{mol}^{-1}$$

(2) $H_2(g)+\frac{1}{2}O_2(g) \longrightarrow H_2O(l)$

$$\Delta_r H_2^\ominus = -286\ \text{kJ}\cdot\text{mol}^{-1}$$

试求反应 $N_2(g)+3H_2(g) \longrightarrow 2NH_3(g)$ 的 $\Delta_r H^\ominus$。

解 $3\times(2)-\frac{1}{2}\times(1)$: $N_2(g)+3H_2(g) \longrightarrow 2NH_3(g)$

所以

$$\Delta_r H^\ominus = 3\Delta_r H_2^\ominus - \frac{1}{2}\Delta_r H_1^\ominus = \left[3\times(-286)-\frac{1}{2}\times(-1\,530)\right]\ \text{kJ}\cdot\text{mol}^{-1} = -93\ \text{kJ}\cdot\text{mol}^{-1}$$

2.3.4 生成焓

由元素的指定单质①生成 1 mol 某物质时的热效应叫做该物质的**生成焓**（enthalpy of formation）。如果生成反应在标准态和指定温度（通常为 298 K）下进行，这时的生成焓称为该温度下的**标准生成焓**，用 $\Delta_f H_m^\ominus$ 表示［下标 f 代表"生成"（formation）］。例如，石墨与氧气在 $p^\ominus$ 和 298 K下反应，生成 1 mol CO_2，放热 393.5 kJ，则 CO_2 的 $\Delta_f H_{m,298}^\ominus$ 为 $-393.5\ \text{kJ}\cdot\text{mol}^{-1}$。按照定义，指定单质的 $\Delta_f H_m^\ominus$ 应为零。一些物质在 298.15 K 时的 $\Delta_f H_m^\ominus$ 值列于附录二。这个表是很有用的，因为任何反应的标准摩尔焓变都可由下式求得

$$\Delta_r H_m^\ominus = \sum_B \nu_B \Delta_f H_m^\ominus(B) \tag{2-10}$$

式中的 ν_B 为物质 B 的化学计量数（反应物为负值，生成物为正值）。对于一般化学反应

$$dD+eE \longrightarrow fF+gG$$

式(2-10)的展开式即为

$$\Delta_r H_m^\ominus = [f\Delta_f H_m^\ominus(F)+g\Delta_f H_m^\ominus(G)]-[d\Delta_f H_m^\ominus(D)+e\Delta_f H_m^\ominus(E)]$$

例 2-3 计算下列反应的 $\Delta_r H_m^\ominus$

$$2Na_2O_2(s)+2H_2O(l) \longrightarrow 4NaOH(s)+O_2(g)$$

解 查附录二得各物质的 $\Delta_f H_m^\ominus$ 如下：

	Na_2O_2	H_2O	NaOH	O_2
$\Delta_f H_m^\ominus/(\text{kJ}\cdot\text{mol}^{-1})$	−510.9	−285.8	−425.6	0

$$\Delta_r H_m^\ominus = [4\Delta_f H_m^\ominus(NaOH)+\Delta_f H_m^\ominus(O_2)]-[2\Delta_f H_m^\ominus(Na_2O_2)+2\Delta_f H_m^\ominus(H_2O)]$$

---

① 指定单质一般是指在标准压力 $p^\ominus$ 和 298 K 时元素最稳定的单质。例如，碳的最稳定单质是石墨，硫的最稳定单质是斜方硫等。但有少数例外，例如，磷的最稳定单质是黑磷，其次是红磷，最不稳定的是白磷，但是磷的指定单质是白磷。因为白磷比较常见，结构简单，易制得纯净物。

$$=[4\times(-425.6)+0]\ \mathrm{kJ\cdot mol^{-1}}-[2\times(-510.9)+2\times(-285.8)]\ \mathrm{kJ\cdot mol^{-1}}$$
$$=-109.0\ \mathrm{kJ\cdot mol^{-1}}$$

$\Delta_r H_m^\ominus$ 之所以可由式(2-10)计算，其原因可由图 2-4 来说明。按箭头的方向，选择元素的指定单质为始态，生成物($4NaOH+O_2$)为终态，从始态到终态有两种不同的途径，它们的焓变应该相同。即

$$2\Delta_f H_m^\ominus(Na_2O_2)+2\Delta_f H_m^\ominus(H_2O)+\Delta_r H_m^\ominus=4\Delta_f H_m^\ominus(NaOH)+\Delta_f H_m^\ominus(O_2)$$

所以 $$\Delta_r H_m^\ominus=[4\Delta_f H_m^\ominus(NaOH)+\Delta_f H_m^\ominus(O_2)]-[2\Delta_f H_m^\ominus(Na_2O_2)+2\Delta_f H_m^\ominus(H_2O)]$$

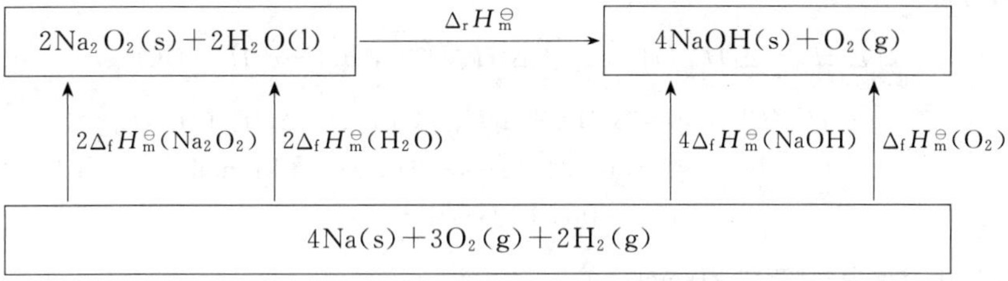

元素的指定单质

图 2-4　由元素的指定单质变成生成物($4NaOH+O_2$)的两种途径

焓是状态函数，如果知道各物质在标准态下的焓值，则反应的焓变可由终态生成物总焓值减去始态反应物总焓值求得。但是从焓的定义 $H=U+pV$ 可知，因 U 无法求绝对值，显然 H 的绝对值也是无法求得的。由图 2-4 可见，所谓的标准生成焓，其实就是把元素的指定单质的焓值人为地定为零而求得的“相对焓”。有了各物质的“相对焓”，反应的焓变就可用式(2-10)求得。

例 2-4　计算 100 g NH_3 燃烧反应的热效应。NH_3 的燃烧反应为

$$4NH_3(g)+5O_2(g)\xlongequal{Pt}4NO(g)+6H_2O(g)$$

解　查表得各物质的 $\Delta_f H_m^\ominus$ 为

	NH_3	O_2	NO	H_2O
$\Delta_f H_m^\ominus/(\mathrm{kJ\cdot mol^{-1}})$	−45.9	0	91.3	−241.8

$$\Delta_r H_m^\ominus=[4\times91.3+6\times(-241.8)]\ \mathrm{kJ\cdot mol^{-1}}-[4\times(-45.9)+0]\ \mathrm{kJ\cdot mol^{-1}}$$
$$=-902.0\ \mathrm{kJ\cdot mol^{-1}}$$

计算表明上述反应在 $\xi=1$ mol 时放热 902.0 kJ，即 4 mol NH_3 完全燃烧放热 902.0 kJ，所以100 g NH_3 燃烧的热效应为

$$\frac{100\ \mathrm{g}}{17\ \mathrm{g\cdot mol^{-1}}}\times\left(\frac{-902.0\ \mathrm{kJ\cdot mol^{-1}}}{4}\right)=-1\ 326\ \mathrm{kJ}$$

*2.3.5　水合离子的标准生成焓

对于水溶液中有离子参加的反应，例如：

$$Zn(s)+Cu^{2+}(aq)=\!=\!=Zn^{2+}(aq)+Cu(s)$$

如果知道水合离子的标准生成焓，则可按式(2-10)求得该反应的 $\Delta_r H_m^\ominus$。但是在水溶液中总是正离子和负离子同时存在，溶液总是电中性的，不可能单独测定某一水合正离子或水合负离子的生成焓。为此需规定一个相对标准，在此基础上求得其他水合离子生成焓的相对值。现国际上规定：水合氢离子的标准生成焓为零，即

$$\Delta_f H_m^\ominus(H^+, aq) = 0$$

由此可获得其他水合离子的标准生成焓。例如，如要测定水合 Cl^- 的 $\Delta_f H_m^\ominus$，只需用实验测定下列反应在标准态(水溶液溶质的标准态是指其浓度为 1 $mol \cdot L^{-1}$)下的焓变：

$$HCl(g) = H^+(aq) + Cl^-(aq)$$
$$\Delta_r H_m^\ominus = -74.7\ kJ \cdot mol^{-1}$$

根据式(2-10)，可得

$$\Delta_r H_m^\ominus = \Delta_f H_m^\ominus(H^+, aq) + \Delta_f H_m^\ominus(Cl^-, aq)\} - \Delta_f H_m^\ominus(HCl, g)$$

所以

$$\begin{aligned}\Delta_f H_m^\ominus(Cl^-, aq) &= \Delta_r H_m^\ominus + \Delta_f H_m^\ominus(HCl, g) - \Delta_f H_m^\ominus(H^+, aq)\\ &= [(-74.7) + (-92.5) - 0]\ kJ \cdot mol^{-1}\\ &= -167.2\ kJ \cdot mol^{-1}\end{aligned}$$

即 $Cl^-(aq)$ 的标准生成焓为 $-167.2\ kJ \cdot mol^{-1}$。

2.3.6 键能与反应焓变的关系

对双原子分子而言，**键能**(bond energy)是指在 $p^\ominus$ 和 298 K 下，将 1 mol 的气态分子 AB 的化学键断开，成为气态的中性原子 A 和 B 所需的能量。**键焓**(bond enthalpy)则是上述过程的焓变。例如，H_2 的键能和键焓分别是下列反应的 $\Delta U^\ominus$ 和 $\Delta H^\ominus$。

$$H_2(g) \longrightarrow 2H(g) \qquad \Delta U^\ominus = 433.5\ kJ \cdot mol^{-1}$$
$$\Delta H^\ominus = 436\ kJ \cdot mol^{-1}$$

因为 $\Delta U = \Delta H - p\Delta V$，对键断裂反应来说，$p\Delta V \ll \Delta H$，所以，在一般情况下不需严格区分它们，键能和键焓可相互通用。但键能和**键解离能**(dissociation energy of bond)却有区别。对 NH_3 来说，有三个等价的 N—H 键，但每个键的解离能 D(可由光谱数据算得)是不同的，它们分别为

$$NH_3(g) \longrightarrow NH_2(g) + H(g) \qquad D_1 = 435\ kJ \cdot mol^{-1}$$
$$NH_2(g) \longrightarrow NH(g) + H(g) \qquad D_2 = 398\ kJ \cdot mol^{-1}$$
$$NH(g) \longrightarrow N(g) + H(g) \qquad D_3 = 339\ kJ \cdot mol^{-1}$$

而 N—H 键的键能 $\Delta_b H^\ominus$[H 左下标 b 代表“键”(bond)]为三个解离能的平均值：

$$\begin{aligned}\Delta_b H^\ominus(N—H) &= \frac{D_1 + D_2 + D_3}{3} = \frac{(435 + 398 + 339)\ kJ \cdot mol^{-1}}{3}\\ &= 391\ kJ \cdot mol^{-1}\end{aligned}$$

因此，对多原子分子来说，键能实际上是平均键能。

化学反应从本质上说都是原子或基团的重新排列和组合。反应过程就是旧键拆散和新键形成的过程，其中的能量变化，就是反应过程中产生热效应的根本原因。若已知各种类型化学键的键能，就可根据反应过程中键变化的情况来估算反应的焓变。反之，也可以从反应的焓变来判断

化学键的强弱。

一些化学键的键能列于附录十。下面举例说明键能与反应的焓变的关系。

例 2-5 试由键能估算下列反应的焓变

$$CH_3—CH_3(g) \longrightarrow CH_2=CH_2(g)+H_2(g)$$

解 反应物分子中有 1 个 C—C 键，6 个 C—H 键(这些键要拆散，需吸热)；生成物分子中有 1 个 C=C 键，4 个 C—H 键，1 个 H—H 键(这些键要形成，要放热)。所以

$$\begin{aligned}\Delta_r H_m^\ominus &= [\Delta_b H^\ominus(C—C)+6\Delta_b H^\ominus(C—H)]- \\ &\quad [\Delta_b H^\ominus(C=C)+4\Delta_b H^\ominus(C—H)+\Delta_b H^\ominus(H—H)] \\ &= [(331+6\times415)-(620+4\times415+436)]\ \text{kJ}\cdot\text{mol}^{-1} \\ &= 105\ \text{kJ}\cdot\text{mol}^{-1}\end{aligned}$$

如果把该数值与由生成焓计算所得的数值($137\ \text{kJ}\cdot\text{mol}^{-1}$)作一比较，可看出由键能算得的数值准确度并不高。这是由键能的数据本身的局限性所决定的，因为它只是平均的近似值。但是对于那些缺少有关生成焓数据的反应，由键能来估计反应的焓变还是有意义的。

例 2-6 工业溶剂丙酮可由氢化作用变成异丙醇

$$CH_3—\overset{\overset{\displaystyle O}{\|}}{C}—CH_3(g) + H_2(g) \longrightarrow CH_3—\underset{\underset{\displaystyle H}{|}}{\overset{\overset{\displaystyle OH}{|}}{C}}—CH_3(g)$$

试用键能估算该反应的焓变。

解 因反应中 2 个 C—C 键和 6 个 C—H 键没有变化，所以可只关心反应中断裂的键和生成的键。断裂的键有 1 个 C=O 键和 1 个 H—H 键，生成的键有 1 个 C—H 键，1 个 C—O 键和 1 个 O—H 键。所以

$$\begin{aligned}\Delta_r H^\ominus &= \Delta_b H^\ominus(C=O)+\Delta_b H^\ominus(H—H)-\Delta_b H^\ominus(C—H)-\Delta_b H^\ominus(C—O)-\Delta_b H^\ominus(O—H) \\ &= (708+436-415-331-465)\ \text{kJ}\cdot\text{mol}^{-1} \\ &= -67\ \text{kJ}\cdot\text{mol}^{-1}\end{aligned}$$

注意，键能计算反应热只适用于气相反应。有固体或液体参加的反应不能直接用键能来计算其反应热，而应该将固体或液体先变成气体，然后才能进行计算。这是键能本身定义所规定的。

拓展知识：

火箭推进剂和炸药

火箭推进剂和炸药有许多共同的性质。它们的作用都是产生一个快速、有大量气体生成和很强的放热反应。由于这些气体受热膨胀而高速喷出，推动了火箭前进；对炸药来说，主要是气体产生的冲击波造成了破坏。一种化合物(或几种化合物的混合物)能否成为火箭推进剂和炸药，主要看它是否符合以下三个条件：

(1) 反应必须是很强烈的放热反应。从上一节键能与反应热关系的介绍中可知，要获得很强的放热反应，反应需从具有很弱键能的反应物变成具有很强键能的生成物。

(2) 反应必须快速。即反应速率必须很快，以保证这份能量在瞬间释放。

(3) 反应的生成物必须是气态的小分子。根据气体状态方程（$p=mRT/MV$），一定质量的生成物在一定温度和体积下，相对分子质量越小，产生的压力就越大，越有利于形成高压喷射。

为了进一步说明火箭推进剂的工作原理，让我们来探讨一下用在第一艘宇宙飞船上的火箭推进剂——过氧化氢和联氨（又称肼，N_2H_4）的混合物。其反应式为

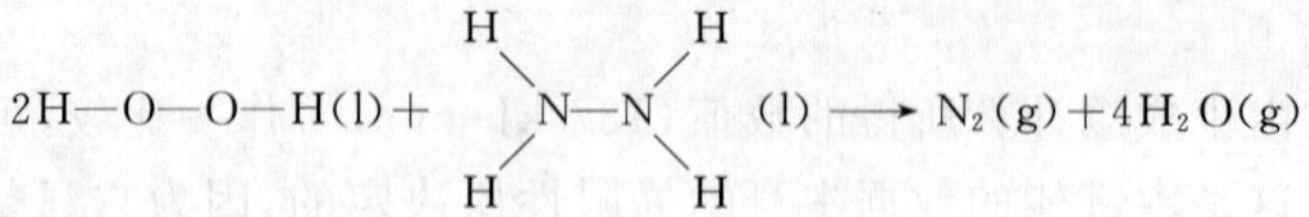

该反应有关的键能为：O—H 键 465 kJ·mol^{-1}，O—O 键 138 kJ·mol^{-1}，N—H 键 389 kJ·mol^{-1}，N—N 键 159 kJ·mol^{-1}，N≡N 键 945 kJ·mol^{-1}。所以该反应的焓变约为（H_2O_2 和 N_2H_4 虽为液态，但它们的汽化热都不大，在近似计算时略去）

$$\begin{aligned}\Delta_r H^\ominus &= [4\Delta_b H^\ominus(\text{H—O})+2\Delta_b H^\ominus(\text{O—O})+4\Delta_b H^\ominus(\text{N—H})+\Delta_b H^\ominus(\text{N—N})]-\\ &\quad [\Delta_b H^\ominus(\text{N≡N})+8\Delta_b H^\ominus(\text{H—O})]\\ &=[4\times465+2\times138+4\times389+159]\ \text{kJ·mol}^{-1}-[945+8\times465]\ \text{kJ·mol}^{-1}\\ &=-814\ \text{kJ·mol}^{-1}\end{aligned}$$

即每消耗 32 g N_2H_4 就可放出 814 kJ 热量。其实，这 814 kJ 热量中有 786 kJ（占总能量的 96%）是由 N—N 单键（键能为 159 kJ·mol^{-1}）变成 N≡N 三键（键能为 945 kJ·mol^{-1}）所贡献的。因此，从结构上看，很多的火箭燃料和炸药通常含有 N—N 单键，当它转变成 N_2 时就会放出大量的热。这个特点大大有利于发现恐怖分子隐藏在行李中的炸药。凡是用专门的仪器测出氮含量超高的物质，就可能是炸药。

以上分析表明，N_2H_4 和 H_2O_2 的混合物作为火箭推进剂是符合以上三个条件的。不过这种推进剂存在着腐蚀性较强和危险性较高的缺点。按照这三个条件，可寻找其他较为安全的推进剂。例如，阿波罗火箭就改用 N_2H_4 的衍生物偏二甲肼 $(CH_3)_2NNH_2$ 和 N_2O_4 作为推进剂，其反应式为

$$(CH_3)_2NNH_2(l)+2N_2O_4(g)\longrightarrow 3N_2(g)+4H_2O(g)+2CO_2(g)$$

2.4 热力学第二定律

2.4.1 化学反应的自发性

在本章开头，已经指出化学热力学能够解决化学反应能否“自发变化”的问题。所谓“自发变

化"就是不需在持续外力的作用下而能自动发生的变化。那么,到底是什么因素决定一个过程的自发性呢?一个物体从高处自由下落,是大家熟悉的自发过程。当物体落在地面停止运动时,它的位能降低了,因而更稳定了。由此可得出这样的推论:一个过程如果导致系统(如上述的物体)的能量减小,这个过程将是自发的。的确,许多释放能量的过程是自发的。例如,点燃 H_2 和 O_2 的混合气体,反应就迅速进行,该反应在瞬间释放出如此多的热量,可导致系统爆炸。

但是,能量的释放不是判断自发性的唯一标准。也可举出许多自发的吸热过程,如 KI 晶体在水中的溶解过程便是一例。当 KI 溶于水时,系统温度下降了。那么,是什么因素促使 KI 晶体溶解呢?当 KI 晶体溶解时,溶质的粒子离开了规则排列的晶格,逐渐扩散到溶剂中,溶质的粒子在溶解后比溶解前处于更混乱的状态。同样,溶剂分子也处于更混乱的状态,因为溶剂分子也扩散到溶质中去①(图 2-5)。可见 KI 自发溶解的推动力是系统的混乱度增大。系统有自发地向混乱度增大的方向变化的趋势,这是自然界的普遍规律。这方面直观的例子是不胜枚举的。例如,将红豆和绿豆放在一起摇晃一下,红豆和绿豆便混合起来,系统混乱度增大了。反之,将混合在一起的红豆和绿豆无论怎么摇晃,也不会各自分开。又如环境污染是目前大家十分关心的问题。在工作中稍不注意就会产生污染,其实污染就是混乱度增大的过程。治理污染,将污染物分离出来,却要花费很大的力气。这意味着要减小混乱度增加有序度,必须对它做功。

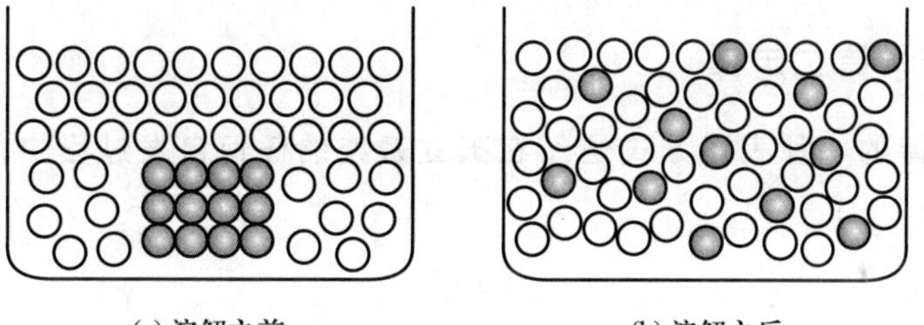

(a) 溶解之前　　(b) 溶解之后

图 2-5　晶体溶解示意图

○ 表示溶剂分子　● 表示溶质粒子

由此可见,有两种因素影响着过程的自发性。一个是能量变化,系统将趋向最低能量;一个是混乱度变化,系统将趋向最高混乱度。

2.4.2　熵

熵(entropy,符号为 S)是另一种重要的热力学函数,可粗浅地把熵看作系统混乱度的量度②。系统越混乱,熵值越大。如同热力学能、焓一样,熵也是状态函数。过程的熵变 ΔS 只取决

① "溶解过程混乱度增加"只有在该过程中不存在溶剂化作用或溶剂化作用较弱时才成立。若该溶解过程中溶剂化作用很强,则因溶剂分子在溶质分子或离子周围定向有序排列可导致混乱度减小。KI 溶解过程中溶剂化作用是较弱的。

② 混乱度与系统中可能存在的微观状态数目有关。波耳兹曼用统计热力学方法证明熵和可能存在的微观状态数目(Ω)有如下关系:

$$S = k\ln\Omega$$

式中的 k 为波耳兹曼常量。所以,混乱度越大,微观状态数目就越多,熵值就越大。

于系统的始态和终态,而与途径无关。即

$$\Delta S = S_{终} - S_{始}$$

热力学原理指出,等温过程的熵变可由如下公式计算:

$$\Delta S = \frac{Q_r}{T} \text{①} \qquad (2-11)$$

Q_r[下标 r 代表"可逆"(reversible)]为该过程按可逆方式进行的热效应,T 为系统的热力学温度。关于该式的推导,已超出本课程的范围,但可以这样粗略地理解:对于一种处于 0 K 温度下的晶体,因完全有序,系统熵值最小;当晶体受热时,由于晶格上质点的热运动(振动),使一些质点取向混乱,系统熵值增加了。吸收的热量越多,晶体越混乱,可见 ΔS 正比于系统吸收的热量。为什么 ΔS 却反比于系统的温度?因为一定的热量传入一个低温系统(如接近 0 K 的系统),则系统从几乎完全有序变成一定程度的混乱,混乱度有一个较显著的变化。如果相同的热量传入一个高温系统,因系统原来已相当混乱,吸收一定的热量后仅使混乱度变得稍高一些,相对来说,混乱度只有较小的变化,所以 ΔS 与系统的温度成反比。这情况有如在湖水中投入一小石块所引起的混乱度变化。如果原湖面平静如镜,投入小石块使平静的湖面立刻有一圈圈涟漪荡漾开来,混乱度变化明显;如果此湖水原来波涛汹涌,投入小石块所增加的混乱度就几乎可以忽略。

2.4.3 热力学第二定律

热力学第二定律的一种表述方式是②:**在孤立系统的任何自发过程中,系统的熵总是增加的**。即

$$\Delta S_{孤} > 0 \qquad (2-12)$$

$\Delta S_{孤}$ 代表孤立系统的熵变。**孤立系统**(isolated system)是指与环境不发生物质和能量交换的系统。真正的孤立系统是不存在的,因为能量交换不能完全避免。但是若将与系统有物质或能量交换的那一部分环境也包括进去而组成一个新的大系统,这个新系统可算作孤立系统。因此式(2-12)可改写为

$$\Delta S_{系} + \Delta S_{环} > 0 \qquad (2-13)$$

式中的 $\Delta S_{系}$ 和 $\Delta S_{环}$ 分别代表系统的熵变和环境的熵变。如果某一变化中 $\Delta S_{系}$ 和 $\Delta S_{环}$ 都已知,则可用式(2-13)来判断该过程是否自发。即

$\Delta S_{系} + \Delta S_{环} > 0$ 过程自发

$\Delta S_{系} + \Delta S_{环} < 0$ 不可能发生的过程

---

① 不等温过程的熵变计算式为

$$\Delta S = \int_1^2 \frac{dQ_r}{T}$$

该式表示系统从状态 1 到状态 2 的熵变等于系统从状态 1 以可逆过程变到状态 2 时,每吸收一无限小的热量除以吸热时的温度 T,然后将所有这些无限小量相加。

② 热力学第二定律有多种表述方式,各种说法是等效的,从一种说法可以推证出其他的说法。

2.4.4 标准摩尔熵

熵是描述系统混乱度的热力学函数。对纯净物质的完整晶体，在热力学温度 0 K 时，分子间排列整齐，且分子任何热运动也停止了，这时系统完全有序化了。因此，热力学第三定律指出：**在热力学温度 0 K 时，任何纯物质的完整晶体的熵值等于零。**

有了第三定律，就能测量任何纯物质在温度 T 时熵的绝对值。因为可设计一个某物质从 0 K至温度 T 的升温过程，由于 S 是状态函数，该过程的熵变 ΔS 为

$$\Delta S = S_T - S_0$$

式中：S_T 代表该物质在温度 T 时的熵值；S_0 代表 0 K 时的熵值。由于 $S_0=0$，所以

$$\Delta S = S_T$$

这样只需求得物质从 0 K 到温度 T 的熵变 ΔS，它就是该物质在温度 T 时熵的绝对值。在标准态下 1 mol 物质的熵值称为该物质的**标准摩尔熵**（简称**标准熵**），用符号 $S_m^\ominus$ 表示。附录二列出了一些物质在 298.15 K 时的标准摩尔熵，单位是 $J\cdot mol^{-1}\cdot K^{-1}$。需要指出，水合离子的标准摩尔熵不是绝对值，而是在规定标准态下水合氢离子的熵值为零的基础上求得的相对值。

根据熵的含义，不难发现物质标准熵的大小应有如下的规律：

(1) 同一物质所处的聚集态不同，熵值大小次序是气态≫液态＞固态。例如：

$$H_2O(g)[188.7] \qquad H_2O(l)[69.91] \qquad H_2O(s)[39.33]$$

方括号内的数值是 298 K 时物质的标准摩尔熵，单位为 $J\cdot mol^{-1}\cdot K^{-1}$。下同。

(2) 聚集态相同，复杂分子比简单分子有较大的熵值。例如：

$$O(g)[160.95] \qquad O_2(g)[205.0] \qquad O_3(g)[238.8]$$

(3) 结构相似的物质，相对分子质量大的熵值大。例如：

$$F_2(g)[202.7] \qquad Cl_2(g)[223] \qquad Br_2(g)[245.3] \qquad I_2(g)[260.58]$$

(4) 相对分子质量相同，分子构型复杂，熵值大。例如：

$$C_2H_5OH(g)[282] \qquad CH_3—O—CH_3(g)[266.3]$$

这是由于二甲醚分子对称性大于乙醇。

(5) 物质的熵值随温度升高而增大；气态物质的熵值随压力增高而减小。例如：

$$CS_2(l, 161\ K)[103] \qquad CS_2(l, 298\ K)[150]$$
$$O_2(g, 100\ kPa)[205] \qquad O_2(g, 600\ kPa)[190]$$

熵是状态函数，有了 $S_m^\ominus$ 的数值，运用下式就可计算化学反应的标准摩尔熵变 $\Delta_r S_m^\ominus$：

$$\Delta_r S_m^\ominus = \sum_B \nu_B S_m^\ominus(B) \tag{2-14}$$

2.5 吉布斯自由能及其应用

2.5.1 吉布斯自由能

用式(2-13)来判断变化的自发性不甚方便,因为它既牵涉到系统又牵涉到环境。因此常作如下的变换:$\Delta S_{环}$ 是环境的热效应除以传热时的温度,对于等温等压过程,环境的热效应等于系统热效应的负值,即 $Q_{环}=-\Delta H_{系}$。所以

$$\Delta S_{环}=\frac{Q_{环}}{T}=\frac{-\Delta H_{系}{}^{①}}{T}$$

将此代入式(2-13)

$$\Delta S_{孤}=\Delta S_{系}+\Delta S_{环}=\Delta S_{系}-\frac{\Delta H_{系}}{T}$$

通分并移项后可得 $T\Delta S_{孤}=T\Delta S_{系}-\Delta H_{系}=-(\Delta H_{系}-T\Delta S_{系})$

对自发变化,$\Delta S_{孤}$ 总是正值,乘积 $T\Delta S_{孤}$ 也总是正值,所以($\Delta H_{系}-T\Delta S_{系}$)必定是负值。即自发变化时

$$\Delta H-T\Delta S<0 \qquad (2-15)$$

因此,在等温等压过程中,如果系统的($\Delta H-T\Delta S$)小于零,则其变化是自发的。

为了方便,可引入另一个热力学函数——**吉布斯自由能**(Gibbs free energy),也称**自由焓**(free enthalpy),用符号 G 表示,其定义为

$$G=H-TS \qquad (2-16)$$

因为 H、T、S 都是状态函数,故它们的组合 G 一定也是状态函数。对一个等温等压过程,设始态的吉布斯自由能为 G_1,终态的吉布斯自由能为 G_2,则该过程的吉布斯自由能变 ΔG 为

$$\Delta G=G_2-G_1=(H_2-TS_2)-(H_1-TS_1)=(H_2-H_1)-T(S_2-S_1)$$

即

$$\Delta G=\Delta H-T\Delta S \qquad (2-17)$$

此关系式常称为**吉布斯-赫姆霍兹**(Gibbs-Helmholtz)**方程**,是一个非常有用的公式。它说明在等温等压过程中,可以用吉布斯自由能变 ΔG 来判断过程的自发性。即

$$\left.\begin{array}{ll}\Delta G<0 & \text{过程自发}\\ \Delta G>0 & \text{过程非自发(其逆过程自发)}\\ \Delta G=0 & \text{过程处于平衡状态}\end{array}\right\} \qquad (2-18)$$

---

① 环境可看作一个大的热源,这份热量($-\Delta H$)传入环境不会引起环境温度的变化。所以就环境而言,这种单纯的传热过程可看作可逆过程,即 $Q_{r,环}=Q_{环}=-\Delta H_{系}$。注意,对系统而言,$\Delta S_{系}=\frac{Q_{r,系}}{T}\neq\frac{\Delta H}{T}$,因为系统发生的不是可逆过程,显然 $\Delta H<Q_{r,系}$,只有可逆过程才会产生最大的热效应。

从式(2-17)中还可看到，实际上有两个因素——ΔH 和 ΔS——决定过程的自发性。ΔH 越负(即放热越多)对过程自发越有利，说明自发过程倾向于降低系统的能量；ΔS 越正(即混乱度增加越多)对过程自发越有利，说明自发过程倾向于增加系统的混乱度。这与 2.4.1 节引出的结论不谋而合。ΔH 和 ΔS 是正值还是负值对过程自发性的影响，具体还可分成四种情况加以讨论。

(1) $\Delta H<0, \Delta S>0$　两因素都对过程自发有利，不管什么温度下，总是 $\Delta G<0$，所以过程总是自发的。

(2) $\Delta H>0, \Delta S<0$　两因素都对过程自发不利，不管什么温度下，总是 $\Delta G>0$，所以过程不可能自发进行。

(3) $\Delta H<0, \Delta S<0$　这时温度将起重要作用，因为只有在 $|\Delta H|>|T\Delta S|$ 时，$\Delta G<0$，所以温度越低，对这种过程越有利。水结冰即是此过程的一例。因水结冰放出热量，$\Delta H<0$；但结冰过程中水分子变得有序，$\Delta S<0$。为了保证 $\Delta G<0$，温度 T 不能高。在 101.3 kPa 下，温度低于 273 K 时水才会结冰；高于 273 K 时 $|T\Delta S|>|\Delta H|$，即 $\Delta G>0$，结冰就不可能自发进行，相反的，它的逆过程(冰融化)却发生了。

(4) $\Delta H>0, \Delta S>0$　这种情况与(3)相反，只有在 $|T\Delta S|>|\Delta H|$ 时，$\Delta G<0$。所以温度越高，这种过程越有利。冰融化、水蒸发即属于这一类的过程。

ΔG 具有明确的物理意义。它代表在等温等压过程中，能被用来做有用功(即非体积功)的最大值。一个过程实际能做多少有用功，在一定程度上取决于利用这个过程做功的机器效率。例如，每摩尔甲烷在内燃机内燃烧，得到的有用功很少超过 100～200 kJ。在燃料电池中情况要好得多，甚至可得到 700 kJ 的功。但是不管设计的机器多么巧妙，在 298 K 和 $p^{\ominus}$ 下，消耗 1 mol 甲烷得到的有用功绝不会超过 818 kJ。该值就是下列反应的 $\Delta_r G_m^{\ominus}$。

$$CH_4(g)+2O_2(g) \xlongequal{} CO_2(g)+2H_2O(l) \qquad \Delta_r G_m^{\ominus}=-818\ kJ\cdot mol^{-1}$$

因为实际过程总是不可逆的，而可逆过程才做最大功，所以 818 kJ 表示该反应在可逆过程中所做的最大有用功。

2.5.2 标准生成吉布斯自由能

因吉布斯自由能是状态函数，在化学反应中如果能够知道反应物和生成物的吉布斯自由能的数值，则反应的吉布斯自由能变 ΔG 可由简单的加减法求得。但是从吉布斯自由能的定义可知，它与热力学能、焓一样，是无法求得绝对值的。为了求算反应的 ΔG，可仿照求标准生成焓的处理方法：首先规定一个相对的标准——在指定温度(一般定 298.15 K)和标准态下，令指定单质的吉布斯自由能为零，并且把**在指定温度和标准态下，由指定单质生成 1 mol 某物质的吉布斯自由能变称为该物质的标准生成吉布斯自由能**($\Delta_f G_m^{\ominus}$)。一些物质在 298.15 K 时的标准生成吉布斯自由能列于附录二。有了 $\Delta_f G_m^{\ominus}$ 的数据，就可方便地由下式计算任何反应的标准摩尔吉布斯自由能变($\Delta_r G_m^{\ominus}$)：

$$\Delta_r G_m^{\ominus}=\sum_B \nu_B \Delta_f G_m^{\ominus}(B) \tag{2-19}$$

例 2-7　计算下列葡萄糖氧化反应在 298 K 时的 $\Delta_r G_m^{\ominus}$。

$$C_6H_{12}O_6(s)+6O_2(g) \xlongequal{\quad} 6CO_2(g)+6H_2O(l)$$

解 查附录二，得各物质的 $\Delta_f G_m^\ominus$，代入式(2-19)可得

$$\begin{aligned}\Delta_r G_m^\ominus &= [6\Delta_f G_m^\ominus(CO_2)+6\Delta_f G_m^\ominus(H_2O)]-[\Delta_f G_m^\ominus(C_6H_{12}O_6)+6\Delta_f G_m^\ominus(O_2)]\\ &= [6\times(-394.4)+6\times(-237.1)]\ kJ\cdot mol^{-1}-[(-910.5)+0]\ kJ\cdot mol^{-1}\\ &= -2\,878.5\ kJ\cdot mol^{-1}\end{aligned}$$

$\Delta_r G_m^\ominus$ 为负值，表明上述反应在 298 K 和标准态下能自发进行。

2.5.3 ΔG 与温度的关系

由标准生成吉布斯自由能的数据算得 $\Delta_r G_m^\ominus$，可用来判断反应在标准态下能否自发进行。但是能查到的标准生成吉布斯自由能一般都是 298 K 时的数据，那么在其他温度，如在人的体温 37 ℃时，某一生化反应能否自发进行？为此需要了解温度对 ΔG 的影响。

一般来说温度变化时，ΔH 和 ΔS 变化不大，而 ΔG 却变化很大①。因此，当温度变化不太大时，可近似地把 ΔH 和 ΔS 看作不随温度而变的常数。这样，只需求得 298 K 时的 $\Delta H_{298}^\ominus$ 和 $\Delta S_{298}^\ominus$，利用如下近似公式就可求算温度 T 时的 $\Delta G_T^\ominus$。

$$\Delta G_T^\ominus \approx \Delta H_{298}^\ominus - T\Delta S_{298}^\ominus \tag{2-20}$$

由上节讨论可知，对于 ΔH 和 ΔS 正负号相同的反应，即 $\Delta H>0, \Delta S>0$ 和 $\Delta H<0, \Delta S<0$ 这两类反应，改变反应温度，反应存在从自发到非自发或者从非自发到自发的转变，这个转变的温度称为**转向温度**(inversion temperature)$T_{转}$。在转向温度时，系统处于平衡态，由式(2-20)可得

$$\Delta G_T^\ominus \approx \Delta H_{298}^\ominus - T_{转}\Delta S_{298}^\ominus = 0$$

即

$$T_{转}=\frac{\Delta H_{298}^\ominus}{\Delta S_{298}^\ominus} \tag{2-21}$$

对 $\Delta H>0, \Delta S>0$ 型反应，当温度高于 $T_{转}$ 时反应自发；对 $\Delta H<0, \Delta S<0$ 型反应，当温度低于 $T_{转}$ 时反应自发。显然，这样计算的前提是假定反应在标准态下进行。

例 2-8 煤里都含有硫(一般为 0.5%～3%，最高达 5%)，煤燃烧时硫先变成 SO_2，然后进一步氧化成 SO_3。为了减少 SO_3 对大气的污染，有人设想在煤里掺入价廉的生石灰(CaO)，让它与 SO_3 反应生成 $CaSO_4$，使 SO_3 固定在煤渣中。试问这种设想能否实现？

解	$SO_3(g)$ +	$CaO(s) \longrightarrow$	$CaSO_4(s)$
$\Delta_f H^\ominus/(kJ\cdot mol^{-1})$	−395.7	−634.9	−1 434.5
$S^\ominus/(J\cdot mol^{-1}\cdot K^{-1})$	256.8	38.1	106.5

$$\Delta_r H^\ominus = [-1\,434.5-(-395.7-634.9)]\ kJ\cdot mol^{-1} = -403.9\ kJ\cdot mol^{-1}$$

---

① 温度对 ΔG 影响很大，从公式 $\Delta G=\Delta H-T\Delta S$ 可得到充分说明。为什么温度对 ΔH 影响不大？在化学反应中，ΔH 主要来自化学键改组所引起的能量变化。同一反应不管在高温还是低温下进行，其化学键改组情况是相同的，因此 ΔH 也就相近。虽然温度对物质的熵值影响很大，但是对一个化学反应来说，升高温度，生成物和反应物的 S 值都同时增加，因此它们的差值(ΔS)还是变化不大的。这情况有如两个正在成长中的儿童，当他们在 10 岁时，一个身高 1.10 m，另一个 1.20 m。5 年后前者身高变为 1.50 m，后者身高变为 1.60 m，虽然他俩各自都长高了 0.40 m，但他俩身高差还是 0.10 m。

$$\Delta_r S^\ominus = [106.5-(256.8+38.1)]\ \mathrm{J\cdot mol^{-1}\cdot K^{-1}} = -188.4\ \mathrm{J\cdot mol^{-1}\cdot K^{-1}}$$

这是 $\Delta_r H^\ominus<0$，$\Delta_r S^\ominus<0$ 反应，高温不利于反应进行，其转向温度为

$$T_{转} = \frac{\Delta_r H^\ominus}{\Delta_r S^\ominus} = \frac{-403.9\times10^3\ \mathrm{J\cdot mol^{-1}}}{-188.4\ \mathrm{J\cdot mol^{-1}\cdot K^{-1}}} = 2\,144\ \mathrm{K}(1\,871\ ℃)$$

煤燃烧一般炉温在 1 200 ℃左右，所以从热力学角度来看，此设想是可以实现的。目前一些高硫煤的燃烧，的确有人采用此法来降低污染。

例 2-9 丁二烯是合成橡胶的重要原料。有人拟定如下三种方法生产丁二烯。试用热力学原理分析这些方法能否实现？选用何种方法更好？

(1) $C_4H_8(g) \longrightarrow C_4H_6(g)+H_2(g)$

(2) $C_4H_8(g)+\frac{1}{2}O_2(g) \longrightarrow C_4H_6(g)+H_2O(g)$

(3) $2C_2H_4(g) \longrightarrow C_4H_6(g)+H_2(g)$

已知

	$C_4H_8(g)$	$C_4H_6(g)$	$C_2H_4(g)$
$\Delta_f H^\ominus/(\mathrm{kJ\cdot mol^{-1}})$	0.1	165.2	52.4
$S^\ominus/(\mathrm{J\cdot mol^{-1}\cdot K^{-1}})$	305.6	290.8	219.3

解 (1) $C_4H_8(g) \longrightarrow C_4H_6(g)+H_2(g)$

$$\begin{aligned}\Delta_r H^\ominus &= \Delta_f H^\ominus(C_4H_6)+\Delta_f H^\ominus(H_2)-\Delta_f H^\ominus(C_4H_8)\\ &=(165.2-0.1)\ \mathrm{kJ\cdot mol^{-1}}\\ &=165.1\ \mathrm{kJ\cdot mol^{-1}}\end{aligned}$$

$$\begin{aligned}\Delta_r S^\ominus &= S^\ominus(C_4H_6)+S^\ominus(H_2)-S^\ominus(C_4H_8)\\ &=(290.8+130.7-305.6)\ \mathrm{J\cdot mol^{-1}\cdot K^{-1}}\\ &=115.9\ \mathrm{J\cdot mol^{-1}\cdot K^{-1}}\end{aligned}$$

设反应自发进行的最低温度为 T

$$\Delta_r G_T^\ominus = \Delta_r H^\ominus - T\Delta_r S^\ominus = 0$$

$$T=\frac{\Delta_r H^\ominus}{\Delta_r S^\ominus}=\frac{165.1\times10^3\ \mathrm{J\cdot mol^{-1}}}{115.9\ \mathrm{J\cdot mol^{-1}\cdot K^{-1}}}=1\,425\ \mathrm{K}$$

(2) $C_4H_8(g)+\frac{1}{2}O_2(g) \longrightarrow C_4H_6(g)+H_2O(g)$

$$\begin{aligned}\Delta_r H^\ominus &= [165.2+(-241.8)-0.1]\ \mathrm{kJ\cdot mol^{-1}}\\ &=-76.7\ \mathrm{kJ\cdot mol^{-1}}\end{aligned}$$

$$\begin{aligned}\Delta_r S^\ominus &= \left(290.8+188.8-305.6-\frac{1}{2}\times205.2\right)\ \mathrm{J\cdot mol^{-1}\cdot K^{-1}}\\ &=71.4\ \mathrm{J\cdot mol^{-1}\cdot K^{-1}}\end{aligned}$$

(3) $2C_2H_4(g) \longrightarrow C_4H_6(g)+H_2(g)$

$$\Delta_r H^\ominus = (165.2-2\times52.4)\ \mathrm{kJ\cdot mol^{-1}} = 60.4\ \mathrm{kJ\cdot mol^{-1}}$$

$$\begin{aligned}\Delta_r S^\ominus &= (290.8+130.7-2\times219.3)\ \mathrm{J\cdot mol^{-1}\cdot K^{-1}}\\ &=-17.1\ \mathrm{J\cdot mol^{-1}\cdot K^{-1}}\end{aligned}$$

由上可知，反应(1)是 $\Delta H>0$，$\Delta S>0$ 型反应，温度高于 1 425 K 时才能自发进行；反应(2)是 $\Delta H<0$，$\Delta S>0$ 型反应，在任何温度下都可自发进行；反应(3)是 $\Delta H>0$，$\Delta S<0$ 型反应，在任何温度下都不能自发进行。所以从热力学角度来说，应该选择反应(2)。

拓展知识：

石墨怎样才能变成金刚石

当 1797 年发现金刚石是碳的一种同素异形体时，大家都为之非常振奋。甚至有人就乐观地预言：过不了多久，每位女士的脖子上都可挂上一串钻石项链。在石墨变成金刚石的巨大经济利益驱使下，在以后的 100 多年中许许多多的人都做过这方面的尝试，但是全以失败而告终。为什么呢？那时其中奥妙无人知晓。直至 1938 年，热力学作为一门科学出现了。有人用它来计算石墨转化成金刚石所需的条件，才发现在 1 万大气压以下，无论什么温度都是不可能成功的，只有在更高的压力下才有可能实现这种转化。下面简单地估算一下实现这种转化所需的条件。

$$\text{C(石墨)} \longrightarrow \text{C(金刚石)}$$

由附录二的数据可得

$$\Delta_r H^\ominus = (1.9-0)\ \text{kJ}\cdot\text{mol}^{-1} = 1.9\ \text{kJ}\cdot\text{mol}^{-1}$$
$$\Delta_r S^\ominus = (2.4-5.7)\ \text{J}\cdot\text{mol}^{-1}\cdot\text{K}^{-1} = -3.3\ \text{J}\cdot\text{mol}^{-1}\cdot\text{K}^{-1}$$
$$\Delta_r G^\ominus = (2.9-0)\ \text{kJ}\cdot\text{mol}^{-1} = 2.9\ \text{kJ}\cdot\text{mol}^{-1}$$

因 $\Delta_r G^\ominus>0$，在常温和标准态下，该反应不能自发进行。又因该反应是吸热熵减型反应，在通常压力下改变温度也无济于事。但是从金刚石的密度($3.5\ \text{g}\cdot\text{cm}^{-3}$)大于石墨的密度($2.3\ \text{g}\cdot\text{cm}^{-3}$)可以推断，加压将有利于石墨的转化。压力对反应 $\Delta_r G$ 的影响可由热力学原理导出如下关系式：

$$\Delta_r G_m(p) = \Delta_r G_m^\ominus + \Delta V_m(p-p^\ominus)$$

式中：$\Delta_r G_m(p)$ 为压力 p 时反应的摩尔吉布斯自由能变；ΔV_m 为反应的摩尔体积变。若令 $\Delta_r G_m(p)=0$，即可求得实现此转化所需的最低压力 p。

$$\begin{aligned} p &= \frac{-\Delta_r G_m^\ominus}{\Delta V_m} + p^\ominus \\ &= \left[-2.9\ \text{kJ}\cdot\text{mol}^{-1}\Big/\left(\frac{12\ \text{g}\cdot\text{mol}^{-1}}{3.5\ \text{g}\cdot\text{cm}^{-3}} - \frac{12\ \text{g}\cdot\text{mol}^{-1}}{2.3\ \text{g}\cdot\text{cm}^{-3}}\right)\right] + 1\times10^5\ \text{Pa} \\ &= [-2.9\times10^3\ \text{Pa}\cdot\text{m}^3\cdot\text{mol}^{-1}/(3.42-5.29)\times10^{-6}\ \text{m}^3\cdot\text{mol}^{-1}] + 1\times10^5\ \text{Pa} \\ &= 1.6\times10^9\ \text{Pa} \end{aligned}$$

可见在室温下实现这种转化的最低压力为 1.6×10^9 Pa(相当于 1.6 万大气压)。但是在此压力或更高压力下还是不可能得到金刚石的，因为室温下该反应速率非常慢。升高温度可增加反应速率，但在高温下对压力的要求则更高。因为高压下此转化过程将由吸热反应变成放热反应，故升高温度虽有利于增加反应速率，却不利于转化。有人算得：当温度升至 200 ℃时，要求最低压力为 2 万大气压，当温度升至 850 ℃时，最低压力为 4 万大气压。在此热力学原理指导下，1955 年美国通用电器公司的科学家们在 2 000 ℃和 12.5 万大气压下才首次实现这种转化。现在全世界每年人工合成金刚石的产量已达 100 多吨，但多为含有杂质的黑色金刚石粉末，主要在工业上用作切割、研磨和抛光的工具。

高压下制取金刚石条件苛刻、工艺复杂、设备投资大，能否在低压下制取？近来科学家们已发现在一定的条件下金刚石可在低压下生成。这过程称为“化学气相沉积”(chemical vapor deposition)，简称 CVD。CVD 法是利用能量使含碳化合物（如 CH_4）释放出碳原子，并让其进入稳定的氢气流中（氢气流中一些氢分子已解离为氢原子），然后在 600～900 ℃下碳原子以金刚石膜形式沉积在某些物质的表面。可能有人会问，为什么在此表面沉积的是金刚石而不是更稳定的石墨？该问题至今尚无确切的答案。有人认为此条件下金刚石结构生成的速率快于石墨，所以实际上生成的是金刚石；也有人认为可能是氢原子与石墨碎片的反应速率比金刚石碎片快，故有效地清除掉表面上生成的石墨膜而留下金刚石膜。2003 年，中国科学技术大学陈乾旺教授在 440 ℃和较低压力下以 CO_2 为碳源成功合成了直径达 0.25 mm 的金刚石，其外观无色、透明，可与天然金刚石媲美，从而引起世人注目。

2.5.4 范托夫等温方程

$\Delta_r G^\ominus$只能用来判断化学反应在标准态下能否自发进行。但是通常遇到的反应条件一般都是非标准状态，故应该用 $\Delta_r G$ 而不是 $\Delta_r G^\ominus$来判断反应的方向。那么，$\Delta_r G$ 如何求算呢？**范托夫等温方程**给出了 $\Delta_r G$ 的计算式：

$$\Delta_r G = \Delta_r G^\ominus + RT\ln Q \tag{2-22}$$

式中 Q 称**活度商**。对任一化学反应：

$$bB + dD \rightleftharpoons eE + fF$$

活度商的表达式为

$$Q = \frac{a_E^e \cdot a_F^f}{a_B^b \cdot a_D^d} \tag{2-23}$$

式中：a_B，a_D，a_E，a_F 依次是反应系统中物质 B，D，E，F 的活度。所以活度商就是某反应开始时生成物的活度以反应式中化学计量数为乘幂的乘积，除以反应物的活度以反应式中化学计量数的绝对值为乘幂的乘积。活度严格的定义将在后续课“物理化学”中介绍，这里粗略地把它看成

“有效浓度”。但它又与浓度不同，浓度是量纲不为 1 的量，而活度的量纲为 1[①]。热力学上的标准态就是 $a=1$ 的状态。所以物质的活度也可看作它所处的状态与标准态相比所得的数值。由于物质处在不同状态时标准态的定义不同，故活度的表达式也就不同。所以对不同类型的反应，Q 的表达式也有所不同。

1. 气体反应

理想气体（或低压下的真实气体）的活度[②]为气体的分压与标准压力的比值。

$$a=p/p^{\ominus}$$

将此代入式(2-23)，得

$$Q=\frac{(p_{\mathrm{E}}/p^{\ominus})^{e}\cdot(p_{\mathrm{F}}/p^{\ominus})^{f}}{(p_{\mathrm{B}}/p^{\ominus})^{b}\cdot(p_{\mathrm{D}}/p^{\ominus})^{d}}=\frac{p_{\mathrm{E}}^{e}\cdot p_{\mathrm{F}}^{f}}{p_{\mathrm{B}}^{b}\cdot p_{\mathrm{D}}^{d}}\cdot\left(\frac{1}{p^{\ominus}}\right)^{\sum\nu} \quad (2-24)$$

式中：$\sum\nu=(e+f)-(b+d)$。

2. 溶液反应

理想溶液（或稀的真实溶液）的活度是溶液浓度（单位为 $\mathrm{mol\cdot L^{-1}}$）与标准浓度 $c^{\ominus}$（即 $1\ \mathrm{mol\cdot L^{-1}}$）的比值

$$a=c/c^{\ominus}$$

将此代入式(2-23)，得

$$Q=\frac{(c_{\mathrm{E}}/c^{\ominus})^{e}\cdot(c_{\mathrm{F}}/c^{\ominus})^{f}}{(c_{\mathrm{B}}/c^{\ominus})^{b}\cdot(c_{\mathrm{D}}/c^{\ominus})^{d}}=\frac{c_{\mathrm{E}}^{e}\cdot c_{\mathrm{F}}^{f}}{c_{\mathrm{B}}^{b}\cdot c_{\mathrm{D}}^{d}}\cdot\left(\frac{1}{c^{\ominus}}\right)^{\sum\nu} \quad (2-25)$$

3. 复相反应

复相反应是指反应系统中存在两个以上相的反应。如反应：

$$\mathrm{CaCO_3(s)+2H^+(aq) \xlongequal{\quad} Ca^{2+}(aq)+CO_2(g)+H_2O(l)}$$

就是复相反应。由于固相和纯液相的标准态是它本身的纯物质，故固相和纯液相均为单位活度，即 $a=1$，在活度商表达式中可不必列入。则上述反应的活度商的表达式为

$$Q=\frac{[c(\mathrm{Ca^{2+}})/c^{\ominus}]\cdot[p(\mathrm{CO_2})/p^{\ominus}]}{[c(\mathrm{H^+})/c^{\ominus}]^2}$$

例 2-10 已知 25 ℃时 $\Delta_f G^{\ominus}(\mathrm{NOBr})=82.4\ \mathrm{kJ\cdot mol^{-1}}$，$\Delta_f G^{\ominus}(\mathrm{NO})=87.6\ \mathrm{kJ\cdot mol^{-1}}$，$\Delta_f G^{\ominus}(\mathrm{Br_2,g})=3.1\ \mathrm{kJ\cdot mol^{-1}}$。试判断在该温度，反应 $\mathrm{2NO(g)+Br_2(g) \xlongequal{\quad} 2NOBr(g)}$ 在下列两种情况下的方向：

(1) 标准态下；

(2) $p(\mathrm{NO})=2\ \mathrm{kPa}$，$p(\mathrm{Br_2})=100\ \mathrm{kPa}$，$p(\mathrm{NOBr})=80\ \mathrm{kPa}$。

解 (1) $\Delta_r G^{\ominus}=(2\times82.4-2\times87.6-3.1)\ \mathrm{kJ\cdot mol^{-1}}$

$=-13.5\ \mathrm{kJ\cdot mol^{-1}}<0$

反应正向进行。

---

① 这句话通俗地讲，浓度是有单位的，而活度是无单位的纯数值。按照国标 GB3102.8—93 的说法，一些纯数值的量并不是无量纲的，只是其量纲为 1。

② 气体的“活度”常称为逸度。

(2) $\Delta_r G = \Delta_r G^\ominus + RT\ln Q$

$$= \Delta_r G^\ominus + RT\ln\left[\frac{p^2(\text{NOBr})}{p^2(\text{NO})\cdot p(\text{Br}_2)}\cdot\left(\frac{1}{p^\ominus}\right)^{2-(2+1)}\right]$$

$$= -13.5\ \text{kJ}\cdot\text{mol}^{-1} + 8.315\times10^{-3}\ \text{kJ}\cdot\text{mol}^{-1}\cdot\text{K}^{-1}\times298\ \text{K}\times\ln\left[\frac{80^2}{2^2\times100}\cdot\left(\frac{1}{100}\right)^{-1}\right]$$

$$= -13.5\ \text{kJ}\cdot\text{mol}^{-1} + 18.3\ \text{kJ}\cdot\text{mol}^{-1} = 4.8\ \text{kJ}\cdot\text{mol}^{-1} > 0$$

反应逆向进行。

习　题

1. 计算下列系统的热力学能变化：

(1) 系统吸收了 100 J 热量，并且系统对环境做了 540 J 功。

(2) 系统放出 100 J 热量，并且环境对系统做了 635 J 功。

2. 2.0 mol H_2（设为理想气体）在恒温（298 K）下，经过下列三种途径，从始态 0.015 m^3 膨胀到终态 0.040 m^3，求各途径中气体所做的功。

(1) 自始态反抗 100 kPa 的外压到终态。

(2) 自始态反抗 200 kPa 的外压到中间平衡态，然后再反抗 100 kPa 的外压到终态。

(3) 自始态可逆地膨胀到终态。

3. 在 $p^\ominus$ 和 885 ℃下，分解 1.0 mol $CaCO_3$ 需耗热量 165 kJ。试计算此过程的 W、ΔU 和 ΔH。$CaCO_3$ 的分解反应方程式为

$$CaCO_3(s) = CaO(s) + CO_2(g)$$

4. 已知

(1) $C(s) + O_2(g) = CO_2(g)$　　$\Delta_r H_1^\ominus = -393.5\ \text{kJ}\cdot\text{mol}^{-1}$

(2) $H_2(g) + \frac{1}{2}O_2(g) = H_2O(l)$　　$\Delta_r H_2^\ominus = -285.8\ \text{kJ}\cdot\text{mol}^{-1}$

(3) $CH_4(g) + 2O_2(g) = CO_2(g) + 2H_2O(l)$　　$\Delta_r H_3^\ominus = -890.5\ \text{kJ}\cdot\text{mol}^{-1}$

试求反应 $C(s) + 2H_2(g) = CH_4(g)$ 的 $\Delta_r H_m^\ominus$。

5. 利用附录二的数据，计算下列反应在 298 K 时的 $\Delta_r H_m^\ominus$：

(1) $PbS(s) + \frac{3}{2}O_2(g) = PbO(s) + SO_2(g)$

(2) $4NH_3(g) + 5O_2(g) = 4NO(g) + 6H_2O(l)$

(3) $CaCO_3(s) + 2H^+(aq) = Ca^{2+}(aq) + CO_2(g) + H_2O(l)$

(4) $AgCl(s) + Br^-(aq) = AgBr(s) + Cl^-(aq)$

6. 阿波罗登月火箭用 $N_2H_4(l)$ 作燃料，用 $N_2O_4(g)$ 作氧化剂，燃烧后产生 $N_2(g)$ 和 $H_2O(g)$。写出配平的化学方程式，并计算 1 kg $N_2H_4(l)$ 燃烧后的 $\Delta_r H^\ominus$。

7. 已知

(1) $4NH_3(g) + 5O_2(g) = 4NO(g) + 6H_2O(l)$　$\Delta_r H_1^\ominus = -1\,166.0\ \text{kJ}\cdot\text{mol}^{-1}$

(2) $4NH_3(g) + 3O_2(g) = 2N_2(g) + 6H_2O(l)$　$\Delta_r H_2^\ominus = -1\,531.2\ \text{kJ}\cdot\text{mol}^{-1}$

试求 NO 的标准生成焓。

8. 已知

(1) $2NH_3(g) + 3N_2O(g) = 4N_2(g) + 3H_2O(l)$　$\Delta_r H_1^\ominus = -1\,010\ \text{kJ}\cdot\text{mol}^{-1}$

(2) $N_2O(g)+3H_2(g) \xlongequal{\quad} N_2H_4(l)+H_2O(l) \quad \Delta_r H_2^{\ominus}=-317\ kJ\cdot mol^{-1}$

(3) $2NH_3(g)+\frac{1}{2}O_2(g) \xlongequal{\quad} N_2H_4(l)+H_2O(l) \quad \Delta_r H_3^{\ominus}=-143\ kJ\cdot mol^{-1}$

(4) $H_2(g)+\frac{1}{2}O_2(g) \xlongequal{\quad} H_2O(l) \quad \Delta_r H_4^{\ominus}=-286\ kJ\cdot mol^{-1}$

试计算 $N_2H_4(l)$的标准生成焓。

9. 利用附录十的键能数据,估算下列反应的 $\Delta_r H_m^{\ominus}$:

$$CH_3OH(g)+HBr(g) \xlongequal{\quad} H_2O(g)+CH_3Br(g)$$

10. 下列各反应中反应物和产物都是同分异构体。利用键能估算这些气相异构化反应的 $\Delta_r H^{\ominus}$。

(1) 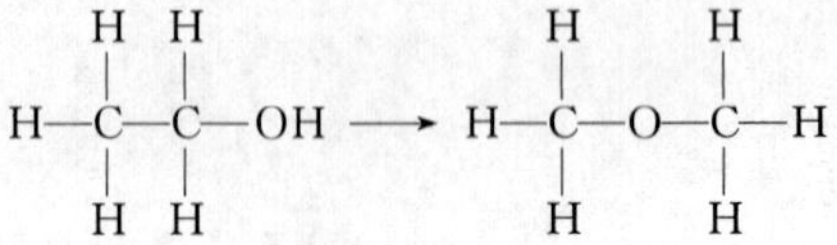

(2) 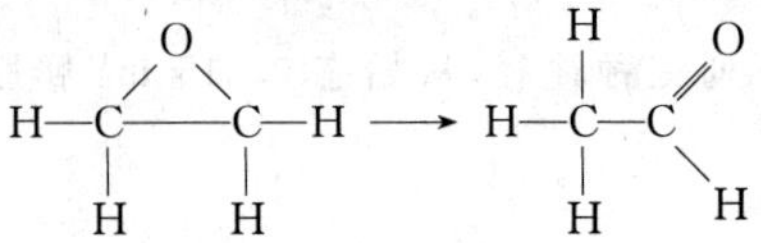

(3) 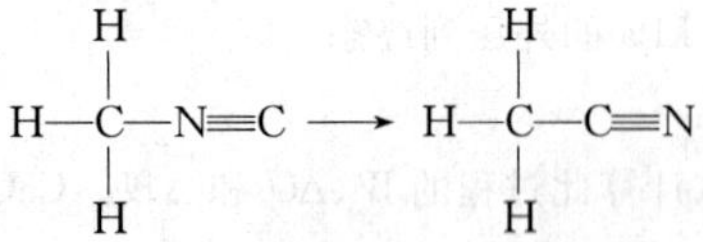

11. 预言下列过程系统的 ΔS 的符号:

(1) 水变成水蒸气;

(2) 气体等温膨胀;

(3) 苯与甲苯相溶;

(4) 盐从过饱和水溶液中结晶出来;

(5) 渗透;

(6) 固体表面吸附气体。

12. 不查表,预测下列反应的熵值是增加还是减小?

(1) $2CO(g)+O_2(g) \xlongequal{\quad} 2CO_2(g)$

(2) $2O_3(g) \xlongequal{\quad} 3O_2(g)$

(3) $2NH_3(g) \xlongequal{\quad} N_2(g)+3H_2(g)$

(4) $2Na(s)+Cl_2(g) \xlongequal{\quad} 2NaCl(s)$

(5) $H_2(g)+I_2(g) \xlongequal{\quad} 2HI(g)$

(6) $2CH_4(g) \xlongequal{\quad} C_2H_6(g)+H_2(g)$

(7) $CH_2=CH-CH_3(g) \xlongequal{\quad}$ 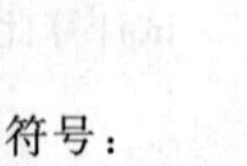 (g)

13. 计算下列过程中系统的熵变:

(1) 1 mol NaCl 在其熔点 804 ℃下熔融。已知 NaCl 的熔化热 $\Delta_{fus}H_m^{\ominus}$ 为 34.4 $kJ\cdot mol^{-1}$[下标 fus 代表"熔化"(fusion)]。

(2) 2 mol 液态 O_2 在其沸点 −183 ℃下汽化。已知 O_2 的汽化热 $\Delta_{vap}H_m^{\ominus}$ 为 6.82 $kJ\cdot mol^{-1}$[下标 vap 代表"汽化"(vaporization)]。

14. 水在 0 ℃的熔化热是 6.02 $kJ\cdot mol^{-1}$,它在 100 ℃的汽化热是 40.6 $kJ\cdot mol^{-1}$。1 mol 水在熔化和汽化时

的熵变各是多少？为什么 $\Delta_{vap}S_m^\ominus > \Delta_{fus}S_m^\ominus$？

15. 1 mol 水在其沸点 100 ℃下汽化，求该过程的 W，Q，ΔU，ΔH，ΔS 和 ΔG。已知水的汽化热为 2.26 $kJ \cdot g^{-1}$。

16. 利用附录二的数据，判断下列反应在 25 ℃和标准态下能否自发进行。

(1) $Ca(OH)_2(s) + CO_2(g) \xlongequal{} CaCO_3(s) + H_2O(l)$

(2) $CaSO_4 \cdot 2H_2O(s) \xlongequal{} CaSO_4(s) + 2H_2O(l)$

(3) $PbO(s) + CO(g) \xlongequal{} Pb(s) + CO_2(g)$

17. 在空气中，$Fe_3O_4(s)$还是 $Fe_2O_3(s)$在热力学上更稳定？试证明你的选择。

18. 在 100 ℃时，水蒸发过程为

$$H_2O(l) \longrightarrow H_2O(g)$$

若当时水蒸气分压为 200 kPa，下列说法中正确的有哪些？

(1) $\Delta G^\ominus = 0$　　(2) $\Delta G = 0$　　(3) $\Delta G^\ominus > 0$

(4) $\Delta G^\ominus < 0$　　(5) $\Delta G > 0$　　(6) $\Delta G < 0$

19. 下列三个反应

(1) $N_2(g) + O_2(g) \xlongequal{} 2NO(g)$

(2) $Mg(s) + Cl_2(g) \xlongequal{} MgCl_2(s)$

(3) $H_2(g) + S(s) \xlongequal{} H_2S(g)$

它们的 $\Delta_r H_m^\ominus$ 分别为 181 $kJ \cdot mol^{-1}$，-642 $kJ \cdot mol^{-1}$ 和 -20 $kJ \cdot mol^{-1}$；$\Delta_r S_m^\ominus$ 分别为 25 $J \cdot mol^{-1} \cdot K^{-1}$，$-166$ $J \cdot mol^{-1} \cdot K^{-1}$ 和43 $J \cdot mol^{-1} \cdot K^{-1}$。问在标准态下哪些反应在任何温度下都能自发进行？哪些只在高温或只在低温下自发进行？

20. CO 和 NO 是汽车尾气的主要污染源。有人设想用加热分解的方法来消除：

$$CO(g) \xlongequal{\triangle} C(s) + \frac{1}{2}O_2(g)$$

$$2NO(g) \xlongequal{\triangle} N_2(g) + O_2(g)$$

也有人设想利用下列反应来净化：

$$CO(g) + NO(g) \xlongequal{} CO_2(g) + \frac{1}{2}N_2(g)$$

试用热力学原理讨论这些设想能否实现。

21. 蔗糖在新陈代谢过程中所发生的总反应可写成

$$C_{12}H_{22}O_{11}(s) + 12O_2(g) \xlongequal{} 12CO_2(g) + 11H_2O(l)$$

假定有 25%的反应热转化为有用功，试计算体重为 65 kg 的人登上 3 000 m 高的山，需消耗多少蔗糖？已知 $\Delta_f H_m^\ominus(C_{12}H_{22}O_{11}) = -2\,226.1$ $kJ \cdot mol^{-1}$。

22. 如果想在标准压力 $p^\ominus$ 下将 $CaCO_3$ 分解为 CaO 和 CO_2，试估算进行这个反应的最低温度。

23. 利用附录二的数据，判断下列反应

$$C_2H_5OH(g) \xlongequal{} C_2H_4(g) + H_2O(g)$$

(1) 在 25 ℃下能否自发进行？

(2) 在 360 ℃下能否自发进行？

(3) 求该反应能自发进行的最低温度。

24. 由锡石(SnO_2)炼制金属锡，有人拟定以下 3 种工艺，试用热力学原理评论这些工艺实现的可能性。

(1) $SnO_2(s) \xrightarrow{\triangle} Sn(s)+O_2(g)$

(2) $SnO_2(s)+2C(s) = Sn(s)+2CO(g)$

(3) $SnO_2(s)+2H_2(g) = Sn(s)+2H_2O(g)$

25. 已知冰的融化热为 333 $J\cdot g^{-1}$，试计算过程

$$H_2O(s) \longrightarrow H_2O(l)$$

(1) $\Delta H^{\ominus}$　　(2) $\Delta G^{\ominus}$(0 ℃)　　(3) $\Delta S^{\ominus}$

(4) $\Delta G^{\ominus}$(−20 ℃)　　(5) $\Delta G^{\ominus}$(20 ℃)

26. 利用附录二的数据，估算乙醇的沸点。

27. $CuSO_4\cdot 5H_2O$ 遇热首先失去 5 个结晶水，如果继续升高温度，$CuSO_4$ 还会分解为 CuO 和 SO_3。试用热力学原理估算这两步的分解温度。

28. 某系统在 700 K 时，$p(N_2)=3.3\times 10^3$ kPa，$p(H_2)=9.9\times 10^3$ kPa 和 $p(NH_3)=2.0\times 10^2$ kPa。试预测在此温度下下列反应的方向。

$$N_2(g)+3H_2(g) = 2NH_3(g)$$

29. 含结晶水的盐类暴露在大气中逐渐失去结晶水的过程称为风化。$Na_2SO_4\cdot 10H_2O$ 的风化过程可用如下反应式来表示：

$$Na_2SO_4\cdot 10H_2O(s) = Na_2SO_4(s)+10H_2O(g)$$

试判断：

(1) 在 298 K 和标准态下 $Na_2SO_4\cdot 10H_2O$ 是否会风化？

(2) 在 298 K 和空气相对湿度为 60%时，$Na_2SO_4\cdot 10H_2O$ 是否会风化？

已知：$\Delta_f G_m^{\ominus}(Na_2SO_4\cdot 10H_2O)=-3\ 644\ kJ\cdot mol^{-1}$，$\Delta_f G_m^{\ominus}(Na_2SO_4)=-1\ 267\ kJ\cdot mol^{-1}$。

30. 下列说法是否正确？若不正确应如何改正？

(1) 放热反应都能自发进行。

(2) 熵值变大的反应都能自发进行。

(3) $\Delta_r G^{\ominus}<0$ 的反应都能自发进行。

(4) 指定单质规定它的 $\Delta_f H_m^{\ominus}=0$，$\Delta_f G_m^{\ominus}=0$，$S_m^{\ominus}=0$。

(5) 生成物的分子数比反应物多，该反应的 $\Delta_r S^{\ominus}$ 必是正值。

第三章

化学平衡和化学反应速率

学习要求：

1. 了解化学平衡的特征；掌握标准平衡常数和标准吉布斯自由能变之间的关系。
2. 能写出不同类型反应的标准平衡常数表达式，并能利用标准平衡常数进行有关化学平衡的计算。
3. 能运用多重平衡规则求标准平衡常数。了解温度对标准平衡常数的影响。
4. 掌握化学平衡移动的定性判断及移动程度的定量计算。
5. 了解化学反应速率的概念及其实验测定方法。
6. 掌握质量作用定律；知道应如何确定非基元反应的速率方程。
7. 掌握温度对反应速率影响的阿伦尼乌斯经验式。
8. 能用活化分子、活化能等概念解释外界因素对反应速率的影响。

研究化学反应，例如要使某反应实现工业生产，必须研究以下四个问题：① 该反应能否自发进行？即反应的方向性问题。② 反应中能量是如何转化的？即反应的热效应问题。③ 在给定条件下，有多少反应物可以最大限度地转化为生成物？即化学平衡问题。④ 实现这种转化需要多少时间？即反应速率问题。上一章已讨论了前两个问题，在这一章中将讨论剩下的两个问题。

必须指出，化学平衡和化学反应速率是两类不同性质的问题。前者是属于化学热力学范畴，后者是属于化学动力学范畴，因此研究它们的方法有所不同。

3.1 化学平衡

3.1.1 化学平衡的特征

在一定条件下，既能向正方向进行又能向逆方向进行的反应称为**可逆反应**(reversible reaction)。例如，反应：

$$H_2(g)+I_2(g) \rightleftharpoons 2HI(g)$$

在一定温度下，H_2 和 I_2 能化合生成 HI，同时 HI 又能分解为 H_2 和 I_2。对这样的反应，在强调可逆时，在反应式中常用“$\rightleftharpoons$”代替“$=\!=\!=$”。

大多数反应都有一定的可逆性。对于可逆反应，如上面所举的 HI 合成反应，在一定条件下，反应最终会达到这样一种状态：单位时间内，有多少 HI 分子生成，就会有同样数目的 HI 分子分解为 H_2 和 I_2。可逆反应达到这样的状态时称为**化学平衡**(chemical equilibrium)。

化学平衡有如下三个特征：

(1) 化学平衡是 $\Delta_r G=0$ 时的状态　从热力学来看，当反应 $\Delta_r G<0$ 时，反应有正向进行的驱动力，随着反应进行，$\Delta_r G$ 绝对值减小，最后达到 $\Delta_r G=0$，即正向驱动力完全消失；同理，当反应 $\Delta_r G>0$ 时，反应有逆向进行的驱动力，随着逆向反应进行，$\Delta_r G$ 减小，最后也达到 $\Delta_r G=0$，即逆向驱动力完全消失。所以化学平衡是正向和逆向驱动力都完全消失的状态，即 $\Delta_r G=0$ 的状态。

(2) 化学平衡是一种动态平衡　表面上看来反应似乎已停止，实际上正逆反应仍在进行，只是单位时间内，反应物因正反应消耗的分子数恰等于由逆反应生成的分子数。

(3) 化学平衡是有条件的平衡　当外界条件改变时，原有的平衡即被破坏，直到在新的条件下建立新的平衡。

3.1.2　标准平衡常数及其有关的计算

在前一章中已指出，非标准态反应的 $\Delta_r G$ 与标准态反应的 $\Delta_r G^\ominus$ 有如下关系：

$$\Delta_r G=\Delta_r G^\ominus+RT\ln Q$$

当反应达平衡时，$\Delta_r G=0$，则

$$\Delta_r G=\Delta_r G^\ominus+RT\ln Q_{eq}=0$$

$$\Delta_r G^\ominus=-RT\ln Q_{eq}$$

这时的活度商是平衡时的活度商(用 Q_{eq} 表示)，即活度商表达式中各物质的活度均为平衡时的活度。习惯上用 $K^\ominus$ 来表示 Q_{eq}，所以

$$\Delta_r G^\ominus=-RT\ln K^\ominus \tag{3-1}$$

在一定温度下，指定反应的 $\Delta_r G^\ominus$ 为一固定不变值，由式(3-1)不难看出，$K^\ominus$ 也必定是一不变的数值。所以**在一定温度下，某反应处于平衡状态时，生成物的活度以方程式中化学计量数为乘幂的乘积，除以反应物的活度以方程式中化学计量数的绝对值为乘幂的乘积等于一常数 $K^\ominus$**，并称之为**标准平衡常数**(standard equilibrium constant)。

几点说明：

(1) 虽然 Q 和 $K^\ominus$ 的表达式形式上相同，但两者意义不同。Q 是指反应处于某一状态时(非平衡态)生成物活度和反应物活度的比值，而 $K^\ominus$ 是指反应达到平衡态时生成物活度和反应物活度的比值。

(2) 平衡常数表达式和数值与反应式的书写有关。例如：

$$H_2(g)+I_2(g) \rightleftharpoons 2HI(g) \quad K_1^\ominus=\frac{\{p(HI)/p^\ominus\}^2}{\{p(H_2)/p^\ominus\}\{p(I_2)/p^\ominus\}}$$

$$\frac{1}{2}H_2(g)+\frac{1}{2}I_2(g) \rightleftharpoons HI(g) \quad K_2^\ominus=\frac{p(HI)/p^\ominus}{\{p(H_2)/p^\ominus\}^{\frac{1}{2}}\{p(I_2)/p^\ominus\}^{\frac{1}{2}}}$$

$$2HI(g) \rightleftharpoons H_2(g)+I_2(g) \quad K_3^{\ominus}=\frac{\{p(H_2)/p^{\ominus}\}\{p(I_2)/p^{\ominus}\}}{\{p(HI)/p^{\ominus}\}^2}$$

显然,它们之间的关系是

$$K_1^{\ominus}=(K_2^{\ominus})^2=1/K_3^{\ominus}$$

利用平衡常数可进行一些有关化学平衡的计算。

例 3-1 将 1.5 mol H_2 和 1.5 mol I_2 充入某容器中,使其在 793 K 达平衡,经分析,平衡系统中含 HI 2.4 mol。求下列反应在该温度下的 $K^{\ominus}$。

$$H_2(g)+I_2(g) \rightleftharpoons 2HI(g)$$

解 从反应式可知,每生成 2 mol HI 要消耗 1 mol H_2 和 1 mol I_2,故

	$H_2(g)$ +	$I_2(g)$ ⇌	$2HI(g)$
起始时 n/mol	1.5	1.5	0
平衡时 n/mol	$1.5-\frac{2.4}{2}$	$1.5-\frac{2.4}{2}$	2.4

利用公式 $p=\frac{nRT}{V}$,将平衡时各物质的分压代入标准平衡常数表达式:

$$\begin{aligned}K^{\ominus}&=\frac{\{n(HI)RT/V\}^2}{\{n(H_2)RT/V\}\{n(I_2)RT/V\}}\left(\frac{1}{p^{\ominus}}\right)^{\Sigma\nu}\\&=\frac{n^2(HI)}{n(H_2)\cdot n(I_2)}=\frac{2.4^2}{0.3\times0.3}=64\end{aligned}$$

例 3-2 已知反应

$$CO(g)+H_2O(g) \rightleftharpoons CO_2(g)+H_2(g)$$

在 1 123 K 时,$K^{\ominus}=1.0$。现将 2.0 mol CO 和 3.0 mol $H_2O(g)$ 混合,并在该温度下达平衡,试计算 CO 的转化百分率。

解 设达平衡时 H_2 为 x mol,则

	$CO(g)$ +	$H_2O(g)$ ⇌	$CO_2(g)$ +	$H_2(g)$
起始时 n/mol	2.0	3.0	0	0
平衡时 n/mol	$2.0-x$	$3.0-x$	x	x

$$\begin{aligned}K^{\ominus}&=\frac{\{n(CO_2)RT/V\}\{n(H_2)RT/V\}}{\{n(CO)RT/V\}\{n(H_2O)RT/V\}}\cdot\left(\frac{1}{p^{\ominus}}\right)^{\Sigma\nu}\\&=\frac{n(CO_2)\cdot n(H_2)}{n(CO)\cdot n(H_2O)}\end{aligned}$$

将有关数值代入上式

$$1.0=\frac{x^2}{(2.0-x)(3.0-x)}$$

解方程,得 $x=1.2$

某物质的平衡转化率是指该物质到达平衡时已转化了的量与反应前该物质的总量之比。所以

$$\text{CO 的转化百分率}=\frac{1.2\ \text{mol}}{2.0\ \text{mol}}\times 100\%=60\%$$

例 3-3 PCl_5 的热分解反应为 $PCl_5(g) \rightleftharpoons PCl_3(g)+Cl_2(g)$。将 3.14 g PCl_5 装入 1.00 L 密闭容器中，在 500 K 时达平衡，测得总压力为 120 kPa。求此反应在该温度下的 $K^\ominus$ 和 PCl_5 解离率。

解 未分解前 PCl_5 的分压为

$$p=\frac{mRT}{MV}=\frac{3.14\ \text{g}\times 8.315\ \text{kPa}\cdot\text{L}\cdot\text{mol}^{-1}\cdot\text{K}^{-1}\times 500\ \text{K}}{208.2\ \text{g}\cdot\text{mol}^{-1}\times 1.00\ \text{L}}=62.7\ \text{kPa}$$

设平衡时 PCl_3 的分压为 x kPa，则

$$PCl_5(g) \rightleftharpoons PCl_3(g)+Cl_2(g)$$

平衡时 p/kPa　　$62.7-x$　　x　　x

因为　$(62.7-x)+x+x=120$

得　$x=57.3$

所以

$$K^\ominus=\frac{p(PCl_3)\cdot p(Cl_2)}{p(PCl_5)}\cdot\left(\frac{1}{p^\ominus}\right)^{2-1}$$

$$=\frac{(57.3)^2}{62.7-57.3}\times\left(\frac{1}{100}\right)=6.1$$

$$PCl_5\ \text{解离率}=\frac{57.3\ \text{kPa}}{62.7\ \text{kPa}}=0.914$$

例 3-4 某温度下，N_2、H_2 和 NH_3 混合气体的起始分压依次为 50 kPa、60 kPa 和 20 kPa，求平衡时各气体的分压。已知该温度下反应 $N_2(g)+3H_2(g) \rightleftharpoons 2NH_3(g)$ 的 $K^\ominus=1.0\times10^{-5}$。

解 因为 $K^\ominus \ll 1$，反应强烈地向左移动，可先假设 NH_3 全部分解为 N_2 和 H_2，即生成 10 kPa N_2 和 30 kPa H_2，然后求平衡时压力。

	$N_2(g)$ +	$3H_2(g)$ $\rightleftharpoons$	$2NH_3(g)$
起始时分压/kPa	50	60	20
假设反应完全向左移动时分压/kPa	50+10	60+30	0
平衡时分压/kPa	$60-\frac{x}{2}$	$90-\frac{3}{2}x$	x

由于 x 值很小，$60-\frac{x}{2}\approx 60$，$90-\frac{3}{2}x\approx 90$，将此代入平衡常数关系式，得

$$\frac{x^2}{60\times 90^3}\cdot\left(\frac{1}{100}\right)^{2-4}=1.0\times10^{-5}$$

$$x=0.21$$

所以　$p(N_2)=60$ kPa　$p(H_2)=90$ kPa　$p(NH_3)=0.21$ kPa

3.1.3 多重平衡规则

平衡常数也可利用多重平衡规则计算获得。如果某反应可以由几个反应相加(或相减)得

到，则该反应的平衡常数等于这几个反应平衡常数之积（或商）。这种关系就称为**多重平衡规则**（rule of multiple equilbrium）。多重平衡规则证明如下：

设反应(1)、反应(2)和反应(3)在温度 T 时的标准平衡常数依次为 $K_1^\ominus$，$K_2^\ominus$ 和 $K_3^\ominus$，它们的标准吉布斯自由能变依次为 $\Delta_r G_1^\ominus$，$\Delta_r G_2^\ominus$ 和 $\Delta_r G_3^\ominus$。如果

$$\text{反应(3)} = \text{反应(1)} + \text{反应(2)}$$

因为

$$\Delta_r G_3^\ominus = \Delta_r G_1^\ominus + \Delta_r G_2^\ominus$$

$$-RT\ln K_3^\ominus = -RT\ln K_1^\ominus + (-RT\ln K_2^\ominus)$$

$$\ln K_3^\ominus = \ln(K_1^\ominus \cdot K_2^\ominus)$$

所以

$$K_3^\ominus = K_1^\ominus \cdot K_2^\ominus$$

同理，如果反应(4)＝反应(1)－反应(2)

因为

$$\Delta_r G_4^\ominus = \Delta_r G_1^\ominus - \Delta_r G_2^\ominus$$

$$\ln K_4^\ominus = \ln K_1^\ominus - \ln K_2^\ominus$$

所以

$$K_4^\ominus = K_1^\ominus / K_2^\ominus$$

多重平衡规则在平衡系统计算中经常用到。

例 3-5 已知在 298 K 时

(1) $H_2(g) + S(s) \rightleftharpoons H_2S(g) \quad K_1^\ominus = 1.0\times10^{-3}$

(2) $S(s) + O_2(g) \rightleftharpoons SO_2(g) \quad K_2^\ominus = 5.0\times10^{6}$

求下列反应(3)在该温度下的 $K_3^\ominus$。

(3) $H_2(g) + SO_2(g) \rightleftharpoons H_2S(g) + O_2(g)$

解 反应(3)＝反应(1)－反应(2)

$$K_3^\ominus = \frac{K_1^\ominus}{K_2^\ominus} = \frac{1.0\times10^{-3}}{5.0\times10^{6}} = 2.0\times10^{-10}$$

3.2 化学平衡的移动

3.2.1 化学平衡移动方向的判断

一切平衡都只是相对的，暂时的。当外界条件改变时，旧的平衡被破坏，在新的条件下，重新建立新的平衡。这种因条件改变从旧的平衡状态转变到新的平衡状态的过程称为**化学平衡的移动**（shift of chemical equilibrium）。

影响化学平衡的因素是浓度、压力和温度。这些因素对化学平衡的影响，可以用 1887 年法国化学家勒夏特列（Le Chatelier）提出的平衡移动原理来判断：**假如改变平衡系统的条件之一，如温度、压力或浓度，平衡就向减弱这个改变的方向移动**。例如，在下列的平衡系统中：

$$3H_2(g) + N_2(g) \rightleftharpoons 2NH_3(g) \qquad \Delta_r H^\ominus = -92.2\ \mathrm{kJ\cdot mol^{-1}}$$

增加 H_2 的浓度或分压　　　　平衡向右移动

减小 NH_3 的浓度或分压　　　　　　　平衡向右移动

压缩体积而增加系统的总压力　　　　　　平衡向右移动

升高系统的温度　　　　　　　　　　　　平衡向左移动

但是勒夏特列原理只能对简单情况作出定性判断。如果改变两种或两种以上外界条件，如上述合成氨平衡系统中既增加 H_2 的分压，又减小 N_2 的分压，勒夏特列原理就不能作出判断，这时可用 $\Delta_r G$ 来判断。因为

$$\Delta_r G = \Delta_r G^{\ominus} + RT\ln Q$$

将 $\Delta_r G^{\ominus} = -RT\ln K^{\ominus}$ 代入上式：

$$\Delta_r G = -RT\ln K^{\ominus} + RT\ln Q = RT\ln \frac{Q}{K^{\ominus}} \tag{3-2}$$

当 $Q < K^{\ominus}$ 时，$\Delta_r G < 0$，反应正向进行；反之，当 $Q > K^{\ominus}$ 时，$\Delta_r G > 0$，反应逆向进行。所以，可直接用下列关系式来判断反应的方向：

$$\left.\begin{array}{ll} Q < K^{\ominus} & \text{反应正向进行} \\ Q > K^{\ominus} & \text{反应逆向进行} \\ Q = K^{\ominus} & \text{平衡状态} \end{array}\right\} \tag{3-3}$$

例 3-6　在 298 K，100 L 的密闭容器中充入 NO_2，N_2O，O_2 各 0.10 mol，试判断下列反应的方向。

$$2N_2O(g) + 3O_2(g) \rightleftharpoons 4NO_2(g)$$

已知该反应在 298 K 时 $K^{\ominus} = 1.6$。

解　$p(NO_2) = p(N_2O) = p(O_2) = \dfrac{nRT}{V}$

$$= \frac{0.10\ \text{mol} \times 8.315\ \text{kPa·L·mol}^{-1}\text{·K}^{-1} \times 298\ \text{K}}{100\ \text{L}} = 2.5\ \text{kPa}$$

$$Q = \frac{p^4(NO_2)}{p^2(N_2O)\cdot p^3(O_2)} \cdot \left(\frac{1}{p^{\ominus}}\right)^{4-5} = \frac{2.5^4}{2.5^2 \times 2.5^3} \cdot \left(\frac{1}{100}\right)^{-1} = 40$$

$Q > K^{\ominus}$　反应逆向进行

拓展知识：

体内氧输送平衡

在人体内部存在着许许多多的平衡。但严格说，活的有机体不是封闭系统，真正平衡只出现在少数反应速率非常快的反应中，如酸碱反应。但是，人体内的确存在着许多能保持其相对不变的特性，如温度、在血液中某些物质的浓度等等。它们是通过自动调节动态平衡而达到的。自动调节动态平衡不是真正的平衡，通常在理想点上下有一定幅度的波

动。不过，它对条件的响应与化学平衡一样，都服从勒夏特列原理。

血液中氧输送是体内一种自动调节动态平衡。氧与血红蛋白（Hb）的结合是一个复杂的配位反应，这里把它简化为如下方程式：

$$Hb(aq) + O_2(aq) \rightleftharpoons HbO_2(aq)$$

当血液通过肺部组织时，因为此部位氧分压较高，大约有98%的血红蛋白分子与 O_2 结合变成鲜红色的氧合血红蛋白（HbO_2）。当血液进入远离肺部的肌肉组织时，因为此部位氧分压较低，上述平衡向左移动而放出 O_2。当我们在激烈运动时，随着大量 O_2 的消耗，肌肉组织中氧分压更低，平衡移动结果会释放出更多的 O_2。另外，肌肉组织还利用其他机制以保证有足量的 O_2 释放。例如，H^+ 能促进氧合血红蛋白释放 O_2，所以肌肉运动时产生的乳酸也有利于 O_2 的释放。

图3-1表示血红蛋白和肌红蛋白（Mb）结合 O_2 完全的程度（通常称为饱和度）与氧分压的关系。饱和曲线表明，在肌肉组织部位 HbO_2 比 MbO_2 更易释放 O_2。在肺部氧分压约为14 kPa，大约有98%的血红蛋白与 O_2 结合变成氧合血红蛋白，即几乎完全饱和；在静止的肌肉组织，氧分压约为5.3 kPa，在此氧合血红蛋白约占75%。这意味着如果增加活动量，这些氧合血红蛋白还能继续释放 O_2。例如，当活动量增加导致氧分压降至2.6 kPa时，血红蛋白饱和度可降至10%。值得注意的是，Hb曲线最陡的部分刚好落在肌肉组织典型氧分压变化范围，即随活动量的不同，氧分压的不同，血红蛋白能有效地释放不同量的 O_2。与血红蛋白不同，肌红蛋白只有当氧分压降至2.6 kPa以下时才开始释放 O_2。所以它的主要作用是储备 O_2。只有当血红蛋白的 O_2 被用完后它才释放 O_2。注意，身体活动量超过限度时，会招致自动调节动态平衡失效，其结果可能昏倒，甚至死亡。

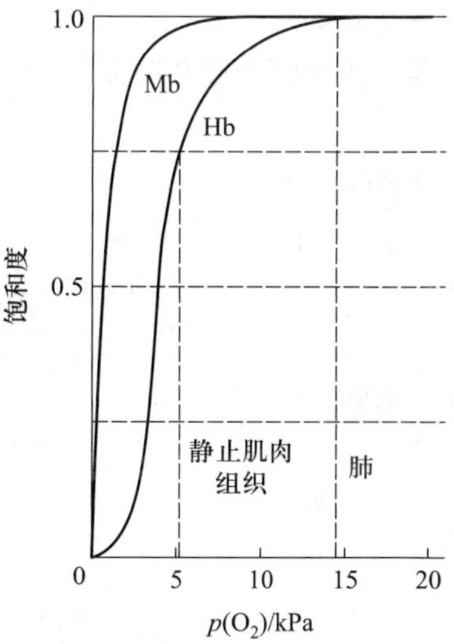

图3-1　血红蛋白和肌红蛋白饱和度与氧分压的关系

某些分子和负离子，如CO和 CN^-，可以取代 O_2 与血红蛋白生成更稳定的配合物。因为上述平衡会强烈地左移，造成血红蛋白输氧中断，使组织缺氧而中毒。这是煤气和氰化物中毒的基本原理。

如果人在短时间内上升至空气稀薄的高山上，将会引起头痛、恶心、极度疲劳和其他不适。这是缺氧的征兆。情况严重又得不到及时救治时，病人会昏迷，甚至死亡。在海平面氧分压约为21 kPa，在3 km高山氧分压只有14 kPa，空气中 O_2 减少也会促使上述平衡向左移动，造成氧合血红蛋白减少，引起人体缺氧。如果在高山上停留足够长的时间，人体为了适应此环境，会自动产生更多的血红蛋白，促使上述平衡右移而生成足够多的氧合血红蛋白。一般情况下，需 2～3 星期时间来增加血红蛋白以满足人体基本需要。若要完全达到正常机能，约需数年时间。研究表明，长期生活在高原地区的人，血液中血红蛋白浓度可能比生活在平原地区的人高 50%。

运动员为了提高成绩，可在比赛前安排到高原训练一段时间，在比赛前夕下山。因为此时其血红蛋白含量高，能提供更多的氧，故往往可提高运动成绩。

3.2.2 化学平衡移动程度的计算

浓度和压力改变不会影响 $K^\ominus$ 值，利用 $K^\ominus$ 可对平衡移动作定量计算。

例 3-7 已知反应 $PCl_5(g) \rightleftharpoons PCl_3(g)+Cl_2(g)$，在 523 K 时，$K^\ominus=27$。求：(1) 0.70 mol PCl_5 注入 2.0 L 的密闭容器中，平衡时 PCl_5 分解百分率为多少？(2) 若在上述容器中再注入0.20 mol Cl_2，PCl_5 分解百分率又为多少？

解 (1) 设平衡时 PCl_3 为 x mol，则有

$$PCl_5(g) \rightleftharpoons PCl_3(g)+Cl_2(g)$$

平衡时 n/mol　　　　$0.70-x$　　　x　　　x

$$K^\ominus=\frac{\left(\frac{xRT}{V}\right)^2}{\frac{(0.70-x)RT}{V}}\cdot\left(\frac{1}{p^\ominus}\right)^{2-1}=\frac{x^2\,RT}{(0.70-x)V}\cdot\frac{1}{p^\ominus}$$

将有关数值代入上式：

$$27=\frac{(x\ \text{mol})^2\times 8.315\ \text{kPa·L·mol}^{-1}\text{·K}^{-1}\times 523\ \text{K}}{(0.70-x)\ \text{mol}\times 2.0\ \text{L}\times 100\ \text{kPa}}$$

解得

$$x=0.50$$

$$PCl_5\ 分解百分率=\frac{0.50\ \text{mol}}{0.70\ \text{mol}}\times 100\%=71\%$$

(2) 设平衡时 PCl_3 为 y mol

$$PCl_5(g) \rightleftharpoons PCl_3(g)+Cl_2(g)$$

平衡时 n/mol　　　　$0.70-y$　　　y　　　$0.20+y$

$$K^\ominus=\frac{y(0.20+y)RT}{(0.70-y)V}\cdot\frac{1}{p^\ominus}$$

$$27=\frac{(0.20y+y^2)\ \text{mol}^2\times 8.315\ \text{kPa·L·mol}^{-1}\text{·K}^{-1}\times 523\ \text{K}}{(0.70-y)\ \text{mol}\times 2.0\ \text{L}\times 100\ \text{kPa}}$$

解得

$$y=0.46$$

$$PCl_5\ 分解百分率=\frac{0.46\ \text{mol}}{0.70\ \text{mol}}\times 100\%=65\%$$

加 0.20 mol Cl_2 后，平衡向逆方向移动，使 PCl_5 分解率由 71%下降至 65%。

与浓度和压力对化学平衡影响不同，温度对化学平衡的影响表现为 $K^\ominus$ 随温度而变。因此要定量地讨论温度的影响，必须先了解温度与 $K^\ominus$ 的关系。因为

$$\Delta_r G^\ominus = -RT\ln K^\ominus$$

$$\Delta_r G^\ominus = \Delta_r H^\ominus - T\Delta_r S^\ominus$$

合并两式：
$$\ln K^\ominus = -\frac{\Delta_r H^\ominus}{RT} + \frac{\Delta_r S^\ominus}{R}$$

设在温度 T_1 和 T_2 时的平衡常数分别为 $K_1^\ominus$ 和 $K_2^\ominus$，并设 $\Delta_r H^\ominus$ 和 $\Delta_r S^\ominus$ 不随温度而变，则

(1) $\ln K_1^\ominus = \frac{-\Delta_r H^\ominus}{RT_1} + \frac{\Delta_r S^\ominus}{R}$

(2) $\ln K_2^\ominus = \frac{-\Delta_r H^\ominus}{RT_2} + \frac{\Delta_r S^\ominus}{R}$

(2)−(1)：$\ln \frac{K_2^\ominus}{K_1^\ominus} = \frac{\Delta_r H^\ominus}{R}\left(\frac{1}{T_1} - \frac{1}{T_2}\right) = \frac{\Delta_r H^\ominus}{R}\left(\frac{T_2 - T_1}{T_1 T_2}\right)$ (3-4)

式(3-4)是表述 $K^\ominus$ 与 T 关系的重要方程。当已知化学反应的 $\Delta_r H^\ominus$ 时，只要已知某温度 T_1 下的 $K_1^\ominus$，即可利用式(3-4)求另一温度 T_2 下的 $K_2^\ominus$。此外，若温度 T 时的 $\Delta_r G_T^\ominus$ 已知，利用式(3-1)也可方便地算得该温度下的 $K^\ominus$。

例 3-8 试计算反应

$$CO_2(g) + 4H_2(g) \rightleftharpoons CH_4(g) + 2H_2O(g)$$

在 800 K 时的 $K^\ominus$。

解 方法 1——利用式(3-4)计算。

欲利用式(3-4)计算 800 K 时的 $K_{800}^\ominus$，需先知道另一温度时的 $K^\ominus$。为此，可利用附录二的数据求得 298 K 时的 $K_{298}^\ominus$ 和 $\Delta_r H_{298}^\ominus$。由附录二查得

	$CO_2(g)$	$H_2(g)$	$CH_4(g)$	$H_2O(g)$
$\Delta_f H^\ominus/(kJ\cdot mol^{-1})$	−393.5	0	−74.6	−241.8
$\Delta_f G^\ominus/(kJ\cdot mol^{-1})$	−394.4	0	−50.5	−228.6

$$\Delta_r H_{298}^\ominus = [(-74.6) + 2\times(-241.8) - (-393.5)]\ kJ\cdot mol^{-1}$$
$$= -164.7\ kJ\cdot mol^{-1}$$
$$\Delta_r G_{298}^\ominus = [(-50.5) + 2\times(-228.6) - (-394.4)]\ kJ\cdot mol^{-1}$$
$$= -113.3\ kJ\cdot mol^{-1}$$
$$\ln K_{298}^\ominus = \frac{-\Delta_r G_{298}^\ominus}{RT} = \frac{113.3\times10^3\ J\cdot mol^{-1}}{8.315\ J\cdot mol^{-1}\cdot K^{-1}\times 298\ K} = 45.72$$

将上述数据代入式(3-4)：

$$\ln K_{800}^\ominus - 45.72 = \frac{-164.7\times10^3\ J\cdot mol^{-1}}{8.315\ J\cdot mol^{-1}\cdot K^{-1}}\left(\frac{800\ K - 298\ K}{298\ K\times 800\ K}\right)$$
$$= -41.71$$
$$\ln K_{800}^\ominus = 45.72 - 41.71 = 4.01$$
$$K_{800}^\ominus = 55$$

方法 2——利用式(3-1)计算。

欲利用式(3-1)计算 800 K 时的 $K^{\ominus}$，需先知道 $\Delta_r G^{\ominus}_{800}$，为此先计算该反应在 298 K 时的 $\Delta_r S^{\ominus}_{298}$。

$$\Delta_r S^{\ominus}_{298}=\frac{\Delta_r H^{\ominus}_{298}-\Delta_r G^{\ominus}_{298}}{T}=\frac{[-164.7-(-113.3)]\ \mathrm{kJ\cdot mol^{-1}}}{298\ \mathrm{K}}$$
$$=-0.172\ \mathrm{kJ\cdot mol^{-1}\cdot K^{-1}}$$

$$\Delta_r G^{\ominus}_{800}=-164.7\ \mathrm{kJ\cdot mol^{-1}}-800\ \mathrm{K}\times(-0.172)\ \mathrm{kJ\cdot mol^{-1}\cdot K^{-1}}$$
$$=-27.1\ \mathrm{kJ\cdot mol^{-1}}$$

$$\ln K^{\ominus}_{800}=\frac{\Delta_r G^{\ominus}_{800}}{-RT}=\frac{-27.1\times10^3\ \mathrm{J\cdot mol^{-1}}}{-8.315\ \mathrm{J\cdot mol^{-1}\cdot K^{-1}}\times 800\ \mathrm{K}}=4.07$$

$$K^{\ominus}_{800}=59$$

例 3-9　Ag_2CO_3 可利用热空气流来干燥，但空气中必须含一定量的 CO_2，以避免 Ag_2CO_3 分解：

$$Ag_2CO_3(s) \rightleftharpoons Ag_2O(s) + CO_2(g)$$

试利用有关热力学函数来估算，在 110 ℃干燥时为阻止 Ag_2CO_3 分解所需 CO_2 的分压。

解　由附录二查得

	$Ag_2CO_3(s)$	$Ag_2O(s)$	$CO_2(g)$
$\Delta_f H^{\ominus}/(\mathrm{kJ\cdot mol^{-1}})$	-505.8	-31.1	-393.5
$S^{\ominus}/(\mathrm{J\cdot mol^{-1}\cdot K^{-1}})$	167.4	121.3	213.8

所以上述反应在 25 ℃时的 $\Delta_r H^{\ominus}$ 和 $\Delta_r S^{\ominus}$ 分别为

$$\Delta_r H^{\ominus}=[(-31.1)+(-393.5)-(-505.8)]\mathrm{kJ\cdot mol^{-1}}$$
$$=81.2\ \mathrm{kJ\cdot mol^{-1}}$$
$$\Delta_r S^{\ominus}=(121.3+213.8-167.4)\mathrm{J\cdot mol^{-1}\cdot K^{-1}}$$
$$=167.7\ \mathrm{J\cdot mol^{-1}\cdot K^{-1}}$$

该反应在 110 ℃(383 K)时的 $\Delta_r G^{\ominus}$ 和 $K^{\ominus}$ 分别为

$$\Delta_r G^{\ominus}=\Delta_r H^{\ominus}-T\Delta_r S^{\ominus}=81.2\times10^3\ \mathrm{J\cdot mol^{-1}}-383\ \mathrm{K}\times167.7\ \mathrm{J\cdot mol^{-1}\cdot K^{-1}}$$
$$=17.0\times10^3\ \mathrm{J\cdot mol^{-1}}$$

$$\ln K^{\ominus}=\frac{-\Delta_r G^{\ominus}}{RT}=\frac{-17.0\times10^3\ \mathrm{J\cdot mol^{-1}}}{8.315\ \mathrm{J\cdot mol^{-1}\cdot K^{-1}}\times383\ \mathrm{K}}=-5.34$$

$$K^{\ominus}=4.8\times10^{-3}$$

因为
$$K^{\ominus}=\frac{p(CO_2)}{p^{\ominus}}$$

所以
$$p(CO_2)=K^{\ominus}\cdot p^{\ominus}=4.8\times10^{-3}\times100\ \mathrm{kPa}=0.48\ \mathrm{kPa}$$

Ag_2CO_3 在 110 ℃干燥时，为了阻止其分解 CO_2 分压需高于 0.48 kPa。

3.3　化学反应速率及其表示法

一个化学反应开始后，反应物的数量随时间而不断降低，生成物的数量则不断增加。为了描述化学反应进行快慢的程度，可以用反应物物质的量随时间不断降低来表示，也可用生成物物质的量随时间不断增加来表示。但由于反应式中生成物和反应物的化学计量数往往不同，所以，用不同物质的物质的量变化率来表示转化速率时，其数值就不一致。如若把**转化速率**(rate of conversion)定义为反应进度随时间的变化率，则不会产生以上的麻烦。例如，某反应在时间 t_1 时反应进度为 ξ_1，在时间 t_2 时反应进度为 ξ_2，则在 t_1 至 t_2 时间间隔内平均转化速率 $\bar{J}$ 为

$$\bar{J}=\frac{\xi_2-\xi_1}{t_2-t_1}=\frac{\Delta\xi}{\Delta t}$$

将 $\Delta\xi=\dfrac{\Delta n}{\nu}$ 代入，可得

$$\bar{J}=\frac{1}{\nu}\frac{\Delta n}{\Delta t}$$

对于等容反应(大多数反应，特别是溶液反应属于这类反应)，由于反应过程中体积始终保持不变，还可用单位体积内的转化速率来描述反应的快慢，并称之为**反应速率**(rate of reaction)，用符号 v 表示，则平均反应速率 $\bar{v}$ 为

$$\bar{v}=\frac{\bar{J}}{V}=\frac{1}{\nu}\frac{\Delta n}{V\Delta t}=\frac{1}{\nu}\frac{\Delta c}{\Delta t} \tag{3-5}$$

式中：ν 为反应物或生成物的化学计量数(反应物取负值，生成物取正值)；Δc 为反应物质浓度的变化，单位为 $\mathrm{mol\cdot L^{-1}}$。对大多数化学反应来说，反应过程中反应物和生成物的浓度时时刻刻都在变化着，故反应速率也是随时间变化的。平均反应速率不能真实地反映这种变化，只有瞬时速率才能表示化学反应中某时刻的真实反应速率。瞬时反应速率(常简称反应速率)是 Δt 趋近于零时的平均反应速率的极限值。

$$v=\lim_{\Delta t\to 0}\frac{1}{\nu}\frac{\Delta c}{\Delta t}=\frac{1}{\nu}\frac{\mathrm{d}c}{\mathrm{d}t} \tag{3-6}$$

对一般反应

$$a\mathrm{A}+b\mathrm{B}\longrightarrow d\mathrm{D}+e\mathrm{E}$$

瞬时反应速率可表示为

$$v=-\frac{1}{a}\frac{\mathrm{d}c_{\mathrm{A}}}{\mathrm{d}t}=-\frac{1}{b}\frac{\mathrm{d}c_{\mathrm{B}}}{\mathrm{d}t}=\frac{1}{d}\frac{\mathrm{d}c_{\mathrm{D}}}{\mathrm{d}t}=\frac{1}{e}\frac{\mathrm{d}c_{\mathrm{E}}}{\mathrm{d}t} \tag{3-7}$$

对于气相反应，压力比浓度容易测量，因此也可用气体的分压代替浓度。例如，反应

$$\mathrm{N_2O_5(g)}\longrightarrow \mathrm{N_2O_4(g)}+\frac{1}{2}\mathrm{O_2(g)}$$

$$v=-\frac{\mathrm{d}p(\mathrm{N_2O_5})}{\mathrm{d}t}=\frac{\mathrm{d}p(\mathrm{N_2O_4})}{\mathrm{d}t}=2\,\frac{\mathrm{d}p(\mathrm{O_2})}{\mathrm{d}t}$$

反应速率是通过实验测定的。实验中，用化学方法或物理方法测定在不同时刻反应物(或生成物)的浓度，然后通过作图法，即可求得不同时刻的反应速率。

例 3-10 N_2O_5 的分解反应为

$$2N_2O_5(g) \longrightarrow 4NO_2(g) + O_2(g)$$

在 340 K 测得的实验数据如下：

t/min	0	1	2	3	4	5
$c(N_2O_5)/(mol \cdot L^{-1})$	1.00	0.70	0.50	0.35	0.25	0.17

试计算反应在 2 min 之内的平均速率和 1 min 时的瞬时速率。

解 以 $c(N_2O_5)$ 为纵坐标，以 t 为横坐标作图，可得到 N_2O_5 浓度随时间变化的曲线(图 3-2)。从图上可查得：$t = 2$ min，$c(N_2O_5) = 0.50\ mol \cdot L^{-1}$；$t = 0$，$c(N_2O_5) = 1.00\ mol \cdot L^{-1}$。则 2 min 之内的平均速率为

$$\bar{v} = \frac{(0.50 - 1.00)\ mol \cdot L^{-1}}{-2(2-0)\ min} = 0.12\ mol \cdot L^{-1} \cdot min^{-1}$$

在 c-t 曲线上任一点作切线，其斜率即为该时刻的 $\frac{dc}{dt}$。1 min 时的斜率为

$$斜率 = \frac{-0.50\ mol \cdot L^{-1}}{2.25\ min} = -0.22\ mol \cdot L^{-1} \cdot min^{-1}$$

1 min 时的瞬时速率为

$$v = \frac{1}{\nu}\frac{dc}{dt} = -\frac{1}{2} \times (-0.22\ mol \cdot L^{-1} \cdot min^{-1}) = 0.11\ mol \cdot L^{-1} \cdot min^{-1}$$

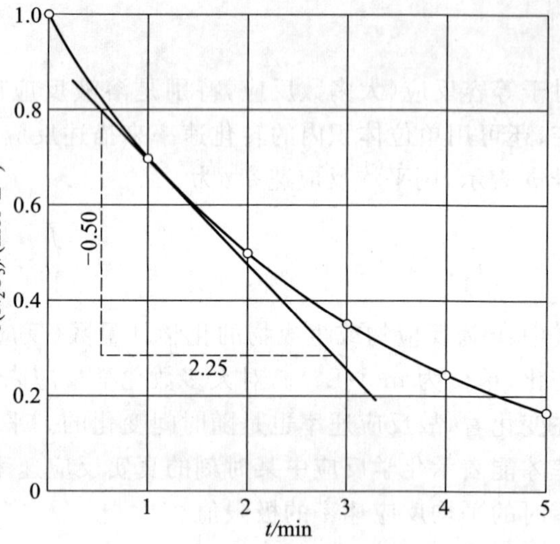

图 3-2 N_2O_5 分解的 c-t 曲线

3.4 浓度对反应速率的影响

反应速率除取决于反应物的本性外，外界条件对它也有强烈的影响。这些外界条件主要是浓度、温度和催化剂。本节首先讨论浓度对反应速率的影响。

3.4.1 基元反应和非基元反应

化学反应式只告诉我们反应物和最后的生成物，并没有告诉我们反应是如何进行的。例如，反应：

(1) $2NO + 2H_2 \longrightarrow N_2 + 2H_2O$

经研究，发现它实际上要经历以下三步才完成：

(2) $2NO \longrightarrow N_2O_2$　　(快)

(3) $N_2O_2 + H_2 \longrightarrow N_2O + H_2O$　　(慢)

(4) $N_2O + H_2 \longrightarrow N_2 + H_2O$　　(快)

我们把反应物分子在碰撞中一步直接转化为生成物分子的反应称为**基元反应**(elementary reaction)。所以反应(2)、反应(3)、反应(4)均为基元反应,而反应(1)则为非基元反应。通常遇到的化学反应绝大多数是非基元反应,基元反应为数甚少。例如,下面(5)、(6)两个反应目前认为是基元反应。

(5) $NO_2 + CO \longrightarrow NO + CO_2$

(6) $SO_2Cl_2 \longrightarrow SO_2 + Cl_2$

3.4.2 质量作用定律

基元反应的反应速率与反应物浓度之间的关系比较简单,对此人们在大量实验的基础上总结出一条规律:“**基元反应的反应速率与反应物浓度以方程式中化学计量数的绝对值为乘幂的乘积成正比**”,并称之为**质量作用定律**(law of mass action,“质量”在此处实际上意味着浓度)。所以,上述(5)、(6)两个基元反应的反应速率可表示为

$$v_5 = k_5 c(NO_2) \cdot c(CO)$$
$$v_6 = k_6 c(SO_2Cl_2)$$

对一般的基元反应

$$aA + bB \longrightarrow dD + eE$$

反应速率与反应物浓度间的定量关系为

$$v = kc_A^a \cdot c_B^b \qquad (3-8)$$

式(3-8)称为**速率方程**(rate equation)。c_A 和 c_B 分别表示反应物 A 和 B 的浓度,单位为 $mol \cdot L^{-1}$。比例常数 k 称为**速率常数**(rate constant),其物理意义是反应物的浓度都等于单位浓度时的反应速率。不同的反应有不同的 k 值;同一反应的 k 值随温度、溶剂和催化剂等而变。

3.4.3 非基元反应速率方程的确定

对于非基元反应,从反应方程式中是不能给出速率方程的。它必须通过实验,由实验获得有关的数据后,通过数学处理,才能确定其速率方程。由实验来确定速率方程的方法很多,这里只介绍一种比较简单的方法——改变物质数量比例法。例如,对于反应:

$$aA + bB \longrightarrow dD + eE$$

可先假设其速率方程为

$$v = kc_A^x \cdot c_B^y$$

然后通过实验来确定 x 和 y 值。实验时在一组反应物中设法保持 A 的浓度不变,而将 B 的浓度加大一倍,若反应速率比原来加大一倍,则可确定 $y=1$。在另一组反应物中设法保持 B 的浓度不变,而将 A 的浓度加大一倍,若反应速率增加到原来的 4 倍,则可确定 $x=2$。这种方法特别适用于较复杂的反应。

无论是基元反应还是非基元反应,如果某一反应的反应速率方程可纳入如下简单形式:

$$v=kc_A^a \cdot c_B^b$$

则浓度的指数 a 和 b 分别称为反应对反应物 A 和 B 的级数，即该反应对 A 来说为 a 级，对 B 来说为 b 级。两指数之和称为该反应的**反应级数**(reaction order)。例如，$a+b=1$，称为一级反应；$a+b=2$，称为二级反应；$a+b=3$，称为三级反应。四级及四级以上的反应不存在，但可存在零级和分数级反应。

例 3-11 在碱性溶液中，次磷酸根离子($H_2PO_2^-$)分解为亚磷酸根离子(HPO_3^{2-})和氢气，反应式为

$$H_2PO_2^-(aq)+OH^-(aq) \xlongequal{} HPO_3^{2-}(aq)+H_2(g)$$

在一定的温度下，实验测得下列数据：

实验编号	$c(H_2PO_2^-)/(mol\cdot L^{-1})$	$c(OH^-)/(mol\cdot L^{-1})$	$v/(mol\cdot L^{-1}\cdot s^{-1})$
1	0.10	0.10	5.30×10^{-9}
2	0.50	0.10	2.67×10^{-8}
3	0.50	0.40	4.25×10^{-7}

试求：(1) 反应级数和速率方程；

(2) 速率常数 k；

(3) 当 $c(H_2PO_2^-)=c(OH^-)=0.20\ mol\cdot L^{-1}$时的反应速率。

解 (1) 设 x 和 y 分别为对于 $H_2PO_2^-$ 和 OH^- 的反应级数，则该反应的速率方程为

$$v=kc^x(H_2PO_2^-)\cdot c^y(OH^-)$$

把三组数据分别代入：

① $5.30\times10^{-9}\ mol\cdot L^{-1}\cdot s^{-1}=k(0.10\ mol\cdot L^{-1})^x(0.10\ mol\cdot L^{-1})^y$

② $2.67\times10^{-8}\ mol\cdot L^{-1}\cdot s^{-1}=k(0.50\ mol\cdot L^{-1})^x(0.10\ mol\cdot L^{-1})^y$

③ $4.25\times10^{-7}\ mol\cdot L^{-1}\cdot s^{-1}=k(0.50\ mol\cdot L^{-1})^x(0.40\ mol\cdot L^{-1})^y$

②÷①：

$$\frac{2.67\times10^{-8}}{5.30\times10^{-9}}=\left(\frac{0.50}{0.10}\right)^x$$

$$5=5^x \quad x=1$$

③÷②：

$$\frac{4.25\times10^{-7}}{2.67\times10^{-8}}=\left(\frac{0.40}{0.10}\right)^y$$

$$16=4^y \quad y=2$$

所以，该反应对 $H_2PO_2^-$ 来说是一级，对 OH^- 来说是二级，总反应是三级。其速率方程为

$$v=kc(H_2PO_2^-)\cdot c^2(OH^-)$$

(2) 将表中任意一组数据代入速率方程，可求得 k 值。现取第一组数据：

$$k=\frac{5.30\times10^{-9}\ mol\cdot L^{-1}\cdot s^{-1}}{0.10\ mol\cdot L^{-1}\times(0.10\ mol\cdot L^{-1})^2}=5.3\times10^{-6}\ L^2\cdot mol^{-2}\cdot s^{-1}$$ ①

① k 的单位取决于反应级数。若时间的单位用 s 表示，浓度的单位用 $mol\cdot L^{-1}$表示，则 k 的单位与反应级数的关系：零级为 $mol\cdot L^{-1}\cdot s^{-1}$，一级为 s^{-1}，二级为 $L\cdot mol^{-1}\cdot s^{-1}$，三级为 $L^2\cdot mol^{-2}\cdot s^{-1}$。

(3) $v=5.3\times10^{-6}\ \mathrm{L^2\cdot mol^{-2}\cdot s^{-1}}\times0.20\ \mathrm{mol\cdot L^{-1}}\times(0.20\ \mathrm{mol\cdot L^{-1}})^2$
$=4.2\times10^{-8}\ \mathrm{mol\cdot L^{-1}\cdot s^{-1}}$

*3.4.4 反应机理

非基元反应要经过一连串基元反应才能完成，这一连串基元反应代表了反应时所经过的途径，动力学上称之为**反应机理**(reaction mechanism)。一个已知机理的非基元反应，一般可直接确定其速率方程。例如，本节开头提到的非基元反应：

(1) $2NO+2H_2 \longrightarrow N_2+2H_2O$

其反应机理是

(2) $2NO \longrightarrow N_2O_2$ (快)
(3) $N_2O_2+H_2 \longrightarrow N_2O+H_2O$ (慢)
(4) $N_2O+H_2 \longrightarrow N_2+H_2O$ (快)

由于基元反应(3)的反应速率慢，整个反应的速率就取决于它，所以反应(1)的速率方程可写成

$$v=k_3c(N_2O_2)\cdot c(H_2)$$

但是 N_2O_2 是反应中间产物，具有很大的活性，在反应系统中浓度极低，不能测量。因此，必须在速率方程中消去它，使速率方程中只包含反应物的浓度。为此，应寻求中间产物的浓度与反应物浓度的关系。这种关系可在反应(2)中获得。因为反应(2)的速率快，在整个反应过程中几乎处于平衡状态，由化学平衡原理可得

$$K=\frac{c(N_2O_2)}{c^2(NO)}$$

即
$$c(N_2O_2)=Kc^2(NO)$$

式中 K 为一常数。将该式代入以上的速率方程：

$$v=k_3Kc^2(NO)\cdot c(H_2)$$

令 $k=k_3K$，得

$$v=kc^2(NO)\cdot c(H_2)$$

这就是反应(1)的速率方程。从反应机理虽然可推导出速率方程，但它的实用性不大，因为确定机理最重要的依据却是速率方程。

如果要确定某反应的机理，首先往往是通过实验确定该反应的速率方程。然后从速率方程再结合其他的实验事实和理论分析，就有可能拟出合理的反应机理。例如，反应：

$$2NO+O_2 \longrightarrow 2NO_2$$

经实验确定其速率方程为

$$v=-\frac{1}{2}\frac{\mathrm{d}c(NO)}{\mathrm{d}t}=kc^2(NO)\cdot c(O_2)$$

根据速率方程有时可拟出几种可能的“机理”，本反应至少可拟出如下三种“机理”：

(1) 三分子直接经一步碰撞变成产物，即该反应就是基元反应。

(2) 生成 N_2O_2 中间产物：

$$2NO \rightleftharpoons N_2O_2 \quad (快)$$
$$N_2O_2+O_2 \longrightarrow 2NO_2 \quad (慢)$$

(3) 生成 NO_3 中间产物：

$$NO + O_2 \rightleftharpoons NO_3 \quad （快）$$
$$NO_3 + NO \longrightarrow 2NO_2 \quad （慢）$$

这三种“机理”无论是总反应式还是由其推得的速率方程都与上面的相符(请读者自己推导)。那么到底哪一种正确？这时需要其他实验和理论的验证。因机理(1)是三分子碰撞，三个分子在某一瞬间刚好碰撞在一起的概率是很小的。如果此机理成立，速率常数 k 应该较小，但实验测定该反应的 k 值较大。如若能用实验证实反应系统中有 N_2O_2 或 NO_3 存在，不仅可否定机理(1)，而且可判断机理(2)或机理(3)存在的可能性。目前光谱实验证实，在此反应系统中存在着 NO_3(结构为 O—O—N═O)的吸收光谱，从而表明机理(3)可能是正确的①。

3.5 反应物浓度与反应时间的关系

速率方程只表明了浓度对反应速率的影响。但是，在实际工作中往往更关注反应物或生成物的浓度是如何随反应时间递变的。反应级数不同，浓度与时间的关系就不同，下面介绍几种具有简单级数反应的这种关系式。

1. 一级反应

设反应式为

$$A \longrightarrow P$$

$$v = -\frac{d\,c_A}{dt} = k\,c_A$$

将其重排成

$$\frac{dc_A}{c_A} = -k\,dt$$

两边积分②

$$\int_{c_0}^{c} \frac{dc_A}{c_A} = -k\int_0^t dt$$

$$\ln c_A \Big|_{c_0}^{c} = -kt \Big|_0^t$$

得

$$\ln\frac{c}{c_0} = -kt$$

或写成

$$\ln c = \ln c_0 - kt \tag{3-9}$$

式中：c_0 为反应物 A 的起始浓度；c 为 A 在时间 t 时的浓度。以 $\ln c$ 对 t 作图，得一直线，从直线的斜率和截距可求得速率常数 k 和起始浓度 c_0。

反应物消耗一半所需的时间称为**半衰期**(half-life)，用 $t_{\frac{1}{2}}$ 表示。以 $c=\frac{c_0}{2}$ 代入式(3-9)，可

---

① 这里所指的“正确”或“不正确”，实际上是指反应以此机理进行的概率较大或较小。因为从反应物到生成物通常存在着多个通道，当这些通道速率常数 k 相差较大时，通常把 k 较大的一种通道看作是“正确”的机理。

② 如果尚未学过积分，可不管积分处理过程，暂且把式(3-9)作为一个公式接受。

得

$$t_{\frac{1}{2}}=\frac{\ln 2}{k}=\frac{0.693}{k} \tag{3-10}$$

一级反应半衰期与反应物起始浓度无关，这是一级反应的特征。

2. 二级反应

二级反应可能有如下两种类型：

(1) $A+B \longrightarrow P$

(2) $2A \longrightarrow P$

在(1)类反应中，如果控制起始浓度 $c_A=c_B$[①]，则其速率方程为

$$v=-\frac{dc_A}{dt}=kc_A^2$$

重排后，得

$$-\frac{dc_A}{c_A^2}=k\,dt$$

积分

$$-\int_{c_0}^{c}\frac{dc_A}{c_A^2}=k\int_0^t dt$$

$$\frac{1}{c_A}\bigg|_{c_0}^{c}=kt\bigg|_0^t$$

得

$$\frac{1}{c}-\frac{1}{c_0}=kt$$

或写成

$$\frac{1}{c}=\frac{1}{c_0}+kt \tag{3-11}$$

以$\frac{1}{c}$对 t 作图，得一直线，从直线的斜率和截距可求得速率常数 k 和起始浓度 c_0。此类二级反应的半衰期为

$$t_{\frac{1}{2}}=\frac{1}{kc_0} \tag{3-12}$$

二级反应的半衰期与反应物起始浓度有关，起始浓度越大，半衰期越短。

二级反应的另一种反应类型，即反应 $2A \longrightarrow P$，由于其速率方程为

$$v=-\frac{1}{2}\frac{dc_A}{dt}=kc_A^2$$

积分处理后所得的结果为

$$\frac{1}{c}=\frac{1}{c_0}+2kt \tag{3-13}$$

---

① 如果 $c_A \neq c_B$，由于速率方程不同，积分后的结果也不同。这种情况稍复杂，这里暂不涉及。

$$t_{\frac{1}{2}}=\frac{1}{2kc_0} \tag{3-14}$$

3. 零级反应

反应速率与反应物浓度无关的反应为零级反应。此类反应多见于固相表面上进行的催化反应。例如，氨在铁催化剂表面上的分解是零级反应。因为氨的分解只能在催化剂表面的活性中心上进行，而这活性中心数目很有限，所以氨分解速率只受活性中心数目的控制，氨浓度增大不会引起反应速率增加。设零级反应式为

$$A \longrightarrow P$$

$$v=-\frac{dc_A}{dt}=kc_A^0=k$$

重排后，得

$$dc_A=-k\,dt$$

积分

$$\int_{c_0}^{c} dc_A=-k\int_0^t dt$$

$$c_A\Big|_{c_0}^{c}=-kt\Big|_0^t$$

得

$$c-c_0=-kt$$

或写成

$$c=c_0-kt \tag{3-15}$$

以 c 对 t 作图，得一直线，从直线的斜率和截距可求得速率常数 k 和起始浓度 c_0。零级反应的半衰期为

$$t_{\frac{1}{2}}=\frac{c_0}{2k} \tag{3-16}$$

零级反应半衰期与反应物起始浓度有关。浓度越大，半衰期越长。

综上所述，化学反应的级数不同，导致反应物浓度与时间关系不同，半衰期不同。现简要归纳于表 3-1。

表 3-1 不同反应级数时，反应物浓度与时间的关系

反应级数	反应式	速率方程	反应物浓度与时间的关系	半衰期
零级反应	$A \rightarrow P$	$\frac{-dc_A}{dt}=k$	$c=c_0-kt$	$t_{\frac{1}{2}}=\frac{c_0}{2k}$
一级反应	$A \rightarrow P$	$\frac{-dc_A}{dt}=k\ c_A$	$\ln c=\ln c_0-kt$	$t_{\frac{1}{2}}=\frac{0.693}{k}$
二级反应	$A+B \rightarrow P$	$-\frac{dc_A}{dt}=k\ c_A^2$	$\frac{1}{c}=\frac{1}{c_0}+kt$	$t_{\frac{1}{2}}=\frac{1}{kc_0}$
	$2A \rightarrow P$	$-\frac{1}{2}\frac{dc_A}{dt}=k\ c_A^2$	$\frac{1}{c}=\frac{1}{c_0}+2kt$	$t_{\frac{1}{2}}=\frac{1}{2kc_0}$

例 3-12 某抗生素在人体血液中呈现一级反应。如果在某时刻给病人注射第一针抗生素，然后在不同时刻测定抗生素在血液中的浓度 c（以 $mg\cdot 100\ mL^{-1}$ 表示），得到如下数据：

t/h	4	12	16
$c/(mg\cdot 100\ mL^{-1})$	0.48	0.22	0.15

(1) 求反应的速率常数 k 和半衰期 $t_{\frac{1}{2}}$。

(2) 抗生素在血液中的浓度不低于 $0.37\ mg\cdot 100\ mL^{-1}$ 才有效，那么何时需注射第二针？

(3) 为了避免因注射量过大而发生意外，要求第二针注射时，血液中抗生素浓度应接近第一针注射完时的浓度，则第二针的注射量应为第一针注射量的百分之几？

解 (1) 因为 $\ln\dfrac{0.48}{0.22}=k(12\ h-4\ h)$

所以

$$k=0.097\ h^{-1}$$

$$t_{\frac{1}{2}}=\frac{0.693}{0.097\ h^{-1}}=7.1\ h$$

(2) 设第一针注射 4 h 后再过 t(h)需注射第二针，则

$$\ln\frac{0.48}{0.37}=0.097\ h^{-1}\cdot t \qquad t=2.7\ h$$

即第一针注射后，间隔 4 h+2.7 h=6.7 h 需注射第二针。

(3) 设第一针注射后血液浓度为 $c_0\ mg\cdot 100\ mL^{-1}$，则

$$\ln\frac{c_0}{0.48}=0.097\ h^{-1}\times 4\ h$$

解得

$$c_0=0.71$$

所以第二针注射量为第一针注射量的百分数为

$$\frac{(0.71-0.37)mg\cdot 100\ mL^{-1}}{0.71\ mg\cdot 100\ mL^{-1}}\times 100\%=48\%$$

3.6 温度对反应速率的影响

温度对反应速率有显著的影响，且其影响比较复杂。多数化学反应随温度升高反应速率增大。一般来说，温度每升高 10 K，反应速率大约增大至原来的 2～4 倍。这是一个很近似的规律。1889 年瑞典物理化学家阿伦尼乌斯(Arrhenius S A)在总结大量实验事实的基础上，提出了反应速率常数与温度的经验关系式

$$k=A\mathrm{e}^{-\frac{E_a}{RT}} \tag{3-17}$$

或

$$\ln(k/[k])=-\frac{E_a}{RT}+\ln(A/[A])^{①} \tag{3-18}$$

① 对于任何一个量 B，都可表示为 $B=\{B\}[B]$，其中 $\{B\}$ 代表该量的数值，$[B]$ 代表该量的单位。因为式(3-18)中 k 和 A 都有单位，不能取对数，应该分别用它们的单位除一下。

式中：E_a 为反应的**活化能**(activation energy)；R 为摩尔气体常数；A 为"指前因子"，对指定反应来说为一常数。由式(3-17)可见，k 与温度 T 成指数的关系，温度微小的变化将导致 k 值较大的变化。

如果由实验测得某反应在一系列不同温度时的 k 值，并以 $\ln(k/[k])$ 对 $\frac{1}{T}$ 作图，由式(3-18)可知，应得一直线。直线的斜率为 $-\frac{E_a}{R}$，截距为 $\ln(A/[A])$，则可求得该反应的活化能 E_a 和指前因子 A。

例 3-13 实验测得反应

$$CO(g)+NO_2(g) \longrightarrow CO_2(g)+NO(g)$$

在不同温度下的速率常数如下：

T/K	600	650	700	750	800	850
$k/(L\cdot mol^{-1}\cdot s^{-1})$	0.028 0	0.220	1.30	6.00	23.0	74.6

求此反应的活化能。

解 将计算得到的有关数据列于下表：

T/K	600	650	700	750	800	850
$(1/T)\times10^3/K^{-1}$	1.67	1.54	1.43	1.33	1.25	1.18
$\ln(k/[k])$	−3.58	−1.51	0.262	1.79	3.14	4.31

以 $\ln(k/[k])$ 对 $1/T$ 作图，得一直线(图 3-3)，直线的斜率为

$$斜率=\frac{-3.9}{0.25\times10^{-3}\ K^{-1}}=-1.6\times10^4\ K$$

$$E_a=-(斜率)\times R=-(-1.6\times10^4)\ K\times8.315\ J\cdot mol^{-1}\cdot K^{-1}$$
$$=133\ kJ\cdot mol^{-1}$$

反应活化能也可用阿伦尼乌斯公式直接计算得到。设某反应在温度 T_1 和 T_2 时的速率常数分别为 k_1 和 k_2，则

(1) $\ln(k_1/[k])=-\frac{E_a}{RT_1}+\ln(A/[A])$

(2) $\ln(k_2/[k])=-\frac{E_a}{RT_2}+\ln(A/[A])$

(2)−(1)，得

$$\ln\frac{k_2}{k_1}=\frac{E_a}{R}\left(\frac{1}{T_1}-\frac{1}{T_2}\right)=\frac{E_a}{R}\left(\frac{T_2-T_1}{T_1T_2}\right) \qquad (3-19)$$

利用式(3-19)，可由已知两温度下的速率常数求算活化能；若活化能已知，也可由一温度下的速率常数，求算另一温度下的速率常数。

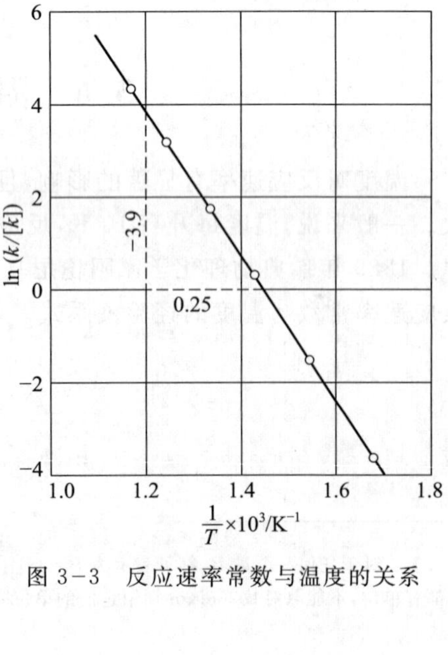

图 3-3 反应速率常数与温度的关系

例 3-14 用例 3-13 的数据，运用阿伦尼乌斯公式求算活化能。

解 由式(3-19)得

$$E_a = \frac{RT_1T_2}{T_2 - T_1}\ln\frac{k_2}{k_1}$$

(1) 将 $T_1=600\ \text{K}$，$T_2=650\ \text{K}$ 两组数据代入上式

$$E_a = \frac{8.315\ \text{J}\cdot\text{mol}^{-1}\cdot\text{K}^{-1}\times 600\ \text{K}\times 650\ \text{K}}{(650-600)\ \text{K}}\ln\frac{0.220}{0.0280}$$

$$=134\ \text{kJ}\cdot\text{mol}^{-1}$$

(2) 将 $T_1=700\ \text{K}$，$T_2=750\ \text{K}$ 两组数据代入

$$E_a = \frac{8.315\ \text{J}\cdot\text{mol}^{-1}\cdot\text{K}^{-1}\times 700\ \text{K}\times 750\ \text{K}}{(750-700)\ \text{K}}\ln\frac{6.00}{1.30}$$

$$=133\ \text{kJ}\cdot\text{mol}^{-1}$$

(3) 将 $T_1=800\ \text{K}$，$T_2=850\ \text{K}$ 两组数据代入

$$E_a = \frac{8.315\ \text{J}\cdot\text{mol}^{-1}\cdot\text{K}^{-1}\times 800\ \text{K}\times 850\ \text{K}}{(850-800)\ \text{K}}\ln\frac{74.6}{23.0}$$

$$=132\ \text{kJ}\cdot\text{mol}^{-1}$$

从例 3-13 和例 3-14 中可以看出，利用阿伦尼乌斯公式求算活化能比较简便，但从准确性来说，则作图法较好。因为从实验获得一系列数据中，总会有这样或那样的偏差，而作图法能起着求平均值的作用。

3.7 反应速率理论简介

以上从实验事实出发，找到了反应速率与反应物浓度、温度之间的一些经验关系式。那么这些宏观规律的微观实质是什么？怎样从分子的角度去解释这些规律？这是化学动力学研究的理论课题。目前提出的反应速率理论主要有两种，下面对它们作定性的阐述。

3.7.1 碰撞理论

碰撞理论(collision theory)认为发生化学反应的前提是反应物分子之间必须相互碰撞。碰撞频率越高，反应速率越快。但事实上不是每次碰撞都能发生反应，否则所有气相反应都在瞬间完成了。例如，碘化氢气体分解反应：

$$2HI(g) \xlongequal{\quad} H_2(g) + I_2(g)$$

据理论计算，温度为 773 K，浓度为 $10^{-3}\ \text{mol}\cdot\text{L}^{-1}$ 的 HI，如果每次碰撞都引起反应，反应速率可达 $3.8\times10^4\ \text{mol}\cdot\text{L}^{-1}\cdot\text{s}^{-1}$，但该条件下实际上的反应速率为 $6\times10^{-9}\ \text{mol}\cdot\text{L}^{-1}\cdot\text{s}^{-1}$。两者相差 10^{13} 倍！所以在千万次碰撞中，只有极少数的碰撞才是有效的。为什么会出现这种现象呢？对此，碰撞理论又指出：只有极少数具有特别大动能的分子碰撞才是有效碰撞。这是容易理解的，因为分子发生化学反应时要“破”旧键“立”新键，非要一个激烈的碰撞不可。只有那些动能特别大的分子才能达到这一目的。这些动能特大，且能导致有效碰撞的分子称为**活化分子**(activated molecule)。

在一定温度下，气体分子具有一定的平均动能 E_m。例如，对单原子分子来说，$E_m=\frac{3}{2}kT$，k 称为玻耳兹曼(Boltzmann)常量。但是对各个分子而言，它们的动能并不相同，在某一温度下其能量分布如图 3-4 所示，称为麦克斯韦(Maxwell)分布曲线。图中横坐标代表分子的动能 E，纵坐标为$\frac{\Delta N}{N\Delta E}$，其中$\frac{\Delta N}{N}$代表动能在 E 到 $E+\Delta E$ 区间内分子数(ΔN)占总分子数(N)的比例，$\frac{\Delta N}{N\Delta E}$则代表此动能区间内单位能量区间的分子比例。从能量曲线可见，大部分分子的动能在 E_m 附近，但也有少数分子动能比 E_m 低得多或高得多。如果假设分子达到有效碰撞的最低能量为 E_0，则曲线下阴影部分表示活化分子所占的数目，曲线下的总面积表示分子总数，阴影面积与总面积之比，即为活化分子所占的比例。活化能就是把反应物分子转变为活化分子所需的能量。由于反应物分子的能量各不相同，活化分子的能量彼此也不同，只能从统计平均的角度来比较反应物分子和活化分子的能量。因此，**活化能可定义为：活化分子的平均能量(E_m^*)与反应物分子的平均能量之差**，即

$$E_a=E_m^*-E_m$$

一般化学反应的活化能约为 40～400 kJ·mol^{-1}。在一定的温度下，反应的活化能越大，活化分子所占的百分数就越小，反应越慢。反之，活化能越小，活化分子所占的百分数就越大，反应越快。

对一些反应，特别是结构比较复杂的分子之间的反应，考虑了能量因素后往往发现反应速率计算值与实验值还是相差很大。这个事实说明，影响反应速率的还有其他因素。碰撞时分子间的取向就是一个重要因素。例如，反应：

$$NO_2(g)+CO(g) = NO(g)+CO_2(g)$$

只有当 CO 中的 C 原子与 NO_2 中的 O 原子迎头碰撞才有可能发生反应(图 3-5)，而其他方位的碰撞都是无效碰撞。

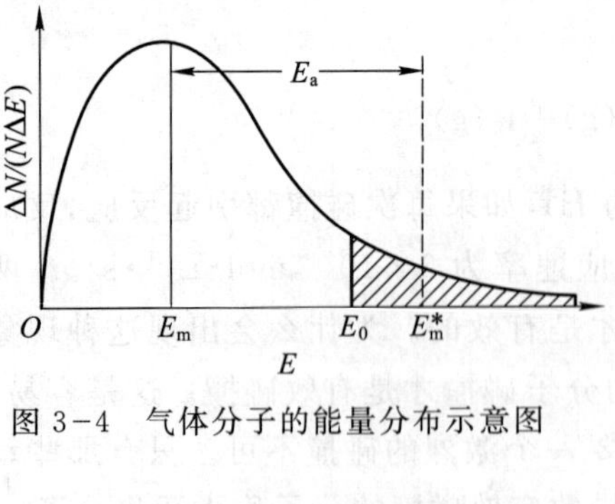

图 3-4　气体分子的能量分布示意图

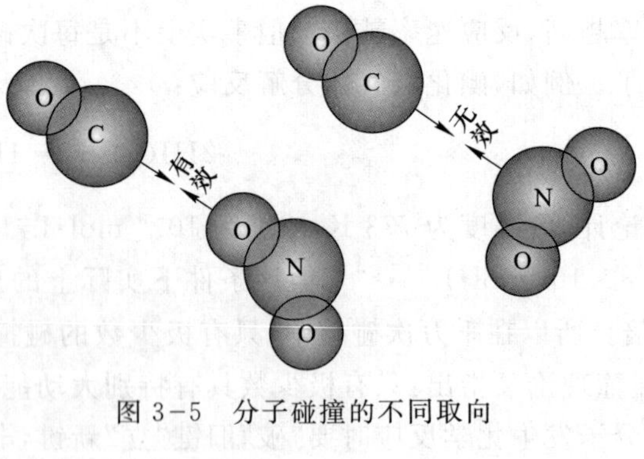

图 3-5　分子碰撞的不同取向

3.7.2 过渡态理论

过渡态理论(transition state theory)认为化学反应不是只通过简单碰撞就成产物,而是要经过一个由反应物分子以一定的构型而存在的过渡态。当具有足够动能的分子彼此以适当的取向发生碰撞时,动能转变为分子间相互作用的势能,引起分子和原子内部结构的变化,使原来以化学键结合的原子间的距离变长,而没有结合的原子间距离变短,形成了过渡状态的构型。例如,上述 NO_2 与 CO 的反应,可表示为

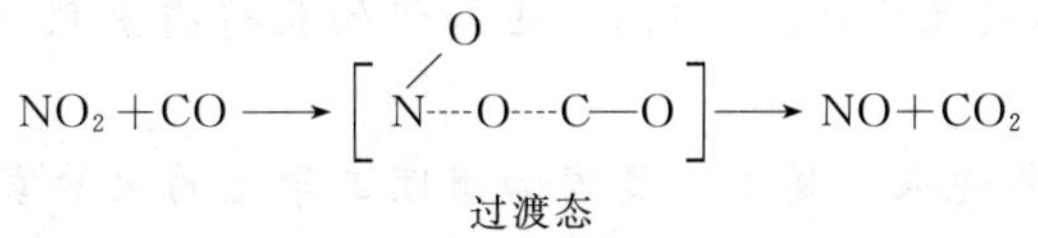

图 3-6 为反应过程势能变化的示意图。E_1 表示反应物分子的平均势能,E_2 表示产物分子的平均势能,E^* 表示过渡态分子的平均势能。从图中可见,在反应物分子和生成物分子之间构成了一个势能垒。要使反应发生,必须使反应物分子"爬上"这个势能垒。E^* 越大,反应越困难,反应速率越小。过渡态理论把 E^* 与 E_1 之间的能量差称为正反应的活化能,E^* 与 E_2 之差为逆反应的活化能,而 E_1 与 E_2 的能量差为反应的焓变(严格说为热力学能变 ΔU)。

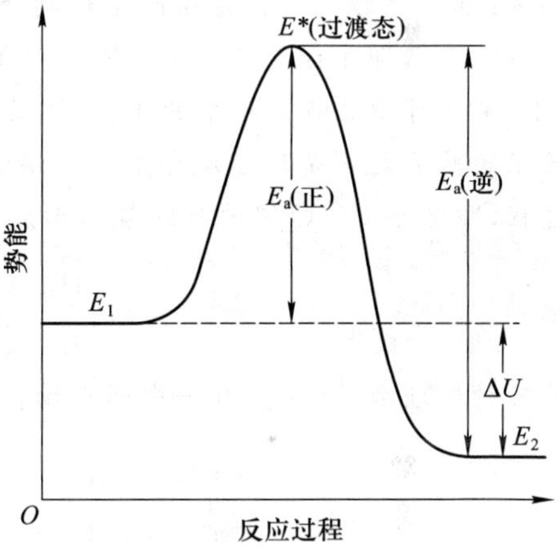

图 3-6 反应过程势能变化示意图

以上的反应速率理论,可用来解释浓度和温度对反应速率的影响。

对基元反应:

$$A+B \longrightarrow C$$

A、B 之间碰撞频率 Z 与 A、B 的浓度成正比,则

$$Z=k'c_A \cdot c_B$$

式中,k'为比例常数。碰撞频率扣除了能量因素所打的"折扣"(f)和方位因素所打的"折扣"(p)即为反应速率,则

$$v=p \cdot f \cdot Z=pfk'c_A \cdot c_B$$

某一反应在一定温度下,p 和 f 均为常数,令 $k=pfk'$,则得

$$v=kc_A \cdot c_B$$

这就是质量作用定律。

温度对反应速率的影响主要表现在温度升高,活化分子所占的百分数增加,因而增加有效碰撞频率。图 3-7 表示温度对分子动能分布的影响。图中 $T_2>T_1$,T_2 曲线的阴影面积比 T_1 的大得多。另外,温度升高,分子运动速度加快,从而增加分子间碰撞频率,这是温度影响反应速率的一个次要因素。

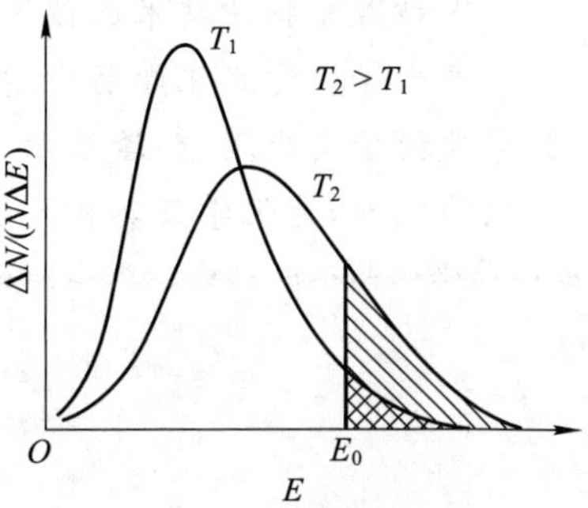

图3-7 温度对分子动能分布的影响

拓展知识：

飞秒化学

在分子水平上观察化学反应是化学界一直追求的目标。如果能做到这一步，就意味着化学家能直接观察化学反应的实际过程，掌握化学反应的机理，也可弄清楚温度和其他条件对反应速率影响的内在原因。显然，这些知识的获得将有助于化学家控制反应速率和增加反应产物。

这一梦想于1980年迎来了曙光。美国加州理工学院的化学家们在艾哈迈德·泽维尔(Ahmed Zewail H)教授带领下，用超短激光脉冲技术探测了化学反应。化学反应中的中间产物——过渡态是高能量物种，不能分离出来，因为它存在的时间非常短，一般只有10～1 000飞秒。“飞”是国际单位制(SI)中文词头“飞姆托”的简称，国际符号为“f”，代表因数10^{-15}，即1 fs=10^{-15} s。若要理解fs是如何之短，可从以下比照中体会：1 s中的1 fs，相当于3 200万年中的1 s。因此用于探测反应的激光脉冲必须非常短。被泽维尔研究的反应之一是环丁烷分解为乙烯的反应。该反应存在两种可能的机理：一种是一步过程，即2个C—C键同时断裂而形成产物：

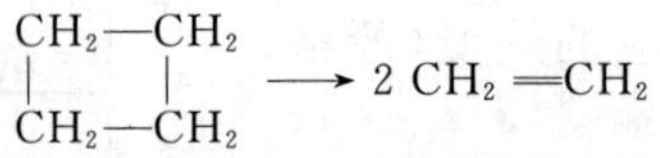

第二种机理分两步走，有一中间产物：

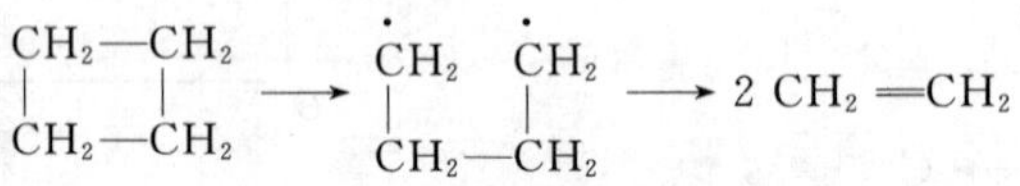

反应式中“•”代表未成对电子。他们用激光脉冲的能量来启动反应。当第一束探测脉冲射入分子几fs之后，在整个反应期间连续用脉冲照射数千次，每次间隔10 fs左右。记录每一探测脉冲所产生的吸收光谱。光谱的变化揭示了分子中原子的运动状况和化学键的状态。这样一来，化学家好像配备了不同快门速度的快速照相机，能把反应过程一一拍摄下来。研究结果表明第二种机理是正确的，中间产物存在约700 fs。

飞秒激光脉冲技术已被用于揭示许多化学反应和生物过程的机理，如光合作用和视觉的产生等。它在化学动力学上开创一个新的领域，并称之为飞秒化学。1999年诺贝尔化学奖授予艾哈迈德·泽维尔，以表彰他首次应用超短激光脉冲技术观察了化学反应和建立飞秒化学，为化学及其相关科学带来了一场革命。

3.8 催化剂对反应速率的影响

催化剂是一种能改变化学反应速率，而本身质量和组成保持不变的物质。能加快反应速率的催化剂称为正催化剂；减慢反应速率的催化剂称为负催化剂。一般所说的催化剂是指正催化剂，负催化剂常称为抑制剂。催化剂之所以能改变反应速率，是由于参与了反应过程，改变了原来反应的途径，因而改变了活化能。例如，反应：

$$A+B \longrightarrow AB \quad \text{活化能为 } E_a$$

当有另一物质 Z 存在时，改变了反应的途径，使之分为两步：

(1) $A+Z \longrightarrow AZ$　　　活化能为 E_1

(2) $AZ+B \longrightarrow AB+Z$　　活化能为 E_2

如果 E_1、E_2 均小于 E_a（图 3-8），则 Z 就是该反应的催化剂，使反应加快了。

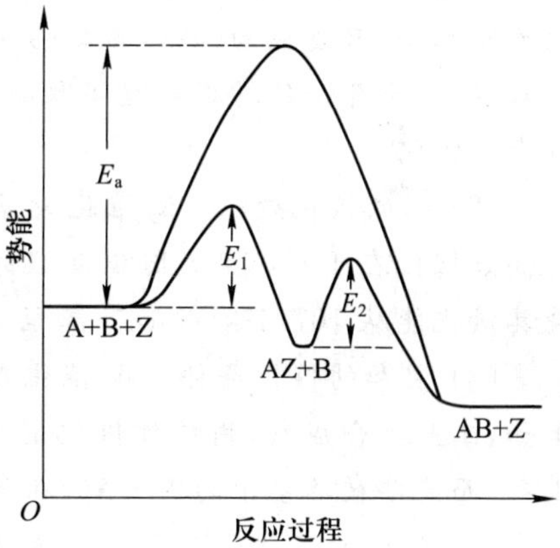

图 3-8　催化剂改变反应途径示意图

催化剂加快反应速率往往是很惊人的。例如，在 503 K 时分解 HI 气体，若无催化剂时，E_a 为 184.1 $kJ\cdot mol^{-1}$，以 Au 作催化剂时，E_a 降至 104.6 $kJ\cdot mol^{-1}$。由于 E_a 降低 80 $kJ\cdot mol^{-1}$，可使反应速率增大 1 亿多倍。催化剂在加速正反应的同时，也以同样的倍数加速逆反应。所以催化剂只能加速化学平衡的到达，不能改变化学平衡的位置。另需指出，催化剂虽可改变反应的活化能，但不能改变反应的 $\Delta_r G$。因此，对一个 $\Delta_r G>0$ 的反应，想用催化剂促使其反应将是徒劳的。

例 3-15　在 25 ℃时，H_2O_2 分解反应的活化能为 75.3 $kJ\cdot mol^{-1}$。该温度下用 Pt 作催化剂，活化能降为 49.0 $kJ\cdot mol^{-1}$。假设催化剂不影响指前因子，求加催化剂后反应速率增加的倍数。

解　设未加催化剂时速率常数为 k_1，活化能为 E_1；加催化剂后速率常数为 k_2，活化能为 E_2。则

(1) $\ln(k_1/[k]) = -\dfrac{E_1}{RT} + \ln(A/[A])$

(2) $\ln(k_2/[k]) = -\dfrac{E_2}{RT} + \ln(A/[A])$

(2)−(1)：

$$\ln\frac{k_2}{k_1} = \frac{E_1-E_2}{RT} = \frac{(75.3-49.0)\times10^3\ J\cdot mol^{-1}}{8.315\ J\cdot mol^{-1}\cdot K^{-1}\times298\ K} = 10.61$$

$$\frac{k_2}{k_1} = 4.1\times10^4$$

加催化剂后反应速率增加 4.1×10^4 倍。

拓展知识：

酶催化

酶是一类结构和功能特殊的蛋白质或复合蛋白质(蛋白质加上辅助因子)。生物体内各种各样的化学反应，几乎都要在其相应的酶催化下才能完成。酶在生物体的生命活动中占有极其重要的位置。

酶催化作用具有如下特点：

(1) 高度的专一性　酶催化作用选择性很强，一种酶往往只对一种特定的反应有效。如淀粉酶只能水解淀粉，脲酶只能将尿素转化为 NH_3 和 CO_2。酶催化的选择性甚至达到原子水平，只要底物(在讨论酶催化作用时常将反应物称为底物)分子中有一个基团，一个双键，一个原子的增减或空间取向不同，某些酶就能将其区分开来，从而表现出对此底物有无催化作用。

(2) 高的催化效率　酶催化效率比通常的无机或有机催化剂高出 $10^8 \sim 10^{12}$ 倍。酶的高效催化在于它能大大降低反应的活化能。例如，蔗糖水解反应，在转化酶催化下，可使其活化能从 $107.1\ kJ \cdot mol^{-1}$ 降至 $39.1\ kJ \cdot mol^{-1}$。

(3) 温和的催化条件　酶催化反应所需的条件温和，一般在常温常压下可以进行。例如，工业上合成氨，用铁作催化剂时需高温($\sim 770\ K$)高压($\sim 5 \times 10^7\ Pa$)，且需特殊的设备，而某些植物茎中的固氮酶，在常温常压下即可把空气中的 N_2 转化为 NH_3。

(4) 特殊的酸碱环境需求　酶具有许多极性基团，因此溶液的 pH 对酶的活性影响很大。酶只在一定的 pH 范围内才能表现出其活性。若溶液偏离最佳 pH 时，酶的活性就会降低甚至完全消失。

酶催化反应的机理很复杂，它是生物学家和化学家多少年来长期努力探索的课题。早期，费谢(Fisher)提出一个比较形象的理论模型，称为“锁钥模型”。它把酶与底物之间的作用比喻成锁和钥匙的搭配。酶表面的各个部位是不同的，其中只有某些称为“活性中心”的部位才能起着催化作用。费谢认为这个活性中心是一些具有一定大小和几何构型的空穴。只有那些与其大小和形状都匹配的底物才可与其结合，从而有利于打开底物分子的某种键，表现出催化作用。但是后来的研究表明，酶的活性中心并不是刚性不变的，而具有相对的柔性。当酶与底物分子接近时，酶受底物分子的诱导，其活性中心构象发生有利于底物结合的变化，酶和底物在此基础上互补契合，此为诱导契合模型。弄清自然界在亿万年进化过程中巧妙设计的各种酶作用机理，不仅能揭开生物催化作用过程的奥秘，也能为人类利用其中某些原理来研究开发新型高效催化剂提供科学根据。近年来在深入研究酶催化机理的基础上，开展了化学模拟生物酶的研制。目前已在实验室中合成了一些模拟酶，可在常温常压下将反应物转化为人们期望的生成物。我国在模拟酶领域内，特别是生物固氮酶的研制方面，处于世界领先水平。

习 题

1. 写出下列反应的标准平衡常数表达式：

(1) $2N_2O_5(g) \rightleftharpoons 4NO_2(g) + O_2(g)$

(2) $SiCl_4(l) + 2H_2O(g) \rightleftharpoons SiO_2(s) + 4HCl(g)$

(3) $CaCO_3(s) \rightleftharpoons CaO(s) + CO_2(g)$

(4) $ZnS(s) + 2H^+(aq) \rightleftharpoons Zn^{2+}(aq) + H_2S(g)$

2. 尿素 $CO(NH_2)_2(s)$的 $\Delta_f G^\ominus = -197.15\ kJ\cdot mol^{-1}$，其他物质的 $\Delta_f G^\ominus$ 查附录二。求下列反应在 298 K 时的 $K^\ominus$。

$$CO_2(g) + 2NH_3(g) \rightleftharpoons H_2O(g) + CO(NH_2)_2(s)$$

3. 673 K 时，将 0.025 mol $COCl_2(g)$充入 1.0 L 容器中，当建立下列平衡时：

$$COCl_2(g) \rightleftharpoons CO(g) + Cl_2(g)$$

有 16% $COCl_2$ 解离。求此时的 $K^\ominus$。

4. 298 K 时，往某烧瓶中充入足量的 N_2O_4，使起始压力为 100 kPa。一部分 N_2O_4 分解为 NO_2，达平衡后总压力等于 116 kPa。计算如下反应的 $K^\ominus$。

$$N_2O_4(g) \rightleftharpoons 2NO_2(g)$$

5. 反应

$$H_2(g) + I_2(g) \rightleftharpoons 2HI(g)$$

在 628 K 时 $K^\ominus = 54.4$。现于某一容器内充入 H_2 和 I_2 各 0.200 mol，并在该温度下达到平衡，求 I_2 的转化率。

6. 乙烷脱氢反应 $C_2H_6(g) \rightleftharpoons C_2H_4(g) + H_2(g)$，在 1 000 K 时 $K^\ominus = 0.90$。试计算该温度下总压为 150 kPa 时乙烷的平衡转化率。

7. 已知反应

$$2NaHCO_3(s) \rightleftharpoons Na_2CO_3(s) + CO_2(g) + H_2O(g)$$

在 125 ℃时 $K^\ominus = 0.25$。现在 1.00 L 烧瓶中盛放 10.0 g $NaHCO_3$，加热至 125 ℃达平衡。试计算此时：

(1) CO_2 和 H_2O 的分压；

(2) 烧瓶中 $NaHCO_3$ 和 Na_2CO_3 的质量；

(3) 如果平衡时要使 $NaHCO_3$ 全部分解，容器的体积至少多大？

8. 已知反应

$$2SO_3(g) \rightleftharpoons 2SO_2(g) + O_2(g)$$

在 700 K 时 $K^\ominus = 1.5 \times 10^{-5}$。某反应系统起始分压 SO_2 为 10 kPa，O_2 为 55 kPa，求平衡时各气体分压。

9. 将乙醇和乙酸混合后，发生如下的酯化反应：

$$C_2H_5OH(l) + CH_3COOH(l) \rightleftharpoons CH_3COOC_2H_5(l) + H_2O(l)$$

此反应可看作理想溶液反应。在 298 K 时，若将 2.0 mol C_2H_5OH 与 2.0 mol CH_3COOH 混合，平衡时各种物质有 $\frac{2}{3}$ 变为生成物。今将 138 g C_2H_5OH 与 120 g CH_3COOH 在 298 K 混合，试问平衡混合物中有多少

$CH_3COOC_2H_5$ 生成？

10. 已知在 298 K 时，

(1) $2N_2(g)+O_2(g) \rightleftharpoons 2N_2O(g)$　$K_1^\ominus=4.8\times10^{-37}$

(2) $N_2(g)+2O_2(g) \rightleftharpoons 2NO_2(g)$　$K_2^\ominus=8.8\times10^{-19}$

求 $2N_2O(g)+3O_2(g) \rightleftharpoons 4NO_2(g)$的 $K^\ominus$。

11. 反应

$$2Cl_2(g)+2H_2O(g) \rightleftharpoons 4HCl(g)+O_2(g) \quad \Delta_r H^\ominus=114.4\ kJ\cdot mol^{-1}$$

当该反应达到平衡后，进行左边所列的操作对右边所列物理量的数值有何影响(操作中没有注明的，是指温度不变，体积不变)？

(1) 增大容器体积	$n(H_2O)$
(2) 加 O_2	$n(H_2O)$
(3) 加 O_2	$n(O_2)$
(4) 加 O_2	$n(HCl)$
(5) 减小容器体积	$n(Cl_2)$
(6) 减小容器体积	$p(Cl_2)$
(7) 减小容器体积	$K^\ominus$
(8) 升高温度	$K^\ominus$
(9) 升高温度	$p(HCl)$
(10) 加 N_2	$n(HCl)$
(11) 加催化剂	$n(HCl)$

12. 已知反应

$$CaCO_3(s) \rightleftharpoons CaO(s) + CO_2(g)$$

在 1 123 K 时 $K^\ominus=0.489$。试确定在密闭容器中，在下列情况下反应进行的方向：

(1) 只有 CaO 和 $CaCO_3$；

(2) 只有 CaO 和 CO_2，且 $p(CO_2)=30$ kPa；

(3) 只有 $CaCO_3$ 和 CO_2，且 $p(CO_2)=100$ kPa；

(4) 有 $CaCO_3$，CaO 和 CO_2，且 $p(CO_2)=60$ kPa。

13. 25 ℃时下列反应达平衡

$$PCl_3(g) + Cl_2(g) \rightleftharpoons PCl_5(g) \quad \Delta_r G^\ominus=-92.5\ kJ\cdot mol^{-1}$$

如果升高温度，$p(PCl_5)/p(PCl_3)$比值如何变化？为什么？

14. 已知反应 $N_2(g)+3H_2(g) \rightleftharpoons 2NH_3(g)$，在 500 K 时 $K^\ominus=0.16$。试判断该温度下，在 10 L 密闭容器中充入 N_2，H_2 和 NH_3 各 0.10 mol 时反应的方向。

15. PCl_5 热分解反应式为

$$PCl_5(g) \rightleftharpoons PCl_3(g)+Cl_2(g)$$

在 10 L 密闭容器内充入 2.0 mol PCl_5，700 K 时有 1.3 mol PCl_5 分解，求该温度下的 $K^\ominus$。若在该密闭容器内再充入 1.0 mol Cl_2，PCl_5 分解百分率为多少？

16. 反应

$$N_2O_4(g) \rightleftharpoons 2NO_2(g)$$

在 317 K 时 $K^\ominus=1.00$。分别计算总压力为 400 kPa 和 1 000 kPa 时 N_2O_4 的解离百分率，并解释计算结果。

17. 已知反应

$$CO(g)+H_2O(g) \rightleftharpoons CO_2(g)+H_2(g)$$

在 749 K 时 $K^\ominus=6.5$，今若需 90% CO 转化为 CO_2，问 CO 和 H_2O 要以怎样的物质的量比相混合？

18. 计算反应

$$2HI(g) \rightleftharpoons H_2(g)+I_2(g)$$

在 500 ℃达平衡时的分压。已知起始时各物质的分压皆为 20.0 kPa。

19. 利用热力学数据，估算溴在 30 ℃时的蒸气压。

20. $NH_4HS(s)$ 解离的气压在 298.3 K 时为 65.9 kPa，在 308.8 K 时为 120.9 kPa。试计算：

(1) NH_4HS 的解离焓；

(2) NH_4HS 的分解温度。

21. 在某温度下，测得下列反应 $\dfrac{dc(Br_2)}{dt}=4.0\times10^{-5}\ mol\cdot L^{-1}\cdot s^{-1}$。

$$4HBr(g) + O_2 \rightleftharpoons 2H_2O(g) + 2Br_2(g)$$

求：(1) 此时的 $\dfrac{dc(O_2)}{dt}$ 和 $\dfrac{dc(HBr)}{dt}$；

(2) 此时的反应速率 v。

22. $(CH_3)_2O$ 分解反应 $(CH_3)_2O \longrightarrow C_2H_4 + H_2O$ 的实数据如下：

t/s	0	200	400	600	800
$c[(CH_3)_2O]/(mol\cdot L^{-1})$	0.010 00	0.009 16	0.008 39	0.007 68	0.007 03

(1) 计算 200 s 到 600 s 间的平均速率。

(2) 用浓度对时间作图，求 400 s 时的瞬时速率。

23. 在 298 K 时，用以下反应

$$S_2O_8^{2-}(aq) + 2I^-(aq) = 2SO_4^{2-}(aq) + I_2(aq)$$

进行实验，得到的数据列表如下：

实验序号	$c(S_2O_8^{2-})/(mol\cdot L^{-1})$	$c(I^-)/(mol\cdot L^{-1})$	$v/(mol\cdot L^{-1}\cdot min^{-1})$
(1)	1.0×10^{-4}	1.0×10^{-2}	0.65×10^{-6}
(2)	2.0×10^{-4}	1.0×10^{-2}	1.30×10^{-6}
(3)	2.0×10^{-4}	0.50×10^{-2}	0.65×10^{-6}

求：(1) 反应速率方程；

(2) 速率常数；

(3) $c(S_2O_8^{2-})=5.0\times10^{-4}\ mol\cdot L^{-1}$，$c(I^-)=5.0\times10^{-2}\ mol\cdot L^{-1}$ 时的反应速率。

24. 反应

$$H_2(g) + Br_2(g) = 2HBr(g)$$

在反应初期的反应机理为

(1) $Br_2 = 2Br$ (快)

(2) $Br + H_2 = HBr + H$ (慢)

(3) $H + Br_2 = HBr + Br$ (快)

试写出该反应在反应初期的速率方程式。

25. 元素放射性衰变是一级反应。^{14}C 的半衰期为 5 730 a(a 代表年)。今在一古墓木质试样中测得 ^{14}C 含量只有原来的 68.5%。问此古墓距今多少年？

26. 某水剂药物的水解反应为一级反应。配成溶液 30 天后分析测定，发现其有效成分只有原来的 62.5%。问：

(1) 该水解反应的速率常数为多少？

(2) 若以药物有效成分保持 80%以上为有效期，则该药物的有效期为多长？

(3) 药物水解掉一半需多少天？

27. 物质 A 的分解反应 $A \longrightarrow 3B+C$，为一级反应。A 的起始浓度为 $0.015\ mol\cdot L^{-1}$，反应 3.0 min 后 B 的浓度为 $0.020\ mol\cdot L^{-1}$。问：

(1) 反应的速率常数为多少？

(2) 若要 B 浓度增加到 $0.040\ mol\cdot L^{-1}$，反应还需继续多长时间？

28. 反应

$$SiH_4(g) \xlongequal{\quad} Si(s) + 2H_2(g)$$

在不同温度下的速率常数为

T/K	773	873	973	1 073
k/s^{-1}	0.048	2.3	49	590

试用作图法求该反应的活化能。

29. 室温(25 ℃)下对于许多反应来说，温度升高 10 ℃，反应速率增大到原来的 2～4 倍。试问遵循此规则的反应活化能应在什么范围内？升高温度对活化能高的反应还是活化能低的反应的反应速率影响更大些？

30. H_2O_2 分解成 H_2O 和 O_2 的反应 $E_a=700\ kJ\cdot mol^{-1}$。如果在 20 ℃时加入催化剂 E_a 可降低为 $420\ kJ\cdot mol^{-1}$，假设频率因子 A 保持不变，H_2O_2 起始浓度也相同，问无催化剂时 H_2O_2 需加热至多高温度才使其反应速率与加催化剂时相同？

31. 反应

$$C_2H_5Br(g) \xlongequal{\quad} C_2H_4(g) + HBr(g)$$

在 650 K 时 k 为 $2.0\times10^{-5}\ s^{-1}$，在 670 K 时 k 为 $7.0\times10^{-5}\ s^{-1}$。求 690 K 时的 k。

32. 在 301 K 时鲜牛奶大约 4.0 h 变酸，但在 278 K 的冰箱中可保持 48 h。假定反应速率与变酸时间成反比，求牛奶变酸反应的活化能。

33. 大气上层的 O_3 被分解的一些反应及其活化能为

(1) $O_3(g)+O(g) \xlongequal{\quad} 2O_2(g) \quad E_{a_1}=14.0\ kJ\cdot mol^{-1}$

(2) 如果大气上层存在 NO，它可催化 O_3 分解：

$$O_3(g)+NO(g) \xlongequal{\quad} NO_2(g)+O_2(g)$$
$$NO_2(g)+O(g) \xlongequal{\quad} NO(g)+O_2(g)$$

$$\text{总反应}\quad O_3(g)+O(g) \xlongequal{NO\text{催化}} 2O_2(g) \qquad E_{a_2}=11.9\ kJ\cdot mol^{-1}$$

(3) 如果大气上层存在 CCl_2F_2，光照下它可分解产生 Cl：

$$CCl_2F_2(g) \xlongequal{h\nu} CClF_2(g)+Cl(g)$$

Cl 可催化 O_3 分解：

$$O_3(g)+Cl(g) \xlongequal{\quad} ClO(g)+O_2(g)$$
$$ClO(g)+O(g) \xlongequal{\quad} Cl(g)+O_2(g)$$

$$\text{总反应}\quad O_3(g)+O(g) \xlongequal{Cl\text{催化}} 2O_2(g) \qquad E_{a_3}=2.1\ kJ\cdot mol^{-1}$$

大气上层富含 O_3 的平流层温度约 230 K。试求 NO 和 Cl 在此处对 O_3 层破坏各增大多少倍？假设指前因子 A 不变。

34. 已知基元反应 $2A \longrightarrow B$ 的反应热为 $\Delta_r H^{\ominus}$，活化能为 E_a，而 $B \longrightarrow 2A$ 的活化能为 E'_a。问：

(1) E_a 和 E'_a 有什么关系？

(2) 加催化剂，E_a 和 E'_a 各有何变化？

(3) 提高温度，E_a 和 E'_a 各有何变化？

(4) 增加 A 的起始浓度，E_a 和 E'_a 各有何变化？

35. 下列说法是否正确？对错误的说法给予说明。

(1) 正催化剂加快了正反应速率，负催化剂加快了逆反应速率。

(2) 提高温度可使反应速率加快，其主要原因是分子运动速度加快，分子间碰撞频率增加。

(3) 在一定条件下，某反应的 $\Delta G>0$，故要寻找合适的催化剂促使反应正向进行。

(4) 在一般情况下，不管是放热反应还是吸热反应，温度升高反应速率都是加快的。

(5) 催化剂能加快反应速率，所以能改变平衡系统中生成物和反应物的相对含量。

(6) 任何反应随着反应时间增加，由于反应物不断消耗，故反应速率总是逐渐减小的。

第四章

解 离 平 衡

学习要求：

1. 了解近代酸碱理论(重点是酸碱质子论)的基本概念。
2. 掌握一元弱酸、弱碱的解离平衡和多元弱酸、弱碱分级解离平衡的计算。
3. 了解活度、活度系数、离子强度等概念。理解同离子效应和盐效应对解离平衡的影响。
4. 了解缓冲作用原理以及缓冲溶液的组成和性质，掌握缓冲溶液 pH 的计算，并能配制一定 pH 的缓冲溶液。
5. 理解难溶电解质沉淀溶解平衡的特点，会运用溶度积规则判断沉淀溶解平衡的移动及有关的计算。

本章有两部分内容。前部分是酸碱平衡，即各种弱酸、弱碱在水中未解离的分子与已解离的离子间达成平衡，这是单相的解离平衡。后部分是难溶电解质在水中，已溶的离子与未溶的固相之间建立的解离平衡，这是一类沉淀和溶解的多相平衡。

4.1 酸碱理论

人们对于酸碱的认识是从它们的表观现象开始的，认为酸是具有酸味的物质，碱是能够抵消酸性的物质。18 世纪后期，人们才从物质本身的内在性质来认识酸碱，提出氧元素是酸的必要成分。19 世纪初叶，盐酸、氢碘酸、氢氰酸等均已发现，分析结果表明这些酸不含氧而皆含氢，于是又认为氢是酸的基本元素。1884 年阿伦尼乌斯首先提出了近代的酸碱理论。他认为：在水中能解离出的正离子全是 H^+ 的化合物为酸；解离出的负离子全是 OH^- 的化合物为碱。此理论对化学科学的发展起了积极作用，至今还被广泛应用。但是该理论局限性也是很明显的，它把酸和碱只限于水溶液，在无水和非水溶剂中无法定义酸碱；一类物质如 NH_4Cl、$AlCl_3$，其水溶液呈酸性，另一类物质如 Na_2CO_3、Na_3PO_4，其水溶液呈碱性，但前者自身并不含 H^+，后者自身并不含 OH^-。为此，以后又出现多种酸碱理论，其中比较重要的是布朗斯特－劳莱(Brønsted J N－Lowry T M)的质子论和路易斯(Lewis G N)的电子论。

4.1.1 酸碱质子论

1. 定义

酸碱质子论(proton theory of acids and bases)是丹麦化学家布朗斯特和英国化学家劳莱各

自独立地于 1923 年提出的。该理论认为：**凡能释放 H^+ 的分子或离子为酸，凡能接受 H^+ 的分子或离子为碱**（这样定义的酸和碱常称布朗斯特酸和布朗斯特碱）。酸和碱的关系可用如下简式表示：

$$酸 \rightleftharpoons 碱 + H^+$$

例如：

$$HCl \rightleftharpoons Cl^- + H^+$$

$$[Al(OH_2)_6]^{3+} \rightleftharpoons [Al(OH)(OH_2)_5]^{2+} + H^+$$

$$NH_4^+ \rightleftharpoons NH_3 + H^+$$

$$H_2PO_4^- \rightleftharpoons HPO_4^{2-} + H^+$$

由上可见：① 酸可以是中性分子、正离子或负离子；碱也可以是中性分子、正离子或负离子。② 酸（如 HCl）释放出 H^+ 后变成碱（Cl^-），碱（如 Cl^-）结合 H^+ 后变成酸（HCl），$HCl-Cl^-$ 称为**共轭酸碱对**（conjugated acid base pair）。上式中 $[Al(OH_2)_6]^{3+}-[Al(OH)(OH_2)_5]^{2+}$，$NH_4^+-NH_3$ 和 $H_2PO_4^- - HPO_4^{2-}$ 皆为共轭酸碱对。③ 有些物质既可释放 H^+ 又可接受 H^+（如 $H_2PO_4^-$ 放出 H^+ 变成 HPO_4^{2-}，也可接受 H^+ 变成 H_3PO_4），它们既可作为酸也可作为碱，称之为**两性物质**（amphoteric compound）。$H_2PO_4^-$，HPO_4^{2-} 和 HCO_3^- 等都是两性物质。④ 酸越强（表示酸越易释放 H^+），则其共轭碱越弱（表示共轭碱越难结合 H^+）。反之亦然，碱越强，则其共轭酸越弱。

质子 H^+ 的半径只有氢原子的十万分之一，非常小，所以电荷密度非常高。游离质子在水溶液中只能瞬间存在，它必然要转移到另一能接受质子的物质上去，故上面所举的共轭酸碱对的平衡式，只是从概念出发，溶液中并不存在那样的平衡。实际上的酸碱平衡是两个共轭酸碱对共同作用的结果。例如，反应

$$\overset{\quad H^+ \quad}{酸_1 \rightarrow} + 碱_2 = 酸_2 + 碱_1$$

(1) $HCl + NH_3 = NH_4^+ + Cl^-$

(2) $HAc + H_2O = H_3O^+ + Ac^-$

(3) $H_2O + Ac^- = HAc + OH^-$

酸碱下标相同的（如酸$_1$ 和碱$_1$ 或酸$_2$ 和碱$_2$）是一对共轭酸碱。反应(1) 中 HCl（酸$_1$）释放一个 H^+ 变成 Cl^-（碱$_1$），NH_3（碱$_2$）结合一个 H^+ 变成 NH_4^+（酸$_2$），故 $HCl-Cl^-$，$NH_4^+-NH_3$ 各为共轭酸碱对。此反应的实质是两共轭酸碱对之间的质子传递反应。反应(2)和反应(3)也都是质子传递反应。但是从阿伦尼乌斯酸碱理论来看，反应(1)、反应(2)和反应(3)依次是中和反应、酸解离反应和盐类水解反应。由此可见，质子论不仅扩大了酸碱范围，而且把中和、解离、水解等反应都统一为质子传递反应。

2. 酸碱强度

根据酸碱质子论，酸碱在溶液中表现出来的强度，不仅与酸碱本性有关，同时与溶剂的本性有关。例如，HAc 在水中是弱酸，但在液氨中却变成较强的酸，因为液氨接受 H^+ 的能力比水强。

$$HAc + NH_3(l) = Ac^- + NH_4^+ \quad (H^+ \text{ 由 HAc 转移给 } NH_3)$$

水是最重要的溶剂，也是生物体内广泛存在的溶剂，下面着重讨论水溶液中酸碱的强度。酸碱在水溶液中表现出来的相对强度可用**解离常数**(dissociation constant)来表征。例如，HAc 在水溶液中的解离式为

$$HAc+H_2O \rightleftharpoons H_3O^+ + Ac^-$$

标准解离常数 $K_a^\ominus$ 的表达式为

$$K_a^\ominus=\frac{a(H_3O^+)\cdot a(Ac^-)}{a(HAc)\cdot a(H_2O)}$$

因为 $a(H_2O)=1$，理想溶液或较稀的真实溶液，$a=c/c^\ominus$，故 $K_a^\ominus$ 的表达式可改写为

$$K_a^\ominus=\frac{\{[H_3O^+]/c^\ominus\}\cdot\{[Ac^-]/c^\ominus\}}{[HAc]/c^\ominus}$$

式中：方括号表示平衡浓度，单位为 $mol\cdot L^{-1}$，$c^\ominus=1\ mol\cdot L^{-1}$。在计算中 $c^\ominus$ 不会影响数值，只会影响量纲，只要记住：$K^\ominus$ 的量纲为 1，而浓度的单位一般都是 $mol\cdot L^{-1}$，因此，在水溶液解离平衡的计算中忽略 $c^\ominus$，不会出现难以确定单位的问题。这样就可得到更为简洁的表达式：

$$K_a^\ominus=\frac{[H_3O^+][Ac^-]}{[HAc]} \tag{4-1}$$

本教材中凡涉及水溶液中的解离平衡，其 $K^\ominus$ 表达式中 $c^\ominus$ 均按此处理方式予以略去。

表 4-1 列举了一些弱酸的 $K_a^\ominus$ 值。酸越强，$K_a^\ominus$ 值越大，其共轭碱就越弱；反之，酸越弱，$K_a^\ominus$ 值越小，其共轭碱就越强。确定了质子酸碱的强弱，就可判断酸碱反应的方向。酸碱反应总是由较强的酸和较强的碱向生成较弱的酸和较弱的碱方向进行。例如，在上述反应(1)中，酸性 $HCl>NH_4^+$，碱性 $NH_3>Cl^-$，所以该反应正向进行到较完全；在反应(2)中，酸性 $H_3O^+>HAc$，碱性 $Ac^->H_2O$，所以该反应逆向容易进行，表现为 HAc 在水中只有小部分解离，为弱酸；在反应(3)中，酸性 $HAc>H_2O$，碱性 $OH^->Ac^-$，表现为 Ac^- 在水中也只有小部分与 H^+ 结合，为弱碱。共轭酸碱对中弱酸的 $K_a^\ominus$ 与其共轭碱的 $K_b^\ominus$ 还存在如下的共轭关系：

$$K_a^\ominus\cdot K_b^\ominus=K_w^\ominus \tag{4-2}$$

式中：$K_w^\ominus$ 为水的离子积常数，在 25 ℃时其值为 1.0×10^{-14}。下面以共轭酸碱对 $HAc-Ac^-$ 为例来推导式(4-2)。

Ac^- 是碱，它在水溶液中解离式为

$$Ac^- + H_2O \rightleftharpoons HAc+OH^-$$

其标准碱解离常数 $K_b^\ominus$ 的表达式为

$$K_b^\ominus=\frac{[HAc][OH^-]}{[Ac^-]} \tag{4-3}$$

表 4-1　一些弱酸的 $K_a^\ominus$ 值及其共轭碱

酸	$K_a^\ominus$	共轭碱
H_3O^+	1	H_2O
$H_2C_2O_4$	5.36×10^{-2}	$HC_2O_4^-$
H_2SO_3	1.29×10^{-2}	HSO_3^-
HSO_4^-	1.02×10^{-2}	SO_4^{2-}
H_3PO_4	7.11×10^{-3}	$H_2PO_4^-$
HNO_2	7.24×10^{-4}	NO_2^-
HF	6.31×10^{-4}	F^-
HCOOH	1.77×10^{-4}	$HCOO^-$
$HC_2O_4^-$	5.35×10^{-5}	$C_2O_4^{2-}$
HAc	1.75×10^{-5}	Ac^-
H_2CO_3	4.45×10^{-7}	HCO_3^-
$H_2PO_4^-$	6.34×10^{-8}	HPO_4^{2-}
HSO_3^-	6.24×10^{-8}	SO_3^{2-}
HCN	6.17×10^{-10}	CN^-
NH_4^+	5.68×10^{-10}	NH_3
HCO_3^-	4.69×10^{-11}	CO_3^{2-}
HPO_4^{2-}	4.79×10^{-13}	PO_4^{3-}
H_2O	1.0×10^{-14}	OH^-

酸性增强（↑）　碱性增强（↓）

将式(4-1)和式(4-3)相乘，则得

$$K_a^\ominus \cdot K_b^\ominus = \frac{[H_3O^+][Ac^-]}{[HAc]} \cdot \frac{[HAc][OH^-]}{[Ac^-]} = [H_3O^+][OH^-] = K_w^\ominus$$

一般教科书和化学手册上往往只列出分子酸的 $K_a^\ominus$ 和分子碱的 $K_b^\ominus$，离子酸和离子碱的 $K_a^\ominus$ 和 $K_b^\ominus$ 可由式(4-2)计算得到。

例 4-1　已知弱酸 HClO 的 $K_a^\ominus = 2.90\times10^{-8}$，弱碱 NH_3 的 $K_b^\ominus = 1.76\times10^{-5}$，求弱碱 ClO^- 的 $K_b^\ominus$ 和弱酸 NH_4^+ 的 $K_a^\ominus$。

解　利用式(4-2)，可得

$$K_b^\ominus(ClO^-) = \frac{K_w^\ominus}{K_a^\ominus(HClO)} = \frac{1.0\times10^{-14}}{2.90\times10^{-8}} = 3.4\times10^{-7}$$

$$K_a^\ominus(NH_4^+) = \frac{K_w^\ominus}{K_b^\ominus(NH_3)} = \frac{1.0\times10^{-14}}{1.76\times10^{-5}} = 5.7\times10^{-10}$$

拓展知识：

超酸

按照酸碱质子论，在水溶液中最强的酸是 H_3O^+。任何比 H_3O^+ 更强的酸在水中都会全部解离，放出的 H^+ 与 H_2O 结合生成 H_3O^+。这时，这些酸的强度（即给出 H^+ 的能力）完全由 H_3O^+ 来体现。这种现象在化学上称为"拉平效应"。即在水溶液中任何比 H_3O^+ 更强的酸，其强度都被"拉平"到 H_3O^+ 的水平。离开水溶液就可获得比 H_3O^+ 更强的酸。例如，100%的纯 H_2SO_4 给出 H^+ 能力比 H_3O^+ 大得多。通常把比 100%的纯 H_2SO_4 酸性还强的酸称为超酸。实际上，化学家已合成比纯 H_2SO_4 酸性强 $10^7 \sim 10^{19}$ 倍的超酸。纯 $HClO_4$ 就是一种较强的超酸。当 $HClO_4$ 和纯 H_2SO_4 混合时，H_2SO_4 实际上作为碱：

$$HClO_4(H_2SO_4) + H_2SO_4(l) \rightleftharpoons ClO_4^-(H_2SO_4) + H_3SO_4^+(H_2SO_4)$$

反应式括号内的物质代表溶剂。例如，$HClO_4(H_2SO_4)$ 表示 $HClO_4$ 溶于纯 H_2SO_4 所形成的溶液。

氟磺酸（HSO_3F）是一种很强的超酸，其酸性比纯 H_2SO_4 强 1 000 倍。在氟磺酸中加入 SbF_5（它是一种路易斯酸），又可使其酸性增强数千倍。这两种酸之间的反应是很复杂的，但在此混合酸中提供超氢离子的是 $H_2SO_3F^+$。此混合酸可与许多物质反应，甚至不能与普通酸反应的烃类，也能与其反应。例如，丙烯与其反应可得到丙基阳离子：

$$C_3H_6(HSO_3F) + H_2SO_3F^+(HSO_3F) \longrightarrow C_3H_7^+(HSO_3F) + HSO_3F(l)$$

习惯上把氟磺酸和 SbF_5 的混合酸称为"魔酸"。此名称来源于 Case Western Reserve 大学专门从事超酸研究的欧拉（Olah G A）实验室。有一次在实验室举行的圣诞聚会上，欧拉的一位同事不小心将一支蜡烛掉入这种超酸中，发现它很快地溶入超酸。后来进一步研究发现，石蜡烃分子在此超酸中已与氢离子结合变成正离子，而且原来长链的石蜡烃分子重排成支链分子。这种结果是他们当时完全没有预料到的，故称其为"魔酸"。欧拉因对碳正离子化学的贡献而获得 1994 年诺贝尔化学奖。

多种超酸已广泛应用于石油工业。它可使价值较低的直链烃转化为生产高辛烷值汽油所必需的支链烃。

4.1.2 酸碱电子论

在提出酸碱质子论的同一年（1923 年），美国物理化学家路易斯提出**酸碱电子论**（electronic theory of acids and bases）。该理论认为：**凡能接受外来电子对的分子、基团或离子为酸；凡能提供电子对的分子、基团或离子为碱**（这样定义的酸和碱常称为路易斯酸和路易斯碱）。路易斯酸碱反应的实质是形成配位键产生酸碱加合物。例如，反应：

	路易斯酸	+	路易斯碱	═	酸碱加合物
(1)	H^+	+	$:OH^-$	═	H_2O
(2)	Ni	+	$4:CO$	═	$Ni(CO)_4$
(3)	Cu^{2+}	+	$4:NH_3$	═	$Cu(NH_3)_4^{2+}$
(4)	BF_3	+	$:NH_3$	═	F_3BNH_3
(5)	SiF_4	+	$2:F^-$	═	SiF_6^{2-}

反应(1)是质子论的典型例子。由此可见,质子论只是电子论的一种特例(由 H^+ 来接受外来电子对)。由反应(2)～反应(5)可见,能作为路易斯酸(能接受外来电子对)的还可以是原子,金属离子和中性分子等。电子论摆脱了系统必须具有某种离子或元素以及溶液的限制,而立足于物质的普遍成分,以电子的授受关系来说明酸碱的反应。由于该理论包括的酸碱范围很广,故又被称为**广义酸碱理论**(theory of generalized acids and bases)。

4.1.3 硬软酸碱(HSAB)规则

路易斯酸碱理论虽然包括的范围很广,但也有不足之处。最主要的是没有统一的标度来确定酸碱的相对强弱。例如,对路易斯酸 Fe^{3+} 来说,碱性强弱次序是 $F^- > Cl^- > Br^- > I^-$;但对同样是路易斯酸的 Hg^{2+} 来说,碱性强弱次序却是 $I^- > Br^- > Cl^- > F^-$。因路易斯酸碱无统一的强弱次序,酸碱反应的方向就难以判断。路易斯酸碱理论的这种缺陷可由皮尔逊(Pearson R G)等人提出的**硬软酸碱规则**(rule of hard and soft acids and bases)来弥补。

皮尔逊把路易斯酸碱分成"硬"和"软"两类。硬酸的特征是体积小,正电荷高,极化性低①,也就是对外层电子"抓得紧";软酸的特征与硬酸正相反,也就是对外层电子"抓得松"。硬碱的特征是极化性低,电负性高,难氧化,也就是对外层电子"抓得紧";软碱具有硬碱相反的特征。"硬"和"软"能够比较形象地形容酸碱抓电子的松紧,而电子被抓的松紧是酸碱授受电子难易的关键。附录十三列出一些硬软酸碱的分类。除硬软酸碱外,还有一类酸碱其性质居于硬软之间,称为交界酸碱。关于酸碱反应,他们从经验中总结出一条规律,这就是**硬软酸碱规则:"硬亲硬,软亲软。"**即硬酸更倾向与硬碱结合,软酸更倾向与软碱结合,如果酸碱是一硬一软,其结合力就不强。表 4-2 列出 Fe^{3+},Pb^{2+},Hg^{2+} 与卤素离子形成配离子的一级稳定常数②,可用来验证以上规则。硬酸 Fe^{3+} 和硬碱 F^- 可形成稳定的配离子,软酸 Hg^{2+} 和软碱 I^- 也能形成稳定配离子,而 Fe^{3+} 与 I^-,Hg^{2+} 与 F^- 由于是硬软搭配,就不能形成稳定的配离子。Pb^{2+} 是交界酸,不论碱是硬还是软,皆与其反应,所形成的配离子的稳定性都不高且差别也不大。显然,这种规则比较粗略,但在目前仍不失为一个有用的简单规律,在化学上得到广泛的应用。例如:

(1) 说明自然界和人体内金属元素存在的状态　自然界矿物中 Li,Na,Ca,Al 和 Cr 等元素(硬酸)多与含氧酸中的 O^{2-}(硬碱)结合,而 Ag,Hg,Cd,Pd 和 Pt 等元素(软酸)却与 S^{2-}(软碱)形成硫化物矿。人体内存在的金属元素主要有 Na^+,K^+,Mg^{2+},Ca^{2+},Mn(Ⅱ/Ⅲ),Fe(Ⅱ/Ⅲ),Co(Ⅱ/Ⅲ),Cu(Ⅰ/Ⅱ)和 Zn(Ⅱ)等。研究发现 Na^+,K^+,Mg^{2+},Ca^{2+} 和 Mn(Ⅱ/Ⅲ)元素在人体

① 极化性也称变形性,是指该物质在电场作用下,外层电子云发生变形的难易。详参见 7.8 节。

② 配离子的逐级稳定常数 $K^\ominus$ 的介绍见 8.5 节。$K^\ominus$(或 $\lg K^\ominus$)越大,表示形成的配离子越稳定,即它们之间结合力越强。

内皆与O原子键合，Fe(Ⅱ/Ⅲ)，Co(Ⅱ/Ⅲ)与O或N键合；Cu(Ⅰ/Ⅱ)，Zn(Ⅱ)则与N或S键合。随酸的硬度逐渐减小，键合原子也明显地由硬碱O逐渐地趋向软碱S。

表4-2　Fe^{3+}、Pb^{2+}、Hg^{2+}分别与X^-形成$[FeX]^{2+}$、$[PbX]^+$、$[HgX]^+$的$\lg K_1^{\ominus}$

中心离子，酸	配体，碱			
	F^-	Cl^-	Br^-	I^-
Fe^{3+}	6.0	1.4	0.5	—
Pb^{2+}	<0.8	1.8	1.8	1.9
Hg^{2+}	1.0	6.8	8.9	12.9

(2) 判断反应进行的方向　下列高温下气相反应能够向右进行是因为产物满足硬-硬和软-软结合。

$$\underset{\text{软-硬}}{HgF_2(g)} + \underset{\text{硬-软}}{BeI_2(g)} = \underset{\text{硬-硬}}{BeF_2(g)} + \underset{\text{软-软}}{HgI_2(g)}$$

$$\underset{\text{硬-软}}{HI(g)} + \underset{\text{硬}}{F^-(g)} = \underset{\text{硬-硬}}{HF(g)} + \underset{\text{软}}{I^-(g)}$$

(3) 指导某些金属非常见氧化态化合物的合成　同一种金属原子所处的氧化态不同，酸的硬度也不同。氧化态越高酸越硬，氧化态越低酸越软。所以合成高氧化态化合物要用硬碱来稳定。例如，$[AgF_4]^-$，$[CoF_6]^{2-}$，$[NiF_6]^{2-}$，$[FeO_4]^{2-}$，RuO_4和OsO_4中高氧化态的Ag(Ⅲ)，Co(Ⅳ)，Ni(Ⅳ)，Fe(Ⅵ)，Ru(Ⅷ)和Os(Ⅷ)就需要用硬碱F^-或O^{2-}来稳定。与此相反，$Cr(CO)_6$，$Fe(CO)_4^{2-}$，$Co(CO)_4^-$和$Ni(CN)_4^{4-}$中低氧化态的Cr(0)，Fe(-Ⅱ)，Co(-Ⅰ)和Ni(0)则需软碱CO或CN^-来稳定。

(4) 判断异性双齿配体的配位情况　SCN^-是常见的异性双齿配体(参见第八章)，其中S和N原子上都有孤对电子，两原子都有可能与中心原子形成配位键。此配体到底以何种原子与中心原子配位，也可利用硬软酸碱规则来判断：Fe^{3+}是硬酸，将与SCN^-中硬端N原子结合成$Fe(NCS)_6^{3-}$；Pt^{4+}是软酸，将与SCN^-中软端S原子结合成$Pt(SCN)_6^{2-}$。同理，双齿配体$SeCN^-$与硬酸VO^{2+}形成$VO(NCSe)_4^{2-}$，与软酸Ag^+却形成$Ag(SeCN)_2^-$。

由于酸碱电子论不能定量化，只能定性说明问题，而且水溶液中酸碱反应电子论也难以直接应用，因为水溶液中的离子不是以原来离子而是以水合离子形式存在。因此，本章下面讨论的水溶液中酸碱平衡都是以酸碱质子论为基础。

4.2 弱酸、弱碱的解离平衡

4.2.1 一元弱酸、弱碱的解离平衡

一元弱酸HB的解离平衡式为

$$HB(aq)+H_2O(l) \rightleftharpoons H_3O^+(aq)+B^-(aq)$$

通常可简写为

$$HB \rightleftharpoons H^+ + B^-$$ ①

对弱酸的稀溶液，其标准解离常数 $K_a^\ominus$ 的表达式为

$$K_a^\ominus = \frac{[H^+][B^-]}{[HB]}$$

若弱酸的起始浓度为 c，平衡时有

$$[H^+] \approx [B^-], [HB] \approx c - [H^+]$$

将此代入 $K_a^\ominus$ 的表达式

$$K_a^\ominus = \frac{[H^+]^2}{c - [H^+]} \tag{4-4}$$

$$[H^+]^2 + K_a^\ominus [H^+] - K_a^\ominus c = 0$$

$$[H^+] = \frac{-K_a^\ominus + \sqrt{(K_a^\ominus)^2 + 4K_a^\ominus c}}{2} \tag{4-5}$$

式(4-5)是计算一元弱酸溶液中$[H^+]$的近似式（忽略了水本身解离对 H^+ 的贡献，精确的算式见 19.2.2 节）。如果$[H^+] \ll c$，则 $c - [H^+] \approx c$，式(4-4)变成

$$\frac{[H^+]^2}{c} = K_a^\ominus$$

$$[H^+] = \sqrt{K_a^\ominus \cdot c} \tag{4-6}$$

式(4-6)是计算一元弱酸溶液中$[H^+]$的最简式。

计算一元弱酸溶液中$[H^+]$时，采用式(4-5)还是式(4-6)取决于 $c - [H^+] \approx c$ 是否成立。一般认为，如果$[H^+] < 5\%\ c$，可认为 $c - [H^+] \approx c$ 成立。将$[H^+] < 5\%\ c$ 代入式(4-4)，可得 $c/K_a^\ominus > 380$。所以可用 $c/K_a^\ominus > 380$ 还是 $c/K_a^\ominus < 380$ 来判断采用式(4-6)还是式(4-5)。

一元弱碱，如 $NH_3 \cdot H_2O$，解离平衡简式为

$$NH_3 \cdot H_2O \rightleftharpoons NH_4^+ + OH^-$$

$$K_b^\ominus = \frac{[NH_4^+][OH^-]}{[NH_3 \cdot H_2O]}$$

同理，当 $c/K_b^\ominus > 380$ 时

$$[OH^-] = \sqrt{K_b^\ominus \cdot c} \tag{4-7}$$

当 $c/K_b^\ominus < 380$ 时

$$[OH^-] = \frac{-K_b^\ominus + \sqrt{(K_b^\ominus)^2 + 4K_b^\ominus c}}{2} \tag{4-8}$$

---

① H^+ 即质子，游离质子在水溶液中是不存在的，实际上以 H_3O^+ 形式存在。为了简洁起见，在本章中常用 H^+ 代替 H_3O^+。此外，本章都是讨论水溶液中的平衡，对水溶液中的分子和离子，也常将 aq 省略。

弱酸或弱碱在水中的解离程度常用**解离度**(dissociation degree)α 表示。α 为已解离的浓度与总浓度之比。例如,浓度为 c 弱酸 HB 的解离度 α 的近似式为

$$\alpha=\frac{[H^+]}{c}=\frac{\sqrt{K_a^\ominus \cdot c}}{c}=\sqrt{\frac{K_a^\ominus}{c}} \tag{4-9}$$

可见弱酸或弱碱的浓度越稀,解离度越大。

例 4-2 计算 0.010 $mol \cdot L^{-1}$ HF 溶液的 $[H^+]$ 和 α。

解 $c/K_a^\ominus=0.010/(6.3\times10^{-4})=16<380$

$$[H^+]=\frac{-6.3\times10^{-4}+\sqrt{(6.3\times10^{-4})^2+4\times6.3\times10^{-4}\times0.010}}{2}\ mol\cdot L^{-1}=2.2\times10^{-3}\ mol\cdot L^{-1}$$

$$\alpha=\frac{[H^+]}{c}=\frac{2.2\times10^{-3}\ mol\cdot L^{-1}}{0.010\ mol\cdot L^{-1}}=0.22$$

例 4-3 计算 0.10 $mol\cdot L^{-1}$ NaAc 溶液的 pH。

解 NaAc 为强电解质,在水溶液中全部解离为 Na^+ 和 Ac^-。其中 Na^+ 不参与水溶液中酸碱平衡,决定溶液酸度的是 Ac^-。按酸碱质子论,Ac^- 是碱①,其平衡式为

$$Ac^- + H_2O \rightleftharpoons HAc + OH^-$$

$$K_b^\ominus=\frac{K_w^\ominus}{K_a^\ominus(HAc)}=\frac{1.0\times10^{-14}}{1.8\times10^{-5}}=5.6\times10^{-10}$$

因为 $$c/K_b^\ominus=\frac{0.10}{5.6\times10^{-10}}>380$$

所以 $$[OH^-]=\sqrt{K_b^\ominus\cdot c}=\sqrt{5.6\times10^{-10}\times0.10}\ mol\cdot L^{-1}=7.5\times10^{-6}\ mol\cdot L^{-1}$$

$$pH=14.00-pOH=14.00-(-\lg 7.5\times10^{-6})=8.88$$②

4.2.2 多元弱酸、弱碱的解离平衡

含有一个以上可置换的氢原子的酸叫做多元酸。多元酸的解离是分步进行的。例如:

$$H_2S \rightleftharpoons H^+ + HS^-$$

$$K_{a1}^\ominus=\frac{[H^+][HS^-]}{[H_2S]}=1.1\times10^{-7}$$

$$HS^- \rightleftharpoons H^+ + S^{2-}$$

$$K_{a2}^\ominus=\frac{[H^+][S^{2-}]}{[HS^-]}=1.3\times10^{-13}$$

$K_{a1}^\ominus$ 和 $K_{a2}^\ominus$ 分别称 H_2S 的一级和二级标准解离常数。一般情况下,无机多元酸 $K_{a1}^\ominus \gg K_{a2}^\ominus \gg K_{a3}^\ominus\cdots$,彼此相差约 10^5 倍。多元弱酸在水中解离时,第二步解离远比第一步困难,第三步又远比第二步困难,而且第一步解离出来的 H^+ 对下面几步解离产生同离子效应(见 4.2.4 节),所以,计算多元弱酸溶液中 $[H^+]$ 时,只需考虑第一级解离平衡。计算酸根浓度,如二元弱酸 H_2B 中

---

① 按阿伦尼乌斯酸碱理论 NaAc 为盐,它在水溶液中的解离反应称为盐的水解反应,Ac^- 的解离常数 $K_b^\ominus$ 则称为水解常数 $K_h^\ominus$。

② 注意,pH 小数点前的数字是定位用的,不是有效数字,如 8.88 有效数字是 2 位。

$[B^{2-}]$，当然还应考虑第二级解离平衡。计算二元弱酸 H_2B 溶液中$[B^{2-}]$时，也可直接应用如下公式

$$K_{a1}^{\ominus} \cdot K_{a2}^{\ominus} = \frac{[H^+]^2[B^{2-}]}{[H_2B]} \tag{4-10}$$

因为 $$K_{a1}^{\ominus} = \frac{[H^+][HB^-]}{[H_2B]} \quad K_{a2}^{\ominus} = \frac{[H^+][B^{2-}]}{[HB^-]}$$

所以 $$K_{a1}^{\ominus} \cdot K_{a2}^{\ominus} = \frac{[H^+][HB^-]}{[H_2B]} \cdot \frac{[H^+][B^{2-}]}{[HB^-]} = \frac{[H^+]^2[B^{2-}]}{[H_2B]}$$

在二元弱酸溶液中若已知$[H^+]$，用式(4-10)计算$[B^{2-}]$较为方便。

例 4-4 在常温常压下，CO_2 在水中的饱和溶液 H_2CO_3 的浓度为 0.040 $mol \cdot L^{-1}$。计算溶液中$[H^+]$、$[HCO_3^-]$和$[CO_3^{2-}]$。

解 H_2CO_3 在水中分两步解离：

$$H_2CO_3 \rightleftharpoons H^+ + HCO_3^-$$

$$K_{a1}^{\ominus} = \frac{[H^+][HCO_3^-]}{[H_2CO_3]} = 4.5 \times 10^{-7}$$

$$HCO_3^- \rightleftharpoons H^+ + CO_3^{2-}$$

$$K_{a2}^{\ominus} = \frac{[H^+][CO_3^{2-}]}{[HCO_3^-]} = 4.7 \times 10^{-11}$$

因为 $K_{a1}^{\ominus} \gg K_{a2}^{\ominus}$，溶液中 H^+ 主要来自第一步解离，又 $c/K_{a1}^{\ominus} = \frac{0.040}{4.5 \times 10^{-7}} > 380$，所以

$$[H^+] = [HCO_3^-] = \sqrt{K_{a1}^{\ominus} \cdot c} = \sqrt{4.5 \times 10^{-7} \times 0.040}\ mol \cdot L^{-1} = 1.3 \times 10^{-4}\ mol \cdot L^{-1}$$

$[CO_3^{2-}]$则需要从第二级解离平衡中求算：

$$[CO_3^{2-}] = K_{a2}^{\ominus} \cdot \frac{[HCO_3^-]}{[H^+]} = K_{a2}^{\ominus} = 4.7 \times 10^{-11}\ mol \cdot L^{-1}$$

例 4-5 计算 0.10 $mol \cdot L^{-1}$ Na_2CO_3 溶液中$[OH^-]$、$[HCO_3^-]$和$[H_2CO_3]$。

解 Na_2CO_3 为强电解质，在水溶液中全部解离。Na^+ 不参与酸碱平衡，按质子论 CO_3^{2-} 为二元弱碱。

$$CO_3^{2-} + H_2O \rightleftharpoons OH^- + HCO_3^-$$

$$K_{b_1}^{\ominus} = \frac{[OH^-][HCO_3^-]}{[CO_3^{2-}]} = \frac{K_w^{\ominus}}{K_{a_2}^{\ominus}} = \frac{1.0 \times 10^{-14}}{4.7 \times 10^{-11}} = 2.1 \times 10^{-4}$$

$$HCO_3^- + H_2O \rightleftharpoons OH^- + H_2CO_3$$

$$K_{b_2}^{\ominus} = \frac{[OH^-][H_2CO_3]}{[HCO_3^-]} = \frac{K_w^{\ominus}}{K_{a_1}^{\ominus}} = \frac{1.0 \times 10^{-14}}{4.5 \times 10^{-7}} = 2.2 \times 10^{-8}$$

因为 $$c/K_{b_1}^{\ominus} = 0.10/(2.1 \times 10^{-4}) > 380$$

所以 $$[OH^-] = [HCO_3^-] = \sqrt{K_{b_1}^{\ominus} \cdot c} = \sqrt{2.1 \times 10^{-4} \times 0.10}\ mol \cdot L^{-1} = 4.6 \times 10^{-3}\ mol \cdot L^{-1}$$

$$[H_2CO_3] = K_{b_2}^{\ominus} \cdot \frac{[HCO_3^-]}{[OH^-]} = K_{b_2}^{\ominus} = 2.2 \times 10^{-8}\ mol \cdot L^{-1}$$

由以上讨论可见，多元弱酸、弱碱溶液的解离平衡比一元弱酸、弱碱复杂。处理这类溶液的平衡时应注意以下几点：

(1) 多元弱酸 $K_{a_1}^{\ominus} \gg K_{a_2}^{\ominus} \gg K_{a_3}^{\ominus}$，计算溶液$[H^+]$时，可作一元弱酸处理，其酸的强度也由 $K_{a_1}^{\ominus}$

来衡量。

(2) 多元弱酸或弱碱溶液中,同时存在几级平衡。如 H_2S 溶液中有 $K_{a_1}^{\ominus}=\dfrac{[H^+][HS^-]}{[H_2S]}$,$K_{a_2}^{\ominus}=\dfrac{[H^+][S^{2-}]}{[HS^-]}$,但绝对不能把 $K_{a_1}^{\ominus}$ 和 $K_{a_2}^{\ominus}$ 关系式中 H^+ 分别理解为第一步和第二步解离出来的 H^+。一份溶液中只有一种$[H^+]$,即溶液中 H^+ 的总浓度。严格说,H_2S 溶液中的 H^+ 来自于三方面:H_2S 第一步解离,HS^- 的解离和 H_2O 的解离。因前者比后两者贡献大得多,故 $K_{a_1}^{\ominus}$ 和 $K_{a_2}^{\ominus}$ 关系式中的 H^+ 都可看作来自于 H_2S 的第一步解离。

(3) 单一的二元酸溶液中,$[B^{2-}]=K_{a_2}^{\ominus}$,$[B^{2-}]$与原始二元酸浓度基本上无关。但是如果在 H_2B 溶液中还含有其他酸碱,因$[H^+]\neq[HB^-]$,则$[B^{2-}]\neq K_{a_2}^{\ominus}$。

(4) 离子形式的弱酸、弱碱,其 $K_a^{\ominus}$、$K_b^{\ominus}$ 值一般不能直接查到,可通过共轭酸碱对公式 $K_a^{\ominus}\cdot K_b^{\ominus}=K_w^{\ominus}$ 算得。但对多元酸碱来说,要特别注意 $K_a^{\ominus}$ 和 $K_b^{\ominus}$ 应对应于哪一级。例如,对共轭酸碱对 H_2CO_3/HCO_3^- 来说,$K_a^{\ominus}$ 为 H_2CO_3 的 $K_{a1}^{\ominus}$,$K_b^{\ominus}$ 为 HCO_3^- 作碱用时的碱解离常数,即 CO_3^{2-} 的 $K_{b2}^{\ominus}$;对共轭酸碱对 HCO_3^-/CO_3^{2-} 来说,$K_a^{\ominus}$ 为 HCO_3^- 作酸用时的解离常数,即 H_2CO_3 的 $K_{a2}^{\ominus}$,$K_b^{\ominus}$ 为 CO_3^{2-} 的 $K_{b1}^{\ominus}$。故对二元酸及其对应的二元碱来说,$K_{a1}^{\ominus}\cdot K_{b2}^{\ominus}=K_w^{\ominus}$,$K_{a2}^{\ominus}\cdot K_{b1}^{\ominus}=K_w^{\ominus}$。

4.2.3 两性物质的解离平衡

既可给出质子又可接受质子的物质称为两性物质。酸式盐、弱酸弱碱盐和氨基酸等都是两性物质。两性物质在水溶液中的解离平衡较为复杂,这里只介绍近似处理方法,精确处理法见19.2.2 节。

$NaHCO_3$ 是两性物质,HCO_3^- 在溶液中存在如下两种平衡:

(1) $HCO_3^- \rightleftharpoons H^+ + CO_3^{2-}$

(2) $HCO_3^- + H_2O \rightleftharpoons OH^- + H_2CO_3$

由于反应(1)生成的 H^+ 与反应(2)生成的 OH^- 相互中和生成 H_2O,从而促进两反应都强烈地向右移动,因每生成 1 个 H_2O 分子,几乎同时有 1 个 CO_3^{2-} 和 1 个 H_2CO_3 生成,故造成两者浓度近似相等,即$[CO_3^{2-}]\approx[H_2CO_3]$。将此代入式(4-10),可得

$$K_{a_1}^{\ominus}\cdot K_{a_2}^{\ominus}=\frac{[H^+]^2[CO_3^{2-}]}{[H_2CO_3]}=[H^+]^2$$

即

$$[H^+]=\sqrt{K_{a_1}^{\ominus}\cdot K_{a_2}^{\ominus}} \tag{4-11}$$

推广至一般

$$[H^+]=\sqrt{K_a^{\ominus}\cdot K_a^{\ominus\prime}} \tag{4-12}$$

式中:$K_a^{\ominus}$ 为两性物质作酸用时的酸解离常数[相当于式(4-11)中的 $K_{a_2}^{\ominus}$];$K_a^{\ominus\prime}$ 为两性物质作碱用时其共轭酸的酸解离常数[相当于式(4-11)中的 $K_{a_1}^{\ominus}$]。

例 4-6 计算 0.10 mol·L^{-1} NH_4CN 溶液的$[H^+]$。

解 在 NH_4CN 中:

$$NH_4^+ \text{ 为酸} \quad K_a^{\ominus} = \frac{K_w^{\ominus}}{K_b^{\ominus}(NH_3)}$$

$$CN^- \text{ 为碱} \quad K_a^{\ominus\prime} = K_a^{\ominus}(HCN)$$

所以

$$[H^+] = \sqrt{K_a^{\ominus} \cdot K_a^{\ominus\prime}} = \sqrt{\frac{K_w^{\ominus}}{K_b^{\ominus}(NH_3)} \cdot K_a^{\ominus}(HCN)}$$

$$= \sqrt{\frac{1.0\times10^{-14}}{1.8\times10^{-5}}\times6.2\times10^{-10}} \text{ mol}\cdot\text{L}^{-1} = 5.9\times10^{-10} \text{ mol}\cdot\text{L}^{-1}$$

例 4-7 甘氨酸的结构式为 $H_3\overset{+}{N}-CH_2-COO^-$，其中$-\overset{+}{N}H_3$ 部分可释放 H^+ 显酸性，$-COO^-$ 部分可结合 H^+ 显碱性，所以甘氨酸为两性物质。其解离平衡式为

$$H_3\overset{+}{N}CH_2COOH \underset{H^+}{\overset{K_{a_1}^{\ominus}\ \ -H^+}{\rightleftharpoons}} H_3\overset{+}{N}CH_2COO^- \underset{H^+}{\overset{K_{a_2}^{\ominus}\ \ -H^+}{\rightleftharpoons}} H_2NCH_2COO^-$$

已知 $K_{a_1}^{\ominus} = 4.5\times10^{-3}$，$K_{a_2}^{\ominus} = 2.5\times10^{-10}$，试计算甘氨酸溶液的$[H^+]$。

解 $[H^+] = \sqrt{K_a^{\ominus} \cdot K_a^{\ominus\prime}} = \sqrt{K_{a_2}^{\ominus} \cdot K_{a_1}^{\ominus}}$

$$= \sqrt{2.5\times10^{-10}\times4.5\times10^{-3}} \text{ mol}\cdot\text{L}^{-1} = 1.1\times10^{-6} \text{ mol}\cdot\text{L}^{-1}$$

4.2.4 同离子效应和盐效应

以上讨论的都是单一的弱酸、弱碱溶液。如果在弱酸、弱碱溶液中加入一些其他物质，例如，在 HAc 溶液中加入一些 NaAc，对 HAc 的解离平衡有何影响？

NaAc 是强电解质，它在溶液中全部解离，由于溶液中 Ac^- 浓度大大增加，促使 HAc 的解离平衡向左移动，从而降低了 HAc 的解离度。

$$HAc \rightleftharpoons H^+ + Ac^-$$

$$\xleftarrow{\quad\quad} \text{平衡移动方向}$$

这种由于在弱电解质溶液中加入含有相同离子的强电解质，而使弱电解质解离度降低的效应称为同离子效应(common ion effect)。

例 4-8 试比较下面两溶液的$[H^+]$和 HAc 的 α：(1) 0.10 mol·L^{-1} HAc 溶液；(2) 1.0 L 0.10 mol·L^{-1} HAc 溶液中加入 0.10 mol 固体 NaAc。

解 (1) 0.10 mol·L^{-1} HAc 溶液

$$c/K_a^{\ominus} = \frac{0.10}{1.8\times10^{-5}} > 380$$

$$[H^+] = \sqrt{1.8\times10^{-5}\times0.10} \text{ mol}\cdot\text{L}^{-1} = 1.3\times10^{-3} \text{ mol}\cdot\text{L}^{-1}$$

$$\alpha = \frac{[H^+]}{c} = \frac{1.3\times10^{-3}}{0.10} = 0.013$$

(2) 1.0 L 0.10 mol·L^{-1} HAc 溶液中加入 0.10 mol 固体 NaAc

	HAc	$\rightleftharpoons$	H^+	+	Ac^-
起始浓度/(mol·L^{-1})	0.10		0		0.10
平衡浓度/(mol·L^{-1})	$0.10-x$		x		$0.10+x$

HAc 的解离度原来就小，又受到加入 NaAc 后同离子效应的影响，$x \ll 0.10$，所以

$$0.10-x\approx 0.10,\ 0.10+x\approx 0.10$$

$$K_a^{\ominus}=\frac{[H^+][Ac^-]}{[HAc]}=\frac{x\times 0.10}{0.10}=x$$

所以

$$[H^+]=x=1.8\times 10^{-5}\ mol\cdot L^{-1}$$

$$\alpha=\frac{[H^+]}{c}=\frac{1.8\times 10^{-5}}{0.10}=1.8\times 10^{-4}$$

以上计算说明，在 HAc 溶液中加入 NaAc 后，$[H^+]$和 α 都降低为原来的 1/72，同离子效应强烈地影响弱电解质的解离平衡。

如果在弱电解质溶液中，加入不含相同离子的强电解质，如在 HAc 溶液中加入一些 NaCl，对 HAc 解离度是否有影响？实验证明在 1 L 0.10 mol·L^{-1} HAc 中加入 0.10 mol NaCl，会使 HAc 的解离度由原来的 0.013 上升至 0.017。这种在弱电解质溶液中加入不含相同离子的强电解质，使弱电解质的解离度稍稍增大的效应称**盐效应**(salt effect)。其实在 HAc 溶液中加入 NaAc，既有同离子效应又有盐效应。因前一效应比后一效应大得多，故一般只考虑前者而忽略后者。盐效应升高弱电解质解离度的原因见下节。

4.3 强电解质溶液

4.3.1 离子氛概念

强电解质在水溶液中应该是全部解离的，其解离度 α 应等于 1，因此强电解质溶液的离子浓度照理说是很容易推算的。例如，0.1 mol·L^{-1} NaCl 溶液中离子浓度为$[Na^+]=[Cl^-]=$ 0.1 mol·L^{-1}；0.1 mol·L^{-1} $FeCl_3$ 溶液中离子浓度为$[Fe^{3+}]=$ 0.1 mol·L^{-1}，$[Cl^-]=$ 0.3 mol·L^{-1}。但是，当强电解质溶液浓度不是很小时，如此推算与实验事实不符。有人用凝固点下降实验测得 0.100 mol·kg^{-1} NaCl 的凝固点为 −0.349 ℃，根据式(1−13)可算得溶液中质点①的总浓度：

$$b=\frac{\Delta T_f}{K_f}=\frac{0.349\ K}{1.86\ K\cdot kg\cdot mol^{-1}}=0.188\ mol\cdot kg^{-1}$$

如果 NaCl 溶液全部解离，溶液质点的总浓度应该为 0.200 mol·kg^{-1}。由质点浓度变小，可算得 NaCl 溶液在实验中表现出来的“解离度”α。

	NaCl	$\rightleftharpoons$	Na^+	+	Cl^-
起始浓度/(mol·kg^{-1})	0.100		0		0
平衡浓度/(mol·kg^{-1})	0.100−0.100α		0.100α		0.100α

因为 $b=[(0.100-0.100\alpha)+0.100\alpha+0.100\alpha]\ mol\cdot kg^{-1}=[0.100+0.100\alpha]\ mol\cdot kg^{-1}$

所以

$$0.188\ mol\cdot kg^{-1}=[0.100+0.100\alpha]\ mol\cdot kg^{-1}$$

$$\alpha=\frac{0.188-0.100}{0.100}=0.88$$

---

① 溶液中质点，应包括溶质以正离子、负离子及未解离分子等形式存在的各种质点。

强电解质溶液的解离度应等于1,但实验测得值却小于1,这个矛盾可由1923年德拜(Debye P)和休克尔(Hückel E)提出的强电解质溶液理论得到初步解释。该理论认为强电解质在水溶液中是完全解离的,因此,在强电解质溶液中离子浓度往往较大,离子间平均距离较小。由于静电力相互作用,正离子周围负离子数目大于正离子数目;负离子周围正相反,正离子数目大于负离子数目。在每一离子周围形成了一个带相反电荷的"**离子氛**"(ionic atmosphere)。由于离子氛的存在,离子的运动受到了牵制,故实际表现出来的离子浓度小于强电解质全部解离时应有的浓度。

强电解质溶液由实验测得的"解离度",并非真正的解离度,常称为**表观解离度**(apparent dissociation degree)。

4.3.2 活度和活度系数

在第二章中,粗略地把电解质溶液中离子实际表现出来的"浓度"称为**活度**(activity)。严格说,活度 a 与浓度之间的关系为

$$a=\gamma\cdot(b/b^{\ominus}) \tag{4-13}$$

式中:b 为质量摩尔浓度;$b^{\ominus}$ 为 $1\ \text{mol}\cdot\text{kg}^{-1}$;$\gamma$ 为**活度系数**(activity coefficient)。若浓度用物质的量浓度表示,可得

$$a=\gamma\cdot(c/c^{\ominus}) \tag{4-14}$$

活度系数 γ 的大小直接反映溶液中离子的自由程度。离子浓度越大,离子所带的电荷越高,离子间相互牵制作用就越大,γ 就越小。当溶液很稀时,离子间相互作用很小,γ 接近1,这时活度和浓度在数值上几乎相等。

γ 既与溶液中离子浓度有关又与离子的电荷数有关,为了统一描述这两个物理量对 γ 的影响,提出了**离子强度**(ionic strength)I 的概念。其定义为

$$I=\frac{1}{2}\sum_i b_i z_i^2 \tag{4-15}$$

式中,z_i 代表溶液中 i 离子的电荷数。溶液浓度较稀时也可用物质的量浓度 c 代替质量摩尔浓度 b 进行计算。

例 4-9 计算 $0.050\ \text{mol}\cdot\text{kg}^{-1}$ $AlCl_3$ 溶液的离子强度。

解 $I=\frac{1}{2}\sum_i b_i z_i^2$

$=\frac{1}{2}[(0.050\ \text{mol}\cdot\text{kg}^{-1})\times3^2+3\times(0.050\ \text{mol}\cdot\text{kg}^{-1})\times1^2]$

$=0.30\ \text{mol}\cdot\text{kg}^{-1}$

溶液的离子强度越大,活度系数就越小。但是两者之间至今尚未找到一个令人满意的关系式,一般列表备查。

需要指出,在电解质溶液的各类平衡计算中,严格说都应该用活度,只有在很稀的离子溶液中才允许用浓度代替活度,否则误差较大。

上节讨论的盐效应会影响解离度,可用活度和活度系数的概念予以解释。HAc 解离平衡关

系式严格说应该是

$$HAc \rightleftharpoons H^+ + Ac^-$$

$$K_a^{\ominus}=\frac{a(H^+)\cdot a(Ac^-)}{a(HAc)}=\frac{\gamma_+[H^+]\cdot\gamma_-[Ac^-]}{[HAc]}$$①

加 NaCl 后，随着 I 值升高造成 γ_+ 和 γ_- 值下降，因为 $K_a^{\ominus}$ 值不变，要使上述等式成立，平衡向右移动，促使$[H^+]$和$[Ac^-]$增大，故引起 α 上升。

4.4 缓冲溶液

一般水溶液常易受外加少量酸、碱的影响而改变其 pH，但也有一类溶液的 pH 并不因此而明显改变。例如，在 1 L NaCl 或 KNO_3 溶液中加 0.001 mol NaOH 时，溶液的 pH 将从 7 升至 11，pH 升高 4 个单位；但在 1 L 浓度皆为 0.1 $mol\cdot L^{-1}$ 的 HAc 和 NaAc 混合溶液中加 0.001 mol NaOH 时，溶液的 pH 从 4.75 升高至 4.76，pH 仅升高 0.01 个单位。对后一种溶液的这种能对抗外来少量强酸、强碱或加水稀释而保持其 pH 基本不变的作用称为**缓冲作用**（buffer action）。具有缓冲作用的溶液称为**缓冲溶液**（buffer solution）。

4.4.1 缓冲作用原理和计算公式

缓冲溶液为什么具有对抗外来少量酸碱而保持其 pH 基本不变的性能呢？从酸碱质子论来看，缓冲溶液都是由弱酸及其共轭碱组成的混合溶液。例如，HAc－NaAc，$NH_4Cl－NH_3$ 以及 $NaH_2PO_4－Na_2HPO_4$ 等都可配制成缓冲溶液。如果弱酸以 HB 表示，其共轭碱以 B^- 表示，它们在溶液中存在如下平衡：

$$HB \rightleftharpoons H^+ + B^-$$

因为

$$K_a^{\ominus}=\frac{[H^+][B^-]}{[HB]}$$

所以

$$[H^+]=K_a^{\ominus}\cdot\frac{[HB]}{[B^-]} \tag{4-16}$$

由此可见，缓冲溶液能保持$[H^+]$基本不变，其实是加入少量强酸、强碱后仍能保持$\frac{[HB]}{[B^-]}$之值基本不变。在缓冲溶液中，HB 和 B^- 的起始浓度都是比较大的，由于同离子效应，HB 的解离度很小，故$[H^+]$很小而$[HB]$和$[B^-]$均较大。当加入少量强酸时，由于 H^+ 浓度增加，上述平衡向生成 HB 的方向移动。在这一过程中$[B^-]$略有减小，$[HB]$略有增加，其$\frac{[HB]}{[B^-]}$值变化不大。在这里，B^- 成为缓冲溶液的抗酸成分。

---

① 这里 γ_+ 代表 H^+ 的活度系数，γ_- 代表 Ac^- 的活度系数。另外，HAc 为中性分子，它虽有一定的极性，但静电力比离子小得多，在稀的 HAc 溶液中，其 $\gamma\approx1$。

当缓冲溶液中加入少量强碱时，此时溶液中的 H^+ 即与加入的碱结合。随着 H^+ 浓度下降，上述平衡向生成 B^- 的方向移动。在这一过程中$[B^-]$略有增加，$[HB]$略有减小，其$\frac{[HB]}{[B^-]}$值也变化不大。在这里，HB 成为缓冲溶液的抗碱成分。

缓冲溶液加水稀释时保持溶液$[H^+]$不变，就在于稀释时$[HB]$和$[B^-]$差不多都按同样倍数降低，其$\frac{[HB]}{[B^-]}$值显然不变。

缓冲溶液的计算公式推导如下：

若以 $c(HB)$ 和 $c(B^-)$ 分别代表组成缓冲溶液的弱酸 HB 及其共轭碱 B^- 的起始浓度，弱酸 HB 的解离度本来就不大，加上同离子效应，解离度变得更小，故$[H^+]$极小，则

$$[HB]=c(HB)-[H^+]\approx c(HB)$$

$$[B^-]=c(B^-)+[H^+]\approx c(B^-)$$

将此代入式(4-16)，得

$$[H^+]=K_a^{\ominus}\cdot\frac{c(HB)}{c(B^-)}$$

写成一般式

$$[H^+]=K_a^{\ominus}\cdot\frac{c(\text{弱酸})}{c(\text{共轭碱})} \tag{4-17}$$

等式两边取负对数

$$pH=pK_a^{\ominus}+\lg\frac{c(\text{共轭碱})}{c(\text{弱酸})} \tag{4-18}$$

若以 V 代表缓冲溶液的体积，$c(\text{弱酸})\cdot V=n(\text{弱酸})$，$c(\text{共轭碱})\cdot V=n(\text{共轭碱})$，将此代入式(4-18)，可得

$$pH=pK_a^{\ominus}+\lg\frac{n(\text{共轭碱})}{n(\text{弱酸})} \tag{4-19}$$

式(4-17)、式(4-18)和式(4-19)都是计算缓冲溶液酸度的基本公式。

例 4-10 一缓冲溶液由 0.10 $mol\cdot L^{-1}$ NaH_2PO_4 和 0.10 $mol\cdot L^{-1}$ Na_2HPO_4 组成。试计算：(1) 该缓冲溶液的 pH；(2) 在 1.0 L 该缓冲溶液中分别加入 10 mL 1.0 $mol\cdot L^{-1}$ HCl 和10 mL 1.0 $mol\cdot L^{-1}$ NaOH 后溶液的 pH。

解 (1) $H_2PO_4^- - HPO_4^{2-}$ 组成的缓冲对中，$H_2PO_4^-$ 为弱酸，HPO_4^{2-} 为其共轭碱，又 $H_2PO_4^-$ 的 $K_a^{\ominus}$ 为 H_3PO_4 的 $K_{a2}^{\ominus}$。将此代入式(4-18)，得

$$pH=pK_{a2}^{\ominus}+\lg\frac{c(HPO_4^{2-})}{c(H_2PO_4^-)}$$

$$=7.20+\lg\frac{0.10}{0.10}=7.20$$

(2) 加入 10 mL 1.0 $mol\cdot L^{-1}$ HCl 后，溶液的体积改变会引起浓度的变化，改用式(4-19)计算较为方便。因为加入 HCl 后，HCl 可全部与 HPO_4^{2-} 反应生成 $H_2PO_4^-$（溶液中有大量的 HPO_4^{2-}），所以反应后

$H_2PO_4^-$ 和 HPO_4^{2-} 的物质的量分别为

$$n(H_2PO_4^-)=1.0\ L\times 0.10\ mol\cdot L^{-1}+0.010\ L\times 1.0\ mol\cdot L^{-1}=0.11\ mol$$

$$n(HPO_4^{2-})=1.0\ L\times 0.10\ mol\cdot L^{-1}-0.010\ L\times 1.0\ mol\cdot L^{-1}=0.09\ mol$$

$$pH=pK_{a_2}^{\ominus}+\lg\frac{n(HPO_4^{2-})}{n(H_2PO_4^-)}$$

$$=7.20+\lg\frac{0.09}{0.11}=7.11$$

同理,加入 10 mL 1.0 mol·L^{-1} NaOH 后

$$pH=7.20+\lg\frac{1.0\times 0.10+0.010\times 1.0}{1.0\times 0.10-0.010\times 1.0}=7.29$$

4.4.2 缓冲容量和缓冲范围

如前所述,缓冲溶液之所以有缓冲能力就在于外加少量酸、碱后仍能保持其$\frac{c(\text{共轭碱})}{c(\text{弱酸})}$的值基本不变。如果缓冲溶液的浓度太小或加入酸碱的量太大,会使$\frac{c(\text{共轭碱})}{c(\text{弱酸})}$的值变化很大,以致失去缓冲作用。所以,缓冲溶液的缓冲能力是有一定限度的。缓冲能力的大小可用**缓冲容量**(buffer capacity)β 来衡量。β 的数学定义为

$$\beta=\frac{dn_B}{dpH}=-\frac{dn_A}{dpH} \tag{4-20}$$

其意义是 1 L 溶液的 pH 增加 dpH 单位时所需强碱的物质的量(dn_B),或降低 dpH 单位时所需强酸的物质的量(dn_A)。加酸使 pH 降低,故在$\frac{dn_A}{dpH}$前加"－"号以使 β 为正值。显然 β 值越大,缓冲能力越大。那么缓冲容量又与什么因素有关呢?

1. 缓冲容量与缓冲溶液总浓度的关系

下面通过计算来说明两者的关系。假设有四份体积都是 1.0 L 的 HAc－NaAc 缓冲溶液,其中 HAc 和 NaAc 浓度彼此相等,即$\frac{c(Ac^-)}{c(HAc)}=1$,只是它们的总浓度不同,依次为 1.0 mol·L^{-1},0.40 mol·L^{-1},0.20 mol·L^{-1} 和 0.10 mol·L^{-1}。表 4－3 列出这四份溶液分别加入 0.02 mol NaOH 后,pH 变化的情况。由此可见,总浓度越大,加碱后 pH 变化越小,即缓冲容量越大。但是在实际应用时,只要缓冲溶液能达到对 pH 控制的要求,缓冲溶液的总浓度不宜太大,这样不仅可以节约试剂,还可减少高浓度对研究系统带来不利影响。通常总浓度控制在 0.01～1.0 mol·L^{-1}。

表 4-3 总浓度与缓冲容量的关系

	1	2	3	4
c(总)/(mol·L^{-1})	1.0	0.40	0.20	0.10
$c(Ac^-)/c(HAc)$	0.50/0.50	0.20/0.20	0.10/0.10	0.05/0.05

续表

	1	2	3	4
加 NaOH 前 pH	4.76	4.76	4.76	4.76
加 NaOH 后 pH	4.79	4.85	4.94	5.13
ΔpH	0.03	0.09	0.18	0.37

2. 缓冲容量与缓冲对彼此浓度比值的关系

同样也可通过计算来说明这种关系。假设有四份体积都是 1.0 L 的 HAc-NaAc 缓冲溶液，而且 $c(\mathrm{HAc})$和 $c(\mathrm{Ac^-})$浓度之和都等于 $1.0\ \mathrm{mol\cdot L^{-1}}$，但 $c(\mathrm{Ac^-})/c(\mathrm{HAc})$的比值不同，依次为1,9,19 和 32。表 4-4 列出这四份溶液分别加入 0.02 mol NaOH 后 pH 改变的情况。由此可见，$c(\mathrm{Ac^-})/c(\mathrm{HAc})$的比值越接近 1，加碱后 pH 变化越小，即缓冲容量越大。当缓冲对彼此浓度正好相等时，则

$$\mathrm{pH}=\mathrm{p}K_a^\ominus+\lg\frac{c(\text{共轭碱})}{c(\text{弱酸})}=\mathrm{p}K_a^\ominus$$

表 4-4　缓冲对彼此浓度比值与缓冲容量的关系

	1	2	3	4
c(总)/($\mathrm{mol\cdot L^{-1}}$)	1.0	1.0	1.0	1.0
$c(\mathrm{Ac^-})/c(\mathrm{HAc})$	0.50/0.50=1	0.90/0.10=9	0.95/0.05=19	0.97/0.03=32
加 NaOH 前 pH	4.76	5.71	6.04	6.27
加 NaOH 后 pH	4.79	5.82	6.27	6.76
ΔpH	0.03	0.11	0.23	0.49

由此可知，为了获得最大的缓冲容量，选择的缓冲对其弱酸的 $\mathrm{p}K_a^\ominus$ 应正好等于所要配制的 pH。但是这样的缓冲对往往不能找到。一般说，当 c(共轭碱)/c(弱酸)之值在$\frac{10}{1}\sim\frac{1}{10}$时，缓冲溶液的缓冲容量不会太小。如果将 c(共轭碱)/c(弱酸)$=\frac{10}{1}$和 c(共轭碱)/c(弱酸)$=\frac{1}{10}$分别代入式(4-18)，可得缓冲溶液的有效缓冲范围为 $\mathrm{pH}=\mathrm{p}K_a^\ominus\pm1$。例如，要配制 pH=5 的缓冲溶液，可选择 HAc-NaAc 缓冲对(HAc 的 $\mathrm{p}K_a^\ominus=4.76$)；要配制 pH=7 的缓冲溶液，可选择 $\mathrm{NaH_2PO_4}$-$\mathrm{Na_2HPO_4}$ 缓冲对($\mathrm{H_2PO_4^-}$ 的 $\mathrm{p}K_a^\ominus=7.20$)；要配制 pH=9 的缓冲溶液，可选择 $\mathrm{NH_4Cl}$-$\mathrm{NH_3}$ 缓冲对($\mathrm{NH_4^+}$ 的 $\mathrm{p}K_a^\ominus=9.25$)。一些常用缓冲溶液的 pH 范围见附录四。

例 4-11　用 $1.0\ \mathrm{mol\cdot L^{-1}}$ 氨水和固体 $\mathrm{NH_4Cl}$ 为原料，如何配制 1.0 L pH 为 9.00，其中氨水浓度为 $0.10\ \mathrm{mol\cdot L^{-1}}$ 的缓冲溶液？

解　本题的缓冲对是 $\mathrm{NH_4^+}$-$\mathrm{NH_3}$，其中弱酸 $\mathrm{NH_4^+}$ 的 $K_a^\ominus$ 为

$$K_a^\ominus=\frac{K_w^\ominus}{K_b^\ominus(\mathrm{NH_3})}=\frac{1.0\times10^{-14}}{1.76\times10^{-5}}=5.7\times10^{-10}$$

$$\mathrm{p}K_a^\ominus=-\lg 5.7\times10^{-10}=9.24$$

将此代入式(4-18)

$$9.00=9.24+\lg\frac{c(\text{共轭碱})}{c(\text{弱酸})}$$

$$\lg\frac{c(\text{共轭碱})}{c(\text{弱酸})}=-0.24$$

$$\frac{c(\text{共轭碱})}{c(\text{弱酸})}=0.58$$

$$c(\text{弱酸})=\frac{0.10\ \text{mol}\cdot\text{L}^{-1}}{0.58}=0.17\ \text{mol}\cdot\text{L}^{-1}$$

所以需 NH_4Cl 的质量　$m=0.17\ \text{mol}\cdot\text{L}^{-1}\times1.0\ \text{L}\times53.5\ \text{g}\cdot\text{mol}^{-1}=9.1\ \text{g}$

需氨水体积　$V=\dfrac{0.10\ \text{mol}\cdot\text{L}^{-1}\times1.0\ \text{L}}{1.0\ \text{mol}\cdot\text{L}^{-1}}=0.10\ \text{L}$

配制时，先将 9.1 g NH_4Cl 溶于少量水中，然后加入 1.0 $\text{mol}\cdot\text{L}^{-1}$ 氨水 0.10 L，最后用水稀释至 1.0 L。

例 4-12　在 250 mL 0.10 $\text{mol}\cdot\text{L}^{-1}$ 的丙酸(CH_3CH_2COOH，$K_a^\ominus=1.3\times10^{-5}$)溶液中，如果用下列溶液来调节 pH，问各需加多少？

(1) 用 1.0 $\text{mol}\cdot\text{L}^{-1}$ HCl 使其 pH 降低至 1.00；

(2) 用 1.0 $\text{mol}\cdot\text{L}^{-1}$ NaOH 使其 pH 升高至 4.00；

(3) 用水稀释使其 pH 增加 0.10 单位。

解　(1) 因为 HCl 为强酸，CH_3CH_2COOH 为弱酸，混合溶液中 H^+ 主要由 HCl 提供，CH_3CH_2COOH 提供的 H^+ 可忽略。又 pH=1.00，则$[H^+]=0.10\ \text{mol}\cdot\text{L}^{-1}$。设需加 HCl 为 V(L)，则

$$1.0\ \text{mol}\cdot\text{L}^{-1}\times V\text{L}=0.10\ \text{mol}\cdot\text{L}^{-1}\times(0.250+V)\text{L}$$

解得　$V=0.028$

需加 28 mL 1.0 $\text{mol}\cdot\text{L}^{-1}$ HCl 可使其 pH 降低至 1.00。

讨论：两酸混合，一强一弱，H^+ 主要由强者提供；若两酸均为弱酸，只要两者 $K_a^\ominus$ 相差较大($>10^3$)，H^+ 主要由 $K_a^\ominus$ 大的一方提供；若两弱酸 $K_a^\ominus$ 相近，则 H^+ 由两弱酸共同提供。

(2) CH_3CH_2COOH 的 $pK_a^\ominus=-\lg1.3\times10^{-5}=4.89$，将此代入式(4-19)可得

$$4.00=4.89+\lg\frac{n(\text{共轭碱})}{n(\text{弱酸})}$$

$$\lg\frac{n(\text{共轭碱})}{n(\text{弱酸})}=-0.89$$

$$\frac{n(\text{共轭碱})}{n(\text{弱酸})}=0.13$$

设需加 NaOH 溶液 V_2(L)，因 NaOH 可定量地与 CH_3CH_2COOH 反应生成 CH_3CH_2COONa，故

$$\frac{1.0\times V_2}{0.10\times0.250-1.0\times V_2}=0.13$$

解得　$V_2=2.9\times10^{-3}$

需加入 1.0 $\text{mol}\cdot\text{L}^{-1}$ NaOH 溶液 2.9 mL，可使其 pH 升高至 4.00.

(3) 原 CH_3CH_2COOH 溶液 pH 为

$$[H^+]=\sqrt{K_a^\ominus \cdot c}=\sqrt{1.3\times10^{-5}\times0.10}\ mol\cdot L^{-1}=1.1\times10^{-3}\ mol\cdot L^{-1}$$

$$pH=2.96$$

pH 升高 0.10 单位即 pH=3.06，其$[H^+]=8.7\times10^{-4}\ mol\cdot L^{-1}$。$H^+$要达到此浓度，则稀释后 CH_3CH_2COOH 溶液的浓度 c 应该为

$$8.7\times10^{-4}=\sqrt{1.3\times10^{-5}\times c}$$

解得

$$c=0.058\ mol\cdot L^{-1}$$

设需加水 V_3(L)，则

$$0.10\ mol\cdot L^{-1}\times0.250\ L=0.058\ mol\cdot L^{-1}\times(0.250+V_3)L$$

解得

$$V_3=0.18$$

需加水 180 mL 可使其 pH 升高 0.10 单位。

缓冲溶液在工业、农业以及生物、医学、化学等方面都有重要意义。例如，土壤中含有 $H_2CO_3-NaHCO_3$，$NaH_2PO_4-Na_2HPO_4$ 以及腐殖质酸及其盐等组成的多种缓冲对，所以能使土壤维持在一定的 pH 范围内，从而保证了植物的正常生长。在动植物体内也都有复杂的缓冲系统在维持体液的 pH，以保证生命的正常活动。人体的血液含有许多缓冲对，主要有 $H_2CO_3-NaHCO_3$，$NaH_2PO_4-Na_2HPO_4$，血浆蛋白－血浆蛋白盐，血红朊－血红朊盐等，其中以 $H_2CO_3-NaHCO_3$ 缓冲对起主要作用。当人体新陈代谢过程中产生酸(如磷酸、乳酸等)进入血液时，HCO_3^- 便与其结合生成 H_2CO_3，后者被血液带至肺部并以 CO_2 形式排出体外；当来源于食物的碱性物质(如柠檬酸钠、钾盐、磷酸氢二钠、碳酸氢钠等)进入血液时，血液中的 H^+ 便与它结合，H^+ 的消耗由 H_2CO_3 来补充。血液中的几个缓冲对相互制约，使血液 pH 维持在 7.40±0.03 范围内。超过这个范围就会导致“酸中毒”或“碱中毒”，若改变量超过 0.4 pH 单位，就有生命危险。

缓冲溶液在化学上也有广泛应用。例如，用氨水分离 Al^{3+} 和 Mg^{2+} 时，如果$[OH^-]$过高，$Al(OH)_3$沉淀不完全[部分生成 $Al(OH)_4^-$]，而 Mg^{2+} 也有少量沉淀；如果$[OH^-]$过低，Al^{3+} 沉淀不完全。若用 $NH_4^+-NH_3$ 缓冲溶液来维持 pH 在 9 左右，则可保证 Al^{3+} 沉淀完全而 Mg^{2+} 不沉淀。缓冲溶液在化学上的应用在本课程后面还将陆续介绍。

4.5 沉淀溶解平衡

4.5.1 溶度积和溶度积规则

1. 溶度积

物质的溶解度只有大小之分，没有在水中绝对不溶解的物质。通常把溶解度小于 $0.01\ g\cdot(100\ g\ H_2O)^{-1}$的物质称为难溶物(亦称不溶物)。当把难溶物，如 AgCl，投入水中，晶体表面上的 Ag^+ 和 Cl^- 受水分子的作用，有部分离开晶体表面而进入水中，这一过程称为溶解；与此同时，在水中不断运动着的 Ag^+ 和 Cl^- 有些碰撞到晶体表面，受到晶体表面的正、负离子吸引，重新返回晶体表面，这一过程称为沉淀。在一定温度下，当溶解和沉淀速率相同时，溶液成为 AgCl 饱和溶液，建立了沉淀溶解平衡。

$$AgCl(s) \rightleftharpoons Ag^+(aq) + Cl^-(aq)$$

$$K^{\ominus} = \frac{a(Ag^+) \cdot a(Cl^-)}{a(AgCl)}$$

因 $a(AgCl)=1$，又 AgCl 溶液中离子浓度极小，$\gamma(Ag^+)=\gamma(Cl^-)\approx 1$，上式按弱电解质平衡常数表达式相似的方式处理，可化简为

$$K^{\ominus} = K_{sp}^{\ominus} = [Ag^+][Cl^-]$$

对于难溶电解质的解离平衡，其平衡常数 $K^{\ominus}$ 称为**溶度积常数**，简称**溶度积**(solubility product)，记为 $K_{sp}^{\ominus}$。对于 A_nB_m 型难溶电解质，$K_{sp}^{\ominus}$ 表达式为

$$K_{sp}^{\ominus} = [A^{m+}]^n[B^{n-}]^m \tag{4-21}$$

式(4-21)表明：**在一定温度下，难溶电解质在其饱和溶液中各离子浓度幂的乘积为一常数。**一些常见难溶电解质的 $K_{sp}^{\ominus}$ 见附录五。溶度积和溶解度都反映了难溶电解质的溶解能力，它们之间也可以相互换算。

例 4-13 在 25 ℃时，Ag_2CrO_4 的溶解度 s 为 $2.1\times10^{-3}\ g\cdot(100\ g\ H_2O)^{-1}$，求该温度下 Ag_2CrO_4 的 $K_{sp}^{\ominus}$。

解 先将 Ag_2CrO_4 溶解度的单位换算成 $mol\cdot L^{-1}$，因为溶液极稀，可以认为溶液的密度 $\rho=1.0\ g\cdot mL^{-1}$。

$$s = \frac{2.1\times10^{-3}\ g}{100\ g}\times1.0\times10^3\ g\cdot L^{-1}\times\frac{1}{331.7\ g\cdot mol^{-1}}$$

$$=6.3\times10^{-5}\ mol\cdot L^{-1}$$

$$Ag_2CrO_4(s) \rightleftharpoons 2Ag^+(aq) + CrO_4^{2-}(aq)$$

平衡浓度/$(mol\cdot L^{-1})$ $\qquad 2s \qquad s$

$$K_{sp}^{\ominus} = [Ag^+]^2[CrO_4^{2-}] = (2s)^2\cdot s$$

$$=(2\times6.3\times10^{-5})^2\times6.3\times10^{-5}$$

$$=1.0\times10^{-12}$$

$K_{sp}^{\ominus}$ 可由实验测定，也可由化学热力学函数计算得到。

例 4-14 已知下列物质的热力学函数

热力学函数	AgCl(s)	$Ag^+(aq)$	$Cl^-(aq)$
$\Delta_f H^{\ominus}/(kJ\cdot mol^{-1})$	−127.0	105.6	−167.2
$S^{\ominus}/(J\cdot mol^{-1}\cdot K^{-1})$	96.3	72.7	56.5

(1) 计算 AgCl 在 25 ℃的 $K_{sp}^{\ominus}$；

(2) 估算 AgCl 在 100 ℃的溶解度(以 $mg\cdot L^{-1}$ 表示)。

解 (1) AgCl 在水中的平衡为

$$AgCl(s) \rightleftharpoons Ag^+(aq) + Cl^-(aq)$$

$$\Delta_r H^{\ominus} = [105.6+(-167.2)-(-127.0)]kJ\cdot mol^{-1} = 65.4\ kJ\cdot mol^{-1}$$

$$\Delta_r S^{\ominus} = (72.7+56.5-96.3)J\cdot mol^{-1}\cdot K^{-1} = 32.9\ J\cdot mol^{-1}\cdot K^{-1}$$

$$\Delta_r G^{\ominus} = \Delta_r H^{\ominus} - T\Delta_r S^{\ominus} = 65.4\times10^3\ J\cdot mol^{-1} - 298\ K\times32.9\ J\cdot mol^{-1}\cdot K^{-1}$$

$$=55.6\times10^3\ \text{J}\cdot\text{mol}^{-1}$$

$$\ln K_{sp}^{\ominus}=\frac{-\Delta_r G^{\ominus}}{RT}=\frac{-55.6\times10^3\ \text{J}\cdot\text{mol}^{-1}}{8.315\ \text{J}\cdot\text{mol}^{-1}\cdot\text{K}^{-1}\times298\ \text{K}}=-22.4$$

$$K_{sp}^{\ominus}=1.8\times10^{-10}$$

(2) 先求 AgCl 在 100 ℃的 $K_{sp,373}^{\ominus}$，然后由 $K_{sp,373}^{\ominus}$ 计算 AgCl 在 100 ℃的溶解度。

$$\begin{aligned}\Delta_r G_{373}^{\ominus}&=\Delta_r H^{\ominus}-T\Delta_r S^{\ominus}\\&=65.4\times10^3\ \text{J}\cdot\text{mol}^{-1}-373\ \text{K}\times32.9\ \text{J}\cdot\text{mol}^{-1}\cdot\text{K}^{-1}\\&=53.1\times10^3\ \text{J}\cdot\text{mol}^{-1}\end{aligned}$$

$$\ln K_{sp,373}^{\ominus}=\frac{-\Delta_r G_{373}^{\ominus}}{RT}=\frac{-53.1\times10^3\ \text{J}\cdot\text{mol}^{-1}}{8.315\ \text{J}\cdot\text{mol}^{-1}\cdot\text{K}^{-1}\times373\ \text{K}}=-17.1$$

$$K_{sp,373}^{\ominus}=3.7\times10^{-8}$$

设 AgCl 在 100 ℃的溶解度为 s mol·L^{-1}，因为$[Ag^+]=[Cl^-]=$s mol·L^{-1}，所以

$$s^2=K_{sp,373}^{\ominus}=3.7\times10^{-8}$$

$$s=1.9\times10^{-4}$$

AgCl 在 100 ℃的溶解度为：1.9×10^{-4} mol·L$^{-1}\times143.3$ g·mol$^{-1}=2.7\times10^{-2}$ g·L$^{-1}=27$ mg·L^{-1}。

必须指出，$K_{sp}^{\ominus}$与溶解度之间这种简单的换算关系对有些难溶电解质来说并不适用。因为进行这样换算必须具备如下两条件：

(1) 难溶电解质的离子在溶液中不发生任何副反应　有些离子在水溶液中会发生水解、配位等反应。例如，从 $CaCO_3$ 溶解下来的 CO_3^{2-} 会发生水解反应：

$$CO_3^{2-}+H_2O \rightleftharpoons HCO_3^-+OH^-$$

从而使 $CaCO_3$ 实际溶解度大于由 $K_{sp}^{\ominus}$计算得到的溶解度。

(2) 难溶电解质要一步完全解离　有些难溶电解质，如 HgS，溶于水的部分主要以分子形式溶解，然后这些分子再部分解离为离子。

$$HgS(s) \rightleftharpoons HgS(aq) \rightleftharpoons Hg^{2+}(aq)+S^{2-}(aq)$$

也有些难溶电解质，如 $Fe(OH)_3$，在水中是分步解离的。这些情况都会使它们实际溶解度变大。

2. 溶度积规则

在第三章中讨论了通过活度商 Q 和平衡常数 $K^{\ominus}$来判断反应进行的方向，这一规则同样适用于难溶电解质的沉淀溶解平衡。只不过在这里 Q 为离子浓度幂的乘积(称为离子积)，而 $K^{\ominus}$为溶度积 $K_{sp}^{\ominus}$。因此：

$Q<K_{sp}^{\ominus}$　不饱和溶液，若有沉淀存在，沉淀将会溶解

$Q=K_{sp}^{\ominus}$　饱和溶液，达平衡状态

$Q>K_{sp}^{\ominus}$　过饱和溶液，将有沉淀析出

以上规则称为**溶度积规则**，它可用来判断沉淀的生成和溶解。

4.5.2　沉淀的生成和溶解

1. 沉淀的生成

根据溶度积规则，要从溶液中沉淀出某一离子时，需加入一种沉淀剂，使其离子积 Q 大于

$K_{sp}^{\ominus}$，该离子便会从溶液中沉淀下来。

在定性分析中，溶液中残留离子的浓度不超过 10^{-5} mol·L^{-1}时可认为沉淀完全；在定量分析中，溶液中残留离子的浓度不超过 10^{-6} mol·L^{-1}时可认为沉淀完全。离子从溶液中沉淀下来的完全程度主要取决于生成难溶盐的 $K_{sp}^{\ominus}$值。对同类型难溶盐（如都是 AB 型或都是 AB_2 型）来说，$K_{sp}^{\ominus}$越小，沉淀后溶液中残留的离子浓度越低，亦即离子沉淀越完全①。例如，欲沉淀溶液中 Ca^{2+}，在沉淀剂 Na_2SO_4 和 $Na_2C_2O_4$ 中应选择 $Na_2C_2O_4$，因为 CaC_2O_4 的 $K_{sp}^{\ominus}$（2.3×10^{-9}）比 $CaSO_4$ 的 $K_{sp}^{\ominus}$（4.9×10^{-5}）小。此外，沉淀剂加入量也影响沉淀完全程度。下面通过计算来说明这一影响。

例 4-15 计算在 100 mL 0.20 mol·L^{-1} $CaCl_2$ 溶液中，分别加入下列溶液后残留的 Ca^{2+} 浓度各为多少？(1) 100 mL 0.20 mol·L^{-1} $Na_2C_2O_4$ 溶液；(2) 150 mL 0.20 mol·L^{-1} $Na_2C_2O_4$ 溶液。

解 (1) 100 mL $CaCl_2$ 溶液和 100 mL $Na_2C_2O_4$ 溶液混合

$$c(Ca^{2+})=c(C_2O_4^{2-})=0.10\ \text{mol·L}^{-1}$$

两者浓度相同，正好完全反应。设反应后残留 Ca^{2+} 浓度为 x mol·L^{-1}，则 $C_2O_4^{2-}$ 浓度也为 x mol·L^{-1}，所以

$$K_{sp}^{\ominus}=[Ca^{2+}][C_2O_4^{2-}]=x^2$$

$$x=\sqrt{K_{sp}^{\ominus}}=\sqrt{2.3\times10^{-9}}=4.8\times10^{-5}$$

沉淀后 Ca^{2+} 残留浓度为 4.8×10^{-5} mol·L^{-1}。

(2) 100 mL $CaCl_2$ 溶液和 150 mL $Na_2C_2O_4$ 溶液混合

$$c(Ca^{2+})=\frac{100\times0.20}{250}\ \text{mol·L}^{-1}=0.080\ \text{mol·L}^{-1}$$

$$c(C_2O_4^{2-})=\frac{150\times0.20}{250}\ \text{mol·L}^{-1}=0.12\ \text{mol·L}^{-1}$$

$$Ca^{2+}(aq)+C_2O_4^{2-}(aq)\rightleftharpoons CaC_2O_4(s)$$

起始浓度/(mol·L^{-1})	0.080	0.12
完全反应时浓度/(mol·L^{-1})	0	0.040
平衡浓度/(mol·L^{-1})	x	$0.040+x$

$$K_{sp}^{\ominus}=x\times(0.040+x)$$

因为 $$x\ll0.040,\ 0.040+x\approx0.040$$

所以 $$x=\frac{K_{sp}^{\ominus}}{0.040}=\frac{2.3\times10^{-9}}{0.040}=5.8\times10^{-8}$$

沉淀后 Ca^{2+} 残留浓度为 5.8×10^{-8} mol·L^{-1}。

由例 4-15 可见，在 Ca^{2+} 溶液中加入等物质的量沉淀剂 $C_2O_4^{2-}$ 时，Ca^{2+} 沉淀不太完全；若加入过量沉淀剂，由于过量的 $C_2O_4^{2-}$ 产生同离子效应，Ca^{2+} 沉淀就很完全了。**在难溶电解质饱和溶液中加入含有相同离子的易溶电解质，因而降低难溶电解质溶解度的效应称同离子效应**(common ion effect)。

根据同离子效应，为了使溶液中某一离子尽可能地沉淀下来，沉淀剂必须过量。但也不是沉

① 对不同类型难溶盐来说，应比较溶解度 s(mol·L^{-1})，s 越小沉淀越完全。

淀剂越多越好。太多的沉淀剂往往会导致其他副反应，反而会增大沉淀的溶解度。表 4-5 是实验测得 AgCl 在不同浓度 NaCl 溶液中的溶解度。从表中可见，当 Cl^- 浓度较大时，AgCl 的溶解度反而随 Cl^- 浓度增加而增大。其原因是形成 $[AgCl_2]^-$ 等配离子，使平衡向沉淀溶解的方向移动。一般地说，沉淀剂过量 20%～50% 为宜。

表 4-5　AgCl 在不同浓度 NaCl 溶液中的溶解度

NaCl 浓度/($mol\cdot L^{-1}$)	0	0.003 9	0.036	0.35	0.50
AgCl 溶解度/($mg\cdot L^{-1}$)	2.0	0.10	0.27	2.4	4.0

2. 沉淀的溶解

根据溶度积规则，只要设法降低溶液中离子浓度，使 $Q<K_{sp}^{\ominus}$，则沉淀就会溶解。降低离子浓度常用的方法有：

(1) 生成弱电解质　许多难溶的弱酸盐（如碳酸盐、草酸盐、磷酸盐、硫化物等）可溶于强酸就在于 H^+ 与弱酸根结合生成难解离的弱酸，从而降低溶液中弱酸根浓度，促使沉淀溶解。例如，$CaCO_3$ 溶于 HCl 溶液的反应为

$$CaCO_3(s) \rightleftharpoons Ca^{2+}(aq)+CO_3^{2-}(aq)$$

$$CO_3^{2-} \xrightarrow{H^+} HCO_3^- \xrightarrow{H^+} H_2CO_3$$

HCl 的作用在于降低 CO_3^{2-} 的浓度，促使沉淀向溶解的方向移动。又如 $Mg(OH)_2$ 可溶于 NH_4Cl 溶液，也由于 NH_4^+ 可降低 OH^- 的浓度。

$$Mg(OH)_2(s) \rightleftharpoons Mg^{2+}(aq)+2OH^-(aq)$$

$$OH^- \xrightarrow{NH_4^+} NH_3\cdot H_2O$$

必须指出，并不是所有弱酸盐都可溶于强酸。这是因为在一些 $K_{sp}^{\ominus}$ 很小的弱酸盐溶液中加入强酸，尚不足以引起沉淀溶解平衡明显地移动，具体请参见例 4-16。

例 4-16　欲使各为 0.10 mol 的 FeS 和 CuS 分别溶于 1.0 L 盐酸中，问各需盐酸的最低浓度为多少？

解　(1)

$$FeS(s)+2H^+(aq) \rightleftharpoons Fe^{2+}(aq)+H_2S(aq)$$

$$K^{\ominus}=\frac{[Fe^{2+}][H_2S]}{[H^+]^2}\cdot\frac{[S^{2-}]}{[S^{2-}]}=\frac{K_{sp}^{\ominus}(FeS)}{K_{a1}^{\ominus}(H_2S)\cdot K_{a2}^{\ominus}(H_2S)}$$

$$[H^+]=\sqrt{\frac{[Fe^{2+}][H_2S]\cdot K_{a1}^{\ominus}\cdot K_{a2}^{\ominus}}{K_{sp}^{\ominus}(FeS)}}$$

$$=\sqrt{\frac{0.10\times0.10\times1.1\times10^{-7}\times1.3\times10^{-13}}{6.3\times10^{-18}}}\ mol\cdot L^{-1}=4.8\times10^{-3}\ mol\cdot L^{-1}$$

$4.8\times10^{-3}\ mol\cdot L^{-1}$ 为 FeS 溶解后溶液中需维持的 H^+ 浓度，FeS 溶解过程中还需消耗 H^+，所以溶解 0.10 mol FeS 需盐酸最低浓度为

$$(0.10\times2+4.8\times10^{-3})\ \text{mol·L}^{-1}=0.21\ \text{mol·L}^{-1}$$

(2) 同理,可推导出溶解 CuS 所需盐酸最低浓度

$$[\text{H}^+]=\sqrt{\frac{[\text{Cu}^{2+}][\text{H}_2\text{S}]K_{a1}^{\ominus}\cdot K_{a2}^{\ominus}}{K_{sp}^{\ominus}(\text{CuS})}}$$

$$=\sqrt{\frac{0.10\times0.10\times1.1\times10^{-7}\times1.3\times10^{-13}}{6.3\times10^{-36}}}\ \text{mol·L}^{-1}=4.8\times10^{6}\ \text{mol·L}^{-1}$$

由此可见,$K_{sp}^{\ominus}$较大的 FeS 可溶于稀盐酸中,但 $K_{sp}^{\ominus}$很小的 CuS,即使用浓盐酸(12 mol·L^{-1})也不能将其溶解。

(2) 通过氧化还原反应　CuS 虽不能溶于盐酸,但可溶于硝酸。硝酸的作用就在于通过氧化还原反应大大地降低溶液中 S^{2-} 浓度(参见第五章)。

$$\text{CuS(s)}\rightleftharpoons\text{Cu}^{2+}(\text{aq})+\underset{\substack{\big\downarrow\ \text{H}^++\text{NO}_3^-\\ \text{S}}}{\text{S}^{2-}(\text{aq})}$$

S^{2-} 与 HNO_3 的反应式为

$$3\text{S}^{2-}(\text{aq})+8\text{H}^+(\text{aq})+2\text{NO}_3^-(\text{aq})=\!=\!=3\text{S(s)}+2\text{NO(g)}+4\text{H}_2\text{O(l)}$$

(3) 生成配合物　AgCl 不溶于硝酸,但可溶于氨水。氨水的作用是因形成$[Ag(NH_3)_2]^+$而降低溶液中 Ag^+ 浓度(参见第八章)。

$$\text{AgCl(s)}\rightleftharpoons\underset{\substack{\big\downarrow\ \text{NH}_3\\ [\text{Ag(NH}_3)_2]^+}}{\text{Ag}^+(\text{aq})}+\text{Cl}^-(\text{aq})$$

对于 $K_{sp}^{\ominus}$极小的沉淀,单一的溶解手段往往不能奏效,需同时降低正、负离子浓度才能使沉淀溶解。例如,HgS($K_{sp}^{\ominus}$为 4×10^{-53})可溶于王水,就是利用硝酸来降低 S^{2-} 浓度,盐酸来降低 Hg^{2+} 浓度,如此双管齐下,HgS 便溶解了。

$$\text{HgS(s)}\rightleftharpoons\underset{\substack{\big\downarrow\ \text{Cl}^-\\ [\text{HgCl}_4]^{2-}}}{\text{Hg}^{2+}(\text{aq})}+\underset{\substack{\big\downarrow\ \text{H}^++\text{NO}_3^-\\ \text{S}}}{\text{S}^{2-}(\text{aq})}$$

总反应　$$3\text{HgS(s)}+2\text{NO}_3^-(\text{aq})+12\text{Cl}^-(\text{aq})+8\text{H}^+(\text{aq})=\!=\!=3[\text{HgCl}_4]^{2-}(\text{aq})+2\text{NO(g)}+3\text{S(s)}+4\text{H}_2\text{O(l)}$$

例 4-17　已知 $Mg(OH)_2$ 的 $K_{sp}^{\ominus}$为 5.6×10^{-12}。(1) 将 100 mL 0.20 mol·L^{-1} $MgCl_2$ 溶液和等体积、等浓度的氨水混合,有无沉淀生成?(2) 欲阻止沉淀生成需加入多少固体 NH_4Cl?

解　(1) 混合后 $c(NH_3\cdot H_2O)=0.10\ \text{mol·L}^{-1}$,$c(Mg^{2+})=0.10\ \text{mol·L}^{-1}$

$$[OH^-]=\sqrt{K_b^\ominus \cdot c}=\sqrt{1.8\times10^{-5}\times0.10}\ mol\cdot L^{-1}=1.3\times10^{-3}\ mol\cdot L^{-1}$$

$$[Mg^{2+}][OH^-]^2=0.10\times(1.3\times10^{-3})^2=1.7\times10^{-7}>K_{sp}^\ominus[Mg(OH)_2]$$

所以混合后有 $Mg(OH)_2$ 沉淀生成。

(2) $Mg(OH)_2(s)+2NH_4^+(aq) \rightleftharpoons Mg^{2+}(aq)+2NH_3\cdot H_2O(aq)$

$$K^\ominus=\frac{[Mg^{2+}][NH_3\cdot H_2O]^2}{[NH_4^+]^2}\cdot\frac{[OH^-]^2}{[OH^-]^2}=\frac{K_{sp}^\ominus[Mg(OH)_2]}{[K_b^\ominus(NH_3)]^2}$$

$$[NH_4^+]=\sqrt{\frac{[Mg^{2+}][NH_3\cdot H_2O]^2}{K_{sp}^\ominus/(K_b^\ominus)^2}}=\sqrt{\frac{0.10\times0.10^2\times(1.8\times10^{-5})^2}{5.6\times10^{-12}}}\ mol\cdot L^{-1}$$

$$=0.24\ mol\cdot L^{-1}$$

所以需加入 NH_4Cl 的质量为

$$0.24\ mol\cdot L^{-1}\times0.20\ L\times53.5\ g\cdot mol^{-1}=2.6\ g$$

4.5.3 分步沉淀和沉淀的转化

如果在含有 Cl^- 和 I^- 的混合溶液中，滴加 $AgNO_3$ 溶液，将会发现先有黄色的 AgI 沉淀生成，然后才生成白色的 AgCl 沉淀。这种先后沉淀的现象称为**分步沉淀**(fractional precipitation)。为什么会出现分步沉淀呢？请看例 4-18。

例 4-18 在浓度均为 0.010 $mol\cdot L^{-1}$ 的 K_2CrO_4 和 KCl 混合溶液中，逐滴加入 $AgNO_3$ 溶液。问：(1) CrO_4^{2-} 和 Cl^- 哪个先沉淀？(2) Ag_2CrO_4 开始沉淀时，溶液中 Cl^- 浓度为多少？

解 (1) AgCl 开始沉淀时所需 Ag^+ 浓度为

$$[Ag^+]=\frac{K_{sp}^\ominus(AgCl)}{[Cl^-]}=\frac{1.8\times10^{-10}}{0.010}\ mol\cdot L^{-1}=1.8\times10^{-8}\ mol\cdot L^{-1}$$

Ag_2CrO_4 开始沉淀时所需 Ag^+ 浓度为

$$[Ag^+]=\sqrt{\frac{K_{sp}^\ominus(Ag_2CrO_4)}{[CrO_4^{2-}]}}=\sqrt{\frac{1.1\times10^{-12}}{0.010}}\ mol\cdot L^{-1}=1.0\times10^{-5}\ mol\cdot L^{-1}$$

AgCl 开始沉淀所需 Ag^+ 浓度低，所以 AgCl 先沉淀。

(2) Ag_2CrO_4 开始沉淀时，Ag^+ 浓度达到 $1.0\times10^{-5}\ mol\cdot L^{-1}$，所以溶液中残留的 Cl^- 浓度为

$$[Cl^-]=\frac{K_{sp}^\ominus(AgCl)}{[Ag^+]}=\frac{1.8\times10^{-10}}{1.0\times10^{-5}}\ mol\cdot L^{-1}=1.8\times10^{-5}\ mol\cdot L^{-1}$$

计算结果说明 CrO_4^{2-} 开始沉淀时，Cl^- 已基本上沉淀完全。利用分步沉淀可将两者分离。

一种沉淀转化为另一种沉淀的现象称**沉淀的转化**。比如在锅炉中板结的锅垢，可以用 Na_2CO_3 溶液处理，使其中的 $CaSO_4$ 转化为疏松的、可溶于酸的 $CaCO_3$，以达到清除锅垢的目的。其转化反应为

$$CaSO_4(s)+CO_3^{2-}(aq) \rightleftharpoons CaCO_3(s)+SO_4^{2-}(aq)$$

$$K^\ominus=\frac{[SO_4^{2-}]}{[CO_3^{2-}]}=\frac{[SO_4^{2-}]}{[CO_3^{2-}]}\cdot\frac{[Ca^{2+}]}{[Ca^{2+}]}=\frac{K_{sp}^\ominus(CaSO_4)}{K_{sp}^\ominus(CaCO_3)}$$

$$=\frac{4.9\times10^{-5}}{2.8\times10^{-9}}=1.8\times10^3$$

$K^{\ominus}$值很大，表示此沉淀转化进行得相当完全。由此可见，对同一类型沉淀（这里指同为 AB 型或同为 AB_2 型等沉淀）来说，溶度积较大的沉淀易于转化为溶度积较小的沉淀。反过来，溶度积小的沉淀能否转化为溶度积大的沉淀呢？先看例 4-19 的计算。

例 4-19 $BaSO_4$ 不溶于强酸，为了溶解它，一种方法是先将其转化为 $BaCO_3$，然后用酸溶解。今欲用 1.0 L Na_2CO_3 溶液将 0.01 mol $BaSO_4$ 转化为 $BaCO_3$，问 Na_2CO_3 最低浓度为多少？

解 $BaSO_4(s)+CO_3^{2-}(aq) \rightleftharpoons BaCO_3(s)+SO_4^{2-}(aq)$

$$K^{\ominus}=\frac{[SO_4^{2-}]}{[CO_3^{2-}]}=\frac{[SO_4^{2-}]}{[CO_3^{2-}]}\cdot\frac{[Ba^{2+}]}{[Ba^{2+}]}=\frac{K_{sp}^{\ominus}(BaSO_4)}{K_{sp}^{\ominus}(BaCO_3)}=\frac{1.1\times10^{-10}}{2.6\times10^{-9}}=4.2\times10^{-2}$$

$$[CO_3^{2-}]=\frac{[SO_4^{2-}]}{K^{\ominus}}=\frac{0.010}{4.2\times10^{-2}}\ mol\cdot L^{-1}=0.24\ mol\cdot L^{-1}$$

$BaSO_4$ 转化时还需消耗 0.010 mol Na_2CO_3，所以需 Na_2CO_3 的最低浓度为 0.25 $mol\cdot L^{-1}$。

由此可见，虽然 $K_{sp}^{\ominus}(BaSO_4)$ 小于 $K_{sp}^{\ominus}(BaCO_3)$，但是只要两者溶度积不是相差太大，在一定条件下实现这种转化还是有可能的。

对不同类型的难溶盐来说，沉淀转化的方向是溶解度（以 $mol\cdot L^{-1}$ 表示）大的易转化为溶解度小的。例如，在砖红色 Ag_2CrO_4 沉淀（$K_{sp}^{\ominus}$ 为 1.1×10^{-12}）中加入 KCl 溶液，Ag_2CrO_4 沉淀会转化为白色 AgCl 沉淀（$K_{sp}^{\ominus}$ 为 1.8×10^{-10}）。虽然 $K_{sp}^{\ominus}(Ag_2CrO_4)$ 小于 $K_{sp}^{\ominus}(AgCl)$，但 Ag_2CrO_4 的溶解度（$6.5\times10^{-5}\ mol\cdot L^{-1}$）大于 AgCl 的溶解度（$1.3\times10^{-5}\ mol\cdot L^{-1}$），所以此转化也易进行。

拓展知识：

龋齿和沉淀溶解平衡的关系

人类口腔最常见的疾病——龋齿，其实与沉淀溶解平衡密切相关。牙齿表面有一层釉质保护着，釉质的主要成分是羟基磷灰石[$Ca_5(PO_4)_3OH$]。它是一种很坚硬的难溶化合物（$K_{sp}^{\ominus}=1.0\times10^{-36}$）。由于溶度积小，在一般情况下难以溶解，故能起着保护牙齿的作用。但从其沉淀溶解平衡式可见：

$$Ca_5(PO_4)_3OH(s) \rightleftharpoons 5Ca^{2+}(aq)+3PO_4^{3-}(aq)+OH^-(aq)$$

溶解下来的 OH^- 和 PO_4^{3-} 分别是强碱和较强的碱，在酸性条件下，上述平衡可向右移动。当进餐后，口腔中的细菌分解残留在齿间的食物（特别是糖类和碳水化合物）产生了有机酸。在酸的长年累月作用下，可使其缓慢地溶解：

$$Ca_5(PO_4)_3OH(s)+7H^+(aq) \longrightarrow 5Ca^{2+}(aq)+3H_2PO_4^-(aq)+H_2O(l)$$

一旦部分釉质遭到破坏，龋齿便开始了。

防止龋齿最好的方法是吃低糖的食物和坚持饭后刷牙。涂氟防龋（用含氟凝胶和含氟泡沫在牙齿表面进行预防性涂布）作为口腔保健的一种措施，也可获得良好效果。使用含氟牙膏也有相同的效果。这些氟化物的作用是 F^- 取代了羟基磷灰石中 OH^-，生成氟磷灰石[$Ca_5(PO_4)_3F$]。因后者的溶度积($K_{sp}^{\ominus}=1.0\times10^{-60}$)比羟基磷灰石的小，所以易发生如下沉淀的转化反应：

$$Ca_5(PO_4)_3OH(s)+F^-(aq) \longrightarrow Ca_5(PO_4)_3F(s)+OH^-(aq)$$

一旦牙齿釉质的成分变成氟磷灰石，因其溶度积更小，而且，溶解下来的 F^- 比羟基磷灰石溶解下来的 OH^- 碱性弱，所以牙齿的抗酸能力增强了。此外，氟磷灰石的晶体结构比羟基磷灰石的紧密，因其晶体结构有较小的孔径，阻止酸性溶液渗入的能力也增强了。注意，浓度高的氟对人体的危害很大，轻则出现氟斑牙、氟化骨症等慢性中毒，重则引起恶心、呕吐、心律不齐等急性中毒，如果人体每千克含氟量达 32～64 mg 就会导致死亡。

习 题

1. 指出下列碱的共轭酸：SO_4^{2-}，S^{2-}，$H_2PO_4^-$，HSO_4^-，NH_3；指出下列酸的共轭碱：NH_4^+，HCl，$HClO_4$，HCN，H_2O_2。

2. 氨基酸是重要的生物化学物质，最简单的为甘氨酸(H_2N-CH_2-COOH)。每个甘氨酸中有一个弱酸基—COOH和一个弱碱基—NH_2，且 $K_a^{\ominus}$ 和 $K_b^{\ominus}$ 几乎相等。试用酸碱质子论判断在强酸性溶液中甘氨酸将变成何种离子？在强碱性溶液中它将变成什么离子？在纯水溶液中将存在怎样的两性离子？

3. 氨基钠遇水可发生如下反应：

$$NaNH_2(s)+H_2O(l) = Na^+(aq)+OH^-(aq)+NH_3(aq)$$

试比较氨基 NH_2^- 和 OH^- 何者碱性较强？

4. 0.010 mol·L^{-1} HAc 溶液的解离度为 0.042，求 HAc 的解离常数和该溶液的[H^+]。

5. 求算 0.050 mol·L^{-1} HClO 溶液中的[ClO^-]、[H^+]及解离度。

6. 奶油腐败后的分解产物之一为丁酸(C_3H_7COOH)，有恶臭。今有一含 0.20 mol 丁酸的 0.40 L 溶液，pH 为 2.50。求丁酸的 $K_a^{\ominus}$。

7. 维生素 C 每片含抗坏血酸($H_2C_6H_6O_6$)500 mg。现将一片维生素 C 溶于水并稀释至 200 mL，试求溶液的 pH(抗坏血酸 $K_{a1}^{\ominus}=7.9\times10^{-5}$，$K_{a2}^{\ominus}=1.6\times10^{-12}$)。

8. 对于下列溶液：0.1 mol·L^{-1} HCl，0.01 mol·L^{-1} HCl，0.1 mol·L^{-1} HF，0.01 mol·L^{-1} HF，问：

(1) 哪一种具有最高的[H^+]；

(2) 哪一种具有最低的[H^+]；

(3) 哪一种具有最低的解离度；

(4) 哪两种具有相似的解离度。

9. 用 0.1 mol·L^{-1} NaOH 溶液中和 pH 为 2 的 HCl 和 HAc 各 20 mL，所消耗 NaOH 溶液体积是否相同？为什么？若用此 NaOH 溶液中和 0.1 mol·L^{-1} HCl 和 HAc 各 20 mL，所消耗 NaOH 溶液的体积是否相同？为什么？

10. 已知 0.30 mol·L^{-1} NaB 溶液的 pH 为 9.50，计算弱酸 HB 的 $K_a^{\ominus}$。

11. 已知 0.10 mol·L^{-1} HB 溶液的 pH=3.00。试计算 0.10 mol·L^{-1} NaB 溶液的 pH。

12. 计算 0.10 mol·L^{-1} $H_2C_2O_4$ 溶液的[H^+]、[$HC_2O_4^-$]和[$C_2O_4^{2-}$]。

13. 计算 0.10 mol·L^{-1} H_2S 溶液的[H^+]和[S^{2-}]。

14. 按照质子论，$HC_2O_4^-$ 既可作为酸又可作为碱，试求其 $K_a^\ominus$ 和 $K_b^\ominus$。

15. 按照酸性、中性、碱性，将下列盐分类：

K_2CO_3	$CuCl_2$	Na_2S	NH_4NO_3	Na_3PO_4
KNO_3	$NaHCO_3$	NaH_2PO_4	NH_4CN	NH_4Ac

16. 求下列盐溶液的 pH：

(1) 0.20 mol·L^{-1} NaAc；

(2) 0.20 mol·L^{-1} NH_4Cl；

(3) 0.20 mol·L^{-1} Na_2CO_3；

(4) 0.20 mol·L^{-1} NH_4Ac。

17. 一种 NaAc 溶液的 pH 为 8.52，求 1.0 L 此溶液中含多少无水 NaAc？

18. 将 0.20 mol NaOH 和 0.20 mol NH_4NO_3 配成 1.0 L 混合溶液，求此混合溶液的 pH。

19. 在 1.0 L 0.20 mol·L^{-1} HAc 溶液中，加多少固体 NaAc 才能使[H^+]为 6.5×10^{-5} mol·L^{-1}？

20. 计算 0.40 mol·L^{-1} H_2SO_4 溶液中各离子的浓度。

21. 欲配制 250 mL pH 为 5.00 的缓冲溶液，问在 125 mL 1.0 mol·L^{-1} NaAc 溶液中应加多少 6.0 mol·L^{-1} HAc 和多少水？

22. 欲配制 pH 为 9.50 的缓冲溶液，问需取多少固体 NH_4Cl 溶解在 500 mL 0.20 mol·L^{-1} $NH_3\cdot H_2O$ 中？

23. 今有三种酸$(CH_3)_2AsO_2H$、$ClCH_2COOH$、CH_3COOH，它们的标准解离常数分别为 6.4×10^{-7}，1.4×10^{-5}，1.75×10^{-5}。试问：

(1) 欲配制 pH 为 6.50 的缓冲溶液，用哪种酸最好？

(2) 需要多少克这种酸和多少克 NaOH 以配制 1.00 L 缓冲溶液？要求酸和它的共轭碱总浓度为 1.00 mol·L^{-1}。

24. 若要将 1.00 L 1.00 mol·L^{-1} HAc 溶液的 pH 升高 1 倍，应加入多少固体 NaOH？

25. 25 ℃时，在 2.50 L 0.105 mol·L^{-1} Na_2CO_3 溶液中通入 3.00 L 压力为 110 kPa 的 CO_2，求此溶液的 pH。

26. 某 HB–B 缓冲溶液，已知 HB($pK_a^\ominus=5.30$)的浓度为 0.25 mol·L^{-1}。在 100 mL 此缓冲溶液中加入 0.20 g NaOH 后，pH 变为 5.60。求该缓冲溶液原来的 pH。

27. 试计算将 0.020 mol HCl(g)通入 1.00 L 下列溶液后的 pH。

(1) 0.100 mol·L^{-1} CH_3CH_2COOH；

(2) 0.100 mol·L^{-1} CH_3CH_2COONa；

(3) 0.100 mol·L^{-1} CH_3CH_2COOH 和 0.100 mol·L^{-1} CH_3CH_2COONa 的混合溶液。

28. 100 mL 0.20 mol·L^{-1} HCl 溶液和 100 mL 0.50 mol·L^{-1} NaAc 溶液混合后，计算：

(1) 溶液的 pH；

(2) 在混合溶液中加入 10 mL 0.50 mol·L^{-1} NaOH 后，溶液的 pH；

(3) 在混合溶液中加入 10 mL 0.50 mol·L^{-1} HCl 后，溶液的 pH。

29. $BaSO_4$ 在 25 ℃时的 $K_{sp}^\ominus$ 为 1.08×10^{-10}，试求 $BaSO_4$ 饱和溶液的质量浓度(g·L^{-1})。

30. 取 0.1 mol·L^{-1} $BaCl_2$ 溶液 5 mL，稀释至 1 000 mL，加入 0.1 mol·L^{-1} K_2SO_4 溶液 0.5 mL，有无沉淀析出？

31. 在 1.0 L AgBr 饱和溶液中加入 0.119 g KBr，有多少 AgBr 沉淀出来？

32. 在 100 mL 0.20 mol·L^{-1} $AgNO_3$ 溶液中加入 100 mL 0.20 mol·L^{-1} HAc 溶液。问：

(1) 是否有 AgAc 沉淀生成？

(2) 若在上述溶液中再加入 1.7 g NaAc，有何现象(忽略 NaAc 加入对溶液体积的影响)？

已知 AgAc 的 $K_{sp}^\ominus$ 为 4.4×10^{-3}。

33. 将 0.10 L 0.20 mol·L^{-1} K_2CrO_4 溶液加入到 0.15 L 0.25 mol·L^{-1} $BaBr_2$ 溶液中，求混合液中 K^+，

CrO_4^{2-}，Ba^{2+}和Br^-的浓度。

34. 假设$Mg(OH)_2$在饱和溶液中完全解离，试计算：

(1) $Mg(OH)_2$在水中的溶解度($mol \cdot L^{-1}$)；

(2) $Mg(OH)_2$饱和溶液中$[Mg^{2+}]$；

(3) $Mg(OH)_2$饱和溶液中$[OH^-]$；

(4) $Mg(OH)_2$在$0.010\ mol \cdot L^{-1}$ NaOH饱和溶液中$[Mg^{2+}]$；

(5) $Mg(OH)_2$在$0.010\ mol \cdot L^{-1}$ $MgCl_2$溶液中的溶解度($mol \cdot L^{-1}$)。

35. 在$0.10\ mol \cdot L^{-1}$ $FeCl_2$溶液中通H_2S，欲使Fe^{2+}不生成FeS沉淀，溶液的pH最高为多少？已知在常温、常压下，H_2S饱和溶液浓度为$0.10\ mol \cdot L^{-1}$。

36. 某溶液中$BaCl_2$和$SrCl_2$的浓度各为$0.010\ mol \cdot L^{-1}$，将Na_2SO_4溶液滴入时，何种离子先沉淀出来？当第二种离子开始沉淀时，第一种离子浓度为多少？

37. 有一Mn^{2+}和Fe^{3+}的混合溶液，两者浓度均为$0.10\ mol \cdot L^{-1}$，欲用控制酸度的方法使两者分离，试求应控制的pH范围（设离子沉淀完全的浓度$\leqslant 1.0 \times 10^{-6}\ mol \cdot L^{-1}$）。

38. 有0.10 mol $BaSO_4$沉淀，每次用1.0 L $1.0\ mol \cdot L^{-1}$的Na_2CO_3溶液来处理，若使$BaSO_4$沉淀中的SO_4^{2-}全部转移到溶液中去，需要反复处理多少次？

39. 计算下列反应的$K^\ominus$，并讨论反应进行的方向。

(1) $2Ag^+(aq) + H_2S(aq) \rightleftharpoons Ag_2S(s) + 2H^+(aq)$

(2) $2AgI(s) + S^{2-}(aq) \rightleftharpoons Ag_2S(s) + 2I^-(aq)$

(3) $PbS(s) + 2HAc(aq) \rightleftharpoons Pb^{2+}(aq) + 2Ac^-(aq) + H_2S(aq)$

40. 下列说法是否正确？说明理由。

(1) 凡是盐都是强电解质。

(2) $BaSO_4$，AgCl难溶于水，水溶液导电不显著，故为弱电解质。

(3) 氨水稀释一倍，溶液中$[OH^-]$就减为原来的1/2。

(4) 由公式$\alpha = \sqrt{K_a^\ominus / c}$可推得，溶液越稀，$\alpha$就越大，即解离出来的离子浓度就越大。

(5) 溶度积大的沉淀都容易转化为溶度积小的沉淀。

(6) 两种难溶盐比较，$K_{sp}^\ominus$较大者其溶解度也较大。

第五章

氧化还原反应

学习要求：

1. 掌握氧化还原反应的基本概念。能配平氧化还原反应式。
2. 理解电极电势的概念。能用能斯特(Nernst)方程进行有关的计算。
3. 掌握电极电势在有关方面的应用。
4. 了解原电池电动势与吉布斯自由能变的关系。
5. 掌握元素电势图及其应用。

化学反应可以分为两大类：一类是在反应过程中，反应物之间没有发生电子的转移，如酸碱反应、沉淀反应和配位反应等；另一类是在反应过程中，反应物之间发生了电子的转移，这一类反应就是本章要讨论的氧化还原反应。

氧化还原反应对生物体具有重大意义。因为生命活动过程中，能量是直接依靠营养物质的氧化而获得的。例如，从葡萄糖到最终产物 CO_2 的代谢过程为

$$C_6H_{12}O_6(s)+6O_2(g) \Longrightarrow 6CO_2(g)+6H_2O(l) \quad \Delta_r H_m^{\ominus}=-2\ 870\ kJ\cdot mol^{-1}$$

但是体内这个代谢过程是很复杂的，是在一系列酶催化作用下，分成许多连续步骤循序进行的。可见在营养物质代谢的机理和酶的研究工作中，离不开氧化还原反应。

5.1 氧化还原反应的基本概念

5.1.1 氧化和还原

还原(reduction)是物质获得电子的作用；**氧化**(oxidation)是物质失去电子的作用。例如：

还原作用 $Cu^{2+}+2e^- \longrightarrow Cu$

氧化作用 $Zn \longrightarrow Zn^{2+}+2e^-$

以上两式皆为**半反应**(half-reaction)，因为电子有得者必有失者。因此，还原作用和氧化作用这两种半反应必须联系在一起才能进行。如果将以上两式合并，就成为全反应：

$$Zn+Cu^{2+} \Longrightarrow Zn^{2+}+Cu$$

这类全反应称为**氧化还原反应**(redox reaction)。

在氧化还原反应中,得电子者为氧化剂(如 Cu^{2+}),氧化剂自身被还原;失电子者为还原剂(如 Zn),还原剂自身被氧化。氧化剂得到的电子数必等于还原剂失去的电子数。

在上述的例子中,氧化剂得电子和还原剂失电子都很明显。然而,客观事物是复杂的。例如,反应:

$$H_2(g)+Cl_2(g) \xlongequal{} 2HCl(g)$$

在氯化氢分子里,氢并不失电子,氯也不得电子,仅由于氯的电负性①大于氢,它们之间的一对共用电子偏向氯的一方而已。此类反应也属于氧化还原反应。由此可见,氧化还原反应的本质在于电子的得失或偏移。

5.1.2 氧化数

氧化数(oxidation number)是指某元素一个原子的表观电荷数。这种表观电荷数不仅包括电子的得失数,而且也包括电子的偏移数。对于后一种情况,假设把共用电子指定给电负性较大的原子而求得的电荷数。例如,在 HCl 中,由于氯的电负性大,成键电子划归给氯,所以氯的氧化数为-1,氢为$+1$。但是用这种方法确定原子的氧化数有时会遇到困难。因为有一些化合物,特别是一些结构复杂的化合物,它们的电子结构式本身就不易给出,更谈不上电子的划分了。为了避开这些困难,人们从经验中总结出一套规则,可方便地用来确定氧化数。它包括以下四条:

(1) 在单质(如 Cu、O_2 等)中,原子的氧化数为零。

(2) 在中性分子中,所有原子的氧化数代数和应等于零。

(3) 在复杂离子中,所有原子的氧化数代数和应等于离子的电荷数。单原子离子的电荷数即为该原子的氧化数。

(4) 若干关键元素的原子在化合物中的氧化数有定值。氢原子的氧化数为$+1$;氧原子的氧化数为-2;卤素原子在卤化物②中的氧化数为-1;硫在硫化物中的氧化数为-2。这里有少数例外,如活泼金属氢化物(NaH、CaH_2 等)中氢原子的氧化数为-1;在过氧化物中氧原子的氧化数为-1。

根据这些规则,就可确定化合物中其他元素原子的氧化数。例如,在 H_2SO_4 中,S 的氧化数 x 可由下式求得

$$(+1)\times 2+x+(-2)\times 4=0$$
$$x=6$$

又如在 MnO_4^- 中,Mn 的氧化数 y 为

$$y+(-2)\times 4=-1$$
$$y=+7$$

在许多离子化合物中,原子的氧化数与化合价(电价)往往相同,但在共价化合物中,两者并不一致。共价数一般是指形成共价键时共用电子对的对数(不分正负)。例如,在 CH_4,CH_3Cl,

---

① 电负性是指分子内原子吸引电子的能力,详见 6.4 节。

② 这里的卤化物是指卤素与另一种电负性比它小的元素形成的二元化合物。下面的硫化物也有类似的含义。

CH_2Cl_2，$CHCl_3$ 和 CCl_4 中，C 的氧化数依次为 -4，-2，0，$+2$ 和 $+4$，而 C 的化合价（共价）皆为 4。此外，化合价总是整数，但氧化数可以是分数。如连四硫酸钠 $Na_2S_4O_6$ 中 S 的氧化数为 $+\frac{5}{2}$，Fe_3O_4 中 Fe 的氧化数为 $+\frac{8}{3}$。所以，氧化数与化合价虽有一定联系，但又是互不相同的两个概念[①]。

根据氧化数的概念，氧化数降低的过程称为还原；氧化数升高的过程称为氧化。氧化数升高的物质是还原剂；氧化数降低的物质是氧化剂。

拓展知识：

烫发过程中的氧化还原反应

头发是由氨基酸相互缩合成多肽链，再由多肽链之间通过许多二硫键（—S—S—）交联而成。大约在 1930 年，洛克菲勒（Rockefeller）研究所的研究人员发现，这些二硫键可被某些还原剂，如硫化物或含巯基（—SH）的分子，在微碱性溶液中打断。该发现为今日流行的“冷烫”（也称“化学烫”）提供了方法。

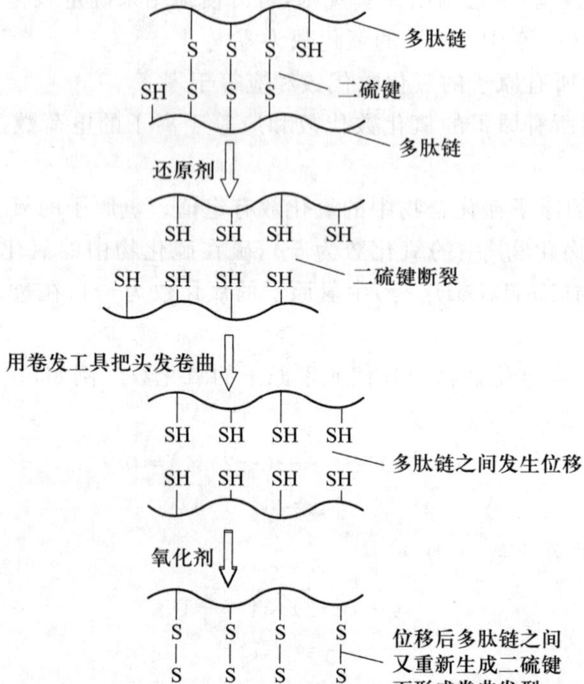

图 5-1　烫发过程中二硫键的断裂和重新生成

① 有的教科书用氧化数规则来定义化合价，把共价化合物的化合价也分成正负。

图 5－1 示意了此烫发的全过程。烫发时，先把头发用含有巯基乙酸根离子($HSCH_2COO^-$)溶液润湿，由于它的还原性，把头发中的二硫键打断变成 2 个巯基：

$$2HSCH_2COO^-(aq) + (\text{多肽链})—S—S—(\text{多肽链}) \longrightarrow (SCH_2COO^-)_2(aq) + 2HS—(\text{多肽链})$$

失去交联作用的头发变得非常柔软。利用卷发工具把头发按希望的发型卷曲起来，在机械外力作用下，头发的多肽链与多肽链之间发生了位移。这时加入"固定液"，把已经弯曲的头发固定下来。所谓"固定液"实际上是一类具有氧化性的溶液，如过氧化氢、溴酸钾、过硫酸钾等溶液，它的作用就是把巯基又氧化成二硫键：

$$2HS—(\text{多肽链}) + H_2O_2(aq) \longrightarrow (\text{多肽链})—S—S—(\text{多肽链}) + 2H_2O(l)$$

由于头发多肽链之间又重新形成了许多二硫键的交联，因此它又恢复了原来的刚韧性，并形成持久性的卷曲发型。当然，所谓"持久性"只是指头发经还原－氧化处理的这一部分，当新头发生长出来后又恢复了原来的直发。

5.2 氧化还原方程式配平

氧化还原反应往往比较复杂，参加反应的物质也比较多，配平这类反应方程式不像其他反应那样容易，所以，有必要介绍一下氧化还原方程式的配平方法。

配平氧化还原方程式的常用方法有两种：氧化数法和离子电子法。氧化数法比较简便，人们乐于选用，但离子电子法却能更清楚地反映水溶液中氧化还原反应的本质。

*5.2.1 氧化数法

氧化数法就是中学化学介绍的化合价法。这一节可根据自己的情况选读。下面以 HClO 把 Br_2 氧化成 $HBrO_3$ 而本身被还原成 HCl 为例，说明氧化数法配平的步骤。

(1) 在箭号左边写反应物的化学式，右边写生成物的化学式。

$$HClO + Br_2 \longrightarrow HBrO_3 + HCl$$

(2) 计算氧化剂中原子氧化数的降低值及还原剂中原子氧化数的升高值，并根据氧化数降低总值和升高总值必须相等的原则，找出氧化剂和还原剂的化学计量数。

$$\begin{array}{lll|l} \text{Cl:} & +1 \longrightarrow -1 & \text{氧化数降低 } 2(\downarrow 2) & \times 5 \\ \text{2Br:} & 2(0 \longrightarrow +5) & \text{氧化数升高 } 10(\uparrow 10) & \times 1 \end{array}$$

$$5HClO + Br_2 \longrightarrow HBrO_3 + HCl$$

(3) 配平除氢和氧元素外各种原子的原子数(先配平氧化数有变化元素的原子数，后配平氧化数没有变化元素的原子数)。

$$5HClO + Br_2 \longrightarrow 2HBrO_3 + 5HCl$$

(4) 配平氢，并找出参加反应(或生成)水的分子数。

$$5HClO + Br_2 + H_2O = 2HBrO_3 + 5HCl$$

(5) 最后核对氧，确定该方程式是否配平。

等号两边都有 6 个氧原子，证明上面的方程式确已配平。

例 5-1 配平下列反应式

$$Cu_2S + HNO_3 \longrightarrow Cu(NO_3)_2 + H_2SO_4 + NO$$

解

$$\begin{array}{lllll} 2\,Cu: & 2(+1 \longrightarrow +2) & \uparrow 2 & \left.\right\} \uparrow 10 & \times 3 \\ S: & -2 \longrightarrow +6 & \uparrow 8 & & \\ N: & +5 \longrightarrow +2 & \downarrow 3 & & \times 10 \end{array}$$

$$3Cu_2S + 10HNO_3 \longrightarrow 6Cu(NO_3)_2 + 3H_2SO_4 + 10NO$$

上面方程式中元素 Cu 和 S 的原子数都已配平，对于 N 原子，发现生成 6 个 $Cu(NO_3)_2$，还需消耗 12 个 HNO_3，于是 HNO_3 的分子数变为 22。

$$3Cu_2S + 22HNO_3 \longrightarrow 6Cu(NO_3)_2 + 3H_2SO_4 + 10NO$$

配平 H，找出 H_2O 的分子数。

$$3Cu_2S + 22HNO_3 = 6Cu(NO_3)_2 + 3H_2SO_4 + 10NO + 8H_2O$$

最后核对方程式两边氧原子数，都是 66 个氧原子，可知方程式确已配平。

例 5-2 配平下列反应式

$$Cl_2 + KOH \longrightarrow KClO_3 + KCl$$

解 从反应式可以看出，Cl_2 中一部分氯原子氧化数升高，一部分氯原子氧化数降低，即 Cl_2 在同一反应中既作氧化剂又作还原剂。这类反应称**歧化反应**(disproportionation reaction)。对于这类反应，确定氧化数的变化后，从逆反应着手配平较为方便。

$$\begin{array}{llll} Cl(KClO_3): & +5 \longrightarrow 0 & \downarrow 5 & \times 1 \\ Cl(KCl): & -1 \longrightarrow 0 & \uparrow 1 & \times 5 \end{array}$$

$$Cl_2 + KOH \longrightarrow KClO_3 + 5KCl$$

配平 Cl，K： $3Cl_2 + 6KOH \longrightarrow KClO_3 + 5KCl$

配平 H： $3Cl_2 + 6KOH = KClO_3 + 5KCl + 3H_2O$

核对 O：每边都有 6 个氧原子，证明反应式已配平。

5.2.2 离子电子法

现以在稀 H_2SO_4 溶液中，$KMnO_4$ 氧化 $H_2C_2O_4$ 为例，说明离子电子法配平步骤。

(1) 把氧化剂中起氧化作用的离子及其还原产物，还原剂中起还原作用的离子及其氧化产物，分别写成两个未配平的离子方程式。

$$MnO_4^- \longrightarrow Mn^{2+}$$

$$C_2O_4^{2-} \longrightarrow CO_2$$

(2) 将原子数配平。关键在于氧原子数的配平。根据反应式左右两边氧原子数目和溶液酸碱性的不同，应采取不同的配平方法，具体见下表：

介质	反应式左边比右边多一个氧原子	反应式左边比右边少一个氧原子
酸性	$2H^+ + “O^{2-}” \longrightarrow H_2O$	$H_2O \longrightarrow “O^{2-}” + 2H^+$
碱性	$H_2O + “O^{2-}” \longrightarrow 2OH^-$	$2OH^- \longrightarrow “O^{2-}” + H_2O$
中性	$H_2O + “O^{2-}” \longrightarrow 2OH^-$	$H_2O \longrightarrow “O^{2-}” + 2H^+$

因此可得

$$MnO_4^- + 8H^+ \longrightarrow Mn^{2+} + 4H_2O$$
$$C_2O_4^{2-} \longrightarrow 2CO_2$$

（3）将电荷数配平。反应式两边的电荷总数如不相等，可在反应式左边或右边加若干个电子。

$$MnO_4^- + 8H^+ + 5e^- \longrightarrow Mn^{2+} + 4H_2O$$
$$C_2O_4^{2-} \longrightarrow 2CO_2 + 2e^-$$

这种配平了的半反应式常称为**离子电子式**。

（4）两离子电子式各乘以适当系数，使得失电子数相等，将两式相加，消去电子，必要时消去重复项，即得到配平的离子反应式。

$$2\times(MnO_4^- + 8H^+ + 5e^- \longrightarrow Mn^{2+} + 4H_2O)$$
$$+)\qquad 5\times(C_2O_4^{2-} \longrightarrow 2CO_2 + 2e^-)$$

$$2MnO_4^- + 16H^+ + 5C_2O_4^{2-} = 2Mn^{2+} + 8H_2O + 10CO_2$$

（5）检查所得反应式两边的各种原子数及电荷数是否相等。

两边各种原子数都相等，且电荷数均为+4，故上式已配平。如果需要，再写成分子反应方程式：

$$2KMnO_4 + 5H_2C_2O_4 + 3H_2SO_4 = 2MnSO_4 + K_2SO_4 + 10CO_2 + 8H_2O$$

例 5-3 用离子电子法配平下列反应式（在碱性介质中）

$$ClO^- + CrO_2^- \longrightarrow Cl^- + CrO_4^{2-}$$

解

（1）

$$ClO^- \longrightarrow Cl^-$$
$$CrO_2^- \longrightarrow CrO_4^{2-}$$

（2）

$$ClO^- + H_2O \longrightarrow Cl^- + 2OH^-$$
$$CrO_2^- + 4OH^- \longrightarrow CrO_4^{2-} + 2H_2O$$

（3）

$$ClO^- + H_2O + 2e^- \longrightarrow Cl^- + 2OH^-$$
$$CrO_2^- + 4OH^- \longrightarrow CrO_4^{2-} + 2H_2O + 3e^-$$

（4）

$$3\times(ClO^- + H_2O + 2e^- \longrightarrow Cl^- + 2OH^-)$$
$$+)\qquad 2\times(CrO_2^- + 4OH^- \longrightarrow CrO_4^{2-} + 2H_2O + 3e^-)$$

$$3ClO^- + 3H_2O + 2CrO_2^- + 8OH^- \longrightarrow 3Cl^- + 6OH^- + 2CrO_4^{2-} + 4H_2O$$

消去重复项：

$$3ClO^- + 2CrO_2^- + 2OH^- \xlongequal{\quad} 3Cl^- + 2CrO_4^{2-} + H_2O$$

以上两种配平方法中可任选一种来配平氧化还原方程式。但是必须掌握离子电子式的书写法，因为在后面的学习中经常会用到。

例 5-4 写出下列半反应分别在酸性介质和碱性介质中的离子电子式。

(1) $ClO^- \longrightarrow Cl^-$

(2) $SO_3^{2-} \longrightarrow SO_4^{2-}$

解 (1) 酸性介质 $ClO^- + 2H^+ + 2e^- \longrightarrow Cl^- + H_2O$

碱性介质 $ClO^- + H_2O + 2e^- \longrightarrow Cl^- + 2OH^-$

(2) 酸性介质 $SO_3^{2-} + H_2O \longrightarrow SO_4^{2-} + 2H^+ + 2e^-$

碱性介质 $SO_3^{2-} + 2OH^- \longrightarrow SO_4^{2-} + H_2O + 2e^-$

注意：在酸性介质中配平时，在箭头的两边用 H^+ 和 H_2O 来配平（不允许出现 OH^-）；在碱性介质中，在箭头的两边用 OH^- 和 H_2O 来配平（不允许出现 H^+）。

5.3 电极电势

5.3.1 原电池

Zn 和 $CuSO_4$ 的置换反应为

$$Zn + Cu^{2+} \xlongequal{\quad} Zn^{2+} + Cu$$

反应的实质是 Zn 失去电子变成 Zn^{2+}，Cu^{2+} 得到电子变成 Cu。电子从 Zn 流向 Cu^{2+}。既然反应中有电子流动，通过图 5-2 的装置，可以利用产生的电能来做功。

如图 5-2 所示，在容器(a)中注入 $ZnSO_4$ 溶液，其中插入 Zn 棒作电极；在容器(b)中注入 $CuSO_4$ 溶液，插入 Cu 棒作电极，两种溶液用叫做盐桥①的 U 形管连接起来。这时 Zn 和 $CuSO_4$ 分隔在两个容器中，互不接触，当然不发生反应。但如用导线将 Zn 和 Cu 棒相连接，反应立即发生，Zn 逐渐溶解，Cu 棒上有 Cu 析出。如果在导线上接一个检流计，指针就会偏转，证明导线中有电流通过。从指针偏转的方向，可以断定电流是从 Cu 极流向 Zn 极（电子从 Zn 极流向 Cu 极）。因此，Zn 是负极，发生氧化反应：

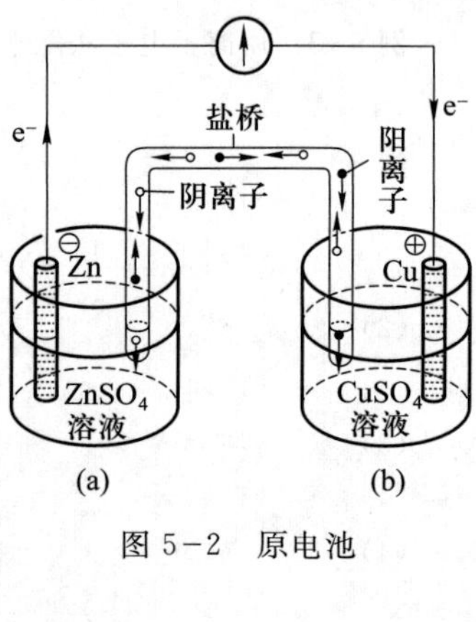

图 5-2 原电池

$$Zn \longrightarrow Zn^{2+} + 2e^-$$

① 随着氧化还原反应的进行，溶解下来的 Zn^{2+} 使 Zn 极附近的溶液带上正电荷；而 Cu 极附近的溶液由于 Cu 的析出，Cu^{2+} 减少了，带上负电荷。这都将阻碍电子从 Zn 传到 Cu。通常盐桥内盛饱和 KCl 溶液，通过盐桥，Cl^- 移向 $ZnSO_4$ 溶液，K^+ 移向 $CuSO_4$ 溶液，使两溶液一直接近电中性，反应就可继续进行了。

Cu 是正极，发生还原反应

$$Cu^{2+} + 2e^- \longrightarrow Cu$$

而铜锌原电池的总反应为

$$Zn + Cu^{2+} \xlongequal{} Cu + Zn^{2+}$$

这类使化学能直接变为电能的装置叫**原电池**(galvanic cell)。

为了简明起见，通常采用下列符号表示铜锌原电池：

$$(-)\ Zn|Zn^{2+}(c_1) \parallel Cu^{2+}(c_2)|Cu\ (+)$$

习惯上把负极写在左边，正极写在右边。用"$\parallel$"表示盐桥，"|"表示有一界面，并注明电解质溶液的相应浓度。

原电池是由两个半电池组成。每一半电池由还原态物质和氧化态物质组成，如 $Zn-Zn^{2+}$，$Cu-Cu^{2+}$，常称之为电对，以 Zn^{2+}/Zn 或 Cu^{2+}/Cu(氧化态在上，还原态在下)表示。电对不一定由金属和金属离子组成，同一金属不同氧化态的离子(如 Fe^{3+}/Fe^{2+}，MnO_4^-/Mn^{2+} 等)或非金属与相应的离子(如 H^+/H_2，Cl_2/Cl^-，O_2/OH^- 等)都可组成电对。

5.3.2 电极电势

连接原电池两极的导线有电流通过，说明两电极之间有电势差存在。这电势差是怎样产生的呢？

金属晶体是由金属原子、金属离子和一定数量的自由电子组成。当把金属棒插入它的盐溶液中，金属表面上的金属离子受到极性水分子的吸引，有溶解到溶液中形成水合离子的倾向。金属越活泼，盐溶液浓度越稀，这种倾向越大。同时，溶液中的水合离子有从金属表面获得电子，沉积在金属表面上的倾向。金属越不活泼，溶液越浓，这种倾向越大。因此，在金属(M)及其盐溶液之间存在如下平衡：

$$M(s) \underset{\text{沉积}}{\overset{\text{溶解}}{\rightleftharpoons}} M^{z+}(aq) + ze^-$$

如果溶解的倾向大于沉积的倾向，金属带负电荷，溶液带正电荷[如图 5-3(a)所示]；反之，金属带正电荷，溶液带负电荷[如图 5-3(b)所示]。不论何种情况，金属与其盐溶液间都会形成双电层。由于双电层存在，使金属与其盐溶液之间产生了电势差，这个电势差叫做该金属的**电极电势**(electrode potential)。

金属电极电势的高低主要取决于金属的本性、金属离子的浓度和溶液的温度。在指定温度(通常为 298 K)下，金属同该金属离子浓度为 1 mol·L^{-1}(严格说是单位活度)的溶液所产生的电势称为该金属的**标准电极电势**(standard electrode potential)，常用符号 $\varphi^{\ominus}$ 表示。目前电极电势的绝对值还没有办法测定。但可人为地规定一个相对标准来测定它的相对值。这就像把海平面的高度定为零，以测定各山峰相对高度一样。用来测定电极电势的相对标准是标准氢电极。

标准氢电极如图 5-4 所示。将铂片镀上一层疏松的铂(称铂黑，它具有很强的吸附 H_2 的能力)，并插在 H^+ 浓度为 1 mol·L^{-1} 的 H_2SO_4 溶液中，在指定温度下不断地通入压力 100 kPa 的纯氢气流冲击铂片，使它吸附氢气并达到饱和。吸附在铂黑上的氢气和溶液中 H^+ 间存在着如下平衡：

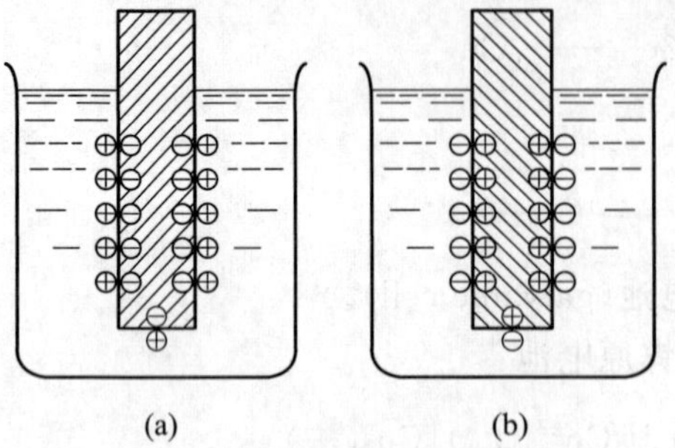

图 5-3　金属的电极电势

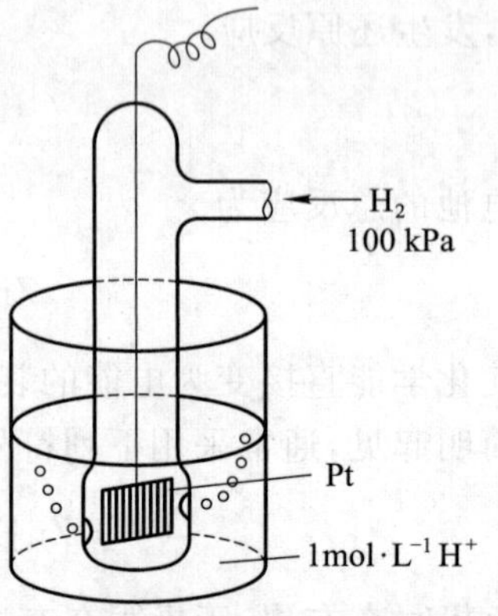

图 5-4　标准氢电极

$$2H^+(aq)+2e^- \rightleftharpoons H_2(g)$$

这就是氢电极的电极反应。国际上规定，标准氢电极的电极电势为零，即

$$\varphi^\ominus(H^+/H_2)=0$$

有了标准氢电极作基准，就可测量其他电极的电极电势。例如，欲测量 Zn 电极的标准电极电势，只要把 Zn 棒插在 1 $mol\cdot L^{-1}$ $ZnSO_4$ 溶液中组成标准锌电极，把它与标准氢电极用盐桥连接起来组成原电池，如图 5-5 所示。在 298 K 时用电位计测量该电池的电动势（$E^\ominus$）时发现，氢电极为正极，锌电极为负极，电池电动势为 0.7626 V。锌电极在 298 K 时的标准电极电势［$\varphi^\ominus(Zn^{2+}/Zn)$］可由下式求得

$$E^\ominus=\varphi^\ominus_{正}-\varphi^\ominus_{负} \qquad (5-1)$$

$$E^\ominus=\varphi^\ominus(H^+/H_2)-\varphi^\ominus(Zn^{2+}/Zn)$$

$$0.7626\ V=0\ V-\varphi^\ominus(Zn^{2+}/Zn)$$

所以　　$\varphi^\ominus(Zn^{2+}/Zn)=-0.7626\ V$

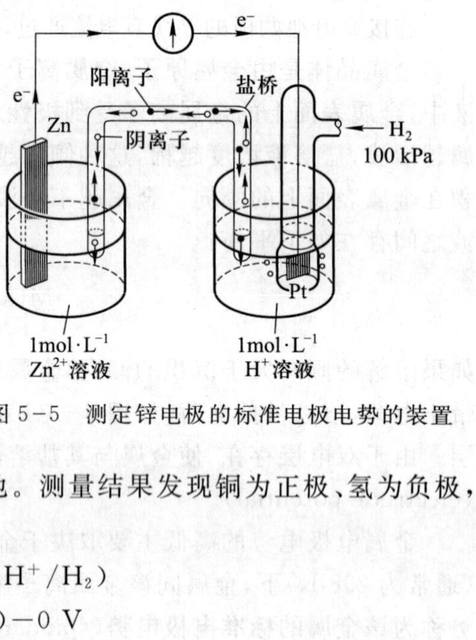

图 5-5　测定锌电极的标准电极电势的装置

如果要测定铜电极的标准电极电势，同样可用盐桥把标准铜电极和标准氢电极连接起来，组成铜氢原电池。测量结果发现铜为正极、氢为负极，电动势为 0.340 V。则

$$E^\ominus=\varphi^\ominus(Cu^{2+}/Cu)-\varphi^\ominus(H^+/H_2)$$

$$0.340\ V=\varphi^\ominus(Cu^{2+}/Cu)-0\ V$$

$$\varphi^\ominus(Cu^{2+}/Cu)=0.340\ V$$

表 5-1 列出了一些物质在 298 K 酸性溶液中的标准电极电势。较详细的标准电极电势见附录十四。

表 5-1　标准电极电势(298 K)

电极反应			$\varphi^{\ominus}/V$
	氧化态+电子数 $\rightleftharpoons$ 还原态		
弱氧化剂	$Li^{+}+e^{-} \rightleftharpoons Li$	强还原剂	-3.045
↓氧化能力依次增强	$Zn^{2+}+2e^{-} \rightleftharpoons Zn$	↑还原能力依次增强	-0.7626
	$Fe^{2+}+2e^{-} \rightleftharpoons Fe$		-0.440
	$Sn^{2+}+2e^{-} \rightleftharpoons Sn$		-0.136
	$Pb^{2+}+2e^{-} \rightleftharpoons Pb$		-0.125
	$2H^{+}+2e^{-} \rightleftharpoons H_2$		0.000
	$Sn^{4+}+2e^{-} \rightleftharpoons Sn^{2+}$		0.151
	$Cu^{2+}+2e^{-} \rightleftharpoons Cu$		0.340
	$I_2+2e^{-} \rightleftharpoons 2I^{-}$		0.536
	$Fe^{3+}+e^{-} \rightleftharpoons Fe^{2+}$		0.771
强氧化剂	$Br_2(l)+2e^{-} \rightleftharpoons 2Br^{-}$	弱还原剂	1.087
	$Cr_2O_7^{2-}+14H^{+}+6e^{-} \rightleftharpoons 2Cr^{3+}+7H_2O$		1.36
	$Cl_2+2e^{-} \rightleftharpoons 2Cl^{-}$		1.396
	$MnO_4^{-}+8H^{+}+5e^{-} \rightleftharpoons Mn^{2+}+4H_2O$		1.51
	$F_2+2e^{-} \rightleftharpoons 2F^{-}$		2.87

对表 5-1 作几点说明：

(1) 该表是按照 $\varphi^{\ominus}$ 代数值从小到大顺序编排的。$\varphi^{\ominus}$ 越小，表明电对的还原态越易给出电子，即该还原态就是越强的还原剂；$\varphi^{\ominus}$ 越大，表明电对的氧化态越易得到电子，即该氧化态就是越强的氧化剂。因此，电势表左边的氧化态物质的氧化能力从上到下逐渐增强；右边的还原态物质的还原能力从下到上逐渐增强。

(2) $\varphi^{\ominus}$ 反映物质得失电子倾向的大小，是强度量，与物质的数量无关。因此，电极反应式乘以任何常数时，$\varphi^{\ominus}$ 不变。另外，电对的氧化态和还原态不会因电极反应进行的方向改变而改变，因此，将电极反应颠倒过来写，$\varphi^{\ominus}$ 也不变。例如：

$$Zn^{2+}+2e^{-} \rightleftharpoons Zn \qquad \varphi^{\ominus}=-0.7626\ V$$
$$2Zn^{2+}+4e^{-} \rightleftharpoons 2Zn \qquad \varphi^{\ominus}=-0.7626\ V$$
$$Zn \rightleftharpoons Zn^{2+}+2e^{-} \qquad \varphi^{\ominus}=-0.7626\ V$$

(3) 为了便于查阅，在附录十四中把电极电势分排成两个表——酸表和碱表。如若电极反应在酸性溶液中进行，则在酸表中查阅；如若电极反应在碱性溶液中进行，则在碱表中查阅。有些电极反应与溶液的酸度无关，如 $Cl_2+2e^{-} \rightleftharpoons 2Cl^{-}$，也列在酸表中。

5.3.3　能斯特方程

标准电极电势是在标准态及温度通常为 298 K 时测得的。如果浓度和温度改变了，电极电势也就跟着改变。电极电势 φ 与浓度、温度间的定量关系可由**能斯特方程**(Nernst Equation)给出。对电极反应：

$$氧化态+ze^{-} \rightleftharpoons 还原态$$

能斯特方程为

$$\varphi=\varphi^{\ominus}-\frac{RT}{zF}\ln\frac{a(\text{还原态})^{①}}{a(\text{氧化态})} \tag{5-2}$$

或

$$\varphi=\varphi^{\ominus}-\frac{2.303\,RT}{zF}\lg\frac{a(\text{还原态})}{a(\text{氧化态})} \tag{5-3}$$

式中：R 为摩尔气体常数；F 为法拉第常数(96 485 $C\cdot mol^{-1}$)；T 为热力学温度；z 为电极反应得失的电子数；a(还原态)和 a(氧化态)分别表示电极反应式中还原态物质和氧化态物质的活度。在第二章讨论范托夫等温方程时已指出：如果是稀溶液，$a=c/c^{\ominus}$(因 $c^{\ominus}=1\ mol\cdot L^{-1}$，它不会影响计算值，为了简便，在能斯特方程中可不必列入)；如果是压力较低的气体，$a=p/p^{\ominus}$；如果是固体或纯液体，$a=1$。另外，活度的方次应等于该物质在电极反应式中化学计量数的绝对值。

当温度为 298 K 时，将各常数值代入式(5-3)，可得

$$\varphi=\varphi^{\ominus}-\frac{0.059\,2\ V}{z}\lg\frac{a(\text{还原态})^{②}}{a(\text{氧化态})} \tag{5-4}$$

例 5-5 列出下列电极反应在 298 K 时的电极电势计算式。

(1) $I_2(s)+2e^- \rightleftharpoons 2I^-$ $\varphi^{\ominus}=0.536\ V$

(2) $Cr_2O_7^{2-}+14H^++6e^- \rightleftharpoons 2Cr^{3+}+7H_2O$ $\varphi^{\ominus}=1.36\ V$

(3) $PbCl_2(s)+2e^- \rightleftharpoons Pb+2Cl^-$ $\varphi^{\ominus}=-0.268\ V$

(4) $O_2(g)+4H^++4e^- \rightleftharpoons 2H_2O$ $\varphi^{\ominus}=1.229\ V$

解 代入式(5-4)，可得

(1) $\varphi_1=0.536\ V-\frac{0.059\,2\ V}{2}\lg c^2(I^-)$

(2) $\varphi_2=1.36\ V-\frac{0.059\,2\ V}{6}\lg\frac{c^2(Cr^{3+})}{c(Cr_2O_7^{2-})\cdot c^{14}(H^+)}$

(3) $\varphi_3=-0.268\ V-\frac{0.059\,2\ V}{2}\lg c^2(Cl^-)$

(4) $\varphi_4=1.229\ V-\frac{0.059\,2\ V}{4}\lg\frac{1}{[p(O_2)/p^{\ominus}]\cdot c^4(H^+)}$

例 5-6 已知电极反应

$$NO_3^-+4H^++3e^- \rightleftharpoons NO+2H_2O$$

$\varphi^{\ominus}(NO_3^-/NO)=0.957\ V$。求 $c(NO_3^-)=1.0\ mol\cdot L^{-1}$，$p(NO)=100\ kPa$，$c(H^+)=1.0\times10^{-7}\ mol\cdot L^{-1}$时的 $\varphi(NO_3^-/NO)$。

解 $\varphi(NO_3^-/NO)=\varphi^{\ominus}(NO_3^-/NO)-\frac{0.059\,2\ V}{3}\lg\frac{p(NO)/p^{\ominus}}{c(NO_3^-)\cdot c^4(H^+)}$

---

① 电对在不同温度下有不同的 $\varphi^{\ominus}$，因此若用能斯特方程计算 T 温度下的 φ，要用 $\varphi_T^{\ominus}$(而不能用 $\varphi_{298}^{\ominus}$)代入方程进行计算。

② 由于电极电势讨论的系统限于水溶液，在水溶液中不允许温度高于 100 ℃或低于 0 ℃，一般都在室温(25 ℃)下进行，所以该式是最常用的公式。遇到没有指明温度的系统，一般也可直接用此式计算。

$$=0.957\ V-\frac{0.059\ 2\ V}{3}\lg\frac{100/100}{1.0\times(1.0\times10^{-7})^4}$$

$$=0.957\ V-0.55\ V=0.41\ V$$

从上例计算结果可见，NO_3^- 的氧化能力随酸度的降低而降低。所以在高酸度溶液中 NO_3^- 是很强的氧化剂，而中性的硝酸盐（如 KNO_3）溶液氧化能力很弱。但是，对于没有 H^+（或 OH^-）参加的电极反应（如 $I_2+2e^- \rightleftharpoons 2I^-$），溶液的酸度就不会影响其电极电势。

5.3.4 原电池的电动势与 $\Delta_r G$ 的关系

在第二章讨论吉布斯自由能时曾经指出，在等温等压过程中，系统吉布斯自由能的减少等于系统对外所做的最大有用功。对电池反应来说，就是指最大电功（W_E），则

$$-\Delta_r G=W_E$$

W_E 等于电池的电动势 E 乘以所通过的电荷量 Q，即

$$W_E=Q\cdot E$$

如果 z mol 电子通过外电路，其电荷量为

$$Q=zF$$

F 为法拉第常数。所以

$$-\Delta_r G=W_E=Q\cdot E=zFE$$

或

$$\Delta_r G=-zFE \tag{5-5}$$

若反应处于标准态，则得

$$\Delta_r G^\ominus=-zFE^\ominus \tag{5-6}$$

式(5-5)和式(5-6)将反应的吉布斯自由能变和电池电动势联系起来，因此可进行它们之间的相互换算。

例 5-7 若把下列反应排成电池，求电池的 $E^\ominus$ 及反应的 $\Delta_r G^\ominus$。

$$Cr_2O_7^{2-}+6Cl^-+14H^+ = 2Cr^{3+}+3Cl_2+7H_2O$$

解 正极电极反应

$$Cr_2O_7^{2-}+14H^++6e^- \longrightarrow 2Cr^{3+}+7H_2O \qquad \varphi^\ominus=1.36\ V$$

负极电极反应

$$2Cl^- \longrightarrow Cl_2+2e^- \qquad \varphi^\ominus=1.396\ V$$

所以

$$E^\ominus=\varphi^\ominus_{正}-\varphi^\ominus_{负}=1.36\ V-1.396\ V=-0.04\ V$$

$$\Delta_r G^\ominus=-zFE^\ominus=-6\times96\ 500\ C\cdot mol^{-1}\times(-0.04\ V)$$

$$=2\times10^4\ J\cdot mol^{-1}$$

$E^\ominus<0$ 和 $\Delta_r G^\ominus>0$ 均说明该反应在标准态下不能正向进行，而是逆向进行。

例 5-8 利用热力学函数数据计算 $\varphi^\ominus(Zn^{2+}/Zn)$的值。

解 可以利用式(5-6)求算 $\varphi^\ominus(Zn^{2+}/Zn)$。为此,需将电对 Zn^{2+}/Zn 与另一电对组成原电池,为计算方便最好选择 H^+/H_2。则该电池反应式为

$$Zn + 2H^+ \longrightarrow Zn^{2+} + H_2$$

查附录二,得各物质的 $\Delta_f G^\ominus$ 值

	Zn	H^+	Zn^{2+}	H_2
$\Delta_f G^\ominus/(kJ\cdot mol^{-1})$	0	0	−147.1	0

$$\Delta_r G^\ominus = -147.1\ kJ\cdot mol^{-1}$$

$$E^\ominus = -\frac{\Delta_r G^\ominus}{zF} = \frac{-(-147.1\times 10^3)\ J\cdot mol^{-1}}{2\times 96\,500\ C\cdot mol^{-1}} = 0.762\ V$$

又 $$E^\ominus = \varphi^\ominus_{正} - \varphi^\ominus_{负} = \varphi^\ominus(H^+/H_2) - \varphi^\ominus(Zn^{2+}/Zn) = 0.762\ V$$

所以 $$\varphi^\ominus(Zn^{2+}/Zn) = -0.762\ V$$

可见电极电势也可利用热力学函数求得,并非一定要用测量原电池电动势的方法得到。

5.4 电极电势的应用

电极电势应用很广,除上一节介绍的用来计算氧化还原反应的 ΔG 外,它还用于以下几个方面。

5.4.1 计算原电池的电动势

应用标准电极电势表和能斯特方程,可算出原电池的电动势,并由此推出电池反应式。

例 5-9 计算下列原电池在 298 K 时的电动势,并标明正、负极,写出电池反应式。

$$Cd|Cd^{2+}(0.10\ mol\cdot L^{-1}) \,\|\, Sn^{4+}(0.10\ mol\cdot L^{-1}),Sn^{2+}(0.001\,0\ mol\cdot L^{-1})|Pt$$①

解 与该原电池有关的电极反应及其标准电极电势为

$$Cd^{2+} + 2e^- \rightleftharpoons Cd \qquad \varphi^\ominus(Cd^{2+}/Cd) = -0.4025\ V$$

$$Sn^{4+} + 2e^- \rightleftharpoons Sn^{2+} \qquad \varphi^\ominus(Sn^{4+}/Sn^{2+}) = 0.151\ V$$

将各物质相应的浓度代入能斯特方程:

$$\begin{aligned}\varphi(Cd^{2+}/Cd) &= \varphi^\ominus(Cd^{2+}/Cd) - \frac{0.059\,2\ V}{2}\lg\frac{1}{c(Cd^{2+})}\\ &= -0.4025\ V - \frac{0.059\,2\ V}{2}\lg\frac{1}{0.10}\\ &= -0.432\ V\end{aligned}$$

$$\begin{aligned}\varphi(Sn^{4+}/Sn^{2+}) &= \varphi^\ominus(Sn^{4+}/Sn^{2+}) - \frac{0.059\,2\ V}{2}\lg\frac{c(Sn^{2+})}{c(Sn^{4+})}\\ &= 0.151\ V - \frac{0.059\,2\ V}{2}\lg\frac{0.001\,0}{0.10}\\ &= 0.210\ V\end{aligned}$$

① 若电对由两种离子或者由离子和气体组成,因缺导电体,需在溶液中插入惰性金属(一般选用 Pt)来导电。

由于 $\varphi(Sn^{4+}/Sn^{2+}) > \varphi(Cd^{2+}/Cd)$，所以电对 Sn^{4+}/Sn^{2+} 为正极，电对 Cd^{2+}/Cd 为负极。电池电动势 E 为

$$E=\varphi_{正}-\varphi_{负}=0.210\ \text{V}-(-0.432\ \text{V})=0.642\ \text{V}$$

正极发生还原反应：

$$Sn^{4+}+2e^- \longrightarrow Sn^{2+}$$

负极发生氧化反应：

$$Cd \longrightarrow Cd^{2+}+2e^-$$

两电极反应相加，消去电子，即得电池反应：

$$Sn^{4+}+Cd \longrightarrow Sn^{2+}+Cd^{2+}$$

电池电动势也可直接利用下式求得

$$E=E^{\ominus}-\frac{0.059\,2\ \text{V}}{z}\lg Q \tag{5-7}$$

该式推导如下：

因为 $$\Delta_r G=\Delta_r G^{\ominus}+RT\ \ln Q$$

将式(5-5)和式(5-6)代入上式，得

$$-zFE=-zFE^{\ominus}+RT\ \ln Q$$

$$E=E^{\ominus}-\frac{RT}{zF}\ln Q$$

将有关常数及 T 为 298 K 代入上式，即得式(5-7)。若用该式来计算例 5-9 电池的电动势，则为

$$\begin{aligned}E&=[0.151-(-0.4025)]\ \text{V}-\frac{0.059\,2\ \text{V}}{2}\lg\frac{c(Sn^{2+})\cdot c(Cd^{2+})}{c(Sn^{4+})}\\&=0.554\ \text{V}-\frac{0.059\,2\ \text{V}}{2}\lg\frac{0.001\,0\times0.10}{0.10}\\&=0.554\ \text{V}-\frac{0.059\,2\ \text{V}}{2}\times(-3)\\&=0.554\ \text{V}+0.089\ \text{V}=0.643\ \text{V}\end{aligned}$$

例 5-10 把下列反应排成原电池，并计算该原电池的电动势。已知 $\varphi^{\ominus}(Fe^{3+}/Fe^{2+})=0.771$ V，$\varphi^{\ominus}(Sn^{4+}/Sn^{2+})=0.151$ V。

$$2Fe^{3+}(0.10\ \text{mol·L}^{-1})+Sn^{2+}(0.010\ \text{mol·L}^{-1}) \longrightarrow 2Fe^{2+}(0.10\ \text{mol·L}^{-1})+Sn^{4+}(0.20\ \text{mol·L}^{-1})$$

解 $$\begin{aligned}E&=E^{\ominus}-\frac{0.059\,2\ \text{V}}{2}\lg\frac{c^2(Fe^{2+})\cdot c(Sn^{4+})}{c^2(Fe^{3+})\cdot c(Sn^{2+})}\\&=(0.771-0.151)\ \text{V}-\frac{0.059\,2\ \text{V}}{2}\lg\frac{0.10^2\times0.20}{0.10^2\times0.010}\\&=0.620\ \text{V}-0.039\ \text{V}=0.581\ \text{V}\end{aligned}$$

电池符号为

$$(-)Pt|Sn^{2+}(0.010\ \text{mol·L}^{-1}),Sn^{4+}(0.20\ \text{mol·L}^{-1})\ \|\ Fe^{3+}(0.10\ \text{mol·L}^{-1}),Fe^{2+}(0.10\ \text{mol·L}^{-1})|Pt(+)$$

5.4.2 判断氧化还原反应进行的方向

例 5-10 其实已经为判断氧化还原反应进行的方向提供了方法。这就是把氧化还原反应排成原电池，并计算原电池的电动势。如果 $E>0$，说明该氧化还原反应可以按原指定的方向进行；如果 $E<0$，说明该氧化还原反应不能按原指定方向进行（而是按逆方向进行）。

实际上用氧化剂和还原剂相对强弱来判断氧化还原反应的方向有时更方便。例如，欲判断例 5-10 的反应能否自左向右进行，只要比较它们有关的电极电势，因为 $\varphi(Fe^{3+}/Fe^{2+})>\varphi(Sn^{4+}/Sn^{2+})$，这说明在该反应系统中作为氧化剂的 Fe^{3+} 和 Sn^{4+} 中，Fe^{3+} 是较强的氧化剂；作为还原剂的 Fe^{2+} 和 Sn^{2+} 中，Sn^{2+} 是较强的还原剂。在氧化还原反应中，总是较强的氧化剂和较强的还原剂相互作用，生成较弱的氧化剂和较弱的还原剂。所以，在该反应中是 Sn^{2+} 给出电子，而 Fe^{3+} 接受电子，故上述反应能自发地自左向右进行。

由于电势表是按 $\varphi^{\ominus}$ 由低到高依次排列的，如果在电势表上找出任意两电对，并令它们 $\varphi^{\ominus}$ 高低排列的次序与电势表一致：

$$\text{氧化态}_1 + z\text{e}^- \rightleftharpoons \text{还原态}_1 \qquad \varphi^{\ominus}\text{代数值小}$$

$\varphi^{\ominus}$ 由低到高排列

$$\text{氧化态}_2 + z\text{e}^- \rightleftharpoons \text{还原态}_2 \qquad \varphi^{\ominus}\text{代数值大}$$

则可发现，凡是符合虚线所标示的对角线关系的物质之间反应都能自发进行。因此，可以得出这样的结论：如果反应系统各物质都处于标准态时，从热力学上讲电势表左下方的物质（相对地讲，是较强的氧化剂）能和右上方的物质（相对地讲，是较强的还原剂）发生反应，亦即在表中凡符合上述对角线关系的物质都能互相发生反应。不符合此对角线关系的物质就不能自发地反应。

例 5-11 判断下列反应能否在标准态下进行。

$$I_2 + 2Fe^{2+} = 2Fe^{3+} + 2I^-$$

解 从电势表上查出电对 Fe^{3+}/Fe^{2+} 和 I_2/I^- 的 $\varphi^{\ominus}$。并由低到高排列如下：

$$I_2 + 2e^- \rightleftharpoons 2I^- \qquad 0.536\ \text{V}$$

$\varphi^{\ominus}$ 由低到高排列

$$Fe^{3+} + e^- \rightleftharpoons Fe^{2+} \qquad 0.771\ \text{V}$$

可见 I_2 和 Fe^{2+} 不符合对角线关系，上述反应不能自发进行。但是 Fe^{3+} 和 I^- 符合对角线关系，则说明其逆反应可自发进行。

上例反应的方向是用 $\varphi^{\ominus}$ 来判断的，但 $\varphi^{\ominus}$ 只适用于标准态。实际上大部分的反应条件是非标准态，因此严格地说，应该用 φ 而不是 $\varphi^{\ominus}$ 来判断反应的方向。不过，浓度对 φ 的影响不大，因浓度取对数后，再乘上一个很小的系数（$0.059\,2/z$）才影响 φ。所以，当两标准电极电势差大于 0.2 V 时，就可直接用 $\varphi^{\ominus}$ 来判断，只有当差值小于 0.2 V 时，才需考虑浓度的影响。但应注意，如果电极反应中还包含 H^+ 或 OH^- 时，介质的酸碱性对 φ 影响很显著（见例 5-6）①，这时，应当

① 作为反应介质的 H^+ 和 OH^-，其浓度变化的幅度可以非常大。例如，它们的浓度从 $1\ \text{mol}\cdot\text{L}^{-1}$ 到 $10^{-14}\ \text{mol}\cdot\text{L}^{-1}$ 都是有意义的。但是在一般的氧化还原反应中，作为得失电子的氧化剂和还原剂，其浓度很少低于 $10^{-3}\ \text{mol}\cdot\text{L}^{-1}$，否则就没有太大的实际意义。

用 φ 而不能用 $\varphi^{\ominus}$ 来判断反应的方向。

例 5-12 判断反应

$$Pb^{2+} + Sn \rightleftharpoons Pb + Sn^{2+}$$

能否在下列条件下进行。

(1) $c(Pb^{2+}) = c(Sn^{2+}) = 1.0\ mol \cdot L^{-1}$

(2) $c(Pb^{2+}) = 0.10\ mol \cdot L^{-1}$, $c(Sn^{2+}) = 2.0\ mol \cdot L^{-1}$

解 (1) $Sn^{2+} + 2e^- \rightleftharpoons Sn \qquad \varphi^{\ominus} = -0.136\ V$

$Pb^{2+} + 2e^- \rightleftharpoons Pb \qquad \varphi^{\ominus} = -0.125\ V$

因 Sn 和 Pb^{2+} 符合对角线关系，所以上述反应可自发进行。

(2)
$$\varphi(Pb^{2+}/Pb) = -0.125\ V - \frac{0.059\ 2\ V}{2}\lg\frac{1}{0.10} = -0.155\ V$$

$$\varphi(Sn^{2+}/Sn) = -0.136\ V - \frac{0.059\ 2\ V}{2}\lg\frac{1}{2.0} = -0.145\ V$$

即 $Pb^{2+} + 2e^- \rightleftharpoons Pb \qquad \varphi = -0.155\ V$

$Sn^{2+} + 2e^- \rightleftharpoons Sn \qquad \varphi = -0.145\ V$

Pb^{2+} 和 Sn 不符合对角线关系，故不能反应。

例 5-13 金溶于王水有关的标准电极电势为

$Au^{3+} + 3e^- \rightleftharpoons Au \qquad \varphi^{\ominus} = 1.52\ V$

$AuCl_4^- + 3e^- \rightleftharpoons Au + 4Cl^- \qquad \varphi^{\ominus} = 1.002\ V$

$NO_3^- + 4H^+ + 3e^- \rightleftharpoons NO + 2H_2O \qquad \varphi^{\ominus} = 0.957\ V$

(1) 写出金与硝酸反应生成 Au^{3+} 和 NO 的反应方程式，计算其标准电动势，该反应能否自发进行？

(2) 写出金与盐酸反应生成 $AuCl_4^-$ 和 H_2 的反应方程式，计算其标准电动势，该反应能否自发进行？

(3) 写出金与硝酸和盐酸的混合酸反应生成 $AuCl_4^-$ 和 NO 的反应方程式，计算其标准电动势，该反应在标准态下能否自发进行？

(4) 利用能斯特方程式解释为什么浓硝酸和浓盐酸配成的王水能溶解金。

解 (1) $Au + NO_3^- + 4H^+ = Au^{3+} + NO + 2H_2O$

$$E^{\ominus} = \varphi^{\ominus}_{正} - \varphi^{\ominus}_{负} = (0.957 - 1.52)\ V = -0.56\ V < 0$$

反应不能自发进行。

(2) $Au + 3H^+ + 4Cl^- = AuCl_4^- + \frac{3}{2}H_2$

$$E^{\ominus} = \varphi^{\ominus}_{正} - \varphi^{\ominus}_{负} = (0 - 1.002)\ V = -1.002\ V < 0$$

反应不能自发进行。

(3) $Au + NO_3^- + 4H^+ + 4Cl^- = AuCl_4^- + NO + 2H_2O$

$$E^{\ominus} = \varphi^{\ominus}_{正} - \varphi^{\ominus}_{负} = (0.957 - 1.002)\ V = -0.045\ V < 0$$

反应在标准态下，不能自发进行。

(4) 因为 $\varphi(NO_3^-/NO)=\varphi^\ominus(NO_3^-/NO)-\frac{0.0592\ V}{3}\lg\frac{p(NO)/p^\ominus}{c(NO_3^-)\cdot c^4(H^+)}$，随 HNO_3 浓度增大，$\varphi(NO_3^-/NO)$ 升高；又因为 $\varphi(AuCl_4^-/Au)=\varphi^\ominus(AuCl_4^-/Au)-\frac{0.0592\ V}{3}\lg\frac{c^4(Cl^-)}{c(AuCl_4^-)}$，随 HCl 浓度增大，$\varphi(AuCl_4^-/Au)$ 降低。由(3)题计算可知，在标准态下 $\varphi^\ominus(NO_3^-/NO)$ 只稍小于 $\varphi^\ominus(AuCl_4^-/Au)$，由浓硝酸和浓盐酸配成的王水，可造成 $E=\varphi(NO_3^-/NO)-\varphi(AuCl_4^-/Au)>0$，所以反应能正向进行。

拓展知识：

生物体内的活性氧

生物机体在代谢过程中，会产生一些具有强氧化性的中间体(如 O_2^-，H_2O_2 等)，称为活性氧中间体(简称活性氧)。虽然它们是生物反应的中间体，在机体内存在的浓度极低，寿命很短，但是它与人类健康却密切相关，是当前生命科学研究的热点之一。

在正常情况下，活性氧的产生、利用、清除三者之间处于平衡状态，以保持生命活动所需要的低浓度水平。在此状态下，活性氧不仅不会损伤机体，反而会直接或间接地发挥对机体有益的生物效应，如解毒功能、吞噬细胞、杀菌作用等。但是，在某些病理条件下，若造成活性氧产生作用增强或者清除作用减弱，当它的浓度超过限度时，就会起着有害作用。由于活性氧具有强氧化性，能氧化组成细胞膜和其他重要组织的脂类分子，而受到伤害的细胞膜不能保护细胞对抗疾病，被氧化了的心脏和神经细胞可能失去其功能。最近研究表明，活性氧伤害活细胞在衰老过程中起着主要作用。当核酸如 DNA 和 RNA 受到活性氧攻击后，就不能正常地复制，从而加快衰老和死亡。

超氧离子(O_2^-)是生物体内最重要的活性氧，它是氧分子在生物体内获得一个电子的产物。因它含有未成对电子，故又称为氧自由基(自由基书写习惯，往往把它的未成对电子也表示出来，如将 O_2^- 写成$\cdot O_2^-$)。O_2^- 也是生物体内其他活性氧(如 $HO_2\cdot$，H_2O_2，$\cdot OH$ 等)产生的基础物质。在正常的生理条件下，超氧离子生理浓度约为 $10^{-12}\ mol\cdot L^{-1}$。当病症造成其浓度升高时，可通过抗氧化剂来消除。超氧化物歧化酶(SOD)是机体内一种能催化 O_2^- 发生歧化反应的重要抗氧化剂。含有 Cu^{2+} 和 Zn^{2+} 的 SOD 是最重要的超氧化物歧化酶。研究发现，其中 Cu^{2+} 是 SOD 具有催化活性的关键。从下列有关电极电势中

$$O_2+e^- \rightleftharpoons O_2^- \qquad -0.36\ V$$

$$SOD\text{-}Cu^{2+}+e^- \rightleftharpoons SOD\text{-}Cu^+ \qquad 0.42\ V$$

$$O_2^-+2H^++e^- \rightleftharpoons H_2O_2 \qquad 0.90\ V$$

利用对角线关系，可以看出其催化机理可能是

$$SOD-Cu^{2+} + O_2^- \longrightarrow SOD-Cu^+ + O_2$$

$$SOD-Cu^+ + O_2^- + 2H^+ \longrightarrow SOD-Cu^{2+} + H_2O_2$$

两式相加，可得 $$2O_2^- + 2H^+ \xrightarrow{SOD-Cu^{2+}} H_2O_2 + O_2$$

除 SOD 外，体内存在的 VA，VC，VE 和一组称为辅酶 Q 的化合物也都有抗氧化能力。辅酶 Q 的结构通式为

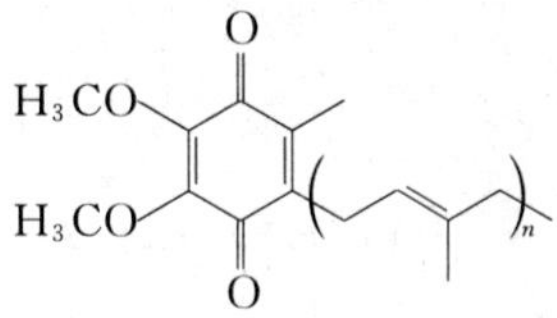

$n=6,8,10$

一些天然小分子药物，如黄酮类物质、茶多酚、茶碱和咖啡因等也具有抗氧化能力。因此，常食用含有上述物质的新鲜水果、绿叶蔬菜等天然食品和经常饮茶，都可以增强机体的抗氧化和抗衰老能力。

有害的环境，如紫外辐射、空气污染、劣质食品、吸烟等都会引起活性氧升高，氧化作用增强。在太阳光下长时间曝晒导致皮肤过早老化，嗜烟者易患肺癌，就是活性氧导致伤害的两种最常见的现象。

5.4.3 选择氧化剂和还原剂

在实验室中常会遇到这种情况，在一混合系统中，需对其中某一组分进行选择性氧化（或还原），而要求不氧化（或还原）其他组分，这时只有选择适当的氧化剂（或还原剂）才能达到目的。

例如，在标准态下，什么氧化剂可以氧化 I^-，而不氧化 Br^- 和 Cl^-？

从电极电势表中查得有关电对的电极电势：

$$I_2 + 2e^- \rightleftharpoons 2I^- \qquad \varphi^\ominus = 0.536\ V$$

$$Br_2 + 2e^- \rightleftharpoons 2Br^- \qquad \varphi^\ominus = 1.087\ V$$

$$Cl_2 + 2e^- \rightleftharpoons 2Cl^- \qquad \varphi^\ominus = 1.390\ V$$

如果要使某一氧化剂，只能氧化 I^-，而不能氧化 Cl^- 和 Br^-，则该氧化剂的电极电势必须为 0.536～1.087 V。如果小于 0.536 V，虽然不能氧化 Br^- 和 Cl^-，但是也不能氧化 I^-；如果大于 1.087 V，则 Br^- 也会被氧化；如果大于 1.396 V，则 Cl^- 和 Br^- 都会被氧化。电极电势为 0.536～1.087 V 的氧化剂有 Fe^{3+}[$\varphi^\ominus(Fe^{3+}/Fe^{2+})=0.771$ V]，HNO_2[$\varphi^\ominus(HNO_2/NO)=0.996$ V]等。实际上在实验室里，I^-，Br^- 和 Cl^- 同时存在时，氧化 I^- 就是常选用 $Fe_2(SO_4)_3$ 或 $NaNO_2$ 加酸作为氧化剂。

例 5-14 已知 $\varphi^{\ominus}(MnO_4^-/Mn^{2+})=1.51\ V$，$\varphi^{\ominus}(Br_2/Br^-)=1.087\ V$，$\varphi^{\ominus}(Cl_2/Cl^-)=1.396\ V$。欲使 Br^- 和 Cl^- 混合液中 Br^- 被 MnO_4^- 氧化，而 Cl^- 不被氧化，溶液 pH 应控制在什么范围(假定系统中除 H^+ 外，其他物质均处于标准态)？

解 MnO_4^- 的电极反应为

$$MnO_4^- + 8H^+ + 5e^- \rightleftharpoons Mn^{2+} + 4H_2O$$

所以它的 φ 与 $c(H^+)$ 的关系为

$$\varphi = \varphi^{\ominus} - \frac{0.059\,2\ V}{z}\lg\frac{c(Mn^{2+})}{c(MnO_4^-)\cdot c^8(H^+)}$$

$$= 1.51\ V + \frac{0.059\,2\ V\times 8}{5}\lg c(H^+)$$

MnO_4^- 氧化 Br^-，要求 $\varphi(MnO_4^-/Mn^{2+}) > 1.087\ V$

即
$$1.51\ V + \frac{0.059\,2\ V\times 8}{5}\lg c(H^+) > 1.087\ V$$

解得 $\qquad \lg c(H^+) > -4.47 \qquad pH < 4.47$

MnO_4^- 不氧化 Cl^-，要求 $\varphi(MnO_4^-/Mn^{2+}) < 1.396\ V$

同理可得 $\qquad pH > 1.20$

所以，应控制 pH 在 1.20～4.47。

5.4.4 判断氧化还原反应进行的次序

从实验中知道 I^- 和 Br^- 都能被 Cl_2 氧化。假如逐滴加氯水于含有 I^- 和 Br^- 的混合液中，哪一种先被氧化？实验事实告诉我们：Cl_2 先氧化 I^-，后氧化 Br^-。查电极电势表可得

$$\left.\begin{array}{l}\varphi^{\ominus}(I_2/I^-)=0.536\ V\\ \left.\begin{array}{l}\varphi^{\ominus}(Br_2/Br^-)=1.087\ V\\ \varphi^{\ominus}(Cl_2/Cl^-)=1.396\ V\end{array}\right\}0.309\ V\end{array}\right\}0.860\ V$$

由于 $\varphi^{\ominus}(Cl_2/Cl^-)-\varphi^{\ominus}(I_2/I^-)=0.860\ V$，$\varphi^{\ominus}(Cl_2/Cl^-)-\varphi^{\ominus}(Br_2/Br^-)=0.309\ V$，可见电极电势差值越大，越先被氧化。所以，一种氧化剂可以氧化几种还原剂时，首先氧化最强的还原剂。同理，还原剂首先还原最强的氧化剂。必须指出，上述判断只有在有关的氧化还原反应速率足够快的情况下才正确。这也就是说，当氧化还原反应的产物是由化学平衡而不是由反应速率控制的情况下，才能作出这样的判断。

5.4.5 判断氧化还原反应进行的程度

水溶液中的氧化还原反应都是可逆反应，反应进行到一定程度就可达到平衡。例如，反应：

$$Cu^{2+} + Zn \rightleftharpoons Zn^{2+} + Cu$$

在达到平衡时，生成物的浓度和反应物的浓度存在如下关系：

$$\frac{[Zn^{2+}]}{[Cu^{2+}]} = K^{\ominus}$$

$K^{\ominus}$ 为氧化还原反应的标准平衡常数。它可由相应的原电池标准电动势求得。因为

$$\Delta_r G^\ominus = -RT\ln K^\ominus = -2.303\ RT\lg K^\ominus$$

$$\Delta_r G^\ominus = -zFE^\ominus$$

两式合并，得

$$-zFE^\ominus = -2.303\ RT\lg K^\ominus$$

$$\lg K^\ominus = \frac{zFE^\ominus}{2.303\ RT} \tag{5-8}$$

若反应在 298 K 时进行，并把有关常数代入，可得

$$\lg K^\ominus = \frac{zE^\ominus}{0.059\ 2\ \mathrm{V}} \tag{5-9}$$

求得氧化还原反应的平衡常数，就可判断氧化还原反应进行的程度。

例 5-15 在 0.10 mol·L^{-1} $CuSO_4$ 溶液中投入 Zn 粒，求反应达平衡后溶液中 Cu^{2+} 的浓度。

解 反应

$$\mathrm{Cu^{2+} + Zn \rightleftharpoons Zn^{2+} + Cu}$$

由于 $\varphi^\ominus(\mathrm{Cu^{2+}/Cu}) = 0.340$ V，为正极；$\varphi^\ominus(\mathrm{Zn^{2+}/Zn}) = -0.762\ 6$ V，为负极。所以

$$E^\ominus = \varphi^\ominus_{正} - \varphi^\ominus_{负} = 0.340\ \mathrm{V} - (-0.762\ 6\ \mathrm{V}) = 1.103\ \mathrm{V}$$

$$\lg K^\ominus = \frac{zE^\ominus}{0.059\ 2\ \mathrm{V}} = \frac{2\times 1.103\ \mathrm{V}}{0.059\ 2\ \mathrm{V}} = 37.3$$

$$K^\ominus = 2\times 10^{37}$$

$K^\ominus$ 如此之大，说明该反应进行得很完全，在平衡时 $[\mathrm{Zn^{2+}}] = 0.10$ mol·L^{-1}。

因为

$$K^\ominus = \frac{[\mathrm{Zn^{2+}}]}{[\mathrm{Cu^{2+}}]} = 2\times 10^{37}$$

所以

$$[\mathrm{Cu^{2+}}] = \frac{0.10\ \mathrm{mol\cdot L^{-1}}}{2\times 10^{37}} = 5\times 10^{-39}\ \mathrm{mol\cdot L^{-1}}$$

5.4.6 测定某些化学常数

沉淀、弱电解质、配合物等的形成，会造成溶液中某些离子浓度降低。若将此离子与其相对应的还原态或氧化态组成电对，测定其电极电势，即可计算出溶液中该离子的浓度，从而可进一步算出难溶电解质的溶度积常数、弱酸或弱碱的解离常数、配合物的稳定常数等。

例 5-16 为了测定 AgCl 的 $K^\ominus_{sp}$，有人设计了如下原电池：

$$(-)\mathrm{Ag, AgCl}\,|\,\mathrm{Cl^-}(0.010\ \mathrm{mol\cdot L^{-1}}) \,\|\, \mathrm{Ag^+}(0.010\ \mathrm{mol\cdot L^{-1}})\,|\,\mathrm{Ag}(+)$$

并测得其 E 为 0.34 V。试计算 AgCl 的 $K^\ominus_{sp}$。

解 设负极中与 AgCl 和 Cl^- 处于平衡状态的 Ag^+ 浓度为 x mol·L^{-1}，则

$$0.34\ \mathrm{V} = \varphi_{正} - \varphi_{负} = \left[\varphi^\ominus(\mathrm{Ag^+/Ag}) - 0.059\ 2\ \mathrm{V}\lg\frac{1}{0.010}\right] - \left[\varphi^\ominus(\mathrm{Ag^+/Ag}) - 0.059\ 2\ \mathrm{V}\lg\frac{1}{x}\right]$$

$$= 0.059\ 2\ \mathrm{V}\lg\frac{0.010}{x}$$

解得

$$x = 1.8\times 10^{-8}$$

所以

$$K^\ominus_{sp} = [\mathrm{Ag^+}][\mathrm{Cl^-}] = 1.8\times 10^{-8}\times 0.010 = 1.8\times 10^{-10}$$

例 5-17 25 ℃时，实验测得由 0.10 $mol\cdot L^{-1}$弱酸 HB 组成的氢电极($p_{H_2}=100$ kPa)和饱和甘汞电极①所组成的原电池的电动势为 0.452 V。试计算 HB 的解离常数 $K_a^\ominus$。已知 25 ℃饱和甘汞电极的电极电势为 0.241 V。

解 因为 $E=\varphi(\text{甘汞})-\varphi(H^+/H_2)$

所以
$$0.452\ V=0.241\ V-\left(0\ V-\frac{0.059\,2\ V}{2}\lg\frac{1}{[H^+]^2}\right)$$

$$\lg[H^+]=\frac{0.241\ V-0.452\ V}{0.059\,2\ V}=-3.56$$

$$[H^+]=2.7\times10^{-4}\ mol\cdot L^{-1}$$

$$K_a^\ominus=\frac{[H^+][B^-]}{[HB]}=\frac{(2.7\times10^{-4})^2}{0.10}=7.4\times10^{-7}$$

5.5 元素电势图及其应用

如果一种元素具有多种氧化态，就可形成多对氧化还原电对。例如，铁有 0、+2 和+3 等氧化态，因此，有下列一些电对及相应的电极电势：

$$Fe^{2+}+2e^- \rightleftharpoons Fe \qquad \varphi^\ominus=-0.440\ V$$
$$Fe^{3+}+e^- \rightleftharpoons Fe^{2+} \qquad \varphi^\ominus=0.771\ V$$
$$Fe^{3+}+3e^- \rightleftharpoons Fe \qquad \varphi^\ominus=-0.036\,3\ V$$

为了便于比较各种氧化态的氧化还原性质，可以把它们的 $\varphi^\ominus$ 从高氧化态到低氧化态以图解的方式表示出来：

$$Fe^{3+}\ \xrightarrow{\ 0.771\ }\ Fe^{2+}\ \xrightarrow{\ -0.440\ }\ Fe$$
$$Fe^{3+}\ \xrightarrow[\quad\quad]{\ -0.036\,3\ }\ Fe$$

横线上的数字是电对 $\varphi^\ominus$，横线左端是电对的氧化态，右端是电对的还原态。这种表明元素各种氧化态之间标准电极电势的图叫做**元素电势图**。

根据溶液酸碱性不同，元素电势图可分为：酸性介质($[H^+]=1\ mol\cdot L^{-1}$)电势图 $\varphi_A^\ominus$(下标 A 代表酸性介质)和碱性介质($[OH^-]=1\ mol\cdot L^{-1}$)电势图 $\varphi_B^\ominus$(下标 B 代表碱性介质)两类。例如，锰元素在酸、碱性介质中的电势图为

---

① 饱和甘汞电极是实验室常用的参比电极。它具有电势稳定、制作容易、使用方便等优点。它在 298 K 时的电极电势为 0.241 2 V。其电极反应为

$$Hg_2Cl_2(s)+2e^- \rightleftharpoons 2Hg(s)+2Cl^-(aq)$$

电极符号为

$$Hg,Hg_2Cl_2|KCl(\text{饱和})$$

酸性介质($\varphi_A^\ominus$/V)

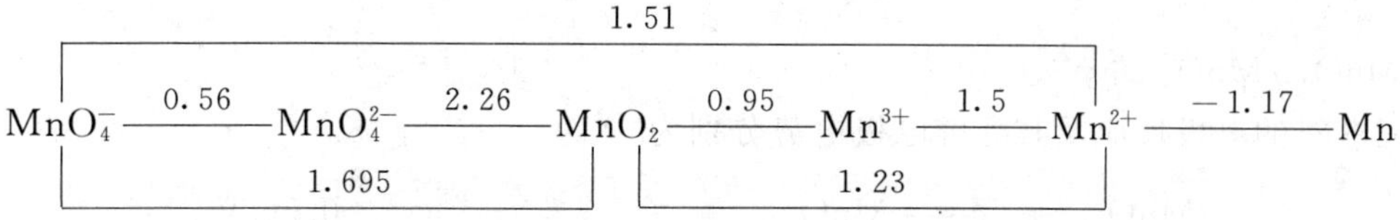

碱性介质($\varphi_B^\ominus$/V)

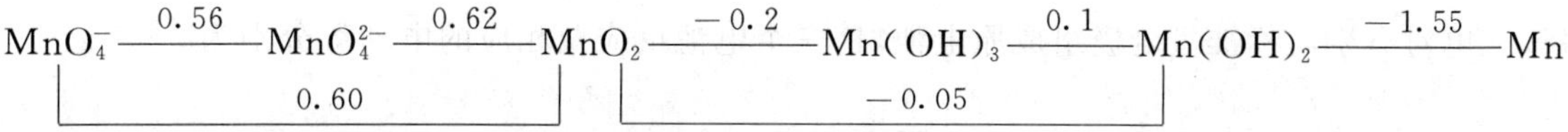

元素电势图在无机化学中主要应用有如下几方面。

(1) 比较元素各氧化态的氧化还原能力。例如,从锰电势图可见,在酸性介质中,MnO_4^-,MnO_4^{2-},MnO_2,Mn^{3+}都是较强的氧化剂。因为它们作为电对的氧化态时,$\varphi^\ominus$都较大。但在碱性介质中,它们的$\varphi^\ominus$都较小,表明它们在碱性溶液中氧化能力都较弱。在酸性介质中,电对氧化态以MnO_4^{2-}的$\varphi^\ominus$最大(2.26 V),是最强的氧化剂;电对还原态以Mn的$\varphi^\ominus$最小(−1.17 V),是最强的还原剂。

(2) 判断元素某氧化态能否发生歧化反应。设电势图上某氧化态B右边的电极电势为$\varphi_{右}^\ominus$,左边的电极电势为$\varphi_{左}^\ominus$,即

$$\mathrm{A} \overset{\varphi_{左}^\ominus}{-\!\!-\!\!-\!\!-} B \overset{\varphi_{右}^\ominus}{-\!\!-\!\!-\!\!-} \mathrm{C}$$

如果$\varphi_{右}^\ominus > \varphi_{左}^\ominus$,则氧化态B在水溶液中会发生歧化反应:

$$\mathrm{B} \longrightarrow \mathrm{A} + \mathrm{C}$$

如果$\varphi_{右}^\ominus < \varphi_{左}^\ominus$,则会发生反歧化反应(亦称同化反应):

$$\mathrm{A} + \mathrm{C} \longrightarrow \mathrm{B}$$

例如,在酸性介质中,MnO_4^{2-}的$\varphi_{右}^\ominus$和$\varphi_{左}^\ominus$分别为2.26 V和0.56 V,$\varphi_{右}^\ominus > \varphi_{左}^\ominus$,所以,它会发生如下的歧化反应:

$$3MnO_4^{2-} + 4H^+ = 2MnO_4^- + MnO_2 + 2H_2O$$

为什么$\varphi_{右}^\ominus > \varphi_{左}^\ominus$就会发生歧化反应?这可从下面有关电极反应的对角线关系中看出:

$$MnO_4^- + e^- \rightleftharpoons MnO_4^{2-} \qquad \varphi^\ominus = 0.56\ \mathrm{V}$$

$$MnO_4^{2-} + 4H^+ + 2e^- \rightleftharpoons MnO_2 + 2H_2O \qquad \varphi^\ominus = 2.26\ \mathrm{V}$$

根据$\varphi_{右}^\ominus > \varphi_{左}^\ominus$这条规则,还可断定在酸性介质中的$Mn^{3+}$,在碱性介质中的$MnO_4^{2-}$和$Mn(OH)_3$都可发生歧化反应。

(3) 用来从几个相邻电对已知的$\varphi^\ominus$,求算电对未知的$\varphi^\ominus$。例如,从电势图

$$MnO_4^- \xrightarrow{0.56} MnO_4^{2-} \xrightarrow{2.26} MnO_2$$

求电对 MnO_4^-/MnO_2 的 $\varphi^\ominus$。

这三电对的电极反应及其标准电极电势分别为

$$MnO_4^- + e^- \rightleftharpoons MnO_4^{2-} \qquad \varphi_1^\ominus = 0.56\ V$$

$$MnO_4^{2-} + 4H^+ + 2e^- \rightleftharpoons MnO_2 + 2H_2O \qquad \varphi_2^\ominus = 2.26\ V$$

$$MnO_4^- + 4H^+ + 3e^- \rightleftharpoons MnO_2 + 2H_2O \qquad \varphi_3^\ominus = ?$$

将该三电对分别与标准氢电极组成原电池，这三个电池反应及相应的电动势分别为

(1) $MnO_4^- + \frac{1}{2}H_2 \longrightarrow MnO_4^{2-} + H^+$

$$E_1^\ominus = \varphi^\ominus(MnO_4^-/MnO_4^{2-}) - \varphi^\ominus(H^+/H_2) = \varphi_1^\ominus$$

(2) $MnO_4^{2-} + 2H^+ + H_2 \longrightarrow MnO_2 + 2H_2O$

$$E_2^\ominus = \varphi^\ominus(MnO_4^{2-}/MnO_2) - \varphi^\ominus(H^+/H_2) = \varphi_2^\ominus$$

(3) $MnO_4^- + H^+ + \frac{3}{2}H_2 \longrightarrow MnO_2 + 2H_2O$

$$E_3^\ominus = \varphi^\ominus(MnO_4^-/MnO_2) - \varphi^\ominus(H^+/H_2) = \varphi_3^\ominus$$

设这三个电池反应的标准吉布斯自由能变分别为 $\Delta_r G_1^\ominus$，$\Delta_r G_2^\ominus$，$\Delta_r G_3^\ominus$，因为

$$反应(3) = 反应(1) + 反应(2)$$

$$\Delta_r G_3^\ominus = \Delta_r G_1^\ominus + \Delta_r G_2^\ominus$$

$$-z_3 F E_3^\ominus = -z_1 F E_1^\ominus - z_2 F E_2^\ominus$$

$$E_3^\ominus = \frac{z_1 E_1^\ominus + z_2 E_2^\ominus}{z_3}$$

所以
$$\varphi_3^\ominus = \frac{z_1 \varphi_1^\ominus + z_2 \varphi_2^\ominus}{z_3}$$

将 $\varphi_1^\ominus = 0.56\ V$，$\varphi_2^\ominus = 2.26\ V$，$\varphi_3^\ominus = \varphi^\ominus(MnO_4^-/MnO_2)$，$z_3 = z_1 + z_2 = 1 + 2$ 代入上式，得

$$\varphi^\ominus(MnO_4^-/MnO_2) = \frac{1 \times 0.56\ V + 2 \times 2.26\ V}{1+2} = 1.69\ V$$

由此可得如下的电势图：

$$MnO_4^- \xrightarrow{0.56} MnO_4^{2-} \xrightarrow{2.26} MnO_2 \quad (MnO_4^- \xrightarrow{1.69} MnO_2)$$

若将以上的算式推广至一般，可得如下通式：

$$\varphi^\ominus = \frac{z_1 \varphi_1^\ominus + z_2 \varphi_2^\ominus + z_3 \varphi_3^\ominus + \cdots}{z_1 + z_2 + z_3 + \cdots} \qquad (5-10)$$

式中：$\varphi_1^\ominus, \varphi_2^\ominus, \varphi_3^\ominus, \cdots$依次代表相邻电对的标准电极电势；$z_1, z_2, z_3, \cdots$依次代表相邻电对转移的电子数[①]；$\varphi^\ominus$代表两端物质组成的电对的标准电极电势。

例 5-18 已知氯在酸性介质中电势图（$\varphi_A^\ominus$/V）为

$$ClO_4^- \overset{1.19}{\text{———}} ClO_3^- \overset{1.18}{\text{———}} HClO_2 \overset{1.64}{\text{———}} HClO \overset{1.61}{\text{———}} Cl_2 \overset{1.40}{\text{———}} Cl^-$$

（ClO_3^- 至 HClO 之间：$\varphi_1^\ominus$；ClO_3^- 至 Cl_2 之间：$\varphi_2^\ominus$）

求：(1) $\varphi_1^\ominus$ 和 $\varphi_2^\ominus$；

(2) 哪些氧化态能发生歧化？

(3) 计算 $4ClO_3^- \rightleftharpoons 3ClO_4^- + Cl^-$ 的 $\Delta_rG^\ominus$。

解 (1)

$$\varphi_1^\ominus = \frac{2\times1.18\ \text{V}+2\times1.64\ \text{V}}{2+2} = 1.41\ \text{V}$$

$$\varphi_2^\ominus = \frac{4\times1.41\ \text{V}+1\times1.61\ \text{V}}{4+1} = 1.45\ \text{V}$$

(2) 能发生歧化反应的有 $HClO_2$，ClO_3^- 和 HClO。

(3) 因为

$$\varphi^\ominus(ClO_3^-/Cl^-) = \frac{5\times1.45\ \text{V}+1\times1.40\ \text{V}}{5+1} = 1.44\ \text{V}$$

所以该歧化反应

$$E^\ominus = \varphi^\ominus(ClO_3^-/Cl^-) - \varphi^\ominus(ClO_4^-/ClO_3^-) = 1.44\ \text{V} - 1.19\ \text{V} = 0.25\ \text{V}$$

$$\Delta_rG^\ominus = -zFE^\ominus = -6\times96\,500\ \text{C}\cdot\text{mol}^{-1}\times0.25\ \text{V} = -1.4\times10^5\ \text{J}\cdot\text{mol}^{-1}$$

习 题

1. 指出下列物质中画线原子的氧化数：

(1) $\underline{Cr_2}O_7^{2-}$ (2) $\underline{N}_2O$ (3) $\underline{N}H_3$ (4) $H\underline{N}_3$ (5) $\underline{S}_8$ (6) $\underline{S}_2O_3^{2-}$

2. 用氧化数法或离子电子法配平下列方程式：

(1) $As_2O_3 + HNO_3 + H_2O \longrightarrow H_3AsO_4 + NO$

(2) $K_2Cr_2O_7 + H_2S + H_2SO_4 \longrightarrow K_2SO_4 + Cr_2(SO_4)_3 + S + H_2O$

(3) $KOH + Br_2 \longrightarrow KBrO_3 + KBr + H_2O$

(4) $K_2MnO_4 + H_2O \longrightarrow KMnO_4 + MnO_2 + KOH$

(5) $Zn + HNO_3 \longrightarrow Zn(NO_3)_2 + NH_4NO_3 + H_2O$

(6) $I_2 + Cl_2 + H_2O \longrightarrow HCl + HIO_3$

(7) $MnO_4^- + H_2O_2 + H^+ \longrightarrow Mn^{2+} + O_2 + H_2O$

(8) $MnO_4^- + SO_3^{2-} + OH^- \longrightarrow MnO_4^{2-} + SO_4^{2-} + H_2O$

3. 写出下列电极反应的离子电子式：

(1) $Cr_2O_7^{2-} \longrightarrow Cr^{3+}$ （酸性介质）

---

① 电极反应转移的电子数与电极反应书写有关。例如，电对 $HClO/Cl_2$ 的电极反应可写成 $2HClO + 2H^+ + 2e^- \rightleftharpoons Cl_2 + 2H_2O$，也可写成 $HClO + H^+ + e^- \rightleftharpoons \frac{1}{2}Cl_2 + H_2O$。转移的电子数前者为 2，后者为 1。在元素电势图中总是指该元素 1 个原子在各氧化态下转移的电子数，所以代入式(5-10)时，电对 $HClO/Cl_2$ 转移的电子数应该为 1。

(2) $I_2 \longrightarrow IO_3^-$　　　　　　　（酸性介质）

(3) $MnO_2 \longrightarrow Mn(OH)_2$　　　　　　（碱性介质）

(4) $Cl_2 \longrightarrow ClO_3^-$　　　　　　　（碱性介质）

4. 下列物质：$KMnO_4$，$K_2Cr_2O_7$，$CuCl_2$，$FeCl_3$，I_2 和 Cl_2，在酸性介质中它们都能作为氧化剂。试把这些物质按氧化能力的大小排列，并注明它们的还原产物。

5. 下列物质：$FeCl_2$，$SnCl_2$，H_2，KI，Li 和 Al，在酸性介质中它们都能作为还原剂。试把这些物质按还原能力的大小排列，并注明它们的氧化产物。

6. 当溶液中 $c(H^+)$ 增加时，下列氧化剂的氧化能力是增强、减弱还是不变？

(1) Cl_2　(2) $Cr_2O_7^{2-}$　(3) Fe^{3+}　(4) MnO_4^-

7. 计算下列电极在 298 K 时的电极电势：

(1) $Pt|H^+(1.0\times10^{-2}\ mol\cdot L^{-1}),Mn^{2+}(1.0\times10^{-4}\ mol\cdot L^{-1}),MnO_4^-(0.10\ mol\cdot L^{-1})$

(2) $Ag,AgCl(s)|Cl^-(1.0\times10^{-2}\ mol\cdot l^{-1})$　　提示：电极反应为 $AgCl(s)+e^- \rightleftharpoons Ag(s)+Cl^-$

(3) $Pt,O_2(10.0\ kPa)|OH^-(1.0\times10^{-2}\ moL\cdot L^{-1})$

8. 写出下列原电池的电极反应式和电池反应式，并计算原电池的电动势(298 K)：

(1) $Fe|Fe^{2+}(1.0\ mol\cdot L^{-1})\ \|\ Cl^-(1.0\ mol\cdot L^{-1})|Cl_2(100\ kPa),Pt$

(2) $Pt|Fe^{2+}(1.0\ mol\cdot L^{-1}),Fe^{3+}(1.0\ mol\cdot L^{-1})\ \|\ Ce^{4+}(1.0\ mol\cdot L^{-1}),Ce^{3+}(1.0\ mol\cdot L^{-1})|Pt$

(3) $Pt,H_2(100\ kPa)|H^+(1.0\ mol\cdot L^{-1})\ \|\ Cr_2O_7^{2-}(1.0\ mol\cdot L^{-1}),Cr^{3+}(1.0\ mol\cdot L^{-1}),H^+(1.0\times10^{-2}\ mol\cdot L^{-1})|Pt$

(4) $Pt|Fe^{2+}(1.0\ mol\cdot L^{-1}),Fe^{3+}(0.10\ mol\cdot L^{-1})\ \|\ NO_3^-(1.0\ mol\cdot L^{-1}),HNO_2(0.010\ mol\cdot L^{-1}),H^+(1.0\ mol\cdot L^{-1})|Pt$

9. 根据标准电极电势，判断下列反应在水溶液中能否进行？

(1) $Zn+Pb^{2+} \longrightarrow Pb+Zn^{2+}$

(2) $Fe^{3+}+Cu \longrightarrow Cu^{2+}+Fe^{2+}$

(3) $I_2+Fe^{2+} \longrightarrow Fe^{3+}+I^-$

(4) $Zn+OH^- \longrightarrow Zn(OH)_4^{2-}+H_2$

10. 应用电极电势表，完成并配平下列方程式：

(1) $H_2O_2+Fe^{2+}+H^+ \longrightarrow$

(2) $I^-+IO_3^-+H^+ \longrightarrow$

(3) $MnO_4^-+Br^-+H^+ \longrightarrow$

11. 应用电极电势表，判断下列反应中哪些能进行？若能进行，写出反应式。

(1) Cd+HCl

(2) $Ag+Cu(NO_3)_2$

(3) $Cu+Hg(NO_3)_2$

(4) $H_2SO_3+O_2$

12. 试分别判断 MnO_4^- 在 pH=0 和 pH=4 时能否把 Cl^- 氧化成 Cl_2（设除 H^+ 外其他物质均处于标准态）？

13. 先查出下列电极反应的 $\varphi^\ominus$：

$$MnO_4^-+8H^++5e^- \rightleftharpoons Mn^{2+}+4H_2O$$

$$Ce^{4+}+e^- \rightleftharpoons Ce^{3+}$$

$$Fe^{2+}+2e^- \rightleftharpoons Fe$$

$$Ag^++e^- \rightleftharpoons Ag$$

假设有关物质都处于标准态，试回答：

(1) 上列物质中，哪一个是最强的还原剂？哪一个是最强的氧化剂？

(2) 上列物质中，哪些可把 Fe^{2+} 还原成 Fe？

(3) 上列物质中，哪些可把 Ag 氧化成 Ag^{+}？

14. 对照电极电势表：

(1) 选择一种合适的氧化剂，它能使 Sn^{2+} 变成 Sn^{4+}，Fe^{2+} 变成 Fe^{3+}，而不能使 Cl^{-} 变成 Cl_2。

(2) 选择一种合适的还原剂，它能使 Cu^{2+} 变成 Cu，Ag^{+} 变成 Ag，而不能使 Fe^{2+} 变成 Fe。

15. 某原电池由标准银电极和标准氯电极组成。如果分别进行如下操作，试判断电池电动势如何变化？并说明原因。

(1) 在氯电极一方增大 Cl_2 分压；

(2) 在氯电极溶液中加入一些 KCl；

(3) 在银电极溶液中加入一些 KCl；

(4) 加水稀释，使两电极溶液的体积各增大一倍。

16. 利用电极电势表，计算下列反应在 298 K 时的 $\Delta_r G^{\ominus}$。

(1) $Cl_2 + 2Br^{-} \xlongequal{} 2Cl^{-} + Br_2$

(2) $I_2 + Sn^{2+} \xlongequal{} 2I^{-} + Sn^{4+}$

(3) $MnO_2 + 4H^{+} + 2Cl^{-} \xlongequal{} Mn^{2+} + Cl_2 + 2H_2O$

17. 如果下列反应：

(1) $H_2 + \frac{1}{2}O_2 \xlongequal{} H_2O$ $\qquad \Delta_r G^{\ominus} = -237\ kJ\cdot mol^{-1}$

(2) $C + O_2 \xlongequal{} CO_2$ $\qquad \Delta_r G^{\ominus} = -394\ kJ\cdot mol^{-1}$

都可以设计成原电池，试计算它们的电动势 $E^{\ominus}$。

18. 利用电极电势表，计算下列反应在 298 K 时的标准平衡常数。

(1) $Zn + Fe^{2+} \xlongequal{} Zn^{2+} + Fe$

(2) $2Fe^{3+} + 2Br^{-} \xlongequal{} 2Fe^{2+} + Br_2$

19. 过量的铁屑置于 0.050 $mol\cdot L^{-1}$ Cd^{2+} 溶液中，平衡后 Cd^{2+} 的浓度是多少？

20. 一原电池由 Ni 和 1.0 $mol\cdot L^{-1}$ Ni^{2+} 与 Ag 和 1.0 $mol\cdot L^{-1}$ Ag^{+} 组成，当原电池耗尽（即 $E=0$）时，求 Ag^{+} 和 Ni^{2+} 浓度。

21. 求下列原电池的以下各项：

$(-)Pt|Fe^{2+}(0.1\ mol\cdot L^{-1}),Fe^{3+}(1\times10^{-5}\ mol\cdot L^{-1}) \| Cr_2O_7^{2-}(0.1\ mol\cdot L^{-1}),Cr^{3+}(1\times10^{-5}\ mol\cdot L^{-1}),H^{+}(1\ mol\cdot L^{-1})|Pt(+)$

(1) 电极反应式；

(2) 电池反应式；

(3) 电池电动势；

(4) 电池反应的 $K^{\ominus}$；

(5) 电池反应的 $\Delta_r G$。

22. 如果下列原电池的电动势为 0.500 V(298 K)：

$$Pt,H_2(100\ kPa)|H^{+}(?\ mol\cdot L^{-1}) \| Cu^{2+}(1.0\ mol\cdot L^{-1})|Cu$$

则溶液的 H^{+} 浓度应是多少？

23. 已知

$$PbSO_4 + 2e^{-} \rightleftharpoons Pb + SO_4^{2-} \qquad \varphi^{\ominus} = -0.355\ 3\ V$$

$$Pb^{2+} + 2e^{-} \rightleftharpoons Pb \qquad \varphi^{\ominus} = -0.126\ V$$

求 $PbSO_4$ 的溶度积。

24. 某原电池，正极为 Ag 棒插在 Ag_2SO_4 饱和溶液中，负极为 Pb 棒插在 1.8 mol·L^{-1} Pb^{2+} 溶液中，测得电动势为 0.827 V。求 Ag_2SO_4 的 $K_{sp}^{\ominus}$。

25. In 和 Tl 在酸性介质中的电势图分别为

$$In^{3+} \xrightarrow{-0.43} In^{+} \xrightarrow{-0.15} In$$

$$Tl^{3+} \xrightarrow{+1.25} Tl^{+} \xrightarrow{-0.34} Tl$$

试回答：(1) In^+，Tl^+ 能否发生歧化反应？

(2) In，Tl 与 1 mol·L^{-1} HCl 反应各得到什么产物？

(3) In，Tl 与 1 mol·L^{-1} Ce^{4+} 反应各得到什么产物？

［已知 $\varphi^{\ominus}(Ce^{4+}/Ce^{3+})=1.61$ V。］

26. 已知氯在碱性介质中的电势图（$\varphi_B^{\ominus}$/V）为

$$ClO_4^- \xrightarrow{0.36} ClO_3^- \xrightarrow{0.33} ClO_2^- \xrightarrow{\varphi_1^{\ominus}} ClO^- \xrightarrow{0.42} Cl_2 \xrightarrow{1.36} Cl^-$$

（ClO_3^- 至 ClO^-：0.50；ClO^- 至 Cl^-：$\varphi_2^{\ominus}$）

试求：(1) $\varphi_1^{\ominus}$ 和 $\varphi_2^{\ominus}$；

(2) 哪些氧化态能歧化？

(3) $2ClO_2^- \rightleftharpoons ClO_4^- + Cl^-$ 的 $\Delta_r G^{\ominus}$(298 K)。

27. 根据电极电势解释下列现象。

(1) 金属铁能置换 Cu^{2+}，而 $FeCl_3$ 溶液又能溶解铜。

(2) H_2S 溶液久置会变混浊。

(3) H_2O_2 溶液不稳定，易分解。

(4) 分别用 $NaNO_3$ 溶液和稀 H_2SO_4 溶液均不能把 Fe^{2+} 氧化，但两者混合后就可将 Fe^{2+} 氧化。

(5) Ag 不能置换 1 mol·L^{-1} HCl 中的氢，但可置换 1 mol·L^{-1} HI 中的氢。

第六章

原子结构

学习要求：

1. 了解核外电子运动的特殊性——波粒二象性。
2. 能理解波函数角度分布图，电子云角度分布图和电子云径向分布图。
3. 掌握四个量子数的量子化条件及其物理意义；掌握电子层、电子亚层、能级和轨道等的含义。
4. 能运用不相容原理、能量最低原理和洪特规则写出一般元素的原子核外电子排布式和价电子构型。
5. 理解原子结构和元素周期表的关系，元素若干基本性质(原子半径、电离能、电子亲和能和电负性)与原子结构的关系。

迄今为止，已公认发现了 114 种元素①。正是这些元素的原子组成了千千万万种具有不同性质的物质。物质的物理性质和化学性质都取决于物质的组成和结构。物质进行化学反应的基本粒子是原子。因此，要研究物质的性质、化学反应及性质与物质结构之间的关系，必须首先研究原子的内部结构。众所周知，原子是由带正电荷的原子核和带负电荷的电子所组成。在化学变化中，原子核并不发生变化，只涉及核外电子运动状态的改变。研究原子结构，主要是研究核外电子的运动状态。

6.1 微观粒子的波粒二象性

6.1.1 氢光谱和玻尔理论

近代原子结构理论的建立是从研究氢原子光谱开始的。一只充有低压氢气的放电管，通过高压电流，氢原子受激发后发出的光经过三棱镜，就得到了氢原子光谱。氢光谱是由一系列不连续的光谱线所组成，在可见光区(波长 λ=400～760 nm)可得到四条比较明显的谱线：H_α，H_β，H_γ，H_δ(图 6-1)。它们的波长 λ 分别为 656.2 nm，486.1 nm，434.0 nm，410.2 nm。1885 年瑞士物理学家巴尔麦(Balmer J J)指出这些谱线的波长服从如下公式：

$$\frac{1}{\lambda}=R_\infty\left(\frac{1}{2^2}-\frac{1}{n^2}\right)$$

① 已有实验室宣称发现第 115、116 和 118 号新元素。但这些元素还需等待国际纯粹与应用化学联合会的确认。

式中：R_∞为里德堡常数(Rydberg constant)，其值为 $1.097\,373\times10^{7}\ m^{-1}$，$n$ 为大于 2 的正整数。当 n 分别为 3、4、5、6 时，即分别得 H_α，H_β，H_γ，H_δ 谱线的波长。随后，又有人在紫外区和红外区又发现了氢光谱的若干组谱线。1913 年瑞典物理学家里德堡(Rydberg J R)提出了适用于所有氢光谱的通式：

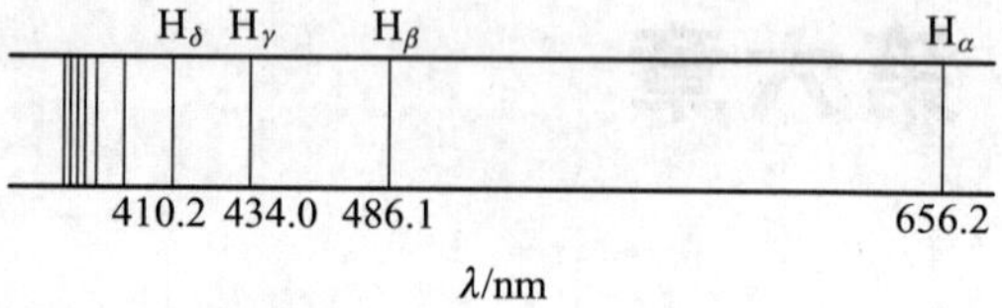

图 6-1　氢原子可见光光谱

$$\frac{1}{\lambda}=R_\infty\left(\frac{1}{n_1^2}-\frac{1}{n_2^2}\right) \tag{6-1}$$

式中：n_1 和 n_2 为正整数，且 $n_2>n_1$，并指出巴尔麦公式只是其中 $n_1=2$ 的一个特例。

氢原子光谱为线状光谱的实验事实，与经典物理学以电子绕核做圆周运动的原子结构模型相矛盾。圆周运动是有加速度的运动($a=v^2/r$，v 为速度，r 为半径)，电子在运动速度有变化时，要发射电磁波。电子发出电磁波后本身能量逐渐降低，就会不断地向核靠拢，最后坠入原子核，即原子湮灭了。又由于电子发射电磁波后能量逐渐降低，发射的光谱应该是连续光谱。但事实上，原子能够稳定存在，而且原子光谱又是有一定规律性的线状光谱，这些都是经典物理学无法解释的。

氢光谱与经典物理学的尖锐矛盾，直至 1913 年玻尔(Bohr N H D)提出了原子结构理论才得到解决。玻尔理论是在普朗克(Planck M)的量子论和爱因斯坦(Einstein A)的光子学说基础上建立的。

量子论认为：物质吸收和发射能量是不连续的，即量子化的。这就是说物质只能以一最小单位一份一份的方式吸收或发射能量，能量最小的单位是光量子。

爱因斯坦应用量子论的概念，提出了光子(photon)学说。他认为光既是一种波，但又有粒子性(光量子)。爱因斯坦用两个公式把光的波动性和粒子性联系起来：

$$E=h\nu \tag{6-2}$$

$$p=\frac{h}{\lambda} \tag{6-3}$$

式中：E 和 p 为光量子的能量和动量；ν 和 λ 为光的频率和波长；h 为普朗克常量(Planck constant，其值为 $6.626\,2\times10^{-34}$ J·s)。两公式把表征波动性的物理量(λ 和 ν)和表征粒子性的物理量(E 和 p)定量地联系起来了。

玻尔理论主要内容是以下两点假设：

(1) 原子中的电子只能在某些特定的轨道上运动，这些轨道上电子的角动量 M 必须是$\frac{h}{2\pi}$的整数倍，即

$$M=n\frac{h}{2\pi}$$

式中：n 称量子数，其值为 1,2,3,…。

(2) 在一定轨道中运动的电子具有一定的能量，称定态。其中能量最低的称基态，其余称激发态。处于定态的电子既不吸收能量，也不发射能量。电子从一个定态跳到另一个定态时，要放出或吸收辐射能。辐射能的频率 ν 与两定态间能量差 ΔE 的关系为

$$\nu=\Delta E/h \tag{6-4}$$

根据以上假设，通过简单的数学运算，就可得到氢原子各定态轨道半径 r 和电子处在该轨道时的能量 E：

$$r=Bn^2 \tag{6-5}$$

$$E=-A\,\frac{1}{n^2} \tag{6-6}$$

式中：n 为量子数；$B=52.9$ pm，$A=2.179\times10^{-18}$ J。当把 $n=1,2,3\cdots$代入以上公式时，可得氢原子的一些定态轨道半径及相应于该轨道的电子能量。

$$n=1 \qquad r_1=52.9\ \text{pm} \qquad E_1=-2.179\times10^{-18}\,\text{J}$$

$$n=2 \qquad r_2=4\times52.9\ \text{pm} \qquad E_2=-\frac{1}{4}\times2.179\times10^{-18}\ \text{J}$$

$$n=3 \qquad r_3=9\times52.9\ \text{pm} \qquad E_3=-\frac{1}{9}\times2.179\times10^{-18}\ \text{J}$$

……

52.9 pm 为基态氢原子的轨道半径，常称玻尔半径，以 a_0 表示。-2.179×10^{-18}J 为基态氢原子电子的能量。

当电子从高能量轨道跃迁至低能量轨道时，由式(6-4)可得其辐射能的频率 ν 为

$$\nu=\frac{\left(-A\,\frac{1}{n_2^2}\right)-\left(-A\,\frac{1}{n_1^2}\right)}{h}=\frac{A}{h}\left(\frac{1}{n_1^2}-\frac{1}{n_2^2}\right)$$

以 $\nu=\dfrac{c}{\lambda}$代入(c 为光速)，得

$$\frac{1}{\lambda}=\frac{A}{hc}\left(\frac{1}{n_1^2}-\frac{1}{n_2^2}\right)=1.097\times10^7\ \text{m}^{-1}\left(\frac{1}{n_1^2}-\frac{1}{n_2^2}\right)$$

由此可见，由玻尔理论推导得到的氢光谱公式与由实验得到的式(6-1)是非常一致的。

玻尔理论虽然成功地解释了氢光谱，但是它却不能解释多电子原子光谱，甚至也不能解释氢光谱的精细结构(氢光谱的每条谱线实际上是由若干条很靠近的谱线组成)。因为玻尔理论虽人为地引进了经典物理中所没有的量子化概念，但它的基础仍然建筑在经典物理学之上。微观粒子运动有其特殊性——**波粒二象性**(wave-particle dualism)，其运动规律不服从经典力学，而只能用量子力学来描述。

6.1.2 微观粒子的波粒二象性

1924 年，德布罗意（de Broglie L V）在光的波粒二象性的启发下，大胆地提出电子等微观粒子也具有波粒二象性的假设。他认为既然光不仅是一种波，而且具有粒子性，那么微观粒子在一定条件下，也可能呈现波的性质。他预言，与质量 m，运动速度 v 的粒子相应的波长 λ 为

$$\lambda=\frac{h}{p}=\frac{h}{mv} \tag{6-7}$$

德布罗意的假设在 1927 年由电子衍射实验得到了证实。实验是将一束高速运动的电子流通过金属箔（相当于光衍射实验中的光栅），经晶格的狭缝射到荧光屏上。结果出现与光的衍射一样的现象：在屏上得到一系列明暗交替的环纹（图 6-2）。而且根据电子衍射图计算得到的波长与由式（6-7）计算得到的波长完全一致。

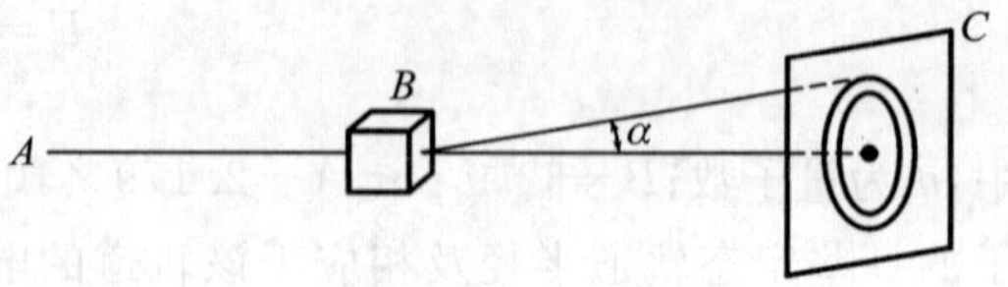

图 6-2 电子衍射

A—电子束发生器；B—金属箔；C—屏幕

电子衍射实验证明了德布罗意关于微观粒子波粒二象性假设的正确性。

6.1.3 不确定原理

对宏观物体可同时测出它的运动速度和位置。对具有波粒二象性的微观粒子，是否也可精确地测出它们的速度和位置呢？1927 年德国物理学家海森堡（Heisenberg W）推出如下的**不确定原理**（uncertainty principle）关系式：

$$\Delta x \cdot \Delta p_x \approx h \tag{6-8}$$

式中：Δx 表示粒子位置的不确定度；Δp_x 表示粒子在 x 方向上动量的不确定度。式（6-8）表明，具有波动性的微观粒子和宏观物体有着完全不同的运动特点，它不能同时有确定的位置和动量。它的坐标被确定得越准确，则相应的动量就越不准确。反之亦然。坐标不确定程度和动量不确定程度的乘积约等于普朗克常量 h。

不确定原理表明，核外电子不可能沿着一条如玻尔理论所指的固定轨道运动。核外电子的运动规律，只能用统计的方法，指出它在核外某处出现的可能性——概率的大小。

对于不确定原理，不能错误地认为微观粒子运动规律“不可知”了。实际上，不确定原理反映微观粒子有波动性，只是表明它不服从由宏观物体运动规律所总结出来的经典力学。这不等于没有规律，相反，它说明微观粒子的运动是遵循着更深刻的一种规律——量子力学。

不确定原理是微观粒子运动状态的特殊表现，它表明了微观粒子与宏观物体运动的不一致性。

6.2 氢原子核外电子的运动状态

6.2.1 波函数和薛定谔方程

由于电子运动具有波动性,量子力学用波函数(wave function)ψ 来描述原子中电子的运动。那么 ψ 是如何得到的?它有什么物理意义?氢原子有哪些波函数?下面分别来讨论这几个问题。

1. ψ 是如何得到的?

由于微观粒子的运动具有波粒二象性,其运动规律必须用量子力学来描述。量子力学的基本方程是薛定谔方程,它是奥地利物理学家薛定谔(Schrödinger E)在 1926 年提出来的一个二阶偏微分方程:

$$\frac{\partial^2\psi}{\partial x^2}+\frac{\partial^2\psi}{\partial y^2}+\frac{\partial^2\psi}{\partial z^2}+\frac{8\pi^2 m}{h^2}(E-V)\psi=0 \tag{6-9}$$

式中:E 是微观粒子的总能量;V 是微观粒子的势能;m 是微观粒子的质量;h 是普朗克常量;x、y、z 是空间坐标。

有了薛定谔方程,原则上讲,任何体系的电子运动状态都可求解了。这就是首先找出电子在该体系的势能 V 表达式,将此代入薛定谔方程,然后求解方程即可得到相应的波函数 ψ 及对应的能量 E。但遗憾的是,求解薛定谔方程相当困难,至今只能精确求解单电子体系(如 H,He^+,Li^{2+} 等)的薛定谔方程,稍复杂一些的体系只能求近似解。即使对单电子体系,解薛定谔方程也很复杂,需要较深的数学知识,这不是本门课的任务。本门课只要求了解量子力学处理原子结构问题的大概思路以及解薛定谔方程所得到的重要结论。

2. ψ 的物理意义

从薛定谔方程解得的波函数是包括空间坐标 x,y,z 的函数式,常记为 $\psi(x,y,z)$。如果将空间上某一点的坐标值代入 ψ 中,可求得某一数值,但该数值代表空间上这一点的什么性质呢?其意义是不明确的,因此,ψ 本身并没有明确的物理意义。只能说 ψ 是描述核外电子运动状态的数学表达式,电子在核外运动的规律受它控制。但是,波函数绝对值的平方 $|\psi|^2$ 却有明确的物理意义,它代表空间上这一点电子出现的**概率密度**(probability density)。何谓概率密度?量子力学原理指出:在空间某点(x,y,z)附近体积元 $\mathrm{d}\tau$ 内电子出现的概率 $\mathrm{d}p$ 为

$$\mathrm{d}p=|\psi(x,y,z)|^2\mathrm{d}\tau$$

即

$$|\psi(x,y,z)|^2=\frac{\mathrm{d}p}{\mathrm{d}\tau} \tag{6-10}$$

所以,$|\psi|^2$ 表示电子在坐标为(x,y,z)这一点附近单位微体积内出现的概率,特称之为概率密度。

如果要了解电子在核外运动的状态,只需把核外空间各点的坐标代入 ψ 函数中,可求得各点的相应 ψ 值,这些值平方后即为电子在各点上出现的概率密度,所以电子在核外运动状态也

就掌握了。

3. 氢原子有哪些波函数？

氢原子是最简单的单电子原子，它的薛定谔方程有精确解。在解方程过程中，有两点需要说明：

(1) 为了便于求解薛定谔方程，需要进行坐标变换，把直角坐标变换成球坐标。两坐标的关系如图 6-3 所示。因此，解得的波函数应表示为 $\psi(r,\theta,\varphi)$。

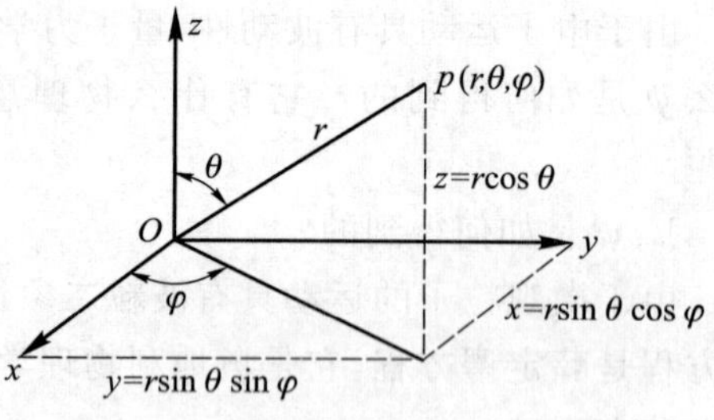

图 6-3　球坐标与直角坐标关系

(2) 在解薛定谔方程中，为了得到有意义的合理解，波函数中自然而然地必须引入三个常数项 n、l、m，而且它们的取值有如下的限制：

$$n=1,2,3,\cdots,\infty$$
$$l=0,1,2,\cdots,n-1$$
$$m=0,\pm1,\pm2,\cdots,\pm l$$

n、l、m 分别称为**主量子数**、**角量子数**和**磁量子数**。凡是符合这些取值限制的一系列 ψ 都是薛定谔方程的合理解。例如，$n=1$ 时，l 只可取 0，m 也只可取 0，所以 $n=1$ 只能得到一种波函数 $\psi(1,0,0)$[①]；$n=2$ 时，l 可取 0 或 1，当 $l=0$ 时，m 只能取 0；当 $l=1$ 时，m 可取 +1，0，−1 三个数值，所以 $n=2$ 时可得 $\psi(2,0,0)$、$\psi(2,1,1)$、$\psi(2,1,0)$ 和 $\psi(2,1,-1)$ 四种波函数，余类推。每种波函数对应于电子的一种运动状态。为了通俗起见，常把一种波函数称为一个原子轨道。注意，这里的原子轨道是波函数的同义词，绝无电子沿着固定轨道运动的含义。在光谱学上把 l 为 0，1，2，3，…分别称为 s，p，d，f，…态，因此，将 $\psi(1,0,0)$ 称为 1s 轨道，$\psi(2,0,0)$ 称为 2s 轨道，$\psi(2,1,1)$，$\psi(2,1,0)$，$\psi(2,1,-1)$ 称为 2p 轨道。氢原子轨道与三个量子数的关系见表 6-1。

表 6-1　氢原子轨道与三个量子数的关系

n	l	m	轨道名称	轨道数
1	0	0	1s	1
2	0	0	2s	1 } 4
2	1	−1，0，+1	2p	3 }
3	0	0	3s	1 } 9
3	1	−1，0，+1	3p	3 }
3	2	−2，−1，0，+1，+2	3d	5 }
4	0	0	4s	1 } 16
4	1	−1，0，+1	4p	3 }
4	2	−2，−1，0，+1，+2	4d	5 }
4	3	−3，−2，−1，0，+1，+2，+3	4f	7 }

① 注意：$\psi(r,\theta,\varphi)$ 和 $\psi(1,0,0)$ 括号内符号的意义是完全不同的。$\psi(r,\theta,\varphi)$ 中的 r,θ,φ 是指此波函数的自变量空间坐标；$\psi(1,0,0)$ 是指主量子数为 1，角量子数为 0，磁量子数为 0 的一种特定波函数。严格的话，该波函数应表示为 $\psi_{1,0,0}(r,\theta,\varphi)$，为了简洁，常把空间坐标省略，而写成 $\psi(1,0,0)$。

解薛定谔方程还可得到电子在各轨道中运动的能量公式：

$$E=-\frac{z^2}{n^2}(2.179\times10^{-18})\ \mathrm{J} \tag{6-11}$$

式中：z 为核电荷数，氢原子 $z=1$。所以对氢原子而言，各轨道能量的关系是

$$E_{1s}<E_{2s}=E_{2p}<E_{3s}=E_{3p}=E_{3d}\cdots$$

6.2.2 波函数和电子云图形

在处理化学问题时，用一个很复杂的函数式来表示原子轨道是很不方便的，因此，希望把它的图形画出来，由图形直观地解决化学问题。波函数图形是 ψ 随 r,θ,φ 变化的图形；电子云图形是 $|\psi|^2$ 随 r,θ,φ 变化的图形。由于这些图形共有四个变量(r,θ,φ,ψ)，很难在平面上用适当的图形将 ψ 或 $|\psi|^2$ 随 r,θ,φ 变化的情况表示清楚。另外，又由于氢原子的波函数可以分离为波函数径向部分 $R(r)$ 和波函数角度部分 $Y(\theta,\varphi)$ 的乘积：

$$\psi(r,\theta,\varphi)=R(r)\cdot Y(\theta,\varphi)$$

$R(r)$ 表示该函数只随距离 r 而变，$Y(\theta,\varphi)$ 表示该函数只随角度 θ,φ 而变。因此可采用分离的方法，分别画出 $R(r)$ 随 r 变化和 $Y(\theta,\varphi)$ 随 θ,φ 变化的图形。这些图形不仅比较简单，而且能满足讨论原子不同化学行为时的需要。表 6-2 列出了若干氢原子的波函数及其径向部分和角度部分的函数。

表 6-2 氢原子的若干波函数(a_0 为玻尔半径)

轨道	$\psi(r,\theta,\varphi)$	$R(r)$	$Y(\theta,\varphi)$
1s	$\sqrt{\frac{1}{\pi a_0^3}}\mathrm{e}^{-r/a_0}$	$2\sqrt{\frac{1}{a_0^3}}\mathrm{e}^{-r/a_0}$	$\sqrt{\frac{1}{4\pi}}$
2s	$\frac{1}{4}\sqrt{\frac{1}{2\pi a_0^3}}\left(2-\frac{r}{a_0}\right)\mathrm{e}^{-r/2a_0}$	$\sqrt{\frac{1}{8a_0^3}}\left(2-\frac{r}{a_0}\right)\mathrm{e}^{-r/2a_0}$	$\sqrt{\frac{1}{4\pi}}$
$2p_z$	$\frac{1}{4}\sqrt{\frac{1}{2\pi a_0^3}}\left(\frac{r}{a_0}\right)\mathrm{e}^{-r/2a_0}\cos\theta$		$\sqrt{\frac{3}{4\pi}}\cos\theta$
$2p_x$	$\frac{1}{4}\sqrt{\frac{1}{2\pi a_0^3}}\left(\frac{r}{a_0}\right)\mathrm{e}^{-r/2a_0}\sin\theta\cos\varphi$	$\sqrt{\frac{1}{24a_0^3}}\left(\frac{r}{a_0}\right)\mathrm{e}^{-r/2a_0}$ ($2p_z$、$2p_x$、$2p_y$ 共用)	$\sqrt{\frac{3}{4\pi}}\sin\theta\cos\varphi$
$2p_y$	$\frac{1}{4}\sqrt{\frac{1}{2\pi a_0^3}}\left(\frac{r}{a_0}\right)\mathrm{e}^{-r/2a_0}\sin\theta\sin\varphi$		$\sqrt{\frac{3}{4\pi}}\sin\theta\sin\varphi$

有关波函数和电子云的图形多种多样，下面仅介绍其中三种比较重要的图形。

1. 波函数角度分布图

波函数角度分布图又称原子轨道角度分布图。它就是表现 Y 值随 θ,φ 变化的图像。其具体做法是：从坐标原点(原子核位置)出发，引出不同 θ,φ 角度的直线，使其长度等于该角度的 Y 值。连接这些线段的端点，在空间构成的曲面即为原子轨道角度分布图。曲面上每点到原点的

距离代表这个角度(θ,φ)上 Y 值的大小。因为 Y 函数只与角量子数 l 和磁量子数 m 有关，与主量子数 n 无关，所以只要量子数 l,m 相同，原子轨道角度分布图就相同。如 $\psi(2,1,0)$，$\psi(3,1,0)$，$\psi(4,1,0)$的波函数角度分布图完全相同，并统称 p_z 轨道的角度分布图。下面以 p_z 轨道为例，说明原子轨道角度分布图的做法。由表 6-2 可知：

$$Y_{p_z}=\sqrt{\frac{3}{4\pi}}\cos\theta$$

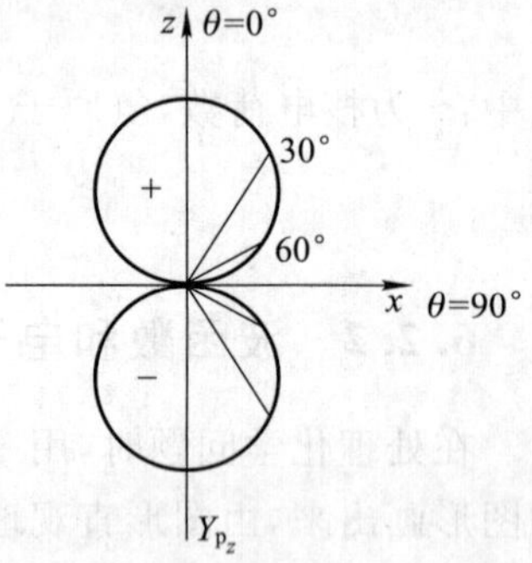

图 6-4　p_z 轨道角度分布图

Y_{p_z} 函数比较简单，它只与 θ 有关，而与 φ 无关。表 6-3 列出不同 θ 角度的 Y 值，由此作图，得图 6-4。因为 Y_{p_z} 中不包括 φ，说明 Y_{p_z} 值不随 φ 而变，所以将该 8 字形曲线绕 z 轴旋转一周，即得立体图。图中正、负号表示 Y_{p_z} 在这个区域中是正值还是负值。在下一章讨论原子行为时，这些正、负号及 Y 的极大值空间取向将对原子之间能否成键以及成键的方向起着极其重要的作用。部分原子轨道角度分布图及其正、负号见图 6-5。

表 6-3　不同 θ 角的 Y 值$\left(令\sqrt{\frac{3}{4\pi}}=c\right)$

θ	0°	30°	60°	90°	120°	150°	180°
$\cos\theta$	1	$\frac{\sqrt{3}}{2}$	$\frac{1}{2}$	0	$-\frac{1}{2}$	$-\frac{\sqrt{3}}{2}$	-1
Y	$1.00c$	$0.87c$	$0.50c$	0	$-0.50c$	$-0.87c$	$-1.00c$

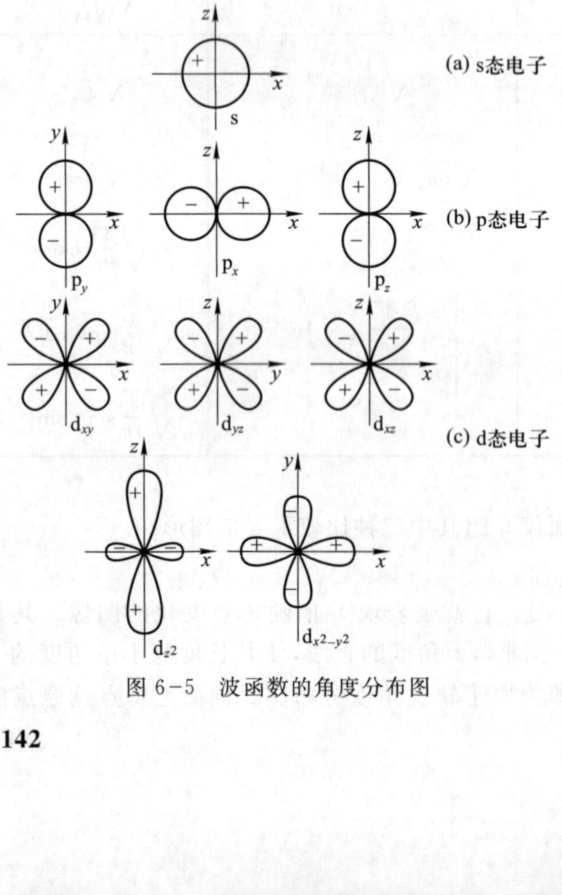

图 6-5　波函数的角度分布图

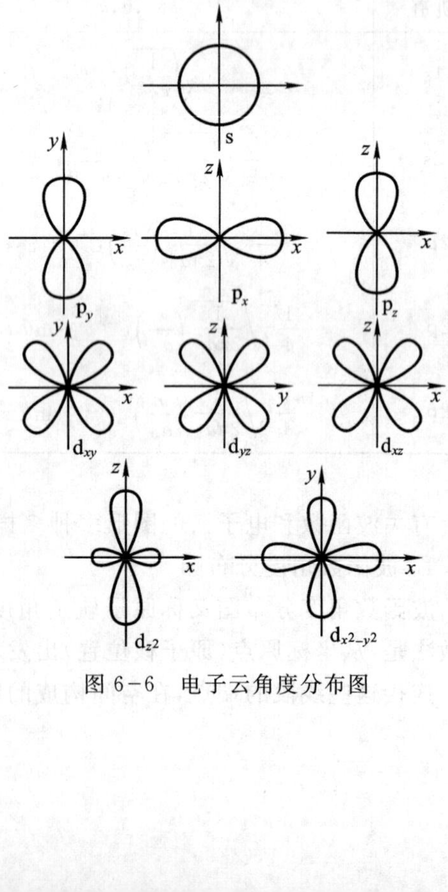

图 6-6　电子云角度分布图

由图 6-5 可见，s 态、p 态和 d 态电子波函数的角度分布，它们依次有 1,3,5 种形式。

2. 电子云角度分布图

电子云角度分布图是表现 $|Y|^2$ 值随 θ,φ 变化的图像。作图法与原子轨道角度分布图类似，不同的是以 $|Y|^2$ 代替 Y。图 6-6 给出一些轨道的电子云角度分布图。该图表示在曲面上任一点到原点的距离代表这个角度 (θ,φ) 上 $|Y|^2$ 值的大小，也可把它理解为在这角度方向上电子出现的概率密度（即电子云）的相对大小。

比较图 6-5 和图 6-6，发现两组图形有些相似，但有两点区别：① 原子轨道角度分布图有正负号之分，而电子云角度分布图都是正值，因 Y 值平方后总是正值；② 电子云角度分布图比原子轨道角度分布图要“瘦”一些，因为 $|Y|$ 值小于 1，$|Y|^2$ 值将变得更小。

在第八章讨论晶体场论时，电子云角度分布图决定了 d 轨道分裂的情况。

3. 电子云径向分布图

波函数径向部分 R 本身没有明确的物理意义，但 r^2R^2 有明确的物理意义。它表示电子在离核半径为 r 单位厚度的薄球壳内出现的概率。若令 $D(r)=r^2R^2$，以 $D(r)$ 对 r 作图即为电子云径向分布图。图 6-7 为氢原子一些轨道的电子云径向分布图。为什么电子云径向分布图有上述的意义？现以最简单的 s 轨道为例予以说明。

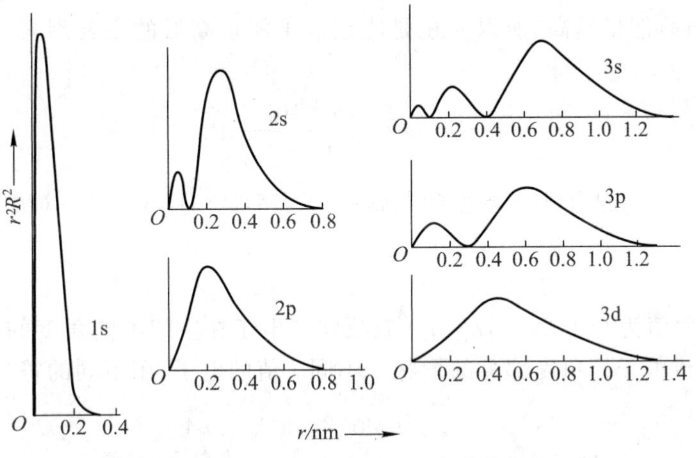

图 6-7 氢原子电子云径向分布图

在原子中，离核半径为 r，厚度为 $\mathrm{d}r$ 的薄球壳内（图 6-8）电子出现的概率 p 应该是

$$p=|\psi|^2\mathrm{d}\tau$$

式中，$\mathrm{d}\tau$ 为薄球壳的体积，其值为 $4\pi r^2\mathrm{d}r$，又 $\psi^2=R^2\cdot Y^2$，且 s 轨道的 $Y=\sqrt{\dfrac{1}{4\pi}}$（见表 6-2），将这些代入上式：

$$p=R^2\cdot\frac{1}{4\pi}\cdot 4\pi r^2\mathrm{d}r=R^2r^2\mathrm{d}r$$

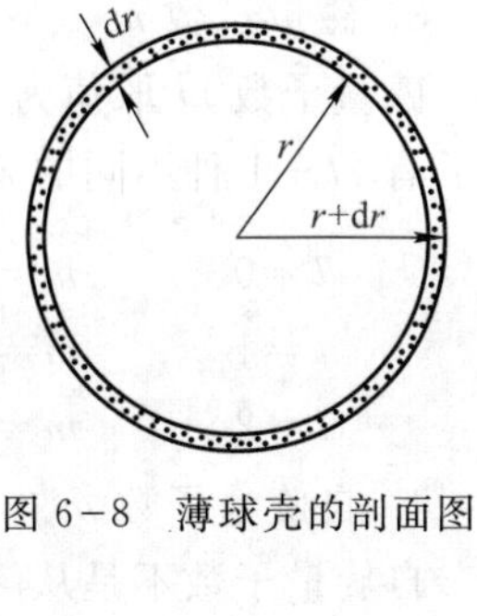

图 6-8 薄球壳的剖面图

可见 r^2R^2 的确具有半径为 r 单位厚度的薄球壳内电子出现概率的

含义。对其他轨道也不难证明 r^2R^2 具有上述的含义。证明从略。

从图 6-7 中，还可得到如下几点信息：① 对 1s 轨道，电子云径向分布图在 $r=52.9$ pm 处有峰值。52.9 pm 恰恰是玻尔理论中基态氢原子的轨道半径。两理论在这一点上虽有相似之处，但它们有本质的不同。玻尔理论认为氢原子的电子只能在 $r=52.9$ pm处运动，而量子力学认为电子只是在 $r=52.9$ pm 的薄球壳内出现的概率最大而已。② 电子云径向分布图中峰的数目为 $n-l$。例如，3d 轨道，$n=3$，$l=2$，峰数为 1；4s 轨道，$n=4$，$l=0$，峰数为 4。③ n 越大，电子离核平均距离越远；n 相同，电子离核平均距离相近。因此，从径向分布来看，核外电子是按 n 值大小分层分布的。n 值决定了电子层的层数。

电子云径向分布图是判断电子钻穿效应(见下一节)大小的主要依据。

基于 ψ 是一个复杂的函数，描述波函数和电子云的图形除上述三种外还有很多。必须指出，任何一种图形只表述 ψ 的某一方面性质。因此应用这些图形时，需正确理解其含义，以及它能起的作用和应用范围。

6.2.3 四个量子数

1. 主量子数 n

主量子数 n 的取值为 1,2,3,…,∞。它表示电子离核的远近。n 越大，电子离核平均距离越远。电子离核越远，能量越高，所以 n 也是决定电子能量高低的主要因素。从式(6-11)可知氢原子电子的能量为

$$E=-\frac{2.179\times10^{-18}}{n^2}\ \mathrm{J}$$

将 n 相同的电子归并在一起组成一个电子层，常用大写字母 K,L,M,N,…对应地表示 $n=1,2,3,4,\cdots$电子层。

2. 角量子数 l

角量子数 l 的取值为 $0,1,2,\cdots,n-1$。它反映了电子在空间不同角度的分布情况，或者说，它决定了原子轨道或电子云角度部分的形状。不同 l 值的电子，用不同的符号来代表。

l：	0	1	2	3	4	…
符号：	s	p	d	f	g	…

在同一电子层中 l 值相同的电子归为一亚层，如 L 电子层($n=2$)因 l 可分别取值 0 和 1，所以有 2s,2p 两个亚层，M 电子层有 3s,3p,3d 三个亚层。

3. 磁量子数 m

磁量子数 m 取值为 $0,\pm1,\pm2,\cdots,\pm l$。它反映了原子轨道或电子云的空间取向。一种 l 值下有 $2l+1$ 种不同的 m 取值，因此有 $2l+1$ 种取向。例如：

$l=0$	$m=0$	s 轨道只有唯一的一种取向
$l=1$	$m=0,\pm1$	p 轨道有三种不同取向 p_x，p_y，p_z
$l=2$	$m=0,\pm1,\pm2$	d 轨道有五种不同取向 d_{xy}，d_{xz}，d_{yz}，$d_{x^2-y^2}$，d_{z^2}

4. 自旋量子数 m_s

自旋量子数不是从解薛定谔方程中得到，它是后来实验和理论进一步研究中引入的。m_s 的

取值为$+\frac{1}{2}$和$-\frac{1}{2}$，表征电子两种不同的“自旋”状态，通常用↑和↓来表示。当两电子自旋量子数相同时，用“↑↑”表示，称为自旋平行；当两电子自旋量子数不同时，用“↑↓”表示，称为自旋相反。

6.3 多电子原子核外电子的运动状态

除氢原子外，其他元素的原子核外都不止一个电子，这些原子统称为多电子原子。对于多电子原子来说，其核外电子遵循什么运动规律？原子的电子层结构和周期表有什么关系？下面着重讨论这两个问题。

6.3.1 屏蔽效应和钻穿效应

1. 屏蔽效应

在多电子原子中，如果要探讨某一指定电子的运动状态，该电子不仅受到核的引力，而且还受到其他电子的斥力。因电子都在不断地运动着，它们之间的排斥作用极其复杂，以致薛定谔方程无法精确求解。有一种称为中心力场模型的近似处理方法，它把多电子原子中其他电子对指定电子的排斥作用近似地看作从原子中心发出对此电子的排斥作用，这就相当于抵消一部分核电荷对此电子的吸引。故核电荷由原来的 z 变成$(z-\sigma)$，σ 称**屏蔽常数**(screening constant)，$(z-\sigma)$称**有效核电荷**(effective nuclear charge)，用 z^* 表示，即

$$z^* = z - \sigma \tag{6-12}$$

这种由核外其他电子抵消部分核电荷对指定电子吸引的作用称**屏蔽效应**(screening effect)。在以上假设的基础上，解氢原子薛定谔方程所得的全部结果都可搬过来用于多电子原子体系，只需把相应的 z 改成 z^* 即可。例如，多电子原子中某指定电子的能量公式就变成

$$E = -\frac{(z-\sigma)^2}{n^2}(2.179\times10^{-18})\ \text{J} \tag{6-13}$$

$^*\sigma$ 值可根据斯莱特(Slater)提出的如下规则进行近似计算：

(1) 将原子中的电子分成如下几组

(1s)　(2s,2p)　(3s,3p)　(3d)　(4s,4p)　(4d)　(4f)　(5s,5p)　…

(2) 位于被屏蔽电子右边的各组电子，对被屏蔽电子的 $\sigma=0$。

(3) 1s 轨道电子间的 $\sigma=0.30$，其余各组组内电子之间 $\sigma=0.35$。

(4) 被屏蔽电子为 ns 或 np 时，主量子数为$(n-1)$的各电子对它的 $\sigma=0.85$，$(n-2)$及更小的各电子的 $\sigma=1.00$。

(5) 被屏蔽电子为 nd 或 nf 时，位于它左边各组电子对它的 $\sigma=1.00$。

例 6-1　Sc($z=21$)核外电子排布为 $1s^2 2s^2 2p^6 3s^2 3p^6 3d^1 4s^2$，试分别计算处于 3p 和 3d 轨道上某一电子的有效核电荷。

解　某一 3p 电子　　$z^* = 21-[(0.35\times7)+(0.85\times8)+(1.00\times2)]$

$= 9.75$

3d 电子　　$z^* = 21-18\times1.00 = 3$

应该看到斯莱特经验规则是很粗略的，它用于 $n \leqslant 4$ 的轨道准确性稍好，$n > 4$ 误差就较大。

σ 值除与主量子数有关外，也与角量子数有关。为什么 σ 值与 l 有关？这可用钻穿效应来解释。

2. 钻穿效应

从电子云径向分布图（图 6-7）可见，n 值较大的电子在离核较远的地方出现概率大，但在较近的地方也有出现的概率。这种外层电子向内层钻穿的效应称为**钻穿效应**（penetration effect）。钻穿效应主要表现在穿入内层的小峰上，峰的数目越多［峰的数目为 $(n-l)$］，钻穿效应越大。如果钻穿效应大，电子云深入内层，内层对它的屏蔽效应变小，即 σ 值变小，z^* 变大，能量降低。所以对多电子原子而言，n 值相同，l 值不同的电子亚层，其能量高低的次序为

$$E_{ns} < E_{np} < E_{nd} < E_{nf}$$

6.3.2 原子核外电子排布

原子核外电子排布见表 6-4，它是根据光谱数据确定的。人们从中总结出电子排布基本上遵循以下三个原则。

表 6-4 元素基态电子构型

原子序数	元素	电子构型	原子序数	元素	电子构型
1	H	$1s^1$	25	Mn	$[Ar]3d^5 4s^2$
2	He	$1s^2$	26	Fe	$[Ar]3d^6 4s^2$
3	Li	$[He]2s^1$	27	Co	$[Ar]3d^7 4s^2$
4	Be	$[He]2s^2$	28	Ni	$[Ar]3d^8 4s^2$
5	B	$[He]2s^2 2p^1$	29	Cu	$[Ar]3d^{10} 4s^1$
6	C	$[He]2s^2 2p^2$	30	Zn	$[Ar]3d^{10} 4s^2$
7	N	$[He]2s^2 2p^3$	31	Ga	$[Ar]3d^{10} 4s^2 4p^1$
8	O	$[He]2s^2 2p^4$	32	Ge	$[Ar]3d^{10} 4s^2 4p^2$
9	F	$[He]2s^2 2p^5$	33	As	$[Ar]3d^{10} 4s^2 4p^3$
10	Ne	$[He]2s^2 2p^6$	34	Se	$[Ar]3d^{10} 4s^2 4p^4$
11	Na	$[Ne]3s^1$	35	Br	$[Ar]3d^{10} 4s^2 4p^5$
12	Mg	$[Ne]3s^2$	36	Kr	$[Ar]3d^{10} 4s^2 4p^6$
13	Al	$[Ne]3s^2 3p^1$	37	Rb	$[Kr]5s^1$
14	Si	$[Ne]3s^2 3p^2$	38	Sr	$[Kr]5s^2$
15	P	$[Ne]3s^2 3p^3$	39	Y	$[Kr]4d^1 5s^2$
16	S	$[Ne]3s^2 3p^4$	40	Zr	$[Kr]4d^2 5s^2$
17	Cl	$[Ne]3s^2 3p^5$	41	Nb	$[Kr]4d^4 5s^1$
18	Ar	$[Ne]3s^2 3p^6$	42	Mo	$[Kr]4d^5 5s^1$
19	K	$[Ar]4s^1$	43	Tc	$[Kr]4d^5 5s^2$
20	Ca	$[Ar]4s^2$	44	Ru	$[Kr]4d^7 5s^1$
21	Sc	$[Ar]3d^1 4s^2$	45	Rh	$[Kr]4d^8 5s^1$
22	Ti	$[Ar]3d^2 4s^2$	46	Pd	$[Kr]4d^{10}$
23	V	$[Ar]3d^3 4s^2$	47	Ag	$[Kr]4d^{10} 5s^1$
24	Cr	$[Ar]3d^5 4s^1$	48	Cd	$[Kr]4d^{10} 5s^2$

续表

原子序数	元素	电子构型	原子序数	元素	电子构型
49	In	$[Kr]4d^{10}5s^2 5p^1$	80	Hg	$[Xe]4f^{14}5d^{10}6s^2$
50	Sn	$[Kr]4d^{10}5s^2 5p^2$	81	Tl	$[Xe]4f^{14}5d^{10}6s^2 6p^1$
51	Sb	$[Kr]4d^{10}5s^2 5p^3$	82	Pb	$[Xe]4f^{14}5d^{10}6s^2 6p^2$
52	Te	$[Kr]4d^{10}5s^2 5p^4$	83	Bi	$[Xe]4f^{14}5d^{10}6s^2 6p^3$
53	I	$[Kr]4d^{10}5s^2 5p^5$	84	Po	$[Xe]4f^{14}5d^{10}6s^2 6p^4$
54	Xe	$[Kr]4d^{10}5s^2 5p^6$	85	At	$[Xe]4f^{14}5d^{10}6s^2 6p^5$
55	Cs	$[Xe]6s^1$	86	Rn	$[Xe]4f^{14}5d^{10}6s^2 6p^6$
56	Ba	$[Xe]6s^2$	87	Fr	$[Rn]7s^1$
57	La	$[Xe]5d^1 6s^2$	88	Ra	$[Rn]7s^2$
58	Ce	$[Xe]4f^1 5d^1 6s^2$	89	Ac	$[Rn]6d^1 7s^2$
59	Pr	$[Xe]4f^3 6s^2$	90	Th	$[Rn]6d^2 7s^2$
60	Nd	$[Xe]4f^4 6s^2$	91	Pa	$[Rn]5f^2 6d^1 7s^2$
61	Pm	$[Xe]4f^5 6s^2$	92	U	$[Rn]5f^3 6d^1 7s^2$
62	Sm	$[Xe]4f^6 6s^2$	93	Np	$[Rn]5f^4 6d^1 7s^2$
63	Eu	$[Xe]4f^7 6s^2$	94	Pu	$[Rn]5f^6 7s^2$
64	Gd	$[Xe]4f^7 5d^1 6s^2$	95	Am	$[Rn]5f^7 7s^2$
65	Tb	$[Xe]4f^9 6s^2$	96	Cm	$[Rn]5f^7 6d^1 7s^2$
66	Dy	$[Xe]4f^{10}6s^2$	97	Bk	$[Rn]5f^9 7s^2$
67	Ho	$[Xe]4f^{11}6s^2$	98	Cf	$[Rn]5f^{10}7s^2$
68	Er	$[Xe]4f^{12}6s^2$	99	Es	$[Rn]5f^{11}7s^2$
69	Tm	$[Xe]4f^{13}6s^2$	100	Fm	$[Rn]5f^{12}7s^2$
70	Yb	$[Xe]4f^{14}6s^2$	101	Md	$[Rn]5f^{13}7s^2$
71	Lu	$[Xe]4f^{14}5d^1 6s^2$	102	No	$[Rn]5f^{14}7s^2$
72	Hf	$[Xe]4f^{14}5d^2 6s^2$	103	Lr	$[Rn]5f^{14}6d^1 7s^2$
73	Ta	$[Xe]4f^{14}5d^3 6s^2$	104	Rf	$[Rn]5f^{14}6d^2 7s^2$
74	W	$[Xe]4f^{14}5d^4 6s^2$	105	Db	$[Rn]5f^{14}6d^3 7s^2$
75	Re	$[Xe]4f^{14}5d^5 6s^2$	106	Sg	$[Rn]5f^{14}6d^4 7s^2$
76	Os	$[Xe]4f^{14}5d^6 6s^2$	107	Bh	$[Rn]5f^{14}6d^5 7s^2$
77	Ir	$[Xe]4f^{14}5d^7 6s^2$	108	Hs	$[Rn]5f^{14}6d^6 7s^2$
78	Pt	$[Xe]4f^{14}5d^9 6s^1$	109	Mt	$[Rn]5f^{14}6d^7 7s^2$
79	Au	$[Xe]4f^{14}5d^{10}6s^1$			

1. 泡利不相容原理

泡利不相容原理(Pauli exclusion principle)有几种表述方式:

(1) 在同一原子中,不可能存在所处状态完全相同的电子。

(2) 在同一原子中,不可能存在四个量子数完全相同的电子。

(3) 每一轨道只能容纳自旋方向相反的两个电子。

这几种说法都是等效的,从一种说法可推证出其他的说法。

2. 能量最低原理

在不违背泡利不相容原理的前提下,电子在各轨道上的排布方式应使整个原子能量处于最低状态。这就是能量最低原理。原子能量的高低除取决于轨道能量外，还与电子之间相互作用能有关。综合考虑这些因素后，我国化学家徐光宪提出用$(n+0.7l)$的数值来判断原子能量的高低。例如，K原子的最后一个电子填充在3d还是4s轨道使原子能量较低呢？因为$(3+0.7\times2)>(4+0.7\times0)$，所以电子填充在4s轨道。根据这一公式，可以推出在目前已发现的元素中随原子序数的增加，电子在轨道中填充的顺序为

1s，2s，2p，3s，3p，4s，3d，4p，5s，4d，5p，6s，4f，5d，6p，7s，5f，…

图6-9是鲍林(Pauling L C)提出的电子填充顺序图。图中圆圈代表轨道，每一横线代表一个能级。随原子序数的增加，电子按照该图能级从低到高的顺序填充。

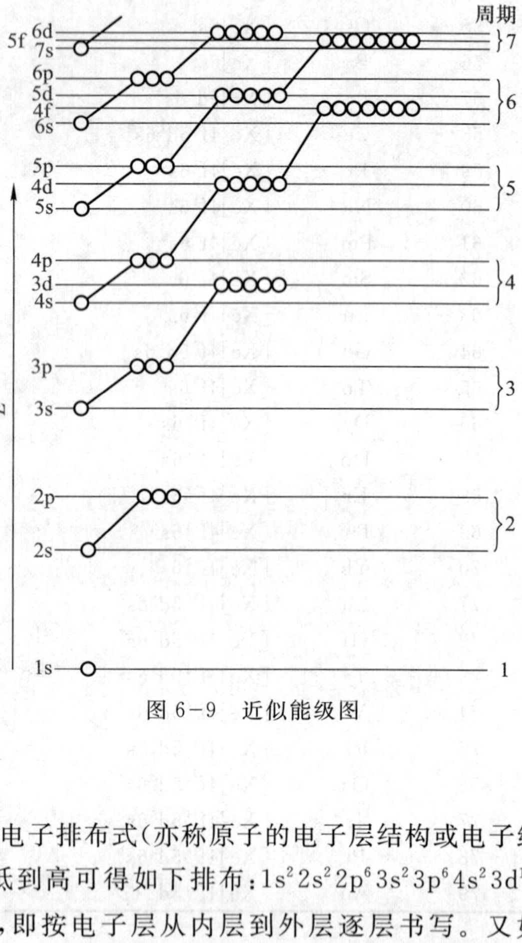

图6-9 近似能级图

3. 洪特规则(Hund's rule)

能量相同的轨道(如3种p轨道，5种d轨道)，称为**简并轨道**(degenerate orbitals)。洪特规则指出：在简并轨道上排布电子时，总是尽先占据不同轨道，且自旋平行。例如，$_{6}C$按泡利不相容原理和能量最低原理，电子排布式为$1s^22s^22p^2$。根据洪特规则，3个2p轨道上2个电子排布应该是 [↑|↑|]，而不是 [↑↓| |] 或 [↑|↓|]，因为后两种电子排布方式中这2个电子之间的斥力都比前一种大。所以洪特规则应该说也属于能量最低原理。

作为洪特规则的补充，简并轨道处于全满(p^6, d^{10}, f^{14})或半满(p^3, d^5, f^7)的状态时，能量较低，比较稳定。因为此时核外这些轨道合成的电子云变成较稳定的球形对称状态。

有了以上三条规则，绝大部分元素的原子核外电子排布式(亦称原子的电子层结构或电子组态)都可确定。例如$_{21}Sc$，有21个电子，按能量从低到高可得如下排布：$1s^22s^22p^63s^23p^64s^23d^1$。但一般推荐的书写格式是$1s^22s^22p^63s^23p^63d^14s^2$，即按电子层从内层到外层逐层书写。又如$_{29}Cu$，核外电子排布式是$1s^22s^22p^63s^23p^63d^{10}4s^1$，而不是$1s^22s^22p^63s^23p^63d^94s^2$。这是由于3d轨道全充满比较稳定的缘故。

几点说明：

(1) 必须指出，有些元素的原子核外电子排布比较特殊，如$_{44}Ru$，按三原则推断为$1s^22s^22p^63s^23p^63d^{10}4s^24p^64d^65s^2$，但实验测定结果是$1s^22s^22p^63s^23p^63d^{10}4s^24p^64d^75s^1$。像这样电子排布"特殊"的元素还有Nb，Rh，Pd，W，Pt及La系和Ac系一些元素。其实，这些"特殊"元素核外电子排布应该说仍然是服从能量最低原理的，只是决定原子能量高低除这些原则外，还有一些我们至今仍不十分清楚的其他因素。

(2) 书写原子序数较大的原子核外电子排式时，往往要写一大串，相当麻烦。而且内层电子在化学反应中基本不变，决定元素化学性质主要是原子的外层电子。所以为了简便，常常只写出原子的价电子排布。所谓价电子排布（亦称价电子构型）是指主族元素只需写出最外层 ns，np 轨道的电子排布；副族元素只需写出 $(n-1)$d，ns 轨道的电子排布①。例如，K $4s^1$，Sc $3d^14s^2$，Cu $3d^{10}4s^1$。

(3) 原子失电子后便成为离子，离子的电子排布取决于电子从何轨道中失去。实验和理论都证明，原子轨道失电子的次序是 np，ns，$(n-1)$d，$(n-2)$f，即最外层的 np 电子最先失去，np 电子全部失去后才失 ns 电子，余类推。例如，Cu^{2+} 核外电子排布式为 $1s^22s^22p^63s^23p^63d^9$，As^{3+} 为 $1s^22s^22p^63s^23p^63d^{10}4s^2$。

6.4 原子结构和元素周期律

6.4.1 核外电子排布和周期表的关系

元素周期律是指元素的性质随着核电荷的递增而呈现周期性变化的规律。周期律产生的基础是随核电荷的递增，原子最外层电子排布呈现周期性变化，即最外层电子构型重复着从 ns^1 开始到 ns^2np^6 结束这一周期性变化。周期表是周期律的表现形式。现从几个方面讨论周期表与核外电子排布的关系。

1. 各周期元素的数目

周期表中有一个特短周期（2 种元素）、两个短周期（8 种元素），两个长周期（18 种元素），一个特长周期（32 种元素）以及一个未完成周期。各周期元素数目等于 ns^1 开始到 np^6 结束各轨道所能容纳的电子总数。由于能级交错的存在，所以产生以上各长短周期的分布（见表 6-5）。

表 6-5 各周期元素的数目与原子结构的关系

周期	元素数目	相应的轨道				容纳电子总数
1	2	1s				2
2	8	2s			2p	8
3	8	3s			3p	8
4	18	4s		3d	4p	18
5	18	5s		4d	5p	18
6	32	6s	4f	5d	6p	32
7	未满	7s	5f	6d		未满

2. 周期和族

元素在周期表中所处的位置与原子结构的关系为

$$\text{周期数}=\text{电子层层数}$$

① La 系和 Ac 系元素还需写出 $(n-2)$f 轨道的电子排布。

因为每增加一个电子层，就开始一个新的周期。

主族元素的族数＝最外电子层的电子数

副族元素的族数＝(最外电子层的电子数)＋(次外层 d 电子数)(除 ⅠB，ⅡB 和Ⅷ族外)

在同一族元素中，虽然它们的电子层数不同，但有相同的价电子构型，因此有相似的化学性质。

3. 元素分区

根据元素原子的价电子构型，可把周期表中的元素分成五个区。

(1) s 区　价电子构型为 $ns^{1\sim2}$；

(2) p 区　价电子构型为 $ns^2np^{1\sim6}$；

(3) d 区　价电子构型为 $(n-1)d^{1\sim8}ns^2$(少数例外，如 Cr $3d^54s^1$，Pd $4d^{10}$)；

(4) ds 区　价电子构型为 $(n-1)d^{10}ns^{1\sim2}$；

(5) f 区　价电子构型为 $(n-2)f^{1\sim14}ns^2$(有例外)。

6.4.2 原子结构与元素基本性质

元素的基本性质，如原子半径、电离能、电子亲和能和电负性等都与原子结构密切相关，因而也呈现显著的周期性变化规律。

1. 原子半径

因电子在核外各处都有出现的可能性，仅概率大小不同而已，所以对单个原子来讲并不存在明确的界面。所谓原子半径，是根据相邻原子的核间距测出的。由于相邻原子间成键的情况不同，可给出不同类型的原子半径。同种元素的两个原子以共价单键连接时，其核间距的一半叫做该原子的**共价半径**(covalent radius)。例如，Cl_2 中氯原子间是以共价单键相连，其核间距为 198.8 pm，所以氯原子的共价半径为 99.4 pm。金属晶格中金属原子核间距的一半，叫做**金属半径**(metallic radius)。同种元素的共价半径和金属半径数值不同，后者一般比前者大 10%～15%。稀有气体为单原子分子，在低温下形成分子晶体时，原子间结合力是范德华力(见 7.7.2 节)。在稀有气体单质晶体中，相邻原子核间距的一半称为**范德华半径**(van der waals radius)。附录六所列的原子半径中，金属原子为金属半径，非金属原子为共价半径，稀有气体为范德华半径。

原子半径在周期表中的变化规律可归纳为：

(1) 同一主族自上而下半径增大。这是因为电子层数逐渐增多的缘故。同一副族自上而下半径一般也增大，但增幅不大，特别是第五和第六周期的副族元素，它们的原子半径十分接近，这是由于镧系收缩(见第十二章)所造成的结果。

(2) 同一周期从左到右，原子半径逐渐减小，但主族元素比副族元素减小的幅度大得多。这是因为主族元素从左到右，新增加的电子都填充在最外层，它对处于同一层的电子屏蔽作用较小($\sigma=0.35$)，故每向右移动一元素，有效核电荷可增加 0.65。副族元素从左到右新增加的电子填充在次外层 d 轨道上，它对外层电子屏蔽作用较大($\sigma=0.85$)，故有效核电荷只增加 0.15。所以副族元素比主族元素半径减小缓慢得多。

2. 电离能

气态原子失去一个电子成为气态＋1 价离子所需的能量，称为该元素的(第一)**电离能**(ionization energy)I_1。从气态+1价离子再失去一个电子，成为+2价离子所需的能量，称为第二电离能(I_2)，余类推。显然 $I_1 < I_2 < I_3 \cdots$，因为原子移去一个电子后成为带正电荷的阳离子，若再移去电子就更困难了。通常所讲的电离能是指第一电离能。各元素的第一电离能列于附录七。

图 6-10 为元素第一电离能随原子序数增加而变化的情况。由图可见，第一电离能变化呈现明显周期性。在主族元素中，同一周期从左到右，总的趋势是第一电离能逐渐增大。这是由于同一周期从左到右，元素的有效核电荷增加，原子半径减小，对电子吸引力增大的缘故。在同一族中，从上到下随着原子半径的增大，外层电子离核越来越远，故第一电离能逐渐减小。

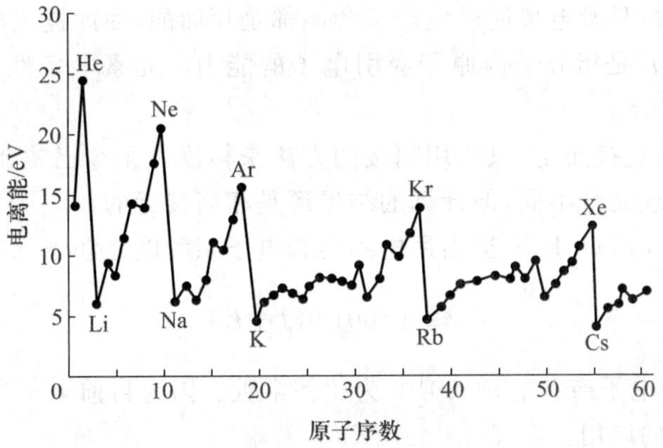

图 6-10　元素第一电离能的周期性变化

从图 6-10 还可看到，在主族元素同一周期中，元素的第一电离能增加有两个小的转折。以第二周期为例，这种转折出现在 B 和 O 两元素。B 在 Be 后，B 的第一电离能反而比 Be 小；O 在 N 后，O 的第一电离能也比 N 小。这种现象可用原子结构理论来解释。出现第一个转折是因为 Li 和 Be 失去的是 2s 电子，从 B 开始失去的是 2p 电子，2p 电子能量比 2s 电子高，易失去。第二个转折是由于 N 的 2p 轨道已半满，从 O 开始增加的电子要填入 2p 轨道，必然要受到原来已占据该轨道的那个电子排斥，要额外消耗电子的成对能，故电子能量高，易失去。另外，出现这两个转折还与它们失电子后达到稳定的电子构型有关。B 和 O 失去一个电子后电子构型分别为 $2s^2 2p^0$ 和 $2s^2 2p^3$，即 p 轨道分别达到全空和半满的稳定结构。

在副族元素中，由于最后的电子是填入内层，屏蔽效应大，抵消了核电荷增加所产生的影响，另外它们的半径也都很接近，因此它们的第一电离能变化不大。

3. 电子亲和能

气态原子获得一个电子形成气态-1价离子所释放的能量，称为该元素的(第一)**电子亲和能**(electron affinity)E。电子亲和能正、负号的规定与焓的正、负号规定相反，即放热为正，吸热为负。例如：

$$\mathrm{Cl(g)} + \mathrm{e^-} \longrightarrow \mathrm{Cl^-(g)} \qquad \Delta H^\ominus = -365.3\ \mathrm{kJ\cdot mol^{-1}}$$

$$E = -\Delta H^\ominus = 365.3\ \mathrm{kJ\cdot mol^{-1}}$$

所以，电子亲和能正值越大，表示该元素的原子越易获得电子。一些元素的电子亲和能列于附录八。

在周期表中，电子亲和能变化规律与电离能变化规律基本上相同。在主族元素中，同一周期从左到右总趋势是逐渐增加，同一族从上到下总趋势逐渐减小。但都有例外。例如，同一族元素中，电子亲和能最大的不是第二周期元素而是第三周期元素。F，Cl，Br，I 的电子亲和能分别为 $344\ kJ\cdot mol^{-1}$，$365\ kJ\cdot mol^{-1}$，$340\ kJ\cdot mol^{-1}$，$309\ kJ\cdot mol^{-1}$，Cl 的电子亲和能却比 F 的大。这是因为第二周期元素原子半径特别小，电子间斥力大，以致加合一个电子时，释放的能量减小。而第三周期元素的原子半径较大，电子间斥力显著减小，因而加合电子时，释放的能量相应增大。

4. 电负性

电离能和电子亲和能都各自从某一方面反映了原子争夺电子的能力。当然，在全面地衡量原子争夺电子的能力时，只看电离能或电子亲和能都是片面的，因此提出电负性的概念。所谓**电负性**(electronegativity)，是指分子内原子吸引电子的能力。元素电负性大，原子在分子内吸引电子能力强。

电负性目前还无法直接测定，只能用间接的方法来标度。至今已提出多种标度电负性的方法，虽然它们依据的原理完全不同，但计算的结果还是相当接近的。

1934 年密立根(Mulliken R S)提出用电离能和电子亲和能之和来标度电负性 χ

$$\chi = 0.001\,9(I+E) \tag{6-14}$$

式中：I 为电离能；E 为电子亲和能；0.001 9 为比例常数。因为目前电子亲和能的数据有限且不太准确，故限制了该法的应用。

目前较为通用的是鲍林电负性标度。它是根据键的解离能的数据计算得到的。鲍林提出电负性与键的解离能关系式为

$$D(\text{A—B}) = [D(\text{A—A}) \times D(\text{B—B})]^{\frac{1}{2}} + 96.5(\chi_B - \chi_A)^2 \tag{6-15}$$

式中：$D(\text{A—B})$，$D(\text{A—A})$和 $D(\text{B—B})$分别表示化学键 A—B，A—A 和 B—B 的解离能；χ_A 和 χ_B 分别为元素 A 和 B 的电负性。并规定元素 F 的电负性为 4.0，由此可求出其他元素的电负性。附录九是鲍林电负性经过后人不断修正后比较能获得大家公认的数值。

元素电负性在周期表中变化的规律与电离能、电子亲和能相同，即在主族元素中，同一周期从左到右，电负性递增，同一族从上到下，电负性递减。副族元素电负性变化规律不明显。

根据元素电负性的大小，可判断元素的金属性或非金属性的强弱。一般来说，元素电负性在 2.0 以上为非金属元素，而在 2.0 以下为金属元素。但不能把电负性 2.0 作为划分金属和非金属的绝对界限。

最后必须指出，同一元素所处的氧化态不同，其电负性也不同。例如，Fe(Ⅱ)和 Fe(Ⅲ)的电负性分别为 1.7 和 1.8，Cr(Ⅲ)和 Cr(Ⅵ)的电负性分别为 1.7 和 2.4，因为价高的吸引电子能力比价低的强。附录九所列的电负性，实际上是该元素最稳定的氧化态的电负性。

拓展知识：

元素起源

我们周围的物质从何而来？元素起源与宇宙起源密切相关。关于宇宙起源被科学家广泛接受的是大爆炸理论。该理论认为，宇宙起源于温度极高和密度极大（温度高于 10^{13} K，密度约 10^{15} g/cm^3）的中子云雾。由于某种未明原因，137 亿年前发生了大爆炸，使宇宙不断地膨胀，温度和密度不断地降低。当宇宙温度降到低于 10^{10} K 时，中子开始衰变成质子和电子。所以此时宇宙中充斥着质子、中子、电子及非常高的辐射能。在此高温下，质子与中子可发生聚变反应生成氘核，后者又与质子聚变成氦核。随着温度快速下降，这些聚变反应很快就会停止。据估计，当时宇宙中物质就质量而言，约有 75% 的氢核、25% 的氦核、大量很轻的电子，以及微量的氘核和锂核。当温度降至 10^4 K 以下时，电子才开始与原子核结合形成中性的原子。所以大爆炸早期只生成氢、氦及微量的氘和锂等元素。周期表中其他较重的元素都是在随后恒星演化中产生的。

一般认为，可能由于一些量子效应使得大爆炸早期的宇宙能量分布存在着不均匀性。这不均匀性经过重力效应的放大，使宇宙中氢原子等物质有向密度大的地方聚集的倾向。氢云雾因为重力作用不断收缩，由于自身的引力收缩作用释放热量，经过一段很长时期后，其核心温度可升高到数千万度，足以引发质子聚变反应，同时放出大量能量。聚变生成的热使其有膨胀的趋势，而重力作用使其有收缩的趋势，当两者达到平衡时，一个稳定的年轻星球，如我们的太阳，便形成了。

当一个星球氢核耗尽时，因它变成数量少但质量大的氦核，星球将进一步收缩，内部温度会进一步升高，直至达到氦核可发生聚变反应，生成碳核和氧核等。随着氦核耗尽，星球又进一步收缩而生成更多的热，引起较重核发生聚变反应。这种过程不断重复，生成越来越重的核，直至铁核生成。因为铁核是所有原子核中最稳定的核（参见 15.1 节图 15−1平均结合能曲线），铁核聚变需吸收能量。这种吸热的聚变反应不能再提供能量来维持星球，因此星球冷却变成小的、密度大的白矮星（一种低光度的晚期恒星）。

以上是小的和中等大小恒星天体演化过程。如果恒星足够大（质量大于太阳 8 倍以上），在其演化的某一阶段，它的外层会崩塌，如同天花板掉下一样，掉入它耗尽的核心。这巨大的星球震动产生如此大的冲击波，使星球脱掉其外层并送入空间。此过程就是所谓的超新星爆发。在过去 1 千年中，在我们银河系已观察到 6 次这样的爆发，最近一次发生在 1987 年。超新星爆发产生的温度足以使较重的原子核发生聚变反应。部分比铁重的原子是由这种方式生成的。

除聚变反应外，中子俘获也是宇宙中生成化学元素的另一途径。氦原子轰击轻元素的原子，产生了中子。这些中子可被另一元素的原子核俘获，由于过多中子的核不稳定，放出β射线便生成原子序数更大的元素。这种方式可生成碳、氮、铁直至原子序数为 82 和 83 的铅和铋等元素。

超新星爆发的碎片在重力作用下聚集一起生成新的星球。但是并不是所有碎片都聚集在一个中心体上。一些聚集成较小质量而绕恒星运动的星体，便是行星。地球就是其中之一。地球上所有化学元素大概就是按这些方式生成的。

虽然关于元素起源也有人提出其他理论，但是大爆炸理论获得了大量证据的支持，所以它广泛地被大家所接受。

习题

1. 利用玻尔理论推得的轨道能量公式，计算氢原子的电子从第五能级跃进到第二能级所释放的能量及谱线的波长。

2. 利用德布罗意关系式计算：

(1) 质量为 9.1×10^{-31} kg，速度为 6.0×10^{6} $m\cdot s^{-1}$ 的电子，其波长为多少？

(2) 质量为 1.0×10^{-2} kg，速度为 1.0×10^{3} $m\cdot s^{-1}$ 的子弹，其波长为多少？

此两小题的计算结果说明什么问题？

3. 定性地画出：$3d_{xy}$ 轨道的原子轨道角度分布图，$4d_{x^2-y^2}$ 轨道的电子云角度分布图，4p 轨道的电子云径向分布图。

4. 下列各组量子数哪些是不合理的，为什么？

(1) $n=2$　$l=1$　$m=0$　$m_s=-\frac{1}{2}$

(2) $n=2$　$l=2$　$m=-1$　$m_s=-\frac{1}{2}$

(3) $n=3$　$l=0$　$m=0$　$m_s=0$

(4) $n=3$　$l=-1$　$m=+1$　$m_s=+\frac{1}{2}$

(5) $n=2$　$l=0$　$m=-1$　$m_s=+\frac{1}{2}$

(6) $n=5$　$l=4$　$m=-4$　$m_s=+\frac{1}{2}$

5. 氮原子中有 7 个电子，写出各电子的四个量子数。

6. 用原子轨道符号表示下列各组量子数

(1) $n=2$　$l=1$　$m=-1$

(2) $n=4$　$l=0$　$m=0$

(3) $n=5$　$l=2$　$m=-2$

(4) $n=6$　$l=3$　$m=0$

7. 具有下列量子数的轨道，最多可容纳多少个电子？

(1) $n=3$

(2) $n=4$　$l=1$　$m=-1$

(3) $n=2$　$l=1$　$m=0$　$m_s=-\frac{1}{2}$

(4) $n=3 \quad l=3$

(5) $n=4 \quad m=+1$

(6) $n=4 \quad m_s=+\frac{1}{2}$

(7) $n=3 \quad l=2$

*8. 用斯莱特规则分别计算 Na 原子的 1s,2s 和 3s 电子的有效核电荷。

9. 对多电子原子来说,当主量子数 $n=4$ 时,有几个能级?各能级有几个轨道?最多能容纳几个电子?

10. 在氢原子中,4s 和 3d 哪一种状态能量高?在 19 号元素钾中,4s 和 3d 哪一种状态能量高?为什么?

11. 写出原子序数分别为 25,49,79,86 的四种元素原子的电子排布式,并判断它们在周期表中的位置。

12. 判断下列说法是否正确?为什么?

(1) s 电子轨道是绕核旋转的一个圆圈,而 p 电子是走 8 字形。

(2) 在 N 电子层中,有 4s,4p,4d,4f 共 4 个原子轨道。主量子数为 1 时,有自旋相反的两条轨道。

(3) 氢原子中原子轨道能量由主量子数 n 来决定。

(4) 氢原子的核电荷数和有效核电荷不相等。

(5) 角量子数 l 决定了所有原子(包括氢原子和多电子原子)原子轨道的形状。

(6) Li^{2+} 的 3s、3p,3d 轨道能量相同。

13. 根据下列各元素的价电子构型,指出它们在周期表中所处的周期和族,是主族还是副族?

$3s^1$	$4s^2 4p^3$
$3d^2 4s^2$	$3d^5 4s^1$
$3d^{10} 4s^1$	$4s^2 4p^6$

14. 完成下列表格

原子序数	电子排布式	价电子构型	周期	族	元素分区
24					
	$1s^2 2s^2 2p^6 3s^2 3p^6 3d^{10} 4s^2 4p^5$				
		$4d^{10} 5s^2$			
			六	ⅡA	

15. 写出下列离子的电子排布式:

Cu^{2+},Ti^{3+},Fe^{3+},Pb^{2+},S^{2-}

16. 价电子构型分别满足下列条件的是哪一类或哪一种元素?

(1) 具有 2 个 p 电子。

(2) 有 2 个 $n=4, l=0$ 的电子,6 个 $n=3, l=2$ 的电子。

(3) 3d 为全满,4s 只有一个电子。

17. 原子序数 1-36 的基态原子中,有哪几种电子构型及哪几种元素具有 2 个不成对电子?

18. 某一元素的原子序数为 24,问:

(1) 该元素原子的电子总数是多少?

(2) 它的电子排布式是怎样的?

(3) 价电子构型是怎样的?

(4) 它属第几周期?第几族?主族还是副族?最高氧化物的化学式是什么?

19. 为什么原子的最外层上最多只能有 8 个电子？次外层上最多只能有 18 个电子？（提示：从能级交错上去考虑。）

20. 有 A,B,C,D 四种元素，其最外层电子依次 1,2,2,7；其原子序数按 B,C,D,A 次序增大。已知 A 与 B 的次外层电子数为 8，而 C 与 D 的次外层电子数为 18。试问：

(1) 哪些是金属元素？

(2) D 与 A 的简单离子是什么？

(3) 哪一元素的氢氧化物的碱性最强？

(4) B 与 D 两元素间能形成何种化合物？写出化学式。

21. 试根据原子结构理论预测：

(1) 第 8 周期将包括多少种元素？

(2) 原子核外出现第一个 5g($l=4$)电子的元素的原子序数是多少？

(3) 第 114 号元素属于哪一周期？哪一族？试写出其电子排布式。

22. 试比较下列各对原子或离子半径的大小（不查表）：

Sc 和 Ca	Sr 和 Ba	K 和 Ag
Fe^{2+} 和 Fe^{3+}	Pb 和 Pb^{2+}	S 和 S^{2-}

23. 试比较下列各对原子电离能的高低（不查表）：

O 和 N	Al 和 Mg	Sr 和 Rb
Cu 和 Zn	Cs 和 Au	Br 和 Kr

24. 试用原子结构理论解释：

(1) 稀有气体在每周期元素中具有最高的电离能。

(2) 电离能：P>S。

(3) 电子亲和能：S>O。

(4) 电子亲和能：C>N。

(5) 第一电离能 Na<Mg，但第二电离能 Na>Mg。

25. 判断常温下，以下气相反应能否自发进行？

(1) $Na(g)+Rb^+(g) \longrightarrow Na^+(g)+Rb(g)$

(2) $F^-(g)+Cl(g) \longrightarrow Cl^-(g)+F(g)$

26. 将下列原子按电负性降低的次序排列（不查表）：

Ga　S　F　As　Sr　Cs

27. 指出具有下列性质的元素（稀有气体除外，不查表）：

(1) 原子半径最大和最小。

(2) 电离能最大和最小。

(3) 电负性最大和最小。

(4) 电子亲和能最大。

第七章

分子结构

学习要求：

1. 掌握离子键理论的基本要点，理解决定离子化合物性质的因素及离子化合物的特征。
2. 掌握电子配对法及共价键的特征。
3. 能用轨道杂化理论来解释一般分子的构型。
4. 能用价层电子对互斥理论来预言一般主族元素分子的构型。
5. 掌握分子轨道理论的基本要点，会用该理论处理第一、第二周期同核双原子分子。
6. 了解离子极化和分子间力的概念。了解金属键和氢键的形成和特征。
7. 了解各类晶体的内部结构和特征。

分子是物质能独立存在并保持其化学特性的最小粒子。物质的化学性质主要取决于分子的性质，而分子的性质除取决于分子的化学组成外，还取决于分子的结构。分子的结构一般包括两方面内容：一是分子中原子之间如何结合起来，即化学键的问题；另一是分子中原子在空间如何排布，即空间构型的问题。所以这两方面内容是本章讨论的重点。

分子中将原子结合在一起的强烈相互作用通常称为**化学键**(chemical bond)。化学键一般可分为离子键、共价键和金属键。本章除分别介绍这三种化学键外，也讨论分子间力、离子极化和晶体结构等问题。

7.1 离子键

7.1.1 离子键理论的基本要点

离子键理论认为：当活泼金属原子和活泼非金属原子在一定反应条件下互相接近时，活泼金属原子可失去最外层电子，形成稳定电子结构的带正电荷的离子；而活泼非金属原子可得到电子，形成稳定电子结构的带负电荷的离子。正、负离子之间由于静电引力而相互吸引，当它们充分接近时，离子的外电子层之间又产生排斥力，当吸引力和排斥力相平衡时，体系能量最低，正、负离子间便形成稳定的结合体。这种靠正、负离子的静电引力而形成的化学键叫做**离子键**(ionic bond)。具有离子键的物质称为**离子化合物**(ionic compound)。

离子键的主要特征是没有方向性和饱和性。离子是带电荷体，它的电荷分布是球形对称的，所以它对各个方向的吸引力是相同的(没有方向性)。只要空间许可,一个离子可以同时和几个电荷相反的离子相吸引(没有饱和性)。当然,这并不意味着一个离子周围排列的相反电荷离子数目可以是任意的。实际上,在离子晶体中,每一离子周围排列电荷相反离子的数目都是固定的。例如,在 NaCl 晶体中,每个 Na^+ 周围有 6 个 Cl^-,每个 Cl^- 周围也有 6 个 Na^+。在 CsCl 中,每个 Cs^+ 周围有 8 个 Cl^-,每个 Cl^- 周围有 8 个 Cs^+。一个离子周围排列电荷相反离子的数目主要取决于正离子和负离子的半径比(r_+/r_-),比值越大,周围排列离子数目越多。

基于离子键以上特点,在离子晶体中无法分辨出一个个独立的"分子"。例如,在 NaCl 晶体中,不存在 NaCl 分子,所以 NaCl 是氯化钠的化学式,而不是分子式。

7.1.2 决定离子化合物性质的因素——离子的特征

离子化合物是由离子构成的,因此离子的性质必定在很大程度上决定离子化合物的性质。下面对离子的几种特征分别作一简要的介绍。

1. 离子半径

与原子一样,单个离子也不存在明确的界面。所谓离子半径,是根据晶体中相邻正、负离子的核间距(d)测出的,并假设 $d=r_++r_-$,r_+ 和 r_- 分别代表正、负离子半径。推算各种离子半径是一项比较复杂的工作。它必须解决核间距如何划分为两个离子半径的问题。至今已提出多种推算离子半径的方法。例如,1927 年戈德施密特(Goldschmidt H)利用前人以光折射法所得的 F^-(133 pm)和 O^{2-}(132 pm)离子半径数据为基准,求得近百种离子半径(常称之为戈德施密特离子半径)。同年鲍林从有效核电荷推出一套离子半径数据(常称之为鲍林离子半径)。附录十一中列出了鲍林离子半径的数据。

从原子结构的观点不难得出离子半径变化的一些规律:

(1) 同族元素离子半径从上而下递增。例如:

$$r(Li^+)<r(Na^+)<r(K^+)<r(Rb^+)<r(Cs^+)$$
$$r(F^-)<r(Cl^-)<r(Br^-)<r(I^-)$$

(2) 同一周期的正离子半径随离子电荷增加而减小,而负离子半径随电荷增加而增大。例如:

$$r(Na^+)>r(Mg^{2+})>r(Al^{3+}) \qquad r(F^-)<r(O^{2-})$$

(3) 同一元素负离子半径大于原子半径,正离子半径小于原子半径,且正电荷越高,半径越小。例如:

$$r(S^{2-})>r(S) \qquad r(Fe^{3+})<r(Fe^{2+})<r(Fe)$$

离子半径是决定离子化合物中正、负离子之间吸引力的重要因素。一般来讲,离子半径越小,离子间吸引力越大,相应化合物的熔点也越高。表 7-1 明显地反映出这种变化关系。

表 7-1 几种离子化合物的熔点和离子半径

离子化合物	NaF	KF	RbF	CsF
熔点/℃	996	858	795	703
正离子半径/pm	102	138	152	167

2. 离子的电荷

离子电荷是影响离子化合物性质的重要因素。离子电荷高,对相反电荷的离子静电引力强,因而化合物的熔点也高。如 CaO 的熔点(2 613 ℃)比 KF 的(858 ℃)高。

3. 离子的电子构型

简单负离子(如 F^-、Cl^-、S^{2-} 等)的外电子层都是稳定的稀有气体结构,因最外层有 8 个电子,故称为 8 电子构型。但正离子的情况比较复杂,其电子构型有如下几种:

(1) 2 电子构型　如 Li^+,Be^{2+} 等;

(2) 8 电子构型　如 Na^+,Al^{3+} 等;

(3) 18 电子构型　如 Ag^+,Hg^{2+} 等;

(4) 18+2 电子构型　如 Sn^{2+},Pb^{2+} 等(次外层为 18 个电子,最外层为 2 个电子);

(5) 9~17 电子构型　如 Fe^{2+},Mn^{2+} 等,又称为不饱和电子构型。

离子的电子构型对化合物性质有一定的影响。例如,Na^+ 和 Ag^+ 离子电荷相同,离子半径也相近(分别为 102 pm 和 115 pm),但 NaCl 易溶于水,AgCl 难溶于水。显然,这与 Na^+ 和 Ag^+ 具有不同的电子构型有关。

7.1.3 晶格能

晶格能(lattice energy)U 是气态正离子和气态负离子结合成 1 mol 离子晶体时所释放的能量。例如,对 NaF 晶体来说,U 就是下列反应的焓变:

$$Na^+(g) + F^-(g) \longrightarrow NaF(s)$$

由于上述反应的 ΔH 不能直接测量,玻恩-哈伯(Bom-Haber)设计了一个热化学循环,由此可间接地求算晶格能。

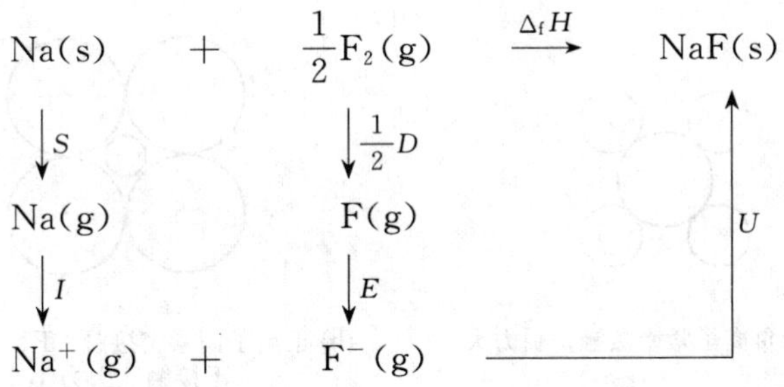

式中:S——Na 的升华能(107.5 kJ·mol^{-1});

I——Na 的电离能(519.6 kJ·mol^{-1});

D——F_2 的解离能(156.9 kJ·mol^{-1});

E——F 的电子亲和能(−343.8 kJ·mol^{-1});

$\Delta_f H$——NaF 的生成焓(−576.6 kJ·mol^{-1});

U——NaF 的晶格能。

由玻恩-哈伯循环可得

$$\Delta_f H = S + I + \frac{1}{2}D + E + U$$

$$U = \Delta_f H - S - I - \frac{1}{2}D - E$$

$$= \left[-576.6 - 107.5 - 519.6 - \frac{1}{2} \times 156.9 - (-343.8)\right] \text{kJ} \cdot \text{mol}^{-1}$$

$$= -938.4 \text{ kJ} \cdot \text{mol}^{-1}$$

晶格能也可以从理论计算得到。理论处理的模型是把离子看作点电荷，然后计算这些点电荷之间的库仑作用能，其总和即为晶格能。对 NaF 晶体理论算得的晶格能 $-910\ \text{kJ} \cdot \text{mol}^{-1}$，与玻恩-哈伯循环法求得的结果甚为吻合。这表明用离子键的理论处理离子晶体是正确的。

晶格能的大小常用来比较离子键的强度和晶体的牢固程度。离子化合物的晶格能越大，表示正、负离子间结合力越强，晶体越牢固，因此晶体的熔点越高，硬度越大。

拓展知识：

离子液体

离子液体是指完全由正、负离子所组成，在室温或室温附近呈液态的物质。众所周知，离子化合物的特性之一是正、负离子之间静电引力强，晶格能大，所以其熔点高。但是为何离子液体的熔点如此低呢？这主要是由于组成离子液体的正、负离子大小悬殊之故。一般的无机离子化合物熔点高，是由于其晶格中正、负离子大小差别不是很大，正、负离子之间能紧密接触，静电引力大。如果某离子化合物正离子很大很大，负离子却很小，在其晶格中就会造成正离子之间已紧密接触，而正、负离子之间不能靠近的情况，以致大大削弱其静电引力（图 7-1）。

(a) 正、负离子紧密接触，引力大　　(b) 正离子间紧密接触，正、负离子不接触，引力小

图 7-1　离子大小对引力影响示意图

离子液体一般是由大的有机正离子和小的无机负离子组成。有机正离子常见的有季铵盐离子、季鏻盐离子、咪唑盐离子和吡啶盐离子等（图 7-2）。无机负离子有卤素离子、四氟硼酸根离子（BF_4^-）、六氟磷酸根离子（PF_6^-）等。这些有机正离子母体本身体积大，如果再选择较大的有机碳链取代基，以及在同一正离子中选择不同的取代基而造成其结构不对称，使离子不能规则地排列成晶体，大大削弱了离子间作用力，就可得到室温甚至更低温度下呈液态的离子液体。另外，对绝大多数物质而言，混合物的熔点低于纯物质的熔

点。例如，LiCl 的熔点为 610 ℃，$AlCl_3$ 的熔点为 193 ℃，而摩尔分数各为 0.5 的 LiCl 和 $AlCl_3$ 混合物的熔点只有 144 ℃。所以将不同的离子化合物混合，还可达到进一步降低熔点的目的。

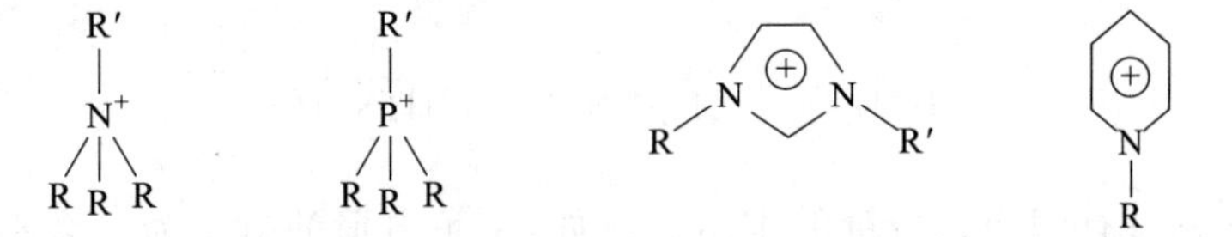

图 7-2　离子液体常见的几种阳离子

R，R′代表各种碳链取代基

离子液体与传统的有机溶剂相比，具有许多无可比拟的优良性能。现列举如下：

1. 环保、安全。离子液体无味、不易燃、蒸气压极低，可有效地避免传统有机溶剂使用时所造成的环境污染和安全问题，为名副其实的环境友好的绿色溶剂。

2. 种类繁多，具可设计性。更换正、负离子，特别是改变数量十分庞大的取代基，可合成无数种离子液体。在理论上讲，离子液体可能有 1 万亿种。由于它具可设计性，根据需要，通过分子设计可获得功能化的离子液体。据报道，化学家已设计出能吸收 Hg、Cd 等有害离子的阳离子，也设计出能从天然气中吸收 H_2S、CO_2 的阳离子。将来可望利用这些离子液体从火力电厂中除去 CO_2，以减少“温室效应”。

3. 操作温度范围广。离子液体可在 −100 ℃～200 ℃呈液体状态。具有良好的热稳定性、化学稳定性和导电性。在很大程度上允许动力学控制。

4. 可呈酸性。离子液体可表现出酸性，因为它不含水，甚至可表现出超酸性质。在一些酸催化反应中，它既是溶剂又是催化剂。

5. 易分离。离子液体易于与其他物质分离，易回收，可反复多次循环使用。

目前广泛应用离子液体最大的障碍是成本。它的成本比一般有机溶剂高出几百倍。但是与它众多的优点相比，作为反应介质，它仍然具有很大的吸引力。今后只要努力不断降低成本，相信不久的将来，离子液体定有更广阔的应用前景。

7.2　共　价　键

离子键理论能很好地说明离子化合物的形成和特性，但不能说明相同原子如何形成单质分子（如 H_2，O_2，N_2 等），也不能说明电负性相近的元素原子如何形成化合物分子（如 HCl，H_2O 等）。为了描述这类分子形成的本质和特性，提出了另一化学键理论——共价键理论。目前广泛采用的共价键理论有两种：价键理论和分子轨道理论。

7.2.1 价键理论

1916 年路易斯(Lewis G N)提出了经典共价键理论。他认为:分子中的原子可以通过共用电子对使每一个原子达到稳定的稀有气体电子结构。原子通过共用电子对而形成的化学键称为**共价键**(covalent bond)。例如,H_2、N_2 和 NH_3 的电子配对等情况可表示成

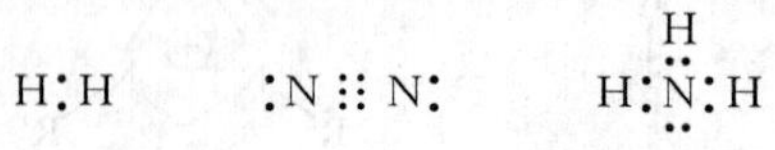

但是经典共价键理论没有阐明共价键的本质。例如,带负电荷的电子为什么不相互排斥,反而配对能使两原子牢固结合?直到 1927 年海特勒-伦敦(Heiter-London)等用量子力学处理了氢分子结构,共价键的本质才得到理论上的阐明。

用量子力学处理两个氢原子所组成的体系时发现,当两个氢原子从远处相互接近时,两氢原子相互作用出现两种情况:如果两电子自旋相反,随着两原子距离 R 变小,体系能量逐渐降低,当 $R=R_0$ 时,出现能量最低值 D(图 7-3);如果两电子自旋相同,随着 R 变小,体系能量逐渐升高。由此可见,电子自旋相反的两个氢原子以距离为 R_0 相结合,比两个远离氢原子能量低(降低值 D 约 $458\ kJ\cdot mol^{-1}$),所以两氢原子可以形成稳定的 H_2。而自旋相同的两氢原子,因体系能量升高,无法成键。

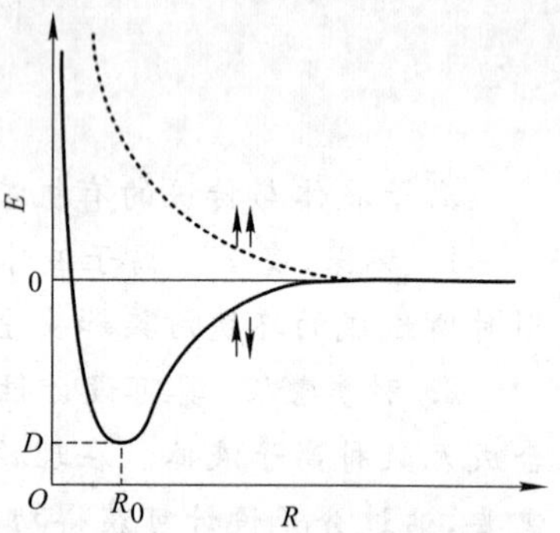

图 7-3 分子形成过程能量随核间距离变化示意图

量子力学原理指出,第一种情况就是两氢原子波函数同号叠加,使两核间的 ψ 值增加,即该区域电子云密集[图 7-4(b)]。这一方面降低了两核间的正电排斥,另一方面增大了两个核对电子云密集区域的吸引。这两方面都有利于体系势能的降低,形成稳定的化学键。第二种情况就是两氢原子波函数异号叠加,使两核间出现一个 $\psi=0$ 的区域[图 7-4(a)],故体系能量升高,不能成键。

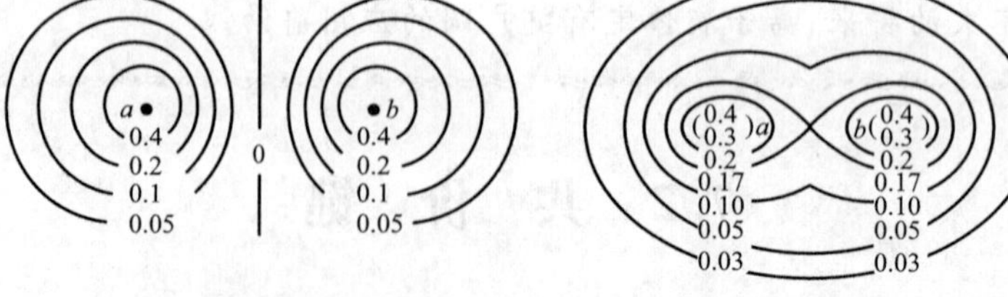

(a) (b)

图 7-4 两个氢原子相互靠近时,两种电子云分布状况

将量子力学对氢原子的处理推广到其他体系,发展成**价键理论**(valence bond theory)(又称电子配对法或 VB 法)。该理论的基本要点是:

(1) 具有自旋相反的单电子的原子相互接近时，单电子可以配对构成共价键；

(2) 成键的原子轨道重叠越多，形成共价键越稳定，这称为原子轨道最大重叠原理。

7.2.2 共价键的特性

1. 共价键的饱和性

原子在构成共价分子时，所形成的共价键数目取决于它所具有的未成对电子数。这种性质称为**共价键饱和性**。例如，H，O，N 的未成对电子数分别为 1，2，3 个，所以它们形成分子时，共价键的键数分别为 1，2，3。

2. 共价键的方向性

根据原子轨道最大重叠原理，在形成共价键时，原子间总是尽可能沿着原子轨道最大重叠的方向成键。例如，氢原子的 1s 电子与氯原子的一个未成对电子(设处于 $2p_x$ 轨道)成键时，只有沿着 x 轴的方向才能达到最大程度的重叠，如图 7-5(a)中所示的方向，而图 7-5(b)、(c)中所示的方向均不能达到最大的重叠。这就是**共价键的方向性**。

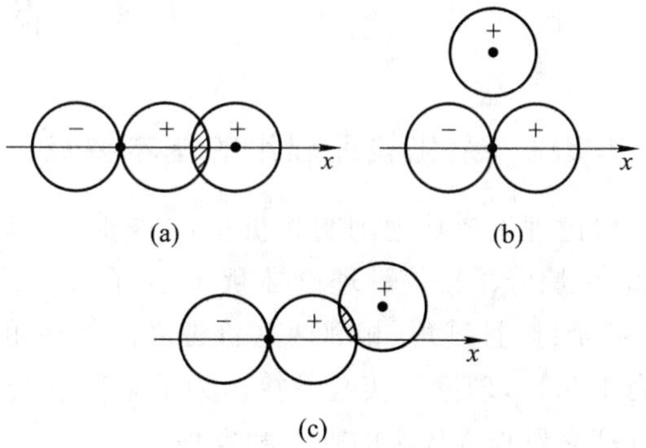

图 7-5 s 和 p_x 轨道的重叠方式

3. 共价键的类型

按原子轨道重叠方式不同，可将共价键分为 σ 键和 π 键两种类型。如果原子轨道按“头碰头”的方式发生重叠，轨道重叠结果对于键轴(即成键原子核间连线)呈圆柱形对称，这种键称为 σ 键[图 7-6(a)]。如果原子轨道按“肩并肩”的方式发生重叠，即轨道在键轴两侧发生重叠而形成的键称为 π 键[图 7-6(b)]。一般来说，π 键的重叠程度小于 σ 键，因而键能也小于 σ 键。

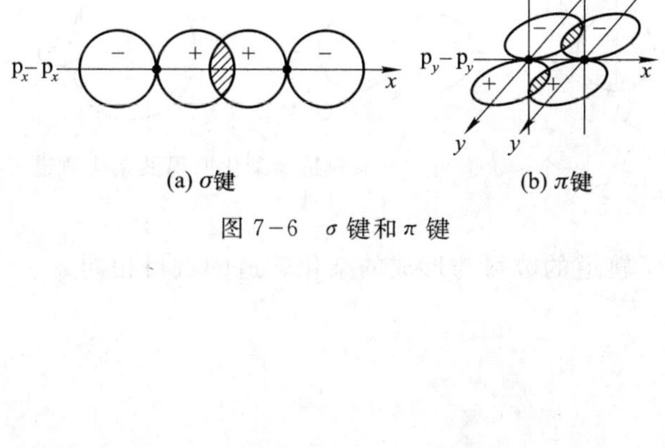

图 7-6 σ 键和 π 键

按共用电子对提供的方式不同，又可将共价键分为正常共价键和配位共价键两种类型。如果共价键的共用电子对是由成键原子双方各提供一个电子所组成，称为正常共价键；如果共用电子对是由一方单独提供的，称为**配位共价键**，简称**配位键**。提供电子对的原子称为给予体，接受电子对的原子称为接受体。例如：

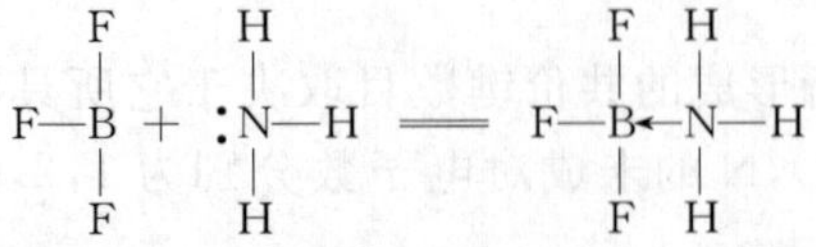

通常用"→"表示配位键，箭头方向由给予体指向接受体。但应该注意，正常共价键和配位键的区别，仅在于键的形成过程中，在键形成以后，两者就没有差别了。

7.3 杂化轨道理论

7.3.1 杂化轨道理论的基本要点

价键理论成功地阐明共价键的本质及特性，但是分子结构中不少实验事实它却无法解释。例如，甲烷分子按价键理论推断，C 原子的电子排布为 $1s^2 2s^2 2p_x^1 2p_y^1$，只有 2 个单电子，只能形成 2 个共价键，且键角（相邻两共价键之间的夹角）应该为 90°左右。但经实验测定，4 个 HCH 键角均为 109.5°，理论和实验不符。为了解决这些矛盾，鲍林在 VB 法基础上，提出了杂化轨道理论，可以把它看作 VB 法的补充和发展。

杂化轨道理论认为：原子在形成分子时，为了增强成键能力使分子稳定性增加，趋向于将不同类型的原子轨道重新组合成能量、形状和方向与原来不同的新的原子轨道。这种重新组合称为**杂化**（hybridization）。杂化后的原子轨道称为**杂化轨道**（hybrid obital）。

轨道杂化具有如下特性：

(1) 只有能量相近的轨道才能相互杂化。所以常见的有 ns np，ns np nd 和 $(n-1)$d ns np 杂化。

(2) 杂化轨道成键能力大于未杂化轨道，因为杂化轨道的形状变成一头大一头小了（图 7-7 表示一个 s 轨道和一个 p 轨道经杂化所得的杂化轨道的形状）。杂化轨道用大的一头与其他原子的轨道重叠，重叠部分显然比未杂化轨道大得多，故成键能力增强了。

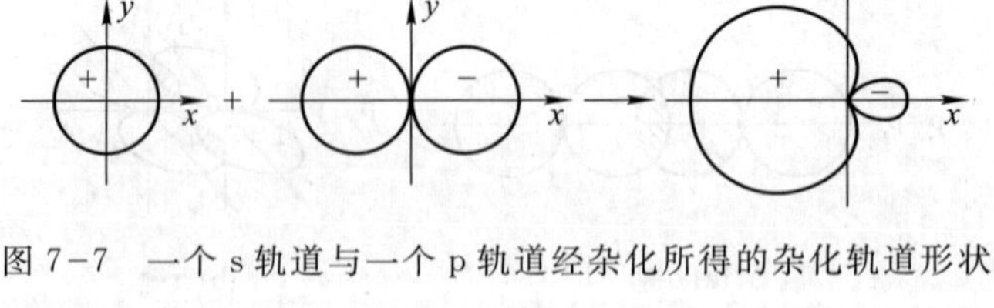

图 7-7　一个 s 轨道与一个 p 轨道经杂化所得的杂化轨道形状

(3) 参加杂化的原子轨道的数目与形成的杂化轨道的数目相同。

(4) 不同类型的杂化,杂化轨道空间取向不同。

7.3.2 杂化轨道的类型

根据参加杂化的原子轨道类型及数目不同,可将杂化轨道分成以下几类:

1. sp 杂化

气态的 $BeCl_2$ 分子中 Be 原子属于这种类型的杂化。Be 的电子构型为 $1s^2 2s^2$,无单电子,似乎不能成键。但是 Be 原子中的 1 个 2s 电子可被激发到 2p 轨道,激发电子所需的能量可由形成的 2 个共价键放出的能量所抵消,而且有余。2s 轨道与 1 个 2p 轨道杂化而形成 2 个能量、形状完全等同的 sp 杂化轨道,每个 sp 杂化轨道都含有 $\frac{1}{2}$s 轨道成分和 $\frac{1}{2}$p 轨道成分。因 2 个 sp 杂化轨道之间的夹角为 180°(图 7-8),所以 $BeCl_2$ 分子的 ClBeCl 键角也为 180°,该分子的空间构型为直线形。以上杂化过程可表示为

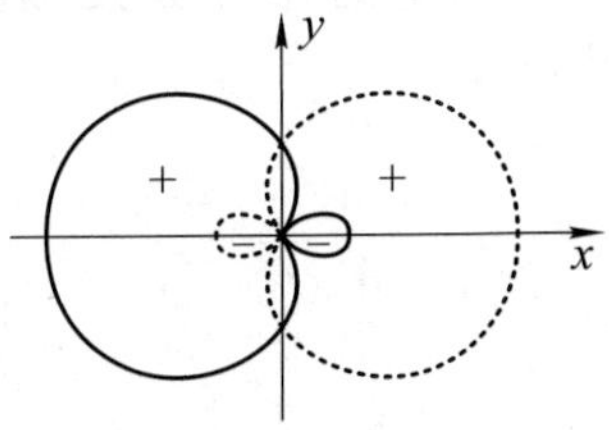

图 7-8 两个 sp 杂化轨道的角度分布图

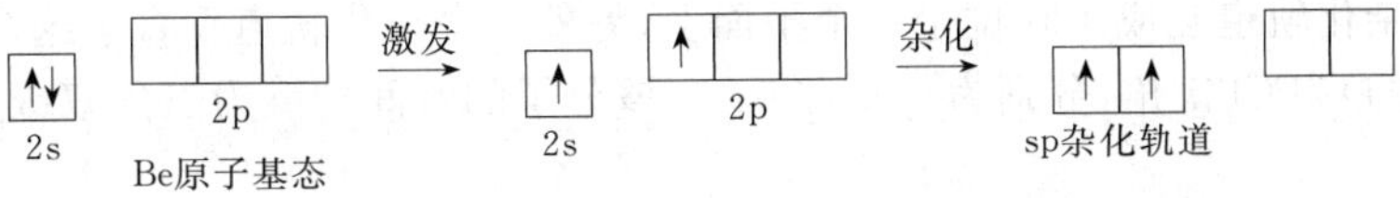

2. sp^2 杂化

BF_3 分子形成属于这类型杂化。它的杂化过程可表示为

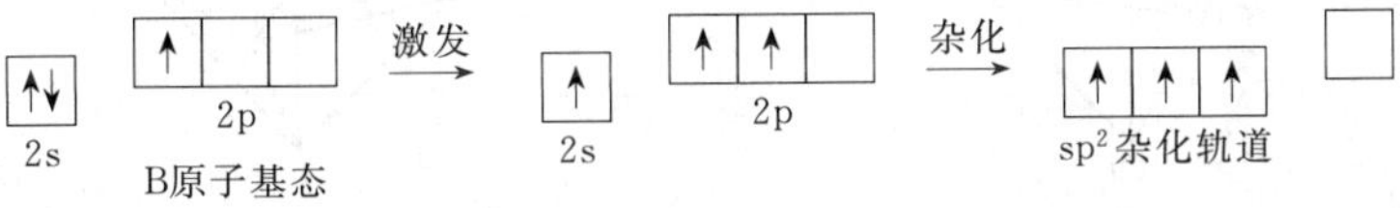

每个 sp^2 杂化轨道含有 $\frac{1}{3}$s 轨道成分和 $\frac{2}{3}$p 轨道成分。3 个 sp^2 杂化轨道的夹角为 120°,所以 BF_3 分子的空间构型为平面三角形。

3. sp^3 杂化

CCl_4 分子的形成属于这类杂化。它的杂化过程可表示为

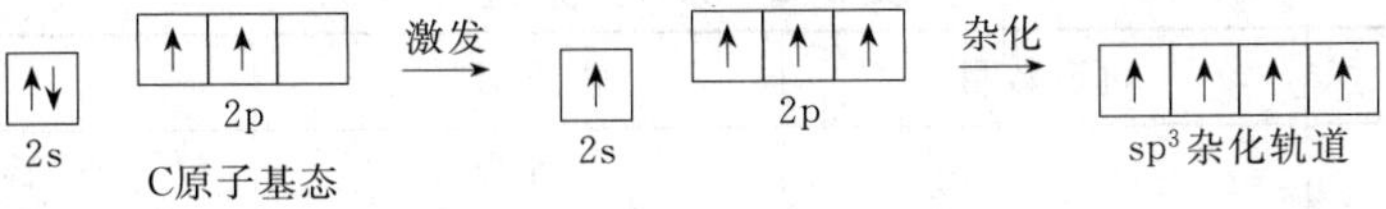

每个 sp^3 杂化轨道含有 $\frac{1}{4}$s 轨道成分和 $\frac{3}{4}$p 轨道成分。4 个 sp^3 杂化轨道的夹角为 109.5°,所以 CCl_4 分子空间构型为正四面体。

在 NH_3 分子中,N 原子也形成 sp^3 杂化。但 N 原子比 C 原子多 1 个电子,因此,在 4 个 sp^3 杂化轨道中有 1 个杂化轨道为已成对电子所占据。这已成对电子不参加成键,称为孤对电子。由于孤对电子只受一个核的吸引,电子云比较“肥大”,它对键对电子产生较大的斥力,迫使 N—H

键的键角由 109.5°缩小至 107.3°。NH_3 分子的空间构型为三角锥形(图 7-9)。

凡是含有孤对电子的杂化,称为**不等性杂化**。因为孤对电子占据的杂化轨道与成键杂化轨道所含的 s 和 p 轨道略有不同(孤对电子的杂化轨道含 s 轨道成分稍多,p 轨道成分稍少,而成键杂化轨道正相反),所以它们的能量和轨道形状有些不同。如果杂化轨道都不含孤对电子,每个杂化轨道所含 s 轨道和 p 轨道成分完全相同,称为**等性杂化**。

H_2O 分子中 O 原子也采取不等性 sp^3 杂化,因有 2 个杂化轨道为孤对电子所占据,2 对孤对电子产生的斥力更大,迫使 O—H 键的键角缩至 104.5°。H_2O 分子的空间构型为角形(图 7-10)。

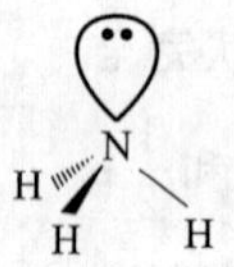

图 7-9　NH_3 分子构型

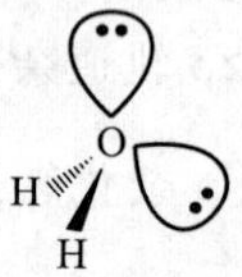

图 7-10　H_2O 分子构型

4. sp^3d 杂化和 sp^3d^2 杂化

PCl_5 属于 sp^3d 杂化。P 原子的 1 个 3s 电子激发至 3d 轨道,形成 5 个 sp^3d 杂化轨道。这 5 个杂化轨道中 3 个杂化轨道互成 120°位于一个平面上,另外 2 个杂化轨道垂直于这个平面,所以 PCl_5 分子有两种不同的 ClPCl 键角,分别为 120°和 90°。该分子的空间构型为三角双锥形(图 7-11)。

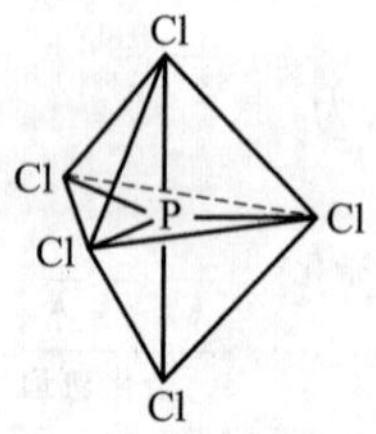

图 7-11　PCl_5 分子构型

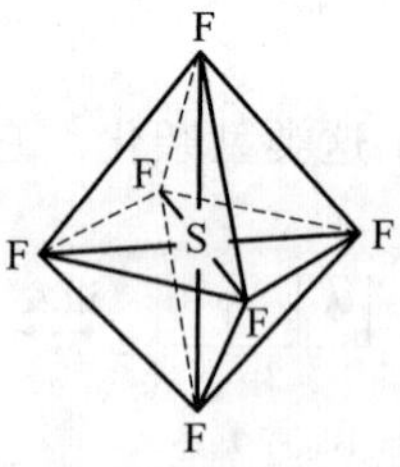

图 7-12　SF_6 分子构型

SF_6 分子中 S 原子的 1 个 3s 电子和 1 个 3p 电子可激发至 3d 轨道,形成 6 个等性 sp^3d^2 杂化轨道。这 6 个 sp^3d^2 杂化轨道的夹角为 90°,所以 SF_6 分子的空间构型为正八面体(图 7-12)。

表 7-2 汇列了以上五种常见的杂化轨道。此外,过渡元素原子 $(n-1)$d 轨道与 ns np 轨道还能形成其他类型的杂化轨道,这些将在配位化合物一章中介绍。

表 7-2　杂化轨道

类型	轨道数目	轨道形状	实例
sp	2	直线	$BeCl_2$,$HgCl_2$
sp^2	3	平面三角	BF_3
sp^3	4	四面体	CCl_4,NH_3,H_2O
sp^3d	5	三角双锥	PCl_5
sp^3d^2	6	八面体	SF_6

7.4 价层电子对互斥理论

价层电子对互斥理论(简称 VSEPR[①] 法)从概念上讲很简单,用它来预测分子的空间构型却很有效且方便。

价层电子对互斥理论认为:在共价分子中,中心原子价电子层中电子对的排列方式,应该使它们之间的静电斥力最小,并由此决定了分子的空间构型。

价层电子对互斥理论推断分子或离子的空间构型的步骤如下:

(1) 确定中心原子价层电子对数。它可由下式计算得到

价层电子对数=(中心原子价电子数+配位原子提供电子数-离子电荷代数值)/2

式中配位原子提供电子数的计算方法是:氢和卤素原子均各提供 1 个价电子;氧和硫原子提供的电子数为零;氮原子提供的电子数为-1[②]。

(2) 根据中心原子价层电子对数,从表 7-3 中找到相应的电子对排布,因这种排布方式可使电子对之间静电斥力最小。

表 7-3 静电斥力最小的电子对排布

电子对数	2	3	4	5	6
电子对的排布	直线	平面三角	四面体	三角双锥	八面体

由表 7-3 可以看出,中心原子价层电子对数与中心原子杂化类型是一一对应的,即 2 对-sp 杂化,3 对-sp^2 杂化,4 对-sp^3 杂化,5 对-sp^3d 杂化,6 对-sp^3d^2 杂化。所以,欲判断某分子中心原子的杂化类型,比较方便的方法是先计算该中心原子的价层电子对数,然后由电子对数推断出杂化类型。

(3) 把配位原子按相应的几何构型排布在中心原子周围,每 1 对电子连接 1 个配位原子,剩下未结合配位原子的电子对便是孤对电子。孤对电子所处的位置不同,往往会影响分子的空间构型,而孤对电子总是处于斥力最小的位置。

以 IF_2^- 为例,用上述步骤确定其空间构型。

(1) 中心原子 I 的价电子数为 7,2 个配位原子 F 各提供 1 个电子,所以

$$价层电子对数=\frac{7+2-(-1)}{2}=5$$

(2) 查表 7-3 知,5 对电子以三角双锥的方式排布。

(3) 因只有 2 个配位原子 F,故 5 对电子中,有 2 对为成键电子对,3 对为孤对电子。由此可

① 为 valence shell electron pair repulsion 的缩写。

② 氧和硫的价电子数为 6,它们与中心原子成键时,一种方式是从中心原子接受 2 个电子而达到稳定的八隅体结构,故这 1 个价层电子对可看作完全由中心原子提供,氧和硫提供的电子数为零。氧和硫成键的另一种方式是生成双键,这种情况下中心原子也须提供 2 个电子,这相当于形成这 1 个价层电子对氧和硫也不需提供电子。氮作为配位原子与中心原子生成三键,这意味着中心原子提供 3 个电子才形成这 1 个价层电子对,所以中心原子的价电子数需减去 1。

得到如图 7-13 所示的三种可能的结构。这三种可能的结构中哪一种电子对间的斥力最小，则它就是 IF_2^- 的稳定构型。在三角双锥中，电子对间的夹角有 90°和 120°两种。夹角越小斥力越大，所以只需考虑 90°夹角间的斥力。电子对类型不同，斥力不同。因孤对电子比成键电子对“肥大”，所以电子对间斥力大小的次序是

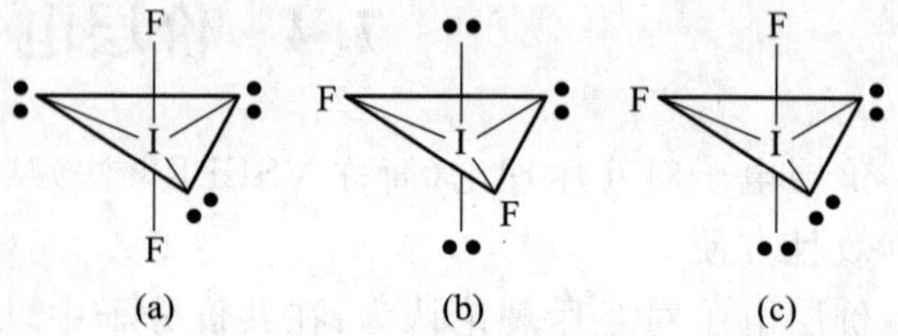

图 7-13　IF_2^- 三种可能的结构

孤对-孤对>孤对-键对>键对-键对

由图 7-13 可见，结构(a)中 90°无孤对-孤对排斥作用，而结构(b)、(c)中 90°均存在孤对-孤对的排斥作用，显然结构(a)是一种最稳定的构型，所以 IF_2^- 的构型为直线形。

实际上孤对电子所处的位置很容易确定的。当电子对数为 2、3、4 时，孤对电子无论处在什么位置都不会改变分子的空间构型；当电子对数为 5 和 6 时，孤对电子所处位置不同，分子的空间构型就不同。当电子对数为 5 时，孤对电子总是优先处于三角双锥腰部三个角的位置；当电子对数为 6 时，孤对电子总是优先处于八面体某一轴线的对角位置。

用上述的步骤可确定大多数主族元素形成的化合物分子的构型。现把常见分子构型归纳于表 7-4。

表 7-4　分子构型小结

价层电子对数	分子类型	实际的几何构型		实例
2	AX_2	直线形	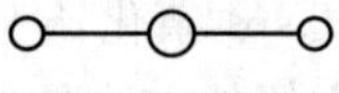	$BeCl_2$
3	AX_3	平面三角形	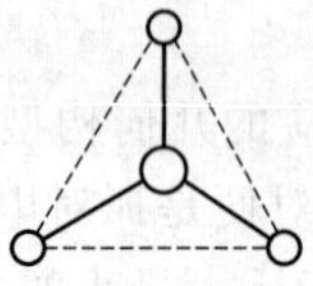	BF_3
	$:AX_2$	V 形(角形)	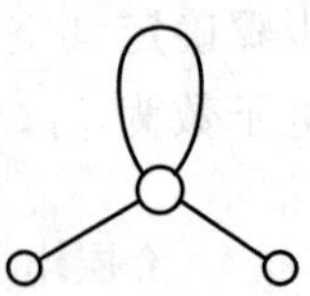	SO_2
4	AX_4	四面体	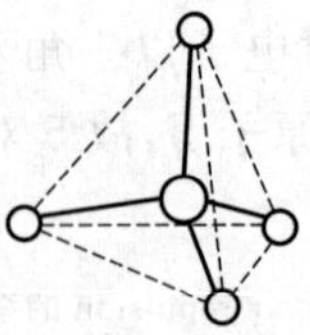	SO_4^{2-}

续表

价层电子对数	分子类型	实际的几何构型		实例
4	$:AX_3$	三角锥	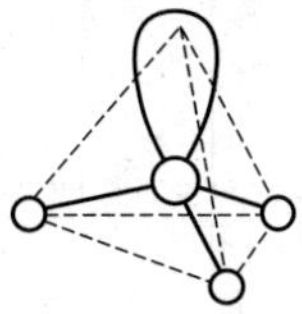	NH_3
	$:\ddot{A}X_2$	V 形(角形)	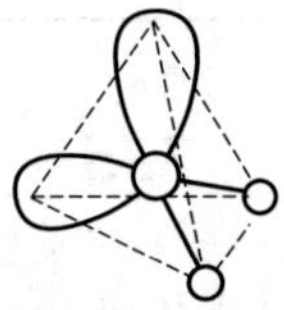	H_2O
5	AX_5	三角双锥	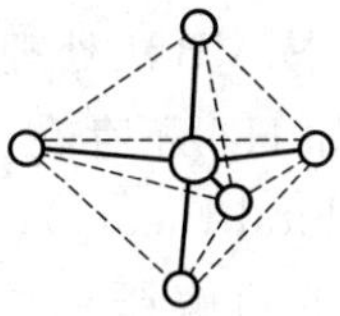	PCl_5
	$:AX_4$	变形四面体	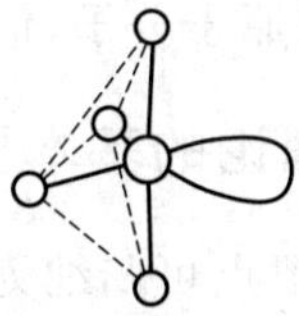	$TeCl_4$
	$:\ddot{A}X_3$	T 形	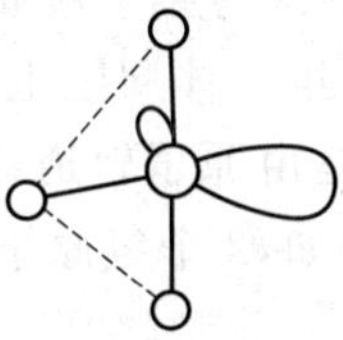	ClF_3
	$:\ddot{\underset{..}{A}}X_2$	直线形	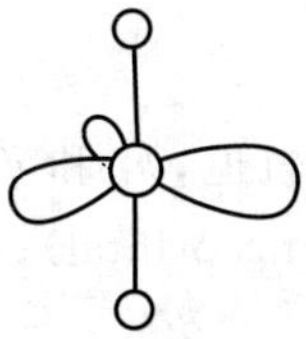	I_3^-
6	AX_6	八面体	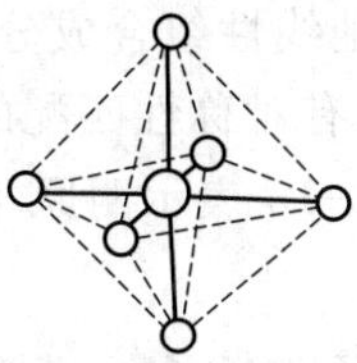	SF_6
	$:AX_5$	四方锥	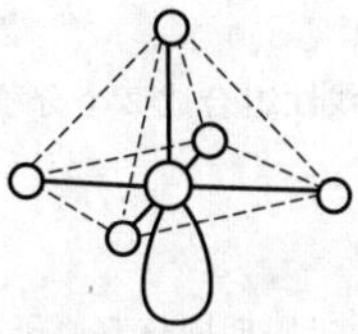	IF_5

续表

价层电子对数	分子类型	实际的几何构型		实例
6	$:\ddot{A}X_4$	平面正方形	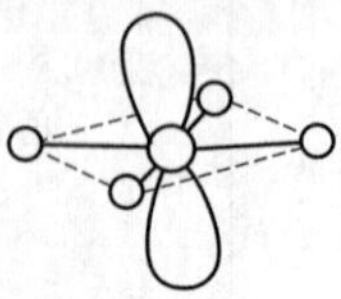	ICl_4^-

7.5 分子轨道理论简介

价键理论能较好地说明共价键的形成，并能预测分子的空间构型，但是它有局限性。例如，对于简单的 O_2 分子来说，按 VB 法处理，其结构应为 $:\ddot{O}::\ddot{O}:$ ，无单电子。但磁性测量发现，O_2 有 2 个未成对电子①。又如 H_2^+ 不存在电子配对，它却能存在。这些都是 VB 法无法解释的。**分子轨道理论**(molecular orbital theory)(简称 MO 法)把分子作为一个整体来处理，较全面地反映分子内电子的运动状态。它可解释一些价键理论无法解释的结构特征。本章对该理论的介绍仅限于第一、第二周期同核双原子分子，借以说明该理论的一些基本概念。

7.5.1 分子轨道理论的基本要点

分子轨道理论的基本要点可归纳为如下三条。

1. 正如原子结构理论认为原子核周围存在一系列波函数 ψ(原子轨道)一样，分子轨道理论认为在组成分子的原子核组合体周围也存在一系列分子波函数 ψ_{MO}(分子轨道)。作为一种近似处理，可以认为分子轨道是由原子轨道线性组合而成。分子轨道的数目等于组成分子的各原子的原子轨道数目之和。例如，2 个氢原子的 1s 轨道组合得到氢分子的 2 个分子轨道为

$$\psi_1 = \psi_{1s} + \psi_{1s}$$
$$\psi_2 = \psi_{1s} - \psi_{1s}$$ ②

式中：ψ_{1s}代表氢原子的 1s 轨道，ψ_1 和 ψ_2 代表线性组合得到的分子轨道。其中 ψ_1 能量比原 1s 轨道低，称**成键轨道**(bonding orbital)；ψ_2 能量比原 1s 轨道能量高，称**反键轨道**(antibonding orbital)，如图 7-14 所示。

2. 原子轨道要有效地线性组合成分子轨道，必须遵循以下三条原则：

(1) 对称性匹配　只有对称性匹配的原子轨道才能有效地组合成分子轨道。哪些原子轨道之间对称性匹配呢？图 7-15 表示两原子沿 x 轴相互接近时，s 和 p 轨道的几种重叠情况。图中

---

① 测量分子磁性可推断分子的单电子数。若磁矩 $\mu=0$，称反磁性，分子无单电子；若 $\mu\neq0$，称顺磁性，分子有单电子。并且从 μ 的数值可推算单电子数，详见 8.4 节。

② 2 个原子轨道 ψ_a 和 ψ_b 线性组合成 2 个分子轨道 ψ_1 和 ψ_2 的一般式为

$$\psi_1 = c_1\psi_a + c_2\psi_b$$
$$\psi_2 = c_1\psi_a - c_2\psi_b$$

式中，c_1 和 c_2 为组合系数。对一、二周期同核双原子分子，在通常情况下最为简单，即 $c_1=c_2=1$。

(b)、(d)、(e)是属于对称性匹配组合，(a)、(c)属于对称性不匹配组合。在后一类组合中，各有一半区域是同号重叠，另一半区域是异号重叠，两者正好抵消，净成键效应为零。

(2) 能量相近　只有能量相近的原子轨道才能有效地组合成分子轨道。能量越相近，组合成的分子轨道越有效。在同核双原子分子中，两原子一般只发生 1s-1s，2s-2s，2p-2p 等组合，因为两原子这些相应的轨道能量完全等同，组合最有效。

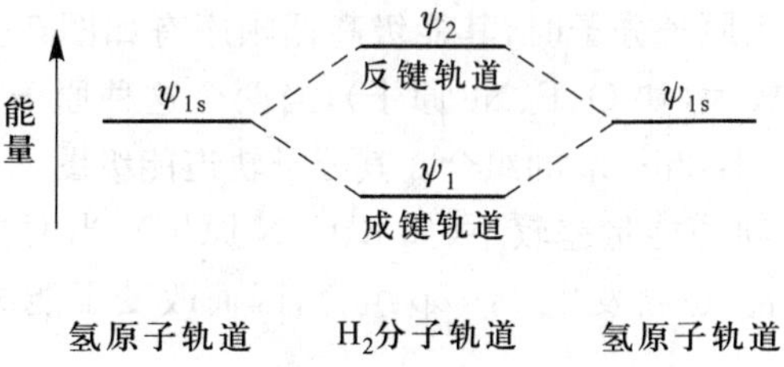

图 7-14　氢原子轨道组合成分子轨道能级图

(3) 最大重叠　两原子轨道要有效地组合成分子轨道，必须尽可能地多重叠，以求成键的分子轨道能量尽可能地降低。

3. 电子在分子轨道上的排布也遵循原子轨道电子排布的三原则——泡利不相容原理、能量最低原理和洪特规则。

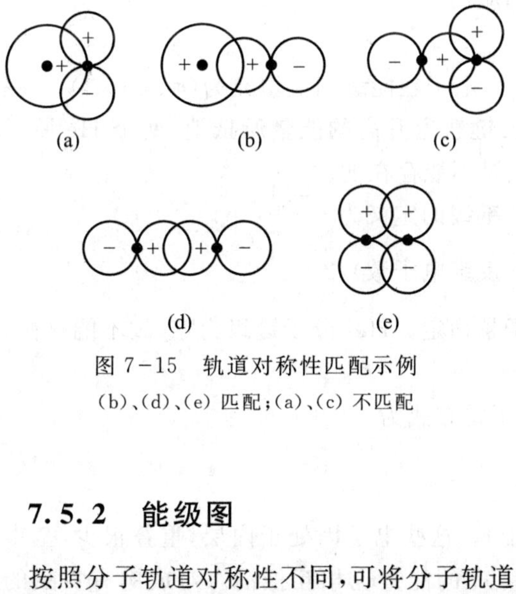

图 7-15　轨道对称性匹配示例

(b)、(d)、(e) 匹配；(a)、(c) 不匹配

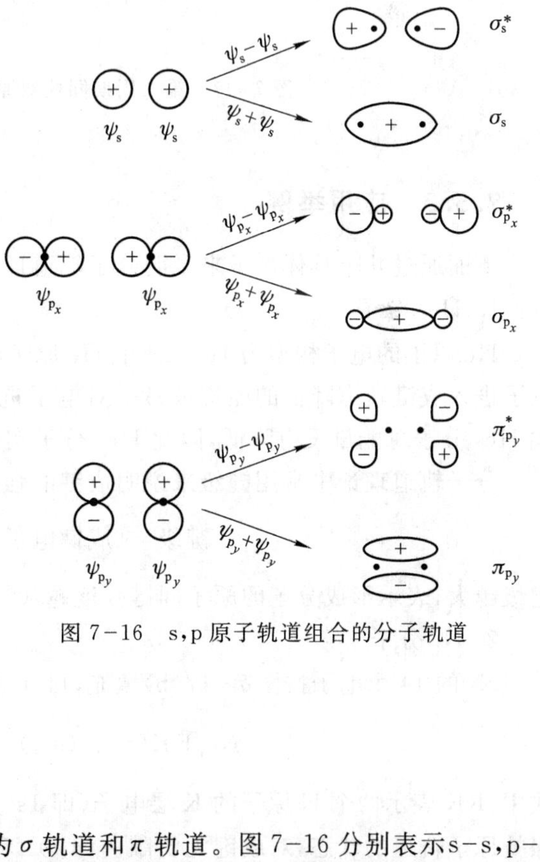

图 7-16　s，p 原子轨道组合的分子轨道

7.5.2　能级图

按照分子轨道对称性不同，可将分子轨道分为 σ 轨道和 π 轨道。图 7-16 分别表示s-s，p-p 轨道组合成分子轨道的情况。其中 σ_s、σ_{p_x} 和 π_{p_y} 是成键分子轨道，它们的能量分别比原来的原子轨道能量低；σ_s^*、$\sigma_{p_x}^*$ 和 $\pi_{p_y}^*$ 为反键分子轨道，它们的能量分别比原来的原子轨道能量高。

各种分子轨道之间能量的高低目前主要是从光谱数据测定的。第一、第二周期元素形成同核双原子分子时，其能级高低顺序有如图 7-17所示的两种情况。如果原子的 2s 和 2p 轨道能量差较大(如 O、F、Ne 原子)，当两个这种原子相互接近时，不会发生 2s 和 2p 轨道之间组合，只发生 2s-2s，2p-2p 的组合。其分子轨道能级图如图 7-17(a)所示(能量$\pi_{2p} > \sigma_{2p}$)。如果原子的 2s 和 2p 轨道能量差较小(如 B、C、N 原子)，当两个这种原子相互靠近时，不但会发生 2s-2s 和2p-2p 组合，也会发生 2s-2p 组合，因而改变了能级的顺序(能量 $\sigma_{2p} > \pi_{2p}$)，如图 7-17(b)所示。

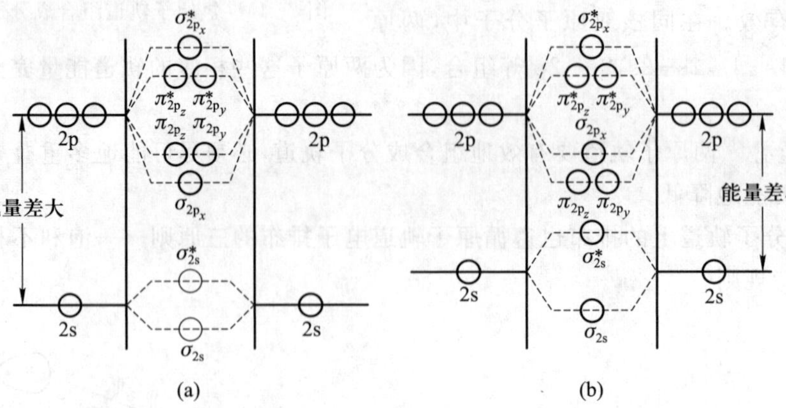

图 7-17　第二周期同核双原子分子轨道的能级次序示意图

7.5.3　应用举例

下面通过几个具体例子来说明分子轨道理论的应用。

1. He_2 分子

He 原子的电子构型为 $1s^2$。两个 He 原子的 4 个电子在能级图上填充为$(\sigma_{1s})^2(\sigma_{1s}^*)^2$。一对电子进入成键轨道降低的能量被另一对电子进入反键轨道升高的能量所抵消，两个 He 原子形成 He_2 分子总能量没有降低，因此 He_2 分子实际上是不能存在的。

分子轨道理论中常用**键级**来说明成键的强度。键级的定义为

$$\text{键级}=(\text{成键电子数}-\text{反键电子数})/2$$

键级越大，表示形成分子的原子间键强度越大，分子越稳定。He_2 分子键级为零，故不能存在。

2. N_2 分子

N_2 的 14 个电子按图 7-17(b)填充，可知其电子排布式为

$$N_2[KK(\sigma_{2s})^2(\sigma_{2s}^*)^2(\pi_{2p_y})^2(\pi_{2p_z})^2(\sigma_{2p_x})^2]$$

式中：KK 表示两个 N 原子的 K 层电子(即 $1s^2$ 电子)。这些电子因处于内层，重叠很少，基本上保持原子轨道的状态，对成键无贡献。$(\sigma_{2s})^2$ 和$(\sigma_{2s}^*)^2$ 的能量也相互抵消。对成键有贡献的主要是$(\pi_{2p_y})^2$、$(\pi_{2p_z})^2$ 和$(\sigma_{2p_x})^2$。N_2 的能级为$(8-2)/2=3$，即 2 个 π 键和 1 个 σ 键，这与价键理论所得的结果相一致。

3. O_2 分子

O_2 分子的 16 个电子按图 7-17(a)填充，可得其电子排布式为

$$O_2[KK(\sigma_{2s})^2(\sigma_{2s}^*)^2(\sigma_{2p_x})^2(\pi_{2p_y})^2(\pi_{2p_z})^2(\pi_{2p_y}^*)^1(\pi_{2p_z}^*)^1]$$

按洪特规则，最后 2 个电子应自旋平行地分别填充 $\pi_{2p_y}^*$ 和 $\pi_{2p_z}^*$ 轨道，所以 O_2 有 2 个单电子，为顺磁性。O_2 的键级为(8−4)/2=2，与 O_2 的键能实验值 498 $kJ\cdot mol^{-1}$ 相符①。

从 O_2 的电子排布式可见，对 O_2 成键有贡献的除 $(\sigma_{2p_x})^2$ 外，$(\pi_{2p_y})^2$ 和 $(\pi_{2p_z})^2$ 降低的能量分别被 $(\pi_{2p_y}^*)^1$ 和 $(\pi_{2p_z}^*)^1$ 升高的能量抵消掉一半。$(\pi_{2p_y})^2$ 和 $(\pi_{2p_y}^*)^1$ 一起只相当于半个键，称为三电子 π 键，$(\pi_{2p_z})^2$ 和 $(\pi_{2p_z}^*)^1$ 一起也相当于半个键。所以 O_2 电子式可表示为

$$:\mathrm{O}\overset{\cdot\cdot\cdot}{\underset{\cdot\cdot\cdot}{\text{——}}}\mathrm{O}:$$

式中：短线代表 σ 键；短线上下 3 个小黑点分别代表 2 个三电子 π 键；电子式两边氧原子旁的 2 个小黑点代表对 O_2 成键无贡献的 $(\sigma_{2s})^2$ 和 $(\sigma_{2s}^*)^2$ 电子。

7.6 金 属 键

在 100 多种化学元素中，金属约占 80%。它们有许多共同的性质，如不透明，有金属光泽，有良好的导电、导热性和延展性等。金属的性质是由其内部结构所决定的。

7.6.1 金属晶格

X 射线衍射实验证明，金属原子在形成晶体时倾向于生成紧密的结构。所谓紧密结构，就是如果把金属原子看作一个个等径圆球，则它们将以空间利用率最高的方式排列。金属中常见的结构形式(晶格)有三种：体心立方晶格、面心立方晶格和六方晶格。在后两种晶格中，金属原子的配位数为 12，空间利用率为 74%，是最紧密的堆积，称密堆积结构。体心立方晶格中金属原子的配位数为 8，空间利用率为 68%，不是密堆积结构。一些金属所属的晶格类型如下。

体心立方晶格：K，Rb，Cs，Li，Na，Cr，Mo，W，Fe

面心立方密堆积晶格：Sr，Ca，Pb，Ag，Au，Al，Cu，Ni

六方密堆积晶格：La，Y，Mg，Zr，Hg，Cd，Ti，Co

7.6.2 金属键

在金属晶格中，每个原子要被 8 个或 12 个相邻原子所包围，而金属原子只有少数价电子(多数只有 1 个或 2 个价电子)能用于成键，这样少的价电子不足以使金属原子之间形成一般的共价键或离子键。为了说明金属原子之间的连接，目前有两种主要理论：金属键的改性共价键理论和金属键的能带理论。下面只简介金属键的改性共价键理论。

改性共价键理论认为：金属原子容易失去电子，所以在金属晶格中既有金属原子又有金属离子，在这些原子和离子之间，还存在着从原子上脱落下来的电子。这些电子可以自由地在整个金属晶格内运动，常称之为“自由电子”。由于自由电子不停地运动，把金属的原子和离子“黏合”在

---

① 一般来说，单键键能 <400 $kJ\cdot mol^{-1}$，双键键能为 400～800 $kJ\cdot mol^{-1}$，三键键能 >800 $kJ\cdot mol^{-1}$。

一起，而形成了**金属键**(metallic bond)。一般的共价键是二电子二中心键，金属键可看作少电子多中心键。从这个意义上讲，可以认为金属键是改性共价键。但是金属键不具有方向性和饱和性。

金属键理论可较好地解释金属的共性。金属中自由电子可以吸收可见光，然后又把各种波长的光大部分发射出去，因而金属一般不透明有光泽且呈银白色。金属有良好的导电和导热性也与自由电子的运动有关。金属键不固定于两个质点之间，质点作相对滑动时不破坏金属的密堆积结构，这就是金属有延展性和良好的机械加工性能的原因。

7.7 分子的极性和分子间力

前面讨论了分子或晶体内原子之间强烈的相互作用——化学键的问题，这一节开始将讨论分子与分子之间弱的相互作用——分子间力。分子间力虽然较弱(只有化学键的十分之一到百分之一)。但对物质的许多性质产生较大的影响。这种作用力的大小与分子的结构有关，也与分子的极性有关。

7.7.1 分子的极性

分子有无极性取决于整个分子的正、负电荷中心是否重合。如果分子的正、负电荷中心重合，则为**非极性分子**(nonpolar molecular)，反之，则为**极性分子**(polar molecular)。

分子是由原子通过化学键结合而成的。分子有无极性显然与键的极性有关。在双原子分子中，分子的极性和键的极性是一致的。但在多原子分子中，例如，CH_4 虽然每个 C—H 键都是极性键，但由于四个氢原子位于四面体的四个顶角，因此整个分子正、负电荷中心还是重合的，CH_4 是非极性分子。而在 H_2O 中，两个氢原子位于氧原子的同侧，所以正、负电荷中心不重合，H_2O 为极性分子。由此可见，决定多原子分子是否有极性不仅要看键是否有极性，还要考虑到分子的空间构型。

分子的极性常用**偶极矩**(dipole moment)μ 来衡量。μ 定义为：极性分子正电荷中心(或负电荷中心)的电荷量 q 乘以两中心的距离 d 所得的积，即

$$\mu = q \cdot d$$

$\boldsymbol{\mu}$ 是一个矢量，方向从正到负，单位为 C·m(库·米)。若分子的 $\mu=0$，为非极性分子，μ 越大，分子的极性越强。表 7-5 列出一些物质的偶极矩。

表 7-5 一些物质的偶极矩

物质	偶极矩/(10^{-30} C·m)	物质	偶极矩/(10^{-30} C·m)
H_2	0	H_2O	6.16
N_2	0	HCl	3.43
CO_2	0	HBr	2.63
CS_2	0	HI	1.27
H_2S	3.66	CO	0.40
SO_2	5.33	HCN	6.99

7.7.2 分子间力

分子间力也称**范德华力**(van der Waals force)。气体能凝结成液体,固体表面有吸附现象,毛细管内的液面会上升,粉末可压成薄片等现象都证明范德华力的存在。范德华力一般包括下面三个部分:

(1) 定向力　它产生于极性分子之间。当两个极性分子充分接近时,产生同极相斥、异极相吸,使分子偶极定向排列而产生的静电作用力叫做**定向力**(orientation force)(图 7-18)。显然,分子偶极矩越大,定向力越大。

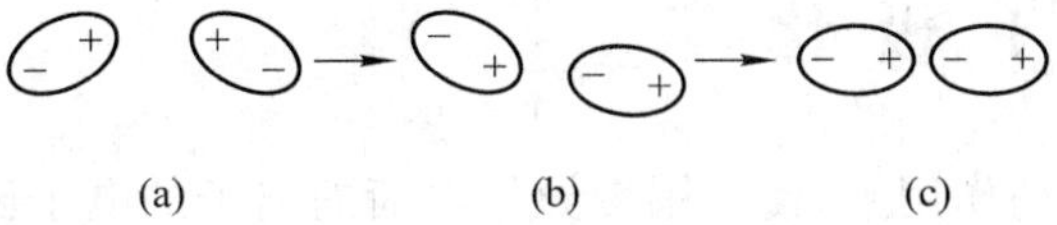

图 7-18　两个极性分子相互作用示意图

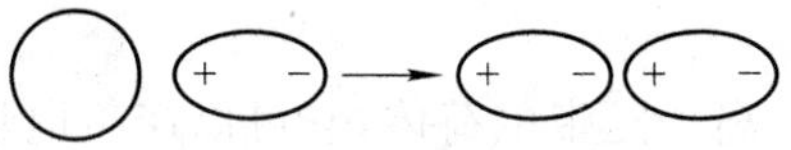

图 7-19　极性分子与非极性分子相互作用示意图

(2) 诱导力　当极性分子与非极性分子充分接近时,极性分子使非极性分子变形而产生的偶极称**诱导偶极**(induced dipole)。诱导偶极与固有偶极间的作用力叫做**诱导力**(induced force)(图 7-19)。极性分子偶极矩越大,非极性分子变形性[①]越大,诱导力越大。当然,在极性分子之间也存在诱导力。

(3) 色散力　非极性分子之间也有相互作用,这种力与前两种力不一样,必须根据量子力学原理才能正确理解它。从量子力学导出这种力的理论公式与光色散公式相似,因此称为**色散力**(dispersion force)。色散力可看作分子的瞬时偶极矩之间的相互作用。由于电子的运动和原子核的振动,经常可使电子云和原子核之间发生瞬间的相对位移,由此产生瞬时偶极。这种瞬时偶极会使相邻分子也产生与它相对应的瞬时诱导偶极。这些瞬时偶极与瞬时诱导偶极之间的相互作用便产生了色散力。虽然瞬时偶极存在的时间极短,但在不断地重复着,使得分子之间始终存在这种作用力。色散力大小主要与分子的变形性有关。一般来说,分子的体积越大(也可以说相对分子质量越大),其变形性越大,则色散力也越大。色散力也存在于极性分子之间。

分子间力具有以下特性:

(1) 作用能量一般是几千焦每摩尔到几十千焦每摩尔,约比化学键小 1～2 个数量级。

(2) 是近距离的没有方向性和饱和性的作用力,作用范围约几百皮米(pm)。

(3) 三种力中,色散力是主要的,定向力只有在极性很大的分子中才占较大的比重(见表 7-6)。

分子间力对物质的物理化学性质,如熔点、沸点、熔化热、汽化热、溶解度和黏度等有较大的影响。例如,卤素 F_2,Cl_2,Br_2 和 I_2 的熔、沸点随相对分子质量增大而依次升高,是因为色散力随相对分子质量增大(即分子体积增大)而增强的缘故。

① 变形性是指在电场作用下,电子云变形的难易。

表 7-6 分子间力的分配

作用力的类型	分子						
	Ar	CO	HI	HBr	HCl	NH_3	H_2O
定向力/($kJ\cdot mol^{-1}$)	0	0.002 9	0.025	0.687	3.31	13.31	36.39
诱导力/($kJ\cdot mol^{-1}$)	0	0.008 4	0.113	0.502	1.01	1.55	1.93
色散力/($kJ\cdot mol^{-1}$)	8.50	8.75	25.87	21.94	16.83	14.95	9.00
总计作用力/($kJ\cdot mol^{-1}$)	8.50	8.76	26.02	23.13	21.25	29.81	47.32

7.8 离子极化

离子是带电荷体，它可以产生电场。在该电场作用下，使周围带异号电荷的离子的电子云发生变形，这一现象称为**离子的极化**(ionic polarization)。离子极化的强弱取决于离子的两方面性质：离子的极化力和离子的变形性。

极化力是指离子产生电场强度的大小。离子产生的电场强度越大，极化力越大。离子极化力大小主要取决于：

(1) 离子的半径　半径越小，极化力越大。

(2) 离子的电荷　电荷越高，极化力越大。

(3) 离子的电子构型　在半径和电荷相近时，离子的电子构型也影响极化力，其大小次序是：18，18+2 电子构型>9～17 电子构型>8 电子构型。

离子的变形性是指离子在电场作用下，电子云发生变形的难易。变形性大小主要取决于：

(1) 离子半径　半径越大，变形性越大。

(2) 离子的电荷　负离子电荷越高，变形性越大；正离子电荷越高，变形性越小。

(3) 电子构型　电子构型对变形性的影响是：18 电子构型，9～17 电子构型>8 电子构型。

一般来说，正离子半径小，负离子半径大，所以正离子极化力大，变形性小；而负离子正相反，变形性大，极化力小。通常考虑离子相互极化时，一般只考虑在正离子产生的电场下，负离子发生变形，即正离子使负离子极化。如果正离子也有一定的变形性(如半径较大且 18 电子构型的 Ag^+，Hg^{2+} 等)，它也可被负离子极化，极化后的正离子又反过来增强了对负离子的极化作用。这种加强了的极化作用称为附加极化。随着极化作用的增强，负离子电子云明显地向正离子方向移动，使原子轨道重叠的部分增加，即离子键向共价键过渡。

离子极化会影响化合物的性质。例如：

(1) 熔、沸点　在 NaCl，$MgCl_2$，$AlCl_3$ 化合物中，极化力 $Al^{3+}>Mg^{2+}>Na^+$，NaCl 为典型的离子化合物，而 $AlCl_3$ 接近于共价化合物，所以它们的熔点依次为 801 ℃，714 ℃和 193 ℃。

(2) 溶解度　在卤化银中，溶解度按 AgF，AgCl，AgBr 和 AgI 依次递减。这是由于 Ag^+ 极化力虽然较强，但是 F^- 半径小，不易发生变形，AgF 仍保持离子化合物性质，故在水中易溶。随 Cl^-—Br^-—I^- 半径依次增大，变形性也随之增大，所以这三种卤化银共价性依次增加，溶解度依次降低。

(3) 颜色　在一般情况下，如果组成化合物的正、负离子都无色，该化合物也无色；若其中一个离子有色，则该化合物就呈该离子的颜色。例如，K^+ 无色，CrO_4^{2-} 黄色，所以 K_2CrO_4 也呈黄色。但是 Ag^+ 无色，Ag_2CrO_4 却呈棕红色，而不呈黄色。又如 Ag^+，I^- 均无色，AgI 却呈黄色。这些显然与 Ag^+ 具有较强的极化作用有关。影响无机物显色的因素很多，离子极化只是其中一个因素。

离子极化在许多方面影响着无机化合物的性质，可把它看作离子键理论的重要补充。但离子极化理论还很不完善，尚需进一步研究。

7.9 氢　键

氢键(hydrogen bond)是指分子中与高电负性原子 X 以共价键相连的 H 原子，和另一个高电负性原子 Y 之间所形成的一种弱键：

X—H---Y

式中："—"表示共价键；"---"表示氢键。X、Y 均是电负性高、半径小的原子，主要是指 F、O、N 原子。当 H 原子与 X 原子以共价键连接时，共用电子对强烈地偏向 X 原子，使 H 原子成为几乎没有电子云的原子核，因裸核半径很小，电荷密度大，它可与另一个电负性大的 Y 原子的孤对电子，借静电力相吸引而形成氢键。图 7-20 分别表示 HF 分子之间和邻硝基苯酚分子内部形成的氢键。前者称为**分子间氢键**，后者称为**分子内氢键**。

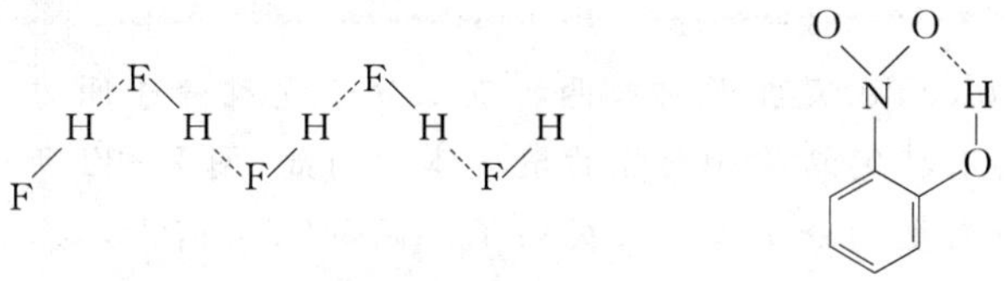

图 7-20　HF 和邻硝基苯酚形成的氢键

氢键具有如下两个特性：

(1) 氢键是一种很弱的键　键能一般在 40 kJ·mol^{-1} 以下，比一般化学键弱 1～2 个数量级，但比范德华力稍强。氢键的键能与元素的电负性及原子半径有关。元素的电负性越大、原子半径越小，形成的氢键越强。氢键的强弱次序为：F—H --- F > O—H --- O > N—H --- F > N—H---O > N—H---N。

(2) 氢键具有方向性和饱和性　氢键中 X，H，Y 三原子一般是在一条直线上，即键角多为 180°，因 H 原子体积很小，为了减小 X，Y 原子负电荷之间的斥力，它们应尽量远离，这就是氢键的方向性。又由于氢原子的体积小，当它与一个 Y 原子形成氢键后，另一个 Y 原子就难以再与它靠近，这就是氢键的饱和性。氢键的形成对物质的性质有较大的影响。例如，HCl，HBr，HI 的熔、沸点依次升高，这是由于色散力依次增加的缘故。但 HF 例外，它的熔、沸点反而比 HCl 高，这是由于 HF 分子间可形成氢键，熔化或汽化需消耗一定能量来破坏部分氢键。又如，C_2H_5OH 在水中溶解度比 $CH_3—O—CH_3$ 大得多，显然这也与前者可与 H_2O 形成分子间氢键有关。需要指出，分子间氢键和分子内氢键对化合物性质影响往往不同。例如，对位和邻位硝基苯酚的沸点分别为 110 ℃和 45 ℃，这是由于前者只能生成分子间氢键，而后者可生成分子内氢键，汽化时不需破坏分子内氢键，因而邻硝基苯酚沸点较低。又如对硝基苯酚在水中的溶解度大于邻硝基苯酚，而在苯中的溶解度却相反，邻硝基苯酚大于对硝基苯酚。这是由于分子内氢键形成使分子内电性“中和”，根据相似相溶原理，它容易溶于非极性的苯中。

氢键广泛地存在于生物体中。蛋白质是由许多氨基酸通过肽键（$\mathrm{-NH-\overset{\overset{O}{\|}}{C}-C}$）缩合而成。蛋白质长链分子中的亚氨基（$\mathrm{>N-H}$）和羰基（$\mathrm{>C{=}O}$）之间可形成许许多多的氢键（$\mathrm{C{=}O\cdots H-N}$），使蛋白质长链分子形成螺旋体构象（图 7-21）。虽然每个氢键键能不大，但在螺旋体内形成的氢键很多，它对维持蛋白质的构象起着极重要的作用。

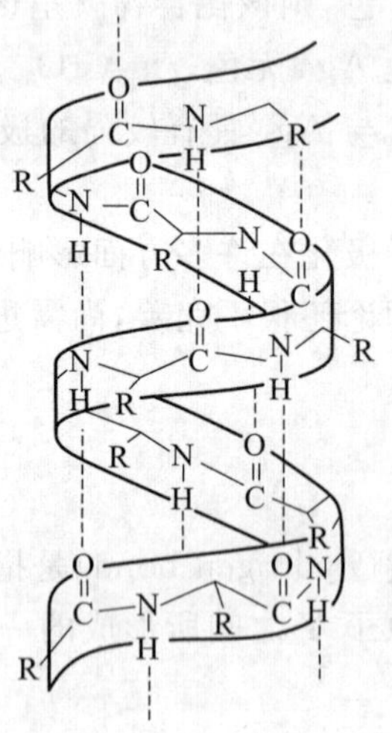

图 7-21　蛋白质 α 螺旋结构模式

拓展知识：

超分子化学

超分子（supramolecule）是指两种或两种以上分子通过分子间力（范德华力、氢键等）相互作用缔结而成具有特定结构和功能的聚集体。例如，图 7-22 所示的索烃和轮烷，因为它们在设计和构筑新型的分子器件上提供了广阔的应用前景，是近来备受人们关注的超分子。索烃含有多个微小的而互扣的环状分子，但环与环之间不形成共价键，而是以分子间力相联系。图上所示的是最简单的 2-索烃。轮烷是由 1 个（或多个）环状分子套在一个线形分子上，在线形分子两端各有一个大基团加以封闭形成的超分子。环与线形分子之间也是以弱分子间力相联系。尽管在超分子体系中，分子间力比化学键弱得多，但通过分子间的加成效应和协调效应，使超分子呈现出单个分子所不具备的多种特性。自组装和分子识别是超分子的基本特性。自组装就是在一定的条件下，一种或多种分子，依靠分子间力自发地结合起来形成一个结构相对稳定、具有一定功能并具有一定独立性的超分子的过程。过去，人们曾以为只有活的生命体才具有将分子组装起来的能力。现已证实，自组装是超分子的普遍特性。因此，可以预料在不久的将来，一旦人们能够很好地控制超分子的自组装过程，就可以按预期的目标，更简单、更可靠地得到具有特定结构和功能的物种。分子识别是超分子的核心研究内容之一。它是指主体（受体）对客体（底物）选

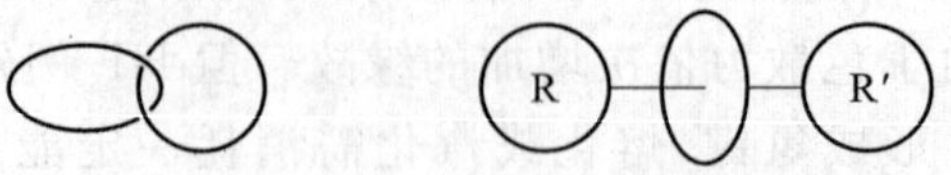

2-索烃　　　　轮烷

图 7-22　超分子索烃和轮烷的结构示意图

择性结合并产生某种特殊功能的过程。这种过程不是依靠传统的共价键,而是依靠分子间力。在超分子中,一种受体分子的特殊部位具有某些基团,正适合与另一种底物分子的基团相结合。当受体分子与底物分子相遇时,相互选择对方形成某种分子间力而结合在一起。

超分子化学是研究生物功能,理解生命现象,探索生命起源的一个极其重要的研究领域。在生命体内细胞膜的基础是磷脂和胆固醇等,它们就是靠分子间力形成高度有序的排列体。动物眼中的视蛋白和视黄醛在视网膜中也是依靠分子间力进行有序排列,从而显示出视觉的功能。DNA是两条脱氧核糖和磷酸酯交替结合的高分子链,再经过互补的碱基对以氢键相互形成具有双螺旋结构的超分子体系。碱基出现的顺序构成了分子信息,DNA在复制过程中将这些信息由亲代传给子代。

超分子化学使人们对分子的概念进入更高的一个层次,对分子的认识更加全面,更加深刻。通过超分子化学的研究,人们可在分子水平上进行分子设计,有序组装而制取一些新型的分子材料:如具有分子识别功能的高效催化剂,新型有效的药物,集成度高、体积小、功能强的分子器件,生物传感器以及具有光电磁声热等功能材料。因此超分子化学被认为是21世纪新概念和高技术的重要源头之一。

美国化学家J Pedersen,D J Gram和法国化学家J M Lehn由于超分子化学方面研究成果获得1987年诺贝尔化学奖。

7.10 晶体的内部结构

固态物质可分为晶体和非晶体两大类。它们的区别主要表现在:

(1) 晶体有规则的几何外形,而非晶体没有一定的外形;

(2) 晶体有固定的熔点,而非晶体则没有;

(3) 晶体显各向异性,而非晶体则显各向同性。

晶体这些宏观特征是晶体内部微观结构的反映。用X射线衍射实验研究晶体结构表明:构成晶体的质点(离子、原子或分子)在三维空间作有规则的排列。如果把晶体中的每一个质点抽象为一个点,把这些点连成一条条直线,便构成了空间格子,这些空间格子称为**晶格**(lattice)。所以也可以说,晶体就是具有晶格结构的固体。

按晶格上质点间作用力不同,可将晶体分为**金属晶体**、**离子晶体**、**分子晶体**和**原子晶体**四大类。金属晶体和离子晶体前面已作了介绍,下面简要介绍分子晶体和原子晶体。

在分子晶体中,晶体质点是共价分子。质点之间的作用力一般比分子内的共价键要弱得多。在非极性分子的晶体中,质点之间的作用力主要是范德华力[图7-23(c)]。在某些极性分子的晶体中,除范德华力外,还有氢键存在(如NH_3,HF,H_2O等)。由于分子间力较弱,因此分子晶体的硬度小,熔、沸点低。

在原子晶体中,晶格质点是中性原子。原子与原子之间以共价键相结合,构成一个包含无数个原子的巨大分子[图7-23(d)]。由于原子和原子之间的共价键比较牢固,因此这类晶体往往熔点高、硬度大、不溶于水和不导电。在周期表中能形成原子晶体的元素为数不多，只有那些价电子数接近 4、原子半径较小的元素。例如，金刚石、硅、锗、碳化硅（SiC）、石英（SiO_2）、碳化硼（B_4C）、砷化镓（GaAs）和氮化硼（BN）等。

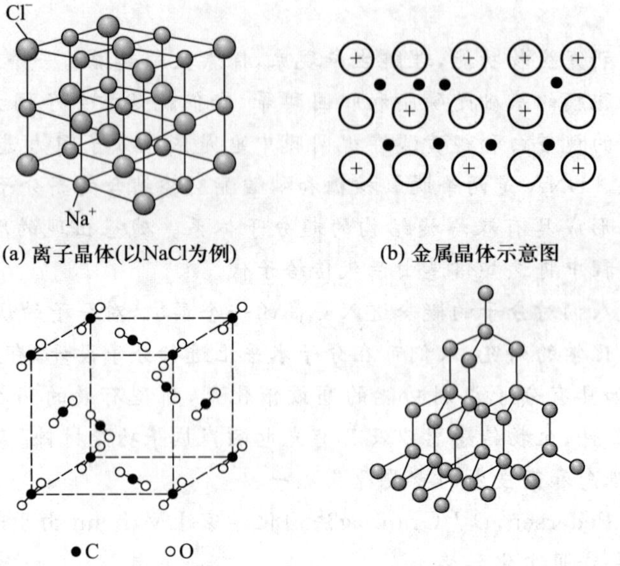

(a) 离子晶体(以NaCl为例)　(b) 金属晶体示意图

(c) 分子晶体(以CO_2为例)　(d) 原子晶体(以金刚石为例)

图 7−23　四种类型的晶体结构

作为总结，表 7−7 归纳了四类晶体结构及其特性。

表 7−7　各类晶体的结构和特性

晶体类型	结构质点	质点间作用力	晶 体 特 性	实例
原子晶体	原子	共价键	硬度大，熔点很高，多数溶剂中不溶，导电性差	金刚石，SiC
离子晶体	正离子 负离子	离子键	硬而脆，熔沸点高，大多溶于极性溶剂中，熔融态及其水溶液能导电	NaCl，CaF_2，BaO
分子晶体	分子	分子间力，氢键	硬度小，熔沸点低	NH_3，CO_2，O_2
金属晶体	中性原子和 正离子	金属键	硬度不一，有可塑性及金属光泽，不溶于多数溶剂，熔沸点有高有低	Na，Au，W

习　题

1. 指出下列离子分别属于何种电子构型：

Ti^{4+}　Be^{2+}　Cr^{3+}　Fe^{2+}　Ag^{+}　Cu^{2+}　Zn^{2+}　Sn^{4+}　Pb^{2+}　Tl^{+}　S^{2-}　Br^{-}

2. 已知 KI 的晶格能（U）为 −650 kJ·mol^{-1}，钾的升华热[S(K)]为 88.8 kJ·mol^{-1}，钾的电离能（I）为 438.9 kJ·mol^{-1}，碘的升华热[$S(I_2)$]为 62.4 kJ·mol^{-1}，碘的解离能（D）为 151 kJ·mol^{-1}，碘的电子亲和能（E）为 −309.3 kJ·mol^{-1}，求碘化钾的生成热（$\Delta_f H$）。

3. 根据价键理论画出下列分子的电子结构式(可用一根短线表示一对共用电子)。

PH_3 CS_2 HCN OF_2 H_2O_2 N_2H_4 H_2CO

4. 试用杂化轨道理论说明 BF_3 是平面三角形,而 NF_3 却是三角锥形。

5. 指出下列化合物的中心原子可能采取的杂化类型,并预测其分子的空间构型。

BBr_3 SiH_4 PH_3 SeF_6 $AsCl_5$

6. 将下列分子按键角从大到小排列:

BF_3 $BeCl_2$ SiF_4 H_2S PCl_3 SF_6

7. 用价层电子对互斥理论预言下列分子和离子的几何构型:

CS_2 NO_2^- ClO_2^- SCN^- NO_3^- BrF_3 PCl_4^+ BrF_4^- $POCl_3$ BrF_5 PF_6^-

8. ClF_3 与 AsF_5 反应的反应式为

$$ClF_3 + AsF_5 \longrightarrow [ClF_2]^+[AsF_6]^-$$

该反应的实质是 ClF_3 中 1 个 F^- 转移至 AsF_5 而生成离子化合物$[ClF_2]^+[AsF_6]^-$。试指出反应物各分子和产物各离子的空间构型及其中心原子的杂化类型。

9. (1) 用价层电子对互斥理论判断下列物种空间构型:

CH_3^+ CH_3^- CH_4 CH_2 CH_2^{2+} CH_2^{2-}

(2) 将以上物种按 HCH 键角大小排列。

10. 根据分子轨道理论比较 N_2 和 N_2^+ 的键级大小和磁性。

11. 根据分子轨道理论判断 O_2^+,O_2,O_2^-,O_2^{2-} 的键级和单电子数。

12. 在第二周期元素形成的同核双原子分子中:

(1) 顺磁性的有哪些?

(2) 键级为 1 的有哪些?

(3) 键级为 2 的有哪些?

(4) 何种分子具有最高键级?

(5) 不能存在的有哪些?

13. 在下列双原子分子和离子中,能稳定存在的有哪些?

(1) H_2^+ H_2^- H_2^{2-}

(2) He_2^{2+} He_2^+ He_2

(3) N_2^{2-} O_2^{2-} F_2^{2-}

14. 用分子轨道理论判断:

(1) F_2 分子和 F 原子比较,哪个第一电离能低?并解释原因。

(2) N_2 分子和 N 原子比较,哪个第一电离能低?并解释原因。

15. 试问下列分子中哪些是极性的?哪些是非极性的?为什么?

CH_4 $CHCl_3$ BCl_3 NCl_3 H_2S CS_2

16. 比较下列各对分子偶极矩的大小:

(1) CO_2 和 SO_2; (2) CCl_4 和 CH_4;

(3) PH_3 和 NH_3; (4) BF_3 和 NF_3;

(5) H_2O 和 H_2S。

17. 将下列化合物按熔点从高到低的顺序排列:

NaF NaCl NaBr NaI SiF_4 $SiCl_4$ $SiBr_4$ SiI_4

18. 试用离子极化观点解释：

(1) KCl 的熔点高于 $GeCl_4$。

(2) $ZnCl_2$ 的熔点低于 $CaCl_2$。

(3) $FeCl_3$ 的熔点低于 $FeCl_2$。

19. 指出下列各对分子之间存在的分子间作用力的类型(取向力、诱导力、色散力和氢键)：

(1) 苯和 CCl_4；　　(2) 甲醇和 H_2O；

(3) CO_2 和 H_2O；　　(4) HBr 和 HI。

20. 下列化合物中哪些化合物自身能形成氢键?

C_2H_6　H_2O_2　C_2H_5OH　CH_3CHO　H_3BO_3　H_2SO_4　$(CH_3)_2O$

21. 比较下列各组中两种物质的熔点高低，并简单说明原因。

(1) NH_3 和 PH_3；　　(2) PH_3 和 SbH_3；

(3) Br_2 和 ICl；　　(4) MgO 和 Na_2O；

(5) SiO_2 和 SO_2；　　(6) $SnCl_2$ 和 $SnCl_4$。

(7) $CH_3CH_2CH_2NH_2$ 和 $H_2NCH_2CH_2NH_2$

22. 填充下表

物质	晶格上质点	质点间作用力	晶体类型	熔点高或低
MgO				
SiO_2				
Br_2				
NH_3				
Cu				

23. 解释下列现象：

(1) H_3PO_4,H_2SO_4,$HClO_4$ 黏度大小的次序为 $H_3PO_4>H_2SO_4>HClO_4$。

(2) 乙醇(C_2H_5OH)和二甲醚(CH_3OCH_3)组成相同，前者沸点(78 ℃)比后者沸点(−23 ℃)高得多；

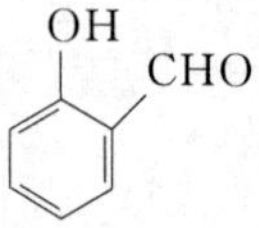

和
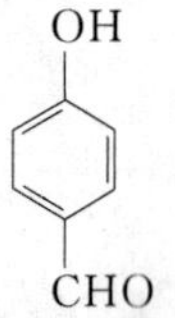

组成也相同，前者熔点(−7 ℃)比后者熔点(118 ℃)低得多。

(3) CF_4 和 SF_4 都能存在，但 OF_4 却不存在。

(4) Br_2 与 SbF_5 反应可生成 Br_2^+，实验测得其 Br−Br 核间距为 215 pm，比 Br_2 分子核间距 228 pm 要小。

24. 下列说法是否正确？为什么？

(1) 分子中的化学键为极性键，则分子也为极性分子。

(2) Mn_2O_7 中 Mn(Ⅶ)正电荷高、半径小，所以该化合物的熔点比 MnO 高。

(3) 色散力仅存在于非极性分子间。

(4) 3 电子 π 键比 2 电子 π 键的键能大。

(5) 全部由共价键结合而成的分子，其晶体都应属于分子晶体。

第八章

配位化合物

学习要求：

1. 掌握配位化合物的组成、定义、类型和结构特点。
2. 熟悉配位化合物的重要性质：几何异构和旋光异构现象。
3. 理解价键理论和晶体场论的主要论点，并能用以解释一些实例。
4. 理解配位解离平衡的意义及有关计算。
5. 掌握螯合物的特点，了解其应用。

早在 1798 年，法国化学家塔赦特（Tassaert）观察到钴盐在氯化铵和氨水溶液中转变为 $CoCl_3 \cdot 6NH_3$，引起许多无机化学家的兴趣。但是大家一直不明白为什么像 $CoCl_3$、NH_4Cl 等一些原子价饱和的无机物还会进一步结合而形成新的化合物，而这些新化合物的结构又是怎样的呢？直到 1893 年维尔纳（Werner A）在德国《无机化学学报》上，发表了题为"对于无机化合物结构的贡献"一文，创立了配位学说以后，才逐步弄清这些问题。在配位学说创立二百年后的今天，由研究配位化合物而形成的无机化学分支配位化学，其内容实际上已打破了传统的无机化学、有机化学、物理化学和生物化学的界限，进而成为各分支化学的交叉点。当前，这门新兴的化学学科不仅是国际上十分活跃的前沿学科，且在国民经济和人民生活各个方面，在生命科学、新材料、尖端科技等重要领域已有了广泛的应用。

8.1 配位化合物的组成和定义

上述化学组成为 $CoCl_3 \cdot 6NH_3$ 的化合物为**配位化合物**（coordination compound，complex），简称**配合物**（旧称络合物），它在结构上是六个 NH_3 和一个 Co^{3+} 牢固地结合着，形成 $[Co(NH_3)_6]^{3+}$，而整个化合物为 $[Co(NH_3)_6]Cl_3$。又如亚铁氰化钾 $K_4[Fe(CN)_6]$，从其成分看，好像是由四个 KCN 和一个 $Fe(CN)_2$ 所组成。但在它的晶体中，除 K^+ 外，仅有 $[Fe(CN_6)]^{4-}$ 存在，在水溶液中也是如此，几乎没有 Fe^{2+} 和 CN^-。故 $K_4[Fe(CN)_6]$ 也是一种配合物。

可见，配合物的主要特征是用方括弧（[ ]）所标示的这一部分，称为**配位个体**（coordination unity）。中心原子（中心离子）Co^{3+} 和配体 NH_3 以配位键相连接。配位个体又称**内界**（inner sphere）。内界部分 $[Co(NH_3)_6]^{3+}$ 和三个 Cl^- 是以离子键相连接的，Cl^- 称为**外界**（outer sphere）。内界中的数字 6 为与 Co^{3+} 相连接的配体数目，右上角 3+ 为配离子的电荷。

上述配离子$[Co(NH_3)_6]^{3+}$或$[Fe(CN)_6]^{4-}$是由简单金属离子(Co^{3+}和Fe^{2+})和一定数目的中性分子或负离子(如NH_3和CN^-)所组成。中心离子和配体两者缺一不可,否则不能形成配离子。

对中心原子而言,几乎所有元素的原子都可以作为中心原子,但常见的是金属原子,最常见的是一些过渡元素的金属原子,例如,Fe,Co和Cu等。非金属元素的原子也可以作为中心原子,如B和Si形成$[BF_4]^-$,$[SiF_6]^{2-}$等配离子。

对配体而言,它以一定的数目和中心原子相结合。在配体中直接和中心原子连接的原子叫做**配位原子**(coordination atom)。一个中心原子所结合的配位原子的总数称为该中心原子的**配位数**(coordination number)。如$[Cu(NH_3)_4]^{2+}$中Cu^{2+}的配位数为4,配体NH_3只有一个配位原子N。又如$[Cu(en)_2]^{2+}$(en为$NH_2CH_2CH_2NH_2$的简写)中Cu^{2+}的配位数也为4,因每个en有两个配位原子N。中心原子的配位数一般有2,4,6和8,最常见的是4和6。配位数的多少取决于配合物中的中心原子和配体的体积大小、电荷多少、彼此间的极化作用、配合物生成时的外界条件(浓度、温度)等。通常的配位原子有14种。除H和C外,有周期表中ⅤA族的N,P,As和Sb;ⅥA族的O,S,Se和Te;ⅦA族的F,Cl,Br和I。配位数是容纳在中心原子或中心离子周围的电子对的数目,故不受周期表族次的限制,而取决于元素的周期数。中心原子的最高配位数第一周期为2,第二周期为4,第三、四周期为6,第五周期为8。一般来说,如果中心原子的半径越大,则周围能结合的配体就越多,配位数就越大。例如,Al^{3+}和F^-形成了$[AlF_6]^{3-}$,而体积较小的B(Ⅲ)就只能与F^-形成$[BF_4]^-$。中心原子的体积越大,它和配体间的吸引力就越弱,这就使它达不到最高配位数。对于同一中心原子来说,配位数随着配体半径的增加而减小。如Al^{3+}和F^-可形成配位数为6的$[AlF_6]^{3-}$,而Al^{3+}和半径较大的Cl^-和I^-只能形成配位数为4的$[AlX_4]^-$。但中心原子和配体的体积关系并非决定配位数的唯一因素。中心原子的电荷增加,有利于配位数较高的配离子的形成。例如,Ag^+,Cu^{2+}和Co^{3+}的体积依次减小,它们和NH_3形成的配离子$[Ag(NH_3)_2]^+$,$[Cu(NH_3)_4]^{2+}$和$[Co(NH_3)_6]^{3+}$的配位数依次增加。在配体为离子时,配体电荷增加,它们之间的斥力也增大,配位数就会相应地减小。因此,中心原子电荷增加或配体电荷的减少,均有利于配位数的增加。

配离子的电荷等于组成它的简单粒子电荷的代数和。当然,作为独立存在的配合物,应该是电中性的。例如,有$[Cu(NH_3)_4]^{2+}$,还必须有相应的负离子,如SO_4^{2-},于是就有$[Cu(NH_3)_4]SO_4$配合物的存在。可见配合物和配离子在概念上有所不同,不过有时中心原子和配体的电荷的代数和为零,则其本身就是不带电荷的配合物。例如,$[Pt(NH_3)_2Cl_2]$,$[Fe(CO)_5]$(羰基合铁)等即是如此。

至此,可以将配合物**定义**为:以具有接受电子对的空轨道的原子或离子为中心(**统称**为中心原子),一定数目可以给出电子对的离子或分子为配体,两者按一定的组成和空间构型形成以配位个体为特征的化合物，叫做**配(位化)合物**①。

电中性的配位个体本身就是配合物，如[$Ni(CO)_4$]等。带电荷的配位个体称为配离子：带正电荷的配离子称为配阳离子，如[$Co(NH_3)_6$]$^{3+}$等；带负电荷的配离子称为配阴离子，如[$Fe(CN)_6$]$^{3-}$等。

8.2 配位化合物的类型和命名

8.2.1 配合物的类型

配合物有多种分类法：按中心离子数，可分单核配合物和多核配合物；按配体种类，可分为水合配合物、卤合配合物、氨合配合物、氰合配合物和羰基配合物等；按成键类型，可分经典配合物(σ 配键)、簇状配合物(金属–金属键)，还有烃不饱和配体配合物、夹心配合物、穴状配合物(均为不定域键)等。本教材从配合物的整体考虑，将它们分为简单配合物、螯合物和特殊配合物三种。

1. 简单配合物

只含有一个配位原子的配体称为单齿配体，由单齿配体(如 NH_3、H_2O、CN^-、卤素等)和中心原子所形成的配合物为**简单配合物**(simple coordination compound)。例如：[$Ag(NH_3)_2$]Cl，[$Cu(NH_3)_4$]SO_4，[$Cu(H_2O)_4$]$SO_4\cdot H_2O$，K_3[$Fe(CN)_6$]，K_2[$PtCl_4$]和 Na_3[AlF_6]等。

2. 螯合物

将乙二胺 $NH_2CH_2CH_2NH_2$ 或氨基乙酸 $NH_2—CH_2—COOH$ 分别与铜盐化合，生成二乙二胺合铜(Ⅱ)或二氨基乙酸根合铜(Ⅱ)，反应式如下：

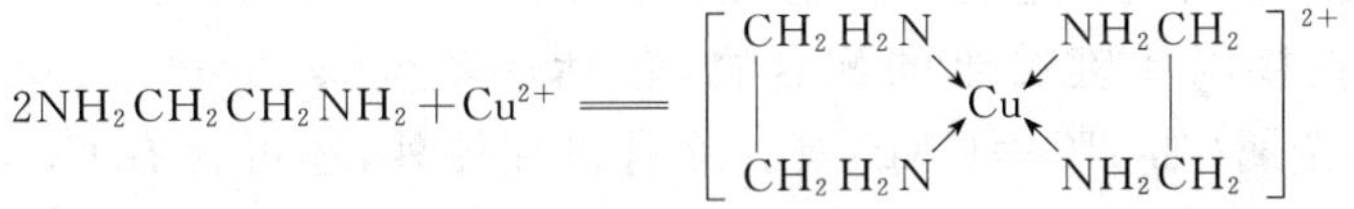

或

① 在定义中，配位个体的成键方式是定域的配位键。事实上目前有一些配合物中存在着不定域(离域)的配位键。这是一种有多个不定域电子的空位的中心原子与有多个不定域电子的一定数目的配体相结合而成的配位键。例如，1,2-二硫乙烯与金属 M 作用生成[$M(C_2H_2S_2)$]配合物。过去用定域键结构写法为

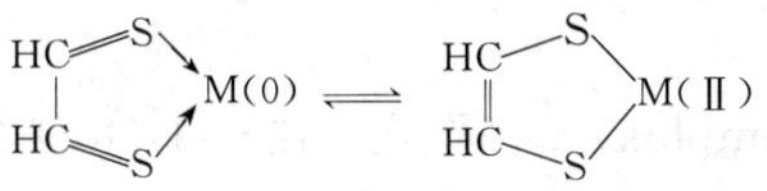

在这两种形式中，金属的氧化数差 2。

实验测定，它是一种不定域配位键结构。

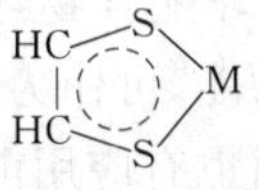

其电子既不全属于中心原子，又不全属于配体，金属原子的氧化态难以确定。

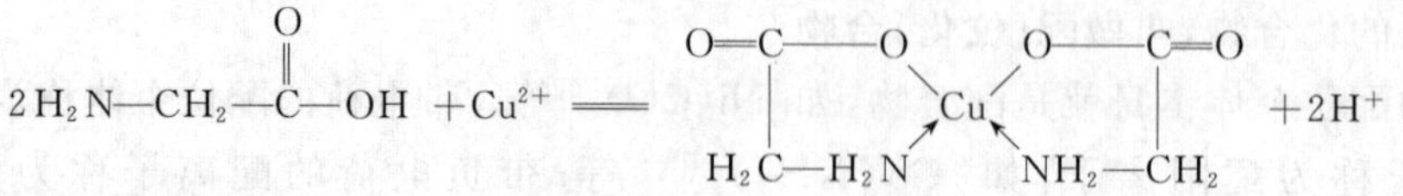

乙二胺含有两个相同的配位原子 N，氨基乙酸含有两个不同的配位原子 N、O，均能和 Cu^{2+} 形成两个五原子环的配合物。在结构式中常以"→"表示金属离子与不带电荷原子间的配位键，以"—"表示金属离子与带电荷原子间的配位键。

一个配体以两个或两个以上的配位原子（即多齿配体）和同一中心原子配位而形成一种环状结构的配合物，称为**螯合物**（chelate complex）。这个名称是因为同一配体的双齿，好像一对蟹钳螯住中心原子的缘故。环状结构是螯合物的特点。

3. 特殊配合物

除了以上两类配合物外，现介绍几种**特殊配合物**（special coordination compound）。

金属羰基配合物（metal carbonyl complex） 为金属原子与一氧化碳结合的产物。这种配合物中金属原子的氧化态都很低，有的甚至等于零，如 $Ni(CO)_4$；有的呈负氧化态，如 $Na[Co(CO)_4]$；有的呈正氧化态，如 $[Mn(CO)_5Br]$。这些都是单个中心原子的，为单核配合物。还有两个和两个以上中心原子的金属羰基配合物，如 $Fe_2(CO)_9$ 和 $Fe_3(CO)_{12}$ 等为多核配合物。

簇状配合物（簇合物）（cluster complex） 含有至少两个金属，并含有金属-金属键的配合物，如 $Co_4(C_5H_5)_4H_4$ 和 $(W_6Cl_{12})Cl_6$ 等。生成簇合物的金属原子主要是过渡金属，它们生成的趋势与该金属在周期表中的位置、氧化态以及配体性质等条件有关。第二、第三过渡系金属比第一过渡系金属生成簇合物的能力强。在同种元素中，低氧化态容易形成簇合物。

有机金属配合物（organic metel complex） 或称金属有机配合物。为有机基团与金属原子之间生成碳-金属键的化合物。这种配合物有如下几种。

(1) 金属与碳直接以 σ 键结合的配合物，包括烷基金属[如 $(CH_3)_6Al_2$]、芳基金属（如 C_6H_5HgCl）、乙炔基金属（如 $HC\equiv CAg$）等。除有机配体外，还可含有 CO，CN^-，PR_3（R 为烷基）等配体的配合物。

(2) 金属与碳形成不定域配键的配合物，包括烯烃、炔烃、芳烃、环戊二烯等配合物，如蔡斯（Zeise）盐 $K[PtCl_3(C_2H_4)]$，在 Pt 和 $CH_2=CH_2$ 之间有这种不定域键。二茂铁 $[Fe(C_5H_5)_2]$，金属原子 Fe 被夹在两个平行的碳环之间，为夹心配合物（图 8-1）。二苯铬 $[Cr(C_6H_6)_2]$ 也属夹心配合物。

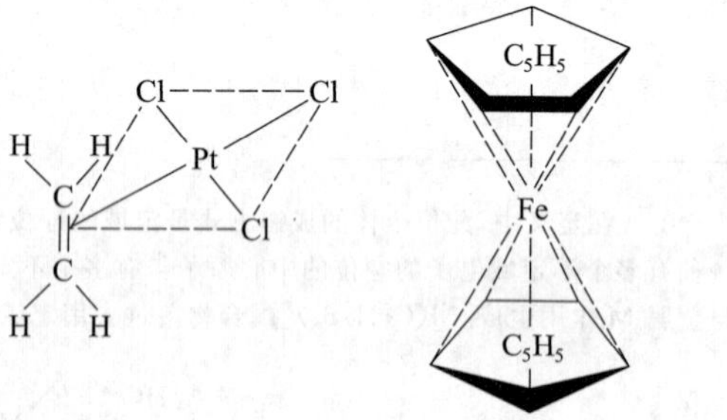

图 8-1 $K[PtCl_3(C_2H_4)]$ 和 $[Fe(C_5H_5)_2]$ 的结构

大环配合物（macrocyclic complex） 一类在配合物的环的骨架上含有 O，N，S，P 或 As 等多个配位原子的多齿配体所生成的环状配合物。其配体结构和性质非常特殊，有环状的冠醚、三维空间的穴醚、不同孔径的球醚等。有些大环配合物还具有光能转换等功能；有些对光、电、热很敏感，分别具有识别、选择性传输和催化等功能，可作为分子、电子器件和敏感元件。大环配合物在元素分离、分析、污染处理及医疗卫生等方面也有应用前景，它是目前配位化学的几个前沿领域之一。

多酸配合物（polyacid complex） 参见本书第十二章。

8.2.2 配合物的命名

配合物的名称有少数用习惯名称，如 $K_4[Fe(CN)_6]$叫做黄血盐或亚铁氰化钾，$K_3[Fe(CN)_6]$叫做红血盐或铁氰化钾等，这些都不符合配合物的系统命名法。

对于配合物的配位个体可按下列顺序命名：[阴离子配体中性分子配体—合—中心原子(用罗马数字标明可变的中心原子的氧化数)]。不同配体名称间以圆点分开。配体个数用倍数词头二、三、四等数字表示。较复杂的配体名称，配体要加括号以免混淆。

现举三类不同例子予以**配合物的命名**①(nomenclature of complex)：

1. 配阴离子配合物

$K_2[SiF_6]$　六氟合硅酸钾

$K[PtCl_5(NH_3)]$　五氯·氨合铂(Ⅳ)酸钾

$Na[Co(CO)_4]$　四羰基合钴(－Ⅰ)酸钠

2. 配阳离子配合物

$[Zn(NH_3)_4]Cl_2$　二氯化四氨合锌

$[Co(ONO)(NH_3)_5]SO_4$　硫酸亚硝酸根·五氨合钴(Ⅲ)

$[Fe(en)_3]Cl_3$　三氯化三(乙二胺)合铁(Ⅲ)

3. 中性配合物

$[PtCl_2(NH_3)_2]$　二氯·二氨合铂(Ⅱ)

$[Co(NO_2)_3(NH_3)_3]$　三硝基·三氨合钴(Ⅲ)

8.3 配位化合物的异构现象

配合物的**异构现象**(isomerism)常简称异构，是配合物的重要性质之一。它是指配合物的化学组成完全相同，但原子间的空间排列方式或连接方式不同而引起的结构和性质不同的一些现象。异构现象不仅影响配合物的物理和化学性质，且与其稳定性和键性质也有密切的关系。配合物的异构现象可分为两大类：**立体异构现象**(stereo isomerism)和**结构异构现象**(structural isomerism)。

8.3.1 立体异构现象

配合物的立体异构是指配合物的中心离子(或原子)相同、配体相同、内外界相同，只是配体在中心体周围空间排列方式不同的一些配合物。它们可分为**几何异构体**(geometrical isomer)和**旋光异构体**(optical isomer)，后者又称为对映体异构体。

1. 几何异构

几何异构体主要发生在配位数为 4 的平面正方形配合物和配位数为 6 的正八面体配合物中，在配位数为 2、3 或 4(正四面体)的配合物中是不可能存在的。这类配合物的配体围绕中心体可以占据不同的位置。常分为顺式(*cis*－)和反式(*trans*－)两种异构体。

① 有关配合物命名，详见：中国化学会.无机化学命名原则.北京：科学出版社，1980：42.

在平面正方形配合物中，研究得最多的是Pt(Ⅱ)和Pd(Ⅱ)配合物，因为它们性质稳定，反应速率很慢。例如，二氯二氨合铂(Ⅱ)有顺式和反式两种异构体，前者俗称顺铂，是一种著名抗癌药(参见本章拓展知识：铂配合物和癌的治疗)。

顺式　　　　反式

对于平面正方形配合物异构体的数目：MA_2B_2，MA_2BC 均为 2 个，MABCD 为 3 个(M 为金属原子，A、B、C、D 为不同配体)。

在正八面体配合物[MA_6]中，若单齿配体 A 被别的单齿配体 B 顺序取代时，则所生成的配合物异构体的种类见图 8-2。

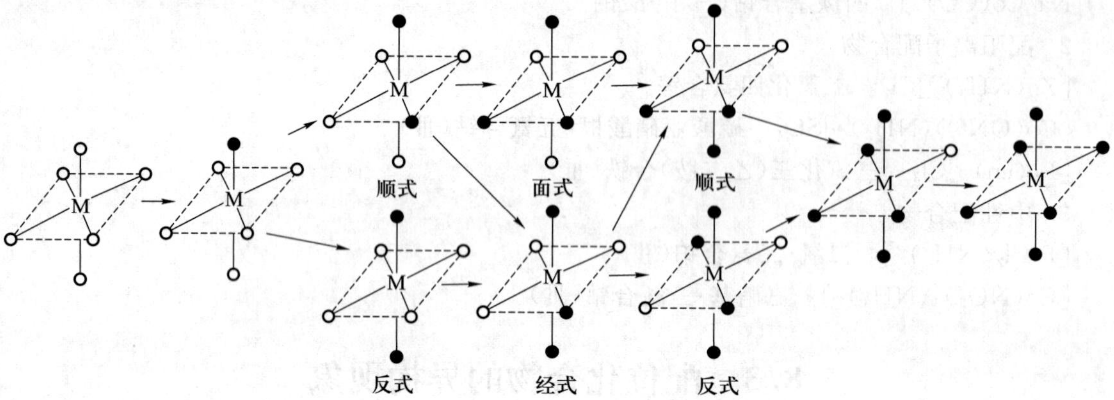

图 8-2　[$MA_{6-x}B_x$]系列的异构体

M表示中心金属原子　○ 表示 A 配体　● 表示 B 配体

从图 8-2 可知，在[MA_4B_2]，[MA_3B_3]和[MA_2B_4]中各生成两种几何异构体。[MA_4B_2]和[MA_2B_4]实际上是同样的情况，两种异构体根据配位位置：顺式是 1,2-异构体，反式是 1,6-异构体。而[MA_3B_3]的两种异构体，如果 3 个 A 和 3 个 B 各占八面体的一个三角形面的顶点，称为面式(*fac*-)或顺-顺式。3 个 A 和 3 个 B 各占八面体的位置分布形如地球的经纬线，称为经式(*mer*-)或顺-反式。下面举[$CrCl_2(NH_3)_4$]$^+$ 和[$RhCl_3(Py)_3$]两个实例予以说明。

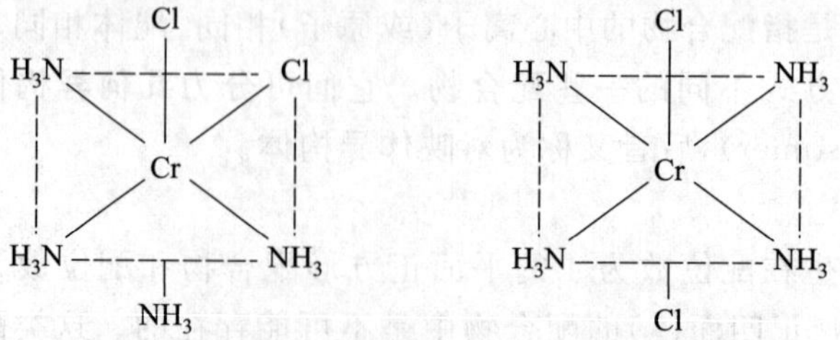

顺式(紫色)　　　　反式(绿色)

[$CrCl_2(NH_3)_4$]$^+$的顺、反异构体

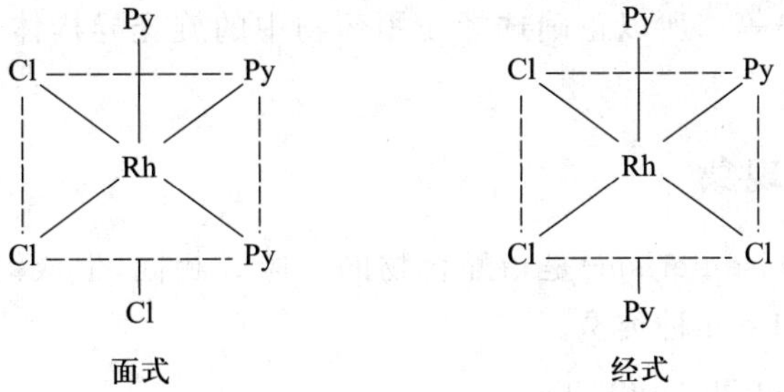

$[RhCl_3(Py)_3]$的面式、经式异构体

对于正八面体异构体的数目：$[MA_4B_2]$，$[MA_3B_3]$，$[MA_4BC]$均为 2 个，$[MA_2BC_3]$为 3 个，$[MA_2B_2C_2]$为 5 个。

2. 旋光异构

旋光异构体是指两个异构体的对称关系类似人的左、右手，它们是互成镜像的对映体。

在 d 区元素中，简单的旋光异构体例子是金属离子和三个二齿配体，例如，草酸根

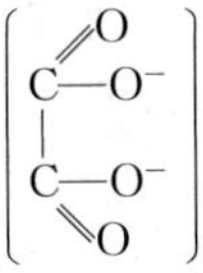

所形成的配合物。

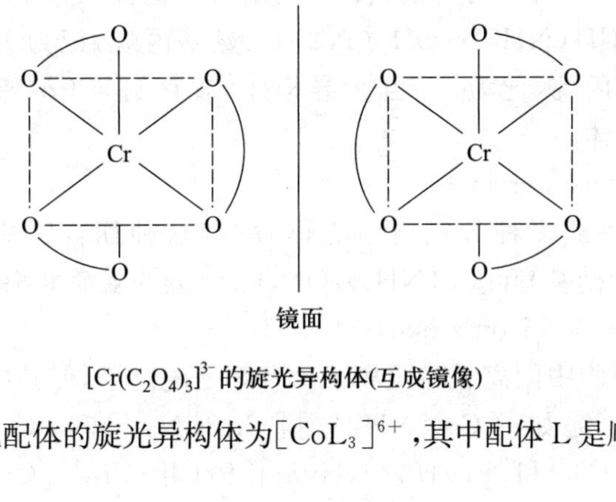

$[Cr(C_2O_4)_3]^{3-}$的旋光异构体(互成镜像)

在历史上，第一个无机配体的旋光异构体为$[CoL_3]^{6+}$，其中配体 L 是顺-$[Co(NH_3)_4(OH)_2]^+$配离子：

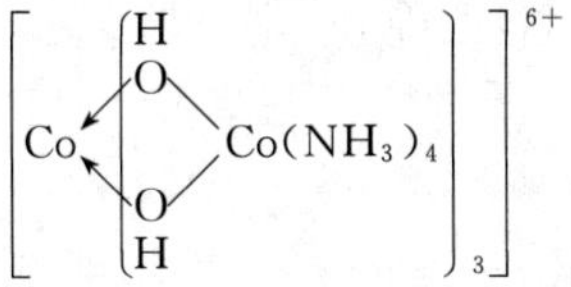

旋光异构体的物理和化学性质完全相同，可是两者使平面偏振光发生的方向有相反的偏转，分别称为右旋体(符号 *d* 表示)和左旋体(符号 *l* 表示)。

许多药物也存在着旋光异构现象。如沙丁胺醇(salbutamol)是一种非常有效的治疗支气管哮喘、急性哮喘发作的药物。但左旋沙丁胺醇的药效是右旋沙丁胺醇的 80 倍，并且右旋体还有头痛、头晕、心悸、手指颤抖等不良副反应。① 又如常用的盐酸左旋氧氟沙星抗菌药的抗菌活性

① 何炜，张邦乐，李晓晔，等.左旋沙丁胺醇盐酸盐的合成.中国药物化学杂志.2006，16(4)：222－225.

约为普通氧氟沙星的两倍等。所以正确选择使用药物中的旋光异构体，则可减少药物的毒副作用和用药量。

8.3.2 结构异构现象

结构异构(structural isomerism)是指配合物的实验式相同，但成键原子的连接方式不同而形成的异构体。通常有如下几种类型。

1. **解离异构**(dissociation isomerism)

由于配合物中的阴离子在内、外界的位置不同，因而它们在水溶液中解离出的离子也不相同。例如：

$$\underset{\text{紫色}}{[Co(NH_3)_5Br]SO_4} \rightleftharpoons [Co(NH_3)_5Br]^{2+} + SO_4^{2-}$$

$$\underset{\text{红色}}{[Co(NH_3)_5SO_4]Br} \rightleftharpoons [Co(NH_3)_5SO_4]^{+} + Br^{-}$$

2. **水合异构**(hydration isomerism)

在解离异构体中，若变化位置的配体为不带电荷的 H_2O 分子，称其为水合异构。例如：$[Cr(H_2O)_6]Cl_3$(紫色)，$[Cr(H_2O)_5Cl]Cl_2 \cdot H_2O$(绿色)，$[Cr(H_2O)_4Cl_2]Cl \cdot 2H_2O$(绿色)。

3. **配体异构**(ligand isomerism)

如果有两个配体互为异构体，则其生成相应的配合物也就互为配体异构体。

例如，$H_2N—CH_2—CH(NH_2)—CH_3$(1,2-二氨基丙烷，记为 L)和 $H_2N—CH_2—CH_2—CH_2—NH_2$(1,3-二氨基丙烷，记为 L′)互为异构体，故它们与 Co(Ⅲ)形成的$[CoCl_2L_2]Cl$ 和 $[CoCl_2L'_2]Cl$ 也互为异构体。

4. **键合异构**(linkage isomerism)

当有些配体能用两种或多种方式与中心体键合，这种配合物称为键合异构体。实例为 $[Co(NH_3)_5NO_2]^{2+}$(内为硝基)和$[Co(NH_3)_5ONO]^{2+}$(内为亚硝酸根离子)。

5. **配位异构**(coordination isomerism)

配位异构是指在配合物中阳离子和阴离子两者都是配离子，但其中配体的分配可以改变，因而产生不同的异构体。例如：$[Co(NH_3)_6][Cr(CN)_6]$ 和 $[Cr(NH_3)_6][Co(CN)_6]$；$[Pt(Ⅱ)(NH_3)_4][Pt(Ⅳ)Cl_6]$ 和 $[Pt(Ⅳ)(NH_3)_4][Pt(Ⅱ)Cl_6]$；$[Cr(NH_3)_6][Cr(SCN)_6]$ 和 $[Cr(NH_3)_4(SCN)_2][Cr(NH_3)_2(SCN)_4]$等。

拓展知识：

铂配合物和癌的治疗

1965 年，美国密执安州立大学罗森堡(Rosenberg B)及其合作者，在电场存在下进行细菌生长速率研究中，惊奇地发现细菌不发生分裂。于是大家花费大量时间去寻找这种现象产生的原因，譬如 pH 变化、温度变化等，却一无所获。最后，在排除各种可能因素的情况下，发现用于实验的铂电极被氧化了，产生了氧化产物：$[Pt(NH_3)_2Cl_2]$和$[Pt(NH_3)_2Cl_4]$

两种分子。这些配合物分子的存在致使细菌生长反常。再进一步研究发现，在配合物中只有顺式异构体才具有生物活性。

铂配合物的这种生物学活性完全是一种偶然性的发现，但是可以肯定地说，这是人类抗击癌症中的重大发现。一些铂配合物能阻止细胞分裂，具有抗肿瘤活性，其中被称为“顺铂”(cisplatin)，学名称为顺式二氯二氨合铂(Ⅱ)(*cis*－dichlorodiammineplatinum，*cis*－DDP)的配合物[$Pt(NH_3)_2Cl_2$]尤为有效。直到现在，“顺铂”对人体生殖泌尿系统、头颈部及软组织的恶性肿瘤具显著疗效，它若和其他抗癌剂联合使用则效果更佳。当然，“顺铂”尚有缓解期短、肾毒性较大、水溶性较小以及催吐性等缺点，致使其临床应用受到了限制。普遍认为，“顺铂”的抗癌活性是其中的顺式－(H_3N-Pt)结构单元有选择性地和生物体内癌细胞的DNA(脱氧核糖核酸)结合，以抑制此DNA进一步复制，阻止癌细胞分裂。而反式配合物是没有抗癌活性的。以上事实正证明了配合物的异构现象能影响配合物的化学和生物化学行为。

8.4　配位化合物的化学键本性

用来解释配合物中化学键的本性，配合物结构和稳定性，以及一般性质(如磁性、光谱等)的理论主要有价键理论、晶体场理论和分子轨道理论。

最早提出并且最简单的理论是静电理论。正离子中心原子与负离子或极性分子配体的成键就是由于正、负电荷的静电相吸引。配位键的强弱和配位数的多少取决于中心离子的电荷和体积，以及配体的电荷、偶极矩、极化性和体积。已知这些数值，中心离子和配体的键能就可以计算出来。但根据该理论，配位键应无方向性，因而不能说明为什么配位数为4的金属配合物有的是正四面体，有的是平面正方形，也不能说明不带电荷的中心原子和配体如何形成像[$Ni(CO)_4$]和[$Cr(C_6H_6)_2$]之类的特殊配合物。后来静电理论经过晶体场理论修改，又与分子轨道理论相结合，发展成为配体场论。

价键理论是20世纪30年代发展起来的，它简单明了又能说明一定的问题，颇受人们的欢迎。但它不能解释较复杂的现象，如没有考虑激发态，也不能说明配合物的光谱等，故有其局限性。

下面对价键理论(valemce bond theory)和晶体场理论(crystal field theory)的基本内容作简要的介绍。

8.4.1　价键理论

1. σ 配键和 π 配键

在配合物中，化学键的本性是配位键。故若形成 σ 键的一对电子由配体一方提供时，叫做 σ 配键。σ 配键数实际上就是配合物中心原子的配位数，或说是其可以容纳电子对的空轨道数。若配体与金属中心离子除生成 σ 键外，配位原子中未成键的 π 轨道中有电子对(如 O^{2-}、Cl^- 等)，能够和金属离子中合适的 π 轨道生成配体→金属 π 键，称为给予 π 配键。这种键减少了金属离子的正电荷，对形成配合物有利，并可稳定金属离子的较高氧化态。如[CrO_4]$^{2-}$ 等酸根负

离子中就有这种 π 配键。另一种 π 配键在化合物中极为重要。如若中心原子和配体已形成稳定的 σ 键，而中心原子有自由的 d 电子对，配体也有空的 p 或 d 轨道，则这时可形成反馈 π 键。它的形成使负电荷从中心原子上减少，而使形成的配合物更加稳定（参见本书图 12－2 及其说明）。

2. 内轨和外轨型配合物

配合物的配位键是一种极性共价键，因而具有一定的方向性和饱和性。以 $[Zn(NH_3)_4]^{2+}$ 为例，Zn^{2+} 的外围电子层结构为 $3s^2 3p^6 3d^{10}$，它的 4s 和 4p 轨道是空的。而配体 NH_3 的电子结构为

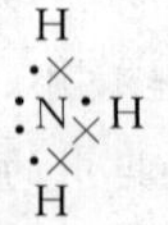

其中 N 原子上有孤对电子。在中心原子和配体相互作用时，配体的孤对电子就进入中心原子的空轨道，以配位键的形式使两者结合起来（下图以↑表示中心原子的电子，以·表示配体的电子）。

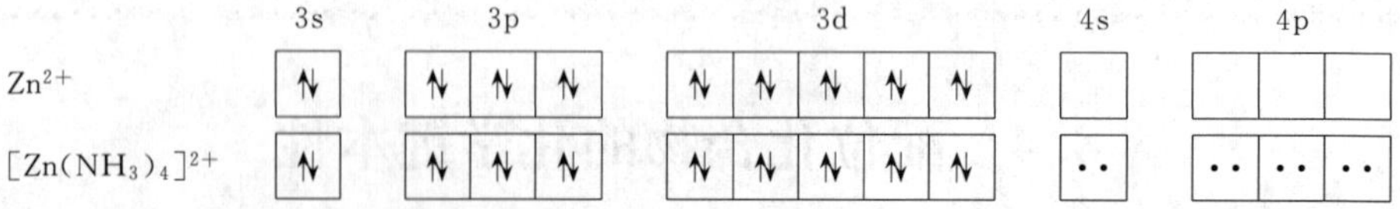

Zn^{2+} 是以 sp^3 杂化轨道和四个氨分子相结合的，几何构型为四面体，结构式为

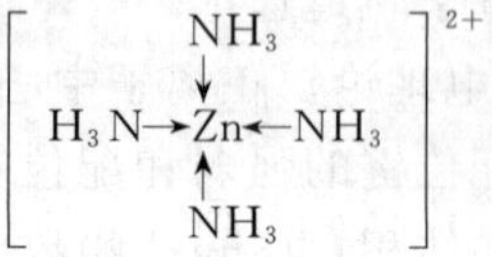

若中心金属离子 d 轨道未充满电子，如 Fe^{2+}，则形成配合物时的情况就比较复杂。Fe^{2+} 的 3d 能级上有 6 个电子，d 电子分布服从洪特规则，即在等价轨道中，自旋单电子数越多，状态就越稳定。在形成 $[Fe(H_2O)_6]^{2+}$ 配离子时，中心离子的电子层不受配体影响。H_2O 中配位原子氧的孤对电子进入 Fe^{2+} 的 4s，4p 和 4d 空轨道，形成 sp^3d^2 杂化轨道，几何构型为八面体。

这种中心离子仍保持自由离子状态的电子结构，配体的孤对电子仅进入外层空轨道而形成 sp，sp^2，sp^3 或 sp^3d^2 等外层杂化轨道的配离子，称为外轨型配离子。$[Fe(H_2O)_6]^{2+}$ 和 $[Zn(NH_3)_4]^{2+}$ 都是外轨型离子，它们的配合物称为**外轨型配合物**（outer－orbital coordination compound）。

在形成 $[Fe(CN)_6]^{4-}$ 配离子时，配体 CN^- 的电子式如下：

$$[:C\equiv N:]^-$$

CN^- 对中心离子 d 电子的作用特别强，能将 Fe^{2+} 的电子“挤成”只占 3 个 d 轨道并均自旋配对，使 2 个 d 轨道空出来。6 个 CN^- 中配位原子碳的孤对电子进入 Fe^{2+} 的 3d，4s 和 4p 空轨道形成 d^2sp^3 杂化轨道，几何构型为八面体。单电子数为零，磁性也没有了。像 dsp^2，d^2sp^3 等内层杂化轨道的形成，是由于中心离子的电子结构改变，未成对的电子重新配对，从而在内层腾出空轨道来。用这种键型结合的配离子称为内轨型配离子，如 $[Fe(CN)_6]^{4-}$，它的配合物称为**内轨型配合**

物(inner-orbital coordination compound)。

以上关于$[Fe(H_2O)_6]^{2+}$和$[Fe(CN)_6]^{4-}$配离子键型结构的叙述可以示意如下：

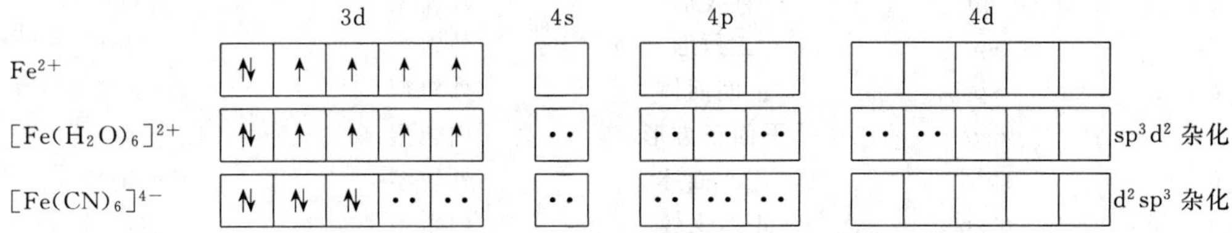

实验表明：中心离子与配位原子电负性相差很大时，易生成外轨型配合物；电负性相差较小时，则生成内轨型配合物。如配位原子F^-，H_2O常生成外轨型；CN^-，NO_2^-等生成内轨型；NH_3，Cl^-，RNH_2等有时为外轨型，有时为内轨型(如$[Co(NH_3)_6]^{2+}$为外轨型，$[Co(NH_3)_6]^{3+}$为内轨型)。增加中心离子电荷，有利于形成内轨型。

一般可以用磁性实验来决定是内轨型还是外轨型。因为物质的磁性与组成物质的原子(或分子)中的电子运动有关。磁性可用磁天平测出。磁矩与原子或离子中未成对电子数有关，可用近似的关系式表示为

$$\mu/\mu_B \approx \sqrt{n(n+2)}$$

式中：μ为磁矩，单位为$A\cdot m^2$(安·米²)；μ_B为玻尔磁子，其值为$9.274\times10^{-24}\ A\cdot m^2$；$n$为未成对电子数。利用这个关系式得到计算值和实验值基本相符(见表8-1)。因此，测定配合物的磁矩就可以了解中心离子的电子结构，如果为外轨型配合物，电子结构没有发生变化，未成对电子数就不变。而形成内轨型配合物时，中心离子的电子结构大多会发生变化，未成对的电子数也发生改变。例如，$[Fe(H_2O)_6]^{2+}$的μ(实验)$/\mu_B=5.0$，可知$n=4$，因为μ(计算)$/\mu_B=\sqrt{4\times6}=4.9$。又$[Fe(CN)_6]^{4-}$的$\mu$(实验)$/\mu_B=0$，可知$n=0$。

表8-1　若干金属离子的磁矩

金属离子	d电子数	未成对电子数	μ(计算)$/\mu_B$	μ(实验)$/\mu_B$
K^+，Ca^{2+}	0	0	0.00	0.00
Ti^{3+}	1	1	1.73	1.77～1.79
Ti^{2+}	2	2	2.83	2.76～2.85
Cr^{3+}	3	3	3.88	3.68～4.00
Mn^{3+}，Cr^{2+}	4	4	4.90	4.80～5.06
Mn^{2+}，Fe^{3+}	5	5	5.92	5.2～6.0
Fe^{2+}，Co^{3+}	6	4	4.90	5.0～5.5

上述关系式不适用于稀土元素，因为稀土元素的未成对电子位于4f轨道上，实验值和计算值差距极大。

现将配合物原子轨道杂化和配合物分子几何构型及其例子在表8-2列出。

表 8-2　配合物原子轨道杂化和分子的几何构型

配位数	轨道	几何构型	配离子类型	例子
2	sp	直线形	外轨型	$[Ag(CN)_2]^-$
3	sp^2	三角形	外轨型	$[HgI_3]^-$
4	sp^3	正四面体	外轨型	$[Zn(NH_3)_4]^{2+}$
4	dsp^2	平面正方形	内轨型	$[PtCl_4]^{2-}$
6	sp^3d^2	正八面体	外轨型	$[Fe(H_2O)_6]^{2+}$
6	d^2sp^3	正八面体	内轨型	$[Fe(CN)_6]^{4-}$

8.4.2　晶体场理论

晶体场理论把配体看作点电荷(或偶极子),重点考虑配体静电场对金属 d 轨道能量的影响,也即主要讨论中心原子的 d 电子在配体作用下的效应。晶体场论能较合理地解释配合物的磁性质和光谱,是研究配合物的重要理论。但由于只考虑中心原子的电子结构,未考虑配体的结构,故不能适用于烯烃配合物和零价金属配合物。

1. 简并态 d 轨道的分裂

晶体场理论认为,在过渡金属离子(原子)与四周配体的结合完全依靠静电作用,这种作用是纯粹的静电排斥和吸引,不交换电子,即不形成任何共价键。最初,未受外电场影响的自由金属离子(原子)的五个 d 轨道能量相等(简并态),在配体作用下,d 轨道能量都增高了。若配体引起的电场是球形对称的,d 轨道仍为简并态,若在配体非球对称电场作用下,d 轨道就发生分裂,有的能量升高,有的能量降低(见图 8-3)。

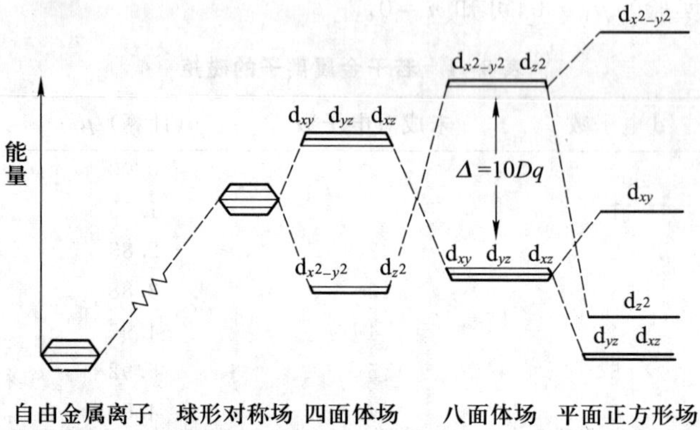

图 8-3　在不同构型的配合物中,中心离子 d 轨道的分裂

在正八面体配合物中,六个配体所造成的晶体场叫做正八面体场。设金属中心离子(原子)在 xyz 轴原点(见图 8-4,以小黑方块■表示)。当六个配体(以黑圆点●表示)分别沿 $\pm x$、$\pm y$、$\pm z$ 方向向金属中心离子靠近时,这时的 d_{z^2} 和 $d_{x^2-y^2}$ 轨道与配体处于迎头相顶状态。这些轨道上的电子受配体静电场排斥作用,因而能量比八面体场的平均能量高。而 d_{xy},d_{yz},d_{xz} 三个轨道却正好插在配体空隙中间,因而能量比八面体场的平均能量低。这样原来五个简并态 d 轨道分

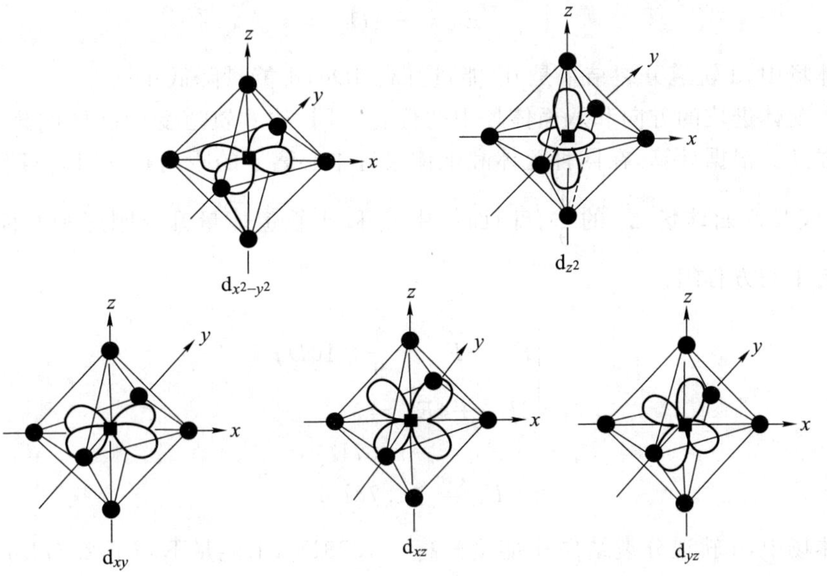

图 8-4　正八面体场对 5 个 d 轨道的作用

裂成两组：一组是能量较高的 d_{z^2} 和 $d_{x^2-y^2}$ 轨道，称为 d_γ 或 e_g 轨道；另一组是能量较低的 d_{xy}，d_{yz}，d_{xz} 轨道，称为 d_ε 或 t_{2g} 轨道。

在正四面体配合物中，四个配体靠近金属中心离子时，它们和中心离子 d_{xy}，d_{yz} 和 d_{xz} 轨道靠得较近，而与 d_{z^2}，$d_{x^2-y^2}$ 轨道离得较远[参见图 8-5(a)]。因此，中心离子的 d_{xy}，d_{yz} 和 d_{xz} 轨道的能量比四面体场的平均能量高，而 d_{z^2} 和 $d_{x^2-y^2}$ 轨道的能量比平均能量低。这和八面体场中 d 轨道的分裂情况正好相反。

再如平面正方形配合物的四个配体分别沿 $\pm x$ 和 $\pm y$ 的方向向金属中心离子接近。$d_{x^2-y^2}$ 迎头相顶，能量最高，d_{xy} 次之，d_{z^2} 又次之，d_{xz} 和 d_{yz} 能量最低[参见图 8-5(b)]。

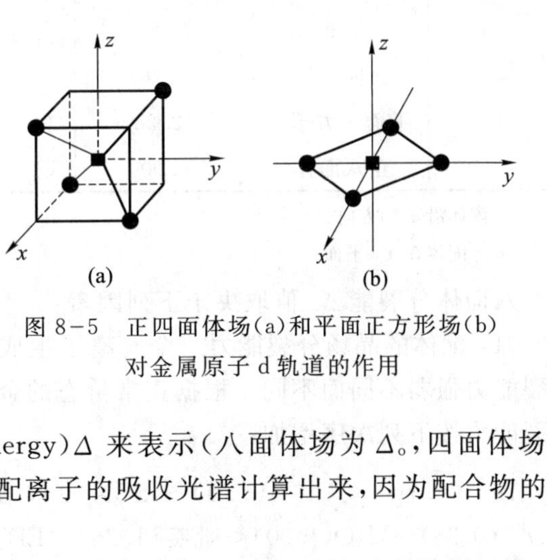

图 8-5　正四面体场(a)和平面正方形场(b)对金属原子 d 轨道的作用

2. 晶体场分裂能

晶体场分裂的程度可用**分裂能**(splitting energy)Δ 来表示(八面体场为 Δ_o，四面体场为 Δ_t)，Δ 表示高能级和低能级之差。这个数值可由配离子的吸收光谱计算出来，因为配合物的可见光谱是 d 电子在能级中跃迁的结果。

正八面体只有一个参变数，d_γ 和 d_ε 的能量差 $\Delta_o = E_{d_\gamma} - E_{d_\varepsilon} = 10Dq$。量子力学原理指出，在外场作用下，d 轨道在分裂过程中应保持总能量不变。设在未分裂时，对应于球形对称场，d 轨道能量为零。d_γ 两个轨道共 4 个电子，d_ε 三个轨道共六个电子，因此有下列方程组：

$$\begin{cases} E_{d_\gamma} - E_{d_\varepsilon} = 10Dq \\ 4E_{d_\gamma} + 6E_{d_\varepsilon} = 0 \end{cases}$$

解得

$$E_{d_\gamma} = +6Dq$$

$$E_{d_\varepsilon} = -4Dq$$

可见在八面体场中，d 轨道分裂结果是 d_γ 能量升高 $6Dq$，d_ε 能量降低 $4Dq$。

正四面体配体进攻的方向和八面体场中的位置不同，故 d 轨道受到配体的排斥作用不像八面体场那样强烈。根据计算，在同种配体和配体接近中心离子的距离相同时，正四面体场中 d 轨道分裂能 Δ_t 仅是八面体场 Δ_o 的 $\frac{4}{9}$。四面体中 d_γ 和 d_ε 轨道能量升降刚好和八面体场相反（见图 8-3），故有下列方程组：

$$\begin{cases} E_{d_\varepsilon} - E_{d_\gamma} = \frac{4}{9} \times 10Dq \\ 6E_{d_\varepsilon} + 4E_{d_\gamma} = 0 \end{cases}$$

解得

$$E_{d_\gamma} = -2.67Dq$$

$$E_{d_\varepsilon} = +1.78Dq$$

可见在四面体场中，d 轨道分裂结果 d_ε 能量升高了 $1.78Dq$，d_γ 能量下降了 $2.67Dq$。现将在不同对称性晶体场中 d 轨道能级相对值（Dq 值）列于表 8-3。

表 8-3　在不同对称性晶体场中 d 轨道能级（Dq）

配位数	场对称性	$d_{x^2-y^2}$	d_{z^2}	d_{xy}	d_{xz}	d_{yz}
1	直线形*	−3.14	5.14	−3.14	0.57	0.57
2	直线形*	−6.28	10.28	−6.28	1.14	1.14
3	三角形**	5.46	−3.21	5.46	−3.86	−3.86
4	正四面体	−2.67	−2.67	1.78	1.78	1.78
5	平面正方形**	12.28	−4.28	2.28	−5.14	−5.14
6	正八面体	6.00	6.00	−4.00	−4.00	−4.00

*　配体沿 z 轴方向

**　配体在 xy 平面

八面体分裂能 Δ_o 值取决于下列因素：

(1) 配体的晶场分裂能力　金属离子生成构型相同的配合物，其分裂能值随配体的晶体场分裂能力强弱不同而不同。根据正常价态的金属离子的八面体配合物的光谱数据，可知配体的分裂能力按下列次序增加：

$I^- < Br^-$ (0.76) $< Cl^-$ (0.80) $\sim SCN^-$ (N 配位) $< F^-$ (0.9) ~ 尿素 $\sim OH^- \sim HCOO^- <$ $C_2O_4^{2-}$ (0.98) $\sim H_2O$(1.00) < 吡啶(1.25) ~ EDTA $\sim NH_3 <$ en(乙二胺，1.3) $< NO_2$(硝基，1.5) $<$ CN^-(1.7)

这个次序叫做“分光化学序”，括号中的数字表示该配合物相对于水合物的 Δ_o 值。例如，$[MF_6]^{(6-z)-}$ 和 $[M(NH_3)_6]^{z+}$ 分别为 $[M(H_2O)_6]^{z+}$ 的 0.9 倍和 1.25 倍。当然，仅从静电作用是不能说明这种次序的。（例如，为什么 $F^- < H_2O$？又为什么 $H_2O \ll CN^-$？）

(2) 中心离子价态　配体相同时，Δ_o 值取决于中心离子的价态。中心离子价态越高，则 Δ_o 值越大。价态为 3 的金属离子比价态为 2 的 Δ_o 值大 40%～60%。

3. 晶体场稳定化能和磁矩

对相同金属离子而言，由于晶体场强度不同，可分为弱场和强场两种。前者由于晶体场排斥作用较弱，中心离子的电子结构前后没有变化，未成对的单电子数不变，总的自旋平行电子数较多，可称**高自旋配合物**(high-spin coordination compound)。后者由于晶体场排斥作用强，一般 d 电子多已自旋成对，总的自旋平行电子数较少，故可称**低自旋配合物**(low-spin coordination compound)。

由于晶体场的作用，d 电子进入分裂轨道后比在未分裂轨道前总能量降低的值，称为**晶体场稳定化能**(crystal field stabilization energy)。这种能量越大，该配合物越稳定。例如，Fe^{3+} 的 5 个 d 电子在正八面体弱场（高自旋）的电子排布是 3 个电子在 d_ε，2 个电子在 d_γ。故稳定化能 $E=(-4Dq)\times3+(6Dq)\times2=0Dq$。如在强场（低自旋），5 个电子完全排在 d_ε，$E=-4Dq\times5=-20Dq$。这表示分裂前后总能量减少，配合物稳定。通过类似计算，配离子的稳定化能列于表 8-4。

表 8-4　晶体场中过渡金属离子的稳定化能($-Dq$)

d^n	弱场			强场		
	八面体	四面体	平面正方形	八面体	四面体	平面正方形
d^0	0	0	0	0	0	0
d^1	4	2.67	5.14	4	2.67	5.14
d^2	8	5.34	10.28	8	5.34	10.28
d^3	12	3.56	14.56	12	8.01	14.56
d^4	6	1.78	12.28	16	10.68	19.70
d^5	0	0	0	20	8.90	24.84
d^6	4	2.67	5.34	24	6.12	29.12
d^7	8	5.34	10.28	18	5.34	26.84
d^8	12	3.56	14.56	12	3.56	24.56
d^9	6	1.78	12.28	6	1.78	12.28
d^{10}	0	0	0	0	0	0

配离子中单电子可以决定磁矩的大小。但是到底如何决定这个配合物是高自旋还是低自旋呢？

自由金属离子的 5 个 d 轨道的能量是相等的。按洪特规则，电子进入 d 轨道尽可能占据 d 空轨道而自旋平行。如果要迫使两个电子处于同一轨道而自旋相反，库仑斥力就增加，要消耗一定的**成对能**(pairing energy，用 P 表示)。气态自由金属离子的 P 值可由理论计算，在配离子中由于晶体场的影响，P 值降低 10%～20%，表 8-5 的数值按气体自由金属离子的 P 值乘以 85%算出。

表 8-5　若干金属离子的 P 值和 Δ_o 值

d^n	金属离子	P/cm^{-1}*	Δ_o/cm^{-1}*				
			$6F^-$	$6H_2O$	$6NH_3$	3-乙二胺	$6CN^-$
$3d^4$	Cr^{2+}	20 000	—	13 900	—	—	—
	Mn^{3+}	23 800	—	21 000	—	—	—
$3d^5$	Mn^{2+}	21 700	—	7 800	9 100	—	—
	Fe^{3+}	26 500	—	13 700	—	—	—

d^n	金属离子	P/cm^{-1*}	Δ_o/cm^{-1*}				
			$6F^-$	$6H_2O$	$6NH_3$	3-乙二胺	$6CN^-$
$3d^6$	Fe^{2+}	15 000	—	10 400	—	—	33 000
	Co^{3+}	17 800	13 000	18 600	23 000	23 300	34 000
$3d^7$	Co^{2+}	19 100	—	9 300	10 100	11 000	—

* P 或 Δ_o 以波数(cm^{-1})为单位，$1\ cm^{-1}=1.239\ 77\times10^{-4}\ eV=11.96\ J\cdot mol^{-1}$。

对于配合物的磁矩，晶体场理论的解释可以 Fe^{2+} 配合物为例。Fe^{2+} 中 6 个 d 电子除 2 个成对外，另外有 4 个单电子。在配体场中，d 轨道分裂为 d_ε 和 d_γ 两组，d 电子的排列受 Δ_o 和 P 两个因素的影响：Δ_o 使 d 电子先排满能量较低轨道；P 使 d 电子尽量占空轨道且自旋平行。从表 8-5 中可见，在 $[Fe(H_2O)_6]^{2+}$ 中，$\Delta_o(10\ 400\ cm^{-1})<P(15\ 000\ cm^{-1})$，为弱场，电子排布和自由金属离子的排布相同，属于高自旋配合物，故为顺磁性。在 $[Fe(CN)_6]^{4-}$ 中，$\Delta_o(33\ 000\ cm^{-1})>P(15\ 000\ cm^{-1})$，为强场，6 个电子全挤入 d_ε 而成对，属于低自旋配合物，故为反磁性。由此可见，配合物的高自旋或低自旋的规律是：① 凡 $P>\Delta_o$，为高自旋；凡 $P<\Delta_o$ 为低自旋。② F^- 的配合物总是 $P>\Delta_o$，为高自旋。③ 所有金属水合物离子，除 $[Co(H_2O)_6]^{3+}$ 外，皆为 $P>\Delta_o$，故为高自旋。④ 有反馈 π 键的配体(如 CN^-)的配合物，$P<\Delta_o$，都是低自旋的。

了解电子排布情况不仅可计算磁矩，而且也和稳定化能的计算有关。

4. 晶体场理论的应用举例

(1) 配合物的稳定性　Co^{3+} 半径 63 pm，Fe^{3+} 半径 64 pm，两者电荷也相同，为何 Co^{3+} 配合物总比 Fe^{3+} 配合物稳定？

由表 8-4 可见，在八面体场中 $Co^{3+}(d^6)$ 的稳定化能在弱场和强场中分别为 $4Dq$ 和 $24Dq$。而 $Fe^{3+}(d^5)$ 的稳定化能分别为 $0Dq$ 和 $20Dq$。故不论弱场和强场，稳定化能总是 $Co^{3+}>Fe^{3+}$，因此，Co^{3+} 配合物总比 Fe^{3+} 配合物稳定。

(2) 说明配合物的颜色　由于晶体场的影响，d 轨道发生分裂，d 电子吸收能量后从低能级跳到高能级去，吸收的能量等于分裂能 Δ_o。例如，在水溶液中，实验测得 $[Ti(H_2O)_6]^{3+}$ 在波长极大值 492.7 nm 区域内有一个强吸收带，它吸收了蓝黄色，呈现紫红色(图 8-6)。因为这时在 t_{2g} 上一个电子跃迁到 e_g 轨道(图 8-7)。

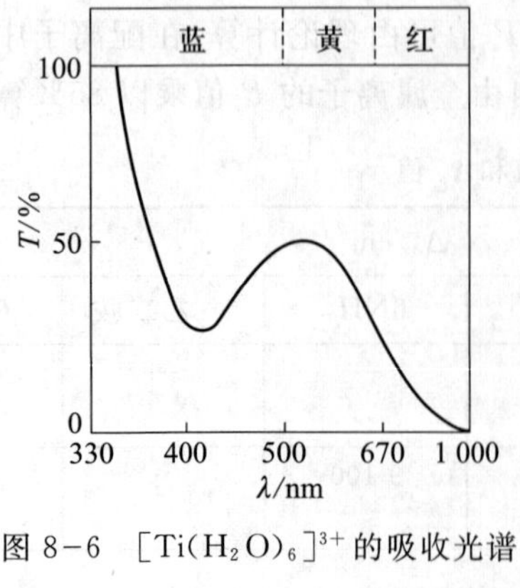

图 8-6　$[Ti(H_2O)_6]^{3+}$ 的吸收光谱

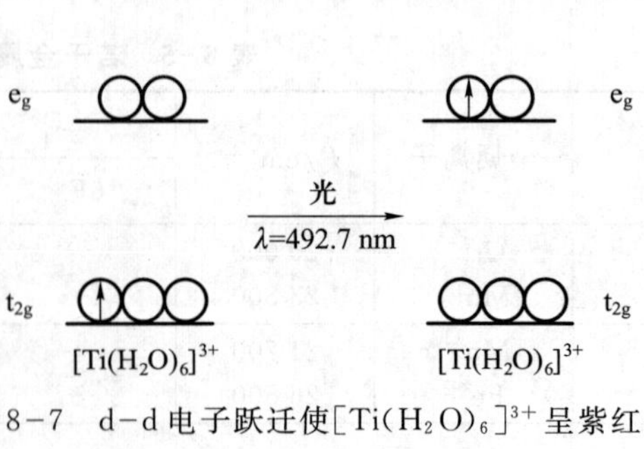

图 8-7　d-d 电子跃迁使 $[Ti(H_2O)_6]^{3+}$ 呈紫红色

(3) 说明配合物的磁性　Ni^{2+} 和 NH_3 生成 $[Ni(NH_3)_6]^{2+}$，为顺磁性；Ni^{2+} 和 CN^- 生成 $[Ni(CN)_4]^{2-}$，为反磁性。这可由图 8-3 予以解释。前者为八面体，Ni^{2+} 的电子分别占据一个 d_{z^2} 和一个 $d_{x^2-y^2}$，故为顺磁性。而后者为平面正方形，$d_{x^2-y^2}$ 能量高，CN^- 的配体场强，故 Ni^{2+} 的电子只能在 d_{xy} 中成对，没有单电子，为反磁性。

(4) 水合能偏差的校正　第四周期元素的金属离子 M^{2+}，由气态转为无限稀释水溶液中水合离子 $[M(H_2O)_6]^{2-}$ 时的水合能（$\Delta_h H^\ominus$），是下式的焓变：

$$M^{2+}(g)+6H_2O \longrightarrow [M(H_2O)_6]^{2+}(aq)$$

简单水合离子模型按静电理论计算，其水合能随 d 电子数 n 从 0→10，即由 Ca^{2+}→Zn^{2+} 呈直线关系（见图 8-8），因为随着核电荷的增加，3d 层逐渐收缩变小，放出的水合能就越大。但水合能的实验值并非如此，而是有两个峰，即

$$Ca<Ti<V<Cr>Mn<Fe<Co<Ni<Cu>Zn$$

$[Ca(H_2O)_6]^{2+}$（d^0）、$[Mn(H_2O)_6]^{2+}$（d^5）、$[Zn(H_2O)_6]^{2+}$（d^{10}）的晶体场稳定化能皆为零，故 Ca^{2+}、Mn^{2+}、Zn^{2+} 的水合能都基本落在直线上。其他离子若扣去晶体场稳定化能，也几乎全落在直线上（图 8-8 中的"×"）[①]。

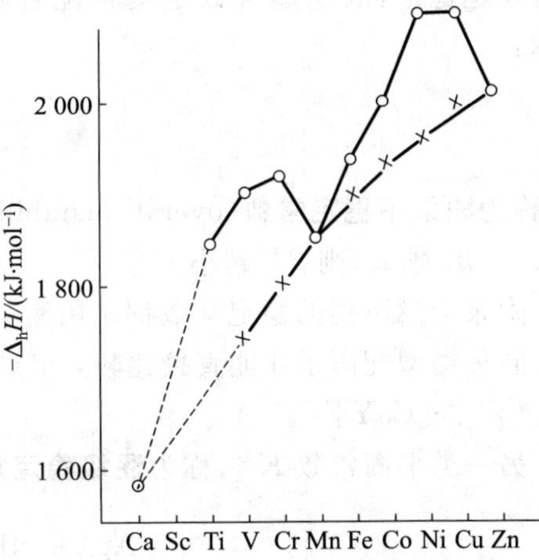

图 8-8　从 Ca^{2+} 到 Zn^{2+} 的水合能

8.5　配位解离平衡

8.5.1　配位解离平衡和平衡常数

将氨水加到硫酸铜溶液中，有 $[Cu(NH_3)_4]^{2+}$ 生成，其反应式为

$$Cu^{2+}+4NH_3 \longrightarrow [Cu(NH_3)_4]^{2+}$$

这类反应称为**配位反应**(coordination reaction)。

在 $[Cu(NH_3)_4]^{2+}$ 溶液中加入 Na_2S 溶液，即有黑色 CuS 沉淀生成。这说明 $[Cu(NH_3)_4]^{2+}$ 发生了下列反应：

$$[Cu(NH_3)_4]^{2+} \longrightarrow Cu^{2+}+4NH_3$$

这类反应称为**解离反应**(dissociation reaction)。

在上述两个反应速率相同，体系达到平衡状态时，称为配位解离平衡。

---

① 在弱场中，扣除稳定化能即成直线关系。在强场中，除扣除稳定化能外，每对成对电子还要扣除电子的成对能才能符合。

$$Cu^{2+} + 4NH_3 \rightleftharpoons [Cu(NH_3)_4]^{2+}$$

由化学平衡原理，可得到

$$\frac{[Cu(NH_3)_4^{2+}]}{[Cu^{2+}][NH_3]^4} = \beta_4^{\ominus}$$

$\beta_4^{\ominus}$ 称为$[Cu(NH_3)_4]^{2+}$的**标准积累稳定常数**(standard overall stability constant)或**标准总稳定常数**(在 $\beta^{\ominus}$ 右下角的数字表示此配离子中的配体数)。$\beta^{\ominus}$ 越大，表示形成配离子的倾向越大，此配合物越稳定，故稳定常数是衡量配合物在溶液中稳定性的尺度。有时也可用 $\beta^{\ominus}$ 的倒数来表示：

$$\frac{1}{\beta^{\ominus}} = \beta^{\ominus\prime}$$

$\beta^{\ominus\prime}$称为**积累不稳定常数**(overall instability constant)或**积累解离常数**(overall dissociation constant)。$\beta^{\ominus}$ 越大，则 $\beta^{\ominus\prime}$越小。

附录十二所列的稳定常数都是用实验方法求得的。在用稳定常数比较配离子的稳定性时，只有同种类型配离子才能直接比较，如$[CuY]^{2-}$的稳定常数大于$[CaY]^{2-}$的稳定常数，故稳定性$[CuY]^{2-} > [CaY]^{2-}$。

另一类平衡常数 $K^{\ominus}$，称为**逐级稳定常数**(stepwise stability constant)。例如：

$$Ag^{+} + NH_3 \rightleftharpoons [Ag(NH_3)]^{+}$$

$$K_1^{\ominus} = \frac{[Ag(NH_3)^{+}]}{[Ag^{+}][NH_3]}$$

$$Ag(NH_3)^{+} + NH_3 \rightleftharpoons [Ag(NH_3)_2]^{+}$$

$$K_2^{\ominus} = \frac{[Ag(NH_3)_2^{+}]}{[Ag(NH_3)^{+}][NH_3]}$$

逐级稳定常数 $K^{\ominus}$ 的倒数就是**逐级不稳定常数**(stepwise instability constant)$K^{\ominus\prime}$，或称**逐级解离常数**。如 $K_1^{\ominus\prime} = \frac{1}{K_2^{\ominus}}$，$K_2^{\ominus\prime} = \frac{1}{K_1^{\ominus}}$，

各逐级稳定常数的乘积，即为该配离子的积累稳定常数 $\beta_n^{\ominus}$。例如：

$$K_1^{\ominus} K_2^{\ominus} = \frac{[Ag(NH_3)^{+}]}{[Ag^{+}][NH_3]} \cdot \frac{[Ag(NH_3)_2^{+}]}{[Ag(NH_3)^{+}][NH_3]} = \frac{[Ag(NH_3)_2^{+}]}{[Ag^{+}][NH_3]^2} = \beta_2^{\ominus}$$

由此可见 $K_1^{\ominus} = \beta_1^{\ominus}$，$K_1^{\ominus} K_2^{\ominus} = \beta_2^{\ominus}$，…，$K_1^{\ominus} K_2^{\ominus} \cdots K_n^{\ominus} = \beta_n^{\ominus}$。

例 8-1 在 1.0 mL 0.040 mol·L^{-1} $AgNO_3$ 溶液中，加入 1.0 mL 2.0 mol·L^{-1} 氨水溶液，计算在平衡后溶液中的 Ag^{+} 浓度。

解 由于溶液的体积增加一倍，浓度减少了一半，$AgNO_3$ 溶液为 0.020 mol·L^{-1}，而氨溶液为 1.0 mol·L^{-1}，NH_3 大大过量，故可认为全部 Ag^{+} 都已生成$[Ag(NH_3)_2]^{+}$。设平衡后，$[Ag^{+}] = x$ mol·L^{-1}，

则$[Ag(NH_3)_2]^+=(0.020-x)\ mol\cdot L^{-1}$,$[NH_3]=(1.0-2\times0.020+2x)\ mol\cdot L^{-1}=(0.96+2x)\ mol\cdot L^{-1}$。

$$\beta^{\ominus}=\frac{[Ag(NH_3)_2^+]}{[Ag^+][NH_3]^2}=1.12\times10^7$$

$$[Ag^+]=\frac{[Ag(NH_3)_2^+]}{[NH_3]^2\times1.12\times10^7}=\frac{(0.020-x)}{(0.96+2x)^2\times1.12\times10^7}\ mol\cdot L^{-1}$$

$$=\frac{0.020}{(0.96)^2\times1.12\times10^7}\ mol\cdot L^{-1}=1.9\times10^{-9}\ mol\cdot L^{-1}$$

(因 $0.020-x\approx0.020$,$0.96+2x\approx0.96$)

若将此结果($[Ag^+]=1.9\times10^{-9}\ mol\cdot L^{-1}$)与 NH_3 不过量的情况加以比较(计算结果$[Ag^+]\approx3.4\times10^{-4}\ mol\cdot L^{-1}$①),可看出过量 NH_3 存在时,$[Ag^+]$大大地减少了。

8.5.2 配位解离平衡的移动

若在某一个配位解离平衡的体系中加入某种化学试剂(如酸、碱、沉淀剂或氧化还原剂等),会导致该平衡的移动,也即原平衡的各组分的浓度发生了改变。如果在同一溶液中具有多重平衡关系,且各种平衡是同时发生的,故其浓度必须同时满足几个平衡条件,这样溶液中一种组分浓度的变化,就会引起配位解离平衡的移动。

配位解离平衡和酸碱平衡

若在含有$[Fe(C_2O_4)_3]^{3-}$的水溶液中加盐酸,则发生下列反应:

$$\begin{array}{rcl}[Fe(C_2O_4)_3]^{3-} & \rightleftharpoons & Fe^{3+}+3C_2O_4^{2-}\\ & & \qquad\qquad + \\ & & \qquad 6H^+ \longrightarrow 3H_2C_2O_4\end{array}$$

合并写成$[Fe(C_2O_4)_3]^{3-}+6H^+ \rightleftharpoons Fe^{3+}+3H_2C_2O_4$,也即$[Fe(C_2O_4)_3]^{3-}$被破坏,生成了难解离的弱电解质草酸($H_2C_2O_4$),配位解离平衡为弱电解质的解离平衡所取代。

配位解离平衡和氧化还原平衡

在某个氧化还原平衡中,若加入某种配位剂,由于配离子的形成,很可能影响甚至改变化学反应的方向。

---

① 在 1.0 mL 0.040 $mol\cdot L^{-1}$ $AgNO_3$ 溶液中,加 1.0 mL 0.080 $mol\cdot L^{-1}$氨水,求算平衡后的$[Ag^+]$。

解:总 Ag^+ 浓度为 0.020 $mol\cdot L^{-1}$,总 NH_3 浓度为 0.040 $mol\cdot L^{-1}$

$$K_1^{\ominus}=\frac{[Ag(NH_3)^+]}{[Ag^+][NH_3]}=\beta_1^{\ominus}=10^{3.24}$$

$$K_2^{\ominus}=\frac{[Ag(NH_3)_2^+]}{[Ag(NH_3)^+][NH_3]}=10^{3.81}$$

$$0.020=[Ag^+]+[Ag(NH_3)^+]+[Ag(NH_3)_2^+]=[Ag^+]+\beta_1^{\ominus}[Ag^+][NH_3]+\beta_2^{\ominus}[Ag^+][NH_3]^2 \qquad (1)$$

$$0.040=[NH_3]+[Ag(NH_3)^+]+2[Ag(NH_3)_2^+]=[NH_3]+\beta_1^{\ominus}[Ag^+][NH_3]+2\beta_2^{\ominus}[Ag^+][NH_3]^2 \qquad (2)$$

(1)×2−(2) $[NH_3]=\dfrac{2[Ag^+]}{1-\beta_1^{\ominus}[Ag^+]}$,代入(2)并整理后可得

$$(8\beta_2^{\ominus}-2\beta_1^{\ominus 2})[Ag^+]^3-0.040\beta_1^{\ominus 2}[Ag^+]^2+(2+0.08\beta_1^{\ominus})[Ag^+]-0.040=0 \qquad (3)$$

以 $\beta_1^{\ominus}=10^{3.24}$,$\beta_2^{\ominus}=K_1^{\ominus}\cdot K_2^{\ominus}=10^{7.05}$代入(3),此一元三次方程式可以用弦截法求解,得$[Ag^+]\approx3.4\times10^{-4}\ mol\cdot L^{-1}$

例 8-2 在反应 $2Fe^{3+}+2I^- \longrightarrow 2Fe^{2+}+I_2$ 中,若加入 CN^-,问新的反应:

$$2[Fe(CN)_6]^{3-}+2I^- \longrightarrow 2[Fe(CN)_6]^{4-}+I_2$$

能否进行?

解 已知 $\varphi^\ominus(I_2/I^-)$为 0.54 V,$\varphi^\ominus(Fe^{3+}/Fe^{2+})$为 0.77 V,因为 $\varphi^\ominus(Fe^{3+}/Fe^{2+})>\varphi^\ominus(I_2/I^-)$,所以从标准电极电势判断,反应 $2Fe^{3+}+2I^- \longrightarrow 2Fe^{2+}+I_2$ 可以正向进行。

又已知:

$$Fe^{3+}+6CN^- \rightleftharpoons [Fe(CN)_6]^{3-}$$

$$\beta_6^\ominus=\frac{[Fe(CN)_6^{3-}]}{[Fe^{3+}][CN^-]^6}=10^{42}$$

$$Fe^{2+}+6CN^- \rightleftharpoons [Fe(CN)_6]^{4-}$$

$$\beta_6^\ominus=\frac{[Fe(CN)_6^{4-}]}{[Fe^{2+}][CN^-]^6}=10^{35}$$

$$[Fe(CN)_6]^{3-}+e^- \rightleftharpoons [Fe(CN)_6]^{4-}$$

$$\varphi^\ominus([Fe(CN)_6]^{3-}/[Fe(CN)_6]^{4-})=0.77\ V-\frac{0.059\ V}{1}\lg\frac{[Fe^{2+}]}{[Fe^{3+}]}$$

因为 $$[Fe^{3+}]=\frac{[Fe(CN)_6^{3-}]}{10^{42}\times[CN^-]^6},\quad [Fe^{2+}]=\frac{[Fe(CN)_6^{4-}]}{10^{35}\times[CN^-]^6}$$

所以 $$\varphi^\ominus([Fe(CN)_6]^{3-}/[Fe(CN)_6]^{4-})=0.77\ V-0.059\ V\lg\frac{10^{42}}{10^{35}}$$

$$=0.77\ V-0.41\ V=0.36\ V$$

因为 $\varphi^\ominus([Fe(CN)_6]^{3-}/[Fe(CN)_6]^{4-})<\varphi^\ominus(I_2/I^-)$,所以反应

$$2[Fe(CN)_6]^{3-}+2I^- \longrightarrow 2[Fe(CN)_6]^{4-}+I_2$$

不能正向进行,只能逆向进行。

配位解离平衡和沉淀溶解平衡

如果将 $AgNO_3$ 和 NaCl 两种溶液相混合,则有白色的 AgCl 沉淀产生。加浓氨水后,AgCl 沉淀消失,有$[Ag(NH_3)_2]^+$生成。然后加入 KBr 溶液,则又有沉淀产生,这时得到的是淡黄色 AgBr 沉淀。接着加入 $Na_2S_2O_3$ 溶液,则 AgBr 被溶解,生成$[Ag(S_2O_3)_2]^{3-}$。再加入 KI 溶液,则有黄色 AgI 沉淀产生。加入 KCN 溶液,AgI 便消失,生成$[Ag(CN)_2]^-$。最后加入 Na_2S 溶液,则有黑色的 Ag_2S 沉淀产生。这些化学反应可以简单地表示如下(同时注出它们的 $K_{sp}^\ominus$ 和 $\beta_2^\ominus$):

$$AgNO_3 \xrightarrow{NaCl} \underset{\substack{\text{白色}\\(K_{sp}^\ominus=1.77\times10^{-10})}}{AgCl\downarrow} \xrightarrow{NH_3} \underset{(\beta_2^\ominus\ 1.12\times10^{7})}{[Ag(NH_3)_2]^+} \xrightarrow{KBr} \underset{\substack{\text{淡黄色}\\(K_{sp}^\ominus 5.35\times10^{-13})}}{AgBr\downarrow} \xrightarrow{Na_2S_2O_3}$$

$$\underset{(\beta_2^\ominus\ 2.88\times10^{13})}{[Ag(S_2O_3)_2]^{3-}} \xrightarrow{KI} \underset{\substack{\text{黄色}\\(K_{sp}^\ominus 8.52\times10^{-17})}}{AgI\downarrow} \xrightarrow{KCN} \underset{(\beta_2^\ominus\ 1.26\times10^{21})}{[Ag(CN)_2]^-} \xrightarrow{Na_2S} \underset{\substack{\text{黑色}\\(K_{sp}^\ominus 6.3\times10^{-50})}}{Ag_2S\downarrow}$$

例 8-3 在室温下，如在 100 mL 的 0.10 $mol \cdot L^{-1}$ $AgNO_3$ 溶液中，加入等体积、同浓度的 NaCl，即有 AgCl 沉淀析出。要阻止沉淀析出或使沉淀溶解，问需加入氨水的最低总浓度为多少？这时溶液中[Ag^+]为多少？

解 可不考虑 NH_3 与 H_2O 间的质子转移反应，并认为由于大量 NH_3 存在，AgCl 溶于氨水后几乎全部生成[$Ag(NH_3)_2$]$^+$。

设平衡时 NH_3 的平衡浓度为 x $mol \cdot L^{-1}$，则有

$$AgCl(s) + 2NH_3(aq) \rightleftharpoons [Ag(NH_3)_2]^+(aq) + Cl^-(aq)$$

平衡浓度/($mol \cdot L^{-1}$) $\quad x \quad \frac{0.10 \times 100}{200} = 0.050 \quad 0.050$

该反应的平衡常数为

$$K^{\ominus} = \frac{[Ag(NH_3)_2^+][Cl^-]}{[NH_3]^2} = \beta_2^{\ominus} \cdot K_{sp}^{\ominus} = 1.12 \times 10^7 \times 1.77 \times 10^{-10} = 1.98 \times 10^{-3}$$

$$\frac{0.050 \times 0.050}{x^2} = 1.98 \times 10^{-3}, \qquad x = 1.12$$

即 NH_3 的平衡浓度为 1.12 $mol \cdot L^{-1}$。

总[NH_3] = 1.12 $mol \cdot L^{-1}$ + 2×0.050 $mol \cdot L^{-1}$ = 1.22 $mol \cdot L^{-1}$

又

$$\frac{[Ag(NH_3)_2^+]}{[Ag^+][NH_3]^2} = 1.12 \times 10^7$$

$$\frac{0.050}{[Ag^+] \times 1.12^2} = 1.12 \times 10^7$$

$$[Ag^+] = 3.6 \times 10^{-9}\ mol \cdot L^{-1}$$

如果溶液中加入 KBr(Br^-)，假定其浓度是 0.050 $mol \cdot L^{-1}$（体积不变），[Ag^+]和[Br^-]的乘积大于 AgBr 溶度积（$K_{sp}^{\ominus}$ 为 5.35×10^{-13}），故必然会有 AgBr 沉淀析出。总之，究竟发生配位反应还是沉淀反应，取决于配位剂和沉淀剂的能力大小以及它们的浓度。它们能力的大小主要看稳定常数和溶度积。如果配位剂的配位能力大于沉淀剂的沉淀能力，则沉淀消失或不析出沉淀，而生成配离子，例如，AgCl 沉淀溶解于氨水中，就生成了[$Ag(NH_3)_2$]$^+$。反之，如果沉淀剂的沉淀能力大于配位剂的配位能力，则配离子被破坏，而有新的沉淀产生，例如，在[$Ag(NH_3)_2$]$^+$ 中加 Br^-，AgBr 沉淀析出。

8.6 螯合物的稳定性

螯合物成环后的稳定性，可以从水溶液中 Ni^{2+} 和氨水或乙二胺配位后，所形成配合物的平衡常数 $\beta^{\ominus}$ 看出。此常数越大，表示配合物稳定性越大。

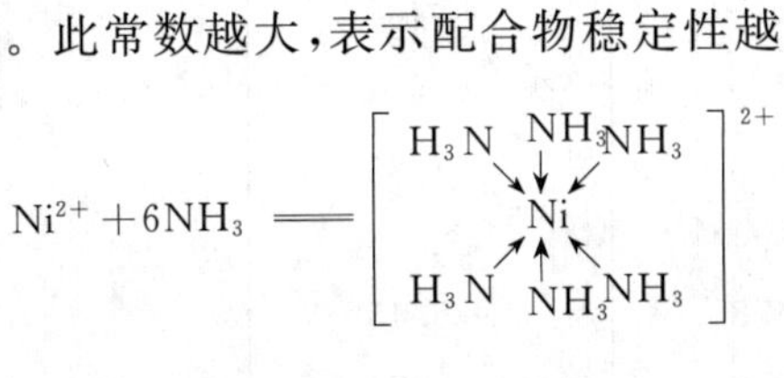

，$\beta^{\ominus}([Ni(NH_3)_6]^{2+}) = 10^{8.74}$

$Ni^{2+} + 3H_2NCH_2CH_2NH_2 \rightleftharpoons$ 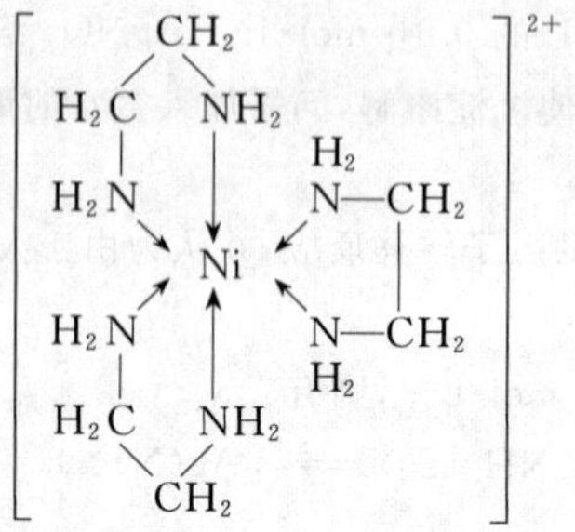 , $\beta^{\ominus}([Ni(en)_3]^{2+}) = 10^{18.33}$

从上可见，形成三个五元环的螯合物比不成环的配合物稳定常数大得多。

螯合物有较高的稳定性也可从热力学观点来看。反应的平衡常数 $\beta^{\ominus}$ 和标准吉布斯自由能变 $\Delta_r G^{\ominus}$ 有如下关系：

$$\Delta_r G^{\ominus} = -RT \ln \beta^{\ominus}$$

而 $\Delta_r G^{\ominus}$ 与标准焓变 $\Delta_r H^{\ominus}$ 和标准熵变 $\Delta_r S^{\ominus}$ 间关系为

$$\Delta_r G^{\ominus} = \Delta_r H^{\ominus} - T\Delta_r S^{\ominus}$$

设同一金属离子 M^{2+} 和两个 NH_3 或一个 en 有如下关系：

(1) $M^{2+} + 2NH_3 \rightleftharpoons [M(NH_3)_2]^{2+}$

(2) $M^{2+} + en \rightleftharpoons [M(en)]^{2+}$

则

$$\Delta_r H_1^{\ominus} - T\Delta_r S_1^{\ominus} = -RT \ln \beta^{\ominus}([M(NH_3)_2]^{2+})$$

$$\Delta_r H_2^{\ominus} - T\Delta_r S_2^{\ominus} = -RT \ln \beta^{\ominus}([M(en)]^{2+})$$

可见 $\beta^{\ominus}$ 值的大小取决于 $\Delta_r H^{\ominus}$ 和 $\Delta_r S^{\ominus}$ 的大小。从表 8-6 可见，$\lg \beta^{\ominus}([Zn(en)]^{2+})$ 和 $\lg \beta^{\ominus}([Cd(en)]^{2+})$ 比相对应的 $\lg \beta^{\ominus}([Zn(NH_3)_2]^{2+})$ 和 $\lg \beta^{\ominus}([Cd(NH_3)_2]^{2+})$ 大，这主要是它们的 $\Delta_r S^{\ominus}([M(en)]^{2+})$ 比 $\Delta_r S^{\ominus}([M(NH_3)_2]^{2+})$ 大，因为它们的 $\Delta_r H^{\ominus}$ 是相差不大的。那么为什么螯合物的 $\Delta_r S^{\ominus}$ 比一般配合物的大呢？简单地说，因为 M^{2+} 在水溶液中皆为水合离子，在一般配合物中，每个 NH_3 配位时只取代了一个水分子，反应前后溶液粒子总数不变；但每个 en 配位时，取代了两个水分子，反应后溶液中粒子总数增加了，即体系的混乱度增加了，熵变相应增大，这就是熵效应。螯合效应实质上是一种熵效应。

表 8-6　若干配离子的热力学数据（25 ℃，2 mol·L⁻¹ 硝酸盐溶液）

配离子	$\frac{\Delta_r H^{\ominus}}{kJ \cdot mol^{-1}}$	$\frac{\Delta_r G^{\ominus}}{kJ \cdot mol^{-1}}$	$\frac{T\Delta_r S^{\ominus}}{kJ \cdot mol^{-1}}$	$\lg \beta^{\ominus}([M(NH_3)_2]^{2+})$ 或 $\lg \beta^{\ominus}([M(en)]^{2+})$
$[Zn(NH_3)_2]^{2+}$	−28.1	−28.7	0.42	5.01
$[Zn(en)]^{2+}$	−27.7	−35.2	7.54	6.15
$[Cd(NH_3)_2]^{2+}$	−29.8	−28.3	−1.55	4.97
$[Cd(en)]^{2+}$	−29.5	−33.4	3.9	5.84
$[Cu(NH_3)_2]^{2+}$	−50.3	−44.8	−5.45	7.87
$[Cu(en)]^{2+}$	−61.2	−62.8	1.68	11.02

从表 8-6 还可看出，$\lg \beta^{\ominus}([Cu(NH_3)_2]^{2+})$ 和 $\lg \beta^{\ominus}([Cu(en)]^{2+})$ 既和 $\Delta_r S^{\ominus}$ 有关又和 $\Delta_r H^{\ominus}$ 有

关，这是因为Cu^{2+}为d^9电子构型，在晶体场中稳定化能不能忽略（Zn^{2+}，Cd^{2+}皆为d^{10}构型，不存在稳定化能问题）。分光化学序 en＞NH_3，$[Cu(en)]^{2+}$比$[Cu(NH_3)_2]^{2+}$稳定化能大，故前者$\Delta_r H^\ominus$负值较大。

螯合物和一般配合物之所以不同，就在于前者配体的特殊性，因此对配体进行具体分析，就可对螯合物的特征得到进一步的理解。

(1) 螯合物的同一配体必须含有两个或两个以上都能给出电子对的配位原子，常见的配位原子有 N、O、S 等。

(2) 螯合物的同一配体中配位原子之间应间隔两个或三个其他原子，因为只有这样才能形成稳定的五元或六元环的螯合物。

氨基乙酸等配位剂可形成五元环。乙酰丙酮基 $CH_3—C(=O)—CH=C(O^-)—CH_3$ 等配位剂可形成六元环：

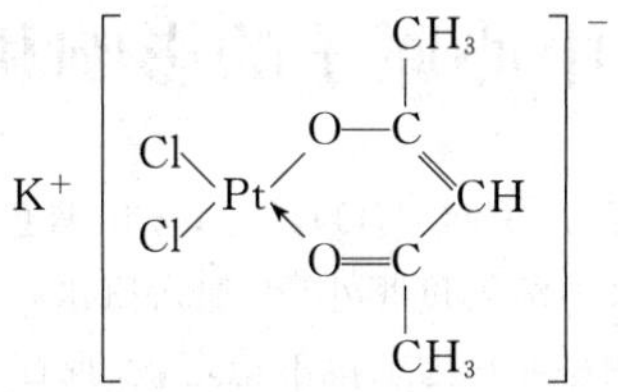

三元环因张力太大一般难以生成。一些无机含氧酸根如CO_3^{2-}，SO_4^{2-}，$S_2O_3^{2-}$等都可能与某些金属离子螯合成四元环，但稳定性很差。七元或八元环的二胺型螯合物一般在乙醇溶液中才能制成，因为这一类螯合物在水溶液中是不稳定的。例如，在乙醇溶液中，1，4-丁二胺合铜（Ⅱ）有两个七元环：

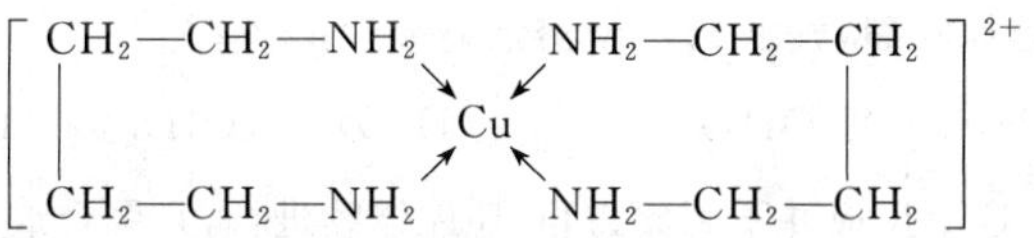

最常用的有机配位剂是乙二胺四乙酸钠（EDTA 钠盐），其结构为

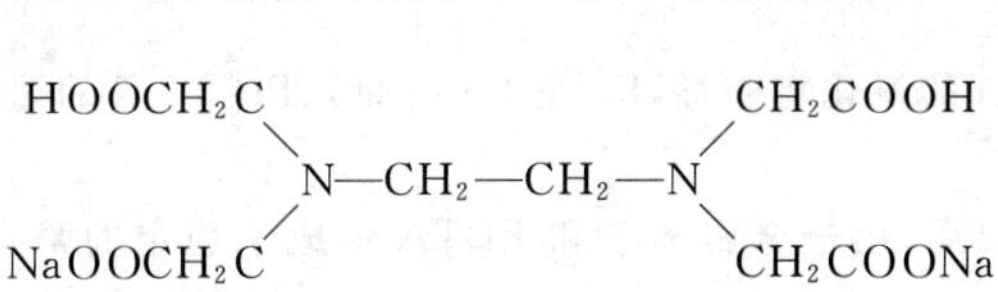

它有四个给出电子对的氧原子和二个给出电子对的氮原子，故可和绝大多数金属离子形成稳定的螯合物。例如，Ca^{2+}和 EDTA（简式H_4Y）作用

$$Ca^{2+} + Y^{4-} \rightleftharpoons CaY^{2-}$$

$$\beta^\ominus(CaY^{2-}) = \frac{[CaY^{2-}]}{[Ca^{2+}][Y^{4-}]} = 10^{10.7}$$

Ca^{2+}和Y^{4-}螯合时形成五个五元环，这是此螯合物特别稳定的主要原因。CaY^{2-}的结构见图 8-9。

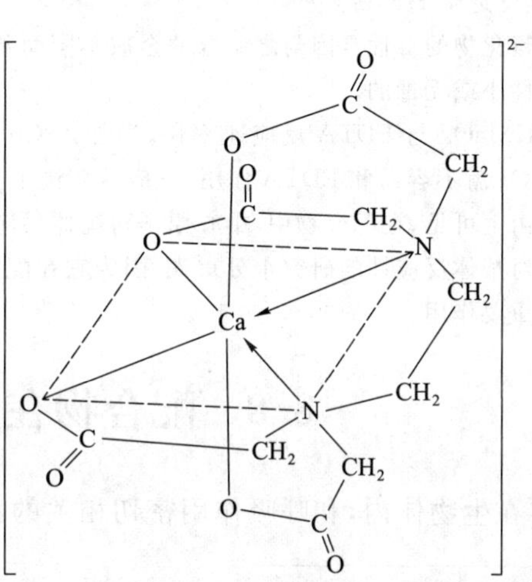

图 8-9　EDTA 与Ca^{2+}形成的螯合物的结构式

关于螯合环的大小和螯合物稳定性的关系，还可以进一步从 Ca^{2+} 和配体 EDTA 相同类型的系列螯合物的稳定常数 $\beta_1^\ominus$ 的大小看出。配体$(^-OOCCH_2)_2N(CH_2)_nN(CH_2COO^-)_2$ 中 $n=2$ 时，为 EDTA。当 n 从 2 开始递增时，$\beta_1^\ominus$ 的数值就递减。

$n=2$（有五个五元环）　$\lg\beta_1^\ominus=10.7$

$n=3$（有一个六元环，四个五元环）　$\lg\beta_1^\ominus=7.1$

$n=4$（有一个七元环，四个五元环）　$\lg\beta_1^\ominus=5.0$

$n=5$（有一个八元环，四个五元环）　$\lg\beta_1^\ominus=4.6$

还应注意，螯合环中若双键增加，所生成配合物的稳定性也增加。像叶绿素、血红蛋白、酞菁染料等卟啉类配合物之所以具有显著稳定性就是因为形成了带双键的六元环。

螯合物可以是不带电荷的中性分子，也可以是带电荷的配离子。前一类易溶于有机溶剂中，后一类易溶于水中，利用这种性质差异可分离和分析金属离子。

*8.7　配体对中心原子的影响和配体反应性①

Cu^{2+} 是没有颜色的，它被 H_2O 配位形成$[Cu(H_2O)_4]^{2+}$，显出蓝色，这是配体影响中心原子所呈现出的颜色。Ag^+ 和 Cl^- 生成白色 AgCl 沉淀，在水中溶解度很小，但加入氨水，难溶的 AgCl 变成可溶的$[Ag(NH_3)_2]Cl$，这是因为配体影响了盐类的溶解度。铅的 +4 氧化态很不稳定，表现在 PbO_2 和浓 HCl 反应后，产物是 $PbCl_2$ 和 Cl_2，若使它变成$[PbCl_6]^{2-}$，+4 氧化态的铅就能保持不变。同样，三价钴盐除 CoF_3 外很难存在，若使之形成$[Co(NH_3)_6]^{3+}$，钴的 +3 氧化态就相当稳定。这些就是配体对中心金属原子氧化还原性质的影响。总之，以上事例都反映了配体对中心原子的影响。

中心原子对配体反应性质的影响称为配体反应性(ligand reactivity)。

一些金属的水合离子，例如，$[Al(H_2O)_6]^{3+}$，由于 Al^{3+} 电荷较高，半径又小，能吸引配位水分子中氧的电子云，使得水分子中的 O—H 键容易断裂，放出 H^+，使溶液显酸性：

$$[(H_2O)_5Al(OH_2)]^{3+} \longrightarrow [(H_2O)_5Al(OH)]^{2+} + H^+$$

其平衡常数 $K_a^\ominus=1.3\times10^{-3}$。这个反应并不到此为止，还能继续进行，并聚合成多核配合物。若干高价水合离子也有这种显酸性的作用，如$[Fe(H_2O)_6]^{3+}$，$pK_a^\ominus=2.12$（酸强度相当于 H_3PO_4）；$[Cr(H_2O)_6]^{3+}$，$pK_a^\ominus=3.45$（酸强度近于 HF）等。

氰化物的毒性常因与之结合的金属不同而不同，钠和钾的氰化物剧毒，Fe(Ⅱ)、Co(Ⅲ)、Pt(Ⅳ)等的氰化物是毒性小或无毒的。

$KMnO_4$ 与 EDTA 反应速率快，当加入 Cr^{3+} 或 Bi^{3+} 以后，由于金属离子和 EDTA 形成了稳定的螯合物，$KMnO_4$ 就不容易和 EDTA 作用，反应就变慢了。

由上可见，在配合物中，中心原子对配体反应性质的影响十分明显。若是有机配体，则影响更显著。现在国际上对配体反应性的研究十分重视，因为它在配位催化、有机合成和药物化学等方面的实际应用上，越来越显示出其重要作用。

8.8　配合物在生物、医药等方面的应用

在生物体内，和呼吸作用密切相关的血红素是一种铁的配合物。植物光合作用中作为催化

① 详见：戴安邦等.《无机化学丛书(第十二卷)配位化学》第 15 章.北京：科学出版社，1987。

剂的叶绿素是一种镁的配合物。对人体有重要作用的维生素 B_{12} 是一种钴的配合物。生物体内的高效、高选择性生物催化剂——金属酶，它们有比一般催化剂高出千万倍的催化效能。例如，固氮酶中含有两个容易分开的金属蛋白成分，即以铁和以钼为中心的复杂配合物——相对分子质量约 5 万的铁蛋白和约 27 万的钼蛋白。它们是固氮酶在常温常压下将氮转化为氨的催化过程中起决定性作用的生物配合物。目前地球上植物生长所需的氮肥，估计 88% 是由自然界固氮酶的作用而生成。生物金属酶的研究，对现代化学工业和粮食生产都有重要意义。

配合物在医药上的应用相当广泛。配位剂能与细菌生存所需的金属离子结合成稳定的配合物，使细菌不能繁殖和生存。肾上腺素、维生素 C 等药物，在有微量金属离子存在时容易变质，可用氨羧配位剂除去这些微量金属。二巯基丙醇（BAL）是一种很好的解毒药，因它可和砷、汞及一些重金属形成稳定配合物而解毒。D 青霉胺毒性小，它有 O、N、S 三种配位原子，是 Hg、Pb 和重金属的有效解毒剂。枸橼酸钠可和 Pb^{2+} 形成稳定配合物，它是防治职业性铅中毒的有效药物，有迅速减轻症状和促进体内铅排出的作用，并能改善贫血，有助于恢复健康。医学上也曾用 $[Ca(edta)]^{2-}$ 治疗职业性铅中毒，因 $[Pb(edta)]^{2-}$ 比 $[Ca(edta)]^{2-}$ 更稳定，故在 Ca^{2+} 被 Pb^{2+} 取代成为无毒的可溶性配合物后，可经肾脏排出体外。枸橼酸钠可与血液中 Ca^{2+} 配位，避免血液的凝结，这是常用的一种血液抗凝剂。此外，给缺铁病人补铁的枸橼酸铁铵、治疗血吸虫病的酒石酸锑钾、治疗糖尿病的锌的生物配合物胰岛素等药物都是配合物。又如古老而经典配位化合物顺式二氯二氨合铂（Ⅱ），能有选择地结合于脱氧核糖核酸（DNA），阻碍癌细胞分裂，表现良好的抗癌活性。其他铂族元素如铑、钯的某些配合物以及铁茂、钛茂的某些配合物也有较好的抗肿瘤活性。此外，人们发现镉在体内的积聚是患肾性高血压的重要原因；体内缺铬和缺铜与患动脉粥样硬化有关。所以，合成高效配合物药物将是治疗高血压、心血管症等常见病、多发病的有效途径之一。

在工业上，如纺织、造纸、油漆、塑料、染料、颜料、湿法冶金、电镀、金属防腐、过渡金属催化剂、元素分析和分离、硬水软化等方面；在农业上，如化肥、农药等许多方面都涉及配合物的应用。尤其是在国防工业和高新、尖端科学技术等方面的需要，使配合物的应用范围日益扩大。

拓展知识：

无机聚合物（高分子）和配位聚合物

无机聚合物（inorganic polymer）也称无机高分子，是介于无机化学、有机化学和高分子化学之间的新兴领域。早在 20 世纪 30 年代已有聚硅氧烷类无机聚合物的出现，不过那时还属于科学珍品。过去数十年里无机聚合物发展缓慢，而现在已广泛地应用于工业和日常生活中了。由于电子、机械、生物医学、光化学和计算机等技术对功能材料提出了更为严格的要求，而有机聚合物（高分子）不具备足够的热稳定性、阻燃性、机械强度和化学稳定性；再由于石油危机所造成高分子原料短缺和有机塑料制品对环境的污染，故无机聚合物日益显示其重要的地位。

无机化学中许多内容属于聚合物化学，许多无机化合物本身就是聚合物，如金刚石、硅氧、无机玻璃、碳化硅和氮化硼等都是具有稠密的无机大分子骨架的物质，它们有高熔点、高硬度，但易于碎裂。而像聚硅氧烷等类合成的无机聚合物，虽熔点和硬度较低，但不易碎。1961 年第一届国际无机聚合物会议上，把无机聚合物定义为“凡在主链上不含碳原子的多聚化合物”。

配位聚合物是一种在结构单元中存在定域或不定域的配位键的无机聚合物。其特征是既有金属原子，又有配体(更多为有机配体)。这是一类具有导电性、半导电性、光电性、催化性、生物活性和较高耐热性的功能性聚合物，有很大的应用发展前景。各类无机聚合物的发展情况不尽相同，其中聚硅氮烷、聚硅烷和聚磷腈近年有进展，金属配位聚合物则方兴未艾。

1. 聚硅酸盐和聚硅氧烷

最早研究的无机聚合物是从陶瓷开始的，对于陶瓷、水泥和玻璃等类聚硅酸盐，最初只是应用，后来才进行结构性能研究。聚硅酸盐虽有易碎的缺点，但稳定性高、化学稳定性好、硬度和强度大，在许多材料中已逐渐取代金属和有机高分子。尤其在光电纤维、高温超导陶瓷等方面已成为科技研究热点之一。

硅氧烷-硅氮烷的共聚物$[(R_2SiO)_x \cdot (R_2SiNR)_y]_n$ 比类似的纯硅氧烷有较高的热稳定性(一般高出 100～200 ℃)。有一种聚[甲基-3-(1-氧合吡啶)]硅氧烷，可用于羧酸和磷酸衍生物转移酰化反应的相转移催化剂，以合成出功能性聚合物。溶胶-凝胶法多用于硅的单一体系，但目前研究重点已转移到多组分体系，用以研制新型复合材料。

2. 聚磷腈

在 19 世纪被称为“无机橡胶”的聚磷腈，基本结构为$(N{=}PR_2)_n$(R：烷基、—OR、—NHR、—NR_2 等)。它制成的纤维和膜有耐火、耐老化性，常用于垫圈、救火管。它的有些品种有生物相容性，用于人工心脏泵和血管等。聚磷腈氨基酸脂衍生物是无害的生物降解聚合物。在侧链有过渡金属的聚磷腈，如$[NP(NHMe)_2][PtCl_2]$是一种缓释长效抗癌药。金属茂单元连于环三聚或四聚磷腈上，再成聚合物，如接上碘，就有半导体性质。

3. 金属配位聚合物

由于新技术材料的需要，金属配位聚合物正方兴未艾，但它的合成常受不溶性所困扰，以致难以制成高聚物。运用活性金属中心，移去反应挥发副产物，利用功能性惰性配合物等方法，已能制成一批新的配位聚合物。由锡酸和相应的羧酸缩合而成的一类新的有机锡配位聚合物$[C_6H_5Sn(O)O_2C_6H_{11}]_6$ 为桶形，$[R_3Sn_3(O_2)_4(OH)]_2$ 为梯形，结构十分奇特。

此外，聚氮化硫、聚氮化硼、聚磷酸盐等无机聚合物也有着广泛的应用。

(若要进一步了解，请参见国家自然科学基金会：自然科学学科发展战略调研报告《无机化学》.北京：科学出版社，1994)

习　题

1. 命名下列配合物：

(1) $K_4[Ni(CN)_4]$　　(2) $(NH_4)_2[FeCl_5(H_2O)]$

(3) $[Ir(ONO)(NH_3)_5]Cl_2$　　(4) $Na_2[Cr(CO)_5]$

2. 写出下列配合物(配离子)的化学式：

(1) 硫酸四氨合铜(Ⅱ)　　(2) 四硫氰·二氨合铬(Ⅲ)酸铵

(3) 二羟基·四水合铝(Ⅲ)离子　　(4) 二苯合铬

3. $AgNO_3$ 能从 $Pt(NH_3)_6Cl_4$ 溶液中将所有的氯沉淀为 AgCl，但在 $Pt(NH_3)_3Cl_4$ 中仅能沉淀出 1/4 的氯，试根据这些事实写出这两种配合物的结构式。

4. 画出下列配合物可能有的几何异构体：

(1) $[PtClBr(NH_3)py]$(平面正方形)　　(2) $[Pt(NH_3)_4(NO_2)Cl]Cl_2$

(3) $[Pt(NH_3)_2(OH)Cl_3]$　　(4) $[Pt(NH_3)_2(OH)_2Cl_2]$

5. CN^- 与(1) Ag^+，(2) Ni^{2+}，(3) Fe^{3+}，(4) Zn^{2+} 形成配离子，试根据价键理论讨论其杂化类型、几何构型和磁性。

6. 试用价键理论说明下列配离子的键型(内轨型或外轨型)、几何构型和磁性大小。

(1) $[Co(NH_3)_6]^{2+}$　　(2) $[Co(CN)_6]^{3-}$

7. 有两个化合物 A 和 B 具有同一化学式：$Co(NH_3)_3(H_2O)_2ClBr_2$。在一干燥器中，1 mol A 很快失去 1 mol H_2O，但在同样条件下，B 不失去 H_2O。当 $AgNO_3$ 加入 A 中时，1 mol A 沉淀出 1 mol AgBr，而 1 mol B 沉淀出 2 mol AgBr。试写出 A 和 B 的化学式。

8. 试用晶体场理论解释实验室中变色硅胶(内含 $CoCl_2$)的变色现象(干时蓝色，湿时红色)。

9. 根据 Fe^{2+} 的电子成对能 P，$[Fe(H_2O)_6]^{2+}$ 和 $[Fe(CN)_6]^{4-}$ 的分裂能 Δ_o。解答：

(1) 这两个配离子是高自旋还是低自旋？

(2) 画出每个配离子的轨道能级中电子排布图。

10. 试从 Mn^{3+} 的 P 值和高自旋配合物 $[Mn(H_2O)_6]^{3+}$ 的 Δ_o 值，估计 $[Mn(CN)_6]^{3-}$ 和 $[Mn(C_2O_4)_3]^{3-}$ 是高自旋还是低自旋配合物？

11. Cr^{2+}，Cr^{3+}，Mn^{2+}，Fe^{2+} 和 Co^{2+} 在强八面体晶体场和弱八面体晶体场中各有多少未成对电子？并写出 t_{2g} 和 e_g 轨道的电子数目。

12. 试解释为何螯合物有特殊的稳定性？为何 EDTA 与金属离子形成的配合物其配位比大多是 1∶1？

13. 计算下列反应的平衡常数：

(1) $[Fe(C_2O_4)_3]^{3-} + 6CN^- \rightleftharpoons [Fe(CN)_6]^{3-} + 3C_2O_4^{2-}$

(2) $[Ag(NH_3)_2]^+ + 2S_2O_3^{2-} \rightleftharpoons [Ag(S_2O_3)_2]^{3-} + 2NH_3$

14. 比较下列各组金属离子与同种配体所形成配合物的稳定性，并说明原因。

(1) Co^{3+} 与 Co^{2+} 配合物　　(2) Mg^{2+} 与 Ni^{2+} 配合物

(3) Ca^{2+} 与 Zn^{2+} 配合物　　(4) Fe^{3+} 与 Co^{3+} 配合物

15. (1) 根据下列数据计算 $[Al(OH)_4]^-$ 的 $\beta_4^\ominus$。

$$[Al(OH)_4]^- + 3e^- \rightleftharpoons Al + 4OH^- \qquad \varphi^\ominus = -2.310\ V$$

$$Al^{3+} + 3e^- \rightleftharpoons Al \qquad \varphi^\ominus = -1.662\ V$$

(2) 根据下列数据计算 $[AuCl_4]^-$ 的 $\beta_4^\ominus$。

$$[AuCl_4]^- + 3e^- \rightleftharpoons Au + 4Cl^- \qquad \varphi^\ominus = 1.00\ V$$

$$Au^{3+} + 3e^- \rightleftharpoons Au \qquad \varphi^\ominus = 1.50\ V$$

16. 已知$[Ag(CN)_4]^{3-}$的积累稳定常数$\beta_2^\ominus = 1.3\times10^{21}$，$\beta_3^\ominus = 5.0\times10^{21}$，$\beta_4^\ominus = 4.0\times10^{20}$，试求配合物的逐级稳定常数$K_3^\ominus$和$K_4^\ominus$。

17. 在50 mL 0.10 mol·L^{-1} $AgNO_3$溶液中加入密度为0.93 g·cm^{-3}、质量分数为0.182的氨水30 mL后，加水冲稀到100 mL，求算溶液中Ag^+，$[Ag(NH_3)_2]^+$和NH_3的浓度是多少？已配位在$[Ag(NH_3)_2]^+$中的Ag^+，占Ag^+总浓度百分之几？

18. 在上题的混合溶液中加入KCl 1.0 m mol，是否有AgCl析出？若在没有AgCl析出的情况下，原来$AgNO_3$和氨的混合溶液中总氨的最低浓度为若干？

19. 欲将14.3 mg AgCl溶于1.0 mL氨水中，问此氨水溶液的总浓度至少应为多少？

20. 碘化钾可在$[Ag(NH_3)_2]NO_3$溶液中沉淀出AgI，但是不能从$K[Ag(CN)_2]$溶液中沉淀出AgI，这两种溶液都能和H_2S作用并析出Ag_2S，以上事实说明什么？答题以后再查$\beta_2^\ominus$和$K_{sp}^\ominus$的数据与你的答案进行比较。

21. 已知$Zn^{2+} + 2e^- \rightleftharpoons Zn$，$\varphi^\ominus = -0.763\ V$，求算

$$[Zn(CN)_4]^{2-} + 2e^- \rightleftharpoons Zn + 4CN^-$$

的$\varphi^\ominus$。

第九章

s 区 元 素

学习要求：

1. 理解s区元素的电子构型与性质递变规律性的关系。
2. 掌握s区元素的氧化物类型和性质及氢化物的性质。
3. 掌握s区元素氢氧化物的碱性及其变化规律。
4. 掌握s区元素盐类的溶解性及含氧酸盐热稳定性的一些规律。
5. 了解Li、Be的特殊性和对角线规则。

s区元素的价电子构型为$ns^{1\sim2}$，它主要是指周期系中ⅠA族和ⅡA族元素。ⅠA族元素包括锂、钠、钾、铷、铯和钫六种元素，因它们氧化物的水溶液显强碱性，又称碱金属；ⅡA族元素包括铍、镁、钙、锶、钡和镭六种元素，因它们的氧化物兼有"碱性"和"土性"(化学上把难溶于水和难熔融的性质称"土性")，又称碱土金属。从电子构型来看，氢($1s^1$)和氦($1s^2$)虽可看作是s区元素，但由于这两种元素原子结构的独特性，并且它们的性质也与碱金属和碱土金属差别很大，故通常把s区元素看成只包括碱金属和碱土金属。在这两族中每族的最后一种元素——钫和镭是放射性元素，而且这两元素在地壳中含量极少，例如，钫在整个地壳中的含量估计不到30 g，故不予介绍。

9.1 s区元素概述

在s区元素中，无论同一族元素自上而下，或者同一周期从左到右，性质的变化都呈现明显的规律性。其中一些性质的变化趋势如图9-1所示。表9-1和表9-2分别给出这两族元素性质的一些具体数据。有关这两族元素上述性质的几点说明：

1. 锂和铍的原子半径和离子半径分别是碱金属和碱土金属中最小的，这是锂与其他碱金属元素，铍与其他碱土金属元素性质差别较大的主要原因。特别是Be^{2+}，其离子半径特别小，电荷又高，它的极化力如此之强，使得其化合物共价性往往超过了离子性。

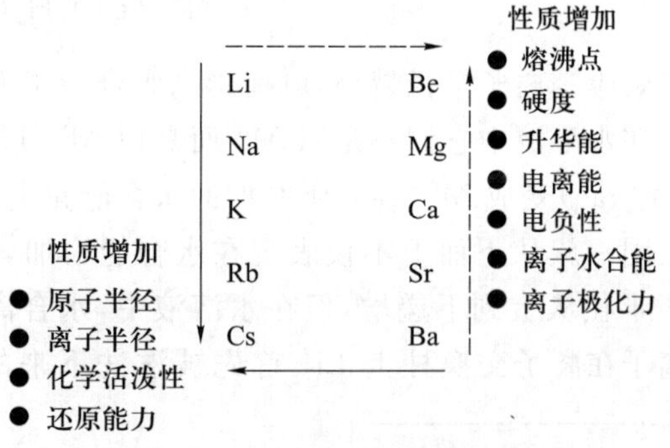

图9-1 s区元素一些性质的变化趋势

例如，据测定 LiI 的共价性约占 50%，而 BeI_2 的共价性可达 75%。

表 9-1　碱金属的一些性质

	Li	Na	K	Rb	Cs
价电子构型	$2s^1$	$3s^1$	$4s^1$	$5s^1$	$6s^1$
金属半径/pm	152	186	231	243	265
离子(M^+)半径/pm	76	102	138	152	167
电离能/($kJ\cdot mol^{-1}$)	545	520	439	422	394
水合能[$M^+(g) \longrightarrow M^+(aq)$]/($kJ\cdot mol^{-1}$)	−498	−393	−310	−284	−251
升华能/($kJ\cdot mol^{-1}$)	159	108	90	86	78
电负性	0.98	0.93	0.82	0.79	0.79
电极电势 $\varphi^\ominus(M^+/M)/V$	−3.05	−2.71	−2.93	−2.92	−2.92
熔点/℃	181	97.8	63.2	39	28.5
沸点/℃	1 347	883	754	688	669

表 9-2　碱土金属的一些性质

	Be	Mg	Ca	Sr	Ba
价电子构型	$2s^2$	$3s^2$	$4s^2$	$5s^2$	$6s^2$
金属半径/pm	111	160	197	215	217
离子(M^{2+})半径/pm	45	72	100	118	136
电离能 I_1/($kJ\cdot mol^{-1}$)	943	773	618	576	527
I_2/($kJ\cdot mol^{-1}$)	1 757	1 451	1 145	1 064	965
水合能[$M^{2+}(g) \longrightarrow M^{2+}(aq)$]/($kJ\cdot mol^{-1}$)	−2 455	−1 900	−1 565	−1 415	−1 275
升华能/($kJ\cdot mol^{-1}$)	322	150	177	163	176
电负性	1.6	1.3	1.0	0.95	0.89
电极电势 $\varphi^\ominus(M^{2+}/M)/V$	−1.99	−2.36	−2.84	−2.89	−2.91
熔点/℃	1 278	649	839	769	725
沸点/℃	2 970	1 107	1 484	1 384	1 640

2. 水合能是指反应

$$M^{z+}(g) + H_2O \longrightarrow M^{z+}(aq)$$

的热效应。离子半径越小，电荷越高水合能越大。碱土金属第二电离能比第一电离能大得多，为什么在水溶液中它们不是以 M^+ 而是以 M^{2+} 形式存在？其原因就在于 M^{2+} 有更大的水合能①，由 $M^+(aq)$变成 $M^{2+}(aq)$所增加的水合能完全可抵消 M 的第二电离能。

同一族从下而上不仅表现在水合能增加，而且离子结合的水分子数也增多。虽然碱金属离子半径从上到下递增，但在水溶液中，水合离子半径却是从上到下递减(表 9-3)。这就是这些离子在离子交换柱上 Li^+ 首先被淋洗下来的原因，也是这些离子聚沉负胶体时，聚沉能力

① 碱土金属在晶体中以 M^{2+} 形式存在，也与 M^{2+}有较大的晶格能有关。

$Cs^+ > Rb^+ > K^+ > Na^+ > Li^+$ 的原因(见 1.3.4 节)。Be^{2+} 和 Mg^{2+} 因电荷高、半径小,水合作用更强,所以加热水合 $BeCl_2$ 和水合 $MgCl_2$ 时,不能得到无水盐,而是发生水解反应:

$$BeCl_2 \cdot 4H_2O \xlongequal{\triangle} BeO + 2HCl + 3H_2O$$

$$MgCl_2 \cdot 6H_2O \xlongequal{\triangle} Mg(OH)Cl + HCl + 5H_2O$$

表 9-3 碱金属离子的水合状况

	Li^+	Na^+	K^+	Rb^+	Cs^+
离子半径/pm	76	102	138	152	167
水合离子半径/pm	340	276	232	228	228
水合的平均水分子数	25.3	16.6	10.5	10	9.9

3. 在电极电势变化的趋势中,Li 表现"反常"。虽然 Li 的电离能比 Na 的大,但 $\varphi^\ominus(Li^+/Li)$ 却比 $\varphi^\ominus(Na^+/Na)$ 低(分别为 −3.05 V 和 −2.71 V)。这个矛盾也可用 Li^+ 有较大的水合能来解释。

电极反应

$$M(s) \longrightarrow M^+(aq) + e^-$$

$\varphi^\ominus$ 的高低与该过程 $\Delta G^\ominus$ 有关($\Delta G^\ominus = -nF\varphi^\ominus$)。如果不考虑熵变项(它对 $\Delta G^\ominus$ 影响较小),则 $\varphi^\ominus$ 的高低可由 ΔH 来判断,而 ΔH 可通过如下的玻恩-哈伯循环来求得

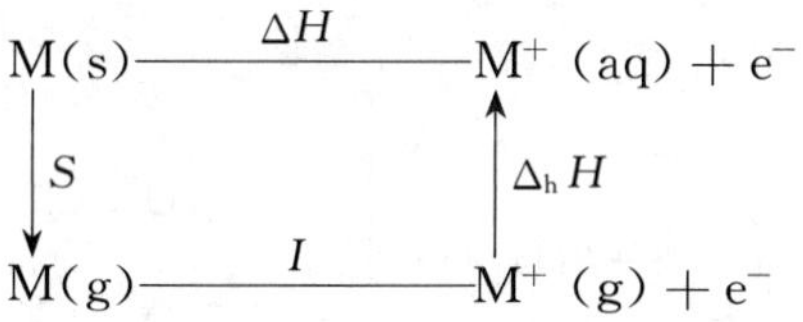

$$\Delta H = S + I + \Delta_h H$$

式中:S 为升华能;I 为电离能;$\Delta_h H$ 为水合能。从表 9-4 列出的有关焓值中可见,虽然 Li 的电离能大于 Na,升华能 Li 也比 Na 大,但 Li^+ 水合时放出能量比 Na^+ 大得多,它除抵消电离能和升华能的影响外,还能造成电极反应总的 ΔH,Li 比 Na 小。所以 Li 比 Na 在水溶液中更易失去电子,即电极电势更低。

表 9-4 Li 和 Na 在反应 $M(s) \longrightarrow M^+(aq) + e^-$ 中有关焓变值

	Li	Na
升华能 $S/(kJ \cdot mol^{-1})$	159	108
电离能 $I/(kJ \cdot mol^{-1})$	545	520
水合能 $\Delta_h H/(kJ \cdot mol^{-1})$	−498	−393
$\Delta H/(kJ \cdot mol^{-1})$	206	235

拓展知识：

碱金属阴离子

也许有人认为碱金属原子在反应中总是失去 1 个电子成为 +1 价离子。事实并非如此。碱金属之所以在化合物中一般都呈 +1 价，是因为同它们反应的元素有较大的电子亲和能，因此这些元素会夺取碱金属原子外层的 1 个电子。但就碱金属原子本身而言，有获得 1 个电子使其外层的 s 轨道达到全满结构的倾向。这可从它们的电子亲和能都是正值得到验证（电子亲和能正值，表示原子获得 1 个电子后放出能量）。Li，Na，K，Rb，Cs 的电子亲和能依次为 62.5 $kJ \cdot mol^{-1}$，55.4 $kJ \cdot mol^{-1}$，50.7 $kJ \cdot mol^{-1}$，49.1 $kJ \cdot mol^{-1}$，47.7 $kJ \cdot mol^{-1}$。

美国密歇根州大学化学家 Dye J 意识到这一点，认为碱金属原子也有形成阴离子的可能。他经过多次努力，终于找到一种能与碱金属阳离子形成稳定配合物的有机化合物 $C_{20}H_{36}O_6$。此有机物为环状多醚类化合物，称为二环己基-18-冠-6，其中数字 18 表示环状多醚的环原子总数，数字 6 表示环内氧原子数（结构式见下面的反应式）。此环状多醚结构所形成的空穴与 Na^+，K^+ 的大小相匹配，6 个电负性大的氧原子与碱金属阳离子借静电力相吸引而形成稳定的大环配离子。当他把这种有机物加到金属钠中，一些钠原子失去 1 个电子变成 Na^+ 而与二环己基-18-冠-6 配位，另一些钠原子便获得这个电子变成 Na^-，其反应式为

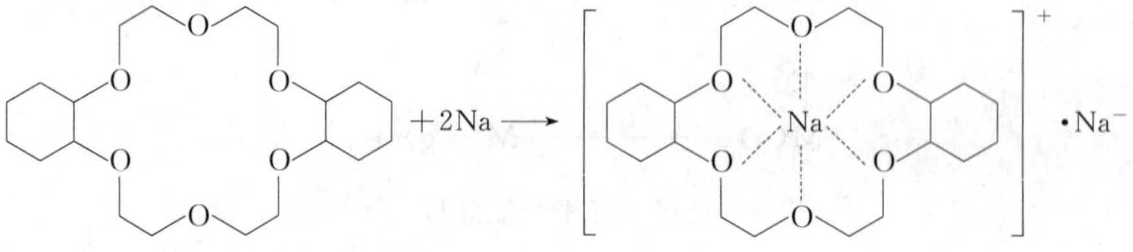

二环己基-18-冠-6

此产物为金黄色晶体，经测定晶体结构中 Na^- 的半径约 230 pm（与 I^- 半径相近）。碱金属阴离子 K^-，Rb^-，Cs^- 的化合物也都已制得。人们对这类新物质了解得还不多，但相信不久的将来会有令人感兴趣的新发现。这类新物质的成功制取提示我们：不能迷信"规律"，即使对一些人们早已普遍接受的"定论"，也要敢于不断地进行批判性的挑战。

9.2 s 区元素单质的化学性质

碱金属和碱土金属都是化学活泼性很强或较强的金属。它们能直接或间接地与电负性较大的非金属元素，如卤素、氧、硫、磷、氮和氢等形成相应的化合物。下面仅以这些金属与 O_2、H_2 和 H_2O 反应为例，说明它们的一些化学性质。

1. 与 O_2 反应

碱金属在氧气中燃烧时,发生如下几种类型的反应:

$$2M+\frac{1}{2}O_2 \longrightarrow M_2O \qquad (M=Li)$$

$$2M+O_2 \longrightarrow M_2O_2 \qquad (M=Na)$$

$$M+O_2 \longrightarrow MO_2 \qquad (M=K、Rb、Cs)$$

式中:M_2O_2 和 MO_2 分别称为过氧化物和超氧化物。过氧离子 O_2^{2-} 的结构为 $\left[\,:\ddot{\underset{..}{O}}—\ddot{\underset{..}{O}}:\,\right]^{2-}$;超氧离子 O_2^- 的结构为 $\left[\,:\underset{..}{O}\overset{...}{—}\underset{..}{O}:\,\right]^-$(参见 7.5 节分子轨道理论)。

碱土金属在常压的氧气中燃烧,所得的产物一般都是正常氧化物,但钡在过量氧气中燃烧,除生成 BaO 外,也有一些 BaO_2 生成。

这里遇到一个有趣的现象:体积较大的过氧离子(O_2^{2-})和超氧离子(O_2^-)容易被体积较大的金属离子所稳定。这体现了适用于离子型化合物的一条规律:大阳离子稳定大阴离子,小阳离子稳定小阴离子。

2. 与 H_2 反应

碱金属和碱土金属(Be 和 Mg 除外)在高温下与氢直接化合,生成离子型氢化物。

$$2M+H_2 \longrightarrow 2MH \qquad (M=Li、Na、K、Rb、Cs)$$

$$M+H_2 \longrightarrow MH_2 \qquad (M=Ca、Sr、Ba)$$

反应中氢原子获得一个电子变成 H^-。这些氢化物与水反应放出 H_2

$$H^- + H_2O \longrightarrow H_2 + OH^-$$

离子型氢化物是强的还原剂。例如:

$$TiCl_4 + 4NaH \xrightarrow{\text{高温}} Ti + 4NaCl + 2H_2$$

3. 与 H_2O 反应

活泼金属与水反应,实质上是与水中的 H^+ 反应。如果将水中 H^+ 的浓度(10^{-7} mol·L^{-1})代入能斯特方程:

$$\varphi(H^+/H_2)=\varphi^{\ominus}(H^+/H_2)-\frac{0.059\,2\ V}{2}\lg\frac{p(H_2)/p^{\ominus}}{[c(H^+)/c^{\ominus}]^2}$$

$$=0.00\ V+\frac{0.059\,2\ V}{2}\lg(10^{-7})^2=-0.414\ V$$

可见凡电极电势低于-0.414 V 的金属均可与水反应。从表 9-2 和表 9-3 有关 $\varphi^{\ominus}$ 值可以看出,碱金属和碱土金属均可与水反应。碱金属和碱土金属中,锂的电极电势最低(-3.05 V),但锂与水反应远不如钠、钾剧烈。必须指出,电极电势的高低与反应速率之间没有直接的联系,因为前者是属于热力学范畴,后者是属于动力学范畴。即前者取决于反应的 $\Delta G^{\ominus}$,而后者主要取决于反应的活化能 E_a。锂与水反应的活化能高,反应速率慢的原因主要有:(1) 锂与水反应产物 LiOH 溶解度小,它一旦产生,就覆盖在锂的表面上,阻碍反应进行。(2) 锂的熔点较高,锂与水反应所产生的热量不足以使其熔化。而钠、钾熔点低，反应所产生的热量可使它们熔化，从而使液态钠或钾与水充分接触，使反应速率变快。

碱土金属铍和镁与冷水作用很慢，也与产物 $Be(OH)_2$ 和 $Mg(OH)_2$ 的难溶性有关。

9.3 s区元素的氧化物和氢氧化物

9.3.1 氧化物

碱金属和碱土金属常见的氧化物有正常氧化物、过氧化物和超氧化物三类。锂和碱土金属在氧气中燃烧时，均得到正常氧化物。在实验室里钠和钾正常氧化物可利用金属还原相应的硝酸盐得到。例如：

$$10Na+2NaNO_3 \xlongequal{} 6Na_2O+N_2$$

碱土金属氧化物也可由碳酸盐或硝酸盐加热分解制得。例如：

$$CaCO_3 \xlongequal{\triangle} CaO+CO_2$$

$$2Sr(NO_3)_2 \xlongequal{\triangle} 2SrO+4NO_2+O_2$$

碱金属和碱土金属氧化物与水反应都生成相应的氢氧化物：

$$O^{2-}+H_2O \xlongequal{} 2OH^-$$

这是由于 O^{2-} 在水中不能存在，它会立即发生水解反应的缘故。碱金属和碱土金属氧化物在水中的溶解度，在同一族中都是从上到下增加，因此它们与水反应激烈的程度也是从上到下增加。

过氧化物与水反应生成过氧化氢和氢氧化物：

$$O_2^{2-}+2H_2O \xlongequal{} H_2O_2+2OH^-$$

H_2O_2 分解可放出 O_2，所以 Na_2O_2 可用作氧化剂、漂白剂和氧气发生剂。Na_2O_2 与 CO_2 反应也能放出 O_2：

$$2Na_2O_2+2CO_2 \xlongequal{} 2Na_2CO_3+O_2$$

利用这一性质，Na_2O_2 可作为急救器、防毒面具、高空飞行和潜艇中 CO_2 吸收剂和供氧剂。因 Na_2O_2 兼有碱性和氧化性，在分析化学中常用作熔矿剂，使某些难溶于酸的矿物分解。例如：

$$2Fe(CrO_2)_2+7Na_2O_2 \xlongequal{熔融} 4Na_2CrO_4+Fe_2O_3+3Na_2O$$

超氧化物与水反应生成过氧化氢同时放出 O_2：

$$2O_2^-+2H_2O \xlongequal{} 2OH^-+H_2O_2+O_2$$

也能与 CO_2 反应放出 O_2：

$$4MO_2+2CO_2 \xlongequal{} 2M_2CO_3+3O_2$$

因此它也可作强氧化剂和供氧剂。

9.3.2 氢氧化物

碱金属氢氧化物都易溶于水,碱土金属氢氧化物在水中溶解度比碱金属氢氧化物要小得多。$Be(OH)_2$ 和 $Mg(OH)_2$ 为难溶氢氧化物。从表 9-5 可见,同一族元素氢氧化物的溶解度总趋势从上到下逐渐增大。

表 9-5 碱金属和碱土金属氢氧化物的溶解度(15 ℃)

碱金属氢氧化物	溶解度/$(mol\cdot L^{-1})$	碱土金属氢氧化物	溶解度/$(mol\cdot L^{-1})$
LiOH	5.3	$Be(OH)_2$	8×10^{-6}
NaOH	26.4	$Mg(OH)_2$	5×10^{-4}
KOH	19.1	$Ca(OH)_2$	6.9×10^{-2}
RbOH	17.9	$Sr(OH)_2$	6.7×10^{-2}
CsOH	25.8	$Ba(OH)_2$	2×10^{-1}

碱金属和碱土金属氢氧化物中,除 $Be(OH)_2$ 为两性,$Mg(OH)_2$ 为中强碱外,其余的均为强碱。

金属氢氧化物碱性的强弱,可用金属离子的离子势 ϕ 来判断。离子势是指离子的电荷数(z)和离子半径(r)之比值,$\phi=z/r$。如果 ϕ 值大,即 z 值大 r 值小,表明 M 与 O 原子间的作用力大,所以该氢氧化物易作酸式解离:

$$M—O—H \longrightarrow MO^- + H^+$$

如果 ϕ 值小,即 z 值小 r 值大,表明 M 与 O 原子间作用力小,该氢氧化物易作碱式解离:

$$M—O—H \longrightarrow M^+ + OH^-$$

有人提出一种用 $\sqrt{\phi}$ 值判断金属氢氧化物酸碱性的经验规则,即

$\sqrt{\phi}<0.22$	金属氢氧化物呈碱性
$0.22<\sqrt{\phi}<0.32$	金属氢氧化物呈两性
$\sqrt{\phi}>0.32$	金属氢氧化物呈酸性

若把碱金属离子和碱土金属离子的 $\sqrt{\phi}$ 值加以比较,不难得出其氢氧化物碱性如表 9-6 所示的递变规律。

表 9-6 碱金属和碱土金属氢氧化物碱性递变规律

	$\sqrt{\phi}$		$\sqrt{\phi}$
LiOH	0.13	$Be(OH)_2$	0.25
NaOH	0.10	$Mg(OH)_2$	0.18
KOH	0.087	$Ca(OH)_2$	0.14
RbOH	0.082	$Sr(OH)_2$	0.13
CsOH	0.077	$Ba(OH)_2$	0.12

碱性增强（各列自上而下）；碱性增强（自右向左）

NaOH 和 KOH 是最重要的碱。由于 NaOH 价廉，它的应用比 KOH 广泛得多。NaOH 俗称苛性钠或烧碱，工业上常用电解氯化钠水溶液制取。NaOH 暴露在空气中易吸收水分和 CO_2，并变成碳酸盐。Na_2CO_3 在浓 NaOH 溶液中难溶解，故可利用这一性质把 Na_2CO_3 从 NaOH 浓溶液中除去。碱除了可与酸、酸性氧化物、盐等反应外，它的溶液还可与两性金属和某些非金属单质（如 B、Si 等）反应，放出 H_2。例如：

$$2Al + 2NaOH + 6H_2O \xlongequal{\quad} 2Na[Al(OH)_4] + 3H_2\uparrow$$

$$Si + 2NaOH + H_2O \xlongequal{\quad} Na_2SiO_3 + 2H_2\uparrow$$

卤素、硫、磷等在碱溶液中能发生歧化反应。例如：

$$Cl_2 + 2NaOH \xlongequal{\quad} NaCl + NaClO + H_2O$$

$$3S + 6NaOH \xlongequal{\quad} 2Na_2S + Na_2SO_3 + 3H_2O$$

$$P_4 + 3NaOH + 3H_2O \xlongequal{\quad} PH_3\uparrow + 3NaH_2PO_2$$

碱能腐蚀玻璃，实验室盛放碱液的试剂瓶应该用橡胶塞，而不能用玻璃塞，否则时间一长，它与玻璃中的 SiO_2 反应生成硅酸盐把塞子粘住了。

9.4 s 区元素的盐类

碱金属和碱土金属的常见盐类有卤化物、碳酸盐、硝酸盐和硫酸盐等。这里仅介绍这些盐类以下三方面性质。

9.4.1 晶型

表 9-7 列出碱金属和碱土金属氟化物和氯化物的熔点。从中可以看出：

表 9-7 碱金属和碱土金属氟化物和氯化物的熔点

	Li	Na	K	Rb	Cs	Be	Mg	Ca	Sr	Ba
氟化物熔点/℃	846	996	858	795	703	552	1 263	1 418	1 477	1 368
氯化物熔点/℃	606	801	776	715	645	405	714	772	873	963

(1) 这些卤化物熔点均较高，所以它们多为离子型晶体。

(2) 碱金属氟化物或氯化物的熔点在同一族中从上到下逐渐降低(除 Li 外)，而碱土金属氟化物或氯化物的熔点从上到下逐渐升高(除 BaF_2 外)。两者变化趋势不同的主要原因是：碱金属离子极化力小，它们的氟化物或氯化物是典型的离子晶体。碱金属从上到下随着离子半径增加，晶格能逐渐降低，故熔点下降。碱土金属离子极化力比碱金属离子大，而且从下而上随半径减小极化力增强。它们的卤化物从下而上由典型的离子性逐渐过渡到一定程度的共价性，所以它们的熔点从下而上逐渐降低。

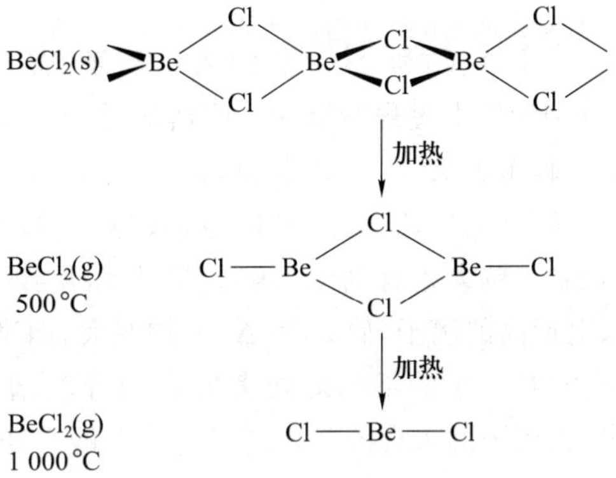

图 9-2 $BeCl_2$ 的结构

(3) Li^+、Be^{2+} 的卤化物熔点最低，这与它们半径最小、极化力最大有关。其实 $BeCl_2$ 的共价性已超过了离子性。固态 $BeCl_2$ 是链式的多聚结构(图 9-2)。它易升华，随温度升高，先变成气态的双聚结构，在 1 000 ℃时才变成直线形的 $BeCl_2$ 分子。$BeCl_2$ 易溶于有机溶剂。这些性质都表明了它的共价性。

9.4.2 溶解性

碱金属盐类的特点是易溶性，但存在少数难溶盐，如六羟基锑酸钠 $Na[Sb(OH)_6]$(白色)、醋酸铀酰锌钠 $NaAc \cdot Zn(Ac)_2 \cdot 3UO_2(Ac)_2 \cdot 9H_2O$(黄绿色)、高氯酸钾 $KClO_4$(白色)、氯铂酸钾 $K_2[PtCl_6]$(淡黄色)、四苯硼酸钾 $K[B(C_6H_5)_4]$(白色)、钴亚硝酸钠钾 $K_2Na[Co(NO_2)_6]$(亮黄色)等。在实验室里常利用生成这些难溶盐来鉴定 Na^+ 和 K^+。

碱土金属的卤化物(除氟化物外)、硝酸盐、醋酸盐等都易溶于水，而碳酸盐、硫酸盐、磷酸盐、草酸盐和铬酸盐等多数难溶于水。一些碱土金属难溶化合物的溶度积列于表 9-8。由表可见，这些离子型化合物溶解性大致有如下的规律性：小阳离子与小阴离子或者大阳离子与大阴离子形成的化合物溶解度小，而小阳离子与大阴离子或者大阳离子与小阴离子形成的化合物溶解度大。例如，小阴离子的 F^-，OH^- 与碱土金属形成的化合物溶解度一般由 Be 到 Ba 增加，大阴离子的 SO_4^{2-}，CrO_4^{2-}，CO_3^{2-} 等与碱土金属形成的化合物溶解度一般由 Be 到 Ba 减小。

表 9-8 一些碱土金属难溶化合物的溶度积

	OH^-	F^-	SO_4^{2-}	CrO_4^{2-}	CO_3^{2-}
Mg^{2+}	5.6×10^{-12}	5.2×10^{-11}	—	—	6.8×10^{-6}
Ca^{2+}	5.5×10^{-6}	5.3×10^{-9}	4.9×10^{-5}	7.1×10^{-4}	2.8×10^{-9}
Sr^{2+}	3.2×10^{-4}	3.2×10^{-9}	3.4×10^{-7}	4.0×10^{-5}	5.6×10^{-10}
Ba^{2+}	5×10^{-3}	1.8×10^{-7}	1.1×10^{-10}	1.2×10^{-10}	2.6×10^{-9}

以上规律可用热力学原理作初步解释。溶解过程可看作由晶格拆散和离子水合两过程组成。

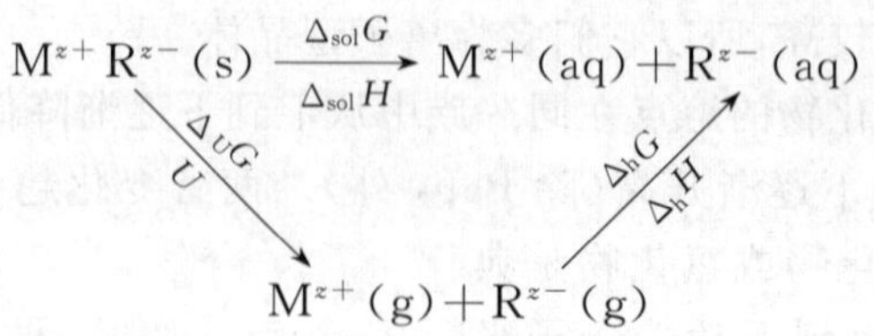

式中：$\Delta_{sol}G$、$\Delta_U G$ 和 $\Delta_h G$ 分别表示溶解、晶格拆散和水合过程吉布斯自由能变。$\Delta_{sol}H$，U 和 $\Delta_h H$ 分别为以上过程的焓变。严格地说，溶解的难易应该由 $\Delta_{sol}G$ 来判断，即由溶解过程的 ΔH 和 $T\Delta S$ 一起来判断。一般来说，溶解过程 $T\Delta S$ 值不大，$\Delta_{sol}G$ 主要由 $\Delta_{sol}H$ 来决定。又因为 $\Delta_{sol}H=U+\Delta_h H$，$U$ 为晶格拆散，吸热过程，$\Delta_h H$ 为离子水合，放热过程，所以 U 越小越有利于溶解，$\Delta_h H$ 越大越有利于溶解。虽然离子半径和电荷对于 U 和 $\Delta_h H$ 两者的影响是相同的，即半径小、电荷高的离子，使 U 和 $\Delta_h H$ 均变大，而半径大、电荷低的离子，使两者都变小。但是正、负离子半径相对大小的不同对两者的影响程度却不相同。U 与正、负离子半径之和($r_+ + r_-$)有关，$\Delta_h H$ 是正离子的水合能和负离子的水合能之和，即 $\Delta_h H$ 分别与 r_+ 和 r_- 有关。它们之间的函数关系可简单地表示为

$$U=f_1\left(\frac{1}{r_+ + r_-}\right)$$

$$\Delta_h H=f_2\left(\frac{1}{r_+}\right)+f_3\left(\frac{1}{r_-}\right)$$

由以上两式可见，当 $r_- \gg r_+$ 或 $r_+ \gg r_-$ 时，$\Delta_h H$ 占优势。因为正、负离子中只要有一个是大离子就可有效地降低 U；而 $\Delta_h H$ 是两离子的水合能之和，只要一个离子水合能足够大(r 小)，另一个离子即使水合能很小(r 大)，两者之和也不会是很小的值。相反，当 $r_+ \approx r_-$ 时，U 占优势。所以，从焓效应来看，当正、负离子大小接近时，不利于溶解；正、负离子大小悬殊时，有利于溶解。

以上规律也可用来说明碱金属卤化物的溶解性。例如，由小阳离子 Li^+ 和小阴离子 F^- 组成的 LiF，或者由大阳离子 Cs^+ 和大阴离子 I^- 组成的 CsI，它们分别是碱金属氟化物和碘化物中溶解度最小的。而一大一小的 LiI 或 CsF 是同类型碱金属卤化物中溶解度最大的(表 9-9)。又如大阳离子 Na^+ 和 K^+ 的难溶盐都是它们与一些大阴离子形成的盐类，其原因也在于此。以上是典型离子晶体一个粗略的溶解性规律，由于影响溶解度的因素很多，所以不符合此规律的情况并不少见。

表 9-9 碱金属氟化物和碘化物的溶解度

	LiF	NaF	KF	RbF	CsF	LiI	NaI	KI	RbI	CsI
溶解度/[$mol\cdot(kg\ H_2O)^{-1}$]	0.10	0.95	16	12.6	24	12.3	12	8.7	7.2	3.0
变化趋势	小		→		大	大		←		小

9.4.3 含氧酸盐的热稳定性

碱金属的含氧酸盐一般都具有较高的热稳定性。除碳酸氢盐在 200 ℃以下可分解为碳酸盐和 CO_2，硝酸盐分解温度较低外，碳酸盐分解温度一般都在 800 ℃以上，硫酸盐分解温度更高。

碱土金属的含氧酸盐热稳定性比碱金属差，而且随着半径减小分解温度降低。表 9－10 列出碱土金属一些盐类的分解温度，从中可以看出，碱土金属从上到下热稳定性递增。

表 9－10　碱土金属一些盐类的分解温度/℃

	硝酸盐	碳酸盐	硫酸盐
Be^{2+}	约 100	<100	550～600
Mg^{2+}	约 129	540	1 124
Ca^{2+}	>561	900	$>1\,450$
Sr^{2+}	>750	1 290	1 580
Ba^{2+}	>592	1 360	$>1\,580$

碱金属和碱土金属含氧酸盐的热稳定性可用离子极化来说明。例如，对 MCO_3 来说，CO_3^{2-} 可看作 C^{4+} 对 3 个 O^{2-} 极化作用得到如图 9－3(a)所示平面三角构型的离子。当 M^{2+} 与其相接近时，M^{2+} 对邻近的一个 O^{2-} 也产生极化作用。该极化作用与 C^{4+} 对该 O^{2-} 极化作用方向相反，常称为反极化作用。反极化作用的结果将导致该 O^{2-} 与 C^{4+} 的连接减弱。如果 M^{2+} 反极化作用足够强，它甚至可使该 O^{2-} 偶极颠倒[图 9－3(b)]，导致 CO_3^{2-} 立即分解为 MO 和 CO_2。显然，金属离子极化力越大，碳酸盐越易分解。碱金属和碱土金属的一些含氧酸盐热分解的产物见表 9－11。

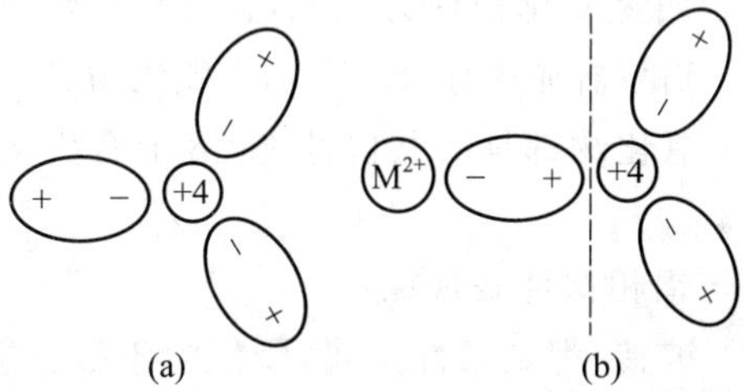

图 9－3　M^{2+} 对 CO_3^{2-} 的反极化作用

表 9－11　碱金属和碱土金属一些含氧酸盐热分解产物

	热分解产物
CO_3^{2-}	均分解为 M_2O(或 MO)$+CO_2$
HCO_3^-	均分解为 M_2CO_3(或 MCO_3)$+CO_2+H_2O$
NO_3^-	碱土金属和锂分解为 MO(或 M_2O)$+NO_2+O_2$，其他分解为 MNO_2+O_2
SO_4^{2-}	碱金属难以分解，碱土金属分解为 $MO+SO_3$

9.5　锂、铍的特殊性和对角线规则

一般来说，碱金属和碱土金属元素性质的递变是很有规律的，但锂和铍却表现出反常性。锂及其化合物的性质与其他碱金属元素及其化合物的性质有明显的差异。铍也同样表现出与其他碱土金属元素性质上差异。但是锂与镁，铍与铝在性质上却表现出很多的相似性。

在周期系中，某元素的性质和它左上方或右下方的另一元素性质的相似性，称**对角线规则**。这种相似性特别明显地存在于下列三对元素之间：

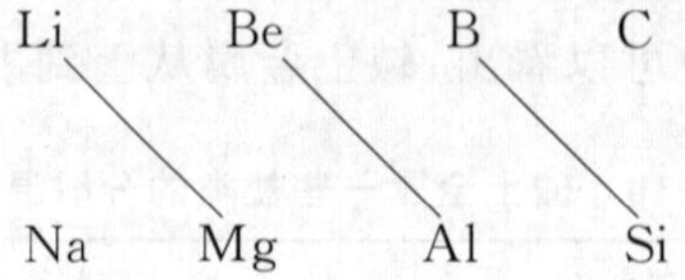

锂与镁相似性表现在：

(1) 锂、镁在氧气中燃烧都生成正常氧化物，而其他碱金属生成过氧化物或超氧化物。

(2) 都能与 N_2 直接化合生成氮化物，而其他碱金属不能直接与 N_2 化合。

$$6Li + N_2 \xlongequal{\quad} 2Li_3N$$
$$3Mg + N_2 \xlongequal{\quad} Mg_3N_2$$

(3) 它们的氟化物、碳酸盐、磷酸盐均难溶于水，而其他碱金属相应化合物均为易溶盐。

(4) 氢氧化物均为中等强度的碱，在水中溶解度不大，加热时可分别分解为 Li_2O 和 MgO。其他碱金属氢氧化物均为强碱，且加热至熔融也不分解。

(5) 硝酸盐加热分解产物均为氧化物、NO_2 和 O_2，而其他碱金属硝酸盐分解为 MNO_2 和 O_2。

(6) 氯化物都具有共价性，能溶于有机溶剂中。它们的水合氯化物晶体受热时都会发生水解反应。

铍与铝相似性表现在：

(1) 铍、铝都是两性金属，既能溶于酸也能溶于强碱。

(2) 都能被冷的浓硝酸钝化，而其他碱土金属均易与硝酸反应。

(3) 氢氧化物均为两性，而其他碱土金属氢氧化物均为碱性。

(4) 氯化物都是共价型化合物，易升华、易聚合、易溶于有机溶剂。

(5) 氧化物均为高熔点、高硬度的物质。

对角线规则可用离子极化的观点略加说明。一般来说，若正离子极化力接近，它们形成的化学键性质就相近，因而相应化合物的性质便呈现出某些相似性来。Li^+ 的极化力比 Na^+、K^+ 等大得多，但却与 Mg^{2+} 相近，因为 Mg^{2+} 半径虽比 Li^+ 大，但它的电荷比 Li^+ 高，于是 Li^+ 与它的右下方的 Mg^{2+} 在性质上显示出某些相似性。

拓展知识：

锂和精神健康

Li^+ 可用来治疗精神病的发现纯出于偶然。由于科学家能抓住这个偶然的发现，才创造了如今不平凡的业绩。1938 年澳大利亚精神病科医生 Gade J 在研究一种有机的大阴离子化合物对动物的影响时，为了增加剂量，他需要溶解度更大一些的这种阴离子化合物。对大阴离子的碱金属盐来说，溶解度会随着碱金属离子半径减小而增加，所以他很自然地选择了锂盐。当他用锂盐投药时，发现动物的行为发生了明显的变异，他意识到 Li^+

本身对大脑的活动有影响。进一步深入研究后，他发现 Li^+ 对狂躁型抑郁症患者特别有效。如今 Li_2CO_3 已成为治疗狂躁型抑郁症最安全、最有效的药物之一。据估计，从 1970 年到 1980 年的 10 年间，仅美国用这种极其简单的锂盐来治病就节约了 10 亿美元。当然，给药的剂量必须严格控制，太多的 Li^+ 会造成心脏停止跳动。Li^+ 治病的机理尚未弄得十分清楚，可能是它会影响体内 Na^+-K^+ 和 $Mg^{2+}-Ca^{2+}$ 的平衡。

其实，锂影响精神健康应该更早些被发现。因为英国许多民间医生很早就知道当地一些富锂河水对治疗某些精神疾病有效。后来人们又发现，美国得克萨斯州医院收治狂躁型抑郁症患者特别少，原来是由于当地饮用水中含 Li^+ 较多的缘故。

习　题

1. 试说明碱金属和碱土金属在同一族从上到下，同一周期从左到右下列性质递变的情况：(1) 离子半径；(2) 电离能；(3) 离子水合能。并解释原因。

2. 锂、钠、钾在氧气中燃烧生成何种氧化物？这些氧化物与水反应情况如何？以化学方程式来说明。

3. 写出下列反应方程式：

(1) Al 溶于 NaOH 溶液中　　(2) $Ba(NO_3)_2$ 加热分解

(3) $Na_2O_2+CO_2 \longrightarrow$　　(4) $CaH_2+H_2O \longrightarrow$

(5) $Na_2O_2+Cr_2O_3 \xrightarrow{熔融}$　　(6) $K+KNO_3 \longrightarrow$

4. 比较下列性质的大小：

(1) 溶解度：CsI，LiI；　CsF，LiF；　$LiClO_4$，$KClO_4$

(2) 碱性的强弱：$Be(OH)_2$，$Mg(OH)_2$，$Ca(OH)_2$，NaOH

(3) 分解温度：Na_2CO_3，$NaHCO_3$，$MgCO_3$，K_2CO_3

(4) 水合能：Na^+，K^+，Be^{2+}，Mg^{2+}

5. 解释下列事实：

(1) 卤化锂在非极性溶剂中的溶解度大小的顺序为 LiI＞LiBr＞LiCl＞LiF。

(2) 虽然电离能 I(Li)大于 I(Na)，但 $\varphi^{\ominus}(Li^+/Li)$ 比 $\varphi^{\ominus}(Na^+/Na)$ 更低。

(3) 虽然 $\varphi^{\ominus}(Li^+/Li)$ 比 $\varphi^{\ominus}(Na^+/Na)$ 低，但金属锂与水反应不如金属钠与水反应剧烈。

(4) 锂的第一电离能小于铍的第一电离能，但锂的第二电离能却大于铍的第二电离能。

(5) 在实验室里，NaOH 标准溶液不能装在酸滴定管中，而只能装在碱滴定管中。

6. 回答下列问题：

(1) 在水溶液中，离子在电场作用下移动速度的快慢常用离子的迁移率来描述。为什么实验测得碱金属离子的迁移率大小顺序是 $Cs^+>Rb^+>K^+>Na^+>Li^+$？

(2) 氯化钙加入冰中可获得低温，从制冷效果来看，采用无水 $CaCl_2$ 还是 $CaCl_2\cdot 6H_2O$ 为好？

(3) 为什么碱金属氯化物的熔点 NaCl＞KCl＞RbCl＞CsCl？而碱土金属氯化物的熔点 $MgCl_2<CaCl_2<SrCl_2<BaCl_2$？

(4) 加热 $CaCl_2\cdot 6H_2O$ 和 $MgCl_2\cdot 6H_2O$ 时，为什么前者得到无水 $CaCl_2$ 而后者得到 Mg(OH)Cl？

7. 如何鉴别下列各对物质？

(1) $Be(OH)_2$，$Mg(OH)_2$　　(2) $BeCO_3$，$MgCO_3$

(3) LiF,KF　　　　　　　　　　　　　　　(4) $NaClO_4$,$KClO_4$

8. 商品 NaOH 中为什么常含有杂质 Na_2CO_3？怎样用简便的方法加以检验？并如何除去？

9. Ca^{2+} 和 Mg^{2+} 混合液可用如下操作予以分离：在混合液中先加 NH_3-NH_4Cl 混合液，然后再加入 $(NH_4)_2CO_3$ 溶液，发现 Ca^{2+} 变成 $CaCO_3$ 沉淀，而 Mg^{2+} 仍留在溶液中。试用有关平衡理论解释之。

10. 在某酸性 $BaCl_2$ 溶液中，有少量 $FeCl_3$ 杂质，现用 $BaCO_3$ 调节溶液的 pH，可把 Fe^{3+} 沉淀为 $Fe(OH)_3$ 而除去。试用有关平衡理论解释之。

11. 一镁条在空气中燃烧后的余烬溶于 60 mmol 的盐酸后，过量盐酸需用 12 mmol NaOH 才完全中和。然后在此溶液中加入过量碱蒸馏，蒸出的氨通入 10 mmol 的盐酸中，剩余的盐酸需用 6 mmol 的碱中和。求算原来的镁条质量。(注：镁条燃烧产物为 MgO 和 Mg_3N_2 的混合物。)

12. 氧化钡是制备显像管和电真空管的吸氧剂和超导材料。它可由 $BaCO_3$ 和焦炭混合加热制得。试用热力学原理估算此法制取 BaO 所需的温度。如果不用焦炭，直接将 $BaCO_3$ 加热制取 BaO，则所需的温度为多高？

13. 图 9-2 给出 $BeCl_2$ 在不同温度下的三种结构式。试指出这三种结构中 Be 的杂化类型，并给出这三种结构的电子结构式(正常共价键用"—"表示，配位键用"→"表示)。

14. 试讨论镭以下几方面性质：

(1) 镭能否与水发生反应？

(2) 下列镭的化合物能否溶于水？

$Ra(OH)_2$　　RaF_2　　$RaSO_4$　　$RaCO_3$

(3) $Ra(OH)_2$ 碱性的强弱。

第十章

p 区 元 素

学习要求：

1. 理解 p 区元素的基本性质与其电子层结构的关系。
2. 熟悉 p 区元素重要化合物的主要化学性质及其变化规律。
3. 了解某些单质、常见氧化物、含氧酸及含氧酸根的结构。理解酸强度与结构的关系。
4. 熟悉本区元素各主要氧化态的氧化还原性。
5. 理解惰性电子对效应、反应的耦合、离域 π 键、氢桥键、等电子体和缺电子原子等重要概念。

p 区元素包括周期系ⅢA～ⅧA 族元素。除ⅧA 族元素(稀有气体)外，本章将对该区元素按族进行讨论。

10.1 卤　　素

10.1.1 卤素概述

周期系ⅦA 族元素统称卤族元素或卤素，包括氟、氯、溴、碘和砹五种元素。砹是放射性元素。表 10-1 列出了它们的一些基本性质。

表 10-1　卤素的一些基本性质

	氟	氯	溴	碘
价电子构型	$2s^2 2p^5$	$3s^2 3p^5$	$4s^2 4p^5$	$5s^2 5p^5$
共价半径/pm	67	99	114	133
离子(X^-)半径/pm	133	181	196	220
熔点/℃	−219.6	−101.0	−7.2	113.5
沸点/℃	−188.1	−34.6	58.8	184.4
电负性	4.0	3.2	3.0	2.7
电离能/($kJ \cdot mol^{-1}$)	1 762	1 311	1 194	1 057
电子亲和能/($kJ \cdot mol^{-1}$)	344	365	340	309
X^- 水合能/($kJ \cdot mol^{-1}$)	−460	−385	−351	−305
X—X 键键能/($kJ \cdot mol^{-1}$)	156	243	193	151
常见氧化态	−1	−1，+1，+3，+5，+7	−1，+1，+3，+5，+7	−1，+1，+3，+5，+7

从表中可见，卤素性质递变具有明显的规律性。如共价半径、离子半径、熔点、沸点都随原子序数增大而增大，而电离能、电子亲和能、离子水合能、电负性等随原子序数增大而减小。但是半径最小的氟却出现一些“反常”。例如，F—F 键键能比 Cl—Cl 键键能小，氟的电子亲和能也比氯的小。前者是由于氟的半径小，当 F—F 成键时，两氟原子间因距离近，两原子的孤对电子之间，孤对电子与键对电子之间产生较大的斥力，从而削弱了 F—F 键；后者也是由于氟的半径小、电子密度大，当它获得一个电子时，电子间的斥力显著增加，该斥力部分抵消了它获得一个电子所放出的能量。尽管如此，氟的化学活泼性仍然比氯的高。这是由于氟或氯参与反应的难易不仅与电子亲和能有关，而且与其他一些能量项也有关。例如，F_2 和 Cl_2 分别在水溶液中与其他物质反应最终生成水合离子时，该过程可分解为如下三步：

$$\frac{1}{2}X_2(g) \xrightarrow{\frac{1}{2}\Delta_b H} X(g) \xrightarrow{E} X^-(g) \xrightarrow{\Delta_h H} X^-(aq)$$

表 10-2 列出 F_2 和 Cl_2 在该过程中有关的能量。由此可见，虽然氟的电子亲和能(E)比氯的小，但氟的键能($\Delta_b H$)比氯的小，更主要的是 F^- 半径小，其水合能($\Delta_h H$)比 Cl^- 的大得多，因为反应总过程氟放出的能量比氯的多，所以在水溶液中反应氟比氯活泼[①]。氟在其他条件下反应也比氯活泼。例如，氟与金属反应生成离子化合物或者与非金属反应生成共价化合物所放出的能量都比氯的多，这主要也是由于氟的原子半径小，当生成离子化合物时晶格能大或者生成共价化合物时键能大的缘故。

表 10-2　$\frac{1}{2}X_2(g)$ 变成 $X^-(aq)$ 的有关能量($kJ\cdot mol^{-1}$)

	$\frac{1}{2}\Delta_b H$	E	$\Delta_h H$	$\Delta H=\frac{1}{2}\Delta_b H+E+\Delta_h H$
氟	$\frac{1}{2}\times156$	−322	−460	−704
氯	$\frac{1}{2}\times243$	−349	−385	−612.5

卤素单质都表现出氧化性。在水溶液中卤素氧化能力的大小可用 $\varphi^\ominus$ 来衡量。由图 10-1 卤素的电势图可见，卤素与水可发生两种类型的氧化还原反应：

$$2X_2+2H_2O \xlongequal{\quad} 4X^-+4H^++O_2$$
$$X_2+H_2O \xlongequal{\quad} H^++X^-+HXO$$

在第一类反应中，X_2 作氧化剂，水作还原剂。其有关电极电势为

$$2H^+(10^{-7}\,mol\cdot L^{-1})+\frac{1}{2}O_2+2e^- \rightleftharpoons H_2O \qquad \varphi^\ominus=0.816\ V$$

$$X_2+2e^- \rightleftharpoons 2X^- \qquad [\varphi^\ominus(F_2/F^-)=2.87\ V，其他见图 10-1]$$

① 严格地说，反应的难易应该用 ΔG 来判断，由于氟和氯在该反应过程中 ΔS 差别很小，故将其略去。

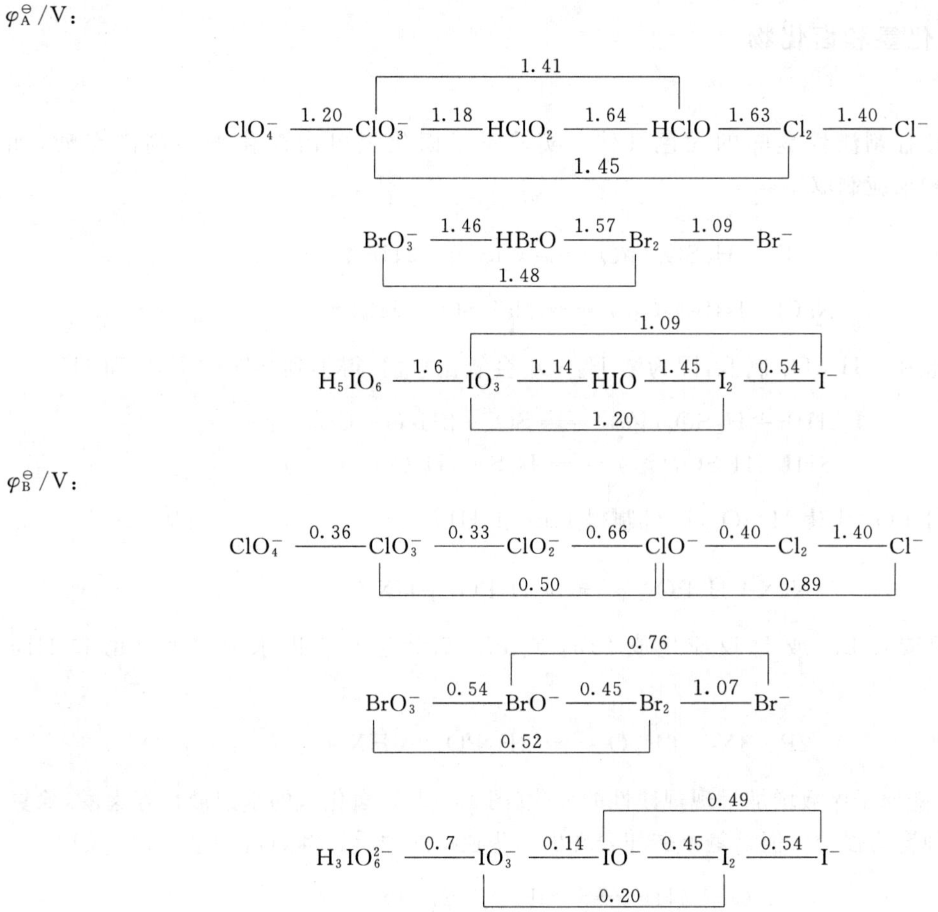

图 10-1　卤素的电势图

根据对角线关系，不难发现除 I_2 以外，F_2，Cl_2 和 Br_2 均可氧化水。事实上 F_2 的确与水剧烈反应放出 O_2，但是 Cl_2 和 Br_2 由于动力学原因与水反应缓慢。I_2 不能氧化水，而其逆反应可自发进行。

$$4I^- + O_2 + 4H^+ = 2I_2 + 2H_2O$$

卤素与水发生的第二类反应是卤素分子的歧化反应。氟不能形成正氧化态化合物，不发生此类反应。在电势图中，根据 $\varphi_{右}^\ominus > \varphi_{左}^\ominus$ 的规则，Cl_2，Br_2 和 I_2 在酸性介质中都不能发生歧化反应。但是在碱性溶液中，以下两类歧化反应都可自发进行：

$$X_2 + 2OH^- \rightleftharpoons X^- + XO^- + H_2O \tag{1}$$

$$3XO^- \rightleftharpoons 2X^- + XO_3^- \tag{2}$$

这两类歧化反应的反应速率不同，反应(1)的反应速率快，反应(2)的反应速率与卤素种类有关。对 Cl_2 来说，室温时反应慢，当温度升至 70 ℃左右才变快；对 Br_2 来说，0 ℃时反应慢，室温时反应快；对 I_2 来说，0 ℃时反应已很快。所以在室温下将 Cl_2，Br_2 或 I_2 分别加入碱液中，得到的产物分别是 ClO^-，BrO_3^- 或 IO_3^-。要制得 ClO_3^-，反应系统必须加热；要制得 BrO^-，反应系统必须冷却。

10.1.2 卤化氢和卤化物

1. 卤化氢

卤化氢都是具有刺激性臭味的无色气体。实验室里卤化氢可由卤化物与高沸点酸(如 H_2SO_4、H_3PO_4 等)反应制取。

$$CaF_2 + H_2SO_4(浓) \xlongequal{\triangle} CaSO_4 + 2HF\uparrow$$

$$NaCl + H_2SO_4(浓) \xlongequal{\triangle} NaHSO_4 + HCl\uparrow$$

但 HBr 和 HI 不能用浓 H_2SO_4 制取,因为浓 H_2SO_4 会氧化它们,得不到纯净的 HBr 和 HI。

$$2HBr + H_2SO_4(浓) = SO_2 + 2H_2O + Br_2$$

$$8HI + H_2SO_4(浓) = H_2S + 4H_2O + 4I_2$$

如用非氧化性的 H_3PO_4 代替 H_2SO_4,则可制得 HBr 和 HI。

$$NaX + H_3PO_4 \xlongequal{\triangle} NaH_2PO_4 + HX\uparrow$$

HBr 和 HI 也可用磷和 Br_2 或 I_2 反应生成 PBr_3 或 PI_3,后者遇水立即水解成亚磷酸和 HBr 或 HI。

$$2P + 3X_2 + 6H_2O = 2H_3PO_3 + 6HX$$

卤化氢的性质随原子序数增加呈现规律性的变化(图 10-2)。卤化氢的水溶液称氢卤酸,除氢氟酸是弱酸外,其他皆为强酸。但是氢氟酸却表现出一些独特的性质。例如,它可与 SiO_2 反应:

$$SiO_2 + 4HF = SiF_4\uparrow + 2H_2O$$

可利用这一性质来刻蚀玻璃或溶解各种硅酸盐。氢氟酸也可用来溶解普通强酸不能溶解的 Ti, Zr, Hf 等金属。这一特性与 F^- 半径特别小有关,因 F^-(硬碱)可与一些半径小、电荷高的离子如 Ti^{4+}, Zr^{4+}, Hf^{4+} 等(硬酸)形成稳定的配离子 $[MF_6]^{2-}$,从而促使这些金属溶解。

$$M + 6HF = [MF_6]^{2-} + 2H^+ + 2H_2\uparrow \quad (M = Ti, Zr, Hf)$$

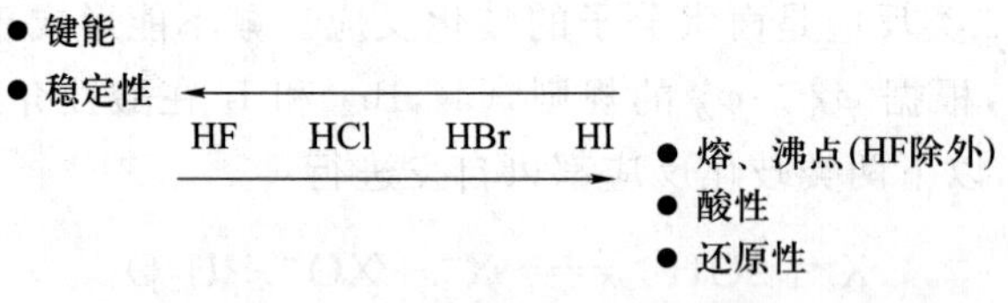

图 10-2 HX 性质的递变规律

2. 卤化物

卤素与电负性较小的元素生成的二元化合物叫做卤化物。卤化物可分为金属卤化物和非金属卤化物两大类。下面着重讨论卤化物的溶解性和水解性这两类性质。

(1) 溶解性 金属卤化物一般易溶于水,比较重要的难溶化合物有 AgX, PbX_2, Hg_2X_2 和 CuX(X=Cl,Br,I)。氟化物的溶解性常与其他卤化物不同。例如,AgF 是易溶的,而 LiF, MF_2

(M 为碱土金属，Mn，Fe，Ni，Cu，Zn，Pb)和 AlF_3 等都是难溶盐。

(2) 水解性　金属卤化物溶于水时，除少数活泼金属卤化物外，均发生不同程度的水解。例如：

$$MgCl_2 + H_2O \rightleftharpoons Mg(OH)Cl + HCl$$

其中 $SnCl_2$，$SbCl_3$ 和 $BiCl_3$ 水解后分别以碱式氯化亚锡[Sn(OH)Cl]，氯氧化锑(SbOCl)和氯氧化铋(BiOCl)的沉淀形式析出。

$$SnCl_2 + H_2O = Sn(OH)Cl\downarrow + HCl$$
$$SbCl_3 + H_2O = SbOCl\downarrow + 2HCl$$
$$BiCl_3 + H_2O = BiOCl\downarrow + 2HCl$$

所以在配制这些盐溶液时，为了防止沉淀产生，应将盐类先溶于浓盐酸，然后加水稀释。

非金属卤化物水解大致可分成三种类型：

1) 与水反应生成非金属含氧酸和卤化氢，如 BCl_3，$SiCl_4$，PCl_5，AsF_5 等。

2) 与水反应生成非金属氢化物和卤素含氧酸，如 NCl_3，OCl_2 等。

3) 不与水反应，如 CCl_4，SF_6 等。

一般认为，非金属卤化物水解机理首先是水分子以氧原子为配位原子配位到卤化物电正性的中心原子上。例如，BCl_3 的水解过程为

$$H_2O + BCl_3 \longrightarrow H_2O\!:\rightarrow \overset{\delta+}{B}—\overset{\delta-}{Cl_3}$$

接着 1 个 O—H 键和 1 个 B—Cl 键断裂，生成 HCl 和 B—OH 键

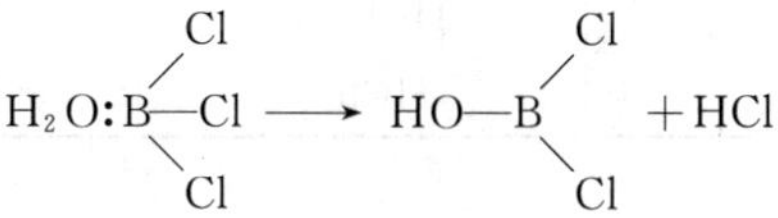

随后第 2、第 3 个 H_2O 分子再相继配位上去，发生以上类似反应

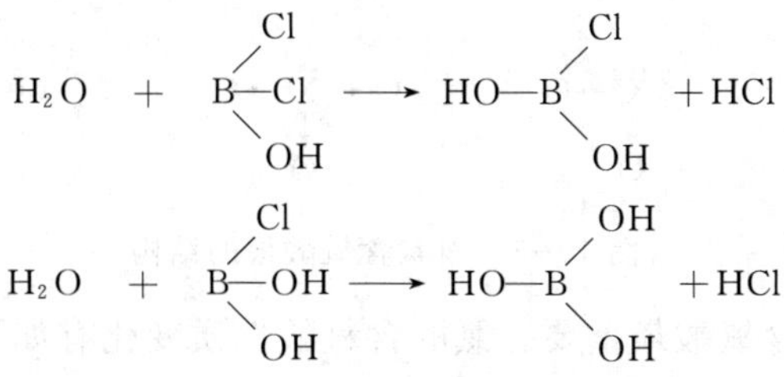

故最后得到非金属含氧酸和卤化氢。以这种类型水解的卤化物最多，例如：

$$SiCl_4 + 4H_2O = H_4SiO_4 + 4HCl$$
$$PCl_5 + 4H_2O = H_3PO_4 + 5HCl$$

CCl_4 和 SF_6 不水解是因为中心原子 C 和 S 均已达到它的最高配位数[①]，水分子中的氧原子无法

① 中心原子的最高配位数，第二周期的 C 和 N 为 4，第三周期的 S 为 6。详见 8.1 节。

再配位上去。但是，从热力学上讲，CCl_4 和 SF_6 的水解反应是自发的（$\Delta_r G<0$），它们之所以不水解，完全是动力学上的原因。

NCl_3 的水解过程与上面的不同。N 虽未达到最高配位数，但价电子对数却已饱和，这时水分子中氧原子的孤对电子已无法配位上去，但氢原子可接受 N 原子的孤对电子与其配位。

$$Cl_3N\colon + H_2O \longrightarrow [Cl_3N\colon \rightarrow H{-}OH] \longrightarrow Cl_2NH + HOCl$$

$$Cl_2\overset{H}{N}\colon + H_2O \longrightarrow Cl\overset{H_2}{N}\colon + HOCl$$

$$Cl\overset{H_2}{N}\colon + H_2O \longrightarrow NH_3 + HOCl$$

水解产物 NH_3 和 HOCl 可相互反应，故总反应为

$$NCl_3 + 3H_2O = NH_4OCl + 2HOCl$$

10.1.3 卤素含氧酸及其盐

卤素含氧酸有多种多样，见表 10-3。卤素含氧酸根的结构除 IO_6^{5-} 是 sp^3d^2 杂化外，其他的均是 sp^3 杂化，其结构见图 10-3。

表 10-3 卤素含氧酸

名称	卤素的氧化态	氯	溴	碘
次卤酸	+1	HOCl*	HOBr*	HOI*
亚卤酸	+3	$HClO_2$*	—	—
卤 酸	+5	$HClO_3$*	$HBrO_3$*	HIO_3
高卤酸	+7	$HClO_4$	$HBrO_4$*	HIO_4，H_5IO_6

* 表示仅存在于溶液中。

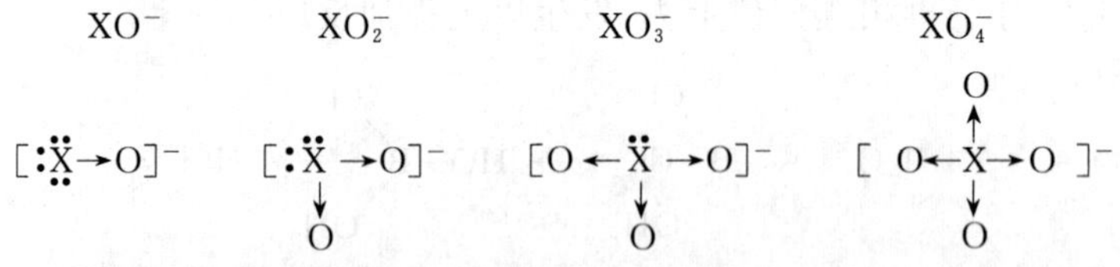

图 10-3 卤素含氧酸根的结构

卤素含氧酸中以氯的含氧酸最重要。氯的含氧酸性质变化有如下规律：

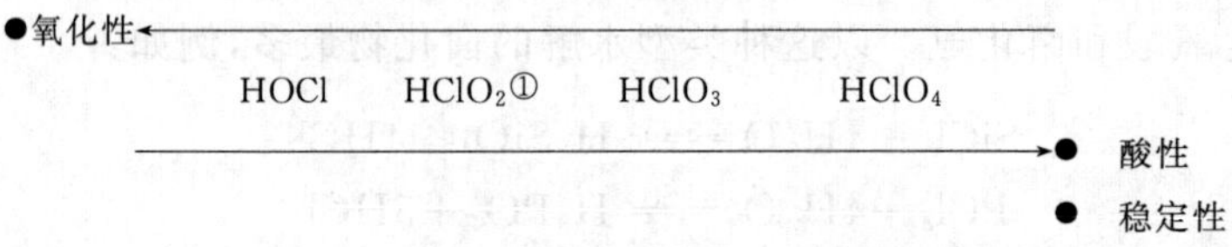

HOCl 是很弱的酸（$K_a^{\ominus}=2.90\times10^{-8}$）。它很不稳定，只能存在稀溶液中，且会慢慢自行分解。

① $HClO_2$ 有些例外，氧化性大于 HOCl，稳定性小于 HOCl。

$$2HOCl \xlongequal{\quad} 2HCl + O_2$$

HOCl 是强的氧化剂和漂白剂。漂白粉是 Cl_2 与 $Ca(OH)_2$ 反应所得的混合物。

$$2Cl_2 + 3Ca(OH)_2 \xlongequal{\quad} Ca(ClO)_2 + CaCl_2 \cdot Ca(OH)_2 \cdot H_2O + H_2O$$

漂白粉的漂白作用就是基于 ClO^- 的氧化性。

$HClO_3$ 是强酸，也是强氧化剂。它能把 I_2 氧化成 HIO_3，而本身的还原产物取决于其用量。

$$2HClO_3(\text{过量}) + I_2 \xlongequal{\quad} 2HIO_3 + Cl_2$$

$$5HClO_3 + 3I_2(\text{过量}) + 3H_2O \xlongequal{\quad} 6HIO_3 + 5HCl$$

$HClO_3$ 与 HCl 反应可放出 Cl_2：

$$HClO_3 + 5HCl \xlongequal{\quad} 3Cl_2 + 3H_2O$$

$KClO_3$ 是最重要的氯酸盐。在有催化剂存在时，它受热分解为 KCl 和 O_2；若无催化剂，则发生歧化反应。

$$4KClO_3 \xlongequal{\triangle} 3KClO_4 + KCl$$

固体 $KClO_3$ 是强氧化剂。它与易燃物质，如碳、硫、磷或有机物质混合后，一受撞击即引起爆炸着火，因此，$KClO_3$ 常用来制造炸药、火柴和焰火等。$KClO_3$ 的中性溶液不显氧化性，不能氧化 KI，但酸化后，即可将 I^- 氧化。

$HClO_4$ 是最强的无机酸。其稀溶液比较稳定，氧化能力不及 $HClO_3$，但浓 $HClO_4$ 溶液是强的氧化剂，与有机物质接触会发生爆炸，使用时必须十分小心。

10.2 氧　　族

10.2.1 氧族元素概述

周期系ⅥA 族元素统称氧族元素，它包括氧、硫、硒、碲和钋。钋是放射性元素。表 10-4 列出了它们的一些基本性质。从中可以看出，本族元素的共价半径、离子半径随原子序数增加而增大；电负性、电离能随原子序数增加而减小。与氟相似，氧原子也因半径特小，某些性质出现“反常”。例如，它的单键键能比硫的小。氧与硫单质熔、沸点相差很大，这也是由于氧原子半径小而引起成键方式不同的缘故。单质 O_2 和 S_8 的分子结构为

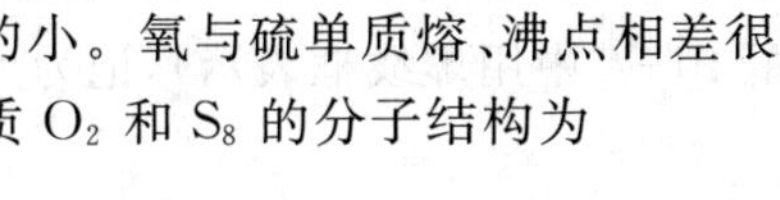

氧和硫原子的价电子构型均为 ns^2np^4，都有 2 个单电子，都可形成 2 个键，所以它们单质有两种键合方式：一种是两个原子之间以双键相连而形成双原子的小分子；另一种是多个原子之间以单键相连形成多原子的“大分子”。它们以哪种方式成键取决于键能，如果：

(1) $\Delta_b H(M{=}M) < 2\Delta_b H(M{-}M)$　　　易形成单键

(2) $\Delta_b H(M=M) > 2\Delta_b H(M-M)$　　　　　　　　易形成双键

氧和硫的单、双键键能分别为

$$\Delta_b H(O-O) = 138\ kJ\cdot mol^{-1} \qquad \Delta_b H(S-S) = 264\ kJ\cdot mol^{-1}$$

$$\Delta_b H(O=O) = 498\ kJ\cdot mol^{-1} \qquad \Delta_b H(S=S) = 425\ kJ\cdot mol^{-1}$$

显然，氧原子符合(2)式，硫原子符合(1)式。这就是氧单质以 O_2，硫单质以 S_8 形式存在的原因。那么，为什么氧的单键键能小、双键键能大，而硫的单键键能大、双键键能小？其主要原因就在于它们原子半径不同。对半径特别小的原子(如 N、O、F 原子)形成单键时存在强烈的孤对电子之间、孤对电子与键对电子之间的斥力，它将大大地削弱所形成的键。相反的，原子半径小对形成多重键却有利，因为 π 键是轨道侧向重叠，只有当两原子半径很小时，轨道侧向重叠的程度才会大。

表 10-4　氧族元素的一些基本性质

	氧	硫	硒	碲
价电子构型	$2s^2 2p^4$	$3s^2 3p^4$	$4s^2 4p^4$	$5s^2 5p^4$
共价半径/pm	60	104	117	137
离子(M^{2-})半径/pm	140	184	198	221
熔点/℃	−218.8	112.8	220	449.5
沸点/℃	−183.0	444.6	685	989.8
电负性	3.4	2.6	2.6	2.1
电离能/($kJ\cdot mol^{-1}$)	1 377	1 047	986	911
单键键能/($kJ\cdot mol^{-1}$)	138	264	172	126
常见氧化态	−2	−2,+2,+4,+6	−2,+2,+4,+6	−2,+2,+4,+6

氧族元素单质都有同素异形体。例如，氧有 O_2 和 O_3(臭氧)，硫有斜方、单斜和弹性硫等。O_3 的结构比较特殊，它的构型呈 V 形(图 10-4)。中心氧原子以 sp^2 杂化，它用两个杂化轨道与两端两个氧原子键合，另一个杂化轨道被孤对电子占据。除此以外，中心氧原子还有一个没有参加杂化的 p 轨道(被 2 个电子占据)，两端的两个氧原子也各有一个 p 轨道(各被 1 个电子占据)，这三个 p 轨道相互平行，形成了垂直于分子平面的三中心四电子的离域 π 键(也称大 π 键，图 10-4 中用虚线框表示)，记为 π_3^4。由此可见，形成离域 π 键需满足：

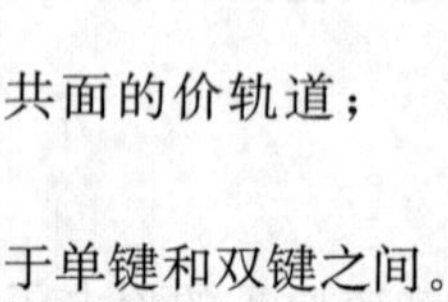

图 10-4　O_3 分子结构

(1) 参与离域 π 键的原子应共面①，而且每个原子都能提供一个垂直于共面的价轨道；

(2) 离域 π 键上总的 π 电子数应少于参与离域 π 键价轨道数的两倍。

O_3 分子由于形成 π_3^4 键，每个 O—O 键都具有一定的双键特征，键能和键长都介于单键和双键之间。

单斜硫和斜方硫的分子都是 S_8，它们只是晶体中分子排列不同而已。弹性硫为 S_8 环断开后，相互聚合成长链的大分子，这些长链相互绞结，因而使其具有弹性。

① 共面一般情况下指共平面，但共球面、共弧面也能形成大 π 键，如富勒烯所形成的大 π 键。

10.2.2 氧族元素氢化物

本族元素的氢化物 H_2O，H_2S，H_2Se 和 H_2Te 性质的递变与卤化氢相似，即随中心原子原子序数增加，熔沸点、酸性、还原性依次增高（H_2O 因形成氢键，熔沸点比 H_2S 高），而稳定性、键能依次降低。

硫化氢 是一种有毒气体，为大气污染物。空气中 H_2S 体积分数达 1×10^{-3} 时会引起头晕头痛，大量吸入 H_2S 会造成死亡。H_2S 及其水溶液氢硫酸在实验室中主要用作沉淀剂，许多金属离子遇 H_2S 可生成难溶的硫化物沉淀。此外，H_2S 也是强还原剂，它的电极电势为

$$S+2H^++2e^- \rightleftharpoons H_2S \qquad \varphi^\ominus=0.144\ V$$

较弱的氧化剂 I_2 就可将它氧化。

$$I_2+H_2S = 2HI+S\downarrow$$

氢硫酸溶液在空气中放置，空气中 O_2 也可把它慢慢地氧化为 S，而使溶液变混浊。

$$2H_2S+O_2 = 2S\downarrow+2H_2O$$

过氧化氢 俗称双氧水。因其分子中含有过氧键（—O—O—），有较强的氧化性。

$$O_2+2H^++2e^- \rightleftharpoons H_2O_2 \qquad \varphi^\ominus=0.695\ V$$
$$H_2O_2+2H^++2e^- \rightleftharpoons 2H_2O \qquad \varphi^\ominus=1.76\ V$$

由以上电极电势可见，H_2O_2 既是一种很强的氧化剂，又是一种较弱的还原剂。从热力学上讲，H_2O_2 应该不能存在，因为它可自发地发生如下歧化反应：

$$2H_2O_2 = 2H_2O+O_2 \qquad \Delta_rG^\ominus=-205\ kJ\cdot mol^{-1}$$

但是该反应活化能较高，室温下分解速率较慢。如果有催化剂（如 Cu^{2+}，Fe^{2+}，Mn^{2+}，Cr^{3+} 等）存在，分解反应即可大大地加速。作为氧化剂或还原剂，H_2O_2 比其他氧化剂或还原剂有其优越的一面。因为它的还原产物是水，氧化产物是 O_2，均不会给反应系统带来杂质，因而是一种“清洁”的氧化剂和还原剂。H_2O_2 可把亚硫酸氧化为硫酸，把硫化物氧化为硫酸盐。

$$H_2SO_3+H_2O_2 = H_2SO_4+H_2O$$
$$PbS+4H_2O_2 = PbSO_4+4H_2O$$

当 H_2O_2 遇到强氧化剂时才显还原性。例如：

$$2MnO_4^-+5H_2O_2+6H^+ = 2Mn^{2+}+5O_2\uparrow+8H_2O$$
$$Ag_2O+H_2O_2 = 2Ag+H_2O+O_2\uparrow$$

10.2.3 金属硫化物

金属硫化物的特性是难溶于水，除碱金属和碱土金属硫化物外（BeS 难溶），其他金属硫化物几乎都不溶于水。金属硫化物按溶解的方法不同，可分为五类，如表 10-5 所示。从表中可见，随着硫化物溶度积的变小，溶解它就要设法把溶液中 S^{2-} 和金属离子浓度降得越来越低，故对溶解手段的

要求也越来越苛刻。在无机化学中常利用硫化物的难溶性来除去溶液中金属离子杂质;在分析化学中利用硫化物溶解方法的多样性以及硫化物具有特征的颜色,用来分离和鉴别金属离子。

表 10-5　金属硫化物的颜色及溶解性

硫化物	颜色	$K_{sp}^{\ominus}$	溶解性
Na_2S	无色	—	溶于水或稍溶于水
K_2S	黄棕色	—	
BaS	无色	—	
MnS	肉色	2.5×10^{-13}	溶于 0.3 $mol\cdot L^{-1}$ 的 H^+ 溶液
FeS	黑色	6.3×10^{-18}	
$NiS(\alpha)$	黑色	3.2×10^{-19}	
$CoS(\alpha)$	黑色	4.0×10^{-21}	
$ZnS(\alpha)$	白色	1.6×10^{-24}	
CdS	黄色	8.0×10^{-27}	溶于浓 HCl
PbS	黑色	8.0×10^{-28}	
CuS	黑色	6.3×10^{-36}	溶于 HNO_3
Ag_2S	黑色	6.3×10^{-50}	
HgS	黑色	4×10^{-53}	溶于王水

10.2.4　硫的含氧酸及其盐

硫能形成种类繁多的含氧酸,一些比较常见的列于表 10-6。

表 10-6　硫的若干含氧酸

名称	化学式	硫的氧化态	结构式	存在形式
亚硫酸	H_2SO_3	+4	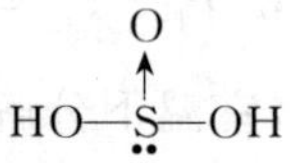	盐
硫酸	H_2SO_4	+6	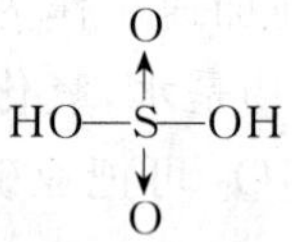	酸、盐
硫代硫酸	$H_2S_2O_3$	+2	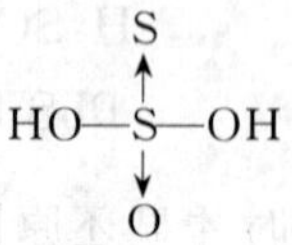	盐
过二硫酸	$H_2S_2O_8$	+7	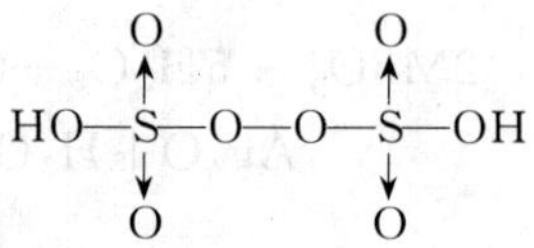	酸、盐
连四硫酸	$H_2S_4O_6$	+2.5	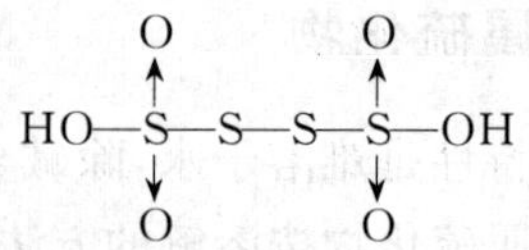	盐

硫酸及其盐 硫酸为无色油状液体。市售浓硫酸的质量分数为96%～98%，密度1.84 g·mL^{-1}，有强烈吸水性，并能从一些有机物中夺取水分而发生炭化作用。因此，它能严重地破坏动植物的组织，如损坏衣服和灼伤皮肤等，使用时必须注意安全。浓硫酸的水合能很大(878 kJ·mol^{-1})，所以稀释时要十分小心，切不可把水倒入浓硫酸中，而应该在不断搅拌下，把浓硫酸慢慢地倒入水中。

H_2SO_4 的结构如表10-6所示。中心硫原子采取 sp^3 杂化。4个杂化轨道中，2个被单电子占据的杂化轨道与2个羟基成键，2个被孤对电子占据的杂化轨道配位到2个非羟基氧原子空的p轨道上形成 σ 配键，由此构成四面体骨架。另外，每个非羟基氧原子上2个被孤对电子占据的p轨道与中心硫原子空的3d轨道对称性匹配，它们之间还可形成2个d-p π 键。所以硫原子与非羟基氧原子之间有一定的双键成分，故有人主张将 H_2SO_4 的结构式写成

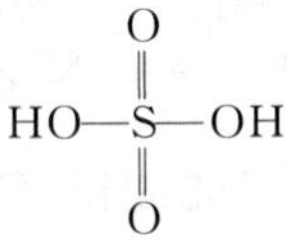

但是硫原子的3d轨道与氧原子的2p轨道能量差较大，这种d-p π 键较弱，2个d-p π 键的键能还抵不上1个正常 π 键的键能①。H_2SO_4 的第一步解离是完全的，所以是强酸，但 HSO_4^- 只部分解离($K_{a_2}^{\ominus}=1.02\times10^{-2}$)。热的浓硫酸是强氧化剂，可以氧化许多金属和非金属。例如：

$$Cu+2H_2SO_4(浓) \xlongequal{\quad} CuSO_4+SO_2\uparrow+2H_2O$$
$$C+2H_2SO_4(浓) \xlongequal{\quad} CO_2\uparrow+2SO_2\uparrow+2H_2O$$

硫酸盐一般易溶于水，但 Sr^{2+}，Ba^{2+} 和 Pb^{2+} 的硫酸盐难溶，Ag^+ 和 Ca^{2+} 的硫酸盐微溶。多数硫酸盐有形成复盐的特性。常见的复盐有两类，其组成通式分别是 $M_2^{I}SO_4\cdot M^{II}SO_4\cdot 6H_2O$ ($M^{I}=NH_4^+$，K^+，Rb^+，Cs^+；$M^{II}=Fe^{2+}$，Co^{2+}，Ni^{2+}，Zn^{2+}，Cu^{2+}，Mg^{2+} 等)和 $M_2^{I}SO_4\cdot M_2^{III}(SO_4)_3\cdot 24H_2O$($M^{I}=Na^+$，$K^+$，$NH_4^+$；$M^{III}=Al^{3+}$，$Cr^{3+}$，$Fe^{3+}$，$V^{3+}$ 等)。摩尔盐 $(NH_4)_2SO_4\cdot FeSO_4\cdot 6H_2O$ 和明矾 $K_2SO_4\cdot Al_2(SO_4)_3\cdot 24H_2O$ 分别是这两类复盐的重要代表。

亚硫酸及其盐 SO_2 的结构与 O_3 相似，中心原子采取 sp^2 杂化，在分子平面内还存在离域 π 键(π_3^4)。SO_2 的水溶液叫做亚硫酸，亚硫酸不稳定，只能存在水溶液中。在亚硫酸中硫的氧化态为+4，故它既有氧化性又有还原性。在酸性介质中 H_2SO_3 有关电极电势为

$$H_2SO_3+4H^++4e^- \rightleftharpoons S+3H_2O \qquad \varphi^{\ominus}=0.45\ V$$
$$SO_4^{2-}+4H^++2e^- \rightleftharpoons H_2SO_3+H_2O \qquad \varphi^{\ominus}=0.17\ V$$

可见它是较强的还原剂和弱的氧化剂。它可将 I_2 还原为 I^-：

$$H_2SO_3+I_2+H_2O \xlongequal{\quad} H_2SO_4+2HI$$

遇强还原剂时，H_2SO_3 才表现出氧化性。例如：

$$H_2SO_3+2H_2S \xlongequal{\quad} 3S\downarrow+3H_2O$$

---

① d-p π 键也形成于中心原子 sp^3 杂化的其他含氧酸中，如 $HClO_4$，H_3PO_4，H_4SiO_4 等。第四或第五周期元素生成的含氧酸，如 H_3AsO_4，$HBrO_4$ 等，因中心原子空的4d或5d轨道与氧原子的2p轨道能量差更大，d-p π 键更弱了，往往可以忽略。

亚硫酸盐可形成正盐和酸式盐两类，所有酸式盐均易溶于水，正盐中除碱金属和铵盐外均难溶于水，但都能溶于强酸溶液。

硫代硫酸及其盐 亚硫酸盐与硫化合可生成硫代硫酸盐：

$$Na_2SO_3 + S \xlongequal{\triangle} Na_2S_2O_3$$

硫代硫酸只能以盐的形式存在，遇酸则立即分解：

$$S_2O_3^{2-} + 2H^+ \xlongequal{\quad} SO_2\uparrow + S\downarrow + H_2O$$

该反应常用来鉴定 $S_2O_3^{2-}$。硫代硫酸盐具有较强的还原性，强氧化剂(如 Cl_2)把它氧化为硫酸盐，较弱的氧化剂(如 I_2)把它氧化为连四硫酸盐。

$$Na_2S_2O_3 + 4Cl_2 + 5H_2O \xlongequal{\quad} 2H_2SO_4 + 2NaCl + 6HCl$$

$$2Na_2S_2O_3 + I_2 \xlongequal{\quad} Na_2S_4O_6 + 2NaI$$

后一反应是容量分析中碘量法的基础。硫代硫酸根有很强的配位能力可使 AgBr 溶解：

$$AgBr + 2S_2O_3^{2-} \xlongequal{\quad} [Ag(S_2O_3)_2]^{3-} + Br^-$$

过硫酸 过一硫酸(H_2SO_5)和过二硫酸($H_2S_2O_8$)分别可看作 H_2O_2 分子中一个氢原子和两个氢原子被—SO_3H 基团取代的产物。过硫酸分子中都含有过氧键(—O—O—)，因此具有强的氧化性。

$$S_2O_8^{2-} + 2e^- \rightleftharpoons 2SO_4^{2-} \qquad \varphi^\ominus = 2.01\ V$$

过硫酸盐在 Ag^+ 催化下，能将 Mn^{2+} 氧化为 MnO_4^-：

$$2Mn^{2+} + 5S_2O_8^{2-} + 8H_2O \xlongequal{Ag^+} 2MnO_4^- + 10SO_4^{2-} + 16H^+$$

该反应可用来鉴定 Mn^{2+}。

10.2.5 酸的强度与结构的关系

影响酸强度的因素很多。酸解离常数 $K_a^\ominus$ 与质子传递反应的 $\Delta G^\ominus$ 有关，故它不仅与该过程的 $\Delta H^\ominus$ 而且与 $\Delta S^\ominus$ 有关，此外，溶剂对质子传递反应也有显著影响。所以我们不能仅仅从分子本身的结构来定量预测酸强度。但是，在一些具有相似结构的酸中，我们还是能从中找出一些规律来。

无机酸一般分为含氧酸和非含氧酸两类。含氧酸是指那些酸根中含氧原子的酸，如 H_2SO_4，H_3PO_4 等。这些酸可用通式 $RO_m(OH)_n$ 表示，其中 R 为成酸的中心原子，m 为与 R 单独成键的 O 原子数，因这些 O 原子只与 R 成键，常称之为非羟基氧，n 为与 R 成键的羟基数。非含氧酸通式为 R—H，即一类具有酸性的非金属二元氢化物的水溶液，如 HCl，H_2S 等。

含氧酸都有 R—O—H 结构。决定含氧酸羟基上的 H^+ 解离难易程度主要有两因素：O—H 键的极性和 O—H 键的键能。O—H 键极性越大，H^+ 越易解离；键能越小，H^+ 越易解离。表 10-7列出次卤酸(HRO)中心原子的电负性和 $K_a^\ominus$ 的关系。由表可见，随中心原子 R 电负性增大，R 对 O—H 键的电子吸引力变大，导致 O—H 键的极性增大和 O—H 键键能减小，故这些酸酸性强弱的次序为 HClO＞HBrO＞HIO。

表 10-7 次卤酸中心原子 R 的电负性与 $K_a^\ominus$ 的关系

酸,HRO	结 构	R 的电负性	$K_a^\ominus$
HClO	:Cl—O—H *	3.2	2.9×10^{-8}
HBrO	:Br—O—H	3.0	2.0×10^{-9}
HIO	:I—O—H	2.7	2.3×10^{-11}

* 箭头表示 O—H 键上电子被吸引的方向,箭头长短表示引力大小。

表 10-8 列出中心原子相同,但键合非羟基氧原子数不同的氯的含氧酸的 $K_a^\ominus$。由表可见,随非羟基氧原子数增多,酸变强。这是因为强电负性的 O 原子能从 Cl 原子和 O—H 键上吸引电子,其净效果是增大了 O—H 键的极性和减小了 O—H 键的键能。从这些含氧酸 $K_a^\ominus$ 变化的程度可看出,非羟基氧原子数对酸强度影响是很大的。美国化学家鲍林从中总结出含氧酸的 $K_a^\ominus$ 与非羟基氧原子数的半定量关系。即具有 $RO_m(OH)_n$ 形式的酸,其 $K_a^\ominus$ 与非羟基氧原子数 m 的关系为:

$m=0$ 时,$K_a^\ominus\leqslant10^{-7}$,是很弱的酸;

$m=1$ 时,$K_a^\ominus\approx10^{-2}$,是弱酸;

$m=2$ 时,$K_a^\ominus\approx10^{3}$,是强酸;

$m=3$ 时,$K_a^\ominus\approx10^{8}$,是很强的酸。

表 10-8 卤素含氧酸非羟基氧原子数与 $K_a^\ominus$ 的关系

卤素含氧酸	结 构	非羟基氧原子数	$K_a^\ominus$
HClO	:Cl—O—H	0	2.9×10^{-8}
$HClO_2$	:O: / :Cl—O—H	1	1×10^{-2}
$HClO_3$	:O: / :Cl—O—H / :O:	2	$\sim1\times10^{1}$
$HClO_4$	:O: / :O:Cl—O—H / :O:	3	$\sim1\times10^{10}$

中心原子吸引电子的能力对酸强度的影响也可从含水金属离子中看到。电荷高半径小的金属离子,如 Al^{3+},在水溶液中呈酸性,是因为连接在金属离子上 H_2O 分子的酸强度,随金属离子吸引电子能力增强而增大。

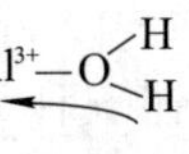

所以金属离子正电荷越高,半径越小,其水合离子酸性就越强。

非含氧酸(R—H)酸强度也主要与键的极性和键能有关。但是此两因素对其酸强度的影响往往是相互抵消的。因为极性大的非含氧酸往往键能也大,极性小的往往键能也小。那么,这两因素中何种因素起主导作用呢?这要看相互比较酸强度的非含氧酸类型。在比较同一周期元素所形成的非含氧酸时,例如,比较 PH_3,H_2S,HCl 的酸性时,虽然 R—H 的极性和键能都是按此顺序依次增大,因为键的极性在此起主导作用,所以这些酸的酸性依此顺序递增。在比较同一族元素形成的非含氧酸时,例如,比较 HF,HCl,HBr,HI 的酸强度时,虽然极性和键能都是按此顺序减小,因为键能在此起主导作用,所以这些酸的酸性依次增大。周期表ⅤA～ⅦA 族元素氢化物水溶液酸性变化规律为

$NH_3$①	H_2O	HF	酸性增强 ↓
PH_3	H_2S	HCl	
AsH_3	H_2Se	HBr	
SbH_3	H_2Te	HI	
酸性增强 →			

综上所述,在比较含氧酸酸性时,一般首先看非羟基氧原子数,在非羟基氧原子数相同的情况下,在同一族同类型的含氧酸中,再看中心原子电负性大小。在比较非含氧酸酸性时,若在同一周期,起主导作用的是键的极性;若在同一族,起主导作用的是键能。

例 10-1 判断下列酸酸性的大小,并解释原因。

(1) HI　HBr　H_2Se　H_2S

(2) NH_4^+　PH_4^+

(3) H_2SO_4　H_2SO_3　H_2SeO_4　$HClO_4$　HClO

(4) $Fe(H_2O)_6^{3+}$　$Fe(H_2O)_6^{2+}$

(5) CH_3COOH　FCH_2COOH　$F_2CHCOOH$　F_3CCOOH

答 (1) 同一族非含氧酸酸性 HI＞HBr,H_2Se＞H_2S,因前者键能小。同一周期非含氧酸酸性 HBr＞H_2Se,因 HBr 极性大。所以酸性的顺序为 HI＞HBr＞H_2Se＞H_2S。

(2) PH_4^+＞NH_4^+。因 N,P 为同一族,而 P—H 键能小。

(3) 这些含氧酸非羟基氧原子数依次为 2,1,2,3,0。非羟基氧原子数相同的 H_2SO_4 和 H_2SeO_4,中心原子属同一族,且电负性 S＞Se,所以酸性的顺序为 $HClO_4$＞H_2SO_4＞H_2SeO_4＞H_2SO_3＞HClO。

(4) $Fe(H_2O)_6^{3+}$＞$Fe(H_2O)_6^{2+}$。因 Fe^{3+} 正电荷高半径小。

(5) F_3CCOOH＞$F_2CHCOOH$＞FCH_2COOH＞CH_3COOH。因为 F 电负性大,F 取代 H 越多,对 C 和 O—H 成键电子引力越大,酸越强。

10.3 氮　族

10.3.1 氮族元素概述

周期系ⅤA 族元素包括氮、磷、砷、锑和铋五种元素,统称氮族元素。氮和磷是非金属元素,

① ⅤA 族元素氢化物呈碱性,碱性从上到下减弱。

砷和锑是准金属，铋是金属元素。因此，本族元素在性质递变上表现出从典型的非金属到金属的一个完整的过渡。氮族元素的一些基本性质列于表10-9。

表10-9 氮族元素的一些基本性质

	氮	磷	砷	锑	铋
价电子构型	$2s^2 2p^3$	$3s^2 3p^3$	$4s^2 4p^3$	$5s^2 5p^3$	$6s^2 6p^3$
共价半径/pm	71	110	121	145	155
熔点/℃	−209.9	44.1(白)	817(灰)(2.84 MPa)	630.5	271.3
沸点/℃	−195.8	280(白)	613(升华)	1 380	1 560
电负性	3.0	2.2	2.2	2.1	1.9
电离能/($kJ\cdot mol^{-1}$)	1 489	1 060	990	870	737
主要氧化态	−3，+1，+2，+3，+4，+5	−3，+3，+4，+5	−3，+3，+5	−3，+3，+5	+3，+5

本族元素价电子构型为ns^2np^3，常见氧化态为−3，+3和+5。随原子序数增加，从上到下形成−3氧化态的倾向减小。对氮和磷来说，也只存在少数−3氧化态的离子型化合物（如Li_3N，Mg_3N_2，Ca_3P_2等），且它们遇水即水解。−3氧化态主要以共价型化合物的形式存在（如氢化物）。本族元素特征氧化态是+3和+5。从上到下+3氧化态稳定性增加，+5氧化态稳定性减小。铋主要表现+3氧化态，而+5氧化态的$NaBiO_3$是极强的氧化剂，可将Mn^{2+}氧化为MnO_4^-。这可能与铋原子出现了充满电子的4f和5d能级，而f和d电子的屏蔽效应较小，6s电子又具较大的钻穿效应，所以6s能级显著降低，6s电子不易参与成键有关。ns^2这对电子随着主量子数n的增大，显得越来越稳定，在无机化学中称之**"惰性电子对效应"**(inert-pair effect)。该效应不仅出现在ⅤA族，在ⅢA，ⅣA，ⅥA，ⅦA和ⅡB族中都有所体现。

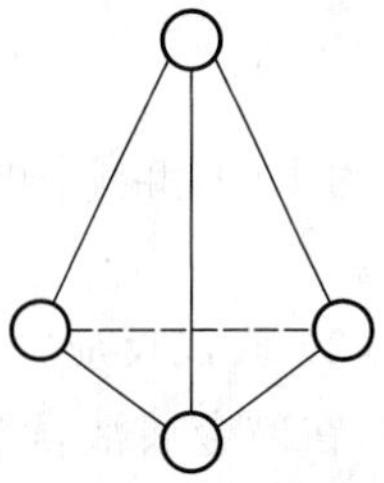

图10-5 P_4的结构

氮和磷的单质性质差别很大。N_2的熔、沸点很低，而磷单质的熔、沸点较高；N_2很不活泼，用作保护气，而白磷有很高的活性，特别是对氧，它暴露在空气中就会自燃。这种差异主要是由于它们分子结构不同引起的。原子半径小的氮原子之间形成多重键，N≡N键键能很高(945 $kJ\cdot mol^{-1}$)，而磷原子半径较大，磷原子通过单键与其他三个磷原子相连，白磷的结构见图10-5。这种四面体结构键角很小(60°)，张力大，所以P—P键键能很小①。因此，白磷要贮存在水中。

10.3.2 氨和铵盐

液氨与水类似，也有自偶解离作用

$$2NH_3 \rightleftharpoons NH_4^+ + NH_2^-$$
$$K^\ominus = 1.9\times10^{-23}\ (223\ K)$$

① 普通的P—P键键能约214 $kJ\cdot mol^{-1}$，在P_4分子中因张力存在，P—P键键能减小至120 $kJ\cdot mol^{-1}$。

液氨也是一种良好的溶剂，其介电常数(约 22 F·m^{-1}，239 K)比 H_2O(81 F·m^{-1}，298 K)小得多，因此离子型化合物在液氨中溶解度很小，但它却是有机化合物的较好溶剂。有趣的是碱金属和钙、锶、钡也能溶于液氨中，生成的蓝色溶液有强的导电性，这是由于溶液中存在氨合电子。

$$M+(x+y)NH_3(l) \rightleftharpoons M(NH_3)_x^+ + e(NH_3)_y^-$$

氨合电子是一种很强的还原剂，广泛用于无机和有机制备中。

氨的化学性质主要表现在：

(1) 加合反应　NH_3 分子中有孤对电子，能与具有空轨道的物种(如 H^+ 和 Ag^+ 等)以配位键相键合：

$$H^+ + NH_3 \xlongequal{\quad} NH_4^+$$
$$Ag^+ + 2NH_3 \xlongequal{\quad} Ag(NH_3)_2^+$$

所以 NH_3 具有弱碱性和易形成配合物的性质。

(2) 还原性　NH_3 能在纯 O_2 中燃烧生成 N_2：

$$4NH_3 + 3O_2 \xlongequal{\quad} 2N_2 + 6H_2O$$

若在铂催化下，可生成 NO：

$$4NH_3 + 5O_2 \xlongequal[800\ ℃]{Pt} 4NO + 6H_2O$$

此反应在工业上用于制造 HNO_3。NH_3 与 Cl_2 也可发生强烈作用：

$$3Cl_2 + 2NH_3 \xlongequal{\quad} N_2 + 6HCl$$

产生的 HCl 和剩余的 NH_3 进一步反应生成 NH_4Cl 白烟，工业上常用此来检查氯气管道是否漏气。

(3) 取代反应　在一定条件下，NH_3 中的 H 原子可依次被取代，生成一系列氨的衍生物。例如，在碱金属液氨溶液中如果存在少量催化剂(如过渡金属盐类或氧化物)，则它们之间发生取代反应而生成氨基化物：

$$Na + NH_3(l) \xlongequal{\quad} NaNH_2 + \frac{1}{2}H_2$$

又如 NH_3 与过量 Cl_2 反应，则生成 NCl_3：

$$NH_3 + 3Cl_2 \xlongequal{\quad} NCl_3 + 3HCl$$

NH_4^+ 的半径(146 pm)与 K^+ 的半径(138 pm)相近，因此铵盐和钾盐在晶型、溶解度等方面都有相似之处。但是铵盐和钾盐在热稳定性上差异很大。固态铵盐加热极易分解。例如，NH_4HCO_3 在常温下即可缓慢分解：

$$NH_4HCO_3 \xlongequal{\quad} NH_3 + CO_2 + H_2O$$

难挥发性酸组成的铵盐，加热分解则只有 NH_3 逸出：

$$(NH_4)_2SO_4 \xlongequal{\triangle} NH_3 + NH_4HSO_4$$

$$(NH_4)_3PO_4 \xlongequal{\triangle} 3NH_3 + H_3PO_4$$

氧化性酸组成的铵盐，则发生氧化还原反应：

$$NH_4NO_2 \xlongequal{\triangle} N_2 + 2H_2O$$

$$NH_4NO_3 \xlongequal{\triangle} N_2O + 2H_2O$$

$$(NH_4)_2Cr_2O_7 \xlongequal{\triangle} N_2 + Cr_2O_3 + 4H_2O$$

10.3.3 氮的含氧酸及其盐

硝酸及其盐 HNO_3 和 NO_3^- 的结构如图 10-6 所示。HNO_3 分子中氮原子采取 sp^2 杂化轨道与 3 个氧原子形成 3 个 σ 键，呈平面三角形分布。氮原子上剩下一个未参加杂化的 p 轨道（上面有一对电子）与两个非羟基氧原子的 p 轨道（各有一个电子）相互平行，形成了离域 π 键（π_3^4）。硝酸根的结构是对称的，氮原子与 3 个氧原子之间除 σ 键外，还有一个 π_4^6 离域 π 键。图 10-6 中用虚线表示离域 π 键。

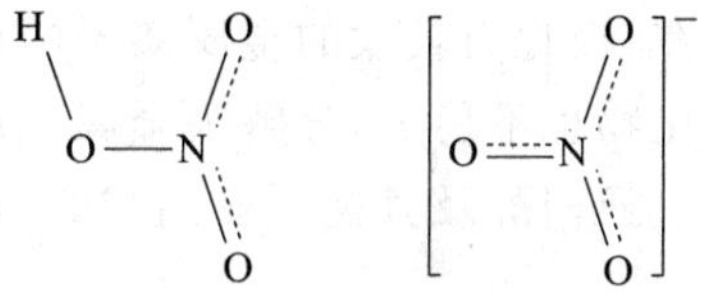

π_3^4　　　π_4^6

图 10-6　HNO_3 和 NO_3^- 的结构

HNO_3 是强酸又是强氧化剂。许多非金属单质如碳、磷、硫、碘等都能被它氧化为相应的含氧酸。

$$3C + 4HNO_3 = 3CO_2\uparrow + 4NO\uparrow + 2H_2O$$

$$3P + 5HNO_3 + 2H_2O = 3H_3PO_4 + 5NO\uparrow$$

$$S + 2HNO_3 = H_2SO_4 + 2NO\uparrow$$

$$3I_2 + 10HNO_3 = 6HIO_3 + 10NO\uparrow + 2H_2O$$

除少数不活泼金属如 Au、Pt、Ir 外，几乎所有金属都能与 HNO_3 反应，生成相应的硝酸盐。但是 Fe、Al、Cr 等在冷的浓 HNO_3 中，因表面钝化而不与其反应。HNO_3 在反应中还原的程度主要取决于它的浓度和金属的活泼性。实际上 HNO_3 还原产物都不是单一的，可能是 NO_2，NO，N_2O，N_2 和 NH_4^+ 等的混合物。通常方程式所表示出来的还原产物只是其中所占的分量最多的一种而已。一般来说，浓 HNO_3 与金属反应，还原产物主要是 NO_2；稀 HNO_3 与不活泼金属反应，主要产物是 NO，与活泼金属反应（如 Fe、Zn 和 Mg 等）产物是 N_2O；极稀 HNO_3 与活泼金属反应则生成 NH_4^+；但是 HNO_3 与非金属或化合物反应还原产物多为 NO。浓 HNO_3 和浓 HCl 的混合液（体积比 1∶3）称为王水，可溶解 Au 和 Pt 等不活泼金属。例如：

$$Au + HNO_3 + 4HCl = H[AuCl_4] + NO\uparrow + 2H_2O$$

$$3Pt + 4HNO_3 + 18HCl = 3H_2[PtCl_6] + 4NO\uparrow + 8H_2O$$

这是因为王水中既含有强氧化剂 HNO_3，又含有配位能力较强的 Cl^-，后者能与溶解下来的金属离子形成稳定的配离子，从而降低了溶液中金属离子浓度，有利于反应向金属溶解的方向进行。

硝酸盐都易溶于水。硝酸盐水溶液没有氧化性，但固体硝酸盐在高温下可分解放出 O_2 而显氧化性。硝酸盐的分解产物因金属离子不同而不同。最活泼的金属(电位序在 Mg 之前的金属)的硝酸盐受热分解为亚硝酸盐和氧气。例如：

$$2NaNO_3 \xlongequal{\triangle} 2NaNO_2 + O_2$$

中等活泼的金属(电位序在 Mg 和 Cu 之间)的硝酸盐，分解为相应的氧化物。例如：

$$2Pb(NO_3)_2 \xlongequal{\triangle} 2PbO + 4NO_2 + O_2$$

不活泼金属(电位序在 Cu 之后)的硝酸盐，则分解为金属单质。例如：

$$2AgNO_3 \xlongequal{\triangle} 2Ag + 2NO_2 + O_2$$

实际上，硝酸盐热分解的产物与金属离子极化力有关。极化力小的金属离子的亚硝酸盐可稳定存在；极化力较大的金属离子的亚硝酸盐受热时不稳定，变成氧化物；极化力更大的金属离子的氧化物也不稳定，分解为金属单质。

亚硝酸及其盐　亚硝酸的分子结构为

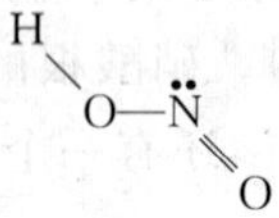

其中 N 也采取 sp^2 杂化，N 与非羟基氧原子间为双键。HNO_2 是弱酸($K^\ominus = 7.2 \times 10^{-4}$)，不稳定，仅存在于水溶液中。该溶液受热时按下式分解：

$$2HNO_2 \rightleftharpoons \underset{\text{蓝色}}{N_2O_3} + H_2O \rightleftharpoons NO\uparrow + \underset{\text{棕色}}{NO_2}\uparrow + H_2O$$

但是亚硝酸盐，特别是碱金属和碱土金属亚硝酸盐有较高的热稳定性。亚硝酸盐(除 $AgNO_2$ 外)一般易溶于水。亚硝酸盐极毒，是致癌物质。

亚硝酸及其盐在化学性质上主要表现氧化还原性。在酸性介质中电极电势为

$$HNO_2 + H^+ + e^- \rightleftharpoons NO + H_2O \qquad \varphi^\ominus = 1.00\ V$$

$$NO_3^- + 3H^+ + 2e^- \rightleftharpoons HNO_2 + H_2O \qquad \varphi^\ominus = 0.94\ V$$

可见 HNO_2 是强的氧化剂(氧化能力超过 HNO_3)和弱的还原剂。它在水溶液中能将 I^- 氧化为 I_2：

$$2HNO_2 + 2I^- + 2H^+ \xlongequal{\quad} 2NO\uparrow + I_2 + 2H_2O$$

此反应可用于定量测定亚硝酸盐。亚硝酸及其盐遇很强的氧化剂时，也可被氧化。例如：

$$5NO_2^- + 2MnO_4^- + 6H^+ \xlongequal{\quad} 5NO_3^- + 2Mn^{2+} + 3H_2O$$

该反应可用来区别 HNO_3 和 HNO_2。

拓展知识：

明星分子

在19世纪和20世纪上半叶，发现新元素及其化合物是化学研究的前沿之一。从20世纪下半叶起，化学的主要任务不再是发现新元素，而是合成新分子。在过去50年中，新分子和化合物的数目从110万种增加到2 000万种以上。

在这些分子中，有许多人们感兴趣的明星分子(star molecules or smart molecules)。例如，诺贝尔在1864年用硝酸甘油(TNT)制造出安全炸药，使TNT成为19世纪60年代的明星分子。后来发现TNT还有缓解心绞痛的作用。诺贝尔患有严重的心脏病，医生曾建议他试用TNT，但被诺贝尔拒绝了，因为他无法理解TNT有缓解心绞痛的作用。1896年，他终因心脏病发作而逝世。TNT能缓解心绞痛的机理困惑了医学家、药学家100余年，直至1986年才被药理学家弗奇戈特(Furchgott R F)、伊格纳罗(Ignarro L J)和穆拉德(Murad F)的出色工作所解决。原来TNT能缓慢释放NO，而NO能使血管扩张，它是一种传递神经信息的"信使分子"。这三位药理学家因而获得1998年诺贝尔生理学和医学奖，而NO也就成为明星分子。

科学家研究发现人体内有3种大同小异的NO合成酶，它们分布在人体不同的部位，生成的NO在人体中起着不同的作用。NO能使血管平滑肌松弛、血管扩张、调节血压；NO是脂溶性的，它不需要任何中介机制就可快速扩散通过生物膜，将一个细胞产生的信息传递到周围细胞中，它是细胞之间传递信息的信使；NO能抑制血小板聚集黏附于内皮细胞，起到抗凝作用；NO还对记忆力、肠胃功能以及增进免疫功能都有重要影响。但是NO是"双刃剑"，体内生成过多的NO会造成炎症，如损害肝脏、伤害分泌胰岛素的细胞。据称老年痴呆症、关节炎等也与NO过多有关。NO是当今生命科学和医学研究的热点之一。

根据NO可以令血管放松和扩张、帮助血液流通这一原理，美国辉瑞(Pfizer)制药公司研制出新药万艾可(Viagra，俗称伟哥)，它也成为明星分子。此外，如1985年合成的C_{60}，1991年合成的碳纳米管等都是著名的明星分子。又如抗癌新药Epothilone A是最近引用最多的明星分子。对生物和化学工作者来说，一生中如能发现或合成一个明星分子，将是一件很能激动人心的事情。

[摘编自：徐光宪.21世纪化学的前瞻.大学化学，2001，16(1)：1]

10.3.4 磷及其化合物

磷 在自然界中磷总是以磷酸盐的形式存在，如磷酸钙$Ca_3(PO_4)_2$，磷灰石$Ca_5F(PO_4)_3$等。单质磷是将$Ca_3(PO_4)_2$、碳粉和石英砂(SiO_2)混合后放在1 400 ℃左右的电炉中加热制得。

$$2Ca_3(PO_4)_2+6SiO_2+10\,C \xlongequal{\quad} 6CaSiO_3+P_4+10\,CO \qquad (1)$$

为什么用碳粉还原 $Ca_3(PO_4)_2$ 制取磷时还要 SiO_2 参加呢？如果没有 SiO_2 参加，则还原反应为

$$2Ca_3(PO_4)_2+10C \xlongequal{} 6CaO+P_4+10\ CO \qquad (2)$$

$$\Delta_r G^{\ominus}_{1\,673}\approx 117\ kJ\cdot mol^{-1}$$

反应(2)不能自发进行。但是，从该反应可见，产物之一 CaO 是碱性氧化物，如果在反应系统中加入酸性氧化物 SiO_2，则它们可相互反应生成高温下也很稳定的 $CaSiO_3$。

$$CaO+SiO_2 \xlongequal{} CaSiO_3 \qquad (3)$$

$$\Delta_r G^{\ominus}_{1\,673}\approx -92\ kJ\cdot mol^{-1}$$

因为反应　　　　(1)=(2)+6×(3)

所以　　$\Delta_r G^{\ominus}_1\approx 117\ kJ\cdot mol^{-1}+6\times(-92)\ kJ\cdot mol^{-1}\approx -435\ kJ\cdot mol^{-1}$

可见碳粉还原 $Ca_3(PO_4)_2$ 这样一个不能自发进行的反应，在 SiO_2 参与下，变成可自发进行了。

由此可见，当反应 A 的 $\Delta_r G^{\ominus}_A>0$，该反应难以进行。如果再合并一个反应 B 上去，若反应 B 符合如下两个条件：① 反应 B 能把反应 A 中不需要的产物消耗掉；② 反应 B 的 $\Delta_r G^{\ominus}_B<0$，并能使总反应 $\Delta_r G^{\ominus}=\Delta_r G^{\ominus}_A+\Delta_r G^{\ominus}_B<0$。于是单独不能进行的反应 A，在反应 B 的帮助下，合并在一起就成为可以进行的了。这种情况称为**反应的耦合**。反应的耦合在生产实践和科学实验中都有重大意义，它能使许多 $\Delta_r G^{\ominus}>0$ 的反应得以进行。

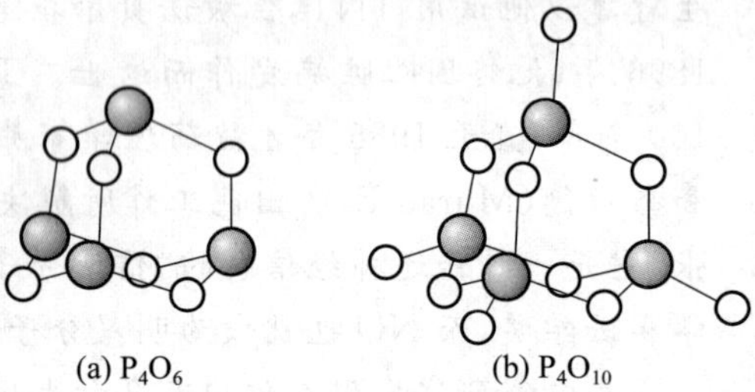

(a) P_4O_6　　(b) P_4O_{10}

图 10-7　P_4O_6 和 P_4O_{10} 的空间构型

磷的氧化物　磷在空气中燃烧产物是五氧化二磷，如果氧不足则生成三氧化二磷，它们的分子式分别为 P_4O_{10} 和 P_4O_6。P_4O_6 可看作 P_4 的分子内六个 P—P 键断开后，各嵌入一个氧原子而形成 P—O—P 键[图 10-7(a)]。在 P_4O_6 分子中因每个磷原子(sp^3 杂化)上各留有一孤对电子，反应时若氧过量，此孤对电子可进一步与氧原子配位而形成 P_4O_{10}[图 10-7(b)]。

P_4O_6 与冷水反应较慢，可生成亚磷酸：

$$P_4O_6+6H_2O(冷) \xlongequal{} 4H_3PO_3$$

与热水反应则歧化为磷酸和膦：

$$P_4O_6+6H_2O(热) \xlongequal{} 3H_3PO_4+PH_3\uparrow$$

P_4O_{10} 有很强的吸水性，是效率很高的优良干燥剂。P_4O_{10} 与水反应，随反应水量的不同，可形成偏磷酸、多磷酸、焦磷酸和(正)磷酸等。

磷的含氧酸及其盐　磷有多种含氧酸，现将较重要的列于表 10-10 中。

表 10-10　磷的含氧酸

名称	(正)磷酸	焦磷酸	三磷酸	偏磷酸	亚磷酸	次磷酸
化学式	H_3PO_4	$H_4P_2O_7$	$H_5P_3O_{10}$	$(HPO_3)_n$	H_3PO_3	H_3PO_2
磷的氧化态	+5	+5	+5	+5	+3	+1

H_3PO_4 在强热时会发生脱水作用，可生成焦磷酸、多磷酸和偏磷酸等：

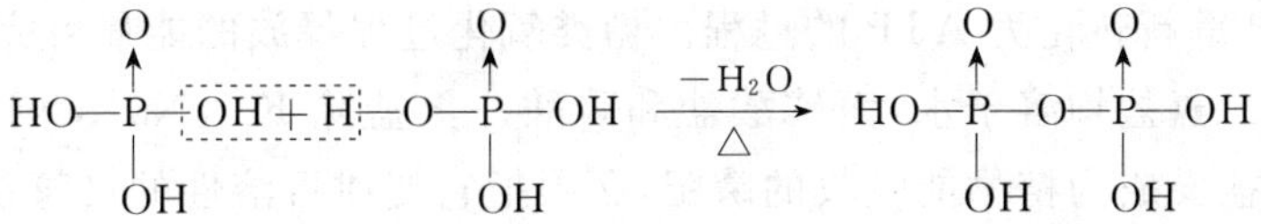

焦磷酸

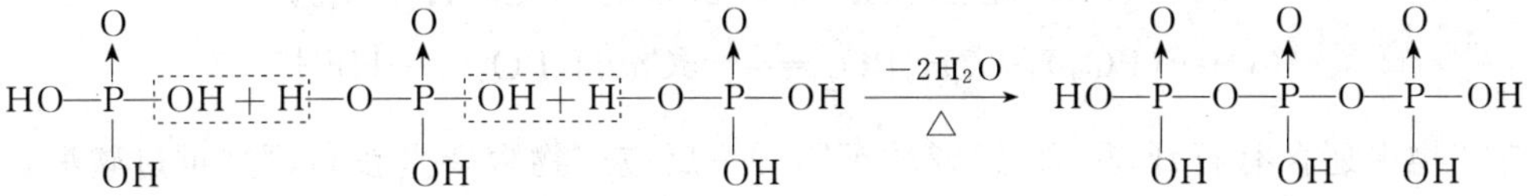

三磷酸

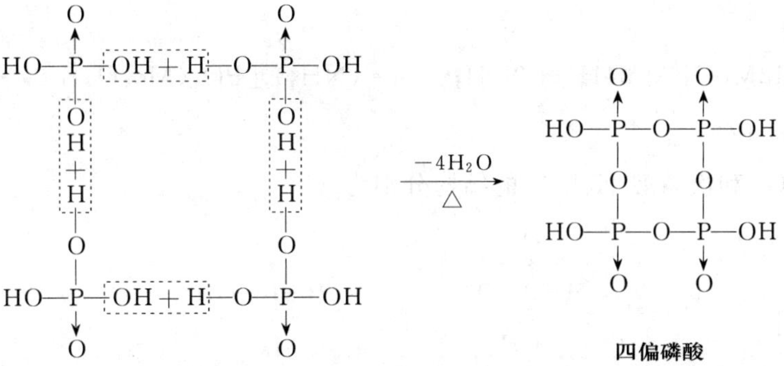

四偏磷酸

其中链状结构的称为多磷酸，环状结构的称为偏磷酸。聚磷酸结构的多样性不仅在理论研究上重要，而且在实用上也重要。例如，多磷酸盐可用作硬水的软化剂和防止锅炉水垢沉积，环状偏磷酸盐可作为钻井泥浆和油漆颜料的分散剂等。此外，多磷酸在生物系统中也有着非常重要的作用。提供人体活动和细胞生长能量的多磷酸是三磷酸腺苷(ATP)。它存在于各种活细胞中，其结构式为

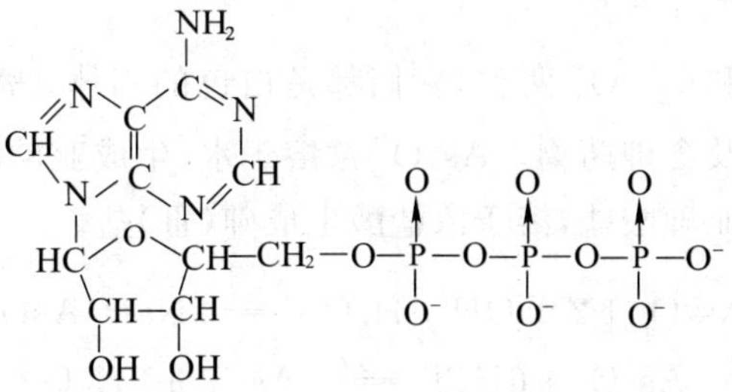

它变成二磷酸腺苷(ADP)的反应为

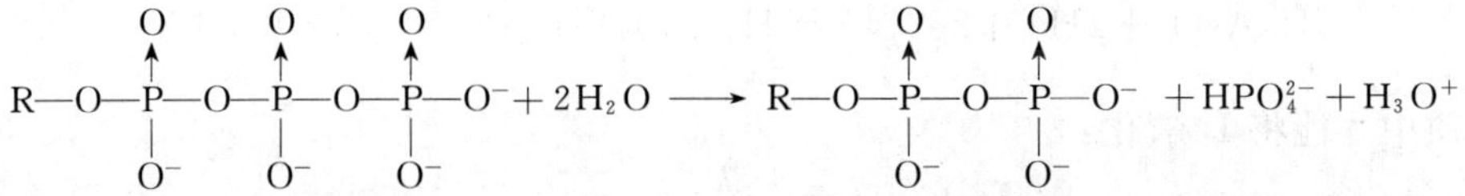

ATP　　　　ADP

反应式中 R 代表 ATP 分子式中其余部分。该反应放出的能量(在 pH=7.4，$[CO_2]=10^{-5}\ mol\cdot L^{-1}$ 条件下，$\Delta G\approx-40\ kJ\cdot mol^{-1}$)，用于细胞中需能量的过程。当然，为了确保能量不间断供应，

体内还存在将 ADP 重新转化为 ATP 的过程。糖类氧化过程释放的能量可完成此转化。

磷酸盐中磷酸二氢盐均溶于水，而磷酸盐和磷酸一氢盐除 K^+，Na^+，NH_4^+ 盐外，一般都不溶于水。天然磷酸盐要成为植物能吸收的磷肥，必须把它变成可溶性的二氢盐。

$$Ca_3(PO_4)_2 + 2H_2SO_4 \xlongequal{\quad} 2CaSO_4 + Ca(H_2PO_4)_2$$

$$Ca_5F(PO_4)_3 + 7H_3PO_4 \xlongequal{\quad} 5Ca(H_2PO_4)_2 + HF\uparrow$$

前一反应产物中还含有石膏，称为“过磷酸钙”，后一反应产物含磷量较高，称“重过磷酸钙”。

磷酸根与过量的钼酸铵 $(NH_4)_2MoO_4$ 及适量的浓 HNO_3 混合后加热，可慢慢地生成黄色的钼磷酸铵沉淀：

$$PO_4^{3-} + 12MoO_4^{2-} + 24H^+ + 3NH_4^+ \xlongequal{\quad} (NH_4)_3[PO_4(Mo_3O_9)_4]\downarrow + 12H_2O$$

此反应可用于鉴定 PO_4^{3-}。

亚磷酸 H_3PO_3 和次磷酸 H_3PO_2 的结构分别为

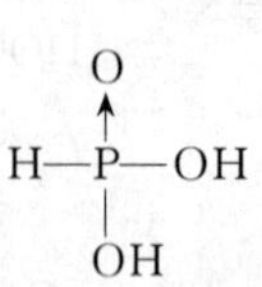

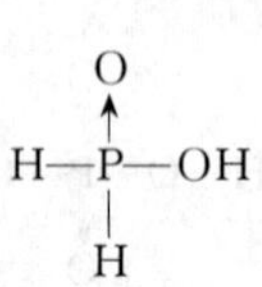

因为 P 与 H 的电负性非常接近，P—H 键几无极性，所以与 P 直接键合的 H 不显酸性，它们分别为二元酸和一元酸。又因为这两种酸分子中都含有 1 个非羟基氧，所以它们都是中强酸。这两种酸都有较强的还原性。例如：

$$H_3PO_3 + 2AgNO_3 + H_2O \xlongequal{\quad} H_3PO_4 + 2Ag\downarrow + 2HNO_3$$

10.3.5 砷的化合物

砷的氧化物有 As_2O_3 和 As_2O_5 两类，它们都是白色的固体。As_2O_3 俗称砒霜，剧毒，主要用于制造杀虫剂、除草剂以及含砷药物。As_2O_3 微溶于水，生成亚砷酸 H_3AsO_3。它是两性偏酸性的氢氧化物，溶于碱生成亚砷酸盐，溶于浓盐酸生成砷(Ⅲ)盐。

$$As_2O_3 + 2NaOH + H_2O \xlongequal{\quad} 2NaH_2AsO_3$$

$$As_2O_3 + 6HCl \xlongequal{\quad} 2AsCl_3 + 3H_2O$$

As_2O_5 溶于水生成砷酸 H_3AsO_4。它是一种较弱的氧化剂。

$$H_3AsO_4 + 2H^+ + 2e^- \rightleftharpoons H_3AsO_3 + H_2O \qquad \varphi^\ominus = 0.56\ V$$

在强酸介质中才能将 I^- 氧化：

$$H_3AsO_4 + 2H^+ + 2I^- \xlongequal{\quad} H_3AsO_3 + I_2 + H_2O$$

如果溶液酸性减弱，上述反应将逆向进行，即 H_3AsO_3 被 I_2 氧化。这是因为 $\varphi(I_2/I^-)$ 不受 pH 影响，而 $\varphi(H_3AsO_4/H_3AsO_3)$ 与 pH 有关：

$$\varphi(H_3AsO_4/H_3AsO_3)$$
$$=0.56\ V-\frac{0.0592\ V}{2}\lg\frac{c(H_3AsO_3)}{c(H_3AsO_4)\cdot c^2(H^+)}$$
$$=0.56\ V-\frac{0.0592\ V}{2}\lg\frac{c(H_3AsO_3)}{c(H_3AsO_4)}-0.0592\ V\cdot pH$$

图10-8 是 H_3AsO_4/H_3AsO_3 和 I_2/I^- 系统的 φ-pH 图。由图可见，在高 pH 时 $\varphi(I_2/I^-)>\varphi(H_3AsO_4/H_3AsO_3)$，$I_2$ 氧化 H_3AsO_3；在低 pH 时，$\varphi(H_3AsO_4/H_3AsO_3)>\varphi(I_2/I^-)$，$H_3AsO_4$ 氧化 I^-。

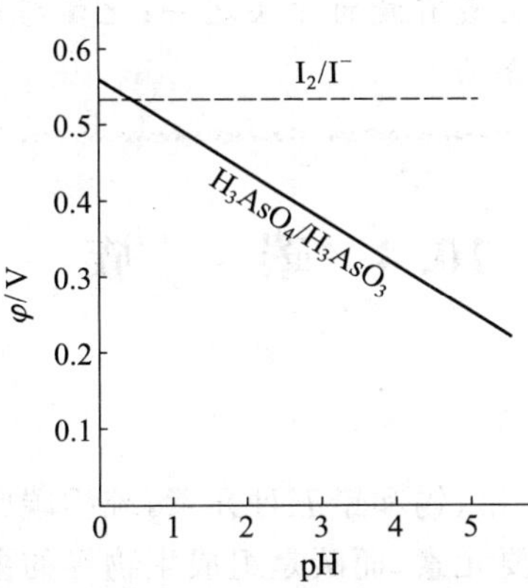

图 10-8　(H_3AsO_4/H_3AsO_3)和(I_2/I^-)系统的 φ-pH 图

拓展知识：

砷的毒性和含砷药物

长期以来，人们往往将砷和“毒物”联系在一起，其实单质砷并不毒。但是砷的很多化合物却剧毒。0.1 g As_2O_3 就可置人于死地。各种砷中毒事故屡见不鲜，其中最出名的可能是拿破仑砷中毒之谜了。1815 年拿破仑在滑铁卢失败后，被流放到大西洋的圣赫勒拿岛，在这里他度过了一生中的最后 6 年。在 1960 年有人分析了他遗留下来的头发，发现砷含量很高，怀疑他被毒死的。谁是投毒者？是打败他的德国人和英国人，还是他过去的政敌法国人？但是一些化学家调查后却认为，投毒者很可能就是他房间内的墙纸。因为那时墙纸用的绿色颜料是亚砷酸氢铜($CuHAsO_3$)，该化合物在干燥的环境中使用是十分安全的。可是拿破仑长期生活在海岛潮湿的房子里，墙上长满霉菌，在霉菌代谢的作用下，$CuHAsO_3$ 会变成气态的三甲基砷$(CH_3)_3As$。如果拿破仑长年累月地吸入这种剧毒气体岂有不病毙之理。

但是，砷也被用来拯救人类的生命。在 19 世纪，医生还没有办法对付传染病。自从 1863 年法国科学家比夏姆普斯(Béchamps)发现了一种砷的化合物具有杀灭一些微生物的作用后，开始改变了医药界的面貌。德国化学家埃尔里歇(Erhlich P)从中得到启示，他想到如果能找到一种化学毒物，其攻击入侵细菌能力大于攻击人体自身能力的话，疾病就可能被治愈。于是他决定合成一些新的砷的化合物，并一一试验它们对有机体的杀伤能力。他做了606次试验后，终于找到一种有选择性地杀死梅毒病菌砷的化合物。在当时，梅毒是一种广泛传染且非常可怕的疾病，一旦染上梅毒只得眼睁睁地任凭病魔折磨，直至死亡。埃尔里歇发明的这种药丸对梅毒有奇迹般的疗效，于是人们把它称为“魔丸”。从那时开始，世界各地掀起一股寻找用于治病的化学制品的热潮。如今，化学疗法已变成控制细菌和许多其他微生物感染最有效的方法之一；化学疗法也成为治疗癌症一种重要手段。所有这些都始于砷的化合物。

10.4 碳 族

10.4.1 碳族元素概述

周期系ⅣA族元素包括碳、硅、锗、锡和铅五种元素，统称碳族元素。碳和硅在自然界中分布很广，硅是构成地球上矿物界的主要元素，而碳是组成生物界的主要元素。碳族元素的一些基本性质列于表10-11。

表 10-11 碳族元素的一些基本性质

	碳	硅	锗	锡	铅
价电子构型	$2s^2 2p^2$	$3s^2 3p^2$	$4s^2 4p^2$	$5s^2 5p^2$	$6s^2 6p^2$
共价半径/pm	77	117	122	140	175
熔点/℃	3 550	1 410	937	232(白)	327
沸点/℃	4 329	2 355	2 830	2 260(白)	1 744
电负性	2.6	1.9	2.0	2.0	1.8
电离能/(kJ·mol^{-1})	1 138	824	799	743	750
键能/(kJ·mol^{-1})					
M—M	346	197	188	146	—
M—O	343	368	360	—	—
M—H	415	320	289	251	—
主要氧化态	−4，+2，+4	+4	+2，+4	+2，+4	+2，+4

本族元素价电子构型为ns^2np^2，因此，它们主要的氧化态为+2和+4。碳有时也可生成共价的−4氧化态化合物。惰性电子对效应在本族元素中表现得也很显著，+4氧化态的稳定性从上到下降低，而+2氧化态的稳定性从上到下增加。所以碳、硅主要表现+4氧化态，Ge(Ⅱ)、Sn(Ⅱ)的化合物表现强的还原性，而Pb(Ⅳ)的化合物表现强的氧化性。

从表10-11键能数据中可以看出，本族元素M—M和M—H键中以C—C、C—H键键能最大，这就是碳能形成数百万种有机化合物的主要原因；M—O键中以Si—O键键能最大，这也是硅在自然界中总是以含氧化合物形式存在的主要原因。

在自然界中碳主要存在两种同素异形体——金刚石和石墨。1985 年碳的另一种同素异形体——富勒烯（主要由 C_{60}，C_{70} 等分子组成）也被发现。C_{60} 是深黄色的固体，每个分子由 60 个碳原子构成球形 32 面体结构（图 10-9）。C_{60} 是非极性分子，可溶于多种有机溶剂。它的化合物有许多惊人的性质。例如，可放置一个金属原子在 C_{60} 球体的内腔，生成一个金属原子完全由碳原子包围起来的分子。又如 C_{60} 的化合物可以是绝缘体、半导体、导体和超导体。C_{60} 本身是半导体；当它与适量钾反应生成化学式为 K_3C_{60} 时，如同金属一样导电；若加入过量钾，则生成的固体变成绝缘体；当 K_3C_{60} 冷至 18 K 时，得到超导体。与富勒烯分子结构密切相关碳的第四种同素异形体为碳纳米管。它为具有石墨平面结构的单层或多层碳卷曲成长可达数百纳米直径 15 纳米的空心管状分子。纳米管有强度大、比表面大、可导电导热的特性，这些不寻常的性质使它成为纳米技术领域中的佼佼者。由于这两类碳分子有非凡的性质，数十种应用已被发现，如极细的球状轴承、轻便电池、新的润滑剂、新的催化剂、新的塑料、艾滋病的新疗法等。最近意大利化学家将富勒烯连接到尼古丁分子上，发现它对病菌有广谱活性。目前对富勒烯和碳纳米管的研究刚刚揭开序幕，科学家预言，这些碳分子的发现，将会开创碳化学的新领域。

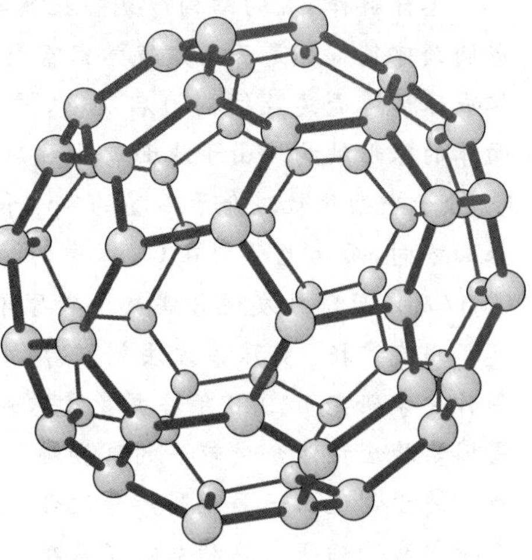

图 10-9　C_{60} 的结构

拓展知识：

发现 C_{60} 的过程

美国亚利桑那大学天体物理学家哈夫曼（Huffman D）和德国马克斯·普朗克研究所核物理学家克朗茨曼（Krötschmen W）都对碳在太空中存在的形态感兴趣。于是在 1982 年两人合作做了低压下加热石墨棒的实验，在得到的炭黑中发现存在特殊的光谱。可惜当时他们误认为这是实验装置中油蒸气污染的结果，失去继续实验的兴趣。其实这就是最早发现 C_{60} 等的富勒烯光谱。

英国苏塞克斯大学克鲁托（Kroto H W）教授也对太空碳的本性感兴趣，经美国莱斯大学柯尔（Curl R）教授引见，认识了该大学从事团簇研究的史沫莱（Smalley R E）教授。克鲁托建议利用史沫莱的高能激光仪做蒸发石墨的实验。于是三人于 1985 年 9 月 4 日至 6 日合作做了这个意义十分重大的实验。他们从蒸发石墨所得产物的质谱图中发现存在由 60 个碳原子组成的分子。开始他们还不太相信，可是在那一周的周末，史沫莱的两位研究生一次次改变实验条件，都能重复得到这种分子。

怎样解释 C_{60} 的结构？克鲁托想起在蒙特利尔举行的 67 届博览会上，美国展厅的拱形圆顶建筑。那是著名建筑学家富勒(Fuller R B)设计的。他们在这用五边形和六边形构成球形薄壳建筑结构的启发下，提出了 C_{60} 是由 20 个六边形和 12 个五边形组成的 32 面体的球形结构。由于球面弯曲效应和五元环的存在，引起碳原子轨道杂化方式的改变。C_{60} 分子中杂化轨道介于石墨的 sp^2 和金刚石的 sp^3 杂化之间(约为 $sp^{2.28}$ 杂化)。σ 键沿球面方向，而 π 电子则在 C_{60} 球壳的外围和内腔形成球面大 π 键。为了纪念富勒，他们把 C_{60} 以及以后陆续发现含偶数个碳原子所形成的团簇分子通称为富勒烯(Fullerene)。

用克鲁托-史沫莱方法制取富勒烯的量实在太少了(每次只能获得数纳克 C_{60})，无法用作化学研究。1988 年哈夫曼意识到他与克朗茨曼在 1982 年曾经做过的低压下加热石墨棒实验应该能合成较多的富勒烯。于是这两位物理学家又重新开始他们原来的实验，他们终于创造出一套能高产率地合成富勒烯的方法(一次甚至可获得数磅 C_{60})。这为后来掀起富勒烯研究热潮奠定了基础。

1996 年瑞典皇家科学院将当年诺贝尔化学奖授予柯尔、克鲁托和史沫莱三位教授，以表彰他们发现 C_{60}。

10.4.2 碳的化合物

1. 一氧化碳、二氧化碳和碳酸

在实验室里可用甲酸脱水的方法制备 CO：

$$HCOOH \xrightarrow[\triangle]{浓\ H_2SO_4} CO(g) + H_2O$$

CO 和 N_2 是等电子体。所谓**等电子体**是指一类分子或离子，组成它们的原子数相同，而且所含的电子数也相同，则它们互称为等电子体。既然等电子体的原子和电子数都相同，因此它们常具有相似的电子结构、相似的几何构型，有时在性质上也有许多相似之处。CO 与 N_2 一样，也有三重键，其结构为

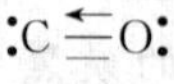 或 

即 CO 分子中存在一个 σ 键、一个正常 π 键和一个 π 配键，π 配键的电子来自氧原子。由于 π 配键的存在，抵消了电负性差所造成的极性，使 CO 的偶极矩(4.0×10^{-31} C·m)很小，且碳端为负、氧端为正。这样的电荷分布增强了碳原子的配位能力，CO 能与一些金属原子或离子形成羰基配合物，如 $Ni(CO)_4$，$Fe(CO)_5$ 等。等电子体的现象很常见。例如，CO_2 与 N_2O，N_3^-，NO_2^+ 等也是等电子体，它们都是直线形；等电子离子 BO_3^{3-}，CO_3^{2-}，NO_3^- 均为平面三角形；ClO_4^-，SO_4^{2-}，PO_4^{3-}，SiO_4^{4-} 为四面体形等。掌握了等电子原理，对预测一些分子或离子的结构和性质都会有一定的帮助。

CO_2 为直线形分子，其结构为

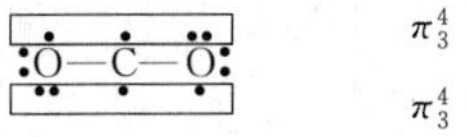

中心原子 C 为 sp 杂化，整个分子还存在两个离域 π_3^4 键。因此 CO_2 分子的碳氧键长(116 pm)介于碳氧双键(约 124 pm)和碳氧三键(约 113 pm)之间，具有一定程度的三键特征。

CO_2 水溶液习惯上称碳酸。它为二元酸，$K_{a_1}^{\ominus}=4.5\times10^{-7}$，$K_{a_2}^{\ominus}=4.7\times10^{-11}$。此 $K_{a_1}^{\ominus}$，$K_{a_2}^{\ominus}$ 值是假定溶于水的 CO_2 全部转化为 H_2CO_3 而计算出来的。实际上大部分 CO_2 是以水合分子(CO_2，H_2O)的形式存在，大约只有 1/600 的 CO_2 分子转化为 H_2CO_3。若按照 H_2CO_3 实际浓度进行计算，则 $K_{a_1}^{\ominus}=2.6\times10^{-4}$。

2. 碳酸盐

这里只介绍碳酸盐以下三方面性质。

(1) 溶解性　碳酸盐有正盐和酸式盐之分。正盐中只有碱金属(除锂外)和铵的碳酸盐易溶于水，其他的碳酸盐都难溶于水；大多数酸式碳酸盐均易溶于水。对难溶碳酸盐来说，酸式盐溶解度大于正盐，但易溶碳酸盐却相反，正盐溶解度大于酸式盐。后者是由于碳酸氢盐溶液中 HCO_3^- 通过氢键形成二聚或多聚链状离子，从而降低了它们的溶解度。

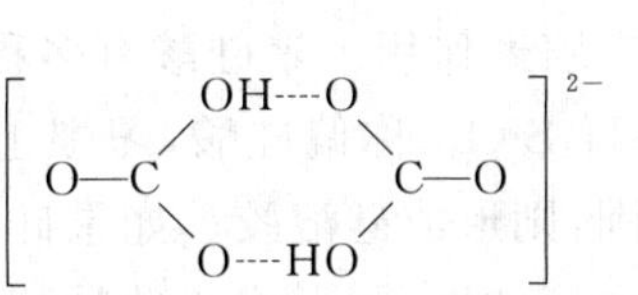

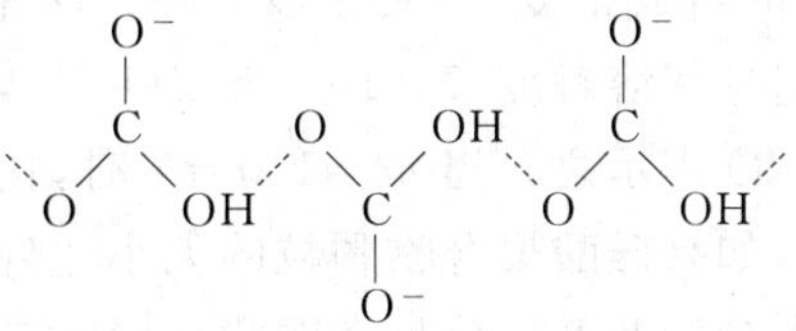

(2) 水解性　碱金属碳酸盐溶液因水解呈强碱性，故溶液中同时存在 CO_3^{2-} 和 OH^-。当金属离子和碱金属碳酸盐溶液反应时，产物可能是正盐、碱式碳酸盐或氢氧化物，这主要取决于该金属碳酸盐和氢氧化物的溶解度相对大小。若碳酸盐溶解度比氢氧化物的溶解度小得多，则生成正盐。属于这类的金属离子有 Ca^{2+}，Sr^{2+}，Ba^{2+}，Ag^+ 和 Mn^{2+} 等。例如：

$$Ba^{2+}+CO_3^{2-} = BaCO_3\downarrow$$

若氢氧化物的溶解度比碳酸盐的溶解度小得多，则生成氢氧化物。属于这类的金属离子有 Fe^{3+}，Al^{3+}，Cr^{3+}，Sn^{4+} 和 Sn^{2+} 等。例如：

$$2Fe^{3+}+3CO_3^{2-}+3H_2O = 2Fe(OH)_3\downarrow+3CO_2\uparrow$$

若氢氧化物和碳酸盐溶解度相近，则生成碱式碳酸盐。属于这类的金属有 Cu^{2+}，Mg^{2+}，Pb^{2+}，Bi^{3+} 和 Zn^{2+} 等。例如：

$$2Cu^{2+}+2CO_3^{2-}+H_2O = Cu_2(OH)_2CO_3\downarrow+CO_2\uparrow$$

(3) 热稳定性　碳酸盐热稳定性较差，受热即按下式分解：

$$M(\text{Ⅱ})CO_3 \xlongequal{\triangle} M(\text{Ⅱ})O+CO_2$$

碳酸盐的分解温度取决于正离子的极化力，极化力越大，分解温度越低。这些内容在 9.4 节中已作介绍，这里不再赘述。

10.4.3 硅的化合物

二氧化硅 在自然界中它有晶形和无定形两种形态。硅藻土和燧石是无定形二氧化硅；石英是最常见的晶态二氧化硅。无色透明的纯净石英叫做水晶。若将石英在 1 600 ℃时熔化成黏稠液体，然后急速冷却，因黏度大不易结晶而变成无定形的石英玻璃。它有许多特殊的性能，如热至 1 400 ℃也不软化；热膨胀系数很小，能经受温度的剧变；可透过可见光和紫外光。因此，可用于制造高级化学器皿和光学仪器。

SiO_2 与一般的酸不起反应，但能与氢氟酸反应：

$$SiO_2 + 4HF = SiF_4 \uparrow + 2H_2O$$

高温时，SiO_2 和 NaOH 或 Na_2CO_3 共熔可制得 Na_2SiO_3：

$$SiO_2 + 2NaOH \xlongequal{\text{熔融}} Na_2SiO_3 + H_2O$$

$$SiO_2 + Na_2CO_3 \xlongequal{\text{熔融}} Na_2SiO_3 + CO_2$$

硅酸 它的组成很复杂，真正以简单的单酸形式存在只有原硅酸(H_4SiO_4)，它只存在很稀的溶液中，若超过其溶解度(7×10^{-4} mol·L^{-1})，就会发生缩聚作用。聚硅酸有多种形态，常用通式 $m SiO_2 \cdot n H_2O$ 表示之。当 $m=1$、$n=1$ 时，化学式为 H_2SiO_3，称偏硅酸，习惯上称之为硅酸。在一定条件下，如果硅酸聚合物颗粒的大小达到胶粒范围，则形成硅溶胶。如果硅酸聚合成立体网状结构，而大量的溶剂被分隔在网状结构的空隙中失去流动性，则形成了硅凝胶。硅凝胶经过干燥脱水后则成白色透明多孔性固态物质，称之为硅胶。实验室里常用的变色硅胶是将硅胶在 $CoCl_2$ 溶液中浸泡、干燥、活化后制得。无水时 $CoCl_2$ 呈蓝色，吸水后 $CoCl_2 \cdot 6H_2O$ 呈粉红色。所以根据颜色的变化可判断硅胶吸水的程度。

硅酸盐 除碱金属硅酸盐(如 Na_2SiO_3、K_2SiO_3 等)可溶于水外，其他的硅酸盐均不溶于水。如果将烧碱或碳酸钠与石英共熔，然后在增压锅中加水蒸煮，制得的产品叫做水玻璃。它的化学式是 $Na_2O \cdot nSiO_2$，n 一般为 3.3 左右。可见它实际上是一种多硅酸盐。水玻璃水溶液为黏度很大的浆状溶液，广泛地应用于木材和织物的防火处理、蛋类的保护、纸浆上胶以及洗涤剂的填料等。

天然硅酸盐在地壳中大量存在，约占地壳的 95%。下面列出几种常见的天然硅酸盐的化学式：

正长石 $K_2O \cdot Al_2O_3 \cdot 6SiO_2$　　高岭土 $Al_2O_3 \cdot 2SiO_2 \cdot 2H_2O$

石　棉 $CaO \cdot 3MgO \cdot 4SiO_2$　　滑石 $3MgO \cdot 4SiO_2 \cdot H_2O$

泡沸石 $Na_2O \cdot Al_2O_3 \cdot 2SiO_2 \cdot nH_2O$

硅酸盐的结构很复杂，其复杂性首先表现在它有多种多样的阴离子。阴离子的基本结构单元是 SiO_4 四面体，这些四面体可通过共用顶角上的一个、二个、三个或四个氧原子相连而形成链状、环状、片状或立体网格结构的复杂阴离子。硅酸盐的复杂性还表现在 SiO_4 中的"Si^{4+}"可被半径相近的"Al^{3+}"部分取代成为含有 AlO_4 四面体的铝硅酸盐。

一类具有多孔结构的铝硅酸盐，其结构中有许多笼状空穴和通道。若经加热把空穴和通道内的水分赶走，则它有吸附水分和其他小分子的作用，而直径比空穴大的分子则被拒之“门”外。因为它有筛选分子的作用，被称为分子筛。分子筛除少数是天然的（如泡沸石）外，多为人工合成。合成时由于原料配比及制备条件的不同，所得分子筛结构和孔径各不相同，因此有多种型号的分子筛，如有 A 型，X 型，Y 型等。其中 A 型又分为 3A，4A，5A，它们的孔径依次约为 300 pm，400 pm，500 pm；X 型和 Y 型孔径比 A 型大，一般可达 800～1 000 pm。分子筛广泛用于气体干燥、净化、富集，也可用于轻油脱蜡、离子交换和催化反应等方面。

10.4.4 锡和铅的化合物

锡和铅可生成 MO 和 MO_2 两类氧化物及其相应氢氧化物 $M(OH)_2$ 和 $M(OH)_4$。它们都呈两性，但 +4 氧化态的以酸性为主，+2 氧化态的以碱性为主。它们酸碱性变化规律如下：

	碱性增强 →		
酸性增强 ↓	SnO、$Sn(OH)_2$	PbO、$Pb(OH)_2$	碱性增强 ↑
	SnO_2、$Sn(OH)_4$	PbO_2、$Pb(OH)_4$	
	← 酸性增强		

在含有 Sn^{2+} 或 Pb^{2+} 的溶液中加入适量的 NaOH 溶液，分别析出白色的 $Sn(OH)_2$ 或 $Pb(OH)_2$ 沉淀。它们既可溶于酸，又能溶于过量碱液。溶于碱液时分别生成 $Sn(OH)_3^-$ 或 $Pb(OH)_3^-$：

$$Sn(OH)_2 + OH^- \xlongequal{\quad} Sn(OH)_3^-$$
$$Pb(OH)_2 + OH^- \xlongequal{\quad} Pb(OH)_3^-$$

在含有 Sn^{4+} 的溶液中加入适量碱可生成白色胶状沉淀 α-锡酸。它既能和酸作用也能和碱作用。由锡与浓硝酸反应或用 $SnCl_4$ 在高温下水解制得的是 β-锡酸，它既不溶于酸又不溶于碱。α-锡酸久置也会变成 β-锡酸。虽然两者的化学式都可写成 $SnO_2 \cdot xH_2O$，但它们的结构不同。有人认为前者是无定形态，后者是晶态。

PbO_2 是强氧化剂，它与浓盐酸或浓硫酸反应可分别放出 Cl_2 或 O_2，但它不溶于 HNO_3。

$$PbO_2 + 4HCl(浓) \xlongequal{\quad} PbCl_2 + Cl_2\uparrow + 2H_2O$$
$$2PbO_2 + 2H_2SO_4(浓) \xlongequal{\quad} 2PbSO_4 + O_2\uparrow + 2H_2O$$

铅的氧化物除 PbO（黄色）和 PbO_2（褐色）外，还存在鲜红色的 Pb_3O_4（铅丹），它表现出 PbO_2 和 PbO 的性质。例如：

$$Pb_3O_4 + 4HNO_3 \xlongequal{\quad} PbO_2\downarrow + 2Pb(NO_3)_2 + 2H_2O$$
$$Pb_3O_4 + 8HCl \xlongequal{\quad} 3PbCl_2 + Cl_2\uparrow + 4H_2O$$

所以通常把它看作“混合氧化物”$2PbO \cdot PbO_2$。

Sn^{2+} 是强还原剂，它可把 $HgCl_2$ 还原成 Hg_2Cl_2，若 Sn^{2+} 过量则还原成 Hg。

$$2HgCl_2 + SnCl_2 \xlongequal{\quad} SnCl_4 + Hg_2Cl_2\downarrow（白色）$$
$$Hg_2Cl_2 + SnCl_2 \xlongequal{\quad} SnCl_4 + 2Hg\downarrow（黑色）$$

该反应常用来鉴定 Hg^{2+} 或 Sn^{2+}。

Pb^{2+} 和 CrO_4^{2-} 反应生成黄色的 $PbCrO_4$ 沉淀(俗称铬黄)。这一反应常用来鉴定 Pb^{2+} 或 CrO_4^{2-}。$PbCrO_4$ 能溶于碱:

$$PbCrO_4 + 3OH^- \xlongequal{} Pb(OH)_3^- + CrO_4^{2-}$$

故可用来区别其他黄色的难溶铬酸盐(如 $BaCrO_4$)。

10.5 硼 族

10.5.1 硼族元素概述

周期系ⅢA 族元素包括硼、铝、镓、铟和铊五种元素,统称硼族元素。本族元素的一些基本性质列于表 10-12。

表 10-12 硼族元素的一些基本性质

	硼	铝	镓	铟	铊
价电子构型	$2s^2 2p^1$	$3s^2 3p^1$	$4s^2 4p^1$	$5s^2 5p^1$	$6s^2 6p^1$
共价半径/pm	91	143	123	151	189
熔点/℃	2 300	660.1	29.8	156.6	303.5
沸点/℃	2 500	2 467	2 403	2 080	1 457
电负性	2.0	1.6	1.8	1.8	1.8
电离能/(kJ·mol⁻¹)	839	605	607	585	618
常见氧化态	+3	+3	(+1),+3	+1,+3	+1,(+3)

本族元素的价电子构型为 ns^2np^1,氧化态一般为+3。惰性电子对效应在本族元素中仍有所体现,+1 氧化态从上到下稳定性增加,铊+1 氧化态稳定。本族元素价电子层有 4 个轨道(1 个 s 轨道和 3 个 p 轨道),但价电子只有 3 个,这种价电子数少于价轨道数的原子称为**缺电子原子**。当它与其他原子形成共价键时,价电子层中还留下空轨道,这种化合物称为**缺电子化合物**。由于空轨道有很强的接受电子对的能力,故它们具有如下特性。

(1) 易形成配合物 例如:

$$F_3B + :NH_3 \xlongequal{} F_3B \leftarrow NH_3$$
$$BF_3 + F^- \xlongequal{} [BF_4]^-$$

(2) 易形成聚合分子 气态的卤化铝(除离子型化合物 AlF_3 外)易形成双聚分子 Al_2X_6,例如:

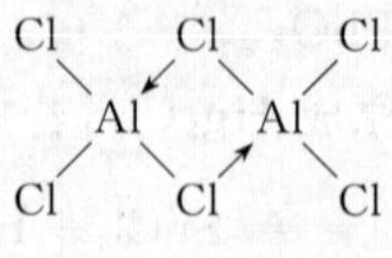

在 Al_2Cl_6 分子中,每个 Al 原子以 sp^3 杂化轨道与四个 Cl 原子成键,呈四面体结构。中间两个

Cl 原子形成桥式结构，它除与一个 Al 原子形成正常共价键外，还与另一个 Al 原子形成配位键。

10.5.2 硼的化合物

硼的氢化物 硼可形成一系列共价氢化物（称硼烷），其中最简单也是最重要的是乙硼烷 B_2H_6。硼烷的生成焓都是正值，所以都不能用硼和氢直接合成，而只能用间接方法制取。例如，用 NaH 或 $NaBH_4$ 还原氟化硼可制得 B_2H_6：

$$6NaH + 8BF_3 \xlongequal{\quad} 6NaBF_4 + B_2H_6$$

$$3NaBH_4 + 4BF_3 \xlongequal{\quad} 3NaBF_4 + 2B_2H_6$$

硼烷的结构都很独特。按照硼原子的结构，它最简单氢化物似应是 BH_3，但是在这样的分子中 B 还有一个空的 2p 轨道没有成键，如果该轨道再用来成键，系统的能量将会进一步降低，故 BH_3 是不稳定系统。B_2H_6 的分子结构如图 10-10 所示。B 为 sp^3 杂化，每个 B 原子用两个杂化轨道分别与两个 H 原子形成正常共价键。当两个处于同一平面的 BH_2 单元相互接近时，剩下的另外两个 sp^3 杂化轨道在平面的两侧分别与 H 原子轨道重叠，形成两个包括两个 B 原子和一个 H 原子的三中心二电子键，记为 $\overset{H}{B\frown B}$。它是一种非定域键，又称为**氢桥键**。该键形成也体现了硼原子的缺电子特性。

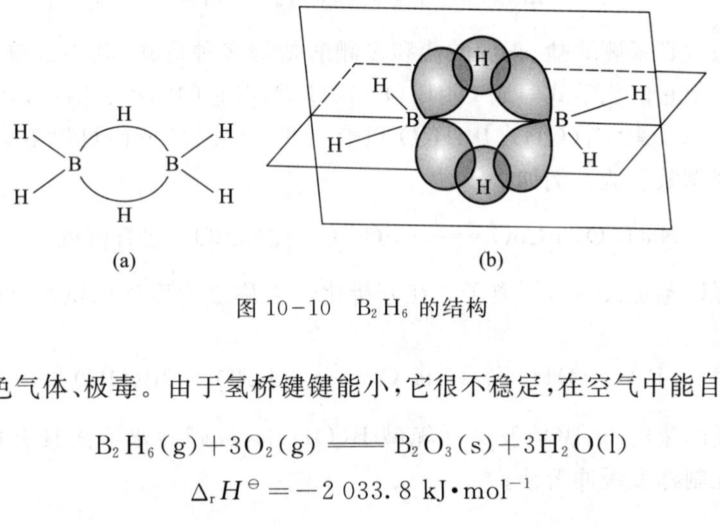

图 10-10 B_2H_6 的结构

乙硼烷是无色气体、极毒。由于氢桥键键能小，它很不稳定，在空气中能自燃。

$$B_2H_6(g) + 3O_2(g) \xlongequal{\quad} B_2O_3(s) + 3H_2O(l)$$

$$\Delta_r H^\ominus = -2\,033.8\ kJ\cdot mol^{-1}$$

此反应的反应热很大，故硼烷可在火箭和导弹用作高能喷射燃料。

硼酸 硼的氧化物主要是 B_2O_3，它与水反应可生成偏硼酸和硼酸。硼酸受热脱水又可变成偏硼酸和 B_2O_3，这种反应是可逆的。

$$B_2O_3 \underset{-H_2O}{\overset{+H_2O}{\rightleftharpoons}} HBO_2 \underset{-H_2O}{\overset{+H_2O}{\rightleftharpoons}} H_3BO_3$$

H_3BO_3 是一元弱酸，$K_a^\ominus = 5.8\times10^{-10}$。它显酸性并不是它本身给出质子，而是由于硼是缺电子原子，它加合了来自 H_2O 分子中的 OH^- 而释放出 H^+：

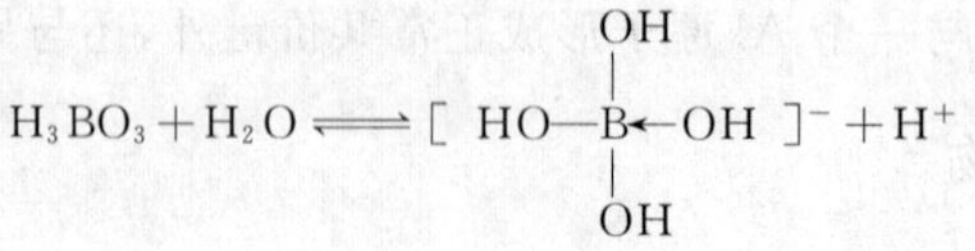

利用 H_3BO_3 的缺电子性质，若加入多羟基化合物（如二醇或甘油），由于形成配合物而使溶液酸性增强，例如：

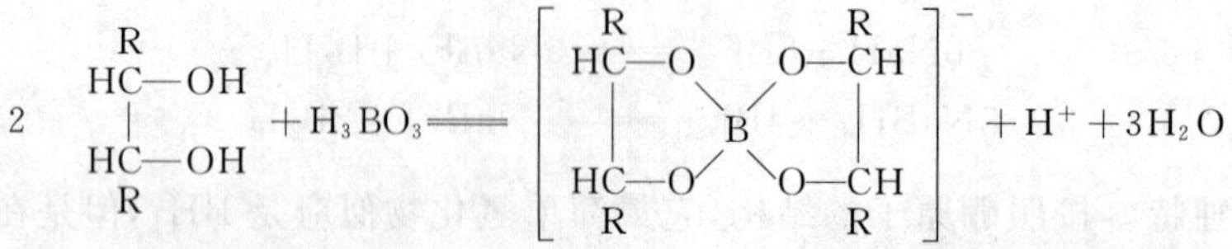

在定量分析中利用上述反应，使 NaOH 溶液直接滴定硼酸成为可能。

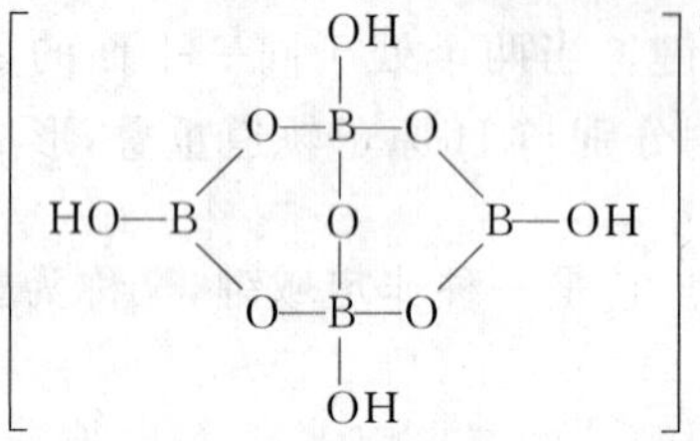

图 10-11　$[B_4O_5(OH)_4]^{2-}$ 的结构

硼酸盐　硼酸盐有偏硼酸盐、正硼酸盐和多硼酸盐等多种形式，其中最重要的是四硼酸钠，俗称硼砂。习惯上把它的化学式写成 $Na_2B_4O_7 \cdot 10H_2O$，但它的阴离子结构如图 10-11 所示，故把它的化学式写成 $Na_2[B_4O_5(OH)_4] \cdot 8H_2O$ 更恰当些。熔融的硼砂可以溶解许多金属氧化物形成不同颜色的偏硼酸复盐。例如：

$$Na_2B_4O_7 + CoO = Co(BO_2)_2 \cdot 2NaBO_2\text{（宝石蓝色）}$$

利用这一类反应可以鉴定某些金属离子。在分析化学上称之为硼砂珠试验。硼砂易溶于水，并发生水解反应：

$$[B_4O_5(OH)_4]^{2-} + 5H_2O \rightleftharpoons 2H_3BO_3 + 2B(OH)_4^-$$

因水解产生等物质的量的 H_3BO_3 及其共轭碱 $B(OH)_4^-$，故硼砂水溶液具有良好的缓冲作用。实验室常用它来配制标准缓冲溶液。

10.5.3　铝及其化合物

铝是两性元素，既能溶于酸也能溶于碱：

$$2Al + 6HCl = 2AlCl_3 + 3H_2\uparrow$$

$$2Al + 2NaOH + 6H_2O = 2Na[Al(OH)_4] + 3H_2\uparrow$$

在铝盐溶解中加入氨水或适量碱，可得到白色凝胶状 $Al(OH)_3$ 沉淀，它实际上是含水量不定的水合氧化铝 $Al_2O_3 \cdot xH_2O$。

$$Al^{3+} + 3NH_3 \cdot H_2O = Al(OH)_3\downarrow + 3NH_4^+$$

$Al(OH)_3$ 为两性氢氧化物，遇酸变成铝盐，遇碱则变成铝酸盐。例如：

$$Al(OH)_3 + NaOH \xlongequal{} Na[Al(OH)_4]$$

在水溶液中铝酸钠实为 $Na[Al(OH)_4]$ 而非 $NaAlO_2$。固态的 $NaAlO_2$ 要用 Al_2O_3 和氢氧化钠（或碳酸钠）熔融的方法制得。

$$Al_2O_3 + 2NaOH(s) \xlongequal{\text{熔融}} 2NaAlO_2(s) + H_2O(g)$$

拓展知识：

稀有气体化合物的合成

1894 年莱姆赛（Ramsay W）和雷莱（Rayleigh L）发现了第一个惰性气体 Ar，莱姆赛又在以后的 4 年中相继发现了 He、Ne、Kr 和 Xe。但是在以后长达 68 年的时期内，化学家们合成这些气体化合物的尝试从未获得成功，故称之为“惰性气体”。

1962 年 3 月，当时还在加拿大温哥华的不列颠哥伦比亚大学当助教的青年化学家巴特列特（Bartlett N）却做了一个意义十分重大的实验。巴特列特曾经做过合成 $O_2^+[PtF_6]^-$ 的实验：

$$O_2 + PtF_6 \xlongequal{} O_2^+[PtF_6]^-$$

他注意到氧分子的第一电离能为 1 175.7 $kJ\cdot mol^{-1}$，而 Xe 的第一电离能为 1 171.5 $kJ\cdot mol^{-1}$，这表明 Xe 失电子倾向与 O_2 接近，而且对 $Xe^+[PtF_6]^-$ 的晶格能计算结果也预示此化合物可以存在。当他将 PtF_6 蒸气和气体 Xe 混合后，兴奋地看到这两种气体立即发生反应并生成橙黄色的固体：

$$Xe + PtF_6 \xlongequal{} Xe^+[PtF_6]^-$$

这个化合物完全是在理论指导下合成的。这一发现导致惰性气体化学迅速发展，并使这一族元素的名称由名不副实的“惰性气体”改为“稀有气体”。迄今为止，已制得一百多种 Xe 及 Rn、Kr 的化合物，但原子序数较小的 He、Ne 及 Ar 的化合物还没有制取成功。

稀有气体化学的发展为化学反应提供了新的氧化剂和氟化剂，使化学家能够制取某些新型化合物和原来不曾制得的高氧化态化合物。例如，19 世纪人们就熟知 ClO_4^- 和 IO_4^-，但是 BrO_4^- 却一直没有制备出来，直至 1968 年美国化学家阿贝尔曼（Appelman E H）用 XeF_2 作氧化剂才第一次获得成功：

$$NaBrO_3 + XeF_2 + H_2O \xlongequal{} NaBrO_4 + 2HF + Xe$$

习题

1. 完成下列反应方程式：

(1) $KBr+KBrO_3+H_2SO_4 \longrightarrow$

(2) $AsF_5+H_2O \longrightarrow$

(3) $OCl_2+H_2O \longrightarrow$

(4) Cl_2 通入热的碱液

(5) Br_2 加入冰水冷却的碱液

2. 用表 9-1 和表 10-1 有关数据比较 F_2 和 Cl_2 分别与 Na(s)反应时，何者放出的能量更多？并指出造成此结果的原因（NaF 和 NaCl 的晶格能分别为 915 $kJ\cdot mol^{-1}$ 和 778 $kJ\cdot mol^{-1}$）。

3. Br_2 能从 I^- 溶液中取代出 I_2，但 I_2 又能从 $KBrO_3$ 溶液中取代出 Br_2，这两种实验事实有无矛盾？为什么？

4. 将 Cl_2 不断地通入 KI 溶液中，为什么开始时溶液呈黄色，继而有棕褐色沉淀产生，最后又变成无色溶液？

5. 写出下列制备过程中的反应方程式：

(1) 由 NaBr 制备 HBr

(2) 由 KI 制备 KIO_3

(3) 由 I_2 和 P 制备 HI

(4) 由 Cl_2 和 $CaCO_3$ 制备漂白粉

6. 比较下列各对物质指定性质的大小或强弱：

(1) 键能　F—F 和 Cl—Cl

(2) 电子亲和能　F 和 Cl

(3) 酸性　HI 和 HCl

(4) 热稳定性　HI 和 HBr

(5) 水中溶解度　MgF_2 和 $MgCl_2$

(6) 氧化性　HClO 和 $HClO_4$

7. 在淀粉碘化钾溶液中加入少量 NaClO 时，得到蓝色溶液 A；继续加入 NaClO，变成无色溶液 B。然后酸化之，并加入少量固体 Na_2SO_3 于 B 溶液，则蓝色又出现；当 Na_2SO_3 过量时，蓝色又褪去成无色溶液 C；再加入 $NaIO_3$ 溶液蓝色又出现。指出 A、B 和 C 各为何物？并写出各步的反应方程式。

8. 完成下列反应方程式：

(1) $Na_2SO_3+Na_2S+HCl \longrightarrow$

(2) $H_2SO_3+Br_2+H_2O \longrightarrow$

(3) $Na_2S_2O_3+I_2 \longrightarrow$

(4) $HNO_3+H_2S \longrightarrow$

(5) H_2SO_4(浓)$+S \xrightarrow{\triangle}$

(6) $Mn^{2+}+S_2O_8^{2-}+H_2O \xrightarrow{Ag^+}$

(7) $MnO_4^-+H_2O_2+H^+ \longrightarrow$

9. 试解释：

(1) 为何氧单质以 O_2 形式而硫单质以 S_8 形式存在？

(2) 为何硫可生成 SF_4 和 SF_6，而氧只能生成 OF_2？

(3) 为何亚硫酸盐溶液中往往含有硫酸盐？并指出如何检验 SO_4^{2-} 的存在？

(4) 为何不能用 HNO_3 与 FeS 作用来制取 H_2S?

(5) 为何 H_2S 通入 $MnSO_4$ 溶液中,得不到 MnS 沉淀,若将$(NH_4)_2S$溶液加入 $MnSO_4$ 溶液中,却有 MnS 沉淀产生?

10. 以 S 和 Na_2CO_3 为原料,如何制取 $Na_2S_2O_3$? 写出反应方程式。

11. 将下列酸按强弱的次序排列:

H_6TeO_6　　$HClO_4$　　$HBrO_3$　　H_3PO_4　　H_3AsO_4　　HIO_3

12. 古代人常用碱式碳酸铅 $2PbCO_3 \cdot Pb(OH)_2$(俗称铅白)作白色颜料作画,这种画长期与空气接触因受空气中 H_2S 的作用而变灰暗。用 H_2O_2 溶液涂抹可使古画恢复原来的色彩。试用化学方程式指出其中的反应。

13. 硫单质为黄色固体,由 S_8 分子组成。加热硫单质生成气态 S_2 分子:

$$S_8(s) \longrightarrow 4S_2(g)$$

(1) 用杂化轨道理论预测 S_8 中 S 的杂化类型和 S—S—S 的键角。

(2) 用分子轨道理论预测 S_2 中 S—S 键的键级,该分子是顺磁性还是反磁性?

(3) 用平均键能估算该反应的焓变,高温还是低温对此反应有利?

14. 试用简单的方法鉴别 Na_2S,Na_2SO_3,Na_2SO_4 和 $Na_2S_2O_3$。

15. 有一瓶白色粉末状固体,它可能是 Na_2CO_3,$NaNO_3$,Na_2SO_4,NaCl 或 NaBr,试设计鉴别方案。

16. 完成下列反应方程式:

(1) $Na(s)+NH_3(l) \longrightarrow$

(2) Cl_2(过量)$+NH_3 \longrightarrow$

(3) $(NH_4)_2Cr_2O_7 \xrightarrow{\triangle}$

(4) $HNO_3+S \xrightarrow{\triangle}$

(5) $Fe+HNO_3$(极稀)$\longrightarrow$

(6) $Zn(NO_3)_2 \xrightarrow{\triangle}$

(7) $NH_4NO_3 \xrightarrow{\triangle}$

(8) $Pt+HNO_3+HCl \longrightarrow$

(9) $NO_3^-+Fe^{2+}+H^+ \longrightarrow$

17. 试解释:

(1) N_2 很稳定,可用作保护气;而磷单质白磷却很活泼,在空气中可自燃。

(2) 用浓氨水可检查氯气管道是否漏气。

(3) $NaBiO_3$ 是很强的氧化剂,而 Na_3AsO_3 是较强的还原剂。

(4) 氮族元素中有 PCl_5 和 $SbCl_5$,却不存在 NCl_5 和 $BiCl_5$。

(5) 硝酸的分子式为 HNO_3,而磷酸的分子式为 H_3PO_4。

(6) 稀氨水可闻到氨味,而稀盐酸却闻不到刺激性的氯化氢味。

18. 用简单的方法鉴别下列各组物质:

(1) NO_2^- 和 NO_3^-

(2) H_3PO_4 和 H_3PO_3

(3) Na_2HPO_4 和 NaH_2PO_4

(4) H_3AsO_4 和 H_3AsO_3

19. 在 HNO_3 分子中,N 与非羟基氧的核间距是 121 pm,而 N 与羟基氧的核间距是 140.5 pm,试解释为什么前者小于后者? 又为什么在 NO_3^- 中 N 与 O 的核间距相同(均为 124 pm)?

20. 试说明:

(1) 天然磷酸钙必须转化为过磷酸钙才能作为肥料使用；

(2) 过磷酸钙肥料不能和石灰一起使用和贮存。

21. PCl_5 在一些极性溶剂中可发生如下的解离反应：

$$2PCl_5 \rightleftharpoons PCl_4^+ + PCl_6^-$$

试指出 PCl_5，PCl_4^+ 和 PCl_6^- 中心原子 P 的杂化类型，以及这些分子和离子的几何构型。

22. 画出下列分子或离子的结构：

NO_2^- P_2O_5 SO_2 $(HPO_3)_3$

23. 有一钠盐 A，将其灼烧有气体 B 放出，留下残余物 C。气体 B 能使带有火星的木条复燃。残余物 C 可溶于水，将该水溶液用 H_2SO_4 酸化后，分成两份：一份加几滴 $KMnO_4$ 溶液，$KMnO_4$ 褪色；另一份加几滴 KI-淀粉溶液，溶液变蓝色。问 A、B 和 C 为何物？并写出有关的反应式。

24. 亚磷酸分子式为 H_3PO_3。

(1) 解释 H_3PO_3 为什么是二元酸而非三元酸；

(2) 某 H_3PO_3 溶液 25.0 mL 用 0.102 $mol \cdot L^{-1}$ NaOH 溶液滴定，需消耗 23.3 mL 来中和其 2 个酸性的质子。求该 H_3PO_3 溶液的浓度；

(3) 已知 H_3PO_3 的 $K_{a_1}^{\ominus} \gg K_{a_2}^{\ominus}$。测得上述 H_3PO_3 溶液的 pH 为 1.59，试求此 H_3PO_3 的 $K_{a_1}^{\ominus}$。

25. 完成下列反应方程式：

(1) $SiO_2 + HF \longrightarrow$

(2) $Sn(OH)_2 + NaOH \longrightarrow$

(3) $Na_2SiO_3 + NH_4Cl \longrightarrow$

(4) $PbO_2 + Mn^{2+} + H^+ \longrightarrow$

(5) $Pb_3O_4 + HCl$(浓) $\longrightarrow$

(6) $SnCl_2 + HgCl_2 \longrightarrow$

26. 试举出下列物质两种等电子体：

CO CO_2 ClO_4^-

27. 写出 Na_2CO_3 溶液分别与下列几种盐反应的方程式：

$BaCl_2$ $MgCl_2$ $Pb(NO_3)_2$ $AlCl_3$

28. 比较下列各对物质按指定性质的大小或强弱：

(1) 氧化性 SnO_2 和 PbO_2

(2) 碱性 $Sn(OH)_2$ 和 $Pb(OH)_2$

(3) 分解温度 $PbCO_3$ 和 $CaCO_3$

(4) 溶解度 Na_2CO_3 和 $NaHCO_3$

(5) 化学活性 α-锡酸和 β-锡酸

29. 试解释：

(1) CO 是常见化合物，但在通常条件下 SiO 却不存在。

(2) 配制 $SnCl_2$ 溶液时要加浓 HCl 和 Sn 粒。

(3) 碳可生成百万种以上的有机化合物。

(4) 自然界中硅都以含氧化合物的形式存在。

(5) 装有水玻璃溶液的瓶子长期敞开瓶口，水玻璃溶液变混浊。

30. 某红色固体粉末 A 与 HNO_3 反应得褐色沉淀 B。将沉淀过滤后，在滤液中加入 K_2CrO_4 溶液，得黄色沉淀 C。在滤渣 B 中加入浓盐酸，则有气体 D 放出，此气体可使 KI-淀粉试纸变蓝。问 A、B、C 和 D 各为何物？写出有关的反应方程式。

31. 写出下列反应方程式：

(1) B_2H_6 在空气中燃烧。

(2) B_2H_6 通入水中。

(3) 固体 Na_2CO_3 同 Al_2O_3 一起熔融，冷却后将研碎的熔块放入水中，搅拌后产生白色乳状沉淀。

(4) Al 和热浓 NaOH 溶液作用放出气体。

(5) 铝酸钠溶液中加入 NH_4Cl，有氨气放出，溶液有乳白色凝胶沉淀。

32. 设计最简便的方法，鉴别下列各组物质：

(1) 纯碱和烧碱　　(2) 石灰石和石灰

(3) 硼砂和硼酸　　(4) 明矾和泻盐($MgSO_4 \cdot H_2O$)

33. 在下列各试剂中分别加入 HCl 和 NaOH 溶液，如能反应，写出反应方程式：

(1) $Mg(OH)_2$　　(2) $Al(OH)_3$　　(3) H_4SiO_4

34. 解释下列名词：

(1) 缺电子原子　　(2) 氢桥键　　(3) 离域 π 键

(4) 惰性电子对效应　　(5) 等电子体　　(6) 反应的耦合

第十一章

ds 区 元 素

学习要求：

1. 了解 ds 区元素与 s 区元素性质上的异同，并能从结构上予以说明。
2. 了解 ds 区元素单质的重要化学性质，主要掌握这些金属与酸碱反应的情况。
3. 重点掌握铜、银、锌、汞的重要化合物的性质和有关反应。
4. 理解 Cu(Ⅰ)－Cu(Ⅱ)和 Hg(Ⅰ)－Hg(Ⅱ)之间相互转化的条件。

11.1 ds 区元素概述

ds 区元素包括ⅠB 族的铜、银、金和ⅡB 族的锌、镉、汞。它们的价电子构型分别为 $(n-1)d^{10}ns^1$ 和 $(n-1)d^{10}ns^2$。虽然这些元素的最外层电子数分别与ⅠA 和ⅡA 族相同，但它们之间的性质却有很大的差异。这是因为 ds 区元素的核电荷数比相应的 s 区元素大 10，虽然它们核外也多了 10 个 d 电子，但这些电子不能完全屏蔽掉增加的核电荷，因此 ds 区元素的有效核电荷比 s 区的要大，以致 ds 区元素的原子半径比 s 区元素小得多，电离能也高得多，所以本区元素的化学性质远不如 s 区元素活泼。

ⅠB 族元素的 d 轨道都是刚好填满 10 个电子，由于刚填满 d 轨道的电子不很稳定，本族元素除能失去 1 个 s 电子形成＋1 氧化态外，还可以再失去 1 个或 2 个 d 电子形成＋2、＋3 氧化态。ⅡB 族元素 d 轨道的电子已趋于稳定，只能失去最外层的一对 s 电子，因而它们多表现＋2 氧化态。汞有＋1 氧化态，但这时它总是以双聚离子 $[Hg—Hg]^{2+}$ 形式存在，它的化合价实际上还是 2 价。ds 区元素的一些基本性质见表 11-1。它们与 s 区元素某些性质对比见表 11-2。

表 11-1　ds 区元素的一些基本性质

	铜	银	金	锌	镉	汞
价电子构型	$3d^{10}4s^1$	$4d^{10}5s^1$	$5d^{10}6s^1$	$3d^{10}4s^2$	$4d^{10}5s^2$	$5d^{10}6s^2$
熔点/℃	1 083	960.5	1 063	419.4	320.9	－38.89
沸点/℃	2 582	2 177	2 707	907	763.3	357
金属半径/pm	128	144	144	133	149	151

续表

	铜	银	金	锌	镉	汞
离子半径/pm						
M^+	77	115	137	—	—	—
M^{2+}	73	—	—	74	95	102
第一电离能/($kJ\cdot mol^{-1}$)	781	766	933	950	909	1 055
第二电离能/($kJ\cdot mol^{-1}$)	1 958	2 074	1 980	1 733	1 631	1 810
M^+(g)水合能/($kJ\cdot mol^{-1}$)	−582	−485	−644	—	—	—
M^{2+}(g)水合能/($kJ\cdot mol^{-1}$)	−2 121	—	—	−2 054	−1 816	−1 833
升华能/($kJ\cdot mol^{-1}$)	340	285	385	131	112	62
电负性	1.9	1.9	2.4	1.6	1.7	1.9
常见氧化态	+1,+2	+1	+1,+3	+2	+2	+2,+1

表 11−2　ds 区与 s 区元素性质对比

性　　质	ⅠB	ⅡB	ⅠA	ⅡA
次外层电子数	18		8	
氧化态	+1,+2,+3	+2,+1	+1	+2
活泼性	小		大	
同族元素活泼性变化规律	从上到下活泼性减小		从上到下活泼性增加	
形成配合物的能力	大		小	

11.2　ds 区元素单质的重要性质

铜、银、金是电的良导体(银在金属中导电性最好,铜次之)。它们都是密度较大,熔、沸点较高,延展性较好的金属。锌、镉、汞的熔、沸点较低,汞是唯一在室温下呈液态的金属。汞与其他金属相比,具有较高的蒸气压。汞蒸气吸入人体会引起慢性中毒,使用汞时要特别小心,不能把它撒落在地面上。万一不慎撒落时,应先小心地把汞收集起来,然后在地面上撒一些硫粉或 $FeCl_3$ 溶液。汞的另一个特性是能够与许多金属形成合金——汞齐。如果在光亮的铜片上滴一滴 Hg^{2+} 或 Hg_2^{2+} 试液(不含 HNO_3),放置片刻,铜片上即出现汞齐的斑点,用布摩擦之,光亮如镜。

$$Hg^{2+} + Cu = Cu^{2+} + Hg\downarrow$$
$$Hg_2^{2+} + Cu = Cu^{2+} + 2Hg\downarrow$$

该反应是鉴定 Hg^{2+} 或 Hg_2^{2+} 的特效反应,不受其他阳离子的干扰。

ds 区金属一些主要的化学性质见表 11−3。

表 11-3 ds 区金属的反应性

反应物	Cu	Ag	Au	Zn	Cd	Hg
O_2	+(加热)	−	−	+(加热)	+(加热)	+(加热)
HNO_3 或浓 H_2SO_4	+	+	−	+	+	+
HCl	−	−	−	+	+	−
NaOH	−	−	−	+	−	−

说明：+表示反应；−表示不反应。

几点说明：

(1) 从表中可看出，ⅡB 族金属的活泼性比ⅠB 族大，且每族元素都是从上到下活泼性降低。

(2) 在室温下，ds 区金属在空气中应该是稳定的，但是铜与含有 CO_2 的潮湿空气接触，铜表面生成铜锈(铜绿)——碱式碳酸铜。

$$2Cu+O_2+CO_2+H_2O \longrightarrow Cu_2(OH)_2CO_3$$

锌也能生成类似的碱式碳酸锌。银与含有 H_2S 的空气接触时，表面因生成 Ag_2S 而发暗。

$$4Ag+2H_2S+O_2 \longrightarrow 2Ag_2S+2H_2O$$

(3) 金与所有的酸都不反应，但可溶于王水。

$$Au+4HCl+HNO_3 \longrightarrow H[AuCl_4]+NO\uparrow+2H_2O$$

(4) 锌是 ds 区元素中唯一能与碱反应的金属。

$$Zn+2NaOH+2H_2O \longrightarrow Na_2[Zn(OH)_4]+H_2\uparrow$$

11.3 ds 区元素的重要化合物

11.3.1 氧化物和氢氧化物

除 Au 以外，该区元素氧化物的性质见表 11-4。在 ds 区元素的盐溶液中加入碱，可得相应的氢氧化物，但 AgOH 和 $Hg(OH)_2$ 不稳定，立即分解为氧化物。

表 11-4 ds 区元素氧化物的性质

	Cu_2O	CuO	Ag_2O
颜色	红色	黑色	棕色
热稳定性	稳定	800 ℃开始分解为 Cu_2O	300 ℃开始分解为 Ag
酸碱性	碱性	碱性为主，略显两性	碱性
	ZnO	CdO	HgO
颜色	白色	棕色	黄或红色
热稳定性	稳定	稳定	300 ℃开始分解为 Hg
酸碱性	两性	碱性	碱性

$$2Ag^++2OH^- \longrightarrow Ag_2O\downarrow+H_2O$$

$$Hg^{2+} + 2OH^- \longrightarrow HgO\downarrow + H_2O$$

$Cu(OH)_2$ 呈淡蓝色，受热脱水变成黑色的 CuO。

$$Cu(OH)_2 \xlongequal{80\ ℃} CuO + H_2O$$

$Cu(OH)_2$ 略显两性，不但可溶于酸，也可溶于过量的浓碱溶液，形成$[Cu(OH)_4]^{2-}$。

$$Cu(OH)_2 + 2OH^- \longrightarrow [Cu(OH)_4]^{2-}$$

四羟基合铜离子有一定的氧化性，可被葡萄糖还原为鲜红色的 Cu_2O。

$$2[Cu(OH)_4]^{2-} + C_6H_{12}O_6 \longrightarrow Cu_2O\downarrow + C_6H_{11}O_7^- + 3OH^- + 3H_2O$$

医院里常用此反应来检验糖尿病。

$Zn(OH)_2$ 和 $Cd(OH)_2$ 皆为白色沉淀。前者是两性氢氧化物，既溶于酸，也溶于过量的碱（生成$[Zn(OH)_4]^{2-}$）；而后者呈碱性，不溶于过量的碱液中。

11.3.2 铜盐

硫酸铜 最常见的铜盐是五水硫酸铜 $CuSO_4\cdot5H_2O$，俗称胆矾，呈蓝色。$CuSO_4\cdot5H_2O$ 中四个水分子与 Cu^{2+} 配位，而第五个水分子则通过氢键同时与硫酸根及配位水分子相连，其结构式如图 11-1 所示。因此，$CuSO_4\cdot5H_2O$ 受热逐步地脱水：

$$CuSO_4\cdot5H_2O \xrightarrow[-2H_2O]{102\ ℃} CuSO_4\cdot3H_2O$$

$$\xrightarrow[-2H_2O]{113\ ℃} CuSO_4\cdot H_2O \xrightarrow[-H_2O]{258\ ℃} CuSO_4$$

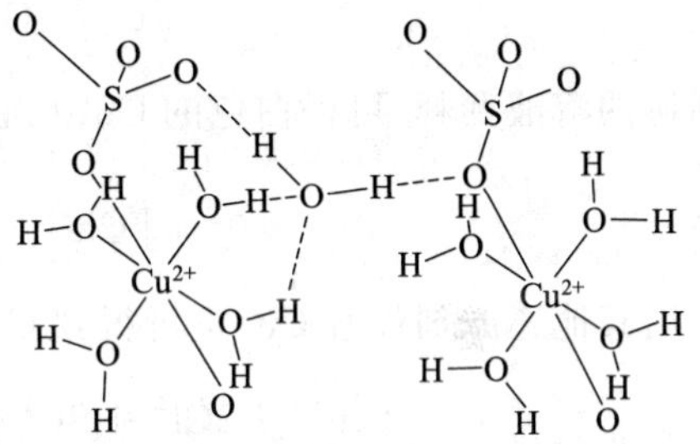

图 11-1 $CuSO_4\cdot5H_2O$ 的结构

无水硫酸铜是白色粉末，有很强的吸水性，吸水后则变成蓝色。所以常用它来检验有机物中的微量水，也可用作干燥剂。

在 $CuSO_4$ 溶液中逐步加入氨水，先得到浅蓝色碱式硫酸铜沉淀：

$$2CuSO_4 + 2NH_3\cdot H_2O \longrightarrow Cu_2(OH)_2SO_4\downarrow + (NH_4)_2SO_4$$

若继续加入氨水，$Cu_2(OH)_2SO_4$ 即溶解，得到深蓝色的铜氨配离子$[Cu(NH_3)_4]^{2+}$。

Cu^{2+} 与过量氨水作用生成深蓝色的$[Cu(NH_3)_4]^{2+}$是鉴定 Cu^{2+} 的特效反应。但 Cu^{2+} 含量极微时，此法不易检出。Cu^{2+} 在中性或酸性溶液中，能与 $K_4[Fe(CN)_6]$ 作用生成砖红色的 $Cu_2[Fe(CN)_6]$ 沉淀：

$$2Cu^{2+} + [Fe(CN)_6]^{4-} \longrightarrow Cu_2[Fe(CN)_6]\downarrow$$

此反应很灵敏，但 Fe^{3+}、Co^{2+} 存在时有干扰。

硫酸铜有杀菌能力，用于蓄水池、游泳池中防止藻类生长。硫酸铜与石灰乳混合而成的“波尔多”液，可用于消灭植物的病虫害。

Cu(Ⅰ)和 Cu(Ⅱ)的相互转化及 Cu(Ⅰ)化合物 从 Cu^+ 的价电子构型($3d^{10}$)来看，Cu^+ 化合

物应该有一定的稳定性。例如，反应：

$$4CuO \xlongequal{\triangle} 2Cu_2O+O_2$$

$$2Cu+S(过量) \xlongequal{\triangle} Cu_2S$$

都说明了这一点。但是 Cu^+ 在水溶液中不稳定，会发生歧化反应：

$$2Cu^+ \xlongequal{} Cu^{2+}+Cu$$

这可从它的电势图中看出：

$$Cu^{2+}\frac{0.159}{\quad}Cu^+\frac{0.53}{\quad}Cu$$

由于 $\varphi^{\ominus}_{右}>\varphi^{\ominus}_{左}$，$Cu^+$ 会歧化为 Cu^{2+} 和 Cu。反应的标准平衡常数很大($K^{\ominus}=1.8\times10^6$)，说明歧化反应进行得很彻底。$Cu^+$ 在水溶液中不稳定的主要原因是，Cu^{2+} 的水合能($-2\,121\ kJ\cdot mol^{-1}$)比 Cu^+ 的水合能($-582\ kJ\cdot mol^{-1}$)高得多，故自由的 Cu^+ 在水溶液中有强烈变成 Cu^{2+} 的倾向。

在水溶液中要使 Cu^{2+} 转化为 Cu^+，必须具备两个条件：① 有还原剂存在；② Cu^+ 必须以沉淀或配离子形式存在，借以减小溶液中 Cu^+ 的浓度，以利于 Cu^+ 的歧化反应逆向进行。例如，$CuSO_4$ 溶液和浓盐酸及铜屑混合加热，可得$[CuCl_2]^-$溶液。

$$Cu^{2+}+Cu+4Cl^- \xlongequal{\triangle} 2[CuCl_2]^-$$

将制得的溶液稀释，可得白色的 CuCl 沉淀。

$$[CuCl_2]^- \xlongequal{稀释} CuCl\downarrow+Cl^-$$

如果用其他还原剂代替 Cu，也可得到 Cu^+ 化合物。例如：

$$2Cu^{2+}+2Cl^-+SO_2+2H_2O \xlongequal{} 2CuCl\downarrow+SO_4^{2-}+4H^+$$

$$2Cu^{2+}+4I^- \xlongequal{} 2CuI\downarrow+I_2$$

后一反应生成的 I_2 可用碘量法测定，故该反应在定量分析中用于测定铜。

11.3.3 银盐

银(Ⅰ)盐大都难溶于水，但 $AgNO_3$ 是易溶盐，因此它是制备其他银化合物的主要原料。$AgNO_3$ 在日光直接照射下会逐渐地分解：

$$2AgNO_3 \xlongequal{光} 2Ag+2NO_2+O_2$$

故其晶体或溶液应装在棕色的玻璃瓶中。

在 $AgNO_3$ 溶液中加入卤化物，可生成相应的 AgCl、AgBr 和 AgI 沉淀，它们的颜色依次加深(白—浅黄—黄)，溶解度依次降低。这是由于阴离子按 Cl^-—Br^-—I^- 的顺序变形性增大，使 Ag^+ 与它们之间的极化作用依次增强的缘故。AgF 易溶于水。

Ag^+ 易与 NH_3、$S_2O_3^{2-}$、CN^- 等配体形成配离子。在定性分析中，Ag^+ 的鉴定可利用它与盐酸反应生成白色凝乳状沉淀，沉淀不溶于硝酸，但能溶于氨水。

$$AgCl+2NH_3\cdot H_2O = [Ag(NH_3)_2]^+ +Cl^- +2H_2O$$

如果在 $AgNO_3$ 溶液中通入 H_2S 气体，则析出黑色的 Ag_2S 沉淀。它是银盐中溶解度最小的（$K_{sp}^{\ominus}=6.3\times10^{-50}$），甚至不溶于 KCN 溶液，但可溶于浓 HNO_3。

$$3Ag_2S+8HNO_3 = 6AgNO_3+3S\downarrow +2NO\uparrow +4H_2O$$

由于卤化银具有感光性，大量用于照相术。AgI 在人工降雨中可用作冰核形成剂。$AgNO_3$ 对有机组织有破坏作用，在医药上用作消毒剂和腐蚀剂。

拓展知识：

光化学物质

光化学物质是指一类当它曝露在光线下能发生化学反应的物质。照相术是大家熟悉的光化学物质在实际方面的应用。黑白照相的底片是在片基材料（醋酸纤维素）上涂覆一层含有分散的溴化银的乳剂。当光线作用于这层乳剂时，溴化银分解：

$$AgBr \xlongequal{h\nu} Ag+Br$$

其实曝光时只有极少的 AgBr 还原成 Ag，在一粒直径约 500 nm 的 AgBr 微晶中通常只形成 10～100 个 Ag 原子。这样少的 Ag 原子是无法形成看得见的影像的，故称之为潜影。潜影要变成看得见的影像需经过显影处理。显影剂是一种温和的还原剂，常用的是对苯二酚（）。它只选择性地还原已曝光的 AgBr，因为曝光产生的 Ag（特别是 4 个 Ag 原子聚集体 Ag_4）在还原反应中起着催化剂的作用。

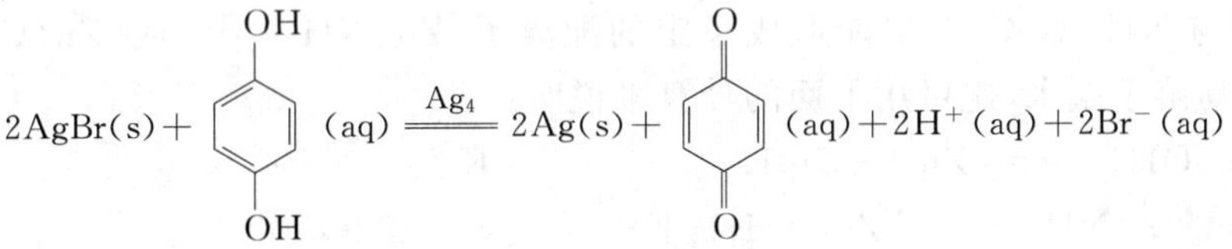

通常此反应可使影像强度增加 10^{10} 倍左右，使潜影变成可见的图像。显影后的底片仍不能见光，因为未曝光的 AgBr 还留在底片上。为了除去这些 AgBr，底片需经历一个定影过程，即用 $Na_2S_2O_3$ 溶液来溶解 AgBr：

$$AgBr(s)+2S_2O_3^{2-}(aq) = Ag(S_2O_3)_2^{3-}(aq)+Br^-(aq)$$

定影后底片上只留下了 Ag 微粒，这样就可获得一张永久性的负像底片。把底片置于相纸上再重复一次曝光、显影、定影过程，就可得到一帧正像照片了。

彩色照相比黑白照相要复杂得多。虽然其感光物质主要还是卤化银，但在它的底片上还分层涂布各种有机染料。显影过程是将感光的结果转换成色素分布，而定影时除了要溶去未曝光的卤化银外，还要去除金属银，最后留下了彩色的影像。

光敏玻璃是近来出现的光化学物质。它是将 $AgNO_3$、$CuNO_3$、金属卤化物和硼硅酸盐玻璃混合加热至熔融(约 1 200 ℃),当玻璃冷却时形成盐的微晶直径大约只有 10 nm。因其颗粒小既不会散射光也不会吸收光,所以此玻璃仍然呈现清澈透明。当太阳光照射时,Ag^+ 被还原成 Ag,使玻璃变暗。

$$Ag^+(s)+Cu^+(s) \xrightarrow{h\nu} Ag(s)+Cu^{2+}(s)$$

此反应是可逆的,因为还原剂 Cu^+ 的氧化产物 Cu^{2+} 不会逸出。一旦光照停止,它又将 Ag 氧化为 Ag^+。用光敏玻璃制作的太阳镜,在暗淡的光线下仍能阅读,在户外强光下镜片变暗可保护眼睛。建筑上使用光敏玻璃,可使强光下室内降温,在傍晚时又不会降低光照,以达到节能效果。

11.3.4 锌盐

氯化锌($ZnCl_2 \cdot H_2O$)是较重要的锌盐,易潮解,极易溶于水。其水溶液因 Zn^{2+} 水解呈酸性。

$$Zn^{2+}+H_2O \xlongequal{\quad} Zn(OH)^+ + H^+$$

在 $ZnCl_2$ 浓溶液中,由于形成配合酸,溶液呈显著酸性。

$$ZnCl_2+H_2O \xlongequal{\quad} H[ZnCl_2(OH)]$$

该溶液能溶解金属氧化物。例如:

$$FeO+2H[ZnCl_2(OH)] \xlongequal{\quad} Fe[ZnCl_2(OH)]_2+H_2O$$

因此,$ZnCl_2$ 能清除金属表面的氧化物,可用作“焊药”。

Zn^{2+} 溶液与 NH_3 或 CN^- 都能形成稳定的配离子$[Zn(NH_3)_4]^{2+}$或$[Zn(CN)_4]^{2-}$。但是 $Zn(OH)_2$ 却不易溶于氨水,这可用下面的计算来说明:

(1) $Zn(OH)_2 \rightleftharpoons Zn^{2+}+2OH^-$ $K_{sp}^{\ominus}=3\times10^{-17}$

(2) $Zn^{2+}+4NH_3 \rightleftharpoons [Zn(NH_3)_4]^{2+}$ $\beta_4^{\ominus}=2.9\times10^{9}$

(1)+(2)=(3) $Zn(OH)_2+4NH_3 \rightleftharpoons [Zn(NH_3)_4]^{2+}+2OH^-$

$$K_3^{\ominus}=K_{sp}^{\ominus}\cdot\beta_4^{\ominus}=9\times10^{-8}$$

$K_3^{\ominus}$ 值很小,反应(3)难以进行。如果在溶液中再加入适量的铵盐,因 NH_4^+ 能与 OH^- 结合生成 $NH_3\cdot H_2O$,降低了 OH^- 的浓度,促使上述平衡向右移动。加 NH_4^+ 后反应的平衡常数为

(3) $Zn(OH)_2+4NH_3 \rightleftharpoons [Zn(NH_3)_4]^{2+}+2OH^-$ $K_3^{\ominus}=9\times10^{-8}$

(4) $NH_4^+ +OH^- \rightleftharpoons NH_3\cdot H_2O$ $K_4^{\ominus}=\frac{1}{K_b^{\ominus}}=\frac{1}{1.8\times10^{-5}}$

(3)+2×(4)=(5) $Zn(OH)_2+2NH_3+2NH_4^+ \rightleftharpoons [Zn(NH_3)_4]^{2+}+2H_2O$

$$K_5^{\ominus}=K_3^{\ominus}\cdot(K_4^{\ominus})^2=9\times10^{-8}\times\left(\frac{1}{1.8\times10^{-5}}\right)^2=2.8\times10^{2}$$

$K_5^{\ominus}$ 值较大，反应(5)易于进行。$Cu(OH)_2$ 与氨水反应也有类似情况。NH_4^+ 能促进 $Zn(OH)_2$ 或 $Cu(OH)_2$ 溶于氨水，实际上也是反应的耦合的一个例证。

拓展知识：

书籍的保存

古老的书籍常因年代久远纸张变脆，易粉碎。这是古书籍保存中最常见也最难解决的问题。

纸张是由植物纤维素制成的。纤维素可发生水解反应，生成水解纤维素。由于水解纤维素分子链比原纤维素短，纤维素分子链越短，纸张越易粉碎。在通常的温度下此反应很慢，有酸存在时，水解反应速率会显著加快。其反应实质是，在 H^+ 的催化下，H_2O 分子进攻纤维素结构中葡萄糖单元相连的氧原子(如图 11-2 箭头所指)，使其解离为 2 个羟基。纸张中的酸主要来源于 19 世纪开始在造纸的施胶工序(主要为防止水在纸上渗透和扩散)中大量使用的 $Al_2(SO_4)_3$，它吸水后生成的 $[Al(H_2O)_6]^{3+}$ 水解产生 H^+。近代一般用 TiO_2 代替 $Al_2(SO_4)_3$，可大大改善纤维素的水解反应。纤维素还可发生氧化反应，变成分子链也较短的氧化纤维素。在光、热、潮湿的条件下，氧化反应速率加快，所以将书籍保存在低温、避光和比较干燥的环境中可很大程度上避免氧化反应。但是如何避免水解反应，即如何除去纤维素中的酸又不至于损伤纸张和字迹却成为书籍保存中的一道难题。

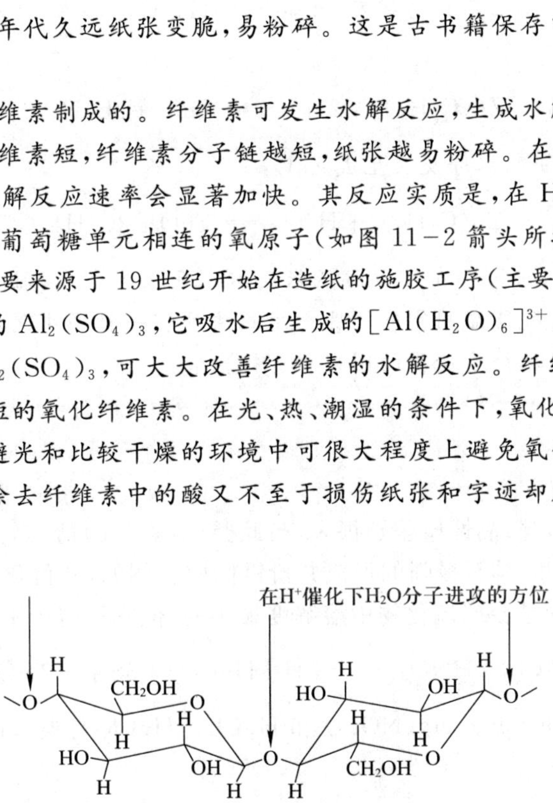

图 11-2 纤维素部分结构

能否用一些弱碱来中和纸张中的酸？在 1936 年曾有人提出将需处理的每页纸浸在碱土金属碳酸氢盐[如 $Mg(HCO_3)_2$，$Ca(HCO_3)_2$]溶液中，HCO_3^- 与纸张中的 H^+ 反应生成 CO_2 和 H_2O。此处理方法的确有效，至今尚用来保存一些特别重要的文件。但是，将大量书籍拆成一页页来处理是非常麻烦的，难以实行。能否用气态的弱碱让它自由扩散进入书本来中和酸？一些有机胺(通式为 RNH_2)呈弱碱性，其中相对分子质量较小的胺为气态，故有人曾用丁胺($CH_3CH_2CH_2CH_2NH_2$)等做试验。但是很快发现，胺虽可进入书本中和酸，但生成的盐易分解，而胺本身易挥发，最终留在纸上的还是原来的酸。

据称，用二乙基锌[$Zn(C_2H_5)_2$]来除酸是效果较好的一种。此法曾用来保存美国国会图书馆 9 000 册图书。具体方法是：将待处理的图书放在一个密闭的大箱子里，先将箱子里的空气抽出，充入低压氮气。赶尽箱子里的氧气是非常重要的，因为二乙基锌与空气接触会自燃。

$$Zn(C_2H_5)_2(g)+7O_2(g) \longrightarrow ZnO(s)+4CO_2(g)+5H_2O(l)$$

随后将二乙基锌蒸气(二乙基锌易挥发，在常压下 117 ℃即沸腾)充入箱内，它与纸张中的 H^+ 即发生如下反应：

$$Zn(C_2H_5)_2+2H^+ \longrightarrow Zn^{2+}+2C_2H_6$$

二乙基锌也可与纸张中的水分反应生成 ZnO：

$$Zn(C_2H_5)_2+H_2O \longrightarrow ZnO+2C_2H_6$$

ZnO 是微碱性氧化物，它的存在可预防纸张泛酸。反应完成后，抽出过量的二乙基锌和乙烷气体，箱子先用氮气随后用空气冲洗。用此法处理一批图书约需 3～5 天时间，虽然手续比较麻烦，但可抢救许多珍贵的图书和资料。

11.3.5 汞盐

汞(Ⅱ)盐 金属汞与锌、镉性质差别很大，与此类似，汞(Ⅱ)盐与锌盐或镉盐性质也很不相同。部分原因是由于汞(Ⅱ)具有极强的形成共价键倾向。例如，共价化合物 HgS 在水中溶解度比 ZnS、CdS 小得多，HgS 是金属硫化物中溶解度最小的，但它可溶于王水。

$$3HgS+12HCl+2HNO_3 \longrightarrow 3H_2[HgCl_4]+3S\downarrow+2NO\uparrow+4H_2O$$

最重要的可溶性汞(Ⅱ)盐是 $Hg(NO_3)_2$ 和 $HgCl_2$。$HgCl_2$ 是典型的共价化合物，在水中解离度很小，为弱电解质。

$$HgCl_2 \rightleftharpoons HgCl^+ + Cl^- \qquad K_1^\ominus=3.3\times10^{-7}$$
$$HgCl^+ \rightleftharpoons Hg^{2+} + Cl^- \qquad K_2^\ominus=1.8\times10^{-7}$$

$HgCl_2$ 受热可升华，俗称升汞，极毒。它的稀溶液在外科上用作消毒剂。

在 $HgCl_2$ 中加入氨水，得白色的氯化氨基汞沉淀。

$$HgCl_2+2NH_3 \longrightarrow Hg(NH_2)Cl\downarrow+NH_4Cl$$

在 Hg^{2+} 溶液中加入 KI，得到的红色 HgI_2 沉淀可溶于过量的 KI 溶液中，形成无色的$[HgI_4]^{2-}$。

$$Hg^{2+}+2I^- \longrightarrow HgI_2\downarrow$$
$$HgI_2+2I^- \longrightarrow [HgI_4]^{2-}$$

在 $K_2[HgI_4]$溶液中加入 KOH 使之呈碱性，所得的溶液称奈斯勒试剂。它可用于检验 NH_4^+，因为它遇 NH_4^+ 有棕色沉淀产生。

$$2[\mathrm{HgI_4}]^{2-}+4\mathrm{OH^-}+\mathrm{NH_4^+} = \left[\begin{array}{ccc} & \mathrm{Hg} & \\ \mathrm{O} & & \mathrm{NH_2} \\ & \mathrm{Hg} & \end{array}\right]\mathrm{I}\downarrow+7\mathrm{I^-}+3\mathrm{H_2O}$$

Hg^{2+} 和 Hg_2^{2+} 的转化及 Hg(Ⅰ)化合物　Hg 的电势图为

$$\mathrm{Hg^{2+}}\xrightarrow{0.91}\mathrm{Hg_2^{2+}}\xrightarrow{0.80}\mathrm{Hg}$$

因为 $\varphi^{\ominus}_{右}<\varphi^{\ominus}_{左}$，所以 Hg_2^{2+} 不会发生歧化反应，相反的，却可发生反歧化反应(亦称同化反应)。

$$\mathrm{Hg}+\mathrm{Hg^{2+}} = \mathrm{Hg_2^{2+}}$$

该反应的平衡常数 $K^{\ominus}=[Hg_2^{2+}]/[Hg^{2+}]=166$。因此，在通常情况下，$Hg_2^{2+}$ 在水溶液中是稳定的，只有当溶液中 Hg^{2+} 浓度大大减小的情况下(如生成沉淀或配合物)，上述平衡逆向移动，Hg_2^{2+} 才会发生歧化反应。例如，把 $Hg(NO_3)_2$ 与 Hg 一起振荡就可生成 $Hg_2(NO_3)_2$。

$$\mathrm{Hg(NO_3)_2}+\mathrm{Hg} = \mathrm{Hg_2(NO_3)_2}$$

在 Hg_2^{2+} 溶液中分别加入 OH^-，NH_3，I^- 或 S^{2-} 时，因为这些离子都能有效地降低 Hg^{2+} 的浓度，所以 Hg_2^{2+} 皆可发生歧化反应：

$$\mathrm{Hg_2^{2+}}+2\mathrm{OH^-} = \mathrm{HgO}\downarrow+\mathrm{Hg}\downarrow+\mathrm{H_2O}$$

$$\mathrm{Hg_2(NO_3)_2}+2\mathrm{NH_3} = \mathrm{Hg(NH_2)NO_3}\downarrow+\mathrm{Hg}\downarrow+\mathrm{NH_4NO_3}$$

$$\mathrm{Hg_2^{2+}}+4\mathrm{I^-} = [\mathrm{HgI_4}]^{2-}+\mathrm{Hg}\downarrow$$

$$\mathrm{Hg_2^{2+}}+\mathrm{S^{2-}} = \mathrm{HgS}\downarrow+\mathrm{Hg}\downarrow$$

在 $Hg_2(NO_3)_2$ 溶液中加入 Cl^- 时，可得白色的 Hg_2Cl_2 沉淀。Hg_2Cl_2 俗称甘汞，少量无毒，在医药上用作泻药。

由上述的电势图还可看出，Hg^{2+} 和 Hg_2^{2+} 都具有氧化性，都能氧化 $SnCl_2$。Hg^{2+} 与 $SnCl_2$ 反应首先生成 Hg_2Cl_2 白色沉淀，当 $SnCl_2$ 过量时，Hg_2Cl_2 进一步被还原为 Hg。该反应可用来定性鉴定 Hg^{2+} 和 Hg_2^{2+}。

习　题

1. 试从下表所列的几个方面去比较ⅠA 和ⅠB 族元素的性质：

	ⅠA	ⅠB
价电子构型		
原子半径大小		
电离能高低		
化学活泼性大小		
同族元素化学活泼性变化趋势		
氧化态		
与水作用		
氢氧化物的酸碱性及稳定性		
形成配合物的能力		

2. 试从习题1所列的几个方面去比较ⅡA和ⅡB族元素的性质。

3. 解释下列现象并写出反应式：

(1) 埋在湿土中的铜钱变绿。

(2) 银器在含 H_2S 的空气中发黑。

(3) 金不溶于浓 HCl 或 HNO_3 中，却溶于此两种酸的混合液中。

4. 以 $CuSO_4$ 为原料制取下列物质：

$[Cu(NH_3)_4]^{2+}$　　$Cu(OH)_2$　　CuO　　Cu_2O　　$Na_2[Cu(OH)_4]$　　CuI

5. 以 $Hg(NO_3)_2$ 为原料制取下列物质：

HgO　　$HgCl_2$　　Hg_2Cl_2　　$Hg_2(NO_3)_2$　　$K_2[HgI_4]$

6. 用适当的方法区别下列物质：

(1) 镁盐和锌盐　　(2) AgCl 和 Hg_2Cl_2

(3) 升汞和甘汞　　(4) 锌盐和铝盐

7. Cu 和 Zn 能否分别与稀 HCl 溶液，浓 H_2SO_4 溶液，稀 HNO_3 溶液，浓 HNO_3 溶液及 NaOH 溶液反应？若能反应，试写出反应式。

8. 碱能否分别与 Cu^{2+}，Ag^+，Zn^{2+}，Hg^{2+} 和 Hg_2^{2+} 反应？若能的话，试指出反应产物及现象。

9. 氨水能否分别与 Cu^{2+}，Ag^+，Zn^{2+}，Hg^{2+}，Hg_2^{2+} 反应？若能的话，试指出反应产物及现象。

10. I^- 能否分别与 Cu^{2+}，Ag^+，Zn^{2+}，Hg^{2+}，Hg_2^{2+} 反应？若能的话，试指出反应产物及现象。

11. 完成下列反应方程式：

$HgCl_2+SnCl_2 \longrightarrow$　　$Cu(OH)_2+C_6H_{12}O_6 \longrightarrow$

$HgS+HCl+HNO_3 \longrightarrow$　　$AgBr+Na_2S_2O_3$(过量)$\longrightarrow$

$Hg_2Cl_2+H_2S \longrightarrow$　　$Cu_2O+H_2SO_4 \longrightarrow$

12. 找出实现下列变化所需的物质，并写出反应方程式：

(1) $Zn \longrightarrow [Zn(OH)_4]^{2-} \longrightarrow ZnCl_2 \longrightarrow [Zn(NH_3)_4]^{2+} \longrightarrow ZnS$

(2) $Cu \longrightarrow CuSO_4 \longrightarrow Cu(OH)_2 \longrightarrow CuO \longrightarrow CuCl_2 \longrightarrow [CuCl_2]^- \longrightarrow CuCl$

13. 试用简便方法将下列混合离子分离：

(1) Ag^+ 和 Cu^{2+}　　(2) Zn^{2+} 和 Mg^{2+}

(3) Zn^{2+} 和 Al^{3+}　　(4) Hg^{2+} 和 Hg_2^{2+}

14. 试将 Cu^{2+}、Ag^+、Zn^{2+} 及 Hg^{2+} 混合离子分离。

15. 利用配位反应分别将下列物质溶解，并写出有关的反应方程式。

CuCl　　$Cu(OH)_2$　　Ag_2O　　AgBr　　AgI　　$Zn(OH)_2$　　HgI_2

16. 有一白色硫酸盐 A，溶于水得蓝色溶液。在此溶液中加入 NaOH 得浅蓝色沉淀 B，加热 B 变成黑色物质 C。C 可溶于 H_2SO_4 溶液，在所得的溶液中逐滴加入 KI 溶液，先有棕褐色沉淀 D 析出，后又变成红棕色溶液 E 和白色沉淀 F。问 A、B、C、D、E 和 F 各为何物？写出有关反应式。

17. 解释下列现象：

(1) 将 SO_2 通入 $CuSO_4$ 和 NaCl 的浓混合溶液中，有白色的沉淀析出。

(2) 在 $AgNO_3$ 溶液中滴加 KCN 溶液时，先生成白色沉淀而后溶解，再加入 NaCl 溶液时无沉淀生成，但加入少许 Na_2S 溶液时就析出黑色沉淀。

(3) HgC_2O_4 难溶于水，但可溶于 NaCl 溶液中。

(4) 在 $Hg_2(NO_3)_2$ 溶液中通入 H_2S 时，有黑色的金属汞析出。

(5) 银可置换 HI 溶液中的氢，为什么却不能置换酸性更强的 $HClO_4$ 溶液中的氢？

18. 回答下列问题：

(1) $CuSO_4$ 是杀虫剂，为什么要和石灰乳混用？

(2) 废定影液可加 Na_2S 溶液再生。若 Na_2S 过量，则在用再生的定影液时，相片出现发花现象。

(3) 锌是最重要的微量生命元素之一，是生物体内多种酶的组成元素。$ZnCO_3$ 和 ZnO 亦可用于药膏，促进伤口愈合。为什么在炼锌厂附近却会造成严重的环境污染？

19. 已知 298 K 时，

(1) $2Cu^+(aq) \rightleftharpoons Cu^{2+}(aq)+Cu(s)$　　$K^\ominus=1.8\times10^6$

(2) $CuCl(s) \rightleftharpoons Cu^+(aq)+Cl^-(aq)$　　$K^\ominus_{sp}=1.7\times10^{-7}$

试计算该温度下反应 $Cu^{2+}(aq)+Cu(s)+2Cl^-(aq) \longrightarrow 2CuCl(s)$ 的 $\Delta G^\ominus$，该反应在标准态下能否自发进行？

20. 已知 Hg(g) 的 $\Delta_f H^\ominus$ 和 $S^\ominus$ 分别为 61.3 $kJ\cdot mol^{-1}$ 和 175.0 $J\cdot mol^{-1}\cdot K^{-1}$，其他有关数据查附录二。

(1) 计算汞在 25 ℃的蒸气压；

(2) 空气中汞蒸气含量若超过 0.05 $mg\cdot m^{-3}$，对人体有害。试通过计算来说明，在通风不良的室内若有汞直接曝露在空气中，对人体是否有害？

第十二章

d 区元素和 f 区元素

学习要求：

1. 理解 d 区元素的特性与其电子层结构的关系。
2. 掌握第一过渡系列的钒、铬、锰、铁、钴、镍及其主要化合物的性质；了解铬分族性质递变的规律。
3. 理解镧系收缩及其影响；了解镧系元素重要化合物的性质。

12.1 d 区元素概述

12.1.1 d 区元素和过渡元素

d 区元素包括ⅢB～Ⅷ族所有的元素，f 区元素包括除镧、锕以外的镧系和锕系元素。过渡元素的定义在各类书刊中很不一致。本书定义为：**过渡元素**(transition element)是指原子的电子层结构中 d 轨道或 f 轨道仅部分填充的元素，因此过渡元素实际上包括 d 区元素和 f 区元素。由于 f 区元素的电子层结构和性质有其特殊之处，故常把它称为内过渡元素，以区别于一般的过渡元素，即 d 区元素。

12.1.2 d 区元素的特性

d 区元素价电子层结构是 $(n-1)d^{1\sim8}ns^{1\sim2}$①。它们 ns 轨道上的电子数几乎保持不变，主要差别在于 $(n-1)d$ 轨道上的电子数不同。又因 $(n-1)d$ 轨道和 ns 轨道的能量相近，d 电子可以全部或部分参与成键，由此构成了 d 区元素如下的特性。

1. 单质的相似性

d 区元素的最外层电子数一般都不超过 2 个，较易失去，所以它们都是金属。d 区元素与 s 区元素相比，前者有较大的有效核电荷，而且 d 电子也存在一定的成键能力，因此，d 区元素一般具有较小的原子半径，较大的密度，较高的熔、沸点和良好的导电、导热性。例如，Os 的相对密度(22.48)、W 的熔点(3 380 ℃)及 Cr 的硬度等都是金属中最大的。

d 区元素的化学活泼性也较相近。同一周期从左到右，d 区元素化学活泼性的变化远不如 s

① Pd 和 Pt 例外，它们的价电子层结构分别为 $4d^{10}$ 和 $5d^{9}6s^{1}$。

区和 p 区显著。

2. 有可变的氧化态

d 区元素除最外层 s 电子可参与成键外，次外层 d 电子在适当的条件下也可部分甚至全部参与成键，因此，它们大多具有可变的氧化态。现以第四周期 d 区元素（又称第一过渡系列）为例，将其常见的氧化态列于表 12-1。

表 12-1 第四周期 d 区元素的常见氧化态

族次	ⅢB	ⅣB	ⅤB	ⅥB	ⅦB	Ⅷ		
元素	Sc	Ti	V	Cr	Mn	Fe	Co	Ni
价电子层结构	$3d^1 4s^2$	$3d^2 4s^2$	$3d^3 4s^2$	$3d^5 4s^1$	$3d^5 4s^2$	$3d^6 4s^2$	$3d^7 4s^2$	$3d^8 4s^2$
常见氧化态	$\underline{+3}$	+2 +3 $\underline{+4}$	+2 +3 +4 $\underline{+5}$	+2 $\underline{+3}$ +6	$\underline{+2}$ +3 +4 +6 +7	+2 $\underline{+3}$ (+6)	$\underline{+2}$ +3	$\underline{+2}$ (+3)

说明：下面划有横线的表示最稳定的氧化态，有括弧的表示很不稳定的氧化态。

由表可见，随原子序数的逐渐增加，氧化态先逐渐升高，但高氧化态逐渐不稳定，随后氧化态又逐渐降低。第五、六周期 d 区元素（分别称第二、第三过渡系列）的氧化态变化情况与第四周期类同，即同一周期自左向右，氧化态先逐渐升高，过了第Ⅷ族的钌(Ru)和锇(Os)以后，氧化态又逐渐变低。以上是从横的角度去比较。若从纵的方向来看，可发现同一族自上而下氧化态可变性的倾向趋于减小，即第四周期元素容易出现低氧化态，而第五、第六周期元素一般出现高氧化态，也就是说，同一族自上而下高氧化态趋于稳定。例如，MnO_4^- 具有强氧化性，而 ReO_4^- 却很稳定。

不同氧化态之间在一定的条件下可互相转化，从而表现出氧化还原性。例如，铬的存在形式有 Cr^{2+}，Cr^{3+}，CrO_4^{2-} 和 $Cr_2O_7^{2-}$ 等；锰的存在形式有 Mn^{2+}，MnO_2，MnO_4^{2-} 和 MnO_4^- 等。低氧化态（如 Cr^{2+} 和 Mn^{2+} 等）具有还原性；高氧化态（如 $Cr_2O_7^{2-}$ 和 MnO_4^- 等）具有氧化性；而中间的氧化态（如 Cr^{3+} 和 MnO_2 等）则既有氧化性又有还原性。MnO_2 的氧化性大于还原性，而 Cr^{3+} 的还原性大于氧化性。

3. 水合离子大多具有颜色

d 区元素水合离子有色，是与它们离子的 d 轨道有未成对电子有关。晶体场理论指出，在配体水的作用下，d 轨道发生分裂，由于分裂能较小，未成对电子吸收可见光后即可实现 d-d 跃迁，所以能显色。表 12-2 列出了一些 d 区元素的水合离子的颜色与离子的未成对电子的关系。由表可见，Sc^{3+}，La^{3+} 及 Ti^{4+} 等由于其 d 轨道没有未成对电子，它们的水合离子均无色，而 d 轨道有 1～5 个未成对电子的水合离子，则有各种不同的颜色。同理也可解释 ds 区的 Ag^+，Zn^{2+}，Cd^{2+} 和 Hg^{2+} 等水合离子无色，而 Cu^{2+}，Au^{3+} 等水合离子有色。

表 12-2 一些 d 区元素水合离子的颜色

离子中未成对 d 电子数	水合离子的颜色		
0	Sc^{3+}（无色）	La^{3+}（无色）	Ti^{4+}（无色）
1	Ti^{3+}（紫红色）	V^{4+}（蓝色）	
2	Ni^{2+}（绿色）	V^{3+}（绿色）	
3	Cr^{3+}（紫色）	Co^{2+}（桃红色）	V^{2+}（紫色）
4	Fe^{2+}（淡绿色）	Cr^{2+}（蓝色）	
5	Mn^{2+}（淡红色）	Fe^{3+}（淡紫色）	

4. 容易形成配合物

d 区元素另一个特性是容易形成配合物。这是由于：① d 区元素的离子一般有高的电荷、小的半径和 9～17 不规则的外层电子构型，因而具有较大的极化力；② d 区元素的原子或离子常具有未充满的 d 轨道，在配体的作用下，可额外地获得晶体场稳定化能。

此外，过渡元素空的 d 轨道能接受电子，所以这些元素及其化合物常有催化性能。

由上可见，d 区元素的许多特性都与其未充满 d 轨道的电子有关，因此，d 区元素的化学就是 d 电子的化学。

*12.2 钛

12.2.1 金属钛的性质和用途

钛是银白色金属，具有熔点高、密度小、机械强度大及抗腐蚀性强等特性。因此它是航空、宇航、舰船、军械兵器等部门不可缺少的材料，也是化工等部门用于制造防腐设备的优良材料。

钛在室温下不能与水或稀酸反应，但可溶于热盐酸或氢氟酸中：

$$2Ti + 6HCl \xlongequal{\triangle} 2TiCl_3 + 3H_2\uparrow$$

$$Ti + 6HF \xlongequal{} TiF_6^{2-} + 2H^+ + 2H_2\uparrow$$

后一反应之所以能够进行，是由于 Ti^{4+} 是硬酸，F^- 是硬碱，它们之间可形成稳定的配离子 TiF_6^{2-}，从而促使钛溶解。

12.2.2 钛的化合物

在钛的化合物中，以 +4 氧化态最稳定。TiO_2 为白色粉末，不溶于水、稀酸或碱溶液中，但能溶于热的浓硫酸或氢氟酸中：

$$TiO_2 + H_2SO_4 \xlongequal{\triangle} TiOSO_4 + H_2O$$

$$TiO_2 + 6HF \xlongequal{} H_2[TiF_6] + 2H_2O$$

纯净的 TiO_2 称为钛白，是优良的白色颜料。它具有折射率高、着色力强、遮盖力大和化学性能稳定等优点。大量的钛白广泛用于油漆、造纸、塑料、橡胶、化纤、搪瓷等部门。最近研究表明，TiO_2 受光照射后可自发地产生一些“活性氧”，从而能自动地清除附着其表面的有机污物，被誉为“环境友好催化剂”。

TiO_2 在有碳参与下，加热进行氯化，可制得 $TiCl_4$：

$$TiO_2+2C+2Cl_2 \xlongequal{\triangle} TiCl_4+2CO$$

$TiCl_4$ 是无色液体，有刺激性气味，极易水解，在潮湿的空气中由于水解而发烟：

$$TiCl_4+3H_2O = H_2TiO_3+4HCl$$

利用此反应可以制造烟幕。

在强酸性介质中，Ti(Ⅳ)可被活泼金属还原为 Ti^{3+}。Ti^{3+} 呈紫色，有很强的还原性。

$$TiO_2+4H^++e^- \rightleftharpoons Ti^{3+}+2H_2O \qquad \varphi^{\ominus}=0.10\ V$$

在分析化学中，利用这一性质进行钛的含量测定：在含 Ti(Ⅳ)的硫酸溶液中，加入铝片先将 TiO^{2+} 还原为 Ti^{3+}，然后用 $FeCl_3$ 标准溶液滴定，用 KSCN 溶液作指示剂。反应式为

$$3TiO^{2+}+Al+6H^+ = 3Ti^{3+}+Al^{3+}+3H_2O$$
$$Ti^{3+}+Fe^{3+}+H_2O = TiO^{2+}+Fe^{2+}+2H^+$$

12.3 钒

钒是第ⅤB 族中重要的元素，广泛应用于制造特种钢和催化剂。钒的化学性质相当复杂，它的价电子层结构为 $3d^34s^2$，5 个电子都有成键作用，钒在化合物中主要氧化态为+5，但也存在+4，+3 和+2。在酸性溶液中，钒的元素电势图为

$$\varphi_A^{\ominus}/V \qquad VO_2^+ \xrightarrow{1.0} VO^{2+} \xrightarrow{0.34} V^{3+} \xrightarrow{-0.25} V^{2+} \xrightarrow{-1.2} V$$
$$VO_2^+ \xrightarrow{-0.25} V$$

由此可见，V^{2+} 和 V^{3+} 具有还原性，VO^{2+} 较稳定，而 VO_2^+ 具有氧化性。不同氧化态的钒之间的转化容易实现，而且也容易判断，因为不同氧化态的钒具有不同的颜色。例如，VO_2^+（黄色）可被 Fe^{2+}，$H_2C_2O_4$ 等还原为 VO^{2+}（蓝色）：

$$VO_2^++Fe^{2+}+2H^+ = VO^{2+}+Fe^{3+}+H_2O$$
$$2VO_2^++H_2C_2O_4+2H^+ = 2VO^{2+}+2CO_2+2H_2O$$

如果用较强的还原剂还可把 VO_2^+ 分别还原为 V^{3+}（绿色）或 V^{2+}（紫色）。例如：

$$VO_2^++Sn^{2+}+4H^+ = V^{3+}+Sn^{4+}+2H_2O$$
$$2VO_2^++3Zn+8H^+ = 2V^{2+}+3Zn^{2+}+4H_2O$$

不同氧化态钒的氧化物的酸碱性不同：VO 碱性，V_2O_3 碱性（带弱酸性），VO_2 两性，V_2O_5 酸性（带弱碱性）。V_2O_5 是生产 H_2SO_4 的催化剂，可由偏钒酸铵加热分解制得。

$$2NH_4VO_3 \xlongequal{\triangle} 2NH_3+V_2O_5+H_2O$$

V_2O_5 是酸性为主的两性氧化物，在冷的碱液中生成正钒酸盐：

$$V_2O_5+6OH^- = 2VO_4^{3-}+3H_2O$$

在热的碱液中生成偏钒酸盐：

$$V_2O_5 + 2OH^- \xlongequal{\triangle} 2VO_3^- + H_2O$$

V_2O_5 也溶于强酸(pH<1),但得不到 V^{5+},而是形成淡黄色的 VO_2^+:

$$V_2O_5 + 2H^+ \xlongequal{} 2VO_2^+ + H_2O$$

由于 V_2O_5 具有氧化性,它和盐酸反应可放出氯气:

$$V_2O_5 + 6HCl \xlongequal{} 2VOCl_2 + Cl_2 + 3H_2O$$

在正钒酸根 VO_4^{3-} 的溶液中加入酸,随着 pH 逐渐下降,会生成一系列不同缩合度的多钒酸根:

	VO_4^{3-}	$V_2O_7^{4-}$	$V_3O_9^{3-}$	$V_{10}O_{28}^{6-}$	V_2O_5	VO_2^+
pH	≥13	12～10.6	～8.4	8～3	～2	<1
V 与 O 原子比	1∶4	1∶3.5	1∶3	1∶2.8	1∶2.5	1∶2

值得注意的是,在该系列中,随着酸度增加,V 与 O 原子比逐渐减小,H^+ 的作用就是在平衡系统中不断地除去"O^{2-}"。例如:

$$2VO_4^{3-} + 2H^+ \rightleftharpoons 2[VO_3(OH)]^{2-} \rightleftharpoons V_2O_7^{4-} + H_2O$$

$$3[VO_3(OH)]^{2-} + 3H^+ \rightleftharpoons V_3O_9^{3-} + 3H_2O$$

12.4 铬、钼、钨

铬、钼、钨三元素组成周期系第ⅥB族,其价电子层结构为$(n-1)d^5ns^1$①。铬的电极电势虽然较低[$\varphi^\ominus(Cr^{2+}/Cr) = -0.91\ V$],但它的表面易形成致密氧化膜,从而降低了它的活泼性。在铁制品表面镀上一层铬,可使其长期保持光亮。去掉氧化膜的铬,可缓慢地溶于稀酸中。铬的主要氧化态为+2,+3 和+6,其元素电势图为

$$\varphi_A^\ominus/V \qquad Cr_2O_7^{2-} \xrightarrow{1.36} Cr^{3+} \xrightarrow{-0.42} Cr^{2+} \xrightarrow{-0.91} Cr \quad (Cr^{3+} \xrightarrow{-0.74} Cr)$$

$$\varphi_B^\ominus/V \qquad CrO_4^{2-} \xrightarrow{-0.13} Cr(OH)_3 \xrightarrow{-1.1} Cr(OH)_2 \xrightarrow{-1.4} Cr$$

由此可见,在酸性介质中,+2 氧化态具有强还原性,+6 氧化态具有强氧化性;在碱性介质中,+6氧化态稳定。但是钼和钨在酸性介质中,均以+6 氧化态稳定。

12.4.1 铬的化合物

铬(Ⅲ)化合物 较重要的铬(Ⅲ)化合物有 Cr_2O_3 和 $Cr_2(SO_4)_3$。将$(NH_4)_2Cr_2O_7$ 加热分解或铬在空气中燃烧,都可制得绿色的 Cr_2O_3。

① W 的价电子层结构为 $5d^46s^2$。

$$(NH_4)_2Cr_2O_7 \xlongequal{\triangle} Cr_2O_3 + N_2 + 4H_2O$$

$$4Cr + 3O_2 \xlongequal{燃烧} 2Cr_2O_3$$

Cr_2O_3 为两性氧化物，既能溶于酸，也能溶于碱。但是经过灼烧的 Cr_2O_3 不溶于酸，因其化学性质比较稳定，被广泛地用作颜料，称为铬绿。

在铬(Ⅲ)溶液中加碱，可得到灰蓝色胶态 $Cr(OH)_3$ 沉淀。它与 $Al(OH)_3$ 相似，也显两性。两性氢氧化物在溶液中存在两类平衡，故它只能在一定的 pH 范围内以沉淀形式存在。例如：

$$\underset{(0.1\ mol\cdot L^{-1})}{Cr^{3+}(紫色)} \underset{H^+}{\overset{OH^-}{\rightleftharpoons}} \underset{pH\ 4.9\sim6.8}{Cr(OH)_3(灰蓝色)} \underset{H^+}{\overset{OH^-}{\rightleftharpoons}} \underset{pH\ 12\sim15}{[Cr(OH)_4]^-(绿色)}$$

这表示：在浓度为 0.1 $mol\cdot L^{-1}$ 的 Cr^{3+} 溶液中，当 pH＝4.9 时开始生成 $Cr(OH)_3$ 沉淀；pH＝6.8 时沉淀完全；pH＝12 时 $Cr(OH)_3$ 开始溶解生成 $[Cr(OH)_4]^-$；pH＝15 时完全变成 $[Cr(OH)_4]^-$。由此可见，要想把 Cr^{3+} 全部沉淀，必须把 pH 控制在 6.8～12。一些金属氢氧化物沉淀和溶解的 pH 见表 12-3。

表 12-3　金属氢氧化物沉淀和溶解的 pH(金属离子初浓度为 0.1 $mol\cdot L^{-1}$)

氢氧化物	开始沉淀	沉淀完全	沉淀开始溶解	沉淀完全溶解
$Sn(OH)_4$	0.5	1	13	15
$TiO(OH)_2$	0.5	2.0	—	—
$Sn(OH)_2$	2.1	4.7	10	13.5
$ZrO(OH)_2$	2.25	3.75	—	—
$Fe(OH)_3$	2.3	4.1	14	—
HgO	2.4	5.0	11.5	—
$Al(OH)_3$	4.0	5.2	7.8	10.8
$Cr(OH)_3$	4.9	6.8	12	15
$Be(OH)_2$	6.2	8.8	—	—
$Zn(OH)_2$	6.4	8.0	10.5	12～13
$Fe(OH)_2$	7.5	9.7	13.5	—
$Co(OH)_2$	7.6	9.2	14.1	—
$Ni(OH)_2$	7.7	9.5	—	—
Ag_2O	8.2	11.2	12.7	—
$Cd(OH)_2$	8.2	9.7	—	—
$Mn(OH)_2$	8.8	10.4	14	—
$Mg(OH)_2$	10.4	12.4	—	—

Cr^{3+} 在水溶液中以 $[Cr(H_2O)_6]^{3+}$ 形式存在。内界的水分子可被其他配体所置换。例如，化学式为 $[Cr(H_2O)_6]Cl_3$ 的晶体，如果内界的水一部分被 Cl^- 所置换，则呈现不同的颜色：$[Cr(H_2O)_6]Cl_3$ 紫色；$[Cr(H_2O)_5Cl]Cl_2\cdot H_2O$ 淡绿色；$[Cr(H_2O)_4Cl_2]Cl\cdot 2H_2O$ 暗绿色。实验

室里见到的 Cr^{3+} 溶液多为绿色，就是这个原因。如果内界水被氨置换，也可生成一系列颜色不同的配离子：

$[Cr(H_2O)_6]^{3+}$	$[Cr(NH_3)_2(H_2O)_4]^{3+}$
（紫色）	（紫红色）
$[Cr(NH_3)_3(H_2O)_3]^{3+}$	$[Cr(NH_3)_4(H_2O)_2]^{3+}$
（浅红色）	（橙红色）
$[Cr(NH_3)_5(H_2O)]^{3+}$	$[Cr(NH_3)_6]^{3+}$
（橙黄色）	（黄色）

随着内界的水分子逐个被氨分子取代，配离子的颜色逐渐向长波方向移动。这种现象可以用晶体场理论加以解释。由于分光化学序 $NH_3 > H_2O$，即 $[Cr(NH_3)_6]^{3+}$ 的 d 轨道分裂能 Δ_0 大于 $[Cr(H_2O)_6]^{3+}$ 的 Δ_0，因此前者实现 d-d 跃迁需要吸收的能量大于后者，故 $[Cr(NH_3)_6]^{3+}$ 吸收波长较短的光，而透过波长较长的光。需要指出的是，在 Cr^{3+} 溶液中加入氨水，得到的不是 $[Cr(NH_3)_6]^{3+}$ 而是 $Cr(OH)_3$ 沉淀。$[Cr(NH_3)_6]^{3+}$ 一般要在液氨系统内形成。

从铬的元素电势图可见，Cr(Ⅲ)在酸性溶液中很稳定，但在碱性溶液中具有较强的还原性，易被氧化为 CrO_4^{2-}。常用的氧化剂有 Cl_2、Br_2、H_2O_2 和 Na_2O_2 等。例如：

$$2Cr^{3+} + 3H_2O_2 + 10OH^- \longrightarrow 2CrO_4^{2-} + 8H_2O$$

拓展知识：

红宝石和绿宝石

红宝石的主要成分是 Al_2O_3，俗称刚玉，硬度接近金刚石。Al_2O_3 晶格中每个 Al^{3+} 周围排布 6 个 O^{2-}，形成八面体场。Al^{3+} 无 d 电子，不会发生 d-d 跃迁，而其内层电子的吸收光谱在紫外区，因而刚玉无色。刚玉中 1%Al^{3+} 被 Cr^{3+} 置换则变成红宝石。因 Cr^{3+} 价电子构型为 $3d^3$，这 3 个电子在分裂的 d 轨道上排布为 $d_\varepsilon^3 d_\gamma^0$。当这些电子从低能级的 d_ε 轨道跃迁至高能级的 d_γ 轨道时，强烈地吸收可见光中的蓝紫光和黄绿光，透过红光，故给予它特有的红宝石颜色。如果刚玉的一些 Al^{3+} 被 Fe^{2+}、Fe^{3+} 和 Ti^{4+} 混合离子置换，则形成特有蓝色的蓝宝石；如果 Al^{3+} 被 Fe^{3+} 部分置换，则生成黄色的黄玉。

绿宝石（翡翠）是由绿柱石形成的。绿柱石的化学成分是硅酸铝铍（$3BeO \cdot Al_2O_3 \cdot 6SiO_2$）。如果其中部分 Al^{3+} 被 Cr^{3+} 置换，尽管 Cr^{3+} 在此也处于 O^{2-} 形成的八面体场，但因绿柱石中还存在 BeO 和 SiO_2，这两种氧化物的存在减弱了晶体场强度，降低了分裂能 Δ_0，d 电子跃迁主要吸收蓝紫光和黄红光，而透过绿光。

一种与红、蓝宝石密切相关的宝石为变色宝石。它的化学成分是铝酸铍（$BeO \cdot Al_2O_3$），其中大约 1%Al^{3+} 被 Cr^{3+} 置换。在此宝石中的 Cr^{3+} 强烈地吸收黄光。变色宝石有一个有趣的性质，随照射的光源不同而变色。当 1831 年在俄罗斯拉乌尔山脉深井中第一次发现它时，在矿灯照射下呈深红色，将此宝石带到地面却变成蓝色。这看似令人惊奇的颜色变化是因为矿灯光线含有较多的黄色和红色光，而蓝色光很少，宝石吸收了黄光而呈现淡红色。但是太阳光中有较多的蓝光，额外的蓝光透过宝石使它呈浅蓝色。

一旦掌握了自然界宝石的结构，人工合成这些宝石就不太困难了。目前红、蓝宝石已大量由 $Al(OH)_3$ 与适量的过渡金属盐类在 1 200 ℃熔融制得。用此技术已制得惊人尺寸的宝石——10 磅重的红宝石和 100 磅重的蓝宝石。精心合成的珠宝级宝石与天然宝石已无明显差异，即使很有经验的珠宝商也不容易把它们区别开来。

铬(Ⅵ)化合物 铬(Ⅵ)最重要的化合物是 $K_2Cr_2O_7$(俗称红矾钾)，为橙红色晶体，易溶于水。在水溶液中 $Cr_2O_7^{2-}$(橙红色)和 CrO_4^{2-}(黄色)存在着如下平衡：

$$2CrO_4^{2-}+2H^+ \rightleftharpoons Cr_2O_7^{2-}+H_2O$$

$$K^\ominus=\frac{[Cr_2O_7^{2-}]}{[CrO_4^{2-}]^2[H^+]^2}=1.2\times10^{14}$$

可见在中性溶液中，$[Cr_2O_7^{2-}]/[CrO_4^{2-}]^2\approx1$。在溶液中加酸，平衡向右移动，$Cr_2O_7^{2-}$ 增多，溶液变成橙红色；加碱，平衡向左移动，CrO_4^{2-} 增多，溶液变黄色。由于此平衡的存在，在 $K_2Cr_2O_7$ 溶液中分别加入 Ba^{2+}，Pb^{2+} 和 Ag^+ 时，得到的是相应的铬酸盐沉淀，因为这些离子的铬酸盐溶解度较小，而重铬酸盐溶解度较大。

$$Cr_2O_7^{2-}+2Ba^{2+}+H_2O = 2H^++2BaCrO_4\downarrow(\text{黄色})$$
$$Cr_2O_7^{2-}+2Pb^{2+}+H_2O = 2H^++2PbCrO_4\downarrow(\text{黄色})$$
$$Cr_2O_7^{2-}+4Ag^++H_2O = 2H^++2Ag_2CrO_4\downarrow(\text{红色})$$

以上反应都生成有色沉淀，在定性分析上可用来鉴定 CrO_4^{2-} 或 $Cr_2O_7^{2-}$，也可用于鉴定 Ba^{2+}，Pb^{2+} 和 Ag^+。

在酸性溶液中，$Cr_2O_7^{2-}$ 和 H_2O_2 反应生成蓝色的过氧化铬 CrO_5：

$$Cr_2O_7^{2-}+4H_2O_2+2H^+ = 2CrO_5+5H_2O$$

这也是鉴定 $Cr_2O_7^{2-}$ 的反应。由于 CrO_5 在水中易分解，此反应必须在冷溶液中进行，同时加入乙醚进行萃取。CrO_5 的结构相当于 CrO_3 中两个氧原子被两个过氧基(—O—O—)取代，故它的分子式写成 $CrO(O_2)_2$ 更恰当些。

由铬的电势图可知，在碱性溶液中 CrO_4^{2-} 稳定，在酸性溶液中 $Cr_2O_7^{2-}$ 是强氧化剂。后者氧化 Fe^{2+} 的反应，在定量分析中常用来测定铁。

$$K_2Cr_2O_7+6FeSO_4+7H_2SO_4 = 3Fe_2(SO_4)_3+Cr_2(SO_4)_3+K_2SO_4+7H_2O$$

饱和 $K_2Cr_2O_7$ 溶液和浓 H_2SO_4 的混合液叫做铬酸洗液，它有强氧化性和去污能力，在实验室中用于洗涤玻璃器皿。但是由于它有强腐蚀性以及 Cr(Ⅵ)是致癌物质，能用一般洗涤剂洗净的器皿，尽量不要选用铬酸洗液。

12.4.2 钼和钨的化合物

CrO_3 溶于水能生成 H_2CrO_4，但 MoO_3(白色)和 WO_3(黄色)不溶于水，只能溶解在氨水或强碱性溶液中,生成相应的盐。

$$MoO_3+2NH_3\cdot H_2O \xlongequal{} (NH_4)_2MoO_4+H_2O$$

$$WO_3+2NaOH \xlongequal{} Na_2WO_4+H_2O$$

在钼酸盐或钨酸盐溶液中加入酸,就会析出钼酸或钨酸沉淀:

$$MoO_4^{2-}+2H^+ \xlongequal{} H_2MoO_4\downarrow$$

$$WO_4^{2-}+2H^+ \xlongequal{} H_2WO_4\downarrow$$

钼酸、钨酸加热脱水,易变成相应的氧化物:

$$H_2MoO_4 \xlongequal{\triangle} MoO_3+H_2O$$

$$H_2WO_4 \xlongequal{\triangle} WO_3+H_2O$$

铬、钼和钨三者含氧酸的酸性及氧化性变化趋势为

$$\xleftarrow{\text{氧化性和酸性增强}}$$
$$H_2CrO_4 \qquad H_2MoO_4 \qquad H_2WO_4$$

在可溶性的钼酸盐或钨酸盐的溶液中,逐滴加入酸,随酸度增大,可形成$[Mo_2O_7]^{2-}$,$[Mo_3O_{10}]^{2-}$,$[Mo_7O_{24}]^{6-}$或$[HW_6O_{21}]^{5-}$,$[W_{12}O_{41}]^{10-}$等一系列多酸根离子,最后析出H_2MoO_4和H_2WO_4(严格地说是含水量不定的三氧化物)。综上所述,钼酸和钨酸的特点是:① 难溶于水;② 易形成多酸;③ 氧化性弱。

*12.4.3 多酸和多碱

1. 多酸

简单的酸可看成是由一个酸酐与水分子组成的,如$H_2CrO_4(CrO_3\cdot H_2O)$,$H_2SO_4(SO_3\cdot H_2O)$和$H_2CO_3(CO_2\cdot H_2O)$等。或者,把分子式中只有一个中心原子的酸称为简单酸。某些简单酸在一定条件下可脱水缩合形成复杂的酸。例如:

$$2H_2CrO_4 \xrightarrow{-H_2O} H_2Cr_2O_7$$

$$2H_3PO_4 \xrightarrow{-H_2O} H_4P_2O_7$$

$$3H_2CrO_4 \xrightarrow{-2H_2O} H_2Cr_3O_{10}$$

这种由2个或2个以上含氧酸分子缩水而成的酸称为**多酸**(polyacid)。多酸分为同多酸和杂多酸两类。如果由同一种类含氧酸缩水而成的称为**同多酸**(isopolyacid),如$[Cr_2O_7]^{2-}$,$[Mo_4O_{13}]^{2-}$及$[Mo_7O_{24}]^{6-}$都是同多酸酸根;如果由不同种类含氧酸缩水而成的称为**杂多酸**(heteropolyacid)。十二钼磷酸铵就是一种常见的杂多酸盐,可用以鉴定PO_4^{3-}(见10.3.4节)。能形成多酸的元素很多,非金属元素Si、P、S和过渡金属Cr、Mo、W、V等最为常见。

2. 多碱

通常把碱的形成简单地写成

$$M^{n+}+nOH^- \xlongequal{} M(OH)_n$$

实际上有不少的碱情况并非如此简单。例如逐渐碱化 Cr^{3+} 溶液时，发生如下一系列反应：

$$[Cr(H_2O)_6]^{3+} \longrightarrow [Cr(H_2O)_5(OH)]^{2+} + H^+$$

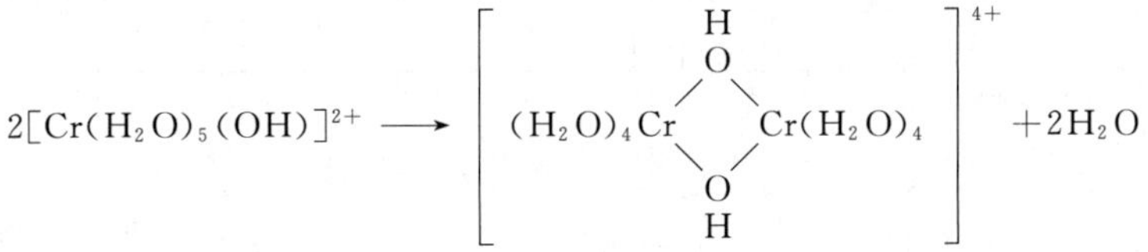

随着碱度增大，它们将进一步缩合成更复杂的多核配合物，最后的产物习惯上写成 $Cr(OH)_3$，实际上是含水量不定的水合氧化铬 $Cr_2O_3 \cdot nH_2O$。

又如，$[Fe(H_2O)_6]^{3+}$ 呈淡紫色，而常见的棕色水合铁离子，实际上也是一种复杂的多核配合物：

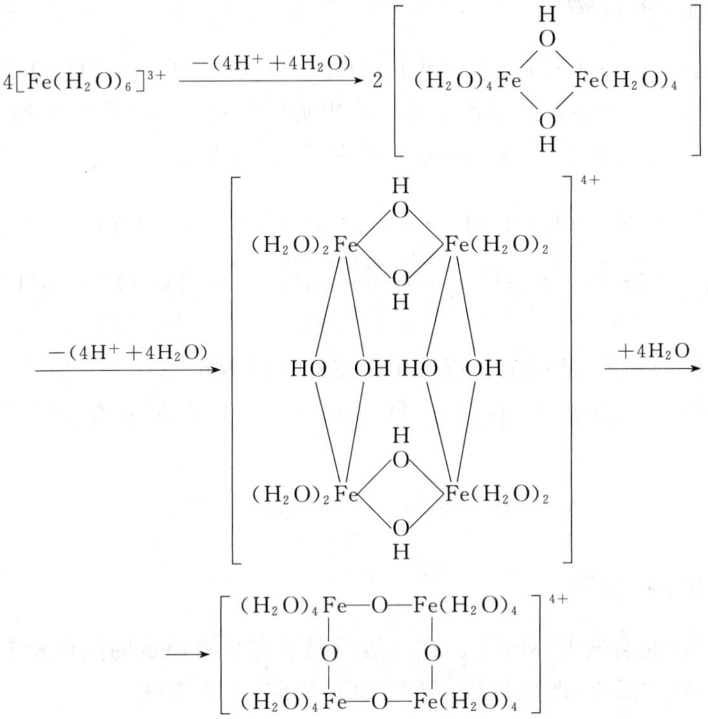

以上各种多核配合物都属于多碱。由此可见，**多碱**(polybase)可看成是弱碱性金属氢氧化物通过羟桥或氧桥而结合的缩聚物。在水溶液中，多碱以配阳离子状态存在；多酸则以配阴离子状态存在。

金属离子形成多碱是普遍的现象，尤其是高价金属离子，如 Fe^{3+}，Al^{3+}，Cr^{3+} 等，它们的简单离子只能在酸度很高、浓度很低的溶液中存在，在通常的条件下则以多碱的状态存在。

12.5 锰

锰是第ⅦB 族元素，价电子层结构为 $3d^5 4s^2$，能呈现 $+2$，$+3$，$+4$，$+6$ 和 $+7$ 等氧化态。锰的电势图为

$\varphi_A^\ominus/V$：

$$MnO_4^- \overset{0.56}{\text{——}} MnO_4^{2-} \overset{2.26}{\text{——}} MnO_2 \overset{0.95}{\text{——}} Mn^{3+} \overset{1.5}{\text{——}} Mn^{2+} \overset{-1.17}{\text{——}} Mn$$

（MnO_4^-—Mn^{2+}：1.51；MnO_4^-—MnO_2：1.69；MnO_2—Mn^{2+}：1.23）

$\varphi_B^{\ominus}/V$：

$$MnO_4^- \overset{0.56}{\text{——}} MnO_4^{2-} \overset{0.62}{\text{——}} MnO_2 \overset{-0.2}{\text{——}} Mn(OH)_3 \overset{0.1}{\text{——}} Mn(OH)_2 \overset{-1.55}{\text{——}} Mn$$

（MnO_4^-—MnO_2：0.60；MnO_2—$Mn(OH)_2$：-0.05）

12.5.1 锰(Ⅱ)化合物

常见的锰(Ⅱ)盐有 $MnSO_4 \cdot 5H_2O$，$MnCl_2 \cdot 4H_2O$ 和 $Mn(NO_3)_2 \cdot 3H_2O$ 等。它们都是粉红色晶体(是$[Mn(H_2O)_6]^{2+}$的颜色)，易溶于水。由电势图可见，Mn^{2+}在酸性溶液中稳定，只有很强的氧化剂(如 $NaBiO_3$，$(NH_4)_2S_2O_8$ 等)才可把它氧化成 MnO_4^-：

$$2Mn^{2+} + 5NaBiO_3 + 14H^+ \xlongequal{\quad} 5Na^+ + 5Bi^{3+} + 2MnO_4^- + 7H_2O$$

$$2Mn^{2+} + 5S_2O_8^{2-} + 8H_2O \xlongequal[\triangle]{Ag^+\text{催化}} 10SO_4^{2-} + 2MnO_4^- + 16H^+$$

由于 MnO_4^- 具有很深的颜色，故以上反应可用于定性鉴定 Mn^{2+}。

在碱性溶液中，Mn^{2+}先生成不稳定的白色 $Mn(OH)_2$ 沉淀，后者在空气中易被氧化成棕色的 $MnO(OH)_2$ 沉淀。

$$2Mn(OH)_2 + O_2 \xlongequal{\quad} 2MnO(OH)_2$$

12.5.2 锰(Ⅳ)化合物

唯一重要的锰(Ⅳ)化合物是 MnO_2。在一般情况下它是极稳定的黑色粉末。在酸性溶液中具有氧化性，能与浓 HCl 反应，产生氯气；与 H_2SO_4 反应，产生氧气。

$$MnO_2 + 4HCl \xlongequal{\quad} MnCl_2 + Cl_2\uparrow + 2H_2O$$

$$2MnO_2 + 2H_2SO_4 \xlongequal{\quad} 2MnSO_4 + O_2\uparrow + 2H_2O$$

在碱性介质中，MnO_2 有转化为绿色的锰(Ⅵ)酸盐倾向。例如，将 MnO_2 和固体碱混合在空气中或者与 $KClO_3$ 等氧化剂一起加热熔融，就可制得锰酸盐：

$$2MnO_2 + 4KOH + O_2 \xlongequal{\text{熔融}} 2K_2MnO_4 + 2H_2O$$

$$3MnO_2 + 6KOH + KClO_3 \xlongequal{\text{熔融}} 3K_2MnO_4 + KCl + 3H_2O$$

12.5.3 锰(Ⅵ)和锰(Ⅶ)化合物

锰(Ⅵ)化合物一般都不稳定，其中最稳定的锰酸盐也只能在强碱性介质中存在。由下列的电势图可以看出：

$$\varphi_A^{\ominus}/V: \quad MnO_4^- \xrightarrow{0.56} MnO_4^{2-} \xrightarrow{2.26} MnO_2$$

$$\varphi_B^{\ominus}/V: \quad MnO_4^- \xrightarrow{0.56} MnO_4^{2-} \xrightarrow{0.62} MnO_2$$

MnO_4^{2-} 在 1 $mol \cdot L^{-1}$的 OH^- 溶液中就可发生歧化反应，且随着溶液酸度增加，歧化反应的趋势越来越大。

$$3MnO_4^{2-} + 4H^+ = 2MnO_4^- + MnO_2 \downarrow + 2H_2O$$

氯气可直接将锰酸根氧化为高锰酸根：

$$2MnO_4^{2-} + Cl_2 = 2MnO_4^- + 2Cl^-$$

最重要的锰(Ⅶ)化合物是高锰酸钾，为紫黑色晶体。水溶液中 MnO_4^- 呈紫红色。在酸性溶液中 MnO_4^- 不很稳定，会缓慢地分解。

$$4MnO_4^- + 4H^+ = 4MnO_2 \downarrow + 2H_2O + 3O_2 \uparrow$$

光对 $KMnO_4$ 分解起催化作用，所以配制好的 $KMnO_4$ 溶液必须保存在棕色瓶中。$KMnO_4$ 是强氧化剂，在医药中被用作杀菌消毒剂，质量分数为 5%的 $KMnO_4$ 溶液可治疗烫伤。介质的酸碱性不仅影响 $KMnO_4$ 的氧化能力，也影响它的还原产物。在酸性介质、弱碱性或中性介质、强碱性介质中，其还原产物依次是 Mn^{2+}，MnO_2 和 MnO_4^{2-}。例如，$KMnO_4$ 和 K_2SO_3 反应，在酸性介质中：

$$2KMnO_4 + 5K_2SO_3 + 3H_2SO_4 = 2MnSO_4 + 6K_2SO_4 + 3H_2O$$

在中性或弱碱性介质中：

$$2KMnO_4 + 3K_2SO_3 + H_2O = 2MnO_2 \downarrow + 3K_2SO_4 + 2KOH$$

在强碱性介质中：

$$2KMnO_4 + K_2SO_3 + 2KOH = 2K_2MnO_4 + K_2SO_4 + H_2O$$

在酸性介质中 $KMnO_4$ 氧化能力很强，它本身有很深的紫红色，而它的还原产物(Mn^{2+})几近无色(浓 Mn^{2+} 溶液呈淡红色)，所以在定量分析中用它来测定还原性物质时，不需另外添加指示剂，因此 $KMnO_4$ 滴定法应用很广。

12.6 铁系元素

铁、钴、镍是第四周期Ⅷ族元素。由于它们性质相似，通称为铁系元素。第五、第六周期Ⅷ族元素钌、铑、钯和锇、铱、铂通称为铂系元素。铁、钴、镍的价电子层结构依次为 $3d^6 4s^2$，$3d^7 4s^2$，$3d^8 4s^2$。由于 3d 电子已超过 5 个，全部 d 电子参与成键变得困难了，所以在一般条件下，铁呈+2、+3 氧化态，钴的+2 氧化态稳定，+3 氧化态具有强的氧化性，镍一般只呈现+2 氧化态。

12.6.1 氧化物和氢氧化物

铁系元素主要的氧化物有

FeO	CoO	NiO
(黑色)	(灰绿色)	(暗绿色)
Fe_2O_3	Co_2O_3	Ni_2O_3
(砖红色)	(黑色)	(黑色)

FeO,CoO,NiO 均为碱性氧化物,不溶于碱,可溶于酸。Fe_2O_3 以碱性为主,但有一定的两性,与碱熔融可生成铁酸盐:

$$Fe_2O_3 + 2NaOH \xlongequal{熔融} 2NaFeO_2 + H_2O$$

Fe_2O_3,Co_2O_3 和 Ni_2O_3 都有氧化性,氧化能力随 Fe—Co—Ni 顺序增强。Co_2O_3 和 Ni_2O_3 与盐酸反应都能放出 Cl_2。

$$M_2O_3 + 6HCl \xlongequal{\quad} 2MCl_2 + Cl_2\uparrow + 3H_2O \qquad (M=Co、Ni)$$

铁的氧化物除 FeO 和 Fe_2O_3 外,还存在具有磁性的 Fe_3O_4(黑色),可把它看作 FeO 和 Fe_2O_3 的混合氧化物。

在 Fe^{2+},Co^{2+} 和 Ni^{2+} 的溶液中分别加入碱,可得到白色的 $Fe(OH)_2$①,粉红色的 $Co(OH)_2$②,绿色的 $Ni(OH)_2$ 沉淀。$Fe(OH)_2$ 被空气迅速氧化为红棕色的 $Fe(OH)_3$。

$$4Fe(OH)_2 + O_2 + 2H_2O \xlongequal{\quad} 4Fe(OH)_3$$

$Co(OH)_2$ 也会慢慢地被氧化为暗棕色的 CoO(OH)。但 $Ni(OH)_2$ 不会被空气氧化,只有在强碱性溶液中用强氧化剂(如 NaClO)才能将其氧化为黑色的 NiO(OH)。

将 $Fe(OH)_3$,CoO(OH)和 NiO(OH)分别溶于酸,则分别得到三价的 Fe^{3+} 和二价的 Co^{2+}、Ni^{2+},这是因为在酸性溶液中 Co^{3+} 和 Ni^{3+} 是很强的氧化剂,它们能将 H_2O 氧化为 O_2,将 Cl^- 氧化为 Cl_2:

$$\left.\begin{aligned} 4M^{3+} + 2H_2O &\xlongequal{\quad} 4M^{2+} + 4H^+ + O_2 \\ 2M^{3+} + 2Cl^- &\xlongequal{\quad} 2M^{2+} + Cl_2 \end{aligned}\right\}(M=Co、Ni)$$

由此可见,铁、钴、镍的氢氧化物的氧化还原性变化趋势为

还原性增强 ←

$Fe(OH)_2$	$Co(OH)_2$	$Ni(OH)_2$
$Fe(OH)_3$	CoO(OH)	NiO(OH)

→ 氧化性增强

① 由于 $Fe(OH)_2$ 迅速被空气氧化,通常得到的是部分被氧化的灰绿色沉淀。

② $Co(OH)_2$ 有粉红色和蓝色两种,一般先得到蓝色沉淀,放置或加热转变为更稳定的粉红色沉淀。

12.6.2 盐类

+2 价盐类 Fe^{2+},Co^{2+} 及 Ni^{2+} 盐类有如下一些共同的特性:

(1) 这些离子都有未成对电子,所以它们的水合离子都呈现颜色,$[Fe(H_2O)_6]^{2+}$ 浅绿色,$[Co(H_2O)_6]^{2+}$ 粉红色,$[Ni(H_2O)_6]^{2+}$ 绿色。

(2) 溶解性相似。它们的强酸盐,如卤化物、硝酸盐、硫酸盐都易溶于水;而一些弱酸盐,如碳酸盐、磷酸盐、硫化物都难溶于水。可溶性盐从水溶液中结晶出来时,常含有相同数目的结晶水,如 $MCl_2 \cdot 6H_2O$,$M(NO_3)_2 \cdot 6H_2O$,$MSO_4 \cdot 7H_2O$($M=Fe$、Co、Ni)。

(3) 它们的硫酸盐和碱金属的硫酸盐均能形成相同类型的复盐 $M_2^{(I)}SO_4 \cdot M^{(II)}SO_4 \cdot 6H_2O$,式中 $M^{(I)}=K^+$,Rb^+,Cs^+,NH_4^+;$M^{(II)}=Fe^{2+}$,Co^{2+},Ni^{2+}。

但是它们之间也有明显的差异。Fe^{2+} 有还原性,而 Co^{2+},Ni^{2+} 稳定。其还原性按 Fe^{2+}—Co^{2+}—Ni^{2+} 顺序减弱。

亚铁盐中,以 $FeSO_4 \cdot 7H_2O$ 最重要。它为绿色晶体,在空气中会逐渐风化,并容易氧化为黄褐色的碱式硫酸铁[Fe(OH)SO_4]。在酸性溶液中,Fe^{2+} 也会被空气氧化,所以在保存 Fe^{2+} 溶液时,应保持足够的酸度,同时加几枚铁钉。因为从如下的电极电势可知:

$$Fe^{2+} + 2e^- \rightleftharpoons Fe \qquad \varphi^\ominus = -0.44\ V$$
$$Fe^{3+} + e^- \rightleftharpoons Fe^{2+} \qquad \varphi^\ominus = 0.77\ V$$

有 Fe 存在,就不会生成 Fe^{3+}。$FeSO_4$ 是制造颜料和墨水的原料。在制造蓝黑墨水时,$FeSO_4$ 与单宁酸作用,生成单宁酸亚铁。当墨水写在纸上后,由于空气的氧化作用,生成不溶性黑色的单宁酸铁,使字迹颜色变深。

$CoCl_2 \cdot 6H_2O$ 是常用的钴盐。它在受热脱水过程中,伴随着颜色的变化:

$$\underset{(粉红)}{CoCl_2 \cdot 6H_2O} \xrightleftharpoons{52\ ℃} \underset{(紫红)}{CoCl_2 \cdot 2H_2O} \xrightleftharpoons{90\ ℃} \underset{(蓝紫)}{CoCl_2 \cdot H_2O} \xrightleftharpoons{120\ ℃} \underset{(蓝)}{CoCl_2}$$

作干燥剂用的变色硅胶中就含有 $CoCl_2$,利用它的这一特性,可用来显示硅胶的吸湿情况。

+3 价盐类 +3 价铁盐稳定,而+3 价钴盐和镍盐不稳定。Fe^{3+} 具有一定的氧化能力,一些较强的还原剂,如 H_2S、HI、Cu 等,可把它还原成 Fe^{2+}:

$$2Fe^{3+} + H_2S = 2Fe^{2+} + S\downarrow + 2H^+$$
$$2Fe^{3+} + 2I^- = 2Fe^{2+} + I_2$$
$$2Fe^{3+} + Cu = 2Fe^{2+} + Cu^{2+}$$

后一反应在印刷制版中,用作铜版的腐蚀剂。

Fe^{3+} 的溶液因水解呈现较强的酸性。由表 12-3 可知,Fe^{3+} 只存在强酸性溶液中。当溶液的 pH=2.3 时,它的水解反应已很明显,且开始有沉淀生成;pH=4.1 时就完全变成沉淀。利用 Fe^{3+} 这一性质,可除去试剂中铁杂质。例如,在 $MnSO_4$ 溶液中含有少量杂质 Fe^{2+} 和 Fe^{3+},如何除去?查表 12-3,可得

	开始沉淀的 pH	完全沉淀的 pH
$Fe(OH)_3$	2.3	4.1
$Fe(OH)_2$	7.5	9.7
$Mn(OH)_2$	8.8	10.4

显然，用控制溶液 pH 的方法可使 Mn^{2+} 和 Fe^{3+} 分离，但无法使 Mn^{2+} 与 Fe^{2+} 分离完全。因为 Fe^{2+} 完全沉淀的 pH=9.7，而 Mn^{2+} 在 pH=8.8 时就开始沉淀了。因此应该先用氧化剂把 Fe^{2+} 氧化为 Fe^{3+}，然后加碱把溶液的 pH 调至 5～6，即可达到铁锰分离的目的。如果在除杂过程中不允许引入其他杂质，则应该精心选择加入的氧化剂和碱。如果氧化剂用 $KMnO_4$，碱用 NaOH 就不合适，因为在溶液中会引入 K^+、MnO_4^- 及 Na^+ 等新的杂质。如果氧化剂用 H_2O_2，碱用 $MnCO_3$ 就没有以上的问题。因为 H_2O_2 的还原产物是 H_2O，而且过量的 H_2O_2 在加热时会自行分解。$MnCO_3$ 中和反应为

$$MnCO_3 + 2H^+ = Mn^{2+} + H_2O + CO_2 \uparrow$$

且过量的 $MnCO_3$ 随 $Fe(OH)_3$ 沉淀一起过滤而除去。

12.6.3 配合物

氨合物 铁盐和钴、镍盐性质上的差别可以从它们与氨水的反应中反映出来。在 Fe^{2+} 或 Fe^{3+} 溶液中加入氨水，得到的是 $Fe(OH)_2$ 或 $Fe(OH)_3$ 沉淀；在 Co^{2+} 或 Ni^{2+} 溶液中加入过量氨水，则分别得到黄色的 $[Co(NH_3)_6]^{2+}$ 或紫色的 $[Ni(NH_3)_6]^{2+}$。$[Co(NH_3)_6]^{2+}$ 在空气中不稳定，慢慢被氧化为橙黄色的 $[Co(NH_3)_6]^{3+}$。

$$4[Co(NH_3)_6]^{2+} + O_2 + 2H_2O = 4[Co(NH_3)_6]^{3+} + 4OH^-$$

由此可见，Co^{3+} 不稳定，有很强的氧化性，但形成氨合物 $[Co(NH_3)_6]^{3+}$ 后却变得稳定了。

氰合物 铁系元素都能与 CN^- 形成配合物。在 Fe^{2+} 溶液中加入 KCN 溶液，先得到白色的 $Fe(CN)_2$ 沉淀，随后溶于过量的 KCN 中：

$$Fe^{2+} + 2CN^- = Fe(CN)_2 \downarrow$$

$$Fe(CN)_2 + 4CN^- = [Fe(CN)_6]^{4-}$$

从溶液中析出的黄色晶体 $K_4[Fe(CN)_6]\cdot 3H_2O$，俗称黄血盐。在 Fe^{3+} 溶液中加入 KCN 溶液可得深红色的 $K_3[Fe(CN)_6]$，俗称赤血盐。这两种化合物分别是检验 Fe^{3+} 和 Fe^{2+} 的试剂。Fe^{3+} 和 $K_4[Fe(CN)_6]$ 反应生成蓝色沉淀（俗称普鲁士蓝）；Fe^{2+} 和 $K_3[Fe(CN)_6]$ 反应，也生成蓝色沉淀（俗称滕氏蓝）。现实验证明，这两种蓝色沉淀实际上是同一物质，它们不仅化学组成相同，而且基本的晶格结构也相同①，因此它们的反应可表示为

$$K^+ + Fe^{3+} + [Fe(CN)_6]^{4-} = K[Fe(CN)_6Fe] \downarrow$$

$$K^+ + Fe^{2+} + [Fe(CN)_6]^{3-} = K[Fe(CN)_6Fe] \downarrow$$

---

① 它们的基本结构是由铁原子通过氰根桥联而成的立方晶格，而且氰根都是碳原子与低自旋的 Fe(Ⅱ)相连，以氮原子与高自旋的 Fe(Ⅲ)相连。K^+（和 H_2O）则位于晶格的空穴中。

钴和镍也可形成氰合物。在 Co^{2+} 溶液中加入 KCN，可得浅棕色的 $Co(CN)_2$ 沉淀，它溶于过量的 CN^- 溶液中形成 $[Co(CN)_6]^{4-}$。但 $[Co(CN)_6]^{4-}$ 很不稳定，有很强的还原性，其水溶液稍稍加热，甚至可把水还原：

$$2[Co(CN)_6]^{4-} + 2H_2O \xlongequal{\triangle} 2[Co(CN)_6]^{3-} + 2OH^- + H_2\uparrow$$

Co^{2+} 形成氰合物后还原性大为增加，可从以下两电对的电极电势中看出：

$$Co^{3+} + e^- \rightleftharpoons Co^{2+} \qquad \varphi^\ominus = 1.92\ V$$

$$[Co(CN)_6]^{3-} + e^- \rightleftharpoons [Co(CN)_6]^{4-} \qquad \varphi^\ominus = -0.83\ V$$

硫氰合物 Fe^{3+} 与 SCN^- 可生成一系列配合物，如 $[Fe(NCS)]^{2+}$，$[Fe(NCS)_2]^+$，…，$[Fe(NCS)_6]^{3-}$，它们都呈红色。此反应很灵敏，不仅可用于 Fe^{3+} 的定性鉴定，而且也可用于比色法进行 Fe^{3+} 的定量测定。

Co^{2+} 与 SCN^- 作用生成蓝色配合物 $[Co(NCS)_4]^{2-}$，可用于鉴定 Co^{2+}。由于该配离子在水中较易解离，需要加入某些有机溶剂（如丙酮、戊醇等），把配合物萃取到有机相，以提高其稳定性。Fe^{3+} 对此鉴定有干扰，可加入 NaF 将 Fe^{3+} 掩蔽，因 F^- 可与 Fe^{3+} 生成更稳定的无色的 $[FeF_6]^{3-}$。

* **羰基配合物** 铁系元素与 CO 都能形成羰基配合物，如 $Fe(CO)_5$，$Ni(CO)_4$，$Co_2(CO)_8$ 等。一些其他 d 区元素也能形成羰基配合物，如 $Cr(CO)_6$，$Mo(CO)_6$，$Ru(CO)_5$，$Os(CO)_5$ 等。羰基配合物无论在结构或性质上都是一类比较特殊的配合物。

在金属羰基配合物中，CO 的 C 原子提供孤对电子，与金属原子的空轨道形成 σ 配键[图 12-1(a)]，另外，CO 分子以空的 π^* 反键轨道接受金属原子 d 轨道上的孤对电子形成反馈 π 配键[图 12-1(b)]。σ 配键和反馈 π 配键的协同效应，使低氧化态的金属羰基配合物能稳定存在。

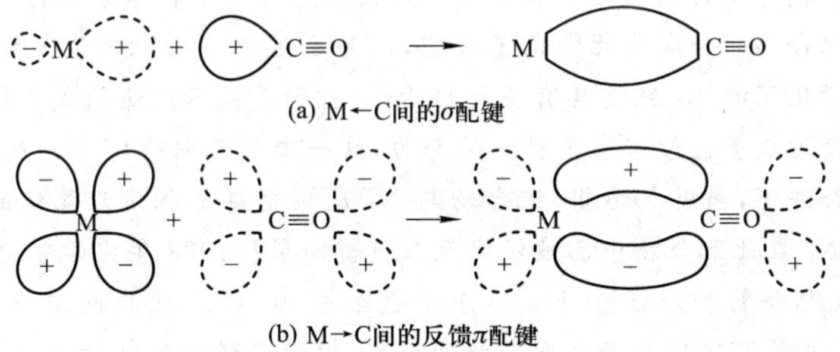

图 12-1 过渡金属 M 与 CO 间配位键的形成

羰基配合物结构的另一特点是，中心原子的价电子数与配位原子提供的电子数之和往往是 18，称为 **18 电子规则**。例如，Fe 的价电子数是 8，加上每个 CO 分子提供 2 个电子，所以 $Fe(CO)_5$ 共有 18 个电子。$Ni(CO)_4$，$Cr(CO)_6$，$Ru(CO)_5$ 和 $Os(CO)_5$ 等都符合 18 电子规则。$Co_2(CO)_8$ 也符合该规则，但它的电子结构比较复杂，这里不作介绍。

羰基配合物熔、沸点一般不高，较易挥发（有毒！），不溶于水，一般易溶于有机溶剂。它不稳定，受热易分解，此性质可用来制备高纯金属。例如：

$$Fe(粗) + 5CO \xrightarrow[200\ ℃]{20\ MPa} Fe(CO)_5 \xrightarrow{200\sim250\ ℃} 5CO + Fe(高纯)$$

拓展知识：

第一个分子氮配合物

众所周知，N_2 的化学性质很不活泼，常用来作保护气，因此许多人认为 N_2 与金属原子直接键合是不可能的。其实，N_2 是 CO 的等电子体，CO 可与许多金属形成羰基配合物，那么 N_2 是否也有这种可能性？虽然它们之间有重要的不同：N_2 是非极性分子，而 CO 是极性分子。但等电子体概念给 N_2 形成分子氮配合物带来了希望。

早在 1964 年，一位加拿大多伦多大学化学系学生塞诺夫(Senoff C)在研究钌的化合物时合成了一种棕色的化合物，当时无法解释其组成。一年后，有一次他与一位化学家讨论羰基化合物时，他突然意识到如果此棕色化合物中 N_2 分子如同 CO 分子一样直接与金属键合，那么该化合物的组成就迎刃而解了。他兴奋地把这种想法告诉了他的导师阿仑(Allen B)，阿仑开始时对此表示怀疑，通过几个月的论证，同意将此写成论文发表。但寄出的稿件很快地被退了回来，因为他们的发现与当时大家认定 N_2 是惰性的相矛盾。后来他们用实验事实对各种反对意见进行一一反驳，杂志社终于同意再将他们的修改稿分送 16 位化学家审阅，最后他们的论文得以发表。从此改变了无机化学界认为 N_2 不能形成分子氮配合物的观点。此后不久，又合成了许多过渡金属分子氮配合物，有些甚至可简单地将 N_2 通入金属化合物的溶液就能制得。

工农业生产需大量的 NH_3，由 N_2 和 H_2 合成 NH_3 需高温高压，而生物界却能在常温常压下实现。揭开生物固氮之谜和模拟生物固氮是许多生物学家和化学家梦寐以求的目标。分子氮配合物的合成为此带来了希望，因为通过配位，N_2 分子可被不同程度地活化。但这种被活化了的 N_2 究竟具有多大的活性，特别是能不能还原成 NH_3，一直是人们关注的焦点。经过众多化学家半个世纪的努力，这一工作已取得可喜的进展。1995 年化学家在温和的条件下，利用 Mo(Ⅲ)配合物与 N_2 反应制得含 N^{3-} 为配体的 Mo(Ⅵ)配合物。这意味着 N_2 在此配合物中已被活化至三重键断裂！1998 年化学家分别制取了以活化 N_2 的分子氮配合物和以活化 H_2 的分子氢配合物，然后让此两配合物反应而制得 NH_3，而且产率达到 55%！分子氮配合物的合成，推动了模拟固氮的研究，同时对揭开生物固氮之谜也产生了积极的影响。这就是塞诺夫合成第一个分子氮配合物后，50 多年以来分子氮配合物的研究始终成为化学界一个热点的原因。

12.7 f 区元素

周期表中第六周期ⅢB 族镧这个位置代表了 57 号元素镧(La)到 72 号元素镥(Lu)，共 15 种元素，统称为**镧系元素**(lanthanide)。第七周期ⅢB 族锕这个位置代表了 89 号元素锕(Ac)到 103 号元素铹(Lr)，也是 15 种元素，统称为**锕系元素**(actinide)。f 区元素就是包括除镧、锕以外的镧系和锕系元素。

镧系元素和ⅢB族另一种元素钇(Y)一起,又合称为**稀土元素**[①](rare earth element),因为它们的化学性质相似,在自然界中基本上共生在一起。

锕系元素都是放射性元素。在铀后面的十一种元素(93~103)是在1940—1962年用人工核反应合成的[②],称为**超铀元素**(transuranic element)。锕系元素除钍、铀以外,其他元素在地壳中含量极微或者根本不存在。目前对于它们的性质研究得还不充分,本书不予介绍。

12.7.1 镧系收缩

镧系元素依次增加的电子是填充在外数第三电子层的4f轨道中,由于4f电子的递增不能完全抵消核电荷的递增,从La到Lu有效核电荷逐渐增加,因此,对外电子层的引力逐渐增强,以致外电子层逐渐向核收缩。表12-4列出镧系元素原子半径和离子(Ⅲ)半径的数值。从表中可以看到,镧系元素的原子半径总趋势是逐渐缩小的[③],而+3价离子半径则极有规律地依次缩小。镧系元素这种原子半径和离子半径依次缩小的现象,叫做**镧系收缩**(lanthanide contraction)。

表12-4 镧系元素的金属原子半径 R(M)和离子半径 $R(M^{3+})$

元素	La	Ce	Pr	Nd	Pm	Sm	Eu	Gd
R(M)/pm	187.7	182.4	182.8	182.2	—	180.2	198.3	180.1
$R(M^{3+})$/pm	106.1	103.4	101.3	99.5	97.5	96.4	95.0	93.8
元素	Tb	Dy	Ho	Er	Tm	Yb	Lu	
R(M)/pm	178.3	177.5	176.7	175.8	174.7	193.9	173.5	
$R(M^{3+})$/pm	92.3	90.8	89.4	88	87	85.8	85	

镧系收缩是重要的化学现象。由于它的存在,使镧后元素铪(Hf)、钽(Ta)、钨(W)等原子半径和离子半径,分别与同族上一周期的锆(Zr)、铌(Nb)、钼(Mo)等几乎相等,造成Zr-Hf、Nb-Ta、Mo-W化学性质非常相似,以致难以分离。此外,在Ⅷ族九种元素中,Fe、Co、Ni性质相似,Ru、Rh、Pd和Os、Ir、Pt性质相似,而铁系元素与铂系元素性质差别较大,这也是镧系收缩造成的结果。

12.7.2 镧系元素性质

镧系的各种元素最外层和次外层的电子数几乎相同,原子半径和离子半径也很接近,因此,它们的性质十分相似。它们都是较活泼的金属。它们的标准电极电势 $\varphi^\ominus$ 在 $-2.4 \sim -2.0$ V之间,说明这些金属都是相当强的还原剂。但是从镧到镥,由于半径逐渐减小,活泼性也缓慢地降低。

镧系属于第ⅢB族,所以一般表现为+3氧化态。不过,由于4f电子亚层倾向于保持或接近全

---

① 也有人认为稀土元素还包括钪(Sc)。

② 后来发现超铀元素中的镎(Np)、钚(Pu)也存在于自然界中,但含量极微。

③ 铕(Eu)和镱(Yb)的原子半径"例外地"大,这是由于Eu的4f轨道出现半满($4f^7$),Yb的4f轨道出现全满($4f^{14}$)。半满和全满结构稳定,屏蔽效应较大,使核电荷对外层电子引力减弱,因而原子半径变大。

空、半满或全满的稳定结构，使有些元素还出现+2 或+4 氧化态（图 12-2）。其中 Ce^{4}，Tb^{4+} 能稳定存在，分别与它们 f 轨道的电子构型为全空（$4f^0$），半满（$4f^7$）有关；同理，Eu^{2+}，Yb^{2+} 能稳定存在，分别与它们 f 轨道的电子构型为半满（$4f^7$），全满（$4f^{14}$）有关。显然，接近全空的 Pr^{4+}（$4f^1$）、接近半满的 Sm^{2+}（$4f^6$）和 Dy^{4+}（$4f^8$）、接近全满的 Tm^{2+}（$4f^{13}$）稳定性较差（图中用小圆圈表示）。

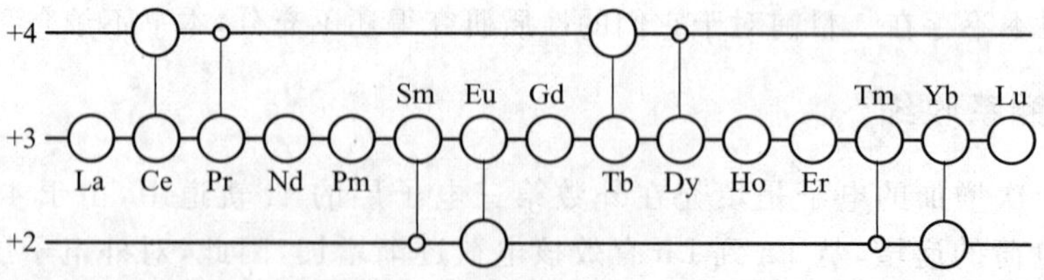

图 12-2　镧系元素的氧化态

镧系元素+3 氧化态的氢氧化物都为中强碱，随 La^{3+} 到 Lu^{3+} 离子半径依次缩小，碱性逐渐减弱。镧系元素的氢氧化物皆难溶于水，盐类一般也难溶于水，但氯化物、硝酸盐和硫酸盐是常见的可溶性盐类。$Ce(SO_4)_2$ 常用于定量分析的氧化还原滴定中，因为 Ce^{4+} 是一种强的氧化剂。

$$Ce^{4+} + e^- \rightleftharpoons Ce^{3+} \qquad \varphi^{\ominus} = 1.61\ V$$

而且 $Ce(SO_4)_2$ 还具有稳定、易提纯、参加反应时副反应少等优点。

拓展知识：

今日稀土

稀土元素的原子具有未充满的、受到外层屏蔽的 4f 5d 电子能级，而且这些能级与外层电子能级能量相近。稀土元素这种特殊的电子构型使其在光、电、磁等方面有独特的性质，被誉为新材料的宝库。美国国防部公布的 35 种高科技元素，其中包括了除钷以外的 16 种稀土元素，占全部高科技元素的 45.7%。日本科技厅选出了 26 种高科技元素，16 种稀土元素也全部当选，占 61.5%。世界各国都在大力开展稀土研究，几乎每隔 3～5 年就有一次稀土应用的新突破。例如，1962 年发现了含稀土的分子筛，应用在石油催化裂化中，使原油裂化的汽油产率大幅度提高；1966 年发现硫氧钇铕在电子激发下产生鲜艳的红色荧光，使电视机彩屏亮度提高 1 倍；1970 年和 1983 年分别发现了高性能的第一代和第二代稀土永磁材料，应用于电机制造，使其实现微型化和高效化；1986 年含稀土的高温超导材料的发现，使超导温度从液氦温区进入液氮温区。此外，在激光材料、发光材料、储氢材料和反应堆控制材料等尖端科学技术领域中，稀土都显示出其独特的性能和用途。

稀土元素在生物和医药方面也发现了许多重要应用。稀土作为微量元素肥料，可以促进植物生长发育，可提高谷物产量 10%～15%，可使西瓜含糖量提高 15%～20%。稀土元素可作为植物光合作用的催化剂，促进谷物灌浆的生理过程，又可促进无机磷的转化过程。稀土作为药物及医疗保健产品也广泛受到重视。例如，含稀土的治烧伤药物已用于临床，含稀土的抗凝血药物用于治疗脑血栓。

我国拥有得天独厚的稀土资源。在现已查明的世界稀土资源中，80%分布在我国。自1986年起，我国稀土生产已跃居世界第一位，使我国从稀土资源大国变成稀土生产大国。但是也应该清醒地看到，在稀土的深加工方面，在新材料开发和应用研究方面与世界水平还有相当差距，需要我们奋起直追迎头赶上。

[参考文献：黄春辉，徐光宪.今日稀土.大学化学，1991，6(1)：1]

习 题

1. 试用d区元素价电子层结构的特点来说明d区元素的特性。

2. 完成下列反应式：

(1) $TiO_2+H_2SO_4$(浓) $\longrightarrow$

(2) $TiO^{2+}+Zn+H^+ \longrightarrow$

(3) $TiO_2+C+Cl_2 \longrightarrow$

(4) $V_2O_5+NaOH \longrightarrow$

(5) $V_2O_5+H_2SO_4 \longrightarrow$

(6) $V_2O_5+HCl \longrightarrow$

(7) $VO_2^++H_2C_2O_4+H^+ \longrightarrow$

3. 在酸性溶液中钒的电势图为

$$VO_2^+ \xrightarrow{1.0} VO^{2+} \xrightarrow{0.36} V^{3+} \xrightarrow{-0.25} V^{2+} \xrightarrow{-1.1} V$$

已知 $\varphi^\ominus(Zn^{2+}/Zn)=-0.76$ V，$\varphi^\ominus(Sn^{2+}/Sn)=-0.14$ V，$\varphi^\ominus(Fe^{3+}/Fe^{2+})=0.77$ V。问实现下列变化，各使用什么还原剂为宜？

(1) $VO_2^+ \longrightarrow V^{2+}$

(2) $VO_2^+ \longrightarrow V^{3+}$

(3) $VO_2^+ \longrightarrow VO^{2+}$

4. 完成下列反应式：

(1) $(NH_4)_2Cr_2O_7 \xrightarrow{\triangle}$

(2) $Cr_2O_3+NaOH \longrightarrow$

(3) $Cr^{3+}+NH_3\cdot H_2O \longrightarrow$

(4) $Cr(OH)_4^-+Br_2+OH^- \longrightarrow$

(5) $Cr_2O_7^{2-}+Pb^{2+}+H_2O \longrightarrow$

(6) $MoO_4^{2-}+NH_4^++PO_4^{3-}+H^+ \longrightarrow$

(7) $Na_2WO_4+HCl \longrightarrow$

5. $BaCrO_4$ 和 $BaSO_4$ 的溶度积相近，为什么 $BaCrO_4$ 可溶于强酸，而 $BaSO_4$ 则不溶？

6. 以 $K_2Cr_2O_7$ 为主要原料制备 K_2CrO_4，$CrCl_3$ 和 Cr_2O_3，用方程式表示各步的反应。

7. 如果手头缺 $(NH_4)_2Cr_2O_7$ 热力学函数值，如何用热力学原理判断，$(NH_4)_2Cr_2O_7$ 的下列两种分解过程，哪种反应趋势更大？

(1) $(NH_4)_2Cr_2O_7(s) \xlongequal{} Cr_2O_3(s)+N_2(g)+4H_2O(g)$

(2) $(NH_4)_2Cr_2O_7(s) \xlongequal{} 2CrO_3(s)+2NH_3(g)+H_2O(g)$

8. 完成下列反应式：

(1) $MnO_2+KOH+KClO_3 \xrightarrow{\triangle}$

(2) $MnO_4^-+H_2O_2+H^+ \longrightarrow$

(3) $MnO_4^-+NO_2^-+H_2O \longrightarrow$

(4) $MnO_4^-+NO_2^-+OH^- \longrightarrow$

(5) $K_2MnO_4+HAc \longrightarrow$

9. 以 MnO_2 为主要原料制备 $MnCl_2$，K_2MnO_4 和 $KMnO_4$，用方程式来表示各步反应。

10. 完成下列反应式：

(1) 固体 $FeSO_4$＋浓 $H_2SO_4 \longrightarrow$

(2) FeO＋稀 $H_2SO_4 \longrightarrow$

(3) $FeCl_3+NaF \longrightarrow$

(4) $Co(OH)_3+H_2SO_4 \longrightarrow$

(5) $Co^{2+}+SCN^- \longrightarrow$

(6) $Ni(OH)_2+Br_2+OH^- \longrightarrow$

(7) $Ni+CO \xrightarrow{\triangle}$

11. 铁能使 Cu^{2+} 还原，而铜能使 Fe^{3+} 还原，这两事实有无矛盾？

12. 用反应式说明下列现象：

(1) 在 Fe^{2+} 溶液中加入 NaOH 溶液，先生成灰绿色沉淀，然后沉淀逐渐变成红棕色。

(2) 过滤后，沉淀用酸溶解，加入几滴 KSCN 溶液，立刻变成血红色，再通入 SO_2 气体，则血红色消失。

(3) 向红色消失的溶液中滴加 $KMnO_4$ 溶液，其紫红色会褪去。

(4) 最后加入黄血盐溶液，生成蓝色沉淀。

13. 指出下列实验结果，并写出反应式：

(1) 用浓盐酸分别处理 $Fe(OH)_3$，$CoO(OH)$ 及 $NiO(OH)$ 沉淀。

(2) 分别在 $FeSO_4$，$CoSO_4$ 及 $NiSO_4$ 溶液中加入过量的氨水，然后放置在无 CO_2 的空气中。

14. 已知 $Cr(CO)_6$，$Ru(CO)_5$ 和 $Pt(CO)_4$ 都是反磁性的羰基配合物。根据价键理论推测它们中心原子的杂化类型和分子的空间构型。

15. 找出实现下列变化所需的物质，并写出反应方程式：

(1) $Mn^{2+} \longrightarrow MnO_4^-$

(2) $Cr^{3+} \longrightarrow CrO_4^{2-}$

(3) $Fe^{3+} \longrightarrow [Fe(CN)_6]^{3-}$

(4) $Co^{2+} \longrightarrow [Co(CN)_6]^{3-}$

16. 试用简单的方法分离下列混合离子：

(1) Fe^{2+} 和 Zn^{2+}　　(2) Mn^{2+} 和 Co^{2+}

(3) Fe^{3+} 和 Cr^{3+}　　(4) Al^{3+} 和 Cr^{3+}

17. 判断下列四种酸性未知液的定性分析报告是否合理？

(1) K^+，NO_2^-，MnO_4^-，CrO_4^{2-}　　(2) Fe^{2+}，Mn^{2+}，SO_4^{2-}，Cl^-

(3) Fe^{3+}，Co^{3+}，I^-，Cl^-　　(4) Ba^{2+}，$Cr_2O_7^{2-}$，NO_3^-，Br^-

18. 简单回答下列问题：

(1) Mg 和 Ti 原子的外层都是 2 个电子，为什么 Ti 有 +2、+3、+4 价，而 Mg 只有 +2 价？

(2) 为什么 $TiCl_4$ 暴露在空气中会冒白烟？

(3) 为什么金属铬的密度、硬度、熔点都比金属镁的大？

(4) 在水溶液中，为什么 Ca^{2+}，Zn^{2+} 无色，而 Fe^{2+}，Mn^{2+}，Ti^{3+} 有色？

(5) Ni^{2+} 的半径为 69 pm，Mg^{2+} 的半径是 66 pm，它们的电荷数又相同，为什么 Ni^{2+} 形成配合物的能力比 Mg^{2+} 大得多？

(6) 同一周期的原子半径一般从左到右逐渐减小，为什么 Cu 的原子半径却比 Ni 的大？

19. 两配合物(a)$[CoF_6]^{3-}$ 和(b)$[Co(en)_3]^{3+}$，它们的水溶液一份呈黄色，另一份呈蓝色。试指出黄色和蓝色各为何种配合物？并解释原因。

20. 下列各对配合物中何者有较大的分裂能 Δ_0？并解释原因。

(1) $[Cr(H_2O)_6]^{2+}$ 和 $[Cr(H_2O)_6]^{3+}$

(2) $[CrF_6]^{3-}$ 和 $[Cr(NH_3)_6]^{3+}$

(3) $[MnF_6]^{2-}$ 和 $[ReF_6]^{2-}$

(4) $[Co(en)_3]^{3+}$ 和 $[Rh(en)_3]^{3+}$

(5) $[Fe(CN)_6]^{3-}$ 和 $[Fe(CN)_6]^{4-}$

(6) $[Ni(H_2O)_6]^{2+}$ 和 $[Ni(en)_3]^{2+}$

21. 根据下列实验现象，写出有关的反应式：

(1) 在 $Cr_2(SO_4)_3$ 溶液中滴加 NaOH 溶液，先析出灰蓝色絮状沉淀，后又溶解，此时加入溴水，溶液颜色由绿变黄。

(2) 将 H_2S 通入用 H_2SO_4 酸化的 $K_2Cr_2O_7$ 溶液中，溶液的颜色由橙变绿，同时有乳白色沉淀析出。

(3) 黄色的 $BaCrO_4$ 沉淀溶解在浓 HCl 溶液中，得到一种绿色溶液。

(4) 在 Co^{2+} 溶液中加入 KCN，稍稍加热有气体逸出。

(5) 在 $FeCl_3$ 溶液中通 H_2S，有乳白色沉淀析出。

22. 有一黑色化合物 A，不溶于碱液，加热时可溶于浓盐酸而放出气体 B。将 A 与 NaOH 和 $KClO_3$ 共热，它就变成可溶于水的绿色化合物 C。若将 C 酸化，则得到紫红色溶液 D 和沉淀 A。用 Na_2SO_3 溶液处理 D 时也可得到沉淀 A。若用 H_2SO_4 酸化的 Na_2SO_3 溶液处理 D，则得到几近无色的溶液 E。问 A、B、C、D 和 E 各为何物？写出有关反应式。

23. 有一淡绿色晶体 A，可溶于水。在无氧操作下，在 A 溶液中加入 NaOH 溶液，得白色沉淀 B。B 在空气中慢慢地变成棕色沉淀 C。C 溶于 HCl 溶液得黄棕色溶液 D。在 D 中加几滴 KSCN 溶液，立即变成血红色溶液 E。在 E 中通 SO_2 气体或者加入 NaF 溶液均可使血红色褪去。在 A 溶液中加入几滴 $BaCl_2$ 溶液，得白色沉淀 F，F 不溶于 HNO_3 溶液。问 A、B、C、D、E 和 F 各为何物？写出有关反应式。

24. 已知 $[Fe(bipy)_3]^{3+} + e^- \rightleftharpoons [Fe(bipy)_3]^{2+}$ ① 的 $\varphi^{\ominus} = 0.96$ V，$[Fe(bipy)_3]^{3+}$ 的 $\beta_3^{\ominus} = 1.8\times10^{14}$。求 $[Fe(bipy)_3]^{2+}$ 的 $\beta_3^{\ominus}$。

---

① bipy 代表联吡啶 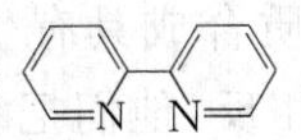 。

第十三章

生命元素及其在生物体内的作用

学习要求：

1. 了解生命元素在生物无机化学中的地位。
2. 了解生物体内元素、生命元素分类和它们在周期表中的位置。
3. 了解宏量元素和微量元素的生物学功能。
4. 了解有毒元素及其铅、镉和汞的毒性。

13.1 生命元素和生物无机化学的关系

生物赖以生存的化学元素称为**生命元素**(life elements)，也称生物的必需元素。研究生命元素是生物无机化学的主要内容。

自从1828年德国有机化学家维勒(Wöhler F)人工成功合成尿素以来，虽然有机化学和无机化学的界限已被打破，但在以后整整一个世纪中，生命现象与有机化学的联系仍然大大地超过了其他化学分支。传统观念认为生命活动纯粹属有机化学范畴，但是事实上，周期系中的稳定元素几乎都可以在生物体内发现。那么这些化学元素究竟与生命现象有着什么样的关系呢？随着科学技术的发展和各学科间的相互渗透，无机化学和生物化学结合起来了，20世纪70年代初，加拿大和美国化学家联合主办了“生物无机化学讨论会”；1972年美国《生物无机化学》杂志创刊和由世界各国45位无机化学家和生物化学家联合执笔，按34个专题写成的《生物无机化学》专著的问世。以上事例开创了一门新兴的边缘学科——生物无机化学(bioinorganic chemistry)的诞生。生物无机化学又称无机生物化学或生物配位化学。它主要研究生物体内存在的各种化学元素，尤其是微量金属元素与体内生物配体形成的配位化合物的形成、组成、转化和结构，以及它们在系列重要生命活动中的作用。生物无机化学的大部分内容可认为是配位化学在生物领域里的应用。

生命的起源是现代科学研究的前沿阵地之一。化学家从研究小分子，例如，钾、钠、钙、镁等离子对生物体的作用开始，直到合成蛋白质，这是一种由小到大的研究过程。1965年我国首次合成51个氨基酸的结晶牛胰岛素，此后国外科学家又合成124个氨基酸的核糖核酸酶和188个氨基酸的生长激素等。这说明人类已能用化学方法把非生命物质合成具有生物活性的蛋白质，标志着在揭开生命奥秘的历程中迈进了一大步。生物化学家正相反，他们把复杂的生物大分子，由大到小地分析其组成、结构和功能。例如，从固氮酶中分离出相对分子质量约 5 万的铁蛋白和相对分子质量约 27 万的铁钼蛋白；之后又从铁钼蛋白中分离出相对分子质量仅约 1 千的钼肽辅酶，上述由小到大和由大到小这两种研究过程会师之日有可能是解决生命奥秘之时，生物无机化学的创立和发展，必将为早日解决这个重大问题创造有利的条件。

目前生物无机化学是国内外研究的热点。我国学术界在微量元素与健康，微量元素在生物体内的作用，金属蛋白的结构、功能和模拟，天然离子载体模拟，新的无机金属药物的合成和作用机制等方面都已取得一定的成绩，有些研究已跻身于国际学术之林。

13.2 生命元素

生物常常需要糖、脂肪、蛋白质和维生素等有机物质，同时也需要水、空气和多种必要的无机物质，才能维持正常的生存和繁殖。从生物进化的过程来看，总是从低等的进化为高等的。而这一进化过程大部分在海水中完成，因为海是一切生命的发源地。生物体内所存在元素在海里都有，并且其浓度很适合于生物的生存。目前的生物尽管其种类繁多，但它们都处于地球上的土壤岩石圈、水圈和大气圈所构成的环境之中。它们与环境进行物质交换以维持其生命活动，但在漫长的进化过程中，它们逐步地进化成一套自身调节系统，以致机体只选择部分元素构成了生物体的本身。

目前的植物体内已发现 70 多种元素，在动物体内已发现 60 多种元素。在这些元素中有些是**生命元素**，或**必需元素**(essential elements)；有些元素存在与否和生命的延续无关，称之为**非必需元素**(unessential elements)；再有一些元素是环境中的污染物，如铅、镉和汞等，称之为**有毒元素**(poisonous elements)。通常把体内含量大于 $1\times10^{2}\ mg\cdot kg^{-1}$ 的元素称为**宏量元素**(most abundant elements)，把含量小于 $1\times10^{2}\ mg\cdot kg^{-1}$ 的元素称为**微量元素**(trace elements)。

概括而论，生物体的必需元素须符合三个条件：① 该元素直接参与生理功能以及代谢过程；② 该元素在生物体内的作用不能被其他元素所取代；③ 缺乏该元素时，生物体会发生病变。

各种必需元素在人体内都有一定的浓度范围，过量或缺乏都对机体有害。体内对微量元素的平衡机制能调控其浓度，在摄入量不足时，机体可以动用体内贮存元素；在摄入量偏高时，机体可排泄多余元素。但摄入量过量，并超出机体排泄能力，这些元素会在体内积累而致病。如铁过量的血色病患者，会造成胰、肝、皮肤受损，并引起糖尿病、肝硬化和持续青铜病。又如铜过量积存于肝和脑，会引起以兴奋和骚动为特征的痛苦的神经错乱症——威尔逊氏病。因此，有时体内的元素过量比缺乏更为有害。

13.2.1 宏量元素

生物体内存在的宏量元素都是必需元素，通常分布在元素周期表(短表)的最上部分。若以碳元素为起点，向钾元素和氯元素作两条连线，则宏量元素基本上都分布在这条 K—C—Cl 线的附近(见图 13-1)，故有人把这条线称为生命线。

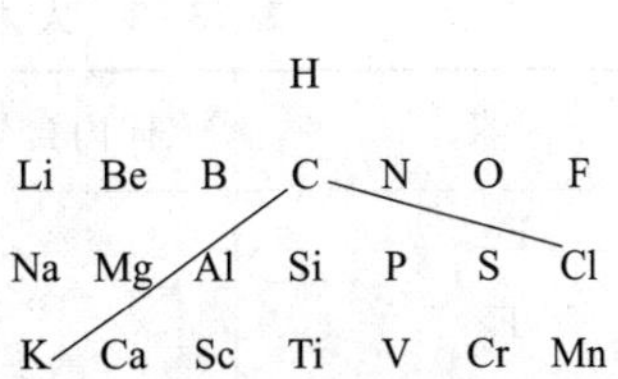

图 13-1 宏量元素的 K—C—Cl 生命线

人体内已发现的化学元素中，宏量元素有 12 种，它们在人体内的质量分数为 0.999 8，是人体的主要组成元素。现将人体内宏量元素总量、日需量和存在部位列于表 13-1。

表 13-1　人体内宏量元素的总量、日需量和存在部位

元素	人体内总量/($mg\cdot kg^{-1}$)	日需量/($g\cdot d^{-1}$)	存在部位
O	6.1×10^5	2 550	所有组织中
C	2.3×10^5	270	所有组织中
H	1.0×10^5	330	所有组织中
N	2.6×10^4	16	所有组织中、蛋白质
Ca	1.4×10^4	1.1	骨、细胞外
P	1.1×10^4	1.4	所有细胞内
S	2.0×10^4	0.85	所有细胞内
K	2.0×10^3	3.3	所有细胞内
Na	1.4×10^3	4.4	细胞外液
Cl	1.2×10^3	5.1	细胞外液
Mg	2.7×10^2	3.1×10^{-1}	所有细胞内、骨
Si	2.6×10^2	3×10^{-3}	皮肤、肺

说明：数据出自本书末主要参考书[8]，此表按人体质量 70 kg 计算。

13.2.2　必需微量元素

生物体内的微量元素可分为必需的和非必需的两类。必需微量元素是维持人体正常生理功能或组织结构所必需的，它们在人体生物化学过程中起关键性作用。它们可作为酶、激素、维生素、核酸的成分，保持生命正常的代谢过程。它们是保证生物体健康所必不可少的元素。但没有它们，生命也能在不健康的情况下继续生存。正如某人缺乏某种维生素后，虽然不健康，但也能活着。当然必需微量元素比维生素更重要，因为通常维生素能在体内合成，而微量元素是不能合成的。微量元素在生命化学中起了如同汽车发动机的火花塞的作用。它们在食物的消化、能量交换和活组织生长中都是不可缺少的。

随着科学技术的发展和检测手段的进步，必需微量元素的发现是逐年增加的。现在认为人体必需微量元素有下列 14 种：钒、铬、锰、铁、钴、镍、铜、锌、钼、锡、砷、硒、氟和碘。人体内必需微量元素的含量、日需量和在地壳内的含量列于表 13-2。但对植物而言，硼是必需微量元素，而钠是非必需元素，故人和动物需要补充食盐，也是由于食用植物不能提供钠的缘故。

表 13-2　人体内必需微量元素的含量、日需量和地壳内的含量

元素	人体内含量/($mg\cdot kg^{-1}$)	日需量/($mg\cdot d^{-1}$)	地壳内含量/($mg\cdot kg^{-1}$)
Fe	60	13	5.0×10^4
F	37	3	7.0×10^2
Zn	33	13	65

续表

元素	人体内含量/(mg·kg^{-1})	日需量/(mg·d^{-1})	地壳内含量/(mg·kg^{-1})
Cu	1.0	5	45
Sn	0.43	7.3	0.02
V	0.3	1.2×10^{-1}	1.1×10^{2}
Mn	0.2	3	1.0×10^{3}
Cr	0.2	5×10^{-1}	2.0×10^{2}
I	0.2	1×10^{-1}	0.3
Se	0.2	1×10^{-2}	0.09
Mo	0.1	2×10^{-1}	1
Ni	0.1	6×10^{-1}	80
As	0.1	1	2
Co	0.02	3×10^{-1}	23

说明:数据参照本书末主要参考书[8],此表按人体质量 70 kg 计算。

为生物所必需的一切元素都包括在元素周期表的前 53 种之中;如果不把碘计算在内的话,它们都出现在前 42 种之中;若碘和钼都不计算在内的话,它们都出现在前 34 种之中。根据这一特性,可以作为今后再进一步发现体内必需微量元素的一条重要线索。

现在认为的 14 种必需微量元素中,有 10 种是金属元素,而且绝大多数是过渡金属元素。过渡金属元素的离子半径小,有空的 d 轨道,故有强配位能力,能和氨基酸、蛋白质或其他生物配体生成生物配位化合物,并且因配体不同和配位环境差异,配位数可以不同,有可变的空间几何构型,这些都是微量金属元素能在生命化学中扮演重要角色的理由。

人体的必需微量元素还有一定适宜的浓度范围,超过或低于这个范围都会引起疾病。最先研究微量元素的法国科学家伯特兰德(Bertrand G)在研究锰元素对植物生长的影响时发现,植物缺乏某种必需元素时就不能成活,当元素含量适宜时,它就能茁壮生长,但过量时又要中毒。这称为**伯特兰德最适营养浓度定律**(law of Bertrand's suitable nutritional concentration)。它不仅适用于植物,也适用于所有动物(见图 13-2)。在图中曲线的左端表示元素缺乏状态,浓度增加,效应增强。曲线中部的高台部分表示这种元素的适量状态。高台的宽度对各种元素和各种生物都是不同的。但在哺乳类,高台很宽,因它们的体内平衡机制有摒弃或排泄过量元素的能力。当然元素浓度太高,生物就会中毒,甚至死亡。总之,即使是必需元素,其浓度超过一定界限也会有害;某种有害元素在极低浓度下也可能具有有利的生理功能。这是生物学中辩证法的一个案例。

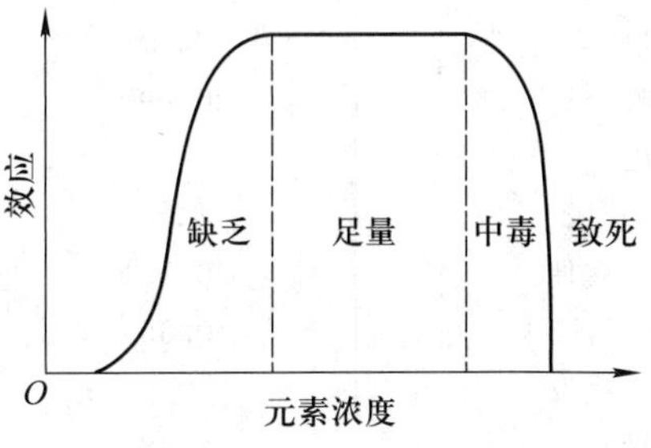

图 13-2 最适营养浓度定律示意图

为了确保人体的健康,必须弄清各种微量元素的最小必需量、实际摄入量,并必须根据其他哺乳动物的需要量来拟定最适量和致毒量。表 13-3 和表 13-4 分别列举了一些必需微量金属元素和必需微量非金属元素每天在典型的美国饮食、饮用水以及空气中的含量。

表 13-3　必需微量金属元素每天的平衡

	铬 $\mu g \cdot d^{-1}$	锰 $mg \cdot d^{-1}$	铁 $mg \cdot d^{-1}$	钴 $\mu g \cdot d^{-1}$	铜 $mg \cdot d^{-1}$	锌 $mg \cdot d^{-1}$	钼 $\mu g \cdot d^{-1}$
摄入							
食物	100	3.7	13	290	3.5	13	280
水	10	0.064	0.14	10	0.06～0.5	1	16
空气	0.03～0.3	0.002	0.027	0.1	0.02	0.012	0.1
总量	110	3.8	13	300	4.0	14	300
吸收/%	10	3～4	6.5	63～97	32～60	31～51	40～60
排出							
尿	10	0.03	0.25	200	0.05	0.05	150
粪便	98	3.7	12	94	3.5	12	125
汗	1	0.039	0.5	4	0.04～0.4	0.78	20
毛发	0.6	0.002	0.013	0.04	0.003	0.03	0.01
总量	110	3.8	13	300	4.0	14	300
体内总质量/mg	1.4	12	4 200	1.5	72	2 300	9.3

说明：数据出自本书末主要参考书[8]。

表 13-4　必需微量非金属元素每天的平衡

	氟 $mg \cdot d^{-1}$	碘 $\mu g \cdot d^{-1}$	硼* $mg \cdot d^{-1}$	硒 $\mu g \cdot d^{-1}$
摄入				
食物	1	200	1.1	150
水	1.4	5	0.23	?
空气	?	<50	?	?
总量	2.4	205	1.3	150
吸收/%	80～90	100	99	60
排出				
尿	1.6	175	1.0	50
粪便	0.15	20	0.27	20
汗	0.65	6	?	80
毛发	?	2	0.008	0.3
总量	2.38	205	1.3	150
体内总质量/mg	2 600	36	48	21
贮存的器官	骨	甲状腺	骨	全部

说明：只有在体内的量不足时，氟才保留在骨内。数据出自本书末主要参考书[8]。

*　只有植物必需。

体内还有锶、铝、锑和碲等一些非必需微量元素，但目前对它们的生理功能还未有确切的了解。再有一些污染元素如铅、镉和汞，它们对生物体是有毒微量元素，以后会作进一步的介绍。

13.3 生命元素在生物体内的作用

13.3.1 生物配体和生物金属配合物

在生物体内与金属离子配位并具有生物功能的配体称为**生物配体**(biological ligand)。在多数情况下,生物体内的金属离子与生物配体都能生成**生物金属配合物**(biological metal coordination compound)。生物配体按相对分子质量大小可分为两类:大分子配体包括蛋白质、多糖、核酸等,相对分子质量从几千到几百万;小分子配体包括氨基酸、羧酸、卟啉等。金属离子与生物配体的结合一般符合硬软酸碱规则(参见本书 4.1.3 节)。

氨基酸是蛋白质的基本结构单位。在自然界中已发现有一百多种氨基酸,但从蛋白质水解产物中分离出来的氨基酸通常主要有 20 种,其中 19 种都是 α-氨基酸。

蛋白质是体细胞中最重要的有机物质之一。它除含有碳、氮、氧、氢外,还含有少量硫,有时还含磷、铁、锌、铜、锰和碘。凡是构成生物体的结构物质(如肌肉蛋白)、促使体内化学反应的生物催化剂——酶、调节生理作用的肽类激素、运输氧的载体血红蛋白、抗体以及细菌、病毒等,其本质皆为蛋白质。可以说,没有蛋白质就没有生命。金属离子和蛋白质组成有特定生理功能的生物配合物——金属蛋白和金属酶后,金属离子成为这些生物配合物活性中心的重要组成部分,并影响蛋白质的电子结构和反应能力,还对蛋白质结构起稳定作用。

酶大多是由氨基酸组成的一类具有催化性和高专一性的特殊蛋白质,其生理功能是用作生物催化剂。金属离子参加催化反应的酶为金属酶,它是一种结合酶,含有一种或几种金属离子为辅酶。现已对 Zn^{2+},Fe^{2+},Cu^{2+},Mn^{2+},Mo^{2+},Mg^{2+},Co^{2+},Ca^{2+},K^+ 和 Na^+ 等 10 种金属离子与酶的作用进行了大量研究。如羧肽酶是含锌酶,其功能为催化肽和蛋白质分子羧端氨基酸的水解。碳酸酐酶也为含锌酶,含 260 多个氨基酸和一个锌原子,其功能为催化体内代谢产生的二氧化碳水合反应。过氧化氢酶是含铁酶,其功能是催化过氧化氢,防止其在体内积累。

核酸是一类重要的生物大分子,是生物遗传的物质基础。在体内,它常与蛋白质结合成为核蛋白。核酸降解可产生多个核苷酸。Mg^{2+},Mn^{2+} 等可通过酶的作用影响核酸的复制、转录和翻译过程。

随着生命科学研究的深入,相信以上内容的研究工作和成果将会有飞速的进展。

13.3.2 宏量元素的生理功能

除硅以外的 11 种宏量元素在人体内的质量分数为 0.998,其中氧、碳、氢和氮共为 0.966,它们和磷、硫一起组成了人体最基本的营养物质水、蛋白质、糖、脂肪和核酸等。

水在人体内的质量分数为 0.65,存在于所有组织和器官中。水分子有强极性,介电常数大,是极好的溶剂,体内许多物质都溶解或悬浮在水中。生物体通过水从外界吸取养分,并输送到全身,借以维持生命。

钠和钾 Na^+,K^+ 和 Cl^- 的主要生理功能是维持体液的解离平衡、酸碱平衡和渗透平衡。Na^+ 和 K^+ 的主要差别是它们的离子半径和水合能差异很大,这对于生物体系而言是本质的。因此,Na^+ 主要在细胞间质和外液,K^+ 主要在细胞内液。钠在血液中比钾多,在乳、汗中则相反。

钠和钾参与神经传导、心肌节律性兴奋。钾对植物体内糖类的形成有很大影响。缺钾时，禾本科植物及其他作物的籽实、根、茎中淀粉含量就显著降低。钾与植物体内蛋白质和脂肪的形成和分布也密切相关，如多数植物的生长点、形成层和籽实等这些富含蛋白质和脂肪的地方，钾含量都较多。另外，钾对于植物木质部的发育也起重要作用。施用钾肥可以促进维管束的发育，使厚角组织的细胞加厚、韧皮部发育良好，使植物的茎秆坚固、抗倒伏性能提高。一些经济作物(如麻类、向日葵、马铃薯、甜菜等)在生长期对钾肥需要量更大。

钙 钙是构成植物细胞壁和动物骨骼的重要成分。人体内钙的99%存在于骨骼和牙齿中，是骨中羟基磷灰石的组成部分，其余主要分布于体液内。钙离子的生理功能十分复杂，既是神经递质又参与代谢，在维持心脏正常收缩、神经肌肉兴奋性、凝血和保持细胞膜完整性等方面起重要作用。细胞内的信号传递依靠细胞内外 Ca^{2+} 的浓度差。如细胞兴奋时，Ca^{2+} 内流，使其浓度升高。Ca^{2+} 的转运调节发生异常时，就产生病理性反应。在研究硅肺病的成因中，就发现巨噬细胞内 Ca^{2+} 升高和硅肺病的发生有平行关系。

镁 镁半数存在于骨骼中，且调节许多重要生物学过程，虽然其机理目前尚不完全清楚。镁参与蛋白质的合成，参与多种酶的激活，又是复制脱氧核糖核酸(DNA)的必需元素。镁是叶绿素的重要成分，且在糖类代谢中起重要作用。植物结实过程也必须有镁的存在。

钙和镁虽同属碱土金属，又均为宏量元素，但在生物学中仍有较大差别。如在血浆和其他体液中，Ca^{2+} 浓度高，Mg^{2+} 浓度低，而在细胞内则相反。又如在蛋白质的合成中，Ca^{2+} 常常直接与某些酶分子结合，并引起其构象变化(如 Ca^{2+} 激活葡萄球菌核酸酶就是一例)，可是 Mg^{2+} 只与底物作用而不与酶作用。因为 Ca^{2+} 半径(99 pm)比 Mg^{2+} 半径(66 pm)大得多，因此 Ca^{2+} 的电荷密度比 Mg^{2+} 的低得多，Ca^{2+} 的取代反应速率比 Mg^{2+} 快得多，这些酶分子等物质使 Ca^{2+} 能在活组织中迅速移动，在高等生物体内能发展为不同细胞间传递信号的触发器(如肌肉收缩等)。

硅 硅在人和动物组织中有三种主要存在形式：能透过细胞壁的水溶性 H_4SiO_4 及其离子；不溶性硅聚合物如多硅酸、原硅酸酯等；含有 Si—O—C 基团，可溶于有机溶剂的有机硅化合物。在哺乳动物和高等有机体中，硅是正常生长和骨骼钙化所不可缺少的。硅在人的主动脉壁内含量较高，主要存在于胶原和弹性蛋白中，其在主动脉壁内的含量随年龄增长而减少。硅的缺乏和动脉粥样硬化相伴随，补硅可使实验动物动脉粥样硬化缓解或恢复正常。硅以偏硅酸形式存在于水中，易被人体所吸收，并使水呈弱碱性，在水中含偏硅酸高的山区，冠心病患者少，死亡率低，因硅可软化血管，缓解动脉粥样硬化。硅还对甲状腺肿、关节炎、神经功能紊乱症和消化系统疾病等也有一定的防治作用。鸟的羽毛和动物毛发、皮肤以及原生动物(有孔虫目)、硅藻类、地衣、稻谷、小米、大麦、竹、芦苇、落叶松和棕榈中都含硅化合物。烟草烟尘中发现挥发性有机硅化合物。植物中有特殊酶，能把无机硅转化为有机硅化合物。经本书编者多年研究证实，硅对于甘蔗的生长有明显的增产和增糖作用。

目前对于非金属元素的研究较少，因为它们不像金属元素那样易于作为中心离子去和生物配体发生作用，且对它们的分析工作也困难些，所以对它们的了解较少。但是注意到我国患有各种地方病的患者约六千万，这些地方病常和缺乏非金属元素有关。如克山病和大骨节病与环境低硒有关，流行的氟中毒是饮水或食物中高氟所引起的；甲状腺肿(大脖子病)是缺碘的缘故等。所以结合国内地方病的防治，对硒、氟、碘、砷以及磷酸盐、硝酸盐、亚硝酸盐和偏硅酸盐等阴离子开展研究，弄清它们在生物体内的存在形式和生理功能，甚为必要。

13.3.3 必需微量元素的生理功能

关于必需微量元素，特别是必需微量金属元素及其生物配合物的生理功能，主要有下列几个方面。

(1) 含微量金属的金属蛋白在生理过程中的作用　人和高等动物的血红蛋白是氧的输送体，血红蛋白中心是 Fe^{2+}。有些金属蛋白承担金属离子本身的储藏和输送，如铁蛋白用于储藏铁；铁传递蛋白用于输送铁；血浆铜蓝蛋白用于调节组织中铜含量等。而铁硫蛋白还是体内重要的电子传递体。

(2) 金属离子在金属酶中起活性中心的作用　多种金属蛋白是含金属的酶，称为金属酶。它是一类生物催化剂。在生物体内已知的上千种酶之中，约有四分之一的酶和金属有关。其中分为金属酶(金属离子与蛋白质牢固结合)和金属激活酶(金属离子与蛋白质较弱的结合)两类。金属酶中的金属离子常常是活性中心的组成部分。

(3) 金属离子可参与调节体内正常生理功能　金属离子是生物体若干激素和维生素的组成部分，它们参与调节体内正常生理功能。如含锌的胰岛素是降低血糖水平和刺激葡萄糖利用的一种蛋白质激素，它参与蛋白质及脂质的代谢。含钴的维生素 B_{12} 对机体的正常生长和营养、细胞和红细胞的生成以及神经系统的功能有重要作用。

(4) 金属离子参与氧化还原过程　微量过渡金属元素具有多种价态，能起电子的传递和授受作用，这些金属能催化或参与氧化还原反应。如细胞色素 c 内的血红素基的 Fe^{2+}，它与蛋白链上两个氨基酸残基相连，无载氧能力，却是重要的电子传递体。又如牛超氧化物歧化酶，属Ⅱ型铜蛋白，每个酶分子含两个 Cu^{2+} 和两个 Zn^{2+}，其生理功能是催化超氧化物歧化为 O_2 和 H_2O_2。

下面进一步对一些重要的必需微量元素的生理功能作介绍。

锌　锌是构成多种蛋白质分子的必需元素。已发现的锌酶有数百种，它们参与糖类、脂质、蛋白质和核酸的合成与降解等代谢过程。人和动物精液中锌的质量分数为 2×10^{-3}，眼球视觉部分达 4×10^{-2}。锌的生物配合物是良好的缓冲剂，可调节机体的 pH。锌能影响细胞分裂、生长和再生，对儿童有重要营养功能，缺锌影响发育、智力和食欲。侏儒症也和缺锌有关。

铜　铜化合物有毒，但微量铜是必需元素。铜存在于体内的 23 种蛋白质酶类中，例如，多巴胺 β-羟化酶、L-氨基酸脱羧酶等。铜通常有 Cu^{+} 和 Cu^{2+} 两种价态，然而有些含 Cu^{2+} 的三肽配合物可被空气氧化为 Cu^{3+}，故 Cu^{3+} 可能具有生物学重要性。从 Cu^{2+} 的 d^9 到 Cu^{3+} 的 d^8 的晶体场稳定化能相对增大，是 Cu(Ⅲ)配合物总热力学稳定性增加的重要因素。铜参与造血过程及铁的代谢，参与一些酶的合成和黑色素合成。对于脊椎动物在铁的代谢和氧的输送中，铜是必需的，但在某些无脊椎动物中，铜蓝蛋白、血蓝蛋白实际上用于载氧。缺铜可致脑组织萎缩、灰质和白质退行性变、神经元减少、精神发育停滞、嗜睡等，铜过量会引起运动失调、共济失调和精神变化。高锌低铜的饮食干扰了胆固醇的正常代谢，易诱发冠心病，故 $m(Zn)/m(Cu)$(质量比)增大可能是冠心病发病的原因。体内锌和铜元素含量的变化与精神疾病发生有密切的联系。铜也影响着植物体内酶的活性和氧化还原过程。禾本科作物缺铜，叶尖变白色，阻碍其生长和结实，并降低产量。

铁　铁参加机体内血红蛋白、肌红蛋白、血红素类、辅助因子的构成并与其活性密切相关。血红蛋白的铁具有固定氧和输送氧的功能，Fe^{2+} 是血红蛋白的中心，它除与卟啉环的四个氮原子结合外，第五个位置为蛋白质中组氨酸的一个咪唑氮原子所占，第六个位置可逆地与 O_2 或 H_2O 配位(见图 13-3 血红素和血红蛋白)。铁离子周围蛋白质的排列及强场配体 O_2 的作用，使血红蛋白氧合后形成 Fe^{2+} 的低自旋配合物，以保证 Fe^{2+} 与 O_2 配位而不被氧化。在过氧化氢酶和氧化酶中铁保持+3 价态。

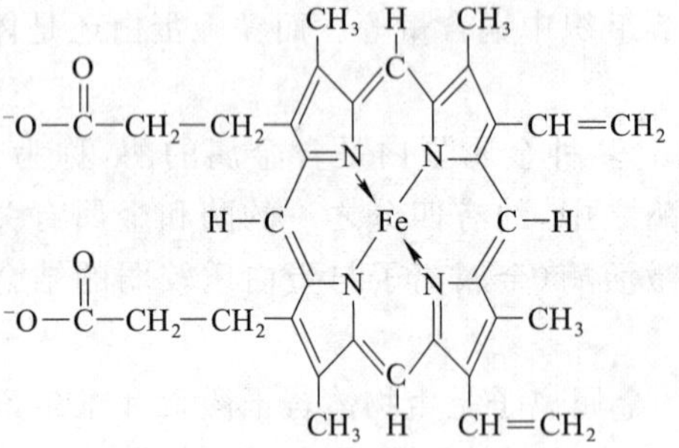

(a) 血红素

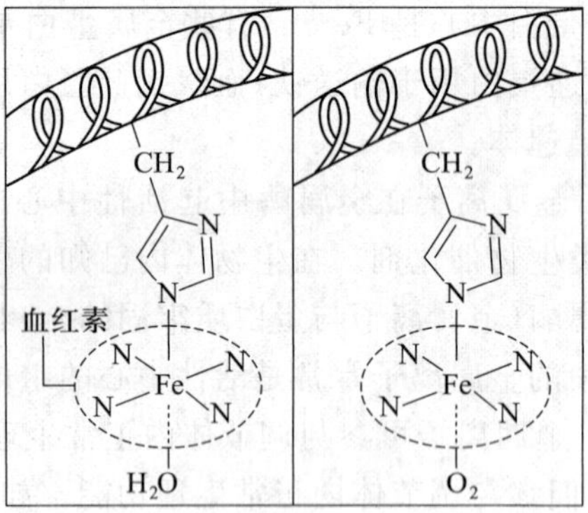

(b) 血红蛋白

图 13-3　血红素和血红蛋白

钼　钼是唯一属于元素周期表第五周期的生命必需元素，有未满的 4d 电子层，有稳定的 +Ⅴ和+Ⅵ高氧化态，以 MoO_4^{2-} 的形式存在于生命体系中。早在 20 世纪 30 年代就已知生物固氮(氮还原为氨)必须有钼元素存在，豆科植物根部的根瘤菌有固氮作用即为一例。钼对植物体内维生素 C 的合成和分解有一定作用。钼是人体多种酶的重要成分，对细胞内电子的传递、氧化代谢有作用。钼过多能干扰铜的吸收而发生拮抗。

钴　钴对铁的代谢、血红蛋白的合成和红细胞的发育成熟等有重要作用。钴的主要功用是作为维生素 B_{12} 必需组分。维生素 B_{12} 及其衍生物参与 DNA 和血红蛋白的合成、氨基酸的代谢等生化反应，在Co(Ⅰ)、Co(Ⅱ)和Co(Ⅲ)配合物之间起电子传递作用。

铬　铬是胰岛素参与作用的糖代谢和脂肪代谢过程必需的元素，也是正常胆固醇代谢的必需元素。精制食物造成铬的损失，缺铬后血脂和胆固醇含量增加，糖耐受量受损，严重时出现糖尿病和动脉粥样硬化。若补铬，病情可以改善。但必须指出，人体必需微量元素铬是指三价铬，如 $CrCl_3$ 等，而六价铬，如 CrO_4^{2-} 等是有毒的致癌物。2012 年 4 月，我国中央电视台曝光有人用铬为鞣革剂的废皮革下脚料加工生产药用胶囊，这是一起严重的违法事件，因为工业铬鞣革剂是用六价铬制造的，对人是有毒害的。

锰　锰是丙酮酸羧化酶、超氧化物歧化酶(SOD)、精氨酸酶等的组成成分，它还能激活羧化酶、磷酸化酶等，对动物的生长、发育、繁殖和内分泌有影响。锰也参与造血过程，改善机体对铜的利用。在土壤中含锰量高的地区癌症发病率低。遗传性疾病、骨畸形、智力呆滞和癫痫等均和缺锰有关。

硒　硒是人体红细胞谷胱甘肽氧化酶的组成部分，可以运输大量氧分子来抑制恶性肿瘤，使癌细胞失活。现已发现许多疾病与自由基对机体的损伤有关。自由基毒性通过引发脂质过氧化，导致生物膜损伤，还可损伤蛋白质、酶等，甚至使 DNA 链断裂。硒能保护细胞，它有清除自由基作用。已知缺硒地区的克山病、大骨节病和某些癌症都和脂质过氧化有关，故实施补硒能防治这些疾病。成人每天硒最佳摄入量为 100 μg，最高量为 400 μg，过多硒会中毒，因硒取代了体内许多氨基酸酶中的硫，导致机体新陈代谢反常。硒中毒出现神经系统和消化系统症状，严重时会肺水肿。通常，可以通过富硒食物补硒，如海产品、肉类、动物肾、小麦、玉米、大蒜、白菜、南瓜等，还宜食用含硒碘盐。

多种元素在共存体系（如细胞）中，表现在生物学功能上，有时相互促进——**协同作用**（synergy）；有时相互制约——**拮抗作用**（antagonism）。这是因为有些元素之间的物理化学性质有相似或相近之处，在体内发生争夺或取代生物配体的缘故。如铜和铁的协同作用：含铜的血蓝蛋白是铁和铜间的分子桥梁，没有铜，铁不能进入血红蛋白分子中，动物在铁充足而缺铜时，贫血症照样发生。又如锌和镉的拮抗作用：镉能取代锌，干扰含锌酶的生理作用，使酶失活，引起代谢紊乱而致病。镉在体内的积累能引起高血压，但锌的存在可提高 $m(\mathrm{Zn})/m(\mathrm{Cd})$（质量比），对防治肾性高血压病有好处。相关元素之间的比例失调，都可能影响人体的生理功能，从而导致某些疾病的发生。

13.4　铅、镉和汞的毒性

随着人类社会的发展，自然环境也发生了变化，其中之一是人类自己开采出来的一些金属污染了食物、水和空气，使人类健康受损，最为有害的金属是铅、镉和汞。这些污染金属进入机体的途径和对细胞代谢过程的影响，正是现今国内外研究的重点之一。通常认为它可能的过程是：有毒金属穿过细胞膜进入细胞，干扰生物酶的功能，破坏了正常系统，影响了代谢，于是造成了毒害。值得注意的是：这些有毒金属元素通常总是占有周期表的右下角位置。

铅　铅在自然界多以硫化物（方铅矿）形态存在，且常与锌、铜等元素共存。铅是大气的重金属污染物中毒性较大的一种。1970 年联合国调查结果：每年排入大气的铅约为 180 t，其中残油的燃烧占 18%，城市的灰尘占 13%，生铁铸造占 13%，汽油添加剂占 11%，铜冶炼厂占 8%，钢铁生产占 8%，煤燃烧、蓄电池生产和硅酸盐水泥工厂也是重要污染源。在格陵兰地区冰山上钻取的冰柱中，按逐年积冰深度所测定每吨冰中的铅含量，发现 1750 年前为 20 μg，1860 年为 50 μg，1950 年为 120 μg，1965 年为 210 μg。这说明随着现代工业的发展，已使大气中铅的污染日益严重。由于铅化合物在天然水中不易溶解，故对水体和土壤的毒害程度相对较弱。

对于人类来说，铅污染的主要来源是食物，因铅中毒的常见途径是通过肠胃道的吸收，而非呼吸道的吸收。食物在加工、储存、运输和烹调过程中引入了铅。还有含铅杀虫剂在农作物上的使用也是一个污染源。使用铅自来水管是饮水中含铅的来源。通常每个成年人每天从饮水中摄入 15～20 μg 的铅。

现今考古发现：古罗马贵族平均只活 25 岁，重要原因之一与铅有关。他们长期用铅管饮水，贵妇搽脸粉含大量铅白，贵族食用的葡萄酱中加铅丹除酸味和染色。王公贵族中毒严重，妇女普遍流产、不孕，许多孩子非痴即呆。此外，福建省永定县印刷厂某女工，25 岁，接触铅 7 年，1993 年头胎儿为先天性脊柱裂的无脑儿，次年二胎依然无脑儿，她的血浆中铅浓度极高，达

3.25 μmol/L(允许限为 0.48 μmol/L)。[①]

铅中毒损害神经系统、造血系统和消化系统。其病状是机体免疫力降低、易疲倦、失眠、神经过敏、贫血和胃口差等,人体中所含铅量的 90%～95%皆以难溶性的磷酸铅[$Pb_3(PO_4)_2$]积存于骨骼中,可用枸橼酸钠针剂治疗,以溶解磷酸铅,生成枸橼酸铅配离子,并从肾脏排泄。医学上也曾用$[Ca(edta)]^{2-}$治疗职业性铅中毒,得到良好的效果。因为$[Pb(edta)]^{2-}$比$[Ca(edta)]^{2-}$更为稳定,故 Ca^{2+} 可被 Pb^{2+} 取代成无毒的可溶性配合物,并经肾脏排泄。对于铅中毒者,可用依他酸二钠钙进行治疗,安全有效。还可用青霉胺、二巯基丁二酸钠等药物。

镉　镉在自然界中多以化合物存在,且含量很低。在大气中镉的含量一般在 3×10^{-3} μg/L 以下,水中不超过 10 μg/L,每千克土壤中不超过 0.5 mg。这样低浓度,不会影响人体健康。镉常与锌、铅等矿物共生,镉污染环境后,常通过食物链进入人体,可在生物体内富集,引起慢性中毒。自从 20 世纪初发现镉以来,镉的产量逐年增加,相当量的镉通过废气、废水、废渣进入和污染了环境。其污染源主要是铅锌矿,以及有色金属的冶炼、电镀和用镉化合物作为原料或触媒的工厂。进入人体的镉,在体内形成镉硫蛋白,通过血液到达全身,并有选择地蓄积于肾和肝中,肾可蓄积吸收量的 1/3,是镉中毒的靶器官。镉与含羟基、氨基、巯基的蛋白质分子结合,能使许多酶系统受到抑制,影响其正常功能。10 mg 的镉即可引起急性镉中毒,导致恶心、呕吐、腹泻和腹痛。长期接触低剂量镉能造成慢性镉中毒。日本富山县一个大锌矿和冶炼厂的可溶性镉盐和铅盐污染河水和农田,使粮食中含镉,居民大量中毒。1963 年前患者不详。1963—1972 年共有患者 130 人(90%以上为 65 岁以上老人),其中死亡 81 人[②]。这就是骨痛病,其症状是:头痛、胃痛、脊椎畸形和骨质脆化,使患者感到极端痛苦。对慢性镉中毒患者,可用维生素 D 和钙剂等进行治疗。若用配位剂治疗,则应从小剂量开始,且须慎重。1991 年,上海某冶炼厂误将含 50%镉的镍当作电解镍以制成镍合金,在加热到 1 500 ℃时出现棕黄色氧化镉烟雾,4 名工人接触 3～5 h 以后,即头晕、乏力、咽痛。16～20 h 后,病情加剧,并伴有气促、咳嗽、恶心、呼吸加快,心动过速、化学性肺炎和肺水肿等现象,属急性镉中毒[③]。对于急性镉中毒患者,关键要防止肺水肿,保持呼吸道通畅,抗感染治疗,并用依地酸二钠钙等药物排镉。

汞　在自然界主要的含汞原矿是硫化汞(HgS,辰砂)及其多晶体偏硫化汞。在风化作用下,汞就进入了环境。由自然途径进入环境的汞量约为$(3\sim15)\times10^4$ $t\cdot a^{-1}$。随着工业的发展,汞的用途越来越广泛,生产量也越来越大。大气中汞的主要来源是煤和石油的燃烧、含汞矿的冶炼和以汞为原料工业生产的废气;水体中汞的主要来源是氯碱工业、塑料工业、电池工业和电子工业等排放的废水;土壤中汞的主要来源是施用含汞农药和污泥肥料。由于人类活动使得进入环境的汞量估计为2×10^5 $t\cdot a^{-1}$。

汞分为无机汞和有机汞两类,可溶性无机汞盐(如 $HgCl_2$)毒性大,能引起中毒者肠胃腐蚀、肾衰竭并死亡。汞被排入江河中,某些厌氧菌能使汞甲基化$[CH_3Hg(\text{II})]^+$,并进入鱼类和贝类中。Hg^{2+} 可与细胞膜作用,使之改变通透性。当然有机汞的作用比无机汞大得多。汞与蛋白质中半胱氨酸残基的巯基相结合,改变蛋白质构象或抑制酶的活性,使酶的催化活性改变。1953

---

① 引自苏志平,苏志台.慢性铅中毒致先天无脑儿畸胎一例报告.实用预防医学,1996,3(3):169.

② 中国大百科全书出版社编辑部.中国大百科全书.环境科学.北京:中国大百科全书出版社,1983.

③ 朱会耕,丁钺,徐麦玲,等.急性氧化镉中毒.中华劳动卫生职业病杂志,1995,15(5):296.

年，1964 年，1973 年日本发生了 3 次因食用含甲基汞的鱼类和贝类而患的古怪的神经病，其症状是颤抖、行走困难、精神障碍，生出的孩子都是头小的低能儿。进而耳聋眼瞎、全身麻木，最后，精神失常、身体弯曲、高叫而死。由于这是在水俣湾发生的，故称之水俣病。据 1972 年日本环境厅公布：水俣湾和阿贺野川下游有汞中毒者 283 人，其中 60 人死亡。日本政府对水俣病遮遮掩掩，一直拖了 40 年，到 1995 年，日本首相才向水俣病患者道歉，使患者关于救济的诉讼案有了定论。解汞毒的主要药物是二巯基丙烷磺酸钠、二巯基丁二酸钠、青霉胺。蛋白质和牛奶也可作 Hg^{2+} 的解毒药，因它们在胃里可把 Hg^{2+} 沉淀下来。

拓展知识：

揭秘“长寿县”

中科院南京土壤研究所的专家们经过三年的探索，发现我国“长寿县”江苏如皋百岁老人的比率总体上自东向西、自北向南递减，东北部较集中，中、西部较少，90 岁老人的分布也是如此。又选择 1000 多个土壤采集点，将其中微量元素如硒、锌、硼等含量作分类研究，发现这些微量元素在如皋县的分布特征与上述长寿人口的比例空间分布极为相似。专家们认为：由于如皋长寿区土壤内微量元素含量及其组合正好适合人体的需要，当地居民通过食物链长期摄取这些微量元素正是长寿的奥秘。

（素材系参考 2005 年 10 月 3 日《南京日报》）

仿生材料

仿生材料是生物无机化学中一个新的重要内容。仿生材料可以开发出类似生物智能化材料，它既有光、电、磁、声或热等性能，又有按照反馈信息进行调节和转换的功能，所以现已成为材料科学研究中的重要内容之一。目前，其中的仿生矿物材料和仿生膜最引人关注。

1. 仿生矿物材料

在自然界中，细菌、微生物、植物和动物等的生物细胞壁、树叶、甲壳、蛋壳、骨骼、牙齿等里面都存在着生物矿物。生物矿物的主要成分是钙的碳酸盐、硫酸盐、草酸盐和磷酸盐，其次是镁、锶、钡的无机盐以及硅、铁的氧化物。虽然这些生物矿物在一般结构和组成上与天然矿物相同，可它们还表现出特殊的生物功能。例如，金枪鱼、鲑鱼头部的磁性氧化物 Fe_3O_4 起导航作用；三叶虫以 $CaCO_3$ 为眼棱镜；鱼类头部和哺乳动物内耳以 $CaCO_3$ 为重力接受器；超磁细菌中数粒有序排列的 Fe_3O_4 是作为流动时方向识别器等。

关于生物矿化机理人们已有初步了解，如英国学者盖尔曼(M Gell－Mann)认为生物矿化过程存在着不同层次的控制作用，而每个隔室运送成核所需要的分子和离子受到隔室内物理化学参数及外部生化过程的控制，也受到生物能和基因库的控制。显然有机无机界面的结构、化学环境和空间状态也在其中起了重要作用。

磷酸钙是构成骨骼和牙齿的重要组成部分的最常见的生物矿物。目前具有临床实用价值的仿生矿化材料有羟基磷灰石，它的组成接近于生物骨质的无机成分，能诱发新骨生长，其烧结体有良好的生物相容性。其粉末可作为人骨的缺损部位的填补材料。但它毕竟与人体硬组织中的磷灰石有差异，故需要进行表面改性预处理，以增强生物相容性和结合潜能。β-磷酸三钙也是一种较好的骨修复材料，它经过新陈代谢后可以再生沉积为正常骨组织。此外，磷酸钙骨水泥有良好的固化性、生物相容性和任意可逆性，并能最终转化为羟基磷灰石。

模拟生物矿化，合成一些具有特殊性质和复杂微结构的有机-无机复合材料，是仿生矿物材料的研究方向。如以铁蛋白的蛋白外壳或磷脂分子所形成的脂质体作为矿化隔室组成超分子体系以模拟生物矿化，可合成各种无机纳米材料。

2. 仿生膜

仿生膜可以理解为模拟生物膜的、以天然或人工合成的两亲分子自组装形成的有序分子集合体系。它包含胶束、单分子膜、L-B 膜、双分子膜、微囊、脂质体、铸膜和微乳体等种类。

生物膜两侧存在着不同的物理场（静电场、电子/质子场、氧化-还原梯度和应力场等），不仅是细胞具有能量转换、信息传递和分子识别等功能的物质基础，而且也是导致膜反应具有快速性、方向性和选择性的原因。研制仿生膜以模拟生物膜的这些功能，是仿生膜课题的重要内容。

广泛地应用于模拟生物膜进行离子运送和电子传递研究的仿生膜，是 1963 年缪勒（Mueller）等成功制成的两个水溶液间的双层脂膜。它和生物膜有极大的相似性，但有必要进行化学修饰。目前，用冠醚、穴醚作为人工离子载体以修饰双层脂膜来研究离子运送；把有机半导体或金属配合物嵌入双层脂膜，再以循环伏安法研究膜两侧的电子传递，都是有效的方法。双层脂膜还可能应用于构成生物传感器、生物燃料电池和生物电子器件等方面。

把仿生膜的研究与新材料、新器件的开发结合起来是近年来仿生材料研究的新方向。

（资料来源参照本书主要参考书[6]）

习题

1. 生物无机化学是怎样的一门化学学科，它的主要内容和研究对象是什么？
2. 生物体内的化学元素有几类？划分的标准是什么？它们和元素周期表有何联系？
3. 谈谈微量元素与人体健康的密切关系。举出五种重要的必需微量元素和它们的生物生理功能。
4. 举例说明微量元素的拮抗作用和协同作用。
5. 为何说任何元素在体内过量都是有害的？

第十四章

环境污染和环境化学

学习要求：

1. 了解环境化学在环境科学中的地位和作用。
2. 了解环境化学研究的主要内容。
3. 了解大气污染、水体污染和土壤污染的来源和危害。

14.1 环境科学和环境化学

“环境与生命共存，环境与健康同在。”这句话说明了环境对人类的重要性。环境是相对于中心事物而言的。与某一中心事物有关的周围事物，就是这个事物的**环境**(environment)。环境科学研究的环境，是以人类为主体的外部世界，即人类赖以生存和发展的物质条件的综合环境，包括自然环境和社会环境。自然环境是直接或间接影响到人类的一切自然形成的物质及其能量的总体；社会环境是人类在自然环境的基础上，通过长期社会劳动所创造的人工环境。

地球表面有四个圈层，即大气圈、水体圈、土壤圈以及在这三个圈交会处适宜生物生存的生物圈。这四个圈主要在太阳能的作用下进行着物质循环和能量流动。这样，自然界呈现出气象万千、生生不息的景象，而人类只是地球环境演变到一定阶段的产物。从人体的生命元素及其含量在一定程度上同地壳、海洋及其丰度间的关系，表明人是环境的产物(参见本书 13.2 节)。人类从自然界获取生存资源，又将经过改造和使用的自然物质和废弃物归还自然界，从而参与自然界的物质循环和能量流动过程，不断地改变着地球环境。当然，人类在改造环境的同时，地球环境仍以固有的规律运动着，不断地反作用于人类，因而产生环境问题是无法避免的。例如，中国的黄河流域是人类文明的发祥地之一，但由于大规模地毁林垦荒，造成严重的水土流失，良田逐渐沦为瘠土。又如 18 世纪工业革命大大推动了社会生产力，人类利用和改造自然的能力虽然加强了，可是随着社会经济发展，资源消耗和三废(废气、废水和废渣)排放的显著增加，造成环境污染，人类与环境的和谐关系受到了破坏。在世界人口数量不多、生产规模不大的情况下，人类活动对环境的影响也只是局部性的。可是 20 世纪 50 年代以来，人口数量剧增，社会生产力和科学技术突飞猛进，环境问题已成为一个严重的全球性问题了。日本在 20 世纪 40 年代由于镉污染造成的骨痛病以及 50 年代由于汞污染造成的水俣病(参见本书 13.4 节)，均为环境污染的典型事例。20 世纪 70 年代以后，全球环境污染事件不断发生。如 1984 年印度博帕尔农药厂泄漏甲基异氰酸酯，造成2 500人死亡。1986年苏联切尔诺贝利核电站泄漏爆炸，使北欧、东欧许多国家的大气层中放射性尘埃增高，居然达一周之久，造成的潜在危害无法估计。

由此可见，人类在面临许许多多问题时，必须重视一个极其重要的问题，即在继续发展以科学技术为基础的现代文明的同时，如何不损害人类赖以生存和发展的环境。**环境科学**（environmental science）是研究和调整人与自然的关系，以实现人与自然和谐为目的的科学。它主要是运用自然科学和社会科学的有关学科的理论、技术和方法来研究环境问题，且已形成了有关学科的相互渗透、交叉的许多分支学科。属于自然科学方面的有环境地学、环境化学、环境生物学、环境物理学、环境医学和环境工程学等；属于社会科学方面的有环境管理学、环境经济学、环境法学等。其中，环境化学是环境科学中的基础核心部分。当然，环境是一个整体，环境污染又是极其复杂的，涉及面相当广泛的课题。因此，在环境科学发展过程中，它的各分支学科虽各有特点，但又互相渗透、互相依存、不可分割。

环境化学（environmental chemistry）主要是研究环境中化学污染物质的性质及其变化规律的学科。也就是研究在环境中有害化学物质的存在、行为和效应（生态效应、人体健康效应及其他环境效应）以及减少或消除其产生的学科。

环境化学的主要分支学科有：环境污染化学和环境分析化学等。

环境污染化学（environmental pollution chemistry）主要研究环境污染物在大气、水体和土壤中迁移转化的基本规律。其内容包括污染在环境中的来源、扩散、分布、形态、循环、反应和归宿等各个环节，为环境质量评价、分析监测和控制治理等工作提供科学依据。环境污染化学是环境化学的核心内容。

环境分析化学（environmental analytical chemistry）是以化学的原理、方法和技术来阐明环境问题和控制、治理污染物的化学。为达到控制污染的目的，环境分析化学必须和工程学密切相结合。

此外，污染物质的生物效应是当前环境化学研究领域中十分活跃的内容。它综合运用了化学、生物、医学三方面的理论和方法，研究化学污染物造成的生物效应，如致畸、致突变、致癌的生化机理；化学物质的结构与毒性关系；多种化学污染物毒性的协同作用或拮抗作用及其机理；化学污染物对食物链的生化过程等。随着分析技术和分子生物学的发展，环境污染的生物化学方面的研究已取得很大的进展。

14.2 环境污染

由于世界性人口剧增，人类对粮食和能源以及其他自然资源的大量耗用，生产活动的扩大和化学物质的大量使用，造成了大气、水体和土壤的全球性污染。农药、化肥、核碎片、二氧化硫等污染物质在全球范围内不断扩散和积累；二氧化硫等污染物的长距离迁移形成具有潜在威胁的酸雨；大气中二氧化碳的大量增加改变了大气组成，并因温室效应使地球气温逐渐变暖，世界气候反常；超音速运输机活动将使臭氧层浓度不断降低，从而破坏它对紫外线的吸收，生态平衡面临严重的威胁。环境污染已危及人类的健康、生存和繁衍。大气、水体、土壤及食物中主要的有毒害化合物对人体健康的影响见表14-1。

表 14-1 环境中主要的有毒害化合物对人体健康的影响

污染物名称	来源	分布	对人体健康的主要影响
硫氧化合物	含硫燃料 (全球总量 1.5×10^{8} t/a)	大气和水	心肺疾病 呼吸系统疾病
氮氧化合物	燃烧过程 (全球总量 5.3×10^{7} t/a)	局部空气	急性呼吸道疾病
臭氧	汽车尾气光化学反应	局部大气	刺激眼睛,哮喘病
一氧化碳	燃烧不完全 (全球总量约 7.5×10^{8} t/a)	局部大气	血红蛋白降低、缺氧、煤气中毒
硫化氢	工业过程燃料燃烧	局部空气	影响呼吸中枢、烦躁、疲劳
粉尘(飘尘)	燃料、工业过程灰化、工程等	局部空气	影响呼吸系统、心血管系统
颗粒物	燃料、工业过程灰化、扬尘等	局部大气	影响呼吸系统、心血管系统、致癌
氟化物	炼铝、炼钢、制磷肥、氟化烃等	空气、水、土壤、食物	过量使骨骼、造血功能、神经系统、牙齿等受损害
汞(Hg)	氯碱工业、造纸工业、汞催化剂等	食物、水域、土壤、局部大气	影响神经系统、脑、肠
铅(Pb)	汽车尾气、铅冶炼、化工、农药	空气、水、食物	影响神经系统、红细胞
镉(Cd)	有色冶炼、化工电镀	空气、水、土壤、食物	骨痛病、心血管病等
酚类化合物	炼焦、炼油、煤气工业	水	影响神经中枢、刺激骨骼
硝酸盐	污水、石棉燃料、硝酸盐肥料工业	水、食物	可在体内合成致癌物——亚硝胺
有机氯	农药、自来水消毒剂、工业废弃物等	土壤、食物、水、大气	影响脂肪组织、肝等
多氯联苯(PCB)	电力工业、塑料工业、润滑剂等	水	使皮肤及肝脏损害
石棉	采矿、石棉-水泥工业、汽车制动系统	空气、水	矽肺病、肺癌
真菌毒素	食物及动物饲料	染有黄曲霉素的食物	损害肝脏的致癌物
多环芳香烃(PAH)	有机物、汽油、煤油、香烟、冶炼、化工等	空气、水、食物	引起皮肤癌、肺癌、胃癌
致病菌	动物的排泄物	水、土壤	引起霍乱、伤寒、痢疾、传染性肝炎的传播
有机磷类	农药	土壤、水	引起神经功能紊乱、致癌、致畸

综上所述,说明人类在利用和改造大自然、发展经济和创造物质文明的同时,正在破坏大自然,使人类自身逐渐失去赖以生存和发展的物质基础。改革开放以来,我国经济的高速发展,人民生活水平的不断提高,但污染物排放量也迅速增加,环境污染已成为制约国民经济发展以及人

民健康水平提高的重要因素，应该引起大家高度重视，并采取积极的防范措施，以营造人与自然和谐共处的环境。

14.2.1 大气污染

大气是多种气体的混合物，其组分可分为恒定的、可变的和不定的三种。

大气中的恒定组分是指大气中含有的氮、氧以及氩、氖、氦、氪、氙等稀有气体。其中氮、氧、氩占大气总量的 99.96%。在近地层大气中，这些气体含量可以认为几乎不变。

大气中的可变组分是指大气中的二氧化碳和水蒸气。在正常情况下，水蒸气的含量为 4%，二氧化碳的含量近年已达 0.033%。这些组分的含量受地区、季节、气象以及人类的生产和生活活动等影响而变化。

大气中的不定组分是指火山喷发、森林火灾、海啸、地震等暂时性灾难而产生的尘埃、硫、硫化氢、硫氧化物、氮氧化物、盐类及恶臭气体等。一般这些不定组分进入大气中，可造成局部和暂时性污染。也有由于人类社会生产发展，人口密集或工业布局不合理，环境管理不善使上述不定组分产生并进入大气。

一般认为大气污染主要是人为因素造成的。其人为污染源有：

（1）生活污染源　由于人们炊事、取暖、沐浴等生活需要，燃烧燃料向大气排放的物质。

（2）工业污染源　火力发电厂、钢铁厂、化工厂和水泥厂等工矿企业在生产过程中和燃料燃烧过程中所排放入大气的煤烟、粉尘和无机或有机化合物等。

（3）交通污染源　由于汽车、飞机、火车和船舶等交通工具排放的尾气所造成的。

从上述三种大气污染源来看，燃料燃烧是造成大气污染的主要原因。

大气污染物进入大气造成的大气污染问题主要有如下几类。

1. 酸雨

酸雨(acid rain)的形成是一种复杂的大气化学和大气物理现象。由于燃料燃烧、工业加工和矿石冶炼等所产生的 SO_2 和氮氧化物(NO_x)分别转化为 SO_3、硫酸和硝酸，这些酸性物质溶入雨水，导致酸性降水。正常的雨水 pH 为 5.6，此值由大气中的 CO_2 和纯水的平衡所决定。若雨水 pH<5.6 可定为酸雨。

我国以燃煤为主，各城市燃煤量一般皆占总能量的 80%以上，煤含硫和灰分较高，有大量烟尘和 SO_2 等排入大气中。SO_2 进入大气，并被氧化为 SO_3，溶入水滴生成硫酸气溶胶，成为酸雨的主要酸性污染组分。像长江三角洲地区上海、苏州、杭州等地，雨水经常只有 pH 4 左右，成为一个重要的污染问题。形成酸雨的主要化学反应为

$$2SO_2 + O_2 + 2H_2O \xlongequal{\text{催化剂}} 2H_2SO_4$$

反应式中的催化剂一般是大气颗粒物中含有的铁、镁金属盐。

二氧化硫还易被太阳光中紫外光激活，与大气中氧气进行光化学氧化：

$$SO_2 + O_2 \xlongequal{\quad} SO_3 + O$$

产生的 SO_3 溶于 H_2O 即成 H_2SO_4。

化学分析测定酸雨中的化学组分结果，一般有如下离子：阳离子——H^+，Ca^{2+}，NH_4^+，Na^+，K^+，Mg^{2+}；阴离子——SO_4^{2-}，NO_3^-，Cl^-，HCO_3^-。

酸雨可使鱼类及其他水生生物遭受损失；伤害植物新芽，影响生长，减少森林和庄稼的产量；抑制土壤有机物分解和氮的固定，使土壤贫瘠化；使土壤或水体底泥中金属溶出，造成污染；腐蚀建筑材料、金属结构、名胜古迹等。

2. 光化学烟雾

在太阳光紫外线照射下，大气中的碳氢化物（主要是烯烃）、氮氧化物、氧等发生光化学反应，形成的空气污染物，称为**光化学烟雾**（photochemical smog）。其主要反应（仅列出反应物和生成物）如下：

$$NO_2 + h\nu \longrightarrow NO + O$$

$$O + O_2 \longrightarrow O_3$$

$$O_3 + NO \longrightarrow NO_2 + O_2$$

$$NO + NO_2 + H_2O \longrightarrow 2HNO_2$$

$$HNO_2 + h\nu \longrightarrow NO + OH\cdot$$

$$OH\cdot + NO_2 \longrightarrow HNO_3$$

$$RH + OH\cdot \longrightarrow RO_2\cdot + H_2O$$

$$RCHO + OH\cdot \longrightarrow RC(O)O_2 + HO_2\cdot$$

$$RCHO + h\nu \longrightarrow RO_2\cdot + HO_2\cdot + CO$$

$$HO_2\cdot + NO \longrightarrow NO_2 + OH\cdot$$

$$RO_2\cdot + NO \longrightarrow NO_2 + RCHO + HO_2\cdot$$

$$RC(O)O_2\cdot + NO \longrightarrow NO_2 + RO_2\cdot + CO_2$$

$$RC(O)O_2\cdot + NO_2 \rightleftharpoons RC(O)O_2NO_2$$

光化学烟雾是氧化性的，一般在低的相对湿度和高的环境温度下形成。它是现代工业化国家中一种较为普遍而又难于防治的污染产物。1952年美国洛杉矶发生光化学烟雾事件，使人群眼睛红肿、哮喘、喉头发炎，并使植物叶子变白、枯萎、开裂。65岁以上老人死亡达400人。1988年，广州曾测到过光化学烟雾中间产物——醛类的污染浓度为最高极限（0.05 mg/m^3）的2.5倍，与洛杉矶光化学烟雾污染浓度相当，所幸未发生严重后果。

3. 臭氧层遭破坏

在大气上层，距地面20～50 km处（平流层），有一20 km的**臭氧层**（ozone layer），它是由大气中氧分子经阳光照射分解为氧原子，后又与另一氧分子复合生成臭氧的。臭氧层能吸收99%以上紫外光，有效地阻挡阳光短波紫外线（200～300 nm）辐射到地面。因为短波紫外线能破坏生物体的蛋白质和DNA，使人的皮肤癌发病率提高。还抑制植物生长，穿透10 m深水杀死浮游植物和微生物，危及水生生物食物链和自由氧的来源，影响生态平衡和水的自净作用。据实验资料估计，若消耗臭氧5%，仅美国每年约要增加8 000例皮肤癌患者。

现代工业发展以来，人类活动破坏臭氧层。例如，作为制冷剂和喷雾剂的氯氟烃类（商品名称叫氟利昂 $CFCl_3$，氟利昂 CF_2Cl_2，氟利昂 $CHFCl_2$，氟利昂 CHF_2Cl 等）。它们上升到平流层后，经光解后产生大量氯自由基 Cl· 和氯氧自由基 ClO·；燃煤和化肥生产的大量 NO_x 流入平流层;超音速飞机在16~20 km高度排放的氮氧化物。这些大气污染物都将使臭氧层遭破坏而变薄,增加了短波紫外光穿透到地球上,从而使生物受到损害。

破坏臭氧层的机理是按链式反应进行的,一个污染物分子平均可以破坏上千个O_3分子。

氮氧化物破坏O_3的机理为

$$NO_2 + h\nu \longrightarrow NO + O$$
$$O_3 + NO \longrightarrow NO_2 + O_2$$
$$\text{总反应:} \quad O_3 \longrightarrow O_2 + O$$

氯氟烃破坏O_3的机理为

$$CF_2Cl_2 + h\nu \longrightarrow Cl + CF_2Cl$$
$$O_3 + Cl \longrightarrow ClO + O_2$$
$$ClO + O \longrightarrow Cl + O_2$$
$$\text{总反应:} \quad O_3 + O \longrightarrow 2O_2$$

破坏臭氧层的最重要因素是人类大量使用氯氟烃类化学品。在20世纪80年代,世界上一些国家签订了《保护臭氧层维也纳公约》和《关于消耗臭氧层物质的蒙特利尔议定书》,20世纪90年代还作过修订,其主要内容是限制氯氟烃、溴氟烃、四氯化碳等生产量、使用量和停用时间,目的是拯救已损耗的臭氧层,保护人类生存环境。

4. 温室效应

大气中的CO_2允许太阳的可见光射到地面,也能阻止地面重新辐射出的红外线光返回外空间。也就是说,大气中的CO_2吸收了地面辐射出来的红外线光,把能量截留在大气之中,从而使大气温度升高,这种现象称为**温室效应**(greenhouse effect)。能够促使地球温度升高的气体称为温室气体。大气中除CO_2外,还有一些气体也会产生温室效应,如CH_4、CO、$C_2H_4Cl_2$、O_3、CCl_4和氟利昂等,不过它们只是大气中的痕量气体而已。

为了人类免受气候变暖的威胁,1997年12月,在日本召开的《联合国气候变化框架公约》缔约方第三次会议通过了旨在限制发达国家温室气体排放量,以抑制全球变暖的《京都议定书》。这个议定书已于2005年2月16日正式生效,这是人类历史上首次以法规形式限制温室气体排放,标志着人类对环境保护又迈出了一大步。议定书规定,到2010年,所有发达国家二氧化碳等温室气体的排放量要比1990年减少5.2%。到2009年2月,全球已有183个国家和地区签署该议定书。我国于1998年5月签署并于2002年8月批准该议定书。美国仅占全球人口的3%~4%,而二氧化碳等排放量却占全球25%以上,是全球排放量最大的国家。美国虽然1998年签署了议定书,但是在2001年3月,借口以"减少温室气体排放将会影响美国经济发展"和"发展中国家也应承担减排和限排温室气体的义务",宣布拒绝批准《京都议定书》。2011年12月,加拿大也宣布退出《京都议定书》。

5. 大气颗粒物PM2.5

PM2.5是一种大气颗粒物,也称细颗粒物(fine particulate matter)。饱和水蒸气以大气颗粒物为核心而形成了雨、云、雾、雪等,参与了大气的降水过程。同时,大气中的一些有毒物质绝大部分都存在于颗粒物中,并通过人的呼吸道进入人体而危害人体健康。

PM2.5 的定义是指空气动力学直径小于或等于 2.5 μm 的固体颗粒或液滴的大气颗粒物的总称。它的直径仅相当于人头发直径二十分之一。PM 是英文 Particulate Matter 的缩写，译为颗粒物。同样，PM10 的定义就是把 2.5 换成 10，也称为可吸入颗粒物(inhalable particles matter)。PM2.5 的来源，主要是人为排放，如化石燃料(煤、汽油、柴油等)和木柴、秸秆等的燃烧，施工扬尘、工业粉尘、厨房烟尘等；天然来源有火山灰、森林火灾、漂浮海盐、花粉、真菌孢子、细菌等。由于 PM2.5 来源不同，成分当然复杂。经分析测定，其主要成分是元素碳、有机碳化物、硫酸盐、硝酸盐、铵盐以及各种金属元素，如钠、镁、钙、铝、铁等地壳含量丰富元素，也有铅、镉、铜、锌等重金属元素。2000 年研究人员测得北京 PM2.5 来源：尘土占质量浓度总量的 20%，由气态污染物转化来的硫酸盐、硝酸盐、铵盐依次占 17%、10%、6%，烧煤占 7%，机动车尾气排放占 7%，秸秆等农作物燃烧占 6%，抽香烟占 1%。该研究测得 PM2.5 成分，含碳颗粒物、硫酸盐、硝酸盐和铵盐共占质量浓度总量的 69%。清华大学和香港科技大学部分专家为了解北京 PM2.5 的污染水平和特征，在车公庄和清华园进行了连续一整年、每周一次同步采样和全样分析。PM2.5 的化学组成在两采样点相似，含碳组分和水溶性离子是其主要组分，两者质量浓度之和超过了总量的一半，水溶性离子主要是 NO_3^- 和 SO_4^{2-}。此论文发表于 2002 年《清华大学学报》上。

世界卫生组织发布的报告显示，目前全世界大多数城市和农村都遭受了大气颗粒物对人类健康的影响。据统计，在欧洲，PM2.5 导致每年 38 万 6 千人死亡，使欧盟国家的人均期望寿命减少了 8.6 个月。由于人体生理结构对 PM2.5 没有任何过滤、阻拦能力，PM2.5 被吸入后直接进入人呼吸道及肺部深处，引发呼吸系统和心血管系统疾病，其中的有害气体、重金属溶入血液危害更大，甚至诱发癌症，尤其是肺癌。

目前对 PM2.5 的治理可采取多种措施，如选用低碳燃料，提高燃油品质，利用净化装置去除烟尘、粉尘、机动车尾气有害成分，绿化环境，集中冬季采暖，对太阳能、风能、电能、氢燃料、地热等清洁能源、新能源开发利用等，不过治理工作不是一朝一夕就能实现，应该是一个相对较长的过程，任重而道远。

14.2.2 水体污染

一般把河流、湖泊、海洋、沼泽、池塘、水库以及地下水等的积聚体称为**水体**(water body)。有时水体也包括水中悬浮物、溶解物、底泥以及水生生物等完整的生态环境。污染物大量排入水体，使水体的物理和化学性质或生物群落组成发生变化，从而降低了水体的使用价值，这种现象称为**水体污染**(water body pollution)。其主要污染源可分两大类：一类是自然污染源；另一类是人为污染源。

自然污染源是指自然界本身的地球化学异常所释放的物质给水体造成的污染。例如，高矿化度地下水对河水的污染，或某一矿床周围的矿化水对河水的污染等。这是一类具有持久性和长期性的污染源，且多发生在有限的区域以内。

当前造成水体严重污染的污染源主要是由于人类活动所产生的污染物给水体造成的人为污染源。日本自 1963 年到 1964 年一年中发生了 242 起水体污染事件，其中有 227 起都是人为污染所造成的，占总数 93.8%。因此，下面只介绍人为污染源。

1. 工业污染源

在人类活动所造成的水体污染中，工业污染是问题最严重、最复杂的一种。常称的三废(废水、废渣、废气)，面广量大，含污染物质多，成分复杂，处理和净化也比较困难。

(1) 工业废水　工业废水的主要污染源是矿山、化工厂、炼油厂、冶金厂、纺织厂、染化厂、造纸厂等。所含污染物常因工厂的种类不同而不同，主要有游离氯、氨、氟化物、氰化物、硫化物、亚硫酸盐、酚类、硝基化合物、酸、碱、油、汞、砷、铬、镉、铅、镍、铜和放射性物质等。重金属元素及有关污染物的毒性，参见表 14-1。

(2) 固体废物和废气　除了工厂排出的废水直接进入水体造成的污染外，固体废物和废气也会污染水体，比如加工过程的残渣和废料直接投弃到河水中，或者把它们在露天堆放而被雨水淋溶冲刷，部分物质进入河流，尤其像食品工业等有机残渣多的工厂，这种情况十分严重。

从工厂烟囱排放的含有毒有害成分的粉尘、废气降落水体或被雨水挟带入水体，也会造成危害。

此外，工厂的突发事故，如原材料的泄漏、设备的损坏、大量取用地下水造成水位下降，使沿海地区的地下水盐水化等都会引起水体污染。

2. 农业污染源

耕作或开荒使土地表面疏松，又遇降雨，则大量泥沙流入水体，增加水中悬浮物，水的浊度增加。同时有机成分溶出，也进入水体。

近年来，化肥、农药用量日益增多，而使用的化肥、农药只有少量附着农作物或被吸收，绝大部分残留在土壤中或飘浮到大气中。通过降雨，雨水冲刷，则进入地表水和渗入地下水，造成水体污染。

此外，随着现代化农业和畜牧业的发展，特别是大型饲养场的增加，各种废弃物和排放污水，使不少河流的水体受到严重的污染。

3. 城市污染源

随着城市范围的扩大，人口的增加，城市生活污水、垃圾和废气等已成为引起水体污染的另一个重要污染源。有资料表明：一些发达国家生活污水的污染负荷量早已超过工业废水。例如，1984 年日本东京湾的化学需氧量(chemical oxygen demand，COD)负荷生活污水占 69%，而工业废水只占 21%，其他占 10%。

城市对水体的污染源主要是生活污水，它包括厨房、洗涤、浴室和厕所所排出的污水、粪便等。生活污水中含有氮、磷等营养元素，还含有细菌、病毒、寄生虫等微生物。除家庭生活污水外，还有集体单位和公用事业单位的污水。所谓城市污水实际是包括生活污水和各种工业废水的总和。

在这里尚需提及水体富营养化污染。这是目前世界上重要的水体环境问题之一。在正常情况下，氧在水中有一定的溶解度。溶解氧不仅是水生生物得以生存的条件，且氧参加水中各种氧化还原反应，促使水中污染物质转化降解，使天然水体具有自净能力。若遇造纸、制革、肉类加工、炼油等废水，生活污水(尤其含磷洗涤剂)，农田施肥水等含有大量氮、磷、钾的污水排放时，大量有机物在水中降解，释放出营养元素，促进水中藻类丛生、植物疯长，使水体通气不佳，溶解氧量减少，甚至出现无氧层，以致使水生植物死亡、水面发黑、水体发臭而成为“死河”、“死海”(“溶解氧”可参阅本书第十九章拓展知识：“滴定分析在环境监测中的应用”)。水中鱼类大量死亡，进而成为沼泽。这就是水体富营养化现象。调查表明，我国富营养化湖泊个数占调查湖泊数的比例，由 20 世纪 70 年代末的 41%，到 90 年代后期上升到 77%。作为海洋水体富营养化而引起的赤潮，在我国也相当严重，大大影响水产养殖，并造成巨大经济损失。还有，有机氮在水中经微生物作用，可以消化分解为硝酸盐，再还原成亚硝酸盐，它在人体中与仲胺作用生成强致癌物亚硝胺，将极大地威胁人类健康。

反映水体被污染的程度，可用水质指标来表示。其中废水中有机物的浓度是一个很重要的水质指标，常用指标为**化学需氧量**(COD)和**生物化学需氧量**(简称生化需氧量，biochemical oxygen demand，BOD)。COD 表示用化学氧化剂氧化水中有机污染物所需氧的量。BOD 表示水中的有机污染物经微生物分解所需消耗的氧的量。两者通常用单位体积的污水所需消耗的氧的量来表示，单位为 $mg \cdot L^{-1}$。COD 或 BOD 越高，表示水中需氧的有机物越多，水体污染越严重。

14.2.3 土壤污染

土壤是生命营养物质的提供者。人和各种生物的营养物质都是直接或间接从土壤取得的。土壤若发生污染，就会使土壤性质恶化，土壤团粒结构遭到破坏，肥力降低，直接影响到农作物的生长，引起农产品歉收。有毒害物质还能在粮食、蔬菜、水果等作物中蓄积，并通过食物链危害人畜的健康。

在过去的 40 年间，全世界至少有数十亿吨有害物质被释放到陆地生态系统中去，导致大面积土壤污染。据国家环保局统计资料，1995 年我国至少有 6 000 万公顷农田受到工业三废污染，由此造成粮食减产每年在 100 亿 kg 以上。受重金属污染的耕地面积近 2 000 万公顷，占耕地总面积的 1/5。

1. 工业污染源

工业废渣是造成土壤污染的一种主要因素。大量废渣堆放，不仅白占可耕土地，且大片地破坏植被。废渣中的有毒害物质，随着风吹雨淋、微生物分解，逐渐渗透进入地表层，造成大面积的土壤污染。例如，受汞、铜、铅、锌、铬和镉等重金属污染的土地上生长的农作物，其体内重金属含量比一般农作物要高出几十倍，乃至几百倍，它们必然成为人类健康的杀手。凡是含有氟化物、砷化物、汞及汞盐、六价铬、镉、铅、氰化物、酚类等常见污染物的废渣，除对人畜有毒害外，还能杀伤土壤中微生物，使土壤失去腐解能力而变得贫瘠。更由于土壤中微生物的生态平衡遭受破坏，促使病菌繁殖和传播，引发疾病蔓延。

还有污水处理场的有些活性污泥，虽经厌氧菌消化，但可能仍富集重金属。故若用作农田肥料，必然把重金属带入农田，污染土壤和地下水，务必引起足够重视。

工业废气中含有许多固体或液体颗粒物和细小粉尘，受重力作用大部分沉降在工矿附近地面。但有些毒害气体在雨水淋洗下也可能降在土壤表面，使土壤受污染，导致土壤中硝化菌和固氮菌活性下降，使作物在土壤中不能摄取足够养料，影响发育生长。

废水流入和污水灌溉都可以使土壤发生污染。特别一些化工厂污水，可能含有如重金属、酚、氰化物等有毒害物，一旦流入农田，就沉积于土壤中。比如含镉污水灌田后，镉在土壤里残留，容易被水稻、大豆等农作物吸收，人若吃了含镉大米，会引起肾功能受损，慢性中毒并导致骨质脱钙疏松。还有，污水若含油，油类能附在作物植株上，导致隔绝氧气，促进土壤还原作用，使地温升高，不利作物生长。

2. 农业污染源

化肥施用不当，可引起土壤污染，并使作物受害。如大量施用石灰氮肥料(氰氨化钙)以后，能生成双氰胺($H_4C_2N_4$)、氰酸(HOCN)、氰化氢等有毒物，能抑制土壤消化作用，损害作物，并继而毒害人畜。

大量施用农药，常引起土壤污染。在农药喷洒时，粉剂和液剂只有 10%～20%附在农作物上，大部分药剂洒落在土壤上或飘扬在空气中，后者最后又降落在地面上。

土壤污染的特点是持续性长、不易消失，且当暴风雨引起水土流失时，将使污染范围扩大。

我国幅员辽阔，自然环境条件复杂，环境保护所需的基本数据与资料不完整，要求进行的环境化学的工作项目还很多，故必须密切结合国家建设的需要，查清现状，预测未来，控制并防治污染，充分发挥环境化学学科的作用，并和生物学、工程学等学科相配合，加强对大气、水体和土壤的污染防治及综合防治的研究工作，控制环境污染和抑制生态恶化，保护人民健康以促进国民经济持续发展，为祖国现代化建设，为早日实现中华民族伟大复兴的中国梦，作出更大的贡献。

拓展知识：

解读生态文明

生态文明是人与自然、人与人、人与社会相协调的一种高层次的文明。生态文明也是人类为节约资源、保护环境、建设美好家园，对科学发展观的一种生动的实践。过去发达国家所走过的“先污染，后治理”的发展模式，几乎把我们赖以生存的地球带进万劫不复的境地，我们决不能以牺牲环境为代价来发展经济了。建设生态文明就是要强调资源节约、环境友好和协调发展，也就是要强调人与自然相互依存、相互促进、共处共融，要强调每一个社会成员自觉和自律，充分体现以人为本、统筹兼顾，全面协调可持续发展。

建设生态文明是实现可持续发展的基础，一个区域的环境容量是有限的，但生态的生产方式的潜力是无限的。在同等条件下，一个地区如能拥有更好的生态环境，它就拥有了更大的生态环境容量，也就占有了争夺资源要素的有利条件，拓展了可持续发展的有效空间。

生态文明所倡导的绿色发展理念，是要把发展的方式从环境中挣脱，从资源中突破和解放，用最低的成本获得最高的回报，以创造最美好的未来。不仅要满足人民群众现实的要求，且要表达出大家对未来的愿景。

三十多年的改革开放极大地增强了我国的综合国力，改善了民生，但我国在工业化和城镇化过程中也付出了不小的环境代价，若干地区污染物排放量很大，造成了严重的雾霾污染等生态环境问题。而工业化、城镇化和生态文明建设三者不可偏废，故应该用制度来保证生态环境。

保护生态环境是一件千秋万代的伟业，建设生态文明是泽被子孙后代的惠民工程，我们要像保护自己的眼睛一样保护生态环境。而崇尚生态生活方式（如低碳、绿色发展等）更是实现伟大中国梦的重要举措。习近平总书记说过：“我们既要绿水青山，也要金山银山。宁要绿水青山，不要金山银山，而且绿水青山就是金山银山。”我们要遵照尊重自然、顺应自然、保护自然的理念，坚决贯彻节约资源和保护环境的基本国策，把生态文明建设融入经济建设、政治建设、文化建设、社会建设各方面和全过程，建设美丽中国，迈步走向社会主义生态文明新时代。

绿色化学

“绿色化学”(Green Chemistry)又称“环境无害化学”、“环境友好化学”、“清洁化学”，它是近十多年才产生和发展起来的，它涉及有机合成、催化、生物化学、分析化学等化学学科，是一门新兴的化学分支。

按照美国《Green Chemisty》杂志对“绿色化学”的定义是：在制造和应用化学产品时应有效利用(最好可再生)原料，消除废物和避免使用有毒的、危险的试剂和溶剂。

今天的“绿色化学”是指能够保护环境的化学技术，通过使用自然能源，避免给环境造成污染，利用太阳能为目的的光触媒和氢能源的制造以及储藏技术，达到节能、节资源并减少废弃物的排放量。

“绿色化学”的特点：① 充分利用能源和资源，采用无毒、无害的原料。② 在无毒无害下化学反应，以减少“三废”向环境排放。③ 应最大限度地使所用的全部原料都转化到最终产物中去。④ 生产出有利于环境保护和人体健康的环境友好产品。

“绿色化学”的倡导者们提出了12条原则，它们可以作为开发和评估一条合成路线、一个生产过程、一个化合物产品是否绿色的标准。原则如下：① 化学合成的方法中要防止“三废”产生，从而无需废物处理。② 要设计出更安全无毒的或低毒的产品。③ 合成方法中尽量不使用、不产生有毒害原料。④ 要使用可再生原料，而非消耗性原料。⑤ 要使用优于化学计量试剂的催化剂。⑥ 要避免不必要的衍生步骤。⑦ 要最大限度地使反应物的原子转化成最终生成物的原子。⑧ 应使用更安全的溶剂(如水)及无害辅助剂。⑨ 应耗用能量最小，如在常温常压下进行反应。⑩ 应设计产品使用后易降解成无害物的类型。⑪ 要全程分析、监控，防止污染。⑫ 在生产过程中，对于物质的选择和使用应该使事故隐患最低。

瓦克法(Wacker Process)是乙烯在含有四氯钯酸盐为催化剂的水中，被空气中的氧气氧化为乙醛的反应。这是一个典型的绿色化学工艺，整个反应只消耗了氧，没有废物产生，实现“零排放”，且催化剂可反复使用。其化学反应可有三步：① $CH_2=CH_2$ 被氧化为 CH_3CHO，同时 Pd^{2+} 被还原为 Pd；② $CuCl_2$ 被还原为 CuCl，同时 Pd 又被氧化为 Pd^{2+}；③ CuCl 又被氧化为 $CuCl_2$。现用化学反应式表示如下，最后列出其总反应式。

$$[PdCl_4]^{2-}+CH_2=CH_2+H_2O \longrightarrow CH_3CHO+Pd+2HCl+2Cl^-$$

$$Pd+2CuCl_2+2Cl^- \longrightarrow [PdCl_4]^{2-}+2CuCl$$

$$+\quad 2CuCl+\frac{1}{2}O_2+2HCl \longrightarrow 2CuCl_2+H_2O$$

总反应式：$CH_2=CH_2+\frac{1}{2}O_2 \longrightarrow CH_3CHO$

习 题

1. 试述环境化学在环境科学中的地位和作用。

2. 环境化学中的核心内容是什么？为什么？

3. 酸雨、光化学烟雾、臭氧层遭破坏、温室效应等现象是怎样产生的？对人类生存环境有何影响？

4. 什么是 PM2.5？试简述其来源和成分。它对人类健康有何危害？目前有些什么治理措施？

5. 解释水体富营养化的产生和危害。

6. 土壤污染有何特点？它和水体污染有何关系？

7. 我国是一个以煤为主要燃料的国家。假设每年燃煤 14×10^8 t，煤的含硫量平均为 1.5%，燃烧后有 60%（均为质量分数）硫以 SO_2 形式排放到大气中，问排放 SO_2 总量为多少吨？

8. 试述你对警句“人类将自己毁灭自己”的看法。

第十五章

核化学简介

学习要求：

1. 了解核化学的一些基本概念。
2. 了解放射性衰变的类型和规律。
3. 了解核裂变和核聚变反应。
4. 了解放射性同位素的应用。
5. 了解辐射对生物的影响。

前面各章讨论的只涉及原子核外电子的变化，在这些变化中元素的种类始终不变。这一章讨论的是原子核内的变化，即变化中由一种元素变成另一种元素。本章侧重点放在介绍放射性同位素在生物、医学、化学等方面的应用，同时也简单介绍核化学的一些基础知识。

15.1 核的组成和结合能

原子核由一定数目的质子和中子组成。组成原子核的质子和中子总称**核子**(nucleon)。具有特定质子数和中子数的一类原子称为**核素**(nuclide)，常用${}^{A}_{Z}X$表示。其中，X 为该核素的元素符号，A 为质量数(即质子数和中子数之和)，Z 为核电荷数(即质子数)。如${}^{1}_{1}H$，${}^{12}_{6}C$，${}^{14}_{6}C$ 和${}^{14}_{7}N$ 等都是不同的核素。核电荷数相同，质量数不同的核素互称为**同位素**(isotope)，它在周期表中占同一位置。如氢的三种核素${}^{1}_{1}H$，${}^{2}_{1}H$ 和${}^{3}_{1}H$ 互为同位素。能自发地放射出射线的核素称为放射性核素；不能自发地放射出射线的核素称为稳定核素。如${}^{12}_{6}C$，${}^{13}_{6}C$ 是稳定核素，${}^{14}_{6}C$ 是放射性核素。

存在于核子之间强的吸引力称为**核力**(nuclear force)。它是很强的短程吸引力，只有当核子间距离小于 3 fm(1 fm$=10^{-15}$ m)才形成，核子间距离大于 3 fm 核力很快减小至零。核力大小与核子是否带电无关，因此质子－质子、质子－中子和中子－中子间的核力大致相同。在核力作用下核子结合成原子核所释放的能量称为核的**结合能**(binding energy)。结合能(B)的大小可由质能转换关系式计算得到

$$\Delta E=\Delta m \cdot c^{2} \qquad (15-1)$$

式中：Δm 称为原子核的**质量亏损**(mass defect)，它是原子核质量与组成该原子核的核子总质量之差；c 是光速；ΔE 为核子结合成原子核后释放的能量，为负值。一般结合能习惯用正值表示，

所以 $B=-\Delta E$。原子核结合能除以质量数所得的商称为**平均结合能**(ε),即

$$\varepsilon=\frac{B}{A} \tag{15-2}$$

ε 代表了一定数目的核子结合成原子核时,平均每个核子所释放的能量。ε 越大,表示核子在核内结合得越紧密,因此 ε 的大小反映了原子核的稳定性。用 ε 对核素的质量数作图,所得的曲线称平均结合能曲线(图 15-1)。由图可见,质量数很小和很大的核,ε 较小;质量数中等的核,ε 较大。所以有两种方法能达到释放原子能的目的:

(1) 由重核分裂成两个质量中等的核,这是原子弹和核反应堆的理论基础。

(2) 将两个或数个轻核聚合成较重的核,这是氢弹和热核反应的理论基础。

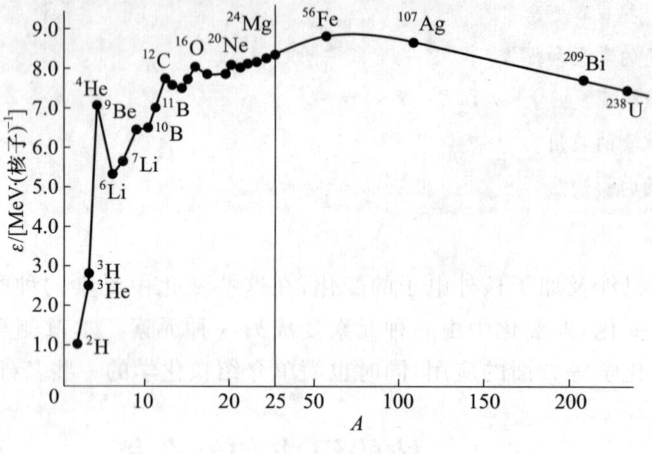

图 15-1　平均结合能曲线

例 15-1　计算核反应

$$2\,{}^{2}_{1}\mathrm{H} \longrightarrow {}^{3}_{2}\mathrm{He}+{}^{1}_{0}\mathrm{n}$$

消耗 1 g ${}^{2}_{1}\mathrm{H}$ 释放出多少能量?它是 1 g H_2 燃烧反应放出的能量多少倍?已知摩尔质量 $M({}^{2}_{1}\mathrm{H})=2.013\,55\ \mathrm{g\cdot mol^{-1}}$,$M({}^{3}_{2}\mathrm{He})=3.016\,03\ \mathrm{g\cdot mol^{-1}}$,$M({}^{1}_{0}\mathrm{n})=1.008\,67\ \mathrm{g\cdot mol^{-1}}$(${}^{1}_{0}\mathrm{n}$ 代表中子)。

解　$\Delta m=[(3.016\,03+1.008\,67)-2\times2.013\,55]\ \mathrm{g\cdot mol^{-1}}$

$=-0.002\,4\ \mathrm{g\cdot mol^{-1}}$

$$\Delta E=\Delta m\cdot c^2=-0.002\,4\ \mathrm{g\cdot mol^{-1}}\times\frac{1\ \mathrm{kg}}{1\,000\ \mathrm{g}}\times(2.998\times10^{8}\ \mathrm{m\cdot s^{-1}})^2$$

$$=-2.16\times10^{11}\ \mathrm{kg\cdot m^2\cdot s^{-2}\cdot mol^{-1}}=-2.16\times10^{11}\ \mathrm{J\cdot mol^{-1}}$$

2 mol ${}^{2}_{1}\mathrm{H}$(即 4 g ${}^{2}_{1}\mathrm{H}$)参加反应释放出 2.16×10^{11} J 能量,所以 1 g ${}^{2}_{1}\mathrm{H}$ 释放出 5.4×10^{10} J 能量。

H_2 燃烧反应为

$$\mathrm{H_2(g)}+\frac{1}{2}\mathrm{O_2(g)} \longrightarrow \mathrm{H_2O(g)}$$

$$\Delta_r H^{\ominus}=\Delta_f H^{\ominus}(\mathrm{H_2O})-\left[\Delta_f H^{\ominus}(\mathrm{H_2})+\frac{1}{2}\Delta_f H^{\ominus}(\mathrm{O_2})\right]$$

$$=(-241.8-0)\ \text{kJ·mol}^{-1}$$
$$=-241.8\ \text{kJ·mol}^{-1}$$

所以 1 g H_2 燃烧放出 120.9 kJ 能量。

$$\frac{5.4\times10^{10}\ \text{J}}{120.9\times10^{3}\ \text{J}}=4.5\times10^{5}$$

即 1 g ${}^{2}_{1}H$ 核反应放出的能量是 1 g H_2 燃烧反应放出的能量 4.5×10^{5} 倍。

15.2 核 衰 变

15.2.1 核衰变类型

不稳定核素自发地放射出射线变成另一种核素的过程称为**核衰变**(nuclear decay)。常见的核衰变有如下几种类型：

α 衰变——放射出 α 射线(即氦核${}^{4}_{2}He$)的衰变。α 衰变使原子核质量数降低 4 个单位，核电荷数降低 2 个单位。例如：

$${}^{222}_{86}Rn \longrightarrow {}^{218}_{84}Po+{}^{4}_{2}He$$

β 衰变——放射出电子(${}^{\ 0}_{-1}e$)的衰变。β 衰变使原子核核电荷数增加 1，但质量数不变。例如：

$${}^{14}_{6}C \longrightarrow {}^{14}_{7}N+{}^{\ 0}_{-1}e$$

γ 衰变——由激发态原子核放射出 γ 射线跃迁到低能态的过程。γ 射线是波长很短的电磁辐射。γ 衰变既不改变核电荷数也不改变质量数。通常 α 和 β 衰变中伴有 γ 射线的放射。

正电子衰变(又称 β^+ 衰变)——放射出带正电荷电子(${}^{0}_{1}e$)的衰变。核内 1 个质子变为中子可放射出 1 个正电子。例如：

$${}^{19}_{10}Ne \longrightarrow {}^{19}_{9}F+{}^{0}_{1}e$$

电子俘获——核可以从核外的内电子层俘获 1 个电子，使质子转变为中子的过程。电子俘获同时有 X 射线放出。例如：

$${}^{7}_{4}Be+{}^{\ 0}_{-1}e \longrightarrow {}^{7}_{3}Li$$

15.2.2 核衰变规律

放射性核素在衰变过程中，各核素是相互独立的，有先有后地进行的。在某一瞬间究竟是哪些核素发生衰变是不确定的，但对总体极大数目的核素来说，却服从统计规律。实验证明核衰变是典型的一级反应。因此，一级化学反应的速率公式也都适用于核衰变。下面列出一级化学反应的速率公式和核衰变的速率公式，以资对照。

一级化学反应速率公式	核衰变速率公式	
$-\frac{dc}{dt}=kc$	$-\frac{dN}{dt}=\lambda N$	(15-3)
$\ln c=\ln c_0-kt$	$\ln N=\ln N_0-\lambda t$	
或 $\ln\frac{c_0}{c}=kt$	或 $\ln\frac{N_0}{N}=\lambda t$	(15-4)
$t_{\frac{1}{2}}=\frac{0.693}{k}$	$t_{\frac{1}{2}}=\frac{0.693}{\lambda}$	(15-5)

以上公式中：N_0 为起始($t=0$)时放射性核素的数目；N 为 t 时刻尚未衰变的核素数目；dN 为 t 到 $t+dt$ 时间间隔内衰变的核素；λ 为衰变常数，其意义相当于在单位时间内每个核素可能发生衰变的概率；$t_{\frac{1}{2}}$ 为半衰期，即核素衰变掉一半所需的时间。不同的放射性核素，其半衰期差别极大，短的可小于 10^{-10} s，长的可超过 10^{15} a。

例 15-2 放射性核素 ^{90}Sr 的衰变常数 λ 为 $3.5\times10^{-2}\ a^{-1}$。求：(1) 半衰期；(2) 10 g ^{90}Sr 50 年后还剩下多少？

解 (1) $t_{\frac{1}{2}}=\frac{0.693}{\lambda}=\frac{0.693}{3.5\times10^{-2}\ a^{-1}}=19.8\ a$

(2) 设 ^{90}Sr 的摩尔质量为 M，阿伏加德罗常数为 N_A，则

$$\frac{N_0}{N}=\frac{\frac{m_0}{M}\cdot N_A}{\frac{m}{M}\cdot N_A}=\frac{m_0}{m}$$

所以

$$\ln\frac{m_0}{m}=\lambda t=3.5\times10^{-2}\ a^{-1}\times50\ a=1.75$$

$$\frac{m_0}{m}=5.75$$

$$m=\frac{m_0}{5.75}=\frac{10\ g}{5.75}=1.7\ g$$

50 年后还剩下 1.7 g。

放射性活度(radioactivity，A)是指某放射性试样在单位时间内衰变的核数。即

$$A=-\frac{dN}{dt}=\lambda N \tag{15-6}$$

将 $\lambda=\frac{0.693}{t_{\frac{1}{2}}}$ 和 $N=\frac{m\cdot N_A}{M}$ 代入式(15-6)，可得

$$A=\frac{0.693\ m\cdot N_A}{M\cdot t_{\frac{1}{2}}} \tag{15-7}$$

式中：m 为试样中放射性核素的质量；N_A 为阿伏加德罗常数；M 为核素的摩尔质量。由式(15-7)可见，要获得一定活度的放射源，所需放射性核素的质量与其半衰期成正比。放射性活度的单位为贝可勒尔(简称贝可)，符号为 Bq。1 Bq 表示该放射性物质在 1 s 内发生 1 次衰变，即 1 Bq＝1 s^{-1}。过去放射性活度的单位用居里(Ci)，1 Ci＝3.7×10^{10} Bq。

例 15-3 已知 ^{14}C 的 $t_{\frac{1}{2}}=5\ 730$ a，在天然条件下 ^{12}C 和 ^{14}C 的原子数之比为 10^{12} ∶ 1.2。试求一段质量为

25 kg 含碳量为 50%的圆木的放射性活度。

解 由式(15-7)得

$$A=\frac{0.693\ m\cdot N_{\mathrm{A}}}{M\cdot t_{\frac{1}{2}}}=\frac{0.693\times 25\times 10^{3}\times 50\%\times \frac{1.2}{10^{12}}\times 6.02\times 10^{23}}{12\times 5\,730\times 365\times 24\times 60\times 60}\ \mathrm{Bq}$$
$$=2.9\times 10^{3}\ \mathrm{Bq}$$

15.3 核 反 应

15.3.1 诱导核反应

实现原子核的转变有两种方式：一种是不需外因而自发发生的核转变(如前面介绍的核衰变)；另一种是需外因(如利用中子或其他粒子轰击原子核靶)而引起的核转变。后一种核转变称为诱导核反应，又称人工核反应。

1919 年卢瑟福(Rutherford E)在研究^{214}Po 放射的 α 粒子的性质时，发现当放射源周围存在氮气氛，则氮气受 α 粒子的撞击，会发生如下的反应：

$$^{14}_{7}\mathrm{N}+^{4}_{2}\mathrm{He}\longrightarrow ^{17}_{8}\mathrm{O}+^{1}_{1}\mathrm{H}$$

这是第一个被发现的人工核反应。按入射粒子的种类不同，诱导核反应可分为以下几类：

(1) 中子核反应 例如：

$$^{27}_{13}\mathrm{Al}+^{1}_{0}\mathrm{n}\longrightarrow ^{24}_{11}\mathrm{Na}+^{4}_{2}\mathrm{He}$$

或简写为

$$^{27}\mathrm{Al}(\mathrm{n},\alpha)^{24}\mathrm{Na}$$

(2) 荷电粒子核反应 是指由质子(p)、氘核(d)、α 粒子以及重粒子核引起的核反应，例如：

$$^{25}_{12}\mathrm{Mg}+^{4}_{2}\mathrm{He}\longrightarrow ^{28}_{13}\mathrm{Al}+^{1}_{1}\mathrm{H}\quad \text{或简写为}\quad ^{25}\mathrm{Mg}(\alpha,\mathrm{p})^{28}\mathrm{Al}$$
$$^{98}_{42}\mathrm{Mo}+^{2}_{1}\mathrm{H}\longrightarrow ^{99}_{43}\mathrm{Tc}+^{1}_{0}\mathrm{n}\quad \text{或简写为}\quad ^{98}\mathrm{Mo}(\mathrm{d},\mathrm{n})^{99}\mathrm{Tc}$$

(3) 光核反应 由 γ 光子引起的核反应，例如：

$$^{9}_{4}\mathrm{Be}+^{0}_{0}\gamma\longrightarrow ^{8}_{4}\mathrm{Be}+^{1}_{0}\mathrm{n}\quad \text{或简写为}\quad ^{9}\mathrm{Be}(\gamma,\mathrm{n})^{8}\mathrm{Be}$$

通过人工核反应可获得许多人工放射性核素和放射性元素。所谓放射性元素是指那些没有稳定同位素存在的元素。在自然界中存在的放射性元素有 13 种(Tc、Pm、Po、At、Rn、Fr、Ra、Ac、Th、Pa、U、Np 和 Pu)，称为天然放射性元素。周期表中从 95 号元素镅开始皆为人工放射性元素，又称人造元素。例如，1995 年和 1996 年分别利用重粒子核反应制得 111 号和 112 号元素，其反应为

$$^{209}_{83}\mathrm{Bi}+^{64}_{28}\mathrm{Ni}\longrightarrow ^{272}_{111}\mathrm{Rg}+^{1}_{0}\mathrm{n}$$
$$^{208}_{82}\mathrm{Pb}+^{70}_{30}\mathrm{Zn}\longrightarrow ^{277}_{112}\mathrm{Cn}+^{1}_{0}\mathrm{n}$$

超重元素随着核内质子数的增加，库仑斥力越来越大，原子核稳定性越来越差。如111号Rg元素的半衰期只有1.5 ms，112号Cn元素的半衰期更短，只有0.24 ms。这似乎表明合成原子序数更高的元素的可能性越来越小。但是原子核壳层理论模型指出，核内的质子数和中子数为某些数值时，核达到饱和的稳定结构，此时原子核就显得特别稳定。这些数值称为“幻数”(magic number)。例如，$^{208}_{82}Pb$是特别稳定的核素，就在于它的质子数(82)和中子数(126)都是“幻数”。因此有人预测，质子数为164、中子数为318的核素，其半衰期可能较长，因为这些数值都是“幻数”。但是至今尚未合成此超重元素。

15.3.2 核裂变

用中子轰击重原子核靶时，发现重原子核会分裂成质量相差不多的两块碎片，同时释放出几个中子和巨大的能量。这种核反应称为**核裂变**(nuclear fission)。例如，^{235}U在热中子(即能量小于0.025 eV① 的中子)作用下，裂变反应为

$$^{235}U + ^{1}_{0}n \longrightarrow X + Y + i\,^{1}_{0}n$$

裂片X和Y分布在原子序数30～60范围之内，i的平均值约为2.5。因^{235}U一次裂变可产生2～3个中子，这些中子又可诱发其他^{235}U裂变，导致产生更多的中子，从而引起更多的^{235}U裂变。这种连续不断的核裂变过程称为**链式反应**(chain reaction)。如果链式反应不加控制，它可使^{235}U在极短的时间内放出巨大能量而爆炸。这就是原子弹爆炸的原理。

要使^{235}U核裂变能形成链式反应必须具备两个条件：

(1) ^{235}U必须有一定的丰度。天然铀中主要含^{238}U(99.3%)，而^{235}U丰度仅0.7%。如果这些^{238}U与^{235}U混在一起，^{235}U裂变产生的中子绝大多数被^{238}U俘获，^{238}U俘获能量较低的中子时，不发生裂变反应。所以，原子弹要求丰度大于93%的^{235}U作为炸药。

(2) ^{235}U要有一定的体积和质量。如果铀块体积太小，中子会逸出铀块，而无法引起链式反应。能够引起链式反应的铀块有一个最小体积(称临界体积)或最小质量(称临界质量)的要求。所以贮存在原子弹中的核燃料要分成多块，每块都低于其临界值，使用时引爆弹中的普通炸药将分立的核燃料挤压在一起，使它超过临界值而爆炸。

并非所有的重核都能被热中子诱发裂变，只有像^{233}U，^{235}U和^{239}Pu等核素才能被热中子诱发裂变，因此称这些核素为“核燃料”。

反应堆是使核燃料的链式裂变反应能够持续、可控制地进行的装置。由于链式反应在反应堆内能经久不息平稳地进行，核裂变过程中源源不断放出的能量就可得到利用。驾驭链式反应平稳进行的关键在于控制中子的数目，使中子增殖倍数②始终维持在1。如果低于1，将导致核裂变停止；如果高于1，将导致核裂变越来越猛烈而爆炸。反应堆中用能够吸收中子的材料(如Cd、B等)制成中子吸收棒，以不同的深度插入反应堆来控制中子增殖倍数。

反应堆除了提供大量清洁能源外，还可用来生产核燃料^{239}Pu和^{233}U。它们分别由^{238}U和^{232}Th在反应堆内经中子轰击下得到：

---

① eV为能量单位，表示1个电子的电荷量通过1 V电压降所产生的能量，相当于96.49 kJ·mol^{-1}。

② 中子增殖倍数是指前一链能引起裂变的中子数与后一链能引起裂变的中子数之比。

$$ {}^{238}_{92}\mathrm{U} + {}^{1}_{0}\mathrm{n} \longrightarrow {}^{239}_{92}\mathrm{U} \xrightarrow[t_{\frac{1}{2}}=23.5\ \mathrm{min}]{\beta} {}^{239}_{93}\mathrm{Np} \xrightarrow[t_{\frac{1}{2}}=2.35\ \mathrm{d}]{\beta} {}^{239}_{94}\mathrm{Pu} $$

$$ {}^{232}_{90}\mathrm{Th} + {}^{1}_{0}\mathrm{n} \longrightarrow {}^{233}_{90}\mathrm{Th} \xrightarrow[t_{\frac{1}{2}}=22.3\ \mathrm{min}]{\beta} {}^{233}_{91}\mathrm{Pa} \xrightarrow[t_{\frac{1}{2}}=27.0\ \mathrm{d}]{\beta} {}^{233}_{92}\mathrm{U} $$

天然铀中$^{238}\mathrm{U}$的丰度比$^{235}\mathrm{U}$大 140 倍，而自然界中$^{232}\mathrm{Th}$的储藏量是铀的 4 倍，因此上述核反应将大大丰富了核燃料的资源。

核电站比火力发电厂有许多优点，它是一种清洁能源，没有对大气造成污染的废气和烟灰。加之，化石燃料（石油、天然气、煤）资源有限，20 世纪 70 年代之前人们普遍认为核裂变能将会取代化石燃料。但是，半个世纪以来发展的情况并非如此。原因除了核电比火力发电成本高，核废料处理困难外，更重要的是核电站如何避免发生重大事故。1979 年美国的三里岛核事故，1986 年苏联切尔诺贝利 4 号反应堆爆炸，特别是 2011 年 3 月日本东北部海域发生里氏 9 级地震并引发海啸，造成日本福岛第一核电站多个机组都发生严重的核泄漏。一次次核事故引发了人们对核电站安全性的疑虑。核电今后发展的前景将取决于如何确保其安全性。我国最近自主开发的“华龙一号”，是具有三代安全技术特征的核电技术，具备当今世界最高的核电安全标准。在我国沿海已启动该核电建设，并出口国外。

拓展知识：

一座天然的核反应堆

反应堆是近代科技发展的产物。如果有人说地球上 20 亿年前就存在反应堆，这恐怕无人相信，但确有这样一件事。

西非加蓬的奥克拉（Okla）地区发现有高品位的铀矿，但其中$^{235}\mathrm{U}$的丰度只有 0.296%，远远比通常的丰度 0.720% 少。这一发现立刻引起全世界核科学家的关注。众所周知，元素的相对原子质量是基于元素各种天然同位素丰度基本上保持固定不变的基础上测定的。对很多元素来说的确如此，不管它是在我国采集还是在外国采集，也不管在海洋的海水中采集还是在陆地的岩石中采集，各种天然同位素丰度的确基本上是恒定的。虽然也有一些元素的同位素丰度稍有涨落，特别是一些直接与天然核反应有关的元素。例如，铅有 4 种稳定同位素，其中 3 种是铀、钍和锕系放射性衰变系列的终端产物，因此铅同位素丰度涨落稍大。但是，这很难解释奥克拉铀矿中$^{235}\mathrm{U}$丰度为什么如此之低，除非过去某一时期该矿发生了持续的核裂变反应。另外，科学家在研究该矿区的化学组成时，也发现了 15 种通常$^{235}\mathrm{U}$裂变的产物。所以他们认为奥克拉地区曾发生过持续的核裂变反应。裂变反应要持续下去必须具备$^{235}\mathrm{U}$含量较高、有足够量的铀盐沉积以及有减速剂存在等条件，否则$^{235}\mathrm{U}$裂变放出的中子大部分会被其他物质“吃掉”，裂变反应无法持续下去。那么远古时代谁来创造这些条件？是太空人曾经光顾这里？还是存在着史前文明人？科学家研究后认为，这主要是地球上早期铀的各种同位素丰度与现在不同引起的。因$^{235}\mathrm{U}$比$^{238}\mathrm{U}$半衰期短得多，所以$^{235}\mathrm{U}$丰度一直在降低。据推算，地球刚形成时$^{235}\mathrm{U}$丰度可达17%！因为发生持续核裂变反应要求^{235}U最低丰度为1%，所以4亿年前就可达到此丰度。科学家分析了矿区现存的放射性裂变产物的含量后，推算此反应堆可能运行在20亿年前。估计是雨水不断地把铀盐冲洗至低洼处，把铀浓缩至足以引发核裂变链反应。同样重要的是，雨水又作为减速剂减慢裂变反应射出的中子，从而有利于^{235}U的吸收。所以，这可能是一座非人工、纯天然的核裂变反应堆。

15.3.3 核聚变

由两个或几个轻原子核聚合成一个较重的核的过程称为**核聚变**(nuclear fusion)。从平均结合能曲线(图15-1)可见，轻核聚变结合能的变化比重核裂变的变化要大，1 kg氘核聚变释放的能量，相当于4 kg铀裂变的能量。地球上核聚变燃料比核裂变燃料丰富得多。如氘在地球上约3×10^{15} t，足可供人类使用数百亿年，且提取容易，价格便宜。另外，聚变反应的原料和产物本身无放射性，对环境污染少。

轻原子核(如^2_1H，^3_1H等)都是带电体，要使它们发生聚变反应需克服很高的库仑势垒(反应活化能约1×10^7 kJ·mol^{-1})。利用高温是目前实现氘核聚变反应的主要途径，大约需要将氘核加热至近1亿度。这种在高温下发生的聚变反应称**热核反应**(thermonuclear reaction)。氢弹就是利用原子弹爆炸产生的高温来实现聚变反应。聚变反应如此高的温度要求，给实现可控热核反应带来了困难。因为任何物质在此温度下都会气化，所以氘核不能与任何物体接触。目前人们看好的实现可控核聚变的方法是“磁约束”法。利用电流产生强大的磁场将氘核加速并约束在其中，使其达到“点火”条件。在我国合肥以及欧洲、美国都建造了实验性反应堆，而且看到了成功的曙光。

15.4 放射性同位素技术的应用

放射性同位素技术的开发是20世纪人类活动最重要的事件之一。它使人类的认识从宏观深入到微观，从而能从分子、原子水平动态地考察自然现象，实现人类对物质世界认识的飞跃。它的应用深化了农业的绿色革命，促进了工业技术改造，推动了环保事业的发展，提高了人类征服疾病的能力，也为科学研究的发展插上了飞跃的翅膀。

15.4.1 放射性同位素技术的特点

1. 先进性

放射性同位素的特征核性质，为其准确探测提供了可能。这种探测方式具有极高的灵敏度，目前放射性测量方法可探测的活度达数十贝可，相当于$10^{-18}\sim10^{-19}$ g的水平，而化学分析方法的检出限很难达到10^{-12} g。

2. 不可取代性

放射性同位素技术的独特优势是其他技术无法取代的。放射性示踪的微量性和直观性在生命科学研究中的优势与效果特别引人注目。一些经过精心设计的示踪化合物可参与生物体内的生理过程，并动态地跟踪营养与代谢物质的运动，有助于揭开生物体内部的种种奥秘。目前可以说，分子生物学的任何重大进展都离不开放射性同位素技术。

3. 交叉渗透性

放射性同位素技术向各学科领域的渗透为不少学科的建立奠定了基础。一个典型的例子是放射性同位素技术向古老的免疫学渗透，形成了放射免疫学科。放射免疫分析技术充分体现了两者结合的优势互补：放射性同位素高度的示踪灵敏性与免疫学抗原－抗体的高度特异性。这一分析方法已成为检测生物体液中微量生理活性物质的最重要手段之一。

4. 应用广泛性

放射性同位素技术应用的广泛性是举世公认的。有人指出："从对技术影响的广度而论，可能只有现代电子学和信息技术才能与同位素技术相比"。它在工业、农业、医学、环保、军事以及科学研究等方面都取得了广泛的应用。下面只着重介绍它在生物、医学和化学等方面的一些应用。

15.4.2 射线的应用

放射性同位素可自发地放射α、β、γ射线。α射线穿透力很弱，一张薄纸就可挡住。β射线的射程比α射线长，用铝片才可挡住。γ射线是高能光子流，穿透能力很强，需用重金属铅才能挡住。所以核辐射主要是γ射线和β射线。由于辐射的射线有很高的能量，在它所经过的途径中将产生大量活泼性极高的各种激发态及离子、自由基、电子等，并由此发生后继的物理、化学和生物效应。这些效应构成了放射性同位素辐射在各领域中的应用基础。

(1) 在医学上，射线与机体作用的生物效应，为它在医学治疗中的应用开辟了广阔的前景。虽然辐射能损伤所有的细胞，但癌细胞比正常细胞更易遭到破坏，因此仔细控制辐射的剂量，可以用来抑制癌细胞的生长。临床上就常用^{60}Co的照射来治疗体内深处的恶性肿瘤。

γ刀实际上是多个^{60}Co放射源经过精心排布，使其γ射线能聚焦于颅内病灶的辐射装置。该装置治病时虽不动刀、不见血、无创伤，但可取得外科手术开刀的同样效果，因而俗称"γ刀"。

^{32}P的β射线在组织中的射程为4～8 mm。当^{32}P进入人体后，它在细胞内积聚程度与细胞分裂速度成正比。血液、恶性肿瘤细胞分裂较正常细胞迅速，因此也就积聚较多的^{32}P。而且肿瘤组织对β射线的敏感性也比正常细胞高。利用积聚的^{32}P对病灶局部内照射，可破坏和抑制病灶，从而收到治疗的效果。用^{32}P和^{90}Sr制成各种形状和大小的敷贴器，进行局部敷贴，可治疗浅表恶性病变，如皮肤癌、眼科恶性肿瘤等。

用^{131}I来治疗甲状腺功能亢进也是核辐射应用的一个成功例子。由于甲状腺具有高度选择性吸收碘的功能，当服用$Na^{131}I$后，^{131}I便在甲状腺聚集。它放射的β射线射程仅数毫米，刚好能破坏部分甲状腺组织，从而减少甲状腺素的形成，以达到治病的目的。若改用只放射γ射线的^{125}I代替^{131}I，由于前者只限于破坏甲状腺制造激素的功能，因而副作用更小、效果更好。

(2) 农业上辐射育种为我国农业，特别是农作物产量的持续增长做出了很大贡献。放射性射线会诱发农作物遗传物质发生改变，可导致植物性状的突变，然后通过适当的选择和培育，可达到改良作物品种和创造出新品种的目的。辐射育种的突变率高于自然育种几百倍或几千倍，理想的甚至达到10万倍。应当指出，我国辐射育种的成果在世界上占有重要地位。无论是育成品种或是推广面积，均居世界前列。

食品的辐射储藏是基于放射性同位素发出的射线引起食品一系列化学或生物化学反应，达到抑制农产品发芽,推迟水果成熟,杀灭食品中的害虫、细菌和各种微生物,以延长食品保藏期的目的。

辐射防治虫害,特别是昆虫辐射不育技术是一种"以虫治虫"的生物防治方法。用适当剂量照射昆虫,使其生殖细胞受到损害,丧失延续后代的能力,以达到防治的目的。

(3) 化学工业上的辐射加工,可用于制造特种高分子材料。高分子化合物经辐射可发生聚合、接枝共聚、交联、降解等作用。辐射可避免引入杂质,因此产品纯度高且性能稳定,适用于航天、航空等特殊部门。

15.4.3 示踪技术

放射性同位素的原子所放出的射线可用专门仪器探测到,它好比带上一种标记,可根据射线找到原子的踪迹。因此把这种原子称为示踪原子或标记原子。含有标记原子的化合物称标记化合物或示踪剂。示踪技术就是在研究对象中加入少量的示踪剂,并通过它获得研究对象的特征和行为的技术。示踪剂与研究对象在物理、化学或生物过程中具有相同或相近的性质,因而示踪剂的行为代表了所研究对象的行为。随时检测示踪原子的位置、去向及其数量,便能正确地掌握研究对象的详细行为。这种技术在生物界被誉为"流动型的原子显微镜",为促进分子生物学和现代生命科学的发展做出了很大贡献。下面举例说明其应用。

1. 研究植物的光合作用

光合作用是使 CO_2 转变为葡萄糖的过程。人们是利用 ^{14}C 的示踪以及色谱分离法阐明光合作用的。将单细胞绿藻的悬液暴露在充有 $^{14}CO_2$ 的气氛中,通过不同时间的光照,从绿藻悬液中提取绿藻细胞内所含的化合物,经过色谱分离,可获得不同光照时间下所出现不同放射性强度的葡萄糖分子。实验表明,光合作用开始后 30 s, ^{14}C 出现于葡萄糖分子中,从而指示了碳固定的途径。如果用 ^{18}O 为示踪原子来研究光合作用,可发现葡萄糖分子中的氧原子都来自于 CO_2。

在农业上,示踪技术在研究物质同化、土壤养分、根系分布、肥料农药施用效果及其生态影响,以及畜禽营养代谢与生殖生理规律等方面都发挥了不可替代的作用。

2. 疾病诊断

示踪技术是现代医学诊断某些疾病必不可少的工具。例如,用 ^{131}I 来诊断甲状腺功能是否正常。正常人甲状腺吸收碘的速度和数量是一定的。凡患有甲状腺功能亢进者,其碘吸收率明显提高,而功能减退者则吸收率明显降低。口服示踪剂 $Na^{131}I$ 后,在甲状腺部位检测 ^{131}I 聚集的速度和数量,就可诊断甲状腺功能是否正常。

3. 生物学上的应用

生物学上,示踪原子在证明 DNA 是遗传的主要物质基础以及 DNA 的复制机理方面起了重要作用。有人做过噬菌体感染大肠杆菌的实验。结果发现被感染的大肠杆菌有噬菌体的组成和性质。为了证明这是由 DNA 引起的,而不是蛋白质的作用,采用了示踪原子。

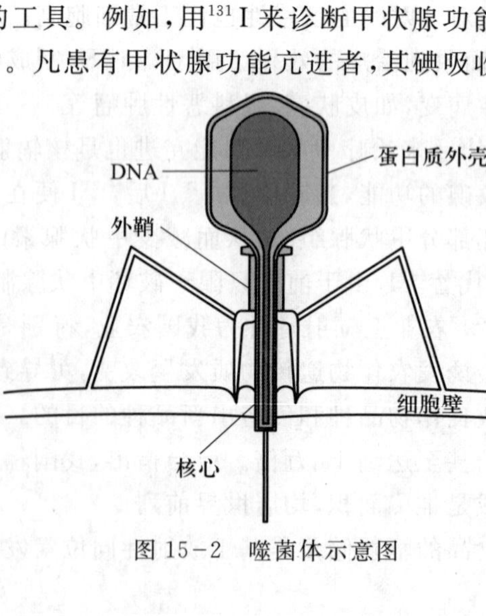

图 15-2 噬菌体示意图

噬菌体的结构简单,可用图 15-2 表示。外壳蛋白中的硫用^{35}S标记，核酸(DNA 或 RNA)中的磷用^{32}P标记。实验结果表明^{35}S在细菌的外部，而^{32}P进入了细菌菌体。这表明感染时进入细菌菌体的是核酸(DNA 或 RNA)，而不是蛋白质。从而证明了 DNA 是生物遗传的主要物质基础。

对 DNA 复制机理的研究，采用了示踪原子^{15}N。实验表明，新合成的 DNA 分子的两条多核苷酸链中有一条来自亲代(上一代)的 DNA，由此提出了半保留复制机理学说。

4. 研究反应机理和分子结构

当有机酸与醇反应生成酯和水时，其键的断裂有两种可能，若醇中氧原子用放射性^{18}O作示踪原子，则其反应可分别表示为

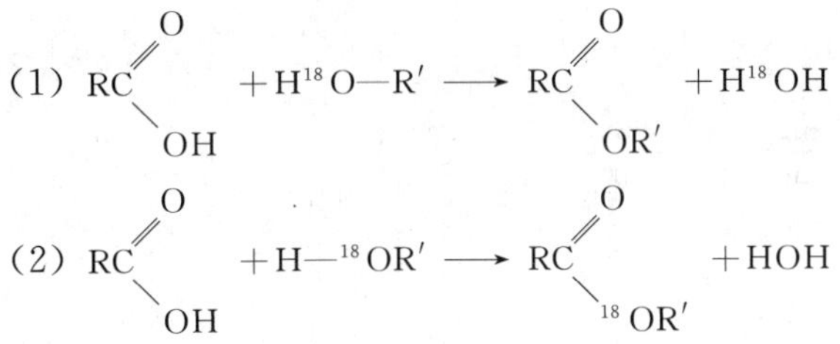

实验结果发现，产物中酯有放射性而水无放射性，这表明反应(2)是其真正的反应机理。

又如用放射性^{35}S和SO_3^{2-}反应，可得硫代硫酸根：

$$^{35}S + SO_3^{2-} \longrightarrow {}^{35}SSO_3^{2-}$$

当酸化硫代硫酸根时，发现所有^{35}S都出现在沉淀的硫中，而SO_2气体不含放射性。

$$^{35}SSO_3^{2-} + 2H^+ \longrightarrow SO_2(g) + {}^{35}S\downarrow + H_2O$$

这说明硫代硫酸根中两个硫原子成键的方式是不同的。

15.4.4 放射性记年法

美国化学家利比(Libby W F)巧妙地利用放射性同位素^{14}C半衰期这一性质，发明了放射性记年法来鉴定含碳文物的年代，因而获得 1960 年诺贝尔化学奖。^{14}C是由宇宙射线的中子撞击大气层中$^{14}_{7}N$后的产物。

$$^{14}_{7}N + {}^{1}_{0}n \longrightarrow {}^{14}_{6}C + {}^{1}_{1}H$$

宇宙射线不断辐射，^{14}C不断产生，但^{14}C也不断地衰变放出β射线。

$$^{14}_{6}C \longrightarrow {}^{14}_{7}N + {}^{0}_{-1}e$$

两者平衡时，大气中^{14}C的含量不变，其丰度维持在1.2×10^{-12}。通过光合作用，$^{14}CO_2$进入了植物，动物吃了植物，^{14}C进入了动物，因此所有活的生物体中^{14}C的丰度也应该是1.2×10^{-12}。生物体死后，^{14}C得不到补充，它就不断地衰变减少。^{14}C半衰期为 1 730 a，所以根据遗体中^{14}C的含量可推算出生物体死亡的年代。我国科学工作者于 1965 年首次在河南南阳武官村大墓中测定木炭的年代，结果为(3 050±10)a。又在辉县周围村 2 号墓测木椁，结果为(2 255±80)a。这些结果和用其他方法推算的考古年代十分吻合。

^{14}C记年法一般只能用来测定(2～3)万年之内生物遗体的年龄。超过(3～4)万年的，此法

便不准确了。若用半衰期更长的天然放射性物质衰变的母子关系，例如，用$^{40}_{19}K \longrightarrow ^{40}_{20}Ar$ ($t_{\frac{1}{2}}=1.3\times10^9$ a)，或者用$^{238}_{92}U \longrightarrow ^{206}_{82}Pb$($t_{\frac{1}{2}}=4.5\times10^9$ a)的母子关系，则可测定矿石甚至地球的年龄。

例 15-4 某矿石中含^{238}U和^{206}Pb，分析矿石试样发现，每 1.000 mg ^{238}U中就有 0.166 mg ^{206}Pb。后者是前者经过多级衰变得到的，其中半衰期最长的一级 $t_{\frac{1}{2}}=4.5\times10^9$ a。试求该矿石形成年龄。

解 设 1.000 mg ^{238}U矿石在初生时含^{238}U的量为 m_0，则

$$m_0=1.000\ \text{mg}+0.166\ \text{mg}\times\frac{238}{206}=1.192\ \text{mg}$$

将此代入式(15-4)，得

$$\ln\frac{m_0}{m}=\lambda t$$

$$\ln\frac{1.192\ \text{mg}}{1.000\ \text{mg}}=\frac{0.693}{4.5\times10^9\ \text{a}}\times t$$

$$t=1.1\times10^9\ \text{a}$$

此矿石年龄约为 11 亿年。

15.4.5 放射免疫法

当一类生物大分子，称为**抗原**(antigen)，进入动物体内后，能够刺激动物机体的免疫系统，诱导发生免疫应答而合成与其反应的物质，称为**抗体**(antibody)。抗体具有高度特异性，即一种抗体一般只能与促使它产生的抗原发生反应，形成抗原-抗体复合物。放射免疫法是基于放射性测量高度灵敏性和免疫反应高度特异性而建立的一种超微量分析方法。

如若要测量某一抗原(以 A 表示)含量时，把 A 和用放射性同位素标记的抗原 A^* 一起与其对应的抗体(以 B 表示)混合，则发生如下反应：

$$A+B \rightleftharpoons AB$$
$$A^*+B \rightleftharpoons A^*B$$

将反应条件控制在：在一系列测量中，始终保持 A^* 和 B 的量不变(且 A^* 的量多于 B)，而只改变非标记抗原 A 的量。由于 A 和 A^* 对 B 的亲和力是相同的，当以上反应达平衡时，A 和 A^* 必然按一定比例与 B 结合(因 B 不过量)。然后将抗原-抗体复合物 AB 和 A^*B 与尚未反应的 A 和 A^* 分离(抗原-抗体复合物往往是不溶的，常会从溶液中沉淀下来)，再分别测定它们的放射性活度。若以 C 和 F 分别代表 A^*B 和未反应游离 A^* 的放射性活度，则 C/F 为标记抗原 A^* 在反应中的结合率。该结合率显然与实验中加入 A 的量有关。加入 A 的量越多，C/F 值越小。将 C/F 对 A 作图，可得图 15-3 所示的曲线。此曲线实际上是一条被测抗原的标准工作曲线。根据被测抗原在同样条件下测得的 C/F 值，即可从曲线上查得被测抗原的含量。

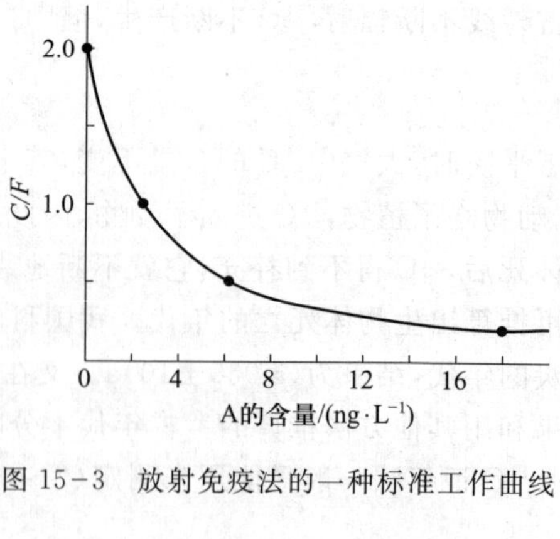

图 15-3 放射免疫法的一种标准工作曲线

临床上血清肌红蛋白的放射免疫测定，已用作急性心肌梗死的早期诊断。当患者心肌坏死时，肌红蛋白(Mb)就进入血液中，由于它的相对分子质量较小，

它还能透滤过肾小球出现于尿中。因此在临床上测定血清和尿中 Mb 含量,可诊断急性心肌梗死。用^{131}I-Mb 作标记抗原,最低可测出 Mb 的量为 0.3～0.5 ng。正常人血清 Mb 量<85 ng·mL^{-1},急性心肌梗死患者在发病24 h之内,Mb 可上升至每毫升数百至数千纳克。根据 Mb 值的变化就可对急性心肌梗死作出诊断。

放射免疫法已能定量测定生物体内数百种微量的生物活性物质。它已给现代生物学和医学研究以及临床诊断带来了革命性的影响。

15.5 辐射对生物的影响

我们生活在辐射的海洋中,时时刻刻受到天然和人为辐射源的辐射。例如,从太阳而来的红外线、紫外线和可见光;从电视台和无线电台而来的电波;从手机和微波炉发出的微波;从各种医疗过程发出的 X 射线;从土壤和其他天然物质发出的放射性辐射,等等。了解这些不同类型辐射对我们生物界的影响是很有必要的。

一般来说,当辐射被物质吸收时,发生两种情况:激发和电离。激发是指物质吸收辐射能把占据低能级轨道的电子激发至高能级空轨道,或加速分子运动,即加剧其平动、振动和转动;电离是指辐射使原子或分子移去 1 个电子。辐射不会引起电离的称非电离辐射,它对生物的影响主要升高其温度。辐射引起电离的称电离辐射,一般来说,它对生物伤害更大。通常讨论辐射对生物的影响,主要是指这种类型的辐射。大部分活的有机体组织中含 70%～90%质量分数的水,当它接受辐射时,大部分辐射能被水分子吸收。因此通常定义电离辐射为那些能电离水分子的辐射。水分子电离能为 1216 kJ·mol^{-1},故超过此能量的辐射为电离辐射。表 15-1 列出各类型辐射的能量。无线电波、微波、红外线和可见光为非电离辐射;X 射线、γ 射线、β 射线和 α 射线为电离辐射。电离和非电离辐射的分界线落在电磁波谱的紫外线区域。因此通常把紫外线分为 UV_a 和 UV_b,高能端紫外线(UV_b)的辐射如同 X 射线和 γ 射线一样危险。

表 15-1 电离辐射和非电离辐射的能量

辐射	典型频率/s^{-1}	典型能量/(kJ·mol^{-1})	
粒子			
α 粒子	—	4.1×10^{8}	电离辐射
β 粒子	—	1.5×10^{7}	电离辐射
电磁波			
宇宙射线	6×10^{21}	2.4×10^{9}	电离辐射
γ 射线	3×10^{20}	1.2×10^{8}	电离辐射
X 射线	3×10^{17}	1.2×10^{5}	电离辐射
紫外线	3×10^{15}	1200	电离辐射
可见光	5×10^{14}	200	非电离辐射
红外线	3×10^{13}	12	非电离辐射
微波	3×10^{9}	1.2×10^{-3}	非电离辐射
无线电波	3×10^{7}	1.2×10^{-5}	非电离辐射

当电离辐射通过活的有机体时，水分子移去1个电子生成高活性的H_2O^+：

$$H_2O \xrightarrow{辐射} H_2O^+ + e^-$$

此离子可与水分子反应生成H_3O^+和OH自由基：

$$H_2O^+ + H_2O \longrightarrow H_3O^+ + OH$$

不稳定高活性OH自由基可攻击周围的生物分子而生成新的自由基，此新的自由基又可再攻击其他化合物。因此生成一个自由基可激发大量化学反应，对周围细胞产生广泛的损害。另外，从水分子脱落下来的电子(以水合电子形式存在)可与O_2反应生成超氧离子自由基：

$$O_2 + e^- \longrightarrow O_2^-$$

O_2^- 对生物体的损害参见第五章扩展知识"生物体内的活性氧"。

辐射对生物体危害的程度取决于辐射的活度和能量、照射的时间、辐射源在体内还是体外等因素。在体外，γ射线危害性特别大，因γ射线可穿透人体组织，其伤害不仅仅是皮肤。相反的，α射线可被皮肤阻挡，β射线只能穿透1 cm的皮肤组织，故它们不像γ射线那样危险，除非这些射线源以某种方式进入体内。在体内α射线特别危险，因它能有效地转移它的能量至周围组织，而引起严重伤害。

辐射对有机体的伤害可分为肉体伤害和遗传伤害。肉体伤害是伤害有机体本身，结果是生病或死亡。如果接受大剂量电离辐射，其影响可立即显现。持续小剂量电离辐射的影响可能出现在数年之后，通常患癌症。遗传伤害是伤害遗传组织，使其后代机能失常。一般来说，辐射对组织伤害最大的是那些再生迅速的组织，如骨髓、造血组织和淋巴结等。

欲要降低辐射对生物的影响，重要的是应知道多大的辐射剂量是安全的。遗憾的是，这种剂量至今无法确定，因为科学家还不完全掌握低剂量长时间辐射的影响。目前科学家提出辐射伤害的模型有两种：线性模型和临界模型(图15-4)。线性模型认为辐射的影响正比于辐射的时间(即使低剂量)，并假设任何辐射剂量都会引起一些有限的伤害，而高剂量的伤害由低剂量外推得到。临界模型认为存在一临界剂量，辐射低于此剂量，就没有什么伤害。当科学家尚未提供足够的证据证明临界模型正确性时，我们宁可相信低剂量辐射也有一定的危害性，这样较安全。

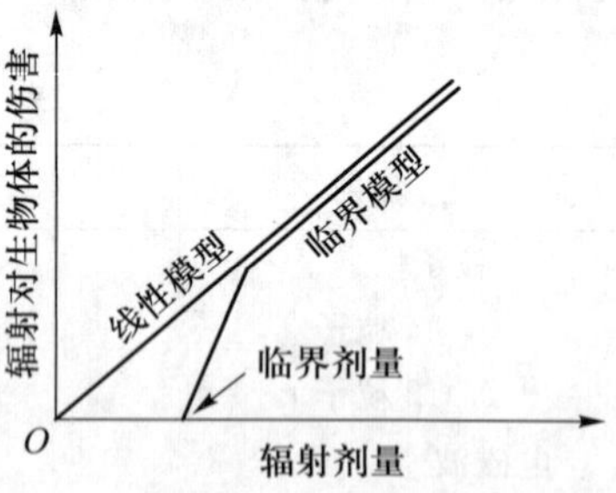

图15-4　辐射对生物影响的两种模型

通常用来表示辐射吸收剂量的单位有两种：戈瑞(Gy)和拉德(rad)。Gy是吸收剂量SI单位，代表1 kg组织吸收1 J能量。rad为1 kg组织吸收1×10^{-2} J能量，因此1Gy=100 rad。在医学上常用rad单位。

在相同吸收剂量下，不同的辐射对生物伤害的程度不同。例如，1 rad α射线比1 rad β射线产生的伤害大得多。为了校正这些差别，辐射剂量需乘上一因子。此因子是辐射对生物造成的相对伤害，并称之为相对生物效应RBE(relative biological effectiveness的简称)。γ和β射线RBE大约为1，α射线接近20。RBE精确的数值还与剂量聚集速度，总剂量和被辐射组织的类型有关。吸收剂量(rad)与RBE的乘积称为剂量当量，单位为雷姆(rem)：

$$rem = rad \times RBE$$

剂量当量 SI 单位为希沃特(Sv),即 Sv=Gy×RBE。所以 1 Sv=100 rem。因为 Sv 为一很大的单位 ,常用的是其 1/1000,即 mSv。表 15-2 列出辐射有关的单位,以资对照。

表 15-2　辐射的有关单位

辐射单位性质	单位名称	单位符号	定义
放射性活度	贝可勒尔(贝可)*	Bq	1 次衰变·s^{-1}
	居里	Ci	3.7×10^{10} 衰变·s^{-1}
吸收剂量	戈瑞(戈)*	Gy	1 J·kg^{-1}
	拉德	rad	1×10^{-2} J·kg^{-1}
当量剂量	希沃特(希)*	Sv	Sv=Gy×RBE
	雷姆	rem	rem=rad×RBE

*为 SI 单位。

短期辐射的影响列于表 15-3。大部分人致死量约 6 000 mSv。目前流行的安全剂量标准为:核电站工作人员每年不能超过 50 mSv,一般居民每年不超过 5 mSv。为了使大家对此剂量有个概念,下面列举一些我们通常接受的剂量:一次典型胸透约 0.07 mSv;乘飞机旅行 2 000 km,约 0.01 mSv;吸烟者若每天吸 20 支,一年中 0.5~1 mSv;我们每人在一年中接受天然电离辐射(亦称背景辐射)约 3.6 mSv。

表 15-3　短期辐射的影响

剂量/mSv	临床影响
0~250	无可察觉的影响
250~500	稍微且暂时降低白细胞细胞计数
1 000~2 000	恶心,显著降低白细胞细胞计数
5 000	30 天内半数死亡

拓展知识:

氡污染

放射性稀有气体氡最近因对人们健康存在潜在危害而引起大家注意。1985 年美国一名在核电站工作的员工,在进行常规放射性检测时,发现他接受的辐射剂量异常高。经查,原来他接受的放射性辐射不是来自核电站,而是来自家庭。他住房氡水平比一般水平高出 2 000 倍!这一意外的发现让人们意识到,普通人也可能受到氡高剂量的辐射。

氡—222 是铀—238 系列衰变产物之一。它不断地从含铀的土壤和岩石中生成。氡的化学性质和核性质相互作用使它成为一个人类健康的杀手。因氡是稀有气体,很不活泼,生成后不会与其他物质反应,慢慢地从地基的裂缝中逸出。它无色、无味、无臭且比重大,易于在通风不良的室内聚集而不被发现。氡半衰期只有3.82天,它衰变放出α粒子而变成放射性同位素钋：

$$^{222}_{86}\mathrm{Rn} \longrightarrow ^{218}_{84}\mathrm{Po} + ^{4}_{2}\mathrm{He}$$

因半衰期短（因而放射性活度大），α 粒子又有高的 RBE，在体内其危害性很大。但是，吸入氡气一般会很快地呼出体外。其实，氡危害性更可怕的是它的衰变产物^{218}Po。^{218}Po 也是 α 放射源，化学性质活泼，半衰期更短（3.11 分）。

$$^{218}_{84}\mathrm{Po} \longrightarrow ^{214}_{82}\mathrm{Pb} + ^{4}_{2}\mathrm{He}$$

固态的 Po 易于沉积于肺部，在这里它放出的 α 粒子可持续地伤害脆弱的肺组织。据统计全世界肺癌患者中 1/10 以上是由氡引起。吸烟和氡是导致肺癌的两大主因。① 如果吸烟者又处于氡污染环境中，患肺癌的可能性不仅仅是加倍。吸烟和氡的叠加是特别强的致癌因素，因两者在致癌过程中有协同作用。

我国国标 GB/T16146—1995 对住房内氡浓度的控制标准为：已建住房氡浓度年平均值不得超过 200 Bq/m^3，新建住房不得超过 100 Bq/m^3。有些地区土壤中铀含量较高，建在此地区的房子，室内氡浓度往往超过此值。现在有些国家市场上已经能买到室内空气氡检测器。减少室内氡含量的主要方法是封闭地基裂缝、建开放式地下室、安装排气管道以及建房前在该区域进行铀含量测定等。

习　题

1. 区别并解释下列各组术语：

(1) 核素和同位素；

(2) 核力和结合能；

(3) 放射性同位素和放射性元素。

2. 核反应和一般的化学反应有何不同？试比较之。

3. 一放射性核素在某时刻测定其放射性活度为 1 568 Bq，1.00 h 后变成 1 084 Bq。求此放射性核素的半衰期。

4. ^{35}S 放射 β 射线，它的半衰期为 88 d。试求：

(1) ^{35}S 的衰变常数；

(2) 0.16 g ^{35}S 在 1s 内放射出多少 β 粒子？

(3) 0.16 g ^{35}S 45 d 后还剩下多少？

5. 第二次世界大战时期，手表厂常用氚（^{3}H）来涂抹荧光表的表盘和指针。要在黑暗中看清表盘至少需原氚量的 17%。假设有一只在 1944 年生产的手表，问它到哪一年还能在黑暗中读取时间？已知^{3}H 的 $t_{\frac{1}{2}}$ 为 12.3 年。

6. 为了测定 Hg_2I_2 的 $K^{\ominus}_{sp}$，某化学家用含放射性^{131}I 的 Hg_2I_2 试样，测得此试样每分钟每摩尔 I 裂变计数为 5.0×10^{11}。然后将过量的此 Hg_2I_2 试样投入水中让其达溶解平衡，吸取饱和溶液 150.0 mL，测得其每分钟计数

① 近来随空气污染加重，灰霾天气出现增多，对某些污染严重的地区，空气污染也成为导致肺癌的主要原因之一。

为 33。试计算 Hg_2I_2 的 $K_{sp}^{\ominus}$。

7. 完成下列核反应方程式(式中 X 代表未知核素或未知粒子)：

(1) $^{32}_{15}P$ 发生 β 衰变。

(2) $^{202}_{85}At$ 先放出 α 粒子，继后又放出 β 粒子。

(3) $^{18}_{8}O(d,p)X$。

(4) $^{123}_{52}Te(X,d)\,^{124}_{51}I$。

8. 钾是人体必需的宏量元素，粮食中含有钾。自然界中存在钾的同位素之一 ^{40}K 是放射性核素。^{40}K 在自然界中丰度为 0.0117%，半衰期为 1.28×10^9 年。它放射性衰变以三种方式进行：98.2%为电子俘获，1.35%为 β 衰变，0.49%为正电子衰变。

(1) 写出 ^{40}K 三种衰变方程式；

(2) 求 1.00 g KCl 中含有 $^{40}K^+$ 的数目；

(3) ^{40}K 经受 1.00%放射性衰变需多少时间？

9. 1999 年 6 月美国伯利克实验室宣布发现 118 号元素。试预测其电子结构和在周期表中的位置。

10. ^{14}C 的半衰期为 5 730 a。用计数器测出一块古代木炭每分钟可记录 620 次，而相同质量的新木炭每分钟 1 480 次。试计算古代木炭的年龄。

11. 什么是示踪技术？试举一例来说明放射性示踪技术在科学研究中的应用。

12. 什么是放射免疫法？它有什么特点？

第十六章

定量分析化学概论

学习要求:

1. 了解分析化学的任务和作用。
2. 了解定量分析方法的分类。
3. 了解定量分析的过程和分析结果的表示方法。

16.1 分析化学的任务和作用

分析化学是“表征和测量的科学”，是研究物质的化学组成的分析方法及相关原理的科学。包含定性、定量和结构分析。作为化学的一个分支学科，分析化学对化学各学科的发展起着很重要的作用，是进行科学研究的基础，许多化学定律和理论的确立都离不开分析化学的手段。分析化学对国民经济、国防建设和人民生活质量的提高、社会的进步等方面都有很大的实际意义。例如，工业资源的勘探、原料的选择、工艺流程的控制、成品质量的检测以及“三废”的处理和环境监测；农业上对土壤成分、化学农药到农作物生长过程的研究；国防建设、尖端科学领域的攻关甚至刑事犯罪活动的侦破等都依赖于分析化学的配合。

分析化学在生命科学研究中的作用得到了更多的关注。如兴奋剂、毒品的检测，蛋白质组学、代谢组学、人类基因图谱等都高度依赖于分析技术的发展和分析化学的最新研究成果。显然，分析化学学科的水平已成为衡量一个国家科学技术水平的重要标志之一。

分析化学不仅仅要完成定性分析和定量分析的任务，而且要提供更多的信息，特别是物质的结构与性能关系的信息，成为参与处理和解决问题的决策者。

分析化学是一门实验性很强的学科，因此，学生在学习中必须十分重视实验基本操作的训练，加强理论联系实际，通过课程的学习，掌握分析化学的基本原理和分析测定的方法，树立准确的量的概念。在实验课中培养严格、认真和实事求是的科学态度及严密的科学实验的作风，正确掌握科学实验的技能，并培养和提高分析问题和解决问题的能力。

16.2 定量分析方法的分类

定量分析可以用不同的方法来进行，一般将分析方法分为两大类。

1. 化学分析法(chemical analysis)

该法是以物质的化学反应为基础的分析方法。通常采用分析天平和滴定管等作为主要的测量仪器。如重量分析法和滴定分析法。

(1) 重量分析法　它是通过称量反应产物(沉淀)的质量以确定被测物组分在试样中含量的方法。如测定试样中氯的含量时,先称取一定量试样,将其转化为溶液,加入 $AgNO_3$ 沉淀剂,使生成 AgCl 沉淀,经过滤、洗涤、烘干、称量,最后通过化学计量关系求得试样中氯的含量。该法准确度高,适用于含量为 1%以上的常量分析,但操作步骤多、费时。

(2) 滴定分析法　它是将被测试样转化成溶液后,用一种已知准确浓度的试剂溶液,用滴定管滴加到被测溶液中,利用适当的化学反应(酸碱、配位、沉淀和氧化还原等),通过指示剂的变色测出化学计量点时所消耗已知浓度的试剂溶液的体积,然后通过化学计量关系求得被测组分的含量。该法准确度高,适用于常量分析,较重量分析法简便、快速。因此应用非常广泛。

2. 物理和物理化学分析法——仪器分析法(intrumental analysis)

该法是借助于光学或电学仪器测量试样溶液的光学性质或电化学性质而求出被测组分含量的方法,最常用的有以下几种。

(1) 光学分析法　它是利用物质的光学性质来测定物质组分的含量。如吸光光度法(包括比色法,可见、紫外和红外吸光光度法等)、发射光谱法(包括原子发射光谱法、火焰分光光度法)、原子吸收分光光度法和荧光分析法。

(2) 电化学分析法　它是利用物质的电学和电化学性质来测定物质组分的含量。如电势分析法、伏安法和极谱法、电导分析法、电流滴定法和库仑分析法等。

(3) 色谱分析法　它是一种分离和分析多组分混合物的物理和物理化学分析法,主要有气相色谱法和液相色谱法。

随着科学技术的发展,许多新的仪器分析方法也得到发展,如质谱法、电子探针法、离子探针微区分析法、中子活化分析法、核磁共振波谱法、电感耦合高频等离子体光谱法和流动注射分析法等。

仪器分析法具有操作简单、快速、灵敏度高、准确度较高等优点,适用于微量(0.01%～1%)和痕量(＜0.01%)组分的测定。

以上各种分析方法各有特点,也各有一定的局限性,通常要根据被测物质的性质、组成、含量和对分析结果准确度的要求等,以选择最适当的分析方法进行测定。

此外,绝大多数仪器分析测定的结果必须与已知标准作比较,所用标准往往需要化学分析法进行测定。因此两类方法是互为补充的。

分析化学的另一种分类是按被测组分的含量和所测试样的量来分,分析方法可分为常量组分(含量＞1%)分析和微量组分(含量＜1%)分析;常量试样(固体样的质量＞0.1 g,液体样体积＞10 mL)分析,半微量试样(固体样质量 0.01～0.1 g,液体样体积 1～10 mL)分析和微量试样(固体样质量＜0.01 g,液体样体积＜1 mL)分析。常量分析一般采用化学分析法测定,微量分析一般采用仪器分析法。

生物试样一般被测组分含量低,取样量小,因此多用仪器分析法。组分的含量往往很低,就称为痕量分析,即指 100 $\mu g \cdot g^{-1}$ 或 100 $mg \cdot mL^{-1}$ 以下的含量。各种仪器分析方法的灵敏度可以用**检出限**(limit of detection,LD)来表示,检出限是指能产生一可靠地被检出的分析信号所需要的某元素的最小浓度或含量。

也有按其他分析要求把分析方法分为常规分析、快速分析、仲裁分析等。

16.3 定量分析的过程及分析结果的表示

1. 定量分析过程的大致步骤

(1) 取样　分析时必须取出含有被分析物质的代表性的试样。对生物体液，采集试样的条件十分重要。例如，在饭前和饭后血液成分有显著的变化。如所取试样的组成没有代表性，则分析测定结果是没有意义的。

(2) 试样的储存、分解与制备　在处理和保存试样的过程中，应防止试样被污染、吸附损失、分解及变质等。例如，蛋白质和酶容易变性失活，应放置在稳定的条件下储存或取样后立刻进行分析。对生物体液有时可直接进行分析。若蛋白质的存在对某些组分的测定有干扰，须事先除去。试样为固体时，需先处理成溶液。为此，必须先选择合适的试样分解方法将欲测组分转化成溶液之后再进行测定。

(3) 消除干扰　试样中如有干扰被测组分测定的其他组分存在，通常先考虑用掩蔽法消除干扰，如果掩蔽法未能达到消除干扰的效果，则必须采用适当的分离方法将干扰组分除去。

(4) 分析测定　根据被测组分和共存组分的含量和性质以及对所要求的分析结果的准确度等许多因素，选择合适的测定方法。

(5) 计算分析结果　根据试样质量、测定所得的数据和分析测定中有关化学反应的计量关系，计算试样中被测组分的含量。

2. 分析结果的表示方法

(1) 固体试样　最常用的表示固体试样常量分析结果的方式是求出被测物 B 的质量 $m(\text{B})$ 与试样质量 $m(\text{s})$ 之比——$w(\text{B})$，即物质 B 的质量分数。

例 16-1　某食品试样 1.346 0 g，其中蛋白质中的含氮量为 0.145 4 g，问该食品中蛋白质的含氮的质量分数是多少？

解　已知 $m(\text{N})=0.145\,4\ \text{g}$，　$m(\text{s})=1.346\,0\ \text{g}$

$$w(\text{N})=m(\text{N})/m(\text{s})=0.145\,4\ \text{g}/1.346\,0\ \text{g}=0.108\,0$$

(2) 液体试样　可用质量分数、体积分数和质量浓度来报告分析结果。

例 16-2　测定血清试样中 Zn^{2+} 的含量，取样 25.0 μL，测得 Zn^{2+} 的含量为 29.8 μg。问该血清试样中的质量浓度 $\rho(Zn^{2+})$ 为多少？

解　已知取样 25.0 μL 中 Zn^{2+} 含量为 29.8 μg

$$\rho(Zn^{2+})=29.8\times10^{-6}\ \text{g}/25.0\times10^{-6}\ \text{L}=1.19\ \text{g}\cdot\text{L}^{-1}$$

第十七章

定量分析的误差和分析结果的数据处理

学习要求：

1. 理解有效数字的意义，掌握它的运算规则。
2. 了解定量分析误差的产生及其各种表示方法。
3. 了解提高分析结果准确度的方法。
4. 学习、掌握分析结果有限实验数据的处理方法。

17.1 有效数字

17.1.1 有效数字的计位规则

为了得到准确的分析结果，既要准确地进行测定，也要正确地记录测定数据的位数。因为数据（数字）的位数不仅表示数据的大小，也反映了测定的准确程度。**有效数字**（significant figure）就是实际能测定到的数字。数字的保留位数是由测量仪器的准确度所决定的。例如，用分析天平称取某试样的质量时应记录为 0.567 8 g，它表示“0.567”是确定的，仅最后一位“8”是估计值（不是臆造的），也称不确定数，其相对误差为

$$\frac{\pm 0.000\,2}{0.567\,8}\times 100\% = \pm 0.04\%$$

而该试样若用托盘天平称量，记录其质量的数据为 0.5 g，其相对误差为

$$\frac{\pm 0.2}{0.5}\times 100\% = \pm 40\%$$

同样，量取溶液体积时，记录为 25.00 mL，是表示从滴定管中放出的体积有效数字为 4 位，若用量筒量取，其体积记录为 20 mL，有效数字为 2 位。

有效数字的计位规则为

(1) 记录的仪器能测定的数据都计位，如 12.56 mL 有效数字为 4 位，5.1 g 有效数字为 2 位。

(2) 数据中“0”是否为有效数字则取决于它的作用，若作为普通数字使用，它就是有效数字，如滴定管读数 20.50 mL，其中两个“0”都是有效数字，即该有效数字为 4 位；若改用 L 表示，写成

0.020 50 L，这时前面的两个“0”仅起定位作用，不是有效数字，此数有效数字仍是4位。改变单位并不改变有效数字的位数。当需要在位数的末尾加“0”作定位时，要采用指数形式表示，以免有效数字的位数含混不清。例如，质量为2.5 g以mg表示时应写成2.5×10^{3} mg，不能写成2 500 mg。

(3) 分析化学计算中常遇到分数、倍数关系，并非测定所得，可视为无限位有效数字，而对pH、lg$K$等对数值，其有效数字的位数仅取决于小数部分的位数，因其整数部分只代表10的方次。例如，某溶液pH=5.30，即$[H^+]=5.0\times10^{-6}$ mol·L^{-1}，其有效数字为2位而非3位。

17.1.2 有效数字的运算规则

1. 修约规则

不同位数的有效数字进行运算时，应先修约，后运算。1981年我国正式公布的国家标准(GB1.1—81)规定，按“四舍六入五成双”的原则修约数字。当尾数(拟舍弃数字的第一位数)≤4时舍弃，尾数≥6时则进入；尾数=5时，若“5”后的数字为“0”则按“5”前面为偶数者舍弃，为奇数者进入；若“5”后面的数字不为“0”的任何数，则不论“5”前面的一个数为偶数或奇数均进入。

2. 运算规则

(1) 加减运算　各数据及最后计算结果所保留的位数是由各数据中小数点后位数最少的一个数字所决定。

例 17-1　0.012 1+22.54−0.055 0=?

解　0.01+22.54−0.06=22.49

在上述数据中，22.54的绝对误差最大(±0.01)，即小数点后第二位为不定值，为使计算结果仅保留1位不定值，所以各数值及计算结果都取到小数点后第二位。因此，加减运算的结果其所保留小数点后的位数，取决于数据中绝对误差最大的那个数。

(2) 乘除运算　各数据及计算结果所保留的位数取决于有效数字位数最少的那个数据。

例 17-2　0.012 1×25.64÷1.057 8=?

解　0.012 1×25.6÷1.06=0.292

在上述数据中，0.012 1的有效数字位数最少，其相对不定值最大(±0.000 1/0.012 1)×100%。因此，在乘除运算中，数据的保留位数取决于数值中相对误差最大的那个数。

在计算中若遇到分数或倍数时，如$n(Fe_2O_3)=\frac{5}{2}n(KMnO_4)$，$n(NaOH)=2n(H_2C_2O_4\cdot 2H_2O)$，其中的分数5/2及倍数2并非测量值，可视为无限位有效数字。而对于pH、pM、lg$K^{\ominus}$等对数值，其有效数字的位数仅取决于尾数部分的位数，因其整数部分仅代表10的方次。如pH=10.02，p$K_a^{\ominus}$=4.74，都为2位有效数字，即$[H^+]=9.6\times10^{-11}$ mol·L^{-1}，$K_a^{\ominus}=1.8\times10^{-5}$。

另外，在计算中遇首位数≥8的数据，可在运算过程中多计一位有效数字。如0.098 2，可按4位有效数字对待。

17.2 误差的产生及表示方法

定量分析的目的是要获得被测组分的准确含量。但是，在实际分析过程中，即使是技术很熟练的人，对同一试样，用同一方法在相同条件下进行多次测定，所测得的结果也不可能绝对准确。

且也难得到完全一致的分析结果，即分析过程中误差是客观存在的。我们就是要对分析结果进行评价，弄清误差产生的原因，采取减小误差的有效措施，使分析结果尽量接近真实值。

17.2.1 绝对误差和相对误差

误差可分为**绝对误差**(absolute error)和**相对误差**(relative error)。

$$绝对误差=测定值-真实值 \tag{17-1}$$

当测定值大于真实值时，误差为正值，反之为负值。绝对误差在真实值中占有的百分率称为相对误差。

$$相对误差=[(测定值-真实值)/真实值]\times 100\% \tag{17-2}$$

例如，称取某试样的质量为 1.836 4 g，其真实质量为 1.836 3 g，测定结果：

$$绝对误差=1.836\ 4\ g-1.836\ 3\ g=+0.000\ 1\ g$$

$$相对误差=\frac{+0.000\ 1\ g}{1.836\ 3\ g}\times 100\%=+0.005\%$$

另称取某试样 0.183 6 g，其真实质量为 0.183 5 g，测定结果：

$$绝对误差=0.183\ 6\ g-0.183\ 5\ g=+0.000\ 1\ g$$

$$相对误差=\frac{+0.000\ 1\ g}{0.183\ 5\ g}\times 100\%=+0.05\%$$

两试样由于称量的质量不同，它们测定结果的绝对误差虽然相同，但相对误差并不相同。而相对误差能更好地反映出误差在测定结果中所占的比例。显然，称量较大的量，相对误差则较小，测定的准确度就比较高。

17.2.2 系统误差和随机误差

产生误差的原因很多，按其性质一般可分为两类。

1. 系统误差

系统误差或称**可测误差**(determinate error)，它是由测定过程中某些经常性的、固定的原因所造成的比较恒定的误差。它常使测定结果偏高或偏低，在同一测定条件下重复测定中，误差的大小及正负可重复显示并可以测量，它主要影响分析结果的准确度，对精密度影响不大。而且可通过适当的校正来减小或消除它，以达到提高分析结果的准确度。它产生的原因有下列几种：

(1) 方法误差　由于分析方法本身不够完善所造成，即使操作再仔细也无法克服。例如，重量分析中沉淀的溶解损失、共沉淀现象以及滴定分析中指示剂选择不恰当等而产生的误差，都系统地影响测定结果，使之偏高或偏低。

(2) 仪器误差　仪器本身不够准确，如天平臂长不等，砝码、滴定管、吸量管、容量瓶等未经校正，都会给分析结果引进误差。

(3) 试剂误差　它来源于试剂不纯和蒸馏水不纯，含有被测组分或有干扰的杂质离子等。

(4) 操作误差　指在正常情况下，操作人员的主观原因所造成的误差。如个人的习惯和偏向所引起的，如滴定速度太快；读数偏高或偏低；终点颜色辨别偏深或偏浅；平行实验时，主观希望前后测定结果吻合等所引起的操作误差。如果是由于分析人员工作粗心、马虎所引入的误差，只能称为工作的过失，不能算是操作误差。如已发现为错误的结果，不得作为分析结果报出或参加计算。

2. 随机误差

随机误差(random error)或称不可测误差或偶然误差，它是由一些偶然因素所引起的误差，往往大小不等、正负不定。分析人员在正常的操作中多次分析同一试样，测得的结果并不一致，有时相差甚大，这些都是属于偶然误差。例如，测定时外界条件(如温度、湿度、气压等)的微小变化而引起的误差。这类误差在操作中无法完全避免，也难找到确定的原因，它不仅影响测定结果的准确度，而且明显地影响分析结果的精密度。这类误差不可能用校正的方法减小或消除，只有通过增加测定次数、采用数理统计方法对测定结果作出正确的表达。

17.2.3 准确度和精密度

分析结果误差的表征是通过准确度和精密度来显示的。

准确度(accuracy)表示测定值与真实值接近的程度。测定值愈接近真实值，准确度愈高，反之准确度愈低。准确度就是以误差的大小来衡量的。

例 17-3 某黄铜标样中 Pb 和 Zn 的含量分别为 2.00% 和 20.00%，实验测定结果分别为 2.02% 和 20.02%。试比较两组分测定的准确度。

解 Pb 的测定：

$$\text{绝对误差} = 2.02\% - 2.00\% = +0.02\%$$

$$\text{相对误差} = \frac{+0.02\%}{2.00\%} \times 100\% = +1\%$$

Zn 的测定：

$$\text{绝对误差} = 20.02\% - 20.00\% = +0.02\%$$

$$\text{相对误差} = \frac{+0.02\%}{20.00\%} \times 100\% = +0.1\%$$

虽然 Pb 和 Zn 测定的绝对误差相同，但 Zn 测定的相对误差小，因此 Zn 测定的准确度高。

精密度(precision)是指在相同条件下，用同样的方法，对同一试样进行多次平行测定所得数值之间相互接近的程度。如果数据彼此接近，表示测定结果的精密度高，反之精密度低。精密度是用**偏差**(deviation)的大小来衡量的。

在实际分析工作中，试样中组分的真实值不可能绝对准确地知道，往往是在相同条件下对试样作多次测定后，取其平均值。偏差就是指个别测定值与多次分析结果的算术平均值之间的差值。偏差大，表示精密度低，反之，则精密度高。偏差也有绝对偏差和相对偏差。

$$\text{绝对偏差}(d) = \text{个别测定值}(x) - \text{算术平均值}(\overline{x}) \qquad (17-3)$$

$$\text{相对偏差} = [\text{绝对偏差}(d) / \text{算术平均值}(\overline{x})] \times 100\% \qquad (17-4)$$

在实际分析工作中，对于分析结果的精密度经常用平均偏差和相对平均偏差来表示。

$$\text{平均偏差}(\overline{d}) = \sum_{i=1}^{n} |d_i| / n \qquad (17-5)$$

$$\text{相对平均偏差} = (\overline{d} / \overline{x}) \times 100\% \qquad (17-6)$$

例 17-4 测定某 HCl 溶液和 NaOH 溶液的体积比。4 次测定结果如下。求测定的平均偏差和相对平均偏差。

$\dfrac{V_{HCl}}{V_{NaOH}}$	1.001	1.005	1.000	1.002	平均值 1.002
解 $d_i=x_i-\overline{x}$	−0.001	+0.003	−0.002	0.000	

$$\overline{d}=(|-0.001|+|+0.003|+|-0.002|+|0.000|)/4=0.002$$

$$\frac{\overline{d}}{\overline{x}}\times100\%=\frac{0.002}{1.002}\times100\%=0.2\%$$

用数理统计方法处理数据时，常用**标准偏差**(standard deviation，又称均方根偏差)来衡量测定结果的精密度。

当测量次数 $n<20$ 时，单次测定的标准偏差可按下式计算。

$$标准偏差(s)=\sqrt{\frac{d_1^2+d_2^2+d_3^2+\cdots+d_n^2}{n-1}}=\sqrt{\frac{\sum\limits_{i=1}^{n}d_i^2}{n-1}} \tag{17-7}$$

当测定次数 $n>50$ 时，则分母用 $n-1$ 或 n 都无关紧要。式(17-7)中 $n-1$ 称为自由度。有时也用相对标准偏差[又常称为变异系数(CV)]来衡量精密度的大小。

$$CV=(s/\overline{x})\times100\% \tag{17-8}$$

利用标准偏差衡量精密度，可以反映出较大偏差的存在和测定次数的影响。而用平均偏差衡量时则反映不出这种差异。例如，有 3 组测定相同体积的同一消毒剂 H_2O_2 含量时所消耗同浓度的 $KMnO_4$ 标准溶液的体积(mL)如下：

第 1 组　25.98　26.02　26.02　25.98　25.98　25.98　26.02　26.02

$\overline{x}_1=26.00$　$\overline{d}_1=0.02$　$s_1=0.021$

第 2 组　25.98　26.02　25.98　26.02

$\overline{x}_2=26.00$　$\overline{d}_2=0.02$　$s_2=0.023$

第 3 组　26.02　26.01　25.96　26.01

$\overline{x}_3=26.00$　$\overline{d}_3=0.02$　$s_3=0.027$

这 3 组数据的平均值与平均偏差都相同，反映不出精密度的好坏，但从标准偏差可看出第 1 组数据精密度最好，第 2 组次之，第 3 组最差。因为第 3 组比第 2 组出现了偏差较大的数据(25.96)，而且第 1 组测量次数恰好是第 2、3 组的 2 倍。

准确度与精密度的关系　从前面的讨论中已知用误差衡量准确度，偏差衡量精密度。但实际上真实值是不知道的，它常常是通过多次反复的测量，得出一个平均值来代表真实值以计算误差的大小。通常在测量中精密度高的不一定准确度好，而准确度必须以精密度好为前提。例如，甲、乙、丙、丁 4 个人同时测定纯 $(NH_4)_2SO_4$ 中氮的质量分数，理论值为 0.2120。而 4 个人的测定结果如图 17-1 所示。

图 17-1 中甲分析结果精密度高，但平均值与真实值相差很大，准确度很差；乙分析结果精密度和准确度都很差；丙分析结果精密度和准确度都很高；丁分析结果精密度很差，但平均值恰与真实值相符，仅是偶然的巧合。所以精密度是保证准确度的先决条件，精密度差，表明分析结

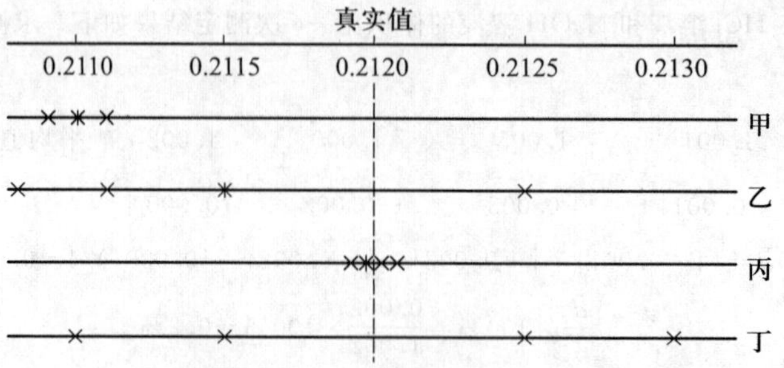

图 17-1　定量分析结果的准确度和精密度关系示意图

果不可靠,也就失去衡量准确度的前提。

17.3　有限实验数据的统计处理

在科学实验中,分析结果的数据处理是很重要的。分析工作者若仅测得 1～2 次的分析结果是不能提供可靠信息的。因此,在一般的实验和科学研究中,必须对一个试样进行多次的重复实验,直至获得足够的数据,然后进行统计处理并写出报告。

17.3.1　随机误差的正态分布

随机误差是无法避免的,也难以找到确定的原因,从每次分析的结果看,似乎没有什么规律性,也无法预测它们的大小和正负号。但是,如果进行许多次测量,对数据按统计规律处理,就可以发现随机误差的出现符合下列规律:

(1) 正误差和负误差出现的概率相等。

(2) 小误差出现的次数占绝大多数,大误差出现的次数少,个别特别大的误差出现的次数极少。常用作图法表达误差的大小与出现概率的关系。见图 17-2 所示。

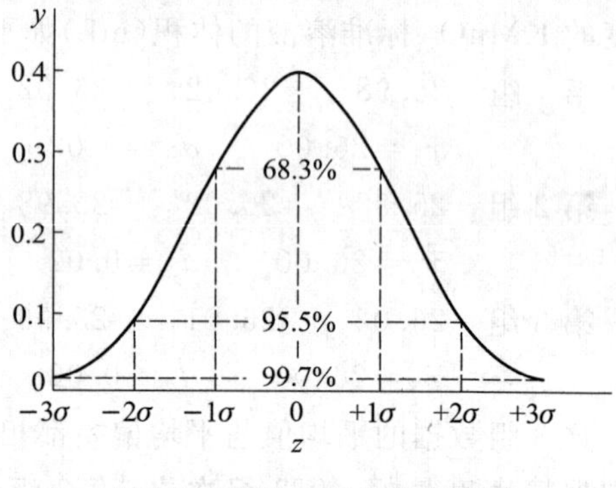

图 17-2　误差正态分布曲线

随机误差的分布符合高斯(Gaussian)**正态分布**(normal distribution)曲线。正态分布曲线的数学方程为

$$y=f(x)=\frac{1}{\sigma\sqrt{2\pi}}e^{\frac{-(x-\mu)^2}{2\sigma^2}} \tag{17-9}$$

设 $z=\frac{\pm(x-\mu)}{\sigma}$,则 $y=\frac{1}{\sigma\sqrt{2\pi}}e^{-\frac{z^2}{2}}$。

y 为误差出现的概率,x 为单次测定值,μ 为无限次测量的算术平均值(作为真实值),σ 为无限次测量的标准偏差,z 为以标准偏差为单位的偏差。

从图 17-2 中可知,测定结果(x)落在 $\pm1\sigma$ 范围内的概率是 68.3%;落在 $\pm2\sigma$ 范围内的概率是

95.5%；落在±3σ 范围内的概率是 99.7%。此概率称置信度或**置信水平**(confidence level)。

17.3.2 平均值的置信区间

在实际工作中，通常总是把测定数据的平均值作为分析结果报出，从测得的少量数据的平均值 $\overline{x}$ 总是带有一定的不确定性，它不能明确地说明测定的可靠性。

从误差的正态分布中知 $z=\pm(x-\mu)/\sigma$，将该式整理后可得 $\mu=x\pm z\sigma$。这就是说当知道了任何单次测定值，则无限次测量的算术平均值 μ 的可能范围就是 $x\pm z\sigma$，它称为**置信区间**(confidence interral)。在少数测定中，一般 σ 是不知道的，可用 s 代替 σ。然而按理论上的正态分布去处理实际问题时是不合理的，甚至会得出错误的判断。因此，英国化学家高塞特(Gosset)用统计方法处理少量数据时，提出了用 s 代替 σ 的同时，用一个统计量 t 值代替 z。统计量 t 定义为

$$\pm t=(\overline{x}-\mu)\frac{\sqrt{n}}{s} \tag{17-10}$$

t 的涵义为平均值的误差是以平均值的标准偏差为单位表示的数值，这时随机误差不服从正态分布而服从 t 分布，如图 17-3 所示。纵坐标为概率密度 $f(t)$，f 为与测定次数有关的自由度，定义为 $n-1$。

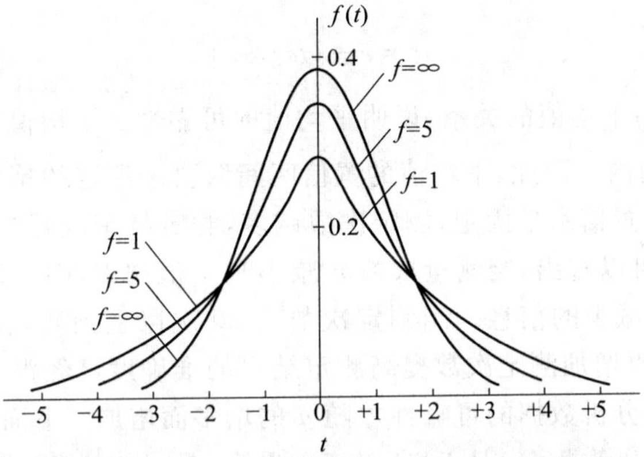

图 17-3 平均值的标准偏差与测定次数的关系

t 分布曲线随自由度$(n-1)$变化，当 $n\to\infty$时，t 分布趋近于正态分布曲线。t 的数值与确定标准偏差时的自由度和置信水平有关。不同的自由度和置信水平的 t 值列于表 17-1 中。

表 17-1 t 分布值表

实验次数 n	自由度(f) $n-1$	置信水平 50%	90%	95%	99%	99.5%
2	1	1.00	6.31	12.71	63.66	127.3
3	2	0.82	2.92	4.30	9.93	14.09
4	3	0.76	2.35	3.18	5.84	7.45
5	4	0.74	2.13	2.78	4.60	5.60

续表

实验次数 n	自由度(f) $n-1$	置信水平 50%	90%	95%	99%	99.5%
6	5	0.73	2.02	2.57	4.03	4.77
7	6	0.72	1.94	2.45	3.71	4.32
8	7	0.71	1.90	2.37	3.50	4.03
9	8	0.71	1.86	2.31	3.36	3.83
10	9	0.70	1.83	2.26	3.25	3.69
11	10	0.70	1.81	2.23	3.17	3.58
16	15	0.69	1.75	2.13	2.95	3.25
21	20	0.69	1.73	2.09	2.85	3.15
26	25	0.68	1.71	2.06	2.79	3.08
∞	∞	0.65	1.65	1.96	2.58	2.81

将式(17－10)重排得

$$\mu=\overline{x}\pm(ts/\sqrt{n}) \tag{17-11}$$

式(17－11)表明真实值与平均值的关系，说明平均值的可靠性。平均值不是真实值，但是可以期待它落在$\pm ts/\sqrt{n}$的区间内。因此，平均值的置信区间取决于测定的精密度、测定的次数和置信水平。处理数据时，如把置信水平固定，测定次数越多，测定精密度越高，置信区间越小，即平均值越准确。从t值表中可以看出，当测量次数n减小时，t值增大，因n减小，估算总体参数的信息减少，增大t值可补偿减少的信息。当测定次数为20次以上到测定次数为∞时，t值相差不多，这表明当$n>20$时，再增加测定次数提高测定结果的准确度已经没有什么意义。因此，仅在一定的测定次数范围内，分析数据的可靠性才随n的增多而增加。下面举例说明t值表的应用。

例 17-5 某分析工作者测定$(NH_4)_2SO_4$中氮的质量分数，4次测定结果的平均值$\overline{x}=0.208\,5$，$s=0.001\,0$。计算置信水平为90%和99%的平均值的置信区间。

解 已知$\overline{x}=0.208\,5$，$s=0.001\,0$，$n=4$

(1) 计算置信水平为90%时平均值的置信区间

当$n=4$，$f=3$，90%置信水平，查表17-1知$t=2.35$。所以，

$$\mu=0.208\,5\pm(2.35\times0.001\,0/\sqrt{4})$$
$$=0.208\,5\pm0.001\,2\text{(即总体平均值在 0.207 3～0.209 7 区间内)}$$

(2) 计算置信水平为99%时平均值的置信区间

99%置信水平时，查表17-1知$t=5.84$。所以，

$$\mu=0.208\,5\pm(5.84\times0.001\,0/\sqrt{4})$$
$$=0.208\,5\pm0.002\,9\text{(即总体平均值在 0.205 6～0.211 4 区间内)}$$

由例17-5计算得知，置信水平高，置信区间必然大。区间的大小反映估计的精密度，置信

水平的高低说明估计的程度。如取 90%的置信水平，则说明有 90%的把握可断定总体平均值 μ 在此区间内。当置信水平和标准偏差不变，而测定次数 $n \to \infty$ 时，消除了 s 的不确定性，使置信区间变窄。

例 17-6 某学生标定 HCl 溶液，获得以下分析结果(单位均为 $mol \cdot L^{-1}$)：0.114 1，0.114 0，0.114 8 和 0.114 2；再标定 2 次测得数据为 0.114 5 和 0.114 2。试分别按 4 次和 6 次标定的数据计算置信水平为 95%时，平均值的置信区间。

解 (1) 4 次标定

$$\begin{aligned}\overline{x}_4 &= (0.114\,1 + 0.114\,0 + 0.114\,8 + 0.114\,2)/4 \\ &= 0.114\,3 \\ s &= 0.000\,4\end{aligned}$$

95%置信水平时，$n=4$，$f=3$，t 值为 3.18。所以，

$$\begin{aligned}\mu_4 &= 0.114\,3 \pm (3.18 \times 0.000\,4/\sqrt{4}) \\ &= 0.114\,3 \pm 0.000\,6\end{aligned}$$

(2) 6 次标定

$$\begin{aligned}\overline{x}_6 &= (0.114\,1 + 0.114\,0 + 0.114\,8 + 0.114\,2 + 0.114\,5 + 0.114\,2)/6 \\ &= 0.114\,3 \\ s &= 0.000\,3\end{aligned}$$

95%置信水平时，$n=6$，$f=5$，t 值为 2.57。所以，

$$\begin{aligned}\mu_6 &= 0.114\,3 \pm (2.57 \times 0.000\,3/\sqrt{6}) \\ &= 0.114\,3 \pm 0.000\,3\end{aligned}$$

由例 17-6 计算得知，当测定次数较少时，适当增加测定次数，可使置信区间缩小，即可使测定的平均值 $\overline{x}$ 与总体平均值 μ 更接近。

17.3.3 测定结果离群值弃舍

在进行一系列平行测定时，往往会出现一个偏差比较大的数值，称为**离群值**(可疑值，outlier)。如在实验过程中已发现它有明显的错误，则可将该数值弃舍，否则就不能将它弃舍而必须用统计的方法来判断取舍。通常取舍的方法很多，在统计学上所用的简单方法是 Q 检验法。Q 检验法是：

(1) 先将数据按大小顺序排列，计算最大值与最小值之差(极差)，作为分母。

(2) 计算离群值与最邻近数值的差值，作为分子，其值之商即为 Q 值(式 17-12)。

$$Q(\text{计算值}) = \frac{\text{离群值} - \text{邻近值}}{\text{最大值} - \text{最小值}} \tag{17-12}$$

表 17-2 列出了 90%、95%、99%置信水平时 Q 的数值。如果 $Q_{\text{计算}} > Q_{\text{表}}$，则离群值应该弃舍；反之，则应保留。

表 17-2 在不同置信水平下，弃舍离群值的 Q 值表

测量次数	3	4	5	6	7	8	9	10	∞
Q(90%)	0.94	0.76	0.64	0.56	0.51	0.47	0.44	0.41	0.00
Q(95%)	0.98	0.85	0.73	0.64	0.59	0.54	0.51	0.48	0.00
Q(99%)	0.99	0.93	0.82	0.74	0.68	0.63	0.60	0.57	0.00

例 17-7 某实验人员测定某溶液的浓度(单位均为 $mol \cdot L^{-1}$)，4 次分析测定结果为 0.104 4，0.104 2，0.104 9 和 0.104 6。应用 Q 检验法，决定 0.104 9 的数值是否能弃舍？

解 根据式(17-12)

$$Q_{计算}=\frac{0.104\,9-0.104\,6}{0.104\,9-1.104\,2}=\frac{0.000\,3}{0.000\,7}=0.4$$

查表 17-2，在 90% 的置信水平时，当 $n=4$，$Q_{表}=0.76>Q_{计算}=0.4$。因此，该数值不能弃舍。

17.3.4 显著性检验

在实际工作中对于一个分析试样可能有多种测试方法，便得到相应的多种分析结果；也可能是由两位不同的分析人员(或不同的实验室)对同一个试样用同样的方法分别作平行测定，就得到两组分析结果。在结果之间或结果与标准值(认为是真实值)之间是会有差异的。这种“差异”是由于系统误差引起，还是由随机误差引起的？**显著性检验**(significance test)就是用统计的方法来处理、判断此类问题。在此仅介绍分析化学中常用于判断测定平均值 $\overline{x}$ 与真实值之间是否有显著差异的 t 检验法。

例 17-8 某人测定标样中 CaO 的含量，结果如下：20.60%，20.50%，20.70%，20.60%，20.80% 和 21.00%。已知标样中 CaO 的含量为 20.10%。问该测定是否存在系统误差(置信度为 95%)。

解 $n=6$，$\overline{x}=20.70\%$，$s=0.18\%$

$$t_{计算}=\frac{|\overline{x}-\mu|}{s/\sqrt{n}}=\frac{|20.70\%-20.10\%|}{0.18\%}\sqrt{6}=8.16$$

由表 17-1 知 $t_{0.05}(5)=2.57$，因此 $t_{计算}>t_{表}$。

即测定平均值 $\overline{x}$ 与真值之间有显著差异，表明该测定存在系统误差。

17.3.5 分析结果的数据处理与报告

在实际工作中，分析结果的数据处理是非常重要的。分析人员仅作 1～2 次测定不能提供可靠的信息，也不会被人们所接受。因此，在实验和科学研究工作中，必须对试样进行多次平行测定，直至获得足够的数据，然后进行统计处理并写出分析报告。

例如，用硼砂标准溶液标定 HCl 溶液的浓度，获得如下结果，根据数据统计过程做如下处理。

(1) 根据实验记录，将 6 次实验测定所得浓度(单位均为 $mol \cdot L^{-1}$)，按大小排列如下：

测定次数(n)	1	2	3	4	5	6
分析结果/($mol \cdot L^{-1}$)	0.102 0	0.102 2	0.102 3	0.102 5	0.102 6	0.102 9

(2) 用 Q 检验法检验有无离群值，并将离群值弃舍，从上列数据看 0.102 0 及 0.102 9 有可

能是离群值，作 Q 检验：

$$Q_1=\frac{0.1022-0.1020}{0.1029-0.1020}=\frac{0.0002}{0.0009}=0.2$$

$$Q_2=\frac{0.1029-0.1026}{0.1029-0.1020}=\frac{0.0003}{0.0009}=0.3$$

由表 17-2 查得 6 次的 $Q(90\%)=0.56$，所以 $Q_{计算}<Q_{表}$，则 0.1020 及 0.1029 都应保留。

(3) 根据所有保留值，求出平均值 $\overline{x}$：

$$\overline{x}=\frac{0.1020+0.1022+0.1023+0.1025+0.1026+0.1029}{6}$$
$$=0.1024$$

(4) 求出平均偏差 $\overline{d}$：

$$\overline{d}=\frac{|-0.0004|+|-0.0002|+|-0.0001|+|0.0001|+|0.0002|+|0.0005|}{6}$$
$$=0.0002$$

(5) 求出标准偏差 s：

$$s=\sqrt{\frac{(-0.0004)^2+(-0.0002)^2+(-0.0001)^2+(0.0001)^2+(0.0002)^2+(0.0005)^2}{6-1}}$$
$$=0.0003$$

(6) 求出变异系数 CV：

$$\mathrm{CV}=\frac{s}{\overline{x}}\times100\%=\frac{0.0003}{0.1024}\times100\%=0.3\%$$

(7) 求出置信水平为 95%时的置信区间：

$$\mu=0.1024\pm\frac{2.57\times0.0003}{\sqrt{6}}=0.1024\pm0.0003$$

17.4 提高分析结果准确度的方法

定量分析结果的准确度直接受各种误差的制约，只要了解误差产生的原因，采取相关措施，消除系统误差，减小随机误差，就可提高测定结果的准确度。

17.4.1 选择合适的分析方法

被测组分的含量不同时对分析结果准确度的要求不尽相同。常量组分分析一般要求相对误差小于 0.2%，微量组分则要求相对误差为 1%～5%。另外不同的分析方法所能达到的准确度也不一样。滴定分析法和重量分析法的相对误差在千分之几以下，仪器分析一般在 5%以下。因此，常量组分的测定可选择滴定分析法和重量分析法，而微量组分的测定则要选择仪器分析法。因此，要根据试样的具体情况和对准确度的要求以及客观实际条件等综合考虑，选择合适的分析方法。

17.4.2　减小测量的相对误差

为保证分析结果的准确度，应尽量减小测量误差。例如，一般分析天平的称量误差为±0.000 1 g，用减量法称量两次，可能引起的最大误差是±0.000 2 g，为了使称量的相对误差小于0.1%，对试样质量就有要求：

$$试样质量=\frac{绝对误差}{相对误差}=\frac{0.000\ 2}{0.1\%}=0.2\ \mathrm{g}$$

即试样质量应大于0.2 g。

在滴定分析中，滴定管读数有±0.01 mL的误差，在一次滴定中，需要读数两次，可能造成的最大误差为±0.02 mL。为了使测定体积的相对误差小于0.1%，消耗滴定剂的体积应大于20 mL。一般滴定剂体积可控制为20～30 mL。

17.4.3　消除测定过程的系统误差

系统误差是造成测定平均值偏离真实值的主要原因，因此，检查并消除系统误差是提高分析结果准确度的重要措施。一般可采用下述几种方法：

(1) 对照试验　在对照试验时，可用已知分析结果的标准试样与被分析试样，或用公认的标准分析方法与所采用的分析方法进行对照；或采用标准加入回收法进行对照，即可判断分析结果误差大小。

(2) 空白试验　是在不加试样的情况下，按照试样分析同样的操作步骤和同样的条件进行分析，所得结果称为空白值。然后，从试样分析的结果中扣除空白值，即可得到比较可靠的分析结果。

(3) 仪器校正　在实验前，应根据所要求的允许误差，对测量仪器，如砝码、滴定管、吸量管、容量瓶等进行校正，以减小误差。

(4) 方法校正　例如，在重量分析中要达到沉淀绝对完全是不可能的，但可以将溶解于滤液中的少量被测组分用其他方法，如比色法进行测定。再将该分析结果加到重量分析的结果中去，以提高分析结果的准确度。

17.4.4　增加平行测定次数，减小随机误差

随机误差虽然不可避免，但增加平行测定次数可使之减小。

即通常在消除系统误差的情况下，增加平行测定的次数和非常细心地进行操作，可以减小随机误差。但是，从数理统计规律来看，测量次数增加到一定程度，如10次左右，再增加次数对减小随机误差没有显著的效果，如图17-4所示。实际工作中测定次数为4～6次已经足够了。

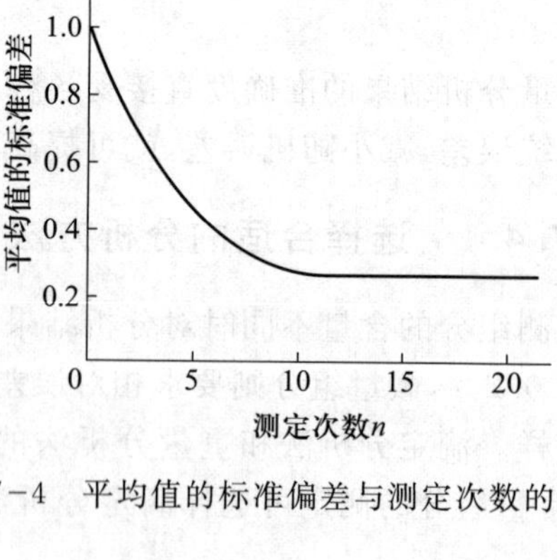

图17-4　平均值的标准偏差与测定次数的关系

习 题

1. 在以下数值中，各数值包含多少位有效数字？

(1) 0.004 050　　(2) 5.6×10^{-11}　　(3) 1 000

(4) 96 500　　(5) 6.20×10^{10}　　(6) 23.408 2

2. 设下列数值中最后一位是不定值，请用正确的有效数字表示下列各数的答案。

(1) $\dfrac{3.30\times4.62\times10.84}{5.68\times10^{4}}$　　(2) $\dfrac{4.30\times20.52\times3.90}{0.001\ 050}$

(3) $\dfrac{40.0\times5.05\times10^{4}}{2.483\times0.002\ 120}$　　(4) $\dfrac{0.043\ 2\times7.5\times2.12\times10^{2}}{0.006\ 22}$

(5) $321.46+5.5-0.586\ 8$　　(6) $2.136\div23.05+185.71\times2.283\times10^{-4}-0.000\ 81$

3. 有一分析天平的称量误差为±0.2 mg，如称取试样为 0.200 0 g，其相对误差是多少？如称取试样为 2.000 0 g，其相对误差又是多少？它说明了什么问题？

4. 某一操作人员在滴定时，溶液过量 0.10 mL，假如滴定的总体积为 2.10 mL，其相对误差为多少？如果滴定的总体积为 25.80 mL，其相对误差又是多少？说明了什么问题？

5. 如果要使分析结果的准确度为 0.2%。应在灵敏度为 0.000 1 g 和 0.001 g 的分析天平上分别称取试样多少克？如果要求称取试样为 0.5 g 以下，应取哪种灵敏度的天平较为合适？

6. 用标准 HCl 溶液标定 NaOH 溶液浓度时，经 5 次滴定，所用 HCl 溶液的体积(单位均为 mL)分别为：27.34，27.36，27.35，27.37 和 27.40。请计算分析结果：(1) 平均值；(2) 平均偏差和相对平均偏差；(3) 标准偏差和相对标准偏差。

7. 测定 NaCl 试样中氯的质量分数。多次测定结果 w(Cl)为：0.601 2，0.601 8，0.603 0，0.604 5，0.602 0 和 0.603 7。请计算分析结果：(1) 平均值；(2) 平均偏差和相对平均偏差；(3) 标准偏差和相对标准偏差。

8. 假如取纯 NaCl 为试样，请计算第 7 题分析结果平均值的绝对误差和相对误差。

9. 有一甘氨酸试样，需分析其中氮的质量分数，分送至 5 个单位，所得分析结果 w(N)为 0.184 4，0.185 1，0.187 2，0.188 0 和 0.188 2。请计算分析结果：(1) 平均值；(2) 平均偏差；(3) 标准偏差；(4) 置信水平为 95% 的置信区间。

10. 标定 NaOH 溶液的浓度时获得以下分析结果(单位均为 $mol\cdot L^{-1}$)：0.102 1，0.102 2，0.102 3 和 0.103 0。问：

(1) 对于最后一个分析结果 0.103 0，按照 Q 检验法是否可以弃舍？

(2) 溶液准确浓度应该怎样表示？

(3) 计算平均值在置信水平为 95% 时的置信区间。

11. 某学生测定 HCl 溶液的浓度，获得以下分析结果(单位均为 $mol\cdot L^{-1}$)：0.103 1，0.103 0，0.103 8 和 0.103 2。请问按 Q 检验法判断 0.103 8 分析结果可否弃舍？如果第 5 次的分析结果是 0.103 2。这时 0.103 8 分析结果需要弃舍吗？

第十八章

重量分析法

学习要求：

1. 了解重量分析法的基本原理和主要步骤。
2. 简要了解晶形和非晶形沉淀各自形成的过程，测定条件的选择以及沉淀沾污的一般规律。
3. 掌握重量分析结果计算的方法。

18.1 重量分析法概论

重量分析法通常是用适当方法将被测组分经过一定步骤从试样中离析出来，称量其质量，进而计算出该组分的含量。以不同的分离方法分类，可分为沉淀重量法、汽化重量法（挥发法）和电解重量法。最常用的沉淀重量法就是将待测组分以难溶化合物从溶液中沉淀出来，沉淀经过陈化、过滤、洗涤、干燥或灼烧后，转化为称量形式称重，最后通过化学计量关系计算得出分析结果。重量分析法直接用分析天平称量沉淀的质量，是常量分析中准确度最好、精密度较高的方法之一，适用范围广，但操作较繁琐、费时。

18.1.1 对沉淀形式（precipitation form）的要求

（1）沉淀的溶解度要小，即要求沉淀反应必须定量完成，由沉淀过程及洗涤引起的沉淀溶解损失的量不超过定量分析中所允许的称量误差（0.2 mg）。

（2）沉淀的纯度要高，且易于过滤和洗涤。

（3）沉淀易于转化为适宜的称量形式。

18.1.2 对称量形式（weighing form）的要求

（1）有确定的化学组成且与化学式相符。

（2）性质稳定，不受空气中组分（如 CO_2、H_2O 等）的影响。

（3）具有较大的摩尔质量，以减小称量的相对误差，提高分析的准确度。

另外，对沉淀剂的要求是：选择性要好，过量的沉淀剂易挥发，在沉淀干燥或灼烧时可被除去。

18.2 沉淀的完全程度与影响沉淀溶解度的因素

在重量分析中，为满足定量分析的要求必须考虑影响沉淀溶解度的各种因素。同离子效应和盐效应对溶解度的影响见第四章。下面仅讨论酸效应和配位效应的影响。

在沉淀的溶解平衡体系中，对于1－1型沉淀可用下式表示副反应：

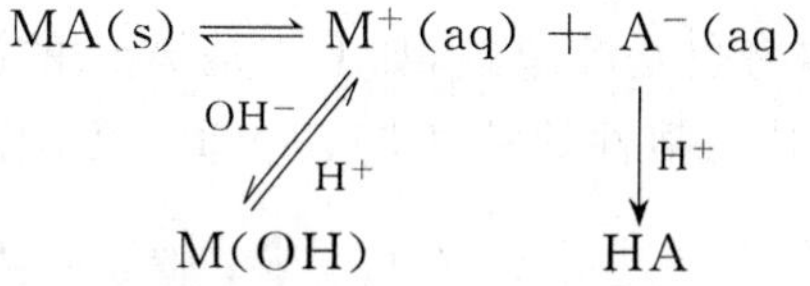

18.2.1 酸效应

溶液的酸度对沉淀溶解度的影响，称为**酸效应**(acidic effection)。在低酸度时，M^+可生成羟基配合物；在高酸度时，A^-可以质子化生成相应的弱酸，这种阴离子的质子化的副反应对于难溶弱酸盐、多元酸盐沉淀的溶解度影响很大，可以通过酸效应系数作定量计算。

例 18-1 计算 CaF_2 在 HCl 溶液(pH＝2.0)中的溶解度。已知 $K^{\ominus}_{sp}(CaF_2)=5.3\times10^{-9}$，$K^{\ominus}_{a}(HF)=6.3\times10^{-4}$。

解 先计算出 CaF_2 在纯水中的摩尔溶解度为 $1.1\times10^{-3}\ mol\cdot L^{-1}$，然后计算酸效应系数 $\alpha_{F(H)}$（参阅19.3节）：

$$\alpha_{F(H)}=1+\beta^H[H^+]=1+\frac{1}{6.31\times10^{-4}}\times1.0\times10^{-2}=17$$

$$CaF_2(s) \rightleftharpoons Ca^{2+}(aq)+2F^-(aq)$$

设 CaF_2 在 HCl 溶液中的溶解度为 $x\ mol\cdot L^{-1}$，

$$[Ca^{2+}]=x\ mol\cdot L^{-1},\qquad [F^-]=\frac{2x}{\alpha_{F(H)}}\ mol\cdot L^{-1}$$

$$K^{\ominus}_{sp}=[Ca^{2+}][F^-]^2=x\left(\frac{2x}{\alpha_{F(H)}}\right)^2=5.3\times10^{-9}$$

$$4x^3=5.3\times10^{-9}\times(17)^2=15.32\times10^{-7}$$

$$x=\sqrt[3]{383\times10^{-9}}=7.3\times10^{-3}$$

则 CaF_2 在 HCl 溶液中的溶解度为 $7.3\times10^{-3}\ mol\cdot L^{-1}$，比在纯水中溶解度增大了7倍。

18.2.2 配位效应

在难溶化合物的溶解平衡体系中，加入配位剂(L)以增大溶解度的作用称为配位效应。

例 18-2 已知 AgCl 在纯水中的溶解度为 $1.33\times10^{-5}\ mol\cdot L^{-1}$，现计算 AgCl 在 $0.10\ mol\cdot L^{-1}$ 氨水中的溶解度。已知 $K^{\ominus}_{sp(AgCl)}=1.77\times10^{-10}$，$Ag(NH_3)_2^+$ 的 $\beta_1=10^{3.36}$，$\beta_2=10^{7.05}$。

解 设 AgCl 在 $0.10\ mol\cdot L^{-1}$ 氨水中的溶解度为 $x\ mol\cdot L^{-1}$，则

$$[Cl^-]=x\ mol\cdot L^{-1}$$

Ag^+ 与 NH_3 发生副反应的副反应系数(参见19.3节)：

$$\alpha_{Ag(NH_3)}=1+\beta_1[NH_3]+\beta_2[NH_3]^2$$
$$=1+10^{3.36}\times10^{-1}+10^{7.05}\times10^{-2}$$
$$=1.12\times10^5$$

$$K_{sp}^{\ominus}=[Ag^+][Cl^-]=\left(\frac{x}{\alpha_{Ag(NH_3)}}\right)x$$

$$x=\sqrt{K_{sp}^{\ominus}\times\alpha_{Ag(NH_3)}}=\sqrt{1.77\times10^{-10}\times1.12\times10^5}=4.5\times10^{-3}$$

则 AgCl 在 0.10 $mol\cdot L^{-1}$ 氨水中的溶解度为 4.5×10^{-3} $mol\cdot L^{-1}$，比在纯水中的溶解度大了约 400 倍！

若在沉淀反应中，沉淀剂本身也是配位剂，如 Cl^- 是 Ag^+ 的沉淀剂，适当过量可使 AgCl 溶解度减小，但 Cl^- 太过量可以生成可溶性的 $AgCl_2^-$、$AgCl_3^{2-}$ 等配离子又使 AgCl 溶解度增大，因此要避免加入太过量的沉淀剂。

18.3 影响沉淀纯度的因素

沉淀从溶液中析出时，或多或少地夹杂着溶液中的其他组分，影响重量分析的结果。杂质混入沉淀的主要原因有共沉淀和后沉淀。

18.3.1 共沉淀

当沉淀析出时，溶液中一些在该条件下本来是可溶的杂质一起沉淀出来的现象称为**共沉淀**(coprecipitation)。可进一步区分为吸附共沉淀、包藏共沉淀和混晶共沉淀。

吸附共沉淀(adsorption coprecipitation)是由沉淀表面的吸附作用引起的共沉淀现象。沉淀对不同杂质离子的吸附能力，主要取决于沉淀和杂质离子的性质，一般规律是：① 优先吸附构晶离子；② 若无过量构晶离子存在时，则优先吸附可与构晶离子形成溶解度小的化合物的离子，以及与构晶离子半径相近、电荷相等的离子。例如，用 NaCl 作沉淀剂沉淀 $AgNO_3$ 溶液中的 Ag^+ 时，因加入过量 NaCl，使 AgCl 沉淀表面首先吸附的是溶液中剩余的构晶离子 Cl^-（而不是 NO_3^- 或 Na^+），因此在 AgCl 沉淀的表面上形成一个由 Cl^- 组成的带负电荷的吸附层。该吸附层必然会在它的外面再吸附一层带相反电荷的离子（如 Na^+），形成了一个带正电荷的离子层，称为扩散层。

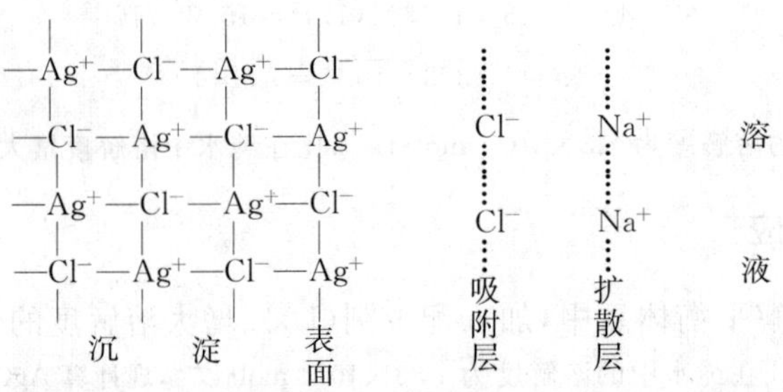

吸附层和扩散层共同组成了包围着沉淀颗粒表面的双电层。处于双电层中的正、负离子构成了沉淀表面吸附的杂质化合物。在上述例子中，NaCl 就是沾污 AgCl 沉淀的杂质。

在沉淀过程中，如果沉淀的成长速度较快，开始时吸附在沉淀表面上的杂质来不及被构晶离子所置换离开沉淀表面，就会被随后沉积下来的沉淀覆盖，包藏在沉淀的内部，这种现象称为**包**

藏共沉淀(occlusion coprecipitation)。被包藏在沉淀内部的杂质很难用洗涤方法除去,但可以通过陈化或重结晶的方法以减少杂质。

当杂质离子与一种构晶离子的电荷相同、半径相近,特别是杂质离子与另一种构晶离子可以形成与沉淀具有同种晶型的晶体时,在沉淀的过程中杂质离子可取代构晶离子于晶格上,就形成**混晶共沉淀**(mixed crystal coprecipitation)。定量分析中常见的混晶有 $BaSO_4$ 和 $PbSO_4$,CaC_2O_4 和 SrC_2O_4,$MgNH_4PO_4$ 和 $MgNH_4AsO_4$ 等。混晶一旦形成,很难用洗涤、陈化,甚至重结晶等步骤改善沉淀的纯度,因此对可能形成混晶的杂质应该在沉淀反应前予以除去。

18.3.2 后沉淀

当某一沉淀过程结束后,将沉淀与母液放置一段时间(即陈化作用),溶液中某些原本难以沉淀出来的杂质会逐渐析出在沉淀的表面,这种现象称为**后沉淀**(post precipitation)。

共沉淀和后沉淀都会使沉淀受到不同程度的沾污,在重量分析中它们对分析结果的影响程度与所沾污的杂质及被测组分的具体情况有关。例如,用 $BaCl_2$ 作沉淀剂,使生成 $BaSO_4$ 以测定试样中 SO_4^{2-} 的含量,$BaCl_2$ 可能作为杂质与 $BaSO_4$ 共沉淀,这会使沉淀的质量增加而引入正误差;若用稀 H_2SO_4 作沉淀剂测定 $BaCl_2$ 含量,因 $BaCl_2$ 的摩尔质量小于 $BaSO_4$,引起负误差;若在 $BaSO_4$ 沉淀中包藏了 H_2SO_4,灼烧后对 Ba^{2+} 的测定无影响。

18.4 沉淀的形成与沉淀条件

18.4.1 沉淀的类型

沉淀可按其颗粒的大小分为晶形(crystalline)、凝乳状(curdy)和无定形(amorphous)三种沉淀。晶形沉淀颗粒直径为 0.1~1 μm,且内部离子排列有规则,结构紧密,体积小,易沉降于容器的底部,既便于过滤和洗涤,且对杂质的吸附较少。无定形沉淀颗粒很小,直径一般小于 0.02 μm,其内部离子的排列是无序的,其中又包含大量不定的水分子,结构疏松,体积庞大,过滤时易穿透滤纸或堵塞滤纸空隙,过滤速度慢且不易洗涤,重量分析中常见的有 $Fe_2O_3 \cdot xH_2O$ 等。凝乳状沉淀颗粒直径为 0.02~0.1 μm。性质上也属于过渡态,AgCl 就属于这一类沉淀。

无定形和凝乳状沉淀也可统称为非晶形沉淀。

18.4.2 沉淀形成的一般过程

在含待测定离子的溶液中加入沉淀剂,当溶液中构晶离子的浓度的乘积超过溶度积时,就有可能生成沉淀。沉淀的一般形成过程为

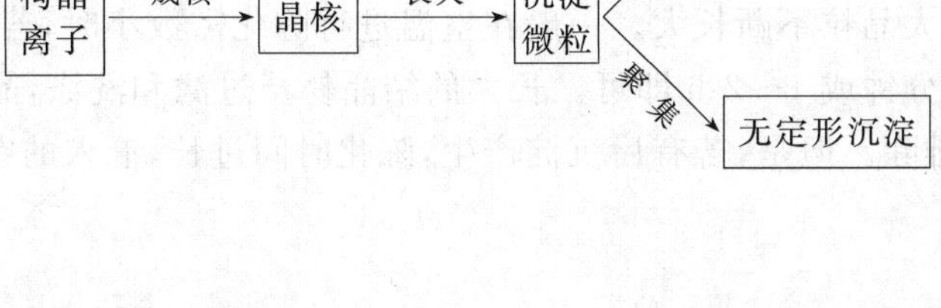

晶核形成过程有两种成核作用。构晶离子在过饱和溶液中聚集、自发形成晶核称为均相成核作用；溶液中不可避免地混有不同数量的固体微粒（试剂、溶剂、灰尘都会引入杂质），它们的存在可起到"晶种"作用，"诱导"构晶离子在"晶种"上沉积形成晶核，这种成核作用称为异相成核作用。

晶核形成后，溶液中的构晶离子在晶核上沉积并逐渐长大成肉眼仍看不见的沉淀微粒。这种微粒有聚集长大的两种可能趋势。一种是构晶离子继续按一定的晶格定向有序地排列，长大成为大颗粒晶形沉淀；另一种是沉淀微粒来不及继续定向排列就以较快速度无序聚集长大形成无定形沉淀。这两种不同趋势主要取决于成核速度、聚集速度和定向速度的相对大小。而这些因素既与沉淀物质的本性有关，更与沉淀条件有关。

一般地讲，强极性无机盐，如 $BaSO_4$、CaC_2O_4 等具有较大的定向速度，易形成晶形沉淀。而一些高价金属离子的氢氧化物和硫化物具有较小的定向速度，聚集速度大，易形成无定形沉淀。

溶液的过饱和程度直接影响晶核的生成速度和沉淀颗粒的大小。冯韦曼(Von Weimarn)通过对形成 $BaSO_4$ 沉淀的研究提出了经验公式：

$$\text{沉淀的分散度} = K \cdot \frac{c(Q) - c(s)}{c(s)} \tag{18-1}$$

分散度即表示沉淀颗粒大小，$c(Q)$为加入沉淀剂时瞬间沉淀物的浓度；$c(s)$为开始沉淀时生成的小颗粒沉淀的溶解度；$c(Q)-c(s)$为加入沉淀剂瞬间的过饱和度；$[c(Q)-c(s)]/c(s)$为相对过饱和度；K 为常数，与沉淀的性质、温度及介质等因素有关。式(18-1)表明，溶液相对过饱和程度愈大，沉淀的颗粒愈小。

当沉淀的初始浓度 $c(Q)$相同时，沉淀的初始溶解度越小，过饱和程度就大，越易形成小颗粒沉淀。如在相同的初始浓度下，$BaSO_4$ 的过饱和程度远小于 AgCl，因此在通常条件下，沉淀 $BaSO_4$ 一般可得到晶形沉淀，而沉淀 AgCl 得到的是凝乳状沉淀。

应该指出，沉淀的形成是一个比较复杂的过程。上述公式仅是一个经验式，对于沉淀机理的深入了解，还有待进一步的研究。

18.4.3 沉淀条件的选择

由于不同类型沉淀的形成过程不同，因此对晶形和非晶形沉淀应采用不同的沉淀条件。

1. 晶形沉淀

(1) 沉淀作用应当在适当稀的溶液中进行，以控制较小的过饱和度。

(2) 在不断搅拌下，缓缓加入沉淀剂，以避免局部过浓而产生大量的细小晶核。

(3) 沉淀作用应在热溶液中进行。在热溶液中沉淀的溶解度较大，可降低过饱和度；热溶液可减少吸附作用以提高沉淀纯净度。

(4) 沉淀完全后进行"陈化"(aging)，就是将初生的沉淀和母液一起放置一段时间。陈化过程能使细小晶体溶解，而粗大晶体更加长大。因为在同样条件下，小晶粒溶解度大于大晶粒，就使小晶粒逐渐消失，而大晶粒不断长大。一般在室温进行陈化需数小时，若在水浴上加热并不断搅拌下陈化，仅需数十分钟或1～2 h即可。长大的结晶易于过滤和洗涤，晶形更加完整，包藏在晶体内的杂质可部分排除。但是，若有后沉淀产生，陈化时间过长，混入的杂质可能增多。

在进行沉淀反应时，尽管沉淀剂在不断搅拌下缓慢加入，但沉淀剂在溶液中局部过浓的现象仍难以避免。为此，提出均匀沉淀法。该方法的特点是：加入的试剂并不直接与溶液中的待测离子产生沉淀，而是通过一个缓慢的化学反应过程，在溶液内部产生沉淀剂，使沉淀均匀而缓慢地形成。例如，用均匀沉淀法沉淀 Ba^{2+} 的溶液中，加入硫酸二甲酯，利用其水解反应产生 SO_4^{2-}：

$$(CH_3)_2SO_4 + 2H_2O \xlongequal{\quad} 2CH_3OH + 2H^+ + SO_4^{2-}$$

从而产生 $BaSO_4$ 沉淀。均匀沉淀法是改变沉淀条件的较好方法。

2. 非晶形沉淀

(1) 试样溶液和沉淀剂的浓度都应该较浓，加沉淀剂的速度要快，使生成的沉淀比较紧密。但此时溶液中杂质的浓度也相应增大，沉淀吸附的杂质增多。因此，常在沉淀作用完毕后，立即用大量热水稀释，使一部分被吸附的杂质离子转入溶液中。

(2) 沉淀作用在热溶液中进行，并加入适当电解质，以防止形成胶体溶液。电解质一般选用在高温灼烧时可挥发的铵盐。

(3) 沉淀完毕后不必陈化，立即过滤、洗涤。

18.4.4 有机沉淀剂

重量分析中，有机沉淀剂的应用也很广泛，它与金属离子形成的沉淀与无机沉淀剂相比，有如下特点：

(1) 形成的沉淀溶解度小，利于沉淀定量完全。

(2) 吸附杂质少，易获得纯净的沉淀，且沉淀颗粒大，易于过滤、洗涤。

(3) 称量形式的摩尔质量较大，有利于提高分析的准确度；有机沉淀物烘干后组成恒定，不需高温灼烧即可作称量形式。

(4) 有机沉淀剂性质各异，选择性较高。

(5) 有机沉淀剂本身溶解度不大，易夹在沉淀中；有些沉淀易粘浮于器皿壁或漂浮于溶液表面上，这些会带来操作上的困难。

常见的例子有 8-羟基喹啉测定 Al^{3+}，Mg^{2+}，用四苯硼酸钠测定 K^+，用丁二酮肟测定 Ni^{2+} 等。

18.5 沉淀的过滤、洗涤、烘干或灼烧和分析结果的计算

18.5.1 沉淀的过滤、洗涤、烘干或灼烧

对沉淀的过滤，可按沉淀的性质选用疏密程度不同的快、中、慢速滤纸。对于需要灼烧的沉淀，常用无灰滤纸(每张滤纸灰分不大于 0.2 mg)。沉淀的过滤和洗涤均采用倾泻法。洗涤沉淀是为了除去吸附于沉淀表面的杂质和母液，特别要除去在烘干或灼烧时不易挥发的杂质。同时，要尽量减少因洗涤而带来的沉淀的溶解损失和避免形成胶体。

经洗涤后的沉淀可采用电烘箱或红外灯干燥。有些沉淀因组成不定，烘干后不能称量，则需要用灼烧的方法将沉淀形式定量地转化为称量形式。

沉淀经干燥或灼烧后，冷却、称量直至恒重。最后通过沉淀的质量，经计算得出分析结果。

18.5.2 结果的计算

沉淀重量分析法的结果是根据试样和称量形式的质量计算而得，计算通式为

$$w(\text{被测物})=\frac{m(\text{称量形式})}{m(\text{试样})}\times F \qquad (18-2)$$

F 值称**换算因数**或**化学因素**(chemical factor)，其数值可由被测物含量表示形式和沉淀称量表示形式的相互关系中得到。例如，重量分析法测定铁，称量形式为 Fe_2O_3，含量表示形式可以是 Fe，Fe_2O_3 或 Fe_3O_4 等。

当分析结果用 $w(Fe)$ 表示时，$F=\frac{2M(Fe)}{M(Fe_2O_3)}$；而用 $w(Fe_3O_4)$ 表示分析结果时，$F=\frac{2M(Fe_3O_4)}{3M(Fe_2O_3)}$。

例 18-3 测定 1.023 9 g 某试样中 P_2O_5 含量：用 $MgCl_2$，NH_4Cl 和 $NH_3\cdot H_2O$ 使磷沉淀为 $MgNH_4PO_4$，过滤、洗涤，灼烧成 $Mg_2P_2O_7$，称量为 0.283 6 g，求试样中 P_2O_5 的质量分数。

解

$$w(P_2O_5)=\frac{m(Mg_2P_2O_7)\times\frac{M(P_2O_5)}{M(Mg_2P_2O_7)}}{m(\text{试样})}$$

$$=\frac{0.283\,6\ \text{g}\times\frac{141.95\ \text{g}\cdot\text{mol}^{-1}}{222.55\ \text{g}\cdot\text{mol}^{-1}}}{1.023\,9\ \text{g}}$$

$$=0.176\,7$$

习 题

1. 忽略离子强度的影响，计算下列难溶化合物的溶解度。

(1) PbF_2 在 pH=3.0 溶液中。

(2) AgI 在 10 $mol\cdot L^{-1}$ 的氨水溶液中。

2. 写出重量分析计算中换算因数的表示式：

沉淀形式	称量形式	含量表示形式	换算因数
$MgNH_4PO_4$	$Mg_2P_2O_7$	P_2O_5	
Ag_3AsO_4	AgCl	As_2O_3	
$KB(C_6H_5)_4$	$KB(C_6H_5)_4$	K_2O	
$Ni(C_4H_7N_2O_2)_2$	$Ni(C_4H_7N_2O_2)_2$	Ni	

3. 用硫酸钡重量分析法测定试样中钡的含量，灼烧时因部分 $BaSO_4$ 还原为 BaS，使钡的测定值为标准结果的 98.0%，求 $BaSO_4$ 沉淀中含有 BaS 多少？

4. 重量分析法测定某试样中的铝含量，是用 8-羟基喹啉作沉淀剂，生成 $Al(C_9H_6ON)_3$。若 1.021 0 g 试样产生了 0.188 2 g 沉淀，问试样中铝的质量分数为多少？

5. 植物试样中磷的定量测定方法是，先处理试样，使磷转化为 PO_4^{3-}，然后将其沉淀为磷钼酸铵

$(NH_4)_3PO_4 \cdot 12MoO_3$，并称其质量。如果由 0.271 1 g 试样中得到 1.168 2 g 沉淀，计算试样中 P 和 P_2O_5 的质量分数。

6. 用重量分析法分析某试样中的含铁量，并以 Fe_2O_3 为称量形式。要求所得结果达到 4 位有效数字。如果 Fe 含量为 11%～15%，问最少称取多少试样可以得到 100.0 mg 的沉淀？

第十九章

滴定分析法

学习要求：

1. 了解滴定分析法的基本知识。
2. 掌握酸碱滴定、配位滴定、氧化还原滴定和沉淀滴定法的基本原理。
3. 掌握各种滴定分析法的实际应用。

19.1 滴定分析法概论

19.1.1 滴定分析过程和方法分类

滴定分析法也称容量分析法。在滴定分析时，一般先将试样制备成溶液，用已知准确浓度的标准溶液(也称滴定剂)通过滴定管逐滴加入到待测溶液中，该过程称为**滴定**(titration)。当滴入的滴定剂的物质的量与被滴定物的物质的量正好符合滴定反应式中的化学计量关系时，称反应达到了**化学计量点**(stoichiometric point)或理论终点。化学计量点的到达一般是通过加入的指示剂颜色的变化来显示，但指示剂指示出的变色点不一定恰好为化学计量点，因此，在滴定分析中，根据指示剂颜色突变而停止滴定的那一点称为**滴定终点**(titration end point)。滴定终点与化学计量点之间的差别称为**滴定误差**或终点误差。最后通过消耗的滴定剂的体积和有关数据计算出分析结果。

滴定分析是以化学反应为基础的，根据滴定反应的类型，滴定分析可分为酸碱滴定法、配位滴定法、氧化还原滴定法和沉淀滴定法。

滴定分析法是定量分析中很重要的一种方法。其特点是适用于常量组分(含量＞1%)的测定；准确度较高，相对误差一般约为±0.2%；仪器简单、操作简便、快速；应用范围较广。因此滴定分析法有很大的实用价值。

19.1.2 滴定分析法对化学反应的要求和滴定方式

1. 对化学反应的要求

(1) 反应必须按一定方向定量完成，即反应完全程度达99.9%以上，并可以按一定的化学计量关系计算分析结果。

(2) 反应速率快，或有简便方法（如加热、加催化剂等）以加速反应。

(3) 有简便合适的确定终点的方法，常用的就是加入合适的指示剂，也可由滴定过程中电位的突变来指示终点。

(4) 试液中若存在干扰主反应的杂质，必须有合适的消除干扰的方法。

2. 滴定方式

(1) 直接滴定法　凡是滴定剂与被测物的反应满足上述对化学反应的要求，就可以用标准溶液直接滴定被测物。这种直接滴定方式操作简便、准确度高、分析结果的计算也较简单。

若反应不完全符合上述要求，就需要采用下述的其他方式进行滴定。

(2) 返滴定法　先往待测溶液中加入过量的已知浓度的滴定剂，待反应完全后，再用另一标准溶液滴定剩余的滴定剂，此过程也称为回滴。一般用于反应速率较慢或无合适指示剂的情况。例如，测定氨基酸中含氮量，就是将试样消化转化为简单的铵盐后，先往溶液中加入过量的 NaOH 溶液至强碱性并加热煮沸，蒸馏出的氨被过量的已知浓度的 HCl 标准溶液所吸收，再用 NaOH 标准溶液滴定剩余的 HCl，由计算得出含氮量。

(3) 置换滴定法　有些物质的反应不能按化学计量关系定量进行，就需要间接滴定能与该物质按化学计量关系反应生成的另一物质，以求得原物质的物质的量。例如，$Na_2S_2O_3$ 标准溶液不能直接滴定含 $K_2Cr_2O_7$ 的试液，因它们之间的反应无确定的化学计量关系，但是可以利用 $K_2Cr_2O_7$ 在酸性溶液中与过量 KI 的反应生成相应量的 I_2，而 I_2 与 $Na_2S_2O_3$ 在一定条件下的反应有确定的化学计量关系。因此通过 $Na_2S_2O_3$ 标准溶液滴定被 $K_2Cr_2O_7$ 置换出来的 I_2，可测得 $K_2Cr_2O_7$ 的含量。

(4) 间接滴定法　当被测物不能直接与滴定剂发生化学反应时，可以通过其他反应以间接的方式测定被测物含量。例如，Ca^{2+} 不能与 $KMnO_4$ 发生氧化还原反应，可以先使 Ca^{2+} 与 $C_2O_4^{2-}$ 定量沉淀为 CaC_2O_4，经操作，用酸溶解 CaC_2O_4 后，再以 $KMnO_4$ 标准溶液滴定 $C_2O_4^{2-}$。利用 Ca^{2+} 与 $C_2O_4^{2-}$，$C_2O_4^{2-}$ 与 $KMnO_4$ 的化学计量关系，间接求出 Ca^{2+} 的含量。

19.1.3 标准溶液的配制、基准物、基准溶液

标准溶液(standard solution)就是指已经准确知道浓度的溶液。一般有两种配制方法，即直接法和间接法。

直接法　根据所需要的浓度，准确称取一定量的物质，经溶解后，定量转移至容量瓶中并稀释至刻度。通过计算得出该标准溶液的准确浓度。这种溶液也称为**基准溶液**。能用来配制这种溶液的物质称为**基准物**(primary standard substance)。对基准物的要求如下：

(1) 纯度高，杂质的质量分数低于 0.02%，易制备和提纯。

(2) 组成（包括结晶水）与化学式相符。

(3) 性质稳定，不分解，不吸潮，不吸收大气中 CO_2，不失结晶水等。

(4) 有较大的摩尔质量，以减小称量的相对误差。

间接法(也称标定法)　当欲配制标准溶液的试剂不是基准物，就不能用直接法配制。（请注意：优级纯或分析纯试剂的纯度虽高，但组成不一定就与化学式相符，不一定能作为基准物使用。）间接配制法是先粗配成近似所需浓度的溶液，然后用基准物通过滴定的方法确定已配溶液的准确浓度。这一过程称为**标定**。

常用基准物的干燥条件和应用范围列于表 19-1。

表 19-1　常用基准物的干燥条件和应用范围

基准物		干燥后的组成	干燥条件	标定对象
名称	化学式			
无水碳酸钠	Na_2CO_3	Na_2CO_3	270～300 ℃	酸
硼砂	$Na_2B_4O_7\cdot10H_2O$	$Na_2B_4O_7\cdot10H_2O$	置于盛有 NaCl、蔗糖饱和溶液的密闭器皿中	酸
邻苯二甲酸氢钾	$KHC_8H_4O_4$	$KHC_8H_4O_4$	110～120 ℃	碱
二水合草酸	$H_2C_2O_4\cdot2H_2O$	$H_2C_2O_4\cdot2H_2O$	室温空气干燥	碱，$KMnO_4$
三氧化二砷	As_2O_3	As_2O_3	室温干燥器中保存	氧化剂
草酸钠	$Na_2C_2O_4$	$Na_2C_2O_4$	130 ℃	氧化剂
重铬酸钾	$K_2Cr_2O_7$	$K_2Cr_2O_7$	140～150 ℃	还原剂
溴酸钾	$KBrO_3$	$KBrO_3$	130 ℃	还原剂
碘酸钾	KIO_3	KIO_3	130 ℃	还原剂
铜	Cu	Cu	室温干燥器中保存	EDTA
碳酸钙	$CaCO_3$	$CaCO_3$	110 ℃	EDTA
锌	Zn	Zn	室温干燥器中保存	EDTA
氧化锌	ZnO	ZnO	900～1 000 ℃	EDTA
氯化钠	NaCl	NaCl	500～600 ℃	$AgNO_3$

19.1.4　滴定分析法中的计算

1. 被测物质的量 $n(\mathrm{A})$ 与滴定剂的量 $n(\mathrm{B})$ 的关系

(1) 直接滴定法中，被测物 A 与滴定剂 B 的反应为

$$a\mathrm{A} + b\mathrm{B} = c\mathrm{C} + d\mathrm{D}$$

滴定至化学计量点时，两者的物质的量按 $a:b$ 的关系进行反应，即

$$n(\mathrm{A})=\frac{a}{b}n(\mathrm{B}) \qquad 或 \qquad n(\mathrm{B})=\frac{b}{a}n(\mathrm{A})$$

例如，用基准物 $H_2C_2O_4\cdot2H_2O$ 标定 NaOH 溶液的浓度，其反应为

$$H_2C_2O_4 + 2NaOH = Na_2C_2O_4 + 2H_2O$$

则

$$n(\mathrm{NaOH}) = 2n(H_2C_2O_4\cdot2H_2O)$$

$$n(H_2C_2O_4\cdot2H_2O)=\frac{1}{2}n(\mathrm{NaOH})$$

(2) 在置换滴定法或间接滴定法中，一般通过多步反应才完成，则需通过总反应以确定被测物的量与滴定剂的量之间的关系。

例如，在酸性介质中，用基准物 $K_2Cr_2O_7$ 标定 $Na_2S_2O_3$ 溶液的反应为

$$Cr_2O_7^{2-} + 6I^- + 14H^+ \xlongequal{} 2Cr^{3+} + 3I_2 + 7H_2O$$

$$I_2 + 2S_2O_3^{2-} \xlongequal{} 2I^- + S_4O_6^{2-}$$

总的计量关系为 $Cr_2O_7^{2-} \sim 6I^- \sim 3I_2 \sim 6S_2O_3^{2-}$。

则 $$n(K_2Cr_2O_7)=\frac{1}{6}n(Na_2S_2O_3)\text{或}\ n(Na_2S_2O_3)=6n(K_2Cr_2O_7)$$

2. 表示浓度和含量的物理量

(1) 物质的量浓度　简称浓度，用 c 表示。对溶液来说可以理解为溶质 A 的物质的量 $n(\mathrm{A})$ 除以溶液的体积 V，即

$$c(\mathrm{A})=\frac{n(\mathrm{A})}{V}$$

物质的量浓度在分析化学中常用的单位是 $\mathrm{mol\cdot L^{-1}}$ 或 $\mathrm{mol\cdot dm^{-3}}$。

在滴定分析中，被测物物质的量 $n(\mathrm{A})$ 是由滴定剂 B 的浓度 $c(\mathrm{B})$ 和体积 $V(\mathrm{B})$ 以及被测物与滴定剂反应的物质的量的关系求得，即

$$n(\mathrm{A})=\frac{a}{b}n(\mathrm{B})=\frac{a}{b}c(\mathrm{B})V(\mathrm{B})$$

若被测物是溶液，其体积为 $V(\mathrm{A})$，浓度为 $c(\mathrm{A})$，与滴定剂 B 的反应到达化学计量点时，消耗浓度为 $c(\mathrm{B})$ 的滴定剂体积 $V(\mathrm{B})$，则

$$n(\mathrm{A})=c(\mathrm{A})V(\mathrm{A})=\frac{a}{b}c(\mathrm{B})V(\mathrm{B})$$

故被测物的质量 $$m(\mathrm{A})=\frac{a}{b}c(\mathrm{B})V(\mathrm{B})M(\mathrm{A})$$

$M(\mathrm{A})$ 为 A 的摩尔质量。

(2) 被测物的质量分数的计算　在滴定分析中，若准确称取含被测物试样的质量为 $m(\mathrm{s})$，经实验测得被测物的质量为 $m(\mathrm{A})$，则质量分数 $w(\mathrm{A})$ 表示为

$$w(\mathrm{A})=\frac{m(\mathrm{A})}{m(\mathrm{s})}$$

故

$$w(\mathrm{A})=\frac{\frac{a}{b}c(\mathrm{B})V(\mathrm{B})M(\mathrm{A})}{m(\mathrm{s})}$$

质量分数是相同物质量之比，因此量纲为 1。

例 19－1　称取基准物 $H_2C_2O_4\cdot 2H_2O$ ($M_r=126.07$) 0.125 8 g，用 NaOH 溶液滴定至终点消耗 19.85 mL。计算 $c(\mathrm{NaOH})$。

解　$$H_2C_2O_4 + 2NaOH = Na_2C_2O_4 + 2H_2O$$

$$\begin{aligned} c(\mathrm{NaOH}) &= \frac{n(\mathrm{NaOH})}{V(\mathrm{NaOH})} = \frac{2n(\mathrm{H_2C_2O_4 \cdot 2H_2O})}{V(\mathrm{NaOH})} \\ &= \frac{2m(\mathrm{H_2C_2O_4 \cdot 2H_2O})/M(\mathrm{H_2C_2O_4 \cdot 2H_2O})}{V(\mathrm{NaOH})} \\ &= \frac{2 \times 0.125\,8\ \mathrm{g}/126.07\ \mathrm{g \cdot mol^{-1}}}{19.85 \times 10^{-3}\ \mathrm{L}} \\ &= 0.100\,5\ \mathrm{mol \cdot L^{-1}} \end{aligned}$$

例 19-2　为标定 $Na_2S_2O_3$ 溶液，称取基准物 $K_2Cr_2O_7$ 0.126 0 g，用稀 HCl 溶液溶解后，加入过量 KI，置于暗处 5 min，待反应完毕后加水 80 mL，用待标定的 $Na_2S_2O_3$ 溶液滴定。终点时耗用 $V(Na_2S_2O_3)$ 为 19.47 mL，计算 $c(Na_2S_2O_3)$。

解　$$Cr_2O_7^{2-} + 6I^- + 14H^+ = 2Cr^{3+} + 3I_2 + 7H_2O$$

$$I_2 + 2S_2O_3^{2-} = 2I^- + S_4O_6^{2-}$$

$$n(\mathrm{K_2Cr_2O_7}) = \frac{1}{6}n(\mathrm{Na_2S_2O_3})$$

$$\frac{m(\mathrm{K_2Cr_2O_7})}{M(\mathrm{K_2Cr_2O_7})} = \frac{1}{6}c(\mathrm{Na_2S_2O_3})V(\mathrm{Na_2S_2O_3})$$

$$c(\mathrm{Na_2S_2O_3}) = \frac{6 \times 0.126\,0\ \mathrm{g}}{19.47 \times 10^{-3}\ \mathrm{L} \times 294.2\ \mathrm{g \cdot mol^{-1}}} = 0.132\,0\ \mathrm{mol \cdot L^{-1}}$$

例 19-3　测定植物试样中含磷量可采用间接配位滴定法。称取含磷试样 0.113 6 g，处理后将磷沉淀为 $MgNH_4PO_4$，经过滤、洗涤、再溶解，用 EDTA 标准溶液滴定（Mg^{2+} 被滴定）。$c(\mathrm{EDTA}) = 0.010\,40\ \mathrm{mol \cdot L^{-1}}$，用去 $V(\mathrm{EDTA})$ 为 21.32 mL。求试样中 P_2O_5 的质量分数。

解　$$Mg^{2+} + \mathrm{EDTA} = Mg^{2+}-\mathrm{EDTA}$$

$$P_2O_5 \sim 2PO_4^{3-} \sim 2Mg^{2+} \sim 2\mathrm{EDTA}$$

$$n(\mathrm{P_2O_5}) = \frac{1}{2}n(\mathrm{EDTA})$$

$$\frac{m(\mathrm{P_2O_5})}{M(\mathrm{P_2O_5})} = \frac{1}{2}c(\mathrm{EDTA})V(\mathrm{EDTA})$$

$$\begin{aligned} w(\mathrm{P_2O_5}) &= \frac{m(\mathrm{P_2O_5})}{m(\mathrm{s})} \\ &= \frac{\frac{1}{2}c(\mathrm{EDTA})V(\mathrm{EDTA})M(\mathrm{P_2O_5})}{m(\mathrm{s})} \\ &= \frac{\frac{1}{2} \times 0.010\,40\ \mathrm{mol \cdot L^{-1}} \times 21.32 \times 10^{-3}\ \mathrm{L} \times 141.95\ \mathrm{g \cdot mol^{-1}}}{0.113\,6\ \mathrm{g}} \\ &= 0.138\,5 \end{aligned}$$

19.2 酸碱滴定法

酸碱滴定法是以酸碱反应为基础的滴定分析法，一般的酸、碱以及能与酸、碱直接或间接进行质子传递的物质，几乎都可以利用酸碱滴定法测定，通常反应速率较快，能满足滴定分析法的要求。

本节是在讨论酸碱平衡的基础理论和数学处理方法的基础上，讨论酸碱滴定法的基本原理和应用，有关水溶液中活度和活度系数的概念以及酸碱质子理论，请见第四章。

19.2.1 弱酸(碱)溶液中各物种的分布

在酸碱平衡体系中，常常同时存在多种物种，它们的浓度随溶液 H_3O^+ 浓度的变化而变化。某物种的平衡浓度在总浓度 c(也称分析浓度，为各种物种的平衡浓度的总和)中占有的分数称为该物种的分布分数(或称摩尔分数)，用符号 δ 表示。分布分数的大小与该酸或碱的性质有关。知道了分布分数和分析浓度，便可求得各种物种的平衡浓度，这在分析化学中是很重要的。

1. 一元弱酸(碱)溶液中各种物种的分布

一元弱酸 HA，在水溶液中有 HA 和 A^- 两种物种。设它们的总浓度为 c，HA 的平衡浓度为[HA]，A^- 的平衡浓度为[A^-]，即 $c=[HA]+[A^-]$。以 δ_{HA} 和 δ_{A^-} 分别代表 HA 和 A^- 的分布分数，则

$$\delta_{HA}=\frac{[HA]}{c}=\frac{[HA]}{[HA]+[A^-]}=\frac{1}{1+\dfrac{K_a}{[H^+]}}=\frac{[H^+]}{[H^+]+K_a} \tag{19-1}$$

$$\delta_{A^-}=\frac{[A^-]}{c}=\frac{[A^-]}{[HA]+[A^-]}=\frac{K_a}{[H^+]+K_a} \tag{19-2}$$

在式(19-1)和式(19-2)中，K_a 为 HA 的平衡常数。并且各物种分布分数之和等于 1，即 $\delta_{HA}+\delta_{A^-}=1$。

例 19-4 计算 pH=4.00 时，浓度为 $0.10\ mol\cdot L^{-1}$ HAc 溶液中，HAc 和 Ac^- 的分布分数和平衡浓度。

解

$$\delta_{HAc}=\frac{[H^+]}{[H^+]+K_a}=\frac{1.0\times10^{-4}\ mol\cdot L^{-1}}{1.0\times10^{-4}\ mol\cdot L^{-1}+1.75\times10^{-5}\ mol\cdot L^{-1}}=0.85$$

$$\delta_{Ac^-}=\frac{K_a}{[H^+]+K_a}=\frac{1.8\times10^{-5}\ mol\cdot L^{-1}}{1.0\times10^{-4}\ mol\cdot L^{-1}+1.75\times10^{-5}\ mol\cdot L^{-1}}=0.15$$

$$[HAc]=\delta_{HAc}\times c=0.85\times0.10\ mol\cdot L^{-1}=0.085\ mol\cdot L^{-1}$$

$$[Ac^-]=\delta_{Ac^-}\times c=0.15\times0.10\ mol\cdot L^{-1}=0.015\ mol\cdot L^{-1}$$

分布分数与溶液 pH 的关系图称分布曲线。因此，计算出不同 pH 时的 δ_{HAc} 和 δ_{Ac^-} 值，以 pH 为横坐标，δ 为纵坐标，可作 δ-pH 曲线图(见图 19-1)。由图可见，当 pH=pK_a 时，溶液中 HAc 和 Ac^- 两种物种各占 50%；当 pH<pK_a时，HAc 为主要物种；当 pH>pK_a 时，Ac^- 为主要物种。

2. 多元弱酸溶液中各种物种的分布

二元弱酸 H_2A 在溶液中有 H_2A，HA^- 和 A^{2-} 三种物种，它们的总浓度为 c，即 $c=[H_2A]+[HA^-]+[A^{2-}]$。则有

$$\delta_{H_2A}=\frac{[H_2A]}{c}=\frac{1}{1+\frac{K_a}{[H^+]}+\frac{K_{a_1}K_{a_2}}{[H^+]^2}}$$

$$=\frac{[H^+]^2}{[H^+]^2+[H^+]K_{a_1}+K_{a_1}\cdot K_{a_2}} \qquad (19-3)$$

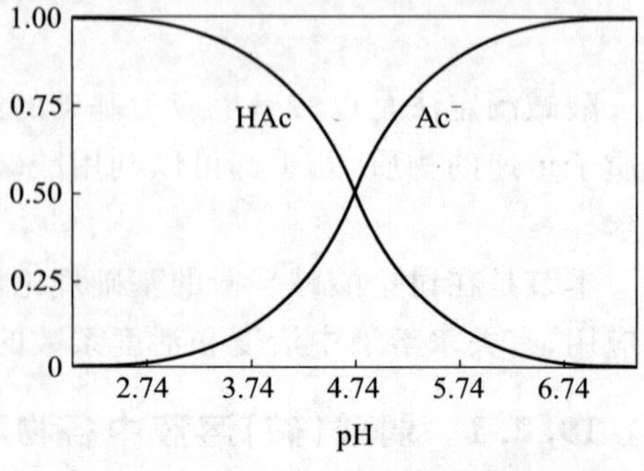

图 19-1　HAc 的 δ-pH 曲线图

$$\delta_{HA^-}=\frac{[HA^-]}{c}=\frac{[H^+]\cdot K_{a_1}}{[H^+]^2+[H^+]\cdot K_{a_1}+K_{a_1}\cdot K_{a_2}} \qquad (19-4)$$

$$\delta_{A^{2-}}=\frac{[A^{2-}]}{c}=\frac{K_{a_1}\cdot K_{a_2}}{[H^+]^2+[H^+]\cdot K_{a_1}+K_{a_1}\cdot K_{a_2}} \qquad (19-5)$$

图 19-2 为酒石酸溶液中三种物种的分布图。酒石酸的 $pK_{a_1}=3.04$，$pK_{a_2}=4.37$[①]，以它们为界，可分为三个区域：$pH<pK_{a_1}$，H_2A 占优势；$pH>pK_{a_2}$，A^{2-} 物种为主；当 $pK_{a_1}<pH<pK_{a_2}$ 时，则主要是 HA^- 物种。pK_{a_1} 与 pK_{a_2} 值相差越小，HA^- 占优势的区域越窄。

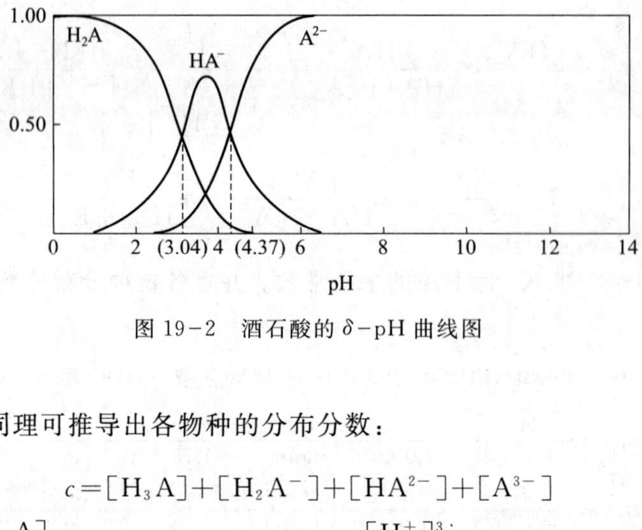

图 19-2　酒石酸的 δ-pH 曲线图

对三元酸 H_3A，同理可推导出各物种的分布分数：

$$c=[H_3A]+[H_2A^-]+[HA^{2-}]+[A^{3-}]$$

$$\delta_{H_3A}=\frac{[H_3A]}{c}=\frac{[H^+]^3}{[H^+]^3+[H^+]^2\cdot K_{a_1}+[H^+]\cdot K_{a_1}\cdot K_{a_2}+K_{a_1}\cdot K_{a_2}\cdot K_{a_3}}$$

$$\delta_{H_2A^-}=\frac{[H_2A^-]}{c}=\frac{[H^+]^2\cdot K_{a_1}}{[H^+]^3+[H^+]^2\cdot K_{a_1}+[H^+]\cdot K_{a_1}\cdot K_{a_2}+K_{a_1}\cdot K_{a_2}\cdot K_{a_3}}$$

$$\delta_{HA^{2-}}=\frac{[HA^{2-}]}{c}=\frac{[H^+]\cdot K_{a_1}\cdot K_{a_2}}{[H^+]^3+[H^+]^2\cdot K_{a_1}+[H^+]\cdot K_{a_1}\cdot K_{a_2}+K_{a_1}\cdot K_{a_2}\cdot K_{a_3}}$$

---

① 经验平衡常数 K_a 为有量纲的量，不能取对数，这里 pK_a 实为 $-\lg\{K_a\}$，其中 $\{K_a\}$ 为 K_a 的数值。下同。

$$\delta_{A^{3-}}=\frac{[A^{3-}]}{c}=\frac{K_{a_1}\cdot K_{a_2}\cdot K_{a_3}}{[H^+]^3+[H^+]^2\cdot K_{a_1}+[H^+]\cdot K_{a_1}\cdot K_{a_2}+K_{a_1}\cdot K_{a_2}\cdot K_{a_3}}$$

$$\delta_{H_3A}+\delta_{H_2A^-}+\delta_{HA^{2-}}+\delta_{A^{3-}}=1$$

H_3PO_4 的 $pK_{a_1}=2.15$，$pK_{a_2}=7.20$，$pK_{a_3}=12.32$。图 19-3 为 H_3PO_4 的 δ-pH 图。

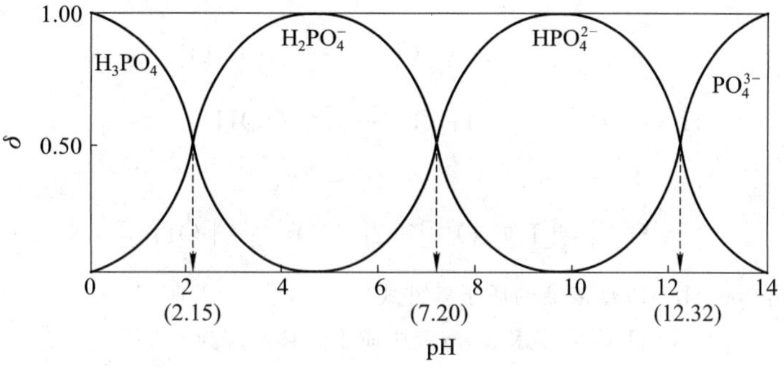

图 19-3　H_3PO_4 的 δ-pH 图

19.2.2　酸碱溶液中氢离子浓度的计算

溶液中氢离子浓度的大小对很多化学反应都有重要影响。计算 H^+ 浓度可采用代数法和图解法。本节主要介绍代数法，方法从精确的数量关系出发，根据具体条件，分清主次，合理取舍，使其成为易于计算的简化形式。具体计算的依据有物料平衡式、电荷平衡式和质子条件式。其中较简便而又常用的是质子条件式。

1. 质子条件式

酸碱反应的实质是质子的传递。当反应达到平衡时，得到质子后的产物所获得的质子的总物质的量与失去质子后的产物所失质子的总物质的量相等，这一原则叫做质子条件，它的数学表达式称**质子条件式**，以 PBE 表示。通过质子条件式可推导出溶液 H^+ 浓度的计算式。

任何酸碱溶液在确定其质子条件时，先要选择适当的物质作为参考，以它作为考虑质子转移的起点称为**参考水准或零水准**(zero level)。通常选择大量存在于溶液中并参与质子转移的物质作为零水准。然后根据质子转移数相等的数量关系写出质子条件式。

例如，在一元弱酸 HA 的水溶液中，大量存在并参与质子转移反应的物质是 HA 和 H_2O，因此选它们作为零水准，其质子转移情况为

零水准

$$HA \xrightarrow{-H^+} A^-$$

$$H_3O^+ \xleftarrow{+H^+} H_2O \xrightarrow{-H^+} OH^-$$

式中 H_3O^+（简化为 H^+）是溶液 H_2O 获得质子后的产物，将它写在零水准的一边，而 A^- 和 OH^- 为 HA 和 H_2O 失去质子后的产物，写在零水准的另一边。根据质子得失数目相等，且同处于一体系中，因此直接写出质子条件式为

$$[H^+]=[OH^-]+[A^-]$$

在处理多元酸溶液的质子条件时，要注意平衡物种前的系数。例如 $H_2C_2O_4$，以 $H_2C_2O_4$ 和 H_2O 为零水准，其质子转移反应为

零水准

$$H_2C_2O_4 \xrightarrow{-H^+} HC_2O_4^-$$

$$H_2C_2O_4 \xrightarrow{-2H^+} C_2O_4^{2-}$$

$$H_3O^+ \xleftarrow{+H^+} H_2O \xrightarrow{-H^+} OH^-$$

其质子条件式为

$$[H^+]=[HC_2O_4^-]+2[C_2O_4^{2-}]+[OH^-]$$

例 19-5 写出 $NaNH_4HPO_4$ 溶液的质子条件式。

解 选 NH_4^+、HPO_4^{2-} 和 H_2O 为零水准，溶液中质子转移反应为

零水准

$$NH_4^+ \xrightarrow{-H^+} NH_3$$

$$H_2PO_4^- \xleftarrow{+H^+} HPO_4^{2-} \xrightarrow{-H^+} PO_4^{3-}$$

$$H_3PO_4 \xleftarrow{+2H^+} HPO_4^{2-}$$

$$H_3O^+ \xleftarrow{+H^+} H_2O \xrightarrow{-H^+} OH^-$$

其质子条件式为

$$[H^+]+[H_2PO_4^-]+2[H_3PO_4]=[NH_3]+[PO_4^{3-}]+[OH^-]$$

例 19-6 写出含有浓度为 c_1 的 HAc 和浓度为 c_2 的 NaAc 水溶液的质子条件式。

解 在这一共轭体系中，H_2O，HAc 和 Ac^- 都参与质子转移的反应，但 HAc 和 Ac^- 为共轭酸碱对，互为失(得)质子后的产物，因此不能把共轭酸碱对的两个组分都选作零水准，而只能选择其中的一种。若选择 HAc 和 H_2O 为零水准，则质子条件式为

$$[H^+]=[OH^-]+[Ac^-]-c_2$$

若选择 Ac^- 和 H_2O 为零水准，则质子条件式为

$$[H^+]+[HAc]-c_1=[OH^-]$$

但是，无论选择 HAc 还是选择 Ac^- 作为零水准，所得到的质子条件式只是同一平衡式的不同表达式，通过物料平衡式①，$[HAc]+[Ac^-]=c_1+c_2$ 可以得出它们是一致的，是可以相互变换成另一表达式的。

2. 酸碱溶液中氢离子浓度的计算

(1) 强酸(强碱)溶液　设浓度为 c 的强酸 HB，其在水溶液中质子的转移反应为

$$HB + H_2O \longrightarrow H_3O^+ + B^- \quad (全部转化为 H_3O^+)$$

---

① 是指一个化学式平衡体系中，某一给定物的总浓度，等于各有关组分平衡浓度之和。

其质子条件式为 $[H^+]=[OH^-]+c$

上列质子条件式的意义是，当强酸溶液处于平衡状态时，溶液中 H^+（即 H_3O^+）分别来源于 H_2O 和 HB 的解离，根据平衡关系，得到

$$[H^+]=\frac{K_w}{[H^+]}+c$$

$$[H^+]^2-c\cdot[H^+]-K_w=0 \quad (精确式) \qquad (19-6)$$

式(19-6)是计算强酸溶液 H^+ 浓度的精确式，按上式计算需要解一元二次方程。如果$[H^+]^2>20K_w$，则可忽略式中的$[OH^-]$，则

$$[H^+]\approx c \quad (最简式) \qquad (19-7)$$

对于浓度为 c 的强碱溶液，其$[OH^-]$的计算与强酸情况类似，即

$$[OH^-]=c+[H^+]$$

(2) 一元弱酸(碱)溶液 浓度为 c 的一元弱酸 HA，其质子条件式为

$$[H^+]=[A^-]+[OH^-]$$

$$[H^+]=\frac{K_a\cdot[HA]}{[H^+]}+\frac{K_w}{[H^+]}$$

$$[H^+]=\sqrt{K_a\cdot[HA]+K_w} \quad (精确式) \qquad (19-8)$$

式中，$[HA]=\delta(HA)\cdot c$，代入后解方程仍很麻烦。实际上，可根据具体情况进行合理的处理，采用近似法进行计算。

式(19-8)中，当 $K_a\cdot[HA]\geqslant 20K_w$，可忽略 K_w，即忽略水解离提供的 H^+。此时式(19-8)简化为

$$[H^+]=\sqrt{K_a\cdot[HA]}=\sqrt{K_a(c-[H^+])} \quad (近似式) \qquad (19-9)$$

其展开式为

$$[H^+]^2+K_a[H^+]-cK_a=0$$

$$[H^+]=\frac{-K_a+\sqrt{K_a^2+4cK_a}}{2}$$

当$[H^+]\ll c$，即 HA 的解离度很小时，式(19-9)可进一步简化为

$$[H^+]=\sqrt{K_a\cdot c} \quad (最简式) \qquad (19-10)$$

一般在 $c/K_a\geqslant 500$，且 $c\cdot K_a\geqslant 20K_w$ 时，才能用最简式计算 H^+ 浓度。

例 19-7 计算 0.10 $mol\cdot L^{-1}$ NH_4NO_3 溶液的 pH。

解 NH_3：$K_b=1.76\times10^{-5}$；NH_4^+：$K_a=\frac{K_w}{K_b}=5.7\times10^{-10}$

$$c\cdot K_a=0.10\times5.7\times10^{-10}=5.7\times10^{-11}>20K_w$$

$$c/K_a=\frac{0.10}{5.7\times10^{-10}}>500$$

故可用最简式(19-10)：

$$[H^+]=\sqrt{K_a\cdot c}=\sqrt{5.7\times10^{-10}\times0.10}\ mol\cdot L^{-1}=7.5\times10^{-6}\ mol\cdot L^{-1}$$

$$pH=5.13$$

例 19-8 计算 0.10 $mol\cdot L^{-1}$ 一氯乙酸($CH_2ClCOOH$)溶液的 pH。

解 已知 $K_a=1.38\times10^{-3}$

$$c\cdot K_a=0.10\times1.38\times10^{-3}>20K_w$$

$$c/K_a=0.10/(1.38\times10^{-3})<500$$

故采用近似式(19-9)计算：

$$[H^+]=\frac{-K_a+\sqrt{K_a^2+4K_a\cdot c}}{2}=1.1\times10^{-2}\ mol\cdot L^{-1}$$

$$pH=1.96$$

(3) 多元酸(碱)溶液 以二元酸 H_2A 为例，设其浓度为 c，解离常数为 K_{a_1} 和 K_{a_2}，溶液的质子条件式为

$$[H^+]=[HA^-]+2[A^{2-}]+[OH^-]$$

溶液为酸性，$[OH^-]$项可略去，再由有关平衡常数得

$$[H^+]=\frac{K_{a_1}\cdot[H_2A]}{[H^+]}+2\frac{K_{a_1}\cdot K_{a_2}[H_2A]}{[H^+]^2}$$

整理得

$$[H^+]=\frac{K_{a_1}\cdot[H_2A]}{[H^+]}\left(1+\frac{2K_{a_2}}{[H^+]}\right)\qquad(19-11)$$

若 K_{a_2} 很小，则 $2K_{a_2}/[H^+]\ll1$，可将其略去，上式可简化为

$$[H^+]=\sqrt{K_{a_1}\cdot[H_2A]}\qquad(近似式)\qquad(19-12)$$

这实际上是忽略第二步解离，作为一元酸处理，如果 $c/K_{a_1}>500$，则可进一步简化为

$$[H^+]=\sqrt{K_{a_1}\cdot c}\qquad(最简式)\qquad(19-13)$$

例 19-9 计算 0.010 $mol\cdot L^{-1}$ 的酒石酸溶液的 pH。

解 酒石酸 $K_{a_1}=9.1\times10^{-4}$，$K_{a_2}=4.3\times10^{-5}$

先按一元酸处理，$c/K_{a_1}=0.01/9.1\times10^{-4}<500$，故采用近似式(19-9)计算：

$$[H^+]=\frac{-K_{a_1}+\sqrt{K_{a_1}^2+4K_{a_1}\cdot c}}{2}$$

$$=\frac{-9.1\times10^{-4}+\sqrt{(9.1\times10^{-4})^2+4\times9.1\times10^{-4}\times0.010}}{2}\ mol\cdot L^{-1}$$

$$=2.6\times10^{-3}\ mol\cdot L^{-1}$$

此时

$$\frac{2K_{a_2}}{[H^+]}=\frac{2\times4.3\times10^{-5}\ mol\cdot L^{-1}}{2.6\times10^{-3}\ mol\cdot L^{-1}}=10^{-1.48}\ll1$$

所以,按一元酸处理是合理的。求得 pH=2.59。

(4) 两性物质溶液　两性物质在溶液中既起酸的作用,又起碱的作用,以浓度为 c 的酸式盐 NaHA 为例,溶液的质子条件式为

$$[H^+]+[H_2A]=[A^{2-}]+[OH^-]$$

利用平衡关系

$$[H^+]+\frac{[H^+][HA^-]}{K_{a_1}}=\frac{K_{a_2}\cdot[HA^-]}{[H^+]}+\frac{K_w}{[H^+]}$$

经整理得

$$[H^+]=\sqrt{\frac{K_{a_2}\cdot[HA^-]+K_w}{1+[HA^-]/K_{a_1}}}\quad(\text{精确式})\qquad(19-14)$$

若 K_{a_1} 与 K_{a_2} 相差较大,可认为$[HA^-]\approx c$。又若 $K_{a_2}\cdot c\geqslant 20K_w$,可略去 K_w 项。上式简化为

$$[H^+]=\sqrt{\frac{K_{a_2}\cdot c}{1+c/K_{a_1}}}\quad(\text{近似式})\qquad(19-15)$$

再若 $c/K_{a_1}>20$,可忽略分母中的"1",则进一步简化为

$$[H^+]=\sqrt{K_{a_1}K_{a_2}}\quad(\text{最简式})\qquad(19-16)$$

例 19-10　计算 0.05 $mol\cdot L^{-1}$ Na_2HPO_4 溶液的 pH。

解　H_3PO_4　$K_{a_1}=7.11\times10^{-3}$,$K_{a_2}=6.34\times10^{-8}$,$K_{a_3}=4.79\times10^{-13}$

$$[H^+]=\sqrt{\frac{c\cdot K_{a_3}+K_w}{1+c/K_{a_2}}}$$

由于　$c\cdot K_{a_3}=0.05\times4.79\times10^{-13}=2.4\times10^{-14}(\approx K_w)$

故 K_w 项不能略去,而 $c/K_{a_2}=\frac{0.05}{6.34\times10^{-8}}=7.9\times10^5(\gg20)$,可略去"1"项,因此

$$[H^+]=\sqrt{\frac{c\cdot K_{a_3}+K_w}{c/K_{a_2}}}$$

$$=\sqrt{\frac{0.05\times4.79\times10^{-13}+1.0\times10^{-14}}{0.05/(6.34\times10^{-8})}}\ mol\cdot L^{-1}$$

$$=2.1\times10^{-10}\ mol\cdot L^{-1}$$

即 pH=9.68。

例 19-11　计算 0.10 $mol\cdot L^{-1}$ 氨基乙酸溶液的 pH。

解　氨基乙酸(NH_2CH_2COOH)在水溶液中以双极离子 $^+NH_3CH_2COO^-$ 形式存在,它既能得到质子起碱的作用,又能失去质子起酸的作用,是两性物质。

$$\underset{\text{氨基乙酸阳离子}}{^+NH_3CH_2COOH}\underset{}{\overset{(-H^+)K_{a_1}}{\rightleftharpoons}}\underset{\text{氨基乙酸双极离子}}{^+NH_3CH_2COO^-}\overset{(-H^+)K_{a_2}}{\rightleftharpoons}\underset{\text{氨基乙酸阴离子}}{NH_2CH_2COO^-}$$

通常所说的氨基乙酸是指双极离子形式，作为酸的解离常数是 $K_{a_2}=10^{-9.78}$，作为碱的解离常数是 $K_{b2}=K_w/K_{a_1}$，其中 $K_{a_1}=10^{-2.35}$。

因为 $$c\cdot K_{a_2}=10^{-1}\times10^{-9.78}>20K_w, c/K_{a_1}>20$$

所以可用最简式(19-16)：

$$[H^+]=\sqrt{K_{a_1}\cdot K_{a_2}}=\sqrt{10^{-2.35}\times10^{-9.78}}\ mol\cdot L^{-1}=10^{-6.06}\ mol\cdot L^{-1}$$

$$pH=6.06$$

(5) 弱酸及其共轭碱的溶液　设弱酸 HA 及其共轭碱 A^- 的水溶液，其总浓度分别为 c_1 和 c_2。当以 HA 和 H_2O 为零水准时，其质子条件式为

$$[H^+]=[A^-]-c_2+[OH^-] \quad 或 \quad [A^-]=[H^+]+c_2-[OH^-]$$

当以 A^- 和 H_2O 为零水准时，其质子条件式为

$$[H^+]+[HA]-c_1=[OH^-] \quad 或 \quad [HA]=c_1+[OH^-]-[H^+]$$

由弱酸的解离关系为

$$[H^+]=\frac{[HA]}{[A^-]}\cdot K_a$$

将 HA 和 A^- 的平衡浓度代入，得$[H^+]$的精确计算公式：

$$[H^+]=K_a\frac{c_1+[OH^-]-[H^+]}{c_2+[H^+]-[OH^-]} \tag{19-17}$$

若溶液呈酸性时，$[H^+]\gg[OH^-]$，则式(19-17)简化为

$$[H^+]=K_a\cdot\frac{c_1-[H^+]}{c_2+[H^+]} \tag{19-18}$$

当溶液呈碱性时，$[OH^-]\gg[H^+]$，则式(19-17)简化为

$$[H^+]=K_a\frac{c_1+[OH^-]}{c_2-[OH^-]} \quad 或 \quad [OH^-]=K_b\frac{c_2-[OH^-]}{c_1+[OH^-]} \tag{19-19}$$

当弱酸及其共轭碱的分析浓度较大时，即

$$c_1\gg[OH^-]-[H^+]; \quad c_2\gg[H^+]-[OH^-]$$

则式(19-17)可进一步简化为最简式

$$[H^+]=K_a\frac{c_1}{c_2} \tag{19-20}$$

这就是常用的缓冲溶液 pH 的计算式。

(6) 混合酸溶液　讨论两种情况：强酸和弱酸的混合液；两种弱酸的混合液。

设总浓度为 c_1 的 HCl 和总浓度为 c_2 的弱酸 HA 的混合液。其质子条件式为

$$[H^+]=c_1+[A^-]+[OH^-]$$

因为是酸性溶液，忽略$[OH^-]$项，并代入平衡常数式得

$$[H^+]=c_1+[A^-]=c_1+\frac{K_a \cdot c_2}{[H^+]+K_a}$$

此式须解一元二次方程式求得$[H^+]$。

当$c_1 \gg [A^-]$时，此式就可简化为$[H^+]=c_1$。

设总浓度分别为c_1和c_2的两种弱酸HA和HB的混合液，其质子条件式为

$$[H^+]=[A^-]+[B^-]+[OH^-]$$

因为是酸性溶液，忽略$[OH^-]$项，并代入平衡常数式得

$$[H^+]=[A^-]+[B^-]=\frac{K_{HA} \cdot [HA]}{[H^+]}+\frac{K_{HB} \cdot [HB]}{[H^+]}$$

$$[H^+]=\sqrt{K_{HA} \cdot [HA]+K_{HB} \cdot [HB]}$$

当两种酸的解离度都较小时，则$[HA] \approx c_1$，$[HB] \approx c_2$，则上式可简化为$[H^+] \approx \sqrt{K_{HA} \cdot c_1+K_{HB} \cdot c_2}$。

19.2.3 缓冲溶液

缓冲溶液(buffer solution)在分析化学和生物化学中都很重要，它能使溶液的pH不因外加少量酸、碱或溶液适当稀释等因素而发生显著变化。但是任何缓冲溶液的缓冲能力都有一定的限度。缓冲能力可以用**缓冲容量**(buffer capacity)β表示。β是用改变一定的pH时所允许加入的强酸或强碱的量来度量。β的数学定义为

$$\beta=\frac{dn_B}{dpH}=-\frac{dn_A}{dpH}$$

其意义是1 L溶液的pH增加dpH单位时所需强碱dn_B(mol)的量，或使1 L溶液的pH减少dpH单位时所需强酸dn_A(mol)的量。加酸使pH降低，故在dn_A/dpH前加一负号以使β为正值。显然β值愈大，缓冲能力愈强。

缓冲溶液的作用、配制等请见第四章4.4节。

一些常用的缓冲溶液列于表19-2。表19-3是几种常用的标准缓冲溶液。

表19-2 常用的缓冲溶液

缓冲溶液	酸的存在形式	碱的存在形式	pK_a
氨基乙酸-HCl	$NH_3^+CH_2COOH$	$NH_2CH_2COO^-$	2.35
一氯乙酸-NaOH	$CH_2ClCOOH$	CH_2ClCOO^-	2.86
甲酸-NaOH	HCOOH	$HCOO^-$	3.77
HAc-NaAc	HAc	Ac^-	4.75
六亚甲基四胺-HCl	$(CH_2)_6N_4H^+$	$(CH_2)_6N_4$	5.13
$NaH_2PO_4-Na_2HPO_4$	$H_2PO_4^-$	HPO_4^{2-}	7.21(pK_{a_2})
三乙醇胺-HCl	$NH^+(CH_2CH_2OH)_3$	$N(CH_2CH_2OH)_3$	7.76

续表

缓冲溶液	酸的存在形式	碱的存在形式	pK_a
三羟甲基甲胺-HCl	$NH_3^+C(CH_2OH)_3$	$NH_2C(CH_2OH)_3$	8.21
$Na_2B_4O_7$-HCl	H_3BO_3	$H_2BO_3^-$	9.24(pK_{a_1})
$Na_2B_4O_7$-NaOH	H_3BO_3	$H_2BO_3^-$	9.24(pK_{a_1})
NH_3-NH_4Cl	NH_4^+	NH_3	9.26
乙醇胺-HCl	$NH_3^+CH_2CH_2OH$	$NH_2CH_2CH_2OH$	9.50
氨基乙酸-NaOH	$NH_3^+CH_2COOH$	$NH_2CH_2COO^-$	9.78
$NaHCO_3$-Na_2CO_3	HCO_3^-	CO_3^{2-}	10.32(pK_{a_2})
Na_2HPO_4-NaOH	HPO_4^{2-}	PO_4^{3-}	12.32(pK_{a_3})

表 19-3　几种常用的标准缓冲溶液

标准缓冲溶液	pH(25 ℃时的标准值)
饱和酒石酸氢钾(0.034 mol·L^{-1})	3.557
0.05 mol·L^{-1}邻苯二甲酸氢钾	4.008
0.025 mol·L^{-1} KH_2PO_4+0.025 mol·L^{-1} Na_2HPO_4	6.865
0.01 mol·L^{-1}硼砂	9.180
饱和氢氧化钙	12.454

标准缓冲溶液是用来校正 pH 计的，它们的 pH 是在一定温度下经实验准确地确定的。这类溶液大多是由逐级解离常数相差较小的两性物质组成。例如，酒石酸氢钾，其 $pK_{a_1}=3.04$，$pK_{a_2}=4.37$，两者相近，HA^- 的酸式、碱式解离均较大。也有一些标准缓冲溶液是由共轭酸碱对直接配制而成的，如 $H_2PO_4^-$-HPO_4^{2-}。校正 pH 计时，所选标准溶液的 pH 应当与被测溶液的 pH 相近，这样才能提高测量的准确度。附录四列出某些常用缓冲溶液的 pH 范围，可供参阅。

19.2.4　酸碱指示剂

1. 酸碱指示剂的作用原理

酸碱指示剂(acid-base indicator)一般是有机弱酸或弱碱，它们的酸式结构和碱式结构具有不同的颜色。当溶液 pH 改变时，指示剂获得质子转化为酸式或失去质子转化为碱式，从而引起溶液颜色的变化。

如甲基橙是一有机弱酸，它在水溶液中存在如下平衡和颜色的变化：

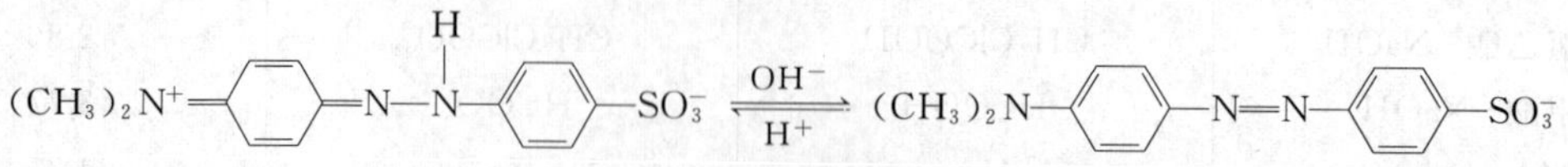

由平衡关系可以看出，当溶液酸度增大时，甲基橙主要是酸式结构(醌式)存在，溶液显红色；当溶液酸度减小时，甲基橙由酸式结构转变为碱式结构(偶氮式)，使溶液显黄色。

又如酚酞是一有机弱酸，在水溶液中有如下平衡和颜色变化：

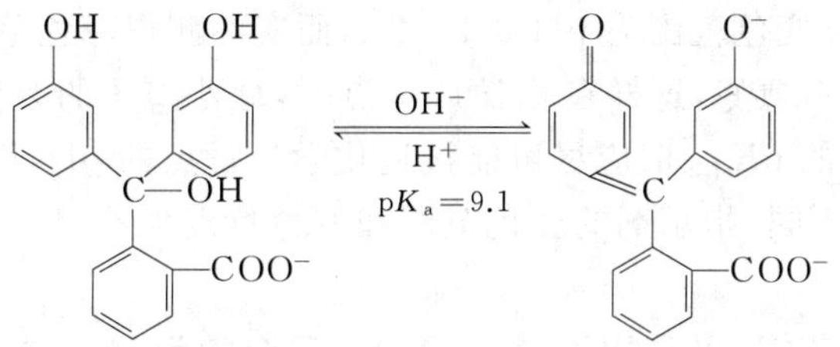

由平衡关系看出，在酸性溶液中，酚酞主要以无色的羟式存在，在 pH>9.1 的碱性溶液中转化为红色的醌式结构。

2. 指示剂的变色范围

酸碱指示剂的颜色变化与溶液的 pH 有关。指示剂的酸式 HIn 和碱式 In^- 在水溶液中有下列平衡：

$$K_{HIn}=\frac{[H^+][In^-]}{[HIn]}$$

式中：K_{HIn} 为指示剂的解离常数，也称指示剂常数。上式可写为

$$\frac{[In^-]}{[HIn]}=\frac{K_{HIn}}{[H^+]}$$

溶液颜色取决于指示剂碱式和酸式的浓度比值$[In^-]/[HIn]$。该比值取决于 K_{HIn} 和溶液的$[H^+]$。在一定条件下，某一指定的指示剂的 K_{HIn} 是常数。因此，溶液颜色的变化是由溶液$[H^+]$所决定的。需要指出的是，并非$[In^-]/[HIn]$值的任何微小的改变都能使人观察到溶液颜色的变化，因为人眼辨别颜色的能力有一定的限度。一般来说，当一种颜色相当于另一种颜色的深度 10 倍或 1/10 倍的浓度时，就能辨认出浓度大的存在形式的颜色，而不能辨认出浓度小的存在形式的颜色。因此，指示剂颜色变化与溶液 pH 有如下关系：

$$\frac{K_{HIn}}{[H^+]}=\frac{[In^-]}{[HIn]}\leqslant\frac{1}{10}$$

$$[H^+]\geqslant 10\ K_{HIn},\ pH\leqslant pK_{HIn}-1 \qquad \text{(呈酸式色)}$$

$$\frac{K_{HIn}}{[H^+]}=\frac{[In^-]}{[HIn]}\geqslant 10$$

$$[H^+]\leqslant\frac{K_{HIn}}{10},\ pH\geqslant pK_{HIn}+1 \qquad \text{(呈碱式色)}$$

若为 $10\sim\frac{1}{10}$倍，　$pH=pK_{HIn}\pm 1$　（呈混合色）

当$[In^-]=[HIn]$时，溶液$[H^+]=K_{HIn}$，即 $pH=pK_{HIn}$，通常称为指示剂的理论变色点，应该是变色最敏锐的点，而在 $pH=pK_{HIn}\pm 1$ 的范围内能看到指示剂颜色的过渡色，所以被称为**指示剂的变色范围**或变色间隔。

从理论上讲，指示剂的变色范围是 $pK_{HIn}\pm 1$，但实际上靠人眼观察到的指示剂变色范围与理论值有区别，这是由于人眼对各种颜色的敏感度不同，且两种颜色之间会相互掩盖。例如，甲

基橙 $pK_{HIn}=3.4$，理论计算变色范围为 pH 2.4～4.4，而实际测得变色范围是 pH 3.1～4.4。

指示剂的变色范围愈窄愈好，这样在化学计量点时，微小 pH 的改变可使指示剂变色敏锐。酸碱滴定中选择的指示剂的 pK_{HIn} 值应尽可能接近化学计量点的 pH，以减小终点误差。

各种指示剂的 pK_{HIn} 不同，指示剂的变色范围和变色特点也不同。表 19-4 列出常用的酸碱指示剂。

为缩小指示剂的变色范围，可采用混合指示剂。**混合指示剂**（mixed indicator）是利用颜色之间的互补作用，具有颜色改变较为敏锐和变色范围较窄的特点。

混合指示剂可分为两类：一类是由两种或两种以上的指示剂混合而成；另一类是由某种指示剂与另一种惰性染料（该染料颜色不随溶液 pH 的变化而改变）混合而成的。表 19-5 列出若干常用混合酸碱指示剂。

表 19-4　几种常用的酸碱指示剂及其变色范围

指示剂	变色范围 pH	颜色		pK_{HIn}	浓度
		酸色	碱色		
百里酚蓝(TB)(第一步解离)	1.2～2.8	红	黄	1.7	0.1%的 20%乙醇溶液
甲基黄(MY)	2.9～4.0	红	黄	3.3	0.1%的 90%乙醇溶液
甲基橙(MO)	3.1～4.4	红	黄	3.4	0.05%的水溶液
溴酚蓝(BPB)	3.0～4.6	黄	蓝紫	4.1	0.1%的 20%乙醇溶液
溴甲酚绿(HCG)	3.8～5.4	黄	蓝	4.9	0.1%的水溶液，每 100 mg 指示剂加 0.05 $mol\cdot L^{-1}$ NaOH 溶液 2.9 mL
甲基红(MR)	4.4～6.2	红	黄	5.0	0.1%的 60%乙醇溶液
溴甲酚紫(BCP)	5.2～6.8	黄	紫	—	0.1%的水溶液
溴百里酚蓝(BTB)	6.0～7.6	黄	蓝	7.3	0.1%的 20%乙醇溶液或其钠盐水溶液
中性红(NR)	6.8～8.0	红	黄橙	7.4	0.1%的 60%乙醇溶液
酚红(PR)	6.4～8.2	黄	红	8.0	0.1%的 60%乙醇溶液或其钠盐溶液
百里酚蓝(TB)(第二步解离)	8.0～9.6	黄	蓝	8.9	0.1%的 20%乙醇溶液
酚酞(PP)	8.0～9.8	无	红	9.1	0.1%的 90%乙醇溶液
百里酚酞(TP)	9.4～10.6	无	蓝	10.0	0.1%的 90%乙醇溶液

表 19-5　若干常用酸碱混合指示剂

指示剂溶液的组成	变色点 pH	颜色		备注
		酸色	碱色	
1 份 0.1%甲基黄乙醇溶液 1 份 0.1%亚甲基蓝乙醇溶液	3.25	蓝紫	绿	pH=3.2 蓝紫 pH=3.4 绿色
1 份 0.1%甲基橙水溶液 1 份 0.25%靛蓝二磺酸钠水溶液	4.1	紫	黄绿	pH=4.1 灰色
3 份 0.1%溴甲酚绿乙醇溶液 1 份 0.2%甲基红乙醇溶液	5.1	紫红	蓝绿	pH=5.1 灰色 颜色变化极显著

续表

指示剂溶液的组成	变色点 pH	颜色		备注
		酸色	碱色	
1 份 0.1%溴甲酚绿钠盐水溶液 1 份 0.1%氯酚红钠盐水溶液	6.1	黄绿	蓝紫	pH=5.4 蓝绿 pH=5.8 蓝色 pH=6.0 蓝微带紫 pH=6.2 蓝紫
1 份 0.1%中性红乙醇溶液 1 份 0.1%亚甲基蓝乙醇溶液	7.0	蓝紫	绿	pH=7.0 蓝紫
1 份 0.1%甲酚红钠盐水溶液 3 份 0.1%百里酚蓝钠盐水溶液	8.3	黄	黄紫	pH=8.2 玫瑰色 pH=8.4 紫色
1 份 0.1%酚酞乙醇溶液 2 份 0.1%甲基绿乙醇溶液	8.9	绿	紫	pH=8.8 浅蓝 pH=9.0 紫
1 份 0.1%酚酞乙醇溶液 1 份 0.1%百里酚酞乙醇溶液	9.9	无	紫	pH=9.6 玫瑰色 pH=10.0 紫色
2 份 0.1%百里酚酞乙醇溶液 1 份 0.1%茜素黄乙醇溶液	10.2	无	紫	—

19.2.5 酸碱滴定的滴定曲线及指示剂的选择

酸碱滴定过程中溶液的 pH 不断改变，通过了解滴定过程中 pH 的变化，特别是化学计量点前后的 pH 的变化，可以选择合适的指示剂，提高测定的准确度。若以滴定剂的加入量(或滴定分数)为横坐标，溶液的 pH 为纵坐标作图，即可得到**酸碱滴定曲线**(acid－base titration curve)。下面按不同类型的滴定反应分别进行讨论。

1. 强碱(酸)滴定强酸(碱)

这类滴定的基本反应为：$H_3O^+ + OH^- \longrightarrow 2H_2O$，滴定反应的平衡常数为 $K_t = 1/K_w = 1.0\times10^{14}$(25 ℃)，$K_t$ 值愈大，反应进行得愈完全。

以 0.100 0 mol·L^{-1} NaOH 溶液滴定 20.00 mL 0.100 0 mol·L^{-1} HCl 溶液为例。滴定过程中 pH 可分为四个阶段进行计算。

(1) 滴定前　溶液 pH 由原来 HCl 溶液的浓度计算：

$$[H^+]=0.100\,0\ \text{mol·L}^{-1} \qquad \text{pH}=1.00$$

滴定分数 $T=0.00$。滴定分数为所加滴定剂与被滴定组分的物质的量之比。

(2) 滴定开始至化学计量点前　溶液的 pH 取决于剩余的 HCl 的浓度。

$$[H^+]=0.100\,0\ \text{mol·L}^{-1}\times\frac{V(\text{HCl})-V(\text{NaOH})}{V(\text{HCl})+V(\text{NaOH})}$$

当滴入 18.00 mL NaOH 溶液时，溶液中

$$[H^+]=0.100\,0\ \text{mol·L}^{-1}\times\frac{20.00\ \text{mL}-18.00\ \text{mL}}{20.00\ \text{mL}+18.00\ \text{mL}}=5.26\times10^{-3}\ \text{mol·L}^{-1}$$

$$pH=2.28 \qquad T=18.00/20.00=0.900$$

加入 NaOH 溶液 19.98 mL 时，溶液中$[H^+]$为

$$[H^+]=0.100\,0\ mol\cdot L^{-1}\times\frac{20.00\ mL-19.98\ mL}{20.00\ mL+19.98\ mL}=5.00\times10^{-5}\ mol\cdot L^{-1}$$

$$pH=4.30 \qquad T=0.999$$

(3) 化学计量点时　滴入的 20.00 mL NaOH 溶液与 HCl 全部反应，溶液呈中性。

$$[H^+]=[OH^-]=1.00\times10^{-7}\ mol\cdot L^{-1} \qquad pH=7.00 \qquad T=1.000$$

(4) 化学计量点后　溶液的 pH 取决于过量 NaOH 的浓度。

$$[OH^-]=0.100\,0\ mol\cdot L^{-1}\times\frac{V(NaOH)-V(HCl)}{V(NaOH)+V(HCl)}$$

当滴入 20.02 mL NaOH 溶液时：

$$[OH^-]=0.100\,0\ mol\cdot L^{-1}\times\frac{20.02\ mL-20.00\ mL}{20.02\ mL+20.00\ mL}=5.0\times10^{-5}\ mol\cdot L^{-1}$$

$$[H^+]=\frac{K_w}{[OH^-]}=\frac{1.00\times10^{-14}}{5.00\times10^{-5}}=2.00\times10^{-10}\ mol\cdot L^{-1}$$

$$pH=9.70 \qquad T=1.001$$

如此逐一计算，将计算结果列于表 19-6。

表 19-6　0.100 0 mol·L⁻¹ NaOH 溶液滴定 20.00 mL 0.100 0 mol·L⁻¹ HCl 溶液时的 pH 变化

加入 NaOH V/mL	HCl 被滴定分数 T	剩余 HCl V/mL	过量 NaOH V/mL	溶液的 $[H^+]$/mol·L⁻¹	溶液的 pH	
0.00	0.00	20.00		1.00×10^{-1}	1.00	
10.00	0.500	10.00		3.33×10^{-2}	1.48	
18.00	0.900	2.00		5.26×10^{-3}	2.28	
19.80	0.990	0.20		5.02×10^{-4}	3.30	
19.98	0.999	0.02		5.00×10^{-5}	4.30	突跃范围
20.00	1.000	0.00		1.00×10^{-7}	7.00	突跃范围
20.02	1.001		0.02	2.00×10^{-10}	9.70	突跃范围
20.20	1.010		0.20	2.00×10^{-11}	10.70	
22.00	1.100		2.00	2.10×10^{-12}	11.70	
40.00	2.000		20.00	5.00×10^{-13}	12.50	

以 NaOH 加入量或滴定分数为横坐标，以其对应的溶液 pH 为纵坐标作图，就得到强碱滴定强酸的曲线，如图 19-4 中实线部分所示。

由表 19-6 和图 19-4 表明，在滴定开始时，溶液中存在大量 HCl，加入的 NaOH 溶液对溶液的 pH 改变不大，曲线较平坦。随着滴定的进行，溶液 pH 的变化较前稍有增大。当加入的 NaOH 溶液为19.98 mL，距化学计量点仅差 0.02 mL 时，溶液 pH 为4.30。此时再加入 1 滴(约 0.04 mL)

NaOH 溶液，即 NaOH 溶液过量 0.02 mL，它使溶液的 pH 发生极大的变化，由 4.30 增加到 9.70，增大了 5.4 个 pH 单位，使溶液由酸性变为碱性。化学计量点前后由 1 滴滴定剂所引起的溶液 pH 的急剧变化，称为**滴定突跃**(titration jump)，突跃过程所对应的 pH 范围称为滴定突跃范围。化学计量点后，再继续加入 NaOH 溶液，其 pH 变化又逐渐减小，此段曲线又比较平坦。

在滴定分析中，正确地选择指示剂是十分重要的。指示剂的选择主要以滴定突跃范围为依据，凡是变色范围全部或一部分在滴定突跃范围内的指示剂都可以用来指示终点。显然，最理想的指示剂应该恰好在化学计量点时变色。在上例中，滴定突跃范围为 pH 4.30～9.70，因此指示剂酚酞(滴至淡红色)、甲基红(滴至橙色)、甲基橙(滴至恰好变黄色)均适用。

若以 0.100 0 $mol \cdot L^{-1}$ 的 HCl 溶液滴定 0.100 0 $mol \cdot L^{-1}$ 的 NaOH 溶液，滴定曲线如图 19-4中虚线部分所示，其滴定突跃范围为 pH 9.70～4.30。指示剂酚酞(滴至红色恰好消失)、甲基红(滴至橙色)均适用。若用甲基橙至橙色(pH=4)，滴定终点误差将有+0.2%。

滴定突跃范围的大小还与酸碱溶液的浓度有关，如图 19-5 所示。由图可见，溶液越浓，突跃范围越大；溶液越稀，突跃范围越小。因此指示剂的选择受到浓度的限制。对于 0.010 00 $mol \cdot L^{-1}$ NaOH 溶液滴定 0.010 00 $mol \cdot L^{-1}$ HCl 溶液，由于突跃范围 pH 5.30～8.30，甲基橙不再适用了。

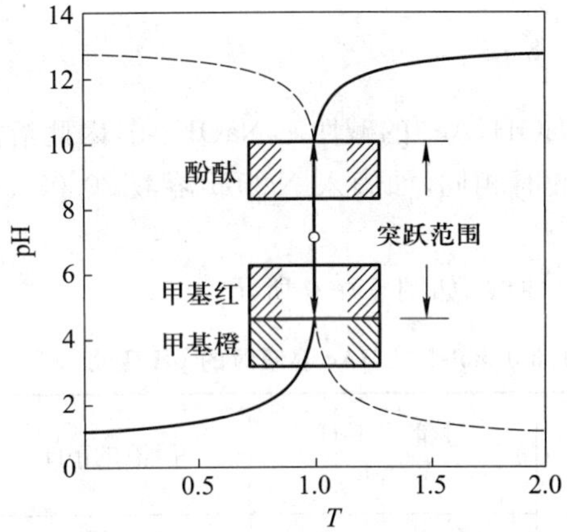

图 19-4　0.100 0 $mol \cdot L^{-1}$ NaOH 溶液滴定 0.100 0 $mol \cdot L^{-1}$ HCl 溶液的滴定曲线

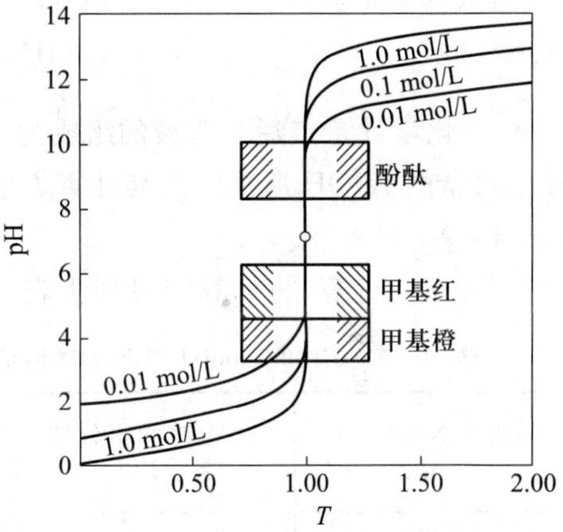

图 19-5　不同浓度 NaOH 溶液滴定不同浓度的 HCl 溶液时的滴定曲线

2. 强碱(酸)滴定弱酸(碱)

滴定的基本反应为：$OH^- + HB \rightleftharpoons B^- + H_2O$，滴定反应的平衡常数 $K_t = K_a / K_w$。

以 0.100 0 $mol \cdot L^{-1}$ NaOH 溶液滴定 20.00 mL 0.100 0 $mol \cdot L^{-1}$ HAc 溶液为例，滴定过程中溶液的 pH 计算如下：

(1) 滴定前　HAc 溶液为 0.100 0 $mol \cdot L^{-1}$，因 $K_a \cdot c > 20K_w$，$c/K_a > 500$，则用最简式

$$[H^+] = \sqrt{K_a \cdot c}$$

将数值代入后运算得$[H^+] = 1.32 \times 10^{-3}$ $mol \cdot L^{-1}$，pH=2.88。

(2) 滴定开始至化学计量点前　滴入的 NaOH 溶液与 HAc 反应生成 NaAc，同时还有剩余的 HAc。此时溶液组成为 $HAc-Ac^-$ 缓冲体系，溶液 pH 按下式计算，参见式(4-18)。

$$pH = pK_a + \lg \frac{c(\text{共轭碱})}{c(\text{弱酸})}$$

例如，当滴入 NaOH 溶液 19.98 mL 时：

$$c(\text{弱酸}) = 0.100\,0\ \text{mol·L}^{-1} \times \frac{20.00\ \text{mL} - 19.98\ \text{mL}}{20.00\ \text{mL} + 19.98\ \text{mL}} = 5.00 \times 10^{-5}\ \text{mol·L}^{-1}$$

$$c(\text{共轭碱}) = 0.100\,0\ \text{mol·L}^{-1} \times \frac{19.98\ \text{mL}}{20.00\ \text{mL} + 19.98\ \text{mL}} = 5.00 \times 10^{-2}\ \text{mol·L}^{-1}$$

代入上式后运算得 $pH = 7.76$

(3) 化学计量点时　滴入 NaOH 溶液 20.00 mL，此时 HAc 全部被中和生成 NaAc，$c(Ac^-) = 0.050\,00\ \text{mol·L}^{-1}$。$Ac^-$ 为一弱碱，因 $c \cdot K_b > 20K_w$，$c/K_b > 500$，则可用下式计算溶液的 $[OH^-]$：

$$[OH^-] = \sqrt{K_b \cdot c}$$

将数值代入后运算得 $[OH^-] = 5.34 \times 10^{-6}\ \text{mol·L}^{-1}$

$$pOH = 5.27 \qquad pH = 8.73$$

(4) 化学计量点后　溶液的组成为 NaAc 和过量的 NaOH，Ac^- 的碱性比 NaOH 弱，因此溶液 pH 由过量的 NaOH 所决定。其计算方法与强碱滴定强酸时相同，如滴入 NaOH 溶液 20.02 mL 时，pH＝9.70。

如此逐一计算，将计算结果列于表 19－7，并绘制滴定曲线，如图 19－6 所示。

表 19－7　0.100 0 mol·L⁻¹ NaOH 溶液滴定 20.00 mL 0.100 0 mol·L⁻¹ HAc 溶液时的 pH 变化

加入 NaOH V/mL	HAc 被滴定分数 T	剩余 HAc V/mL	过量 NaOH V/mL	溶液的 pH	
0.00	0.00	20.00		2.87	
18.00	0.900	2.00		5.71	
19.80	0.990	0.20		6.76	
19.96	0.998	0.04		7.46	
19.98	0.999	0.02		7.76	突跃范围
20.00	1.000	0.00		8.72	突跃范围
20.02	1.001		0.02	9.70	突跃范围
20.04	1.002		0.04	10.14	
20.20	1.010		0.20	10.70	
22.00	1.100		2.00	11.70	
40.00	2.000		20.00	12.50	

由图可知，与滴定等浓度的 HCl 溶液相比，该滴定曲线的起点高，这是因为 HAc 是弱酸。滴定开始后，pH 增加较快，曲线的斜率较大，这是因为反应生成少量的 Ac^- 抑制了 HAc 的解

离。当继续滴入 NaOH 溶液，使 NaAc 浓度不断增加，与溶液中剩余的 HAc 组成缓冲体系，使溶液 pH 变化变慢，当 50%HAc 被滴定时，溶液 $pH=pK_a$，溶液的缓冲容量最大，曲线斜率最小。滴定到近化学计量点时，剩余的 HAc 浓度减小，缓冲作用变弱，溶液 pH 变化又加快。到化学计量点时，滴定产物 Ac^- 是弱碱，溶液呈碱性。滴定突跃较小，pH 为 7.76～9.70，仅 1.94 个 pH 单位。化学计量点后，溶液 pH 的变化规律与滴定强酸时相似。根据滴定突跃范围，只能选择在碱性区域内变色的指示剂，如选用酚酞、百里酚蓝等，而甲基橙、甲基红均不适用。

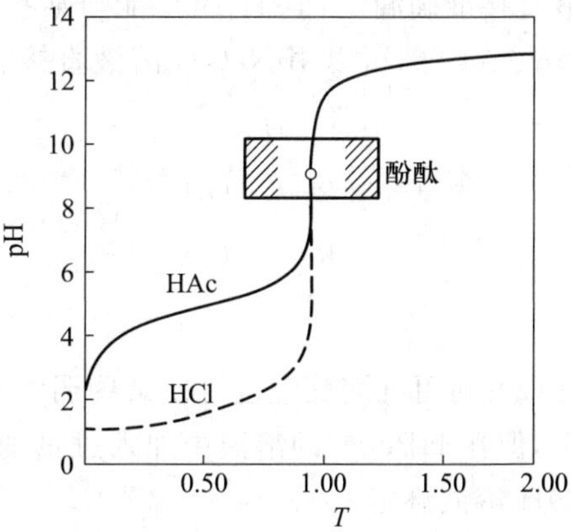

图 19-6　$0.100\,0\ mol\cdot L^{-1}$ NaOH 滴定 $0.100\,0\ mol\cdot L^{-1}$ HAc 的滴定曲线

表 19-8 为强碱滴定弱酸的滴定突跃范围随弱酸的浓度和强度变化的情况。

由表中所列的数据可看出，被滴定的酸的强度和浓度是影响滴定突跃的两个因素。

当酸的浓度一定时，酸的 K_a 值越大，即酸越强时，滴定突跃范围越大；K_a 值越小，即酸越弱时，滴定突跃范围越小。且滴定突跃范围起点的 pH 随 K_a 的增大而减小，K_a 增大到 10 倍，起点减小约 1 个 pH 单位，滴定突跃范围终点的 pH 与 K_a 基本上无关，ΔpH 突跃增大。当 K_a 值一定时，浓度越大，突跃范围越大；反之，则越小。且改变浓度时，突跃起点的 pH 基本不变，但滴定的突跃范围终点的 pH 随着浓度的增大而增大，浓度增大到 10 倍，终点增大约 1 个 pH 单位，ΔpH 突跃增大。若滴定突跃范围太小，则用指示剂的变色来确定终点就很困难。

表 19-8　强碱滴定弱酸的滴定突跃范围随弱酸的浓度和强度的变化

$c/(mol\cdot L^{-1})$ / 突跃 pH / pK_a	1.0		1.0×10^{-1}		1.0×10^{-2}	
	范围	ΔpH	范围	ΔpH	范围	ΔpH
5	8.00～11.00	3.00	8.00～10.00	2.00	8.00～9.04	1.04
6	9.00～11.00	2.00	8.96～10.04	1.08	8.79～9.21	0.42
7	9.96～11.02	1.06	9.79～10.21	0.42	8.43～9.57	0.14
8	10.79～11.21	0.42	10.43～10.57	0.14		
9	11.43～11.57	0.14				

当以指示剂确定终点时，人眼对指示剂变色的判断至少有±0.2 个 pH 单位的不确定性。这种由终点观察的不确定性引起的误差称为终点观察误差。为使滴定终点与化学计量点只相差±0.2 个 pH 单位（即滴定突跃范围至少要有 0.4 个 pH 单位），就必须满足 $cK_a\geqslant10^{-8}$ 这一限制条件。此条件称之为判断某一元弱酸能否被强碱直接准确滴定的判据。这个判据是在规定终点观察不确定性为±0.2 个 pH 单位，允许终点观察误差为±0.1%的前提下确定的。如果对终点观察误差要求不同，或确定终点的方法不同，能直接准确滴定的条件也就不同。

显然，某一元弱碱能否被强酸直接准确滴定的判据是要求 $cK_b\geqslant10^{-8}$。

对于某些极弱的酸（碱），虽不能直接准确滴定，但可以采用如下其他方法进行滴定。

(1) 利用某些化学反应使弱酸强化　例如，H_3BO_3 是极弱的酸($pK_a=9.24$)，不能用 NaOH 溶液直接准确滴定，但 H_3BO_3 能与某些多元醇如甘露醇形成解离常数较大的甘露醇配位酸，它的 $pK_a=4.26$，可以用 NaOH 溶液直接滴定，选用酚酞或百里酚酞作指示剂。

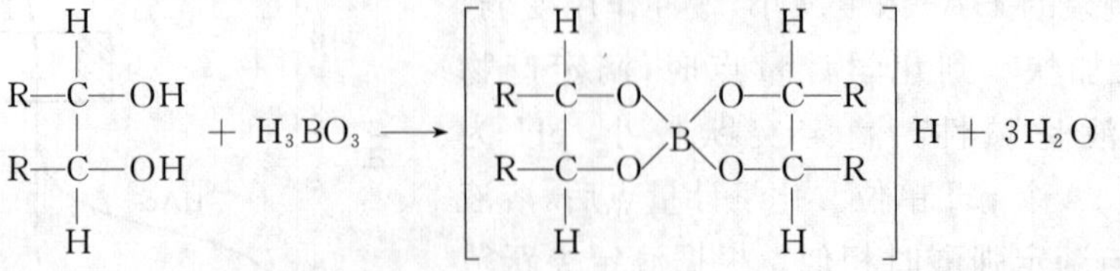

(2) 利用沉淀反应也可使某些弱酸强化　例如，H_3PO_4 的 pK_{a_3} 很小，通常只能按二元弱酸滴定，但在 HPO_4^{2-} 的溶液中加入过量的钙盐，使生成 $Ca_3(PO_4)_2$ 沉淀而定量置换出 H^+，可用 NaOH 溶液滴定：

$$3Ca^{2+} + 2HPO_4^{2-} \rightleftharpoons Ca_3(PO_4)_2(s) + 2H^+$$

为了不使 $Ca_3(PO_4)_2$ 溶解，滴定时应选用酚酞作指示剂。

(3) 使弱酸(碱)转变成共轭碱(酸)后再滴定　例如，利用离子交换剂与溶液中离子的交换作用滴定极弱酸 NH_4Cl、极弱碱 NaF 等。如将 NaF 溶液流经强酸型阳离子交换柱，磺酸基上的 H^+ 与溶液中的 Na^+ 进行交换反应：

$$R{-}SO_3H^+ + NaF \rightleftharpoons R{-}SO_3Na^+ + HF$$

置换出的 HF 就可以用 NaOH 标准溶液直接滴定。

3. 多元酸(碱)的滴定

常见的多元酸多数是弱酸，在水溶液中分步解离。在多元酸滴定中要解决的问题是有几个 H^+ 可被准确滴定，能否分步滴定以及如何选择指示剂。

多元酸被滴定时哪一步解离满足 $cK_i \geqslant 10^{-8}$，哪一级的 H^+ 就有被准确滴定的可能性；若两个相邻的 H^+ 都能满足要求，但它们的 K_a 值相差不大，当一个 H^+ 还未被滴定完全，另一个 H^+ 就开始被滴定了，这样就不能形成两个独立的突跃，而是两个 H^+ 同时被滴定。一般地，当两个相邻解离的 K_a 值之比大于 10^4 就可以形成两个独立的突跃，即可以分步被准确滴定。

如草酸 $K_{a_1}/K_{a_2}=5.36\times10^{-2}/(5.35\times10^{-5})=1.0\times10^3$，能用 NaOH 溶液滴定，但不能分步，而是一步滴定完全。又如 H_3PO_4 是三元酸，其 $K_{a_1}=7.11\times10^{-3}$、$K_{a_2}=6.34\times10^{-8}$、$K_{a_3}=4.79\times10^{-13}$，$K_{a_1}/K_{a_2}$ 及 K_{a_2}/K_{a_3} 的值均近于 10^5，故 H_3PO_4 的第一级和第二级解离的 H^+ 均可分步滴定，而第三级解离的 H^+ 不能被直接滴定。H_3PO_4 被 NaOH 溶液滴定的曲线如图19-7所示。

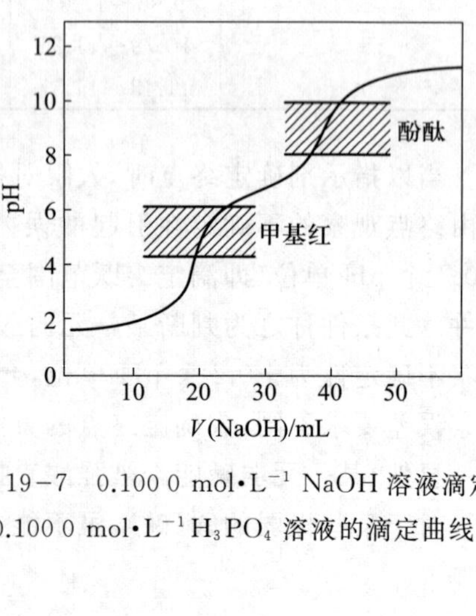

图 19-7　0.100 0 mol·L^{-1} NaOH 溶液滴定 0.100 0 mol·L^{-1} H_3PO_4 溶液的滴定曲线

有关多元酸滴定曲线的计算比较复杂，实际工作中，通常只计算化学计量点的 pH，以便于选择指示剂。现以 0.100 0 mol·L^{-1} NaOH 溶液滴定 0.100 0 mol·L^{-1} H_3PO_4 溶液，pH 按下式计算：

$$[H^+]=\sqrt{\frac{K_{a_2}\cdot c}{1+c/K_{a_1}}}$$

将相应数值代入，计算得　　　$[H^+]_1=2.05\times10^{-5}\ mol\cdot L^{-1}$

则　　　$pH_1=4.69$

选用甲基橙为指示剂，并采用同浓度的 NaH_2PO_4 溶液为参比，误差不大于 0.5%。

第二化学计量点的产物为 0.033 00 $mol\cdot L^{-1}$ Na_2HPO_4，溶液 pH 按下式计算：

$$[H^+]_2=\sqrt{\frac{K_{a_3}\cdot c+K_w}{1+c/K_{a_2}}}$$

将相应数值代入，计算得　　　$[H^+]_2=2.24\times10^{-10}\ mol\cdot L^{-1}$

则　　　$pH_2=9.65$

选用百里酚酞为指示剂，滴定误差为+0.5%。

由于 K_{a_3} 太小，$cK_{a_3}\ll10^{-8}$，第三个 H^+ 不能被直接滴定，如前所述，可将弱酸强化后用 NaOH 溶液滴定。

多元碱的滴定情况与多元酸相似，即必须 $cK_b\geqslant10^8$，且 $K_{b1}/K_{b2}\geqslant10^4$，就可进行分步滴定。

而混合酸(碱)的滴定情况与多元酸(碱)相似，对于混合酸 HA 和 HB，它们的浓度分别以 c_1 和 c_2 表示。若它们各自的 cK_a 足够大，且 $c_1K_{HA}/c_2K_{HB}\geqslant10^4$，就可进行分步滴定。

*4. 终点误差

滴定分析中，由于滴定终点(ep)与化学计量点(eq)不一致所引起的误差称终点误差(end point error)，以 TE 表示。

$$TE=\frac{\text{终点时过量(或不足量)滴定剂的物质的量}}{\text{化学计量点时应加入滴定剂的物质的量}}\times100\%$$

或

$$TE=\frac{\text{终点时剩余被滴定物的物质的量}}{\text{开始时被滴定物的物质的量}}\times100\%$$

例如，以 0.1 $mol\cdot L^{-1}$ NaOH 的溶液滴定 0.1 $mol\cdot L^{-1}$ HCl 溶液，若滴定终点在化学计量点后，此时存在过量的 NaOH，设它的浓度为 c，溶液的质子条件式为

$$[OH^-]=[H^+]+c$$

即过量 NaOH 的浓度为　　　$c=[OH^-]-[H^+]$

此时，过量的 NaOH 浓度应当从$[OH^-]$中减去水解离产生的 OH^-，而水解离的 OH^- 浓度和$[H^+]$相等，故

$$\begin{aligned}TE&=\frac{\text{过量 NaOH 的物质的量}}{\text{化学计量点时应加入的 NaOH 的物质的量}}\times100\%\\&=\frac{\text{过量 NaOH 的物质的量}}{\text{化学计量点时 HCl 的物质的量}}\times100\%\\&=\frac{([OH^-]_{ep}-[H^+]_{ep})V_{ep}}{c_{HCl,eq}V_{eq}}\times100\%\\&=\frac{([OH^-]_{ep}-[H^+]_{ep})}{c_{HCl,eq}}\times100\%\end{aligned}$$

终点在化学计量点后，滴定剂加多了，误差为正值。如实际滴定中，用酚酞作指示剂，酚酞变红，即滴定终点时溶

液 pH 为 9.0,则滴定误差为

$$TE=\frac{(10^{-5}-10^{-9})\ mol\cdot L^{-1}}{0.05\ mol\cdot L^{-1}}\times 100\%=+0.02\%$$

若滴定终点在化学计量点前,此时有部分 HCl 未被中和,溶液的质子条件式为

$$[H^+]=[OH^-]+c(HCl)$$

此时,未被中和的 HCl 的浓度为 $c(HCl)=[H^+]-[OH^-]$

$$\begin{aligned}TE&=-\frac{\text{未被中和的 HCl 的物质的量}}{\text{化学计量点时 HCl 的物质的量}}\times 100\%\\&=\frac{-([H^+]_{ep}-[OH^-]_{ep})V_{ep}}{c_{HCl,eq}\ V_{eq}}\times 100\%\\&=\frac{[OH^-]_{ep}-[H^+]_{ep}}{c_{HCl,eq}}\times 100\%\end{aligned}$$

滴定终点在化学计量点前,滴定剂加少了,误差为负值。如实际滴定中,用甲基橙作指示剂,滴定至溶液变黄时,pH 为 4.4,则滴定误差为

$$TE=\frac{(10^{-9.6}-10^{-4.4})\ mol\cdot L^{-1}}{0.05\ mol\cdot L^{-1}}\times 100\%=-0.08\%$$

实际上无论滴定终点在化学计量点前或后,计算滴定误差的公式相同,计算结果符号相反。若是用 HCl 滴定 NaOH,其终点误差为

$$TE=\frac{[H^+]_{ep}-[OH^-]_{ep}}{c_{NaOH,eq}}\times 100\%$$

上述用代数计算终点误差的方法,同样可用于弱酸(碱)和多元酸(碱)的滴定,只是具体计算式不同。由于篇幅所限不再讨论。

19.2.6 酸碱滴定法的应用

1. 酸碱标准溶液的配制和标定

酸碱滴定法中最常用的标准溶液是 0.1 $mol\cdot L^{-1}$ HCl 溶液和 0.1 $mol\cdot L^{-1}$ NaOH 溶液。

(1) 盐酸标准溶液 HCl 标准溶液通常是先配制成近似于所需浓度的溶液,然后用基准物进行标定。常用的基准物有无水碳酸钠和硼砂。

无水碳酸钠(Na_2CO_3) 碳酸钠容易制得很纯,价格便宜,但有强烈吸湿性,因此使用前需在 270~300 ℃加热约 1 h,应保存于干燥器中。

Na_2CO_3 是二元碱,其 $K_{b_1}=2.1\times10^{-4}$,$K_{b_2}=2.3\times10^{-8}$。用 HCl 溶液滴定 Na_2CO_3 溶液时,当滴定到第一化学计量点,溶液 pH 约为 8.3,可用酚酞作指示剂,但终点颜色较难判断,误差较大。当滴定到第二化学计量点,溶液 pH 约为 3.9。若选用甲基橙作指示剂,因终点时 pH 突跃范围较小,终点误差较大。也可选用甲基红作指示剂,滴定至指示剂变红时,煮沸溶液,除去 CO_2,冷却至室温,再继续用 HCl 溶液滴定至橙红色即为终点。

用 Na_2CO_3 标定 HCl 溶液浓度的主要缺点是摩尔质量较小(106 $g\cdot mol^{-1}$),因此称量误差较大。

硼砂($Na_2B_4O_7\cdot10H_2O$) 硼砂水溶液实际上是同浓度的 H_3BO_3 和 $H_2BO_3^-$ 的混合液。

$$B_4O_7^{2-}+5H_2O = 2H_3BO_3+2H_2BO_3^-$$

硼砂作为基准物的主要优点是摩尔质量大($381.4\ g\cdot mol^{-1}$),称量误差小,且稳定,易制得纯品。其缺点是在空气中易风化失去部分结晶水,因此需保存在相对湿度为60%(糖和食盐的饱和溶液)的恒湿容器中。

H_3BO_3 是很弱的酸($K_{a_1}=5.8\times10^{-10}$),其共轭碱 $H_2BO_3^-$ 具有较强的碱性($K_b=1.7\times10^{-5}$)。用 $0.01\ mol\cdot L^{-1}$ HCl 溶液滴定 $0.05\ mol\cdot L^{-1}$ 的 $Na_2B_4O_7\cdot10H_2O$ 溶液的反应为

$$B_4O_7^{2-}+2H^++5H_2O = 4H_3BO_3$$

在化学计量点时,H_3BO_3 浓度为 $0.10\ mol\cdot L^{-1}$,溶液 pH 可由式 $[H^+]=\sqrt{K_{a_1}\cdot c}$ 计算得 $[H^+]=7.6\times10^{-6}\ mol\cdot L^{-1}$,则 pH 为 5.1。可选用甲基红作指示剂。

(2) 氢氧化钠标准溶液　NaOH 具有很强的吸湿性,也易吸收空气中的 CO_2,因此不能用直接法配制标准溶液,而是先配制成近似所需浓度的溶液,然后进行标定。常用来标定 NaOH 溶液的基准物有草酸、邻苯二甲酸氢钾等。

草酸($H_2C_2O_4\cdot2H_2O$)　是二元弱酸 $K_{a_1}=5.36\times10^{-2}$,$K_{a_2}=5.35\times10^{-5}$,而 $K_{a_1}/K_{a_2}<10^4$。因此只能一次滴定到 $C_2O_4^{2-}$。用 NaOH 溶液滴定 $H_2C_2O_4$ 溶液,可用酚酞作指示剂。

草酸稳定性高,相对湿度在50%~95%时不风化也不吸水,可保存于密闭容器中。

邻苯二甲酸氢钾($KHC_8H_4O_4$)　易溶于水,不含结晶水,不易吸收空气中水分,易保存,且摩尔质量大($204.2\ g\cdot mol^{-1}$),因此它是标定碱液的良好基准物质。它与 NaOH 溶液的反应为

由于它的 $K_{a_2}=3.9\times10^{-6}$,滴定至邻苯二甲酸钠呈弱碱性,因此用 NaOH 溶液滴定时,用酚酞作指示剂。

由于 NaOH 强烈吸收空气中的 CO_2,因此在 NaOH 溶液中常含有少量的 Na_2CO_3。用该 NaOH 溶液作标准溶液,若滴定时用甲基橙或甲基红作指示剂,则其中的 Na_2CO_3 被中和至 CO_2+H_2O;若用酚酞作指示剂,则其中的 Na_2CO_3 仅被中和至 $NaHCO_3$。这样就使滴定引进误差。

此外,在蒸馏水中也含有 CO_2,因 $CO_2+H_2O = H_2CO_3$,能与 NaOH 反应,但反应速率不太快。当用酚酞作指示剂时,常使滴定终点不稳定,稍放置,粉红色褪去,这是由于 CO_2 不断转变为 H_2CO_3,直至溶液中 CO_2 转化完毕为止。因此当选用酚酞作指示剂,需煮沸蒸馏水以消除 CO_2 的影响。

配制不含 CO_3^{2-} 的 NaOH 溶液的最常用的方法是:先配制 NaOH 的饱和溶液(约50%),此时 Na_2CO_3 因溶解度小,作为不溶物下沉于溶液底部,取上层清液,用经煮沸而除去 CO_2 的蒸馏水稀释至所需浓度。配制成的 NaOH 标准溶液在使用和保存时,应装在配有虹吸管及碱石棉管[含 $Ca(OH)_2$]的瓶中,以防止吸收空气中的 CO_2。放置过久,NaOH 溶液的浓度会发生改变,应重新标定。

2. 酸碱滴定法应用示例

(1) 氮的测定　用酸碱滴定法可测定蛋白质、生物碱及土壤肥料等含氮化合物中的氮的含量。测定时,通常将试样经适当处理,将各种氮化物分解并转化为简单的 NH_4^+,然后进行测定。常用的测定方法有蒸馏法和甲醛法。

蒸馏法　将处理好的含 NH_4^+ 的试液置于蒸馏瓶中，加过量的浓 NaOH 使 NH_4^+ 转化为 NH_3，加热蒸馏，用已知浓度的过量的 HCl 标准溶液吸收 NH_3，生成 NH_4Cl。蒸馏完毕后，用 NaOH 标准溶液返滴剩余的 HCl，采用甲基红指示剂指示滴定终点。计算式为

$$w(\mathrm{N})=\frac{[c(\mathrm{HCl})V(\mathrm{HCl})-c(\mathrm{NaOH})V(\mathrm{NaOH})]M(\mathrm{N})}{m(\mathrm{s})}$$

式中：$m(\mathrm{s})$为试样的质量。

若测定蛋白质，各种蛋白质中氮的质量分数可以看作几乎相同。将氮的质量换算成血清蛋白（球蛋白和白蛋白），正常混合物和食物蛋白的换算因数是 6.25（即蛋白质含 16% 的 N）。若被分析试样为面粉和小麦时，其换算因素为 5.70。

$$w(\text{蛋白质})=\frac{[c(\mathrm{HCl})V(\mathrm{HCl})-c(\mathrm{NaOH})V(\mathrm{NaOH})]\times M(\mathrm{N})\times 6.25}{m(\mathrm{s})}$$

蒸馏出来的 NH_3 也可用过量但不需计量的 H_3BO_3 溶液吸收：

$$NH_3 + H_3BO_3 = NH_4^+ + H_2BO_3^-$$

再用 HCl 标准溶液滴定生成的 $H_2BO_3^-$，选用甲基红作指示剂。

$$H_2BO_3^- + H^+ = H_3BO_3$$

此法的优点是用 H_3BO_3 作吸收剂，H_3BO_3 在整个过程中不被滴定，其浓度和体积不需要很准确，只需保证过量即可，且只需一种标准酸溶液。

对于有机含氮化合物，可用浓 H_2SO_4 消化处理以破坏有机物，反应需加 $CuSO_4$ 作催化剂。试样消化分解完全后，有机物中氮转化为 NH_4^+，按上述蒸馏法测定，则称为克氏（Kjeldahl）定氮法。

甲醛法　利用甲醛与 NH_4^+ 作用，定量置换出酸并生成质子化的六亚甲基四胺 $(CH_2)_6N_4H^+$，由于它的酸性不太弱（$pK_a=5.15$），因此当用 NaOH 标准溶液滴定并采用酚酞作指示剂时，其反应为

$$4NH_4^+ + 6HCHO = (CH_2)_6N_4H^+ + 3H^+ + 6H_2O$$
$$(CH_2)_6N_4H^+ + 3H^+ + 4NaOH = (CH_2)_6N_4 + 4H_2O + 4Na^+$$

甲醛试剂中常含有甲酸，使用前应预先中和除去甲酸。此方法也可以测定某些氨基酸。

(2) 混合碱的测定　混合碱通常是指 NaOH 和 Na_2CO_3 或 $NaHCO_3$ 和 Na_2CO_3 的混合物。例如，烧碱中 NaOH 和 Na_2CO_3 含量的测定有两种方法。

双指示剂法　准确称取一定量试样，溶解后先以酚酞为指示剂，用 HCl 标准溶液滴定至粉红色消失，消耗 HCl 溶液的体积为 V_1，这时 NaOH 全部被中和，而 Na_2CO_3 则中和到 $NaHCO_3$。然后加入甲基橙，继续用 HCl 标准溶液滴定至溶液由黄色变为橙红色，此时用去 HCl 溶液体积为 V_2，这是滴定 $NaHCO_3$ 所消耗的体积。而 Na_2CO_3 被中和到 $NaHCO_3$ 以及 $NaHCO_3$ 继续被中和到 H_2CO_3 所消耗的 HCl 标准溶液的体积是相等的。

则

$$w(Na_2CO_3)=\frac{c(HCl)V_2M(Na_2CO_3)}{m(s)}$$

$$w(NaOH)=\frac{c(HCl)(V_1-V_2)M(NaOH)}{m(s)}$$

式中：m(s)为试样质量。

氯化钡加入法　准确称取一定量试样，溶解后稀释至一定体积，然后准确吸取两份等体积试液分别作如下测定。

第一份试液以甲基橙作指示剂，用 HCl 标准溶液滴定其总碱度，即 NaOH 和 Na_2CO_3 全都被完全中和，消耗 HCl 溶液体积为 V_1。第二份试液中先加 $BaCl_2$，使 Na_2CO_3 生成 $BaCO_3$ 沉淀，然后在沉淀存在情况下以酚酞为指示剂，用 HCl 标准溶液滴定，消耗 HCl 溶液体积为 V_2。显然，V_2 是中和 NaOH 所消耗的 HCl 溶液体积，则 Na_2CO_3 所消耗的 HCl 溶液体积是(V_1-V_2)，则

$$w(NaOH)=\frac{c(HCl)V_2M(NaOH)}{m(s)}$$

$$w(Na_2CO_3)=\frac{\frac{1}{2}c(HCl)(V_1-V_2)M(Na_2CO_3)}{m(s)}$$

式中：m(s)为等份试液中相应试样的质量。

(3) 解酸剂的测定　即测定各种市售解酸剂药品中所能中和酸的量。其方法是准确称取解酸剂药片于 250 mL 锥形瓶中，准确加入过量的 HCl 标准溶液，加热溶液至沸，然后微微煮沸约 3 min，溶液冷却至室温，以酚酞作指示剂，用 NaOH 标准溶液滴定剩余的 HCl。测定结果的表示是计算中和 1 g 解酸剂所需的盐酸质量(g)。

*19.2.7　非水溶剂中酸碱滴定简介

对于一些在水中解离常数很小的弱酸或弱碱以及在水中溶解度小的有机酸、碱，在水溶液中滴定无法进行，使水溶液中的酸碱滴定受到限制。若采用**非水溶剂**(non-aqueous solvent)作为滴定介质，不仅可以改变物质的酸碱性质，还能增大有机化合物的溶解度，因而扩大了酸碱滴定的应用范围。

1. 非水溶剂的分类、性质和作用

根据溶剂的酸碱性，可将溶剂分为两大类。

(1) 两性溶剂(amphiprotic solvent)　既具有酸性又具有碱性，其最大特点是溶剂分子之间有质子的自递反应。根据两性溶剂给出和接受质子能力的不同，可进一步分为：① 中性溶剂，其酸碱性与水相近，大多数醇，如甲醇、乙醇、丙醇等都属于这一类。② 酸性溶剂，其给出质子的能力比水强，接受质子的能力比水弱。如甲酸、乙酸等。③ 碱性溶剂，其接受质子的能力比水强，给出质子的能力比水弱。如乙二胺、丁胺、液氨等。

(2) 惰性溶剂(inert solvent)　不具有酸碱性或酸碱性都极微弱。这类溶剂分子间没有质子自递反应。如丙酮、苯、氯仿、四氯化碳等。

两性溶剂发生质子自递作用，若以 SH 表示两性溶剂，则它的质子自递反应为

$$\underset{}{SH+SH} \rightleftharpoons \underset{(溶剂化质子)}{SH_2^+} + \underset{(溶剂阴离子)}{S^-}$$

溶剂的质子自递常数为 $K_s=\alpha(SH_2^+)\cdot\alpha(S^-)$，对于水的质子自递反应：

$$H_2O + H_2O \rightleftharpoons H_3O^+ + OH^-$$

$$K_s = \alpha(H_3O^+)\cdot\alpha(OH^-) = 1.0\times10^{-14} \qquad pK_\alpha = 14.0$$

在非水介质中凡是两性的溶剂都有质子自递反应，例如，乙醇：

$$C_2H_5OH + C_2H_5OH \rightleftharpoons \underset{(乙醇化质子)}{C_2H_5OH_2^+} + C_2H_5O^-$$

$$K_s = \alpha(C_2H_5OH_2^+)\cdot\alpha(C_2H_5O^-) = 8.0\times10^{-20} \qquad pK_s = 19.1$$

溶液的 K_s 值是非水溶剂的重要特性。它决定了酸碱滴定反应的完全程度，也提供了混合酸碱有无连续滴定的可能性。

在两性溶剂 SH 中，强酸就是溶剂化质子 SH_2^+，强碱就是溶剂阴离子 S^-（正如 H_2O 中的强酸是 H_3O^+，强碱是 OH^-）。因此两性溶剂中强酸滴定强碱的反应及其平衡常数 K_t 为

$$SH_2^+ + S^- \rightleftharpoons 2SH \qquad K_t = \frac{1}{\alpha(SH_2^+)\cdot\alpha(S^-)} = \frac{1}{K_s}$$

可见溶剂的 K_s 愈小，则 K_t 愈大，滴定反应愈完全。例如，用 0.1 $mol\cdot L^{-1}$ NaOH 溶液滴定 0.1 $mol\cdot L^{-1}$ HCl 溶液，以水为溶剂（$pK_s=14.0$），在化学计量点前后各 0.1% 时溶液 pH 变化范围为 4.30～9.70，相差为 5.4 个 pH 单位；若以乙醇为溶剂（$pK_s=19.1$），滴定突跃 pH 范围为 4.3～14.8（$pH = pK_s - pC_2H_5O = 19.1 - 4.30 = 14.8$），相差为 10.5 个 pH 单位。显然以乙醇为溶剂，滴定突跃更大，表明反应进行得更完全。

在水中，$HClO_4$，H_2SO_4，HCl 和 HNO_3 的稀溶液都是强酸，无法区分其强弱，这是因为水的碱性相对较强，上述强酸将质子定量地转移给 H_2O 生成 H_3O^+，例如：

$$HClO_4 + H_2O \rightleftharpoons H_3O^+ + ClO_4^-$$

$$H_2SO_4 + H_2O \rightleftharpoons H_3O^+ + HSO_4^-$$

在水中最强的酸是 H_3O^+，更强的酸都被拉平到 H_3O^+ 的水平，这种现象称为拉平效应。只有比 H_3O^+ 弱的酸，如 HAc、NH_4^+ 等才能分辨其强弱，这就是区分效应。在碱性比水弱的冰醋酸介质中，只有 $HClO_4$ 比 H_2Ac^+ 强，而 H_2SO_4、HCl 和 HNO_3 的解离程度就有差别，因此可以分辨出它们的强弱如下：$HClO_4 > H_2SO_4 > HCl > HNO_3$。

同样，在水溶液中，比 OH^- 更强的碱（如 O_2^-、NH_2^- 等）都被拉平到 OH^-，弱的碱（如 NH_3、Ac^- 等）才能分辨出强弱。而在酸性比 H_2O 强的冰醋酸介质中，上述弱酸都拉平到 Ac^- 的水平成为强碱。

利用溶剂的拉平效应，可以滴定混合酸（或碱）的总量，利用其区分效应则可分别测定混合酸（或碱）中各组分的分量。例如，溶剂甲基异丁酮（MIBK）的酸碱性均极弱（$pK_s>30$），对强酸不会拉平，对弱酸也能得到敏锐的终点，可以连续滴定 $HClO_4$、HCl、水杨酸、HAc 和苯酚等五种强度不同的酸，用电位滴定法可得到明显的终点。

2\. 非水滴定（non-aqueous titration）条件的选择

溶剂的选择原则一般是溶剂的 K_s 要小，即 pK_s 值要大。滴定弱碱应当选择碱性弱的溶剂，最常用的是冰醋酸，它的碱性很弱，K_s 比水稍小。测定弱酸要选择酸性弱的溶剂，常用的有乙二胺、正丁胺等。另外选择的溶剂对试样及反应产物的溶解度要大。

滴定剂的选择原则一般是滴定弱碱应选强酸为滴定剂。在醋酸中 $HClO_4$ 是强酸，常以 $HClO_4$ 为滴定剂。市售的 $HClO_4$ 含量为 72%，配制的 $HClO_4$ 的醋酸溶液应加适量的醋酸酐（Ac_2O）以除去其中的水分。标定 $HClO_4$ 溶液浓度常用邻苯二甲酸氢钾为基准物（在水溶液中它作为酸标定碱，而在 HAc 介质中，它是作为碱标定酸）。指示终点可采用电位法或指示剂法，常用的指示剂有结晶紫、甲基紫。滴定弱酸则选用碱性滴定剂，常用的有甲醇钠、乙醇钠和季铵碱（如氢氧化四丁铵）。标定碱的基准物常用苯甲酸，可用百里酚蓝作指示剂。常用以测定羧酸、氨基酸以及酚类等弱酸。在冰醋酸中滴定碱的常用指示剂为结晶紫和甲基紫。

水杨酸钠是一种抗风湿病药物，它虽溶于水，但其碱性太弱（水杨酸 $pK_1=2.98$），不能在水中用中强酸滴定。若选用冰醋酸为溶剂则大大提高了水杨酸根的碱性，可用 $HClO_4$ 为标准溶液进行滴定。滴定的主要步骤是，准确称取 0.3～0.4 g 试样，加 50 mL 冰醋酸溶解，加结晶紫指示剂 3 滴，用约 $0.1\ mol\cdot L^{-1}$ $HClO_4$ 标准溶液滴定至溶液呈蓝绿色为终点。

19.3 配位滴定法

19.3.1 配位滴定法概述

配位滴定法是以配位反应为基础的滴定分析方法。配位反应具有很大的普遍性，金属离子在水溶液中大多数是以不同形式的配离子存在的。无机配位剂分子中仅含一个可键合原子，与金属离子配位时的逐级稳定常数比较接近。且稳定性不够高，大多数不能满足滴定分析对化学反应的要求。而有机配位剂中常含有两个以上的可键合原子，可与金属离子形成具有环状结构的螯合物，它比同种配位原子所形成的简单配合物的稳定性高得多，且减少甚至消除了分级配位现象，使这类反应广泛用于滴定分析。

广泛用作配位滴定剂的是含有—$N(CH_2COOH)_2$ 基团的有机化合物，称为氨羧络合剂。其分子中含有氨氮（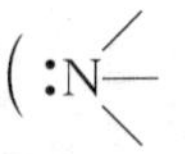）和羧氧（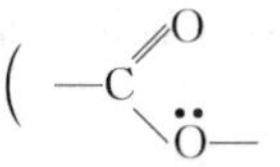）配位原子，几乎能与大多数金属离子配位。目前已研究的氨羧络合剂有几十种，其中应用最广泛的是乙二胺四乙酸。

本节就是讨论以乙二胺四乙酸（简称 EDTA）为滴定剂的配位滴定法，因为配位滴定法在广泛使用 EDTA 后才发展，故通常所谓“配位滴定”或“络合滴定”即指 EDTA 滴定法。

19.3.2 氨羧配位剂与配位平衡

1. 乙二胺四乙酸及其金属配合物的特性

乙二胺四乙酸是一种四元酸，在水溶液中，两个羧酸上的氢转移到氮原子上形成双偶极离子。其结构式为

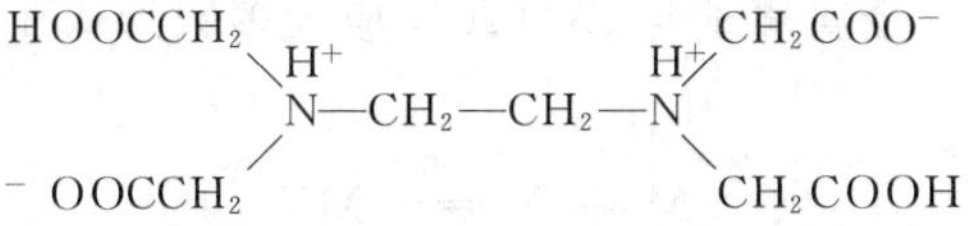

EDTA（ethylene diamine tetraacetic acid）常用 H_4Y 表示。它在水中的溶解度很小，22 ℃时每 100 mL 中仅溶解 0.02 g，难溶于酸和有机溶剂，易溶于 NaOH 或 NH_3 溶液中形成相应的盐。在配位滴定中，使用的是它的二钠盐，也简称 EDTA，用 $Na_2H_2Y\cdot 2H_2O$ 表示。22 ℃时每 100 mL水中可溶解 11.1 g（约 $0.3\ mol\cdot L^{-1}$）。其 $0.01\ mol\cdot L^{-1}$的水溶液 pH 约为 4.8。

H_4Y 的两个羧酸根可再接受质子，形成 H_6Y^{2+}，相当于六元酸的形式。它在水溶液中有六级解离常数

$$K_{a_1}=10^{-0.9} \qquad K_{a_2}=10^{-1.6}$$

$$K_{a_3}=10^{-2.07} \qquad K_{a_4}=10^{-2.75}$$

$$K_{a_5}=10^{-6.24} \qquad K_{a_6}=10^{-10.34}$$

在水溶液中，EDTA 总是以 H_6Y^{2+}，H_5Y^+，H_4Y，H_3Y^-，H_2Y^{2-}，HY^{3-} 和 Y^{4-} 七种物种同时存在。当溶液 pH 不同时，各种物种的分布分数 δ 也不同，其关系如图 19-8 所示。在 pH<1 的强酸溶液中，EDTA 主要以 H_6Y^{2+} 物种存在；在 pH 2.75～6.24 时，主要以 H_2Y^{2-} 物种存在；仅在pH>10.34时才主要以 Y^{4-} 物种存在。

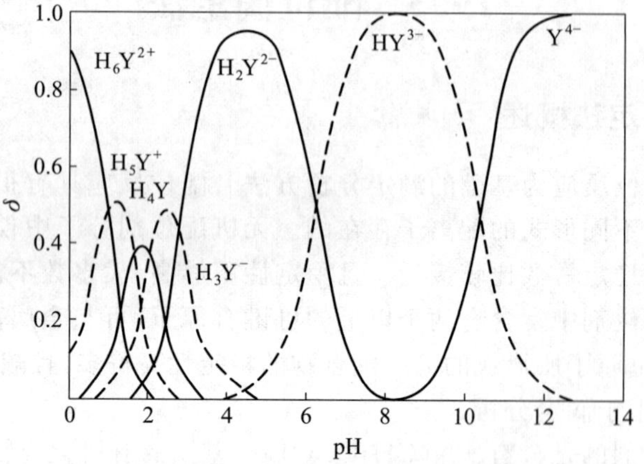

图 19-8　EDTA 各种物种的分布图

由于 EDTA 分子中有 2 个氨氮原子和 4 个羧氧原子，即具有 6 个配位能力很强的配位原子可与金属离子键合，因此在 EDTA 配合物中能形成多个五元环螯合物，且稳定性都有很高，CaY^{2-} 螯合物的立体结构见图 8-9。

EDTA 配合物还具有其他一些特性。如形成的配合物的配位比大多为 1∶1；配合物的水溶性好；配合物的颜色特征为：无色的金属离子与 EDTA 形成的配合物仍为无色，如 ZnY^{2-}，AlY^-，CaY^{2-} 和 MgY^{2-} 等，有色的金属离子与 EDTA 形成的配合物则颜色更深，如 CuY^{2-} 为深蓝色，NiY^{2-} 为蓝色，MnY^{2-} 为紫红色等。

2. 配位平衡

(1) 配合物的稳定常数　金属离子与 EDTA 反应大多数形成 1∶1 配合物（为简化而省去离子的电荷）。

$$M + Y \longrightarrow MY$$

反应的稳定常数表达式为

$$K_{MY}=\frac{[MY]}{[M][Y]}$$

K_{MY} 为金属离子-EDTA 配合物的**稳定常数**（stability constant），或称形成常数（formation constant）。K_{MY} 值愈大，配合物愈稳定。其倒数即为配合物的**不稳定常数**（instability constant），或称解离常数。对于 1∶1 类型的配合物，$K_{稳定}$ 和 $K_{不稳}$ 之间的关系为

$$K_{稳定}=\frac{1}{K_{不稳}} \qquad 或 \qquad \lg K_{稳定}=pK_{不稳}$$

一些常见金属离子与 EDTA 配合物的稳定常数见附录十五。表中所列数据是指配位反应

达平衡时,EDTA 全部解离成 Y^{4-} 的情况下的稳定常数,未考虑 EDTA 的其他存在物种。溶液酸度的改变会影响 EDTA 的解离平衡,即影响 EDTA 在溶液中的存在形式,也即会影响金属离子与 EDTA 配合物的稳定性。其次,溶液的酸度也会影响金属离子在溶液中的存在形式,也就会影响到配合物的稳定性。另外若溶液中有其他离子或其他配体的存在都会影响到配合物的稳定性。因此配位滴定反应所涉及的平衡关系较复杂,为了定量地处理各种因素对配位平衡的影响,引入了副反应系数的概念,并导出了配合物的条件稳定常数。

(2) 配位反应的副反应系数和条件稳定常数　配位滴定中所涉及的化学平衡比较复杂。除了被测金属离子 M 与滴定剂 EDTA 之间的主反应外,还存在其他副反应,总的平衡关系表示如下:

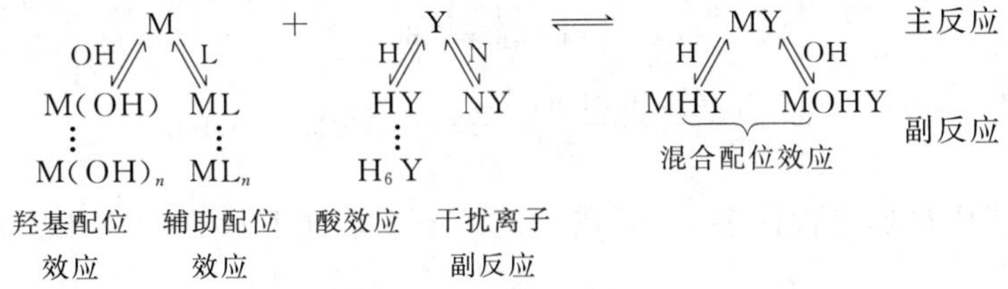

这些副反应的发生都将影响主反应进行的程度。引入副反应系数(α),就可以定量地表示副反应进行的程度。下面分别讨论 M、Y 和 MY 的**副反应系数**(side reaction coefficient)。

1) 滴定剂 Y 的副反应系数 α_Y 定义为 $\alpha_Y=\dfrac{[Y']}{[Y]}$,它表示未与 M 配位的滴定剂的各物种的总浓度$[Y']$是游离滴定剂平衡浓度$[Y]$的多少倍。$\alpha_Y$ 值越大,表示滴定剂发生的副反应越严重。当$[Y']=[Y]$时,$\alpha_Y=1$,表示滴定剂未发生副反应。通常情况下,副反应总是存在的,所以$[Y']>[Y]$,α_Y 总是大于 1。滴定剂 Y 与溶液中 H^+ 和其他干扰的金属离子 N 发生副反应,分别用 $\alpha_{Y(H)}$ 和 $\alpha_{Y(N)}$ 表示。

滴定剂 Y 是碱,易接受质子形成其共轭酸,此酸可看作是氢配合物。溶液中 H^+ 与 Y 发生的副反应使 EDTA 与 M 离子配位能力下降,这种现象称**酸效应**。酸效应的大小程度用**酸效应系数**(acidic effective coefficient)$\alpha_{Y(H)}$ 表示:

$$
\begin{aligned}
\alpha_{Y(H)}&=\frac{[Y']}{[Y]}\\
&=\frac{[Y]+[HY]+[H_2Y]+[H_3Y]+[H_4Y]+[H_5Y]+[H_6Y]}{[Y]}\\
&=1+\frac{[H^+]}{K_{a_6}}+\frac{[H^+]^2}{K_{a_6}K_{a_5}}+\frac{[H^+]^3}{K_{a_6}K_{a_5}K_{a_4}}+\frac{[H^+]^4}{K_{a_6}K_{a_5}K_{a_4}K_{a_3}}+\frac{[H^+]^5}{K_{a_6}K_{a_5}K_{a_4}K_{a_3}K_{a_2}}+\\
&\quad\frac{[H^+]^6}{K_{a_6}K_{a_5}K_{a_4}K_{a_3}K_{a_2}K_{a_1}}\\
&=1+\beta_1^H[H^+]+\beta_2^H[H^+]^2+\beta_3^H[H^+]^3+\beta_4^H[H^+]^4+\beta_5^H[H^+]^5+\beta_6^H[H^+]^6 \qquad (19-21)
\end{aligned}
$$

式中,β_n^H 为 Y 的积累质子化常数,对反应 $Y+nH \longrightarrow H_nY$,

$$\beta_n^H=\frac{[H_nY]}{[Y]\cdot[H^+]^n}$$

由式(19-21)可见，$\alpha_{Y(H)}$是$[H^+]$的函数。若溶液中仅有 H^+ 与 Y 发生副反应，则 $\alpha_Y = \alpha_{Y(H)}$。酸度越高，$\alpha_{Y(H)}$值越大，酸效应越严重。

例 19-12 计算 0.01 $mol \cdot L^{-1}$ EDTA 溶液于 pH=5.0 时的酸效应系数 $\alpha_{Y(H)}$ 和$[Y]$。

解 已知 EDTA 的各级经验解离常数 $K_{a_1} \sim K_{a_6}$ 分别 $10^{-0.9}$，$10^{-1.6}$，$10^{-2.07}$，$10^{-2.75}$，$10^{-6.24}$ 和 $10^{-10.34}$，故各级积累质子化常数 $\beta_1^H \sim \beta_6^H$ 分别为 $10^{10.34}$，$10^{16.58}$，$10^{19.33}$，$10^{21.40}$，$10^{23.0}$ 和 $10^{23.9}$。

pH=5.0 时，按式(19-21)计算：

$$\begin{aligned}\alpha_{Y(H)} &= 1+\beta_1^H[H^+]+\beta_2^H[H^+]^2+\beta_3^H[H^+]^3+\beta_4^H[H^+]^4+\beta_5^H[H^+]^5+\beta_6^H[H^+]^6 \\ &= 1+10^{10.34-5}+10^{16.58-10.0}+10^{19.33-15.0}+10^{21.40-20.0}+10^{23.0-25.0}+10^{23.9-30} \\ &= 1+10^{5.34}+10^{6.58}+10^{4.33}+10^{1.40}+10^{-2.0}+10^{-6.1} \\ &= 10^{6.58+0.02}=10^{6.60}\end{aligned}$$

$$\lg\alpha_{Y(H)}=6.60$$

则

$$[Y]=\frac{[Y']}{\alpha_{Y(H)}}=\frac{0.01\ mol \cdot L^{-1}}{10^{6.60}}=2.5\times10^{-9}\ mol \cdot L^{-1}$$

计算 $\alpha_{Y(H)}$时式中虽然包含许多项，但在一定的 pH 条件下只有少数几项是主要的，其他项均可略去。

配位滴定中 $\alpha_{Y(H)}$ 是常用的重要数值。为应用方便。常将不同 pH 时的 $\lg\alpha_{Y(H)}$ 值计算出来列成表(见附录十六)。由表可见，溶液酸度对 EDTA 的 $\lg\alpha_{Y(H)}$ 值影响极大。pH=1.0 时，$\lg\alpha_{Y(H)}=18.3$，此时 EDTA 与 H^+ 的副反应很严重，溶液中$[Y]$仅是 EDTA 总浓度$[Y']$的 $1/10^{18.3}$。$\alpha_{Y(H)}$ 随溶液酸度的降低而减小。仅当 pH≥12 时，$\alpha_{Y(H)} \approx 1$，此时可认为 Y 不与 H^+ 发生副反应。

关于 Y 与溶液中存在的其他金属离子 N 的副反应系数 $\alpha_{Y(N)}$，在后面混合离子的滴定中讨论。

2) 金属离子的副反应系数 α_M 的定义是 $\alpha_M=[M']/[M]$，它表示未与滴定剂 Y 配位的金属离子的各种物种总浓度$[M']$是游离金属离子浓度$[M]$的多少倍。α_M 值愈大，副反应愈严重。在 pH 较大的溶液中，由于某些金属离子的水解导致形成羟基配合物 $M(OH)_n$ 或为消除干扰而加入的掩蔽剂(大多数也是配位剂)也可能与待测金属离子形成 ML_n，由此导致的副反应分别用副反应系数 $\alpha_{M(OH)}$ 和 $\alpha_{M(L)}$ 表示。

当仅考虑 M 与配位剂 L 的副反应，则副反应系数表示为 $\alpha_{M(L)}$。

因

$$\begin{aligned}[M'] &= [M]+[ML_1]+[ML_2]+\cdots+[ML_n] \\ &= [M]+\beta_1[M][L]+\beta_2[M][L]^2+\cdots+\beta_n[M][L]^n \\ &= [M]\{1+\beta_1[L]+\beta_2[L]^2+\cdots+\beta_n[L]^n\}\end{aligned}$$

则

$$\begin{aligned}\alpha_{M(L)} &= \frac{[M']}{[M]} \\ &= \frac{[M]\{1+\beta_1[L]+\beta_2[L]^2+\cdots+\beta_n[L]^n\}}{[M]} \\ &= 1+\beta_1[L]+\beta_2[L]^2+\cdots+\beta_n[L]^n \qquad (19-22)\end{aligned}$$

$\alpha_{M(L)}$是游离 L 浓度的函数。如果 L 也有酸效应，则溶液的 pH 还会影响[L]值，因此，当溶液的 pH 改变时，$\alpha_{M(L)}$值会改变。

某些金属离子羟基配合物的稳定常数和不同 pH 时的 $\lg\alpha_{M(OH)}$ 计算值列于附录十七、十八。

实际情况往往是金属离子 M 同时发生多种副反应，因此，

$$\alpha_M \approx \alpha_{M(OH)} + \alpha_{M(L_1)} + \cdots + \alpha_{M(L_n)}$$

例 19-13 计算 pH=10.0，$[NH_3]=0.1\ mol\cdot L^{-1}$时的 $\lg\alpha_{Zn}$ 值。

解 $Zn(NH_3)_4^{2+}$ 的 $\lg\beta_1 \sim \lg\beta_4$ 分别为 2.27，4.61，7.01 和 9.06。按式(19-22)

$$\begin{aligned}\alpha_{Zn(NH_3)} &= 1+\beta_1[NH_3]+\beta_2[NH_3]^2+\beta_3[NH_3]^3+\beta_4[NH_3]^4 \\ &= 1+10^{2.27-1.0}+10^{4.61-2.0}+10^{7.01-3.0}+10^{9.06-4.0} \\ &= 10^{5.06+0.04}=10^{5.10}\end{aligned}$$

查附录十八，pH=10.0 时，$\lg\alpha_{Zn(OH)}=2.4$，则

$$\begin{aligned}\alpha_{Zn} &\approx \alpha_{Zn(NH_3)}+\alpha_{Zn(OH)} \\ &= 10^{5.10}+10^{2.4} \approx 10^{5.10}\end{aligned}$$

所以

$$\lg\alpha_{Zn}=5.10$$

需要注意的是，式(19-22)中[L]是指配位剂 L 的平衡浓度，即游离的 L 的浓度。配位剂 L 大多是碱，易与 H^+ 结合，使 L 浓度及溶液 pH 改变。可将 L 与 H^+ 的反应看成是副反应，表示为 $\alpha_{L(H)}$：

$$\begin{aligned}\alpha_{L(H)} &= \frac{[L']}{[L]}=\frac{[L]+[HL]+\cdots+[H_nL]}{[L]} \\ &= 1+\beta_1^H[H^+]+\beta_2^H[H^+]^2+\cdots+\beta_n^H[H^+]^n \qquad (19-23)\end{aligned}$$

在配位滴定中，当 M 与 Y 的主反应进行得比较完全时，可不考虑 M 与 L 的副反应，[L′]即为配位剂 L 的总浓度(或分析浓度)，由式(19-23)可计算出[L]：

$$[L]=\frac{[L']}{\alpha_{L(H)}}$$

例 19-14 计算 pH=9.0，$[NH_3]=0.10\ mol\cdot L^{-1}$时的 $\lg\alpha_{Zn(NH_3)}$ 值。

解 NH_4^+ 的 $\lg K_{NH_4^+}^H=9.4$，由式(19-23)得

$$\begin{aligned}\alpha_{NH_3(H)} &= 1+[H^+]K_{NH_4^+}=1+10^{-9}\times10^{9.4} \\ &= 1+10^{0.4}=10^{0.5}\end{aligned}$$

所以

$$[NH_3]=\frac{[NH_3]}{\alpha_{NH_3(H)}}=\frac{10^{-1}\ mol\cdot L^{-1}}{10^{0.5}}=10^{-1.5}\ mol\cdot L^{-1}$$

再由式(19-22)计算出

$$\alpha_{Zn(NH_3)}=10^{3.2}$$

则

$$\lg\alpha_{Zn(NH_3)}=3.2$$

3) 配合物 MY 的副反应系数 α_{MY}。在酸度较高的情况下，MY 会与 H^+ 发生副反应，形成酸式配合物 MHY：

$$MY + H \rightleftharpoons MHY \qquad K^{H}_{MHY}=\frac{[MHY]}{[MY][H^+]}$$

副反应系数 $$\alpha_{MY(H)}=\frac{[MY]+[MHY]}{[MY]}=1+[H^+]\cdot K^{H}_{MHY}$$

碱度较高时，会有碱式配合物 MOHY 形成，副反应系数 $\alpha_{MY(OH)}=1+[OH]\cdot K^{OH}_{MHY}$。

一般地，酸式配合物和碱式配合物大多不太稳定，计算时可忽略不计。

4）配合物的条件稳定常数。在配位滴定中，由于各种副反应的存在，配合物 MY 的 K_{MY} 值的大小就不能真实反映主反应进行的程度。因为此时未参与主反应的金属离子不仅有 M，还有 ML，ML_2，…，M(OH)，…，应当用这些物种的浓度总和[M′]表示。同时未参与主反应的滴定剂也应当用[Y′]表示。而所形成的配合物应当用总浓度[MY′]表示。且

$$[M']=\alpha_M\cdot[M],[Y']=\alpha_{Y(H)}\cdot[Y],[MY']=\alpha_{MY}\cdot[MY]$$

因此配合物 MY 的稳定性表示为

$$K'_{MY}=\frac{[MY']}{[M'][Y']}$$
$$=\frac{\alpha_{MY}[MY]}{\alpha_M[M]\cdot\alpha_Y[Y]}=\frac{\alpha_{MY}}{\alpha_M\alpha_Y}K_{MY}$$

在一定条件下，α_M、α_Y 和 α_{MY} 均为定值，因此 K'_{MY} 在一定条件下是常数，因此称之为**条件稳定常数**(conditional stability constant)。上式可用对数形式表示，即

$$\lg K'_{MY}=\lg K_{MY}-\lg\alpha_M-\lg\alpha_Y+\lg\alpha_{MY} \qquad (19-24)$$

条件稳定常数是用副反应系数校正后的配合物 MY 的实际稳定常数，只有反应物和生成物均不发生副反应时，K'_{MY} 才等于 K_{MY}。

多数情况下，形成的 MHY 和 MOHY 可忽略，则式(19-24)可简化为

$$\lg K'_{MY}=\lg K_{MY}-\lg\alpha_M-\lg\alpha_Y \qquad (19-25)$$

这是常用于计算 MY 条件稳定常数的公式。

例 19-15 计算 pH=2.0 和 5.0 时的 $\lg K'_{ZnY}$ 值。

解 已知 $\lg K_{ZnY}=16.5$

pH=2.0 查表：$\lg\alpha_{Y(H)}=13.8$

$\lg\alpha_{Zn(OH)}=0$

$\lg K'_{ZnY}=\lg K_{ZnY}-\lg\alpha_{Zn(OH)}-\lg\alpha_{Y(H)}$

$=16.5-0-13.8=2.7$

pH=5.0，查表：$\lg\alpha_{Y(H)}=6.6$

$\lg\alpha_{Zn(OH)}=0$

$\lg K'_{ZnY}=16.5-0-6.6=9.9$

由上例计算可见，$\lg K_{ZnY}$ 值虽然很高，但若在 pH2.0 时滴定，由于 Y 与 H^+ 的副反应严重，使 ZnY 的实际稳定性降低很多。而在 pH5.0 时滴定，由于 EDTA 的酸效应减小，使 ZnY 较稳定，表明在该 pH 条件下，Zn^{2+} 与 Y 的配位反应进行得较完全。

酸度降低使 $\lg\alpha_{Y(H)}$ 减小有利于配合物的形成；但酸度过低又会使 $\lg\alpha_{M(OH)}$ 增大，而不利于主反应。图 19-9 为一些金属离子-EDTA 配合物的 $\lg K'_{MY}$-pH 曲线，它表现了酸度对 $\lg K'_{MY}$ 的影响。此时认为溶液中无其他配位剂存在，仅考虑酸度的影响。

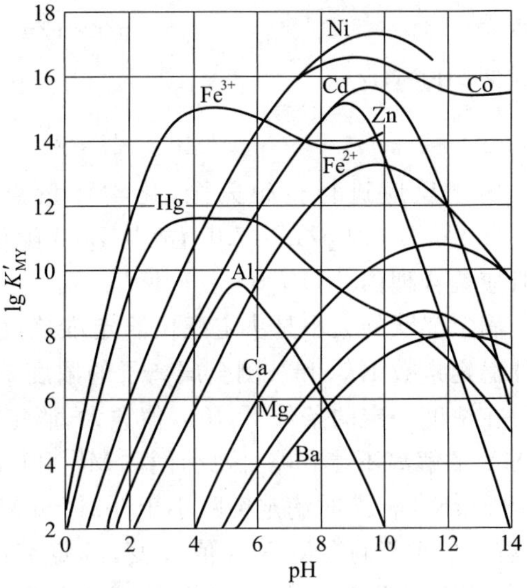

图 19-9　EDTA 配合物的 $\lg K'_{MY}$-pH 曲线

19.3.3　配位滴定的基本原理

配位滴定对配位反应的最基本要求是必须定量、完全，且符合化学计量关系以及有指示滴定终点的适宜方法。要求反应定量、完全，即配合物的条件稳定常数 K'_{MY} 要大。因此必须了解滴定反应对 K'_{MY} 的要求以及如何确定配位滴定的实验条件。

1. 滴定曲线

在配位滴定中，随着滴定剂 EDTA 的加入，溶液中被滴定的金属离子浓度不断减小，在化学计量点附近，pM 值将急剧变化。以 EDTA 加入的体积量为横坐标，pM 值为纵坐标作图，可得到 pM-EDTA 滴定曲线。通常仅计算化学计量点时的 pM 值，以此作为选择指示剂的依据。

由条件稳定常数式 $K'_{MY}=\dfrac{[MY']}{[M'][Y']}$，化学计量点时 $[M']=[Y']$，若该配合物 MY 较稳定，$c(MY')=c(M)-[M']\approx c(M)$。代入上式，整理即得

$$[M'](\text{化学计量点})=\sqrt{\frac{c(\text{M，化学计量点})}{K'_{MY}}}$$

取对数形式：

$$pM'(\text{化学计量点})=\frac{1}{2}[\lg K'_{MY}+pc(\text{M，化学计量点})] \qquad (19-26)$$

这就是化学计量点时 pM′值的计算公式。式中 c(M，化学计量点)表示化学计量点时金属离子的分析浓度。若滴定剂与被滴定金属离子的初始分析浓度相等，c(M，计量点)即为金属离子初始浓度的一半。

例 19-16　用 2×10^{-2} mol·L^{-1} EDTA 滴定等浓度的 Zn^{2+}。若溶液 pH 为 9.0，$c(NH_3)$为 0.2 mol·L^{-1}。计算滴定至化学计量点时 pZn′、pZn 值以及 pY′和 pY 值。

解　化学计量点时，pH=9.0，$c(NH_3)=\dfrac{0.2}{2}$ mol·L^{-1}=0.1 mol·L^{-1}，例 19-14 中已计算得 $\lg\alpha_{Zn(NH_3)}=3.2$，$\lg\alpha_{Y(H)}=1.4$，$\lg K'_{ZnY}=11.9$。

令 c(Zn，化学计量点)=10^{-2} mol·L^{-1}，按式(19-26)可得

$$pZn'(\text{化学计量点})=\frac{1}{2}[\lg K'_{ZnY}+pc(\text{Zn，化学计量点})]$$
$$=\frac{1}{2}(11.9+2.0)=7.0$$

因为 $$[Zn]=\frac{[Zn']}{\alpha_{Zn}}$$

故 $$pZn=pZn'+\lg\alpha_{Zn}=7.0+3.2=10.2$$

在化学计量点时 $$pY'=pZn'=7.0$$

$$pY=pY'+\lg\alpha_{Y(H)}=7.0+1.4=8.4$$

由于反应进行得很完全，化学计量点时未与 EDTA 配位的 Zn^{2+} 的总浓度［Zn′］仅为 10^{-7} mol·L^{-1}（即 $pZn'=7.0$），故与 Zn^{2+} 配位所消耗的 NH_3 可忽略。一般若能准确滴定，这种忽略应是合理的。

滴定突跃的大小是决定配位滴定准确度的重要依据。影响滴定突跃的主要因素是 MY 的条件稳定常数 K'_{MY} 和被测金属离子的浓度 c(M)。

在浓度一定的条件下，K'_{MY} 值愈大，滴定突跃愈大。当 $\lg K'_{MY}\leqslant 8$ 时，在化学计量点前后，由于 MY 的解离不能忽略，因此计算［M′］和［Y′］时，应考虑 MY 的解离所产生的金属离子 M 和 Y。当 $\lg K'_{MY}<7$ 时滴定突跃小于 0.3 个 pM′单位，如图 19－10 所示。而当金属离子浓度一定时，溶液 pH 不同会使 K'_{MY} 值改变，滴定突跃的大小就取决于溶液的 pH。降低溶液酸度，使 $\lg\alpha_{Y(H)}$ 值减小以增大 $\lg K'_{MY}$ 值，从而加大滴定突跃。

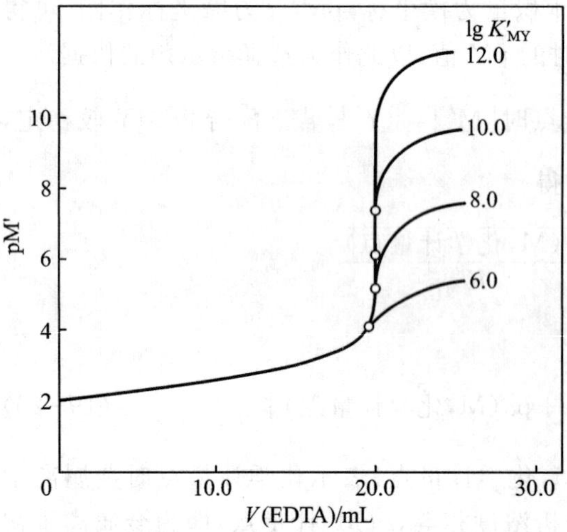

图 19－10　用 0.010 00 mol·L^{-1}的 EDTA 滴定 0.010 00 mol·L^{-1}金属离子 M（$\lg K'_{MY}$分别为 6.0、8.0、10.0 和 12.0）的滴定曲线

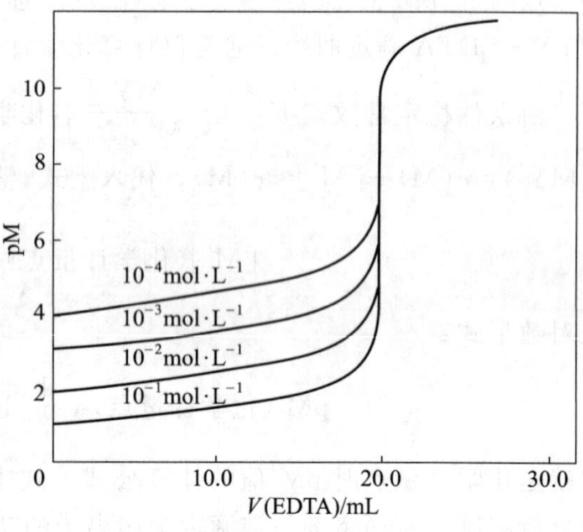

图 19－11　当 $\lg K'_{MY}=12.0$，$c(M)=c(Y)$时，不同浓度的 EDTA 滴定曲线

在条件稳定常数 K'_{MY}一定的条件下，被测金属离子浓度 c(M)值愈大，滴定突跃愈大。如图 19－11 所示。当金属离子浓度 $\lg c$(M)和条件稳定常数 $\lg K'_{MY}$ 都改变时，滴定突跃的大小就取决于 $\lg c(M)K'_{MY}$ 值，显然，$\lg c(M)K'_{MY}$ 值越大，滴定突跃就越大，反应进行得越完全。

2. 配位滴定的指示剂

配位滴定法中最常用的是使用**金属指示剂**（metallochromic indicator）指示终点。

（1）金属指示剂的性质和作用原理　金属指示剂是一些有机染料，它能与金属离子形成与游离指示剂颜色不同的有色配合物。例如，铬黑 T 和铬黑 T 镁配合物的结构如下：

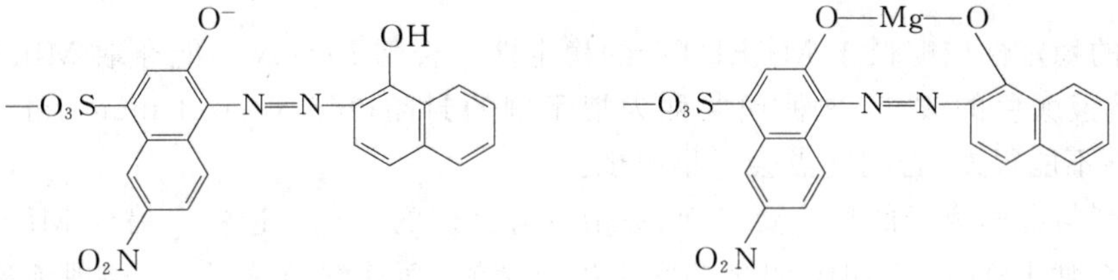

当以 EDTA 滴定 Mg^{2+} 时，开始溶液中部分 Mg^{2+} 与指示剂反应生成 $MgIn^-$ 而呈现红色。随着 EDTA 的加入，它与 Mg^{2+} 逐渐反应，在化学计量点附近，Mg^{2+} 的浓度降至很低，加入的 EDTA 就夺取了 $MgIn^-$ 中的 Mg^{2+}，而游离出指示剂，使溶液由红色转而呈现蓝色，显示滴定终点的到达：

$$\underset{(红)}{MgIn^-} + HY^{3-} \xrightarrow{pH\approx 10} MgY^{2-} + \underset{(蓝)}{HIn^{2-}}$$

金属指示剂配合物在溶液中也存在平衡：

$$\begin{array}{c} M + In \rightleftharpoons MIn \\ \quad\ \downarrow H \\ \quad\ HIn \\ \quad\ H_2In \\ \quad\ \vdots \end{array}$$

其条件稳定常数 $$K'_{MIn}=\frac{[MIn]}{[M][In]}=\frac{K_{MIn}}{\alpha_{In(H)}}$$

采用对数形式 $$pM+\lg\frac{c(MIn)}{c(In)}=\lg K_{MIn}-\lg\alpha_{In(H)}$$

在转变点时，$[MIn]=[In]$，$pM=\lg K'_{MIn}$，此时溶液呈混合色。在指示剂中颜色转变点时的 pM 值，以 pM_t 表示，即 $pM_t=\lg K_{MIn}-\lg\alpha_{In(H)}$。只要知道 K_{MIn} 值，并计算出在某 pH 时的 $\alpha_{In(H)}$，即可求得 pM_t 值。指示剂的变色范围约为 $\lg K'_{MIn}\pm 1$。

在金属离子未发生副反应时，pM(终点)即 pM_t。若金属离子发生副反应，终点时未与 EDTA配位的金属离子 M′浓度是游离 M 浓度的 α_M 倍，此时 $pM'(终点)=pM_t-\lg\alpha_M$。

作为金属指示剂应具备的主要条件如下：

1) 金属指示剂配合物与指示剂的颜色有明显的区别时，终点颜色变化才明显。金属指示剂多为有机弱酸，颜色随 pH 而变化，因此必须控制合适的 pH 范围。例如，铬黑 T 在水溶液中有如下平衡：

$$\underset{\substack{pH<6.3\\(紫红)}}{H_2In^-} \xrightleftharpoons{pK_{a_3}=6.3} \underset{\substack{pH为6.3\sim 11.6\\(蓝)}}{HIn^{2-}} \xrightleftharpoons{pK_{a_2}=11.6} \underset{\substack{pH>11.6\\(橙)}}{In^{3-}}$$

而铬黑 T 与金属离子的配合物为红色，因此使用铬黑 T 指示剂的合适的 pH 范围为 6.3～11.6。

2）MIn 的稳定性应略低于 M-EDTA 的稳定性。否则 EDTA 不能夺取 MIn 中的 M，在终点时看不到溶液颜色的改变，这种现象称为**指示剂的封闭**（blocking of indicator）现象。当然，MIn 的稳定性不能很差，否则终点会过早出现。

3）指示剂与金属离子的反应要迅速、灵敏且有良好的变色可逆性。另外 MIn 应易溶于水，若溶解度小，会使 EDTA 与 MIn 的交换反应进行缓慢，而使终点拖长，这种现象称为**指示剂的僵化**（ossification of indicator）。

4）指示剂应该比较稳定，以利于储存和使用。大多数金属指示剂为含双键的有机化合物，易被空气、日光、氧化剂等分解，在水溶液中不稳定，易变质，因此，可配制成固体混合物，便于保存。

（2）常用的金属指示剂　常用的金属指示剂有铬黑 T、二甲酚橙、PAN、酸性铬蓝 K、钙指示剂和磺基水杨酸等，它们的性质和应用的条件列于表 19-9。

表 19-9　常用的金属指示剂

指示剂	使用 pH 范围	颜色变化		直接滴定离子	指示剂配制	备注
		In	MIn			
铬黑 T(EBT) (eriochrome black T)	7～10	蓝	红	pH10 Ca^{2+}，Mg^{2+}，Zn^{2+}，Cd^{2+}，Pb^{2+}，Mn^{2+}，稀土	1∶100 NaCl （固体）	Fe^{3+}，Al^{3+}，Cu^{2+} 等对 EBT 有封闭
二甲酚橙(XO) (xylenol orange)	<6	黄	红	pH<1 ZrO^{2+} pH1～3 Bi^{3+}，Th^{4+} pH5～6 Zn^{2+}，Pb^{2+}，Cd^{2+}，Hg^{2+}，稀土	质量分数为 0.5%的水溶液	Al^{3+}，Fe^{3+} 等有封闭
PAN[1-(2-pyridylazo)-2-naphrhol]	2～12	黄	红	pH2～3 Bi^{3+}，Th^{4+} pH4～5 Cu^{2+}，Ni^{2+}	质量分数为 0.1%的乙醇溶液	
酸性铬蓝 K (acid chrome blue K)	8～13	蓝	红	pH10 Mg^{2+}，Zn^{2+} pH13 Ca^{2+}	1∶100 NaCl（固体）	
钙指示剂(NN) (calcon-carboxylic acid)	10～13	蓝	红	pH12～13 Ca^{2+}	1∶100 NaCl（固体）	Al^{3+}，Fe^{3+}，Cu^{2+}，Mn^{2+} 等有封闭
磺基水杨酸(ssal) (sulfo-salicylic acid)		无色	紫红	pH1.5～2.5 Fe^{3+} （加热）	质量分数为 2%的水溶液	ssal 本身无色，终点红→黄(FeY^-)

这里仅对 PAN 的使用作进一步介绍。PAN 在水溶液中的平衡为

$$\underset{\text{黄绿色}}{H_2In^+} \xrightleftharpoons{pK_{a_1}=1.9} \underset{\text{黄色}}{HIn} \xrightleftharpoons{pK_{a_2}=12.2} \underset{\text{淡红色}}{In^-}$$

它与金属离子形成紫红色配合物，但它们的溶解度较小。

在实际工作中常用的是以 Cu－PAN 为间接指示剂用以测定多种金属离子。Cu－PAN 指示剂是 CuY 和 PAN 组成的混合液。将该溶液加入到含有被测金属离子 M 的试液中，就发生如下置换反应：

$$\underset{深蓝色}{CuY} + \underset{黄色}{PAN} + M \xlongequal{\quad} \underset{紫红色}{Cu\text{-}PAN} + MY$$

此时溶液呈现紫红色。当加入的 EDTA 和游离的 M 定量配位后，EDTA 将夺取 Cu－PAN 中的 Cu^{2+}，从而使 PAN 游离出来：

$$\underset{紫红色}{Cu\text{-}PAN} + Y \xlongequal{\quad} \underset{深蓝色}{CuY} + \underset{黄色}{PAN}$$

此时溶液由紫红色转变为黄蓝混合色指示终点到达。因滴定前加入的 CuY 与最后生成的 CuY 是相等的，故加入的 CuY 不影响测定结果。

在几种离子的连续滴定中，若分别使用几种指示剂，往往会发生颜色干扰。而 Cu－PAN 可在很宽的 pH 范围（1.9～12.2）内使用，因此，采用 Cu－PAN 指示剂就可以在同一溶液中调节不同 pH 连续指示终点。

*3. 终点误差

在配位滴定中，只要滴定终点与化学计量点的 pM 值不同，就存在终点误差。参照酸碱滴定误差公式的导出，同样可得到 EDTA 滴定金属离子 M 的终点误差公式为

$$TE=\frac{[Y'(终点)]-[M'(终点)]}{c(M,化学计量点)}\times 100\%$$

由 $\Delta pM'=pM'(终点)-pM'(化学计量点)$，$\Delta pY'=pY'(终点)-pY'(化学计量点)$

$$[M'(终点)]=[M'(化学计量点)]\times 10^{-\Delta pM'}$$

$$[Y'(终点)]=[Y'(化学计量点)]\times 10^{-\Delta pY'}=c(M,化学计量点)\times 10^{\Delta pM'}$$

代入上式后得到计算配位滴定终点误差的公式：

$$TE=\frac{(10^{\Delta pM}-10^{-\Delta pM})}{\{K'_{MY}c(M,化学计量点)\}^{1/2}}\times 100\% \qquad (19-27)$$

当 ΔpM 一定时，$c(M,化学计量点)\cdot K'_{MY}$ 值越大，TE 越小；而 $c(M,化学计量点)\cdot K'_{MY}$ 值一定时，ΔpM 值越小，TE 越小。

配位滴定所需要的条件取决于所要求的允许误差和检测终点的准确度。若允许误差为 ±0.1%，而配位滴定目测终点的 ΔpM 值一般会有 ±0.2 的误差，则要求

$\lg\{c(M,化学计量点)\cdot K'_{MY}\}\geqslant 6.0$（当 $c(M,化学计量点)$ 为 $0.01\ mol\cdot L^{-1}$ 时，则要求 $\lg K'_{MY}\geqslant 8.0$）

用来作为判断能否用配位滴定法准确测定被测离子的条件。

4. 配位滴定中酸度的控制

配位滴定中对酸度的要求是既要满足 $\lg c(M,计量点)\cdot K'_{MY}=6.0$ 的条件，且金属离子不发生水解以及符合终点时指示剂颜色变化时的条件。

不同金属离子的 EDTA 配合物的 $\lg K_{MY}$ 值不同。而代表 MY 的实际稳定性的 K'_{MY} 又与溶

液酸度有关。若 c(M,化学计量点)$=10^{-2}\ \mathrm{mol\cdot L^{-1}}$,为满足 $\lg c$(M,化学计量点)$\cdot K'_{MY}\geqslant 6$,则 $\lg K'_{MY}\geqslant 8$,即

$$\lg K'_{MY}=(\lg K_{MY}-\lg\alpha_{Y(H)})\geqslant 8$$

则

$$\lg\alpha_{Y(H)}\leqslant \lg K_{MY}-8 \tag{19-28}$$

由式(19-28)计算出 $\lg\alpha_{Y(H)}$,再由 pH$-\lg\alpha_{Y(H)}$ 表,得到的 pH 即为滴定该 M 离子的最高允许酸度或最低 pH。

以 pH$-\lg\alpha_{Y(H)}$ 作图所得曲线称**酸效应曲线**(acidic effective curve),如图 19-12 所示,若以不同的 $\lg K_{MY}$ 值对相应的 M 离子的最低 pH 作图,则在图 19-12 的横坐标上,将 $\lg\alpha_{Y(H)}$ 值$+8$,就可将 pH$-\lg\alpha_{Y(H)}$ 曲线转变为 pH$-\lg K_{MY}$ 曲线。此曲线仍称为酸效应曲线。从曲线上可直接查得 EDTA 滴定各金属离子的最高允许酸度。曲线表明了 pH 对配合物形成的影响。对稳定性高的 MY,如 BiY^-($\lg K_{BiY}=27.9$)。可在高酸度 pH$=0.7$ 的条件下滴定;而对稳定性差的 MY,如 MgY^{2-}($\lg K_{MgY}=8.7$),则必须在弱碱性 pH$=10$ 的条件下滴定。

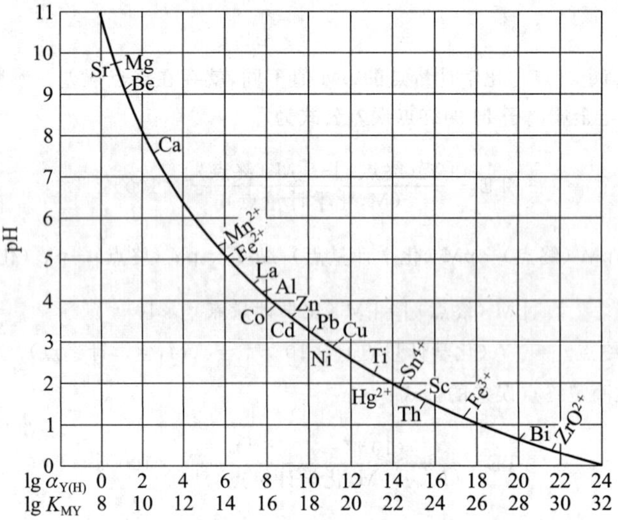

图 19-12　EDTA 酸效应曲线

金属离子被滴定的最佳酸度,可由 $M(OH)_n$ 的溶度积求得。

EDTA 滴定时最佳酸度的选择还必须考虑使用的指示剂。不同的指示剂有其各自的酸度要求。因此直接滴定金属离子的 pH 范围应视具体情况而定。

另外,EDTA 滴定过程中会不断地释放出 H^+,即 $M+H_2Y$ ══ $MY+2H$,使溶液酸度增高,$\lg\alpha_{Y(H)}$ 增大,而 $\lg K'_{MY}$ 值变小,影响了滴定反应的完全程度。因此,配位滴定中常加入缓冲溶液来控制溶液的酸度。通常在弱酸性(pH5~6)溶液中滴定,可选用 HAc$-$NaAc 缓冲体系或六亚甲基四胺缓冲液;在弱碱性(pH8~10)溶液中滴定,可选用 NH_3-NH_4Cl 缓冲体系。缓冲溶液的选择除考虑它所能缓冲的 pH 范围外,还要考虑它是否与金属离子发生副反应而影响滴定反

应的完全程度。

19.3.4 混合离子的滴定

若溶液中含有与 M 共存的离子 N，它也能生成 NY 配合物，此时设 M 离子不发生副反应，且没有其他配体，溶液中的平衡关系为

$$\begin{array}{ccccc} M & + & Y & \rightleftharpoons & MY \\ & \overset{H}{\swarrow\!\!\nearrow} & & \overset{N}{\searrow\!\!\nwarrow} & \\ & HY & & NY & \\ & \vdots & & & \end{array}$$

则 $\alpha_Y=\alpha_{Y(H)}+\alpha_{Y(N)}$，而 $\alpha_{Y(N)}=\dfrac{[Y]+[NY]}{[Y]}=1+[N]\cdot K_{NY}$。若 $K_{MY}>K_{NY}$，即用 EDTA 滴定时，M 离子先被滴定，假设能准确滴定 M 离子。在 MY 的化学计量点时[NY]应当很小，故 $[N]=c(N)-[NY]=c(N)$，则 $\alpha_{Y(N)}=1+c(N)K_{NY}$。因此 $\alpha_{Y(N)}$ 仅取决于[N]和 K_{NY}。当酸度不太低时，N 不发生水解，$\alpha_{Y(N)}$ 为定值。Y 的总副反应系数 $\alpha_Y=\alpha_{Y(H)}+\alpha_{Y(N)}-1$。当溶液酸度较高时，$\alpha_{Y(H)}\gg\alpha_{Y(N)}$，此时 $\alpha_Y\approx\alpha_{Y(H)}$，$K'_{MY}=\dfrac{K_{MY}}{\alpha_{Y(H)}}$，即仅考虑 Y 的酸效应，而 N 的影响可以忽略。与单独滴定 M 的情况相同，K'_{MY} 随溶液酸度减小而增大。当溶液酸度较低时，$\alpha_{Y(N)}\gg\alpha_{Y(H)}$，此时 $\alpha_Y\approx\alpha_{Y(N)}$，$K'_{MY}=K_{MY}/\alpha_{Y(N)}=K_{MY}/c(N)K_{NY}$。将此式两边乘以 $c(M)$，并取对数得

$$\begin{aligned}\lg c(M)K'_{MY}&=\lg K_{MY}-\lg K_{NY}+\lg\{c(M)/c(N)\}\\&=\Delta\lg K+\lg\{c(M)/c(N)\}\end{aligned}\qquad(19-29)$$

显然，当 MY 和 NY 的稳定常数相差($\Delta\lg K$)愈大，被测的 M 离子浓度($c(M)$)愈大，干扰离子 N 的浓度($c(N)$)愈小，则 $\lg c(M)K'_{MY}$ 值愈大，即在 N 离子存在条件下，准确滴定 M 离子的可能性就愈大。

当 $c(M)=c(N)$，$\Delta pM=\pm0.2$，$TE=\pm0.1\%$，由 $\lg c(M)K'_{MY}=6$ 和式(19-28)得

$$\Delta\lg K=\lg c(M)K'_{MY}=6$$

因此，通常以 $\Delta\lg K\geqslant6$ 作为判断能否准确分步滴定 M 和 N 离子的条件。$c(M)\neq c(N)$，则要求

$$\lg\frac{c(M)\cdot K_{MY}}{c(N)\cdot K_{NY}}\geqslant6\qquad(19-30)$$

如果 $\Delta\lg c\cdot K\geqslant6$的条件不能满足，N 离子就会干扰 M 离子被准确滴定，则需要改变滴定条件以消除 N 的干扰。

通常测定混合离子的方法是控制酸度或使用掩蔽剂法。

1. 用控制溶液酸度的方法进行分步滴定

能满足式(19-29)的共存离子，就可采用控制酸度的方法。例如，含有浓度为 $0.01\ mol\cdot L^{-1}$ 的 Bi^{3+}、Pb^{2+}混合液，查表知 $\lg K_{BiY}=27.9$，$\lg K_{PbY}=18.0$，故 $\Delta\lg K=27.9-18.0=9.9(>6)$，因此滴定 Bi^{3+} 时 Pb^{2+} 不干扰。从图 19-11 的酸效应曲线查得滴定 Bi^{3+} 的最小 pH 约为 0.7，但 pH>1.5 时，Bi^{3+} 已水解析出沉淀，因此确定 pH=1.0 时滴定 Bi^{3+}，此时 Pb^{2+} 不被滴定。Pb^{2+} 可

以在 pH4～6 时滴定。二甲酚橙指示剂能与 Bi^{3+}、Pb^{2+} 生成红色配合物，它可以在 pH≈1 时指示 Bi^{3+} 的滴定终点，然后加入六亚甲基四胺缓冲液，调节溶液 pH5～6，继续滴定 Pb^{2+}。这就是利用控制溶液酸度在同一溶液中既分步又连续滴定 Bi^{3+} 和 Pb^{2+}。

2. 用掩蔽的方法进行分别滴定

当溶液中共存的 M 和 N 离子形成的 MY 和 NY 的 $\Delta \lg K$ 值很小，就不能用控制酸度的方法进行分步滴定。而是采用掩蔽(masking)法，即利用加入一种试剂与干扰离子 N 起反应以大大降低 $c(\mathrm{N})$，就使 $\alpha_{\mathrm{Y(N)}}$ 值减小，达到减小或消除 N 对 M 的干扰影响，使满足 $\lg c \cdot K'_{\mathrm{MY}}$ 增大至选择滴定的要求。常用的掩蔽反应有配位掩蔽、氧化还原掩蔽和沉淀掩蔽。

(1) 配位掩蔽法　采用的配位掩蔽剂应该是能与干扰离子 N 形成稳定、易溶的无色或浅色配合物，而它与 M 离子不配位。表 19-10 列出一些常用的配位掩蔽剂及其使用的 pH 范围。

表 19-10　常用的配位掩蔽剂

名称	使用 pH 范围	被掩蔽的离子	备　注
NH_4F	4～6	Al^{3+}，Sn^{4+}，Zr^{4+}，$Ti^{Ⅳ}$，$W^{Ⅵ}$ 等	—
	～10	Mg^{2+}，Ca^{2+}，Sr^{2+}，Ba^{2+} 及稀土元素	—
KCN	＞8	Co^{2+}，Ni^{2+}，Cu^{2+}，Zn^{2+}，Cd^{2+}，Hg^{2+}，Ag^{+}，Fe^{2+} 等	剧毒！须在碱性溶液中使用
三乙醇胺	～10	Al^{3+}，Fe^{3+}，Sn^{4+}，$Ti^{Ⅳ}$	先在酸性溶液中加入三乙醇胺，再调 pH
邻二氮菲	5～6	Zn^{2+}，Cu^{2+}，Co^{2+}，Ni^{2+}，Cd^{2+}，Hg^{2+}	—
酒石酸	1～2	Sn^{4+}，Mn^{2+}，Fe^{3+}	—
	6～8	Fe^{3+}，Al^{3+}，Sn^{4+}，Ca^{2+}，Mg^{2+} 等	—

例 19-17　用 0.02 mol·L⁻¹ EDTA 滴定同浓度的 Zn^{2+}，Al^{3+} 混合液中的 Zn^{2+}，可加入 NH_4F 掩蔽 Al^{3+}，设终点时 $[F^-]=0.01\ \mathrm{mol\cdot L^{-1}}$。问在 pH=5.5 时，$Zn^{2+}$ 能否被准确滴定？

解　查表可知 AlF_6^{3-} 的 $\lg\beta_1 \sim \lg\beta_6$ 分别为 6.1，11.2，15.0，17.7，19.4 和 19.7，$[F^-]=0.01\ \mathrm{mol\cdot L^{-1}}$ 时：

$$\alpha_{\mathrm{Al(F)}}=1+\beta_1[F^-]+\beta_2[F^-]^2+\beta_3[F^-]^3+\beta_4[F^-]^4+\beta_5[F^-]^5+\beta_6[F^-]^6$$
$$=1+10^{4.1}+10^{7.2}+10^{9.0}+10^{9.7}+10^{9.4}+10^{7.7}=10^{9.9}$$

$$[\mathrm{Al}]=\frac{[\mathrm{Al'}]}{\alpha_{\mathrm{Al(F)}}}=\frac{0.01}{10^{9.9}}=10^{-11.9}$$

$$\alpha_{\mathrm{Y(Al)}}=1+[\mathrm{Al}]K_{\mathrm{AlY}}=1+10^{-11.9}\times10^{16.1}=10^{4.2}$$

在 pH=5.5 时，$\alpha_{\mathrm{Y(H)}}=5.5$，则 $\alpha_{\mathrm{Y}}=\alpha_{\mathrm{Y(H)}}+\alpha_{\mathrm{Y(Al)}}$

$$=10^{5.5}+10^{4.2}\approx10^{5.5}$$

故 $\lg K'_{\mathrm{ZnY}}=\lg K_{\mathrm{ZnY}}-\lg\alpha_{\mathrm{Y}}=16.5-5.5=11.0(>8)$

表明 F^- 对 Al^{3+} 的掩蔽效果很好，Zn^{2+} 能被准确滴定。

(2) 氧化还原掩蔽法　在混合液中，加入一种氧化剂或还原剂，使它与干扰离子发生氧化还原反应，以改变干扰离子的氧化数，达到消除干扰的目的。如在含 Bi^{3+}，Fe^{3+} 混合液中滴定 Bi^{3+}，Fe^{3+} 有干扰。因为 $\lg K_{\mathrm{Fe^{Ⅲ}Y}}=25.1$，$\lg K_{\mathrm{BiY}}=27.9$。可采用抗坏血酸或羟胺，将 Fe^{3+} 还原至

Fe^{2+}，因 $\lg K_{Fe^{II}Y}=14.3$，此时在滴定 Bi^{3+} 的 pH 条件下就消除了 Fe^{2+} 的干扰。

常用的还原剂有抗坏血酸、羟胺、联胺和硫脲等。

(3) 沉淀掩蔽法　加入能与干扰离子生成沉淀的沉淀剂并在沉淀存在下直接进行滴定。如在含 Ca^{2+}，Mg^{2+} 混合液中，加入 NaOH 使溶液 pH>12，Mg^{2+} 形成 $Mg(OH)_2$ 沉淀，使用钙指示剂，就可用 EDTA 滴定 Ca^{2+}，而 Mg^{2+} 不再干扰。

常用的沉淀掩蔽剂有 NH_4F(在 pH≈10 时可掩蔽 Ca^{2+}，Mg^{2+}，Sr^{2+}，Ba^{2+} 和稀土元素等)、硫酸盐、硫化钠等。

由于一些沉淀反应不够完全，沉淀会吸附被测离子以及一些沉淀颜色深、体积庞大影响终点观察等，因此在实际中沉淀掩蔽法应用不多。

不论哪种掩蔽方法，掩蔽剂的使用除了要注意 pH 条件，用量要适宜，稍过量而不可太多。要使干扰离子的掩蔽效果好，但被测离子不能被掩蔽。

当在混合离子溶液中，加入一种配位剂以掩蔽干扰离子，对被测离子进行滴定后，可以用另一种试剂破坏掩蔽作用，使被掩蔽的离子释放出来，该作用称为解蔽(demasking)。如欲测定溶液中 Pb^{2+}，Zn^{2+} 含量，可先在氨性溶液中加 KCN 使生成 $Zn(CN)_4^{2-}$ 以掩蔽 Zn^{2+}，以铬黑 T 作指示剂，在 pH≈10 时，用 EDTA 滴定 Pb^{2+}。然后于溶液中加入解蔽剂甲醛，以破坏 $Zn(CN)_4^{2-}$，释放出的 Zn^{2+} 则可以用 EDTA 继续滴定。

$$Zn(CN)_4^{2-} + 4HCHO + 4H_2O = Zn^{2+} + \underset{\text{羟基乙腈}}{4H_2C(OH)CN} + 4OH^-$$

除 EDTA 外，还可以选用其他氨羧配位剂作滴定剂以提高配位滴定的选择性。由于篇幅所限，不再予以介绍。

19.3.5　配位滴定的方式和应用示例

1. EDTA 标准溶液的配制和标定

常用 EDTA 标准溶液的浓度为 0.01～0.05 $mol\cdot L^{-1}$。采用 EDTA 二钠盐($Na_2H_2Y\cdot 2H_2O$ 相对分子质量为 372.24)配制。由于水和其他试剂中常含有金属离子，因此 EDTA 标准溶液应配制后加以标定。若长时间储存 EDTA 溶液，应置于聚乙烯塑料瓶或硬质玻璃瓶中。

标定 EDTA 溶液的基准物质有纯金属锌、铜、铋以及纯 ZnO，$CaCO_3$，$MgSO_4\cdot 7H_2O$ 等。

为提高测定的准确度，应尽量选用与被测离子测定条件相近的情况下进行标定，以消除由于试剂或水中引入的杂质所带来的影响。

2. EDTA 滴定方式和应用示例

(1) 直接滴定　若被测金属离子与 EDTA 的配位反应能满足滴定分析对化学反应的要求，就可用 EDTA 进行直接滴定。

例如，用 EDTA 测定水的总硬度。所谓硬水是指含有钙盐、镁盐较多的水。测定水的硬度，实际上是测定水中钙、镁离子的总量，并将其折算成 $CaCO_3$ 的质量以计算硬度。水的硬度以每升水中含 $CaCO_3$(或 CaO)的质量(mg)来表示。具体方法是取一定体积的水样，用 NH_3-NH_4Cl 缓冲液控制 pH≈10，以铬黑 T 为指示剂，用 EDTA 标准溶液滴定至溶液由酒红色变为纯蓝色。

(2) 返滴定法　返滴定法是在一定条件下，向试液中加入已知过量的 EDTA 标准溶液，然后用另一种金属离子的标准溶液滴定剩余的 EDTA,由两种标准溶液的浓度和用量求得被测物质的含量。该方法主要用于被测离子与 EDTA 反应速率慢,被测离子在滴定的 pH 条件下会水解,直接滴定时无适宜的指示剂或对指示剂有封闭作用等情况。EDTA 测定 Al^{3+} 就属于这类情况,因此需用返滴定法测定 Al^{3+}。

例如,常用的铝盐药物有氢氧化铝,复方氢氧化铝片、氢氧化铝凝胶等。药典规定氢氧化铝凝胶含氢氧化铝(作为 Al_2O_3 计算),不得少于 3.6%~4.4%。实验的主要步骤是精确称取药片,加入 1∶1 的 HCl 且煮沸 10 min 使其溶解,冷至室温后滤去不溶物,将滤液置于 250 mL 容量瓶中。移取 25.00 mL 加氨水至恰析出白色沉淀,再滴加稀 HCl 溶液至沉淀恰溶解,调节 pH 约3.5(防止 Al^{3+} 水解),准确加入过量的 EDTA 标准溶液,煮沸 3~5 min(加速 Al^{3+} 与 EDTA 的反应),冷却至室温,调 pH=5.0 以二甲酚橙为指示剂,用锌标准溶液滴定至溶液由黄色转变为淡紫红色。

$$w(Al_2O_3)=\frac{[(cV)_{EDTA}-(cV)_{Zn^{2+}}]\frac{1}{2}M(Al_2O_3)}{m_s\times\frac{25}{250}}$$

(3) 置换滴定法　可以有两种情况。一种情况是将被测离子和干扰离子先与 EDTA 都反应完全,然后加入另一配体夺取被测离子而释放出与被测离子相当量的 EDTA。如测 Al^{3+},Zn^{2+} 混合液中的 Al^{3+},按上例方法使 Al^{3+},Zn^{2+} 与 EDTA 反应完全,并用 Zn^{2+} 标准溶液滴定剩余的 EDTA。此时加入 NH_4F,因生成稳定性更高的 AlF_6^{3-}:

$$AlY^- + 6F^- + 2H^+ = AlF_6^{3-} + H_2Y^{2-}$$

然后再用 Zn^{2+} 标准溶液滴定游离出的 EDTA,即测得 Al^{3+} 的含量。

另一种情况是用被测离子 M 置换出另一配合物 NL 中的 N 离子,用 EDTA 滴定 N 离子以测定 M 离子含量。例如,Ag^+ 与 EDTA 的配合物稳定性不高($\lg K_{AgY}=7.3$),不能用 EDTA 直接滴定 Ag^+。若加过量的 $Ni(CN)_4^{2-}$ 于含 Ag^+ 试液中,则发生反应:$2Ag^+ + Ni(CN)_4^{2-} = 2Ag(CN)_2^- + Ni^{2+}$。然后用 EDTA 标准溶液滴定置换出的 Ni^{2+},即可求得 Ag^+ 的含量。

(4) 间接滴定法　有些金属离子(如 Li^+,K^+,Na^+ 等)与 EDTA 的配合物稳定性小,有些非金属离子(如 SO_4^{2-},PO_4^{3-} 等)不与 EDTA 反应,可以利用间接滴定法测定它们的含量。

例如,K^+ 可沉淀为 $K_2NaCo(NO_2)_6\cdot 6H_2O$,将沉淀过滤溶解后,用 EDTA 滴定其中的 Co^{2+},就可间接求出 K^+ 含量。又如 PO_4^{3-} 可沉淀为 $MgNH_4PO_4\cdot 6H_2O$,将沉淀滤出,溶解于 HCl 中,调节 pH 后,用 EDTA 标准溶液滴定溶液中的 Mg^{2+},即测得 PO_4^{3-} 含量。

19.4　氧化还原滴定法

19.4.1　氧化还原滴定法概述

氧化还原滴定法是以氧化还原反应为基础的滴定分析方法,能直接或间接测定很多无机物和有机物,应用范围广。氧化还原反应是基于电子转移的反应,反应机理比较复杂,有些反应虽可进行得完全但反应速率却很慢；有时由于副反应的发生使反应物间没有确定的计量关系等。因此，在氧化还原滴定中要注意控制反应条件，加快反应速率，防止副反应的发生以满足滴定反应的要求。

关于氧化还原反应的基本原理，如标准电极电势，能斯特方程，氧化还原反应的方向、程度以及影响氧化还原反应速率的因素等请参阅第五章。现在对条件电极电势作简要介绍。

对于可逆氧化还原电对的电极电势与氧化态和还原态的活度之间的关系可用能斯特方程表示。即

$$\underset{\text{氧化态}}{\mathrm{Ox}} + z\mathrm{e}^- \Longrightarrow \underset{\text{还原态}}{\mathrm{Red}}$$

$$\varphi = \varphi^{\ominus} + \frac{0.059\ 2\ \mathrm{V}}{z}\lg\frac{a(\mathrm{Ox})}{a(\mathrm{Red})} \tag{19-31}$$

式中：$a(\mathrm{Ox})$和$a(\mathrm{Red})$分别为氧化态的活度；$\varphi^{\ominus}$是电对的标准电极电势，它仅随温度变化。

实际上通常知道的是溶液中氧化剂或还原剂的浓度，而不是活度。当溶液中离子强度较大时，用浓度代替活度进行计算，会引起较大的误差。此外，当氧化态或还原态与溶液中其他组分发生副反应，如酸度的影响、沉淀与配合物的形成等都会使电极电势发生变化。

若以浓度代替活度，应该引入相应的活度系数 γ_{Ox}，γ_{Red}。考虑到副反应的发生，还必须引入相应的副反应系数 α_{Ox}，α_{Red}。此时

$$a(\mathrm{Ox}) = [\mathrm{Ox}]\cdot\gamma_{\mathrm{Ox}} = \frac{c(\mathrm{Ox})\cdot\gamma_{\mathrm{Ox}}}{\alpha_{\mathrm{Ox}}}$$

$$a(\mathrm{Red}) = [\mathrm{Red}]\cdot\gamma_{\mathrm{Red}} = \frac{c(\mathrm{Red})\cdot\gamma_{\mathrm{Red}}}{\alpha_{\mathrm{Red}}}$$

式中：$c(\mathrm{Ox})$和$c(\mathrm{Red})$分别表示氧化态和还原态的分析浓度。将以上关系式代入式(19-31)，得

$$\varphi = \varphi^{\ominus} + \frac{0.059\ 2\ \mathrm{V}}{z}\lg\frac{\gamma_{\mathrm{Ox}}\alpha_{\mathrm{Red}}}{\gamma_{\mathrm{Red}}\alpha_{\mathrm{Ox}}} + \frac{0.059\ 2\ \mathrm{V}}{z}\lg\frac{c(\mathrm{Ox})}{c(\mathrm{Red})}$$

当 $c(\mathrm{Ox}) = c(\mathrm{Red}) = 1\ \mathrm{mol\cdot L^{-1}}$时，得到

$$\varphi^{\ominus\prime} = \varphi^{\ominus} + \frac{0.059\ 2\ \mathrm{V}}{z}\lg\frac{\gamma_{\mathrm{Ox}}\alpha_{\mathrm{Red}}}{\gamma_{\mathrm{Red}}\alpha_{\mathrm{Ox}}} \tag{19-32}$$

$\varphi^{\ominus\prime}$称**条件电极电势**或**条件电位**(conditional potential)。它表示在一定介质条件下，氧化态和还原态的分析浓度都为 $1\ \mathrm{mol\cdot L^{-1}}$时的实际电极电势。它在一定条件下为常数，因此称条件电极电势。它反映了离子强度与各种副反应影响的总结果。用它来处理问题，才比较符合实际情况。各种条件下的 $\varphi^{\ominus\prime}$值都是由实验测定的。附录十九中列出一些氧化还原电对的 $\varphi^{\ominus\prime}$值。若没有相同条件的 $\varphi^{\ominus\prime}$值，可采用条件相近的 $\varphi^{\ominus\prime}$值，对于没有条件电极电势的氧化还原电对，则只能采用标准电极电势。

引入条件标准电极电势后，能斯特方程表示成

$$\varphi = \varphi^{\ominus\prime} + \frac{0.059\ 2\ \mathrm{V}}{z}\lg\frac{c(\mathrm{Ox})}{c(\mathrm{Red})} \tag{19-33}$$

19.4.2 氧化还原滴定法基本原理

1. 滴定曲线

在氧化还原滴定过程中被测试液的特征变化是电极电势的变化，因此，滴定曲线的绘制是以电极电势为纵坐标，以滴定剂体积或滴定分数为横坐标。电极电势可以用实验的方法测得，也可用能斯特方程计算得到，但后一种方法只有当两个半反应都是可逆时，所得曲线才与实际测得结果一致。

图 19-13 为 0.100 0 mol·L^{-1} $Ce(SO_4)_2$ 溶液滴定在不同介质条件下 0.100 0 mol·L^{-1} $FeSO_4$ 溶液的滴定曲线。滴定反应为

$$Ce^{4+} + Fe^{2+} \xlongequal{} Ce^{3+} + Fe^{3+}$$

某氧化还原反应的通式为

$$z_2 Ox_1 + z_1 Red_2 \xlongequal{} z_2 Red_1 + z_1 Ox_2$$

对应的两个半反应和条件电极电势分别是

$$Ox_1 + z_1 e^- \xlongequal{} Red_1 \qquad \varphi_1^{\ominus'}$$

$$Ox_2 + z_2 e^- \xlongequal{} Red_2 \qquad \varphi_2^{\ominus'}$$

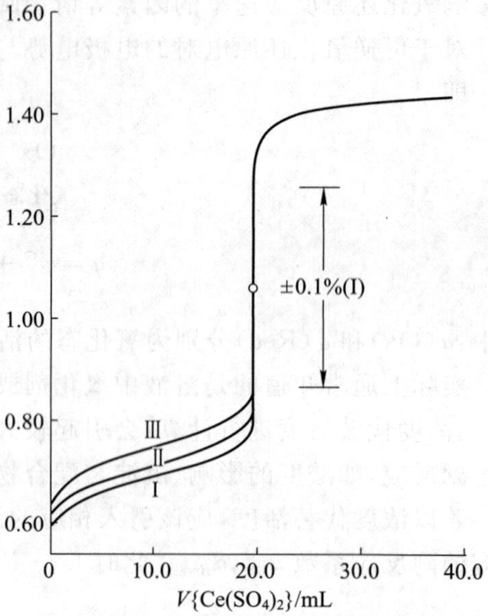

图 19-13 用 0.100 0 mol·L^{-1} $Ce(SO_4)_2$ 溶液在不同介质中滴定 20.00 mL 0.100 0 mol·L^{-1} $FeSO_4$ 溶液的滴定曲线

Ⅰ. 1 mol·L^{-1} H_2SO_4 溶液中（$\varphi^{\ominus'}=+0.68$ V）

Ⅱ. 1 mol·L^{-1} HCl 溶液中（$\varphi^{\ominus'}=+0.70$ V）

Ⅲ. 1 mol·L^{-1} $HClO_4$ 溶液中（$\varphi^{\ominus'}=+0.73$ V）

化学计量点时电极电势计算通式为 $\varphi_{计}=\dfrac{z_1\varphi_1^{\ominus'}+z_2\varphi_2^{\ominus'}}{z_1+z_2}$。滴定突跃范围为 $\varphi_2^{\ominus'}+\dfrac{3\times0.059\,2\ \text{V}}{z_2}\rightarrow\varphi_1^{\ominus'}-\dfrac{3\times0.059\,2\ \text{V}}{z_1}$。在 1 mol·L^{-1} H_2SO_4 溶液介质中，用 Ce^{4+} 滴定 Fe^{2+}，化学计量点时溶液的电极电势为 1.06 V，滴定突跃为 0.86～1.26 V。

氧化还原滴定突跃的大小取决于反应中两电对的电极电势值的差。相差越大、突跃越大。根据滴定突跃的大小可选择指示剂。若要使滴定突跃明显，可设法降低还原剂电对的电极电势。如加入配位剂，可使生成稳定的配离子，以使电对的浓度比值降低，从而增大突跃，反应进行得更完全。

2. 氧化还原滴定中的指示剂

氧化还原滴定法中的指示剂有以下几类。

(1) 自身指示剂　利用滴定剂或被测物质本身的颜色变化来指示滴定终点，无需另加指示剂。例如，用 $KMnO_4$ 溶液滴定 $H_2C_2O_4$ 溶液，滴定至化学计量点后只要有很少过量的 $KMnO_4$（约 2×10^{-6} mol·L^{-1}）就能使溶液呈现浅红色，指示终点的到达。

(2) 特殊指示剂　有些物质本身并不具有氧化还原性，但它能与滴定剂或被测物产生特殊的颜色以指示终点。例如，碘量法中，利用可溶性淀粉与 I_3^- 生成深蓝色的吸附化合物，反应特效且灵敏，以蓝色的出现或消失指示终点。

(3) 氧化还原指示剂　这类指示剂具有氧化还原性质，其氧化态和还原态具有不同的颜色。在滴定过程中，因被氧化或还原而发生颜色变化以指示终点。

氧化还原指示剂的半反应和相应的能斯特方程为

$$\mathrm{In(Ox)} + z\mathrm{e}^- = \mathrm{In(Red)}$$

$$\varphi_{\mathrm{In}} = \varphi_{\mathrm{In}}^{\ominus'} + \frac{0.059\,2\ \mathrm{V}}{z} \lg \frac{c\{\mathrm{In(Ox)}\}}{c\{\mathrm{In(Red)}\}}$$

在滴定过程中，随着溶液电极电势的改变，$c\{\mathrm{In(Ox)}\}/c\{\mathrm{In(Red)}\}$随之变化，溶液的颜色也发生变化。当$c\{\mathrm{In(Ox)}\}/c\{\mathrm{In(Red)}\}$从 10～1/10，指示剂由氧化态颜色转变为还原态颜色。相应的指示剂变色范围为 $\varphi_{\mathrm{In}}^{\ominus'} \pm \frac{0.059\,2\ \mathrm{V}}{z}$。

表 19-11 列出的是常用的氧化还原指示剂。在氧化还原滴定中选择这类指示剂的原则是，指示剂变色点的电极电势应处于滴定体系的电极电势突跃范围内。

表 19-11　常用的氧化还原指示剂

指示剂	颜色变化		$\varphi_{\mathrm{In}}^{\ominus'}$/V $[c(\mathrm{H^+})=1\ \mathrm{mol\cdot L^{-1}}]$	配制方法
	还原态	氧化态		
亚甲基蓝	无色	蓝色	+0.53	质量分数为 0.05%的水溶液
二苯胺	无色	紫色	+0.76	0.25 g 指示剂与 3 mL 水混合溶于 100 mL浓 H_2SO_4 溶液或浓 H_3PO_4 溶液中
二苯胺磺酸钠	无色	紫红色	+0.85	0.8 g 指示剂加 2 g Na_2CO_3，用水溶解并稀释至 100 mL
邻苯氨基苯甲酸	无色	紫红色	+0.89	0.1 g 指示剂溶于 30 mL 质量分数为 0.6%的 Na_2CO_3 溶液中，用水稀释至 100 mL，过滤，保存在暗处
邻二氮菲-亚铁	红色	淡蓝色	+1.06	1.49 g 邻二氮菲加 0.7 g $FeSO_4\cdot7H_2O$，溶于水，稀释至 100 mL

在 H_2SO_4 溶液介质中，用 Ce^{4+} 溶液滴定 Fe^{2+} 溶液宜选用邻二氮菲-亚铁作指示剂。二苯胺磺酸钠常用于在 $HCl-H_3PO_4$ 溶液介质中，用 $K_2Cr_2O_7$ 溶液滴定 Fe^{2+} 溶液的情况。

19.4.3　氧化还原预处理

氧化还原滴定时，被测物的价态往往不适于滴定，需进行氧化还原滴定前的预处理。例如，用 $K_2Cr_2O_7$ 法测定铁矿中的含铁量，Fe^{2+} 在空气中不稳定，易被氧化成 Fe^{3+}，而 $K_2Cr_2O_7$ 溶液不能与 Fe^{3+} 反应，必须预先将溶液中的 Fe^{3+} 还原至 Fe^{2+}，才能用 $K_2Cr_2O_7$ 溶液进行直接滴定。预处理时所用的氧化剂或还原剂应满足下列条件：① 必须将欲测组分定量地氧化或还原；② 预氧化或预还原反应要迅速；③ 剩余的预氧化剂或预还原剂应易于除去；④ 预氧化或预还原反应具有好的选择性，避免其他组分的干扰。

预处理中常用的氧化剂、还原剂列于表 19-12。

表 19-12 常用的预氧化剂、还原剂

氧化剂	反应条件	主要应用	过量试剂除去方法
$(NH_4)_2S_2O_8$	酸性	$Mn^{2+} \longrightarrow MnO_4^-$ $Cr^{3+} \longrightarrow Cr_2O_7^{2-}$ $VO^{2+} \longrightarrow VO_3^-$	煮沸分解
$NaBiO_3$	HNO_3 介质	同上	过滤
H_2O_2	碱性	$Cr^{3+} \longrightarrow CrO_4^{2-}$	煮沸分解
Cl_2、Br_2 液	碱性或中性	$I^- \longrightarrow IO_3^-$	煮沸或通空气
还原剂	反应条件	主要应用	过量试剂除去方法
$SnCl_2$	酸性加热	$Fe^{3+} \longrightarrow Fe^{2+}$ $As(Ⅴ) \longrightarrow As(Ⅲ)$	加 $HgCl_2$ 氧化
$TiCl_3$	酸性	$Fe^{3+} \longrightarrow Fe^{2+}$	稀释,Cu^{2+} 催化空气氧化
联胺		$As(Ⅴ) \longrightarrow As(Ⅲ)$	加浓 H_2SO_4 煮沸
锌汞齐还原器	酸性	$Fe^{3+} \longrightarrow Fe^{2+}$ $Sn(Ⅳ) \longrightarrow Sn(Ⅱ)$ $Ti(Ⅳ) \longrightarrow Ti(Ⅲ)$	

19.4.4 氧化还原滴定法的分类及应用示例

根据所用滴定剂的种类不同,氧化还原滴定法可分为高锰酸钾法、重铬酸钾法、碘量法、铈量法等。各种方法都有其特点和应用范围,应根据实际测定情况选用。

1. 高锰酸钾法

(1) 概述 $KMnO_4$ 是一种强氧化剂,在不同酸度条件下,其氧化能力不同。

强酸: $MnO_4^- + 8H^+ + 5e^- \Longrightarrow Mn^{2+} + 4H_2O$ $\varphi^\ominus = 1.51\ V$

中性、弱酸(碱): $MnO_4^- + 2H_2O + 3e^- \Longrightarrow MnO_2 + 4OH^-$ $\varphi^\ominus = 0.62\ V$

强碱: $MnO_4^- + e^- \Longrightarrow MnO_4^{2-}$ $\varphi^\ominus = 0.56\ V$

$KMnO_4$ 法的优点是氧化能力强,可直接、间接测定多种无机物和有机物;本身可作指示剂。缺点是 $KMnO_4$ 标准溶液不够稳定;滴定的选择性较差。

(2) $KMnO_4$标准溶液的配制和标定 市售的 $KMnO_4$ 试剂常含有少量 MnO_2 和其他杂质及蒸馏水中常有微量的还原性物质等。因此 $KMnO_4$ 标准溶液不能直接配制。其配制方法为:称取略多于理论计算量的固体 $KMnO_4$,溶解于一定体积的蒸馏水中,加热煮沸约 1 h,或在暗处放置 7~10 天。使还原性物质完全氧化。冷却后用微孔玻璃漏斗过滤除去 $MnO(OH)_2$ 沉淀。过滤后的 $KMnO_4$ 溶液贮存于棕色瓶中,置于暗处,避光保存。

标定 $KMnO_4$ 溶液的基准物质有 $H_2C_2O_4 \cdot 2H_2O$,$Na_2C_2O_4$,As_2O_3 和 $(NH_4)_2Fe(SO_4)_2 \cdot 6H_2O$ 等。常用的是 $Na_2C_2O_4$,它易提纯、稳定、不含结晶水。在酸性溶液中,$KMnO_4$ 与 $Na_2C_2O_4$ 的反应为

$$2MnO_4^- + 5C_2O_4^{2-} + 16H^+ \Longrightarrow 2Mn^{2+} + 10CO_2 + 8H_2O$$

为使反应定量进行,需注意以下滴定条件。

温度　此反应在室温下速率缓慢，需加热至 70～80 ℃，但高于 90 ℃，$H_2C_2O_4$ 会分解：

$$H_2C_2O_4 \xlongequal{\triangle} CO_2 + CO + H_2O$$

酸度　酸度过低，MnO_4^- 会部分被还原成 MnO_2；酸度过高，会促使 $H_2C_2O_4$ 分解。一般滴定开始的最宜酸度为 1 $mol\cdot L^{-1}$。为防止诱导氧化 Cl^- 的反应发生，应在稀 H_2SO_4 介质中进行。

滴定速度　若开始滴定速度太快，使滴入的 $KMnO_4$ 来不及和 $C_2O_4^{2-}$ 反应，而发生分解反应：

$$4MnO_4^- + 12H^+ \xlongequal{\quad} 4Mn^{2+} + 5O_2 + 6H_2O$$

有时也可加入少量 Mn^{2+} 作催化剂以加速反应。

(3) $KMnO_4$ 法应用示例

直接滴定法测定 H_2O_2　在酸性溶液中 H_2O_2 被 $KMnO_4$ 定量氧化，其反应为

$$2MnO_4^- + 5H_2O_2 + 6H^+ \xlongequal{\quad} 2Mn^{2+} + 5O_2 + 8H_2O$$

可加入少量 Mn^{2+} 加速反应。

间接滴定法测定 Ca^{2+}　先用 $C_2O_4^{2-}$ 将 Ca^{2+} 全部沉淀为 CaC_2O_4：

$$Ca^{2+} + C_2O_4^{2-} \xlongequal{\quad} CaC_2O_4(s)$$

沉淀经过滤、洗涤后溶于稀 H_2SO_4，然后用 $KMnO_4$ 标准溶液滴定，间接测得 Ca^{2+} 的含量。

返滴定法测定 MnO_2 和有机物　在含 MnO_2 试液中加入过量、计量的 $C_2O_4^{2-}$，在酸性介质中发生反应：

$$MnO_2 + C_2O_4^{2-} + 4H^+ \xlongequal{\quad} Mn^{2+} + 2CO_2(g) + 2H_2O$$

待反应完全后，用 $KMnO_4$ 标准溶液返滴定剩余的 $C_2O_4^{2-}$，可求得 MnO_2 含量。此法也可用于测定 PbO_2 的含量。

在碱性溶液中 $KMnO_4$ 法可以测定某些具有还原性的有机物（如甘油、甲酸、甲醇和甲醛等）。以测定甘油为例。将一定量过量的碱性（2 $mol\cdot L^{-1}$ NaOH）$KMnO_4$ 标准溶液于含有甘油的试液中，发生如下反应：

$$\underset{\displaystyle OH}{\underset{|}{H_2C}}-\underset{\displaystyle OH}{\underset{|}{CH}}-\underset{\displaystyle OH}{\underset{|}{CH_2}} + 14MnO_4^- + 20OH^- \xlongequal{\quad} 3CO_3^{2-} + 14MnO_4^{2-} + 14H_2O$$

待反应完全后，将溶液酸化，MnO_4^{2-} 歧化成 MnO_4^- 和 MnO_2，加入一定量过量的还原剂标准溶液使所有高价锰还原为 Mn^{2+}，再用 $KMnO_4$ 标准溶液滴定剩余的还原剂。最后通过一系列计量关系的计算，求得甘油的含量。

2. 重铬酸钾法

(1) 概述　$K_2Cr_2O_7$ 是一种常用的氧化剂，在酸性介质中的半反应为

$$Cr_2O_7^{2-} + 14H^+ + 6e^- \xlongequal{\quad} 2Cr^{3+} + 7H_2O \qquad \varphi^{\ominus} = 1.36\ V$$

$K_2Cr_2O_7$ 法与 $KMnO_4$ 法相比有如下特点：① $K_2Cr_2O_7$ 易提纯、较稳定，在 140～150 ℃ 干燥后，可作为基准物质直接配制标准溶液；② $K_2Cr_2O_7$ 标准溶液非常稳定，可以长期保存在密闭

容器内，溶液浓度不变；③ 在室温下，$K_2Cr_2O_7$不与 Cl^- 反应，故可以在 HCl 溶液介质中作滴定剂；④ $K_2Cr_2O_7$法需用指示剂。

(2) $K_2Cr_2O_7$ 法应用示例　铁的测定：将含铁试样用 HCl 溶液溶解后，先用 $SnCl_2$ 将大部分 Fe^{3+} 还原至 Fe^{2+}，然后在 Na_2WO_4 存在下，以 $TiCl_3$ 还原剩余的 Fe^{3+} 至 Fe^{2+}，而稍过量的 $TiCl_3$ 使 Na_2WO_4 被还原为钨蓝，使溶液呈现蓝色，以指示 Fe^{3+} 被还原完毕。然后以 Cu^{2+} 作催化剂，利用空气氧化或滴加稀 $K_2Cr_2O_7$ 溶液使钨蓝恰好褪色。再于 H_3PO_4 溶液介质中(也可用 $H_2SO_4-H_3PO_4$ 溶液介质)，以二苯胺磺酸钠为指示剂，用 $K_2Cr_2O_7$ 标准溶液滴定 Fe^{2+}。加 H_3PO_4 的作用是：① 提供必要的酸度；② H_3PO_4 与 Fe^{3+} 形成稳定的且无色的 $Fe(HPO_4)_2^-$，即使 Fe^{3+}/Fe^{2+} 电对的电极电势降低，使二苯胺磺酸钠变色点的电极电势落在滴定的电极电势突跃范围内，又掩蔽了 Fe^{3+} 的黄色，有利于终点的观察。

土壤中腐殖质含量的测定：腐殖质是土壤中复杂的有机物质，其含量大小反映土壤的肥力。测定方法是将土壤试样在浓硫酸存在的条件下与已知过量的 $K_2Cr_2O_7$ 溶液共热，使其中的碳被氧化，然后以邻二氮菲-亚铁作指示剂，用 Fe^{2+} 标准溶液滴定剩余的 $K_2Cr_2O_7$。最后通过计算有机碳的含量再换算成腐殖质的含量。反应为

$$2Cr_2O_7^{2-} + 3C + 16H^+ \xlongequal{} 4Cr^{3+} + 3CO_2 + 8H_2O$$

$$Cr_2O_7^{2-}(\text{余量}) + 6Fe^{2+} + 14H^+ \xlongequal{} 2Cr^{3+} + 6Fe^{3+} + 7H_2O$$

空白测定可用纯砂或灼烧过的土壤代替土样。

$$w(\text{腐殖质}) = \frac{\frac{1}{4}(V_0 - V)c(Fe^{2+})}{m(\text{土样})} \times 0.021 \times 1.1$$

式中：V_0 为空白试验所消耗的 Fe^{2+} 标准溶液的体积；V 为土壤试样所消耗的 Fe^{2+} 标准溶液的体积。由于土壤中腐殖质氧化率平均仅为 90%，故需乘以校正系数 $1.1\left(\frac{100}{90}\right)$；且因反应 1 mmol C 质量为 0.012 g，土壤中腐殖质中碳平均含量为 58%，则 1 mmol 碳相当于 $0.012\times\frac{100}{58}$，即约 0.021 g 的腐殖质。

3. 碘量法

(1) 概述　碘量法是基于 I_2 的氧化性及 I^- 的还原性进行测定的方法。固体碘在水中溶解度很小且易于挥发，通常将 I_2 溶解于 KI 溶液以配成碘液。此时 I_2 以 I_3^- 形式存在，其半反应为

$$I_3^- + 2e^- \xlongequal{} 3I^- \qquad \varphi^\ominus = 0.54\ \text{V}$$

为简化并强调化学计量关系，一般仍简写成 I_2。

由 I_3^-/I^- 电对的标准电极电势值可见，I_3^- 是较弱的氧化剂，I^- 则是中等强度的还原剂。用碘标准溶液直接滴定 SO_3^{2-}，As(Ⅲ)，$S_2O_3^{2-}$ 和维生素 C 等强还原剂，这种方法称为**直接碘量法**或**碘滴定法**(iodimetry)。而利用 I^- 的还原性，使它与许多氧化性物质如 $Cr_2O_7^{2-}$，MnO_4^-，BrO_3^- 和 H_2O_2 等反应，定量地析出 I_2，然后用 $Na_2S_2O_3$ 标准溶液滴定 I_2，以间接地测定这些氧化性物质，这种方法称**间接碘量法**或**滴定碘法**(iodometry)。

碘量法采用淀粉作指示剂，灵敏度高。当溶液呈现蓝色（直接碘量法）或蓝色消失（间接碘量法）即为终点。

碘量法中两个主要误差来源是 I_2 的挥发及在酸性溶液中 I^- 易被空气氧化。为防止 I_2 挥发，应加入过量的 KI 使形成 I_3^-；析出 I_2 的反应应在碘量瓶中进行，且置于暗处；滴定时勿剧烈摇动等。为防止 I^- 被氧化，一般反应后应立即滴定，且滴定是在中性或弱酸性溶液中进行。

I_3^-/I^- 电对的可逆性好，其电极电势在很宽的 pH 范围内（$pH<9$）不受溶液酸度及其他配位剂的影响，且副反应少，因此碘量法应用非常广泛。

(2) 标准溶液的配制与标定　碘量法中使用的标准溶液是硫代硫酸钠溶液和碘液。

由于 $Na_2S_2O_3 \cdot 5H_2O$ 纯度不够高，易风化和潮解，因此 $Na_2S_2O_3$ 不能用直接法配制，配好的 $Na_2S_2O_3$ 溶液也不稳定，易分解，其原因是：① 遇酸分解，水中的 CO_2 使水呈弱酸性：$S_2O_3^{2-} + CO_2 + H_2O \longrightarrow HCO_3^- + HSO_3^- + S(s)$；② 受水中微生物的作用使 $S_2O_3^{2-} \longrightarrow SO_3^{2-} + S(s)$；③ 空气中氧的作用使 $S_2O_3^{2-} \xrightarrow{O_2} SO_4^{2-} + S(s)$；④ 见光分解。另外，蒸馏水中可能含有的 Fe^{3+}、Cu^{2+} 等会催化 $Na_2S_2O_3$ 溶液的氧化分解。

因此配制 $Na_2S_2O_3$ 溶液的方法是：称取比计算用量稍多的 $Na_2S_2O_3 \cdot 5H_2O$ 试剂，溶于新煮沸（除去水中的 CO_2 并灭菌）并已冷却的蒸馏水中，加入少量的 Na_2CO_3 使溶液呈弱碱性，以抑制微生物的生长。溶液储于棕色瓶中放置数天后进行标定。若发现溶液变浑，需要滤后再标定，严重时应弃去重新配制。

标定 $Na_2S_2O_3$ 溶液的基准物有 $K_2Cr_2O_7$，$KBrO_3$，KIO_3 和纯铜等。$K_2Cr_2O_7$ 最常用，标定实验的主要步骤是在酸性溶液中，$K_2Cr_2O_7$ 与过量 KI 反应，生成与 $K_2Cr_2O_7$ 计量相当的 I_2，在暗处放置 3～5 min 使反应完全，然后加蒸馏水稀释以降低酸度，在弱酸性条件下用待标定的 $Na_2S_2O_3$ 溶液滴定析出的 I_2，近终点时溶液呈现稻草黄色（I_3^- 黄色与 Cr^{3+} 绿色）时，加入淀粉指示剂（若滴定前加入，由于碘-淀粉吸附化合物，不易与 $Na_2S_2O_3$ 反应，给滴定带来误差），继续滴定至蓝色消失即为终点。最后准确计算 $Na_2S_2O_3$ 溶液的浓度。

碘标准溶液虽然可以用纯碘直接配制，但由于 I_2 的挥发性强，很难准确称量。一般先称取一定量的碘溶于少量 KI 溶液中，待溶解后稀释到一定体积。溶液保存于棕色磨口瓶中。碘液可以用基准物 As_2O_3 标定，也可用已标定的 $Na_2S_2O_3$ 溶液标定。

(3) 应用示例　维生素 C 含量的测定　用 I_2 标准溶液直接滴定维生素 C。维生素 C 分子中的二烯醇基可被 I_2 氧化成二酮基。维生素 C 在碱性溶液中易被空气氧化，因此滴定在 HAc 介质中进行。

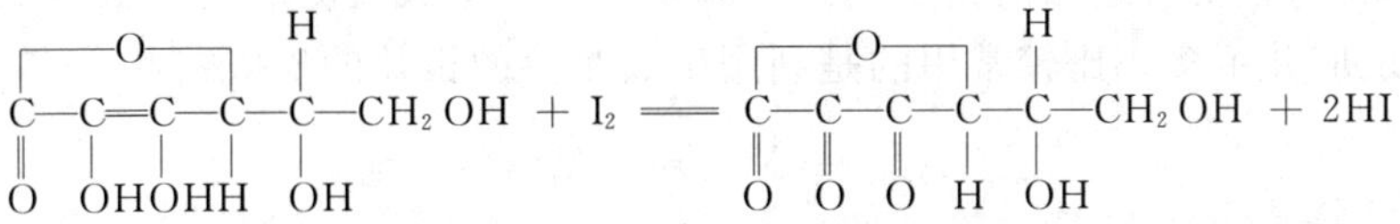

Cu^{2+} 的测定　在弱酸性溶液中，Cu^{2+} 与 KI 反应：

$$2Cu^{2+} + 4I^- \longrightarrow 2CuI(s) + I_2$$

然后用 $Na_2S_2O_3$ 标准溶液滴定析出的 I_2，间接法求出 Cu^{2+} 含量。为减少 CuI 对 I_2 的吸附，可在近终点时加入 KSCN 溶液，使 CuI 转化为溶解度更小且对 I_2 吸附力弱的 CuSCN。

葡萄糖含量的测定　葡萄糖分子中的醛基在碱性条件下用过量 I_2 氧化成羧基：

$$I_2 + 2OH^- \longrightarrow IO^- + I^- + H_2O$$

$$CH_2OH(CHOH)_4CHO + IO^- \longrightarrow CH_2OH(CHOH)_4COOH + I^-$$

剩余的 IO^- 在碱性溶液中歧化：

$$3IO^- \longrightarrow IO_3^- + 2I^-$$

溶液经酸化后又析出 I_2：

$$IO_3^- + 5I^- + 6H^+ \longrightarrow 3I_2 + 3H_2O$$

最后用 $Na_2S_2O_3$ 标准溶液滴定析出的 I_2。

卡尔-费休(Kerl-Fischer)法测定水　基本原理是 I_2 氧化 SO_2 时需要一定量的 H_2O：

$$I_2 + SO_2 + 2H_2O \longrightarrow H_2SO_4 + 2HI$$

加入吡啶(C_5H_5N)以中和生成的 H_2SO_4，使反应能定量向右进行。其总反应是

$$C_5H_5N\cdot I_2 + C_5H_5N\cdot SO_2 + C_5H_5N + H_2O \longrightarrow C_5H_5N\cdot SO_3 + 2C_5H_5N\cdot HI$$

而生成的 $C_5H_5N\cdot SO_3$ 也能与 H_2O 反应，为此需加入甲醇以防止副反应的发生，即

$$C_5H_5N\cdot SO_3 + CH_3OH \longrightarrow C_5H_5NHOSO_2OCH_3$$

因此该方法测定水时，所用的标准溶液是含有 I_2，SO_2，C_5H_5N 和 CH_3OH 的混合液，称为费休试剂。试剂呈深棕色，与水作用后呈黄色。滴定时溶液由浅黄色变为红棕色即为终点。测定时所用器皿必须干燥。费休试剂常用标准的纯水-甲醇溶液进行标定。卡尔-费休法不仅可测定水分含量，还可根据反应中生成或消耗水的量，间接测定某些有机功能团。

19.5　沉淀滴定法

19.5.1　沉淀滴定法概述

沉淀滴定法是利用沉淀反应来进行的滴定分析方法。要求沉淀的溶解度小，即反应需定量、完全；沉淀的组成要固定，即被测离子与沉淀剂之间要有准确的化学计量关系；沉淀反应速率快；沉淀吸附的杂质少；且要有适当的指示剂指示滴定终点。形成沉淀的反应虽然很多，但要同时满足上述要求的反应并不多。比较常用的是利用生成难溶的银盐的反应：

$$Ag^+ + X^- \longrightarrow AgX(s)$$

因此又称**银量法**(argentimetry)，它可以测定 Cl^-，Br^-，I^-，SCN^- 和 Ag^+。

19.5.2　沉淀滴定的滴定曲线

用 $AgNO_3$ 标准溶液滴定卤素离子的过程，就是随 $AgNO_3$ 溶液的滴入，卤素离子浓度的不断变化。以滴入的 $AgNO_3$ 溶液体积为横坐标，pX(卤素离子浓度的负对数)为纵坐标，就可绘得

滴定曲线(也可以用 pAg^+ 为纵坐标)。从滴定开始到化学计量点前,由溶液中剩余 Cl^- 浓度和 $K_{sp}^{\ominus}$ 计算;化学计量点后,由过量的 Ag^+ 浓度和 K_{sp} 计算;化学计量点时 $[X^-]=\sqrt{K_{sp}}$。图 19-14 为 $0.100\,0\ mol \cdot L^{-1}$ $AgNO_3$ 溶液滴定 20.00 mL $0.100\,0\ mol \cdot L^{-1}$ Cl^-, Br^- 和 I^- 溶液的滴定曲线。AgCl、AgBr 和 AgI 的 K_{sp} 值分别为 1.77×10^{-10}, 5.35×10^{-13} 和 8.52×10^{-17}。

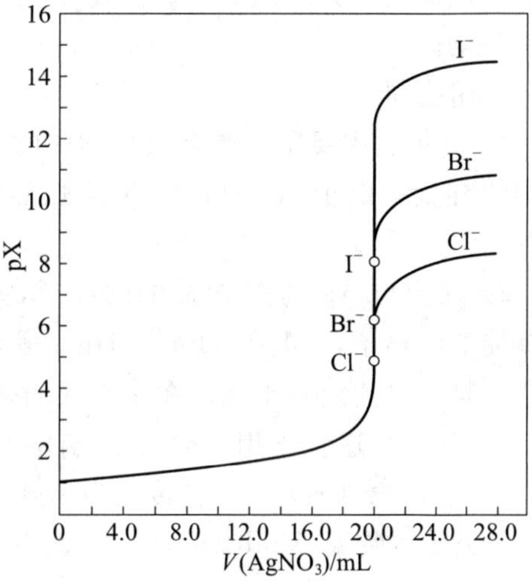

图 19-14　$0.100\,0\ mol \cdot L^{-1}$ $AgNO_3$ 溶液滴定 20.00 mL $0.100\,0\ mol \cdot L^{-1}$ Cl^-、Br^- 和 I^- 溶液的滴定曲线

滴定突跃的大小既与溶液的浓度有关,更取决于生成的沉淀的溶解度。当被测离子浓度相同时,滴定突跃大小仅与沉淀溶解度有关。显然溶解度越小,突跃越大。

19.5.3　沉淀滴定法的终点检测

在银量法中有两类指示剂。一类是稍过量的滴定剂与指示剂会形成带色的化合物而显示终点;另一类是利用指示剂被沉淀吸附的性质,在化学计量点时的变化带来颜色的改变以指示滴定终点。

1. 与滴定剂反应的指示剂

(1) 莫尔(Mohr)法——铬酸钾作指示剂

方法原理　在含有 Cl^- 的中性或弱碱性溶液中,以 K_2CrO_4 作指示剂,用 $AgNO_3$ 溶液直接滴定 Cl^-。由于 AgCl 溶解度小于 Ag_2CrO_4 溶解度,根据分步沉淀原理,先析出的是 AgCl 白色沉淀,当 Ag^+ 与 Cl^- 定量沉淀完全后,稍过量的 Ag^+ 与 CrO_4^{2-} 生成 Ag_2CrO_4 砖红色沉淀,以指示滴定终点。

$$Ag^+ + Cl^- \rightleftharpoons AgCl(s)\ (白色) \qquad K_{sp}=1.77\times10^{-10}$$

$$2Ag^+ + CrO_4^{2-} \rightleftharpoons Ag_2CrO_4(s)\ (砖红色) \qquad K_{sp}=1.12\times10^{-12}$$

滴定条件　莫尔法的滴定条件主要是控制溶液中 K_2CrO_4 的浓度和溶液的酸度。

K_2CrO_4 浓度的大小,会使 Ag_2CrO_4 沉淀过早或过迟地出现,影响终点的判断。应该是滴定到化学计量点时出现 Ag_2CrO_4 沉淀最为适宜。根据溶度积原理,化学计量点时,溶液中 $[Ag^+]=[Cl^-]=\sqrt{K_{sp}(AgCl)}$,则 $[CrO_4^{2-}]=\dfrac{K_{sp}(Ag_2CrO_4)}{[Ag^+]^2}=\dfrac{1.12\times10^{-12}}{1.77\times10^{-10}}\ mol\cdot L^{-1}$,计算得 $[CrO_4^{2-}]$ 为 $0.006\ mol\cdot L^{-1}$。实验证明,滴定终点时,K_2CrO_4 的浓度约 $0.005\ mol\cdot L^{-1}$ 较为适宜。

以 K_2CrO_4 作指示剂,用 $AgNO_3$ 溶液滴定 Cl^- 的反应需在中性或弱碱性介质(pH6.5~8.5)中进行。因为在酸性溶液中不生成 Ag_2CrO_4 沉淀(H_2CrO_4 的解离常数 $K_{a_2}=3.2\times10^{-7}$):

$$Ag_2CrO_4(s) + H^+ \rightleftharpoons 2Ag^+ + HCrO_4^-$$

若在强碱性或氨性溶液中,$AgNO_3$ 会被分解或与氨形成配合物:

$$2Ag^+ + 2OH^- \rightleftharpoons Ag_2O(s) + H_2O$$

$$Ag^+ + 2NH_3 \rightleftharpoons Ag(NH_3)_2^+$$

$$AgCl + 2NH_3 \rightleftharpoons Ag(NH_3)_2^+ + Cl^-$$

因此,若试液显酸性,应先用 $Na_2B_4O_7 \cdot 10H_2O$ 或 $NaHCO_3$ 中和;若试液呈强碱性,应先用稀 HNO_3 溶液中和,然后进行滴定。

另外,滴定时要充分振荡。因为在化学计量点前,AgCl 沉淀会吸附 Cl^-,使 Ag_2CrO_4 沉淀过早出现被误认为终点到达。滴定中充分摇荡可使被 AgCl 沉淀吸附的 Cl^- 释放出来,与 Ag^+ 反应完全。

应用范围

1) 莫尔法主要用于测定氯化物中的 Cl^- 和溴化物中的 Br^-。当 Cl^-,Br^- 共存时,测得的是它们的总量。由于 AgI 和 AgSCN 强烈的吸附性质,会使终点过早出现,故不适宜测定 I^- 和 SCN^-。

2) 凡能与 Ag^+ 生成沉淀的阴离子,如 PO_4^{3-},AsO_4^{3-},S^{2-},CO_3^{2-},$C_2O_4^{2-}$ 等,能与 CrO_4^{2-} 生成沉淀的阳离子,如 Ba^{2+},Pb^{2+},Hg^{2+} 等,能与 Ag^+ 形成配合物的物质,如 NH_3,EDTA,KCN,$S_2O_3^{2-}$ 等都对测定有干扰。在中性或弱碱性溶液中能发生水解的金属离子也不应存在。

3) 莫尔法适宜于用 Ag^+ 溶液滴定 Cl^-,而不能用 NaCl 溶液滴定 Ag^+。因滴定前 Ag^+ 与 CrO_4^{2-} 生成 $Ag_2CrO_4(s)$,它转化为 AgCl(s)的速率很慢。

(2) 佛尔哈德(Volhard)法——铁铵矾作指示剂

方法原理　用铁铵矾$\{FeNH_4(SO_4)_2 \cdot 12H_2O\}$作指示剂的佛尔哈德法,按滴定方式的不同,可分为直接法和返滴定法。

1) 直接滴定法测定 Ag^+。在含有 Ag^+ 的硝酸溶液中,以铁铵矾作指示剂,用 NH_4SCN 作滴定剂,产生 AgSCN 沉淀。在化学计量点后,稍过量的 SCN^- 与 Fe^{3+} 生成红色的 $Fe(SCN)^{2+}$ 配合物,以指示终点。

$$Ag^+ + SCN^- \longrightarrow AgSCN(s)\ (白色) \qquad K_{sp}=1.03\times10^{-12}$$
$$Fe^{3+} + SCN^- \longrightarrow Fe(SCN)^{2+}\ (红色) \qquad K_{稳}=8.91\times10^{2}$$

2) 返滴定法测定 Cl^-,Br^-,I^-,SCN^-。先在试液中加入过量的 $AgNO_3$ 标准溶液,以铁铵矾作指示剂,再用 NH_4SCN 标准溶液滴定剩余的 Ag^+。

滴定条件　需注意控制指示剂浓度和溶液的酸度。实验表明 $Fe(SCN)^{2+}$ 的最低浓度为 $6\times10^{-5}\ mol \cdot L^{-1}$时,能观察到明显的红色,而滴定反应要在 HNO_3 溶液介质中进行。在中性或碱性介质中,Fe^{3+} 会水解;Ag^+ 在碱性介质中会生成 Ag_2O 沉淀,在氨性溶液中会生成$Ag(NH_3)_2^+$。在酸性溶液中还可避免许多阴离子的干扰。因此溶液酸度一般大于 $0.3\ mol \cdot L^{-1}$。另外,用 NH_4SCN 标准溶液直接滴定 Ag^+ 时要充分摇荡,避免 AgSCN 沉淀对 Ag^+ 的吸附,防止终点过早出现。

当用返滴定法测定 Cl^- 时,溶液中有 AgCl 和 AgSCN 两种沉淀。化学计量点后,稍过量的 SCN^- 会与 Fe^{3+} 形成红色的 $Fe(SCN)^{2+}$,也会使 AgCl 转化为溶解度更小的 AgSCN 沉淀。此时剧烈的摇荡会使沉淀转化,而使溶液红色消失。要使红色不消失,需继续加 NH_4SCN 溶液,使测定带来误差。为避免这种误差,可在加入过量的 $AgNO_3$ 后,将溶液煮沸使 AgCl 沉淀凝聚,以减少 AgCl 对 Ag^+ 的吸附。然后过滤,再用 NH_4SCN 标准溶液滴定滤液中剩余的 Ag^+。也可以加入有机溶剂,如硝基苯(有毒!),用力摇荡使 AgCl 沉淀进入有机层,避免了 AgCl 与 SCN^- 的接触,从而消除了沉淀转化的影响。

应用范围　由于佛尔哈德法在酸性介质中进行，许多弱酸根离子的存在不影响测定，因此选择性高于莫尔法。可用于测定 Cl^-，Br^-，I^-，SCN^- 和 Ag^+ 等。但强氧化剂、氮的氧化物、铜盐、汞盐等能与 SCN^- 作用，对测定有干扰，需预先除去。

当用返滴定法测定 Br^- 和 I^- 时，由于 AgBr 和 AgI 溶解度均小于 AgSCN 溶解度，故不会发生沉淀的转化反应。不必采取上述措施。但在测定 I^- 时，应先加入过量的 $AgNO_3$ 溶液，后加指示剂，否则 Fe^{3+} 将与 I^- 反应析出 I_2，影响测定结果的准确度。

2. 吸附指示剂法——法扬司(Fajan's)法

吸附指示剂(absorption indicator)是一类有色的染料，也是一些有机化合物。它的阴离子在溶液中容易被带正电荷的胶状沉淀所吸附，使分子结构发生变化而引起颜色的变化，以指示剂滴定终点。

如荧光黄(HFl)，它是一种有机弱酸，在溶液中它的阴离子 Fl^- 呈黄绿色。当用 $AgNO_3$ 溶液滴定 Cl^- 时，在化学计量点前，AgCl 沉淀吸附过剩的 Cl^- 而带负电荷，Fl^- 不被吸附，溶液呈黄绿色。化学计量点后，AgCl 沉淀吸附稍过量的 Ag^+ 而带正电荷，就会再去吸附 Fl^-，使溶液由黄绿色转变为粉红色：

$$\underset{}{(AgCl)Ag^+} + \underset{(黄绿色)}{Fl^-} \Longrightarrow \underset{(粉红色)}{(AgCl)Ag\cdot Fl}$$

为使终点颜色变化明显，使用吸附指示剂时，应该注意的是：① 尽量使沉淀的比表面大一些，有利于加强吸附，使发生在沉淀表面的颜色变化明显，还要阻止卤化银凝聚，保持其胶体状态。通常加入糊精作胶体保护剂。② 溶液浓度不宜太稀，否则沉淀很少，难以观察终点。③ 溶液酸度要适当。常用的吸附指示剂多为有机弱酸，其 K_a 值各不相同，为使指示剂呈阴离子状态，必须控制适当的酸度。如荧光黄($pK_a=7$)，只能在中性或弱碱性(pH7～10)溶液中使用，若 pH<7，指示剂主要以 HFl 形式存在，就不被沉淀吸附，无法指示终点。④ 避免强光下滴定。因为卤化银对光敏感，见光会分解转化为灰黑色，影响终点观察。

各种吸附指示剂的特性相差很大。滴定条件、酸度要求、适用范围等都不相同。另外，指示剂的吸附性能也不同，指示剂的吸附性能应适当，不能过大或过小，否则变色不敏锐。例如，卤化银对卤化物和几种吸附指示剂的吸附能力的次序为 $I^- > SCN^- > Br^- >$ 曙红 $> Cl^- >$ 荧光黄。因此，滴定 Cl^- 应选荧光黄，不能选曙红。

表 19－13 列出几种常用的吸附指示剂。

表 19－13　常用吸附指示剂

指示剂	被测离子	滴定剂	滴定条件
荧光黄	Cl^-，Br^-，I^-	$AgNO_3$	pH7～10
二氯荧光黄	Cl^-，Br^-，I^-	$AgNO_3$	pH4～10
曙红	Br^-，SCN^-，I^-	$AgNO_3$	pH2～10
甲基紫	Ag^+	NaCl	pH1.5～3.5

19.5.4　沉淀滴定法的应用示例

1. 标准溶液的配制与标定

银量法中常用的标准溶液是 $AgNO_3$ 和 NH_4SCN 溶液。

$AgNO_3$ 标准溶液可以直接用干燥的 $AgNO_3$ 来配制。一般采用标定法。配制 $AgNO_3$ 溶液的蒸馏水中应不含 Cl^-。$AgNO_3$ 溶液见光易分解，应保存于棕色瓶中。常用基准物 NaCl 标定 $AgNO_3$ 溶液。NaCl 易吸潮，使用前将它置于瓷坩埚中，加热至 500～600 ℃干燥，然后放入保干器中冷却备用。标定的方法应采取与测定相同的方法，可消除方法的系统误差。一般用莫尔法。

市售 NH_4SCN 不符合基准物质要求，不能直接称量配制。常用已标定好的 $AgNO_3$ 溶液按佛尔哈德法的直接滴定法进行标定。

2. 应用示例

(1) 天然水中 Cl^- 含量的测定　天然水中几乎都含 Cl^-，其含量变化范围大，河水湖泊中 Cl^- 含量一般较低，海水、盐湖及地下水中 Cl^- 含量较高。一般用莫尔法测定 Cl^-，若水中含 PO_4^{3-}、S^{2-} 和 SO_3^{2-} 等，则采用佛尔哈德法测定。

(2) 固体溴化钾的测定　准确称取试样用蒸馏水溶解后，加稀醋酸及曙红指示剂，用 $AgNO_3$ 标准溶液滴定至出现桃红色凝乳状沉淀为终点。

拓展知识：

滴定分析在环境监测中的应用

20 世纪 70 年代以来，国际上把环境与能源、材料、信息并列为现代文明的支柱，与人口、资源、粮食等列为人类面临的重大挑战。为了解决人类面临的环境问题，创造美好的生活、工作环境，保持社会的可持续发展，人们运用了地学、生物学、数学、化学、物理学、医学、工程学、经济学和法学等多门学科的有关理论、技术和方法对环境问题进行了一系列调查和研究工作，创立了环境科学(请参阅第十四章)。环境监测是环境科学的分支学科之一，其内容是研究测定环境质量。它是运用现代科学理论和先进实验技术来鉴别、测定环境污染及有关化学物质的成分与含量的科学。

环境监测技术可分为化学、物理监测技术和生物监测技术两个方面。对环境试样(大气、水体、土壤等)污染物的监测，目前用得最多的是各种化学方法和物理方法，尤其是分析化学的方法和手段在环境监测中得到广泛应用。例如，容量分析、重量分析、光化学分析、电化学分析和色谱分析等。其中，容量分析的特点是操作简便、迅速，结果准确，费用低，在环境监测中得到广泛应用。例如，测定水质的酸碱度、水中溶解氧、化学需氧量、生化需氧量、挥发酚、氰化物、氯化物、氟化物等，取得了较好的效果。

水样的采集是水质监测的关键性环节。采样前需进行现场调查、收集资料、确定采样点的位置，并确定采样频率、采样方法及水样保存方法等因素。这里仅简要介绍废水采样点的布设和水样的保存。

废水采样点通常设在厂、矿的总排污口，或车间、工段的排污口。如果是评价污水处理设施，要在设施前后都布设采样点。当废水中的组分与浓度随时间变化不大时，可选用瞬时采样法；反之则采用平均水样。所谓平均水样是在一定时间间隔内分别采样，性质稳定的污染物的混合物，即为平均水样。对性质不稳定的污染物，可分别取样、分别测定，然后取其平均值。

各种水质的水样，从采集到分析这段时间内，由于物理、化学和生物的作用，可能发生各种变化。而水样的保存时间与水样性质、分析项目、酸度、贮存容器和存放时的温度等多种因素有关。其基本要求是：减缓生物作用；减缓化合物的水解或氧化还原作用；冷藏或冷冻以降低细菌活性或化学反应速率。

评价废水试样中有机物污染程度的综合指标有：溶解氧(DO)、化学需氧量(COD)、生化需氧量(BOD)、总需氧量(TOD)和总有机碳(TOC)等。这里仅简要介绍溶解氧的测定。

水体与大气交换或经化学、生物化学反应后溶于水中的氧称为溶解氧。水中溶解氧含量与空气中氧的分压有关。其溶解度随水温的升高及水中含盐量的增加而降低。水体受污染时其溶解氧含量逐渐减少，因此，水中溶解氧的浓度是表明水体污染程度的重要指标之一。地面水要求溶解氧量不能低于 4 $mg\cdot L^{-1}$。

测定水中的溶解氧常用碘量法。其原理是：在碱性介质中溶解氧能将 Mn^{2+} 氧化成高价状态 Mn(Ⅲ)、Mn(Ⅳ)，生成 $Mn(OH)_n$ 棕色沉淀。在酸性介质中高价锰又可氧化碘离子而析出与溶解氧量相当的游离碘；以淀粉为指示剂，用硫代硫酸钠标准溶液滴定至溶液蓝色消失，即可计算出溶解氧含量（请写出上述各步的反应方程式）。在采集水样时，应在现场加入定量硫酸锰和碱性碘化钾溶液以固定溶解氧，并保存在冷暗处。此法适合于较清洁的水样，水体中若含有氧化还原物质、藻类、悬浮物等物质会干扰测定。故大部分河水、废水等需采用修正的碘量法。

水样中含有亚硝酸盐时（亚硝酸盐主要存在于废水、经生物处理的工业废水和河水中），可采用叠氮化钠修正法，其原理是加入叠氮化钠去除亚硝酸盐的干扰，NaN_3分解亚硝酸盐类的反应仅需 2～3 min 即可完成。在酸性介质中反应如下：

$$2NaN_3 + H_2SO_4(\text{稀}) = 2HN_3 + Na_2SO_4$$

$$HNO_2 + HN_3 = N_2O + N_2 + H_2O$$

若要深入了解、学习滴定分析在环境监测中的应用，请参阅专门书籍。

习　题

1. 写出下列各酸碱水溶液的质子条件式：

(1) NH_4Cl　(2) NH_4Ac　(3) $HAc+H_3BO_3$

(4) $H_2SO_4 + HCOOH$　(5) $NaH_2PO_4 + Na_2HPO_4$　(6) $NaNH_4HPO_4$

2. 计算下列溶液的 pH：

(1) 50 mL 0.10 $mol\cdot L^{-1}$ H_3PO_4

(2) 50 mL 0.10 $mol\cdot L^{-1}$ H_3PO_4 + 25 mL 0.10 $mol\cdot L^{-1}$ NaOH

(3) 50 mL 0.10 $mol\cdot L^{-1}$ H_3PO_4 + 50 mL 0.10 $mol\cdot L^{-1}$ NaOH

(4) 50 mL 0.10 mol·L^{-1} H_3PO_4 + 75 mL 0.10 mol·L^{-1} NaOH

3. 讨论下列物质能否用酸碱滴定法直接滴定？使用什么标准溶液和指示剂？

(1) NH_4Cl　(2) NaF　(3) 乙胺

(4) H_3BO_3　(5) 硼砂　(6) 柠檬酸

4. 某一含有 Na_2CO_3，$NaHCO_3$ 及杂质的试样 0.602 0 g，加水溶解，用 0.212 0 mol·L^{-1} HCl 溶液滴定至酚酞终点，用去 20.50 mL；继续滴定至甲基橙终点，又用去 24.08 mL。求 Na_2CO_3 和 $NaHCO_3$ 的质量分数。

5. 已知某试样可能含有 Na_3PO_4，Na_2HPO_4，NaH_2PO_4 和惰性物质。称取该试样 1.000 0 g，用水溶解。试样溶液以甲基橙作指示剂，用 0.250 0 mol·L^{-1} HCl 溶液滴定，用去 32.00 mL。含同样质量的试样溶液以百里酚酞作指示剂，需上述 HCl 溶液 12.00 mL。求试样组成和含量。

6. 用克氏定氮法处理 0.300 g 某食物试样，生成的 NH_3 收集在硼酸溶液中，滴定消耗 0.100 mol·L^{-1} HCl 溶液 25.0 mL。计算试样中蛋白质的质量分数(将氮的质量分数乘以 6.25 即得蛋白质分数)。

7. 试设计下列混合液的分析方法：

(1) HCl 和 NH_4Cl　(2) 硼酸和硼砂

(3) $NaHCO_3$ 和 Na_2CO_3　(4) NaOH 和 Na_3PO_4

8. 在铜氨配合物的水溶液中，若 $Cu(NH_3)_4^{2+}$ 的浓度是 $Cu(NH_3)_3^{2+}$ 浓度的 100 倍，问水溶液中氨的平衡浓度。

9. 将 20.00 mL 0.100 mol·L^{-1} $AgNO_3$ 溶液加到 20.0 mL 0.250 mol·L^{-1} NaCN 溶液中，所得混合液 pH 为 11.0。计算溶液中 Ag^+，CN^- 和 $Ag(CN)_2^-$ 平衡浓度。

10. 计算 $\lg K'_{MY}$：

(1) pH=5.0　$\lg K'_{ZnY}$　(2) pH=10.0　$\lg K'_{AlY}$

(3) pH=9.0　$[NH_3]+[NH_4^+]=0.20$ mol·L^{-1}　$[CN^-]=10^{-5}$ mol·L^{-1}　$\lg K'_{NiY}$

11. 以 0.02 mol·L^{-1} EDTA 溶液滴定同浓度的含 Pb^{2+} 试剂，且含酒石酸分析浓度为 0.2 mol·L^{-1}，溶液 pH 为 10.0。问于化学计量点时的 $\lg K'_{PbY}$，$c(Pb^{2+})$和酒石酸铅配合物的浓度(酒石酸铅配合物的 $\lg K=3.8$)。

12. 吸取含 Bi^{3+}，Pb^{2+}，Cd^{2+} 的试液 25.00 mL，以二甲酚橙作指示剂，在 pH=1.0 时用 0.020 15 mol·L^{-1} EDTA 溶液滴定，用去 20.28 mL。然后调 pH 至 5.5，继续用 EDTA 溶液滴定，又用去 30.16 mL。再加入邻二氮菲，用 0.020 02 mol·L^{-1} Pb^{2+} 标准溶液滴定，用去 10.15 mL。计算溶液中 Bi^{3+}，Pb^{2+}，Cd^{2+} 的浓度。

13. 请为下列测定拟定分析方案：

(1) Ca^{2+} 与 EDTA 混合液中两者的测定；

(2) Mg^{2+}，Zn^{2+} 混合液中两者的测定；

(3) Fe^{3+}，Al^{3+}，Ca^{2+}，Mg^{2+} 混合液中各组分的测定。

14. 用一定体积(mL)的 $KMnO_4$ 溶液恰能氧化一定质量的 $KHC_2O_4 \cdot H_2C_2O_4 \cdot 2H_2O$，同样质量的 $KHC_2O_4 \cdot H_2C_2O_4 \cdot 2H_2O$ 恰能被所需 $KMnO_4$ 体积(mL)一半的 0.200 0 mol·L^{-1} NaOH 溶液所中和。计算 $KMnO_4$ 溶液的浓度。

15. 称取含 Pb_2O_3 试样 1.234 0 g，用 20.00 mL 0.250 0 mol·L^{-1} $H_2C_2O_4$ 溶液处理，Pb(Ⅳ)还原至 Pb(Ⅱ)。调节溶液 pH，使 Pb(Ⅱ)定量沉淀为 PbC_2O_4。过滤，滤液酸化后，用 0.040 00 mol·L^{-1} $KMnO_4$ 溶液滴定，用去 10.00 mL；沉淀用酸溶解后，用同浓度 $KMnO_4$ 溶液滴定，用去 30.00 mL。计算试样中 PbO 和 PbO_2 的含量。

16. 称取含有苯酚试样 0.500 0 g，溶解后加入 0.100 0 mol·L^{-1} $KBrO_3$ 溶液(其中含有过量 KBr) 25.00 mL，加酸酸化，放置待反应完全，加入过量 KI。用 0.100 3 mol·L^{-1} $Na_2S_2O_3$ 溶液滴定析出的 I_2，用去 29.91 mL。求苯酚含量。

17. 称取 1.000 0 g 卤化物的混合物，溶解后配制在 500 mL 容量瓶中。吸取 50.00 mL，加入过量溴水将 I^- 氧化至 IO_3^-，煮沸除去过量溴。冷却后加入过量 KI，然后用了 19.26 mL 0.050 00 mol·L^{-1} $Na_2S_2O_3$ 溶液滴定。

计算 KI 的含量。

18. 药典规定测定 $CuSO_4 \cdot 5H_2O$ 含量的方法是：取本品 0.5 g，精确称量，置于碘瓶中加蒸馏水 50 mL。溶解后加 HAc 4 mL，KI 2 g。用约 0.1 $mol \cdot L^{-1}$ $Na_2S_2O_3$ 标准溶液滴定，近终点时加淀粉指示剂 2 mL，继续滴定至蓝色消失。

(1) 写出上述测定反应的主要方程式。

(2) 为什么取样是 0.5 g 左右？

(3) 为什么在近终点时才加入淀粉指示剂？

(4) 写出 $CuSO_4 \cdot 5H_2O$ 含量的计算公式。

19. 含 KI 的试液 25.00 mL，用 10.00 mL 0.05 $mol \cdot L^{-1}$ KIO_3 溶液处理后，煮沸溶液除去 I_2。冷却后加入过量 KI 使其与剩余的 KIO_3 反应，然后将溶液调至中性。最后以 0.100 8 $mol \cdot L^{-1}$ $Na_2S_2O_3$ 溶液滴定，用去 21.14 mL。求 KI 试液的浓度。

20. 称取一定量的乙二醇试液，用 50.00 mL KIO_3 溶液处理，待反应完全后，将溶液调至 pH＝8.0，加入过量 KI，释放出的 I_2 用去 14.00 mL 0.050 00 $mol \cdot L^{-1}$ Na_3AsO_3 溶液滴定。另取上述 KIO_3 溶液 50.00 mL，调节 pH＝8.0，加过量 KI，用去 40.00 mL 同浓度 Na_3AsO_3 溶液滴定。求试液中乙二醇的含量(mg)。

21. 吸取 50.00 mL 含有 IO_3^- 和 IO_4^- 的试液，用硼砂调溶液 pH，并用过量 KI 处理，使 IO_4^- 转变为 IO_3^-，同时，形成的 I_2 用去 18.40 mL 0.100 0 $mol \cdot L^{-1}$ $Na_2S_2O_3$ 溶液。另取 10.00 mL 试液，用强酸酸化后，加入过量 KI，需同浓度的 $Na_2S_2O_3$ 溶液完成滴定，用去 48.70 mL。计算试液中 IO_3^- 和 IO_4^- 的浓度。

22. 称取含有 $H_2C_2O_4 \cdot 2H_2O$、KHC_2O_4 和 K_2SO_3 的混合物 2.761 2 g，溶于水后转移至 100 mL 容量瓶。吸取试液 10.00 mL，以酚酞作指示剂，用去 16.25 mL 0.192 0 $mol \cdot L^{-1}$ NaOH 溶液滴定；另取一份试液 10.00 mL，以硫酸酸化后，加热，用 0.039 50 $mol \cdot L^{-1}$ $KMnO_4$ 溶液滴定，消耗 $KMnO_4$ 溶液 19.95 mL。

(1) 求固体混合物中各组分的含量。

(2) 若在酸碱滴定中，用甲基橙指示剂代替酚酞，对测定结果有何影响？

23. 设计用氧化还原滴定法测定各组分含量的分析方案：

(1) Fe^{3+} 和 Cr^{3+} 的混合液；

(2) As_2O_3 和 As_2O_5 的混合物。

24. 称取一含银废液 2.075 g，加适量硝酸，以铁铵矾作指示剂，用 0.046 34 $mol \cdot L^{-1}$ NH_4SCN 溶液滴定，用去 25.50 mL。求废液中银的含量。

25. 称取某含砷农药 0.200 0 g，溶于硝酸后转化为 H_3AsO_4，调至中性，加 $AgNO_3$ 使其沉淀为 Ag_3AsO_4。沉淀经过滤、洗涤后再溶解于稀 HNO_3 溶液中，以铁铵矾作指示剂，用0.118 0 $mol \cdot L^{-1}$ NH_4SCN 溶液滴定，用去33.85 mL。求农药中 As_2O_3 的含量。

26. 称取含有 NaCl 和 NaBr 的试样 0.376 0 g，溶解后，用去 21.11 mL 0.104 3 $mol \cdot L^{-1}$ $AgNO_3$ 溶液滴定；另取同样质量的试样，溶解后，加过量 $AgNO_3$ 溶液，得到的沉淀经过滤、洗涤、干燥后称重为 0.402 0 g。计算试样中 NaCl 和 NaBr 的质量分数。

27. 某试样含有 $KBrO_3$、KBr 和惰性物质。称取 1.000 g 溶解后配制于 100 mL 容量瓶中。吸取 25.00 mL，于 H_2SO_4 溶液介质中用 Na_2SO_3 将 BrO_3^- 还原至 Br^-，然后调至中性，用莫尔法测定 Br^-，用去 0.101 0 $mol \cdot L^{-1}$ $AgNO_3$ 10.51 mL。另吸取 25.00 mL 用 H_2SO_4 溶液酸化后加热除去 Br_2，再调至中性，用上述 $AgNO_3$ 溶液滴定过剩 Br^- 时用去 3.25 mL。计算试样中 $KBrO_3$ 和 KBr 的含量。

28. 请设计测定下列试样中氯含量的分析方案：

(1) NH_4Cl，$BaCl_2$ 和 $FeCl_3$；

(2) NaCl 和 Na_2SO_4 的混合物。

第二十章

比色法和分光光度法

学习要求：

1. 了解比色法、分光光度法的特点。
2. 掌握光的吸收定律及其适用范围。
3. 掌握分光光度法的分析方法。
4. 了解显色反应及其条件的选择。
5. 了解分光光度法仪器测量的误差及测量条件的选择。
6. 了解分光光度法的某些应用。

20.1 概　述

有色物质溶液颜色的深浅与溶液中有色物质的浓度有一定关系，利用比较溶液颜色深浅来测定溶液中某种组分的含量的分析方法，称作比色分析法。其基本依据是有色物质对光的选择性吸收作用。可以是目视比色，称为**比色法**(colorimetry)；或是利用分光光度计测试仪器，则称为**分光光度法**(spectrophotometry)。

20.1.1 光度分析法的特点

比色法和分光光度法主要应用于测定试样中微量组分的含量。它们的特点是：

(1) 方法灵敏度高　测定下限可达 $10^{-5}\%\sim10^{-4}\%$ 或 $10^{-6}\sim10^{-3}\ mol\cdot L^{-1}$。

(2) 方法的准确度能满足微量组分测定的要求　比色法相对误差为 5%～10%，分光光度法为 2%～5%。若使用精度高的仪器，误差可达 1%～2%。

(3) 操作简便快速，仪器设备简单　近年来与电子计算机联用，更是实现了分析自动化、快速的目的。新显色剂、掩蔽剂的不断出现，既提高了选择性，又有利于不需分离干扰物就能直接测定。

因此，比色法和分光光度法已成为生产和科研部门应用很广泛的分析方法。

20.1.2 物质对光的选择性吸收

光是一种电磁波，根据波长排列，得到电磁波谱范围表 20-1。

表 20-1 电磁波谱范围表

光谱名称	波长范围	跃迁类型	辐射源	分析方法
X 射线	10^{-1}～10 nm	K 和 L 层电子	X 射线管	X 射线光谱法
远紫外光	10～200 nm	中层电子	氢、氘、氙灯	真空紫外光度法
近紫外光	200～400 nm	价电子	氢、氘、氙灯	紫外光度法
可见光	400～750 nm	价电子	钨灯	比色及可见光度法
近红外光	0.75～2.5 μm	分子振动	碳化硅热棒	近红外光度法
中红外光	2.5～5.0 μm	分子振动	碳化硅热棒	中红外光度法
远红外光	5.0～1 000 μm	分子转动和振动	碳化硅热棒	远红外光度法
微波	0.1～100 cm	分子转动	电磁波发生器	微波光谱法
无线电波	1～1 000 m	—	—	核磁共振光谱法

本章仅讨论溶液中物质分子对可见区域光的吸收——比色分析及可见分光光度法。

理论上将同一波长的光称为单色光，由不同波长的光组成的光称为复合光。白光、白炽灯光等可见光都是复合光。人眼能感觉到的光的波长为 400～760 nm，称为可见光，它是由红、橙、黄、绿、青、蓝、紫等各色光按一定比例混合而成。各种色光波长范围不同（称为波段）。不仅上述七种颜色的光可以混合成白光，也可以将两种适当颜色的单色光按一定强度比例混合成为一种白光，这种**单色光**（monochromatic light）称为**互补色光**（complementary color light）。

物质的颜色是因物质对不同波长的光具有选择性吸收作用而产生的。表 20-2 列出物质颜色和吸收光之间的关系。表中两种相对应颜色的光即为互补色光。例如，$CuSO_4$ 溶液因吸收了白光中的黄光而呈现蓝色。若溶液对白光中各种颜色的光都不吸收，则溶液为透明无色。

表 20-2 物质颜色和吸收光之间的关系

物质颜色	吸收光	
	颜色	波长范围 λ/nm
黄绿	紫	400～450
黄	蓝	450～480
橙	绿蓝	480～490
红	蓝绿	490～500
紫红	绿	500～560
紫	黄绿	560～580
蓝	黄	580～600
绿蓝	橙	600～650
蓝绿	红	650～750

以上仅是粗略地用物质对各种色光的选择吸收以说明物质呈现的颜色。若将各种波长的单色光依次通过一定浓度的某一有色溶液，并测定每一波长下有色溶液对光的吸收程度（即吸光度），然后以波长为横坐标，吸光度为纵坐标作图，可得一条吸收光谱曲线或称光吸收曲线，就能更清楚地描述物质对不同波长光的吸收特点。图 20-1 是四个不同浓度的 $KMnO_4$ 溶液的光吸收曲线。由图可见 $KMnO_4$ 溶液对 525 nm 的绿色光吸收最强而呈现紫色，而对紫色、红色光的吸收很弱。光吸收程度最大处对应的波长称最大吸收波长［**吸收峰**(absorption peak)］，以 λ_{max} 表示，$KMnO_4$ 溶液的 $\lambda_{max}=525$ nm。不同浓度的 $KMnO_4$ 溶液，λ_{max} 不变，但相应的吸光度值大小不同，吸光度随物质浓度增大而增大，这就是物质定量分析的依据。对不同物质的溶液，其最大的吸收波长不同，这是物质定性分析的依据。

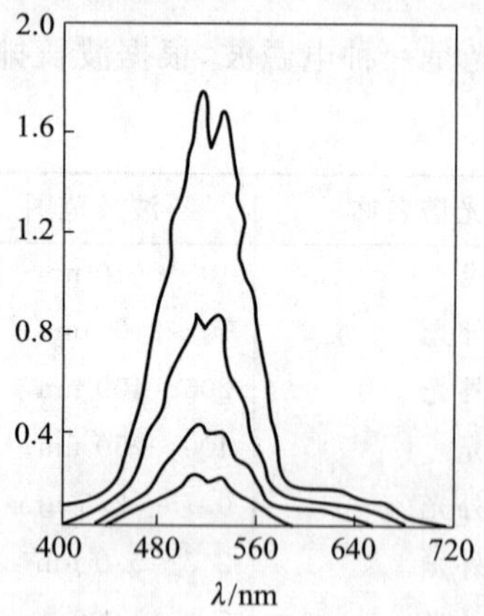

图 20-1　高锰酸钾溶液的光吸收曲线

20.2　光吸收的基本定律

20.2.1　朗伯-比尔定律

当一束平行的单色光通过一均匀的吸光物质溶液时，吸光物质吸收了光能，光的强度会减弱，其减弱程度与入射光的强度、溶液液层的厚度、溶液浓度成正比。如图 20-2 所示。早在 1729 年德国物理学家波格(Bougouer)就发现了物质对光的吸收与吸光物质的厚度有关。1760 年朗伯(Lambert)用实验指出，一束单色光通过吸光物质后，光的吸收程度与光通过介质的光程（即溶液液层厚度）成正比，即

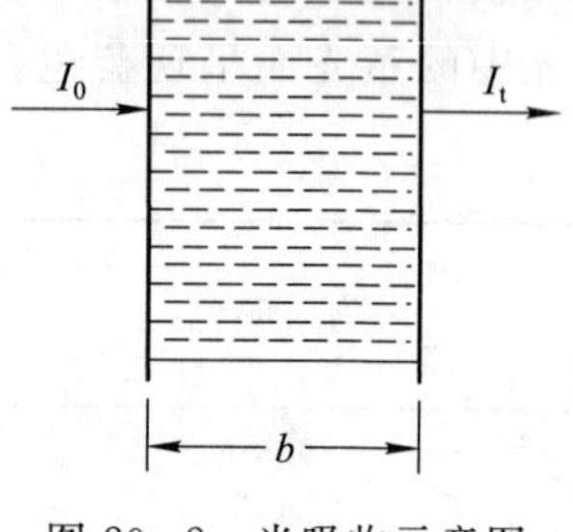

图 20-2　光吸收示意图

$$A=\lg\frac{I_0}{I_t}=K'b \qquad (20-1)$$

式中：A 为**吸光度**(absorbance)；I_0 为入射光强度；I_t 为透过光强度；K' 为比例常数；b 为液层厚度。

1852 年，德国数学家比尔(Beer)研究证明了光的吸收程度与透明介质中光所遇到的吸光质点的数目成正比，在溶液中即与吸光质点的浓度成正比。即

$$A=\lg\frac{I_0}{I_t}=K''c \qquad (20-2)$$

式中：K'' 为比例常数；c 为溶液浓度。

将两个定律合并为**朗伯-比尔定律**(Lambert-Beer law)，其数学表达式为

$$A=\lg\frac{I_0}{I_t}=Kbc \qquad (20-3)$$

式中：K 为比例常数。

透过光强度 I_t 与入射光强度 I_0 之比称为**透光度或透射比**（transmittance），用 T 表示：

$$T=\frac{I_t}{I_0} \tag{20-4}$$

则吸光度 A 与溶液透光度 T 的关系为

$$A=\lg\frac{I_0}{I_t}=\lg\frac{1}{T}=Kbc \tag{20-5}$$

式（20-5）就是朗伯-比尔定律的数学表达式，它表明：当一束单色光通过含有吸光物质的溶液后，溶液的吸光度与吸光物质的浓度及吸收层厚度成正比。这是吸光光度法定量测定的依据。式中比例常数 K 与吸光物质的性质、入射光波长及温度等因素有关。该常数称**吸光系数或吸收系数**（absorptivity）。

吸收系数 K 值随 c、b 所取单位不同而不同。通常液层厚度 b 以 cm 为单位，当浓度 c 是以 $g·L^{-1}$ 为单位的质量浓度，则 K 的单位是 $cm^{-1}·g^{-1}·L$；若 c 以 $mol·L^{-1}$ 为单位，此时的吸收系数称为**摩尔吸收系数**（molar absorptivity）。用 κ（或用 ε）表示，其单位为 $L·cm^{-1}·mol^{-1}$，则式（20-5）写为

$$A=\kappa bc$$

κ 是各种吸光物质在特定波长下的一个特征常数，数值上等于 1 cm 的溶液厚度中吸光物质为 1 $mol·L^{-1}$ 时的吸光度，它是吸光物质的吸光能力的量度，它可以衡量显色反应的灵敏度。κ 值愈大，表示该吸光物质对某一波长的吸光能力愈强，则该方法的灵敏度就越高。总之，

$$A=\lg\frac{1}{T}=\kappa bc\left(\text{或 } A=\lg\frac{1}{T}=\varepsilon bc\right) \tag{20-6}$$

式（20-6）是物质光吸收的基本定律。其物理意义为：某一束平行的单色光通过一均匀的、非散射的吸光物质溶液时，其吸光度与溶液液层厚度及浓度的乘积成正比。这是各类吸光度法定量测定的依据。

分光光度分析的灵敏度还可以用桑德尔（Sandell）灵敏度 S 来表示。S 是指当仪器的检测极限为 $A=0.001$ 时，单位截面积光程内所能检测出来吸光物质的最低含量，其单位为 $\mu g·cm^{-2}$，S 与 κ 及吸光物质摩尔质量 M 的关系为

$$S=M/\kappa \tag{20-7}$$

摩尔吸收系数可通过实验测得。

例 20-1　已知含铁（Fe^{2+}）浓度为 1.0×10^{-3} $mg·mL^{-1}$ 的溶液，用邻二氮菲光度法测定铁。使用厚度为 2 cm 的吸收池，在 510 nm 处测得吸光度 $A=0.390$，计算该配合物的摩尔吸收系数。

解　根据朗伯-比尔定律　　$A=\kappa bc$

已知：$A=0.390$，$b=2$ cm，$c=\frac{1.0\times10^{-3}}{55.85}$ $mol·L^{-1}=1.8\times10^{-5}$ $mol·L^{-1}$

$$\kappa=\frac{A}{bc}=\frac{0.390}{2\times1.8\times10^{-5}}\ L·mol^{-1}·cm^{-1}=1.1\times10^{4}\ L·mol^{-1}·cm^{-1}$$

吸收系数、摩尔吸收系数与入射光的波长、吸光物质的性质、温度等因素有关。当这些条件确定时为一常数,而与吸光物质的浓度、吸收池的厚度无关。

20.2.2 吸光度的加和性

在含有多组分体系的光度分析中,若各组分对同一波长的光都有吸收作用,且各组分的吸光物质彼此不发生作用,当一束平行的单色光通过此均匀有色溶液,测得的溶液的吸光度则等于各组分的吸光度之和,即

$$A = A_1 + A_2 + \cdots + A_n \tag{20-8}$$

这一规律称为吸光度的加和性。该规律可用于多组分的测定。

20.2.3 对朗伯-比尔定律的偏离

吸光光度法中,光的吸收定律是定量测定物质含量的基础。根据 $A=\kappa bc$ 这一关系式,以 A 对 c 作图,应为一通过原点的直线,通常称为工作曲线(或称标准曲线)。有时会在工作曲线的高浓度端发生偏离的情况,如图 20-3 中虚线所示,即在该实验条件下,当浓度大于 c_1 时,偏离了朗伯-比尔定律。引起偏离的原因很多,主要可能有以下几方面的原因引起的。

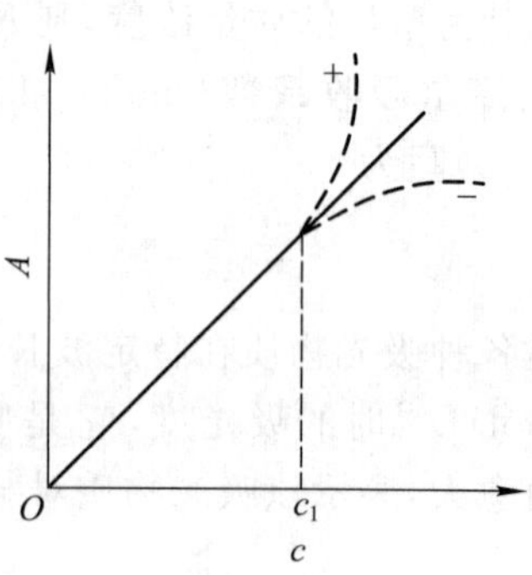

图 20-3 吸光光度法工作曲线

1. 朗伯-比尔定律的局限性

朗伯-比尔定律是一个有限制性的定律,它假设了吸收粒子间是无相互作用的,因此仅在稀溶液的情况下才适用。在高浓度(通常 $c>0.01\ \text{mol}\cdot\text{L}^{-1}$)时,由于吸光物质的分子或离子间的平均距离缩小,使相邻的吸光微粒(分子或离子)的电荷分布互相影响,从而改变了它对光的吸收能力。由于这种相互影响的程度同浓度有关系,因此,使吸光度 A 与浓度 c 之间的线性关系发生了偏离。

2. 非单色入射光引起的偏离

由于朗伯-比尔定律仅适用于单色光,而在实际测定中,单色光的光强并不够,这就要求光源中的狭缝必须具有一定的宽度。这就导致出射狭缝投射到被测溶液的光束并非理论上要求的单色光,而是具有较窄波长范围的复合光带,显然会引起对朗伯-比尔定律的偏离。这种由于仪器光源带来的影响而并非定律本身的不正确,是由仪器条件的限制所造成。随着科技的发展,更先进仪器的研制成功,将有利于减小这种偏差。

现假定入射光由 λ_1 和 λ_2 两种波长的光组成,溶液吸光物质对 λ_1 和 λ_2 光的吸收都服从比尔定律。则对 λ_1:

$$A_1 = \lg\frac{I_{01}}{I_1} = \kappa_1 bc, \quad I_1 = I_{01}10^{-\kappa_1 bc}$$

对 λ_2:

$$A_2 = \lg\frac{I_{02}}{I_2} = \kappa_2 bc, \quad I_2 = I_{02}10^{-\kappa_2 bc}$$

测定时,总的入射光强为 $I_{01}+I_{02}$,透过光强为 I_1+I_2,因此,该光通过溶液后的吸光度 A 为

$$A=\lg\frac{I_{01}+I_{02}}{I_1+I_2}\lg\frac{I_{01}+I_{02}}{I_{01}10^{-\kappa_1 bc}+I_{02}10^{-\kappa_2 bc}}$$

当入射光为 λ_1 和 λ_2 时，如 $\kappa_1=\kappa_2=\kappa$，则 $A=\kappa bc$。A 和 c 呈线性关系，反之，如 $\kappa_1\neq\kappa_2\neq\kappa$，则 $A\neq\kappa bc$，则 A 与 c 不成线性关系。κ_1 与 κ_2 相差越大，对比尔定律的偏离则越严重。另外，在实际工作中尽量选择对吸光物质具有最大吸收波长的光作为入射光，它不仅在定量时灵敏度最高，而且从吸收曲线来看，吸光物质在峰值处有一个较小的平坦区，此时 κ 值随波长的变动最小，可得到较好的线性关系。因此，入射光波长的选择对比尔定律的偏离也有影响。

3. 由于溶液本身发生化学变化的原因而引起的偏离

由于被测物质在溶液中发生缔合、解离或溶剂化、互变异构、配合物的逐级形成等化学原因，造成对比尔定律的偏离。这类原因所造成的误差称为化学误差。例如，在一个非缓冲体系的铬酸盐溶液中存在着如下的平衡：

$$\underset{(\text{橙色})}{Cr_2O_7^{2-}}+H_2O \rightleftharpoons 2HCrO_4^- \rightleftharpoons \underset{(\text{黄色})}{2CrO_4^{2-}}+2H^+$$

当铬的总浓度相同时，测得溶液的吸光度取决于 $c(Cr_2O_7^{2-})/c(CrO_4^{2-})$ 的值，它将随溶液的稀释(即 H^+ 的浓度的降低)而发生显著的变化。所以将造成 A 与 c 之间线性关系的明显偏离。为了控制这一偏离可采用：在溶液中加碱使其中 $Cr_2O_7^{2-}$ 全部转化为 CrO_4^{2-}；或加酸，使 CrO_4^{2-} 全部转化为 $Cr_2O_7^{2-}$。这样溶液中的总浓度 c 与 A 之间就能符合比尔定律。

另外，有些配合物的稳定性较差，由于溶液稀释导致配合物解离度增大，使溶液颜色变浅，因此有色配合物的浓度并不等于金属离子的总浓度，导致 A 与 c 不成线性关系。

20.3 比色法和分光光度法及其仪器

20.3.1 目视比色法

目视比色法是一种用眼睛辨别溶液颜色的深浅，以确定待定组分含量的方法。最常用的是标准系列法，即在一套有刻度的等体积的比色管中，分别准确加入不同体积的标准溶液，另准确取一定量的待测试液置于另一同样规格的比色管中，然后分别准确加入等量的显色剂及其他试剂，即在同样条件下显色，最后用蒸馏水稀释至刻度，摇匀，在相同光照条件下，从管口垂直向下观察，将待测试液与标准色阶的溶液颜色深浅作比较，当它与标准色阶中的某一标准溶液颜色深浅相近，即表明待测试液的浓度与该标准溶液的浓度相近，若待测试液的颜色深浅介于某相邻两标准溶液之间，则待测试液的浓度可取两标准溶液浓度的平均值。

目视比色法仪器简单，操作简便，不需要单色光，缺点是方法的准确度较差，且往往带有主观误差。

20.3.2 分光光度计的基本部件

分光光度计的基本组成部件为

光源 ⟶ 单色器 ⟶ 吸收池 ⟶ 检测系统 ⟶ 读数指示器

各部件的作用及性能简介如下：

1. **光源**

在吸光光度法中，要求光源(light source)在比较宽的光谱区域内发出有足够强度且分布均匀的连续光谱，并在一定时间内保持稳定。在可见、近红外光区测量时，常用钨灯或碘钨灯作为光源，它发出的光的波长范围为 320～2 500 nm。其发出光的强度分布随灯丝温度的变化而变化，温度增高，总强度增大，但高温会影响灯的寿命。光强受电源电压的影响大，因此，必须使用稳压器以提供稳定的电源电压，保证光源光强稳定不变。

在紫外光区测定时，常采用氢灯或氘灯，它们发出波长范围为 180～375 nm 的连续光谱。

2. **单色器**

将光源发出的连续光谱分解为单色光的元件称为色散元件，它与入射狭缝、出射狭缝和准射镜一起组成单色器(monochromatic)。常用的色散元件为棱镜或光栅。

(1) 棱镜(prism)　光束通过入射狭缝，经准直透镜色散元件使其成为平行光后通过棱镜，产生折射而色散，从而将复合光按波长顺序分解为单色光，然后通过聚焦透镜及出射狭缝。移动棱镜或出射狭缝的位置，就可使所需波长的光经出射狭缝而照射到试样溶液上。图 20-4 是以棱镜为单色元件的单色器的原理示意图。

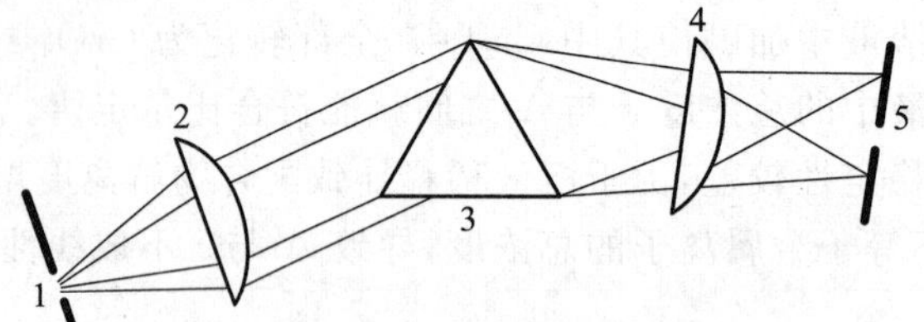

图 20-4　棱镜单色器的原理示意图

1—入射狭缝；2—准直透镜；3—棱镜；4—聚焦透镜；5—出射狭缝

单色光的纯度取决于棱镜的色散率和出射狭缝的宽度。棱镜由玻璃或石英材料所制成。由于玻璃吸收紫外光，所以玻璃棱镜仅用于 350～3 200 nm 波长范围，适用于可见分光光度计。石英棱镜可用于 185～4 000 nm 的波长范围，因此，它适用于紫外-可见分光光度计，可作为整个光谱区域的单色器。

(2) 光栅(grating)　它是利用光的衍射与干涉作用制成的一种色散元件。它的优点是适用波长范围宽，色散均匀，分辨率高。缺点是各级光谱会有重叠而相互干扰，经选用适当的滤光片可消除不需要的次级的光谱干扰。

3. **吸收池**

吸收池为用于盛放试样的液槽，也称比色皿，是由无色透明、能耐腐蚀的光学玻璃或石英制成的，能透过所需光谱范围内的光线。可见光区用玻璃吸收池，紫外光区用石英吸收池。每台仪器都配有液层厚度为 0.5 cm，1.0 cm，2.0 cm，3.0 cm 等一套规格的吸收池。同一厚度的吸收池之间的透光率误差应小于 0.5%。使用时应注意吸收池放置位置，使其透光面垂直于光束方向。保持吸收池的光洁，而指纹、油腻或四壁的积污都会影响其透光率，特别要注意透光面不受磨损。

由朗伯-比尔定律可知，被测物质的量一定时，被测量的体积愈小(浓度愈大)，光程愈长，测得的吸光度值愈大。因此，可以改进吸收池的几何形状，使每单位光程所占的溶液体积尽可能小，即“光程/体积”的值尽可能大。

4. **检测系统**

检测系统是一种光电转换元件，利用光电效应使透过光强度能转换成电流进行测量。这种光电转换器对测定波长范围内的光要有快速、灵敏的响应，所产生的光电流必须与照射在检测器上的光强度成正比，常用的光电转换器有：

(1) 光电池　硒光电池的结构如图 20-5 所示。当光照射在光电池上时，硒表面就有电子逸出。由于硒的半导体性质，电子只能单向移动而被聚集于金属薄膜(透明的金或银的薄膜)上，带负电，成为光电池的负极。铁片即为正极。通过与外电路很小的电阻连接，能产生 10～100 μA 的光电流，可直接用检流计测量，光电流的大小与入射光强度成正比。硒光电池对光的敏感波长范围为 300～800 nm，对 500～600 nm 的光最灵敏。在 750 nm 处，相对灵敏度降至 10%左右。其光谱灵敏度曲线及人眼的光谱响应见图 20-6 所示。

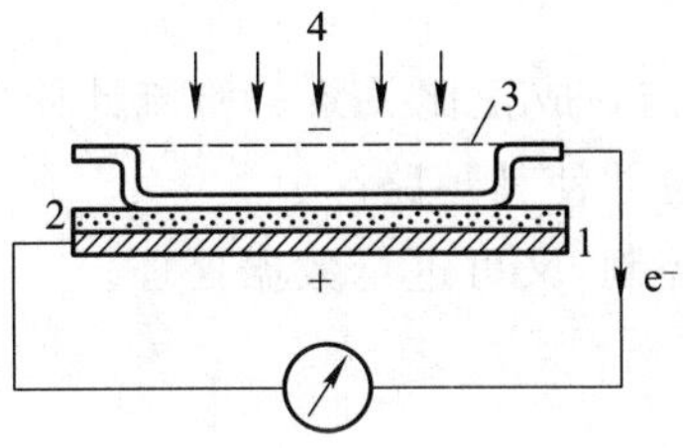

图 20-5　硒光电池示意图

1—铁片；2—半导体硒；3—金属薄膜；4—入射光线

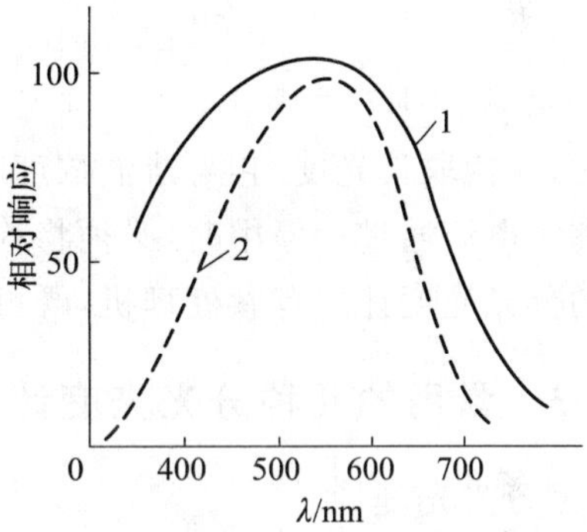

图 20-6　硒光电池的光谱灵敏度曲线与人眼的光谱响应

1—硒光电池的光谱灵敏度曲线；2—人眼的光谱响应

硒光电池结构简单，价格便宜，更换方便。但受强光照射或长久使用时，会出现“疲劳现象”，即照射光强度不变而产生的光电流会逐渐下降。这时应暂停使用，置于暗处使其恢复原有的灵敏度，严重时须更换新的光电池。

(2) 光电管　光电管是由一个阳极和一个光敏阴极组成的真空(或充有少量惰性气体)二极管。由于所采用的阴极材料的光敏性能不同。可分为红敏(适用波长范围为 625～1 000 nm)和紫敏(适用于波长范围为 200～625 nm)两类。当它被足够的能量照射时，能发射电子。当两极间有电位差时，发射的电子就流向阳极而产生电流，电流的大小取决于入射光的强度。在同等强度的光照下，它所产生的电流约为光电池的 1/4，但由于光电管有很高的内阻，所以产生的电流很容易放大，因此，具有灵敏度高、光敏范围广、不易疲劳等优点。

5. **读数指示器**

指示器的作用是把光电流或放大的信号以适当方式显示或记录下来。比较早期的分光光度计通常使用悬镜式光点反射检流计来测量产生的光电流，其灵敏度约为 10^{-9} A/格。检流计的标尺上有两种刻度，等刻度的标尺是百分透光度 T，对数刻度则为吸光度 A，见图 20-7。透光度与吸光度两者关系可互相换算。

$$A=-\lg T=\lg\frac{I_0}{I}=\lg 100-\lg I$$

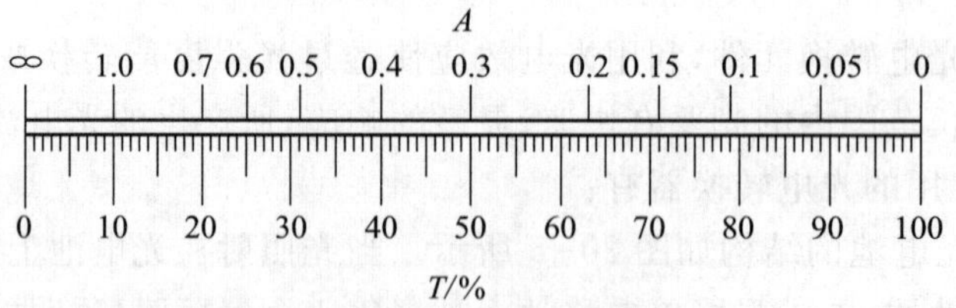

图 20-7　检流计标尺透光度与吸光度的关系

例 20-2　已知透光度为 65%，求吸光度 A。

解

$$A=\lg 100-\lg 65=2.000-1.813=0.187$$

例 20-3　吸光度 A 为 0.200 求透光度 T。

解

$$\lg I=\lg 100-A=2.000-0.200=1.800$$

所以，$I=63.1$，即 $T=63.1\%$

实验时，应读取吸光度，它与溶液浓度 c 成正比，而 T 不与 c 成正比关系。检流计使用时应防止振动和大电流通过。停用时，必须将检流计开关指向零位并使其短路。

新型的分光光度计配有微处理机，既可对主机进行操作控制，又可进行数据处理。

20.3.3　常用的几种分光光度计

1. 72 型分光光度计

72 型分光光度计是一种简易的直读式可见分光光度计。它由磁饱和稳压器、单色器（玻璃棱镜）、光电转换器（硒光电池）和检流计组成。波长范围为 420～700 nm，供可见光区作定量分析之用。它的光学系统结构如图 20-8 所示。

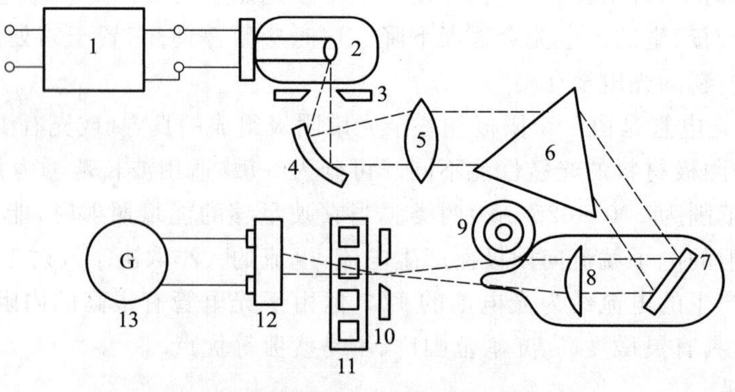

图 20-8　72 型分光光度计结构图

1—稳压电源；2—钨丝灯；3—入射狭缝；4、7—反射镜；5、8—透镜；6—棱镜；
9—波长读数盘；10—出射狭缝；11—吸收池；12—硒光电池；13—检流计

由钨丝灯发出的白光经入射狭缝、反射镜和透镜形成的平行光照到棱镜上，经色散后再经反射镜和透镜聚焦于出射狭缝上，调节波长读数盘，可得到所需波长的单色光。该光通过吸收池后照射到硒光电池上，产生的光电流输入检流计，从而测出透光度 T 或吸光度 A。该仪器结构简单，使用方便，读数稳定，测定结果重现性好，应用广泛。缺点是色散元件的色散能力较差。

2. 721 型分光光度计

721 型分光光度计是 72 型分光光度计的改进型，其特点是用体积小的晶体管稳压电源代替了笨重的磁饱和稳压器，用光电管代替了硒光电池作为转换元件。光电管配合放大线路将微弱光电流放大后推动指针式微安表，以代替易损坏的灵敏光电检流计。由于对电子系统进行了很大的改进，721 型分光光度计可以将所有的部件组装成一个整件，装置紧凑，操作方便。仪器结构示意图如图 20-9 所示。

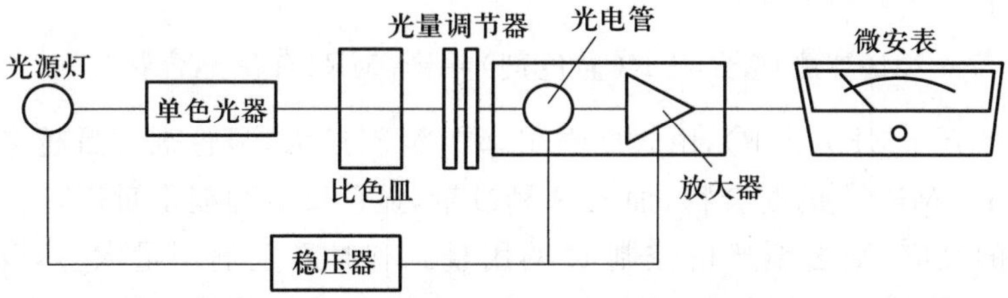

图 20-9　721 型分光光度计的结构示意图

3. 722 型分光光度计

它与 721 型分光光度计不同处是采用卤丝灯作光源，真空光电管作为光电转换器，并采用微电流放大器和数字显示器，可使用波长范围扩展到 330～880 nm，因此使用较为方便。

4. 751 型分光光度计

它是一种手动式紫外-可见光分光光度计，波长范围为 200～1 000 nm，用于紫外光区、可见光区和近红外光区的分析。其波长精度、稳定性和重现性都较高。

此外，除以上介绍的单波长单光束分光光度计外，还有双波长双光束及双波长分光光度计等，请阅读仪器分析等专业方面的教材。

20.4　显色反应与显色条件的选择

许多无机离子无色，有些金属水合离子有色，但它们的吸收系数值很小，通常必须选一适当的试剂与它发生化学反应，从而转化为有色化合物再进行光度测定，此反应称为**显色反应**，所用的试剂称**显色剂**(color reagent)。常用的显色反应大多是能形成很稳定的、具有特征颜色的螯合物的反应，也有的是氧化还原反应。可见，为了得到准确的分析结果，除了选择合适的测量仪器外，还要使被测离子能生成一个灵敏度和选择性较高的有色化合物。

20.4.1　对显色反应的要求

显色反应首先应有较高的灵敏度与选择性。灵敏度高，即在含量低时仍能测定。灵敏度的高低可从摩尔吸收系数 κ 值来判断，κ 越大则灵敏度越高。通常 κ 值为 10^4～10^5 $L \cdot mol^{-1} \cdot cm^{-1}$

时，则可认为该反应的灵敏度较高。如 Fe^{3+} 与 1，10－邻二氮菲生成螯合物的 κ 为 $1.1\times 10^4\ L\cdot mol^{-1}\cdot cm^{-1}$，其灵敏度较高。选择性好，即在选定的反应条件下，显色剂仅与被测组分显色，不与共存的其他离子显色。其次是形成的有色螯合物的组合要恒定，化学性质要稳定，生成有色螯合物与显色剂之间的颜色差别要大，显色条件要易于控制等。这样才能保证测定结果有良好准确度和重现性。

20.4.2 显色反应条件的选择

实际工作中，为了提高准确度，在选定显色剂后必须了解影响显色反应的因素，控制其最佳分析条件。现讨论如下。

1. 显色剂的用量

在显色反应中存在下列平衡：

$$\text{M(被测离子)}+\text{R(显色剂)} \rightleftharpoons \text{MR(有色配合物)}$$

则 $c(MR)/c(M)=\beta^{\ominus}(MR)\cdot c(R)$，由式中看出，$\beta^{\ominus}(MR)$ 越大，显色剂过量越多，越有利于 M 转化为 MR。对于 $\beta^{\ominus}(MR)$ 大的配合物，加入 R 稍过量，显色反应即能定量进行。但是，对 $\beta^{\ominus}$ 小或形成逐级配合物的反应，则必须严格控制 R 的用量。有时显色剂用量太多，反而对测定不利。例如，用 SCN^- 作显色剂测定 Mo 时，要求生成 $Mo(SCN)_5$ 的红色配合物，而 SCN^- 浓度过高时，则生成 $Mo(SCN)_6^-$ 的浅红色配合物，致使其吸光度值降低。若 SCN^- 浓度过低，则生成 $Mo(SCN)_3^{2+}$ 的浅红色配合物，也使吸光度降低。当以 SCN^- 作显色剂测定 Fe^{3+} 时，随 SCN^- 浓度的增大，会逐级生成颜色更深的不同配位数的配合物，使其吸光度值增大。这说明必须严格控制显色剂的用量，以得到准确的测定结果。在具体测定中，显色剂的适宜用量常通过实验方法来确定。首先将被测组分的浓度及其他条件都固定。在一系列的溶液中加入不同量的显色剂。测定其吸光度 A，以吸光度 A 对显色剂的浓度 $c(R)$ 作图，从图中可选取最适宜的显色剂用量。

2. 酸度

酸度对显色反应的影响是多方面的，现讨论如下。

(1) 酸度对显色剂浓度的影响　显色剂大多数是有机弱酸，在溶液中有如下平衡存在：

$$\begin{array}{c} M^{n+}\text{(被测离子)}+nR^-\text{(显色剂离子)} \rightleftharpoons MR_n\text{(有色配合物)} \\ + \\ nH^+ \rightleftharpoons nHR\text{(显色剂)} \end{array}$$

溶液酸度改变，引起上述平衡移动，平衡时：

$$\beta^{\ominus}(MR_n)=\frac{c(MR_n)}{c(M^{n+})\cdot c^n(R^-)} \qquad K_a^{\ominus}=\frac{c(H^+)\cdot c(R^-)}{c(HR)}$$

合并得

$$\frac{c(MR_n)}{c(M^{n+})}=\beta^{\ominus}(MR_n)\cdot(K_a^{\ominus})^n\cdot c^n(HR)/c^n(H^+) \tag{20-9}$$

在一定条件下，$\beta^{\ominus}(MR_n)\cdot K_a^{\ominus}$ 是常数，测定时 HR 的浓度是不变的，则式(20-9)可以写为

$$c(MR_n)/c(M^{n+})=K'/c^n(H^+) \qquad (20-10)$$

由式(20－10)可知，$c(MR_n)/c(M^{n+})$的值就取决于溶液中的$c(H^+)$，当$c(H^+)$增大时，$c(MR_n)/c(M^{n+})$的值减小，即$c(H^+)$增大，溶液中$c(R^-)$变小，使配位反应不能进行完全，因此使测定受到影响。

(2) 酸度对显色剂颜色的影响　当显色剂为有机弱酸时，它本身具有酸碱指示剂的性质，在不同的 pH 的情况下，显色剂的分子和离子状态具有不同的颜色，它可能干扰测定。

(3) 酸度对配合物组成的影响　在不同酸度下，某些被测组分与显色剂能形成不同组成的配合物，例如，磺基水杨酸与Fe^{3+}的显色反应中，当溶液在 pH 为 2～3 时，生成 1∶1 的红紫色配合物；pH 为 4～7 时，生成 1∶2 的棕橙色配合物；pH 为 8～10 时，生成 1∶3 的黄色配合物；当 pH＞12 时，生成$Fe(OH)_3$沉淀。因此，必须严格控制溶液 pH，才能得到准确的测定结果。

(4) 酸度对被测离子存在状态的影响　多数金属离子在溶液酸度降低时发生水解，形成各种多核羟基配合物、碱式盐，甚至于析出氢氧化物沉淀，不利于吸光光度法的测定。

在实际测定中，显色反应的最适宜酸度由实验方法来确定，即固定被测组分和显色剂的浓度，在一系列溶液中改变 pH，在一定波长下，测定其吸光度，以 A 对 pH 作图，从图中找出最适宜的 pH 作为测定时的条件。

3. 显色时的温度和时间

多数显色反应在室温下能很快地进行，但有些反应受温度影响很大，室温下反应很慢，须加热至一定温度(如磷钼蓝法测定磷，其发色温度为 55～60 ℃)才能进行完全。有些反应在高温下不稳定，反应生成物易褪色，因此，对不同的显色反应，必须选择合适的温度。显色反应由于反应速率不同，完成反应的时间不同。有些反应能瞬时完成，且颜色能在长时间内保持稳定；有些反应虽能快速完成，但产物迅速分解。因此，必须选择适当的显色时间，使有色配合物的颜色能够稳定。然而，温度和时间的选择，都要通过试验来确定。

对于一般的分析，希望加入显色剂后数分钟就达到最大的吸光度值，且在 1～2 h 内稳定不变。显色太慢，影响分析速度，颜色稳定时间太短，不便于操作。

4. 溶剂的影响

许多有色配合物在水中解离度较大，而在有机溶剂中的解离度较小。例如，$Fe(SCN)^{2+}$在丙酮溶液中，配合物颜色变深，从而提高了测定的灵敏度。有些配合物易溶于有机溶剂，如用适当的有机溶剂将它萃取出来，再测定萃取液的吸光度，这种方法称**萃取光度法**(extraction spectrophotometric method)。它的优点是：分离了杂质，提高了方法的选择性；把有色物质浓缩到有机溶剂的小体积内，降低了它的解离度，从而提高了测定的灵敏度；方法比较简单、方便、快速。

5. 干扰物质的影响及消除

常见的干扰物质对显色反应的影响表现为干扰离子本身有颜色，在测量条件下吸收或发生水解，或析出沉淀等，以影响吸光度的测量。如干扰离子与显色剂生成更稳定的无色配合物，消耗显色剂，使被测离子显色反应不完全；或干扰离子与显色剂生成有色配合物而干扰测定。消除干扰的方法可通过控制溶液的酸度；加入适当的掩蔽剂或利用氧化还原反应改变干扰离子的价态；选择适当的测量条件，如利用两者的λ_{max}不同，选择适当波长进行测定；采用萃取或其他分离方法，预先分离干扰离子；选择合适的参比溶液等都可以消除干扰离子的影响。

20.5 分光光度法仪器测量误差及其消除

任何光度计都有一定的仪器测量误差，该误差可能来源于：入射光源的不稳定；吸收池玻璃的厚薄不均匀；池壁不够平行，表面有水迹、油污或划痕等；光电池不灵敏、疲劳现象及检流计的刻度不够准确等。以上因素造成的测量误差的总和，最后表现为产生透光度读数误差 ΔT。由于透光度 T 与浓度 c 之间是对数关系，在吸收池厚度 b 不变的情况下，同样的 ΔT 对不同浓度溶液所造成的 Δc 不同。因此，为了使测量结果有较高的灵敏度和准确度，除注意显色反应的条件控制外，还必须选择和控制适宜的测量条件，以消除或减小测量误差。主要考虑以下几个方面。

20.5.1 入射光波长的选择

根据吸收曲线，入射光波长的选择应以溶液的 λ_{max} 为宜。此时 κ 值最大，测定时灵敏度和准确度最高，但当有干扰存在时，应根据具体情况兼顾灵敏度和选择性。

20.5.2 光度计读数范围的选择

光度计读数误差是经常遇到的测量误差，当透光度读数太大或太小时，微小的透光度读数误差会造成相当大的浓度相对误差。根据朗伯－比尔定律：

$$A=\lg\frac{1}{T}=\kappa bc \text{ 或写成 } \lg T=-\kappa bc \qquad (20-11)$$

将式(20－11)微分得

$$\mathrm{d}(\lg T)=0.434\frac{\mathrm{d}T}{T}=-\kappa b\,\mathrm{d}c \qquad (20-12)$$

在分析工作中，人们感兴趣的是由透光度 T 的读数误差所造成的浓度相对误差，从式(20－11)和式(20－12)可得

$$\frac{\Delta c}{c}=\frac{0.434\Delta T}{T\lg T} \qquad (20-13)$$

将 $\Delta c/c$ 对 T 作图，可得图 20－10 所示的曲线。

不同的吸光度读数造成不同程度的浓度相对误差。从图 20－10 可以看出在 $T=36.8\%$($A=0.434$)处的浓度相对误差有一个极小值，而在透光度坐标的两端的对应误差迅速增大。通常，透光度读数在 10%～70%($A=1.0$～0.15)范围内，此时浓度相对误差较小，因此，过高或过低的吸光度都将造成很大的测量误差。通常可调整溶液浓度或吸收池厚度使吸光度读数落在这一范围内。一般分光光度计的透光度读数误差在 ±0.002～±0.01。如果以 ±0.005 计算，这一误差所造成的浓度相对误差约在 1.4%～2.2%。计算结果见表 20－3 所示。

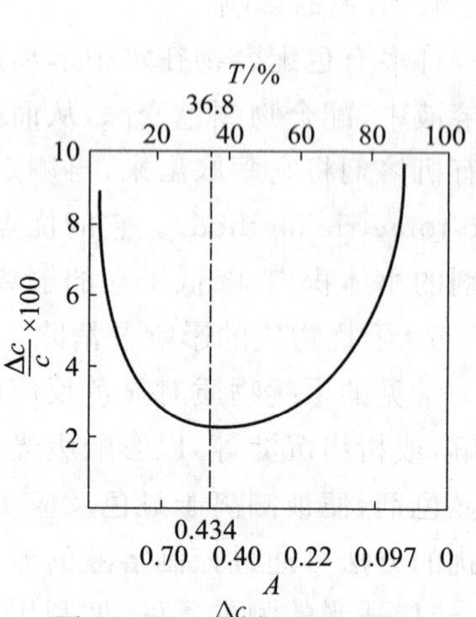

图 20－10 $\frac{\Delta c}{c}$与 T 的关系

表 20-3 不同 T(或 A)值时浓度测量的相对误差

(透光度测量误差 ΔT 假设为±0.005 或±0.5%)

透光度	吸光度	浓度百分误差	透光度	吸光度	浓度百分误差
0.95	0.022	±10.2	0.40	0.399	±1.36
0.90	0.046	±4.74	0.30	0.523	±1.13
0.80	0.097	±2.80	0.20	0.699	±1.55
0.70	0.155	±2.00	0.10	1.000	±2.17
0.60	0.222	±1.63	0.030	1.528	±4.75
0.50	0.301	±1.44	0.020	1.699	±6.38

20.5.3 参比溶液的选择

在吸光光度分析中,选择适当的参比溶液是非常重要的。通常参比溶液的选择应考虑以下两点。

(1) 如显色剂仅与被测组分反应的产物有吸收,其他试剂均无吸收,可以用纯溶剂作参比溶液。如显色剂和其他试剂略有吸收,则应用不含被测组分的试剂溶液作参比溶液。

(2) 如显色剂与试剂中干扰物质也发生反应,且产物在所选择波长处也有吸收,则可选合适的掩蔽剂将被测组分掩蔽后再加显色剂和其他试剂,以此溶液作为参比溶液。

可采用与测定试样时的相同操作步骤配制一个合适的参比溶液,装入吸收池,置于光路中,并调节光强至吸光度 A 为零。然后,在同样条件下测量标准溶液及试样溶液的吸光度值。这样,即可消除吸收池表面的反射和溶剂的吸收的影响。

20.5.4 溶液浓度的测定

测量有色溶液的吸光度后,常用工作曲线或比较法确定其浓度。

1. 工作曲线法

与标准系列法相似,先配置一系列不同浓度的被测组分的标准溶液,在相同条件下显色,用相同厚度的吸收池,在同一波长的单色光下以适宜的参比溶液调节吸光度 A 为零后分别测定其吸光度,然后以吸光度为纵坐标,以浓度为横坐标作图,即得到一条通过原点的直线,称为工作曲线(working curve)或标准曲线,如图 20-11 所示。再将待测试液在相同的条件下测定其吸光度。由工作曲线即可查得相应的浓度。应注意定量测定一般要选择在线性范围内进行,更为可靠。

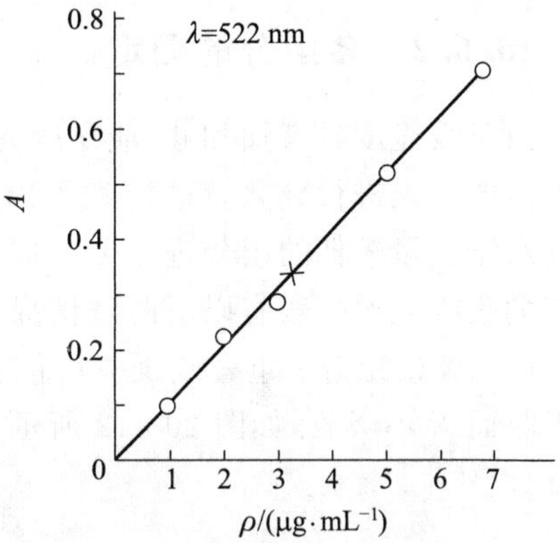

图 20-11 工作曲线

在实际工作中,有时工作曲线不通过原点(零点)。这可能是由于参比溶液选择不当,吸收池厚度不等,吸收池放置位置不妥,吸收池透光面不清洁,或在低浓度下有色配合物解离度增大等原因造成的。

2. 比较法

同一强度的单色光，通过两个厚度相同而浓度不同的有色溶液时，则两溶液浓度之比等于其吸光度之比。

$$c : c(\text{试}) = A : A(\text{试})$$

$$c(\text{试}) = \frac{A(\text{试})}{A} \times c$$

式中：c 为标准溶液浓度；c(试)为试样溶液浓度；A 为标准溶液吸光度；A(试)为试样溶液吸光度。标准溶液浓度是已知的，因此只要用分光光度计测得标准溶液和试样溶液的吸光度，便可利用这个公式计算试样溶液的浓度。用比较法测定时，标准溶液浓度应与试样溶液浓度相近，以免产生较大误差。

20.6 分光光度法的某些应用

可见吸光光度法是测定微量组分的一种很好的方法，也能应用于常量组分和多组分的测定，已广泛地应用于科学研究的各个领域，如化学平衡的研究、有机物纯度测定等。在生物学中，可应用于生物成分的鉴定和结构的研究，如动、植物脂肪酸的分析，蛋白质、氨基酸的测定，核酸的测定以及某些生物性能如酶的结构、作用机理及活性的测定等。

20.6.1 单组分的测定

对试样中某种组分的测定，常常采用上述的工作曲线法或**标准曲线法**（standard curve method）。以磷的测定为例，磷是构成生物体的重要元素之一，也是土壤肥效的要素之一。试样中微量磷的测定常用吸光光度法。该法测定磷是按如下反应进行的。

$$H_3PO_4 + 12(NH_4)_2MoO_4 + 21HNO_3 \xlongequal{\quad} (NH_4)_3PO_4 \cdot 12MoO_3 + 21NH_4NO_3 + 12H_2O$$

用维生素 C 作还原剂，可将其中的 Mo(Ⅵ)还原为 Mo(Ⅴ)，生成蓝色的磷钼蓝，其 $\lambda_{max} = 660\ nm$。然后用标准曲线法测定试样中磷的含量。

20.6.2 多组分的测定

由于吸光度具有加和性，应用吸光光度法可以对同一溶液中的不同组分含量直接进行测定，而不需要预先进行分离。这样就可以大大减少分析操作过程，避免在分离过程中造成的误差。尤其对于含量较低的组分进行分析时，此方法效果更好些。假定溶液中存在两种组分 X 和 Y，它们的吸收光谱一般有以下两种情况。

(1) 吸收光谱不重叠或至少可能找到某一波长时 X 有吸收而 Y 不吸收；在另一波长时，Y 有吸收而 X 不吸收，如图 20-12 所示。则可分别在 λ_1 和 λ_2 时，测定组分 X 和 Y 而互相不产生干扰。

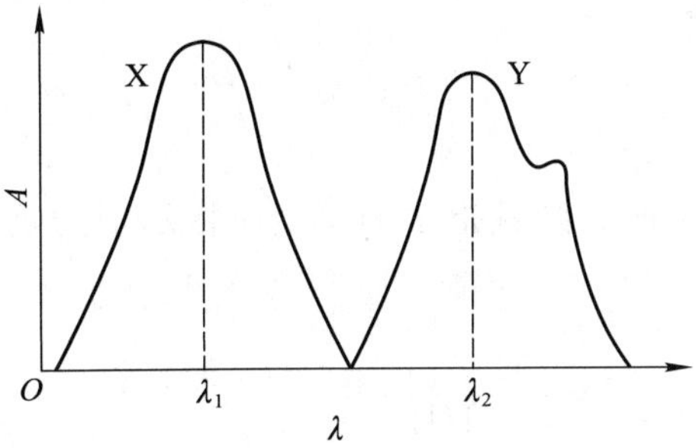

图 20-12　吸收光谱不重叠

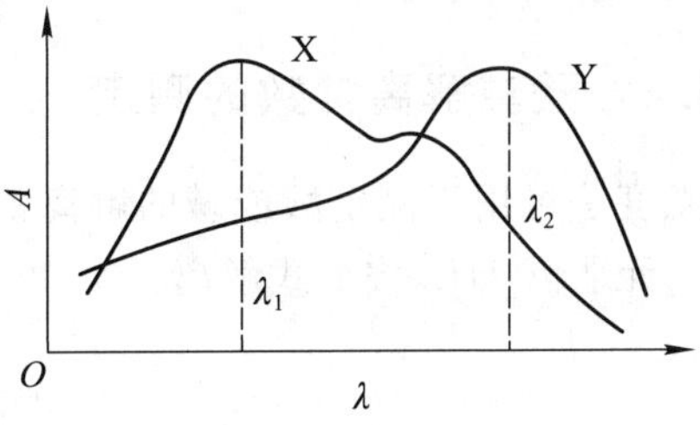

图 20-13　吸收光谱重叠

(2) 吸收光谱重叠。可找出两个波长，在该波长下，二组分的吸光度差值 ΔA 较大，如图 20-13 所示。在波长 λ_1 和 λ_2 时测定吸光度 A_1 和 A_2，由吸光度值的加和性得联立方程：

$$A_1 = \kappa_{X_1} b c_X + \kappa_{Y_1} b c_Y$$
$$A_2 = \kappa_{X_2} b c_X + \kappa_{Y_2} b c_Y$$

式中：c_X，c_Y 分别为 X 和 Y 的浓度；κ_{X_1}，κ_{Y_1} 分别为 X 和 Y 在波长 λ_1 时的摩尔吸收系数；κ_{X_2}，κ_{Y_2} 分别为 X 和 Y 在波长 λ_2 时的摩尔吸收系数。

摩尔吸收系数值，可用 X 和 Y 的纯溶液在两种波长下测得，解联立方程组可求出 c_X、c_Y 值。

原则上对任何数目的组分都可以用此方法建立方程组求解。在实际应用中通常仅限于两个或三个组分的体系，如能利用计算机解多元联立方程，则不会受到这种限制。

20.6.3　光度滴定

光度测量也可用来确定滴定的终点，**光度滴定**(photometric titration)通常都是用经过改装的在光路中可插入滴定容器的分光光度计或光电比色计来进行的。测定滴定过程中溶液的吸光度，并绘制滴定剂体积和对应的吸光度的曲线，根据滴定曲线就可确定滴定终点。图 20-14 是用光度法确定 EDTA 连续滴定 Bi^{3+} 和 Cu^{2+} 的终点的示例。在 745 nm 波长处，Bi^{3+} 和 EDTA 都无吸收。加入 EDTA，首先与 Bi^{3+} 配位，形成铋的配合物也无吸收，因此在第一化学计量点前，吸光度不发生变化。在第一化学计量点后，随着 EDTA 的加入，铜配合物开始产生，因铜配合物在此波长处产生吸收，故吸光度不断增加。到达铜的化学计量点后，再增加 EDTA 时，吸光度不再发生变化。很明显，由滴定曲线可得到两个确定的终点。

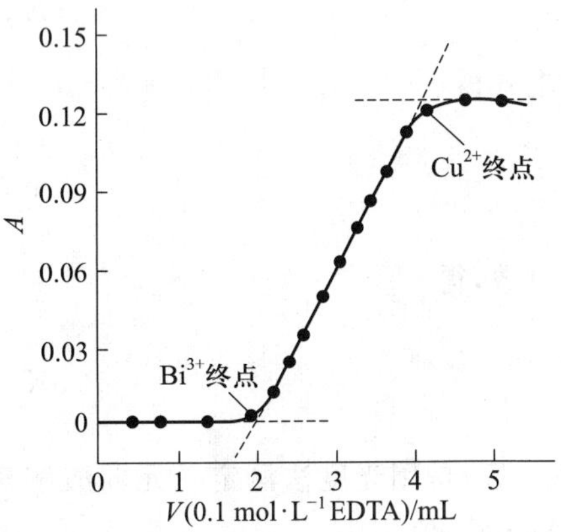

图 20-14　用光度法以 0.1 mol·L^{-1} EDTA 溶液滴定 100 mL 2.0×10^{-3} mol·L^{-1} Bi^{3+} 和 Cu^{2+} 溶液的滴定曲线(所用波长为 745 nm)

用光度滴定法确定终点，灵敏，并可克服目视滴定中的干扰；而且实验数据是在远离化学计量点的区域测得的，终点是由直线外推法得到的，所以平衡常数较小的滴定反应，也可用光度法进行滴定。光度法确定终点，已用于氧化还原、酸碱、配位及沉淀等各类滴定中。

20.6.4 酸碱解离常数的测定

分光光度法可用于测定酸或碱的解离常数，是研究酸碱指示剂及金属指示剂的重要方法之一。如有一元弱酸 HL，按下式解离：

$$HL \rightleftharpoons H^+ + L^- \qquad K_a = \frac{[H^+][L^-]}{[HL]}$$

首先配制一系列总浓度 c 相等而 pH 不同的 HL 溶液，用酸度计测定各溶液的 pH。在酸式 HL 或碱式 L^- 有最大吸收处的波长下，用 1 cm 比色皿测定各溶液的吸光度 A。则

$$A = \kappa_{HL}[HL] + \kappa_{L^-}[L^-]$$

根据分布系数的概念，有

$$A = \kappa_{HL}\frac{[H^+]c}{K_a + [HL]} + \kappa_{L^-}\frac{K_a c}{K_a + [H^+]} \tag{20-14}$$

假设高酸度时，弱酸全部以酸式存在(即 $c = [HL]$)，测得的吸光度为 A_{HL}，则

$$A_{HL} = \kappa_{HL} \cdot c \tag{20-15}$$

在低酸度时，弱酸全部以碱式形式存在(即 $c = [L^-]$)，测得的吸光度为 A_{L^-}，则

$$A_{L^-} = \kappa_{L^-} \cdot c \tag{20-16}$$

将式(20-15)和式(20-16)代入式(20-14)得

$$A = \frac{A_{HL}[H^+]}{K_a + [H^+]} + \frac{A_{L^-} K_a}{K_a + [H^+]}$$

整理上式得

$$K_a = \frac{A_{HL} - A}{A - A_{L^-}}[H^+]$$

取负对数，得

$$pK_a = pH + \lg\frac{A - A_{L^-}}{A_{HL} - A} \tag{20-17}$$

式(20-17)是用光度法测定一元弱酸解离常数的基本公式。利用实验数据，可由此公式用代数法计算 pK_a 值。

20.6.5 配合物组成的测定

在吸光光度法中许多方法是基于形成有色配合物，因此，测定有色配合物的组成，对研究显色反应的机理、推断配合物的结构是十分重要的。用吸光光度法测定有色配合物组成的方法有饱和法、连续变化法、斜率比法和平衡移动法等，这里仅介绍前两种。

1. 饱和法

饱和法又称摩尔比法(mole ratio method)，此法是固定一种组分(通常是金属离子 M)的浓度，改变配位剂(R)的浓度，得到一系列[R]/[M]值不同的溶液，并配制相应的试剂空白作参比液，分别测定其吸光度。以吸光度 A 为纵坐标，[R]/[M]为横坐标作图。

当配位剂量较小时，金属离子没有完全被配位。随着配位剂量逐渐增加，生成的配合物便不断增多。当配位剂增加到一定浓度时，吸光度不再增大，如图 20-15 所示。从交点向横坐标作垂线，对应的[R]/[M]值就是配合物的配位比。这种方法简便、快速，对于解离度小的配合物，可以得到满意的结果。

2. 连续变化法

连续变化法又称等摩尔系列法(equimolar series method)。设 M 为金属离子，R 为显色剂，c_M 和 c_R 分别为溶液中 M 和 R 的浓度在保持溶液中 $c_M+c_R=c$(定值)的前提下，改变 c_M 和 c_R 的相对量，配制一系列溶液，在有色配合物的最大吸收波长处测量这一系列溶液的吸光度。当溶液 A 值达到最大时，即配合物 MR_n 浓度最大，则 c_R/c_M 的值为 n。若以吸光度 A 为纵坐标，c_M/c 值为横坐标作图，即绘出连续变化法曲线(图 20-16)。由两曲线外推的交点所对应的 c_M/c 值，即可得到配合物的组成 M 与 R 之比 n 值。当 c_M/c 为 0.5 时，配位比为 1∶1；当 c_M/c 为 0.33，配位比为 1∶2；当 $c_M/c=0.25$ 时，配位比为 1∶3。

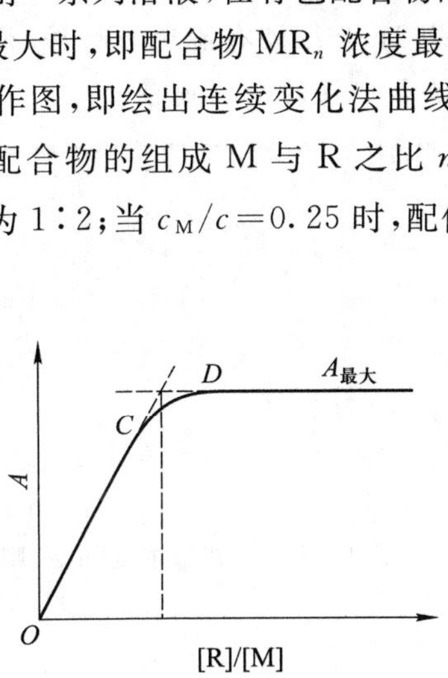

图 20-15　饱和法

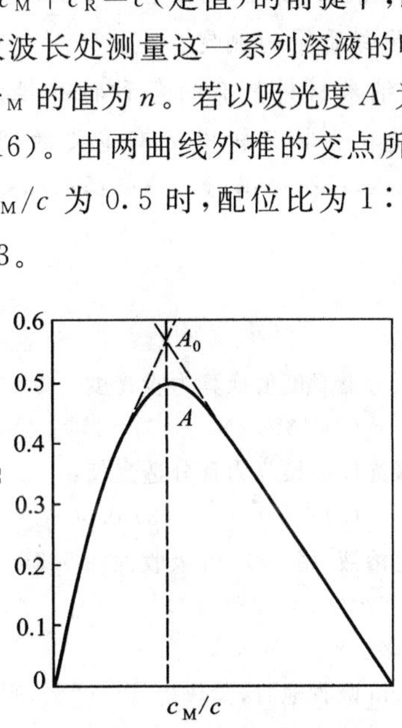

图 20-16　连续变化法

根据图 20-16 中 A_0 与 A 的差值，还可以求得配合物的解离度和稳定常数。连续变化法测定配位比适用于只形成一种组成且解离度较小的稳定配合物。若用于研究配位比高且解离度较大的配合物就得不到准确的结果。

拓展知识：

纳米材料与生物分析

纳米粒子一般指粒子尺寸在纳米数量级(1～100 nm)的超微粒子。当物质的尺寸减小到纳米范围时，就具有表面效应、小尺寸效应和量子尺寸效应、量子隧道效应等多种特性，使其拥有不同于常规材料的性能，导致了纳米材料特殊的光、磁、电、热、力及化学活性等性质，使其在信息存储、生物医学、环境保护等领域具有巨大的应用潜力。

近几年，纳米材料在分析化学特别是生命分析化学中的应用得到广泛的关注。例如，报道较多的纳米金、纳米银具有特殊的光学性质，对光的吸收有很大的增强，使反射降低，是高效的光照、光电转换材料。因此具有较高的摩尔吸光系数，显著地提高了分析方法的灵敏度。纳米材料的良好光学性能，也被用于生物染色剂和免疫标记物。胶体 Au、Ag 纳米材料也可用于对蛋白质染色，用分光光度法可检测到纳克级蛋白质。

据报道，将纳米技术引入核酸的识别中，取得了较好效果，为开发高选择性、高灵敏度、快速方便的基因检测方法开辟了新途径。例如，纳米银的吸光光度法已用于Hg(Ⅱ)、Cr、Co、三聚氰胺、芳香族化合物、DNA 序列、组氨酸以及组氨酸标记的蛋白、色氨酸、半胱氨酸和蛋白质等的测定。

显然，纳米材料具有的各种特异性能和功能，是 21 世纪极有前途的材料，使其在分析化学尤其是在生物分析中必有重要的理论研究价值和广阔的应用前景。

习 题

1. 将下列百分透光度值换算为吸光度：

(1) 1%　　(2) 10%　　(3) 50%　　(4) 75%　　(5) 99%

2. 将下列吸光度值换算为百分透光度：

(1) 0.01　　(2) 0.10　　(3) 0.50　　(4) 1.00

3. 有一有色溶液，用 1.0 cm 吸收池在 527 cm 处测得其透光度 $T=60\%$，如果浓度加倍，则

(1) T 值为多少？

(2) A 值为多少？

(3) 用 5.0 cm 吸收池时，要获得 $T=60\%$，则该溶液的浓度应为原来浓度的多少倍？

4. 有两种不同浓度的 $KMnO_4$ 溶液，当液层厚度相同时，在 527 nm 处的透光度 T 分别为(1) 65.0%，(2) 41.8%。求它们的吸光度 A 各为多少？若已知溶液(1)的浓度为 6.51×10^{-4} mol·L^{-1}，求出溶液(2)的浓度为多少？

5. 在 pH=3 时，于 655 nm 处测得偶氮胂(Ⅲ)与镧的紫蓝色配合物的摩尔吸收系数为 4.50×10^4 L·mol^{-1}·cm^{-1}。如果在 25 mL 容量瓶中有 30 μg La^{3+}，用偶氮胂(Ⅲ)显色，用 2.0 cm 的吸收池在 655 nm 处测量，其吸光度为多少？

6. 有一含有 0.088 mg Fe^{3+} 的溶液用 SCN^- 显色后，用水稀释到 50.00 mL，以 1.0 cm 的吸收池在 480 nm 处测得吸光度为 0.740，计算 $Fe(SCN)^{2+}$ 配合物的摩尔吸收系数。

7. 当光度计的透光度测量的读数误差 $\Delta T=0.01$ 时，测得不同浓度的某吸光溶液的吸光度为：0.010、0.100、0.200、0.434、0.800 和 1.20。利用吸光度与浓度成正比以及吸光度与透光度的关系，计算由仪器读数误差引起的浓度测量的相对误差。

8. 设有 X 和 Y 两种组分的混合物。X 组分在波长 λ_1 和 λ_2 处的摩尔吸收系数分别为 1.98×10^3 cm^{-1}·mol^{-1}·L 和 2.80×10^4 cm^{-1}·mol^{-1}·L。Y 组分在波长 λ_1 和 λ_2 处的摩尔吸收系数为 2.04×10^4 cm^{-1}·mol^{-1}·L 和 3.13×10^2 cm^{-1}·mol^{-1}·L。液层厚度相同，在 λ_1 处测得总吸光度为 0.301，在 λ_2 处为 0.398。求算 X 和 Y 两

组分的浓度是多少？

9. 某有色配合物的 0.001 0%水溶液在 510 nm 处，用 2 cm 吸收池测得透光度 T 为 0.420，已知 $\kappa_{510}=2.5\times10^{3}\ L\cdot mol^{-1}\cdot cm^{-1}$。试求此有色配合物的摩尔质量。

10. 浓度为 $2.0\times10^{-4}\ mol\cdot L^{-1}$ 的甲基橙溶液，在不同 pH 的缓冲溶液中，于 520 nm 波长处，用 1 cm 吸收池测得吸光度值。计算甲基橙的 pK_a 值。

pH	0.88	1.17	2.99	3.41	3.95	4.89	5.50
A	0.890	0.890	0.692	0.552	0.385	0.260	0.260

第二十一章

分析化学中常用的分离方法和生物试样的前处理

学习要求：

1. 了解分析化学中常用的分离方法。
2. 了解生物试样的特点和前处理的主要程序。

21.1 分析化学中分离程序的意义

21.1.1 分离手段的必要性

试样中微量、痕量元素的测定可以采用仪器分析方法。虽然其灵敏度一般比较高，但是由于下述的某些原因：

(1) 试样中待测定的元素含量低于方法的检出限。

(2) 试样中存在难以掩蔽的干扰元素。

(3) 试样的基体效应比较显著。

(4) 基体元素的毒性或放射性很强，或价格太昂贵。

(5) 没有合适的用于校正的标准参考物质。

这就使得试样中的痕量元素很难应用某一方法来直接测定。一般来说，在测定前采用富集或分离技术可以在一定程度上克服上述困难。其主要特点是：

(1) 能相对降低测定下限 1～3 个数量级。

(2) 由于消除了干扰，方法的精密度和准确度都有增加。

(3) 可以消除基体效应的影响。

(4) 参比标准可用单一材料。

(5) 有时亦可扩大测定组分的数目。

(6) **分离**(separation)或**富集**(enrichment)的缺点：分析时间延长，所需试剂必须是高纯；有时还需要特殊的设备；还可能由于操作的复杂而增大了沾污或损失的机会。但总的来说，在必要进行分离和富集时还是利多于弊。

21.1.2 分离过程

一般地说，组分的分离方法，是利用混合物中的个别组分在两相中分配系数的差异而使物质被分配进入不同的相。痕量分析所涉及的是试样中痕量组分的测定，这里有三种可能的分离方式：

(1) 将待测的痕量组分从固体或已溶解了的试样中分离出来，而让基体或其他组分留下——微量-常量分离。

(2) 将基体与(或)主要组分从试样中分离出来而让痕量组分留在母液中——常量-微量分离。

(3) 痕量组分分离出来之后，彼此再作分离——微量-微量分离。

应根据具体试样及待测组分的性质结合考虑所选定的分析测定方法的特点，从而选择具体的分离、富集的方法。

21.2 分析化学中常用的分离方法

分离和富集的技术很多，按所依据的原理不同，可大致分为物理方法、化学方法和物理化学方法。按照试样的状态可分为固体、溶液和气体三种类型。表 21-1 列出了痕量分析中所用的分离、富集技术。

表 21-1 痕量分析中的分离、富集技术

试样状态	分离的物质	所用技术
固体	微粒*	在显微镜下手选、筛分、磁选、重液分离、浮选
	组分	选择性溶解、电解溶解、升华、在高温下提取金属中气体、有机试样干灰化、区域熔炼、火试金
溶液	微粒	过滤、离心、浮选
	溶质	沉淀、共沉淀、电渗析、吸附、分子筛、离子交换、液液萃取、挥发、浮选、正常凝固、区域凝固、电泳、渗析、反渗透、超滤、超离心
气体	微粒	过滤、碰撞、沉积、离心、静电除尘、吸收、吸附、冷凝、渗透

* 约大于 0.5 μm 的微粒。

在众多的分离、富集技术中如何选择和评价？主要应该从待测元素回收率、富集效率来考虑。当然，也应该兼顾是否会导致更大的沾污或损失，操作是否简单、快速，以及费用是否昂贵等问题。

下面对常用的某些分离技术作简要介绍。

21.2.1 挥发与蒸馏分离法

该法是利用有些物质所具有的挥发性或低沸点的特性，用**挥发**(volatilization)的方法或**蒸馏**(distillation)的方法将它们与干扰物质进行分离。这类分离方法对于非金属元素特别有效，常可达到完全分离，在有机化合物的分离中应用很广。在无机化合物中，具有挥发性的物质并不多，因此分离的选择性比较高。如锗、锡、砷、锑、硒等的氯化物、氢化物和硅的氟化物都具有挥发性，可从试样中分离出来。如测定物试样中的痕量砷，可在稀 HCl 溶液中用 $NaBH_4$ 将 As(Ⅴ)还原成 AsH_3，经挥发和收集后，可用原子吸收分光光度法进行测定或用 AsH_3 将 Hg^{2+} 还原成 Hg 原子后，用测汞仪进行冷原子吸收法测定砷。也可以用此法测定微量的汞。又如氨基酸中含氮量的测定，可用化学方法预处理后，将它转化为简单的 NH_4^+，然后在碱溶液中把 NH_3 蒸馏出来并用酸吸收，根据氨的含量选择适当的方法进行测定。该法既可达到分离目的又能达到测定目的。另外，在环境监测中，有些物质如汞，CN^-，S^{2-}，SO_2 和 F^- 等都能用蒸馏法分离后选择适当的方法进行测定。有时也采用挥发蒸馏分离方法来提纯试剂和标准物质，如利用 HCl 的挥发性，可用蒸馏法制得高纯度的恒沸点盐酸。又如借助于升华能够得到不含非挥发性杂质的碘、三氧化二砷和苯甲酸等。

21.2.2 沉淀分离法

沉淀分离法是一种经典的分离方法。主要是根据溶度积原理，利用沉淀反应将被测组分与干扰组分进行分离，以达到消除干扰进行定量测定的目的。

沉淀分离法可分为无机沉淀剂、有机沉淀剂分离法（适用于常量组分的分离）和共沉淀分离（适用于痕量组分的分离和富集）。下面将分别进行讨论。

1. 无机沉淀剂沉淀分离法

（1）氢氧化物的沉淀分离法　不同金属离子生成氢氧化物的溶解度差异很大。因此，可用控制溶液酸度的方法使某组分的氢氧化物沉淀而另一组分不形成沉淀，达到分离的目的。虽然从金属离子的原始浓度和它们的溶度积即可计算出开始沉淀和沉淀完全时溶液的酸度。但由于其他离子的存在、沉淀条件的不同及溶液离子强度的改变等因素的影响，金属离子分离的最佳 pH 范围应由实验来决定。常用的控制溶液 pH 的沉淀剂如下。

利用 NaOH 作为沉淀剂可使两性金属离子（如 Al^{3+}，Cr^{3+}，Zn^{2+} 和 Pb^{2+} 等）与非两性金属离子（如 Ag^+，Cd^{2+}，Hg^{2+}，Fe^{3+}，Co^{2+}，Ni^{2+} 和 Mn^{2+} 等）进行分离。前者形成多羟基可溶性盐留在溶液中，后者能定量地沉淀完全。但是，所得沉淀为胶状沉淀，因此共沉淀现象较为严重，分离效果较差。

利用氨和铵盐组成缓冲溶液，可控制 pH 为 8～9，可使 $Fe(OH)_3$ 和 $Al(OH)_3$ 等许多两性金属氢氧化物定量沉淀。此时，Ag^+，Cu^{2+}，Ni^{2+}，Zn^{2+} 和 Cd^{2+} 等与氨形成稳定的配合物而留于溶液中，达到与上述其他离子的分离。且由于大量 NH_4^+ 的存在，有利于胶体凝聚，减少沉淀对其他杂质离子的吸附。

此外，还可加入某种金属氧化物（如 ZnO，HgO 和 MgO 等）、碳酸盐（如 $CaCO_3$，$BaCO_3$，$CdCO_3$ 和 $PbCO_3$ 等）及有机碱（如六亚甲基四胺、尿素、苯肼和琥珀酸盐等）等来调节和控制溶液的 pH，以达到沉淀分离的目的。

（2）金属硫化物的沉淀分离法　利用金属硫化物的溶解度差异较大，与氢氧化物相似，同样可用控制溶液酸度的方法使某些金属离子彼此分离。根据硫化物定量沉淀时所需的酸度，可分为如下几种。

强酸溶液中沉淀：在 $c(H^+)=0.3\ mol\cdot L^{-1}$ 的 HCl 溶液中通入 H_2S，则 Cu、Pb、Bi、Cd、Ag、Ru、Rh、Pb、Os（铜分组），以及 As、Sb、Sn、Hg、Mo、Te、Sc、Ge、Au、Pt、Ir（砷分组，形成配位硫化

物)能生成硫化物沉淀,可与其他离子分离。

在弱酸条件下通入 H_2S,除以上所列元素能沉淀外,在 pH 为 2～3 时,Zn、Ga、In 和 Ti 也被沉淀。在 pH 为 5～6 时,Ni、Co 被沉淀,如不存在 Fe 时可与 Mn 分离。

在碱性溶液中通入 H_2S(系在酸性介质中除去上述金属离子后,再调节为碱性),如同时加入酒石酸盐,则 Fe、Mn 形成沉淀可与 Al、Cr、Ti、U 和碱土金属等离子进行分离。

硫化物沉淀大多数是胶状沉淀,共沉淀现象比较严重,有时还会出现后沉淀现象。分离效果不理想。而且 H_2S 为有毒并具有恶臭的气体,因此,其应用受到限制。

如用硫代乙酰胺作为沉淀剂可在酸性或碱性介质中水解,即

$$CH_3CSNH_2+2H_2O+H^+ \xlongequal{} CH_3COOH+NH_4^++H_2S(g)$$

$$CH_3CSNH_2+3OH^- \xlongequal{} CH_3COO^-+NH_3(g)+H_2O+S^{2-}$$

这种方法为均匀沉淀法,会使沉淀性质及分离效果有所改善。

2. 有机沉淀剂沉淀分离法

有机沉淀剂进行沉淀分离具有选择性较强、灵敏度较高、吸附杂质较少、沉淀性能较好等优点。常用的有机沉淀剂有:8-羟基喹啉、铜铁试剂(亚硝基苯胲铵)、铜试剂(二乙基胺硫代甲酸钠)、丁二肟、安息香肟和四苯硼酸钠等。例如,8-羟基喹啉在 HAc 缓冲液中能与多种金属离子形成沉淀。但是,它们定量沉淀所要求的 pH 不同,故可进行分离,如表 21-2 所示。

表 21-2　8-羟基喹啉与一些金属离子沉淀的 pH 范围

离子	Cu^{2+}	Fe^{3+}	Al^{3+}	Ni^{2+}	Co^{2+}	Zn^{2+}	Hg^{2+}	Bi^{3+}	Cd^{2+}	Mn^{2+}
沉淀完全的 pH	2.5～14	2.8～12.5	4.2～9.8	4.3～14	4.4～14	4.3～13.4	4.8～7.3	5.0～8.5	5.6～14	5.9～10.0

3. 共沉淀分离和富集

在试样中加入某种其他离子与沉淀剂形成沉淀(载体)时,可将痕量组分定量地共沉淀下来,然后再将沉淀溶解在少量溶剂中,以达到分离和富集的目的。这种方法称共沉淀分离法,该法常用的无机共沉淀剂如表 21-3 所示。

表 21-3　共沉淀分离和富集痕量组分常用的无机共沉淀剂

被共沉淀的离子	载体	沉淀条件	备　注
Fe^{3+},TiO^{2+}	$Al(OH)_3$	$NH_3\cdot H_2O+NH_4^+$	用于测定纯金属中的 Fe、Ti,可富集溶液中 $\mu g\cdot L^{-1}$ 级的 Fe^{3+},TiO^{2+}
Sn^{4+},Al^{3+},Bi^{3+},In^{3+}	$Fe(OH)_3$	$NH_3\cdot H_2O+NH_4^+$	用于纯金属中的 Sn、Al、Bi、In 的测定
Sb(Ⅴ)	$MnO(OH)_2$	1∶10HNO_3,$MnSO_4$,$KMnO_4$	用于测定纯 Cu 中的微量 Sb
Be^{2+}	$Fe(OH)_3$	pH=6～7	用于测定生物试样中的 Be^{2+}
Ni^{2+}	$Mg(OH)_2$	pH=14	用于富集溶液中的微克量的 Ni^{2+}
Pb^{2+}	HgS	微酸性中通 H_2S	用于测定自来水中微量的 Pb^{2+}
稀土	CaC_2O_4	微酸性溶液	用于矿石中微量稀土元素的测定

常用的有机共沉淀剂如表 21-4 所示。

表 21-4　常用的有机共沉淀剂

被共沉淀的组分	载　体	备　注
$Zn(CNS)_4^{2-}$	甲基紫	酸性溶液,可富集 100 mL 中 1 μg 的 Zn
$H_7(PMo_2O_7)_3$	α-蒽醌磺酸钠+甲基紫	酸性溶液,可富集 10^{-10}～10^{-11} mol·L^{-1}的 P
UO_2^{2-}	单宁+甲基紫	HAc 溶液,可富集海水中 1 mol·L^{-1}的 U
$TlCl_4^-$	对二甲基氨基偶氮苯+甲基橙	HCl 溶液,可富集 10^{-7} mol·L^{-1}的 Tl
InI_4^-	甲基紫	酸性溶液,可富集溶液中 1 μg/20L 的 In

利用有机共沉淀剂分离和富集痕量组分的优点是:选择性高,表面吸附少,分离效果好,共沉淀剂经灼烧后被挥发除去,因此,不影响痕量组分的测定。利用共沉淀分离和富集是近代分析分离中的一个重要分支。

21.2.3　溶剂萃取分离法

溶剂萃取(solvent extraction)分离是一种简单、快速、应用广泛的分离方法。萃取过程中的物理、化学机理与其他分离方法的理论有许多共同点。它是将被测组分或干扰组分从一个液相(水相)转移到互不相溶的另一个液相(有机相)中以达到与其他组分分离的目的。也称为液-液萃取。该法主要用于微量组分的分离与富集,也用于除去大量的干扰组分。它所需的仪器设备简单、操作简易快速,若萃取物是有色化合物,能直接用吸光光度法测定该微量组分的含量。因此,溶剂萃取分离法在微量分析中有着重要的意义。

1. 溶剂萃取分离法的基本原理

(1) 萃取分离过程本质　萃取分离是利用物质在水相与有机相中溶解性质的差异,将某些无机离子从水溶液中设法把其亲水性(易溶于水形成水合离子而难溶于有机溶剂的性质)转化为疏水性(难溶于水而易溶于有机溶剂的性质)后,萃取至与水不混溶的有机溶剂中,从而达到分离的目的。例如,测定树叶表面上的铅时,可先将它放入硝酸溶液中溶解,然后在 pH≈9 的氨性溶液中,加入双硫腙,使 Pb^{2+} 形成疏水性的配合物,用三氯甲烷萃取,用吸光光度法测定。

(2) 分配系数、分配比和萃取百分率、分离因数

分配系数(distribution coefficient)　溶剂萃取分离是一种溶质在两个不相溶的溶剂中进行分配的过程。在分配达到平衡时,如果溶质 A 在两相中存在的形式相同,根据分配定律,它在两个溶剂中的浓度比在一定温度条件下为一常数(忽略了离子强度的影响)。即

$$c(\mathrm{A})_{有}/c(\mathrm{A})_{水}=K_{\mathrm{D}} \qquad (21-1)$$

在式(21-1)中,K_D 称为分配系数,它与溶质及温度等因素有关。由于解离、聚合、配位或与其他组分发生化学反应等,在萃取分离中溶质在两相中常以多种形式存在。而每一种形式在两相中都有各自的 K_D,不能用一个简单的 K_D 来说明整个萃取过程的平衡问题。而且,人们所注意的是溶质在两相中的总浓度,而不是各种形式的浓度。

分配比(distribution ratio)　溶质在两相中的总浓度(即各种存在形式的物种浓度之和)之比,称为分配比,用符号 D 表示

$$D=\frac{c(有)}{c(水)}=\frac{c_1(A)_有+c_2(A)_有+\cdots+c_n(A)_有}{c_1(A)_水+c_2(A)_水+\cdots+c_n(A)_水} \tag{21-2}$$

当两相体积相等时，如果 $D>1$，则说明溶质进入有机相的量比留在水相中的量多，在简单的萃取体系中，且当溶质在两相中的存在形式完全相同时，分配比 D 才能等于 K_D，它在一定温度下为一常数。通常，在实际情况下 $D\neq K_D$。

萃取百分率[萃取率(extraction rate)]　对于分配比较大的物质，用有机溶剂萃取时，绝大部分溶质将进入有机溶剂相中，即萃取效率较高。萃取效率可用萃取百分率(E)来表示，即

$$\begin{aligned}E&=\frac{被萃取物在有机相中的总量}{被萃取物在两相中的总量}\times 100\%\\&=\frac{c(有)V(有)}{c(有)V(有)+c(水)V(水)}\times 100\%\end{aligned} \tag{21-3}$$

萃取百分率(E)与分配比(D)的关系如下：将式(21-3)中分子、分母都除以 $c(水)\cdot V(有)$，则得

$$E=\frac{D}{D+\dfrac{V(水)}{V(有)}}\times 100\% \tag{21-4}$$

式中：$c(有)$、$c(水)$分别为有机相和水相中溶质的总浓度；$V(有)$、$V(水)$分别为有机相和水相的体积。由式(21-4)表明 E 与 D 和溶剂的体积比[又称**相比**(phase ratio)]有关。因此，被萃取物的分配比越大，则萃取效率越高，当 D 一定时，则 $V(水)/V(有)$的值越小或增加有机溶剂的用量，则萃取百分率越高。但是，后者效果不显著。当 $V(水)=V(有)$时，E 仅取决于 D。如果一次萃取要求 E 达到 99.9%时，则 D 值必须大于 1 000。如 D 值不够大时，在实际工作中，常采用分次加入有机溶剂，进行多次连续萃取的办法以提高萃取效率。

n 次萃取的总效率可用下式进行计算。

$$E=\left[1-\left(\frac{V(水)/V(有)}{D+V(水)/V(有)}\right)^n\right]\times 100\% \tag{21-5}$$

只要分配比 D 值适当，经多次萃取，则可以达到定量完全萃取的目的。

分离因素(separation factor)　为了达到共存组分分离的目的，不但萃取百分率要高，而且其分离效率也要高。分离效率通常用分离因素 β 来表示。即

$$\beta=D_A/D_B \tag{21-6}$$

β 是表示相同萃取条件下，两组分于同一萃取体系内在两相中分配比的比值，当 D_A 与 D_B 相差越大，分离因素 β 值就越大，分离效率越高，萃取的选择性越好，两组分可以定量分离。反之，则难以达到完全定量的分离。

2. 溶剂萃取的主要类型

为了使无机离子的萃取过程能顺利地进行，必须在水中加入某种试剂，使被萃取物质与该试剂结合成不带电荷的、难溶于水而易溶于有机溶剂的分子。该加入的试剂称为萃取剂。根据被萃取组分与萃取剂的结合的方式不同，可将萃取体系分为如下几类。

（1）形成配合物的萃取体系　如 Al^{3+}，Ga^{3+}，In^{3+}，Tl^{3+}，Fe^{2+}，Co^{2+}，Zn^{2+} 和 Pd^{2+} 等可与 8-羟基喹啉形成配合物被 $CHCl_3$ 萃取。

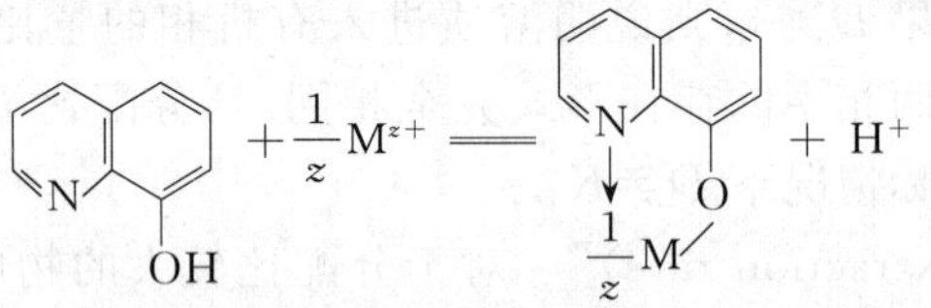

此外，如双硫腙、乙酰基丙酮、铜铁试剂、二乙基胺二硫代甲酸钠和丁二肟等都是常用的萃取剂。

（2）形成离子缔合物的萃取体系　它是由带不同电荷的离子互相缔合成疏水性的中性分子，然后被有机溶剂萃取。例如：

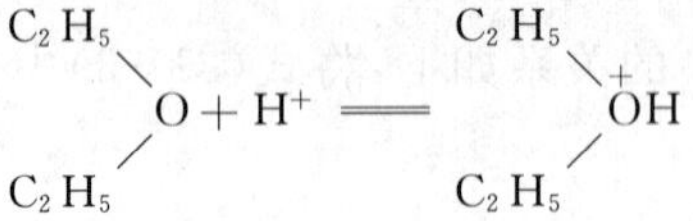

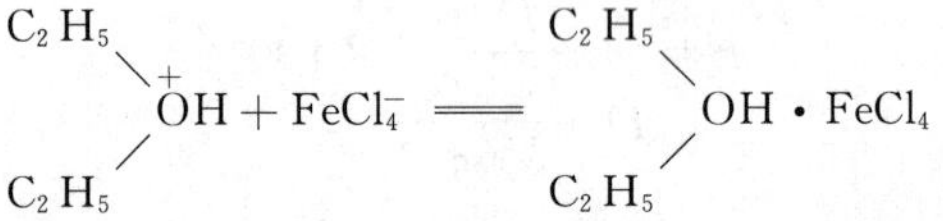

这里乙醚既是萃取剂又是溶剂。该类萃取体系，要求使用含氧的萃取剂，来自酸的质子被含氧萃取剂溶剂化而形成鎓离子，含氧溶剂形成鎓盐的能力，依下列次序递增：

$$R_2O < ROH < RCOOH < RCOOR' < RCOR' < RCHO$$

（3）形成三元配合物的萃取体系　该体系的优点是选择性好、灵敏度高，是近 20 年发展起来的一类萃取体系。它对于稀有元素、分散元素的分离和富集起很大的作用。

21.2.4　色谱分离法

色谱分离法又称层析分析法，它是一种物理化学分离法。该法是利用混合物各组分的物理化学性质的差异，使各组分在两相中的分配比不同而实现分离。该法最大的特点是分离效率高，能把许多结构、挥发度、溶解度等性质十分相近的化合物彼此分离，再分别加以测定。此外，它操作简便，设备简单，试样用量可多可少，既能用于实验室的分离分析，也适用于产品的制备和提纯。它与其他仪器结合，可组成各种自动的分离分析仪器，在分离生物大分子方面前景尤为广阔。

（1）纸上色谱分离法［纸色谱(paper chromatography)］　它是一种微量的分析方法，可用于组成、结构、性质极相类似的无机物和有机物的混合物。例如，适用于测定空气中的有毒物质、机体的代谢物质，分离和测定食品中及动植物组织中的氨基酸、酶、蛋白质和维生素等，也用于药物、染料、抗生素、生物制品等的分离。

纸上色谱分离法是用滤纸作为惰性支持物（载体），滤纸纤维上吸附的水作**固定相**(stationary phase)，以有机溶剂或混合溶剂作**流动相**(mobile phase)，也称为展开剂，利用各组分在两相中的分配比不同而达到定量分离的目的。

纸上色谱分离法的简单装置如图 21-1 所示。当试样点滴在滤纸的原点处，并置入一密闭的层析筒内，将滤纸的一末端浸入展开剂中，使展开剂从试样的一端经过毛细管作用，向上移动流向另一端，而试样中 A、B 组分按一定浓度比例分配于水相和有机相中，有机相不断地移动，组分的分配也不断地进行，经一定时间后，各组分的分离程度可以用比移值 R_f 来衡量。即

$$R_f = \frac{\text{原点到斑点中心的距离}(x\text{ 或 }y)}{\text{原点到溶剂前沿的距离}(d)} \tag{21-7}$$

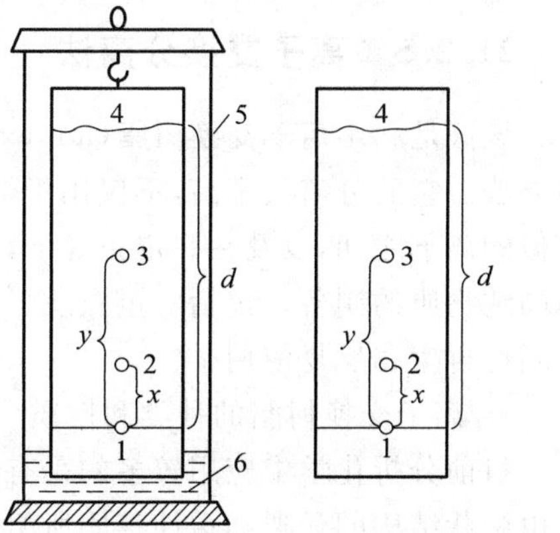

图 21-1　纸上色谱分离装置及比移值的测量

1—A、B 组分原点；2、3—A、B 组分移动的斑点；4—溶剂移动前沿；5—色谱(层析)筒；6—展开剂

在组成一定的固定相和流动相中，对于一定的组分，R_f 值是一定的。因此根据 R_f 值可以进行定性鉴定。而分离条件对 R_f 值有很大的影响，必须严格控制。

(2) 薄层色谱法(thin layer chromatography)也称薄板层析法，该法是近年来发展的一种新型的简易、快速(一次只需 10～60 min)，灵敏度高(可检出 0.01 μg 的物质)，分离效率高(可使性质相类似的同系物、异构体等分离)，应用面广的分离分析方法。在各组分分离后，可用多种方法使各组分斑点显色，可采用腐蚀性显色剂，如喷洒浓 H_2SO_4、浓盐酸等，还可以高温灼热。

近年来，薄层色谱的发展非常迅速，在有机物的剖析，农药残留量的测定，药物、染料、抗生素等分离分析上应用极为广泛，且已成功地用于 La 系和 Ac 系元素的分离。对于组成十分复杂、难以用单向层析来分离的试样，如氨基酸及其衍生物的分离，可用双向层析法，以得到满意的结果。薄层色谱法设备简单，操作方便，易于推广，但薄层的制备较麻烦，不便携带，不易保存，比移值 R_f 重现性较差，准确定量较为困难。

薄层色谱法是在一块平滑的玻璃上均匀地涂上一层硅胶 G 作为固定相吸附剂，也有用活性氧化铝等作固定相。在吸附剂上涂上固定液，就成为薄层分配色谱法，用一展开剂渗透流过固定相，使试样各组分展开而得到分离。在层析过程中，试样中各组分在固定相和流动相之间不断地发生吸附-脱附平衡及溶解平衡，最终按试样中各组分的吸附能力和溶解能力的强弱不同而被分离。

薄层色谱的操作方法和纸上色谱法相似。分离程度也可用比移值 R_f 来衡量。在一定的层析条件下，某种组分的比移值 R_f 是个常数，它可作为定性的依据。但用 R_f 值进行定性时，必须注意影响 R_f 值的因素很多，如固定相吸附剂的种类、粒度、活化程度，展开剂的组成、配比，层析缸的形状、大小，以及层析时的温度等。这些因素要严格控制十分困难，因此必须做对照试验。

薄层色谱法多用于天然产物和有机化合物的分离和鉴定。

(3) 凝胶色谱法　它是一种液相色谱法，其优点是设备简单，操作简便。它主要用于分离分子大小不同的生物大分子、有机高分子化合物及测定它们的相对分子质量，其测定范围从几百、几十万甚至于上亿。一些接上离子交换基团的交联葡聚糖，对溶液中解离状态不同的生物大分子具有特别高的分离能力。因此，凝胶色谱法在生物化学的研究中已成为分离、提纯蛋白质、酶

和核酸等生物大分子的非常重要和有效的手段。在化学、化工、生物学、医学和轻工业等各个领域中，它不仅适用于分离分析而且还适用于大规模的制备。

21.2.5 离子交换分离法

该法是利用**离子交换树脂**(ion exchange resin)与溶液中的离子发生交换反应而使离子分离的方法。它的分离效率高，不仅用于带相反电荷的离子之间的分离，还可用于带相同电荷或性质相似的离子之间，以及在一定条件下转变成离子的分子间的分离。同时，可用于微量组分的富集和高纯物质的制备。包括对蛋白质、核酸、酶等生物活性物质的纯化。该法的设备和操作简单，树脂可再生和反复使用。

1. 离子交换树脂的种类和性质

目前分析化学中应用较多的是有机离子交换树脂，它是苯乙烯或二乙烯苯的高分子聚合物，是由网状结构的骨架和活性基团所组成。在水、酸和碱中难溶，对热及一些有机溶剂、氧化剂、还原剂和其他化学试剂都具有一定的稳定性。由于离子交换树脂中活性基团的不同，可分为阳离子交换树脂和阴离子交换树脂。

(1) 阳离子交换树脂　该类树脂的活性交换基团是酸性的，其中的 H^+ 可被溶液中的阳离子交换。根据所含酸性活性基团的不同，又可分为强酸性阳离子交换树脂和弱酸性阳离子交换树脂。

强酸性阳离子交换树脂(含磺酸基—SO_3H)：在溶液中，RSO_3H 中的 H^+ 与溶液中的阳离子(M^+)进行交换，反应为

$$R—SO_3H + M^+ \rightleftharpoons R—SO_3M + H^+$$

它的应用较广，如国产#732 树脂可在 pH1～14 范围内使用。

弱酸性阳离子交换树脂[含羧基(—COOH)或酚羟基(—OH)]：它对 H^+ 的亲和力较大，不宜在强酸性溶液中使用，但选择性较好，如果选用酸作洗脱剂，可分离不同强度的碱性氨基酸。如国产#724 树脂可在 pH5～14 范围内使用。

(2) 阴离子交换树脂　该类树脂的活性交换基团是碱性的，其阴离子可被溶液中的其他阴离子交换。根据所含碱性活性基团的不同。可分为强碱性阴离子交换树脂和弱碱性阴离子交换树脂。

强碱性阴离子交换树脂{含季氨基[—$N(CH_3)_3Cl$]}：它的应用较广；如国产#717 树脂可在 pH0～12 范围内使用。

弱碱性阴离子交换树脂：含伯氨基(—NH_2)、仲氨基[—$NH(CH_3)$]或叔氨基[—$N(CH_3)_2$]，不宜在强碱性条件下使用，如国产#701 树脂可在 pH0～9 范围内使用。以分离核苷酸为例，核苷酸是两性化合物，它既含碱性基团又含酸性基团。因此，当所用的介质 pH 不同时，其所带的净电荷也是不同的，在一定的 pH 条件下可以用阴离子交换树脂，也可用阳离子交换树脂分离核苷酸。由于核苷酸是核酸的组成单位，所以它的分析对于研究核酸的化学性质、结构和生物合成都是相当重要的。

2. 交换容量和交联度

(1) 交换容量(exchange capacity)　是指离子交换树脂交换能力的大小，它取决于单位体积

(或质量)的离子交换树脂中的所含酸性或碱性活性基团的数目,是指每千克干树脂所能交换的离子的物质的量。一般树脂的交换容量为 3～6 $mmol \cdot g^{-1}$,该值可用实验方法测定。

(2) 交联度(extent of crosslinking)　离子交换树脂是高分子的链状化合物,链与链之间由交联剂(二乙烯苯)连成网状结构。树脂中含交联剂的质量分数称为交联度,一般树脂的交联度为 0.8～1.4。

交联度的大小直接影响树脂的孔隙度。交联度大,则树脂结构紧密,网眼小,离子很难进入树脂相,交换速度也较慢,但选择性高。在实际工作中,使用何种交联度的树脂,取决于分离对象。如氨基酸的分离,可选用交联度为 0.8 的树脂,而分离相对分子质量大的多肽,则选用交联度为 0.2～0.4 的树脂。通常,在不影响分离的情况下选用交联度大的树脂,可提高树脂对离子的选择性。

3. 离子交换反应和离子交换亲和力

离子交换树脂与被测溶液中的离子发生离子交换反应,遵守质量作用定律,反应达到平衡时,

$$R^- —H^+(树脂)+M^+(溶液) \rightleftharpoons R^- —M^+(树脂)+H^+(溶液)$$

$$K=\frac{c(M^+)_r \times c(H^+)}{c(M^+) \times c(H^+)_r} \tag{21-8}$$

式中:$c(M^+)$,$c(H^+)$分别为溶液中 M^+ 和 H^+ 的浓度;$c(M^+)_r$,$c(H^+)_r$ 分别为树脂中 M^+ 和 H^+ 的浓度。

在一定条件下,K 值的大小表示离子在树脂上交换能力的强弱,称为离子交换**亲和力**(affinity)。它与水合离子的半径、电荷及极化程度有关。水合离子的半径越小,电荷越高,极化程度越大,其亲和力越大。不同类型树脂的 K 值不同。通常在常温下、稀溶液中,磺酸型阳离子交换树脂对价数相同的阳离子的交换能力,随着原子序数的增加而增加;对价数不同的阳离子的交换能力,则随着价数的增加而增加。次序为

$$Li^+ < H^+ < Na^+ < NH_4^+ < K^+ < Rb^+ < Cs^+ < Ag^+ < Tl^+$$

$$Mg^{2+} < Ca^{2+} < Sr^{2+} < Ba^{2+} < Fe^{2+} < Co^{2+} < Ni^{2+} < Cu^{2+} < Zn^{2+}$$

$$Na^+ < Ca^{2+} < Fe^{3+} < Th^{4+}$$

对各种强碱性阴离子的交换次序如下:

$$F^- < OH^- < CH_3COO^- < Cl^- < Br^- < NO_3^- < HSO_4^- < I^- < CNS^- < ClO_4^- <$$
$$CrO_4^{2-} < SO_4^{2-} < \text{柠檬酸根离子}$$

而弱碱性阴离子交换树脂对 OH^- 有极高的亲和力,它对各种酸的交换次序如下:

$$CO_3^{2-} < CH_3COO^- < COO^- < F^- < Cl^- < CNS^- < Br^- < I^- < NO_3^- < MoO_4^{2-} < AsO_4^{3-} <$$
$$PO_4^{3-} < C_2O_4^{2-} < \text{酒石酸根离子} < SO_4^{2-} < CrO_4^{2-} < \text{柠檬酸根离子} < \text{芳香族磺酸根离子}$$

以上所列为一般规则。在温度较高、离子浓度较大及有螯合剂存在的水溶液中,或非水介质中,离子的亲和力顺序会发生变化。

由于树脂对离子亲和力强弱的不同而产生一定的选择性。当各离子浓度相同时,亲和力大

的离子先交换后洗脱，亲和力小的离子后交换先洗脱，从而达到分离的目的。由于各种氨基酸对树脂活性基团亲和力的差异，选用适当的洗脱剂（如柠檬酸盐缓冲液）可将交换在树脂上的氨基酸依次洗脱下来，达到分离的目的。可见要获得很好的分离效果，除各组分的亲和力要有足够的差异外，还要根据具体情况选择适当的分离条件。

4. 离子交换纤维素色谱法

目前使用的离子交换树脂交联度大，树脂颗粒的孔洞较小，且树脂的骨架是疏水性的，而蛋白质等生物大分子是亲水性的原因，使生物分子不易进入树脂颗粒内部，且由于离子交换树脂的交换容量大，它所含的交换基团数目多，造成对蛋白质等大分子物质的吸附特别牢固。因此使离子交换树脂在生物大分子的分离和分析上的应用受到很大的限制。与离子交换树脂相反，离子交换纤维素由于其结构和性质的原因，在生物大分子物质的分离方面显示出很大的优越性。其优点是：离子交换纤维素是开放性长链，有较大的表面，虽然它的总交换容量比离子交换树脂小，但在进行生物大分子分离时，其实际交换容量要比离子交换树脂大得多；离子交换纤维素上所含的离子交换基团少，排列稀疏，所以，对蛋白质分子的吸附不太牢，用较温和的洗脱条件即可达到分离的目的，不至于引起蛋白质变性；而且纤维素是亲水的，因此生物大分子在纤维素上吸附不会引起变性和失活。由于以上优点，离子交换纤维素作为分离载体，在生物大分子的分离和纯化方面已得到极为广泛的应用。

离子交换纤维素分离的原理和离子交换树脂基本相同。根据离子交换纤维素所含的离子交换基团的性质可分为两大类。

(1) 阳离子交换纤维素　含有阳离子交换基团，分为强酸性和弱酸性两种。

(2) 阴离子交换纤维素　含有阴离子交换基团，分为强碱性和弱碱性两种。

21.2.6　区带电泳法

在生物化学中，凡带电荷的粒子，不论是大分子、小分子还是离子或细胞，都会在电场作用下各自向异性电极移动，这种现象称为**电泳**(electrophoresis)。通常把在没有支持介质存在下的溶液中进行的电泳称为自由电泳或移动界面电泳。而在一个电场的作用下，在某一种支持介质上，能将一个混合物分离成若干条区带（若干个组分）的电泳过程称为区带电泳。这种电泳过程，除了有电迁移力外还有常见的色谱作用力参与分离作用。按支持介质的不同可分为不同类型。常用的支持介质有纸、醋酸纤维、琼脂凝胶、聚丙烯酰胺凝胶等。通常先将支持介质制备成模块或板，把试样以狭带（或线）形式涂于模块上的中间位置，模块两端与电极连接。当电泳进行时，带负电荷的组分向阳极迁移，而带正电荷的组分向阴极迁移，其结果得到一组分开的试样组分的“带”或“线”。

区带电泳的优点是：设备简单，取样量少，操作简便省时、可在室温下进行，凡是带电荷的物质，都可以应用某一种电泳技术分离成不同位置的区带，对区带可进行定性或定量分析。不同类型的区带电泳，有不同的用途。如果有更好的支持介质，就能大大提高其分辨率。

1. 区带电泳基本原理

在溶液中任何一个带电荷质点，在电场作用下的移动，大致受到以下三个方面因素的影响。

(1) 带电荷质点本身的性质　如质点的实际电荷、大小、形状、解离程度的难易及两性行为。

(2) 被研究质点所处在的环境　如电解质或缓冲溶液的浓度、离子强度、pH、黏度、温度等。

(3) 外加电场的性质　如电场强度。

溶液中的物质在电场作用下能否移动，取决于它是否带电荷，即必须具有净电荷，有净电荷则能移动，没有净电荷就不能移动。

在生物化学领域中，生物化学物质的荷电方式主要是解离或酸碱反应造成的。如氨基酸、蛋白质在溶液中是以两性离子形式存在。即

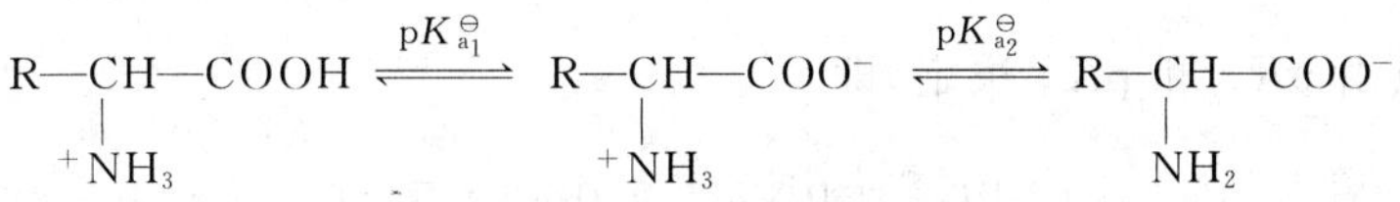

净正电荷　　两性离子，净电荷为零　　净负电荷

(A)　　(B)　　(C)

其中，在 $pH<pK_{a_1}^{\ominus}$ 的溶液中，氨基酸以(A)型存在，在电场作用下向负极移动；在 $pH>pK_{a_2}^{\ominus}$ 的溶液中，氨基酸以(C)型存在，在电场作用下向正极移动；当溶液处在 $pK_{a_1}^{\ominus}$ 与 $pK_{a_2}^{\ominus}$ 之间的某个 pH 时，氨基酸以(B)型存在，虽然它也是荷电的，但净电荷为零，所在电场中不会移动，此时溶液的 pH 即是该氨基酸的等电 pH，通常称它为等电点。在水溶液中，以两性离子为主时的 pH 称为等离子点。在此 pH 下，两性离子失去质子后产生的负电荷数，与它接受质子后得到的正电荷数正好相等。一般在氨基酸中，等离子点的 pH 大致等于其等电点时的 pH。该 pH 与氨基酸的 $pK_a^{\ominus}$ 值有关。以甘氨酸为例，$pK_{a_1}^{\ominus}$ 为 2.3，$pK_{a_2}^{\ominus}$ 为 9.6。所以等离子点的 pH 为

$$pH=\frac{pK_{a_1}^{\ominus}+pK_{a_2}^{\ominus}}{2}=\frac{2.3+9.6}{2}=5.95$$

当溶液的 pH 低于该 pH 时，两性离子和阳离子同时存在，在外界电场作用下向负极移动。而当溶液的 pH 高于该 pH 时，则两性离子和阴离子同时存在，在外界电场作用下向正极移动。

对于酸性氨基酸，即具有第二个—COOH 的氨基酸，如天冬氨酸，它的离子化类型是

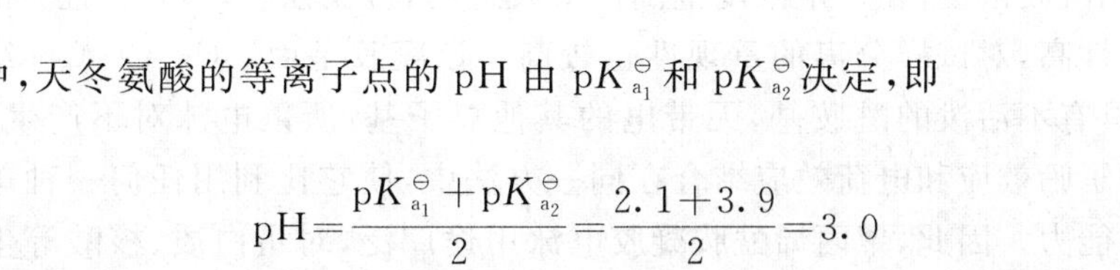

(+)　　(0)　　(−)　　(2−)

净正电荷　　两性离子　　净负电荷　　净负电荷

在水溶液中，天冬氨酸的等离子点的 pH 由 $pK_{a_1}^{\ominus}$ 和 $pK_{a_2}^{\ominus}$ 决定，即

$$pH=\frac{pK_{a_1}^{\ominus}+pK_{a_2}^{\ominus}}{2}=\frac{2.1+3.9}{2}=3.0$$

对于碱性氨基酸，如赖氨酸的离子化类型为

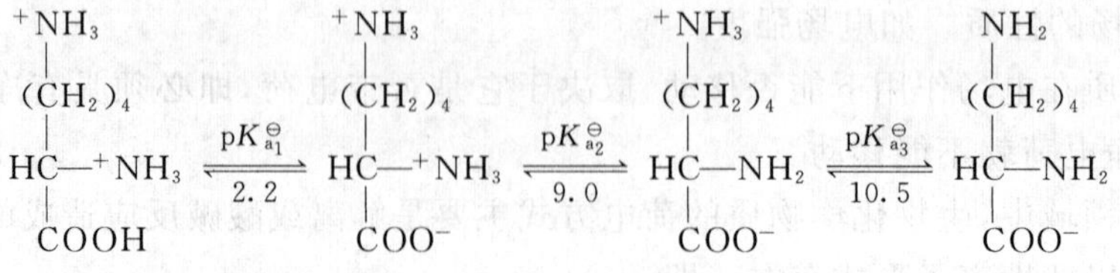

(2+) 净正电荷　(+) 净正电荷　(0) 两性离子　(−) 净负电荷

赖氨酸的等离子点由 $pK_{a_2}^{\ominus}$ 和 $pK_{a_3}^{\ominus}$ 决定，即

$$pH=\frac{pK_{a_2}^{\ominus}+pK_{a_3}^{\ominus}}{2}=\frac{9.0+10.5}{2}=9.8$$

氨基酸在结晶状态和在纯水溶液中，是以两性离子为主要的存在形式，因此，它们具有离子化合物所特有的物理特性，即具有很高的熔点和沸点，可溶于水，在乙醚、氯仿等有机溶剂中溶解度较低。

由于某些氨基酸的侧链，除有第二个羧基和氨基外，还存在有其他的基团，如半胱氨酸中有巯基、组氨酸中有咪唑基、酪氨酸中有酚基、精氨酸中有胍基等，这些基团解离时有各自特定的pH。因此，不同的氨基酸在某一给定的pH时，可解离基团的解离状态是有区别的，即使对于同一种基团，在不同的氨基酸中，$pK_a^{\ominus}$ 也会因分子中其他基团的不同而有一些差别。例如，—COOH 的$pK_a^{\ominus}$ 为 1.7～2.4，而—NH_2 的 $pK_a^{\ominus}$ 为 9.0～10.5。

蛋白质的离子化情况，大致与氨基酸相似。但是，蛋白质分子比较大，有侧链存在，因此具有许多可解离的基团，它们形成的阳离子或阴离子，就必然影响蛋白质的物理行为。而且，离子化的蛋白质可以和缓冲溶液中摩尔质量较小的阴、阳离子结合，因而观察到的电荷平衡(净电荷为零)可掩盖了蛋白质本身具有的电荷的不平衡状态，因此，蛋白质与氨基酸不同，蛋白质的等离子点一般不等于等电点。而电泳分离蛋白质的方法，正是利用了各种蛋白质在同一条件下，它们的解离状态(实际荷电)的不同而达到的。

2. 区带电泳法在生物化学中的应用

(1) 聚丙烯酰胺凝胶电泳　它是一种利用人工合成的凝胶作支持介质的区带电泳法。该凝胶有一定的网状结构，是由丙烯酰胺单体和亚甲基双丙烯胺交联剂聚合交联而成。在聚合过程中，为了控制凝胶孔径的大小，可以制成一定的交联度。这样，就为迁移率很相近的物质的分离提供一种可变的有利因素，通常称该有利因素为分子筛作用。

用聚丙烯酰胺凝胶作区带电泳的支持介质，其优点是：需样量少(1～100 μg)，试样不易扩散，设备简单、省时，能按需要把带有一定电荷的基团作为共聚体掺入其中，并制成不同孔径的凝胶，可以随意控制凝胶浓度；在一定浓度范围内凝胶透明，机械强度好，有弹性；如果单体纯净，制成的多聚物再现性高，对试样分离的重现性也较高。该凝胶是由—C—C—C—结合的一种酰胺多聚物，侧链上具有不活泼的酰胺基，无带电的其他离子基，所以电泳对不产生电渗，化学上惰性，同时，它把分子筛效应和电荷效应结合在同一方法中，使它比利用任何一种单一效应的分离达到更高的分辨能力。因此，聚丙烯酰胺凝胶电泳用途广泛，对蛋白质、核酸等生物高分子可进行分离、定性、定量、纯化和小量制备，并可用于蛋白质摩尔质量的测定。

(2) 等电聚焦　该法是利用两性电解质的固有特性。蛋白质是既有酸性又有碱性的两性物质，在不同的 pH 条件下，它的带电荷性质和数量不同。在电场的作用下，在高 pH 条件下，负离子向阳极移动，在低 pH 条件下，正离子向阴极移动。当溶液中的蛋白质以两性离子为主要存在形式时的 pH 条件下，它所带正、负电荷达到平衡，即净电荷为零。因此，在电场中不能够移动，该 pH 即为蛋白质的等电点。每一蛋白质都有它特定的 pH 等电点。它们在此 pH 环境下聚集。

等电聚焦与电泳的原理不同，它是一种平衡的方法，利用等电点进行分步分离。因此，等电点在该法中就成了每一种蛋白质组分的特性量度。其次，电泳的分辨率在很大程度上依赖于试样的起始带的宽窄程度。因为随着分离过程的进行，由于扩散作用，蛋白质分离区带会不断扩大。然而，等电聚焦方法可以使蛋白质区带变窄，原因是在外加电场下达到等电点平衡，扩散作用可减少到最低程度。因此，在理论上整个 pH 范围都可以用作加样区域，在极稀的试样溶液中应用，仍有可能得到窄的聚焦带。

凝胶等电聚焦法目前已有多种实验技术。可用于分析研究一些免疫球蛋白产生异质性的原因，这是由结构基因本身的差异，或是合成后的改构作用所致。它也可用于分析研究血清或组织蛋白的等电谱，和病理状态时这些蛋白质的等电谱之间的不同之处。还可用它来检出蛋白质的遗传变种，某些疾病中的非正常功能的酶、病理血红蛋白的等电谱等。因此，等电聚焦法的应用有着极为广阔的发展前景。

21.3 生物试样的前处理

临床研究中，对生物体中的活性物质，如氨基酸、蛋白质、激素、维生素、神经递质、微量元素，以及对给药后的药物及其代谢物在血液、尿液及组织液中的浓度等测定前，通常除了要做采样、清洗或分散匀浆等预处理工作外，还要进行一些必要的前处理，一般处理步骤如下：

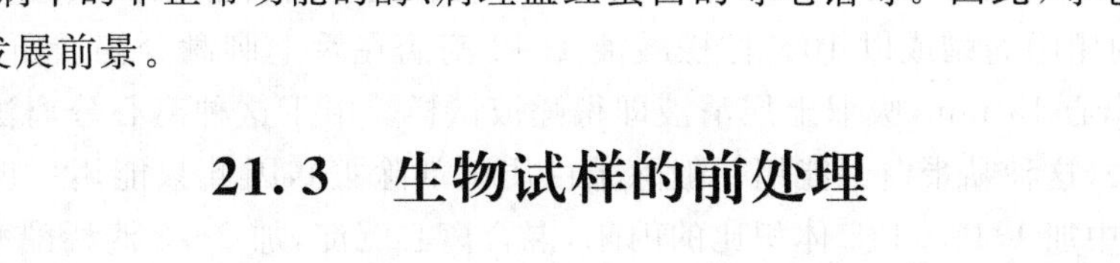

由于生物试样组成复杂，待测物质的浓度常低于每毫升几微克级乃至几皮克级，因此前处理比较困难和复杂。但是，如果在测定前不正确进行采样，在采样后又不很好地进行预处理和前处理，那么最好的分析技术也不可能得到正确的分析结果。如此，在临床化学领域中将会给疾病的诊断、治疗和预防的判断带来严重的问题。

21.3.1 生物试样的制备

生物试样包括：血液、尿液、消化液、骨髓、乳汁、脏器组织、毛发及指甲等。现简介几种常用的生物试样。

(1) 血浆　血浆是用抗凝剂除去细胞后的剩余成分，含有纤维蛋白原和前凝血酶。根据分析的目的，加合适的抗凝剂（肝素、草酸盐、柠檬酸钠）于全血中，离心，取上清液即得血浆，通常血浆量为全血量的 1/3～1/2。

（2）血清　全血中不加抗凝剂，直接离心，取上清液即得血清。血清中除不含纤维素蛋白原和抗凝剂外，其他组成与血浆相同。所以，待测物在血清或血浆中测定方法和结果一般相同。

（3）尿液　体内物质的代谢物主要通过尿液排出，所以尿液适用于代谢物的研究和测定。尿液中的化学成分受饮食、运动和用药的影响，并随各种激素、性别、年龄、性周期、精神状态不同而变化。病态时，尿中出现各种异常成分。尿液的浓度随尿的生成速率、尿的总体积和 pH 的改变而有较大变化，除用于检查肾功能的苯酚磺酞试验和尿素消除试验需用一定时间的尿外，一般取 12 h 或 24 h 内的尿样，混匀，经水解、分离和浓缩后进行分析。浓缩尿液常用透析法，该法具有浓缩效率高、被测物质丢失少，取样多等优点。

（4）毛发、指甲与穿刺液　毛发和指甲易得，保存方便，且毛囊有浓集微量元素的功能。20 世纪 60 年代以来，随着检测手段的提高，测定微量元素时，多把毛发作为试样，一般常采集枕部靠头皮处 1～2 cm 的毛发，经洗涤剂洗涤除去表面油污和无机离子，再用去离子水漂洗，低温干燥后作为试样。

（5）唾液　唾液因年龄、性别和季节而有差别，分泌速度也因人因时而异。一般分泌速度随年龄增加而减少；早晨分泌速度低，午后最高。因唾液受精神影响较大，故通常在身体条件几乎恒定时空腹采取。唾液的取样一般在漱口后 15 min，收集口内自然流出或经在口内搅动后流出的唾液。必要时咀嚼石蜡或以 10% 柠檬酸液 1～2 滴滴在舌上刺激分泌。所得唾液在 2 000～3 000 $r\cdot min^{-1}$ 离心 15 min，吸取上层清液即得唾液试样。由于这种离心分离法尚不能把唾液中黏蛋白完全除去（这种黏蛋白不能用一般除蛋白质试剂除去），因此只能用一般分析。在精密分析时，需在唾液中加 1/10～1/5 体积比的丙酮，混合离心沉淀，加 2～3 滴稀醋酸煮沸后过滤或离心沉淀，取其上清液为样。

21.3.2　生物试样的保存

生物试样在存放过程中，某些性质会发生变化，往往会影响到测定结果。如金属离子可能在存放容器的玻璃上发生吸附或离子交换；存放温度和 pH 的变化，可能使生物试样变质；试样中易挥发物因存放时间长可能损失；微生物的活动可能使三氮盐的平衡发生变化，也可能减少酚类或生化需氧量的数值，以及使硫酸盐变为硫化物；余氯会因还原而变为氯化物；硫化物、亚硫酸盐、亚铁、亚锡、碘化物和氰化物都可能因氧化而损失，色、臭可能发生变化；钠、硅、硼可能在存放期中从玻璃容器中溶入试样；六价状态的铬可能还原为三价状态的铬等。

为了减少生物试样在存放过程中造成的变质、损失或进一步污染，部分测定项目必须在采样现场测定；而另一些试样项目可加入某些试剂或冷冻保存后再测定。

应尽量减少生物试样在存放期间因试样发生变化而造成的损失。实际上，目前尚无任何一种保存方法能够完全制止生物试样的物理化学性质的变化。通常一个好的生物试样的保存方法要求减缓生物作用；减缓化合物或配合物的水解及氧化还原作用；减少组分的挥发损失。

保存的方法多限于：控制溶液的 pH，加入化学药品（保护剂或防腐剂），冷藏或冷冻等。

血清或血浆作为试样时，应尽快从血中离心分离，一般不超过 24 h，分离后再冷冻保存。尿液多采取冷藏法。通常分析尿中化学成分时，不使用防腐剂；如果测定尿中蛋白质、糖类、肌氨酸时，也可用苯、甲苯作防腐剂。

表 21-5 列出了一些液体生物试样的保存方法及各类保存剂的作用和应用范围。

表 21-5　各类保存剂的作用和应用范围

保存剂	作　　用	应用范围
$HgCl_2$	细菌抑制剂	各种形式的氮和磷
HNO_3	金属溶剂，防止沉淀	多种金属离子
H_2SO_4	细菌抑制剂，与有机碱类形成盐类	油、油脂、有机碳氨、铵盐
NaOH	与挥发化合物形成盐类	氰化物、有机酸类
冷冻	细菌抑制剂，减缓化学反应速率	酸度，碱度，有机物色、臭，有机磷、有机氮等生物机体

目前认为，冷藏温度接近冰点或更低，是最好的保存技术，但它不适用于所有类型的生物试样。对于各类生物试样的保存方法须视情况、条件而定。

21.3.3　蛋白质的去除

生物试样中含的蛋白质，可能影响组分的分析测定。在测定前，常要使蛋白质破坏或沉淀。根据分析方法的特点，采用不同的蛋白质去除法。如用原子吸收法测定试样中的微量元素，要对分析的生物试样进行消化处理，使蛋白质等有机物破坏，转为无机离子后予以测定。若用色谱法测定血液试样中某一化学成分，为防止蛋白质污染固定相，降低柱的分离度，必须在测定前使生物试样中的蛋白质沉淀，还可使与蛋白质结合的物质释放出来，以便测定其总浓度。试样中除去蛋白质后，有利于萃取过程中减少乳化现象，使提取液澄清。去除蛋白质的方法很多，超速离心可除尽蛋白；但一般实验常用沉淀法，操作简单易行。表 21-6 为常见的沉淀剂。

表 21-6　各种沉淀剂测定蛋白质的效率

沉淀效率/%　沉淀剂加入量　沉淀剂名称	单位体积血浆中加入沉淀剂的体积							
	0.4	0.6	0.8	1.0	1.5	2.0	3.0	4.0
10%TCA	99.3	99.6	99.5	99.5	99.7	99.8	99.8	99.8
6%$HClO_4$	98.3	98.9	99.1	99.1	99.2	99.1	99.1	99.0
钨酸盐-H_2SO_4	35.4	98.6	99.7	99.7	99.9	99.8	99.9	100.0
乙腈	14.8	45.8	88.1	97.2	99.4	99.7	99.8	99.8
丙酮	7.4	33.6	71.0	96.2	99.1	99.4	99.2	99.3
乙醇	11.2	41.7	74.8	91.4	96.3	98.3	99.1	99.3
甲醇	17.4	32.2	49.3	73.4	97.9	98.7	98.9	99.2
饱和$(NH_4)_2SO_4$	24.0	41.0	47.4	53.4	73.2	98.3	试样呈浑浊	

从表中 21-6 可知：三氯醋酸(TCA)是强有力的蛋白质沉淀剂，但其中常含有杂质，致使空白值增高；TCA 能溶于乙醚中，在用 TCA 沉淀蛋白质后，若用乙醚萃取被测组分，则 TCA 也进入乙醚相，当用色谱法以电子捕获器检测时，TCA 的存在就会对被测组分产生干扰；高氯酸也是一种常用蛋白质沉淀剂，沉淀效率高，过量的高氯酸可加钾盐除去。

当用蛋白质沉淀法难以使蛋白质结合的被测组分释放时，也可使用酸消化法、酶消化法或光辐射消化等。

21.3.4 痕量组分的萃取

生物试样组成复杂，常含有其他共存的干扰组分，又由于某些生物体内被测的活性物质含量常在 10^{-6} 或 10^{-9} 以下，需富集后才能达到分析方法灵敏度的需求。萃取分离的原理请阅读 21.2.3 节。

21.3.5 生物试样的消化

测定生物试样中痕量元素时，测定前常需将试样的有机基质破坏，而使试样中所含的痕量元素转化成离子状态，以便进行测定。常用的方法有干式消化（又称灰化）、湿式消化、光辐射消化和酶消化法等。

1. 干式消化

用高温或辐射线将有机物破坏，余下的残渣用溶剂（水或酸）溶解，使被测组分转化为离子状态后测定。

(1) 高温干式消化　将生物试样置于坩埚内，先在 110 ℃烘箱中烘干，然后放入马弗炉中升温至 450 ℃以上，保持一定时间，使有机物氧化，待 CO_2，H_2O，SO_2，NO 等物质挥发掉后，无机物以白色残渣形式存于容器底部，然后用水或酸溶解，采用适当方法测定。如果试样经高温处理后残渣中仍有黑色炭存在，可加入少量 HNO_3 处理残渣，重新在电热板上加热到只有白色灰分为止。高温消化法简便易行，不引入外来干扰物质；缺点是消化温度不易控制，某些金属在高温时易损失。如在 400 ℃以上，Ag、As、Au、Hg、Sb 等能挥发损失；在 500 ℃以上，Co、Pb 易损失；700 ℃以上损失的元素更多。另外，部分金属离子在高温灼烧时会与容器起作用，造成测定误差。

(2) 低温干式消化　近年来国外多用等离子体低温灰化炉进行消化。等离子体消化装置是由消化室、供气系统、真空系统和高频电源组成。试样经冷冻干燥后，置于石墨坩埚内放入消化室，以高频电源将低压氧激发，使含原子态氧的等离子体接触有机试样，并在低温（100～150 ℃）下缓慢氧化以除去有机物。由于消化在低温下进行，Se、As、Sb、Pb、Cd 等较易挥发的元素也不致损失。消化时间因试样而异，一般需 4～8 h。

2. 湿式消化

在加热下，可用强氧化剂，如硝酸、浓硫酸、高氯酸或高锰酸钾等，分解有机物质，其优点是简便、快速、效果好。但在消化过程中产生大量酸雾以及氮、硫的氧化物等刺激性气体，具强烈腐蚀性，对人体有毒害作用，故需良好的通风设备。消化时将试样放在凯氏烧瓶中，加氧化剂加热煮沸。

下面两种湿法消化技术已得到广泛应用：

(1) 聚四氟乙烯-酸消化弹法　利用敞口式容器分解试样的湿消化法易导致挥发性元素的逸失。使用密闭的加压容器可避免此类损失，另外，在加压和较高温度下进行操作还可促进试样的分解。本法利用聚四氟乙烯树脂作消化弹的衬里。操作时，可称取适量试样（约 50 mg）于坩埚内，加 1～2 mL 王水，然后加入 3 mL 氢氟酸，再将此坩埚密闭置于不锈钢弹内，将此弹置于 150 ℃烘箱内加热 1～2 h；取出消化弹冷却到室温后再开启，将弹中内容物转移到一只聚乙烯容量瓶内用蒸馏水稀释，过量的 HF 可以加入硼酸处理，使之形成稳定的氟硼酸盐阴离子。

该技术特别适合于制备供原子吸收分光光度法分析痕量金属用的试样，因为此种分解过程不易引入干扰物，而且仅使用很少量试剂，因而带入的杂质也减至最低程度。

（2）微波消化　这是利用微波辐射技术进行试样分解的一种较新的湿式消化法。它利用微波辐射并辅以必要的控压技术或自动控制技术对放在聚四氟乙烯密封罐内的试样（血液、组织、头发和指甲等）和消化试剂（HNO_3，H_2O_2 和 $HClO_4$ 等）进行加热、消化。这种消化技术具有加热均匀、迅速、试样分解完全、无损失等特点。生物试样一般仅需几分钟便可完成，且可对数个或数十个试样同时进行消化分解，从而大大加速前处理过程。

3. 光辐射消化法

在硝酸酸性条件下，试样经紫外光（UV）照射，发生如下的光化学反应：

$$\text{有机 C} \xrightarrow[H^+ + \text{氧化剂}]{UV} CO_2 \xrightarrow{H_2O} H_2CO_3$$

$$\text{有机 N} \xrightarrow[H^+ + \text{氧化剂}]{UV} NO_2^-, NO_3^- \text{（部分）}$$

$$\text{有机 P} \xrightarrow{UV} PO_4^{3-}$$

葡萄糖、草酸、软脂酸、酪朊、苯基丙氨酸等有机物经过辐射可以很快反应完全，光辐射消化法在 UV 灯照射的炉内进行，消化后的分析液转移入聚乙烯试管中备用，以避免容器表面对待测离子的吸附作用。

4. 酶消化法

在用药物的动物试验或临床发生中毒死亡时，往往需要对肝脏及其他组织进行药物检测。在生物试样中离析药物通常采用直接溶剂萃取法或先使试样变性，然后再用溶剂萃取的方法。但是上述方法对某些药物不适用，则需采用酶消化法。

通过酶解后使较多量的药物释出，再用溶剂提取，最常用的蛋白水解酶为枯草菌溶液。这种蛋白水解酶与多数其他蛋白酶不同，能水解任何键合在蛋白链上的肽，而其他酶则往往只能水解某些特殊的氨基酸。枯草菌蛋白酶在较宽的 pH 范围内（7.7～11.0）都具有活性，pH9.5 时活性最高；当温度在 50～60 ℃时酶的活性很高且很稳定，以 55 ℃时活性为最高。据文献报道，枯草菌蛋白酶能水解肝、脑和血液等各种生物组织试样，使一些酸不稳定或与蛋白质键合牢固的药物及其代谢产物有效地释放至水介质中，然后可从水介质中萃取药物。

操作方法通常是取肝或其他组织与 pH10.5 缓冲溶液相混，1 g 肝加 1 mg 枯草菌溶液，于 50～60 ℃保温 60 min，同时连续搅拌，然后以乙醚萃取，醚层用无水硫酸钠脱水，蒸发至干，残渣用无水乙醇溶解。以不含药物的肝作为空白对照。

21.3.6　净化

由于生物试样组成复杂，虽经有机溶剂萃取或其他方法处理，但由于杂质含量过多，仍不能满足分析的要求，因此需进一步处理，这个步骤称为**净化**（clear up）。净化的方法有液－液反萃法、二次萃取法和薄层分离法等。在此不再做详细论述。

拓展知识：

膜分离技术

待测试样的前处理是目前分析化学的瓶颈，它会影响试样的分析速度，且是误差的重要来源之一。生物试样的特点是种类繁多，结构复杂，试样量少，制备，浓缩、分离比较困难，因此人们期待能找到高通量、高灵敏度、高效率的分离、分析方法。近 20 年来，高通量的自动化的试样前处理技术，尤其是在线试样前处理技术受到人们极大关注，在线前处理技术的一个重要发展趋势是膜分离技术的应用。

膜一般定义为两相间的选择性屏障。当某种驱动力施加于膜时，物质即可以一相(给体)传输至另一相(受体)，这种传输即被称为通量。当某种物质的通量大于共存的其他物质时即可达到分离的目的。

目前，在试样前处理中应用较多的膜分离装置主要有小体积的直线形、大体积的螺旋线形和微量的中空纤维膜型 3 种。图 21-2 为直线形和螺旋线形分离装置，两者均是将一微孔膜夹在两片惰性材料(如聚四氟乙烯，PTFE)之间，与膜接触部分刻有沟槽，分别称之为给体槽和受体槽，两槽在固定时能互相吻合，膜分离即在两槽之间进行。

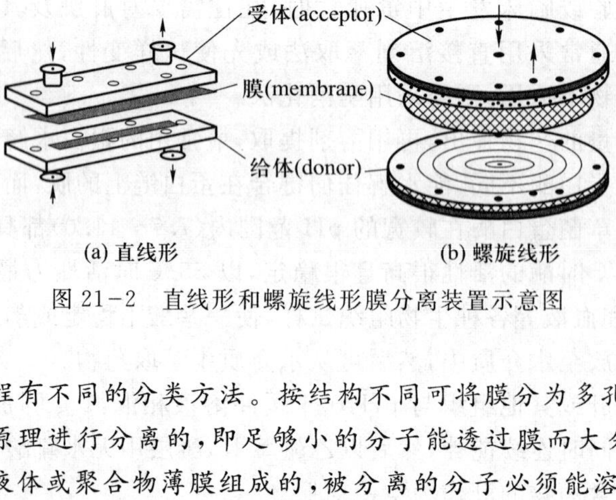

(a) 直线形　　(b) 螺旋线形

图 21-2　直线形和螺旋线形膜分离装置示意图

膜和膜分离过程有不同的分类方法。按结构不同可将膜分为多孔膜和非孔膜。多孔膜是基于体积排斥原理进行分离的，即足够小的分子能透过膜而大分子则无法透过膜。非孔膜则是一类由液体或聚合物薄膜组成的，被分离的分子必须能溶解于膜中才能透过该膜。非孔膜可被认为是一种选择性膜，只有那些既容易从给体相萃取至膜相，又容易从膜相反萃取至受体相的化合物才容易传输通过膜。

在分析化学中，用于试样处理的膜分离过程主要有渗析、电渗析、过滤及膜萃取等。

习　题

1. 已知 $Mg(OH)_2$ 的 $K_{sp}^{\ominus}=1.8\times10^{-11}$，试计算 MgO 悬浊液所能控制的溶液的 pH 为多少？

2. 在 $NH_3\cdot H_2O$ 浓度为 0.10 $mol\cdot L^{-1}$ 和 NH_4Cl 浓度为 1.0 $mol\cdot L^{-1}$ 时，能使一含有 Fe^{3+}，Mg^{2+} 的溶液中

的两种离子分离完全吗?

3. 有一物质在氯仿和水之间的分配比(D)为 9.6。含有该物质浓度为 0.150 mol·L^{-1}的水溶液 50 mL,用氯仿萃取如下:

(1) 40 mL 萃取 1 次;

(2) 每次 20.0 mL 萃取 2 次;

(3) 每次 10.0 mL 萃取 4 次;

(4) 每次 5.0 mL 萃取 8 次。

假设多次萃取时 D 值不变,问留在水相中的该物质的浓度是多少?

4. 某一弱酸 HA 的 $K_a^\ominus=2\times10^{-5}$,它在某有机溶剂和在水中的分配系数为 30.0。当水溶液的 pH 为 1.0 和 5.0 时,分配比各为多少?用等体积的有机溶剂萃取,E 各为多少?

5. 有一试样含 KNO_3,称取该试样 0.278 6 g,溶于水后,让它通过强酸型阳离子交换树脂,流出液用 0.107 5 mol·L^{-1}的 NaOH 溶液滴定,用甲基橙作指示剂,用去了 NaOH 溶液体积为 23.85 mL,计算试样中 KNO_3 的纯度。

部分习题参考答案

第 一 章

1. 1.53 $g\cdot L^{-1}$
2. 16.0
3. CH_3;30.0;C_2H_6
4. 47.4 kPa
5. 191 kPa
6. (1) 7.79 L； (2) 17.6 g
7. 0.067
8. (1) $pV=nRT=c$； (3) $T=\frac{p}{nR}V=cV$； (4) $pV=nRT=c$

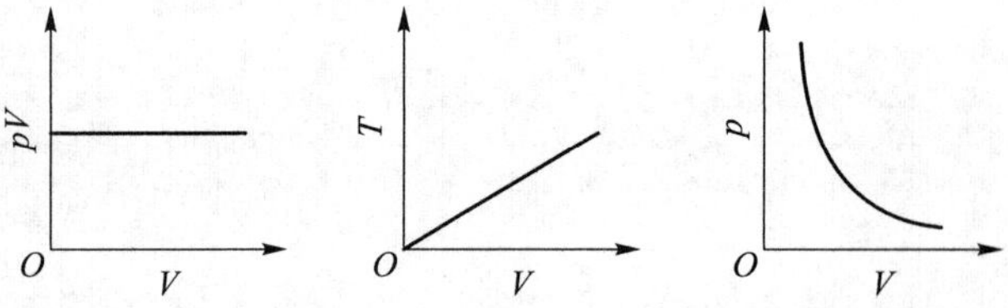

9. (1) 2.00 L； (2) 0.45 L； (3) 1.13 L； (4) 0.72 L
10. 0.298； 15.8 $mol\cdot L^{-1}$
11. C_5H_7N； 162； $C_{10}H_{14}N_2$
12. 9.9 g
13. (1) d； (2) d； (3) a
14. 0.049 9； 753 kPa
15. 2.87 MPa
16. (1) 1.54×10^{-4} $mol\cdot L^{-1}$； (2) 6.69×10^{4}； (3) 7.88×10^{-5} ℃,2.86×10^{-4} ℃； (4) 不能,因为 ΔT_b 和 ΔT_f 太小,无法测准

第 二 章

1. (1) −440 J； (2) 535 J
2. (1) −2.5 kJ； (2) −3.5 kJ； (3) −4.9 kJ
3. $W=-9.6$ kJ； $\Delta H=165$ kJ； $\Delta U=155.4$ kJ
4. −74.6 $kJ\cdot mol^{-1}$
5. (1) −413.7 $kJ\cdot mol^{-1}$； (2) −1 166 $kJ\cdot mol^{-1}$； (3) −14.5 $kJ\cdot mol^{-1}$； (4) −19.0 $kJ\cdot mol^{-1}$

6. -16.8 MJ

7. 91.3 $kJ\cdot mol^{-1}$

8. 50.5 $kJ\cdot mol^{-1}$

9. -32 $kJ\cdot mol^{-1}$

10. (1) 53 $kJ\cdot mol^{-1}$； (2) -57 $kJ\cdot mol^{-1}$； (3) -53 $kJ\cdot mol^{-1}$

13. (1) 31.9 $J\cdot K^{-1}$； (2) 152 $J\cdot K^{-1}$

14. 22.1 $J\cdot K^{-1}$； 109 $J\cdot K^{-1}$

15. $W=-3.1$ kJ； $Q=\Delta H=40.7$ kJ； $\Delta U=37.6$ kJ； $\Delta S=109$ $J\cdot K^{-1}$； $\Delta G=0$

16. (1) -74.3 $kJ\cdot mol^{-1}$； (2) 1.1 $kJ\cdot mol^{-1}$； (3) -69.3 $kJ\cdot mol^{-1}$

17. 提示:计算 Fe_3O_4 与 O_2 反应生成 Fe_2O_3 的 $\Delta_r G^{\ominus}$

18. (1) (5)

20. $CO = C+\frac{1}{2}O_2$ 任何温度下均不自发

$2NO = N_2+O_2$ $T<7\,363$ K 可实现

$CO+NO = CO_2+\frac{1}{2}N_2$ $T<3\,785$ K 可实现

21. 464 g

22. 1 119 K

23. (1) $\Delta_r G^{\ominus}_{298}=7.7$ $kJ\cdot mol^{-1}>0$,不自发

(2) $\Delta_r G^{\ominus}_{633}=-34.7$ $kJ\cdot mol^{-1}<0$,自发

(3) 359 K

24. 反应(1)要求 $T>2\,785$ K,难以实现;反应(2)、(3)工艺上都能实现,考虑到还原剂价格和安全生产,反应(2)应该更好些

25. (1) 6.0 $kJ\cdot mol^{-1}$； (2) $\Delta_r G^{\ominus}=0$； (3) $\Delta_r S^{\ominus}=22$ $J\cdot mol^{-1}\cdot K^{-1}$； (4) $\Delta_r G^{\ominus}_{253}=0.43$ $kJ\cdot mol^{-1}$；

(5) $\Delta_r G^{\ominus}_{293}=-0.45$ $kJ\cdot mol^{-1}$

26. 354 K

27. 397.6 K； 1 148 K

28. $\Delta_r G_{700}=-45.7$ $kJ\cdot mol^{-1}<0$ 正向进行

29. (1) $\Delta_r G^{\ominus}=91$ $kJ\cdot mol^{-1}$,不风化； (2) $\Delta_r G=-7.2$ $kJ\cdot mol^{-1}$,风化

第 三 章

2. 0.57

3. 0.043

4. 0.12

5. 0.785

6. 0.61

7. (1) $p_{CO_2}=p_{H_2O}=50$ kPa； (2) 7.5 g,1.6 g； (3) 3.9 L

8. $p_{SO_2}=0.055$ kPa,$p_{SO_3}=10$ kPa,$p_{O_2}=50$ kPa(提示:因 $K^{\ominus}\ll 1$,平衡强烈地向逆方向移动,可先假设 SO_2 先全部变成 SO_3)

9. 138 g

10. 1.6

12. (1) 向右； (2) 不变； (3) 不变； (4) 向左

13. 变小(提示:应先判断此反应是吸热还是放热)

14. $Q=5.8>K^{\ominus}$，反应逆向进行

15. 14； 54%

16. 24.3%； 15.6%

17. 1∶2.1

18. $p_{H_2}=p_{I_2}=6.2$ kPa,$p_{HI}=47.6$ kPa(提示:利用热力学函数先求反应在 500 ℃的 $K^{\ominus}$)

19. 35.2 kPa(提示:先求 30 ℃溴相变 $Br_2(l) \longrightarrow Br_2(g)$的 $\Delta_r G^{\ominus}_{303}$,然后求 $K^{\ominus}$,最后由 $K^{\ominus}$求 p_{Br_2})

20. (1) 88.5 $kJ\cdot mol^{-1}$； (2) 305.6 K(提示:NH_4HS 的分解温度即为其分解气压达 101.3 kPa 时的温度)

21. (1) -2.0×10^{-5} $mol\cdot L^{-1}\cdot s^{-1}$,$-8.0\times10^{-5}$ $mol\cdot L^{-1}\cdot s^{-1}$； (2) 2.0×10^{-5} $mol\cdot L^{-1}\cdot s^{-1}$

22. (1) 3.70×10^{-6} $mol\cdot L^{-1}\cdot s^{-1}$； (2) 3.64×10^{-6} $mol\cdot L^{-1}\cdot s^{-1}$

23. (1) $v=kc(S_2O_8^{2-})\cdot c(I^-)$； (2) 0.65 $L\cdot mol^{-1}\cdot min^{-1}$； (3) 1.6×10^{-5} $mol\cdot L^{-1}\cdot min^{-1}$

24. $v=kc^{\frac{1}{2}}(Br_2)\cdot c(H_2)$

25. 3 130 a

26. (1) 1.57×10^{-2} d^{-1}； (2) 14.2 d； (3) 44.1 d

27. (1) 0.20 min^{-1}； (2) 8.0 min

28. 216 $kJ\cdot mol^{-1}$

29. 52.9～105.8 $kJ\cdot mol^{-1}$;E_a 越高,温度对反应速率影响越大

30. 488 K (提示:v 相同即速率常数 k 相同)

31. 2.3×10^{-4} s^{-1}

32. 75 $kJ\cdot mol^{-1}$

33. NO 使 O_3 层破坏增加 3 倍,Cl 使 O_3 层破坏增加 500 倍

第 四 章

2. $H_3\overset{+}{N}-CH_2-COOH$;$H_2N-CH_2-COO^-$;$H_3\overset{+}{N}-CH_2-COO^-$

4. 1.8×10^{-5};4.2×10^{-4} $mol\cdot L^{-1}$

5. $[H^+]=[ClO^-]=3.8\times10^{-5}$ $mol\cdot L^{-1}$;7.6×10^{-4}

6. 2.0×10^{-5}

7. 3.00

10. 3.1×10^{-6}

11. 9.00 (提示:先计算 HB 的 $K_a^{\ominus}$)

12. $[H^+]=[HC_2O_4^-]=0.051$ $mol\cdot L^{-1}$,$[C_2O_4^{2-}]=5.4\times10^{-5}$ $mol\cdot L^{-1}$

13. $[H^+]=1.0\times10^{-4}$ $mol\cdot L^{-1}$,$[S^{2-}]=1.3\times10^{-13}$ $mol\cdot L^{-1}$

14. $K_a^{\ominus}=5.4\times10^{-5}$,$K_b^{\ominus}=1.9\times10^{-13}$

16. (1) 9.03； (2) 4.97； (3) 11.81； (4) 7.00

17. 1.6 g

18. 11.27

19. 4.4 g

20. $[H^+]=0.41$ $mol\cdot L^{-1}$,$[HSO_4^-]=0.39$ $mol\cdot L^{-1}$,$[S^{2-}]=0.009\,7$ $mol\cdot L^{-1}$

21. HAc 12 mL,水 113 mL

22. 3.0 g

23. (2) 酸　138 g,NaOH　26.8 g

24. 20 g

25. 10.02

26. 5.45 (提示:先求得加 NaOH 后$\frac{n(\text{共轭碱})}{n(\text{弱酸})}$之比值)

27. (1) 1.70; (2) 5.49; (3) 4.71

28. (1) 4.94; (2) 5.13; (3) 4.76

29. 2.42×10^{-3} g·L^{-1}

30. $Q=2.5\times10^{-8}>K^{\ominus}_{sp}$,有沉淀析出

31. 1.37×10^{-4} g

32. (1) $Q=1.3\times10^{-4}<K^{\ominus}_{sp}$; (2) $Q=1.0\times10^{-2}>K^{\ominus}_{sp}$

33. $[K^+]=0.16$ mol·L^{-1},$[Br^-]=0.30$ mol·L^{-1},$[Ba^{2+}]=0.070$ mol·L^{-1},$[CrO_4^{2-}]=1.7\times10^{-9}$ mol·L^{-1}

34. (1) 1.1×10^{-4} mol·L^{-1}; (2) 1.1×10^{-4} mol·L^{-1}; (3) 2.2×10^{-4} mol·L^{-1};
(4) 5.6×10^{-8} mol·L^{-1}; (5) 1.2×10^{-5} mol·L^{-1}

35. 2.32

36. 3.1×10^{-6} mol·L^{-1}

37. 3.1～8.9

38. 3 次

39. (1) 2.1×10^{28},$K^{\ominus}$很大,反应正向进行;
(2) 1.2×10^{17},$K^{\ominus}$很大,反应正向进行;
(3) 1.8×10^{-17},$K^{\ominus}$很小,反应逆向进行

第　五　章

7. (1) 1.36 V; (2) 0.340 V; (3) 0.505 V

8. (1) 1.836 V; (2) 0.84 V; (3) 1.08 V; (4) 0.29 V

9. (4) $Zn(OH)_4^{2-}+2e^- \rightleftharpoons Zn+4OH^-$　$\varphi^{\ominus}=-1.285$ V

$2H_2O+2e^- \rightleftharpoons H_2+2OH^-$　$\varphi^{\ominus}=-0.828$ V

$Zn+2OH^-+2H_2O = Zn(OH)_4^{2-}+H_2$　可进行

10. (2) $I_2+2e^- \rightleftharpoons 2I^-$　$\varphi^{\ominus}=0.536$ V

$2IO_3^-+12H^++10e^- \rightleftharpoons I_2+6H_2O$　$\varphi^{\ominus}=1.195$ V

$2IO_3^-+12H^++10I^- = 6I_2+6H_2O$

化简 $IO_3^-+6H^++5I^- = 3I_2+3H_2O$

11. (3) $Cu^{2+}+2e^- \rightleftharpoons Cu$　$\varphi^{\ominus}=0.340$ V

$2Hg^{2+}+2e^- \rightleftharpoons Hg_2^{2+}$　$\varphi^{\ominus}=0.911$ V

$Cu+2Hg(NO_3)_2 = Cu(NO_3)_2+Hg_2(NO_3)_2$

若 Cu 过量　$Cu^{2+}+2e^- \rightleftharpoons Cu$　$\varphi^{\ominus}=0.340$ V

$Hg_2^{2+}+2e^- \rightleftharpoons 2Hg$　$\varphi^{\ominus}=0.796$ V

$Cu + Hg(NO_3)_2 \longrightarrow Cu(NO_3)_2 + Hg$

15. $E = \varphi_{正} - \varphi_{负}$

$$\varphi_{正} = 1.396\ \text{V} - \frac{0.059\,2\ \text{V}}{2}\lg\frac{c^2(Cl^-)}{p(Cl_2)/p^\ominus}$$

$$\varphi_{负} = 0.80\ \text{V} - 0.059\,2\ \text{V}\lg\frac{1}{c(Ag^+)}$$

(1) 当正极 $p(Cl_2)$ 增大时,因 $\varphi_{正}$ 升高,所以 E 增大;

(2) 当正极 $c(Cl^-)$ 增大时,因 $\varphi_{正}$ 降低,所以 E 减小;

(3) 当负极 $c(Cl^-)$ 增大时,引起 $c(Ag^+)$ 减小,因 $\varphi_{负}$ 降低,所以 E 增大;

(4) 加水稀释时,因 $c(Cl^-)$ 减小使 $\varphi_{正}$ 升高,$c(Ag^+)$ 减小使 $\varphi_{负}$ 降低,所以 E 增大

16. (1) $-59.6\ \text{kJ}\cdot\text{mol}^{-1}$; (2) $-74.3\ \text{kJ}\cdot\text{mol}^{-1}$; (3) $32\ \text{kJ}\cdot\text{mol}^{-1}$

17. (1) 1.23 V; (2) 1.02 V

18. (1) 8×10^{10}; (2) 2×10^{-11}

19. $2.6\times10^{-3}\ \text{mol}\cdot\text{L}^{-1}$

20. $[Ni^{2+}] = 1.5\ \text{mol}\cdot\text{L}^{-1}$,$[Ag^+] = 1.8\times10^{-18}\ \text{mol}\cdot\text{L}^{-1}$

21. (3) 0.92 V; (4) 6×10^{59}; (5) $-5.3\times10^5\ \text{kJ}\cdot\text{mol}^{-1}$

22. $2.0\times10^{-3}\ \text{mol}\cdot\text{L}^{-1}$

23. 1.6×10^{-8}

24. 1.5×10^{-5}

26. (2) 能歧化的有:ClO_3^-,ClO_2^-,ClO^-,Cl_2

(3) $\varphi^\ominus(ClO_2^-/Cl^-) = \dfrac{2\times0.67\ \text{V} + 2\times0.89\ \text{V}}{4} = 0.78\ \text{V}$

$\varphi^\ominus(ClO_4^-/ClO_2^-) = \dfrac{2\times0.36\ \text{V} + 2\times0.33\ \text{V}}{4} = 0.345\ \text{V}$

$$\Delta_r G^\ominus = -zFE^\ominus = -4\times96\,500\ \text{C}\cdot\text{mol}^{-1}\times(0.78\ \text{V} - 0.345\ \text{V})$$
$$= -1.7\times10^5\ \text{J}\cdot\text{mol}^{-1}$$

27. (4) $NaNO_3$ 溶液呈中性,在中性溶液中 $\varphi(NO_3^-/NO) < \varphi(Fe^{3+}/Fe^{2+})$。在稀 H_2SO_4 溶液中 $\varphi(SO_4^{2-}/H_2SO_3) < \varphi(Fe^{3+}/Fe^{2+})$,$\varphi(H^+/H_2) < \varphi(Fe^{3+}/Fe^{2+})$,所以它们都不能氧化 Fe^{2+}。如果将 $NaNO_3$ 和 H_2SO_4 混合,酸度增加增强了 NO_3^- 的氧化性,造成 $\varphi(NO_3^-/NO) > \varphi(Fe^{3+}/Fe^{2+})$,故能氧化 Fe^{2+}。

(5) Ag 在 HI 溶液中反应产物为 AgI,$\varphi^\ominus(AgI/Ag) = -0.152\,2\ \text{V}$,因 $\varphi^\ominus(H^+/H_2) > \varphi^\ominus(AgI/Ag)$,所以能反应;Ag 在 HCl 溶液中如果反应产物为 AgCl,$\varphi^\ominus(AgCl/Ag) = 0.222\,3\ \text{V}$,因 $\varphi^\ominus(H^+/H_2) < \varphi^\ominus(AgCl/Ag)$,所以不能反应。

第 六 章

1. 4.576×10^{-19} J;434.1 nm

2. (1) 120 pm; (2) 6.6×10^{-23} pm

由此可见,电子的波长与原子大小相近,讨论原子核外电子运动状态时,必须考虑它的波动性;而子弹的波长极短,无法测量,故波动性无法觉察,所以子弹表现微粒性,服从经典力学运动规律。

6. (1) 2p; (2) 4s; (3) 5d; (4) 6f

7. (1) 18; (2) 2; (3) 1; (4) 0; (5) 6; (6) 16; (7) 10

8. 1s：$11-1\times0.30=10.7$

2s：$11-(7\times0.35+2\times0.85)=6.85$

3s：$11-(8\times0.85+2\times1.00)=2.20$

9. 4 个能级；4s 能级轨道数为 1，4p 能级轨道数为 3，4d 能级轨道数为 5，4f 能级轨道数为 7，故共 16 个轨道；最多容纳 32 个电子

16. (1) 碳族元素；(2) Fe；(3) Cu

17. 提示：8 种元素

19. 因为能级 $nd>(n+1)s$，所以在填充 nd 电子之前(即外层电子超过 8 个)先填充$(n+1)s$ 电子。又因为能级 $nf>(n+2)s$，所以在填充 nf 电子之前(即次外层电子超过 18 个)先填充$(n+2)s$ 电子。

20. (1) A、B、C；(2) A^+、D^-；(3) AOH；(4) 离子型，BD_2

(注意：按题意 A、B、C、D 都不能确定为何种元素。不能把 A、B、C、D 认定为 Rb、Mg、Zn、Br)

21. (1) 第八能级组电子填充情况为：$8s^2 5g^{18} 6f^{14} 7d^{10} 8p^6$，故有 50 种元素；(2) 121；

(3) 第七周期ⅣA 族，$1s^2 2s^2 2p^6 3s^2 3p^6 3d^{10} 4s^2 4p^6 4d^{10} 4f^{14} 5s^2 5p^6 5d^{10} 5f^{14} 6s^2 6p^6 6d^{10} 7s^2 7p^2$

24. (1) 同周期中有效核电荷最高，且电子构型为 ns^2np^6 稳定的八隅体结构

(2) P 和 S 的电子构型分别为 $3s^2 3p^3$ 和 $3s^2 3p^4$，S 填充最后 1 个电子需消耗成对能，故易失去，而且失去 1 个电子后成 $4p^3$ 半满稳定结构

(3) O 原子半径特别小，获得电子后电子之间的排斥能大

(4) C 和 N 的电子构型分别为 $2s^2 2p^2$ 和 $2s^2 2p^3$，C 获得 1 个电子达半满结构，而 N 获得 1 个电子需消耗成对能

25. (1) $\Delta_r H=I_{Na}-I_{Rb}=(519.6-422.3)\ kJ\cdot mol^{-1}=97.3\ kJ\cdot mol^{-1}$，由于 $\Delta_r H>0$，而 $\Delta_r S$ 很小，所以 $\Delta_r G>0$，反应不能自发进行。

(2) $\Delta_r H=E_F-E_{Cl}=(343.8-365.3)\ kJ\cdot mol^{-1}=-21.5\ kJ\cdot mol^{-1}$，由于 $\Delta_r H<0$，而 $\Delta_r S$ 很小，所以 $\Delta_r G<0$，反应可自发进行

第 七 章

2. $-325\ kJ\cdot mol^{-1}$

3.

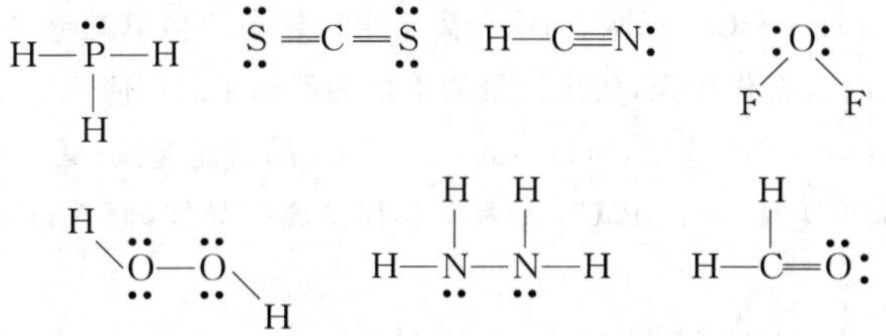

6. 键角大小的次序为：$BeCl_2>BF_3>SiF_4>PCl_3>H_2S>SF_6$

9. (1)

CH_3^+	CH_3^-	CH_4	CH_2	CH_2^{2+}	CH_2^{2-}
平面三角	三角锥	正四面体	角形	直线	角形

(2) 键角：$CH_2^{2+}>CH_3^+>CH_2>CH_4>CH_3^->CH_2^{2-}$

14. (1) F_2 失去的是 $\pi^*_{2p_y}$ 或 $\pi^*_{2p_z}$ 轨道上 1 个电子，它比 F 原子 2p 轨道上电子能量高，易失。

(2) N_2 失去的是 σ_{2p_x} 轨道上 1 个电子，它比 N 原子 2p 轨道上电子能量低，难失。

18. (1) Ge^{4+} 电荷高、半径小，极化力大，故 $GeCl_4$ 为分子晶体，而 KCl 为离子晶体。

(2) Zn^{2+} 半径小又为 18 电子构型，因极化力较大，$ZnCl_2$ 向共价键过渡。

(3) Fe^{3+} 极化力大于 Fe^{2+}，故 $FeCl_3$ 向共价键过渡比 $FeCl_2$ 明显。

21. (1) $NH_3>PH_3$　前者可形成氢键

(2) $SbH_3>PH_3$　前者色散力大

(3) $ICl>Br_2$　两者相对分子质量相近，色散力差别不大，但前者还存在定向力和诱导力

(4) $MgO>Na_2O$　Mg^{2+}电荷高、半径小，MgO 晶格能大

(5) $SiO_2>SO_2$　前者为原子晶体，后者为分子晶体

(6) $SnCl_2>SnCl_4$　Sn^{4+}极化力大于 Sn^{2+}，$SnCl_4$ 向共价键过渡比 $SnCl_2$ 明显

(7) $H_2NCH_2CH_2NH_2$ 生成分子间氢键比 $CH_3CH_2CH_2NH_2$ 多

23. (1) 生成氢键数目：$H_3PO_4>H_2SO_4>HClO_4$

(3) C 可 sp^3 杂化形成 CF_4，S 可 sp^3d 不等性杂化形成 SF_4，但 O 无 2d 轨道，只能 sp^3 不等性杂化，2 个杂化轨道为孤对电子填充，所以只能形成 OF_2

第　八　章

13. (1) 6.33×10^{21}；　(2) 2.57×10^{6}

15. (1) 7×10^{32}；　(2) 2×10^{25}

16. $K_3^{\ominus}=3.8$　$K_4^{\ominus}=8.0\times10^{-2}$

17. $[Ag^+]=5.3\times10^{-10}\ mol\cdot L^{-1}$；　$[Ag(NH_3)_2^+]=0.050\ mol\cdot L^{-1}$；$[NH_3]=2.9\ mol\cdot L^{-1}$；　$Ag(NH_3)_2^+$ 中的 Ag^+ 与总 Ag^+ 浓度的 100%

18. $0.60\ mol\cdot L^{-1}$

19. $2.4\ mol\cdot L^{-1}$

21. $-1.257\ V$

第　九　章

5. (4) 因原子半径 Be 比 Li 小，而有效核电荷 Be 比 Li 大，所以第一电离能 Be 大于 Li。第二电离能对 Li 来说是失去 1s 电子所需的能量，对 Be 来说是失去 2s 电子所需的能量，2s 电子能量比 1s 电子高得多，易失去。

6. (1) 离子越小水合程度越大，就水合离子半径而言，$Li^+ \longrightarrow Cs^+$ 递减，而水合离子半径越小迁移率就越大。

(2) 用 $CaCl_2\cdot6H_2O$ 为好。因为无水 $CaCl_2$ 溶于水时水合作用强，放出大量的水合能不利于温度降低。

(3) 碱金属氯化物都是离子晶体，因为离子半径 $Na^+ \longrightarrow Cs^+$ 递增，所以 $NaCl \longrightarrow CsCl$ 晶格能递减；碱土金属正离子的极化力较大，因为极化力 $Mg^{2+} \longrightarrow Ba^{2+}$ 递减，所以 $BaCl_2$ 基本上还保持离子晶体，而 $MgCl_2$ 向共价键过渡较多。

(4) Mg^{2+} 半径小，它与 O^{2-} 结合力大，所以 $MgCl_2\cdot6H_2O$ 加热时水解为 $Mg(OH)Cl$。

7. (1) 加过量碱，$Be(OH)_2$ 溶于碱，而 $Mg(OH)_2$ 不溶。

(2) 加热，$BeCO_3$ 分解温度低于 100 ℃，而 $MgCO_3$ 分解温度较高(540 ℃)。

(3) 加水，KF 易溶于水，而 LiF 难溶于水。

(4) 加水，$NaClO_4$ 的溶解度比 $KClO_4$ 大得多。

9. 在 NH_4^+-NH_3 缓冲溶液中，因存在 $NH_3\cdot H_2O \rightleftharpoons NH_4^+ + OH^-$ 的平衡，使溶液中$[OH^-]$较低，从而促使 CO_3^{2-} 水解平衡 $CO_3^{2-}+H_2O \rightleftharpoons HCO_3^- + OH^-$ 向右移动。由于大部分 CO_3^{2-} 在此条件下以 HCO_3^- 形式存在，造成 $K_{sp}^{\ominus}$ 较大的 $MgCO_3$ 达不到溶度积，而 $K_{sp}^{\ominus}$ 较小的 $CaCO_3$ 仍可达到溶度积。

10. 因反应 $BaCO_3+2H^+ = Ba^{2+}+CO_2+H_2O$ 不断消耗 H^+，促使 Fe^{3+} 以下的水解平衡

$$Fe^{3+} + H_2O \rightleftharpoons Fe(OH)^{2+} + H^+$$

$$Fe(OH)^{2+} + H_2O \rightleftharpoons Fe(OH)_2^+ + H^+$$

$$Fe(OH)_2^+ + H_2O \rightleftharpoons Fe(OH)_3 + H^+$$

向右移动，因此形成 $Fe(OH)_3$ 沉淀。

11. 0.53 g

12. 1 270 K，不加焦炭　1 562 K

13. 室温：　sp^3 杂化

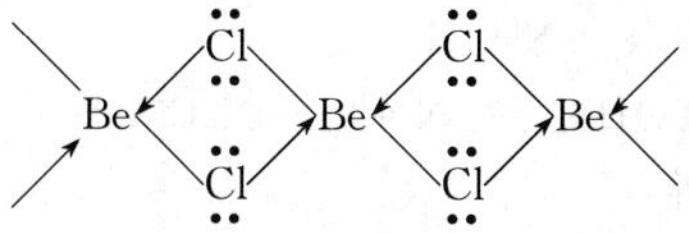

500 ℃　sp^2 杂化

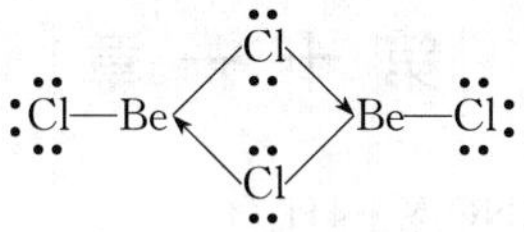

1 000 ℃　sp 杂化

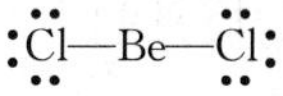

第 十 章

1. (3) $OCl_2 + H_2O = 2HClO$

2. $\Delta_r H(NaF) = -552\ kJ\cdot mol^{-1}$；$\Delta_r H(NaCl) = -393.5\ kJ\cdot mol^{-1}$

3. 不矛盾。因为 $\varphi^\ominus(Br_2/Br^-) > \varphi^\ominus(I_2/I^-)$，所以 $Br_2 + 2I^- = 2Br^- + I_2$ 能进行，说明氧化性 $Br_2 > I_2$；又因为 $\varphi^\ominus(BrO_3^-/Br_2) > \varphi^\ominus(IO_3^-/I_2)$，所以 $2BrO_3^- + I_2 = Br_2 + 2IO_3^-$ 能进行，说明氧化性 $BrO_3^- > IO_3^-$，或还原性 $I_2 > Br_2$。

4. 黄色为 I_3^-，棕褐色沉淀为 I_2，无色为 IO_3^-

7. A—I_2；B—IO_3^-；　C—I^-

9. (5) MnS 的 $K_{sp}^\ominus$ 值较大，而在酸性溶液中$[S^{2-}]$很小，故达不到其溶度积；$(NH_4)_2S$ 溶液偏碱性，$[S^{2-}]$较大，可达到其溶度积。

12.
$$2PbCO_3\cdot Pb(OH)_2 + 3H_2S = 3PbS + 2CO_2 + 4H_2O$$
$$PbS + 4H_2O_2 = PbSO_4 + 4H_2O$$

17. (4) NCl_5 不存在是因为 N 无相应的 2d 轨道，不能形成 sp^3d 杂化；$BiCl_5$ 不存在是因为 Bi(Ⅴ)具有强氧化性，可氧化 Cl^-。

(5) N 半径小，与 O 形成多重键有利，所以 N 以 sp^2 杂化，与 2 个非羟基氧还可生成 π_3^4 键。P 半径大，与 O 形成单键有利，所以 P 以 sp^3 杂化，与 4 个 O 主要以单键相连

(6) HCl 水溶液完全解离，而氨水含溶解的 NH_3

18. (3) 测 pH，酸性的为 NaH_2PO_4，碱性的为 Na_2HPO_4；或者加 $BaCl_2$ 溶液，Na_2HPO_4 生成白色的 $BaHPO_4$ 沉淀，而 NaH_2PO_4 无沉淀生成。

19. 在 HNO_3 分子中，N 与非羟基氧原子间除形成 σ 键外，还形成离域 π 键(π_3^4)，而 N 与羟基氧原子间只形成 σ 单键。在 NO_3^- 中，N 与 3 个氧原子间成键情况相同，即形成 σ 键外，还存在离域 π 键(π_4^6)。

23. A—$NaNO_3$；　B—O_2；　C—$NaNO_2$

24. (1) H_3PO_3 中 1 个 H 与 P 直接键合，而 H 和 P 电负性几乎相同，P—H 键接近非极性键，所以此 H 无酸性。

(2) $0.047\,5\ mol\cdot L^{-1}$

(3) 0.031

26. CO 的等电子体如 N_2,CN^-,NO^+

CO_2 的等电子体如 N_2O,NO_2^+,N_3^-

ClO_4^- 的等电子体如 SO_4^{2-},PO_4^{3-},SiO_4^{4-}

30. A—Pb_3O_4； B—PbO_2； C—$PbCrO_4$； D—Cl_2

31. (3) $Na_2CO_3+Al_2O_3 \xlongequal{熔融} 2NaAlO_2+CO_2$

$NaAlO_2+2H_2O \xlongequal{} Al(OH)_3\downarrow+NaOH$

(5) $NaAl(OH)_4+NH_4Cl \xlongequal{} Al(OH)_3\downarrow+NH_3\uparrow+NaCl+H_2O$

32. (3) 测 pH,硼砂为碱性,硼酸为酸性

第十一章

7. $3Cu+8HNO_3(稀) \xlongequal{} 3Cu(NO_3)_2+2NO\uparrow+4H_2O$

$4Zn+10HNO_3(稀) \xlongequal{} 4Zn(NO_3)_2+N_2O\uparrow+5H_2O$

10. $2Cu^{2+}+4I^- \xlongequal{} 2CuI\downarrow+I_2$

$Hg^{2+}+2I^- \xlongequal{} HgI_2\downarrow$(红色)

$\quad\quad\quad\quad\quad\quad \llcorner\xrightarrow{2I^-} HgI_4^{2-}$(无色)

$Hg_2^{2+}+2I^- \xlongequal{} Hg_2I_2\downarrow$(淡绿色)

$\quad\quad\quad\quad\quad\quad \llcorner\xrightarrow{2I^-} HgI_4^{2-}+Hg\downarrow$

12. (2) 其中 $CuCl_2 \longrightarrow [CuCl_2]^- \longrightarrow CuCl$ 的反应式为

$CuCl_2+Cu+2HCl \xlongequal{} 2H[CuCl_2]$

$2H[CuCl_2] \xlongequal{加水稀释} 2CuCl\downarrow+2HCl$

14.
$$\begin{matrix}Cu^{2+}\\Ag^{+}\\Zn^{2+}\\Hg^{2+}\end{matrix}\xrightarrow{Cl^-}\begin{matrix}\left\{\begin{matrix}AgCl\downarrow\\Cu^{2+}\\Zn^{2+}\end{matrix}\right.\\Hg^{2+}\end{matrix}\xrightarrow{过量\ NH_3}\left\{\begin{matrix}Hg(NH_2)Cl\downarrow\\Cu(NH_3)_4^{2+}\\Zn(NH_3)_4^{2+}\end{matrix}\right.\xrightarrow{H^+(0.3\ mol\cdot L^{-1}),H_2S}\left\{\begin{matrix}CuS\downarrow\\Zn^{2+}\end{matrix}\right.$$

16. A—$CuSO_4$； B—$Cu(OH)_2$； C—CuO； D—I_2+CuI； E—I_3^-； F—CuI

17. (1) $2CuSO_4+SO_2+2NaCl+2H_2O \xlongequal{} 2CuCl\downarrow+Na_2SO_4+2H_2SO_4$

(2) $Ag^++CN^- \xlongequal{} AgCN\downarrow$ (白色)

$AgCN+CN^- \xlongequal{} Ag(CN)_2^-$

$Ag(CN)_2^-+Cl^- \xlongequal{}$ 不反应

$2Ag(CN)_2^-+S^{2-} \xlongequal{} Ag_2S\downarrow+4CN^-$

(3) $HgC_2O_4+2Cl^- \xlongequal{} HgCl_2+C_2O_4^{2-}$ ($HgCl_2$ 为弱电解质)

或 $HgC_2O_4+4Cl^- \xlongequal{} [HgCl_4]^{2-}+C_2O_4^{2-}$

(4) $Hg_2(NO_3)_2+H_2S \xlongequal{} HgS\downarrow+Hg\downarrow+2HNO_3$

(5) Ag^+ 遇 I^- 会生成 AgI 沉淀,由于 Ag^+ 浓度降低而造成 $\varphi(Ag^+/Ag)$ 降低[$\varphi^{\ominus}(AgI/Ag)=-0.1522\ V$],所以 Ag 可与 HI 溶液反应;$Ag^+$ 与 ClO_4^- 之间无反应,ClO_4^- 的存在不会改变 $\varphi(Ag^+/Ag)$,因其电极电势较高[$\varphi^{\ominus}(Ag^+/Ag)=0.799\ V$],所以 Ag 不会与强酸溶液反应。

18. (1) $CuSO_4$ 呈酸性,对植物有伤害,加入石灰乳可中和其酸性。

(2) 再生反应:$2Ag(S_2O_3)_2^{3-}+S^{2-} \xlongequal{} Ag_2S\downarrow+4S_2O_3^{2-}$

若 Na_2S 过量:$2AgBr$(相片上)$+S^{2-}$ ══ Ag_2S(相片上)$+2Br^-$

(3) 因镉和锌在自然界中常共生在一起,炼锌厂的污染主要是镉污染。

19. $-41.5\ kJ\cdot mol^{-1}$

20. (1) 0.27 Pa

(2) $22\ mg\cdot m^{-3}$

第十二章

4. (3) $Cr^{3+}+3NH_3\cdot H_2O$ ══ $Cr(OH)_3\downarrow+3NH_4^+$

(6) $12\ MoO_4^{2-}+3NH_4^++PO_4^{3-}+24H^+$ ══ $(NH_4)_3[PO_4(Mo_3O_9)_4]\downarrow+12H_2O$

(7) Na_2WO_4+2HCl ══ $H_2WO_4\downarrow+2NaCl$

5. 因为 $2CrO_4^{2-}+2H^+$ ══ $Cr_2O_7^{2-}+H_2O$,而 $BaCr_2O_7$ 易溶于水

10. (3) $FeCl_3+6NaF$ ══ $Na_3[FeF_6]+3NaCl$

(4) $4Co(OH)_3+4H_2SO_4$ ══ $4CoSO_4+O_2\uparrow+10H_2O$

13. (2) $FeSO_4+2NH_3\cdot H_2O$ ══ $Fe(OH)_2\downarrow+(NH_4)_2SO_4$

$4Fe(OH)_2+O_2+2H_2O$ ══ $4Fe(OH)_3$

$CoSO_4+6NH_3\cdot H_2O$ ══ $[Co(NH_3)_6]SO_4+6H_2O$

$4[Co(NH_3)_6]^{2+}+O_2+2H_2O$ ══ $4[Co(NH_3)_6]^{3+}+4OH^-$

$NiSO_4+6NH_3\cdot H_2O$ ══ $[Ni(NH_3)_6]SO_4+6H_2O$

15. (4) $2Co^{2+}+12\ CN^-+2H_2O \xlongequal{\triangle} 2[Co(CN)_6]^{3-}+H_2\uparrow+2OH^-$

16. (4) $\begin{matrix}Al^{3+}\\Cr^{3+}\end{matrix} \xrightarrow{OH^-+H_2O_2} \begin{cases}Al(OH)_4^-\\CrO_4^{2-}\end{cases} \xrightarrow{NH_4Cl} \begin{cases}Al(OH)_3\downarrow\\CrO_4^{2-}\end{cases}$

18. (5) $Ni^{2+}(3d^8)$为不饱和电子构型,Mg^{2+} 为 8 电子构型,故极化力 Ni^{2+} 大于 Mg^{2+};另外,形成配合物时,Ni^{2+} 可产生 CFSE,而 Mg^{2+} 无 CFSE。

(6) Cu 3d 轨道全满,屏蔽效应较大,故核电荷对 4s 电子吸引力减弱

19. 蓝色为(a),黄色为(b)

21. (1) $Cr^{3+}+3OH^-$ ══ $Cr(OH)_3\downarrow$(灰蓝色)

$Cr(OH)_3+OH^-$ ══ $Cr(OH)_4^-$(绿色)

$2Cr(OH)_4^-+3Br_2+8OH^-$ ══ $2CrO_4^{2-}$(黄色)$+6Br^-+8H_2O$

(2) $Cr_2O_7^{2-}$(橙色)$+3H_2S+8H^+$ ══ $2Cr^{3+}$(绿色)$+3S\downarrow$(乳白色)$+7H_2O$

(3) $2BaCrO_4+16HCl$ ══ $2BaCl_2+2CrCl_3$(绿色)$+3Cl_2\uparrow+8H_2O$

(4) $2Co^{2+}+12CN^-+2H_2O$ ══ $2[Co(CN)_6]^{3-}+H_2\uparrow+2OH^-$

(5) $2FeCl_3+H_2S$ ══ $2FeCl_2+S\downarrow$(乳白色)$+2HCl$

22. A—MnO_2; B—Cl_2; C—MnO_4^{2-}; D—MnO_4^-; E—Mn^{2+}

23. A—$FeSO_4$; B—$Fe(OH)_2$; C—$Fe(OH)_3$; D—$FeCl_3$; E—$Fe(NCS)^{2+}$; F—$BaSO_4$

24. 4.6×10^{17}

第十四章

6. SO_2 总量为:2.52×10^7 t

第十五章

3. 1.88 h
4. (1) 7.9×10^{-3} d^{-1}; (2) 2.5×10^{14} Bq; (3) 0.11 g
5. 1975 年
6. 4.3×10^{-29}
7. (1) ${}^{32}_{15}P \longrightarrow {}^{32}_{16}S + {}^{0}_{-1}n$

   (2) ${}^{202}_{85}At \longrightarrow {}^{198}_{83}Bi + {}^{4}_{2}He$, ${}^{198}_{83}Bi \longrightarrow {}^{198}_{84}Po + {}^{0}_{-1}n$

   (3) ${}^{18}_{8}O(d,p){}^{19}_{8}O$

   (4) ${}^{123}_{52}Te(3n,d){}^{124}_{51}I$
8. (1) 电子俘获: ${}^{40}_{19}K + {}^{0}_{-1}e \longrightarrow {}^{40}_{18}Ar$

   β衰变: ${}^{40}_{19}K \longrightarrow {}^{40}_{20}Ca + {}^{0}_{-1}e$

   正电子衰变: ${}^{40}_{19}K \longrightarrow {}^{40}_{18}Ar + {}^{0}_{1}e$

   (2) 9.45×10^{17}

   (3) 1.86×10^7 年
9. 第七周期ⅧA族
10. 7.19×10^3a

第十七章

1. (1) 4 位; (2) 2 位; (3) 4 位; (4) 5 位; (5) 3 位; (6) 6 位
2. (1) 2.91×10^{-3}; (2) 3.28×10^5; (3) 3.84×10^8; (4) 1.1×10^4; (5) 326.4; (6) 0.134 3
3. ±0.10%;±0.01%; 当系统误差相同时,取样越多,相对误差越小
4. +5.0%; +0.39%; 在同样过量 0.10 mL 的情况下,用的体积越多相对误差越小
5. 0.050 00 g; 0.500 0 g
6. (1) 27.36; (2) 0.02,0.07%; (3) 0.02,0.07%
7. (1) 0.602 7; (2) 0.001 0,0.17%; (3) 0.001 3,0.22%
8. −0.003 9; −0.64%
9. (1) 0.186 6; (2) 0.001 5; (3) 0.001 7; (4) 0.186 6±0.002 1(0.184 5−0.188 7)
10. (1) $Q=0.78>0.76$,0.103 0 应弃舍; (2) 0.102 2; (3) 0.102 2±0.000 2(0.102 0−0.102 4)
11. $Q_4=0.75<0.76$,应保留,$\overline{X}_4=0.113\ 3$;$Q_5=0.75>0.64$,应弃舍,$\overline{X}_5=0.113\ 1$

第十八章

1. (1) 3.8×10^{-3} $mol\cdot L^{-1}$; (2) 3.1×10^{-4} $mol\cdot L^{-1}$
3. 5.40%

4. 1.071%

5. 7.111%； 16.30%

第十九章

2. 1.64； 2.15； 4.67； 7.20

4. 0.765 2； 0.105 9

5. Na_3PO_4 0.491 8； Na_2HPO_4 0.284 0

6. 0.730

8. 0.78 $mol \cdot L^{-1}$

9. 6.4×10^{-20} $mol \cdot L^{-1}$； 2.5×10^{-2} $mol \cdot L^{-1}$； 5.0×10^{-2} $mol \cdot L^{-1}$

10. 9.9； 2.4； 7.82

11. 14.4； $10^{-8.2}$ $mol \cdot L^{-1}$； $10^{-8.5}$ $mol \cdot L^{-1}$

12. 0.016 35 $mol \cdot L^{-1}$； 0.016 18 $mol \cdot L^{-1}$； 0.008 128 $mol \cdot L^{-1}$

14. 0.026 67 $mol \cdot L^{-1}$

15. 36.18%； 19.38%

16. 37.64%

17. 26.64%

19. 0.028 97 $mol \cdot L^{-1}$

20. 80.67 mg

21. 5.66×10^{-2} $mol \cdot L^{-1}$； 1.84×10^{-2} $mol \cdot L^{-1}$

22. $H_2C_2O_4 \cdot 2H_2O$ 52.48%； KHC_2O_4 38.01%； K_2SO_4 9.51%

24. 6.14%

25. 65.84%

26. 0.040 21； 0.533 4

27. KBr 44.71%； $KBrO_3$ 8.16%

第二十章

1. (1) 2.000；(2) 1.000；(3) 0.301；(4) 0.125；(5) 0.004 4

2. (1) 97.7%；(2) 79.4%；(3) 31.6%；(4) 10.0%；(5) 3.2%；(6) 1.0%

3. (1) 36.0%；(2) 0.444；(3) 0.2 倍

4. 1.32×10^{-3} $mol \cdot L^{-1}$

5. 0.78

6. 2.35×10^{4} $mol \cdot L^{-1}$

7. −44.4%； −5.47%； −3.44%； −2.72%； −3.43%； −5.74%

8. $c_x = 1.41 \times 10^{-5}$ $mol \cdot L^{-1}$； $c_y = 1.34 \times 10^{-5}$ $mol \cdot L^{-1}$

9. 132.6 $g \cdot mol^{-1}$

10. 3.34

第二十一章

1. 9.1

2. 能分离完全

3. (1) 0.017 3 $mol\cdot L^{-1}$； (2) 0.006 4 $mol\cdot L^{-1}$； (3) 2.1×10^{-3} $mol\cdot L^{-1}$； (4) 6.9×10^{-4} $mol\cdot L^{-1}$

4. D:30.0,10.0； E:96.8%,90.9%

5. 93.04%

附　　录

一、一些基本物理常数

真空中的光速	$c=2.997\ 924\ 58\times10^{8}\ m\cdot s^{-1}$
电子的电荷	$e=1.602\ 177\ 33\times10^{-19}\ C$
原子质量单位	$u=1.660\ 540\ 2\times10^{-27}\ kg$
质子静质量	$m_p=1.672\ 623\ 1\times10^{-27}\ kg$
中子静质量	$m_n=1.674\ 927\ 211\times10^{-27}\ kg$
电子静质量	$m_e=9.109\ 389\ 7\times10^{-31}\ kg$
摩尔气体常数	$R=8.314\ 510\ J\cdot mol^{-1}\cdot K^{-1}$
阿伏加德罗常数	$N_A=6.022\ 136\ 7\times10^{23}\ mol^{-1}$
里德堡常数	$R_\infty=1.097\ 373\ 153\ 4\times10^{7}\ m^{-1}$
法拉第常数	$F=9.648\ 530\ 9\times10^{4}\ C\cdot mol^{-1}$
普朗克常量	$h=6.626\ 075\ 5\times10^{-34}\ J\cdot s$
玻耳兹曼常量	$k=1.380\ 658\times10^{-23}\ J\cdot K^{-1}$

二、一些物质的 $\Delta_f H_m^\ominus$、$\Delta_f G_m^\ominus$ 和 $S_m^\ominus$(298.15 K,100.00 kPa)

物　质	$\Delta_f H_m^\ominus/(kJ\cdot mol^{-1})$	$\Delta_f G_m^\ominus/(kJ\cdot mol^{-1})$	$S_m^\ominus/(J\cdot K^{-1}\cdot mol^{-1})$
Ag(s)	0	0	42.6
Ag^+(aq)	105.6	77.1	72.7
AgCl(s)	−127.0	−109.8	96.3
AgBr(s)	−100.4	−96.9	107.1
AgI(s)	−61.8	−66.2	115.5
$AgNO_3$(s)	−124.4	−33.4	140.9
Ag_2O(s)	−31.1	−11.2	121.3
Ag_2CO_3(s)	−505.8	−436.8	167.4
Ag_2CrO_4(s)	−731.7	−641.8	217.6
Al(s)	0	0	28.3
Al_2O_3(s,刚玉)	−1 675.7	−1 582.3	50.9
Al^{3+}(aq)	−531.0	−485.0	−321.7
AsH_3(g)	66.4	68.9	222.8
AsF_3(l)	−821.3	−774.2	181.2
As_4O_6(s)	−1 313.9	−1 152.4	214.2
Au(s)	0	0	47.4

续表

物　　质	$\Delta_f H_m^\ominus/(kJ\cdot mol^{-1})$	$\Delta_f G_m^\ominus/(kJ\cdot mol^{-1})$	$S_m^\ominus/(J\cdot K^{-1}\cdot mol^{-1})$
B(s)	0	0	5.9
B_2H_6(g)	36.4	87.6	232.1
B_2O_3(s)	−1 273.5	−1 194.3	54.0
$B(OH)_4^-$(aq)	−1 344.0	−1 153.2	102.5
H_3BO_3(s)	−1 094.3	−968.9	90.0
Ba(s)	0	0	62.5
Ba^{2+}(aq)	−537.6	−560.8	9.6
BaO(s)	−548.0	−520.3	72.1
$BaCO_3$(s)	−1 213.0	−1 134.4	112.1
$BaSO_4$(s)	−1 473.2	−1 362.2	132.2
Br_2(g)	30.9	3.1	245.5
Br_2(l)	0	0	152.2
Br^-(aq)	−121.6	−104.0	82.4
HBr(g)	−36.3	−53.4	198.7
C(s,金刚石)	1.9	2.9	2.4
C(s,石墨)	0	0	5.7
CH_4(g)	−74.6	−50.5	186.3
C_2H_4(g)	52.4	68.4	219.3
C_2H_6(g)	−84.0	−32.0	229.2
C_2H_2(g)	227.4	209.9	200.4
CH_2O(g)	−108.6	−102.5	218.8
CH_3OH(g)	−201.0	−162.3	239.9
CH_3OH(l)	−239.2	−166.6	126.8
CH_3CHO(g)	−166.2	−133.0	263.8
C_2H_5OH(g)	−234.8	−167.9	281.6
C_2H_5OH(l)	−277.6	−174.8	160.7
CH_3COOH(l)	−484.3	−389.9	159.8
$C_6H_{12}O_6$(s,葡萄糖)	−1 273.2	−910.5	212.1
CO(g)	−110.5	−137.2	197.7
CO_2(g)	−393.5	−394.4	213.8
Ca(s)	0	0	41.6
Ca^{2+}(aq)	−542.8	−553.6	−53.1
CaO(s)	−634.9	−603.3	38.1
$CaCO_3$(s,方解石)	−1 207.6	−1 129.1	91.7
$Ca(OH)_2$(s)	−985.2	−897.5	83.4
$CaSO_4$(s)	−1 434.5	−1 322.0	106.5
$CaSO_4\cdot 1/2H_2O$(s)	−1 577.0	−1 436.7	130.5
$CaSO_4\cdot 2H_2O$(s)	−2 022.6	−1 797.3	194.1
Ce^{3+}(aq)	−696.2	−672.0	−205.0
CeO_2(s)	−1 088.7	−1 024.6	62.3
Cl_2(g)	0	0	223.1

续表

物　质	$\Delta_f H_m^\ominus/(kJ\cdot mol^{-1})$	$\Delta_f G_m^\ominus/(kJ\cdot mol^{-1})$	$S_m^\ominus/(J\cdot K^{-1}\cdot mol^{-1})$
$Cl^-(aq)$	−167.2	−131.3	56.5
$ClO^-(aq)$	−107.1	−36.8	42.0
$HCl(g)$	−92.3	−95.3	186.9
HClO(aq,非解离)	−120.9	−79.9	142.0
$Co(s)$	0	0	30.0
$Co^{2+}(aq)$	−58.2	−54.4	−113.0
$CoCl_2(s)$	−312.5	−269.8	109.2
$Cr(s)$	0	0	23.8
$CrO_4^{2-}(aq)$	−881.2	−727.8	50.2
$Cr_2O_7^{2-}(aq)$	−1 490.3	−1 301.1	261.9
$Cr_2O_3(s)$	−1 139.7	−1 058.1	81.2
$CrO_3(s)$	−589.5	−506.3	—
$Cu(s)$	0	0	33.2
$Cu^+(aq)$	71.7	50.0	40.6
$Cu^{2+}(aq)$	64.8	65.5	−99.6
$Cu_2O(s)$	−168.6	−146.0	93.1
$CuO(s)$	−157.3	−129.7	42.6
$CuSO_4(s)$	−771.4	−662.2	109.2
$CuSO_4\cdot 5H_2O(s)$	−2 279.7	−1 880.0	300.4
$F_2(g)$	0	0	202.8
$F^-(aq)$	−332.6	−278.8	−13.8
$HF(g)$	−273.3	−275.4	173.8
$Fe(s)$	0	0	27.3
$Fe^{2+}(aq)$	−89.1	−78.9	−137.7
$Fe^{3+}(aq)$	−48.5	−4.7	−315.9
$FeO(s)$	−272.0	—	—
$Fe_2O_3(s)$	−824.2	−742.2	87.4
$Fe_3O_4(s)$	−1 118.4	−1 015.4	146.4
$Fe(OH)_2(s)$	−569.0	−486.5	88
$Fe(OH)_3(s)$	−823.0	−696.5	106.7
$H_2(g)$	0	0	130.7
$H^+(aq)$	0	0	0
$H_2O(g)$	−241.8	−228.6	188.8
$H_2O(l)$	−285.8	−237.1	69.9
$H_2O_2(l)$	−187.8	−120.4	109.6
$OH^-(aq)$	−230.0	−157.2	−10.8
$Hg(l)$	0	0	75.9
$Hg^{2+}(aq)$	171.1	164.4	−32.2
$Hg_2^{2+}(aq)$	172.4	153.5	84.5
HgO(s,红色)	−90.8	−58.5	70.3
HgO(s,黄色)	−90.5	−58.4	71.1

续表

物 质	$\Delta_f H_m^\ominus$/(kJ·mol^{-1})	$\Delta_f G_m^\ominus$/(kJ·mol^{-1})	$S_m^\ominus$/(J·K^{-1}·mol^{-1})
HgI_2(s,红色)	−105.4	−101.7	180.0
HgS(s,红色)	−58.2	−50.6	82.4
I_2(s)	0	0	116.1
I_2(g)	62.4	19.3	260.7
I^-(aq)	−55.2	−51.6	111.3
HI(g)	26.5	1.7	206.6
HIO_3(s)	−230.1	—	—
K(s)	0	0	64.7
K^+(aq)	−252.4	−283.3	102.5
KCl(s)	−436.5	−408.5	82.6
K_2O(s)	−361.5	—	—
K_2O_2(s)	−494.1	−425.1	102.1
Li^+(aq)	−278.5	−293.3	13.4
Li_2O(s)	−597.9	−561.2	37.6
Mg(s)	0	0	32.7
Mg^{2+}(aq)	−466.9	−454.8	−138.1
$MgCl_2$(s)	−641.3	−591.8	89.6
MgO(s)	−601.6	−569.3	27.0
$Mg(OH)_2$(s)	−924.5	−833.5	63.2
$MgCO_3$(s)	−1 095.8	−1 012.1	65.7
Mn(s,α)	0	0	32.0
Mn^{2+}(aq)	−220.8	−228.1	−73.6
MnO_2(s)	−520.0	−465.1	53.1
N_2(g)	0	0	191.6
NH_3(g)	−45.9	−16.4	192.8
$NH_3·H_2O$(aq,非解离)	−366.1	−263.6	181.2
N_2H_4(g)	95.4	159.4	238.5
N_2H_4(l)	50.6	149.3	121.2
NH_4Cl(s)	−314.4	−202.9	94.6
NH_4NO_3(s)	−365.6	−183.9	151.1
$(NH_4)_2SO_4$(s)	−1 180.9	−901.7	220.1
NO(g)	91.3	87.6	210.8
NO_2(g)	33.2	51.3	240.1
N_2O(g)	81.6	103.7	220.0
N_2O_4(g)	11.1	99.8	304.2
HNO_3(l)	−174.1	−80.7	155.6
Na(s)	0	0	51.3
Na^+(aq)	−240.1	−261.9	59.0
NaCl(s)	−411.2	−384.1	72.1
$Na_2B_4O_7$(s)	−3 291.1	−3 096.0	189.5
$NaBO_2$(s)	−977.0	−920.7	73.5

续表

物　　质	$\Delta_f H_m^\ominus/(kJ\cdot mol^{-1})$	$\Delta_f G_m^\ominus/(kJ\cdot mol^{-1})$	$S_m^\ominus/(J\cdot K^{-1}\cdot mol^{-1})$
Na_2CO_3(s)	−1 130.7	−1 044.4	135.0
$NaHCO_3$(s)	−950.8	−851.0	101.7
$NaNO_2$(s)	−358.7	−284.6	103.8
$NaNO_3$(s)	−467.9	−367.0	116.5
Na_2O(s)	−414.2	−375.5	75.1
Na_2O_2(s)	−510.9	−447.7	95.0
NaOH(s)	−425.6	−379.5	64.5
O_2(g)	0	0	205.2
O_3(g)	142.7	163.2	238.9
P(s,白)	0	0	41.0
PCl_3(g)	−287.0	−267.8	311.8
PCl_5(g)	−374.9	−305.0	364.6
P_4O_{10}(s,六方)	−2 984.0	−2 697.7	228.9
Pb(s)	0	0	64.8
Pb^{2+}(aq)	−1.7	−24.4	10.5
$PbCl_2$(s)	−359.4	−314.1	136.0
PbO(s,黄色)	−217.3	−187.9	68.7
PbO(s,红色)	−219.0	−188.9	66.5
Pb_3O_4(s)	−718.4	−601.2	211.3
PbO_2(s)	−277.4	−217.3	68.6
PbS(s)	−100.4	−98.7	91.2
S(s,斜方)	0	0	32.1
S^{2-}(aq)	33.1	85.8	−14.6
H_2S(g)	−20.6	−33.4	205.8
SO_2(g)	−296.8	−300.1	248.2
SO_3(g)	−395.7	−371.1	256.8
SO_3^{2-}(aq)	−635.5	−486.5	−29.0
SO_4^{2-}(aq)	−909.3	−744.5	20.1
Si(s)	0	0	18.8
SiO_2(s,石英)	−910.7	−856.3	41.5
SiF_4(g)	−1 615.0	−1 572.8	282.8
$SiCl_4$(l)	−687.0	−619.8	239.7
Sn(s,白色)	0	0	51.2
Sn(s,灰色)	−2.1	0.1	44.1
Sn^{2+}(aq)	−8.8	−27.2	−17.0
SnO(s)	−280.7	−251.9	57.2
SnO_2(s)	−577.6	−515.8	49.0
Sr^{2+}(aq)	−545.8	−559.5	−32.6
SrO(s)	−592.0	−561.9	54.4
$SrCO_3$(s)	−1 220.1	−1 140.1	97.1
Ti(s)	0	0	30.7

续表

物　质	$\Delta_f H_m^{\ominus}/(kJ\cdot mol^{-1})$	$\Delta_f G_m^{\ominus}/(kJ\cdot mol^{-1})$	$S_m^{\ominus}/(J\cdot K^{-1}\cdot mol^{-1})$
TiO_2(s,金红石)	−944.0	−888.8	50.6
$TiCl_4$(l)	−804.2	−737.2	252.2
V_2O_5(s)	−1 550.6	−1 419.5	131.0
WO_3(s)	−842.9	−764.0	75.9
Zn(s)	0	0	41.6
Zn^{2+}(aq)	−153.9	−147.1	−112.1
ZnO(s)	−350.5	−320.5	43.7
ZnS(s,闪锌矿)	−206.0	−210.3	57.7

本表数据主要摘自 David R Lide.CRC Handbook of Chemistry and Physics.90th ed,2009—2010。

三、一些弱酸和弱碱的标准解离常数(25 ℃)

(一) 一些弱酸的 $K_a^{\ominus}$ 和 $pK_a^{\ominus}$

弱　酸	$K_a^{\ominus}$	$pK_a^{\ominus}$	弱　酸	$K_a^{\ominus}$	$pK_a^{\ominus}$
HCN	6.17×10^{-10}	9.21	H_2SO_4	$K_{a_2}^{\ominus}=1.02\times10^{-2}$	1.99
H_2CO_3	$K_{a_1}^{\ominus}=4.45\times10^{-7}$	6.35	HCOOH	1.77×10^{-4}	3.75
	$K_{a_2}^{\ominus}=4.69\times10^{-11}$	10.33	CH_3COOH	1.75×10^{-5}	4.76
HClO	2.90×10^{-8}	7.54	$H_2C_2O_4$(草酸)	$K_{a_1}^{\ominus}=5.36\times10^{-2}$	1.27
HF	6.31×10^{-4}	3.20		$K_{a_2}^{\ominus}=5.35\times10^{-5}$	4.27
HNO_2	7.24×10^{-4}	3.14	$C_3H_6O_3$(乳酸)	1.39×10^{-4}	3.86
H_2O_2	2.29×10^{-12}	11.64	$C_4H_6O_6$(酒石酸)	$K_{a_1}^{\ominus}=9.20\times10^{-4}$	3.04
H_3PO_4	$K_{a_1}^{\ominus}=7.11\times10^{-3}$	2.15		$K_{a_2}^{\ominus}=4.31\times10^{-5}$	4.37
	$K_{a_2}^{\ominus}=6.34\times10^{-8}$	7.20	$C_6H_8O_7$(柠檬酸)	$K_{a_1}^{\ominus}=7.43\times10^{-4}$	3.13
	$K_{a_3}^{\ominus}=4.79\times10^{-13}$	12.32		$K_{a_2}^{\ominus}=1.73\times10^{-5}$	4.76
H_2S	$K_{a_1}^{\ominus}=1.07\times10^{-7}$	6.97		$K_{a_3}^{\ominus}=4.02\times10^{-7}$	6.40
	$K_{a_2}^{\ominus}=1.26\times10^{-13}$	12.90	C_6H_5OH(苯酚)	1.02×10^{-10}	9.99
H_2SO_3	$K_{a_1}^{\ominus}=1.29\times10^{-2}$	1.89			
	$K_{a_2}^{\ominus}=6.24\times10^{-8}$	7.20			

(二) 一些弱碱的 $K_b^{\ominus}$ 和 $pK_b^{\ominus}$

弱　碱	$K_b^{\ominus}$	$pK_b^{\ominus}$
NH_3	1.76×10^{-5}	4.75
CH_3NH_2(甲胺)	4.17×10^{-4}	3.38
$C_2H_5NH_2$(乙胺)	4.27×10^{-4}	3.37
C_5H_5N(吡啶)	1.48×10^{-9}	8.83
$C_6H_5NH_2$(苯胺)	4.27×10^{-4}	3.37
N_2H_4(联氨)	$K_{b_1}^{\ominus}=8.71\times10^{-7}$	6.06
	$K_{b_2}^{\ominus}=1.86\times10^{-14}$	13.73

本表数据摘自 James G Speight. Lange's Handbook of Chemistry. 16th ed, 2005。

四、常用缓冲溶液的 pH 范围

缓冲溶液	$pK_a^\ominus$	pH 有效范围
盐酸－甘氨酸($HCl-NH_2CH_2COOH$)	2.4	1.4～3.4
盐酸－邻苯二甲酸氢钾[$HCl-C_6H_4(COO)_2HK$]	3.1	2.2～4.0
柠檬酸－氢氧化钠[$C_3H_5(COOH)_3-NaOH$]	2.9,4.1,5.8	2.2～6.5
蚁酸－氢氧化钠($HCOOH-NaOH$)	3.8	2.8～4.6
醋酸－醋酸钠($CH_3COOH-CH_3COONa$)	4.74	3.6～5.6
邻苯二甲酸氢钾－氢氧化钾[$C_6H_4(COO)_2HK-KOH$]	5.4	4.0～6.2
琥珀酸氢钠－琥珀酸钠 $\left(\begin{array}{l}CH_2COOH\\ \vert\\ CH_2COONa\end{array} - \begin{array}{l}CH_2COONa\\ \vert\\ CH_2COONa\end{array}\right)$	5.5	4.8～5.3
柠檬酸氢二钠－氢氧化钠[$C_3H_5(COO)_3HNa_2-NaOH$]	5.8	5.0～6.3
磷酸二氢钾－氢氧化钠(KH_2PO_4-NaOH)	7.2	5.8～8.0
磷酸二氢钾－硼砂($KH_2PO_4-Na_2B_4O_7$)	7.2	5.8～9.2
磷酸二氢钾－磷酸氢二钾($KH_2PO_4-K_2HPO_4$)	7.2	5.9～8.0
硼酸－硼砂($H_3BO_3-Na_2B_4O_7$)	9.2	7.2～9.2
硼酸－氢氧化钠(H_3BO_3-NaOH)	9.2	8.0～10.0
甘氨酸－氢氧化钠($NH_2CH_2COOH-NaOH$)	9.7	8.2～10.1
氯化铵－氨水($NH_4Cl-NH_3\cdot H_2O$)	9.3	8.3～10.3
碳酸氢钠－碳酸钠($NaHCO_3-Na_2CO_3$)	10.3	9.2～11.0
磷酸氢二钠－氢氧化钠(Na_2HPO_4-NaOH)	12.4	11.0～12.0

五、一些难溶电解质的溶度积

化合物	$K_{sp}^\ominus$	$pK_{sp}^\ominus$	化合物	$K_{sp}^\ominus$	$pK_{sp}^\ominus$
AgBr	5.35×10^{-13}	12.27	$Al(OH)_3$	1.3×10^{-33}	32.89
AgCl	1.77×10^{-10}	9.75	$BaCO_3$	2.58×10^{-9}	8.59
AgCN	5.97×10^{-17}	16.22	$BaC_2O_4\cdot H_2O$	2.3×10^{-8}	7.64
Ag_2CO_3	8.46×10^{-12}	11.07	$BaCrO_4$	1.17×10^{-10}	9.93
$Ag_2C_2O_4$	5.40×10^{-12}	11.27	BaF_2	1.84×10^{-7}	6.74
Ag_2CrO_4	1.12×10^{-12}	11.95	$BaSO_4$	1.08×10^{-10}	9.97
AgI	8.52×10^{-17}	16.07	$Be(OH)_2$	6.92×10^{-22}	21.16
$AgIO_3$	3.17×10^{-8}	7.50	$CaCO_3$	2.8×10^{-9}	8.54
AgOH	2.0×10^{-8}	7.71	$CaC_2O_4\cdot H_2O$	2.32×10^{-9}	8.63
Ag_3PO_4	8.89×10^{-17}	16.05	CaF_2	5.3×10^{-9}	8.28
Ag_2S	6.3×10^{-50}	49.20	$Ca(OH)_2$	5.5×10^{-6}	5.26
AgSCN	1.03×10^{-12}	11.987	$Ca_3(PO_4)_2$	2.07×10^{-29}	28.68
Ag_2SO_3	1.50×10^{-14}	13.82	$CaSO_4$	4.93×10^{-5}	4.31
Ag_2SO_4	1.20×10^{-5}	4.92	$CaSO_4\cdot 2H_2O$	3.14×10^{-5}	4.50

续表

化合物	$K_{sp}^{\ominus}$	$pK_{sp}^{\ominus}$	化合物	$K_{sp}^{\ominus}$	$pK_{sp}^{\ominus}$
$CdCO_3$	1.0×10^{-12}	12.00	$MgCO_3$	6.82×10^{-6}	5.17
$Cd(OH)_2$	7.2×10^{-15}	14.14	$MgC_2O_4\cdot2H_2O$	4.83×10^{-6}	5.32
CdS	8.0×10^{-27}	26.10	MgF_2	5.16×10^{-11}	10.29
$Co(OH)_2$	5.92×10^{-15}	14.23	$Mg(OH)_2$	5.61×10^{-12}	11.25
α-CoS	4.0×10^{-21}	20.40	$MgNH_4PO_4$	2.5×10^{-13}	12.60
β-CoS	2.0×10^{-25}	24.70	$Mn(OH)_2$	1.9×10^{-13}	12.72
$Co(OH)_3$	1.6×10^{-44}	43.80	MnS(无定形)	2.5×10^{-10}	9.6
$Cr(OH)_3$	6.3×10^{-31}	30.20	MnS(晶形)	2.5×10^{-13}	12.60
CuCl	1.72×10^{-7}	6.76	$NiCO_3$	1.42×10^{-7}	6.85
CuCN	3.47×10^{-20}	19.46	$Ni(OH)_2$	5.48×10^{-16}	15.26
CuI	1.27×10^{-12}	11.90	α-NiS	3.2×10^{-19}	18.50
Cu_2S	2.5×10^{-48}	47.60	β-NiS	2.5×10^{-22}	21.60
CuSCN	1.77×10^{-13}	12.75	$PbCO_3$	7.40×10^{-14}	13.13
CuC_2O_4	4.43×10^{-10}	9.35	$PbCl_2$	1.70×10^{-5}	4.77
$Cu(OH)_2$	2.2×10^{-20}	19.66	$PbCrO_4$	2.8×10^{-13}	12.55
$Cu_3(PO_4)_2$	1.40×10^{-37}	36.85	PbF_2	3.3×10^{-8}	7.48
CuS	6.3×10^{-36}	35.20	PbI_2	9.8×10^{-9}	8.01
$FeCO_3$	3.13×10^{-11}	10.50	$Pb(OH)_2$	1.43×10^{-15}	14.84
$Fe(OH)_2$	4.87×10^{-17}	16.31	PbS	8.0×10^{-28}	27.10
FeS	6.3×10^{-18}	17.20	$PbSO_4$	2.53×10^{-8}	7.60
$Fe(OH)_3$	2.79×10^{-39}	38.55	$Sn(OH)_2$	5.45×10^{-28}	27.26
$Hg_2Cl_2$①	1.43×10^{-18}	17.84	SnS	1.0×10^{-25}	25.00
Hg_2CO_3	3.6×10^{-17}	16.44	$SrCO_3$	5.60×10^{-10}	9.25
Hg_2I_2	5.2×10^{-29}	28.72	$SrSO_4$	3.44×10^{-7}	6.46
Hg_2SO_4	6.5×10^{-7}	6.19	TlCl	1.86×10^{-4}	3.73
$HgBr_2$	6.2×10^{-20}	19.21	TlI	5.54×10^{-8}	7.26
HgI_2	2.9×10^{-29}	28.54	$ZnCO_3$	1.46×10^{-10}	9.84
HgS(红)	4×10^{-53}	52.4	$Zn(OH)_2$	3×10^{-17}	16.5
HgS(黑)	1.6×10^{-52}	51.80	α-ZnS	1.6×10^{-24}	23.80
LiF	1.84×10^{-3}	2.74	β-ZnS	2.5×10^{-22}	21.60
Li_3PO_4	2.37×10^{-11}	10.63			

本表数据摘自 James G Speight. Lange's Handbook of Chemistry. 16th ed，2005。

① 亚汞离子在水溶液中以 Hg_2^{2+} 形式存在，其难溶盐 $K_{sp}^{\ominus}$ 表达式为：如 Hg_2Cl_2，$K_{sp}^{\ominus}=[Hg_2^{2+}][Cl^-]^2$；$Hg_2CO_3$，$K_{sp}^{\ominus}=[Hg_2^{2+}][CO_3^{2-}]$。

六、元素的原子半径(pm)

I A																	0
H 37	II A											III A	IV A	V A	VI A	VII A	He 122
Li 152	Be 111											B 91	C 77	N 71	O 60	F 67	Ne 160
Na 186	Mg 160	III B	IV B	V B	VI B	VII B	VIII			I B	II B	Al 143	Si 117	P 110	S 104	Cl 99	Ar 191
K 231	Ca 197	Sc 161	Ti 145	V 131	Cr 125	Mn 118	Fe 124	Co 125	Ni 126	Cu 128	Zn 133	Ga 123	Ge 122	As 121	Se 117	Br 114	Kr 198
Rb 243	Sr 215	Y 180	Zr 160	Nb 147	Mo 136	Tc 135	Ru 133	Rh 135	Pd 138	Ag 144	Cd 149	In 151	Sn 140	Sb 145	Te 137	I 133	Xe 217
Cs 265	Ba 217	La 187	Hf 156	Ta 143	W 137	Re 138	Os 134	Ir 136	Pt 139	Au 144	Hg 151	Tl 170	Pb 175	Bi 155	Po 167	At 145	Rn
Fr 270	Ra 220	Ac 188															

Ce 183	Pr 182	Nd 181	Pm 181	Sm 180	Eu 199	Gd 179	Tb 176	Dy 175	Ho 174	Er 173	Tm 173	Yb 194	Lu 172
Th 179	Pa 161	U 158	Np 155	Pu 153	Am 151	Cm 99	Bk 154	Cf 183	Es	Fm	Md	No	Lr

说明:金属原子为金属半径;非金属原子为共价半径(单键);稀有气体为范德华半径。

七、元素的第一电离能($kJ \cdot mol^{-1}$)

ⅠA	ⅡA	ⅢB	ⅣB	ⅤB	ⅥB	ⅦB	Ⅷ			ⅠB	ⅡB	ⅢA	ⅣA	ⅤA	ⅥA	ⅦA	0
H 1374.8																	He 2485.7
Li 545.1	Be 942.6											B 838.9	C 1138.4	N 1469.4	O 1376.8	F 1761.5	Ne 2180.2
Na 519.6	Mg 773.0											Al 605.2	Si 824.2	P 1060.2	S 1047.4	Cl 1311.1	Ar 1593.3
K 438.9	Ca 618.0	Sc 663.3	Ti 690.3	V 682.0	Cr 684.1	Mn 751.6	Fe 800.7	Co 796.8	Ni 772.4	Cu 781.1	Zn 949.7	Ga 606.5	Ge 798.6	As 989.7	Se 985.9	Br 1194.4	Kr 1415.4
Rb 422.3	Sr 575.8	Y 628.5	Zr 670.7	Nb 683.3	Mo 717.0	Tc 736.0	Ru 744.2	Rh 754.1	Pd 842.9	Ag 765.9	Cd 909.3	In 585.0	Sn 742.5	Sb 870.3	Te 910.9	I 1056.6	Xe 1226.3
Cs 393.7	Ba 526.9	La 563.8	Hf 690.0	Ta 763.3	W 795.0	Re 792.0	Os 853.1	Ir 906.6	Pt 905.8	Au 932.7	Hg 1055.3	Tl 617.5	Pb 749.8	Bi 736.6	Po 850.6	At —	Rn 1086.7
Fr 411.8	Ra 533.6	Ac 522.7															

Ce 560.0	Pr 533.3	Nd 558.6	Pm 564.3	Sm 570.6	Eu 573.2	Gd 621.8	Tb 592.8	Dy 600.4	Ho 608.7	Er 617.5	Tm 625.2	Yb 632.3	Lu 548.6
Th 637.6	Pa 595.5	U 626.2	Np 633.5	Pu 609.2	Am 604.0	Cm 605.7	Bk 626.6	Cf 635.1	Es 649.1	Fm 657.2	Md 665.2	No 672.3	Lr 495.4

本表数据摘自 David R Lide. CRC Handbook of Chemistry and Physics. 90th ed，2009—2010。

八、一些元素的电子亲和能(kJ·mol^{-1})

ⅠA																	0
H 76.2	ⅡA											ⅢA	ⅣA	ⅤA	ⅥA	ⅦA	He NS
Li 62.5	Be NS											B 28.3	C 127.6	N NS	O 147.7	F 343.8	Ne NS
Na 55.4	Mg NS	ⅢB	ⅣB	ⅤB	ⅥB	ⅦB	Ⅷ			ⅠB	ⅡB	Al 43.8	Si 138.5	P 75.5	S 210.0	Cl 365.3	Ar NS
K 50.7	Ca 2.5	Sc 19.0	Ti 8.0	V 53.1	Cr 67.3	Mn NS	Fe 15.3	Co 66.9	Ni 116.9	Cu 124.9	Zn NS	Ga 43.5	Ge 124.7	As 82.3	Se 204.3	Br 340.1	Kr NS
Rb 49.1	Sr 4.9	Y 31.0	Zr 43.1	Nb 90.3	Mo 75.6	Tc 55.6	Ru 106.2	Rh 115.0	Pd 56.8	Ag 133.5	Cd NS	In 30.3	Sn 112.4	Sb 105.8	Te 199.3	I 309.3	Xe NS
Cs 47.7	Ba 14.7	La 47.5	Hf $\gg 0$	Ta 32.6	W 82.4	Re 15.2	Os 111.2	Ir 158.1	Pt 215.1	Au 233.4	Hg NS	Tl 20.2	Pb 36.8	Bi 95.2	Po 192.1	At 283.1	Rn NS
Fr 46.5	Ra 10.1	Ac 35.4															

Ce 96.5	Pr 97.3	Nd –	Pm –	Sm –	Eu 87.4	Gd –	Tb –	Dy –	Ho –	Er –	Tm 104.0	Yb −2.0	Lu 34.4
Th –	Pa –	U –	Np –	Pu –	Am –	Cm –	Bk –	Cf –	Es –	Fm –	Md –	No –	Lr –

说明:“NS”表示“不稳定”;“-”表示“未测得”。

本表数据摘自 David R Lide. CRC Handbook of Chemistry and Physics. 90th ed，2009—2010。

九、元素的电负性

ⅠA																	0
H 2.2	ⅡA											ⅢA	ⅣA	ⅤA	ⅥA	ⅦA	He –
Li 0.98	Be 1.57											B 2.04	C 2.55	N 3.04	O 3.44	F 3.98	Ne –
Na 0.93	Mg 1.31	ⅢB	ⅣB	ⅤB	ⅥB	ⅦB	Ⅷ			ⅠB	ⅡB	Al 1.61	Si 1.90	P 2.19	S 2.58	Cl 3.16	Ar
K 0.82	Ca 1.00	Sc 1.36	Ti 1.54	V 1.63	Cr 1.66	Mn 1.55	Fe 1.83	Co 1.88	Ni 1.91	Cu 1.90	Zn 1.65	Ga 1.81	Ge 2.01	As 2.18	Se 2.55	Br 2.96	Kr –
Rb 0.79	Sr 0.95	Y 1.22	Zr 1.33	Nb 1.6	Mo 2.16	Tc 2.10	Ru 2.2	Rh 2.28	Pd 2.20	Ag 1.93	Cd 1.69	In 1.78	Sn 1.96	Sb 2.05	Te 2.1	I 2.66	Xe 2.60
Cs 0.79	Ba 0.89	La 1.10	Hf 1.3	Ta 1.5	W 1.7	Re 1.9	Os 2.2	Ir 2.2	Pt 2.4	Au 2.4	Hg 1.9	Tl 1.8	Pb 1.8	Bi 1.9	Po 2.0	At 2.2	Rn –
Fr 0.7	Ra 0.9	Ac 1.1															

Ce 1.12	Pr 1.13	Nd 1.14	Pm –	Sm 1.17	Eu –	Gd 1.20	Tb –	Dy 1.22	Ho 1.23	Er 1.24	Tm 1.25	Yb –	Lu 1.0
Th 1.3	Pa 1.5	U 1.7	Np 1.3	Pu 1.3	Am 1.3	Cm 1.3	Bk 1.3	Cf 1.3	Es 1.3	Fm 1.3	Md 1.3	No 1.3	Lr

本表数据摘自 James G Speight. Lange's Handbook of Chemistry. 16th ed，2005。

十、常见化学键的键能($kJ \cdot mol^{-1}$,298.15 K)

		H	C	N	O	F	Si	P	S	Cl	Br	I
单键	H	436										
	C	415	346									
	N	389	293	159								
	O	465	343	201	138							
	F	565	486	272	184	156						
	Si	320	281	—	368	540	197					
	P	318	264	300	352	490	214	214				
	S	364	289	247	—	340	226	230	264			
	Cl	431	327	201	205	252	360	318	272	243		
	Br	366	276	243	—	280	289	272	214	218	193	
	I	299	239	201	201	271	214	214	—	211	179	151
双键	C=C	612	C=N	615	C=O	743	C=S	578				
	N=N	419	O=O	498	O=S	518	S=S	425				
叁键	C≡C	835	C≡N	890	C≡O	1074	N≡N	945				

十一、鲍林离子半径(pm)

H^-	154	Be^{2+}	45	Ga^{3+}	62
F^-	133	Mg^{2+}	72	In^{3+}	80
Cl^-	181	Ca^{2+}	100	Tl^{3+}	88.5
Br^-	196	Sr^{2+}	118	Fe^{3+}	64.5(HS)55(LS)
I^-	220	Ba^{2+}	136	Cr^{3+}	61.5
		Ra^{2+}	148		
O^{2-}	140	Zn^{2+}	74	C^{4+}	16
S^{2-}	184	Cd^{2+}	95	Si^{4+}	40
Se^{2-}	198	Hg^{2+}	102	Ti^{4+}	60.5
Te^{2-}	221	Pb^{2+}	119	Zr^{4+}	72
		Mn^{2+}	83(HS)67(LS)	Ce^{4+}	87
Li^+	76	Fe^{2+}	78(HS)61(LS)	Ge^{4+}	53
Na^+	102	Co^{2+}	74.5(HS)65(LS)	Sn^{4+}	69
K^+	138	Ni^{2+}	69	Pb^{4+}	78
Rb^+	152	Cu^{2+}	73		
Cs^+	167				
Cu^+	77	B^{3+}	27		
Ag^+	115	Al^{3+}	53.5		
Au^+	137	Sc^{3+}	74.5		
Tl^+	150	Y^{3+}	90		
NH_4^+	146	La^{3+}	103.2		

说明:HS代表高自旋;LS代表低自旋。

十二、配离子的积累稳定常数

配离子	$\beta_n^\ominus$	$\lg\beta_n^\ominus$	配离子	$\beta_n^\ominus$	$\lg\beta_n^\ominus$
$[CdCl_4]^{2-}$	6.31×10^{2}	2.8	$[HgI_4]^{2-}$	6.76×10^{29}	29.83
$[CuCl_3]^{2-}$	5.01×10^{5}	5.7	$[Ag(NH_3)_2]^{+}$	1.12×10^{7}	7.05
$[HgCl_4]^{2-}$	1.17×10^{15}	15.07	$[Cd(NH_3)_4]^{2+}$	1.32×10^{7}	7.12
$[PtCl_4]^{2-}$	1.00×10^{16}	16.00	$[Co(NH_3)_6]^{2+}$	1.29×10^{5}	5.11
$[SnCl_4]^{2-}$	3.02×10^{1}	1.48	$[Co(NH_3)_6]^{3+}$	1.58×10^{35}	35.2
$[ZnCl_4]^{2-}$	1.58	0.20	$[Cu(NH_3)_4]^{+}$	7.24×10^{10}	10.86
$[Ag(CN)_2]^{-}$	1.26×10^{21}	21.1	$[Cu(NH_3)_4]^{2+}$	2.09×10^{13}	13.32
$[Au(CN)_2]^{-}$	2.00×10^{38}	38.3	$[Ni(NH_3)_6]^{2+}$	5.50×10^{8}	8.74
$[Cd(CN)_4]^{2-}$	6.03×10^{18}	18.78	$[Pt(NH_3)_6]^{2+}$	2.00×10^{35}	35.3
$[Cu(CN)_2]^{-}$	1.00×10^{24}	24.0	$[Zn(NH_3)_4]^{2+}$	2.88×10^{9}	9.46
$[Cu(CN)_4]^{3-}$	2.00×10^{30}	30.3	$[Al(OH)_4]^{-}$	1.07×10^{33}	33.03
$[Fe(CN)_6]^{4-}$	1.00×10^{35}	35.0	$[Cd(OH)_4]^{2-}$	4.17×10^{8}	8.62
$[Fe(CN)_6]^{3-}$	1.00×10^{42}	42.0	$[Cr(OH)_4]^{-}$	7.94×10^{29}	29.9
$[Hg(CN)_4]^{2-}$	2.51×10^{41}	41.4	$[Cu(OH)_4]^{2-}$	3.16×10^{18}	18.5
$[Ni(CN)_4]^{2-}$	2.00×10^{31}	31.3	$[Ag(SCN)_2]^{-}$	3.72×10^{7}	7.57
$[Zn(CN)_4]^{2-}$	5.01×10^{16}	16.7	$[Co(SCN)_4]^{2-}$	1.00×10^{3}	3.00
$[Al(C_2O_4)_3]^{3-}$	2.00×10^{16}	16.3	$[Fe(SCN)]^{2+}$	8.91×10^{2}	2.95
$[Co(C_2O_4)_3]^{4-}$	5.01×10^{9}	9.7	$[Fe(SCN)_2]^{+}$	2.29×10^{3}	3.36
$[Cu(C_2O_4)_2]^{2-}$	3.16×10^{8}	8.5	$[Cu(SCN)_2]^{-}$	1.51×10^{5}	5.18
$[Fe(C_2O_4)_3]^{4-}$	1.66×10^{5}	5.22	$[Hg(SCN)_4]^{2-}$	1.70×10^{21}	21.23
$[Fe(C_2O_4)_3]^{3-}$	1.58×10^{20}	20.2	$[Ag(S_2O_3)_2]^{3-}$	2.88×10^{13}	13.46
$[AlF_6]^{3-}$	6.92×10^{19}	19.84	$[Cu(S_2O_3)_2]^{3-}$	1.66×10^{12}	12.22
$[FeF]^{2+}$	1.91×10^{5}	5.28	$[Ag(en)_2]^{+}$	5.01×10^{7}	7.70
$[FeF_2]^{+}$	2.00×10^{9}	9.30	$[Co(en)_3]^{2+}$	8.71×10^{13}	13.94
$[AgI_2]^{-}$	5.50×10^{11}	11.74	$[Co(en)_3]^{3+}$	4.90×10^{48}	48.69
$[CdI_4]^{2-}$	2.57×10^{5}	5.41	$[Fe(en)_3]^{2+}$	5.01×10^{9}	9.70
$[CuI_2]^{-}$	7.08×10^{8}	8.85	$[Ni(en)_3]^{2+}$	2.14×10^{18}	18.33
$[PbI_4]^{2-}$	2.95×10^{4}	4.47	$[Zn(en)_3]^{2+}$	1.29×10^{14}	14.11

本表数据摘自 James G Speight. Lange's Handbook of Chemistry. 16th ed，2005。

十三、硬软酸碱分类

酸类	（硬）	H^+，Li^+，Na^+，K^+；Be^{2+}，Mg^{2+}，Ca^{2+}，Sr^{2+}，Mn^{2+}；Al^{3+}，Sc^{3+}，Ga^{3+}，In^{3+}，La^{3+}；Cl^{3+}，Gd^{3+}，Lu^{3+}，Cr^{3+}，Co^{3+}，Fe^{3+}，As^{3+}，CH_3Sn^{3+}；Si^{4+}，Ti^{4+}，Zr^{4+}，Th^{4+}，U^{4+}，Pu^{4+}，Ce^{3+}，Hf^{4+}，WO^{4+}，Sn^{4+}；UO_2^{2+}；$(CH_3)_2Sn^{2+}$，VO^{2+}，MoO^{3+}，$Be(CH_3)_2$，BF_3，$B(OR)_3$；$Al(CH_3)_3$，$AlCl_3$，AlH_3，RPO_2^+，$ROPO_2^+$；RSO_2，$ROSO_2^+$，SO_3，RCO^+，CO_2，NC^+；I^{7+}，I^{5+}，Cl^{7+}，Cr^{6+}；HX(成氢键分子)
	（交界）	Fe^{2+}，Co^{2+}，Ni^{2+}，Cu^{2+}，Zn^{2+}，Pb^{2+}，Sn^{2+}，Sb^{3+}，Bi^{3+}，Rh^{3+}，Ir^{3+}，$B(CH_3)_3$，SO_2，NO^+，Ru^{2+}，Os^{2+}，R_3C^+，$C_6H_5^+$，GaH_3，Cr^{2+}

酸类	（软）	Cu^+，Ag^+，Au^+，Tl^+，Hg^+；Pd^{2+}，Cd^{2+}，Pt^{2+}，Hg^{2+}，Tl^{3+}，$Tl(CH_3)_3$，CH_3Hg^+，$Co(CN)_5^{2-}$，Pt^{4+}，Te^{4+}；BH_3，$Ga(CH_3)_3$，$GaCl_3$，RS^+，RSe^+，RTe^+；I^+，Br^+，HO^+，RO^+；$InCl_3$，GaI_3，I_2，Br_2，ICN 等；三硝基苯等，氰乙烯等，醌类等，O，Cl，Br，I，N，RO，RO_2；CH_2；M^0（金属原子），金属
碱类	（硬）	H_2O，OH^-，O^{2-}，F^-；$CH_3CO_2^-$，PO_4^{3-}，SO_4^{2-}；Cl^-，CO_3^{2-}，ClC_4^-，NO_3^-，ROH，RO^-，R_2O；NH_3，RNH_2，N_2H_4
	（交界）	$C_6H_5NH_2$，C_5H_5N，N_3^-，Br^-，NO_2^-，SO_3^{2-}，N_2
	（软）	R_2S，RSH，RS^-；I^-，SCN^-，$S_2O_3^{2-}$，S^{2-}，R_3P，R_3As，$(RO)_3P$，CN^-，RNC，CO；C_2H_4，C_6H_6，H^-，R^-

十四、标准电极电势(298.15 K)

（一）在酸性溶液中

电　对	电极反应	$\varphi^\ominus$/V
Li(Ⅰ)-(0)	$Li^+ + e^- \rightleftharpoons Li$	−3.045
K(Ⅰ)-(0)	$K^+ + e^- \rightleftharpoons K$	−2.925
Rb(Ⅰ)-(0)	$Rb^+ + e^- \rightleftharpoons Rb$	−2.924
Cs(Ⅰ)-(0)	$Cs^+ + e^- \rightleftharpoons Cs$	−2.923
Ba(Ⅱ)-(0)	$Ba^{2+} + 2e^- \rightleftharpoons Ba$	−2.92
Sr(Ⅱ)-(0)	$Sr^{2+} + 2e^- \rightleftharpoons Sr$	−2.89
Ca(Ⅱ)-(0)	$Ca^{2+} + 2e^- \rightleftharpoons Ca$	−2.84
Na(Ⅰ)-(0)	$Na^+ + e^- \rightleftharpoons Na$	−2.714
La(Ⅲ)-(0)	$La^{3+} + 3e^- \rightleftharpoons La$	−2.38
Mg(Ⅱ)-(0)	$Mg^{2+} + 2e^- \rightleftharpoons Mg$	−2.356
Ce(Ⅲ)-(0)	$Ce^{3+} + 3e^- \rightleftharpoons Ce$	−2.34
Al(Ⅲ)-(0)	$[AlF_6]^{3-} + 3e^- \rightleftharpoons Al + 6F^-$	−2.07
Sc(Ⅲ)-(0)	$Sc^{3+} + 3e^- \rightleftharpoons Sc$	−2.03
Be(Ⅱ)-(0)	$Be^{2+} + 2e^- \rightleftharpoons Be$	−1.99
Al(Ⅲ)-(0)	$Al^{3+} + 3e^- \rightleftharpoons Al$	−1.67
Ti(Ⅱ)-(0)	$Ti^{2+} + 2e^- \rightleftharpoons Ti$	−1.63
Si(Ⅳ)-(0)	$[SiF_6]^{2-} + 4e^- \rightleftharpoons Si + 6F^-$	−1.37
Mn(Ⅱ)-(0)	$Mn^{2+} + 2e^- \rightleftharpoons Mn$	−1.17
V(Ⅱ)-(0)	$V^{2+} + 2e^- \rightleftharpoons V$	−1.13
Si(Ⅳ)-(0)	$SiO_2 + 4H^+ + 4e^- \rightleftharpoons Si + 2H_2O$	−0.909
B(Ⅲ)-(0)	$H_3BO_3 + 3H^+ + 3e^- \rightleftharpoons B + 3H_2O$	−0.890
Ti(Ⅳ)-(0)	$TiO^{2+} + 2H^+ + 4e^- \rightleftharpoons Ti + H_2O$	−0.86
Zn(Ⅱ)-(0)	$Zn^{2+} + 2e^- \rightleftharpoons Zn$	−0.762 6
Cr(Ⅲ)-(0)	$Cr^{3+} + 3e^- \rightleftharpoons Cr$	−0.74
C(Ⅳ)-(Ⅲ)	$2CO_2 + 2H^+ + 2e^- \rightleftharpoons H_2C_2O_4$	−0.481
Fe(Ⅱ)-(0)	$Fe^{2+} + 2e^- \rightleftharpoons Fe$	−0.440
Cr(Ⅲ)-(Ⅱ)	$Cr^{3+} + e^- \rightleftharpoons Cr^{2+}$	−0.424
Cd(Ⅱ)-(0)	$Cd^{2+} + 2e^- \rightleftharpoons Cd$	−0.402 5
Ti(Ⅲ)-(Ⅱ)	$Ti^{3+} + e^- \rightleftharpoons Ti^{2+}$	−0.37

续表

电　　对	电极反应	$\varphi^{\ominus}$/V
Pb(Ⅱ)-(0)	$PbI_2+2e^- \rightleftharpoons Pb+2I^-$	−0.365
Pb(Ⅱ)-(0)	$PbSO_4+2e^- \rightleftharpoons Pb+SO_4^{2-}$	−0.356
Pb(Ⅱ)-(0)	$PbBr_2+2e^- \rightleftharpoons Pb+2Br^-$	−0.280
Co(Ⅱ)-(0)	$Co^{2+}+2e^- \rightleftharpoons Co$	−0.277
Pb(Ⅱ)-(0)	$PbCl_2+2e^- \rightleftharpoons Pb+2Cl^-$	−0.268
Ni(Ⅱ)-(0)	$Ni^{2+}+2e^- \rightleftharpoons Ni$	−0.257
V(Ⅲ)-(Ⅱ)	$V^{3+}+e^- \rightleftharpoons V^{2+}$	−0.255
V(Ⅴ)-(0)	$VO_2^++4H^++5e^- \rightleftharpoons V+2H_2O$	−0.255
Sn(Ⅳ)-(0)	$[SnF_6]^{2-}+4e^- \rightleftharpoons Sn+6F^-$	−0.200
Ag(Ⅰ)-(0)	$AgI+e^- \rightleftharpoons Ag+I^-$	−0.152 2
Sn(Ⅱ)-(0)	$Sn^{2+}+2e^- \rightleftharpoons Sn$	−0.136
Pb(Ⅱ)-(0)	$Pb^{2+}+2e^- \rightleftharpoons Pb$	−0.125
H(Ⅰ)-(0)	$2H^++2e^- \rightleftharpoons H_2$	0.00
Ag(Ⅰ)-(0)	$[Ag(S_2O_3)_2]^{3-}+e^- \rightleftharpoons Ag+2S_2O_3^{2-}$	0.033
Ag(Ⅰ)-(0)	$AgBr+e^- \rightleftharpoons Ag+Br^-$	0.071 1
S(2.5)-(Ⅱ)	$S_4O_6^{2-}+2e^- \rightleftharpoons 2S_2O_3^{2-}$	0.080
Ti(Ⅳ)-(Ⅲ)	$TiO^{2+}+2H^++e^- \rightleftharpoons Ti^{3+}+H_2O$	0.100
S(0)-(−Ⅱ)	$S+2H^++2e^- \rightleftharpoons H_2S$	0.144
Sn(Ⅳ)-(Ⅱ)	$Sn^{4+}+2e^- \rightleftharpoons Sn^{2+}$	0.151
S(Ⅵ)-(Ⅳ)	$SO_4^{2-}+4H^++2e^- \rightleftharpoons SO_2(aq)+H_2O$	0.158
Cu(Ⅱ)-(Ⅰ)	$Cu^{2+}+e^- \rightleftharpoons Cu^+$	0.159
Ag(Ⅰ)-(0)	$AgCl+e^- \rightleftharpoons Ag+Cl^-$	0.222 3
Hg(Ⅰ)-(0)	$Hg_2Cl_2+2e^- \rightleftharpoons 2Hg+2Cl^-$	0.268 2
V(Ⅳ)-(Ⅲ)	$VO^{2+}+2H^++e^- \rightleftharpoons V^{3+}+H_2O$	0.337
Cu(Ⅱ)-(0)	$Cu^{2+}+2e^- \rightleftharpoons Cu$	0.340
Fe(Ⅲ)-(Ⅱ)	$[Fe(CN)_6]^{3-}+e^- \rightleftharpoons [Fe(CN)_6]^{4-}$	0.361
S(Ⅳ)-(Ⅱ)	$2H_2SO_3+2H^++4e^- \rightleftharpoons S_2O_3^{2-}+3H_2O$	0.400
Ag(Ⅰ)-(0)	$Ag_2CrO_4+2e^- \rightleftharpoons 2Ag+CrO_4^{2-}$	0.447
S(Ⅳ)-(0)	$H_2SO_3+4H^++4e^- \rightleftharpoons S+3H_2O$	0.449*
Cu(Ⅰ)-(0)	$Cu^++e^- \rightleftharpoons Cu$	0.53
I(0)-(−Ⅰ)	$I_2+2e^- \rightleftharpoons 2I^-$	0.536
Mn(Ⅶ)-(Ⅵ)	$MnO_4^-+e^- \rightleftharpoons MnO_4^{2-}$	0.56
As(Ⅴ)-(Ⅲ)	$H_3AsO_4+2H^++2e^- \rightleftharpoons H_3AsO_3+H_2O$	0.560
Hg(Ⅱ)-(Ⅰ)	$2HgCl_2+2e^- \rightleftharpoons Hg_2Cl_2+2Cl^-$	0.63
O(0)-(−Ⅰ)	$O_2+2H^++2e^- \rightleftharpoons H_2O_2$	0.695
Pt(Ⅱ)-(0)	$[PtCl_4]^{2-}+2e^- \rightleftharpoons Pt+4Cl^-$	0.758
Fe(Ⅲ)-(Ⅱ)	$Fe^{3+}+e^- \rightleftharpoons Fe^{2+}$	0.771
Hg(Ⅰ)-(0)	$Hg_2^{2+}+2e^- \rightleftharpoons 2Hg$	0.796 0
Ag(Ⅰ)-(0)	$Ag^++e^- \rightleftharpoons Ag$	0.799 1
N(Ⅴ)-(Ⅳ)	$NO_3^-+2H^++e^- \rightleftharpoons NO_2+H_2O$	0.803
Hg(Ⅱ)-(Ⅰ)	$2Hg^{2+}+2e^- \rightleftharpoons Hg_2^{2+}$	0.911

电　对	电极反应	$\varphi^{\ominus}$/V
N(Ⅴ)-(Ⅲ)	$NO_3^- + 3H^+ + 2e^- \rightleftharpoons HNO_2 + H_2O$	0.94
N(Ⅴ)-(Ⅱ)	$NO_3^- + 4H^+ + 3e^- \rightleftharpoons NO + 2H_2O$	0.96
N(Ⅲ)-(Ⅱ)	$HNO_2 + H^+ + e^- \rightleftharpoons NO + H_2O$	0.996
V(Ⅴ)-(Ⅳ)	$VO_2^+ + 2H^+ + e^- \rightleftharpoons VO^{2+} + H_2O$	1.000
Au(Ⅲ)-(0)	$[AuCl_4]^- + 3e^- \rightleftharpoons Au + 4Cl^-$	1.002
Br(0)-(-Ⅰ)	$Br_2(aq) + 2e^- \rightleftharpoons 2Br^-$	1.087
Cu(Ⅱ)-(Ⅰ)	$Cu^{2+} + 2CN^- + e^- \rightleftharpoons Cu(CN)_2^-$	1.12
Se(Ⅵ)-(Ⅳ)	$SeO_4^{2-} + 4H^+ + 2e^- \rightleftharpoons H_2SeO_3 + H_2O$	1.151
Pt(Ⅱ)-(Ⅰ)	$Pt^{2+} + 2e^- = Pt$	1.18
Cl(Ⅴ)-(Ⅲ)	$ClO_3^- + 3H^+ + 2e^- \rightleftharpoons HClO_2 + H_2O$	1.181
I(Ⅴ)-(0)	$2IO_3^- + 12H^+ + 10e^- \rightleftharpoons I_2 + 6H_2O$	1.195
Cl(Ⅶ)-(Ⅴ)	$ClO_4^- + 2H^+ + 2e^- \rightleftharpoons ClO_3^- + H_2O$	1.201
O(0)-(-Ⅱ)	$O_2 + 4H^+ + 4e^- \rightleftharpoons 2H_2O$	1.229
Mn(Ⅳ)-(Ⅱ)	$MnO_2 + 4H^+ + 2e^- \rightleftharpoons Mn^{2+} + 2H_2O$	1.23
Cr(Ⅵ)-(Ⅲ)	$Cr_2O_7^{2-} + 14H^+ + 6e^- \rightleftharpoons 2Cr^{3+} + 7H_2O$	1.36
Cl(0)-(-Ⅰ)	$Cl_2 + 2e^- \rightleftharpoons 2Cl^-$	1.396
I(Ⅰ)-(0)	$2HIO + 2H^+ + 2e^- \rightleftharpoons I_2 + 2H_2O$	1.45
Pb(Ⅳ)-(Ⅱ)	$PbO_2 + 4H^+ + 2e^- \rightleftharpoons Pb^{2+} + 2H_2O$	1.46
Br(Ⅴ)-(0)	$2BrO_3^- + 12H^+ + 10e^- \rightleftharpoons Br_2 + 6H_2O$	1.5
Mn(Ⅲ)-(Ⅱ)	$Mn^{3+} + e^- \rightleftharpoons Mn^{2+}$	1.5
Mn(Ⅶ)-(Ⅱ)	$MnO_4^- + 8H^+ + 5e^- \rightleftharpoons Mn^{2+} + 4H_2O$	1.51
Au(Ⅲ)-(0)	$Au^{3+} + 3e^- \rightleftharpoons Au$	1.52
Br(Ⅰ)-(0)	$2HBrO + 2H^+ + 2e^- \rightleftharpoons Br_2 + 2H_2O$	1.604
Ce(Ⅳ)-(Ⅲ)	$Ce^{4+} + e^- \rightleftharpoons Ce^{3+}$ (1 mol·L^{-1} HNO_3)	1.61
Cl(Ⅰ)-(0)	$2HClO + 2H^+ + 2e^- \rightleftharpoons Cl_2 + 2H_2O$	1.63
Cl(Ⅲ)-(Ⅰ)	$HClO_2 + 2H^+ + 2e^- \rightleftharpoons HClO + H_2O$	1.64
Pb(Ⅳ)-(Ⅱ)	$PbO_2 + SO_4^{2-} + 4H^+ + 2e^- \rightleftharpoons PbSO_4 + 2H_2O$	1.690
Mn(Ⅶ)-(Ⅳ)	$MnO_4^- + 4H^+ + 3e^- \rightleftharpoons MnO_2 + 2H_2O$	1.70
O(-Ⅰ)-(-Ⅱ)	$H_2O_2 + 2H^+ + 2e^- \rightleftharpoons 2H_2O$	1.763
Co(Ⅲ)-(Ⅱ)	$Co^{3+} + e^- \rightleftharpoons Co^{2+}$	1.92
S(Ⅶ)-(Ⅵ)	$S_2O_8^{2-} + 2e^- \rightleftharpoons 2SO_4^{2-}$	1.96
F(0)-(-Ⅰ)	$F_2 + 2e^- \rightleftharpoons 2F^-$	2.87

（二）在碱性溶液中

电　对	电极反应	$\varphi^{\ominus}$/V
Mg(Ⅱ)-(0)	$Mg(OH)_2 + 2e^- \rightleftharpoons Mg + 2OH^-$	−2.687
Al(Ⅲ)-(0)	$Al(OH)_4^- + 3e^- \rightleftharpoons Al + 4OH^-$	−2.310
B(Ⅲ)-(0)	$B(OH)_4^- + 3e^- \rightleftharpoons B + 4OH^-$	−1.811
Mn(Ⅱ)-(0)	$Mn(OH)_2 + 2e^- \rightleftharpoons Mn + 2OH^-$	−1.55*
Zn(Ⅱ)-(0)	$Zn(CN)_4^{2-} + 2e^- \rightleftharpoons Zn + 4CN^-$	−1.34

续表

电　　对	电极反应	$\varphi^{\ominus}$/V
Zn(Ⅱ)-(0)	$Zn(OH)_4^{2-}+2e^- \rightleftharpoons Zn+4OH^-$	−1.285
Zn(Ⅱ)-(0)	$Zn(NH_3)_4^{2+}+2e^- \rightleftharpoons Zn+4NH_3$	−1.04
S(Ⅵ)-(Ⅳ)	$SO_4^{2-}+H_2O+2e^- \rightleftharpoons SO_3^{2-}+2OH^-$	−0.936
Sn(Ⅱ)-(0)	$HSnO_2^-+H_2O+2e^- \rightleftharpoons Sn+3OH^-$	−0.91
H(Ⅰ)-(0)	$2H_2O+2e^- \rightleftharpoons H_2+2OH^-$	−0.828
Cd(Ⅱ)-(0)	$Cd(NH_3)_4^{2+}+2e^- \rightleftharpoons Cd+4NH_3$	−0.622
S(Ⅳ)-(0)	$SO_3^{2-}+3H_2O+4e^- \rightleftharpoons S+6OH^-$	−0.59
S(Ⅳ)-(Ⅱ)	$2SO_3^{2-}+3H_2O+4e^- \rightleftharpoons S_2O_3^{2-}+6OH^-$	−0.576
Fe(Ⅲ)-(Ⅱ)	$Fe(OH)_3+e^- \rightleftharpoons Fe(OH)_2+OH^-$	−0.56*
Ni(Ⅱ)-(0)	$Ni(NH_3)_6^{2+}+2e^- \rightleftharpoons Ni+6NH_3(aq)$	−0.49
Cu(Ⅰ)-(0)	$Cu(CN)_2^-+e^- \rightleftharpoons Cu+2CN^-$	−0.44
S(0)-(−Ⅱ)	$S+2e^- \rightleftharpoons S^{2-}$	−0.407
Ag(Ⅰ)-(0)	$Ag(CN)_2^-+e^- \rightleftharpoons Ag+2CN^-$	−0.31
Ag(Ⅰ)-(0)	$AgCN+e^- \rightleftharpoons Ag+CN^-$	−0.31
Cr(Ⅵ)-(Ⅲ)	$CrO_4^{2-}+4H_2O+3e^- \rightleftharpoons Cr(OH)_4^-+4OH^-$	−0.13
Cu(Ⅰ)-(0)	$Cu(NH_3)_2^++e^- \rightleftharpoons Cu+2NH_3$	−0.100
N(Ⅴ)-(Ⅲ)	$NO_3^-+H_2O+2e^- \rightleftharpoons NO_2^-+2OH^-$	0.01*
Co(Ⅲ)-(Ⅱ)	$Co(NH_3)_6^{3+}+e^- \rightleftharpoons Co(NH_3)_6^{2+}$	0.058
Hg(Ⅱ)-(0)	$HgO+H_2O+2e^- \rightleftharpoons Hg+2OH^-$	0.0977*
Co(Ⅲ)-(Ⅱ)	$Co(OH)_3+e^- \rightleftharpoons Co(OH)_2+OH^-$	0.17
Ag(Ⅰ)-(0)	$Ag(NH_3)_2^++e^- \rightleftharpoons Ag+2NH_3$	0.2223
I(Ⅴ)-(−Ⅰ)	$IO_3^-+3H_2O+6e^- \rightleftharpoons I^-+6OH^-$	0.257
Cl(Ⅴ)-(Ⅲ)	$ClO_3^-+H_2O+2e^- \rightleftharpoons ClO_2^-+2OH^-$	0.33*
Cl(Ⅶ)-(Ⅴ)	$ClO_4^-+H_2O+2e^- \rightleftharpoons ClO_3^-+2OH^-$	0.36*
O(0)-(−Ⅱ)	$O_2+2H_2O+4e^- \rightleftharpoons 4OH^-$	0.401
Cl(Ⅰ)-(0)	$2ClO^-+2H_2O+2e^- \rightleftharpoons Cl_2(g)+4OH^-$	0.421
I(Ⅰ)-(−Ⅰ)	$IO^-+H_2O+2e^- \rightleftharpoons I^-+2OH^-$	0.485*
Br(Ⅴ)-(−Ⅰ)	$BrO_3^-+3H_2O+6e^- \rightleftharpoons Br^-+6OH^-$	0.61*
Mn(Ⅵ)-(Ⅳ)	$MnO_4^{2-}+2H_2O+2e^- \rightleftharpoons MnO_2+4OH^-$	0.62
Cl(Ⅲ)-(Ⅰ)	$ClO_2^-+H_2O+2e^- \rightleftharpoons ClO^-+2OH^-$	0.66*
Br(Ⅰ)-(−Ⅰ)	$BrO^-+H_2O+2e^- \rightleftharpoons Br^-+2OH^-$	0.76
Cl(Ⅰ)-(−Ⅰ)	$ClO^-+H_2O+2e^- \rightleftharpoons Cl^-+2OH^-$	0.890

本表数据主要录自 James G Speight.Lange's Handbook of Chemistry.16th ed，2005。

*　数据摘自 David R Lide. CRC Handbook of Chemistry and Physics. 90th ed，2009—2010。

十五、金属离子与氨羧配位剂形成的配合物稳定常数的对数值

金属离子	EDTA			EGTA		HEDTA	
	$\lg K_{MHL}^{H}$	$\lg K_{ML}$	$\lg K_{MOHL}^{OH}$	$\lg K_{MHL}$	$\lg K_{ML}$	$\lg K_{ML}$	$\lg K_{MOHL}^{OH}$
Ag^{+}	6.0	7.3					
Al^{3+}	2.5	16.1	8.1				
Ba^{2+}	4.6	7.8		5.4	8.4	6.2	
Bi^{3+}		27.9					
Ca^{2+}	3.1	10.7		3.8	11.0	8.0	
Ce^{3+}		16.0					
Cd^{2+}	2.9	16.5		3.5	15.6	13.0	
Co^{2+}	3.1	16.3			12.3	14.4	
Co^{3+}	1.3	36					
Cu^{3+}	2.3	23	6.6				
Cu^{2+}	3.0	18.8	2.5	4.4	17	17.4	
Fe^{2+}	2.8	14.3				12.2	5.0
Fe^{3+}	1.4	25.1	6.5			19.8	10.1
Hg^{2+}	3.1	21.8	4.9	3.0	23.2	20.1	
La^{3+}		15.4			15.6	13.2	
Mg^{2+}	3.9	8.7			5.2	5.2	
Mn^{2+}	3.1	14.0		5.0	11.5	10.7	
Ni^{2+}	3.2	18.6		6.0	12.0	17.0	
Pb^{2+}	2.8	18.0		5.3	13.0	15.5	
Sn^{2+}		22.1					
Sr^{2+}	3.9	8.6		5.4	8.5	6.8	
Th^{4+}		23.2					8.6
Ti^{3+}		21.3					
TiO^{2+}		17.3					
Zn^{2+}	3.0	16.5		5.2	12.8	14.5	

十六、一些配位滴定剂、掩蔽剂、缓冲剂阴离子的 $\lg\alpha_{L(H)}$ 值

pH	EDTA	HEDTA	NH_3	CN^-	F^-
0	24.0	17.9	9.4	9.2	3.05
1	18.3	15.0	8.4	8.2	2.05
2	13.8	12.0	7.4	7.2	1.1
3	10.8	9.4	6.4	6.2	0.3
4	8.6	7.2	5.4	5.2	0.05
5	6.6	5.3	4.4	4.2	

续表

pH	EDTA	HEDTA	NH_3	CN^-	F^-
6	4.8	3.9	3.4	3.2	
7	3.4	2.8	2.4	2.2	
8	2.3	1.8	1.4	1.2	
9	1.4	0.9	0.5	0.4	
10	0.5	0.2	0.1	0.1	
11	0.1				
酸的形成常数					
$\lg K_1$	10.34	9.81	9.4	9.2	3.1
$\lg K_2$	6.24	5.41			
$\lg K_3$	2.75	2.72			
$\lg K_4$	2.07				
$\lg K_5$	1.6				
$\lg K_6$	0.9				

十七、金属羟基配合物的稳定常数

金属离子	离子强度	$\lg\beta^\ominus$	
Al^{3+}	2	$Al(OH)_4^-$	33.3
		$Al_6(OH)_{15}^{3+}$	163
Ba^{2+}	0	$Ba(OH)^+$	0.7
Bi^{3+}	3	$Bi(OH)^{2+}$	12.4
		$Bi_6(OH)_{12}^{6+}$	168.3
Ca^{2+}	0	$Ca(OH)^+$	1.3
Cd^{2+}	3	$Cd(OH)^+$	4.3
		$Cd(OH)_2$	7.7
		$Cd(OH)_3^-$	10.3
		$Cd(OH)_4^{2-}$	12.0
Cu^{2+}	0	$Cu(OH)^+$	6.0
Fe^{2+}	1	$Fe(OH)^+$	4.5
Fe^{3+}	3	$Fe(OH)^{2+}$	11.0
		$Fe(OH)_2^+$	21.7
		$Fe_2(OH)_2^{4+}$	25.1
Mg^{2+}	0	$Mg(OH)^+$	2.6
Mn^{2+}	0.1	$Mn(OH)^+$	3.4
Ni^{2+}	0.1	$Ni(OH)^+$	4.6

续表

金属离子	离子强度	$\lg\beta^{\ominus}$	
Pb^{2+}	0.3	$Pb(OH)^{+}$	6.2
		$Pb(OH)_2$	10.3
		$Pb(OH)_3^{-}$	13.3
		$Pb_2(OH)^{3+}$	7.6
Zn^{2+}	0	$Zn(OH)^{+}$	4.4
		$Zn(OH)_3^{-}$	14.4
		$Zn(OH)_4^{2-}$	15.5

十八、一些金属离子的 $\lg\alpha_{M(OH)}$ 值

金属离子	离子强度	pH													
		1	2	3	4	5	6	7	8	9	10	11	12	13	14
Al^{3+}	2					0.4	1.3	5.3	9.3	13.3	17.3	21.3	25.3	29.3	33.3
Bi^{3+}	3	0.1	0.5	1.4	2.4	3.4	4.4	5.4							
Ca^{2+}	0.1													0.3	1.0
Cd^{2+}	3									0.1	0.5	2.0	4.5	8.1	12.0
Co^{2+}	0.1								0.1	0.4	1.1	2.2	4.2	7.2	10.2
Cu^{2+}	0.1								0.2	0.8	1.7	2.7	3.7	4.7	5.7
Fe^{2+}	1									0.1	0.6	1.5	2.5	3.5	4.5
Fe^{3+}	3			0.4	1.8	3.7	5.7	7.7	9.7	11.7	13.7	15.7	17.7	19.7	21.7
Hg^{2+}	0.1			0.5	1.9	3.9	5.9	7.9	9.9	11.9	13.9	15.9	17.9	19.9	21.9
La^{3+}	3										0.3	1.0	1.9	2.9	3.9
Mg^{2+}	0.1											0.1	0.5	1.3	2.3
Mn^{2+}	0.1										0.1	0.5	1.4	2.4	3.4
Ni^{2+}	0.1									0.1	0.7	1.6			
Pb^{2+}	0.1							0.1	0.5	1.4	2.7	4.7	7.4	10.4	13.4
Th^{4+}	1				0.2	0.8	1.7	2.7	3.7	4.7	5.7	6.7	7.7	8.7	9.7
Zn^{2+}	0.1									0.2	2.4	5.4	8.5	11.8	15.5

十九、条件电极电势 $\varphi^{\ominus'}$

半 反 应	$\varphi^{\ominus'}$/V	介 质
$Ag(Ⅱ)+e^{-} \rightleftharpoons Ag^{+}$	1.927	$4\ mol \cdot L^{-1}\ HNO_3$
$Ce(Ⅳ)+e^{-} \rightleftharpoons Ce(Ⅲ)$	1.70	$1\ mol \cdot L^{-1}\ HClO_4$
	1.61	$1\ mol \cdot L^{-1}\ HNO_3$
	1.44	$0.5\ mol \cdot L^{-1}\ H_2SO_4$
	1.28	$1\ mol \cdot L^{-1}\ HCl$
$Co^{3+}+e^{-} \rightleftharpoons Co^{2+}$	1.85	$4\ mol \cdot L^{-1}\ HNO_3$
Co(乙二胺)$_3^{3+}+e^{-} \rightleftharpoons$ Co(乙二胺)$_3^{2+}$	−0.2	$0.1\ mol \cdot L^{-1}\ KNO_3+0.1\ mol \cdot L^{-1}$ 乙二胺

续表

半反应	$\varphi^{\ominus\prime}$/V	介质
$Cr(III)+e^- \rightleftharpoons Cr(II)$	−0.40	5 mol·L^{-1} HCl
$Cr_2O_7^{2-}+14H^++6e^- \rightleftharpoons 2Cr^{3+}+7H_2O$	1.00	1 mol·L^{-1} HCl
	1.025	1 mol·L^{-1} $HClO_4$
	1.08	3 mol·L^{-1} HCl
	1.05	2 mol·L^{-1} HCl
	1.15	4 mol·L^{-1} H_2SO_4
$CrO_4^{2-}+2H_2O+3e^- \rightleftharpoons CrO_2^-+4OH^-$	−0.12	1 mol·L^{-1} NaOH
$Fe(III)+e^- \rightleftharpoons Fe(II)$	0.73	1 mol·L^{-1} $HClO_4$
	0.71	0.5 mol·L^{-1} HCl
	0.68	1 mol·L^{-1} H_2SO_4
	0.68	1 mol·L^{-1} HCl
	0.46	2 mol·L^{-1} H_3PO_4
	0.51	1 mol·L^{-1} HCl 0.25 mol·L^{-1} H_3PO_4
$H_3AsO_4+2H^++2e^- \rightleftharpoons H_3AsO_3+H_2O$	0.557	1 mol·L^{-1} HCl
	0.557	1 mol·L^{-1} $HClO_4$
$Fe(EDTA)^-+e^- \rightleftharpoons Fe(EDTA)^{2-}$	0.12	0.1 mol·L^{-1} EDTA pH4～6
$Fe(CN)_6^{3-}+e^- \rightleftharpoons Fe(CN)_6^{4-}$	0.48	0.01 mol·L^{-1} HCl
	0.56	0.1 mol·L^{-1} HCl
	0.71	1 mol·L^{-1} HCl
	0.72	1 mol·L^{-1} $HClO_4$
I_2(水)$+2e^- \rightleftharpoons 2I^-$	0.628	1 mol·L^{-1} H^+
$I_3^-+2e^- \rightleftharpoons 3I^-$	0.545	1 mol·L^{-1} H^+
$MnO_4^-+8H^++5e^- \rightleftharpoons Mn^{2+}+4H_2O$	1.45	1 mol·L^{-1} $HClO_4$
	1.27	8 mol·L^{-1} H_3PO_4
$Os(VIII)+4e^- \rightleftharpoons Os(IV)$	0.79	5 mol·L^{-1} HCl
$SnCl_6^{2-}+2e^- \rightleftharpoons SnCl_4^{2-}+2Cl^-$	0.14	1 mol·L^{-1} HCl
$Sn^{2+}+2e^- \rightleftharpoons Sn$	−0.16	1 mol·L^{-1} $HClO_4$
$Sb(V)+2e^- \rightleftharpoons Sb(III)$	0.75	3.5 mol·L^{-1} HCl
$Sb(OH)_6^-+2e^- \rightleftharpoons SbO_2^-+2OH^-+2H_2O$	−0.428	3 mol·L^{-1} NaOH
$SbO_2^-+2H_2O+3e^- \rightleftharpoons Sb+4OH^-$	−0.675	10 mol·L^{-1} KOH
$Ti(IV)+e^- \rightleftharpoons Ti(III)$	−0.01	0.2 mol·L^{-1} H_2SO_4
	0.12	2 mol·L^{-1} H_2SO_4
	−0.04	1 mol·L^{-1} HCl
	−0.05	1 mol·L^{-1} H_3PO_4
$Pb(II)+2e^- \rightleftharpoons Pb$	−0.32	1 mol·L^{-1} NaAc
	−0.14	1 mol·L^{-1} $HClO_4$
$UO_2^{2+}+4H^++2e^- \rightleftharpoons U(IV)+2H_2O$	0.41	0.5 mol·L^{-1} H_2SO_4

二十、一些化合物的摩尔质量

化　合　物	$M/(g \cdot mol^{-1})$	化　合　物	$M/(g \cdot mol^{-1})$
$AgBr$	187.78	CH_3COONa	82.03
$AgCl$	143.32	C_6H_5OH	94.11
$AgCN$	133.84	$(C_9H_7N)_3H_3(PO_4 \cdot 12MoO_3)$	2 212.74
Ag_2CrO_4	331.73	(磷钼酸喹啉)	
AgI	234.77	$COOHCH_2COOH$	104.06
$AgNO_3$	169.87	$COOHCH_2COONa$	126.04
$AgSCN$	165.95	CCl_4	153.81
Al_2O_3	101.96	CO_2	44.01
$Al_2(SO_4)_3$	342.15	Cr_2O_3	151.99
As_2O_3	197.84	$Cu(C_2H_3O_2)_2 \cdot 3Cu(AsO_3)_2$	1 013.80
As_2O_5	229.84	CuO	79.54
		Cu_2O	143.09
$BaCO_3$	197.34	$CuSCN$	121.63
BaC_2O_4	225.35	$CuSO_4$	159.61
$BaCl_2$	208.24	$CuSO_4 \cdot 5H_2O$	249.69
$BaCl_2 \cdot 2H_2O$	244.27		
$BaCrO_4$	253.32	$FeCl_3$	162.21
BaO	153.33	$FeCl_3 \cdot 6H_2O$	270.30
$Ba(OH)_2$	171.35	FeO	71.85
$BaSO_4$	233.39	Fe_2O_3	159.69
		Fe_3O_4	231.54
$CaCO_3$	100.09	$FeSO_4 \cdot H_2O$	169.93
CaC_2O_4	128.10	$FeSO_4 \cdot 7H_2O$	278.02
$CaCl_2$	110.99	$Fe_2(SO_4)_2$	399.89
$CaCl_2 \cdot H_2O$	129.00	$FeSO_4 \cdot (NH_4)_2SO_4 \cdot 6H_2O$	392.14
CaF_2	78.08		
$Ca(NO_3)_2$	164.09	H_3BO_3	61.83
CaO	56.08	HBr	80.91
$Ca(OH)_2$	74.09	$H_2C_4H_4O_6$(酒石酸)	150.09
$CaSO_4$	136.14	HCN	27.03
$Ca_3(PO_4)_2$	310.18	H_2CO_3	62.03
$Ce(SO_4)_2$	332.24	$H_2C_2O_4$	90.04
$Ce(SO_4)_2 \cdot 2(NH_4)_2SO_4 \cdot 2H_2O$	632.54	$H_2C_2O_4 \cdot 2H_2O$	126.07
CH_3COOH	60.05	$HCOOH$	46.03
CH_3OH	32.04	HCl	36.46
CH_3COCH_3	58.08	$HClO_4$	100.46
C_6H_5COOH	122.12	HF	20.01
C_6H_5COONa	144.10	HI	127.91
$C_6H_4COOHCOOK$	204.23	HNO_2	47.01
(苯二甲酸氢钾)		HNO_3	63.01

续表

化合物	$M/(g\cdot mol^{-1})$
H_2O	18.02
H_2O_2	34.02
H_3PO_4	98.00
H_2S	34.08
H_2SO_3	82.08
H_2SO_4	98.08
$HgCl_2$	271.50
Hg_2Cl_2	472.09
$KAl(SO_4)_2\cdot 12H_2O$	474.39
$KB(C_6H_5)_4$	358.33
KBr	119.01
$KBrO_3$	167.01
KCN	65.12
K_2CO_3	138.21
KCl	74.56
$KClO_3$	122.55
$KClO_4$	138.55
K_2CrO_4	194.20
$K_2Cr_2O_7$	294.19
$KHC_2O_4\cdot H_2C_2O_4\cdot 2H_2O$	254.19
$KHC_2O_4\cdot H_2O$	146.14
KI	166.01
KIO_3	214.00
$KIO_3\cdot HIO_3$	389.92
$KMnO_4$	158.04
KNO_2	85.10
K_2O	92.20
KOH	56.11
$KSCN$	97.18
K_2SO_4	174.26
$MgCO_3$	84.32
$MgCl_2$	95.21
$MgNH_4PO_4$	137.33
MgO	40.31
$Mg_2P_2O_7$	222.60
MnO	70.94
MnO_2	86.94
$Na_2B_4O_7$	201.22
$Na_2B_4O_7\cdot 10H_2O$	381.37
$NaBiO_3$	279.97
$NaBr$	102.90
$NaCN$	49.01
Na_2CO_3	105.99
$Na_2C_2O_4$	134.00
$NaCl$	58.44
NaF	41.99
$NaHCO_3$	84.01
NaH_2PO_4	119.98
Na_2HPO_4	141.96
$Na_2H_2Y\cdot 2H_2O$ (EDTA二钠盐)	372.26
NaI	149.89
$NaNO_2$	69.00
Na_2O	61.98
$NaOH$	40.01
Na_3PO_4	163.94
Na_2S	78.05
$Na_2S\cdot 9H_2O$	240.18
Na_2SO_3	126.04
Na_2SO_4	142.04
$Na_2SO_4\cdot 10H_2O$	322.20
$Na_2S_2O_3$	158.11
$Na_2S_2O_3\cdot 5H_2O$	248.19
Na_2SiF_6	188.06
NH_3	17.03
NH_4Cl	53.49
$(NH_4)_2C_2O_4\cdot H_2O$	142.11
$NH_3\cdot H_2O$	35.05
$NH_4Fe(SO_4)_2\cdot 12H_2O$	482.20
$(NH_4)_2HPO_4$	132.05
$(NH_4)_3PO_4\cdot 12MoO_3$	1876.53
NH_4SCN	76.12
$(NH_4)_2SO_4$	132.14
$NiC_6H_{14}O_4N_4$ (丁二酮肟镍)	288.91
P_2O_5	141.95
$PbCrO_4$	323.18
PbO	223.19

续表

化　合　物	$M/(g\cdot mol^{-1})$	化　合　物	$M/(g\cdot mol^{-1})$
PbO_2	239.19	$SnCO_3$	178.82
Pb_3O_4	685.57	$SnCl_2$	189.60
$PbSO_4$	303.26	SnO_2	150.71
		TiO_2	79.88
SO_2	64.06	WO_3	231.85
SO_3	80.06	$ZnCl_2$	136.30
Sb_2O_3	291.50	ZnO	81.39
Sb_2S_3	339.70	$Zn_2P_2O_7$	304.72
SiF_4	104.08	$ZnSO_4$	161.45
SiO_2	60.08		

二十一、指数加减法表

表一　指数加法表*

A \ B \ A	0.00	0.01	0.02	0.03	0.04	0.05	0.06	0.07	0.08	0.09
0.0	0.301	0.296	0.291	0.286	0.281	0.277	0.272	0.267	0.262	0.258
0.1	0.254	0.249	0.245	0.241	0.237	0.232	0.228	0.224	0.220	0.216
0.2	0.212	0.209	0.205	0.201	0.197	0.194	0.190	0.187	0.183	0.180
0.3	0.176	0.173	0.170	0.167	0.163	0.160	0.157	0.154	0.151	0.148
0.4	0.146	0.143	0.140	0.137	0.135	0.132	0.129	0.127	0.124	0.122
0.5	0.119	0.117	0.115	0.112	0.110	0.108	0.106	0.104	0.101	0.099
0.6	0.097	0.095	0.093	0.091	0.090	0.088	0.086	0.084	0.082	0.081
0.7	0.079	0.077	0.076	0.074	0.073	0.071	0.070	0.068	0.067	0.065
0.8	0.064	0.063	0.061	0.060	0.059	0.057	0.056	0.055	0.054	0.053
0.9	0.051	0.050	0.049	0.048	0.047	0.046	0.045	0.044	0.043	0.042
1.0	0.041	0.040	0.040	0.039	0.038	0.037	0.036	0.035	0.035	0.034
1.1	0.033	0.032	0.032	0.031	0.030	0.030	0.029	0.028	0.028	0.027
1.2	0.027	0.026	0.025	0.025	0.024	0.024	0.023	0.023	0.022	0.022
1.3	0.021	0.021	0.020	0.020	0.019	0.019	0.019	0.018	0.018	0.017
1.4	0.017	0.017	0.016	0.016	0.015	0.015	0.015	0.014	0.014	0.014
1.5	0.014	0.013	0.013	0.013	0.012	0.012	0.012	0.012	0.011	0.011
1.6	0.011	0.011	0.010	0.010	0.010	0.010	0.009	0.009	0.009	0.009
1.7	0.009	0.008	0.008	0.008	0.008	0.008	0.007	0.007	0.007	0.007
1.8	0.007	0.007	0.007	0.006	0.006	0.006	0.006	0.006	0.006	0.006
1.9	0.005	0.005	0.005	0.005	0.005	0.005	0.005	0.005	0.005	0.004
2.0	0.004	0.004	0.004	0.004	0.004	0.004	0.004	0.004	0.004	0.004

*　$10^a+10^b=10^c\,(a>b)$，先算出 $a-b=A$，再查表得 B，则 $c=a+B$。

表二　指数减法表*

B A / A	0.00	0.01	0.02	0.03	0.04	0.05	0.06	0.07	0.08	0.09
0.0	—	1.643	1.347	1.176	1.056	0.964	0.889	0.827	0.774	0.728
0.1	0.687	0.650	0.617	0.587	0.560	0.535	0.511	0.490	0.469	0.451
0.2	0.433	0.416	0.401	0.386	0.372	0.359	0.346	0.334	0.323	0.312
0.3	0.302	0.292	0.283	0.274	0.265	0.257	0.249	0.242	0.234	0.227
0.4	0.220	0.214	0.208	0.202	0.196	0.190	0.185	0.180	0.175	0.170
0.5	0.165	0.160	0.152	0.156	0.148	0.144	0.140	0.136	0.133	0.129
0.6	0.126	0.122	0.119	0.119	0.113	0.110	0.107	0.104	0.102	0.099
0.7	0.097	0.094	0.092	0.089	0.087	0.085	0.083	0.081	0.079	0.077
0.8	0.075	0.073	0.071	0.070	0.063	0.066	0.065	0.063	0.061	0.060
0.9	0.058	0.057	0.056	0.054	0.053	0.052	0.050	0.049	0.048	0.047
1.0	0.046	0.045	0.044	0.043	0.042	0.041	0.040	0.039	0.038	0.037
1.1	0.036	0.035	0.034	0.033	0.033	0.032	0.031	0.030	0.030	0.029
1.2	0.028	0.028	0.027	0.026	0.026	0.025	0.025	0.024	0.023	0.023
1.3	0.022	0.022	0.021	0.021	0.020	0.020	0.019	0.019	0.018	0.018
1.4	0.018	0.017	0.017	0.016	0.016	0.016	0.015	0.015	0.015	0.014
1.5	0.014	0.014	0.013	0.013	0.013	0.012	0.012	0.012	0.012	0.011
1.6	0.011	0.011	0.011	0.010	0.010	0.010	0.010	0.009	0.009	0.009
1.7	0.009	0.009	0.008	0.008	0.008	0.008	0.008	0.007	0.007	0.007
1.8	0.007	0.007	0.007	0.007	0.006	0.006	0.006	0.006	0.006	0.006
1.9	0.006	0.005	0.005	0.005	0.005	0.005	0.005	0.005	0.005	0.004
2.00～2.08	0.004；	2.25～2.46	0.002							
2.09～2.24	0.003；	2.47～2.94	0.001							

*　$10^a-10^b=10^c\,(a>b)$，先算出 $a-b=A$，再查表得 B，则 $c=a-B$。

表三　指数加减法计算示例

例 1　$10^{6.58}+10^{5.34}=?$

解　$A=a-b=1.24$，查表一得，$B=0.024\approx0.02$

$$c=a+B=6.58+0.02=6.60$$

故
$$10^{6.58}+10^{5.34}=10^{6.60}$$

例 2　$1+10^{1.27}+10^{2.61}+10^{4.01}+10^{5.06}=?$

解　(1) 先由数值最大的两项相加

$$10^{5.06}+10^{4.01}=?$$

$$A=a-b=5.06-4.01=1.05$$

查表一得
$$B=0.037\approx0.04,\ c=a+B=5.06+0.04=5.10$$

故
$$10^{5.06}+10^{4.01}=10^{5.10}$$

(2) 再将所得结果与居第三大的数值相加

$$10^{5.10}+10^{2.61}=?$$

$$A=a-b=5.10-2.61=2.49>2$$

查表一，当 $A>2$，$B\approx0$，故 $10^{2.61}$ 项可忽略，显然更小的数值 $10^{1.27}$ 与 1 更可略去。

故 $$1+10^{1.27}+10^{2.61}+10^{4.01}+10^{5.06}=10^{5.10}$$

例 3 $10^{0.2}-10^{-0.2}=?$

解 $A=a-b=0.2-(-0.2)=0.4$

查表二，得 $$B=0.22, c=a-B=0.2-0.22=-0.02$$

故 $$10^{0.2}-10^{-0.2}=10^{-0.02}$$

主要参考书

[1] 傅献彩.大学化学:上册.北京:高等教育出版社,1999.

傅献彩.大学化学:下册.北京:高等教育出版社,1999.

[2] 华彤文,王颖霞,卞江,等.普通化学原理.4版.北京:北京大学出版社,2013.

[3] 宋天佑,程鹏,王杏乔,等.无机化学:上册.2版.北京:高等教育出版社,2009.

宋天佑,程鹏,王杏乔,等.无机化学:下册.2版.北京:高等教育出版社,2010.

[4] 戴安邦,等.无机化学丛书:第十二卷 配位化学.北京:科学出版社,1987.

[5] 浙江大学.无机及分析化学.2版.北京:高等教育出版社,2008.

[6] 计亮年,黄锦汪,莫庭焕,等.生物无机化学导论.3版.广州:中山大学出版社,2010.

[7] 《大学化学》编辑部.今日化学.北京:高等教育出版社,2001.

[8] [美]施罗德.痕量元素与人.陈荣三,张祖暄,译.北京:科学出版社,1979.

[9] 叶常明,王春霞,金龙珠.21世纪的环境化学.北京:科学出版社,2004.

[10] 戴树桂.环境化学.2版.北京:高等教育出版社,2010.

[11] 肖伦.放射性同位素技术.北京:原子能出版社,2000.

[12] 黄孟健.无机化学答疑.北京:高等教育出版社,1989.

[13] 王志林,黄孟健.无机化学学习指导.北京:科学出版社,2002.

[14] 武汉大学.分析化学.4版.北京:高等教育出版社,2000.

[15] 彭崇慧,冯建章,张锡瑜.定量分析化学简明教程.3版.北京:北京大学出版社,2009.

[16] 杨根元.实用仪器分析.4版.北京:北京大学出版社,2010.

[17] 陈兴国,何疆,陈宏丽,等.分析化学.北京:高等教育出版社,2012.

[18] 何锡文.近代分析化学教程.北京:高等教育出版社,2005.

[19] Atkins P W, Jones L L. Chemical Principles. 4th ed. New York: W H Freeman and Company, 2008.

[20] Raymond Chang. Chemistry. 7th ed. New York: McGraw-Hill, 2002.

[21] Brown T L, Lemay H E, Bursten B E, et al. 化学:中心科学.10版(影印本).北京:机械工业出版社,2009.

[22] Petrucci R H, Hawood W S, Herring F G. 普通化学原理与应用.8版(影印本).北京:高等教育出版社,2004.

[23] Zumdahl S S, Zumdahl S A. Chemistry. 7th ed. New York: Houghton Mifflin Company, 2007.

[24] Kelter P B, Zumdahl S S, Zumdahl S A. Student Solutions Guide to accompany, Chemistry. 7th ed. Boston: Houghton Mifflin Company, 2007.

[25] Umland J B, Bellama J M. 普通化学(影印本).北京:机械工业出版社,2004.

[26] Harris W E, Kratochvil B. An introduction to chemical analysis. Philadelephia: Saunders College Publishing, 1981.

索引

五　　画

六　　画

七　画

八　画

九　画

十　画

十　一　画

十　二　画

十　三　画

十　四　画

十　五　画

十　六　画

十　七　画

其　他